Vorwort

Als der Springer-Verlag vor einigen Jahren an einen der Mitautoren dieses Buches den Wunsch herantrug, ein neues Standardwerk der Hochspannungstechnik zu verfassen, welches das vom Verlag im Jahre 1959 herausgegebene und in der Zwischenzeit vergriffene Lehrbuch von G. Lesch ersetzen sollte, wurde dieser Wunsch mit einiger Skepsis entgegengenommen. Die Gründe für diese Skepsis sind vielfältig, nur ein Teil davon soll erwähnt werden:

So steht die Frage nach dem Inhalt für ein Lehrbuch dieser Art sicher im Vordergrund. Was ist eigentlich heute „Hochspannungstechnik"? Diese Frage war früher offensichtlich recht leicht zu beantworten, wie ein Blick in ältere Lehr- oder auch Fachbücher zeigt. Man findet dort konstruktive Lösungen für Schaltanlagen oder für die in der Energieversorgung verwendeten Komponenten ebenso wie theoretische Grundlagen zur Berechnung elektrostatischer Felder oder zur Berechnung von Kapazitäten typischer Elektrodensysteme; die oft recht bescheidenen physikalischen Grundlagen zu den dielektrischen Eigenschaften der vielfältigen Isolierstoffe werden durch eine Vielzahl experimenteller Daten ergänzt; Schalt- und Schwingungsvorgänge im Hochspannungsnetz und in komplexen Einzelgeräten werden zur Erläuterung der Entstehung von Überspannungsbeanspruchungen ebenso behandelt wie die auch heute noch nicht bis in alle Einzelheiten erforschte Entstehung und Entwickung des Blitzes, der die Anlagen so stark gefährdet; und schließlich werden die Vorgänge in einem Lichtbogen oder Schaltgerät ebenso erwähnt wie Einzelheiten zur speziellen Prüf- und Meßtechnik oder auch der Gestaltung von Hochspannungslaboratorien. Jeder der nur unvollständig aufgeführten Begriffe ist zweifellos mit der Anwendung hoher Spannungen verknüpft; hinter jedem Begriff verbirgt sich heute aber auch ein Spezialgbiet, das auf teilweise recht unterschiedlichen fachlichen Disziplinen beruht.

Es ist das gesamte Gebiet der Hochspannungstechnik mittlerweile so weit gewachsen, daß eine lückenlose Behandlung selbst in einem umfangreichen Band nicht möglich ist, so daß auch von diesem Buch keine erschöpfende Darstellung erwartet werden darf. Die Verfasser haben die ihres Erachtens grundlegenden Teilgebiete ausgewählt und deren Darstellung auf die besondere Zielrichtung des Buches zugeschnitten. In dieser Konzeption soll der vorliegende Band dem Ingenieur in der Praxis und dem Studierenden in der Ausbildung als Handbuch dienen, aber auch einen Einstieg in die Hochspannungstechnik ermöglichen und so auch nicht bereits spezifisch orientierten Ingenieuren, welche eine Einführung in dieses Fachgebiet benötigen, gute Dienste leisten. Bei allen Darstellungen wurde deshalb versucht, die didaktischen Belange entsprechend zu berücksichtigen. Viele konstruktive

Lösungen und Einzelprobleme lassen sich auf grundlegende Überlegungen, physikalische Prozesse und auch elektrotechnische Grundlagen zurückführen, welche im Gesamtsystem oftmals nur schwer erkennbar sind. Daher wurde einer Darstellung grundlegender Prozesse oder Methoden der Vorzug gegeben. Auf die Wiedergabe umfangreichen Datenmaterials wurde verzichtet und mehr Wert auf die verständliche Darstellung grundsätzlicher Zusammenhänge gelegt. Relativ einfache theoretische Ansätze oder Modellvorstellungen wurden gegenüber komplizierten Ausführungen immer dann bevorzugt herangezogen, wenn sie die realen Verhältnisse prinzipiell leicht und genau beschreiben können.

Schwierig gestaltete sich bei der Breite des gesamten Gebietes die geeignete Auswahl des Stoffes. Es wurde darauf geachtet, daß das zur Behandlung der Aufgaben in der Praxis notwendige Grundwissen vermittelt wird und für die weitergehende Vertiefung eine solide Basis zur Verfügung steht.

So ist der in diesem Lehrbuch behandelte Stoff ein Ergebnis umfangreicher Überlegungen aber auch vielfältiger Kompromisse. Bewußt wurde auf wichtige Teilgebiete, wie beispielsweise auf eine systematische Darstellung von Überspannungsvorgängen oder Schaltgerätefragen, verzichtet, da damit der Umfang des Buches ohnehin gesprengt worden wäre. So gliedert sich nun das Buch in fünf Teile, wobei die Einführung (Teil I) so kurz wie möglich gehalten wurde. Mit Teil II werden die Aufgabenstellungen aufgezeigt und die aus dem Hochspannungsnetz kommenden Überbeanspruchungen der Isolieranordnungen aufgelistet, wobei die Darstellungen nicht vertieft sein können. Das Ziel einer Behandlung elektrostatischer Felder (Teil III) war nicht so sehr deren analytische Behandlung, welche in vielen Fachbüchern sehr systematisch gepflegt wird; die Feldberechnungen basieren heute auch in der Praxis vorwiegend auf numerischen Verfahren, deren Grundlagen abgeleitet werden. Ein weiterer Schwerpunkt liegt in der Behandlung der elektrischen Festigkeit der Isolierstoffe (Teil IV), wobei die physikalischen Grundlagen zwar im Vordergrund stehen, die anwendungstechnischen Belange aber keineswegs vernachlässigt werden. Auch im abschließenden Teil V, der sich mit der Erzeugung und Messung hoher Prüfspannungen und Impulsströme befaßt, wurde versucht, die theoretischen Grundlagen mit praxisorientierten Fragen etwa gleich zu gewichten.

In der Erkenntnis, daß es den Fachmann für das gesamte Gebiet der Hochspannungstechnik nicht mehr gibt, haben sich vier Autoren zusammengefunden, um bei der vorgegebenen Breite des Stoffes durch ihr jeweils spezifisches Fachwissen dem Buch die notwendige Tiefe zu geben. Sie danken ihren Mitarbeitern für ihre Mithilfe bei der Ausarbeitung des Textes, der Herstellung der Bilder und der Durchsicht.

Hannover, München, Aachen, Zürich,
im Sommer 1986   Die Autoren

In diesem jetzt notwendig gewordenen Nachdruck wurden einige Fehler im Text und an Bildern korrigiert.

Zürich, im Sommer 1992   W. Zaengl

Manfred Beyer · Wolfram Boeck
Klaus Möller · Walter Zaengl

Hochspannungs-technik

Theoretische und praktische Grundlagen

Berichtigter Nachdruck

Mit 386 Abbildungen

Springer-Verlag Berlin Heidelberg GmbH

Dr.-Ing. Manfred Beyer
Professor, Institut für Hochspannungstechnik und Hochspannungsanlagen
Universität Hannover

Dr.-Ing. Wolfram Boeck
Professor, Lehrstuhl für Hochspannungs- und Anlagentechnik
Technische Universität München

Dr.-Ing. Klaus Möller
Professor, Institut für Allgemeine Elektrotechnik und Hochspannungstechnik
Rhein.-Westf. Techn. Hochschule Aachen

Dr.-Ing. Walter Zaengl
Professor, Institut für Elektrische Energieübertragung und Hochspannungstechnik
Eidgen. Techn. Hochschule Zürich

ISBN 978-3-642-64893-9   ISBN 978-3-642-61633-4 (eBook)
DOI 10.1007/978-3-642-61633-4

CIP-Kurztitelaufnahme der Deutschen Bibliothek
Hochspannungstechnik : theoret. u. prakt. Grundlagen für d. Anwendung / M. Beyer ... —
Berlin ; Heidelberg ; New York ; London ; Paris ; Tokyo :
Springer, 1986. NE: Beyer, Manfred [Mitverf.]

Satz und Druck: Maxim Gorki, GDR
Bindearbeiten: Lüderitz & Bauer, Berlin
2362/3020-543 2 1

Inhaltsverzeichnis

III   Bestimmung elektrostatischer Felder
(K. Möller)

IV   Elektrische Festigkeit
          (W. Boeck, Kap. 7; M. Beyer, Kap. 8)

I Einleitung

Hohe Spannungen treten in vielen Bereichen der Technik auf. Wichtigstes Anwendungsgebiet ist aber sicherlich die elektrische Energieversorgung. Nachdem mit der Entdeckung des Elektrodynamischen Prinzips durch Werner von Siemens im Jahre 1866 eine wirtschaftliche Erzeugung elektrischer Energie möglich war, wurde schon 1882 von Marcel Deprez die erste Energiefernübertragung mit 1,4 kW Leistung von Miesbach nach München über insgesamt 57 km mit einer Gleichspannung von 2 kV realisiert. Die Wechselstrom- und Drehstromtechnik mit der Möglichkeit, höhere Übertragungsspannungen zu wählen, wurde erstmals 1891 bei der 175 km langen dreiphasigen Übertragungsleitung von Lauffen am Neckar nach Frankfurt mit einer Betriebsspannung von 15 kV bei einer Frequenz von 40 Hz und einer Generatorleistung von 210 kVA verwirklicht. Dabei konnte der Wirkungsgrad gegenüber der ersten Gleichspannungsübertragung von 22 % auf 75 % gesteigert werden. Der Weg zur heutigen elektrischen Energieübertragung war vorgezeichnet, jedoch waren wesentlich höhere Übertragungsspannungen erforderlich, um große Entfernungen wirtschaftlich zu überbrücken.

Bereits in den Anfangsjahren der elektrischen Energieversorgungstechnik mußten viele neue Probleme gelöst werden. Die Entstehung von Überspannungen, beispielsweise durch Blitzeinwirkung oder Schaltvorgänge, und ihre Ausbreitung im Netz wurde eingehend untersucht. Die aus hohen Spannungen resultierenden Feldstärken führen zu verstärkter Isolierstoffbeanspruchung und machten es notwendig, geeignete Isolationsaufbauten zu finden. Möglichkeiten zur Überspannungsbegrenzung, zunächst durch Funkenstrecken, später durch Ableiter, wurden in Betracht gezogen. Für die Prüfung von Anlagen und Geräten waren spezielle Prüfverfahren und Meßeinrichtungen zu entwickeln. Erstmalig sind diese Fragen zusammengefaßt in dem Buch „Hochspannungstechnik" von W. Petersen im Jahre 1911 behandelt worden, das daher auch oft als Geburtsjahr der Hochspannungstechnik bezeichnet wird. Weltweite intensive Forschungsaktivitäten mit dem Bestreben, die elektrische Energie möglichst wirtschaftlich zu übertragen, führten zu einer stürmischen Entwicklung: 1912 entstand die erste 110-kV-Übertragung von Lauchhammer nach Riesa, 1929 die Rheinleitung des Rheinisch-Westfälischen Elektrizitätswerks in der ersten Ausbaustufe mit 220 kV, 1936 die 287-kV-Leitung Boulder Dam in den USA, 1952 die erste 380-kV-Übertragung in Schweden, 1959 die 525-kV-Übertragung in der UdSSR und 1965 die erste Höchstspannungsübertragung mit 735 kV in Kanada.

Nach der ersten Energie-Fernübertragung im Jahre 1882 mit Gleichspannung stand die Drehstromtechnik mit der Gleichstromtechnik im harten Wettkampf. So wurde 1906 von René Thury eine Gleichspannungsübertragung Moutier—Lyon über 150 km mit einer Leistung von 20 MW bei einer Betriebsspannung von 125 kV realisiert. Dabei wurden zehn in Serie liegende Generatoren eingesetzt. Dies verdeutlicht den Vorteil der Drehstromtechnik, bei der schon damals mit Hilfe von Transformatoren mit geringem Aufwand die jeweils optimale Betriebsspannung für die Erzeugung, die Übertragung, die Verteilung und den Verbrauch gewählt werden konnte. Erst die neuere Gleichrichtertechnik, zunächst mit Quecksilberdampfventilen, später mit Thyristoren, ermöglicht eine zuverlässige und kostengünstige Gleichstrom-Fernübertragung.

Heute hat sich für den Transport elektrischer Energie über besonders große Entfernungen aus wirtschaftlichen Gründen die Hochspannungs-Gleichstrom-Übertragung (HGÜ) für Hochleistungsübertragungen, bei denen keine Stabilitätsprobleme bestehen, wieder durchgesetzt. Besondere Vorteile hat sie auch bei Inselversorgungen wegen der fehlenden Ladeströme auf der Seekabelstrecke und der Möglichkeit, ein Kabel einzusparen, wenn als Rückleiter das Meerwasser verwendet wird. Die Verbindung von Energieversorgungsnetzen unterschiedlicher Frequenz oder unabhängiger Leistungs-Frequenzregelung ist nur mit HGÜ-Kupplungen durchzuführen. Weiterhin kann durch eine HGÜ-Kupplung zweier Drehstromnetze die Reserveleistungsbilanz ohne Erhöhung der Kurzschlußleistung verbessert werden. Mit der 100-kV-Versuchsanlage von Miesburg nach Lehrte im Jahre 1944 wurden die Grundlagen erarbeitet. Neuere derartige Anlagen arbeiten bereits mit Spannungen bis etwa 1 000 kV ($\pm$ 500 kV gegen Erdpotential) und Übertra.

gungsleistungen bis über 2000 MW. So hat die heutige Hochspannungstechnik in der elektrischen Energieversorgung sicherlich ihre wichtigste und augenfälligste Anwendung mit der größten wirtschaftlichen Bedeutung gefunden. Daneben gibt es aber sehr viele und bedeutende Anwendungsfälle in verschiedenen anderen technischen Bereichen, von denen einige genannt werden sollen.

Ein wichtiges Anwendungsgebiet für die Hochspannungstechnik ist die Elektrostatik. Sie stand auch am Anfang der Elektrizitätslehre des Abendlandes und der sich daraus entwickelnden Elektrotechnik. Vielleicht kann Gilbert, der im 16. Jahrhundert seine Experimente über die Reibungselektrizität ausgeführt hat, als der Vater dieser Elektrizitätslehre bezeichnet werden. Heute findet die Statikelektrizität in elektrostatischen Filter- und Farbspritzanlagen ihre großtechnisch bedeutsamste Anwendung. Hierbei wird mit geregelter Gleichspannung von etwa 100 kV knapp unterhalb der Durchbruchfeldstärke eine Gasentladung aufgebaut, die zur Aufladung der Farb- oder Schmutzpartikel und damit zu einer gerichteten Bewegung im elektrischen Feld führt. Elektrostatische Vorgänge spielen auch in der Sicherheitstechnik eine Rolle. Bei der Trennung verschiedenartiger Dielektrika können sich durch Ladungstrennung erhebliche Feldstärken und Spannungen aufbauen, die zu Funkenentladungen führen können. In explosionsgefährdeten Gebäuden und Anlagen, beispielsweise in der chemischen Industrie oder bei Tankanlagen auf Fahrzeugen und Schiffen, muß dafür Sorge getragen werden, daß derartige Entladungen gar nicht auftreten oder aber die freiwerdende Energie nicht zur Zündung einer Gasexplosion ausreicht.

In der Elektronik sowie der Licht- und Röntgentechnik werden hohe Gleichspannungen benötigt. Heute sind, abgesehen von Hochleistungsröhren der Sendetechnik, nur noch Sichtbildröhren für Datensichtgeräte, Kathodenstrahloszilloskope und Fernsehgeräte weit verbreitet. Für die Nachbeschleunigung der Elektronen nach Durchlauf des Ablenksystems werden Spannungen bis zu 25 kV verwendet, um auf dem Schirm eine ausreichende Leuchtdichte zu erreichen. Höhere Spannungen sind wegen der harten Bremsstrahlung nicht zulässig. Notwendig sind sie dagegen zur Erzeugung der Röntgenstrahlung für medizinische Zwecke. Hierbei werden Beschleunigungsspannungen bis über 200 kV eingesetzt. Ein wichtiges Anwendungsgebiet ist auch die Gasentladungs-Lampentechnik, die mit Spannungen bis zu 6 kV arbeitet.

Auch die physikalische Forschung bedient sich hoher Gleichspannungen. Zur Beschleunigung geladener Elementarteilchen werden Einfachbeschleuniger (Linearbeschleuniger) und Mehrfachbeschleuniger verwendet. Dabei wird die Beschleunigungsspannung von den Teilchen einmalig oder auf einer magnetfeldgeführten Kreisbahn mehrfach durchlaufen. Auf diese Weise werden bei Linearbeschleunigern kinetische Energien von vielen MeV und bei Mehrfachbeschleunigern kinetische Energien von vielen GeV je Teilchen erreicht.

Gibt es bei derartig vielfältigen Anwendungen hoher Spannungen gemeinsame Aufgabenstellungen mit generell gültigen Lösungen, die in einem Fachgebiet Hochspannungstechnik behandelt werden können? Dabei ist die Breite der Grundlagen ungewöhnlich, die für diese Aufgaben in der Hochspannungstechnik notwendig sind. Für die sehr schnellen Vorgänge im Zeitbereich von Nanosekunden sind besondere Meßverfahren notwendig und in Netzen, Anlagen und Geräten müssen Wanderwellenvorgänge beachtet werden. Andererseits spielen bei Alterungsvorgängen von Isolierstoffen Zeiträume von Jahren eine Rolle. Im Isolierstoff sind äußerst kleine Isolationsströme zu messen und gasentladungsphysikalische Betrachtungen oder Modellvorstellungen der Halbleiterphysik müssen für das Verständnis herangezogen werden. Im Lichtbogen des Leistungsschalters oder des Blitzkanals sind dagegen Ströme bis zu 100 kA zu erfassen und für das Verständnis sind plasmaphysikalische Überlegungen notwendig.

Ein Eingehen auf die durch diese Vielfalt bedingten unterschiedlichen Anforderungen im Einzelnen wäre sicherlich reizvoll, jedoch wird eine kurze, aber geschlossene und tiefgehende und außerdem gleichzeitig verständliche Darstellung dieses ganzen Wissensgebietes unmöglich. Schließt man jedoch spezielle Anwendungen, wie z. B. Fragen der konstruktiven Gestaltung und andere Detailfragen aus, so ist es durchaus möglich, für die immer wiederkehrende Kernproblematik der Isolationsbemessung in der Hochspannungstechnik die theoretischen und praktischen Grundlagen für die Anwendung fundiert in kompakter Form darzustellen. Das vorliegende Buch ist in der Kapitelfolge an diese Kernaufgabe angepaßt.

Zunächst ist die Spannungsbeanspruchung unter Berücksichtigung der nicht betriebsmäßigen Überspannung zu ermitteln (Teil II). Die Überspannungsentwicklung, d. h. die Entstehung und Ausbreitung, wird in diesem Buch nur kurz behandelt. Sie ist zwar Ausgangspunkt für die Isolationsbemessung, aber die Aufgabe, hier mit Mitteln der Isolationskoordination in den Netzaufbau und die Gerätetechnik einzugreifen, muß als ein eigenes großes Gebiet gesehen werden, für dessen Beherrschung andere Grundlagen und Verfahren notwendig sind. Jedoch überschneiden sich diese Aufgaben beider Bereiche, und bei der Lösung der Gesamtproblematik ist eine Gesamtsicht notwendig. Die Schnittstelle beider Gebiete, die Überspannungsentwicklung, muß daher auch in diesem Band in Form einer Übersicht gebracht werden.

Mit Hilfe der Verfahren zur Feldberechnung ist nach Bestimmung der Spannungsbeanspruchung die Feldverteilung im Isolationsraum zu ermitteln (Teil III). Es werden zunächst die Grundgesetze und Eigenschaften der elektrischen Felder behandelt, wie sie aus den axiomatischen Maxwellschen Gleichungen hergeleitet werden können. Dieses Vorgehen ist unabdingbar, um dem Hochspannungstechniker ein „Feldverständnis" zu vermitteln, das ihn in die Lage versetzt, aus diesem Verständnis heraus aussichtsreiche Lösungswege für seine Feldprobleme einzuschlagen. Die geschlossene Berechnung elektrischer Felder ist nur für relativ einfache Elektrodenkonfigurationen möglich, die aber in der Technik beispielsweise bei Kabeln oder Freileitungen häufig auftreten. Viele technisch interessante Elektrodensysteme können hiermit nicht berechnet werden, aber es stehen heute dafür mehrere numerische Feldberechnungsverfahren zur Verfügung. Die drei wichtigsten Verfahren, die sich in der Praxis bewährt haben, nämlich das Verfahren der Finiten Elemente, das Differenzenverfahren und die Ersatzladungsmethode, werden behandelt. Auch wenn aufgrund dieser neuen Möglichkeiten experimentelle Verfahren zur Feldbestimmung an Bedeutung verloren haben, ist deren Einsatz auch heute noch notwendig. Die Nachbildung elektrischer Felder im elektrolytischen Trog und ähnlichen Einrichtungen und die Messung elektrischer Felder werden daher in kurzer Form behandelt.

Unter Berücksichtigung der Feldverteilung ist zu prüfen, ob die Isolationsanordnung der Beanspruchung standhält. Hierbei müssen die eingesetzten Isolierstoffe (Teil IV) in die Betrachtung einbezogen werden. Notwendig sind daher auch eingehende Kenntnisse über das Durchschlagverhalten der Isolierstoffe, das von der Isolierstoffart, der Spannungsform, der Feldverteilung sowie anderen Faktoren über unterschiedliche Durchschlagmechanismen beeinflußt wird.

Es werden die gasförmigen, die flüssigen und die festen Isolierstoffe behandelt, wie sie sich in den Isolationssystemen in der Praxis durchgesetzt haben.

Bei den Gasen muß die Luft immer noch als das weiträumigste Isolationsmedium angesehen werden, das daher eingehend behandelt wird, vor allem auch bezüglich der hier meist stark inhomogenen Feldbeanspruchung, wie sie bei Freileitungen und Freiluftanlagen üblich ist. Unter Verwendung des speziellen Isoliergases Schwefelhexafluorid und durch Elektrodenformoptimierung zur Vergleichmäßigung der Feldverteilung sind metallgekapselte Schaltanlagen entwickelt worden, deren Flächenbedarf nur etwa 10% einer konventionellen Freiluftschaltanlage beträgt. Dadurch können derartige Schaltanlagen in normalen Gebäuden untergebracht werden, und die Aufstellung in dicht besiedelten Gebieten wird ermöglicht. Dieses Isoliermedium hat daher hohe Bedeutung erlangt.

Deutlicher wird die geschichtliche Entwicklung durch den Einsatz verbesserter Isolierstoffe in der Kabeltechnik. Aus der Nachrichtentechnik wurde zunächst Mitte des vergangenen Jahrhunderts die Guttapercha-Isolation übernommen. Später wurde vulkanisierter Naturkautschuk oder Jutegespinnst, anfänglich mit Wachs, später mit Ölimprägnierung, eingesetzt. Der Bau von Mittel- und Hochspannungskabeln gelang erst später mit der Ölpapier-Isolation.

Alle für die Praxis bedeutsamen festen und flüssigen Isolierstoffe in der Kabeltechnik und in allen anderen Bereichen, wie die Isolieröle und synthetischen flüssigen Isolierstoffe, die anorganischen festen Isolierstoffe, wie Porzellan, Glas, Glimmer, eber auch alle bedeutenden Thermoplaste, Elastomere und Duroplaste werden behandelt. Jedoch werden im gesamten Teil IV die für die Isolationstechnik entscheidenden Eigenschaften aus grundsätzlichen Betrachtungen hergeleitet oder wenigstens verständlich gemacht, indem aus den physikalisch-chemischen Eigenschaften das Verhalten bei hoher Feldbeanspruchung bis hin zum Durchschlag erklärt wird. Es soll damit das Verständnis für eine gezielte Isolierstoffentwicklung und einen erfolgreichen Isolierstoffeinsatz geweckt werden.

Abgesehen von den in Teilbereichen weit entwickelten Berechnungsverfahren, wie z. B. der Feldberechnung, ist der Hochspannungstechniker auch heute noch in sehr starkem Maße auf experimentelle Untersuchungen angewiesen. Für fast alle Anlagen und Geräte der elektrischen Energieversorgung sind darüber hinaus Spannungsprüfungen verbindlich vorgeschrieben. Für die richtige Dimensionierung müssen daher auch die notwendigen Prüfeinrichtungen (Teil V) vorhanden sein, mit denen die Spannungsbeanspruchung im Betrieb simuliert werden kann. Für die obligatorischen Spannungsprüfungen ist in den einschlägigen Prüfvorschriften festgelegt, welche Prüfspannungsarten zu wählen sind. Jeder Hochspannungstechniker. muß daher eingehende Kenntnisse über die Erzeugung und Messung hoher Prüfspannungen mitbringen. Die grundlegenden und bewährten Verfahren zur Erzeugung von Wechsel-, Gleich- und Stoßspannungen, aber auch von Stoßströmen werden eingehend behandelt. Die Lastabhängigkeit der erzeugten Prüfspannung oder des Prüfstromes machen eingehende Kenntnisse des Hochspannungstechnikers über die Verfahren zu deren Erzeugung unabdingbar. Neuere Prüfmethoden mit veränderten Spannungsformen zur gezielten Qualitätsprüfung neuer Produkte und die Möglichkeit, mit Hilfe von Bausätzen bei geringem Gesamtaufwand flexible Generatoren einzusetzen, stellen ebenfalls hohe Anforderungen an den Hochspannungstechniker. Aus den gleichen

Gründen hat die Hochspannungsmeßtechnik besondere Bedeutung. Die eingeführten Verfahren zur Messung von Gleich-, Wechsel- und Stoßspannungen aber auch von Stoßströmen werden nach den physikalisch-technischen Meßprinzipien geordnet behandelt. Wegen der besonderen Bedeutung in der modernen Isolationstechnik ist ein besonderer Abschnitt der Teilentladungsmeßtechnik gewidmet. Auch in diesem Kapitel soll dem Leser ein Einstieg in die grundsätzlichen Zusammenhänge ermöglicht werden, so daß er in die Lage versetzt wird, nicht nach Rezepten, sondern aus dem Verständnis heraus Problemlösungen zu finden.

Dieser im ganzen Band gewahrte Grundsatz zusammen mit den in diesem Buch behandelten Grundgebieten der Hochspannungstechnik: die Überspannungsentwicklung, die elektrischen Felder, die gasförmigen, flüssigen und festen Isolierstoffe sowie die Erzeugung und Messung hoher Spannungen rechtfertigen es, diesem Buch den Untertitel „Theoretische und praktische Grundlagen für die Anwendung" zu geben.

II Beanspruchungen von Isolieranordnungen

1 Aufgaben von Isolierungen

Eine zentrale Aufgabe der Hochspannungstechnik ist die elektrische Isolation spannungsführender Leiter und Apparate. Isolieranordnungen sind wesentliche Bestandteile hochspannungstechnischer Konstruktionen, die im allgemeinen außer der elektrischen Isolierung noch weitere Aufgaben zu erfüllen haben, insbesondere die Aufnahme oder Übertragung mechanischer Kräfte, die Ableitung thermischer Verluste oder den äußeren Abschluß der Isolierung gegenüber der Umgebung als Gehäuse.

Die jeweils zu erfüllenden. Aufgaben bestimmen Konzeption, Aufbau und Formgebung sowie die einzusetzenden Isolierstoffe einer konkreten Isolieranordnung [1.1; 1.2]. Eigenschaften und Verhalten von gasförmigen, festen und flüssigen Isolierstoffen werden in den Kapiteln 7 und 8 ausführlich dargestellt.

Für die Realisierung technischer Isolierungen ist festzuhalten, daß eine unter allen Gesichtspunkten optimale Lösung selten zu finden ist. Man muß im allgemeinen einen Kompromiß anstreben, der zu einer funktionstüchtigen, die erforderliche Lebensdauer sichernden und wirtschaftlichen Lösung führt.

1.1 Elektrische Aufgaben

Um spannungsführende Leiter gegeneinander und gegen Erde zu isolieren, benötigt eine Isolieranordnung während ihrer gesamten Lebensdauer eine ausreichende elektrische Festigkeit, die den Beanspruchungen durch die Betriebsspannung und die gelegentlich auftretenden kurzzeitigen Überspannungen gewachsen sein muß.

Maßgebend für die elektrische Festigkeit ist zunächst die Durchschlagfestigkeit der eingesetzten Isolierstoffe. Sie ist allerdings keine Materialkonstante, sondern von zahlreichen Einflußgrößen abhängig wie Dicke des Isolierstoffs, Formgebung der Elektroden, Kurvenform, Frequenz und Dauer der Spannungsbeanspruchung, Temperatur, Feuchtigkeit und Druck. Diese Einflußgrößen bestimmen z. B., ob sich ein elektrischer Durchschlag im Isolierstoffvolumen oder entlang einer Grenzfläche benachbarter unterschiedlicher Isolierstoffe entwickelt; sie entscheiden auch, ob sich ein Durchschlag infolge hoher Beanspruchung spontan ergibt oder durch lang andauernde Schädigung oder normale Alterung vorbereitet wird. Die Alterung wird sehr stark beeinflußt von der Betriebstemperatur und damit auch von den dielektrischen Verlusten der Isolierung. Besondere Schädigungsmechanismen sind Teilentladungen in Hohlräumen oder an Einschlüssen im Inneren fester oder flüssiger Isolierstoffe und Kriechströme auf Isolierstoffoberflächen. Teilentladungen und Kriechströme führen zu erhöhten Verlusten, sie bewirken aber vor allem eine zunächst räumlich begrenzte thermische und chemische Zerstörung des Isolierstoffs.

Neben der elektrischen Festigkeit ist die elektrische Beanspruchung besonders zu berücksichtigen. Wenn man als ein wichtiges Beispiel Leitungen und Geräte für den Transport die Verteilung elektrischer Energie betrachtet, so sind neben der Dauerbeanspruchung durch die betriebsfrequente Wechselspannung vorübergehende Spannungserhöhungen mit Betriebsfrequenz möglich durch Netzfehler oder Reglerabweichungen. Durch Resonanzanregungen oder Kippschwingungen können auch länger dauernde niederfrequente Beanspruchungen entstehen mit von der Betriebsfrequenz abweichenden Frequenzen. Durch Schalthandlungen und beim Einsetzen von Isolationsfehlern entstehen Ausgleichsvorgänge, die transiente Überbeanspruchungen der Isolierungen eines Netzes bewirken können. Die absolut höchsten Spannungsbeanspruchungen entstehen im allgemeinen durch die sogenannten äußeren Überspannungen, zu denen im wesentlichen die durch Blitzeinwirkung verursachten atmosphärischen Überspannungen zählen (s. auch Kapitel 2).

1.2 Mechanische Aufgaben

Isolieranordnungen sind häufig auch Konstruktionsteile mit mechanisch tragenden Eigenschaften, die dementsprechend vielfältige mechanische Aufgaben zu übernehmen haben.

Zugkräfte sind z. B. bei Hängeisolatoren für Freileitungen und bei Betätigungsstangen von Hochspannungsschaltgeräten zu übertragen [1.3]. Druckkräfte nehmen Stützisolatoren für Geräte und Leitungen in Schaltstationen und Prüfanlagen auf, solange der Betrieb störungsfrei verläuft. Infolge der bei Kurzschlüssen auftretenden Stromkräfte können Stützisolatoren vor allem auf Biegung beansprucht werden [1.4]. Wicklungen von Leistungstransformatoren, Stromwandlern, Strombegrenzungs-Drosselspulen und elektrischen Maschinen, dort vor allem im Wickelkopf, erfahren bei Kurzschlüssen radiale und axiale Kräfte, die von den isolierenden Wicklungsabstützungen aufgenommen werden müssen [1.5; 1.6].

Torsionskräfte treten z. B. an Antriebssäulen von Hochspannungs-Trennschaltern auf. Eine Beanspruchung auf Berstdruck erfahren z. B. Gehäuseporzellane von Leistungsschaltern, Druckgasdurchführungen oder Druckgaskondensatoren. Bei Hochspannungswandlern, Prüftransformatoren in Isoliermantelbauweise oder Kondensatordurchführungen dient der äußere Isolator vorwiegend als Gehäuse.

Im Spannungsbereich bis 72,5 kV (Mittelspannungsbereich) lassen sich mit Hilfe der Gießharztechnik sehr rationell Konstruktionsteile fertigen, die elektrische und mechanische Beanspruchungen aufnehmen und gleichzeitig die Gehäusefunktion übernehmen können [1.7; 1.8].

In all diesen Fällen sind neben den elektrischen Kenngrößen natürlich auch mechanische Kenngrößen wie Zug-, Druck- und Biegefestigkeit, Elastizitätsmodul, Härte oder Schlagzähigkeit von Bedeutung.

1.3 Thermische Aufgaben

In elektrischen Leitungen und Apparaten entstehen Verluste, und zwar als Stromwärmeverluste in den Leitern, als Eisenverluste in den magnetischen Kreisen und als dielektrische Verluste in den Isolierstoffen. Im allgemeinen müssen diese Verluste durch die Isolieranordnung abgeführt werden, wobei deren lebensdauerbestimmende Betriebstemperatur die zulässige Grenze nicht überschreiten darf. Zulässige Wärmedehnungen und die Wärmeformbeständigkeit können zusätzliche Grenzen setzen [1.1].

Elektrische Isolierstoffe haben im allgemeinen eine geringe Wärmeleitfähigkeit, amorphe Stoffe eine noch geringere als kristalline. Deshalb können nur relativ geringe Verlustleistungen mittels Wärmeleitung durch die Isolierung abgeführt werden. Bei größeren Verlustleistungen muß der Wärmetransport durch natürliche oder erzwungene Konvektion von Gasen oder isolierenden Flüssigkeiten unterstützt werden (z. B. Spaltkonvektion in SF_6-isolierten Schaltanlagen, Wasserstoffkühlung großer Generatoren, Ölkühlung von Leistungstransformatoren). In Sonderfällen wird auch die direkte Wasserkühlung im Inneren der Leiter, z. B. bei Generatorwicklungen und Kabeln eingesetzt; zur Überbrückung der Leiter-Erdspannung muß das Wasser entionisiert werden [1.13].

1.4 Chemische Beständigkeit und Umweltverträglichkeit

Isolierstoffe stehen in ständigem Kontakt mit anderen Werkstoffen, eventuell auch mit anderen Isolierstoffen, oder mit der Umwelt. Durch die Bildung von Oberflächenschichten, durch chemische Zersetzung oder Diffusion können sich die elektrischen Eigenschaften von Isolieranordnungen erheblich verändern.

Besondere Bedeutung hat der Feuchtigkeitseinfluß. Alle organischen Isolierstoffe nehmen durch Diffusion Wasser auf [1.1; 1.2]. Dadurch erhöhen sich sowohl elektrische Leitfähigkeit und dielektrische Verluste als auch die für die kapazitive Feldverteilung verantwortliche Dielektrizitätszahl. Beide Effekte bewirken im allgemeinen eine Verringerung der Durchschlagspannung.

Isolieranordnungen für den Freilufteinsatz haben meist eine äußere Oberfläche aus glasierter Keramik oder Glas, die für andere Stoffe praktisch undurchlässig ist. Eine Minderung der elektrischen Festigkeit kann hier vor allem durch leitfähige Ablagerungen auf der Isolatoroberfläche eintreten. Dem ist durch einen ausreichend bemessenen Kriechweg und durch gute „Selbstreinigungseigenschaften" der Isolatorkontur entgegenzuwirken [1.10].

Elektrische Entladungen können Isolierstoffoberflächen in besonderer Weise beanspruchen. Durch die Einwirkung von Wärme, Ozonbildung oder UV-Strahlung können Oberflächenschichten oder der Isolierstoff selbst zersetzt werden und festigkeitsmindernde Kriechspuren entstehen. Bei Entladungen in feuchter SF_6-Atmosphäre wird hochaggressive Flußsäure gebildet.

1.5 Beispiele typischer Isolieranordnungen

Zu den klassischen Isolieranordnungen zählen Hänge- und Stützisolatoren für Hochspannungsleitungen und Schaltanlagen [1.1].

Bild 1.1 zeigt verschiedene Bauformen von Hängeisolatoren. Kappenisolatoren wurden entwickelt, als die zulässige Zugbelastung von Porzellan noch relativ gering war; der Kraftfluß wird durch Klöppel und Metallkappe so umgeleitet, daß in der Porzellanglocke eine Druckbeanspruchung entsteht. Wegen der kurzen Isolierstoffstrecke zwischen Kappe und Klöppel wird der Kappenisolator zu den „durchschlagbaren Isolatoren" gerechnet. Kappenisolatorketten haben nach wie vor große technische Bedeutung, sie werden heute vielfach auch aus Glasisolatoren aufgebaut.

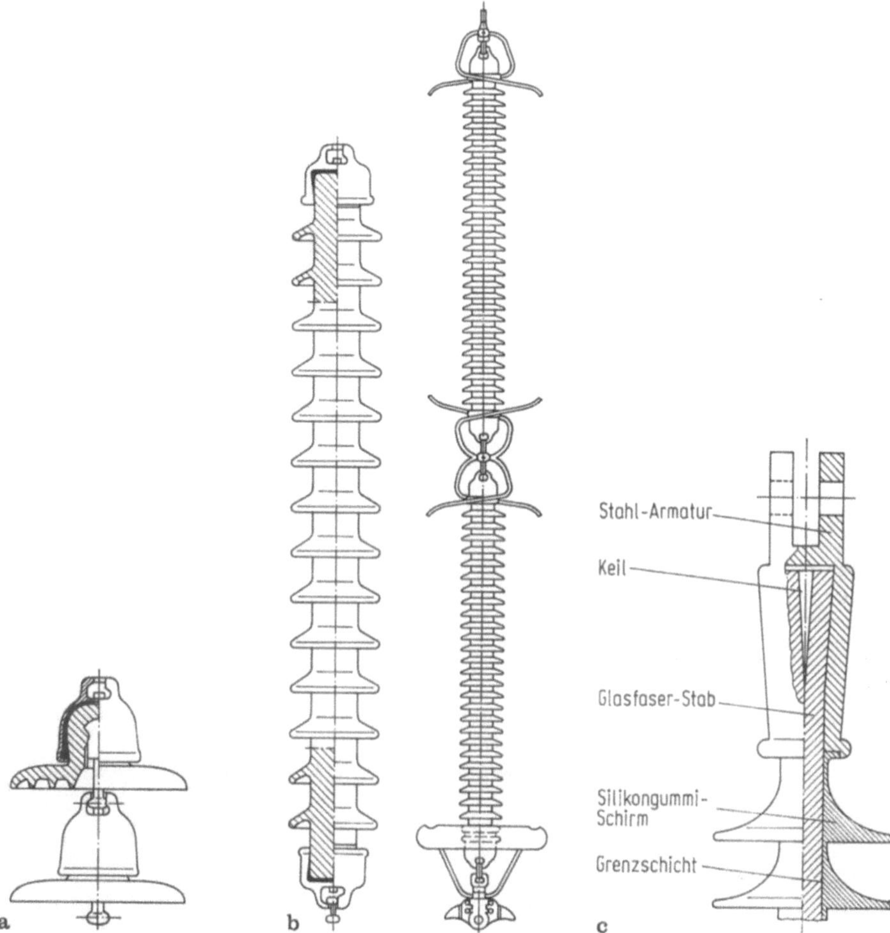

Bild 1.1 Hängeisolatoren. **a** Kette aus Kappenisolatoren; **b** Porzellanlangstab als Einzelisolator und Kette mit Lichtbogenschutzarmaturen; **c** Kunststoff-Verbund-Langstab (Hoechst Ceram Tec).

Seitdem Porzellankörper auch mit hohen Zugkräften von mehr als 10^5 N belastet werden können, spielen Langstabisolatoren eine große Rolle für die Freileitungsisolation. Sie erlauben kürzere Gesamtlängen für die Isolatorketten wegen des geringeren Anteils an metallischen Armaturen.

Noch größere Baulängen können durch Kunststoff-Verbund-Isolatoren erzielt werden. Die Zugkräfte werden hier durch die metallischen Armaturen und einen glasfaserverstärkten Kunststoffstab übernommen, der von Schirmen aus freiluftbeständigem Kunststoff (Silikonkautschuk oder PTFE) umgeben ist [1.9].

Die äußere Formgebung von Freiluftisolatoren wie Zahl, Ausladung und Formgebung der Schirme wird im Hinblick auf die Überschlagfestigkeit bei Verschmutzung, Betauung oder Beregnung festgelegt. Für die Prüfung stehen heute Labormethoden mit künstlicher Verschmutzung zur Verfügung [1.10].

Auch bei Freiluft-Stützisolatoren nach Bild 1.2 steht das Fremdschichtverhalten im Vordergrund der elektrischen Bemessung. Die entscheidende mechanische Beanspruchung ergibt sich hier durch die von Kurzschlußströmen hervorgerufenen Biegekräfte.

Gießharzoberflächen sind im allgemeinen nur bedingt freiluftbeständig, für trockene Innenraumanlagen haben sie aber günstige Eigenschaften. Die Gießharzfertigung bietet den Vorteil, daß auch komplizierte geometrische Formen leicht herzustellen sind, und daß metallische Armaturen eventuell auch innere Schirmelektroden sehr einfach in die Gießform eingebracht und eingegossen werden können [1.7; 1.8].

Metallgekapselte SF_6-isolierte Hochspannungsanlagen sind überwiegend nach dem Prinzip der Koaxialleitung aufgebaut. Da eine äußere Verschmutzung nicht möglich ist und das komprimierte SF_6 eine wesentlich höhere elektrische

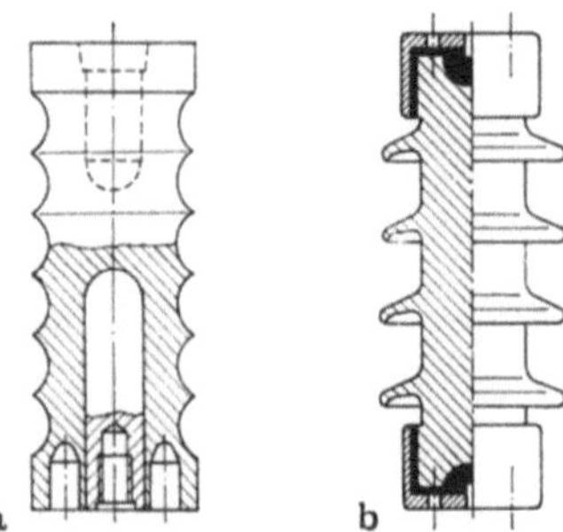

Bild 1.2 Stützisolatoren. **a** Gießharz-Innenraumstützer mit eingegossenen Elektroden zum Anschluß einer Spannungsanzeige; **b** Porzellan-Freiluftstützer.

Festigkeit besitzt als die atmosphärische Luft, ergeben sich völlig andere Stützerkonzepte als für konventionelle Freiluftanlagen. Bild 1.3 zeigt die eingesetzten Grundformen von Stützisolatoren für SF$_6$-Anlagen.

Unter SF$_6$ werden überwiegend Gießharzstützer eingesetzt. Mit Rücksicht auf die bei der Zersetzung von SF$_6$ und Wasser mögliche Bildung von Flußsäure wird als Füllstoff Al$_2$O$_3$ benutzt anstelle des sonst üblichen Quarzmehls.

Der Konusstützer erlaubt durch seine Formgebung und die Ausnutzung der hohen Dielektrizitätszahl des Gießharzformstoffs eine Feldentlastung am Innenleiter und eine nahezu konstante Tangential-komponente der elektrischen Feldstärke auf der Isolatoroberfläche [1.11].

Der Trichterstützer ermöglicht eine besonders kompakte Anordnung der einzelnen Anlagenkomponenten. Durch seinen langen Kriechweg zwischen Innen- und Außenelektrode wird die Tangentialfeldstärke sehr niedrig.

Werden in der Sammelschiene oder in der gesamten Schaltanlage alle drei Leiter eines Drehstromsystems in einer gemeinsamen Kapselung untergebracht, so lassen sich normale zylinderförmige Stützer zwischen Leiter und geerdeter Hülle verwenden. Sollen die Stützer aber gleichzeitig die Schottung benachbarter Gasräume übernehmen, so sind Scheibenstützer nach Bild 1.3c vorzusehen, die auch die elektrische Beanspruchung zwischen den Leitern beherrschen müssen.

Bild 1.4 zeigt drei Beispiele, bei denen der äußere Isolator zusätzlich zu seinen elektrischen Aufgaben die Funktion eines Druckbehälters übernimmt.

Preßgaskondensatoren werden zu Meßzwecken im allgemeinen in Innenräumen benutzt. Das Isolierstoffrohr aus Hartpapier oder glasfaserverstärktem Kunststoff schließt den Meßkondensator mit Hilfe einer aufwendigen Flanschkonstruktion gasdicht ab. Durch die Formgebung der Elektroden wird der Verlauf der Tangentialfeldstärke auf der Isolatorfläche gesteuert.

Bei der gasisolierten Durchführung für SF$_6$-Schaltanlagen besteht eine grundsätzlich ähnliche Aufgabe. Mit Rücksicht auf den möglichen

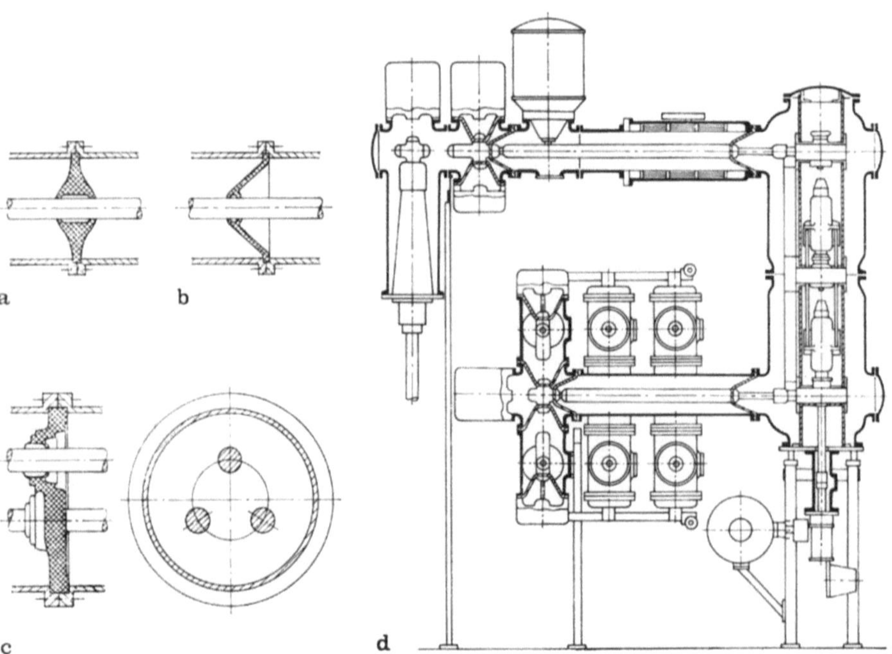

Bild 1.3 Schottisolatoren für metallgekapselte, SF$_6$- isolierte Schaltanlagen. **a** Konusstützer; **b** Trichterstützer; **c** Scheibenstützer für dreipolige Kapselung; **d** Trichterstützer als Konstruktionselement in einer Doppelsammelschienenanlage für 300 kV (AEG).

Freilufteinsatz wird ein geripptes Hohlporzellan als Druckbehälter eingesetzt.

Für Hochspannungs-Leistungsschalter für den Freilufteinsatz mit SF_6 als Isolier- und Lichtbogen-löschmedium werden grundsätzlich Hohlporzellane als Druckbehälter für Schaltkammern und Stützer benutzt. Im Inneren der Hohlporzellane überträgt eine Betätigungsstange aus glasfaserverstärktem Kunststoff die vom erdseitigen Antrieb erzeugten Kräfte für die Kontaktbewegung und die Kompression des Löschgases [1.12].

Höchstspannungskabel werden grundsätzlich als

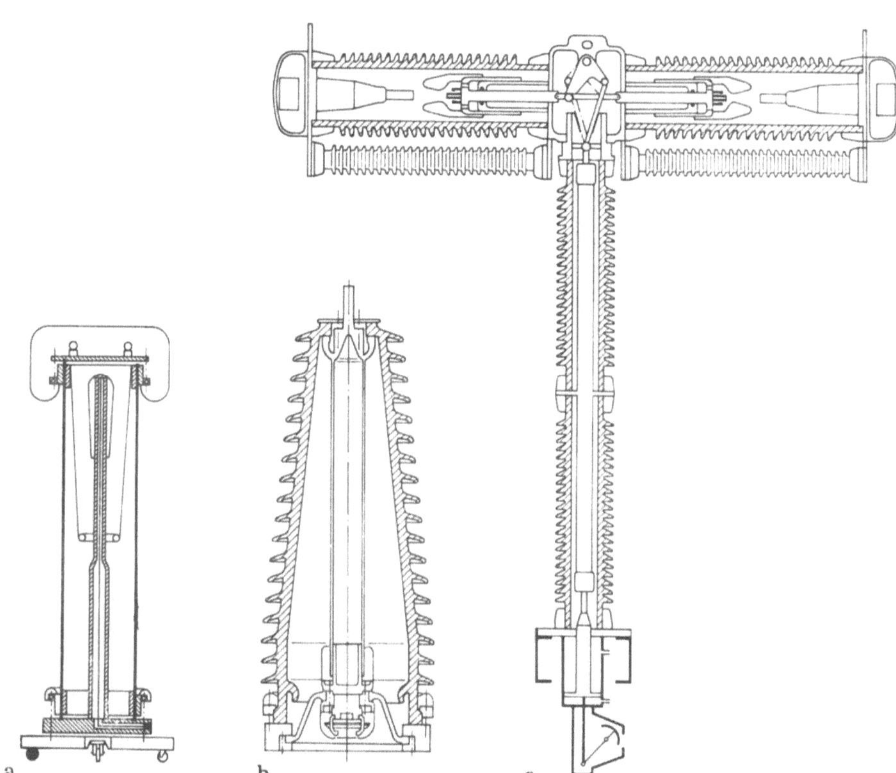

Bild 1.4 Isolierstoffgehäuse als Druckgasbehälter. **a** Preßgaskondensator (H & B); **b** Freiluftdurchführung für SF_6-isolierte Schaltanlagen (BBC); **c** Pol eines SF_6-Leistungsschalters für Freilufteinsatz (AEG).

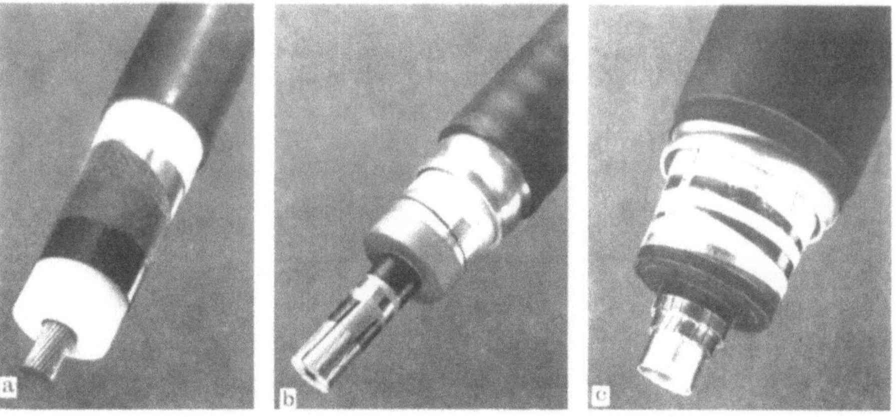

Bild 1.5 Einleiter-Hochspannungskabel. **a** Kabel mit extrudierter VPE-Isolierung für 123 kV (AEG-Kabel); **b** Niederdruck-Ölkabel für 420 kV (AEG-Kabel); **c** Niederdruck-Ölkabel mit Leiterinnenkühlung für 420 kV (Felten & Guilleaume Energietechnik).

einphasige Koaxialleitungen ausgeführt [1.13], (Bild 1.5). Bei Kunststoffkabeln wird die Isolation in einer Schicht extrudiert. Kabel für 420 kV werden bisher ausschließlich mit einer ölimprägnierten Weichpapierisolation hergestellt.

Die ohmschen Verluste im Leiter und die dielektrischen Verluste in der Isolation müssen im allgemeinen durch die Isolation an die Umgebung abgeführt werden. Für hochbelastete Kabel ist die natürliche Kühlung nicht ausreichend, sie kann durch Wasserkühlung entweder des Außenleiters oder des Innenleiters unterstützt werden.

Die Isolierungen von elektrischen Maschinen und Transformatoren sind im Detail sehr kompliziert, sie lassen sich aber im Prinzip auf einfache Grundanordnungen zurückführen.

Die Leiter der Ständerwicklungen großer elektrischer Maschinen sind nach dem Prinzip der Einleiterkabel isoliert (Bild 1.6). Mit Rücksicht auf die elektrischen, thermischen und mechanischen Beanspruchungen werden glimmerhaltige Isolierstoffe eingesetzt. Ständerwicklungen großer Leistung werden durch Leiter-Innenkühlung mit Wasser gekühlt. Besondere Aufmerksamkeit verlangt der Spannungsabbau in den Wickelköpfen am Nutaustritt der Leiter [1.14; 1.15].

In Leistungstransformatoren übernimmt das Öl die Imprägnierung der Papierisolation und die Abfuhr der Verluste. Kühlkanäle und Papierstrecken müssen daher aufeinander abgestimmt sein. Zur Barrierenbildung im Ölraum zwischen den Hochspannungswicklungen und dem Kern werden heute fast ausschließlich Winkelringe aus Celluloseformstoffen verwendet, deren Formgebung dem Verlauf der elektrischen Feldlinien angepaßt wird [1.16].

Die Gießharztechnik gibt die Möglichkeit, gleichzeitig innere und äußere Isolation von Geräten herzustellen (Bild 1.7). Diese Technologie ist allerdings begrenzt auf relativ geringe Spannungen und Leistungen, da nicht beliebig dicke Schichten lunkerfrei hergestellt werden können und die Wärmeleitfähigkeit der Gießharzisolation begrenzt ist. Typische Anwendungsfälle sind Innenraumwandler für Mittelspannungen und Hochspannungs-Prüftransformatoren kleiner Leistung [1.1; 1.17].

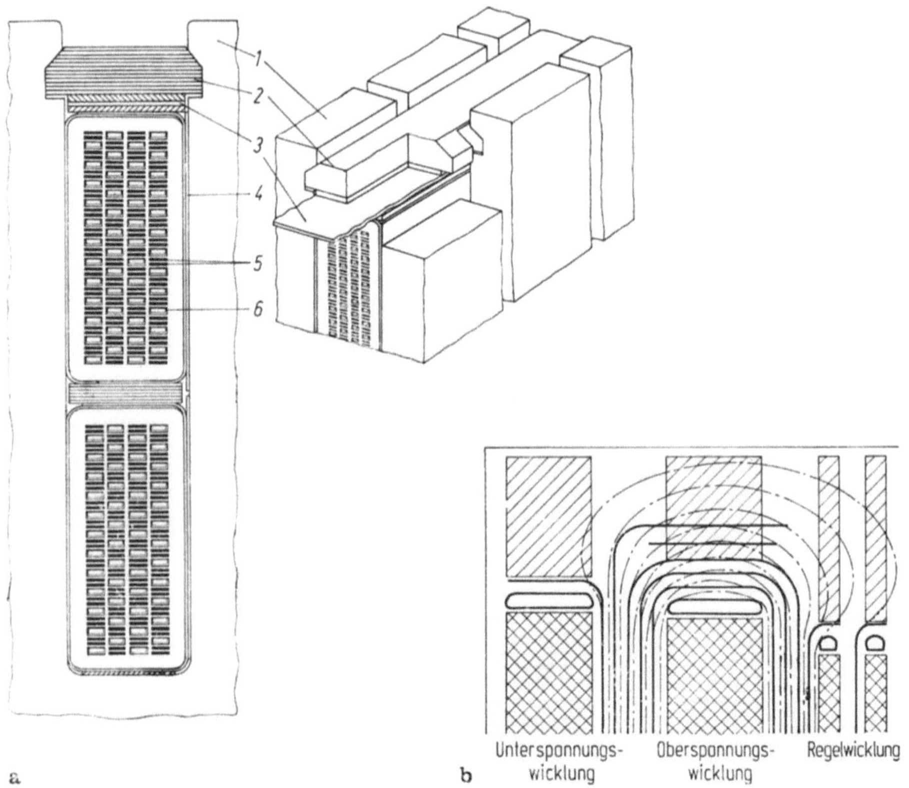

Bild 1.6 Isolation von elektrischen Maschinen und Transformatoren. **a** Ständerwicklung eines Drehstromgenerators mit Leiterinnenkühlung (KWU); *1* Ständerblechpaket, *2* Nutverschlußkeil, *3* Nutkopffeder, *4* Glimmerpapierisolierung, *5* Massivteilleiter, *6* Hohlteilleiter. **b** Jochisolation eines Hochspannungstransformators mit feldkonformen Winkelringen (Weidmann).

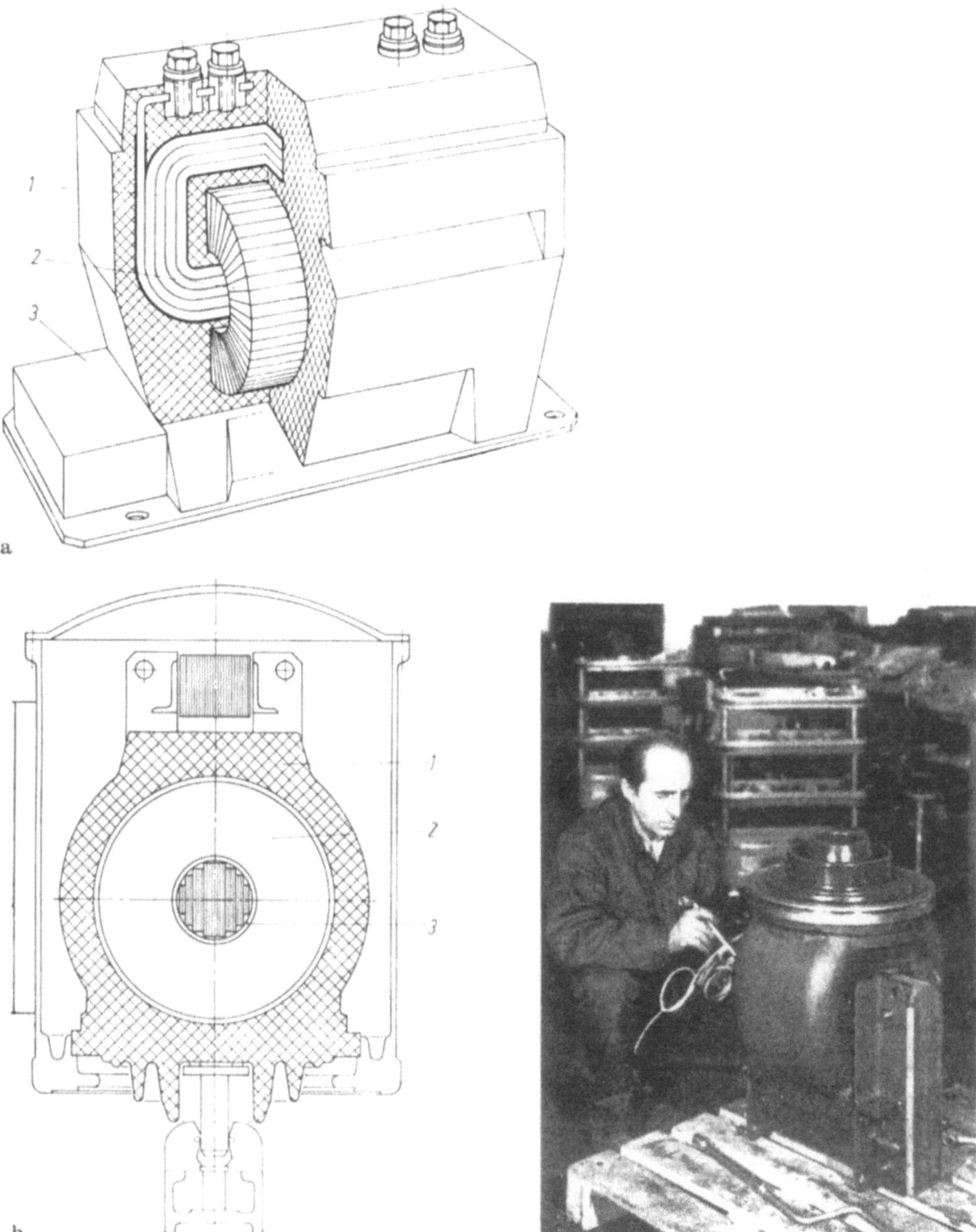

Bild 1.7 Gießharzisolierungen mit Außenabschluß. **a** Vollverguß-Stützerstromwandler für 12 kV (AEG), Schnitt-bild und Ansicht; *1* Primärwicklung, *2* Kern und Sekundärwicklung, *3* sekundärseitiger Anschlußkasten.
b Spannungswandler 123 kV für SF$_6$-isolierte Schaltanlagen (Meßwandlerbau), Querschnitt und Ansicht; *1* äußerer Gießharzkörper, *2* vergossene Primärwicklung, *3* Sekundärwicklung.

2 Elektrische Beanspruchungen von Isolieranordnungen

Eine einzelne Isolieranordnung ist üblicherweise Bestandteil einer größeren Anlage oder eines ganzen Netzes. Die tatsächliche elektrische Beanspruchung dieser Isolierung ergibt sich einmal aus der Spannung an ihren Klemmen, die im allgemeinen durch Anlage oder Netz vorgegeben werden, und zum anderen durch die von der Klemmenspannung hervorgerufene räumlich-zeitliche Spannungsverteilung im Inneren der Isolierung. In diesem Kapitel werden ausschließlich die durch die Anlage oder Netz erzeugten Spannungsbeanspruchungen an den äußeren Klemmen der einzelnen Isolierungen betrachtet.

Die Betriebsspannungen hochspannungstechnischer Anlagen und Netze sind im allgemeinen entweder ein- bzw. dreiphasige Wechselspannung oder Gleichspannung. In Stromrichterschaltungen zur ein- oder mehrstufigen Gleichrichtung hoher Wechselspannungen treten typische Überlagerungen von Gleich- und Wechselspannungen auf. Bei Ausgleichsvorgängen überlagern sich der Betriebsspannung transiente Spannungsverläufe.

Unter den genannten Spannungsformen hat das Drehstromsystem eine überragende Bedeutung für die Erzeugung, den Transport und die Verteilung elektrischer Energie. Die Betrachtungen zur elektrischen Beanspruchung von Isolieranordnungen werden daher beispielhaft für Hochspannungs-Drehstromsysteme angestellt.

2.1 Stationäre Spannungsbeanspruchungen

Erste Grundlagen für die Isolationsbemessung in Drehstromsystemen ist die dauernd zulässige höchste Betriebsspannung U_m. Sie wird als Effektivwert der zwischen zwei Hauptleitern bestehenden Spannung angegeben. In den nationalen und internationalen Vorschriftenwerken [2.1; 2.2] sind für U_m genormte Abstufungen vorgesehen. In Mitteleuropa werden überwiegend Anlagen und Netze mit den folgenden Spannungswerten für U_m betrieben: 7,2/12/24/36/72,5/123/245/420 kV.

In einem symmetrischen Drehstromsystem beträgt der Effektivwert der Leiter-Erd-Spannungen das $1/\sqrt{3}$-fache der Spannung zwischen den Hauptleitern.

Überspannungen werden u. a. durch ihren Scheitelwert gekennzeichnet, der auf den Scheitelwert der dauernd zulässigen höchsten Leiter-Erd-Spannung $\hat{u}_{\curlywedge m}$ bezogen wird. Zur dauernd zulässigen höchsten Betriebsspannung U_m besteht das Zahlenverhältnis:

$$\hat{u}_{\curlywedge m} = \frac{\sqrt{2}}{\sqrt{3}}\, U_m.\qquad(2.1)$$

2.1.1 Zeitweilige Spannungserhöhungen mit Betriebsfrequenz

Durch Isolationsfehler oder als Folge von Schalthandlungen treten zeitweilige Spannungserhöhungen mit Betriebsfrequenz auf, deren Dauer im allgemeinen wenige Sekunden nicht überschreitet. In Ausnahmefällen kann diese Dauer aber auch mehrere Stunden betragen, so z. B. beim Erdschluß in Netzen mit isoliertem Sternpunkt.

Die wichtigsten Ursachen für betriebsfrequente Spannungserhöhungen sind der Erdschluß, die Entlastung großer Generatoren (Lastabwurf) sowie die Entlastung langer Freileitungen (Ferranti-Effekt).

2.1.1.1 Erdschluß

Der einpolige Erdschluß ist der bei weitem häufigste Fehler in Drehstromnetzen. Seine Auswirkungen hängen vor allem von der Behandlung des Netzsternpunkts ab. Der Netzsternpunkt kann entweder starr (widerstandslos) mit Erde verbunden oder über Drosselspulen bzw. ohmsche Widerstände geerdet oder vollständig von Erde isoliert sein.

Bild 2.1 zeigt die wesentlichen Elemente eines symmetrischen Dreiphasensystems. Das Verhalten dieses Netzes bei einpoligem Erdschluß ist für die beiden Grenzfälle des starr geerdeten Sternpunkts ($Z_M = 0$) und des isolierten Sternpunkts ($Z_M = \infty$) elementar zu überblicken.

Starr geerdeter Sternpunkt

Bei starrer Sternpunkterdung ist jeder einpolige Erdschluß ein einpoliger Kurzschluß. Im erdschlußbehafteten Leiter fließt ein Kurzschlußstrom, der von der entsprechenden Phasenspannung getrieben und von der Kurzschlußimpedan

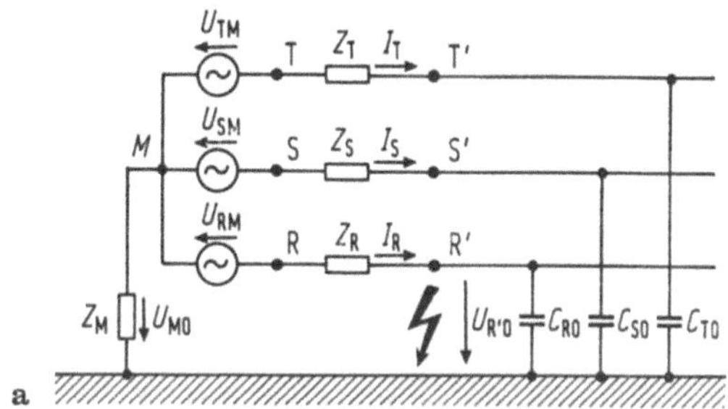

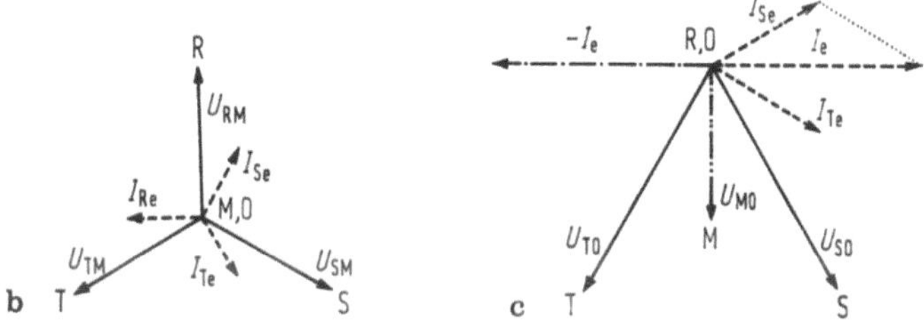

Bild 2.1. Einpoliger Erdschluß im symmetrischen Drehstromsystem. **a** Schaltbild; **b** Zeigerbild des ungestörten Netzes; **c** Zeigerbild für erdschlußbehaftetes Netz (Sternpunkt isoliert, Erdschluß im Leiter R).

des betroffenen Leiters begrenzt wird. Dieser Kurzschlußstrom muß durch Schutzeinrichtungen unterbrochen werden, im allgemeinen durch Leistungsschalter. Die nicht betroffenen Leiter erfahren keine Auswirkungen dieses Fehlers, insbesondere treten keine betriebsfrequenten Spannungserhöhungen auf.

Isolierter Sternpunkt

Besteht keine ständige galvanische Verbindung zwischen Netzsternpunkt und Erde, so bedeutet ein einpoliger Erdschluß nur den Kurzschluß der Erdkapazität des betreffenden Leiters und eine Verlagerung des Spannungsdreiecks, wobei der erdschlußbehaftete Leiter Erdpotential annimmt. Da das System der verketteten Spannungen unverändert bleibt, steigen die Leiter-Erd-Spannungen der nicht vom Erdfehler betroffenen Leiter (U_{S0} bzw. U_{T0}) auf den Wert der verketteten Spannung an; die Spannung zwischen Netzsternpunkt und Erde (U_{M0}) nimmt dabei den Wert der Phasenspannung an (s. Bild 2.1c).

Betriebsfrequente Spannungserhöhungen während eines Erdfehlers werden durch den Erdfehlerfaktor ε beschrieben. Dieser ist das Verhältnis des Effektivwerts der höchsten betriebsfrequenten Leiter-Erd-Spannung eines nicht vom Fehler betroffenen Leiters zum Effektivwert der betriebsfrequenten Leiter-Erd-Spannung, die ohne Fehler am betrachteten Ort vorhanden wäre. Im Beispiel des Bildes 2.1c beträgt der Erdfehlerfaktor für die Leiter S und T jeweils $\sqrt{3}$.

Bild 2.1c zeigt außerdem, daß die Leiter-Erd-Spannungen U_{S0} bzw. U_{T0} über die Leiter-Erd-Kapazitäten C_{S0} bzw. C_{T0} die jeweils um 90° gegenüber der Spannung voreilenden Ladeströme I_{Se} bzw. I_{Te} bewirken. Über die Fehlerstelle fließt die Summe dieser beiden Ströme

$$I_e = I_{Se} + I_{Te}.$$

I_e eilt der Spannung U_{M0} zwischen Sternpunkt und Erde um 90° vor. Der über die Fehlerstelle fließende Strom kann kompensiert werden, wenn zwischen Sternpunkt und Erde eine Drosselspule geschaltet wird, die aufgrund der Phasenspannung genau den Strom $-I_e$ bewirkt. Die dazu benötigte Sternpunktimpedanz beträgt

$$Z_M = j\,\frac{1}{3\omega C_0} \tag{2.2}$$

mit $C_{S0} = C_{T0} = C_0$.

Da die meisten einpoligen Erdschlüsse durch äußere Überschläge von Freiluftisolatoren entstehen, können diese Erdschlußlichtbögen gelöscht werden, indem der Lichtbogenstrom durch Kompensation zu Null gemacht wird. Diese Möglichkeit wurde 1919 von W. Petersen erkannt [2.3], deshalb werden Erdschlußlöschspulen auch als Petersen-Spulen bezeichnet.

Die vollständige Kompensation des Erdschlußstroms ist praktisch nicht möglich infolge der immer vorhandenen ohmschen Ableitung und eines eventuellen Fehlabgleichs der Erdschlußlöschspule. Eine sichere automatische Löschung von Erdschlußlichtbögen ist daher nur in Netzen mit einer relativ geringen räumlichen Ausdehnung möglich.

Allgemeine Sternpunkterdung

Der allgemeine Fall der Netzsternpunkterdung wird üblicherweise mit Hilfe der symmetrischen Komponenten behandelt [2.4].

Danach lassen sich Drehstromnetze beschreiben durch die symmetrischen Impedanzen des Nullsystems $\underline{Z}_0$, des Mitsystems $\underline{Z}_1$ und des Gegensystems $\underline{Z}_2$. Solange ein Netz keine nennenswerten Belastungen durch Drehfeldmaschinen aufweist, sind die Impedanzen $\underline{Z}_1$ und $\underline{Z}_2$ gleich.

Die Behandlung eines erdschlußbehafteten Netzes (Erdschluß im Leiter R, vgl. Bild 2.1) mit Hilfe der symmetrischen Komponenten ergibt für die stationären Spannungen der gesunden Leiter

$$\underline{U}_{S0} = U_\curlywedge \left(\underline{a}^2 - \frac{\underline{Z}_0/\underline{Z}_1 - 1}{\underline{Z}_0/\underline{Z}_1 + 2} \right), \qquad (2.3)$$

$$\underline{U}_{T0} = U_\curlywedge \left(\underline{a} - \frac{\underline{Z}_0/\underline{Z}_1 - 1}{\underline{Z}_0/\underline{Z}_1 + 2} \right). \qquad (2.4)$$

Hierin ist $\underline{a}$ der Drehstromoperator $\exp(-j\,120°) = -1/2 + j\,\sqrt{3}/2$.

Die Gln. (2.3) und (2.4) sind im Bild 2.2 in der Form des Erdfehlerfaktors ε graphisch dargestellt.

Für die üblichen Methoden der Sternpunktbehandlung ergeben sich die in Tabelle 2.1 zusammengestellten Werte der Zahlenverhältnisse Z_0/Z_1 und der Phasenwinkeldifferenz $\varphi_1 - \varphi_0$; dabei sind φ_0

Tabelle 2.1. Typische Kennwerte für erdschlußbehaftete Drehstromnetze, abhängig von der Sternpunktbehandlung

Sternpunkterdung	Z_0/Z_1	$\varphi_1 - \varphi_0$	ε
starre Erdung	0	—	1,0
niederohmige induktive Erdung	1…5	$\approx 0°$	1,1…1,4
hochohmige induktive Erdung	20…100	$\approx 0°$	1,65…1,75
Erdschlußlöschspule	$\rightarrow \infty$	—	1,75…1,85
hochohmige ohmsche Erdung	20…100	$\approx 90°$	1,75…1,80
isolierter Sternpunkt	20…200	$\approx 180°$	1,75…1,95

bzw. φ_1 die Phasenwinkel der Impedanzen $\underline{Z}_0$ bzw. $\underline{Z}_1$.

2.1.1.2 Lastabwurf

Die Erregung der Generatoren wird so eingestellt, daß unter Berücksichtigung der vom Belastungsstrom an den Streureaktanzen von Generator, Blocktransformator und Netz hervorgerufenen Spannungsabfälle die erforderliche Betriebsspannung im Netz gehalten wird. Bei einer plötzlichen

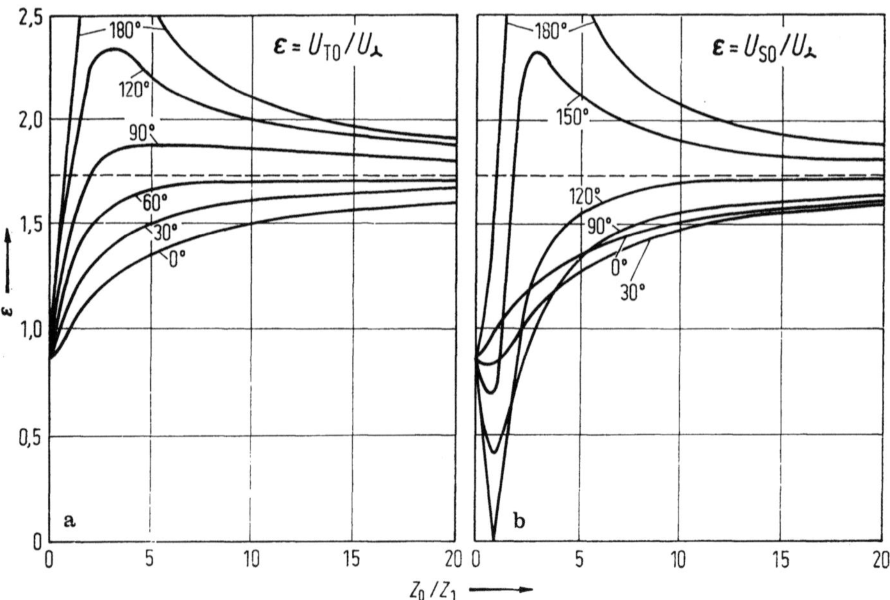

Bild 2.2. Erdfehlerfaktor ε bei Erdschluß im Leiter R in Abhängigkeit vom Verhältnis von Nullimpedanz Z_0 und Mitimpedanz Z_1. Parameter ist die Phasenwinkeldifferenz $\varphi_1 - \varphi_0$. **a** Erdfehlerfaktor für den Leiter T; **b** Erdfehlerfaktor für den Leiter S.

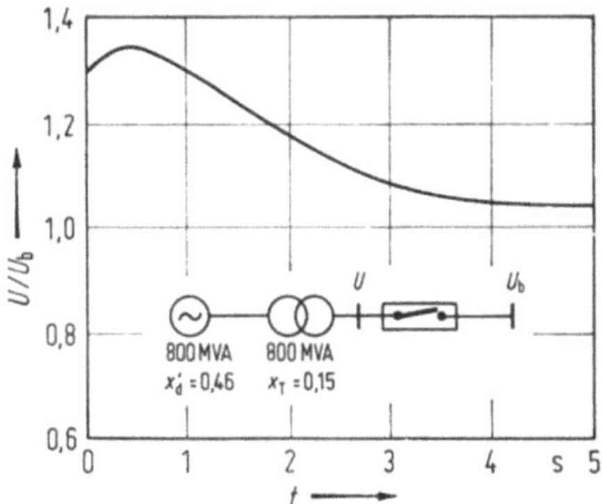

Bild 2.3. Spannungsverlauf im Netz beim Ausschalten der Nennleistung eines 800-MVA-Blocks (Turbogenerator und Transformator).

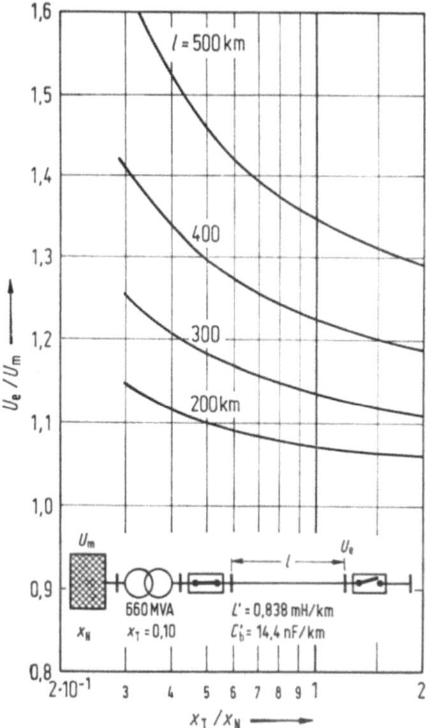

Bild 2.4. Betriebsfrequente Spannungserhöhungen am Ende einer 420-kV-Freileitung nach Abwurf der Nennlast in Abhängigkeit vom Verhältnis der bezogenen Kurzschlußreaktanzen von Transformator und speisendem Netz für unterschiedliche Leitungslängen.

Entlastung steht daher nach dem schnellen Abklingen der subtransienten Vorgänge die transiente Spannung des Generators im Netz an, bis diese durch die Einwirkung von Regelung und Erregerkreis verringert wird.

Die durch einen solchen Lastabwurf entstehende Spannungserhöhung ist vor allem bei großen Blockeinheiten wegen deren großer Streureaktanz beträchtlich. So kann die bezogene transiente Längsreaktanz großer Synchrongeneratoren Werte um 0,5 annehmen, die bezogene Streureaktanz großer Maschinentransformatoren Werte zwischen 0,15 und 0,20.

Als Beispiel zeigt Bild 2.3 Ausmaß und Dauer der zeitweiligen Spannungserhöhung nach dem Ausschalten der Nennleistung eines 800-MVA-Blocks (Erregung mit umlaufendem Gleichrichter) [2.5].

2.1.1.3 Ferranti-Effekt

Eine unbelastete Leitung nimmt einen mit ihrer Länge zunehmenden kapazitiven Ladestrom auf, der aufgrund der Spannungen an den Längsinduktivitäten der Leitung eine Spannungserhöhung zum Leitungsende hin bewirkt (Ferranti-Effekt) [2.5].

Die Spannung am Leitungsende U_e läßt sich aus den Leitungsgleichungen berechnen als

$$U_e = \frac{U_a}{\cos\left(\dfrac{\omega}{v}\,l\right)} = \frac{U_a}{\cos\left(\omega l\,\sqrt{L'C'}\right)}. \qquad (2.5)$$

Darin bedeuten U_a den Effektivwert der Spannung am Leitungsanfang, $\omega = 2\pi f$ die Kreis-Betriebsfrequenz, v die Lichtgeschwindigkeit als Phasengeschwindigkeit der Leitung und l die Leitungslänge; L' und C' sind der Induktivitätsbelag bzw. der Kapazitätsbelag der Leitung.

Betrachtet man den Ferranti-Effekt im Zusammenhang mit einem Lastabwurf, so ist zusätzlich der Spannungsanstieg am Leitungsanfang zu berücksichtigen, der infolge der Entlastung und des nun fließenden kapazitiven Ladestroms der leerlaufenden Leitung auftritt. Dementsprechend wird die insgesamt entstehende Spannungserhöhung am Leitungsende vor allem in solchen Netzen sehr hoch werden, deren Kraftwerksleistung noch klein ist im Vergleich zur Übertragungsfähigkeit der Leitung und die somit einen relativ hohen induktiven Innenwiderstand aufweisen. Quantitative Zusammenhänge können aus dem in Bild 2.4 dargestellten Beispiel entnommen werden.

In stark vermaschten Netzen mit hoher Kurzschlußleistung und entsprechend kleiner Netzimpedanz ist der Ferranti-Effekt ohne Bedeutung, zumal leerlaufende Leitungen großer Länge hier unwahrscheinlich sind.

2.1.2 Zeitweilige Spannungserhöhungen mit einer von der Betriebsfrequenz abweichenden Frequenz

Entstehen in einem Netz Resonanzkreise, so können zeitweilige Spannungserhöhungen auftreten, wenn diese Kreise mit einer Netzober-

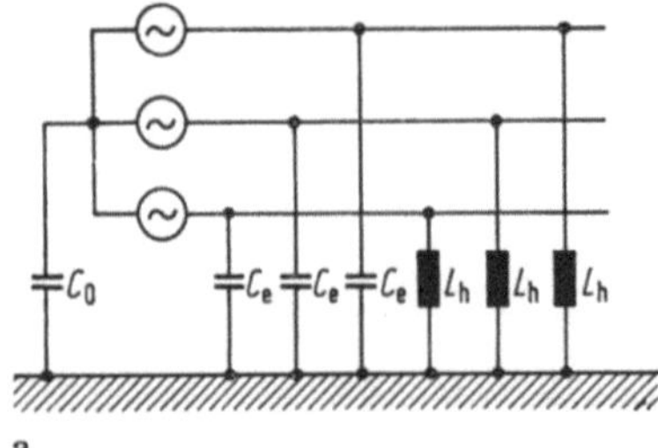

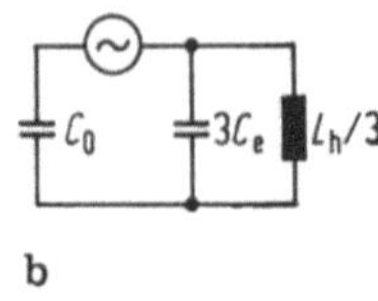

a

b

Bild 2.5. Induktive Spannungswandler in einem Mittelspannungsnetz mit isoliertem Sternpunkt. **a** vollständiges Schaltbild; **b** reduziertes Ersatzschaltbild für die dritte Oberschwingung. L_h Hauptinduktivität der Spannungswandler (nichtlinear), C_e Leiter-Erd-Kapazität, C_0 Sternpunkt-Erd-Kapazität.

schwingung in Resonanz geraten. Ursachen für eine solche Anregung sind überwiegend nichtsinusförmige Magnetisierungsströme von Transformatoren und Spannungswandlern. Bei Einschaltungen mit starker Sättigung des Eisenkreises durch Ausgleichsglieder im Fluß (sog. Rush-Einschaltungen) sind die Oberschwingungsströme besonders ausgeprägt, in jedem Fall ist die dritte Oberschwingung stark dominierend [2.6].

In Kreisen mit Eisensättigung sind unter bestimmten Bedingungen auch stationäre Kippschwingungen möglich, deren Frequenz nicht an die Betriebsfrequenz gebunden ist und diese auch unterschreiten kann [2.7].

Die für Spannungserhöhungen durch Resonanzen oder Kippschwingungen erforderlichen Existenzbedingungen sind im tatsächlichen Netzbetrieb nur äußerst selten erfüllt. Grundsätzlich möglich sind solche Spannungserhöhungen aber in einer Vielzahl von Netzkonfigurationen, so daß hier nur einige typische Beispiele angegeben werden können.

2.1.2.1 Resonanzen

Eine Anordnung, die relativ häufig zu Spannungserhöhungen durch Resonanz führt, ist ein Mittelspannungsnetz mit isoliertem Sternpunkt, ausgerüstet mit induktiven Spannungswandlern (Bild 2.5).

Bekanntlich hat die dritte Oberschwingung und alle durch 3 teilbaren Oberschwingungen des Magnetisierungsstroms in allen Leitern gleiche Phasenlage. Diese Ströme heben sich daher im Sternpunkt nicht auf und müssen über die Sternpunktkapazität C_0 fließen. Ist z. B. in einem freigeschalteten Feld die Erdkapazität C_e sehr klein, so fließt der größte Anteil des Oberschwingungsstroms über C_0. Bei den für Mittelspannungsnetze üblichen Größenordnungen ist Resonanz der dritten Oberschwingung möglich mit entsprechenden Spannungserhöhungen an C_0 und L_h.

Durch die Schaltung der Spannungswandler im Dreieck kann der Oberschwingungsstrom im Sternpunkt vermieden werden.

Ein weiterer praktisch bedeutsamer Fall entsteht durch das einpolige Einschalten oder zweipolige Ausschalten eines unbelasteten Transformators infolge einer Fehlfunktion von Schalter oder Sicherungen (Bild 2.6).

Für einen starr geerdeten Netzsternpunkt ergibt sich das reduzierte Ersatzschaltbild nach Bild 2.6 b. Gegebenenfalls ist im Zuge des Reihenschwingkreises aus $2/3\,L_h$ und $2\,C_e$ noch die Sternpunkt-Erd-Impedanz zu berücksichtigen, bei isoliertem Netzsternpunkt die Sternpunktkapazität C_0. Je nach der Größe der Netzelemente kann sich auch hier eine Resonanz für die dritte Oberschwingung ergeben.

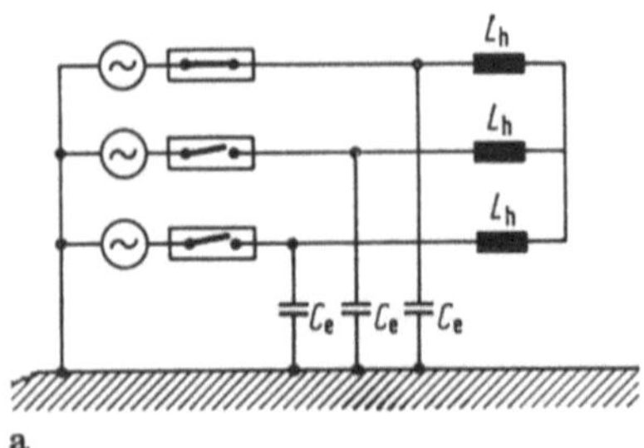

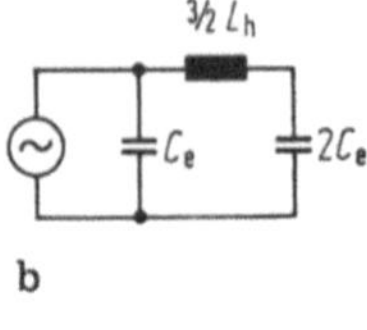

a

b

Bild 2.6. Einpoliges Einschalten bzw. zweipoliges Ausschalten eines unbelasteten Transformators. **a** vollständiges Schaltbild; **b** reduziertes Ersatzschaltbild. L_h Hauptinduktivität des Transformators (nichtlinear), C_e Leiter-Erd-Kapazität.

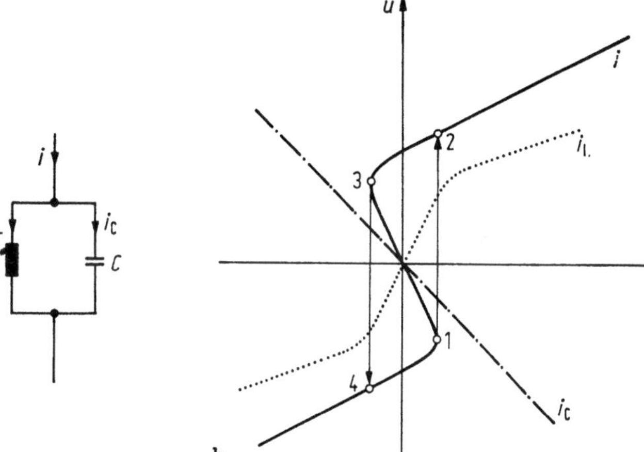

Bild 2.7. Kippvorgänge in einer Parallelschaltung aus Kapazität und nicht-
linearer Induktivität. **a** Schaltbild;
b Strom-Spannungs-Kennlinie
(Momentanwerte).

Weitere resonanzverdächtige Anordnungen ergeben sich beim Einschalten unbelasteter Kabel
oder Freileitungen (Resonanz der Induktivität
des speisenden Netzes und der Leitungskapazitä-
ten) sowie beim Einschalten von Kompensationsdrosselspulen oder unbelasteten Transformatoren
über lange Leitungen (Resonanz der Leitungs-
kapazitäten mit der Hauptinduktivität von
Drosselspule oder Transformator) [2.5].
Die Wahrscheinlichkeit für das Auftreten kritischer
Spannungserhöhungen ist aber relativ klein, da
bereits bei einer geringfügigen Verstimmung des
Resonanzkreises eine deutliche Absenkung der
Spannungserhöhungen eintritt.

2.1.2.2 Kippschwingungen

Kippvorgänge sind wiederum nur in Schaltkreisen
mit Eisensättigung möglich. Der prinzipielle
Vorgang ist im Bild 2.7 erläutert.
Die nichtlineare Induktivität L ist einer Kapazität
C parallel geschaltet. Bild 2.7b zeigt die Strom-
Spannungs-Kennlinien der Teilströme i_C und i_L
und die daraus hervorgehende Kennlinie der
Parallelschaltung. Wird dieser Schaltung ein
Strom i eingeprägt, mit positiver Steigung vom
Nullpunkt beginnend, so wird die Kennlinie im
vierten Quadranten durchlaufen. Im Punkt 1
ist der maximal mögliche Strom in diesem Quadran-
ten erreicht, eine weitere Steigerung des Stroms
ist nur auf der Kennlinie im ersten Quadranten
möglich. Der Betriebspunkt muß dabei von
Punkt 1 nach Punkt 2 springen, wobei die an der
Parallelschaltung anliegende Spannung u ihr
Vorzeichen wechselt und eine wesentlich größere
Amplitude annimmt; dieser Vorgang wird als
„Kippen" bezeichnet. Bei abnehmendem Strom
findet ein analoger Kippvorgang von Punkt 3
nach Punkt 4 statt.

Grundsätzlich ähnliche Erscheinungen sind möglich in einer $L\text{-}C$-Reihenschaltung an einer veränderlichen Eingangsspannung [2.5].
Kippschwingungsfähige Kreise können angestoßen,
d. h. über einen Kippunkt getrieben werden, durch
Überspannungsvorgänge oder Fehlschaltungen,
wie z. B. durch einpolige Ausschaltung unbelasteter Transformatoren [2.7].
Sofern es sich dabei um einen einfachen Kipp-
schwingkreis wie im Bild 2.7 handelt, stellt
sich nur ein einmaliger, an sich unkritischer
Kippvorgang ein. Ergeben sich jedoch Schaltungen
mit wenigstens zwei kippfähigen Schwingkreisen,
so können auch stationäre Kippschwingungen
mit entsprechenden Überspannungen entstehen.
Derartige Fälle ergeben sich in Drehstromkreisen,
z. B. in der Anordnung nach Bild 2.5, in der die
Kapazität C_0 bzw. $3C_e$ mit der resultierenden
Hauptinduktivität der Spannungswandler $1/3\,L_L$
zwei kippfähige Schwingkreise bildet.
Stationäre Kippschwingungen in Drehstromnetzen
sind immer Ausgleichsvorgänge über Erde.
Die verketteten Spannungen werden davon
praktisch nicht beeinflußt. Die möglichen Frequenzen sind neben der Grundfrequenz die
zweite und dritte Oberschwingung und die zweite
Unterschwingung. Die zweite Oberschwingung
sowie die zweite Unterschwingung verlaufen
nicht genau synchron mit der Betriebsfrequenz,
dadurch entstehen Schwebungen [2.8]. Unter-
schwingungen sind auch kritisch wegen der
starken Übersättigung der Eisenkreise.

2.2 Schaltspannungen

Schalthandlungen führen im betroffenen Netz
zu Ausgleichsvorgängen, die mit transienten
Überspannungsbeanspruchungen verbunden sein

können. Da die Ursache derartiger Überspannungen stets im betroffenen Netz selbst liegt, werden diese Spannungen als „innere Überspannungen" oder „Schaltspannungen" bezeichnet. Der Begriff „Schaltspannung" wird auch dann benutzt, wenn die Ursache eines Ausgleichsvorgangs nicht eine gezielte Schalthandlung sondern der Eintritt eines Netzfehlers ist, z. B. ein einpoliger Erdschluß.

2.2.1 Bezugsgröße für die Amplitude von Schaltspannungen

Die Verläufe von Schaltspannungen sind mit den Betriebseigenschaften eines Drehstromnetzes eng verknüpft, es ist daher naheliegend, ihre Amplituden auf die Betriebsspannung zu beziehen. Der Scheitelwert der Leiter-Erd-Spannung, der nach (2.1) mit der dauernd zulässigen höchsten Betriebsspannung U_m korrespondiert, wird als Bezugsgröße benutzt.

Bei der Beurteilung des tatsächlichen Scheitelwerts einer Schaltspannung $\hat{u}_E$ ist zu berücksichtigen, daß die unterlagerte betriebsfrequente Leiter-Erd-Spannung U_E die höchste *dauernd* zulässige Leiter-Erd-Spannung $U_m/\sqrt{3}$ übersteigen kann, z. B. aufgrund eines unmittelbar vorausgehenden Lastabwurfs. Dementsprechend ist der Überspannungsfaktor k_E definiert als

$$k_E = \frac{\hat{u}_E}{\sqrt{2}\,U_m/\sqrt{3}} = \frac{\hat{u}_E}{\sqrt{2}\,U_E}\,\frac{U_E}{U_m/\sqrt{3}} = \gamma_E \delta. \quad (2.6)$$

Der Überspannungsfaktor ist also darstellbar als Produkt des, den transienten Anteil kennzeichnenden Überspannungsfaktors γ_E und der betriebsfrequenten Spannungserhöhung δ.

Aus der Vielzahl möglicher Schaltspannungsursachen sollen für die weitere Betrachtung beispielhaft solche herausgegriffen werden, die nach Amplitude und zeitlichem Verlauf eine besondere Bedeutung für die Isolationsbemessung haben. Es sind dies das Einschalten langer unbelasteter Leitungen, das Ausschalten induktiver Ströme mit Stromabriß vor dem natürlichen Stromnulldurchgang sowie das Einsetzen von Erdschlüssen.

2.2.2 Einschalten langer unbelasteter Leitungen

Bei der Betrachtung des Einschaltens langer unbelasteter Leitungen erweist sich die Trennung von betriebsfrequentem und transientem Anteil der Schaltspannung als besonders zweckmäßig. Am Ende der unbelasteten Leitung ergibt sich eine betriebsfrequente Spannungserhöhung aufgrund des Ferranti-Effekts (s. Abschnitt 2.1.1.3) sowie durch die vom kapazitiven Leitungsstrom

verursachte Spannungserhöhung an der induktiven Kurzschlußreaktanz des speisenden Netzes. Beide Anteile werden durch Kompensationsdrosselspulen an Anfang und Ende der Leitung stark beeinflußt.

Der transiente Anteil der Schaltspannung am Ende der unbelasteten Leitung entsteht durch die Reflexion der Einschaltwanderwelle. Er ist vor allem abhängig von der Differenzspannung zwischen speisendem Netz und einzuschaltender Leitung im Augenblick des Einschaltens. Die höchsten Amplituden sind möglich, wenn die Leitung als Folge einer vorausgegangenen dreipoligen Kurzunterbrechung noch eine Restladung aufweist; dieser Schaltfall wird auch als „Wiedereinschaltung" bezeichnet. Schalten die drei Pole des Leistungsschalters nicht gleichzeitig ein, so entstehen zwischen den Leitern eines Drehstromsystems Koppelwellen, die zu einer weiteren geringfügigen Erhöhung der größten transienten Schaltspannung führen.

Da die Kontaktbewegung beim Einschalten und der zeitliche Verlauf der Netzspannung normalerweise nicht synchronisiert sind, sind die Differenzspannung im Einschaltaugenblick und damit der transiente Anteil der Schaltspannung statistisch verteilt.

Die wesentlichen Einflußgrößen für die am Ende einer eingeschalteten Leitung auftretende Schaltspannung werden durch einige Ergebnisse einer Modellstudie demonstriert [2.9].

Bild 2.8 zeigt als Untersuchungsobjekt eine über einen Transformator versorgte 765-kV-Leitung. Überspannungsfaktor k_E und betriebsfrequente Spannungserhöhung δ sind im Bild 2.9 angegeben als Funktion der Leitungslänge l und des Kompensationsgrades Q_L/Q_C. Die statistische Abhängigkeit des transienten Anteils vom Augenblickswert der Netzspannung im Einschaltmoment ist durch die Angabe eines Streubandes für k_E gekennzeichnet.

In Höchstspannungsnetzen mit Betriebsspannungen von 420 kV und mehr können die Schaltspannungen beim Wiedereinschalten von unbelasteten Leitungen für die Isolationsbemessung entscheidend werden. Die wirtschaftliche Aus-

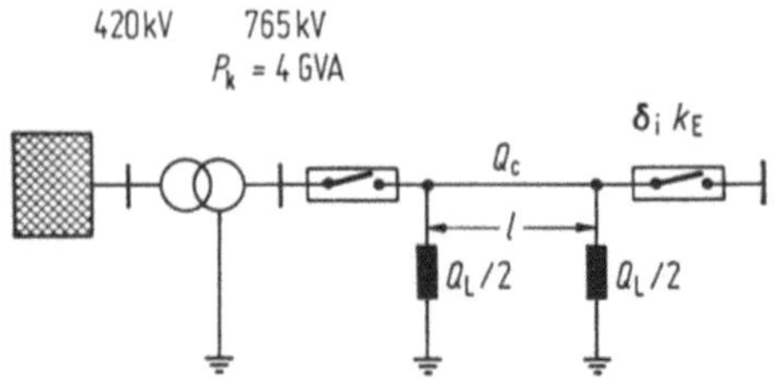

Bild 2.8. Einschalten einer 765-kV-Freileitung. l Leitungslänge in km, Q_L Blindleistung der Kompensationsdrosselspulen, Q_C Lade-Blindleistung der Leitung, P_k Kurzschlußleistung des speisenden Netzes.

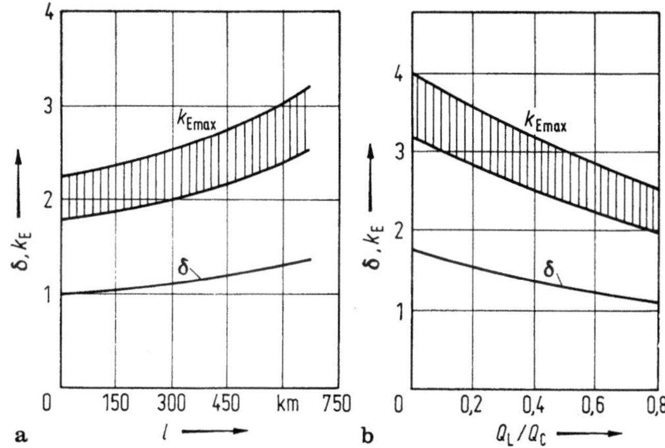

Bild 2.9. Einschalten einer 765-kV-Leitung nach Bild 2.8. Überspannungsfaktor k_E und betriebsfrequente Spannungserhöhung δ am Leitungsende. **a** Einfluß der Leitungslänge l; $Q_L/Q_C = 0{,}5$; **b** Einfluß des Kompensationsgrades Q_L/Q_C; $l = 600$ km.

legung der Isolation erfordert dann die Begrenzung dieser Schaltspannungen. Außer der Absenkung des betriebsfrequenten Anteils durch Kompensation der Ladeleistung kommt dafür vor allem die Begrenzung des transienten Anteils durch Einschaltwiderstände in Frage. Nach Bild 2.10a wird die Leitung zur Zeit t_0 über einen konzentrierten Widerstand R_e und eine Hilfsschaltstrecke eingeschaltet. Nach dem Abklingen des transienten Einschaltvorgangs wird R_e durch die Hauptschaltstrecke kurzgeschlossen, im allgemeinen nach $t_e = 10\ldots 15$ ms. Bild 2.10b zeigt, daß der transiente Anteil der Schaltspannung ein flaches Minimum durchläuft, wenn der Einschaltwiderstand dem Wellenwiderstand der Leitung Z gleich ist. Durch mehrstufige Einschaltwiderstände kann der transiente Anteil noch weiter reduziert werden; von dieser Möglichkeit wird aber praktisch kein Gebrauch gemacht.

Umfangreiches Material über Schaltspannungen beim Ein- und Wiedereinschalten von Höchstspannungsleitungen hat die Cigré-Arbeitsgruppe 13-02 aus Schaltversuchen und Modelluntersuchungen zusammengetragen [2.10]. Eine Zusammenfassung dieser Ergebnisse zeigt Bild 2.11, in dem die jeweils ermittelten Überspannungsfaktoren der sogenannten statistischen Überspannung sowie deren Verteilung für unterschiedliche Netze angegeben sind. Die statistische Überspannung einer Versuchsreihe ist der Spannungswert, der für gleiche Schaltfälle von nur 2% der Ergebnisse überschritten wird.

Die untersuchten Netze wiesen im Detail erhebliche Unterschiede auf, dadurch ergaben sich selbst für die maximalen Überspannungsfaktoren teilweise große Streuungen. Die Überspannungsfaktoren für Wiedereinschalten mit Einschaltwiderstand sind überdies unerwartet klein und

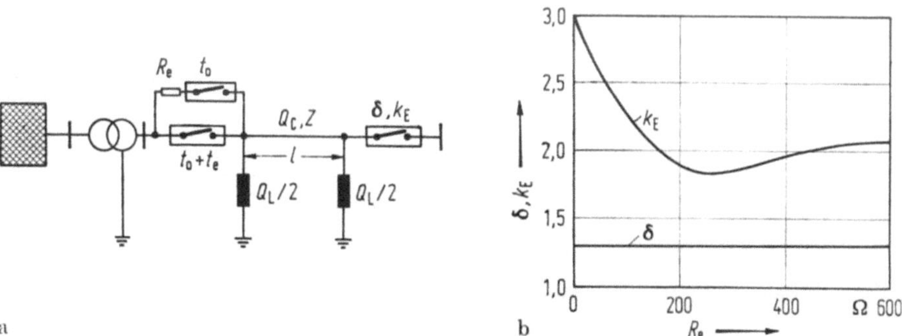

Bild 2.10. Dämpfung der transienten Schaltspannung beim Einschalten langer unbelasteter Leitungen nach Bild 2.8 durch Einschaltwiderstände. **a** Schaltbild; **b** Einfluß des Widerstandswerts auf den Überspannungsfaktor $k_{E\,max}$. $l = 600$ km; $Q_L/Q_C = 0{,}5$; $Z = 275\,\Omega$; $t_e = 15$ ms.

fügen sich nicht in den Gesamtzusammenhang ein; das ist auf ein zu kleines Kollektiv untersuchter Netze dieser Gattung zurückzuführen.

2.2.3 Ausschalten kleiner induktiver Ströme

Solange induktive Ströme in ihrem natürlichen Stromnulldurchgang einwandfrei unterbrochen werden, können durch den Ausschaltvorgang keine Überspannungen erzeugt werden. Da das Löschvermögen der Leistungsschalter aber für die Unterbrechung großer Kurzschlußströme ausgelegt werden muß, werden kleine Ströme so intensiv beblasen, daß der Schaltlichtbogen instabil werden kann und bereits vor dem natürlichen Stromnulldurchgang erlischt. Dieser Vorgang wird auch „Stromabriß" genannt.

Besteht der auszuschaltende Netzteil nach Bild 2.12 aus einer verlustarmen Induktivität, so schwingt die im Augenblick des Stromabrisses

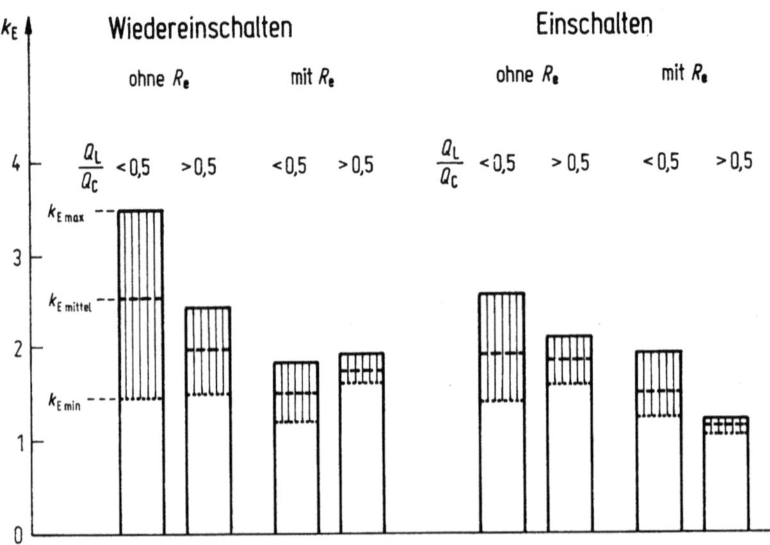

Bild 2.11. Maximale Überspannungsfaktoren $k_{E\,max}$ für das Ein- bzw. Wiedereinschalten unbelasteter Leitungen mit bzw. ohne Einschaltwiderstand bei unterschiedlichen Kompensationsgraden aus internationalen Vergleichsuntersuchungen [2.10].

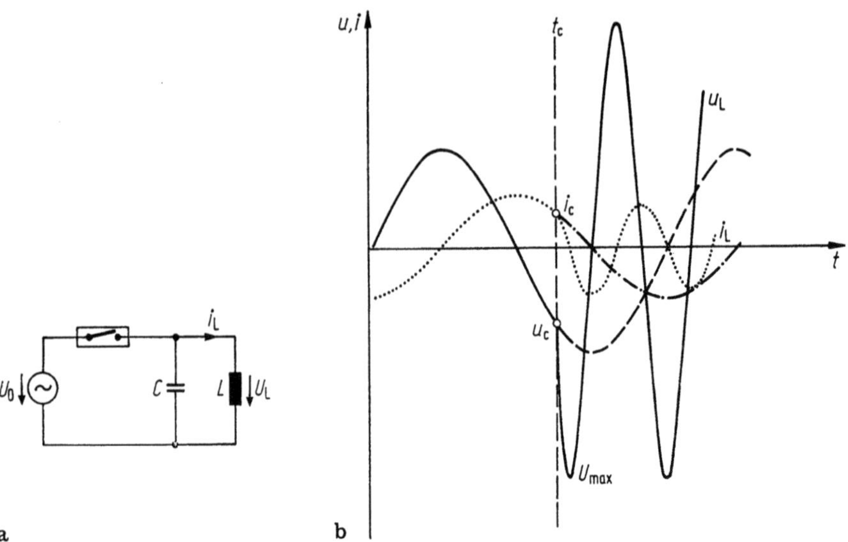

Bild 2.12. Stromabriß beim Ausschalten kleiner induktiver Ströme. a Prinzipschaltbild; b Oszillogramm der Ströme und Spannungen. t_c Augenblick des Stromabrisses, i_c Stromaugenblickswert in L zur Zeit t_c, u_c Spannungsaugenblickswert in C zur Zeit t_c.

durch den Strom i_c in der Induktivität L gespeicherte Energie $0{,}5Li_c^2$ in die Parallelkapazität C um und lädt diese auf.

Solange Verluste vernachlässigt werden können und die Schaltstrecke nicht wiederzündet, nimmt die Kapazität die maximale Spannung u_{max} an:

$$u_{max} = \sqrt{u_c^2 + \frac{L}{C}\, i_c^2}\,, \qquad (2.7)$$

wenn die Kondensatorspannung im Augenblick des Stromabrisses den Wert u_c hat.

Die Kreisfrequenz des Ausgleichsvorgangs ω_c beträgt:

$$\omega_c = 1/\sqrt{LC}\,. \qquad (2.8)$$

Bezieht man die Schaltspannung u_{max} nach (2.7) auf den Scheitelwert der treibenden Spannung $\hat{u}_0$ und berücksichtigt, daß für den stationären betriebsfrequenten Strom in L gilt

$$i_L \omega L = \hat{u}_0,$$

so wird

$$\frac{u_{max}}{\hat{u}_0} = \sqrt{\frac{u_c^2}{\hat{u}_0^2} + \frac{\omega_c^2}{\omega^2}\,\frac{i_c^2}{i_L^2}}\,. \qquad (2.9)$$

Im ungünstigsten Fall kann der Strom in seinem Scheitelwert abgerissen werden. Dafür ist $i_c = i_L$ und $u_c = 0$. Dafür ergibt (2.9)

$$\frac{u_{max}}{\hat{u}_0} = \frac{\omega_c}{\omega}\,.$$

Die hier zusammengestellten Gleichungen scheinen nahezulegen, die Höhe der Schaltspannung durch eine Vergrößerung der Parallelkapazität C zu reduzieren. Man muß aber berücksichtigen, daß bei den meisten Leistungsschaltern der Instabilitätspunkt durch eine Vergrößerung der Kapazität zu höheren Stromwerten hin verschoben wird, so daß diese Maßnahme selten zu einer Verkleinerung der Schaltspannungsamplitude führt [2.11]. In kritischen Fällen ist ein Schutz durch Überspannungsableiter oder durch spannungsabhängige Widerstände parallel zu den Schaltstrecken vorzusehen [2.12].

Eine besondere Gefährdung liegt vor beim Ausschalten festgebremster Asynchronmotoren oder Asynchronmotoren im Anlauf sowie beim Ausschalten von Kompensationsdrosselspulen oder von Netztransformatoren, die außer einer induktiv belasteten Tertiärwicklung keine weitere Last führen [2.13].

Der Anlaufstrom von Asynchronmotoren weist den größtmöglichen induktiven Anteil auf. Dementsprechend wird bei einem Stromabriß während des Anlaufs die in den Induktivitäten des

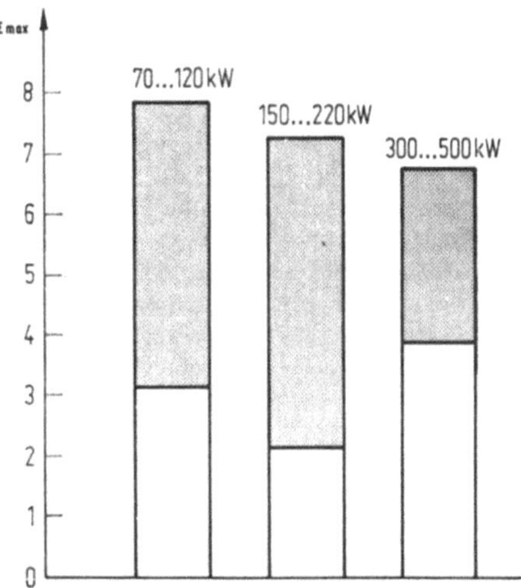

Bild 2.13. Verteilung der maximalen Schaltspannungsfaktoren $k_{E\,max}$ für die Leiter-Erd-Spannung für das Ausschalten von anlaufenden Mittelspannungs-Asynchronmotoren.

Motors gespeicherte Energie maximal. Die nach einem Stromabriß entstehende Schaltspannung hängt ganz wesentlich ab von den Kapazitäten der Ständerwicklung und der Kabelverbindung zwischen Motor und Schalter.

Internationale Vergleichsmessungen haben bestätigt, daß die maximalen Schaltspannungsamplituden mit steigender Motorleistung (abnehmende Induktivität, steigende Kapazität) kleiner werden [2.13]. Im Bild 2.13 sind die jeweils ermittelten *maximalen* Überspannungsfaktoren dieser Vergleichsuntersuchung zusammengestellt; das Kollektiv 300 bis 500 kW ist dabei relativ schwach besetzt.

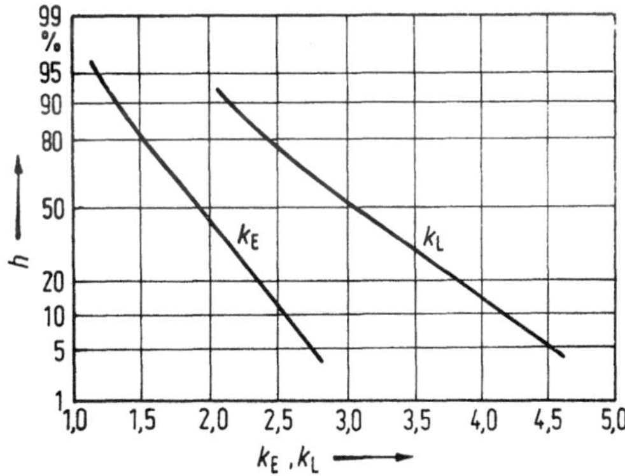

Bild 2.14. Ausschalten eines 100-MVA-, 220/110-kV-Netztransformators bei induktiver Belastung zwischen 6 und 18 MVA. Summenhäufigkeitsverteilung der Überspannungsfaktoren. k_E Überspannungsfaktor für die Leiter-Erd-Spannung, k_L Überspannungsfaktor der Leiter-Leiter-Spannung.

Als weiteres Beispiel zeigt Bild 2.14 die Summenhäufigkeitsverteilung der Überspannungsfaktoren beim Ausschalten eines induktiven belasteten Netztransformators [2.5].

Bei der Beurteilung der Angaben in Bild 2.14 ist zu beachten, daß die Schaltspannungen zwischen Leiter und Erde sowie zwischen den Leitern jeweils auf den Scheitelwert der betriebsfrequenten Leiter-Erd-Spannung bezogen sind. Würde man stattdessen die Schaltspannungen auf den Scheitelwert der entsprechenden Betriebsspannungen beziehen, so würden die Verläufe von k_E und k_L praktisch zusammenfallen.

Bei den hier betrachteten Schalthandlungen treten natürlich auch Ausgleichsvorgänge über den geöffneten Schaltstrecken auf. Die Amplituden dieser Schaltspannungen können die Spannungsfestigkeit der Schaltstrecken übersteigen, vor allem wenn die Kontakte ihre Endstellung noch nicht erreicht haben. In diesen Fällen treten je nach den individuellen Bedingungen von Netzwerk und Schalter einzelne oder Folgen von Wiederzündungen auf, wodurch die Schaltspannungsamplituden begrenzt werden [2.11]. Die Wiederzündungen führen allerdings zu steilen Spannungszusammenbrüchen, welche die Isolation schwingungsfähiger Wicklungen hoch beanspruchen.

Unter Umständen ist durch die Frequenz der Wiederzündfolgen auch eine Resonanzanregung von Wicklungsabschnitten möglich.

2.2.4 Transiente Spannungen bei Erdschlüssen

Im Abschnitt 2.1.1.1 sind die stationären Spannungserhöhungen dargestellt, die sich durch einpolige Erdschlüsse abhängig von der Sternpunktbehandlung ergeben. Es versteht sich von selbst, daß der Übergang in einen neuen stationären Zustand einen Ausgleichsvorgang bewirkt, dessen Spannungsamplitude sich ergibt aus der Differenz der stationären Spannung unmittelbar vor bzw. nach dem Erdschlußeinsatz.

Bild 2.15 zeigt die Verhältnisse für ein einfaches Drehstromnetz gemäß Bild 2.1 mit isoliertem Sternpunkt bzw. mit Erdschlußlöschspule. Die stationären Spannungen der gesunden Leiter werden hier auf den Wert der verketteten Spannung angehoben. Die Amplituden der transienten Erdschlußspannungen hängen ab vom Augenblick des Erdschlußeinsatzes.

Tritt der Erdschluß z. B. in dem Zeitpunkt ein, für den u_R seinen negativen Scheitelwert $-\hat{u}_\lambda$

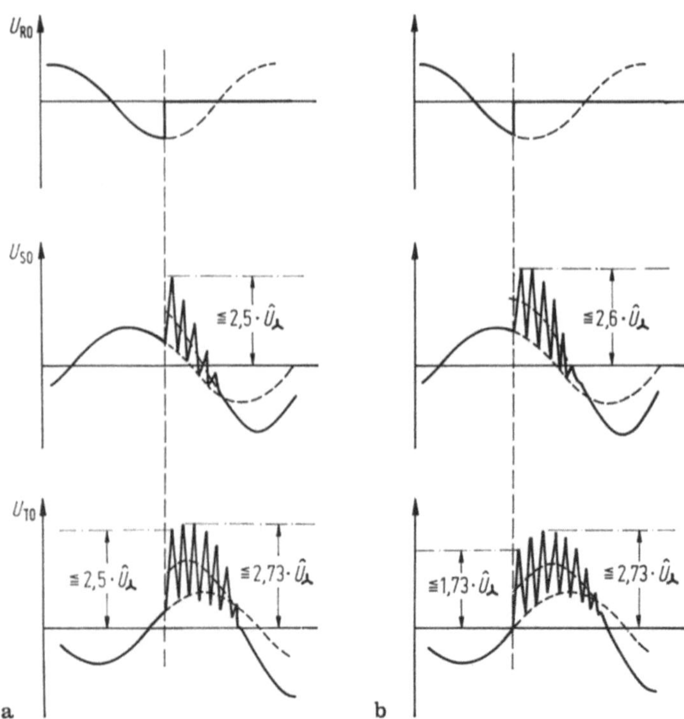

Bild 2.15. Transiente Spannungen beim Einsatz eines einpoligen Erdschlusses in einem Netz mit isoliertem Sternpunkt oder Erdschlußlöschspule. **a** Erdschlußeinsatz mit höchster Amplitude des Ausgleichsvorgangs. **b** Erdschlußeinsatz mit höchster Amplitude der stationären Erdschlußspannung.

erreicht hat (Bild 2.15a), so ist der Augenblickswert der übrigen stationären Leiter-Erd-Spannungen jeweils 0,5 $\hat{u}_\curlywedge$ vor und $\sqrt{3}\,\hat{u}_\curlywedge \cos 30°$ nach dem Einsatz des Erdschlusses; der Ausgleichsvorgang hat hier mit $1\hat{u}_\curlywedge$ seine maximal mögliche Amplitude. Unterstellt man ein ungedämpftes Überschwingen, so wird die erste Schaltspannungsamplitude $\hat{u}_{E1}$ für beide Leiter:

$$\hat{u}_{E1} = \hat{u}_\curlywedge(2\,\sqrt{3}\cos 30° - 0,5) = \hat{u}_\curlywedge \cdot 2,50.$$

Im weiteren Verlauf eines ungedämpften Ausgleichsvorgangs können die Scheitelwerte der stationären Leiter-Erd-Spannung und des Ausgleichsvorgangs zeitlich zusammentreffen. Im Bild 2.15a tritt dieser Zustand zuerst in der Phase T ein; dabei wird

$$\hat{u}_{E,T} = \hat{u}_\curlywedge(\sqrt{3} + 1) = \hat{u}_\curlywedge \cdot 2,73.$$

In Bild 2.15b ist ein um 30° früher einsetzender Erdschluß angenommen. Der Leiter S erreicht hier unmittelbar nach dem Erdschluß den maximal möglichen Augenblickswert der stationären Spannung von $\sqrt{3}\,\hat{u}$; der Ausgleichsvorgang hat jetzt eine Amplitude von $(\sqrt{3} - \cos 30°)\,\hat{u}$. Dementsprechend ist für den Leiter S

$$\hat{u}_{E,S} = \hat{u}_\curlywedge[2\,\sqrt{3} - (\sqrt{3} - \cos 30°)] = \hat{u}_\curlywedge \cdot 2,60.$$

Für den Leiter T beträgt die erste Schaltspannungsamplitude

$$\hat{u}_{E,T1} = \hat{u}_\curlywedge 2 \cdot \frac{1}{2} \cdot \sqrt{3} = \hat{u}_\curlywedge \cdot 1,73.$$

Im ungedämpften Fall würde auch hier maximal erreicht werden:

$$\hat{u}_{E,T} = \hat{u}(\sqrt{3} + 1) = \hat{u} \cdot 2,73.$$

Die sich tatsächlich einstellende Erdschlußüberspannung ist abhängig vom Augenblick des Erdschlußeinsatzes und damit grundsätzlich statistisch verteilt. In großen Netzen mit einem hohen Kabelanteil können in einiger Entfernung vom Erdschlußort höhere Schaltspannungsamplituden auftreten. Bild 2.16 zeigt Summenhäufigkeitsverteilungen von Erdschlußüberspannungen aufgrund von Messungen in 24-kV- und 123-kV-Netzen [2.14].

Hochspannungsnetze mit einer Betriebsspannung von mehr als 123 kV werden überwiegend mit niederohmiger Sternpunkterdung betrieben. Bei einem einpoligen Erdschluß ergeben sich dadurch geringere stationäre Spannungserhöhungen des Sternpunkts und der gesunden Leiter; dementsprechend verringern sich auch die transienten Erdschlußüberspannungen. Netze mit einem niederohmig geerdeten Sternpunkt haben einen Erdfehlerfaktor von höchstens 1,4. Unterstellt man eine realistische Dämpfung der transienten Überspannungen mit einem Überschwingfaktor von 1,6, so sind Erdschlußüberspannungen von maximal 1,7 zu erwarten.

Dieser Wert erscheint relativ klein, er hat aber dennoch große praktische Bedeutung. Die Erdschlußüberspannung kann nur noch durch eine geringere Impedanz zwischen Sternpunkt und Erde verringert werden, was aber mit Rücksicht auf die Größe des einpoligen Kurzschlußstroms unerwünscht ist. Gezielte Maßnahmen zur Reduzierung anderer Schaltspannungen — z. B. der Einsatz mehrstufiger Einschaltwiderstände (vgl. Abschnitt 2.2.2) — finden in der maximalen Amplitude der Erdschlußüberspannung ihre sinnvolle Grenze.

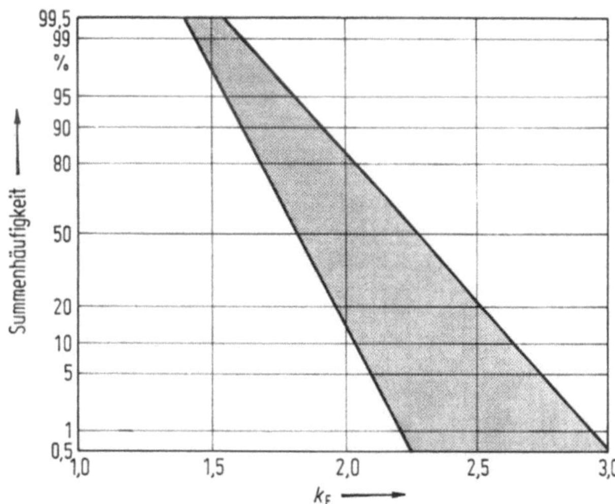

Bild 2.16. Summenhäufigkeitsverteilungen von Erdschlußüberspannungen in 24-kV- und 123-kV-Netzen mit Erdschlußlöschspule.

2.2.5 Kennzeichnung von Schaltspannungen für Prüfzwecke

In den nationalen und internationalen Vorschriften ist für Isolationsprüfungen mit Schaltstoßspannungen ein unipolarer, aperiodischer Spannungsstoß vorgeschlagen mit einer Stirnzeit von 250 µs und einer Rückhalbwertszeit von 2 500 µs [2.14; 2.15]. Diese Festlegung erfolgte hauptsächlich im Hinblick auf die Schaltspannungsfestigkeit langer Luftstrecken, die je nach Schlagweite für Stirnzeiten um 200 µs ein Festigkeitsminimum aufweisen (vgl. auch die Abschnitte 7.6.5 und 9.3). Tatsächlich weisen Schaltspannungen aber vielfältige Formen auf, so daß die Anwendung der genormten Spannungsform nicht immer die angemessene Beanspruchung eines Prüflings darstellt. Dieses gilt z. B. für die Beanspruchung schwingungsfähiger Prüflinge, insbesondere für Transformatorwicklungen [2.17].

2.3 Blitzüberspannungen

2.3.1 Entstehung und Kenndaten von Blitzentladungen

Ausgangspunkt von Blitzentladungen sind Raumladungswolken, die sich in der Atmosphäre vor allem durch warme Aufwinde bei hoher Luftfeuchtigkeit bilden [2.18]. Das Entstehen solcher Raumladungswolken, die dazu erforderlichen Bedingungen sowie die der eigentlichen Blitzentladung vorausgehenden Vorgänge sind im Abschnitt 7.8 ausführlich dargestellt.

Für die durch Blitzentladung hervorgerufenen Beanspruchungen technischer Isolieranordnungen ist vor allem bedeutsam, welche Amplituden Blitzströme aufweisen, wie ihr zeitlicher Verlauf ist und welche Polarität sie haben.

Etwa 80% aller Blitzentladungen transportieren negative Ladung zur Erde; sie bestehen aus einer negativen Hauptentladung und meist mehreren negativen Folgeentladungen durch denselben Blitzkanal in einem zeitlichen Abstand zwischen 10 und 100 ms (negative Erdblitze). Positive Erdblitze haben meist keine Folgeentladungen, in seltenen Fällen wenige negative Folgeblitze [2.19].

Die Summenhäufigkeitsverteilung der beobachteten Blitzstromamplituden zeigt einen 50-%-Wert von etwa 30 kA. Aufgrund des relativ großen Anteils der steilen negativen Folgeblitze an der Grundgesamtheit aller Blitzentladungen beträgt der 50-%-Wert der Summenhäufigkeitsverteilung der Blitzstromsteilheiten etwa 30 kA/µs [2.20].

Für die Blitzgefährdung einer Leitung ist weiterhin die Häufigkeit von Blitzentladungen im Gebiet dieser Leitung bedeutsam. In der Meteorologie wird die Anzahl der jährlichen Gewittertage eines bestimmten Gebietes durch den Isokeraunischen Pegel IP beschrieben. Die Anzahl der Erdblitze je Quadratkilometer und Jahr ist etwa 0,1 bis 0,2 IP; in Mitteleuropa treten je Jahr und Quadratkilometer etwa 2 bis 4 Erdblitze auf [2.18].

2.3.2 Entstehung von Blitzüberspannungen

In einem Hochspannungsnetz können nur Freileitungen und Freiluftschaltanlagen von unmittelbaren Blitzstromwirkungen betroffen werden. Es lassen sich drei grundsätzlich verschiedene Arten der Isolationsbeanspruchung durch Blitzentladungen unterscheiden: der direkte Blitzeinschlag in ein Leiterseil, der rückwärtige Überschlag und der indirekte Blitzeinschlag [2.20].

2.3.2.1 Direkter Blitzeinschlag in ein Leiterseil

Ist ein Leiterseil einer Freileitung Ausgangspunkt der Fangentladung, so tritt der Blitzstrom direkt in das Leiterseil ein und teilt sich dort im allgemeinen zu gleichen Teilen auf in beide Richtungen der Leitung. Bei hinreichend langen Leitungen findet eine wanderwellenmäßige Ausbreitung statt, wobei der in die Leitung eintretende Blitzstrom i am Wellenwiderstand Z der Freileitung eine Spannung $u = 0{,}5iZ$ erzeugt. Der Wellenwiderstand von Hochspannungsfreileitungen liegt je nach der Ausführung der Leiterseile zwischen 250 und 450 Ω es kann daher leicht zu Spannungsamplituden im Megavoltbereich kommen.

Schaltanlagen und Transformatoren sind durch Blitzstromwanderwellen besonders gefährdet, weil an solchen Netzpunkten durch Wanderwellenreflexion eine weitere Spannungserhöhung möglich ist und weil ein Isolationsfehler hier meist bleibende Schäden zurückläßt. An diesen Netzpunkten müssen Blitzüberspannungen daher durch Überspannungsableiter begrenzt werden.

Für die Freileitungen selbst wird ein direkter Überspannungsschutz durch Ableiter nicht vorgesehen. Wenn die Spannungsfestigkeit der Leitungsisolation überschritten wird, kommt es zu einem Überschlag mit nachfolgendem Lichtbogenkurzschluß, der meist in der Form einer „Kurzunterbrechung" durch die beteiligten Leistungsschalter beseitigt wird, ohne bleibende Schäden zu verursachen.

Sofern Hochspannungsfreileitungen mit Erdseilen versehen sind, werden die Leiterseile gegenüber direkten Blitzeinschlägen weitgehend abgeschirmt [2.18].

2.3.2.2 Rückwärtiger Überschlag

Ziel des Erdseilschutzes einer Freileitung ist die Vermeidung direkter Blitzeinschläge in das Leiterseil zu Lasten von Einschlägen in ein

Erdseil oder einen geerdeten Mast. Auch hierbei gibt es zunächst eine wanderwellenmäßige Ausbreitung des Blitzstroms, gleichzeitig aber auch eine Ableitung des Stroms nach Erde über die einzelnen, parallel geschalteten Maste und ihre Erdübergangswiderstände.

Der Blitzstrom erzeugt Spannungen am Wellenwiderstand des Erdseils sowie an den Masten und ihren Erdübergangswiderständen.

Für den Wellenwiderstand von Gittermasten kann ein Richtwert von 250 Ω angenommen werden. Wegen der kurzen Länge und der damit verbundenen kleinen Laufzeit ist dieser Wellenwiderstand aber nur für kurze Zeit wirksam. Der Mast kann anschließend als konzentrierte Induktivität betrachtet werden, an der im Wellenrücken praktisch keine Spannung mehr entsteht. Nach wenigen Mikrosekunden wird daher die am Mast entstehende Spannung nur noch von Erdübergangswiderstand und Blitzstrom bestimmt. Der Erdübergangswiderstand beträgt üblicherweise 5 bis 10 Ω [2.21].

Der Blitzstrom bewirkt eine Überspannung der an sich geerdeten Aufhängepunkte der Leiterisolation gegenüber den die Betriebsspannung führenden Leitern. Es kann dadurch zu einem Überschlag der Leiterisolation kommen; dieser Überschlag wird aufgrund seiner Ursache als „rückwärtiger Überschlag" bezeichnet.

Durch diesen rückwärtigen Überschlag entsteht auf dem Leiterseil eine Überspannung mit extrem steiler Stirn, die sich wiederum wanderwellenmäßig auf dem Leiter ausbreitet. Rückwärtige Überschläge in der Nähe von Schaltanlagen und Transformatoren sind wegen der großen Stirnsteilheit besonders zu beachten. Treten sie jedoch in größerer Entfernung auf, so nimmt die Stirnzeit vor allem infolge der Koronaentladungen um etwa 0,5 bis 1 μs je Kilometer zu und erreicht schließlich unkritische Werte.

2.3.2.3 Indirekte Blitzeinschläge

Wenn sich bei der Entwicklung einer Blitzentladung ein Blitzkopf mit hoher Ladungsdichte dem Erdboden nähert, werden auf den erdseitigen Elektrodenoberflächen (Erdboden, Erd- und Leiterseile) Ladungen influenziert. Bei einem Blitzeinschlag in die Erde können die auf den isolierten Leiterseilen angesammelten Ladungen nicht sofort am Ladungsausgleich teilnehmen. Da die Gegenladung im Blitzkopf aber schlagartig abgebaut ist, werden die auf den Leiterseilen influenzierten Ladungen freigegeben; sie können sich auf den einzelnen Leitungen in beide Richtungen wanderwellenmäßig ausbreiten.

Die dadurch erzeugten Wanderwellen haben einen ähnlichen zeitlichen Verlauf wie bei direkten Blitzeinschlägen, aber deutlich geringere Amplituden bis zu etwa 150 kV. Deshalb sind sie nur in Nieder- und Mittelspannungsnetzen von Bedeutung [2.21].

Überspannungen aufgrund von indirekten Blitzeinschlägen haben auf allen Leitern eines Freileitungssystems gleiche Polarität und gleichen zeitlichen Verlauf, sie sind dadurch leicht zu erkennen. Bei jedem Einschlag in der Nähe einer Leitung tritt diese Art von Blitzüberspannung auf, sie ist dementsprechend die weitaus häufigste Art der Blitzüberspannung.

2.3.3 Beurteilung und Kennzeichnung von Blitzüberspannungen

Während die Amplitude von Schaltspannungen grundsätzlich mit der Höhe der Betriebsspannung verknüpft ist, ergeben sich die Amplituden von Blitzüberspannungen aus den statistisch verteilten Blitzstromamplituden sowie aus den Wellenwiderständen und Erdübergangswiderständen. Diese Größen sind von der Betriebsspannung nahezu unabhängig. Dementsprechend verlieren die Blitzüberspannungen mit zunehmender Höhe der Betriebsspannung an Bedeutung. Für Betriebsspannungen oberhalb von 420 kV wird die Isolationsbemessung vorzugsweise durch die Schaltspannungsfestigkeit bestimmt.

Unter den verschiedenen Formen der natürlichen Blitzüberspannungen dominiert der negative Folgeblitz mit sehr kurzer Stirnzeit. Dementsprechend ist die in den nationalen und internationalen Normen für Isolationsprüfungen mit Blitzstoßspannungen festgelegte Spannungsform ein unipolarer, aperiodischer Stoß mit einer Stirnzeit von 1,2 μs und einer Rückenhalbwertszeit von 50 μs [2.15; 2.16]. Die kurze Stirnzeit berücksichtigt weiterhin die bei rückwärtigen Überschlägen möglichen steilen Spannungsfronten.

3 Innere elektrische Beanspruchung von Isolieranordnungen

Im Kapitel 2 sind die möglichen Spannungsbeanspruchungen in Hochspannungsnetzen dargestellt am Beispiel der in der elektrischen Energieversorgung dominierenden Drehstromnetze. Grundlage ist dabei die stationäre Beanspruchung im ungestörten Dauerbetrieb. Durch Schalthandlungen oder Störungen treten transiente Überbeanspruchungen auf, möglicherweise auch vorübergehende stationäre Überspannungen. Äußere Einwirkungen z. B. durch Blitzentladungen führen zu sehr kurzzeitigen transienten Überbeanspruchungen.

Die einzelnen Isolieranordnungen im Netz müssen diesen Beanspruchungen im Rahmen einer wirtschaftlich sinnvollen Lebensdauer standhalten. Bisher wurden ausschließlich die im Netz auftretenden und damit an den Klemmen der einzelnen Isolieranordnungen wirksamen Spannungsbeanspruchungen betrachtet. Die lokale innere Beanspruchung einer bestimmten Isolieranordnung wäre nur dann durch die Klemmenspannung schon hinreichend beschrieben, wenn es sich um eine Anordnung aus einem einzigen Isolierstoff und mit streng homogenem elektrischen Feld handeln würde. Solche Anordnungen kommen praktisch nicht vor. Reale Isolieranordnungen verwenden in aller Regel verschiedene Isolierstoffe und mehr oder weniger inhomogene Felder. Dadurch entstehen im Inneren ungleichmäßige Beanspruchungen. Da sich Durchschlagsvorgänge meist lokal entwickeln, muß auch die lokale Verteilung der Beanspruchungsgrößen betrachtet werden, um eine Isolieranordnung berechnen und zuverlässig beurteilen zu können.

In diesem Kapitel werden einige typische, in technischen Isolierungen häufig vorkommende Anordnungen im Hinblick auf die lokale Verteilung der Spannungsbeanspruchung behandelt.

3.1 Homogene Isolierungen

Isolieranordnungen aus einem homogenen, isotropen Isolierstoff, jedoch mit einer inhomogenen Verteilung des elektrischen Feldes sind z. B. das extrudierte Kunststoffkabel (Bild 1.5) SF_6-isolierte Schaltanlagen oder Rohrleitungen, soweit die ausschließlich gasisolierten Abschnitte betrachtet werden (Bild 1.3) oder, mit gewissen Einschränkungen, gießharzisolierte Mittelspannungswandler (Bild 1.7).

Die lokale elektrische Feldstärke E derartiger Isolierungen wird bestimmt durch die anliegende Spannung, die Elektrodengeometrie und die lokale Verteilung der Dielektrizitätszahl ε_r und des spezifischen elektrischen Widerstands ϱ. Solange der Isolierstoff im strengen Sinne homogen und isotrop ist, sind ε_r bzw. ϱ im gesamten Feldraum konstant. Die räumliche Feldverteilung ist dann frequenzunabhängig und durch die Elektrodengeometrie eindeutig bestimmt; sie kann mit Hilfe der Gesetzmäßigkeiten des elektrostatischen Feldes berechnet werden (vgl. Abschnitt 5.1). Für koaxiale Zylinderanordnungen, wie sie beim Hochspannungskabel oder bei SF_6-isolierten Rohrleitern vorliegen, ergibt sich eine ausschließlich radial gerichtete elektrische Feldstärke, deren Betrag gemäß (5.8) hyperbolisch vom Radius abhängt.

Der spezifische elektrische Widerstand ϱ ist normalerweise so groß, daß er den Feldverlauf im Bereich technischer Frequenzen f praktisch nicht beeinflußt, weil die Dichte des Verschiebungsstroms $S_C = \varepsilon_0 \varepsilon_r 2\pi f E$ sehr groß ist gegenüber der Dichte des ohmschen Stroms $S_R = E/\varrho$.

Bei gleichspannungsbeanspruchten Isolierungen entfällt natürlich der feldsteuernde Einfluß des Verschiebungsstroms, so daß hier allein der spezifische elektrische Widerstand feldbestimmend wirkt. In diesem Fall kommt dem bei Isolierstoffen im allgemeinen mit steigender Temperatur abnehmendem spezifischen elektrischen Widerstand besondere Bedeutung zu, der z. B. bei einem Gleichstromkabel eine elektrische Entlastung in der Umgebung des stromdurchflossenen Innenleiters und damit eine Vergleichmäßigung der elektrischen Feldstärke im gesamten Feldraum bewirkt, solange keine Umpolung erfolgt [3.1].

Neben solchen Anisotropien der Materialkonstanten ϱ und ε_r kann der Feldaufbau in einem Isolierstoff weiterhin beeinflußt werden durch Raumladungen [3.2], die in sogenannten Haftstellen eingelagert werden oder durch Inhomogenitäten aufgrund von Teilentladungen, Bäumchenbildung oder elektro-chemischen Veränderungen (vgl. hierzu Kapitel 8).

3.2 Kondensatorkette

Es ist ein häufig benutztes Prinzip der Isolationstechnik, bei sehr hohen Spannungen mehrere gleiche Isolieranordnungen in Reihe zu schalten mit dem Ziel, die insgesamt anliegende Spannungsbeanspruchung möglichst gleichmäßig auf die einzelnen Elemente zu verteilen.

Faßt man jede Teilanordnung als konzentrierte Kapazität auf, so ergibt sich bei gleichgroßen Teilkapazitäten eine gleichmäßige Spannungsverteilung, solange ausschließlich diese Reihenelemente wirksam sind. Tatsächlich bestehen meist aber zwischen den Elektroden der Teilkapazitäten und der Erde bzw. der hochspannungsseitigen Elektrode Streukapazitäten, durch deren Einfluß die Spannungsverteilung und damit die Beanspruchung jeder einzelnen Teilanordnung stark verändert werden kann. Die Gesamtheit der Reihen- und Streukapazitäten wird als Kondensatorkette bezeichnet.

Derartige Kondensatorketten können auch zusammen mit der Reihenschaltung von ohmschen Widerständen (z. B. Stoßspannungsteiler oder Überspannungsableiter) oder mit der Reihenschaltung von Induktivitäten (z. B. Transformatorwicklung) auftreten. In diesen Fällen bestimmt die Kondensatorkette die Spannungsverteilung bei hochfrequenten bzw. sehr steilen Vorgängen, während sich bei niedrigen Frequenzen bzw. Steilheiten die Spannungen entsprechend den verteilten Widerständen bzw. Induktivitäten aufteilen. Sofern dabei die kapazitive und die ohmsche bzw. induktive Spannungsverteilung unterschiedlich sind, können zwischen beiden interne Ausgleichsvorgänge entstehen, die zusätzliche lokale Überbeanspruchungen bewirken [3.3; 3.4], vor allem wenn Resonanzen mit der äußeren Beanspruchung entstehen [3.5; 3.6].

3.2.1 Isolatorkette mit kapazitiver Verkettung

Eine Hängekette aus einzelnen Kappenisolatoren kann gemäß Bild 3.1 als Reihenschaltung von Teilkapazitäten dC dargestellt werden, die durch die Streukapazitäten dC_E bzw. dC_L mit Erde bzw. mit der Hochspannungsleitung verkettet sind.

In dem Ersatzschaltbild nach Bild 3.1 b wird ein Kettenleiter der Gesamtlänge l mit verteilten Teilkapazitäten angenommen. Läßt man die Länge dx eines Teilelements gegen Null gehen, so werden die wirksamen Gesamtkapazitäten:

Längskapazität	$C = dC\,dx/l$,
erdseitige Verkettungskapazität	$C_E = dC_E\,l/dx$,
hochspannungsseitige Verkettungskapazität	$C_L = dC_L\,l/dx$.

Für den eingeschwungenen Zustand bei beliebiger Kreisfrequenz ω läßt sich die räumliche Spannungsverteilung mit Hilfe der Strom-Spannungs-Gleichungen für den Punkt x ableiten:

$$dU_x = -\frac{I_x + dI_x}{\omega Cl}\,dx, \tag{3.1}$$

$$-dI_x = dI_E - dI_L, \tag{3.2}$$

$$dI_E = U_x\omega C_E\,\frac{dx}{l}, \tag{3.3}$$

$$dI_L = (U - U_x)\,\omega C_L\,\frac{dx}{l}. \tag{3.4}$$

Durch Differenzieren der Gl. (3.1) und Einsetzen von Gl. (3.2) bis (3.4) ergibt sich bei Vernachlässigung von d^2Ix die Differentialgleichung

$$\frac{d^2U_x}{dx^2} = U_x\,\frac{1}{l^2}\,\frac{C_E + C_L}{C} - U\,\frac{1}{l^2}\,\frac{C_L}{C}. \tag{3.5}$$

Mit den Abkürzungen

$$a = \frac{x}{l}, \quad u_a = \frac{U_x}{U}, \quad k = \sqrt{\frac{C_E + C_L}{C}},$$

dem Lösungsansatz

$$u_a = A\,e^{\lambda a} + B\,e^{-\lambda a} + D$$

$$\lambda = k \quad \text{und} \quad D = \frac{C_L}{C_E + C_L},$$

und für die Randbedingungen

$$a = 0: u_a = 0; \quad a = 1: u_a = 1$$

erhält man die Lösung in bezogenen Größen:

$$u_a = \frac{1}{C_E + C_L}\left[C_E\,\frac{\sinh ka}{\sinh k} + C_L\right.$$
$$\left. \times \left(1 - \frac{\sinh k(1 - a)}{\sinh k}\right)\right]. \tag{3.6}$$

Gl. (3.6) ist im Bild 3.2 für verschiedene Parameterkombinationen dargestellt.

Verschwinden die Verkettungskapazitäten ($C_E = 0$; $C_L = 0$), so ergibt sich natürlich eine streng lineare Spannungsverteilung. In realen Anordnungen ist im allgemeinen die Erdkapazität C_E größer als die hochspannungsseitige Verkettungskapazität C_L. Dadurch wird der Spannungsverlauf am hochspannungsseitigen Kettenende versteilert, am erdseitigen abgeflacht: d. h. die hochspannungsseitigen Elemente werden stärker beansprucht, die erdseitigen entlastet. Die technische Bemessung hat natürlich von den am stärksten beanspruchten Elementen auszugehen. Die Spannungsverteilung läßt sich vergleichmäßigen, wenn die hochspannungsseitigen

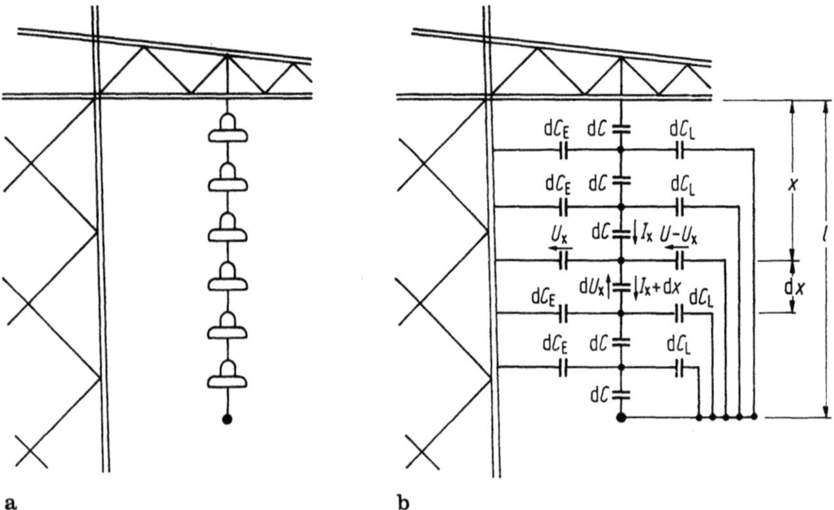

Bild 3.1. Kondensatorkette mit zweiseitiger Verkettung. a Hängekette an einem Gittermast; b verallgemeinertes Ersatzschaltbild.

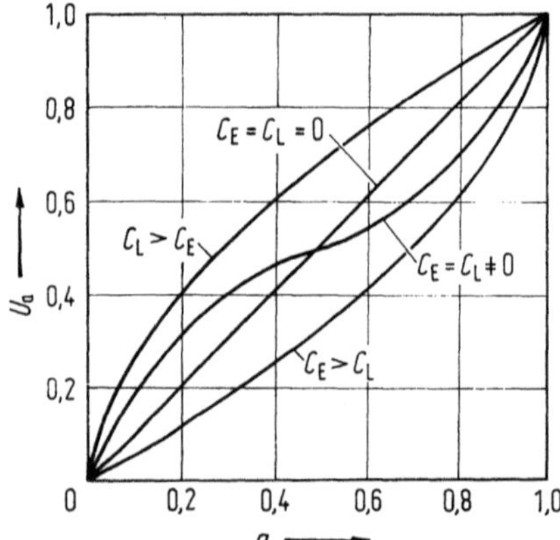

Bild 3.2. Bezogene Spannungsverteilung an der Kondensatorkette mit zweiseitiger Verkettung nach Bild 3.1.

Verkettungskapazitäten mit Hilfe eines Schirmrings am leitungsseitigen Ende der Hängekette vergrößert werden.

3.3 Beurteilung und Überleitung

Die Dimensionierung jeder Isolieranordnung muß von den lokalen inneren Beanspruchungen ausgehen. Diese hängen natürlich zusammen mit den im Netz und damit an den Klemmen der Isolierung auftretenden Spannungen. Je nach dem zeitlichen Verlauf dieser Spannungen und dem inneren Aufbau der Isolierung kann es aber zu stark ungleichmäßigen inneren Verteilungen konnen, die zusammen mit den mechanischen und thermischen Randbedingungen berücksichtigt werden müssen, wenn Konzeption, Isolierstoffauswahl und Bemessung festgelegt werden.

Die folgenden Abschnitte befassen sich vor diesem Hintergrund mit der Berechnung und Optimierung elektrostatischer Felder zur Untersuchung der inneren Feldbeanspruchungen, mit gasförmigen, festen und flüssigen Isolierstoffen zur Klärung ihres Verhaltens bei vorgegebener elektrischer Beanspruchung sowie mit Meß- und Prüfverfahren, denen Isolieranordnungen während ihrer Entwicklung sowie in der Produktion und im Betrieb unterworfen werden müssen.

III Bestimmung elektrostatischer Felder

4 Grundgesetze und Eigenschaften des elektrostatischen Feldes

4.1 Grundbegriffe

Grundlage für die Bemessung oder Untersuchung von Isolieranordnungen ist die Kenntnis der elektrischen Feldstärke und ihrer räumlichen Verteilung. Zumeist interessiert nur das elektrostatische Feld; es ist quasistationär und von Ladungsträgerbewegungen unbeeinflußt. Seine Ladungsverteilung ist nur durch die Geometrie der Elektroden bestimmt. Die Ladungen auf den Elektroden bestehen aus einer n-fachen Anzahl der Elementarladung e, der Ladung eines Elektrons.

$$e = 1{,}602 \cdot 10^{-19}\,\text{As}. \tag{4.1}$$

Negative Ladung bedeutet Überschuß, positive Ladung Mangel an Elementarladungen.

Elektrische Ladungen üben Kräfte aufeinander aus. In einem idealen (d. h. homogenen, isotropen und verlustfreien) Medium mit der Dielektrizitätskonstanten $\varepsilon_0 \varepsilon_r$ wirkt zwischen den Punktladungen Q_1 und Q_2 die Kraft

$$F = \frac{1}{4\pi\varepsilon_0\varepsilon_r}\,\frac{Q_1 Q_2}{a^2}\,\frac{a}{a}. \tag{4.2}$$

Diese Beziehung heißt *Coulombsches Gesetz*; sie läßt sich folgendermaßen umformen:

$$F = \frac{Q_1}{4\pi\varepsilon_0\varepsilon_r a^2}\,\frac{a}{a}\,Q_2, \tag{4.3}$$

$$F = E Q_2. \tag{4.4}$$

Wir nennen E die durch Q_1 am Ort von Q_2 hervorgerufene elektrostatische Feldstärke; sie ist ein Vektor und hat dieselbe Richtung wie die Kraft F. Elektrostatische Felder können anschaulich dargestellt werden durch Feldlinien, die auf Ladungen beginnen und enden. Ihr Verlauf kennzeichnet die Richtung und ihre Dichte die Stärke des elektrostatischen Feldes. Punkte gleichen Potentials können durch Äquipotentiallinien bzw. Äquipotentialflächen verbunden werden, welche die Feldlinien immer senkrecht schneiden; die Elektrodenoberflächen sind ebenfalls Äquipotentialflächen (vgl. z. B. Bild 4.2).

Über die Dielektrizitätskonstante $\varepsilon_0\varepsilon_r$, auch Perimittivität genannt, ist die elektrostatische Feldstärke stoffabhängig. Die Dielektrizitätskonstante eines beliebigen Isolierstoffs wird mit Hilfe der dimensionslosen Dielektrizitätszahl ε_r auf die Dielektrizitätskonstante ε_0 des leeren Raumes bezogen; ε_0 heißt auch elektrische Feldkonstante.

$$\varepsilon_0 = 8{,}855 \cdot 10^{-12}\,\text{As/Vm}. \tag{4.5}$$

Als stoffunabhängige Feldgröße kann die Verschiebungsdichte D definiert werden aus dem Quotienten der Ladung der Elektrodenoberfläche einer sogenannten Kraftröhre und dieser Oberfläche (Bild 4.1):

$$D = \frac{\mathrm{d}Q}{\mathrm{d}A}\,n. \tag{4.6}$$

Ein elektrostatisches Feld kann auch mit Hilfe eines skalaren Potentials beschrieben werden; diese Beschreibung ist häufig einfacher als die Vektordarstellung. Das Potential Φ eines Punkts P ist definiert als die Arbeit, die zu leisten ist, um eine Ladung Q von einem Bezugspunkt P_0 nach P zu bringen, dividiert durch die Ladung selbst:

$$\Phi = \frac{\displaystyle\int_{P_0}^{P} F\,\mathrm{d}s}{Q}. \tag{4.7}$$

Das Potential ergibt sich damit als die Spannung gegenüber einem willkürlich wählbaren Bezugspunkt, dem man z. B. das Potential Null zuschreibt. Die Spannung zwischen zwei beliebigen Punkten ist dann gleich ihrer Potentialdifferenz.

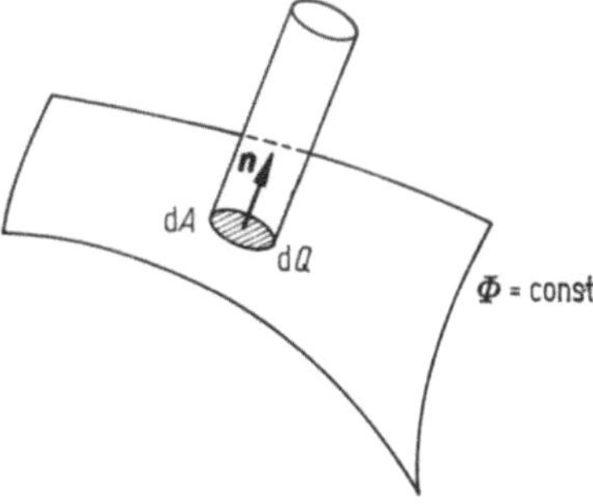

Bild 4.1. Kraftröhre auf einer Elektrodenoberfläche zur Definition der Verschiebungsdichte D.

Besteht eine Potentialdifferenz zwischen zwei metallischen Elektroden, so bezeichnet man den Quotienten aus der insgesamt auf diesen Elektroden gespeicherten Ladung Q und der Spannung U als die Kapazität C der Anordnung.

$$C = Q/U. \tag{4.8}$$

4.2 Maxwellsche Gleichungen und Grundgesetze des elektrostatischen Feldes

Im elektromagnetischen Feld bestehen zwischen den Vektorgrößen, der elektrischen Feldstärke E, der Verschiebungsdichte D, der magnetischen Feldstärke H, der magnetischen Induktion B sowie der Raumladungsdichte ϱ die folgenden, als *System der Maxwellschen Gleichungen* bekannten allgemeingültigen Zusammenhänge, die hier in Integral- und Differentialform wiedergegeben werden:

schlossene Fläche A ergibt die von dieser Fläche eingeschlossene Ladung Q.

$$\oint_A D\, \mathrm{d}A = Q. \tag{4.13}$$

Gl. (4.13) nennen wir *Erstes Grundgesetz des elektrischen Feldes*. Mit Hilfe dieses Gesetzes können wir z. B. sehr einfach die Verschiebungsdichte in der Umgebung einer Punktladung angeben: Wird um die Punktladung Q_1 eine Kugel mit dem Radius a gelegt, so gilt für die Verschiebungsdichte D, da der Flächenvektor n immer senkrecht auf der Kugeloberfläche steht,

$$D4\pi a^2 = Q_1, \tag{4.14}$$

$$D = \frac{Q_1}{4\pi a^2}\, n. \tag{4.15}$$

Aus (4.15) folgt durch Vergleich mit (4.3) und (4.4) die Proportionalität zwischen Feldstärke und Verschiebungsdichte:

$$D = \varepsilon_0 \varepsilon_r E. \tag{4.16}$$

Integralform	Differentialform

$$\oint H\, \mathrm{d}s = \int \left(\varkappa E + \varepsilon_0 \varepsilon_r \frac{\mathrm{d}E}{\mathrm{d}t} \right) \mathrm{d}A \qquad \mathrm{rot}\, H = \varkappa E + \varepsilon_0 \varepsilon_r \frac{\mathrm{d}E}{\mathrm{d}t} \tag{4.9}$$

$$\oint E\, \mathrm{d}s = -\frac{\mathrm{d}}{\mathrm{d}t} \int B\, \mathrm{d}A \qquad \mathrm{rot}\, E = -\frac{\mathrm{d}B}{\mathrm{d}t} \tag{4.10}$$

$$\oint D\, \mathrm{d}A = \int \varrho\, \mathrm{d}V \qquad \mathrm{div}\, D = \varrho \tag{4.11}$$

$$\oint B\, \mathrm{d}A = 0 \qquad \mathrm{div}\, B = 0 \tag{4.12}$$

$\varkappa$ ist hier die spezifische Leitfähigkeit des Feldraums. Die Gln. (4.9) und (4.10) sind die beiden Maxwellschen Grundgleichungen als allgemeine Formulierung von Durchflutungsgesetz und Induktionsgesetz. Als Folgerungen aus diesen beiden Grundgleichungen ergeben sich die beiden zusätzlichen Gln. (4.11) und (4.12), deren physikalischer Inhalt besagt, daß magnetische Feldlinien immer in sich geschlossen sind, während elektrische Feldlinien auf Ladungen enden und damit ein sogenanntes Quellenfeld erzeugen.

Der Sonderfall des elektrostatischen Feldes ist dadurch gekennzeichnet, daß sowohl die zeitlichen Änderungen aller Feldgrößen als auch die spezifische Leitfähigkeit $\varkappa$ des Feldraums verschwinden bzw. vernachlässigbar sind. Unter dieser Voraussetzung sind elektrische und magnetische Feldgrößen vollständig entkoppelt. Für die Berechnung elektrostatischer Felder brauchen daher nur die Gln. (4.10) und (4.11) herangezogen zu werden.

Aus (4.11) folgt: das Hüllenintegral über eine ge-

Diesen Zusammenhang nennen wir *Zweites Grundgesetz des elektrostatischen Feldes*.

Aus den Grundgesetzen lassen sich die folgenden Eigenschaften des elektrostatischen Feldes erkennen: Das elektrostatische Feld ist ein Quellenfeld. Diese Eigenschaft folgt aus (4.11). Die Aussage in Differentialform ergibt sich durch einen Grenzübergang für verschwindendes Volumen:

$$\lim_{V \to 0} \frac{1}{V} \oint_A D\, \mathrm{d}A = \mathrm{div}\, D = \varrho. \tag{4.17}$$

Das elektrostatische Feld ist wirbelfrei. Führt man eine Ladung Q auf einem geschlossenen Weg k im elektrostatischen Feld, so wird insgesamt weder Arbeit geleistet noch gewonnen:

$$W = Q \oint_k E\, \mathrm{d}s = \oint_k F\, \mathrm{d}s = 0. \tag{4.18}$$

Wird die Ladung jedoch zwischen zwei Punkten 1 und 2 (Bild 4.2) verschoben, so ergibt sich eine

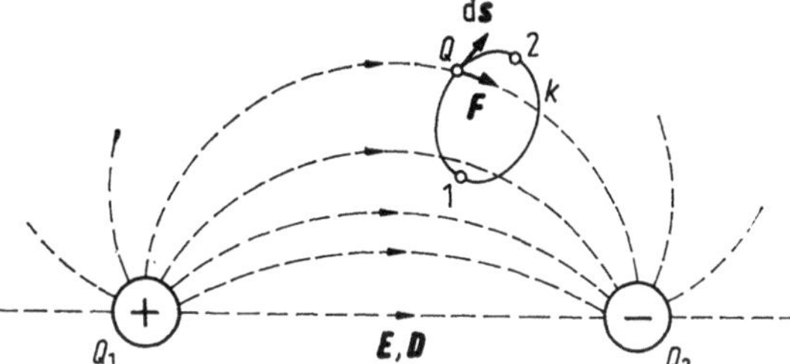

Bild 4.2. Verschiebung einer Ladung Q in einem beliebigen elektrostatischen Feld.

endliche, aber wegunabhängige Arbeit:

$$W = Q \int\limits_1^2 \boldsymbol{E} \, \mathrm{d}\boldsymbol{s} \neq 0. \qquad (4.19)$$

Das Integral in (4.19) ergibt mit

$$\int\limits_1^2 \boldsymbol{E} \, \mathrm{d}\boldsymbol{s} = \varPhi_1 - \varPhi_2 = U_{12} \qquad (4.20)$$

die Potentialdifferenz, d. h. die Spannung U_{12} zwischen den Punkten 1 und 2. In der Umkehrung dieser Gleichung kann die Feldstärke allgemein als Gradient des Potentials dargestellt werden:

$$\boldsymbol{E} = -\mathrm{grad}\,\varPhi. \qquad (4.21)$$

4.3 Potentialgleichungen des elektrischen Feldes

Ausgehend von (4.21), (4.11) und (4.17) ergibt sich für konstantes $\varepsilon_0 \varepsilon_r$ durch Eliminieren von $\boldsymbol{D}$ und $\boldsymbol{E}$:

$$\mathrm{div}\,\{\varepsilon_0 \varepsilon_r(-\mathrm{grad}\,\varPhi)\} = \varrho, \qquad (4.22)$$

$$\mathrm{div}\,\mathrm{grad}\,\varPhi \equiv \Delta\varPhi = -\frac{\varrho}{\varepsilon_0 \varepsilon_r}. \qquad (4.23)$$

Der 1833 von R. Murphy eingeführte Laplacesche Operator lautet für Kartesische Koordinaten

$$\Delta = \frac{\partial^2}{\partial x^2} + \frac{\partial^2}{\partial y^2} + \frac{\partial^2}{\partial z^2}.$$

Gl. (4.23) heißt *Poissonsche Potentialgleichung* des raumladungsbehafteten Feldes. Für das raumladungsfreie Feld ($\varrho = 0$) folgt daraus:

$$\Delta\varPhi = 0. \qquad (4.24)$$

Diese Differentialgleichung heißt *Laplacesche Potentialgleichung* des raumladungsfreien Feldes. Durch die beiden Gln. (4.23) und (4.24) sind sämtliche elektrostatische Felder in mathematisch exakter Form beschrieben. Im konkreten Fall kann allerdings die Lösung dieser Differentialgleichungen erhebliche Schwierigkeiten bereiten, so daß zahlreiche alternative Berechnungsverfahren entwickelt worden sind.

4.4 Feldgrößen an Grenzflächen

Bei vielen technischen Isolieranordnungen müssen aus konstruktiven Gründen Isolierstoffe unterschiedlicher Dielektrizitätszahlen eingesetzt werden. Das Verhalten der Feldgrößen an den Grenzflächen ist besonders zu betrachten.

Für den Sonderfall einer Grenzfläche senkrecht zu den Feldlinien ergibt sich aus (4.13) für ein sehr dünnes Volumenelement beiderseits der Grenzfläche, das keine freien Ladungen enthält (Bild 4.3)

$$\oint \boldsymbol{D} \, \mathrm{d}\boldsymbol{A} = 0. \qquad (4.25)$$

Im einzelnen bedeutet das:

$$D_1 A_1 + D_2 A_2 = -D_1 A_1 + D_2 A_2 = 0.$$

Da beide Flächen betragsmäßig gleich sind und nur Komponenten der Verschiebungsdichte normal zur Grenzfläche auftreten, ist

$$D_{1\mathrm{n}} = D_{2\mathrm{n}}. \qquad (4.26)$$

Mit (4.16) folgt daraus

$$E_{1\mathrm{n}} = \frac{\varepsilon_{r2}}{\varepsilon_{r1}} E_{2\mathrm{n}}. \qquad (4.27)$$

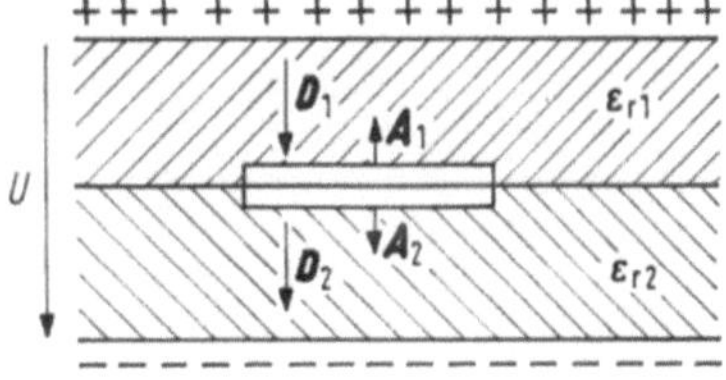

Bild 4.3. Feldgrößen an Grenzflächen, Feldlinien senkrecht zur Grenzfläche.

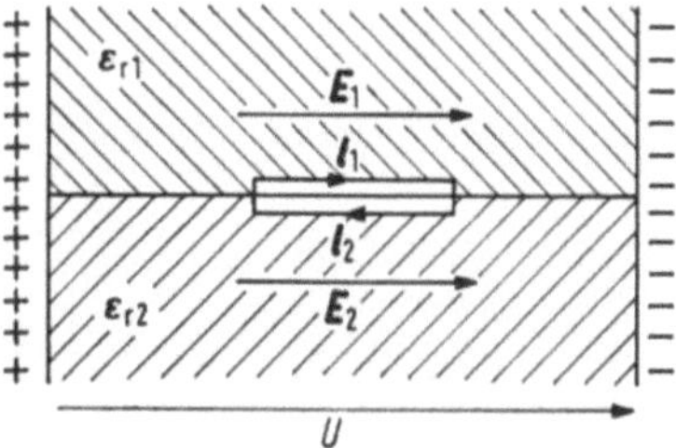

Bild 4.4. Feldgrößen an Grenzflächen; Feldlinien parallel zur Grenzfläche.

Die Normalkomponenten der elektrischen Feldstärke beiderseits der Grenzfläche verhalten sich demnach umgekehrt proportional wie die Dielektrizitätszahlen; die Normalkomponenten der Verschiebungsdichte bleiben unverändert.

Verläuft die Grenzfläche parallel zu den Feldlinien, so gilt entsprechend (4.10) für ein Volumenelement nach Bild 4.4 analog zu der voraufgegangenen Betrachtung:

$$\oint E \, ds = 0 \qquad (4.28)$$

$$E_1 l_1 + E_2 l_2 = E_1 l_1 - E_2 l_2 = 0$$

$$E_{1t} = E_{2t}. \qquad (4.29)$$

An Grenzflächen bleibt die Tangentialkomponente der elektrischen Feldstärke unverändert; für die Tangentialkomponente der Verschiebungsdichte gilt:

$$D_{1t} = \frac{\varepsilon_{r1}}{\varepsilon_{r2}} D_{2t}. \qquad (4.30)$$

Verlaufen die Feldlinien in einem beliebigen Winkel zur Grenzfläche, so müssen die soeben ermittelten Gesetzmäßigkeiten auf Normal- und Tangentialkomponenten von elektrischer Feldstärke und Verschiebungsdichte angewendet werden. Bild 4.5 läßt erkennen, daß die Gln. (4.26) bis (4.29) erfüllt sind. Es ergibt sich eine Brechung der Feldlinien an der Grenzfläche, diese ist beschreibbar durch

$$\frac{\tan \alpha_1}{\tan \alpha_2} = \frac{D_{1t}}{D_{2t}} = \frac{E_{2n}}{E_{1n}} = \frac{\varepsilon_{r1}}{\varepsilon_{r2}}. \qquad (4.31)$$

Diese Beziehungen gelten in strenger Form nur für ein raumladungsfreies und verlustloses Dielektrikum. Wenn Raumladungen und Verluste zu berücksichtigen sind, ist eine geschlossene Lösung im allgemeinen nicht mehr möglich. Isolieranordnungen mit zylindrischer Schichtung werden in Abschnitt 5.1.5 behandelt.

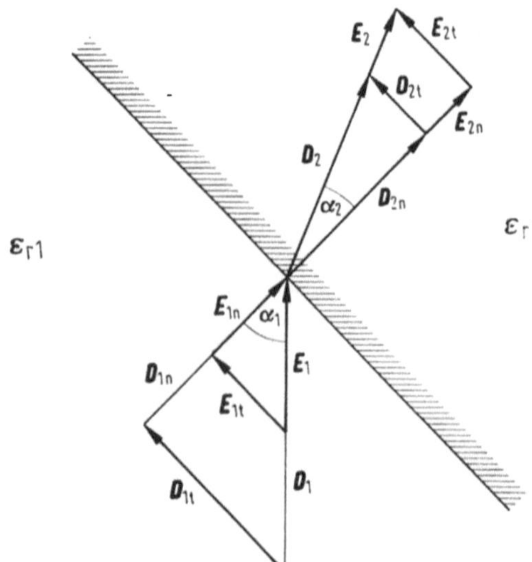

Bild 4.5. Elektrische Feldstärke und Verschiebungsdichte an Grenzschichten bei beliebigem Einfallswinkel.

5 Berechnung elektrostatischer Felder

Während sich die Grundgesetze des elektrostatischen Feldes sehr konzentriert darstellen lassen, kann deren Umsetzung in Verfahren zur Berechnung konkreter Elektrodenanordnungen sehr vielgestaltig sein. Wegen der bei Feldberechnungen bestehenden erheblichen Schwierigkeiten hat sich eine Vielzahl unterschiedlicher Methoden für die geschlossene oder numerische Berechnung elektrostatischer Felder herausgebildet. Die Kunst eines geschickten Berechners liegt zunächst darin, die für ein Problem günstigste Methode zu erkennen. Im folgenden werden die wesentlichen Verfahren vorgestellt und an typischen Anwendungsbeispielen erläutert.

5.1 Geschlossene Berechnung einfacher Felder

Elektrostatische Felder sind durch die Poissonsche Differentialgleichung (4.23) bzw. durch die Laplacesche Differentialgleichung (4.24) eindeutig beschrieben. Eine direkte Lösung dieser Gleichungen setzt aber voraus, daß, mathematisch betrachtet, die Variablen der Potentialgleichung separiert werden können; technisch bedeutet das eine genaue Abbildung der Elektrodenoberfläche durch das Koordinatensystem. Durch eine Transformation der Variablen der Potentialgleichung ist das in vielen Fällen möglich; die große Vielfalt technisch vorkommender Elektrodenanordnungen kann damit aber nicht erfaßt werden. Eine Zusammenstellung derartiger Transformation wird von Moon und Spencer [5.1] angegeben.

Eine weitere sehr leistungsfähige Methode zur geschlossenen Berechnung elektrostatischer Felder ist die konforme Abbildung. Diese Methode ist allerdings grundsätzlich auf zweidimensionale Felder beschränkt. Im übrigen führt der Lösungsweg nicht von der Elektrodengeometrie zur Feldstärkeverteilung, sondern umgekehrt von einem vorgegebenen homogenen Feld über eine Transformation auf das zugehörige Elektrodensystem. Aufgrund systematischer Untersuchungen möglicher Transformationsfunktionen sind z. B. von Prinz ausführliche Unterlagen zusammengestellt worden [5.2].

Die Vorteile geschlossener Lösungen liegen auf der Hand. Für technische Elektrodensysteme ist aber nur in seltenen Fällen eine geschlossene Berechnung möglich. Im übrigen muß auf numerische Lösungsverfahren zurückgegriffen werden, die heute zunehmend an Bedeutung gewinnen.

5.1.1 Lösung der Laplaceschen Differentialgleichung

Die jeweils notwendige Anpassung des Koordinatensystems an die Elektrodenform soll hier nur für die drei Grundformen: Karthesische Koordinaten, Zylinderkoordinaten und Kugelkoordinaten dargestellt werden. Dazu ist zunächst die Laplacesche Differentialgleichung für die einzelnen Koordinatensysteme zu entwickeln.

Tabelle 5.1 enthält die Achsenbezeichnungen der genannten Koordinatensysteme und die jeweils zugehörige Schreibweise der Laplaceschen Differentialgleichung. Die nachfolgenden Beispiele zeigen, daß für angepaßte Elektrodensysteme die elementare Integration der Differentialgleichung möglich ist, und auf welche Weise die konkreten Randbedingungen berücksichtigt werden.

Als erstes Beispiel wird der *Kugelkondensator* betrachtet. Anordnung und Bezeichnung der Elektroden sind im Bild 5.1a angegeben. Es ist ohne weiteres einzusehen, daß sich die Feldgrößen nur in radialer Richtung ändern können; die Äquipotentialflächen haben, wie die Elektroden, die Form von Kugelschalen. Mathematisch drücken wir das folgendermaßen aus:

$$\Phi(r, \varphi, \Phi) = \Phi(r)$$

$$\frac{\partial}{\partial \varphi} = 0; \quad \frac{\partial}{\partial \Phi} = 0.$$

Die Laplacesche Differentialgleichung in der Schreibweise für Kugelkoordinaten nach (5.3) nimmt für diesen Sonderfall die folgende Form an:

$$\Delta\Phi = \frac{1}{r^2} \frac{\partial}{\partial r} \left(r^2 \frac{\partial \Phi}{\partial r} \right) = 0. \tag{5.4}$$

Die Lösung ist durch Substitution möglich

$$r^2 \frac{\partial \Phi}{\partial r} = K_1$$

$$\Phi(r) = -\frac{K_1}{r} + K_2.$$

Tabelle 5.1. Laplacesche Differentialgleichung in verschiedenen Koordinatensystemen

Koordinaten-system	Feldgleichung
a) Kartesische Koordinaten	$\Delta\Phi = \dfrac{\partial^2\Phi}{\partial x^2} + \dfrac{\partial^2\Phi}{\partial y^2} + \dfrac{\partial^2\Phi}{\partial z^2}$ (5.1)

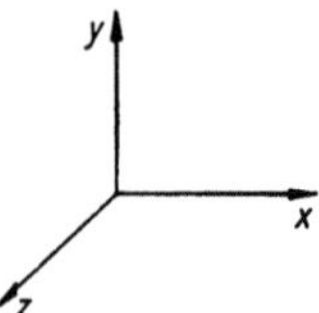

b) Zylinder-koordinaten	$\Delta\Phi = \dfrac{\partial^2\Phi}{\partial r^2} + \dfrac{1}{r}\dfrac{\partial\Phi}{\partial r}$ $+ \dfrac{1}{r^2}\dfrac{\partial^2\Phi}{\partial \varphi_2} + \dfrac{\partial^2\Phi}{\partial z^2}$ (5.2)

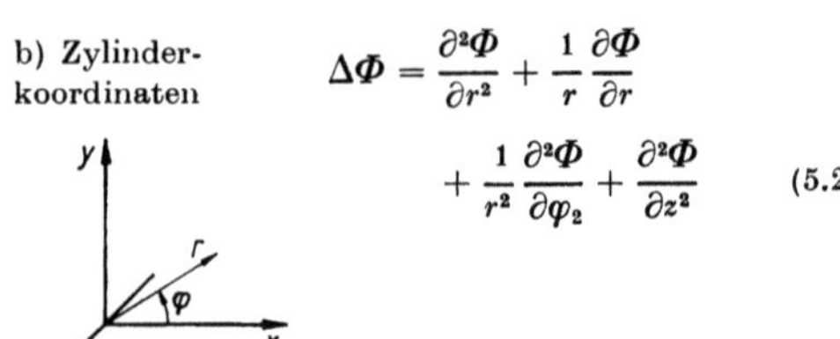

c) Kugel-koordinaten	$\Delta\Phi = \dfrac{1}{r^2}\dfrac{\partial}{\partial r}\left(r^2\dfrac{\partial\Phi}{\partial r}\right)$ $+ \dfrac{1}{r^2}\dfrac{1}{\sin\Theta}\dfrac{\partial}{\partial\Theta}\left(\sin\Theta\dfrac{\partial\Phi}{\partial\Theta}\right)$ $+ \dfrac{1}{r^2\sin^2\Theta}\dfrac{\partial\Phi}{\partial\varphi^2}$ (5.3)

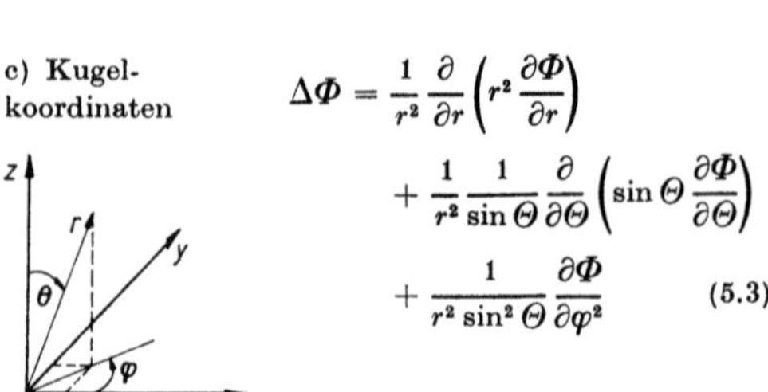

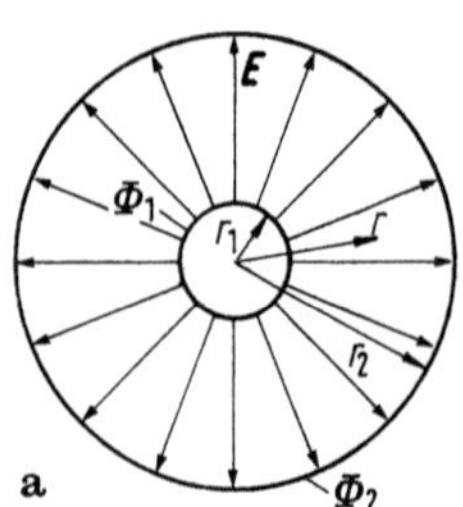

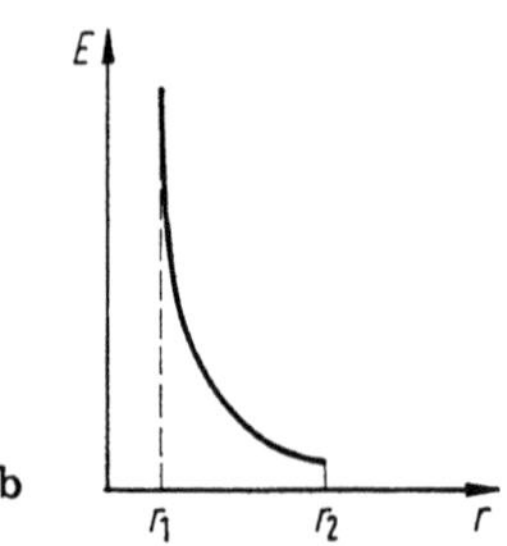

Bild 5.1. Kugelkondensator. **a** Elektrodenanordnung und Feldbild; **b** Feldstärkeverlauf nach Gl. (5.6).

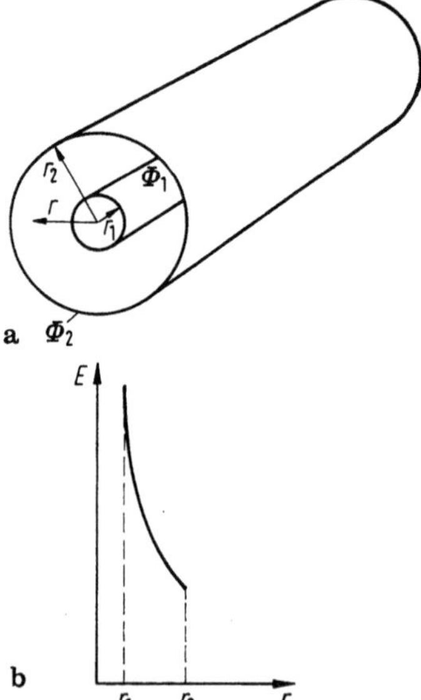

Bild 5.2. Zylinderkondensator (Koaxialleitung). **a** Elektrodenanordnung und Feldbild; **b** Feldstärkeverlauf nach Gl. (5.8).

Die Integrationskonstanten K_1 und K_2 werden mit Hilfe der Elektrodenpotentiale als Randbedingung bestimmt:

$$\Phi(r_1) = \Phi_1; \quad \Phi(r_2) = \Phi_2; \quad \Phi_1 - \Phi_2 = U,$$

$$K_1 = \frac{U}{\dfrac{1}{r_2} - \dfrac{1}{r_1}},$$

$$K_2 = \frac{U}{\dfrac{r_1}{r_2} - 1} + \Phi_1.$$

Damit lautet die Potentialfunktion

$$\Phi(r) = \Phi_1 + \frac{U}{\dfrac{r_1}{r_2} - 1} - \frac{1}{r}\frac{U}{\dfrac{1}{r_2} - \dfrac{1}{r_1}}.\qquad(5.5)$$

Der Feldstärkeverlauf ist mit Hilfe von (4.21) zu berechnen, die wegen der Kugelsymmetrie die folgende einfache Form annimmt:

$$|\boldsymbol{E}| = E(r) = -\frac{\partial\Phi(r)}{\partial r},$$

$$E(r) = \frac{1}{r^2}\frac{U}{\dfrac{1}{r_2} - \dfrac{1}{r_1}}.\qquad(5.6)$$

Als weiteres Beispiel wird ein *Zylinderkondensator* betrachtet, dessen axiale Ausdehnung als unendlich lang angenommen wird (Bild 5.2).

In diesem Fall bietet sich die Verwendung von Zylinderkoordinaten an; damit wird auch hier erreicht:

$$\Phi(r, \varphi, z) = \Phi(r),$$

$$\frac{\partial}{\partial \varphi} = 0; \quad \frac{\partial}{\partial z} = 0.$$

Gleichung (5.2) erhält damit die Form

$$\Delta\Phi = \frac{\partial^2\Phi}{\partial r^2} + \frac{1}{r}\frac{\partial\Phi}{\partial r} = 0. \tag{5.7}$$

Die Lösung dieser Differentialgleichung lautet

$$\Phi(r) = K_1 \ln r + K_2;$$

mit

$$\Phi(r_1) = \Phi_1; \quad \Phi(r_2) = \Phi_2; \quad \Phi_1 \dot{-} \Phi_2 = U$$

werden

$$K_1 = \frac{U}{\ln(r_1/r_2)}$$

$$K_2 = \Phi_1 - \frac{U}{\ln(r_1/r_2)}\ln r_1$$

und

$$\Phi(r) = \Phi_1 + \frac{U}{\ln(r_1/r_2)}(\ln r - \ln r_1);$$

wie beim Kugelkondensator wird daraus der Feldstärkeverlauf mit Hilfe von (4.21) bestimmt

$$|\boldsymbol{E}| = E(r) = -\frac{\partial\Phi(r)}{\partial r},$$

$$E(r) = \frac{1}{r}\frac{U}{\ln(r_2/r_1)}. \tag{5.8}$$

5.1.2 Ladungsverfahren

5.1.2.1 Anwendung der Grundgesetze

Eine grundsätzlich andere Methode der Feldberechnung beruht auf der Anwendung der beiden Grundgesetze des elektrostatischen Feldes Gln. (4.13) und (4.16). Hierbei wird eine zunächst unbekannte Ladung auf den Elektrodenflächen angenommen; mit Hilfe des ersten Grundgesetzes wird die Verschiebungsdichte, mittels des zweiten Grundgesetzes die Feldstärke bestimmt. Die anliegende Spannung ergibt sich als Wegintegral der elektrischen Feldstärke und dient schließlich zur Eliminierung der zunächst unbekannten Ladung.
Dieser Lösungsgang ergibt gleichzeitig Klemmenspannung und Ladung und ermöglicht deshalb die einfache Angabe der Kapazität. Dieses Verfahren ist daher immer vorteilhaft, wenn neben der Feldverteilung auch die Kapazität einer Elektroden-

anordnung ermittelt werden muß. In der elementaren Form ist diese Methode aber nur brauchbar, wenn sich die Ladung als Hüllintegral der Verschiebungsdichte gemäß dem ersten Grundgesetz des elektrostatischen Feldes Gl. (4.13) in geschlossener Form angeben läßt.
Zur Demonstration dieses Verfahrens werden die gleichen Beispiele wie in Abschnitt 5.1.1 betrachtet.
Beim *Kugelkondensator* nach Bild 5.1 bewirkt die Symmetrie eine auf der gesamten Elektrodenoberfläche konstante Verschiebungsdichte. Da außerdem der Vektor der Verschiebungsdichte an jeder Stelle senkrecht auf der Elektrodenoberfläche austritt, lassen sich die Grundgesetze in einfacher Weise wie folgt anwenden:

$$Q = \oint \boldsymbol{D}\cdot d\boldsymbol{A} = D(r)\,A = D(r)\,4\pi r^2,$$

$$E(r) = \frac{D(r)}{\varepsilon_0\varepsilon_\mathrm{r}} = \frac{Q}{4\pi\varepsilon_0\varepsilon_\mathrm{r}r^2}.$$

Zur Bestimmung der noch unbekannten Ladung Q wird die Klemmenspannung U berechnet aus:

$$U = \int\limits_{r_1}^{r_2} E(r)\,dr = \frac{Q}{4\pi\varepsilon_0\varepsilon_\mathrm{r}}\left(\frac{1}{r_1} - \frac{1}{r_2}\right).$$

Damit ergibt sich schließlich

$$E(r) = \frac{1}{r^2}\frac{U}{\dfrac{1}{r_1} - \dfrac{1}{r_2}}. \tag{5.6}$$

Die Kapazität des Kugelkondensators ist

$$C = \frac{Q}{U} = \frac{4\pi\varepsilon_0\varepsilon_\mathrm{r}}{\dfrac{1}{r_1} - \dfrac{1}{r_2}}. \tag{5.9}$$

Für den *Zylinderkondensator* mit der axialen Ausdehnung l nach Bild 5.2 liegt ebenfalls eine über die gesamte Elektrodenoberfläche konstante Verschiebungsdichte vor. Hier ist:

$$Q = \oint \boldsymbol{D}\cdot d\boldsymbol{A} = D(r)\,A = D(r)\,2\pi rl,$$

$$E(r) = \frac{D(r)}{\varepsilon_0\varepsilon_\mathrm{r}} = \frac{Q}{2\pi\varepsilon_0\varepsilon_\mathrm{r}l},$$

$$U = \int\limits_{r_1}^{r_2} E(r)\,dr = \frac{Q}{2\pi\varepsilon_0\varepsilon_\mathrm{r}l}\ln\frac{r_2}{r_1},$$

$$E(r) = \frac{1}{r}\frac{U}{\ln(r_2/r_1)}, \tag{5.8}$$

$$C = \frac{Q}{U} = \frac{2\pi\varepsilon_0\varepsilon_\mathrm{r}l}{\ln(r_2/r_1)}. \tag{5.10}$$

5.1.2.2 Überlagerungsverfahren

Zur Darstellung komplizierterer Elektrodenformen ist das *Überlagerungsverfahren* geeignet: Mehrere Einzelladungen werden so angebracht, daß ihr überlagerter Einfluß eine gewünschte Äquipotentialfläche erzeugt. Diese Methode hat sich vor allem bei der numerischen Feldberechnung als sogenanntes „Ersatzladungsverfahren" hervorragend bewährt; es wird später noch ausführlich darauf zurückzukommen sein. Für die geschlossene Berechnung einfacher elektrostatischer Felder ist die Überlagerungsmethode vor allem bedeutsam zur Nachbildung geerdeter Oberflächen unter Leitungen mit Hilfe sogenannter „Spiegelladungen".

Das Prinzip sei zunächst am Beispiel einer Punktladung demonstriert:

Wie mit Hilfe der beiden Grundgesetze (4.13) und (4.16) leicht überprüft werden kann, erzeugt eine Punktladung Q_1 in einem beliebig gelegenen Raumpunkt im Abstand a das Potential

$$\Phi = \frac{Q_1}{4\pi\varepsilon_0\varepsilon_r a}. \tag{5.11}$$

Eine im Feldraum vorhandene, unendlich ausgedehnte ebene Fläche mit dem Potential $\Phi = 0$ (geerdete Fläche) im Abstand h zur Punktladung Q_1 kann durch die Annahme einer Spiegelladung Q_2 simuliert werden, wenn diese gemäß Bild 5.3 im Abstand h jenseits ·der geerdeten Fläche angeordnet wird und den Ladungsbetrag $Q_2 = -Q_1$ zugewiesen bekommt.

Für alle Punkte der nachzubildenden geerdeten Oberfläche gilt:

$$\Phi = \frac{1}{4\pi\varepsilon_0\varepsilon_r} Q_1 \left(\frac{1}{r_1} - \frac{1}{r_1} \right) = 0.$$

Jeder andere Raumpunkt hat ein endliches Potential, das ebenfalls durch die Überlagerung der Potentialanteile beider Punktladungen ermittelt werden kann.

Zur Darstellung des elektrostatischen Feldes von Freileitungen als gestreckte Leiter in Luft ($\varepsilon_r = 1$)

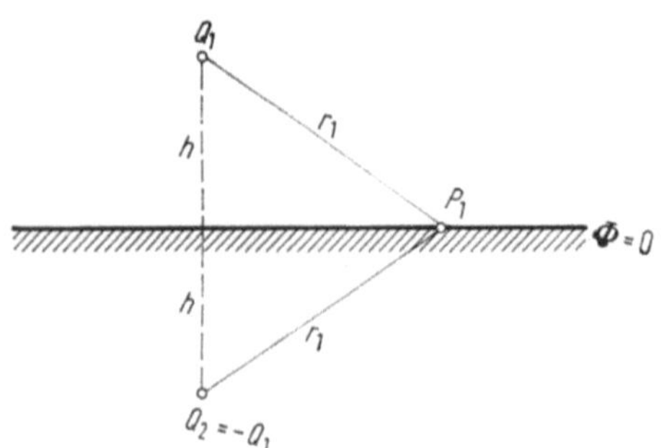

Bild 5.3. Ladung und Spiegelladung zur Nachbildung einer geerdeten Oberfläche ($\Phi = 0$).

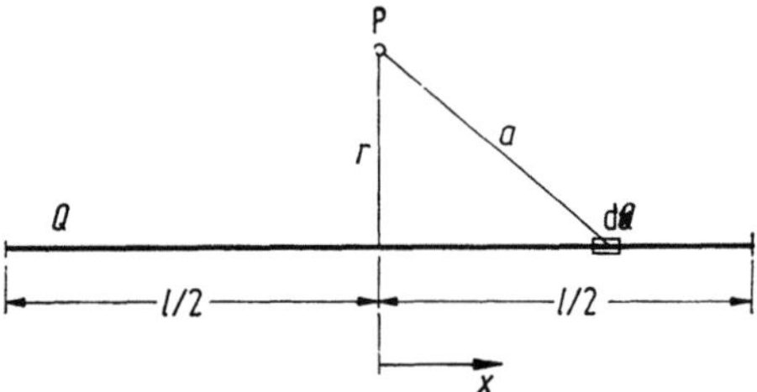

Bild 5.4. Linienladung der Länge l und Gesamtladung Q.

über dem Erdboden wird nach Bild 5.4 eine linienförmig verteilte Ladung Q der Länge l im Zentrum des Leiters angenommen. Diese erzeugt in einem Raumpunkt P im Abstand r ein Potential Φ, das wie folgt berechnet werden kann: Ein punktförmiges Ladungselement dQ erzeugt im Punkt P gemäß (5.11) einen Potentialanteil

$$d\Phi = \frac{dQ(x)}{4\pi\varepsilon_0 a(x)}. \tag{5.12}$$

Die Integration über die gesamte Länge der verteilten Ladung liefert das resultierende Potential im Punkt P

$$\Phi = \int\limits_{-l/2}^{l/2} \frac{dQ(x)}{4\pi\varepsilon_0 a(x)}.$$

Mit

$$dQ(x) = \frac{Q}{l}\, dx = Q'\, dx$$

$$a(x) = \sqrt{x^2 + r^2}$$

wird

$$\Phi = \frac{Q'}{4\pi\varepsilon_0} \cdot \int\limits_{-l/2}^{l/2} \frac{1}{\sqrt{x^2 + r^2}}\, dx,$$

$$\Phi = \frac{Q'}{4\pi\varepsilon_0} \ln \frac{\dfrac{l}{2} + \sqrt{r^2 + \left(\dfrac{l}{2}\right)^2}}{-\dfrac{l}{2} + \sqrt{r^2 + \left(\dfrac{l}{2}\right)^2}}.$$

Wenn l sehr groß ist gegen r, gilt näherungsweise:

$$\Phi = \frac{Q'}{4\pi\varepsilon_0} \ln \frac{l + (r^2/l)}{r^2/l} = \frac{Q'}{2\pi\varepsilon_0} \ln \frac{l}{r}. \tag{5.13}$$

Betrachtet man die Einfachleitung über dem leitenden Erdboden, so kann die Erdoberfläche wiederum durch eine entgegengesetzt gleichgroße Linienladung erzeugt werden (Bild 5.5).

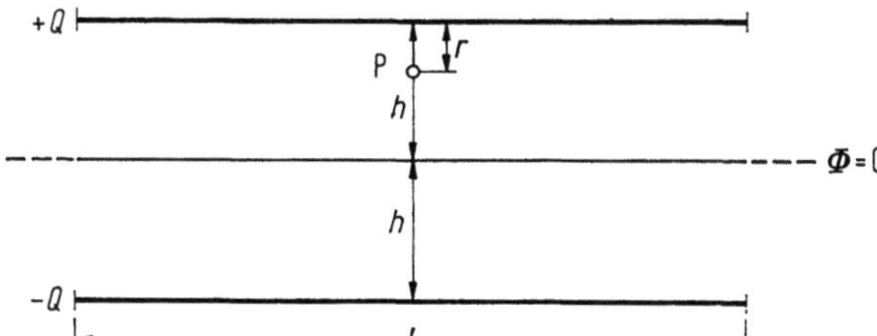

Bild 5.5. Einfachleitung über dem Erdboden.

Das Potential eines Punkts P mit dem Abstand $r \ll h$ von der Linienladung ergibt nach (5.13)

$$\Phi = \frac{Q'}{2\pi\varepsilon_0}\left(\ln\frac{l}{r} - \ln\frac{l}{2h-r}\right),$$

$$\Phi = \frac{Q'}{2\pi\varepsilon_0}\ln\frac{2h-r}{r}.$$

Für $h \gg r$ gilt dann

$$\Phi = \frac{Q'}{2\pi\varepsilon_0}\ln\frac{2h}{r}. \tag{5.14}$$

Die Spannung der Leiteroberfläche $(r = r_1)$ gegenüber der Erde ist

$$U_{10} = \Phi(r_1) - 0 = \frac{Q'}{2\pi\varepsilon_0}\ln\frac{2h}{r_1},$$

$$Q' = \frac{2\pi\varepsilon_0 U_{10}}{\ln(2h/r_1)}. \tag{5.15}$$

Die elektrische Feldstärke auf der Leiteroberfläche beträgt somit

$$E(r_1) = -\frac{\partial\Phi}{\partial r}\bigg|_{r_1} = \frac{Q'}{2\pi\varepsilon_0}\frac{1}{r_1} = \frac{U_{10}}{r_1\ln 2h/r_1}. \tag{5.16}$$

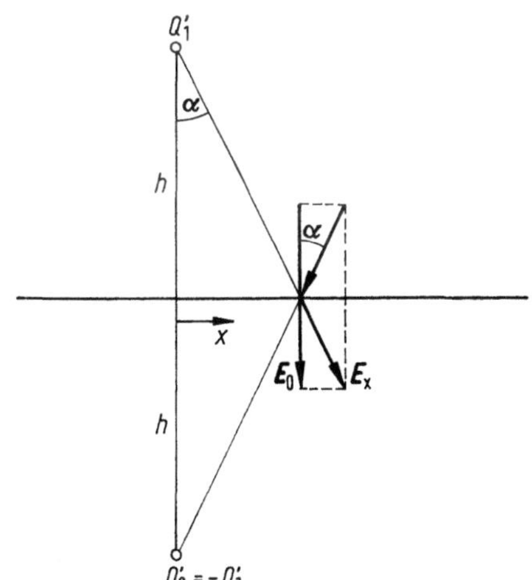

Bild 5.6. Einfachleitung über dem Erdboden. Ermittlung der elektrischen Feldstärke am Erdboden.

Anmerkung: Das elektrische Feld eines Leiterseils über einer ebenen Erdoberfläche ist nicht zylindersymmetrisch, enthält also zwei Komponenten. Die hier unterstellte Zylindersymmetrie darf näherungsweise für die unmittelbare Umgebung des Leiters angenommen werden.

Mit Hilfe der nunmehr bekannten Linienladung kann im übrigen Feldraum die Feldverteilung durch die Überlagerung der von beiden Linienladungen ausgehenden Zylinderfelder bestimmt werden. Dazu sind die beiden Grundgesetze nach (4.13) und (4.16) anzuwenden. Besonders einfach wird das für die Erdoberfläche gemäß Bild 5.6. Gl. (4.13) ergibt hier:

$$Q_1' = \varepsilon_0 E_x 2\pi \sqrt{h^2 + x^2}.$$

Die Überlagerung zweier Feldstärkekomponenten steht hier immer senkrecht auf der Erdoberfläche. Der Betrag der resultierenden Bodenfeldstärke E_0 wird unter Berücksichtigung von (5.15)

$$E_0 = \frac{Q_1'}{\pi\varepsilon_0\sqrt{h^2 + x^2}}\cos\alpha,$$

$$E_0 = \frac{2U_{10}}{\sqrt{h^2 + x^2}\ln(2h/r_1)}\cos(\arctan x/h).$$

Für $x = 0$ ergibt sich die maximale Bodenfeldstärke zu

$$E_{0\max} = \frac{2U_{10}}{h\ln(2h/r_1)}. \tag{5.17}$$

Der Kapazitätsbelag (Kapazität je Längeneinheit) einer Einfachleitung ist hier als Quotient aus Ladungsbelag und Spannung zu berechnen:

$$C' = \frac{2\pi\varepsilon_0}{\ln(2h/r_1)}. \tag{5.18}$$

Elektrostatisches Feld und Kapazitäten der Drehstromleitung

Als praktische Anwendung dieser Zusammenhänge werden die Kapazitäten einer Drehstromleitung betrachtet. Dazu sind zunächst drei Linienladungen und ihre Spiegelladungen zu überlagern (Bild 5.7).

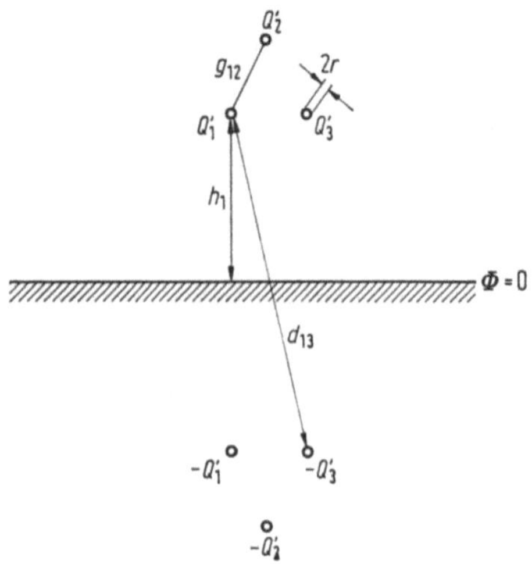

Bild 5.7. Drehstromleitung mit Spiegelladungen.

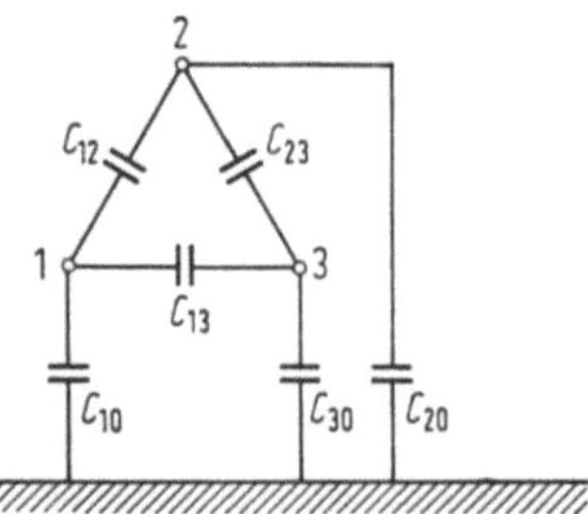

Bild 5.8. Kapazitäten einer Drehstromleitung.

Für die Abstände der Linienladungen untereinander und zur Erde werden folgende Näherungen benutzt ($r \ll g, h, d$):

$$\left.\begin{aligned}
d_{i,k} &= d \\
h_i &= h \\
g_{i,k} &= g
\end{aligned}\right\} \quad \text{für } i, h = 1, 2, 3.$$

Der Leiteranordnung entspricht ein Kapazitätenschema mit Kapazitäten zwischen den Leitern untereinander sowie zwischen den einzelnen Leitern und Erde (Bild 5.8).

Für die Feldberechnung und zur Bestimmung der Kapazitäten ist der Zusammenhang der Potentiale auf den Oberflächen der Leitungen und der Linienladungen nach (5.13) und (5.14) notwendig.

So gilt z. B. für das Potential Φ_1 des Leiters 1 an der Stelle $r = r_1$ die Überlagerung der Potentialanteile sämtlicher sechs Linienladungen.

$$\begin{aligned}
\Phi_1 &= \frac{Q_1'}{2\pi\varepsilon_0} \ln \frac{2h}{r_1} + \frac{Q_2'}{2\pi\varepsilon_0} \left(\ln \frac{l}{g} - \ln \frac{l}{d} \right) \\
&\quad + \frac{Q_3'}{2\pi\varepsilon_0} \left(\ln \frac{l}{g} - \ln \frac{l}{d} \right) \\
&= \frac{Q_1'}{2\pi\varepsilon_0} \ln \frac{2h}{r_1} + \frac{Q_2'}{2\pi\varepsilon_0} \ln \frac{d}{g} + \frac{Q_3'}{2\pi\varepsilon_0} \ln \frac{d}{g} .
\end{aligned}$$

Analog lassen sich die Gleichungen für Φ_2 und Φ_3 angeben. Insgesamt ergibt sich das Gleichungssystem:

$$\begin{pmatrix} \Phi_1 \\ \Phi_2 \\ \Phi_3 \end{pmatrix} = \begin{pmatrix} a_{11} & a_{12} & a_{13} \\ a_{21} & a_{22} & a_{23} \\ a_{31} & a_{32} & a_{33} \end{pmatrix} \cdot \begin{pmatrix} Q_1' \\ Q_2' \\ Q_3' \end{pmatrix} \tag{5.19}$$

mit

$$a_{11} = a_{22} = a_{33} = \frac{1}{2\pi\varepsilon_0} \ln \frac{2h}{r_1} \equiv a$$

und

$$a_{12} = a_{13} = a_{21} = a_{23} = a_{31} = a_{32}$$
$$= \frac{1}{2\pi\varepsilon_0} \ln \frac{d}{g} \equiv a'.$$

Technisch ausgeführte Leitungen sind in der Regel symmetrisch gebaut oder werden durch Verdrillen der drei Leiterseile in regelmäßigen Abständen symmetriert. Deshalb sind die getroffenen Vereinfachungen zulässig.

Im ungestörten Betrieb einer Drehstromleitung ergänzen sich überdies die drei Ladungen Q_1', Q_2', Q_3' zu Null. Daher erhält man aus (5.19)

$$\begin{aligned}
\Phi_1 &= aQ_1' - a'Q_1' \\
&= (a - a')\, Q_1' .
\end{aligned} \tag{5.20}$$

Die Ladung eines Leiters ist damit proportional zum Leiterpotential. Aus (5.18) wird die Betriebskapazität C_b' der Leitung errechnet

$$C_b' = \frac{Q_1'}{\Phi_1} = \frac{1}{a - a'}$$

$$C_b' = \frac{2\pi\varepsilon_0}{\ln (2gh/rd)} .$$

Mit der Näherung

$$2h \approx d$$

folgt

$$C_b' \approx \frac{2\pi\varepsilon_0}{\ln (g/r)} . \tag{5.21}$$

Die Betriebskapazität einer symmetrischen Drehstromleitung bestimmt den Zusammenhang von kapazitivem Ladestrom I_c eines Leiters und der zugehörigen Leiter-Erd-Spannung U_p entsprechend

$$I_c = U_p \omega C_b .$$

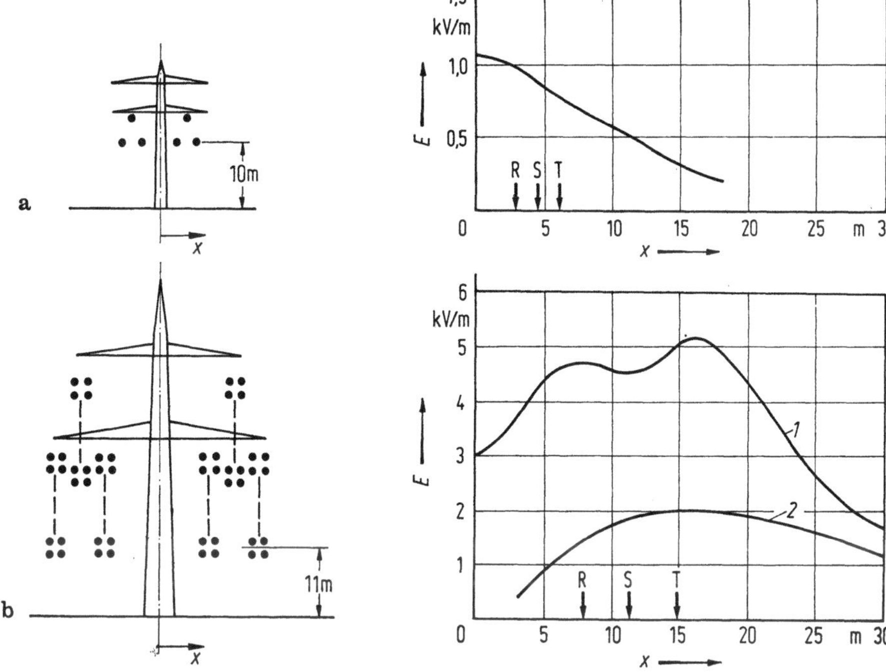

Bild 5.9. Maximal erreichbare elektrische Feldstärken am Erdboden unter Drehstromleitungen für typische Leiteranordnungen. **a** 110-kV-Doppelleitung. Bodenfeldstärke in der Mitte des Spannfeldes für maximalen Durchhang; **b** 380-kV-Doppelleitung. *1* Bodenfeldstärke in Spannfeldmitte, *2* Bodenfeldstärke in der Mastebene.

Der gesamte Verlauf des elektrischen Feldes einer Drehstromleitung ist grundsätzlich noch elementar berechenbar, wenn die Zylinderfelder der einzelnen Linienladungen überlagert werden. Dabei muß die Phasenlage der einzelnen Komponenten beachtet werden. Gegebenenfalls ist der Einfluß von Erdseilen zu berücksichtigen, der die elektrische Feldstärke am Erdboden deutlich reduzieren kann.

Bild 5.9 zeigt für typische Leiterseilanordnungen den Verlauf der maximal erreichbaren elektrischen Feldstärke zum Erdboden. Gegenüber der zuvor behandelten idealisierten Darstellung sind dabei der Leiterseildurchhang und der Einfluß der geerdeten Mastkonstruktion berücksichtigt [5.3; 5.4].

5.1.3 Konforme Abbildung

Konforme Abbildung ist eine im unendlich Kleinen maßstabs- und winkelgetreue Abbildung. Das Verfahren der konformen Abbildung ist ein Teilbereich der Funktionentheorie komplexer Veränderlicher von allgemeiner mathematischer Bedeutung; Begründer dieser Verfahren sind vor allem Cauchy, Riemann, Jacobi und Weierstraß. Die Berechnung zweidimensionaler elektrostatischer Felder ist eine spezielle Anwendung dieses Verfahrens.

5.1.3.1 Prinzip der konformen Abbildung

Der Grundgedanke der konformen Abbildung ist die Zuordnung von Punkten in der durch die Koordinaten x und y gebildeten z-Ebene in eine durch die Koordinaten u und v gebildeten w-Ebene mit Hilfe einer sogenannten Abbildungsfunktion $\underline{z} = f(\underline{w})$.

Eine solche Abbildung ist konform, wenn die Cauchy-Riemannschen Differentialgleichungen erfüllt sind:

$$\frac{\partial u}{\partial x} = \frac{\partial v}{\partial y}; \qquad \frac{\partial v}{\partial x} = -\frac{\partial u}{\partial y}. \tag{5.22}$$

Diese Bedingung wird von jeder analytischen Funktion mit komplexen Veränderlichen $\underline{w} = u + jv = f(x + jy)$ erfüllt, was leicht zu überprüfen ist. Durch nochmalige Differentiation von (5.22) erhält man:

$$\frac{\partial^2 u}{\partial x^2} + \frac{\partial^2 u}{\partial y^2} = f''(x + jy) - f''(x + jy) = 0, \tag{5.23}$$

$$\frac{\partial^2 v}{\partial x^2} + \frac{\partial^2 v}{\partial y^2} = -jf''(x + jy) + jf''(x + jy) = 0. \tag{5.24}$$

Da über die Art der Funktion $f(x + jy)$ keinerlei Einschränkungen gemacht wurden, erfüllt also jede beliebige analytische Funktion mit komplexen Veränderlichen auch die Laplacesche Differentialgleichung des *zweidimensionalen* Feldes.

Diese Zusammenhänge können für die Berechnung elektrostatischer Felder folgendermaßen interpretiert werden: Ein elektrostatisches Feld in der z-Ebene — mathematisch gesprochen zwei orthogonale Kurvensysteme aus Feld- und Äquipotentiallinien — kann mit Hilfe jeder beliebigen analytischen Funktion mit komplexen Veränderlichen in die w-Ebene abgebildet werden. Die Orthogonalität bleibt dabei erhalten. Da sowohl u als auch v die Laplacesche Differentialgleichung des zweidimensionalen Feldes erfüllen, kann entweder die Kurvenschar $u = $ const oder die Kurvenschar $v = $ const als Äquipotentiallinien aufgefaßt werden; die jeweils andere Kurvenschar bildet dann die Feldlinien.

Die konkrete Aufgabe einer Feldberechnung geht üblicherweise aus von vorgegebenen Elektrodenformen und der an ihnen angelegten Spannung. Der konformen Abbildung fällt es zu, diejenige Abbildungsfunktion zu finden, die dieses Elektrodensystem in ein elementar berechenbares Feld umformt, vorzugsweise in ein homogenes Feld oder ein Zylinderfeld. Die wesentliche Schwierigkeit dieser Methode liegt aber darin, daß es grundsätzlich nicht möglich ist, für ein vorgegebenes Elektrodensystem diejenige Abbildungsfunktion zu ermitteln, die dessen Feld in ein elementar berechenbares Feld transformiert.

Tatsächlich wird genau umgekehrt vorgegangen: Durch die Anwendung verschiedener Abbildungsfunktionen auf elementar berechenbare Felder werden diejenigen Funktionen ermittelt, die zu technisch relevanten Elektrodenanordnungen führen. Für die Lösung einer konkreten Aufgabe kann man entweder auf katalogartige Sammlungen solcher Abbildungsfunktionen zurückgreifen, wie sie z. B. von Moon und Spencer [5.1] oder Prinz [5.2] zusammengestellt sind, oder es muß durch systematisches Probieren die geeignete Funktion gefunden werden.

5.1.3.2 Berechnung der elektrischen Feldstärke

Die bisherigen Überlegungen bezogen sich auf die Potentialfunktionen der betrachteten Felder. Ist das Potential bekannt, so kann die elektrische Feldstärke aus dem Gradienten des Potentials berechnet werden.

Zum besseren Verständnis der Lösungsmöglichkeiten mit Hilfe der konformen Abbildung ist auf zwei wichtige Zusammenhänge besonders hinzuweisen:

— Das Feldbild eines elektrostatischen Feldes ist durch die geometrischen Verhältnisse der Elektroden festgelegt; es ist unabhängig vom Längenmaßstab und der tatsächlich angelegten Spannung. Dementsprechend werden die Geometrieeigenschaften eines Feldes durch

eine auf die Spannungs- und Längeneinheit bezogene Feldstärke E' beschrieben. Die tatsächlich anliegende Spannung und der tatsächliche Elektrodenabstand eines konkreten Feldes werden dann in einem Maßstabsfaktor berücksichtigt, mit dem die bezogenen Feldstärkewerte multipliziert werden müssen.

In der w-Ebene kann grundsätzlich die Kurvenschar $u = $ const oder $v = $ const zu Äquipotentiallinien erklärt werden, je nach dem abzubildenden Feld. Dementsprechend gibt es zwei Gruppen von Lösungsansätzen, abhängig von der als Äquipotentiallinien definierten Kurvenschar.

Wird die Kurvenschar $v = $ const zu Äquipotentiallinien erklärt, so ergeben sich die Komponenten E'_x und E'_y der bezogenen Feldstärke E'_z in der z-Ebene als

$$E'_\mathrm{z} = E'_\mathrm{x} + \mathrm{j}E'_\mathrm{y} = -\operatorname{grad} v. \qquad (5.25)$$

Hierzu ist zuvor die Funktion $v = f(x, y)$ zu ermitteln. Die Beträge der bezogenen elektrischen Feldstärke sind

$$E'_\mathrm{z} = \sqrt{E'^2_\mathrm{x} + E'^2_\mathrm{y}}. \qquad (5.26)$$

Dasselbe Ergebnis ist unmittelbar aus der Abbildungsfunktion $\underline{z} = f(\underline{w})$ zu gewinnen über die konjugiert komplexe bezogene Feldstärke E^*_z

$$E^*_\mathrm{z} = E'_\mathrm{x} - \mathrm{j}E'_\mathrm{y} = \mathrm{j}\,\frac{\mathrm{d}\underline{w}}{\mathrm{d}\underline{z}} = \mathrm{j}\,\frac{1}{\mathrm{d}\underline{z}/\mathrm{d}\underline{w}}. \qquad (5.27)$$

Die Beträge sind auch hier nach (5.26) zu berechnen. Eine unmittelbare Berechnung der Beträge der bezogenen Feldstärke ist möglich aus

$$|E'_\mathrm{z}| = 1 \Big/ \sqrt{\left(\frac{\partial x}{\partial v}\right)^2 + \left(\frac{\partial y}{\partial v}\right)^2}. \qquad (5.28)$$

Dazu müssen zuvor die Funktionen $x = f(u, v)$ und $y = f(u, v)$ gebildet werden.

Wird hingegen die Kurvenschar $u = $ const zu Äquipotentiallinien erklärt, so gibt es drei analoge Gleichungen zur Berechnung der bezogenen Feldstärke:

$$1.\ E'_\mathrm{z} = E'_\mathrm{x} + \mathrm{j}E'_\mathrm{y} = -\operatorname{grad} u. \qquad (5.29)$$

$$2.\ E'_\mathrm{z} = E'_\mathrm{x} - \mathrm{j}E'_\mathrm{y} = -\mathrm{d}\underline{w}/\mathrm{d}\underline{z} = -\frac{1}{\mathrm{d}\underline{z}/\mathrm{d}\underline{w}}. \qquad (5.30)$$

$$3.\ E'_\mathrm{z} = 1 \Big/ \sqrt{\left(\frac{\partial x}{\partial u}\right)^2 + \left(\frac{\partial y}{\partial u}\right)^2}. \qquad (5.31)$$

Jede der jeweils drei Gleichungen führt selbstverständlich zum gleichen Ergebnis. Die Kunst des Berechnens liegt darin, im konkreten Fall den einfachsten Lösungsansatz herauszufinden.

Nach der Berechnung der bezogenen Feldstärke muß die Anpassung an die konkreten Abmessungen und die tatsächlich anliegende Spannung vorgenommen werden. Wurde die Kurvenschar $v = \text{const}$ zu Äquipotentiallinien erklärt, so beträgt für eine Spannung U bei einem Elektrodenabstand $v_{II} - v_I$ der Maßstabsfaktor

$$\frac{U}{v_{II} - v_I}.$$

Analog wird der Maßstabsfaktor

$$\frac{U}{U_{II} - u_I},$$

wenn $u = \text{const}$ als Äquipotentiallinien gelten und eine Spannung U an Elektroden bei u_{II} und u_I anliegt.

Schließlich ergibt sich damit die Feldstärke

$$\boldsymbol{E}_z = \boldsymbol{E}_z' \frac{U}{v_{II} - v_I} \tag{5.32}$$

($v = \text{const}$ Äquipotentiallinien),
bzw.

$$\boldsymbol{E}_y = \boldsymbol{E}_z' \frac{U}{u_{II} - u_I} \tag{5.33}$$

($u = \text{const}$ Äquipotentiallinien).

5.1.3.3 Beispiele

Zylinderkondensator

Obgleich das Zylinderfeld elementar berechenbar ist, soll es hier mit Hilfe der konformen Abbildung als erstes Beispiel betrachtet werden, um an Bekanntes anzuknüpfen. Das Feld konzentrischer Kreise kann abgebildet werden durch die Funktion (Bild 5.10):

$$\underline{z} = \mathrm{e}^{\underline{w}}, \qquad x + \mathrm{j}y = \mathrm{e}^{u+\mathrm{j}v}.$$

Die Trennung in Real- und Imaginärteil ergibt:

$$x = \mathrm{e}^u \cos v,$$

$$y = \mathrm{e}^u \sin v,$$

$$\sqrt{x^2 + y^2} = \mathrm{e}^u,$$

$$y/x = \tan v.$$

Für $v = \text{const}$ ergibt sich ein System radialer Geraden und für $u = \text{const}$ ein System konzentrischer Kreise. Zur Darstellung eines Zylinderfeldes müssen u als Potential- und v als Feldlinie definiert werden. Die Potentiallinie $u = 0$ ergibt mit $\mathrm{e}^u = 1$ den Einheitskreis.
Die Berechnung der Feldstärke erfolgt nach (5.29).

$$u = \ln \sqrt{x^2 + y^2},$$

$$\boldsymbol{E}_z' = -\operatorname{grad} u = -\left(\frac{\partial u}{\partial x} + \frac{\partial u}{\partial \mathrm{j}y}\right),$$

$$\frac{\partial u}{\partial x} = \frac{1}{\sqrt{x^2 + y^2}} \frac{1}{2\sqrt{x^2 + y^2}} 2x = \frac{x}{x^2 + y^2},$$

$$\frac{\partial u}{\partial y} = \frac{1}{\sqrt{x^2 + y^2}} \frac{1}{2\sqrt{x^2 + y^2}} 2y = \frac{y}{x^2 + y^2},$$

$$\boldsymbol{E}_z' = -\left(\frac{x}{x^2 + y^2} - \mathrm{j}\frac{y}{x^2 + y^2}\right) = -\frac{x - \mathrm{j}y}{x^2 + y^2},$$

$$\boldsymbol{E}_z' = \sqrt{\frac{x^2}{(x^2 + y^2)^2} + \frac{y^2}{(x^2 + y^2)^2}} = \frac{1}{\sqrt{x^2 + y^2}} = \frac{1}{r}.$$

Die Anpassung ergibt

$$\frac{U}{u_{II} - u_I} = \frac{U}{\ln \sqrt{x_{II}^2 + y_{II}^2} - \ln \sqrt{x_I^2 + y_I^2}}$$

$$= \frac{U}{\ln r_2 - \ln r_1} = \frac{U}{\ln(r_2/r_1)},$$

$$\boldsymbol{E}_z = \frac{1}{r} \frac{U}{\ln(r_2/r_1)}.$$

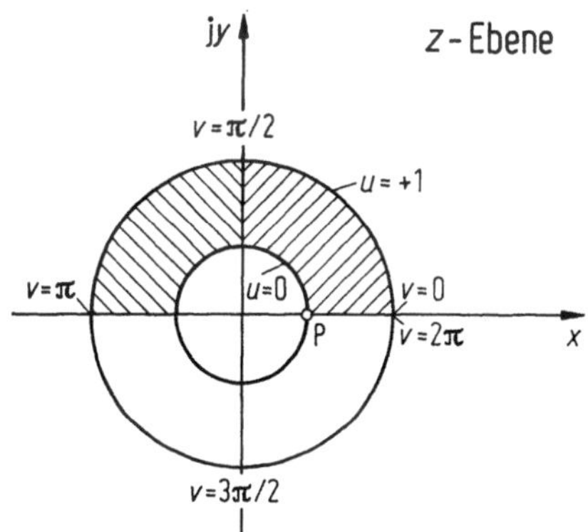

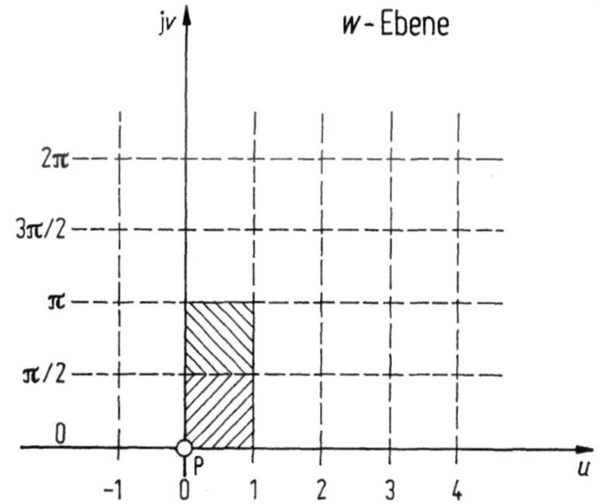

Bild 5.10. Transformation des Homogenfeldes in ein Radialfeld durch $\underline{z} = \mathrm{e}^{\underline{w}}$.

Randfeld des Plattenkondensators
(Rogowski-Profil)

Mit dem Randfeld des Plattenkondensators und dem anschließend dargestellten elektrischen Feld eines Bündelleiters werden zwei klassische Anwendungsbeispiele für die konforme Abbildung vorgestellt.

Die Abbildungsfunktion für das Randfeld eines Plattenkondensators wurde bereits 1881 von J. C. Maxwell angegeben als

$$\underline{z} = \frac{a}{\pi} \left(\underline{w} + 1 + e^{\underline{w}} \right).$$

Die Aufspaltung in Real- und Imaginärteil ergibt:

$$x = \frac{a}{\pi} \left(u + 1 + e^{u} \cos v \right),$$

$$y = \frac{a}{\pi} \left(v + e^{u} \sin v \right).$$

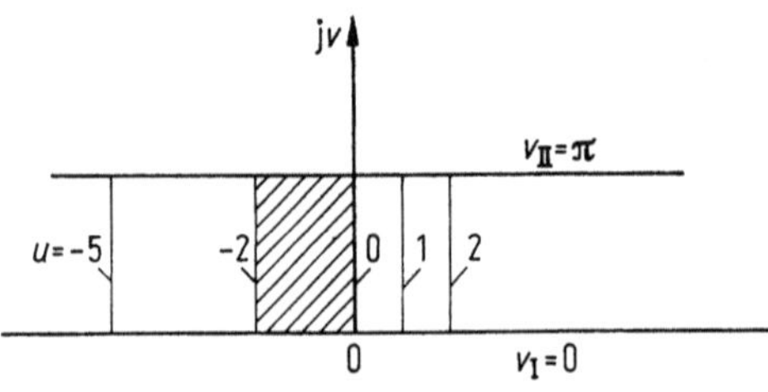

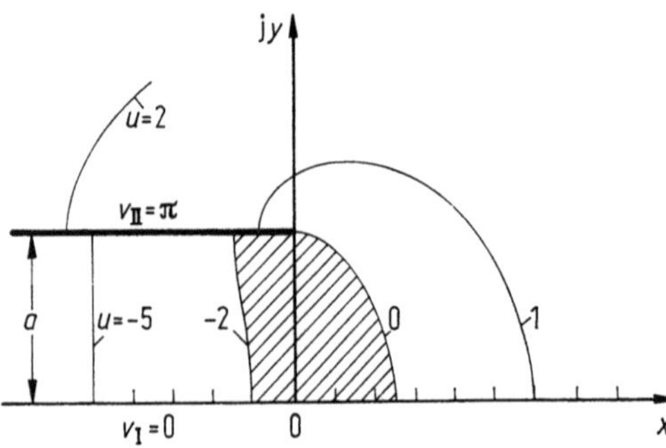

Bild 5.11. Transformation des Homogenfeldes mit der Maxwell-Funktion.

Erklärt man $v = \text{const}$ zu Äquipotentiallinien, so bildet sich das durch $v_I = 0$ und $v_{II} = \pi$ begrenzte Homogenfeld der w-Ebene durch eine Gerade und eine Halbgerade gemäß Bild 5.11 in die z-Ebene ab.

Für die Grenzwerte für v vereinfachen sich diese Gleichungen

$$v_I = 0: \quad x = -\frac{a}{\pi} \left(u + 1 + e^{u} \right),$$

$$v_{II} = \pi: \quad x = \frac{a}{\pi} \left(u + 1 - e^{u} \right).$$

$$y = a$$

Aus (5.27) folgt einschließlich der Anpassung

$$E_z = \frac{U}{a \sqrt{1 + e^{2u} + 2e^{u} \cos v}}.$$

Für $u \leq -5$ stellt sich sowohl auf der Geraden $v_I = 0$ als auch auf der Halbgeraden $v_{II} = \pi$ die Homogenfeldstärke U/a ein. Auf der Halbgeraden steigt die Feldstärke stark für $u \to 0$ an und erreicht für $u = 0$ den Wert unendlich.

Das Verhältnis der Randfeldstärke zur Homogenfeldstärke

$$v_E = \frac{1}{\sqrt{1 + e^{2u} + 2e^{u} \cos v}}$$

zeigt keine Feldstärkeerhöhung, wenn $v \leq \pi/2$ ist. Dieses Profil (Rogowski-Profil) ergibt sich für den Plattenabstand $a = \pi$ und die Randzone $v = \pi/2$. Es gilt dann

$$x = u + 1,$$

$$y = \frac{\pi}{2} + e^{u}.$$

Damit ergibt sich das in Bild 5.12 dargestellte Profil der z-Ebene; es gilt für den Grenzwert $v = \pi/2$ und einen kleinsten Abstand zur spiegelbildlich geformten Gegenelektrode von π (für $u < -10$).

In der technischen Anwendung wird das Profil bei der Koordinate $u \approx 1$ abgebrochen. Bei einem Plattenabstand a benötigt dann das Randprofil etwa einen Streifen der Breite $2a$.

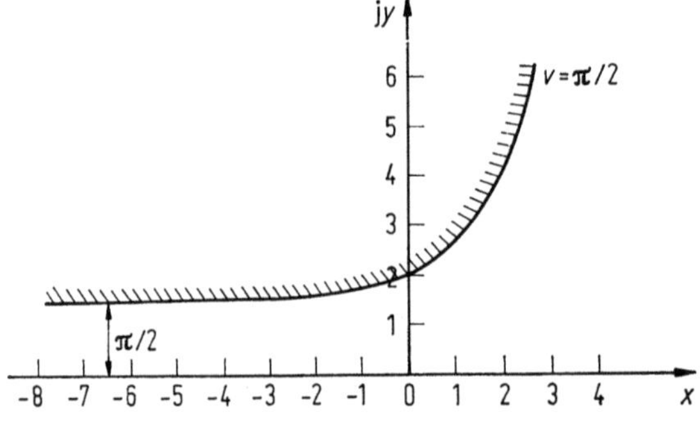

Bild 5.12. Rogowski-Randprofil für $v = \pi/2$.

Das Rogowski-Profil hat große praktische Bedeutung bei Durchschlagexperimenten zur Aufhebung des sogenannten Randeffekts [5.5]. Im Zentrum der Elektrodenanordnung liegt ein homogenes Feld vor; zum Rand hin wird die beim normalen Plattenkondensator auftretende Feldstärkeerhöhung vermieden.

Grundsätzlich ist zu beachten, daß hier ein Plattenkondensator mit unendlicher axialer Ausdehnung behandelt ist, entsprechend der Einschränkung der konformen Abbildung auf zweidimensionale Felder. Neuere Untersuchungen haben aber gezeigt, daß eine dreidimensionale Feldoptimierung nur geringfügige Abweichungen ergibt, die innerhalb normaler Fertigungstoleranzen liegen dürften [5.6].

Bündelleiter

Zur Darstellung des Feldes eines Bündelleiters eignet sich die Abbildungsfunktion (Bild 5.13):

$$\underline{z} = a \sqrt[n]{e^{\underline{w}} + 1}.$$

n gibt dabei die Anzahl der Teilleiter des Bündels an; als Beispiel wird hier ein Zweierbündel ($n = 2$) betrachtet.

Es empfiehlt sich, die Abbildungsfunktion in der Form $\underline{w} = f(\underline{z})$ in Real- und Imaginärteil aufzuspalten.

$$u = \frac{1}{2} \ln \left[\left(\frac{x^2 + y^2}{a^2} \right)^2 - 2 \frac{x^2 - y^2}{a^2} + 1 \right],$$

$$v = \arctan \frac{2xy}{x^2 - y^2 - a^2}.$$

Erklärt man $u = $ const zu Äquipotentiallinien, so gilt für $u = 0$:

$$(x^2 + y^2)^2 = 2a^2(x^2 - y^2).$$

Diese Funktion läuft durch den Koordinatenursprung der z-Ebene.

Für kleinere u-Werte im Bereich von etwa $0 - 1{,}28$ liegen kreisähnliche Gebilde rechts und links der y-Achse und im Bereich $u \lesssim -1{,}28$ praktisch Punkte auf $x = -a$ und $x = +a$ vor. Für $u > 0$ erscheinen einteilige Kurven, die mit wachsendem u immer kreisähnlicher werden. Der Verlauf dieser Linien ist zu deuten als Feldbild zweier gleichpolig geladener Zylinder mit u als Potentiallinie, d. h. als Feld eines Zweierbündels innerhalb eines großen Zylinders (Bild 5.14).

Von besonderer Bedeutung sind die Punkte größter und kleinster Feldstärke auf der Leiteroberfläche P_1 bzw P_2.

Der Punkt P_1 hat die Koordinaten

$$x = a + a\sqrt{1 - e^{u_I}},$$

$$y = 0.$$

Der Punkt P_2 hat die Koordinaten

$$x = a + a\sqrt{1 + e^{u_I}},$$

$$y = 0.$$

Die Feldstärke ergibt sich nach (5.29)

$$E'_z = \frac{2}{a^2}$$

$$\times \frac{\left[x^2 \left(\frac{x^2 + y^2}{a^2} - 1 \right)^2 + y^2 \left(\frac{x^2 + y^2}{a^2} + 1 \right)^2 \right]^{\frac{1}{2}}}{\left(\frac{x^2 + y^2}{a^2} \right)^2 - 2 \frac{x^2 - y^2}{a^2} + 1}.$$

Für $y = 0$ ist

$$E'_z = \frac{2}{a^2} \frac{x}{\dfrac{x^2}{a^2} - 1}.$$

Für P_1 gilt mit $x_I = a\sqrt{1 - e^{u_I}}$,

$$E'_z(P_1) = \frac{2}{a} \frac{\sqrt{1 - e^{u_I}}}{e^{u_I}}.$$

Für P_2 gilt analog

$$E'_z(P_2) = \frac{2}{a} \frac{\sqrt{1 + e^{u_I}}}{e^{u_I}}.$$

Führt man die Bündelcharakteristiken b_z, s, r_z, a_z gemäß Bild 5.14 ein, gilt

$$b_z = \frac{s}{r_z} = \frac{2a}{a\left(\sqrt{1 + e^{u_I}} - 1 \right)}$$

und

$$u_I = \ln \left[\left(\frac{2}{b_z} + 1 \right)^2 - 1 \right].$$

Für P_2 ergibt sich unter Berücksichtigung des Maßstabsfaktors und bei Einführung der Abkürzung

$$p_z = \frac{a_z + r_z}{r_z}$$

$$E_z(P_2) = \frac{U}{a_z} \frac{(p_z - 1)(1 + b_z/2)}{(1 + b_z) \ln \left(\dfrac{p_z + b_z/2}{\sqrt{1 + b_z}} \right)}.$$

Für den Grenzfall $s \to 0$ ergibt sich die bekannte Gleichung für koaxiale Zylinder, denn wegen $s = 0$ wird $b_z = 0$ und damit

$$E_z(P_2) = \frac{U}{r_z \ln \dfrac{a_z + r_z}{r_z}}.$$

In der Freileitungstechnik ist üblicherweise $p_z \geqq 200$.

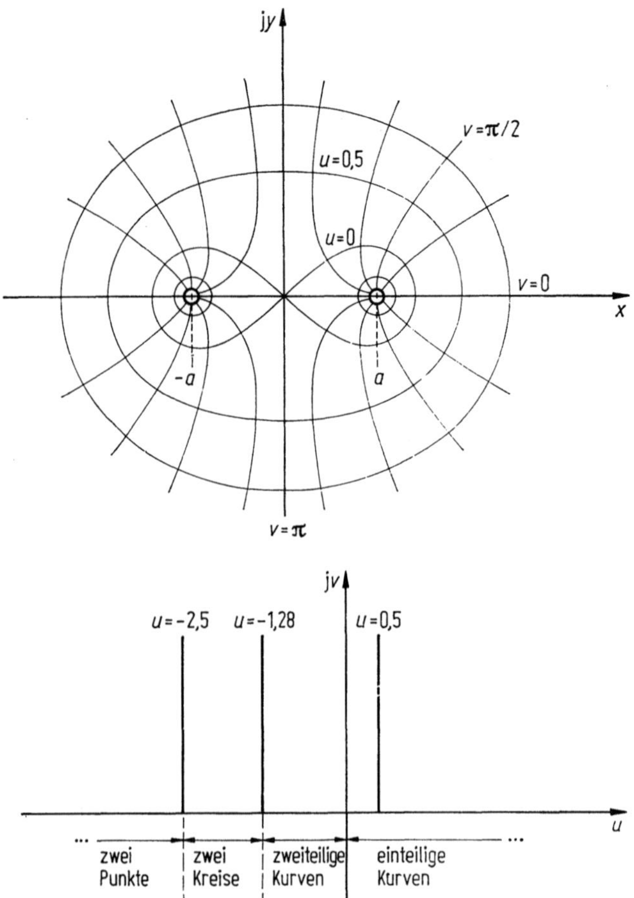

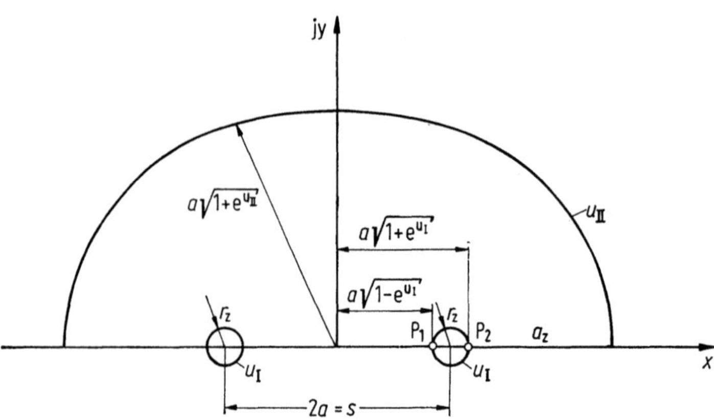

Bild 5.13. Abbildungsbereiche der Funktion $z = a \sqrt{e^{\underline{w}} + 1}$.

Bild 5.14. Zur Dimensionierung eines Zweierbündels.

Für $U = \sqrt{2}/\sqrt{3} \cdot 245 = 200 \, \text{kV}$, $r_z = 1 \, \text{cm}$, $p_z = 800$ zeigt Bild 5.15 die Abhängigkeit der Maximalfeldstärke von der Größe $b_z = s/r_z$; man erkennt ein flaches Feldstärkeminimum bei etwa $b_z = 9$.

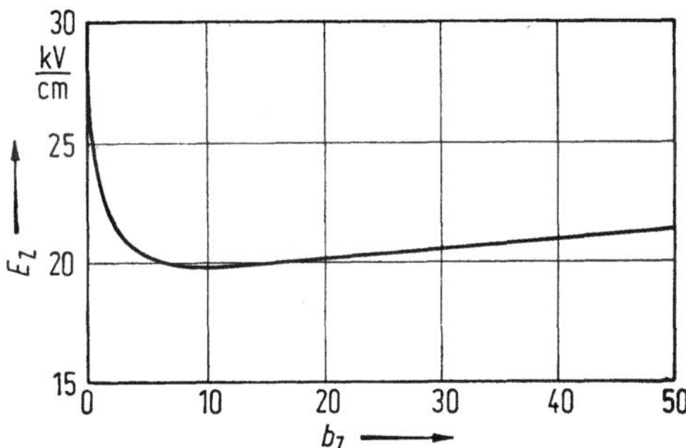

Bild 5.15. Feldstärke am kritischen Punkt eines Bündelleiters (Zweierbündel).

5.1.4 Einfache Raumladungsfelder

Bisher wurden nur raumladungsfreie Felder betrachtet, die durch die Laplacesche Differentialgleichung (4.24) beschreibbar sind.

Enthält ein Feldraum elektrische Ladungsträger derart, daß örtlich Überschüsse positiver oder negativer Ladungsträger bestehen, so sprechen wir von einem Raumladungsfeld. Seine Beschreibung ist mit der Poissonschen Differentialgleichung (4.23) möglich.

Die eigentliche Schwierigkeit bei der Feldberechnung raumladungsbehafteter Felder liegt weniger im Bereich der mathematischen Lösungsverfahren als vielmehr in der Erfassung der Raumladungsverteilung in jedem konkreten Fall.

5.1.4.1 Raumladungen und ihre Entstehung

Im Teil IV ist im einzelnen dargestellt, wie in gasförmigen, flüssigen und festen Isolierstoffen Ladungsträger entstehen, sich verhalten und schließlich durch Neutralisation an den Elektroden oder Rekombination im Feldraum wieder verschwinden.

In Gasen entstehen freie Ladungsträger durch Ionisation neutraler Moleküle oder Atome. Diese wird z. B. bewirkt durch Höhenstrahlung oder Erdradioaktivität als natürliche Ursachen oder durch Teilchenstöße von neutralen Teilchen aufgrund der Wärmebewegung oder von im elektrischen Feld beschleunigten Ladungsträgern. Freie Elektronen bleiben aber selten über längere Zeit bestehen, sie lagern sich an neutralen Teilchen oder Fremdpartikeln an und bilden negative Ionen. In festen Isolierstoffen hat die Anlagerung von Elektronen in sogenannten Haftstellen eine besondere Bedeutung. Eine Rekombination von Ladungsträgern unterschiedlicher Polarität ist im Feldraum oder an den Elektroden möglich.

Die Vorgänge der Ionisation und Rekombination entscheiden über die Anzahl der Ladungsträger in einem Feldraum. Die Wanderung der Ladungsträger aufgrund der Wärmebewegung, der Driftbewegung im elektrischen Feld und der Diffusion bewirken die Verteilung der Raumladung in jedem konkreten Fall.

Diese Überlegungen machen deutlich, daß eine quantitativ befriedigende Berechnung realer Raumladungsfelder nur ausnahmsweise möglich ist. Sehr viel häufiger ist die umgekehrte Betrachtungsweise, aus einer gemessenen Verteilung der elektrischen Feldstärke bei vorgegebener Elektrodengeometrie eine Aussage über die Raumladung herzuleiten; feldtheoretisch ist das Vorgehen dabei praktisch gleich.

5.1.4.2 Beispiele

Die Berechnung von Raumladungsfeldern wird an zwei Beispielen prinzipiell vorgeführt; diese Beispiele haben nur sehr bedingt praktische Bedeutung.

Ebenes Feld mit Raumladung nach Bild 5.16

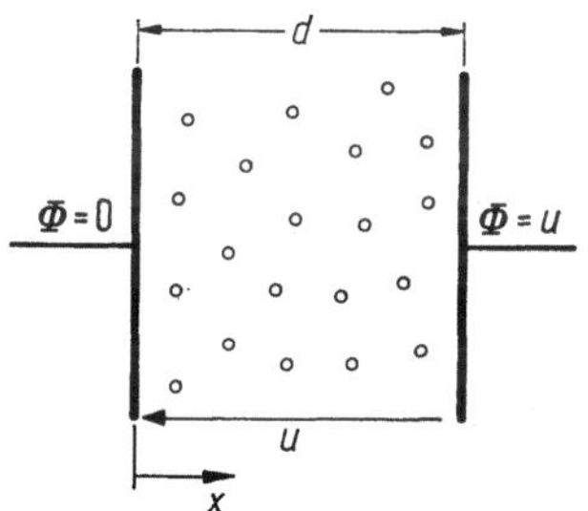

Bild 5.16. Plattenkondensator mit räumlich und zeitlich konstanter Raumladungsdichte ϱ.

Die Poissonsche Gleichung (4.23) lautet für den eindimensionalen Fall in einem gasförmigen Dielektrikum:

$$\frac{\partial^2 \Phi}{\partial x^2} = -\frac{\varrho}{\varepsilon_0}.$$

Nach Integration folgt mit den Randbedingungen

$$\Phi(x = 0) = 0, \qquad \Phi(x = d) = U.$$

$$\Phi = \frac{U}{d}\, x + \frac{\varrho}{2\varepsilon_0}\, x(d - x),$$

$$E_x = -\frac{\mathrm{d}\Phi}{\mathrm{d}x} = -\frac{U}{d} - \frac{\varrho}{2\varepsilon_0}\,(d - 2x).$$

Im Vergleich zum raumladungsfreien Fall $E_0 = U/d$ und mit Hilfe der Abkürzung $\delta = \varrho d^2/2\varepsilon_0 U$ wird

$$\frac{E}{E_0} = 1 - \delta\left(1 - \frac{2x}{d}\right).$$

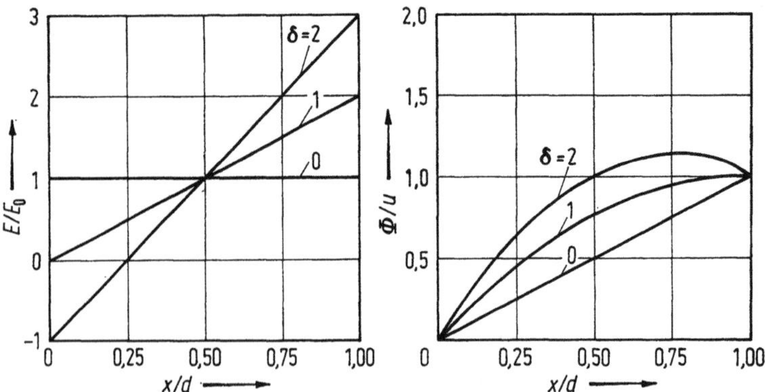

Bild 5.17. Einfluß einer gleichverteilten Raumladung im Plattenkondensator.

Für $\delta = 1$ ist an der einen Platte des Kondensators die Feldstärke doppelt so groß wie im raumladungsfreien Fall ($\delta = 0$); aus der Definition von δ kann leicht ermittelt werden, daß z. B. für $\delta = 1$ im Feldraum eine gleichmäßig verteilte Raumladung vorhanden sein muß, die doppelt so groß ist wie die im raumladungsfreien Fall auf den Elektroden gebundene Ladung (Bild 5.17).

Kugelkondensator mit Raumladung

Von praktischer Bedeutung sind in diesem Zusammenhang kugelförmige Abschirmelektroden, vor deren Oberfläche durch Ionisation eine Raumladung entsteht. Eine solche Anordnung kann dargestellt werden durch einen Kugelkondensator, bei dem der Radius der äußeren Elektrode gegen unendlich geht; die Raumladungsdichte ist vor der inneren Kugelelektrode am größten und nimmt mit r sehr schnell ab.

In einem konkreten Beispiel wird eine Abschirmelektrode mit $r_1 = 35$ cm an einer Gleichspannung von $U = 1\,\mathrm{MV}$ angenommen; für $r > r_1$ soll die Raumladungsdichte mit

$$\varrho(r) = a/r^4 \quad \text{mit} \quad a = 4 \cdot 10^{-5}\ \mathrm{As\ cm}$$

beschreibbar sein.

Zur Berechnung des raumladungsbehafteten Feldes wird die Poissonsche Gleichung in Kugelkoordinaten herangezogen; vgl. (5.3).

$$\frac{1}{r^2} \frac{\partial}{\partial r} \left(r^2 \frac{\partial \Phi}{\partial r} \right) = -\frac{\varrho}{\varepsilon_0}.$$

Da die Raumladungsdichte eine Funktion des Radius ist, muß sie zunächst explizit eingesetzt werden:

$$\frac{1}{r^2} \frac{\partial}{\partial r} \left(r^2 \frac{\partial \Phi}{\partial r} \right) = -\frac{a}{\varepsilon_0 r^4}.$$

Die Integration dieser Gleichung ergibt sofort den gesuchten Feldstärkeverlauf

$$E(r) = \frac{\partial \Phi}{\partial r} = \frac{a}{\varepsilon_0 r^3} + \frac{K_1}{r^2}.$$

Die Berücksichtigung der Randbedingungen erfolgt über das Potential

$$\Phi = -\frac{a}{2\varepsilon_0 r^2} - \frac{K_1}{r} + K_2,$$

$$\Phi(r_1) = 1\,\mathrm{MV}, \quad \Phi(\infty) = 0.$$

Daraus folgen: $K_2 = 0$, $K_1 = -41{,}46 \cdot 10^6$ V cm. Bild 5.18 zeigt dazu den Feldstärkeverlauf in radialer Richtung mit und ohne Raumladungseinfluß: die positive Raumladung vor der positiven Elektrode reduziert die Oberflächenfeldstärke, die Ladungsträgervermehrung durch Ionisation wird dadurch wieder unterbunden. Die in diesem Beispiel angenommene Raumladung beträgt etwa 40% der im raumladungsfreien Fall auf der Elektrode befundenen Ladung.

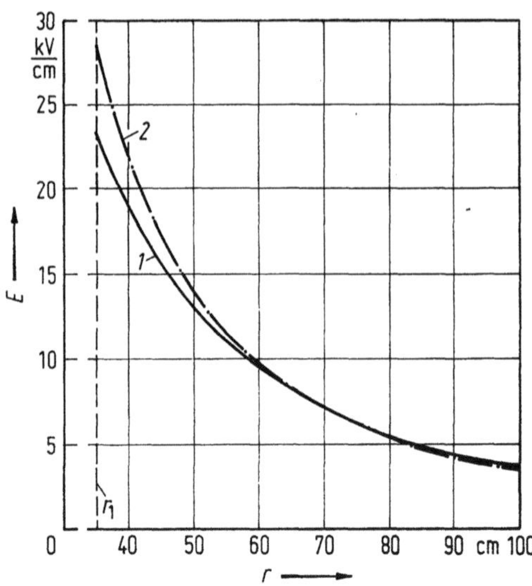

Bild 5.18. Feldstärkeverlauf in der Umgebung einer kugelförmigen Abschirmelektrode mit (*1*) und ohne (*2*) Raumladungseinfluß; (Daten im Text).

5.1.5 Dielektrikum mit zylindrischer Schichtung

Aus konstruktiven Gründen werden in technischen Isolationen häufig unterschiedliche Isolierstoffe verwendet, z. B. feste Isolierstoffe in Form von Folien oder kompakten Isolierstücken, die durch Gase oder Isolierflüssigkeiten imprägniert sind. Die Grundgesetze der ebenen Schichtung sind im Abschnitt 4.4 beschrieben. Besonders wichtig ist die Tatsache, daß sich in den einzelnen Schichten die senkrecht zu den Grenzflächen verlaufenden Komponenten der elektrischen Feldstärke umgekehrt proportional verhalten wie die entsprechenden Dielektrizitätszahlen. Da sich die Durchschlagsfestigkeiten im allgemeinen völlig anders verhalten, verlangt der Entwurf geschichteter Isolieranordnungen eine gute Anpassung von Spannungsverteilung und Festigkeiten.

Neben der ebenen Schichtung wird als weitere Grundanordnung die zylindrische Schichtung behandelt als Zylinderkondensator mit einem Dielektrikum, das aus mehreren ineinandergeschobenen Isolierstoffrohren gebildet wird. Die Mantelflächen dieser Rohre sind Äquipotentialflächen, solange die Randfelder an den Stirnflächen des Zylinderkondensators vernachlässigt werden dürfen.

Die aufeinanderfolgenden Isolierschichten bilden eine Reihenschaltung der Teilkapazitäten jeder Schicht, die jeweils als Kapazität eines Zylinderkondensators beschrieben werden können.

Die Kapazität der x-ten Schicht beträgt gemäß (5.10)

$$C_\mathrm{x} = \frac{2\pi l_\mathrm{x}\varepsilon_0\varepsilon_\mathrm{rx}}{\ln\left(r_\mathrm{x+1}/r_\mathrm{x}\right)}. \qquad (5.34)$$

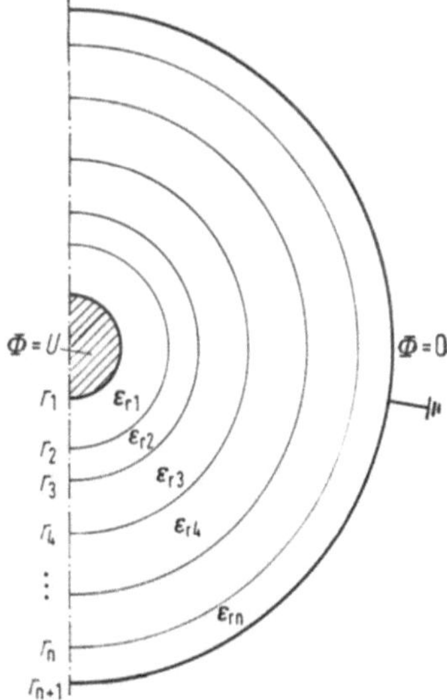

Bild 5.19. Zylinderkondensator mit radial geschichtetem Dielektrikum.

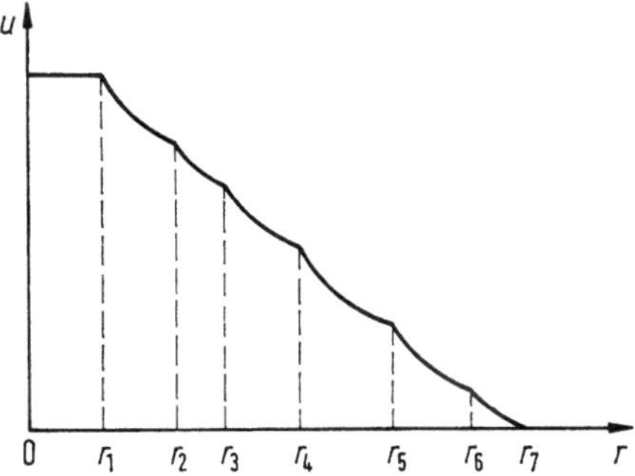

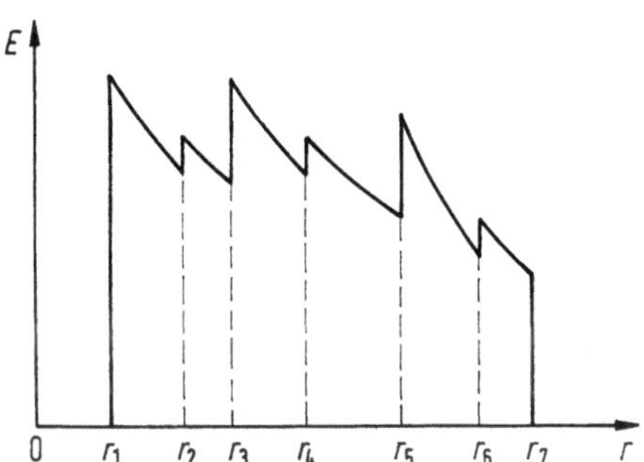

Bild 5.20. Verlauf des Potentials und der Feldstärke in einem koaxialen Zylinderkondensator mit geschichtetem Dielektrikum.

Gemäß Bild 5.19 bezeichnet r_x den Innenradius und $r_\mathrm{x+1}$ den Außenradius jeder Schicht, l_x ist die axiale Länge.

Bei der Aufteilung der Gesamtspannung U auf die einzelnen Teilkapazitäten ist zu berücksichtigen, daß jede Kapazität die gleiche Ladung trägt:

$$Q = C_\mathrm{ges}U = C_\mathrm{x}U_\mathrm{x}.$$

Damit folgt die Spannung an der x-ten Schicht:

$$U_\mathrm{x} = \frac{C_\mathrm{ges}}{C_\mathrm{x}}\,U,$$

$$U_\mathrm{x} = \frac{U}{\displaystyle\sum_{\nu=1}^{n}\frac{1}{C_\nu}}\frac{1}{C_\mathrm{x}},$$

$$U_\mathrm{x} = \frac{U}{\dfrac{l_\mathrm{x}\varepsilon_\mathrm{rx}}{\ln\left(r_\mathrm{x+1}/r_\mathrm{x}\right)}\cdot\displaystyle\sum_{\nu=1}^{n}\frac{\ln\left(r_{\nu+1}/r_\nu\right)}{l_\nu\varepsilon_\mathrm{r\nu}}}. \qquad (5.35)$$

Der Feldstärkerverlauf in der x-ten Schicht beträgt (Bild 5.20):

$$E_\mathrm{x(r)} = \frac{U_\mathrm{x}}{r\ln\left(r_\mathrm{x+1}/r_\mathrm{x}\right)} = \frac{U}{rl_\mathrm{x}\varepsilon_\mathrm{rx}\displaystyle\sum_{\nu=1}^{n}\frac{\ln\left(r_{\nu+1}/r_\nu\right)}{l_\nu\varepsilon_\mathrm{r\nu}}}. \qquad (5.36)$$

Beim Übergang von der x-ten in die $(x + 1)$-te Schicht $(r = r_\mathrm{x})$ erfolgt ein Feldstärkesprung entsprechend dem Verhältnis

$$\frac{E_{\mathrm{x}}(r_{\mathrm{x}})}{E_{\mathrm{x+1}}(r_{\mathrm{x}})} = \frac{\varepsilon_{\mathrm{rx+1}} l_{\mathrm{x+1}}}{\varepsilon_{\mathrm{rx}} l_{\mathrm{x}}} . \tag{5.37}$$

Durch die Wahl der Dielektrika und Schichtdicken läßt sich der Potentialverlauf steuern. Verlangt man beispielsweise, daß die Feldstärkespitzen in allen Schichten gleich groß sein sollen, so ergibt sich aus (5.36) die Bedingung

$$r_1 l_1 \varepsilon_{\mathrm{r1}} = r_2 l_2 \varepsilon_{\mathrm{r2}} = \ldots = r_{\mathrm{x}} l_{\mathrm{x}} \varepsilon_{\mathrm{rx}} = \ldots = r_{\mathrm{n}} l_{\mathrm{n}} \varepsilon_{\mathrm{rn}} .$$

Man unterscheidet zwei wichtige Fälle zylindrischer Anordnungen:

a) Bei *Durchführungen* wird für alle Schichten der gleiche Isolierstoff gewählt ($\varepsilon_{\mathrm{r1}} = \varepsilon_{\mathrm{r2}} = \ldots = \varepsilon_{\mathrm{rx}} = \ldots = \varepsilon_{\mathrm{rn}}$). Gl. (5.36) geht für gleiche Feldstärkemaxima in allen Schichten über in

$$r_1 l_1 = r_2 l_2 = \ldots = r_{\mathrm{x}} l_{\mathrm{x}} = \ldots = r_{\mathrm{n}} l_{\mathrm{n}} .$$

Die Bemessung der jeweiligen Länge der einzelnen Schichten hat außer der radialen auch die axiale Feldverteilung an den Schichtenden zu berücksichtigen. Deshalb sind Abweichungen von der Bemessungsregel $r_{\mathrm{x}} l_{\mathrm{x}} = \mathrm{const}$ unvermeidlich.

Die Mantelflächen der einzelnen Schichten erhalten eine leitfähige Oberfläche, damit dadurch im überwiegenden Teil der Gesamtlänge ein reines Zylinderfeld sichergestellt wird.

Diese Betrachtungsweise berücksichtigt allerdings nur die Steuerung des radialen Feldes, mit Rücksicht auf die Beanspruchung der äußeren Grenzschicht von Durchführung und umgebendem Medium kann auch eine axiale Feldsteuerung erforderlich sein, die eine andere Längenabstufung der einzelnen Schichten erzwingt [1.1].

b) Bei der Isolierung von lang gestreckten Leitern ist von gleicher Länge aller Isolierstoffschichten auszugehen ($l_1 = l_2 = \ldots = l_{\mathrm{n}}$).
Gleiche Höchstfeldstärken in allen Schichten liegen hier vor für

$$r_1 \varepsilon_{\mathrm{r1}} = r_2 \varepsilon_{\mathrm{r2}} = \ldots = r_{\mathrm{x}} \varepsilon_{\mathrm{rx}} = \ldots = r/\varepsilon_{\mathrm{rn}} .$$

Eine in der Praxis häufig vorkommende Anordnung ist der Zweischichtenkondensator ($n = 2$) als sogenannte *Teilisolation*. Die Innenelektrode wird mit einer Isolierschicht umgeben, während der Raum bis zur Außenelektrode Luft enthält (Bild 5.21).
Da das Isoliermaterial eine wesentlich höhere elektrische Festigkeit besitzt als die Luft, kommt es hier weniger darauf an, die Feldstärke an der Innenelektrode klein zu halten, als vielmehr die größte im Luftraum auftretende Feldstärke $E_2 = E_2(r_2)$ auf ein Minimum zu bringen.

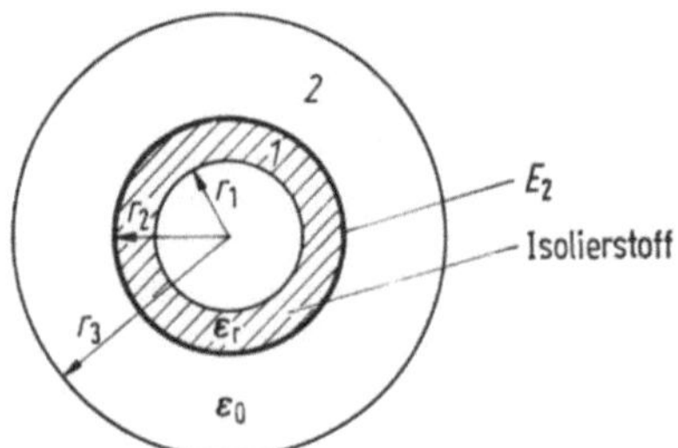

Bild 5.21. Koaxiale Zylinderanordnung mit Teilisolation.

Für $n = 2$; $l_1 = l_2$; $\varepsilon_{\mathrm{r1}} = \varepsilon_{\mathrm{r}}$; $\varepsilon_{\mathrm{r2}} = 1$; $r = r_2$ wird

$$E_2 = \frac{U}{r_2 \left[\dfrac{\ln{(r_2/r_1)}}{\varepsilon_{\mathrm{r}}} + \dfrac{\ln{(r_3/r_2)}}{1} \right]} . \tag{5.38}$$

Soll E_2 in Abhängigkeit von r_2 minimal werden, so muß der Nenner in (5.38) für dieses r_2 sein Maximum annehmen.

$$\frac{\mathrm{d}}{\mathrm{d}x} \left[\frac{x}{r_1} \left(\ln{\frac{x}{r_1}} - \varepsilon_{\mathrm{r}} \ln{\frac{x}{r_3}} \right) \right] = 0 .$$

Man erhält ein Minimum von E_2 für

$$r_{\mathrm{2opt}} = x = r_1 \frac{1}{e} \left(\frac{r_3}{r_1} \right)^{\varepsilon_{\mathrm{r}}/(\varepsilon_{\mathrm{r}}-1)} \tag{5.39}$$

mit dem Betrag

$$E_2 = E_{2\,\mathrm{min}} = \frac{Ue}{r_1 \left(\dfrac{r_3}{r_1} \right)^{\varepsilon_{\mathrm{r}}/(\varepsilon_{\mathrm{r}}-1)} \left(1 - \dfrac{1}{\varepsilon_{\mathrm{r}}} \right)} .$$

Für den Sonderfall einer leitfähigen Umhüllung, die durch $\varepsilon_{\mathrm{r}} \to \infty$ beschrieben werden kann, geht dieses Problem in die Aufgabe der Optimierung des Zylinderkondensators über, die in Abschnitt 5.3.1.1 behandelt wird. Das dort gewonnene Ergebnis kann formal auch aus (5.39) erhalten werden: Für $\varepsilon_{\mathrm{r}} \to \infty$ wird $r_{\mathrm{2opt}} = r_3/e$.

5.2 Numerische Berechnung elektrostatischer Felder

Aus den vorangegangenen Abschnitten ist zu ersehen, daß eine geschlossene Lösung der Potentialgleichung nur für relativ einfache Feldformen möglich ist. Viele technisch interessante Elektrodensysteme sind auf diese Weise nicht berechenbar, ihr elektrostatisches Feld kann daher nur mit Hilfe numerischer Näherungsmethoden bestimmt werden. Dazu wurden das Differenzenverfahren, die Finite-Elemente-Methode und das Ersatzladungsverfahren entwickelt. Diese Verfahren sind heute so leistungsfähig, daß grundsätzlich beliebig komplizierte Geometrien berechnet werden können. Der Aufwand an Rechenzeit und Speicherplatzbedarf kann dabei sehr groß werden. Vielfach läßt sich dieser Aufwand aber schon durch geringfügige Vereinfachungen der Elektrodengeometrie wesentlich verringern, insbesondere wenn eine Beschränkung auf Rotationssymmetrie möglich ist. Zwei numerische Feldberechnungsmethoden — das *Verfahren der Finiten Elemente* und das *Differenzenverfahren* — lösen die Potentialgleichung näherungsweise mit Hilfe der Aufteilung des Feldraums in Gitterelemente. Beim Differenzenverfahren wird der Potentialverlauf durch einen Differenzenansatz in jedem Element approximiert, bei dem Verfahren der Finiten Elemente wird eine Energieminimierung über den gesamten Feldraum durchgeführt.

Eine andere Möglichkeit zur Lösung der Potentialgleichung ist die Superposition von Teillösungen. Sie wird bei der *Ersatzladungsmethode* angewendet. Die Linearität der Potentialgleichung ermöglicht die Bestimmung von Partikulärlösungen, die in der Überlagerung die Randbedingungen erfüllen. Die Partikulärlösungen sind die Potentialfunktionen von Ladungen. Das Ladungssystem bildet Äquipotentialflächen, die näherungsweise die Elektroden nachbilden und deshalb auch den Potential- und Feldverlauf im Feldraum zwischen den Elektroden beschreiben.

In jüngster Zeit ist ein grundsätzlich neues Verfahren als stochastische Realisierung des Mittelwertsatzes der Potentialtheorie auf der Basis einer *Monte-Carlo-Simulation* ertüchtigt worden. Das Potential im Mittelpunkt einer Kugel ergibt sich als der Mittelwert der Potentiale auf der Kugeloberfläche; werden diese durch Zufallsläufe bestimmt, so ist damit eine Abschätzung des Potentials im Kugelmittelpunkt möglich.

5.2.1 Differenzenverfahren

5.2.1.1 Grundlagen

Wegen der besseren Übersichtlichkeit werden zunächst nur zweidimensionale Felder betrachtet; die Feldgrößen sind nur von den beiden Raumkoordinaten x und y abhängig. In jedem Fall muß der Feldraum durch die Festlegung einzelner Gitterpunkte diskretisiert werden. Die Laplacesche Potentialgleichung wird durch einen Differenzenansatz ersetzt und in der Umgebung des Punktes (x_0, y_0) in eine Taylor-Reihe entwickelt [5.2].

$$
\begin{aligned}
\Phi_{(x,y)} = {} & \Phi_{(x_0, y_0)} \\
& + \frac{1}{1!}\left[(x - x_0)\frac{\partial \Phi}{\partial x} + (y - y_0)\frac{\partial \Phi}{\partial y}\right] \\
& + \frac{1}{2!}\left[(x - x_0)^2 \frac{\partial^2 \Phi}{\partial x^2} + 2(x - x_0)\right. \\
& \quad \times (y - y_0)\frac{\partial \Phi}{\partial x}\frac{\partial \Phi}{\partial y} \\
& \left. + (y - y_0)^2 \frac{\partial^2 \Phi}{\partial y^2}\right] + \dots
\end{aligned}
\tag{5.40}
$$

Legt man z. B. das Viereckgitter von Bild 5.22 mit h als Gitterabstand zugrunde und bricht die Taylor-Reihe nach dem zweiten Glied ab, so erhält man für die Potentiale

$$
\Phi_1 = \Phi_0 + h\frac{\partial \Phi}{\partial x} + 0 + \frac{1}{2}\left[h^2 \frac{\partial^2 \Phi}{\partial x^2} + 0 + 0\right];
$$
$$
x - x_0 = h; \; y - y_0 = 0,
$$

$$
\Phi_2 = \Phi_0 + 0 + h\frac{\partial \Phi}{\partial y} + \frac{1}{2}\left[0 + 0 + h^2 \frac{\partial^2 \Phi}{\partial y^2}\right];
$$
$$
x - x_0 = 0; \; y - y_0 = h,
$$

$$
\Phi_3 = \Phi_0 - h\frac{\partial \Phi}{\partial x} + 0 + \frac{1}{2}\left[h^2 \frac{\partial^2 \Phi}{\partial x^2} + 0 + 0\right];
$$
$$
x - x_0 = -h; \; y - y_0 = 0,
$$

$$
\Phi_4 = \Phi_0 + 0 - h\frac{\partial \Phi}{\partial y} + \frac{1}{2}\left[0 + 0 + h^2 \frac{\partial^2 \Phi}{\partial y^2}\right];
$$
$$
x - x_0 = 0; \; y - y_0 = -h.
$$

Addiert man Φ_1 bis Φ_4 und berücksichtigt, daß wegen $\Delta\Phi = 0$ auch

$$
h^2 \frac{\partial^2 \Phi}{\partial x^2} + h^2 \frac{\partial^2 \Phi}{\partial y^2} = 0,
$$

so erhält man die sogenannte Viereckformel:

$$
\Phi_0 = \frac{1}{4}\sum_{i=1}^{4} \Phi_i,
\tag{5.41}
$$

analog die sogenannte Diagonalformel für vorgegebene Diagonalpunkte 5 bis 8:

$$
\Phi_0 = \frac{1}{4}\sum_{i=5}^{8} \Phi_i.
\tag{5.42}
$$

Wenn in einem konkreten Fall Symmetrien vorliegen, so empfiehlt es sich, zur Reduzierung des

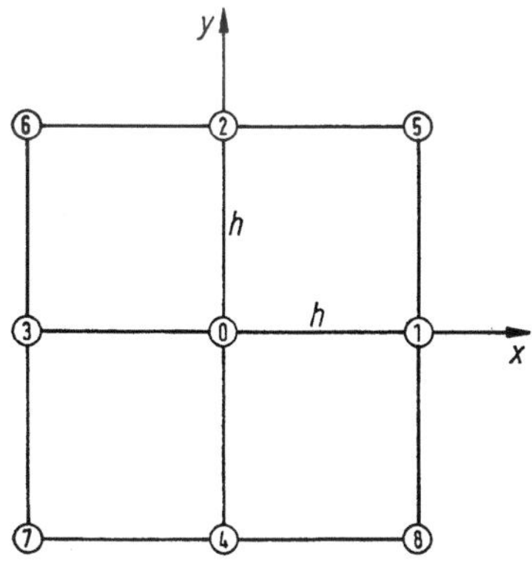

Bild 5.22. Viereckgitter mit Gitterabstand h.

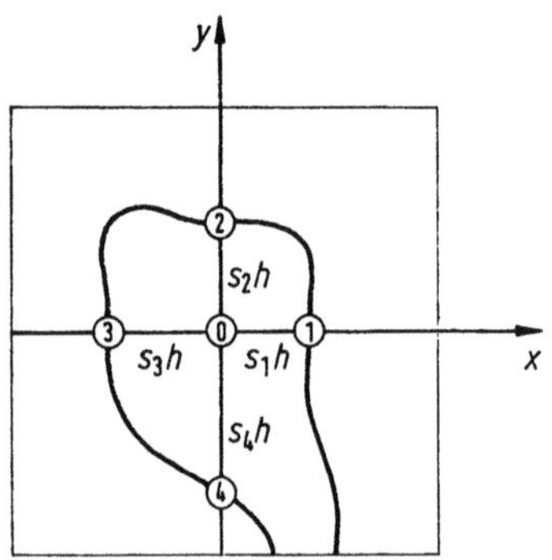

Bild 5.23. Darstellung eines Randgebietes.

Rechenaufwands diese auszunutzen. Bei Symmetrie bezüglich der Achse $5-0-7$ ist z. B.:

$$\Phi_0 = \frac{1}{2}\left(\Phi_1 + \Phi_4\right).$$

Fällt ein Randgebiet nicht mit dem gewählten Gitternetz zusammen (Bild 5.23), so nimmt die Viereckformel die folgende Form an:

$$\Phi_0 = \frac{\dfrac{1}{s_1 + s_3}\left(\dfrac{\Phi_1}{s_1} + \dfrac{\Phi_3}{s_3}\right) + \dfrac{1}{s_2 + s_4}\left(\dfrac{\Phi_2}{s_2} + \dfrac{\Phi_4}{s_4}\right)}{\dfrac{1}{s_1 s_3} + \dfrac{1}{s_2 s_4}}.$$

$$(5.43)$$

Geschichtetes Dielektrikum

Die Ableitung der Laplaceschen Differentialgleichung (4.22) bis (4.24) zeigt, daß diese nur für ein isotropes Medium gilt ($\varepsilon_\mathrm{r} = \text{const}$).

Die Behandlung eines geschichteten Dielektrikums mit Hilfe des Differenzenverfahrens geschieht am besten durch Überlagerung, wobei zur Berücksichtigung der unterschiedlichen Dielektrizitätszahlen die Feldgleichung in folgender Form benutzt werden:

$$\varepsilon_\mathrm{r}\Delta\Phi = 0. \tag{5.44}$$

Die für geschichtete Dielektrika gültigen Gesetzmäßigkeiten, nämlich Stetigkeit im Potential sowie Gleichheit der Normalkomponente der Verschiebungsdichte und der Tangentialkomponente der elektrischen Feldstärke (vgl. Abschnitt 4.4) sind durch die im Bild 5.24 veranschaulichte Überlagerung zu befriedigen. Die Überlagerung aller Potentialanteile gemäß (5.40) und (5.44) ergibt die Viereckformel:

$$4(\varepsilon_{\mathrm{r}1} + \varepsilon_{\mathrm{r}2})\,\Phi_0 = (\varepsilon_{\mathrm{r}1} + \varepsilon_{\mathrm{r}2})\,(\Phi_1 + \Phi_3)$$

$$+ 2\varepsilon_{\mathrm{r}1}\Phi_2 + 2\varepsilon_{\mathrm{r}2}\Phi_4$$

$$\Phi_0 = \frac{1}{4}\left[\Phi_1 + \Phi_3 + \frac{2}{1 + \dfrac{\varepsilon_{\mathrm{r}2}}{\varepsilon_{\mathrm{r}1}}}\left(\Phi_2 + \frac{\varepsilon_{\mathrm{r}2}}{\varepsilon_{\mathrm{r}1}}\,\Phi_4\right)\right]. \tag{5.45}$$

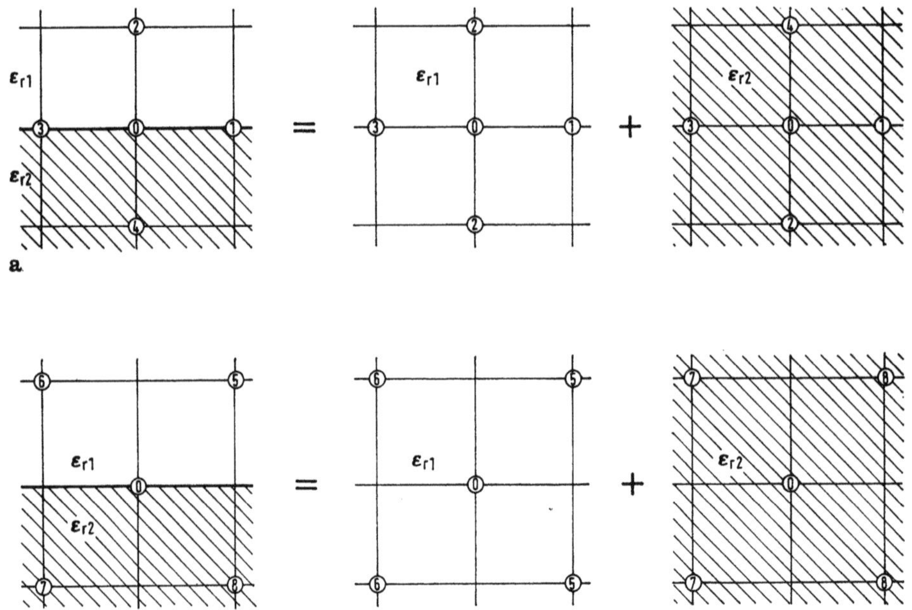

Bild 5.24. Darstellung einer Grenzfläche durch Überlagerung. **a** Viereckformel; **b** Diagonalformel.

Diagonalformel:

$$4(\varepsilon_{r1} + \varepsilon_{r2})\,\Phi_0 = 2\varepsilon_{r1}(\Phi_5 + \Phi_6) + \varepsilon_{r2}(\Phi_7 + \Phi_8)$$

$$\Phi_0 = \frac{1}{2\left(1 + \dfrac{\varepsilon_{r2}}{\varepsilon_{r1}}\right)}\left[\Phi_5 + \Phi_6 + \frac{\varepsilon_{r2}}{\varepsilon_{r1}}\,(\Phi_7 + \Phi_8)\right].$$

$$(5.46)$$

Es ist leicht zu überprüfen, daß sich für $\varepsilon_{r1} = \varepsilon_{r2}$ wieder die Grundformen der Viereck- bzw. Diagonalformel nach (5.41) bzw. (5.42) ergeben.

5.2.1.2 Rechengang beim Differenzenverfahren

Der zu berechnende Feldraum wird mit einem Gitter mit möglichst guter Anpassung an die Rand- oder Trennflächengeometrie überzogen. Jedem Gitterpunkt wird ein Potentialwert $\Phi_{i,k}$ zugeordnet. Es ist wesentlich, daß die Potentiale entlang der gesamten äußeren Randkontur des Feldraums bekannt sind. Zur Lösung des Feldproblems sind die unbekannten Potentialwerte $\Phi_{i,k}$ durch Anwendung der Gln. (5.41) bis (5.46) zu bestimmen.

Es gibt zwei Lösungswege:

Bei der *direkten Lösung* wird ein lineares Gleichungssystem aufgestellt, das mit bekannten Standardverfahren gelöst wird. Die direkte Lösung führt zu einer großen Matrix, da alle unbekannten Gitterpotentiale im Gleichungssystem enthalten sind. In der Matrix ist nur ein schmales Band um die Hauptdiagonale besetzt. Die Lösung erfordert relativ wenig Rechenzeit, aber viel Speicherplatz. Daher ist die Anzahl der Gitterpunkte beschränkt.

Bei der *iterativen Lösung* entsteht im allgemeinen kein Speicherplatzproblem. Die unbekannten Gitterpotentiale werden zunächst mit Schätzwerten versehen, die durch mehrfache abwechselnde Anwendung der Gln. (5.40) bis (5.46) verbessert werden. Die Genauigkeit dieser Lösung hängt von der Zahl der Iterationen ab und beeinflußt damit direkt die Rechenzeit. Ein Iterationsschritt bedeutet die einmalige Abtastung aller Gitterpunkte. Die Konvergenz hängt ab von der Lage der Elektrodenumrandung und der Richtung, in der das Gitternetz durchlaufen wird.

5.2.1.3 Beispiele

Als Beispiel einer direkten Lösung betrachten wir den Ausschnitt eines Plattenkondensators nach Bild 5.25.

Wesentlich für die Anwendung des Differenzenverfahrens ist die Kenntnis aller Randpotentiale; nur so läßt sich für jedes unbekannte Potential die Viereckformel vollständig anwenden:

$$\Phi_a = \frac{1}{4}\,(\Phi_4 + \Phi_c + \Phi_3 + \Phi_b)$$

$$\Phi_b = \frac{1}{4}\,(\Phi_4 + \Phi_d + \Phi_a + \Phi_3) \quad \text{usw.}$$

In Matrizenschreibweise:

$$\begin{pmatrix} +4 & -1 & -1 & 0 \\ -1 & +4 & 0 & -1 \\ -1 & 0 & +4 & -1 \\ 0 & -1 & -1 & +4 \end{pmatrix} \cdot \begin{pmatrix} \Phi_a \\ \Phi_b \\ \Phi_c \\ \Phi_d \end{pmatrix} = \begin{pmatrix} \Phi_3 + \Phi_4 \\ \Phi_3 + \Phi_4 \\ \Phi_1 + \Phi_2 \\ \Phi_1 + \Phi_2 \end{pmatrix}.$$

Die leicht überprüfbare direkte Auflösung dieses linearen Gleichungssystems lautet:

$$\Phi_a = \Phi_b = \Phi_3 = 60\ \text{V},$$

$$\Phi_c = \Phi_L = \Phi_2 = 30\ \text{V}.$$

Der iterative Lösungsgang ist für die Elektrodenanordnung nach Bild 5.26 sehr übersichtlich demonstriert worden [5.2].

Aus Symmetriegründen braucht nur ein Schenkel dieser Anordnung betrachtet zu werden. Zur Festlegung aller Randpotentiale ist davon auszugehen, daß sich in großem Abstand von der Ecke wieder ein homogenes Feld ausbildet und sich dementsprechend in Feldmitte ein Potential von 50 V einstellt.

Als geschätzter Ausgangswert für die Iteration werden alle unbekannten Potentiale (willkürlich) zu 50 V vorgegeben.

Verbesserung der Schätzwerte durch Anwendung der Symmetrieformel auf Φ_a und der Viereck-

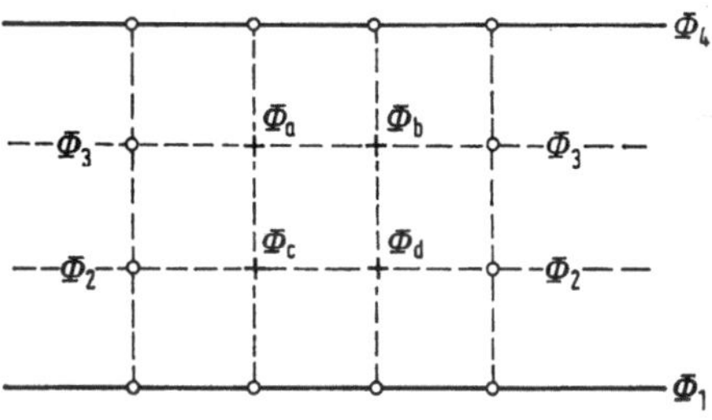

Bild 5.25. Ausschnitt aus dem elektrischen Feld eines Plattenkondensators. Bekannte Potentiale: Φ_1, Φ_2, Φ_3, Φ_4; gesuchte Potentiale: Φ_a, Φ_b, Φ_c, Φ_d; $\Phi_1 = 0\ \text{V}$, $\Phi_2 = 30\ \text{V}$, $\Phi_3 = 60\ \text{V}$, $\Phi_4 = 90\ \text{V}$.

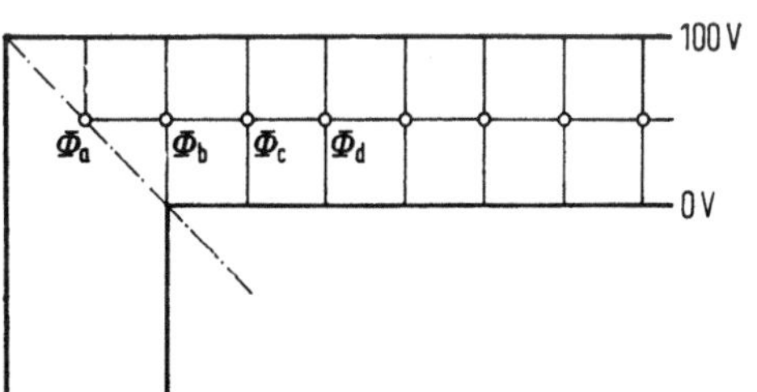

Bild 5.26. Numerische Approximation des Feldbildes einer eingezogenen Ecke. Gesuchte Potentiale: Φ_1, Φ_2, Φ_c, Φ_d.

formel auf Φ_b, Φ_c und Φ_d

$$\Phi_a = \frac{1}{2}\,(100\,\text{V} + \Phi_b)$$

$$= \frac{1}{2}\,(100\,\text{V} + 50\,\text{V}) = 75\,\text{V},$$

$$\Phi_b = \frac{1}{4}\,(\Phi_a + 100\,\text{V} + \Phi_c + 0\,\text{V})$$

$$= \frac{1}{4}\,(75\,\text{V} + 100\,\text{V} + 50\,\text{V} + 0\,\text{V}) = 56{,}2\,\text{V},$$

$$\Phi_c = \frac{1}{4}\,(\Phi_b + 100\,\text{V} + \Phi_c + 0\,\text{V})$$

$$= \frac{1}{4}\,(65{,}2 + 100\,\text{V} + 50\,\text{V} + 0\,\text{V}) = 51{,}3\,\text{V},$$

$$\Phi_d = \frac{1}{4}\,(\Phi_c + 100\,\text{V} + 50\,\text{V} + 0\,\text{V})$$

$$= \frac{1}{4}\,(51{,}3\,\text{V} + 100\,\text{V} + 50\,\text{V} + 0\,\text{V} = 40{,}3\,\text{V}.$$

Weitere Verbesserung der Näherungswerte durch mehrfache Anwendung des gleichen Formelsatzes, bis sich die iterierten Potentiale in vorgegebenen Grenzen nicht mehr verändern.

$$\Phi_a = \frac{1}{2}\,(100\,\text{V} + \Phi_b)$$

$$= \frac{1}{2}\,(100\,\text{V} + 56{,}2\,\text{V}) = 78{,}1\,\text{V},$$

$$\Phi_b = \frac{1}{4}\,(\Phi_a + 100\,\text{V} + \Phi_c + 0\,\text{V})$$

$$= \frac{1}{2}\,(78{,}1\,\text{V} + 100\,\text{V} + 51{,}3\,\text{V} + 0\,\text{V})$$

$$= 57{,}3\,\text{V}$$

usw.

Potentialwerte zwischen den zuvor festgelegten Aufpunkten können mit Hilfe einer „Gitterverfeinerung" berechnet werden [5.2].

5.2.1.4 Netzverfeinerung und Kontrolle

Die Genauigkeit der Lösung bleibt grundsätzlich durch den von der Gitterweite abhängigen Diskretisierungsfehler beschränkt. Häufig ergibt sich die Aufgabe, ein bereits berechnetes Gitter innerhalb hoch beanspruchter Bereiche zu verfeinern, um auf diese Weise die Potentiale weiterer Zwischenpunkte zu erhalten.
Das ist auf direktem Wege möglich. Sind im Bild 5.27 die Potentiale in den mit a bezeichneten Punkten bekannt, so können zunächst mit der Diagonalformel die Potentiale in den mit b bezeichneten Punkten und schließlich mit der Viereckformel in den mit c bezeichneten Punkten direkt berechnet werden.

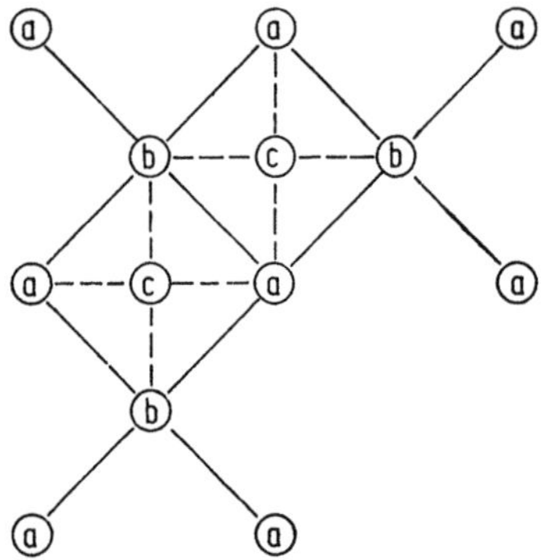

Bild 5.27. Netzverfeinerung.

Zur Kontrolle, ob die Gitterweite hinreichend fein gewählt wurde, eignet sich die sogenannte Achtpunktformel, die alle acht Punkte im Bild 5.22 benutzt und in der Reihenentwicklung nach (5.40) noch Glieder der sechsten Ordnung berücksichtigt [5.2].

$$\Phi_0 = \frac{1}{5}\sum_{i=1}^{4}\Phi_i + \frac{1}{20}\sum_{j=5}^{8}\Phi_j. \qquad (5.47)$$

5.2.1.5 Dreidimensionale Felder

Für die Lösung eines dreidimensionalen Feldproblems mit Hilfe des Differenzenverfahrens ist der Feldraum mit einem würfelförmigen Gitter auszufüllen (Bild 5.28).
Analog zu der Behandlung zweidimensionaler Felder können hier eine Würfelformel und eine Diagonalformel entwickelt werden [5.2].

Würfelformel: $\quad \Phi_0 = \dfrac{1}{6}\displaystyle\sum_{i=1}^{6}\Phi_i. \qquad (5.48)$

Diagonalformel: $\quad \Phi_0 = \dfrac{1}{8}\displaystyle\sum_{j=7}^{14}\Phi_j. \qquad (5.49)$

Wie bei zweidimensionalen Feldern können — ausgehend von Schätzwerten — diese beiden Formeln in einem Iterationsverfahren angewendet werden.
Wegen der Vielzahl der Punkte entsteht aber ein großer Rechenaufwand, da in drei Koordinatenrichtungen approximiert werden muß. Wegen des großen Rechenaufwands wird dieses Verfahren im allgemeinen nicht benutzt. Das Ersatzladungsverfahren ist in diesem Fall weniger aufwendig (s. Abschnitt 5.2.3).

Rotationssymmetrische Felder

Räumliche Felder sind häufig rotationssymmetrisch oder können durch rotationssymmetrische Felder angenähert werden. Durch Ausnutzung der Symmetrie kann man sie auf zweidimensionale Felder zurückführen.

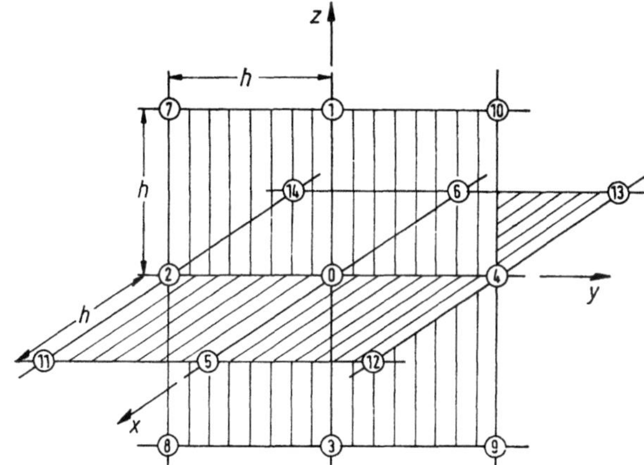

Bild 5.28. Gitter im dreidimensionalen Raum.

Man benutzt zweckmäßigerweise die Laplacesche Differentialgleichung in Zylinderkoordinaten Gl. (5.2).

Wegen der Zylindersymmetrie ist $(1/r^2)\,(\partial^2\Phi/\partial\omega) = 0$. Es verbleiben nur die Koordinaten r und z, die bei der Reihenentwicklung der Laplaceschen Differentialgleichung (5.40) anstelle von x und y treten.

Viereck- und Diagonalformel sind für die Anordnung nach Bild 5.29 abzuleiten:

Viereckformel:

$$\Phi_0 = \frac{1}{4}\sum_{i=1}^{4}\Phi_i + \frac{\Phi_2 - \Phi_4}{8s}. \tag{5.50}$$

Diagonalformel:

$$\Phi_0 = \frac{1}{4}\sum_{j=5}^{8}\Phi_j + \frac{\Phi_5 + \Phi_6 - \Phi_7 - \Phi_8}{8s}. \tag{5.51}$$

Randgebietsformel:

Mit den im Bild 5.30 festgelegten Bezeichnungen lautet die Randgebietsformel für Rotations-

symmetrie:

$$\Phi_0 = \frac{\dfrac{2s}{s_1 + s_3}\left(\dfrac{\Phi_1}{s_2} + \dfrac{\Phi_3}{s_2}\right) + \dfrac{1}{s_2 + s_4} \times \left[(2s + s_4)\dfrac{\Phi_2}{s_2} + (2s - s_2)\dfrac{\Phi_4}{s_4}\right]}{\dfrac{2s}{s_1 s_3} + \dfrac{2s + s_4 - s_2}{s_2 s_4}} \tag{5.52}$$

Achsenformel:

Auf der Achse, für $s = 0$, können Viereck- und Diagonalformel nicht verwendet werden. Es lassen sich hierfür aber einfache Symmetrieformeln finden:

$$\Phi_0 = \frac{1}{6}\,(\Phi_1 + 4\Phi_2 + \Phi_3), \tag{5.53}$$

$$\Phi_0 = \frac{1}{4}\,(2\Phi_2 + \Phi_5 + \Phi_6). \tag{5.54}$$

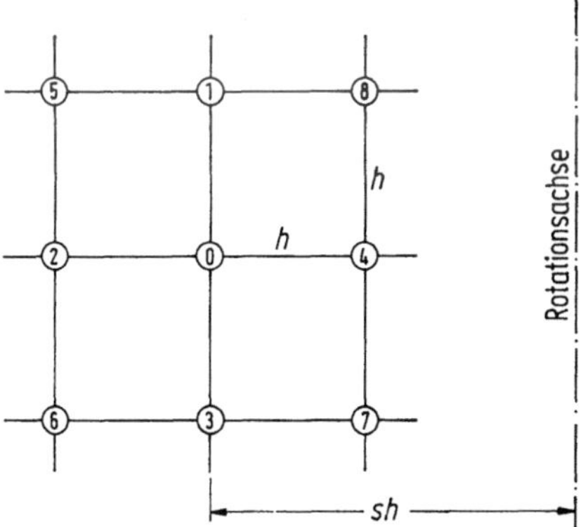

Bild 5.29. Lage des Gitters für rotationssymmetrische Felder. Gitterabstand h, Abstand des Punkts 0 vor der Rotationsachse sh.

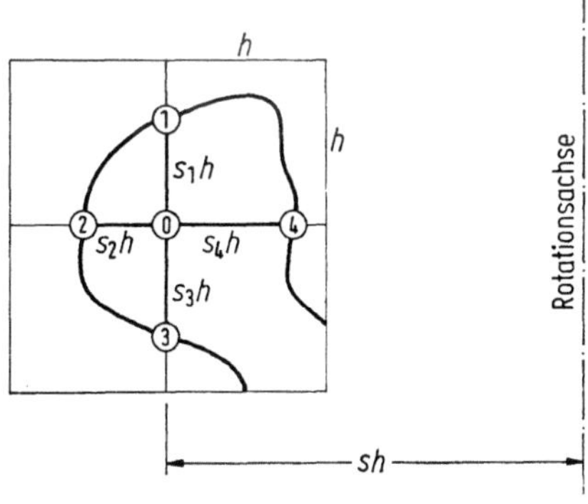

Bild 5.30. Zur Ableitung der Randgebietsformel für Rotationssymmetrie.

5.2.2 Finite-Elemente-Methode

5.2.2.1 Grundlagen

Die Methode der Finiten Elemente ist inzwischen in mehrere technische Fachgebiete eingegangen; ursprünglich diente sie zur Lösung von Extremwertaufgaben der Variationsrechnung [5.7].

Für die Berechnung elektrostatischer Felder ist von Belang, daß die Funktion Φ, die unter vorgegebenen Randbedingungen das Energiefunktional für ein bestimmtes Volumen V

$$F_E = \int\limits_V \frac{1}{2}\, \varepsilon_0 \varepsilon_r (\operatorname{grad} \Phi)^2 \, \mathrm{d}V \qquad (5.55)$$

minimiert, die Lösung der Laplaceschen Potentialgleichung ist. Allgemeiner gesagt: das elektrostatische Feld bildet sich so aus, daß sein Gesamtenergieinhalt minimal wird.

Für eine Berechnung wird der Feldraum durch Elemente diskretisiert, z. B. durch Dreiecke für zweidimensionale Probleme oder durch Tetraeder für dreidimensionale Felder, da diese Formen auf einfache Weise eine örtlich begrenzte weitere Unterteilung des Gitternetzes in Bereichen großer Feldänderungen ermöglichen. Innerhalb der Elemente wird der Verlauf des Potentials $\Phi(x, y, z)$ approximiert. Besonders geeignet sind Polynome. Ein Ansatz erster Ordnung für ein zweidimensionales Feld ist z. B.

$$\Phi = a_0 + a_1 x + a_2 y. \qquad (5.56)$$

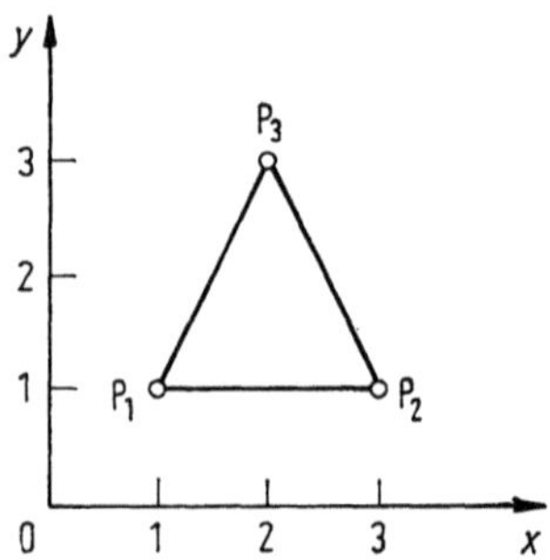

Bild 5.31. Dreieck als Finites Element.

Der Verlauf des Potentials innerhalb eines Elements kann durch die Koordinaten $[c_i]$ der Eckpunkte ausgedrückt werden. Für das Dreieckselement nach Bild 5.31 mit den Eckpunktpotentialen Φ_1, Φ_2, Φ_3 möge z. B. gelten,

$$P_1: (x_1, y_1) = (1\ \text{cm},\ 1\ \text{cm}); \quad \Phi_1 = 11\ \text{V}$$

$$P_2: (x_2, y_2) = (3\ \text{cm},\ 1\ \text{cm}); \quad \Phi_2 = 13\ \text{V}$$

$$P_3: (x_3, y_3) = (2\ \text{cm},\ 3\ \text{cm}); \quad \Phi_3 = 16\ \text{V}.$$

Werden diese Daten in (5. 56) eingesetzt, so erhält man ein System linearer Gleichungen, das nach den Koeffizienten a_0, a_1 und a_2 aufgelöst werden kann. Diese Lösung lautet hier:

$$a_0 = 8\ \text{V}, \quad a_1 = 1\ \text{V/cm}, \quad a_2 = 2\ \text{V/cm},$$

$$\Phi = (8 + 1 \cdot x + 2 \cdot y)\ \text{V}.$$

Diese Potentialfunktion ist abhängig vom Potential Φ_i und von den Koordinaten c_i jedes einzelnen Punkts. Jeder Punkt liefert somit einen Beitrag zum Energiefunktional von

$$F'_E = \frac{1}{2}\, \varepsilon_0 \varepsilon_r (\operatorname{grad} \Phi)^2.$$

Für zweidimensionale Felder besteht der Beitrag eines jeden Feldelements aus einem Flächenintegral. Zur Feldberechnung ist dieses Flächenintegral über den gesamten zu berechnenden Feldraum F zu erstrecken, es liefert dann das Energiefunktional des zweidimensionalen Feldes:

$$F_E = \frac{1}{2} \int\limits_F \varepsilon_0 \varepsilon_r (\operatorname{grad} \Phi)^2 \, \mathrm{d}F. \qquad (5.57)$$

Die Minimierung des Energiefunktionals wird durch Differentiation für jeden Gitterpunkt i vorgenommen:

$$\frac{\partial F_E}{\partial \Phi_i} = f(\Phi_i, c_i) \overset{!}{=} 0. \qquad (5.58)$$

Ein Teil der Einzelpotentiale Φ_i sind die vorgegebenen Elektrodenpotentiale; die übrigen unbekannten Gitterpotentiale können mit Hilfe der

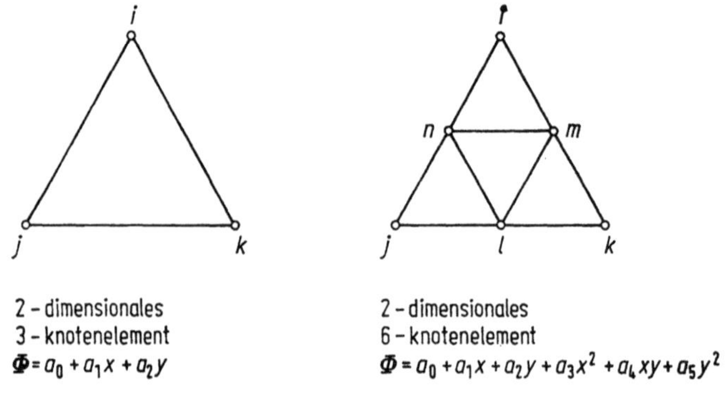

Bild 5.32. Mögliche Polynomansätze für den Potentialverlauf innerhalb eines Elements.

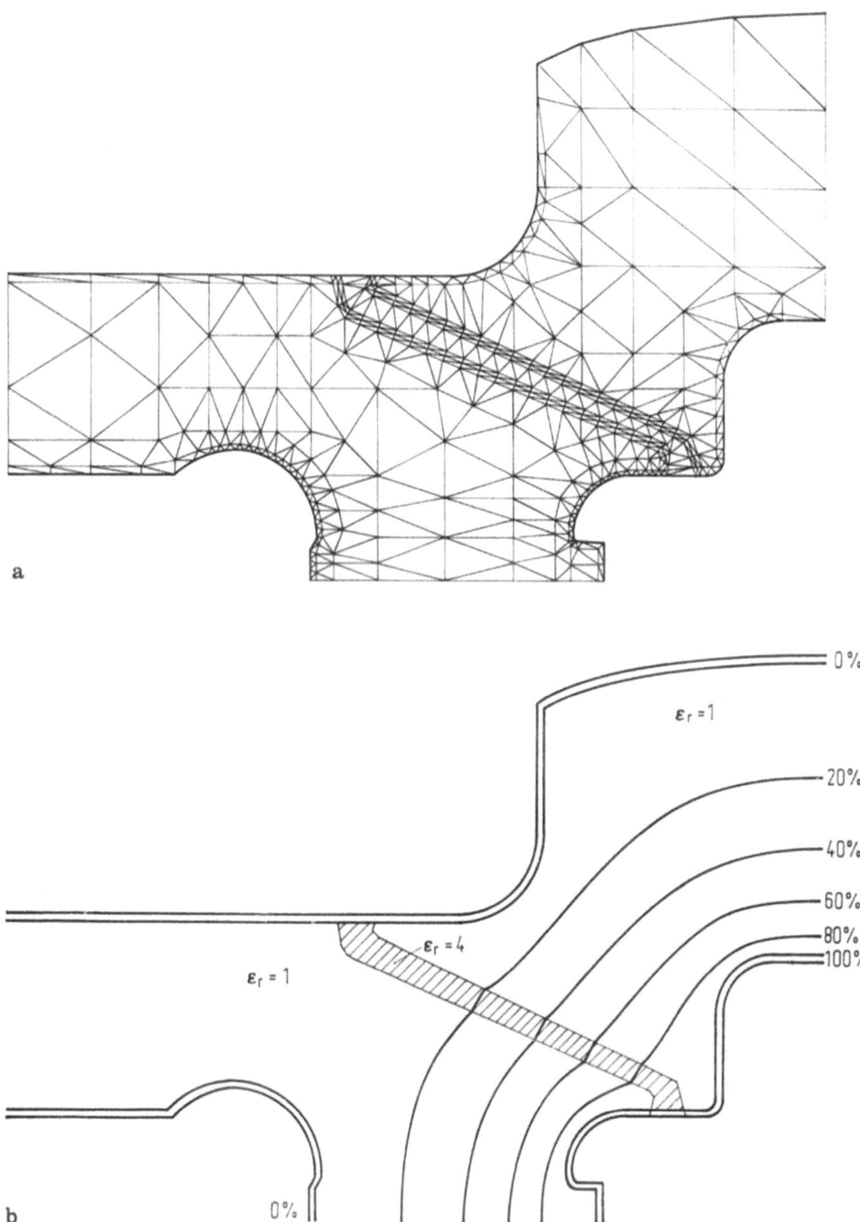

Bild 5.33. Feldbild eines Trennschalters einer metallgekapselten, SF$_6$-isolierten Schaltanlage. **a** Gitternetzwerk des Feldraums; **b** Äquipotentiallinien im Feldraum.

Gln. (5.57) und (5.58) berechnet werden. Dabei gilt wie beim Differenzenverfahren die einschränkende Voraussetzung, daß *alle* Potentiale der gesamten Feldumrandung bekannt sein müssen.

Diese Lösung ist grundsätzlich vergleichbar mit der direkten Lösung des Differenzenverfahrens, wobei Bereiche mit unterschiedlicher Dielektrizitätszahl unmittelbar in (5.57) berücksichtigt werden können. Ein weiterer Vorteil ist die große Flexibilität bei der Festlegung des Gitternetzes, das in komfortabelen Rechenprogrammen auch automatisch erzeugt werden kann.

Die zu erwartende Genauigkeit der Lösung hängt wesentlich von der Art der Funktion ab, mit der das Potential in jedem Element approximiert wird. Polynomansätze sind dazu sehr geeignet, die Lösung wird um so genauer, je höher der Grad des Polynoms ist. Allerdings steigt damit auch der

Rechenaufwand erheblich. Im allgemeinen ist ein Polynomansatz bis zum zweiten Grad für das Potential sinnvoll. Im Bild 5.32 sind die möglichen Ansätze des Potentialverlaufs und die Anzahl der Knotenpunkte für ein zweidimensionales Problem gegenübergestellt.

Zur Verkleinerung des Diskretisierungsfehlers kann im Rechenverfahren eine automatische Elementverkleinerung eingesetzt werden, die abhängig von der Feldinhomogenität wirksam wird. Im Bild 5.33 ist das rotationssymmetrische Feld im Trennschalter einer metallgekapselten SF_6-isolierten Schaltanlage dargestellt (geerdete Hüllelektrode, zwei Innenelektroden und ein Trichterstützer). Der Feldraum ist durch die dargestellten Dreieckselemente diskretisiert. Zur Berechnung der Ergebnisse ist eine automatisch arbeitende Elementvervierfachung eingesetzt worden.

Metallische Elektroden auf freiem Potential [5.8]

Zur Berechnung von Elektroden auf freiem Potential werden die Elektroden durch Bereiche mit sehr hoher Dielektrizitätszahl nachgebildet. Um die Fehler dieser Näherung klein zu halten, sollten die Verhältnisse der Dielektrizitätszahlen größer als 10^4 sein.

5.2.2.2 Dreidimensionale Felder

Die Berechnung dreidimensionaler Felder erfordert — ähnlich wie bei den anderen numerischen Feldberechnungsverfahren — einen wesentlich höheren Aufwand. In Analogie zu den Dreieckselementen der zweidimensionalen Probleme sind im dreidimensionalen Fall Tetraeder als Diskretisierungselemente anzusetzen. Der Ansatz des Potentialverlaufs wird entsprechend der zusätzlichen Koordinate komplizierter. Liegt Rotationssymmetrie vor, so kann das Problem quasi zweidimensional behandelt werden [5.7].

5.2.3 Ersatzladungsverfahren

5.2.3.1 Grundlagen

Das Ersatzladungsverfahren bildet das zu berechnende Feld durch die Überlagerung vieler Einzelfelder nach. Diese sind Partikulärlösungen der Laplaceschen Potentialgleichung und lassen sich aufgrund der Linearität dieser Gleichung zu einer Gesamtlösung zusammenfassen. Als Teillösungen eignen sich Potentialfelder von Punkt-, Linien- und Ringladungen, die die physikalische Oberflächenladung eines Elektrodensystems durch Ersatzladungen im Innern der Elektroden simulieren. Da für Aufpunkte, die auf einer Ersatzladung liegen, das Potential der betreffenden Ladung gegen unendlich geht, müssen Ersatzladungen immer *außerhalb* des darzustellenden Feldraums liegen [5.9]. Es kann aber auch mit flächenhaft verteilten Ladungen auf Oberflächen gerechnet werden, die keine Ersatzladungen im

eigentlichen Sinne sind, sondern den physikalischen Oberflächenladungen entsprechen [5.10].

Die Ersatzladung Q_i erzeugt in einem Aufpunkt A_j den Potentialanteil $\Phi_{j,i}$. Potential und Ladung sind über den Potentialkoeffizienten $p_{j,i}$ verknüpft, der die geometrische Zuordnung von Aufpunkt und Ladung beschreibt. Ein System von n-Ladungen ergibt für diesen Aufpunkt den Zusammenhang

$$p_{1,1}Q_1 + p_{1,2}Q_2 + \dots + p_{1,n}Q_n = \Phi_{1,1} + \Phi_{1,2}$$
$$+ \dots + Q_{1,n} = \Phi_A, \qquad (5.59)$$

d. h., die Superposition aller Teilpotentiale liefert das Potential Φ_A im Punkt A.

Bild 5.34 zeigt beispielhaft eine Linienladung Q_l, eine Ringladung Q_r und eine Punktladung Q_p, die je für sich im Aufpunkt A_j ein Teilpotential erzeugen, die als Summe das Potential Φ_A bilden.

Zur Feldberechnung in einem konkreten Elektrodensystem werden die metallischen Elektroden durch die Äquipotentialflächen der Ersatzladungen nachgebildet. Die Elektrodenoberflächen werden mit einer Anzahl Konturpunkte diskretisiert, jedem Konturpunkt muß eine Ersatzladung Q_i zugeordnet werden. Die Ersatzladungen sind so zu bestimmen, daß die Äquipotentialflächen die gewünschte Form und das vorgegebene Potential annehmen. Zur Berechnung der Ersatzladungen dient (5.59). Diese Gleichung wird auf jeden Konturpunkt angewendet und liefert damit ein lineares Gleichungssystem der Form

$$\begin{pmatrix} p_{11} & & p_{1n} \\ \cdot & \cdot & \cdot \\ \cdot & \cdot & \cdot \\ \cdot & \cdot & \cdot \\ p_{1n} & & p_{nn} \end{pmatrix} \begin{pmatrix} Q_1 \\ \cdot \\ \cdot \\ \cdot \\ Q_n \end{pmatrix} = \begin{pmatrix} \Phi_1 \\ \cdot \\ \cdot \\ \cdot \\ \Phi_n \end{pmatrix},$$

also $(p_{j,i})\,(Q_i) = (\Phi_j)$ \qquad (5.60)

$(p_{j,i})$ Matrix der Potentialkoeffizienten, (Q_i) Spaltenmatrix der Ersatzladungen (Φ_j) Spaltenmatrix der bekannten Elektroden-Potentiale.)

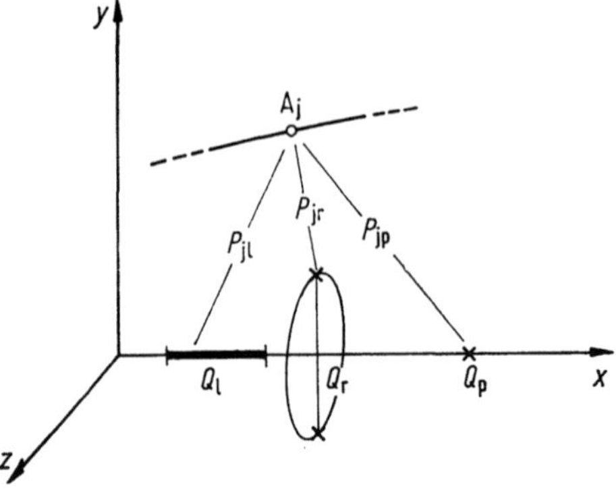

Bild 5.34. Ersatzladungen und Konturpunkte.

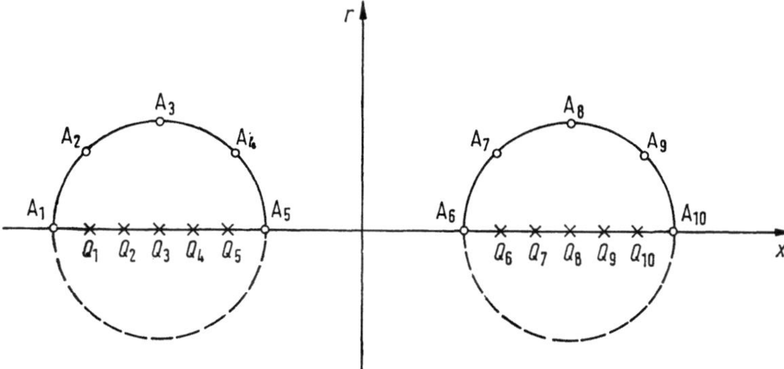

Bild 5.35. Kugel-Kugel-Anordnung.

Kontroll- und Feldberechnung

Als Lösung des Gleichungssystems (5.60) erhält man die Beträge der einzelnen Ersatzladungen, die in den zuvor festgelegten Konturpunkten exakt das Elektrodenpotential ergeben. In den übrigen Bereichen der Elektrodenoberfläche wird das Elektrodenpotential nur angenähert. Es ist deshalb immer nötig, durch Kontrollrechnungen festzustellen, ob in allen Bereichen der Elektrodenkontur das Potential hinreichend genau erreicht wird. Gegebenenfalls muß das System der Ersatzladungen nach Anzahl oder Lage verbessert werden. Dazu bestehen inzwischen auch objektivierte Verfahren [5.11].

Ist das System der Ersatzladungen bestimmt, so können für jeden Punkt des Feldraums Potential und Feldstärke berechnet werden. Die Feldstärke ergibt sich als Gradient des Potentials, dementsprechend erzeugt wiederum jede einzelne Ersatzladung einen Anteil an der Gesamtfeldstärke in jedem Raumpunkt. Es ist zweckmäßig, die einzelnen Komponenten der Feldstärke getrennt zu berechnen. In kartesischen Koordinaten ist z. B. die x-Komponente

$$E_{\mathrm{x}} = \sum_{i=1}^{n} \frac{\partial p_{\mathrm{j,i}}}{\partial x}\, Q_{\mathrm{i}} e_{\mathrm{x}}. \qquad (5.61)$$

n ist hier wiederum die Zahl der Ersatzladungen, e_{x} der Einheitsvektor in x-Richtung.

5.2.3.2 Rechengang beim Ersatzladungsverfahren

Der Rechengang beim Ersatzladungsverfahren wird am Beispiel einer rotationssymmetrischen Anordnung nach Bild 5.35 verdeutlicht. Im einzelnen sind die folgenden drei Schritte zurückzulegen:

a) Vorgabe von Kontur- und Ladungspunkten.
Die Kugeln werden hier durch 10 Punkte diskretisiert. Dabei ist es vorteilhaft, Symmetrien auszunutzen, indem die Ladungen auf der Rotationsachse und die Konturpunkte nur in der oberen Bildhälfte angenommen werden.

b) Aufstellung der Koeffizientenmatrix.
Der Potentialkoeffizient einer Punktladung im Abstand a ist allgemein

$$p = \frac{1}{4\pi\varepsilon a}.$$

Der Abstand a läßt sich durch die Koordinaten der Ladungen und ·Konturpunkte ausdrücken, z. B. als:

$$a_{\mathrm{i,j}} = \sqrt{(x_{\mathrm{A,i}} - x_{\mathrm{Q,j}})^2 + (r_{\mathrm{A,i}} - r_{\mathrm{Q,j}})^2}.$$

c) Lösung des linearen Gleichungssystems.
Die Berechnung der Ladungsbeträge kann mit Hilfe von standardisierten Lösungsverfahren erfolgen.

5.2.3.3 Ladungsformen

Die Nachbildungsmöglichkeit metallischer Elektroden wird beim Ersatzladungsverfahren durch die Form der Potentialfelder bestimmt.

Für zylinderförmige Elektroden eignen sich linienförmige Ersatzladungen, für Hülltuben sind Ringladungen vorteilhaft. Kugelähnliche Gebilde werden am besten mit Punkt- und Ringladungen nachgebildet. Diese drei Ladungsformen werden als „diskrete Ersatzladungen" bezeichnet; sie sind in Bild 5.36 dargestellt [5.9].

Die diskreten Ersatzladungen ergeben in einem beliebigen Raumpunkt A folgende Potentialwerte Φ_{A}:

Punktladung:

$$\Phi_{\mathrm{A}} = \frac{1}{4\pi\varepsilon_0\varepsilon_{\mathrm{r}}\,\sqrt{(c - r_{\mathrm{a}})^2 + (b - x_{\mathrm{a}})^2}}\, Q_{\mathrm{P}}. \qquad (5.62)$$

Linienladung:

$$\Phi_{\mathrm{A}} = \frac{1}{4\pi\varepsilon_0\varepsilon_{\mathrm{r}}(c - b)}$$

$$\times \ln \frac{c - x_{\mathrm{a}} + \sqrt{r_{\mathrm{a}}^2 + (c - x_{\mathrm{a}})^2}}{b - x_{\mathrm{a}} + \sqrt{r_{\mathrm{a}}^2 + (b - x_{\mathrm{a}})^2}}\, Q_{\mathrm{L}}. \qquad (5.63)$$

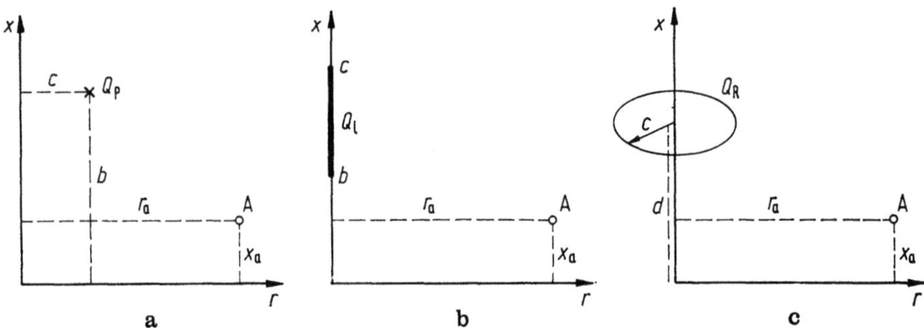

Bild 5.36. Diskrete Ersatzladungen. **a** Punktladung; **b** Linienladung; **c** Kreisringladung.

Ringladung:

$$\Phi_A = \frac{1}{\pi^2 \varepsilon_0 \varepsilon_r} \, \frac{k}{4 \sqrt{c r_a}} \, K(k) \, Q_R, \tag{5.64}$$

$$K(k) = \int_0^{\pi/2} \frac{\mathrm{d}\psi}{\sqrt{1 - k^2 \sin^2 \psi}},$$

$$k = \sqrt{\frac{4 c r_a}{(c + r_a)^2 + (x_a - d)^2}}.$$

Flächenladungen erlauben die Berechnung von flächenhaften und dünnen Elektrodenformen, wie z. B. Steuerbelägen von Durchführungen oder Trichterstützer. Diese Flächenladungen entsprechen weitgehend den physikalischen Oberflächenladungen. Potential und Feld werden auf beiden Seiten von Elektroden und Grenzschichten physikalisch richtig wiedergegeben. Der gesamte Feldraum kann überall mit dem gleichen Ladungssystem berechnet werden [5.12].

Reale Elektrodenanordnungen haben komplizierte geometrische Abhängigkeiten der Elektrodenkonturen oder der Grenzflächen. Die Nachbildung dieser Konturen durch Polynome hohen Grades ist sehr aufwendig. Im allgemeinen ist daher eine Einschränkung auf eine lineare Koordinatenabhängigkeit des Konturverlaufs und der Ladungsdichte sinnvoll. Flächenförmig verteilte Ladungen können durch ihre Flächenladungsdichte beschrieben werden. Im dreidimensionalen Fall gilt

$$\sigma_F = \mathrm{d}Q/\mathrm{d}A = f(x, y, z).$$

Bei Rotationssymmetrie kann die Flächenladungsdichte als eine Folge von Ringladungen Q_R mit veränderlichem Betrag und Durchmesser aufgefaßt werden. Die Ladungsdichte längs der Oberfläche $\sigma(z)$

$$\sigma(z) = \frac{Q_R(z)}{2\pi r(z)} \tag{5.65}$$

ist darstellbar als Funktion beider Koordinatenparameter (hier r und x). Bei linearer Verteilung der Ladungsdichte auf der Fläche ergibt sich nach Bild 5.37

$$\sigma(x) = \sigma_a + \frac{\sigma_e - \sigma_a}{x_e - x_a} \, (x - x_a), \tag{5.66}$$

$$\sigma(r) = \sigma_a + \frac{\sigma_e - \sigma_a}{r_e - r_a} \, (r - r_a). \tag{5.67}$$

Für kegelförmige Ladungsflächen sind beide Darstellungen des Verlaufs der Ladungsdichte möglich.

Im Extremfall einer scheibenförmigen Ladung eignet sich für eine Berechnung Gl. (5.66), im Fall einer Zylinderladung Gl. (5.67).

Das Potential im Aufpunkt P (Bild 5.37), hervorgerufen durch eine Flächenladung mit einer linearen Geometrie und der Flächenladungsdichte σ_l ergibt bei Integration über die x-Koordinate

$$\Phi_p = \int_{x_{a,l}}^{x_{e,l}} r(x) \, \frac{\sigma_l(x)}{\pi \varepsilon_0 \varepsilon_r} \, \frac{K(k')}{\sqrt{(r_p + r(x))^2 + (x_p - x)^2}} \, \mathrm{d}x \tag{5.68}$$

mit

$$K(k') = \int_0^{\pi/2} \frac{\mathrm{d}\psi}{\sqrt{1 - k'^2 \sin^2 \psi}}$$

und $\quad k' = \sqrt{\dfrac{4 r(x) \, r_p}{(r_p + r(x))^2 + (x_p - x)^2}}.$

In beliebigen Punkten P kann die doppelte Integration in (5.68) nicht mehr rein analytisch gelöst werden. Dann erfolgt die Berechnung über ein kombiniert numerisch-analytisches Verfahren. Zunächst wird die Integration über die Koordinate x numerisch mit Hilfe eines Stützpunktverfahrens vorgenommen. Der Potentialwert einer Stützstelle kann analytisch berechnet werden, da in einer Stützstelle die flächenhaft verteilte Ladung eines schmalen ringförmigen Ladungsbandes zu einem konzentrierten Ladungsring — zu einer Ringladung — zusammengefaßt wird.

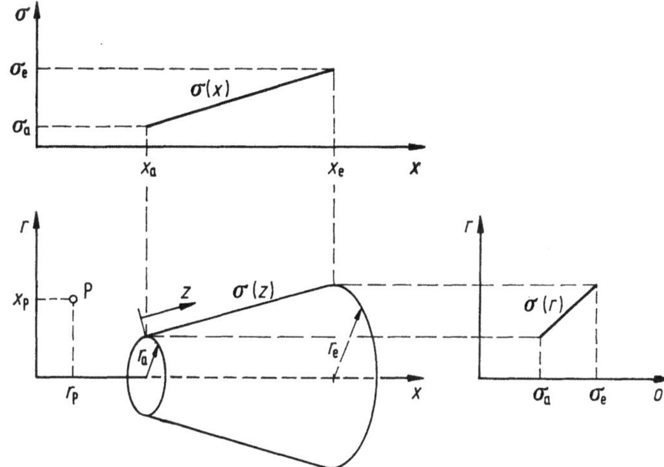

Bild 5.37. Flächenladungen nach Gln. (5.66) und (5.67).

5.2.3.4 Berechnung geschichteter Dielektrika

Die Wirkung einer dielektrischen Grenzschicht auf das elektrostatische Feld entspricht der einer Flächenladung. Diese Flächenladung kann ähnlich wie die Oberflächenladung metallischer Elektroden durch Ersatzladungen im Innern nachgebildet werden. Es besteht daneben eine zweite Möglichkeit der Nachbildung durch die Berechnung mit Hilfe der Flächenladung nach Abschnitt 5.2.3.3 [5.12].

Nachbildung mit diskreten Ersatzladungen

Die Flächenladung der Grenzschicht wird nachgebildet durch Punkt- oder Linienladung innerhalb beider Medien. Für das Feld im Medium I werden nur die Ladungen im Medium II berücksichtigt und umgekehrt.

Parallelschaltung unterschiedlicher Dielektrika

In dem schematischen Beispiel des Bildes 5.38 wird die Oberflächenladung des Stabes durch die Ladungen 1, 2, 3, 4 ersetzt. Ladung 5 und 6 bilden die Grenzflächenladung bezüglich Medium I und die Ladungen 7 und 8 bezüglich Medium II.

Bestimmung der Ladungen

Für die acht unbekannten Ladungen sind acht Gleichungen zu formulieren:

1) Potential in den Punkten 1 bis 4 ergibt vier Gleichungen.
2) Potentialstetigkeit in den Punkten 5 und 6 ergibt zwei Gleichungen.
3) Normalkomponenten der Feldstärke in den Grenzpunkten 5 und 6 ergibt die restlichen zwei Gleichungen.

Zu 1): Unterscheidung der Konturpunkte bezüglich des angrenzenden Mediums.

a) Die Punkte 1 und 2 grenzen an das Medium II, es werden nur die „Grenzflächenersatzladungen" im Medium I berücksichtigt. Dabei bedeuten $p_{i,k}$ „Potentialkoeffizient" bezüglich k-ter Ladung und i-tem Konturpunkt; $g_{i,k}$ „Feldstärkekoeffizient" bezüglich k-ter Ladung und i-tem Konturpunkt.

$$\sum_{n=1}^{4} Q_n p_{i,n} + \sum_{m=7}^{8} Q_m p_{i,m} = U; \quad i = 1, 2.$$

b) Die Punkte 3 und 4 grenzen an das Medium I, es werden nur die Ladungen im Medium II berücksichtigt:

$$\sum_{n=1}^{4} Q_n p_{i,n} + \sum_{m=5}^{6} Q_m p_{i,m} = U; \quad i = 3, 4.$$

Zu 2): Potentialstetigkeit in 5 und 6.

$$\sum_{n=1}^{4} Q_n p_{i,n} + \sum_{m=5}^{6} Q_m p_{i,m} = \sum_{n=1}^{4} Q_n p_{i,n} + \sum_{m=7}^{8} Q_m p_{i,m};$$

$$i = 5, 6,$$

$$\sum_{m=5}^{6} Q_m p_{i,m} = \sum_{m=7}^{8} Q_m p_{i,m}.$$

Zu 3): Normalkomponenten der Feldstärke.

$$\frac{E_{nI}}{E_{nII}} = \frac{\varepsilon_{rII}}{\varepsilon_{rI}}:$$

$$\frac{\sum\limits_{n=1}^{4} Q_n g_{i,n} + \sum\limits_{m=7}^{8} Q_m g_{i,m}}{\sum\limits_{n=1}^{4} Q_n g_{i,n} + \sum\limits_{m=5}^{6} Q_m g_{i,m}} = \frac{\varepsilon_{rI}}{\varepsilon_{rII}}; \quad i = 5, 6.$$

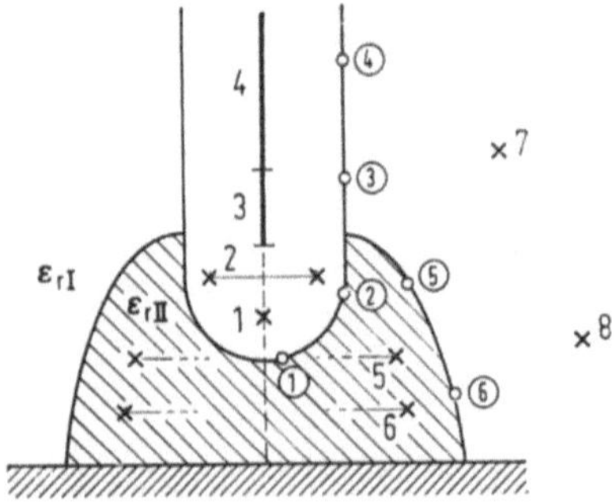

Bild 5.38. Parallelgeschaltete Dielektrika.

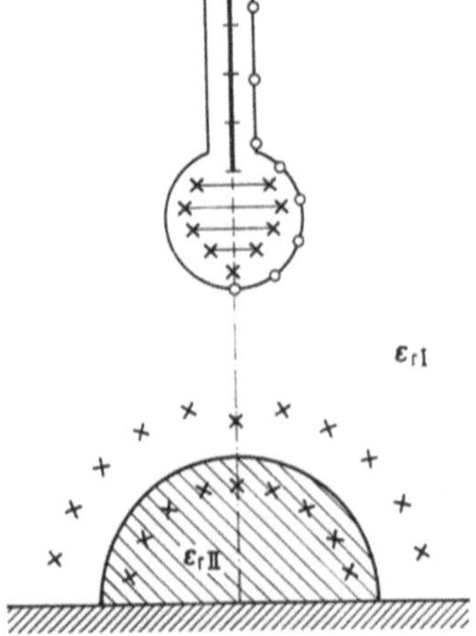

Bild 5.39. Reihenschaltung von verschiedenen Dielektrika.

Reihenschaltung unterschiedlicher Dielektrika

Bei einer Reihenschaltung unterschiedlicher Dielektrika nach Bild 5.39 sind durch analoge Überlegungen (Potentialstetigkeit, Verhalten der Feldstärkenormalkomponenten und Potentialbedingung) die Gleichungen zu formulieren.

Nachbildung mit Flächenladungen

Die Nachbildung der Grenzschichten mit Flächenladungen hat den Vorteil der größeren Übersichtlichkeit gegenüber der Nachbildung mit diskreten Ersatzladungen, da im gesamten Feldraum nur ein Ladungssystem verwendet wird.
Die elektrische Feldstärke im System der Potentialkoeffizienten ist nicht unmittelbar zugänglich und wird daher über die Potentialdifferenz von Punkten berechnet. Bei ebenen und in rotationssymmetrischen Anordnungen existieren nur zwei Komponenten der elektrischen Feldstärke; zur Ermittlung des Feldstärkevektors reicht daher die Potentialdifferenz dreier Punkte aus, von denen sich jeweils zwei in radialer und axialer Koordinate

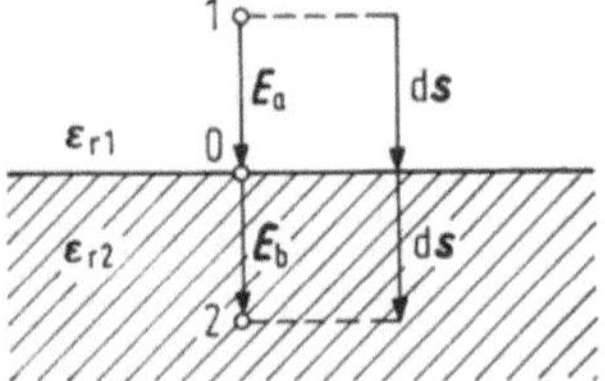

Bild 5.40. Normalkomponenten der Feldstärke an der Grenzschicht.

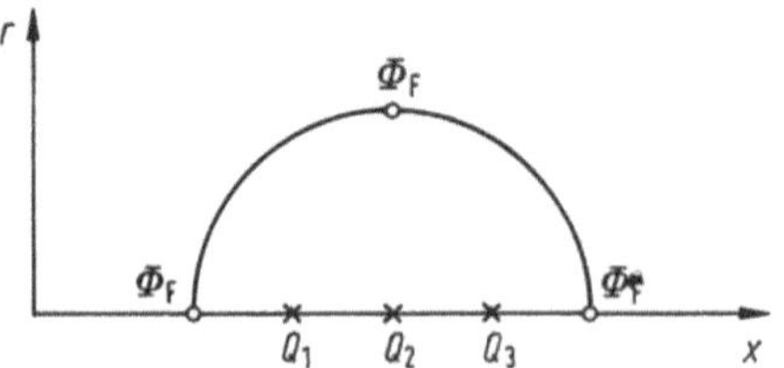

Bild 5.41. Kugelelektrode auf freiem Potential.

unterscheiden müssen. Die Bestimmung der Normalkomponenten der Feldstärken beiderseits einer Grenzschicht erfordert die Potentialberechnung von drei Punkten, wenn diese auf einem Normalenvektor zur Grenzschicht liegen. Es ist folgende Bedingung zu erfüllen (s. Bild 5.40).

$$v_\varepsilon(\Phi_1 - \Phi_0) + (\Phi_2 - \Phi_0) = 0 \quad \text{mit} \quad v_\varepsilon = \varepsilon_{r1}/\varepsilon_{r2}.$$

5.2.3.5 Elektroden auf freiem Potential

Für eine Elektrode, deren Potential sich im Feldraum frei einstellt, kann angenommen werden, daß die Summe ihrer Ladung Null ist. Diese Bedingung dient in Verbindung mit der Potentialkonstanz zur Ermittlung der Ladungen. Am Beispiel einer Kugelelektrode mit drei diskreten Ladungen kann der Aufbau des Gleichungssystems dargestellt werden (Bild 5.41).
Zu den drei Potentialgleichungen nach (5.59) tritt als zusätzliche Gleichung

$$Q_1 + Q_2 + Q_3 = 0.$$

Der Betrag des freien Potentials der Kugel Φ_F ist unbekannt, er hängt von den weiteren Randbedingungen des Feldproblems ab. Durch Elimination entsteht ein neues Gleichungssystem, dessen Lösung in Zusammenhang mit weiteren Elektroden nichttrivial wird [5.13].

5.2.4 Monte-Carlo-Methode

Für den Fall, daß nur für begrenzte Bereiche eines Feldraums Potential und Feldstärke bestimmt werden müssen, können mit Hilfe von Monte-Carlo-Methoden Schätzwerte für das Potential in bestimmten Feldpunkten gewonnen werden.

Sehr leicht zu handhaben sind Zufallsläufe mit fester Schrittweite (fixed-random-walk), die nur eine Festlegung der Berandungsflächen benötigen. Jeder Zufallslauf benötigt aber eine große Schrittzahl, deshalb ist diese Methode für den praktischen Einsatz wenig geeignet.

Vorteilhafter ist ein Verfahren mit Zufallsläufen variabler Schrittweite (floating-random-walk), das von Müller erstmals vorgeschlagen wurde [5.14].

5.2.4.1 Grundlagen

Dieses Verfahren beruht auf dem Mittelwertsatz der Potentialtheorie, wonach das Potential $\Phi(P)$ im Mittelpunkt P einer Kugel vom Radius r gleich ist dem Mittelwert der Potentiale $\Phi(P_i)$ auf der Kugeloberfläche A.

$$\Phi(P) = \frac{1}{4\pi r^2} \int\limits_A \Phi(P_i)\, \mathrm{d}A'. \qquad (5.69)$$

Der Mittelwertsatz wird in stochastischer Form angewendet: In jedem zu betrachtenden Feldpunkt P werden Zufallsläufe gestartet, deren Schrittweite sich jeweils nach dem geringsten Abstand zur nächsten Elektrodenoberfläche bemessen. Dieser Vorgang wird so oft fortgesetzt, bis ein Zufallslauf auf einer Elektrodenoberfläche oder in ihrer unmittelbaren Nähe endet. Dem Feldpunkt P wird dann das Potential der getroffenen Elektrode zugeordnet. Startet man eine große Zahl von Zufallsläufen in P, so erhält man einen statistischen Zusammenhang zwischen dem Schätzwert $\Phi(P)$ und den bekannten Potentialen der Elektrodenoberflächen. Die Güte dieses Schätzwertes kann mit Hilfe der leicht zu berechnenden Streuung beurteilt werden.

Sind die Potentiale bekannt, so kann die elektrische Feldstärke in P über die Ableitung der Greenschen Funktion der Kugel berechnet werden [5.15].

Für die ursprüngliche Form dieses Verfahrens bereiten die Berechnung der Feldstärken auf den Elektroden sowie die Berücksichtigung dielektrischer Grenzflächen Schwierigkeiten, diese konnten inzwischen behoben werden [5.16; 5.17].

5.2.4.2 Berechnung von Randfeldstärken

Durch den Einfluß der Abbruchschranke zur Beendigung der Zufallsläufe werden die Schätzwerte für die Potentiale in Elektrodennähe unsicher. Die Lösung läßt sich durch eine Verlängerung des ersten Zufallsschritts wesentlich verbessern. Ein Teil der Zufallsläufe endet dadurch bereits mit dem ersten Schritt hinter den Elektroden im feldfreien Raum. Für diese Endpunkte werden ähnlich wie beim Ersatzladungsverfahren durch die Lösung eines linearen Gleichungssystems scheinbare Potentiale berechnet, die zusammen mit den statistisch ermittelten Potentialen im Feldraum die Elektrodenkontur nachbilden. Zur Berechnung der Randfeldstärken auf den Elektroden werden diese scheinbaren Potentiale mit herangezogen.

5.2.4.3 Berechnung geschichteter Dielektrika

Für eine Kugel im Feldraum, die in ihrer Mittelebene in zwei Halbkugeln mit den Dielektrizitätszahlen ε_{r1} und ε_{r2} geteilt ist, lautet der Mittelwertsatz nach (5.69)

$$\Phi(P) = \frac{1}{4r^2} \left[\frac{2\varepsilon_{r1}}{\varepsilon_{r1} + \varepsilon_{r2}} \int\limits_{A_1} \Phi(P_i)\, \mathrm{d}A'_1 \right.$$
$$\left. + \frac{2\varepsilon_{r2}}{\varepsilon_{r1} + \varepsilon_{r2}} \int\limits_{A_2} \Phi(P_i)\, \mathrm{d}A'_2 \right]. \quad (5.70)$$

Das Dielektrikum mit der höheren Dielektrizitätszahl hat demnach einen größeren Einfluß auf das Potential $\Phi(P)$ im Kugelmittelpunkt. Dementsprechend muß das Erwartungswertfunktional des Potentials gewichtet werden; das kann durch Reflektion an der Grenzschicht geschehen: Wenn ein Zufallsschritt ungewichtet auf der Halbkugel A_1 enden würde, so darf er diese bei $\varepsilon_{r1} \leq \varepsilon_{r2}$ nur mit einer Wahrscheinlichkeit p_d erreichen:

$$p_\mathrm{d} = \frac{2\varepsilon_{r1}}{\varepsilon_{r1} + \varepsilon_{r2}}.$$

Mit der Wahrscheinlichkeit

$$p_\mathrm{r} = 1 - p_\mathrm{d}$$

wird er an der Grenzschicht auf die Halbkugel A_2 reflektiert. Auf diese Weise lassen sich die Übergangsbedingungen an dielektrischen Grenzflächen erfüllen.

5.2.5 Vergleich der numerischen Feldberechnungsverfahren

Ein Vergleich der numerischen Feldberechnungsverfahren kann unter verschiedenen Gesichtspunkten durchgeführt werden. Zunächst sind die Genauigkeiten der Feldstärkewerte auf den Elektrodenoberflächen und Grenzschichten interessant. Weitere Vergleichspunkte sind der Adaptionsaufwand der Verfahren an ein konkretes Problem sowie die zur Lösung benötigten Rechenzeiten und Speicherräume [5.18].

5.2.5.1 Prinzipielle Fehlerquellen der numerischen Verfahren

Die beiden numerischen Methoden, die eine differentielle Betrachtung des Feldproblems zum Ansatz nehmen — die Differenzenmethode und die Finite-Elemente-Methode — diskretisieren den Feldraum durch ein Gitternetz.

Diese Raumunterteilung in kleine Elemente kann mit Rücksicht auf den Kernspeicher nicht beliebig fein gemacht werden. Das bedingt einen Diskretisierungsfehler. Eine weitere prinzipielle Fehlerquelle ist durch die Form der Gitterelemente bedingt. Werden gekrümmte Elektrodenteile durch linienförmig begrenzte Elemente nachgebildet, ist in den Knickstellen die Feldstärke am größten.

Beim Finite-Element-Verfahren entsteht mit einem linearen Polynomansatz des Potentialverlaufs eine Abhängigkeit der Feldstärkeunterschiede an den Knickstellen vom Knickstellenwinkel β nach Bild 5.42.

Dieser Fehler kann durch den Ansatz eines Polynoms höherer Ordnung für den Potentialverlauf oder durch Anwendung von krummlinigen Elementen wesentlich verkleinert werden. Damit ist eine weitere prinzipielle Fehlerquelle angesprochen. Der angenommene Potentialverlauf beschreibt die tatsächliche Funktion nur annähernd; es entstehen daher Fehler schon durch den Ansatz des Potentialverlaufs.

Ein weiterer Fehler entsteht mittelbar als Folge dadurch, daß sich die Feldenergieminimierung auf die angenommene und nicht auf die tatsächliche Funktion bezieht. Dadurch werden die Bedingungen des elektrostatischen Feldes, die nicht unmittelbar in das Gleichungssystem eingearbeitet sind, nur annäherungsweise erfüllt.

Das Ersatzladungsverfahren verwendet eine integrale Betrachtungsweise des Feldproblems. Hier werden die Elektrodenteile durch eine endliche Anzahl von Konturpunkten nachgebildet. Die Güte der Nachbildung hängt davon ab, wie genau die Anpassung der Äquipotentialflächen des Ladungssystems an die Geometrie des Elektrodensystems gelingt. Die in den Konturpunkten berechnete Feldstärke ist exakt die der Äquipotentialfläche und nur näherungsweise die der Elektrode.

Damit werden die Eigenschaften des Verfahrens wesentlich bestimmt durch Lage und Art der verwendeten Ladungen zur Nachbildung der Elektrodenkonturen. Dabei spielt der Abstand der Konturpunkte und die räumliche Zuordnung von Konturpunkt und Ersatzladung eine große Rolle. Bei ungünstiger Zuordnung bildet sich zwischen den Konturpunkten eine leicht gewellte Äquipotentialfläche aus, die die Feldstärkewerte der Elektroden verfälscht. Insbesondere gelingt die Nachbildung von Eckbereichen nur mit Einschränkungen (Bild 5.43).

Die Feldstärke wird auf jedem Wellenberg höher und in jedem Wellental niedriger als auf der realen Elektrode, außerdem treten Winkelfehler auf.

Bei der Monte-Carlo-Simulation tritt mit der statistischen Streuung des Schätzwertes der Potentiale ein Fehler ganz anderer Art auf. Vorteilhaft ist, daß über die leicht zu berechnende Streuung der Schätzwert beurteilt und gegebenenfalls die Anzahl der Zufallsläufe erhöht werden kann.

5.2.5.2 Adaptionsaufwand, Speicherplatz- und Rechenzeitbedarf

Rechenverfahren erlauben eine weitgehend universelle Anwendung im Bereich der Feldberechnungen, die auch dreidimensionale Koordinatenabhängigkeiten und unterschiedliche Dielektrika aufweisen können. Während das Ersatzladungsverfahren offene und geschlossene Anordnungen

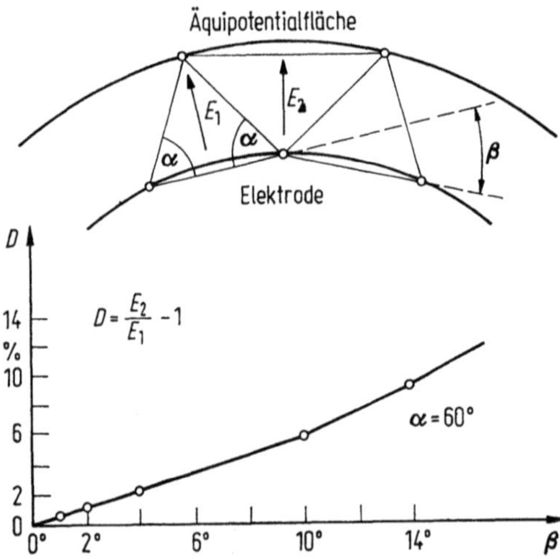

Bild 5.42. Feldstärke an Knickstellen.

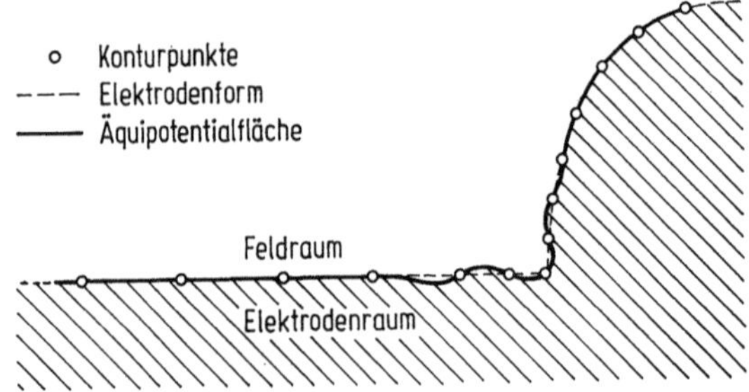

Bild 5.43. Schlechte Anpassung der Äquipotentialfläche an die Elektrodenform.

berechnen kann, ist die Methode der Finiten Elemente und des Differenzenverfahrens auf die Kenntnis der Randpotentiale angewiesen. Es können aber auch offene Anordnungen berechnet werden, wenn die Gitterelemente weit nach außen geführt werden, so daß die Randeffekte vernachlässigbar werden.

Für die Adaption benötigt das Finite-Element-Verfahren gegenüber dem Ersatzladungsverfahren wesentlich mehr Aufwand an Dateneingabe. Es ist aber bei den Verfahren prinzipiell möglich, die Dateneingabe auf die Elektrodenkonturen zu beschränken.

Die linearen Gleichungssysteme, die bei beiden Verfahren zu lösen sind, unterscheiden sich in ihrer Größe und in ihrem Aufbau. Beim Differenzenverfahren und beim Verfahren der Finiten Elemente entsteht eine relativ große Systemmatrix, die aber sehr schwach besetzt ist und in der die Potentialbedingungen des gesamten Feldraums enthalten sind. Bei der Ersatzladungsmethode werden für die Lösung nur die Randbedingungen der Elektrodenoberfläche herangezogen. Der Feldraum geht nicht in die Rechnung ein. Dadurch wird die Systemmatrix kleiner, ist aber auf allen Plätzen besetzt. Für die Lösungen der Gleichungssysteme sind daher unterschiedliche Verfahren einzusetzen. Hierbei ist das Ersatzladungsverfahren etwas schneller und benötigt weniger Speicherplatz. Als Lösung steht aber beim Ersatzladungsverfahren nur das Ladungssystem zur Verfügung. Potential und Feldstärke müssen für jeden Punkt immer wieder durch Überlagerung aller Ladungsanteile berechnet werden. Beim Verfahren der Finiten Elemente und beim Differenzenverfahren steht mit der Lösung bereits das Potential in allen Gitterpunkten fest.

Für die Nachbildung von gekrümmten Oberflächen ist das Ersatzladungsverfahren besser geeignet. Die Nachbildung von Kanten und Ecken gelingt mit dem Finite-Elemente-Verfahren besser. Die Berechnung von Elektrodensystemen, die unterschiedliche Dielektrika aufweisen, ist bei Verfahren mit Gitterelementen einfacher. Es ist für die Nachbildung von Grenzflächen nur die Eingabe der unterschiedlichen Dielektrizitätskonstanten notwendig. Beim Ersatzladungsverfahren sind dagegen entweder zwei Ladungssysteme mit diskreten Ladungen dies- und jenseits der Grenzfläche oder Flächenladungen auf der Grenzfläche anzunehmen, beides ist rechenzeitintensiv. Die Einhaltung der Grenzschichtbedingung gelingt dann mit dem Ersatzladungsverfahren besser.

Die Genauigkeit bei Verfahren mit Gitterelementen kann durch fortgesetzte Elementverkleinerung, aber stärker noch durch Polynomansätze höherer Ordnung verbessert werden. Die Grenze dafür ist durch die Speicherkapazität des Rechners gegeben. Eine Verbesserung der Ergebnisse des Ersatzladungsverfahrens wird nicht allein durch die Erhöhung der Anzahl der Ersatzladungen gefunden, sondern vor allem durch eine Konditionierung des gesamten Ladungssystems [5.11].

Zur Anwendung eines Monte-Carlo-Verfahrens ist im wesentlichen nur die Eingabe der Elektrodengeometrie notwendig, die aus einem Katalog von Grundkörpern zusammengesetzt werden kann. Der Rechenzeitbedarf ist demgegenüber relativ hoch, weil für jeden Berechnungspunkt eine große Anzahl von Zufallsläufen erforderlich ist (z. B. 2000) und für jeden Zufallsschritt jeweils der minimale Abstand zu den Elektroden bzw. Grenzflächen berechnet werden muß. Da sich die Berechnung aber auf wenige kritische Feldbereiche beschränken läßt, ergibt sich vor allem für dreidimensionale Felder insgesamt ein vertretbarer Aufwand.

5.3 Optimierung von Elektrodenanordnungen

Die Aufgabe, Elektrodenanordnungen zu optimieren, bedeutet im allgemeinen, Formen oder Abmessungen zu finden, die zu einer möglichst konstanten Feldstärke auf der gesamten Elektrodenoberfläche führen, die gleichzeitig die minimal mögliche ist. Für einfache Geometrien ist eine geschlossene Optimierung möglich, so z. B. für die klassischen Anordnungen Zylinder- und Kugelkondensator. Kompliziertere Anordnungen können nur mit Hilfe numerischer Verfahren optimiert werden.

5.3.1 Geschlossene Optimierung

5.3.1.1 Zylinderkondensator

Von großer praktischer Bedeutung ist die Frage, welcher Innenradius r_1 einer koaxialen Anordnung bei vorgegebenen Werten für Außenradius r_2 und anliegender Spannung U kleinste Feldstärke auf der Innenelektrode bewirkt. So läßt sich z. B. erreichen, daß die Durchschlagfeldstärke E_d am Innenleiter gerade unterschritten wird. Aus (5.8)

$$E(r_1) = \frac{U}{r_1 \ln (r_2/r_1)} \qquad (5.8)$$

folgt nach Differentiation

$$\frac{\partial E(r_1)}{\partial r_1}\bigg|_{r_2 = \text{const}} \overset{!}{=} 0$$

ein Minimum der Feldstärke am Innenleiter für ein Radienverhältnis

$$r_2/r_1 = e. \qquad (5.71)$$

Die optimale Feldstärke ist dann

$$E(r_1) = U/r_1. \qquad (5.72)$$

5.3.1.2 Kugelkondensator

Die analoge Optimierung des Kugelkondensators liefert aus (5.6)

$$E(r_1) = \frac{U}{r_1^2} \, \frac{1}{\dfrac{1}{r_1} - \dfrac{1}{r_2}} \qquad (5.6)$$

und

$$\left. \frac{\partial E(r_1)}{\partial r_1} \right|_{r_2 = \text{const}} \overset{!}{=} 0$$

ein optimales Radienverhältnis

$$r_2/r_1 = 2 \,. \qquad (5.73)$$

5.3.2 Numerische Optimierung

Bisher sind zwei numerische Optimierungsverfahren bekannt geworden, die auf allgemeine Elektrodenformen anwendbar sind. Beide Verfahren basieren auf der Ersatzladungsmethode.

5.3.2.1 Verschiebung von Konturpunkten

Dieses Verfahren gestattet es, eine betragskonstante Feldstärkeverteilung im Elektrodensystem durch eine iterative Verschiebung von Konturpunkten zu erreichen. Für die Optimierung der Feldstärkeverteilung wird die Krümmung der Oberfläche über einen iterativen Prozeß in Abhängigkeit der Abweichung der Feldstärke vom geforderten Wert Stück für Stück geändert [5.19].

Die Arbeitsweise dieser Optimierungsmethode wird durch Bild 5.44 verdeutlicht. Die Feldstärkeverteilung einer geeignet erscheinenden Ausgangsform wird berechnet, insbesondere auf der Oberfläche, die optimiert werden soll. Zur Berechnung der Feldstärke wird die Ersatzladungsmethode eingesetzt. Es ist eine Koeffizientenmatrix zu berechnen. Diese Matrix ist zu invertieren und mit Hilfe der physikalischen Randbedingungen die Beträge der Ersatzladungen zu bestimmen. Nach Berechnung der Feldstärke-

verteilung im Optimierungsgebiet wird ein Vergleich mit den erwünschten Feldstärkewerten durchgeführt und die notwendige Formänderung über einen Zusammenhang von Krümmungsänderung der Oberfläche und Feldstärkeänderung berechnet. Ein mehrfaches Durchlaufen der Optimierungsschleife (in Bild 5.45 stark ausgezogen) liefert durch entsprechende Formänderungen die bezüglich Betragskonstanz optimierte Elektrode.

5.3.2.2 Veränderung des Ersatzladungssystems

Dieses Verfahren erreicht die optimierte Form durch einen direkten Eingriff in das System der Ersatzladungen. Mathematisch gesehen ist die Lösung eines Feldproblems mit Hilfe von Ersatzladungen eine Überlagerung von Partikulärlösungen der Laplaceschen Differentialgleichung. Die Partikulärlösungen sind die Potentialfunktionen der Ersatzladungen [5.6; 5.20]. Bei diesem Verfahren läßt sich das Elektrodensystem für die Optimierungsrechnung unterteilen in vorgegebene Elektrodenteile, die während der Rechnung nicht verändert werden, und in variable, zu optimierende Bereiche. Die fest vorgegebenen Elektrodenteile werden, wie vom Ersatzladungsverfahren her bekannt, mit einer Anzahl n Konturpunkte nachgebildet, denen ein Ersatzladungsystem (Q) mit festen Orten, aber zunächst noch unbekannten Ladungsbeträgen zugeordnet ist. Der zu optimierende Elektrodenbereich erhält statt dessen die Anzahl n Ersatzladungen, die nicht nur vom Ort her, sondern auch betragsmäßig vorgegeben werden. Diese vorgegebenen Optimierungsladungen (Q) entsprechen einer vorgegebenen Teillösung des mathematischen Problems. Aufgrund der linearen Superponierbarkeit aller Teillösungen genügt für die Einhaltung der Randbedingungen die Berechnung der restlichen Teillösungen über ein lineares Gleichungssystem (Bild 5.45).

Für die Nachbildung der festen Elektrodenteile ist die Randbedingung des Potentials in den entsprechenden Konturpunkten zu erfüllen. Dazu

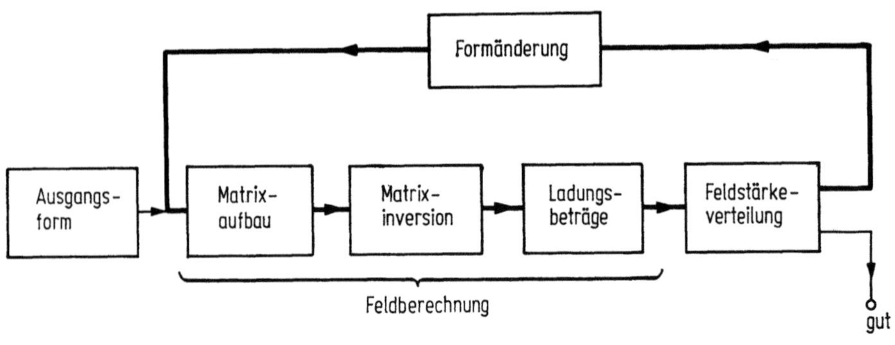

Bild 5.44. Optimierung über Verschiebung der Konturpunkte.

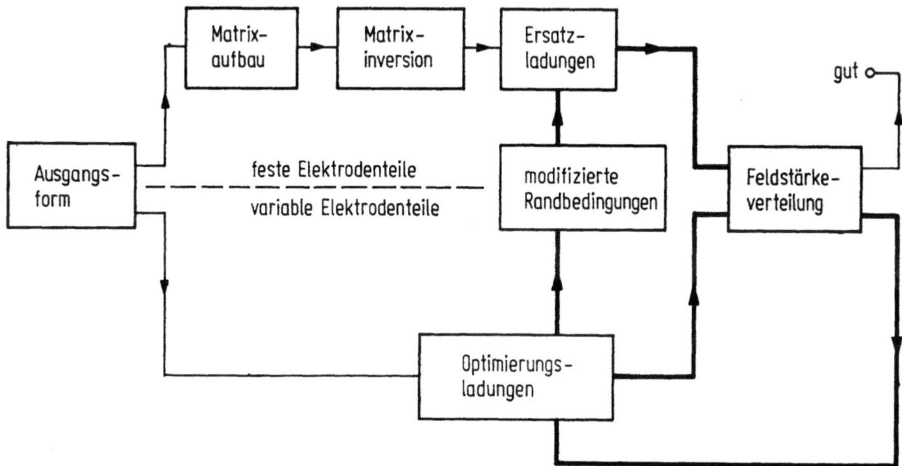

Bild 5.45. Optimierung über Änderung des Ersatzladungssystems.

müssen die betragsmäßig noch unbekannten Ersatzladungen so bestimmt werden, daß sie in der Überlagerung mit den Optimierungsladungen das Sollpotential Φ dort erzeugen. Für jeden Konturpunkt ist daher (5.74) zu erfüllen.

$$\sum_{i=1}^{\tilde{n}} \tilde{P}_{k,i}\tilde{Q}_i + \sum_{j=1}^{n} P_{k,i}Q_j = \Phi_k. \qquad (5.74)$$

Diese Gleichung besagt, daß die Überlagerung aller $\tilde{n}$ Optimierungsladungen $\tilde{Q}$ mit den n Ersatzladungen Q jeweils multipliziert mit den entsprechenden Potentialkoeffizienten $\tilde{P}_{k,i}$ bzw. $P_{k,j}$ für den k-ten Konturpunkt das Potential Φ_k ergibt. In Matrizenschreibweise:

$$(\tilde{P}_{k,i})\,(\tilde{Q}_i) + (P_{k,j})\,(Q_j) = (\Phi_k). \qquad (5.75)$$

In (5.75) ist das Ladungssystem Q_j vom Ort her und $\tilde{Q}_i$ vom Ort und Betrag her bekannt. Da auch die Orte der Konturpunkte und deren Sollpotential bekannt sind, tritt nur der Vektor der Ersatzladungsbeträge Q_j als unbekannte Größe auf. Werden alle bekannten Terme auf die rechte Seite des Gleichungssystems gebracht, so entsteht mit (5.76) ein lineares Gleichungssystem. In der rechten Seite wird der Einfluß der Optimierungsladungen auf das Sollpotential der Konturpunkte berücksichtigt.

$$(P_{k,j})\,(Q_j) = (\Phi_k) - (\tilde{P}_{k,i})\,(\tilde{Q}_i) = (RS_k). \qquad (5.76)$$

Mit der Lösung dieser Gleichung sind die Ersatzladungen (Q_j) bekannt, und es können die Äquipotentialflächen der Feldlinien des Elektrodensystems mit Hilfe der Ersatz- und Optimierungsladungen berechnet werden.
In den Optimierungsbereichen werden die Feldstärkeverteilungen der Äquipotentialflächen durch Änderungen der Optimierungsladungen (Q) beeinflußt. Mögliche Änderungsparameter sind Lage und Betrag. Die Feldstärkeoptimierung auf einer Elektrodenoberfläche erfolgt mit einem iterativen Prozeß von Ortsverschiebungen oder Betragsänderungen, um den Krümmungsverlauf und damit die Feldstärkeverteilung optimal zu gestalten.
Die Genauigkeit dieses Verfahrens ist sehr hoch, weil der Ausgangspunkt nicht die Elektrodenform selbst ist, die durch Konturpunkte und ein Ersatzladungssystem nur angenähert werden kann. Dieses Verfahren benutzt vielmehr die Äquipotentialflächen, so wie sie sich exakt aus dem Ladungssystem ergeben.
Die Anzahl der Konturpunkte und Ersatzladungen ist gegenüber der normalen Feldberechnung mit dem Ladungsverfahren um die verringert, die ehemals im Optimierungsgebiet gesetzt waren. Das Wegfallen der Konturpunkte im Optimierungsbereich reduziert den Speicherplatzbedarf der Koeffizientenmatrix erheblich, da die Anzahl der Elemente in der Koeffizientenmatrix quadratisch von der Konturpunktzahl abhängt.
Die zeitaufwendigen Operationen der Feldberechnung (Matrixaufbau und Inversion) brauchen nur ein einziges Mal während der Rechnung durchgeführt zu werden.
Bild 5.46 zeigt als Beispiel die Optimierung der Elektroden eines Trennschalters einer SF_6-isolierten Schaltanlage. Die Anordnung wurde rotationssymmetrisch aufgefaßt. Die Äquipotentialflächen der nicht optimierten Elektrode ist im Bild 5.46a dargestellt, zusammen mit der Abwicklung des Feldstärkeverlaufs auf der Elektrodenoberfläche. Nach der Optimierung ergibt sich im hoch beanspruchten Bereich der spannungsführenden Elektrode ein konstanter Feldstärkeverlauf (Bild 5.46b). In diesem Fall sind die beiden Hauptelektroden feldmäßig weitgehend entkoppelt, so daß sie je für sich optimiert werden können.

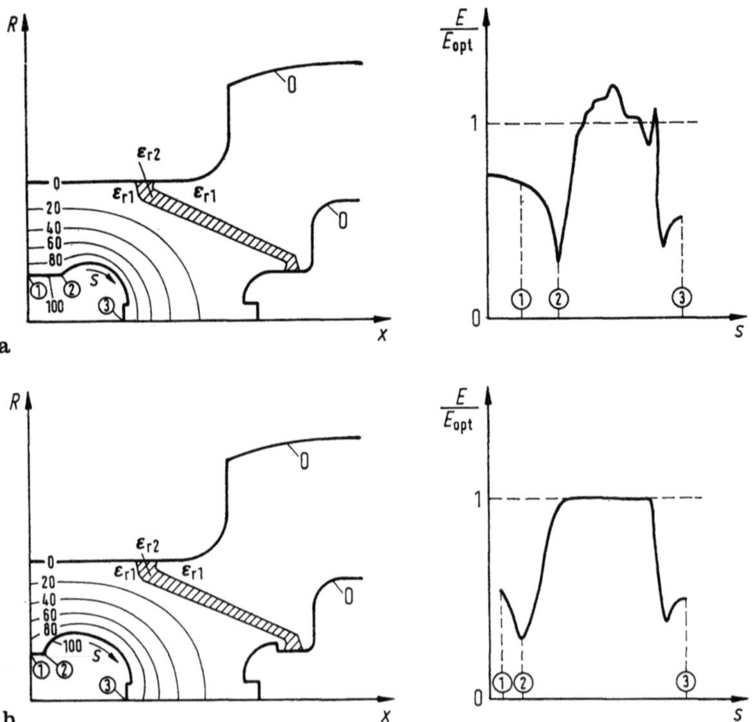

Bild 5.46. Optimierung einer Trennschalterelektrode. Feldbild und Abwicklung der Oberflächenfeldstärke.
a vor Optimierung; **b** nach Optimierung.

5.4 Abschätzung von Maximalfeldstärken

Die physikalischen Abläufe von Entladungsprozessen sind im einzelnen so kompliziert, daß sie normalerweise nicht unmittelbar zur Dimensionierung von Isolieranordnungen herangezogen werden können. In der technischen Praxis sind daher Abschätzungen — auch auf empirischer Grundlage — bedeutsam, mit denen auf relativ einfache Weise Anhaltspunkte für die Dimensionierung gewonnen werden können.

5.4.1 Ausnutzungsfaktor nach Schwaiger

Der von Schwaiger eingeführte Ausnutzungsfaktor η einer Elektrodenanordnung liefert durch den Vergleich mit einer abstandsgleichen homogenen Plattenanordnung ein Maß für den Inhomogenitätsgrad der betrachteten Elektrodengeometrie [5.21]. Der Ausnutzungsfaktor η ist definiert als

$$\eta = \frac{U}{aE_{\max}}. \tag{5.77}$$

Dabei ist U die anliegende Spannung, a der (kleinste) Elektrodenabstand — auch Schlagweite genannt — und $E_{\max}$ der Maximalwert der elektrischen Feldstärke. Da der Quotient U/a auch als mittlere Feldstärke interpretiert werden kann, gibt der Ausnutzungsfaktor das Verhältnis von mittlerer Feldstärke zur Maximalfeldstärke an. Der Ausnutzungsfaktor ist damit nur geometrieabhängig. Der Kehrwert des Ausnutzungsfaktors wird als Inhomogenitätsgrad bezeichnet.

Im Bereich des homogenen Feldes eines Plattenkondensators erreicht η den Wert 1. Wird eine Anordnung inhomogener, so nimmt der Zahlenwert des Ausnutzungsfaktors ab. Für einen optimierten Kugelkondensator gemäß (5.73) mit $r_2/r_1 = 2$ und einer Maximalfeldstärke gemäß (5.6) von

$$E_{\max} = E_{(r_1)} = U\,\frac{2}{r_1}$$

wird für $a = r_1$ der Ausnutzungsfaktor

$$\eta = \frac{U}{r_1 2U/r_1} = \frac{1}{2}.$$

Voraussetzung für die Anwendung des Ausnutzungsfaktors zur Dimensionierungshilfe von Anlagen ist eine katalogmäßige Auflistung von Elektrodensystemen und Ausnutzungsfaktoren, die sowohl für analytisch exakt berechnete als auch mit Näherungsbeziehungen berechnete Elektrodensysteme bekannt sind.

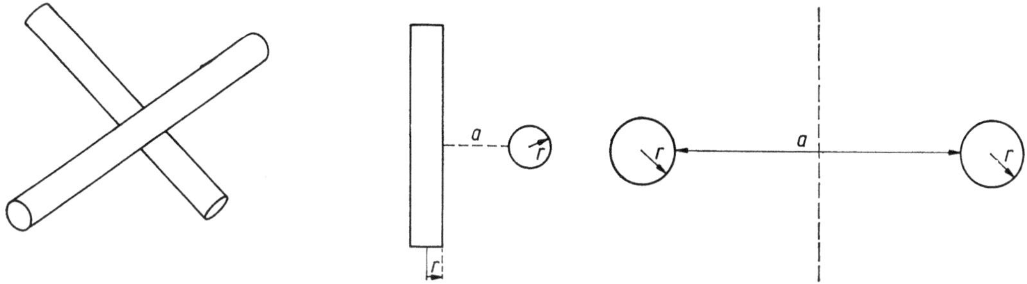

Bild 5.47. Grundanordnung gekreuzte Zylinder.

Bild 5.48. Kugel-Kugel-Anordnung
als Näherung einer Zylinderanordnung.

Mit Hilfe des Schwaigerschen Ausnutzungsfaktors ist es möglich, die Durchschlagspannung einer Elektrodenanordnung abzuschätzen, wenn man unterstellt, daß diese Anordnung durchschlägt, sobald E_{max} die Zündfeldstärke des betreffenden Gases erreicht. Das ist bekanntlich nur der Fall bei homogenen und schwach inhomogenen Elektrodenanordnungen, bei denen die sogenannte Anfangsspannung mit der Durchschlagspannung identisch ist. Die Ausnutzungsfaktoren solcher Anordnungen liegen zwischen 1 und etwa 0,3.

5.4.2 Grundanordnungen

Das in der Hochspannungstechnik häufig vorkommende Grundproblem der gekreuzten Zylinder (Bild 5.47) läßt sich nach der sicheren Seite hin abschätzen durch eine Kugel-Kugel-Anordnung nach Bild 5.48.
Dieses Kugel-Kugel-Problem kann wiederum durch eine Kugel-Ebene-Anordnung mit dem Abstand $a/2$ ersetzt werden.
Die Ausnutzungsfaktoren dieser Anordnung sind in Bild 5.49 in Abhängigkeit der Abmessungen r und $a/2$ angegeben.
Ausführliche Angaben für weitere Elektrodenformen sind in [5.2; 5.22] enthalten.

5.4.3 Graphische Bestimmung elektrostatischer Felder (Lehmann-Verfahren)

Die Abschätzung von Feldstärkeverteilungen ist auch auf graphischem Wege möglich. Die graphische Feldberechnung ist am einfachsten beim zweidimensionalen Feld. Sie beruht auf der näherungsweisen Annahme von Äquipotentiallinien und Feldlinien, die mit Hilfe der Grundgesetze des elektrostatischen Feldes korrigiert werden. Es gelten folgende Regeln [5.23]:

1. Die Ränder der Leiter sind Äquipotentiallinien.
2. Die Verschiebungslinien stehen senkrecht auf den Rändern der Leiter.
3. Äquipotentiallinien im Feldraum schneiden die Verschiebungslinien überall senkrecht.
4. Der Abstand zweier benachbarter Äquipotentiallinien a muß an jeder Stelle des Feldraums dem Abstand zweier benachbarter Verschiebungslinien b proportional sein.

$$b/a = k. \tag{5.78}$$

Im allgemeinen ist es zweckmäßig, den Proportionalitätsfaktor k gleich 1 zu wählen.

Bild 5.49. Ausnutzungsfaktoren von Grundanordnungen.

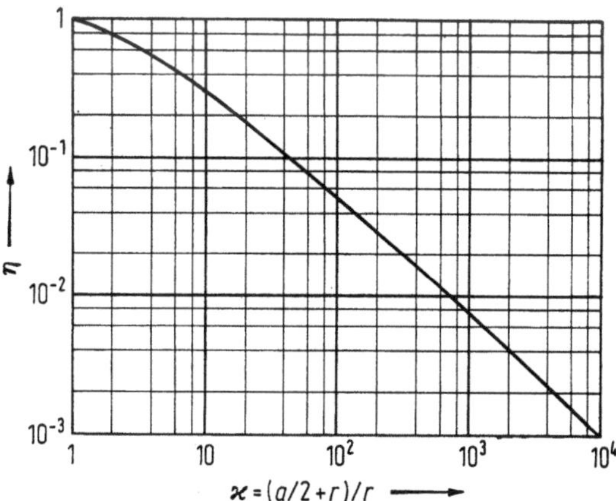

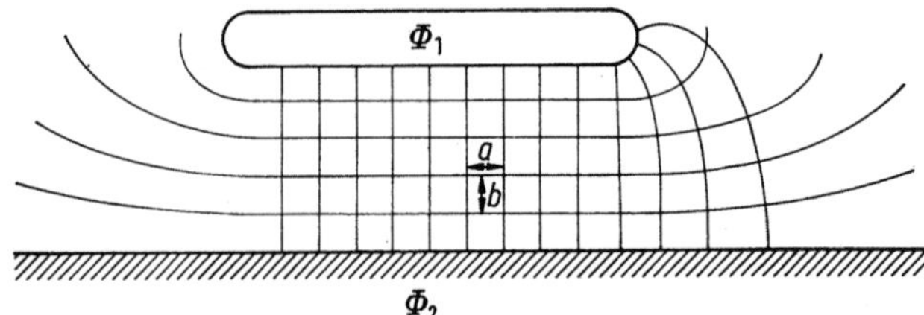

Bild 5.50. Graphische Berechnung eines zweidimensionalen Feldes.

Bei Stoffen mit unterschiedlichen Dielektrizitätszahlen gilt an der Grenzschicht das Brechungsgesetz. Dementsprechend gilt:

$$\varepsilon_\mathrm{r} \, \frac{b}{a} = k.$$

Außerdem ist an der Grenzschicht die Brechung der Feldlinien zu berücksichtigen (vgl. Abschnitt 4.4)

$$\frac{\tan \alpha_1}{\tan \alpha_2} = \frac{\varepsilon_{\mathrm{r}1}}{\varepsilon_{\mathrm{r}2}}. \tag{4.31}$$

Bei der praktischen Durchführung geht man so vor, daß zuerst nach Gefühl einige Äquipotentiallinien eingezeichnet werden. Dann bringt man Verschiebungslinien nach Regel 4 an und korrigiert das Bild der Äquipotentiallinien und erreicht so bei immer feinerer Verteilung der Linien das vollständige Feldbild (Bild 5.50).
Die Maximalfeldstärke ist im kleinsten Quadrat näherungsweise durch

$$|E_{\max}| = \frac{U_0}{a}$$

gegeben, wenn U_0 die Potentialdifferenz der beiden Äquipotentiallinien und a ihr Abstand ist.
Mit diesem Verfahren kann auch die Kapazität zwischen zwei Elektroden ermittelt werden, indem der Verschiebungsfluß durch die Spannung zwischen den Elektroden dividiert wird. Bei n Verschiebungslinien und m Äquipotentiallinien im Feldraum gilt für den Kapazitätsbelag

$$C' = \frac{C}{l} = \varepsilon_0 \varepsilon_\mathrm{r} \, \frac{n}{m+1} \, k.$$

Bei der Ermittlung rotationssymmetrischer Felder ist zu beachten, daß der von einem Leiter ausgehende Verschiebungsfluß durch Rotationsflächen in gleiche Teile zerlegt wird. Statt (5.78) gilt dann

$$r \, \frac{b}{a} = k,$$

bzw.

$$\varepsilon_\mathrm{r} r \, \frac{b}{a} = k.$$

Im übrigen gelten die gleichen Zusammenhänge wie im zweidimensionalen Feld.

6 Messung elektrostatischer Felder

Seitdem leistungsfähige Verfahren zur Berechnung elektrostatischer Felder verfügbar sind, haben experimentelle Verfahren zur Feldbestimmung an Bedeutung verloren. Diese sind aber nach wie vor sinnvoll zur schnellen Feldbestimmung komplizierter Feldkonfigurationen und unersetzbar bei raumladungsbestimmten Feldern, für die theoretische Ansätze zur Beschreibung der Raumladungsverteilung nur schwer möglich sind.

Verfahren, die nur einen qualitativen Überblick über einen Feldverlauf geben, wie z. B. die Toeplersche Strohhalmmethode, werden heute nicht mehr angewendet.

Bei den quantitativen Methoden unterscheidet man einerseits Sondenverfahren, die entweder direkt die Feldstärke oder über eine Brückenschaltung das Potential am Ort der Sonde bestimmen, und andererseits die analoge Darstellung elektrischer Felder, welche die Analogie zum elektrischen Strömungsfeld ausnutzt. Eine Übersicht über ältere Verfahren ist in [6.1] zu finden; neuere Methoden sind in [6.2] zusammengestellt.

6.1 Direkte Messung

6.1.1 Kapazitätssonde

Kapazitätssonden beruhen auf dem Influenzprinzip. Sie nehmen aus dem Feld einen Strom auf, welcher der elektrischen Feldstärke am Ort der Sonde proportional ist. Für die Messung von Gleichfeldern muß die Kapazität periodisch geändert werden; transiente Feldstärken sind mit zeitlich unveränderten Sondenkapazitäten zu erfassen; für Wechselfelder kommen beide Prinzipien in Frage. — Diese Meßprinzipien werden auch für Spannungsmessungen eingesetzt, sie sind deshalb im Abschnitt 10.2 ausführlich dargestellt.

6.1.2 Kompensationsverfahren (Brückenverfahren)

Wird in das zwischen zwei Elektroden bestehende elektrische Feld eine dritte Elektrode eingebracht, so nimmt diese ein Potential an, das der Äquipotentialfläche am Ort der dritten Elektrode

entspricht. Dieser Tatbestand kann auch durch die Teilkapazitäten C_1 und C_2 der Meßelektrode gegenüber den Hauptelektroden verdeutlicht werden (Bild 6.1). Dabei ist natürlich vorauszusetzen, daß die Form der Meßelektrode dem Verlauf der Äquipotentialflächen angepaßt ist. So wird man z. B. für die Ausmessung des elektrischen Feldes eines Stützisolators ringförmige Meßelektroden wählen.

Um das auszumessende Feld nicht zu verfälschen, muß das Potential der Meßelektrode mit Hilfe einer Kompensationsmethode nach Bild 6.1 bestimmt werden. Die Spannung U_2 ist nach Größe und Phasenlage so einzustellen, daß mit Hilfe des Nullinstruments N die Gleichheit mit dem Potential der Meßsonde festgestellt werden kann. — Als Nullinstrumente haben sich Glimmlampen mit geringer Ansprechspannung bewährt. Ein einwandfreier Abgleich ist nur bei oberwellenarmen Prüfspannungen möglich.

Die Kompensationsspannung U_2 kann auch in einem Differentialkondensator erzeugt werden. Dieser wird an dieselbe Spannungsquelle angeschlossen wie der Prüfling (Bild 6.2). Durch die Verstellung der Mittelelektrode kann das Teilerverhältnis C_3/C_4 und damit die Spannung U_2 verändert werden.

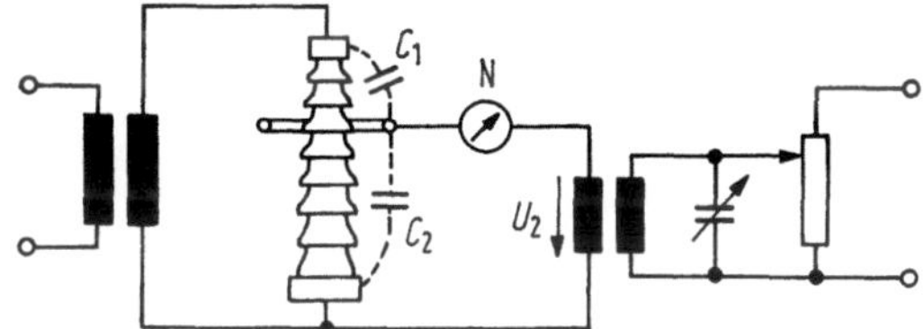

Bild 6.1. Ausmessen des elektrischen Feldes eines Stützisolators mit Hilfe des Kompensationsverfahrens.

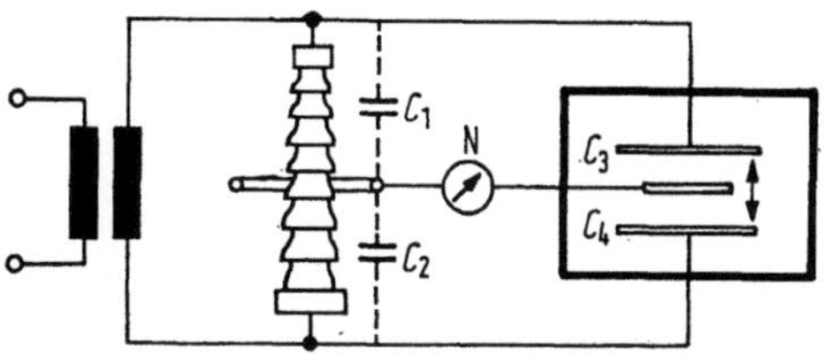

Bild 6.2. Ausmessen des elektrischen Feldes eines Stützisolators mit Hilfe des Brückenverfahrens.

Das Kernstück dieser Schaltung ist die Brücke der Kapazitäten C_1 bis C_4, deshalb wird diese Variante des Kompensationsverfahrens auch Brückenverfahren genannt.

6.2 Analoge Abbildung elektrostatischer Felder

Da die Grundgesetze des elektrostatischen Feldes formal mit denen des stationären Strömungsfeldes übereinstimmen, können Berechnungs- und Meßverfahren wechselseitig übertragen werden. Diese Analogie nutzt man aus, um elektrostatische Felder in einem elektrolytischen Trog [6.3] auf schwach leitendem Papier [6.4] oder mit einem Widerstandsnetzwerk [6.5] abzubilden. Es gelten folgende in Tabelle 6.1 zusammengestellte Analogien:

Tabelle 6.1. Analogien im elektrostatischen Feld und im elektrischen Strömungsfeld

Elektrostat. Feld	Elektr. Strömungsfeld
div $\boldsymbol{D} = \varrho$	div $\boldsymbol{S} = I_0$
(div $\boldsymbol{D} = 0$)	(div $\boldsymbol{S} = 0$)
$\boldsymbol{D} = \varepsilon_0 \varepsilon_r \boldsymbol{E}$	$\boldsymbol{S} = \varkappa \boldsymbol{E}$
div grad $\boldsymbol{\Phi} = 0$	div grad $\boldsymbol{\Phi} = 0$
$Q = CU$	$I = GU$

$\boldsymbol{D}$	Verschiebungsdichte	$\boldsymbol{S}$	Stromdichte
ϱ	Raumladungsdichte	I_0	Quellstrom
$\varepsilon_0\varepsilon_r$	Dielektrizitätskonstante	$\varkappa$	spez. Leitfähigkeit
		$\boldsymbol{\Phi}$	Potential
		U	Spannung
C	Kapazität	G	Leitwert
Q	Ladung	I	Strom

Die analoge Abbildung eines elektrostatischen Feldes erfolgt in einem Raum mit entsprechender Verteilung der spezifischen Leitfähigkeit $\varkappa$.

6.2.1 Abbildung ebener Felder auf leitfähigem Papier

Zweidimensionale Felder können eben abgebildet werden auf schwach leitendem Papier. Man benutzt dazu Graphitpapiere, die eine richtungsunabhängige Leitfähigkeit besitzen. Der spezifische Oberflächenwiderstand sollte zwischen 10^3 und $10^5 \, \Omega$ betragen. Die Elektroden lassen sich am einfachsten mit Hilfe von Leitsilberlack auftragen. Das Ausmessen der Äquipotentiallinien geschieht meist in einer Brückenschaltung, z. B. mit einer Wheatstonebrücke.

6.2.2 Elektrolytischer Trog

Im sogenannten elektrolytischen Trog lassen sich auch dreidimensionale Felder ausmessen. In einem Isolierstofftrog wird der Feldraum durch einen Elektrolyten nachgebildet, z. B. durch normales Leitungswasser oder leicht angesäuertes destilliertes Wasser mit einer spezifischen Leitfähigkeit von 10^7 bis $10^6 \, \Omega$ m. Zur Darstellung der Elektroden müssen rostfreier Stahl oder versilberte Oberflächen benutzt werden. Dadurch und durch die Verwendung von Wechselspannung mit einer Frequenz zwischen 50 und 200 Hz lassen sich Polarisationserscheinungen im Elektrolyten vermeiden.

Die Ausmessung der Äquipotentialflächen erfolgt am besten wieder in einer Brückenschaltung (Bild 6.3). Um den Einfluß der an der Sonde wirksamen Erdkapazitäten auf den Abgleich zu beseitigen, wird der Potentiometerabgriff zweckmäßigerweise geerdet.

Für die Konzeption einer in den elektrolytischen Trog einzusetzenden Elektrodenkonfiguration ist der Einfluß der Trogwände zu beachten. Die Trogwände behindern grundsätzlich die Ausbildung des Strömungsfeldes und zwar derart, daß an der Grenzschicht von Elektrolyt und Trogwand nur tangentiale Stromdichte- bzw. Feldstärkekomponenten möglich sind. Die Trogwand ver-

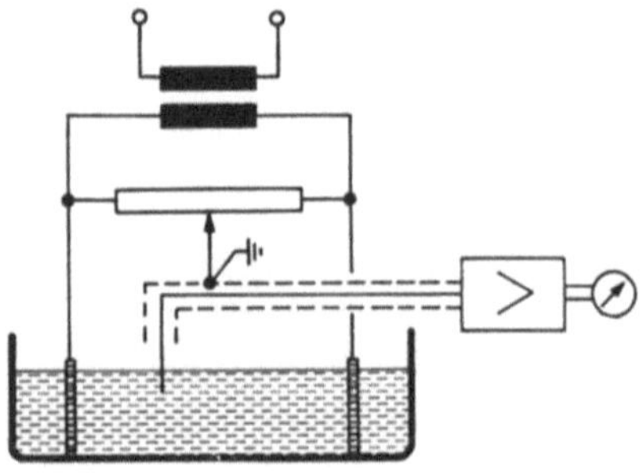

Bild 6.3. Elektrolytischer Trog mit Meßschaltung zur Ermittlung der Äquipotentialflächen.

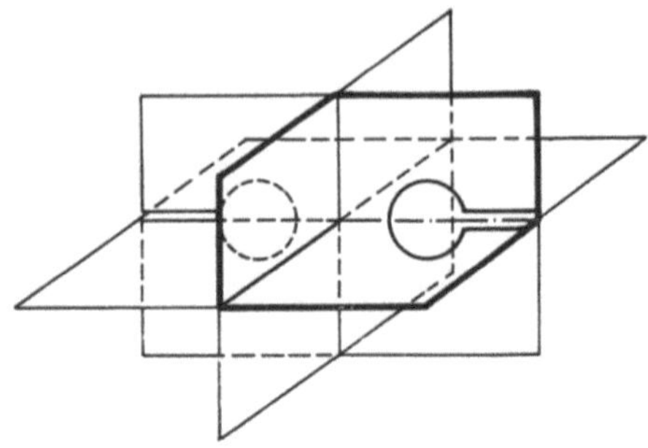

Bild 6.4. Ausnutzung der Symmetrieeigenschaften für die Abbildung des Feldes einer Kugelfunkenstrecke.

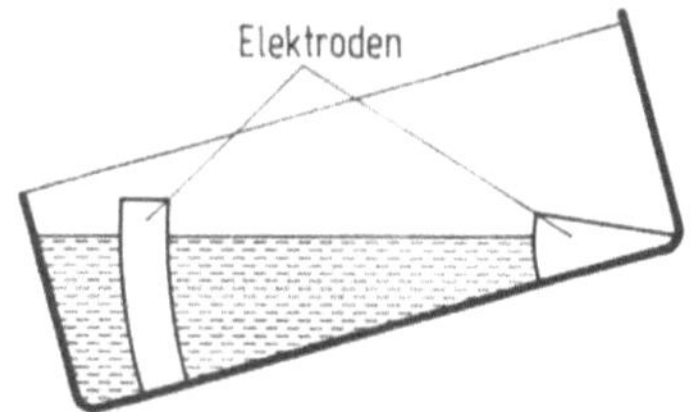

Bild 6.5. Nachbildung einer (rotationssymmetrischen) Koaxialleitung im geneigten Trog.

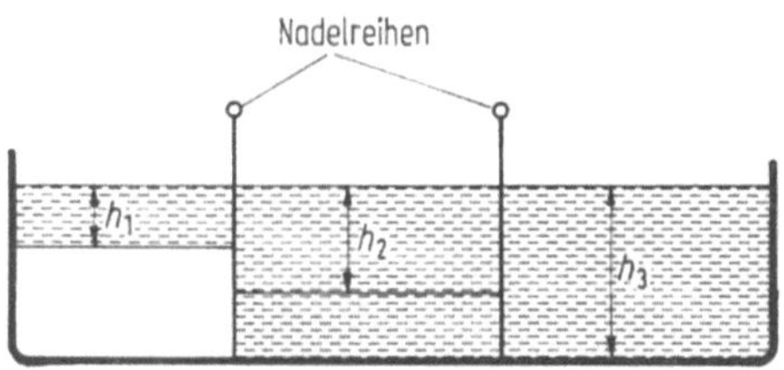

$$h_1 : h_2 : h_3 = \varepsilon_{r1} : \varepsilon_{r2} : \varepsilon_{r3}$$

Bild 6.6. Nachbildung eines geschichteten Dielektrikums durch gestufte Querschnitte des Elektrolyten.

hält sich daher wie eine Symmetrieebene im elektrostatischen Feld. Durch die geschickte Ausnutzung der Symmetrieeigenschaften lassen sich daher die Abmessungen des Troges scheinbar vergrößern. In Bild 6.4 ist das am Beispiel einer Kugelfunkenstrecke gezeigt. In diesem Fall können drei Symmetrieebenen berücksichtigt werden; das erlaubt eine Reduzierung auf ein Achtel des gesamten Feldraums, d. h. bei vorgegebenen Trogabmessungen eine Vergrößerung des Auflösungsvermögens um den Faktor 8.

Ein Sonderfall der Ausnutzung von Symmetrieeigenschaften ist der geneigte Trogboden zur Nachbildung rotationssymmetrischer Felder. Trogboden und Elektrolytspiegel sind gleichermaßen Symmetrieebenen. Hier ist das Einbringen der Sonde auf dem Elektrolytspiegel besonders einfach (Bild 6.5).

Unterschiedliche Dielektrizitätszahlen können im elektrolytischen Trog dargestellt werden durch Elektrolyte unterschiedlicher Leitfähigkeit bei unverändertem Querschnitt oder durch unterschiedliche Querschnitte bei unveränderter Leitfähigkeit des Elektrolyten. Die zweite Methode ist erheblich einfacher zu handhaben; ein grundsätzliches Beispiel ist in Bild 6.6 angegeben. Durch eingelegte Isolierstoffstücke wird die Höhe der einzelnen Abschnitte im Verhältnis der Dielektrizitätszahlen verändert. Um zwischen den einzelnen Bereichen einen sprungartigen Übergang der Stromdichte zu ermöglichen, müssen an den Grenzlinien entlang Edelstahlnadeln in dichter Folge eingesetzt werden.

6.2.3 Widerstandsnetzwerke

Elektrolyt und schwach leitendes Papier stellen im Grunde ein Widerstandsnetzwerk mit unendlich fein verteilten Einzelwiderständen dar. Ähnlich wie man für die numerische Feldberechnung den Feldraum diskretisiert, indem man z. B. eine Taylor-Entwicklung der Laplaceschen Differentialgleichung eine Differenzengleichung gewinnt (vgl. Abschnitt 5.2.1.1), kann ein diskretes Widerstandnetzwerk für zwei- und dreidimensionale Felder realisiert werden. Ein Widerstandsnetzwerk für die Nachbildung zweidimensionaler Felder zeigt Bild 6.7.

Im Fall des allgemeinen zweidimensionalen Feldes gilt $R_1 = R_2 = R_3 = R_4$. Häufig ist aber die Nachbildung rotationssymmetrischer Felder gefragt. Entsprechend der Reihenentwicklung der Laplaceschen Differentialgleichung für Zylinderkoordinaten (Gl. (5.2)) ergeben sich hier für die in Bild 6.7 festgelegten Koordinaten Widerstands-

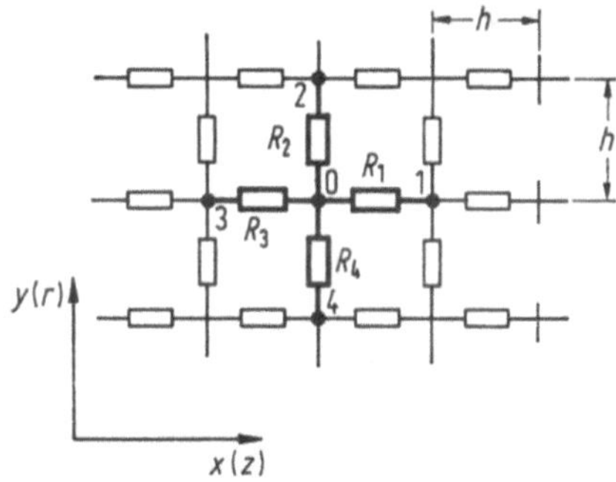

Bild 6.7. Widerstandsnetzwerk zur Nachbildung zweidimensionaler elektrischer Felder.

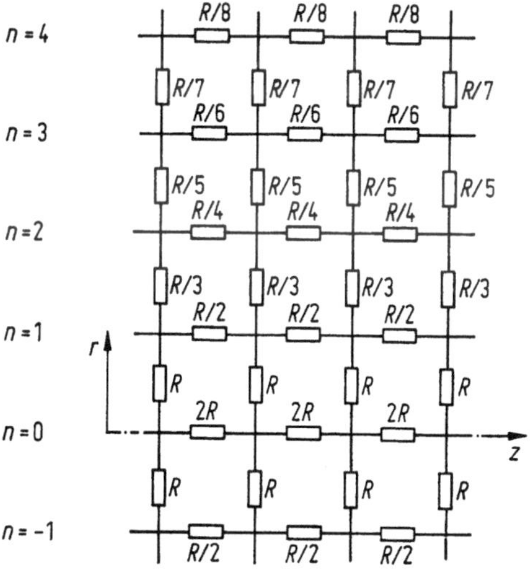

Bild 6.8. Widerstandsnetzwerk für die Abbildung eines rotationssymmetrischen Feldes.

verhältnisse von

$$1/R_1 : 1/R_2 : 1/R_4 = 2n : (2n + 1) : 2n : (2n - 1),$$

wobei der Außenradius r_a als ein ganzzahliges Vielfaches der Gitterweite h gewählt werden muß

$$r_\mathrm{a} = Nh$$

und n der von 1 bis N laufende Index der radialen Gitterteilung ist.

Bild 6.8 zeigt ein nach dieser Regel bemessenes Widerstandsnetzwerk.

Es liegt auf der Hand, daß der Aufwand enge Grenzen für die Verfeinerung des Widerstandsnetzwerks zieht. Durch die Berücksichtigung von Gliedern höherer Ordnung in der Reihenentwicklung der Laplaceschen Differentialgleichung (5.40) kann für die normale zweidimensionale Nachbildung der Diskretisierungsfehler F für eine bestimmte Maschenweite h abhängig vom Potentialverlauf $\Phi(x, y)$ abgeschätzt werden [6.6]:

$$F = \frac{2h^4}{4!} \left(\frac{\partial^4 \Phi}{\partial x^4} + \frac{\partial^4 \Phi}{\partial y^4} \right) + \frac{2h^6}{6!} \left(\frac{\partial^6 \Phi}{\partial x^6} + \frac{\partial^6 \Phi}{\partial y^6} \right) + \cdots$$

IV Elektrische Festigkeit

7 Gasförmige Isolierstoffe

7.1 Grundaufbau und Grundeigenschaften von Gasen

Beim elektrischen Durchschlag in Gasen werden Ladungsträger im Gas, Elektronen und Ionen, durch das elektrische Feld beschleunigt und erreichen Energien, ·die zur Neubildung von Ladungsträgern durch Ionisationsprozesse ausreichen. Das Verhalten dieser Ladungsträger im Gas wird durch die Stoßvorgänge mit den Molekülen maßgeblich beeinflußt. Zunächst sollen daher die Bewegungsvorgänge der Moleküle in einem Gas betrachtet werden.

7.1.1 Geschwindigkeitsverteilung der Gasmoleküle

In einem idealen Atom- oder Molekülgas stellt sich aufgrund der Brownschen Wärmebewegung eine Geschwindigkeitsverteilung der Teilchen entsprechend der Boltzmann-Maxwell-Verteilung ein (Bild 7.1). Hierbei geht man von einer einfachen Modellvorstellung aus, bei der das Gas aus einer großen Anzahl von Molekülen oder Atomen zusammengesetzt aufgefaßt wird, die sich wie kleine elastische Kugeln verhalten und sich solange geradlinig mit konstanter Geschwindigkeit bewegen, bis sie entweder an eine Wand oder auf ein anderes Molekül des Gases stoßen. Die Voraussetzung der Elastizität beinhaltet, daß irgendwelche Zustandsänderungen beim Stoßvorgang, wie sie in Abschnitt 7.3.1 bei der Ionisation oder Anregung betrachtet werden, ausgeschlossen sind, da die dazu notwendige Teilchenenergie nicht erreicht sein soll.

Die Boltzmann-Maxwell-Verteilung wird durch die Beziehung

$$\frac{\mathrm{d}N(v)/N}{\mathrm{d}v/v_\mathrm{w}} = \frac{4}{\sqrt{\pi}} \left(\frac{v}{v_\mathrm{w}}\right)^2 \exp\left[-\left(\frac{v}{v_\mathrm{w}}\right)^2\right] \tag{7.1}$$

beschrieben. Dabei ist $N(v)$ die Zahl der Teilchen mit der Geschwindigkeit v bei einer Gesamtteilchenzahl N und v_w die wahrscheinlichste Geschwindigkeit im Maximum der Verteilungsdichte. Die mittlere Geschwindigkeit v_m ist wegen der unsymmetrischen Verteilung größer als v_w, und aus dem gleichen Grunde ist die effektive

Geschwindigkeit v_eff, die für energetische Betrachtungen maßgebend ist, größer als die mittlere Geschwindigkeit:

$$v_\mathrm{eff} > v_\mathrm{m} > v_\mathrm{w}. \tag{7.2}$$

Man erhält durch Integration und Mittelwertbildung

$$v_\mathrm{m} = \bar{v} = \frac{2}{\sqrt{\pi}} v_\mathrm{w} = 1{,}128 v_\mathrm{w}, \tag{7.3}$$

$$v_\mathrm{eff} = \sqrt{\bar{v^2}} = \sqrt{3/2}\, v_\mathrm{w} = 1{,}224 v_\mathrm{w}. \tag{7.4}$$

Durch den Energieaustausch über die Stoßvorgänge haben bei der rein thermischen Bewegung im Gleichgewichtszustand alle Teilchen, unabhängig von ihrer Art und Masse, im Mittel die gleiche kinetische Energie. Entsprechend der Modellvorstellung sollen die elastischen Kugeln des Modellgases außer der reinen Bewegungsenergie keine Energie aufnehmen können. Der Gleichverteilungssatz der Energie sagt aus, daß je Freiheitsgrad — bei der rein translatorischen Bewegungsmöglichkeit sind im dreidimensionalen Raum drei Freiheitsgrade gegeben — die mittlere Bewegungsenergie eines Teilchens mit der Masse m gleich 0,5 kT ist. Damit wird die mittlere Gesamt-

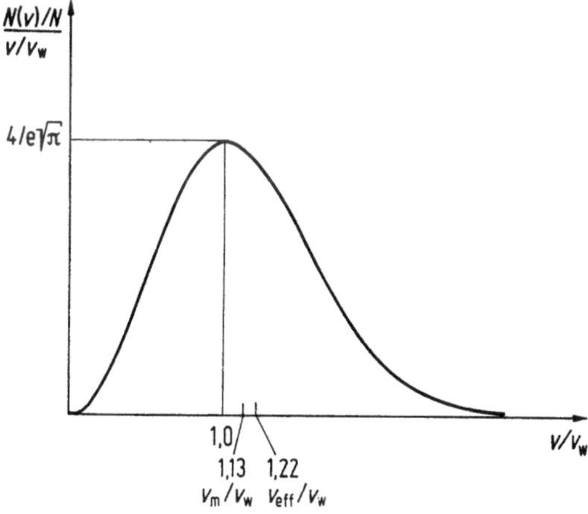

Bild 7.1. Boltzmann-Maxwell-Geschwindigkeitsverteilung.

energie eines Teilchens

$$W_{kin} = \frac{3}{2} kT = \frac{1}{2} mv_{eff}^2. \qquad (7.5)$$

Dabei ist $k = 1{,}38 \cdot 10^{-23}$ Ws/K die Boltzmann-Konstante und T die absolute Temperatur.

Der Energieinhalt des Gases wird allein durch die absolute Temperatur bestimmt. Der absolute Nullpunkt von $-273{,}15\,°C$ ist erreicht, wenn die Gasmoleküle in Ruhe sind und kann daher nicht unterschritten werden. Aus den Beziehungen (7.3), (7.4) und (7.5) lassen sich die verschiedenen Parameter der Geschwindigkeitsverteilung ermitteln:

$$v_{eff} = \sqrt{\frac{3kT}{m}} ; \quad v_{w} = \sqrt{\frac{2kT}{m}} ; \quad v_{m} = \sqrt{\frac{8kT}{\pi m}}. \qquad (7.6)$$

Für $0\,°C$ oder $T = 273{,}15$ K ergeben sich für verschiedene Gase die in Tabelle 7.1 angegebenen Geschwindigkeiten. Sind im Gas auch Elektronen vorhanden, so unterliegen auch sie dieser Geschwindigkeitsverteilung. Hierbei ist die Elektronenmasse

$$m_{e} = 9{,}1 \cdot 10^{-31} \text{ kg} \qquad (7.7)$$

einzusetzen. Im Fall von Atom- oder Molekülgasen ist die Protonenmasse m_{p}

$$m_{p} = 1840 m_{e} = 1{,}67 \cdot 10^{-27} \text{ kg} \qquad (7.8)$$

mit der jeweiligen relativen Atommasse oder relativen Molekülmasse des Gases zu multiplizieren, um die Masse eines Atoms oder Moleküls zu erhalten.

In der bei vielen Gasentladungsvorgängen interessanten Zeitspanne von $1\,\mu s$ bewegen sich die Gasmoleküle aufgrund der thermischen Bewegung bei $0\,°C$ in der Größenordnung von 1 mm, die Elektronen etwa 100 mm. Dabei handelt es sich um keine lineare, sondern um eine ungeordnete Bewegung, die durch viele stoßbedingte Richtungsänderungen gekennzeichnet ist.

Tabelle 7.1. Relative Molekülmasse und mittlere Molekülgeschwindigkeit verschiedener Gase bei 0 °C

Gasart	Rel. Molekülmasse	v_{m} in mm/μs
N_2	28	0,45
O_2	32	0,42
H_2	2	1,70
H_2O (Dampf)	18	0,55
CO_2	44	0,36
SF_6	146	0,20
Elektronen	1/1 840	100

7.1.2 Allgemeine Gasgleichung

Da die Energie je Molekül, unabhängig von der Molekülart oder Gasart, bei gleicher Temperatur im Mittel gleich ist und damit auch die Wirkung auf die Außenwand eines Behälters, wird sich bei allen Gasen bei gleicher Teilchendichte und gleicher Temperatur der gleiche Druck auf der Wandung ergeben. Der Druck p wird der Teilchendichte und der mittleren Energie pro Teilchen oder der Temperatur T proportional sein. Mit der Gesamtzahl N der Teilchen im Volumen V ergibt sich daher

$$p \sim \frac{N}{V} T. \qquad (7.9)$$

Mit Bild 7.2 läßt sich dieser Zusammenhang herleiten. Es soll ein Volumenelement $dx\,dy\,dz$ an der Behälteraußenwand, in der das Flächenelement $dy\,dz$ liegt, herausgegriffen werden. Die Teilchen treffen auf das Wandelement $dy\,dz$ auf und werden dort elastisch reflektiert. Für die Druckwirkung sind nur die auf das Wandelement senkrecht einwirkenden Kräfte oder Impulse maßgebend. Bei der vollelastischen Reflektion wird das Teilchen eine Impulsänderung

$$\Delta F_{x} \, dt = 2m \, |v_{x}| \qquad (7.10)$$

erfahren, die von der Wand aufgenommen wird. Mit $dx/dt = v_{x}$ wird die Kraftwirkung eines Stoßvorgangs

$$\Delta F_{x} = 2m \, \frac{v_{x}^2}{dx}. \qquad (7.11)$$

In dem Volumenelement sind $dx\,dy\,dz\,N/V$ Teilchen vorhanden, von denen wegen der Gleichverteilung der Geschwindigkeiten jedoch nur die

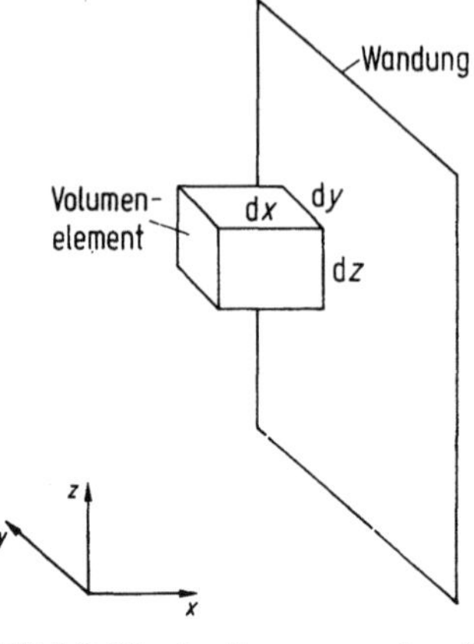

Bild 7.2. Wand mit angrenzendem Volumenelement des inneren Gasraums.

Hälfte eine positive Geschwindigkeit v_x haben werden und damit einen Stoßvorgang am Wandelement $dy\,dz$ hervorrufen. Durch alle Stoßvorgänge ergibt sich somit eine mittlere Kraft

$$\overline{F}_x = \frac{1}{2}\,\frac{N}{V}\,dx\,dy\,dz\,2m\,\frac{v_x^2}{dx} \qquad (7.12)$$

und ein mittlerer Druck

$$\overline{p} = \frac{\overline{F}_x}{dy\,dz} = \frac{N}{V}\,m\overline{v_x^2}. \qquad (7.13)$$

Die einzelnen Geschwindigkeitskomponenten ergeben die Gesamtgeschwindigkeit

$$v_{\text{eff}}^2 = \overline{v^2} = \overline{v_x^2} + \overline{v_y^2} + \overline{v_z^2}. \qquad (7.14)$$

Wegen der statistischen Gleichverteilung kann man ansetzen

$$\overline{v_x^2} = \overline{v_y^2} = \overline{v_z^2} \quad \text{oder} \quad v_{\text{eff}}^2 = 3\overline{v_x^2}. \qquad (7.15)$$

Der mittlere Druck $\overline{p}$, aus vielen Einzelstößen resultierend, entspricht dem meßbaren Druck p auf die Gehäusewandung. Damit wird mit (7.13)

$$p = \frac{1}{3}\,\frac{N}{V}\,mv_{\text{eff}}^2. \qquad (7.16)$$

Mit der Beziehung (7.6) ergibt sich das universelle Gasgesetz

$$pV = NkT$$
$$p = nkT; \quad n = N/V. \qquad (7.17)$$

Die relative Molekularmasse oder relative Atommasse eines Gases in Gramm wird als ein Mol eines Gases bezeichnet. Diese Gasmenge enthält unabhängig von der Gasart immer eine gleiche Teilchenzahl N_a, die als Avogadrosche Konstante oder Loschmidtsche Zahl bezeichnet wird und die aus der Protonenmasse m_p (Gl. (7.8)) leicht ermittelt werden kann. Ein Proton hat eine relative Atommasse von 1,008.

$$N_a = \frac{1,008g}{m_p} = 6,02 \cdot 10^{23} \text{ Moleküle/Mol.} \qquad (7.18)$$

Für ein Mol eines Gases gilt nach (7.17):

$$pV = N_a kT. \qquad (7.19)$$

Ein Mol eines Gases nimmt daher bei gleichem Druck und gleicher Temperatur immer gleiches Volumen ein. Führt man die allgemeine Gas-

konstante R ein,

$$R_0 = N_a k = 8,314 \text{ Ws/Mol K}, \qquad (7.20)$$

so ergibt sich für ein Mol eines Gases die allgemeine Gasgleichung

$$pV = R_0 T. \qquad (7.21)$$

Bei $0\,^\circ$C und einem Druck von 1 bar beträgt das Volumen eines Mols oder das Molvolumen jedes idealen Gases 22,7 l. Enthält eine Gasmenge μ Mole so gilt hierfür:

$$pV = \mu R_0 T. \qquad (7.22)$$

7.1.3 Mittlere freie Weglänge

Bei der Modellvorstellung für ideale Gase durchlaufen die Teilchen zwischen zwei aufeinanderfolgenden Stoßvorgängen die freie Weglänge λ, die eine statistische Streuung um eine mittlere freie Weglänge λ_m aufweist. Sie ist eine bedeutende Größe für die bei den elektrischen Gasentladungen maßgebenden Wechselwirkungen von elektrisch geladenen Teilchen (Ionen oder Elektronen) mit den neutralen Atomen und Molekülen des Gases. Die geladenen Teilchen nehmen aus dem elektrischen Feld Energie auf und geben einen Teil davon durch Stoßprozesse an die Moleküle und Atome des Gases ab. Bei derartigen Stoßprozessen kann es dann zu Ionisationsvorgängen und dadurch bedingte Ladungsträgervermehrung kommen, die den Durchschlagvorgang einleiten können. Diese Prozesse treten erst auf, wenn die Energie und damit die Geschwindigkeit der Ladungsträger gewisse Grenzwerte überschreiten.
Durch die gerichtete Krafteinwirkung des elektrischen Feldes auf die Ladungsträger überlagert sich bei diesen über die ungeordnete thermische Bewegung eine gerichtete feldbedingte Bewegung. Der Weg eines Teilchens der Teilchenart A mit dem Radius r_A auf seinem Weg durch ein Gas der Teilchenart B wird entsprechend Bild 7.3 verfolgt. Ein Zusammenstoß zweier Teilchen A und B ist innerhalb der als Wirkungsquerschnitt oder Stoßquerschnitt a_s bezeichneten schraffierten Fläche

$$a_s = \pi(r_A + r_B)^2$$

möglich, wobei die Teilchen B als ruhend angenommen werden. Auf dem Zick-Zack-Weg ds durch die Gasschicht wird die Wahrscheinlichkeit für einen Stoß eines Teilchens A mit den Teilchen B

$$dw = n_B a_s\,ds. \qquad (7.23)$$

Dabei ist n_B die Moleküldichte des Gases. Da

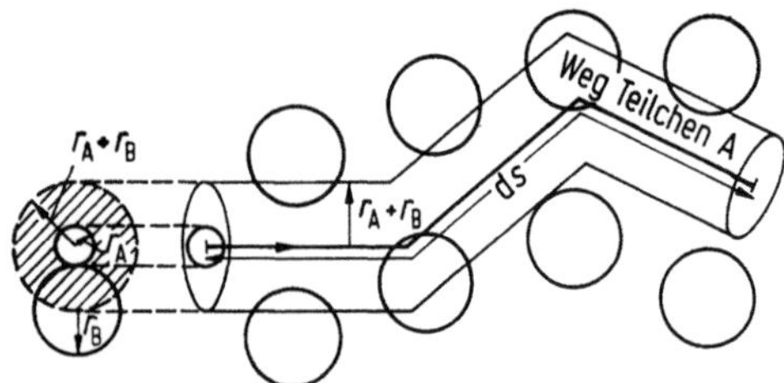

Bild 7.8. Modellvorstellung für den Wirkungsquerschnitt und die freie Weglänge.

die freie Weglänge im Mittel λ_m beträgt, ist die Wahrscheinlichkeit für einen Stoßvorgang auf der Strecke ds auch durch

$$dw = ds/\lambda_m \qquad (7.24)$$

gegeben. Damit wird mit (7.23)

$$\lambda_m = \frac{1}{n_B a_s}. \qquad (7.25)$$

Die mittlere freie Weglänge ist also von der Gasdichte n_B und dem Wirkungsquerschnitt a_s der betrachteten Teilchen abhängig. Setzt man voraus, daß nur sehr wenige Teilchen A im Gas B vorhanden sein sollen, so kann unter Vernachlässigung der Teilchen A die Beziehung (7.17) mit der Teilchendichte $n = n_B$ für den Gesamtdruck des Gases herangezogen werden und es wird

$$\lambda_m = \frac{1}{a_s} \frac{kT}{p}. \qquad (7.26)$$

Neben der Temperatur und dem Druck bestimmt aber entscheidend der Wirkungsquerschnitt der Stoßpartner die freie Weglänge.

Treffen Elektronen auf die praktisch ruhenden Gasmoleküle, so wird $r_A \ll r_B$ und die mittlere freie Weglänge der Elektronen im Gas wird

$$\lambda_{me} \approx \frac{1}{\pi r_B^2} \frac{kT}{p}. \qquad (7.27)$$

Stoßen bewegte Ionen auf Gasmoleküle, so wird $r_B \approx r_A$ und die mittlere freie Weglänge für Ionen im Gas ergibt sich zu

$$\lambda_{mi} \approx \frac{1}{4\pi r_B^2} \frac{kT}{p}. \qquad (7.28)$$

Sind beide Partikelarten in rein thermischer Bewegung und haben sie etwa gleiche Molekülmasse sowie etwa gleiche Molekülgröße ($r_B \approx r_A$), kann die Beziehung (7.28) ebenfalls angewendet

werden. Für ein reines Gas und die Stoßprozesse zwischen gleichartigen Molekülen sowie die resultierenden freien Weglängen dieses Gases ist die Annahme in jedem Falle gültig. Dabei ist allerdings zu beachten, daß die Geschwindigkeiten der Stoßpartner im statistischen Mittel senkrecht aufeinander stehen und die mittlere freie Weglänge für die Gasmoleküle selbst nochmals um den Faktor $\sqrt{2}$ verkleinert wird [7.1; 7.16]

$$\lambda_{mg} \approx \frac{1}{4\sqrt{2}\,\pi r_B^2} \frac{kT}{p}. \qquad (7.29)$$

Daraus folgt, daß die mittlere freie Weglänge der Elektronen in einem Gas erheblich größer ist als die mittlere freie Weglänge der Gasmoleküle selbst. Aus den Gln. (7.27), (7.28) und (7.29) ergibt sich:

$$\lambda_{me} \approx 4\sqrt{2}\,\lambda_{mg} \approx 5{,}66\lambda_{mg}, \qquad (7.30)$$

$$\lambda_{me} \approx 4\lambda_{mi}. \qquad (7.31)$$

Tabelle 7.2 gibt die mittleren freien Weglängen für die eigenen Moleküle und Elektronen im jeweiligen Gas an.

Tabelle 7.2. Mittlere freie Weglängen für die eigenen Gasmoleküle λ_{mg} und Elektronen λ_{me} in verschiedenen Gasen bei 0 °C und 1 bar

Gasart	λ_{mg} in μm	λ_{me} in μm
H_2	0,11	0,63
N_2	0,058	0,33
O_2	0,064	0,36
H_2O	0,041	0,23
CO_2	0,039	0,22
SF_6	0,025	0,13

Aus der mittleren Geschwindigkeit v_m (Tabelle 7.1) und der mittleren freien Weglänge λ_m (Tabelle 7.2) können die mittlere freie Flugzeit τ_m und die mittlere Stoßfrequenz f_m ermittelt werden:

$$\tau_m = \lambda_m/v_m, \qquad (7.32)$$

$$f_m = 1/\tau_m. \qquad (7.33)$$

Die Modellvorstellung kugelförmiger Moleküle und Ionen und punktförmiger Elektronen, die elastisch miteinander stoßen, gibt nur näherungsweise die realen Verhältnisse wieder. Zwischen den Ladungsträgern und den Molekülen sind elektrische Kräfte wirksam, die nicht allein im Augenblick der Berührung wirksam werden, sondern schon in einiger Entfernung. Die wahren Wirkungsquerschnitte sind daher größer als die

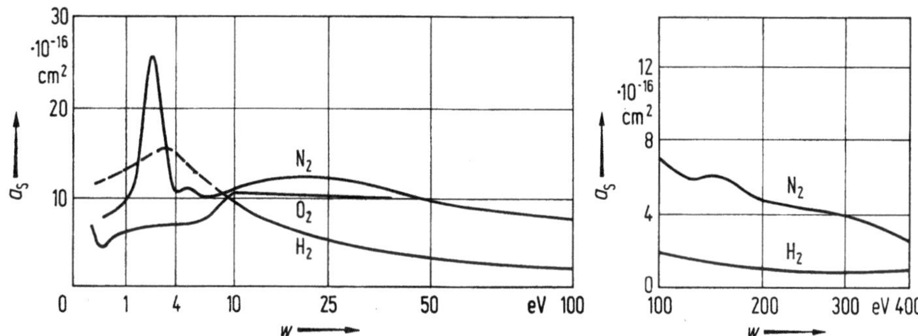

Bild 7.4. Wirkungsquerschnitt a_{s} für langsame Elektronen bei verschiedenen Gasen [7. 16].

Schnittfläche durch das Modell eines Moleküls und hängen auch von der Einwirkdauer der Teilchen aufeinander, d. h. von der Geschwindigkeit oder Energie der Ladungsträger ab.

Bei höheren Energien treten die in Abschnitt 7.3.1 behandelten Anregungs- und Ionisationsprozesse auf. Dadurch werden der Energieaustauschprozeß und der Wirkungsquerschnitt ebenfalls stark beeinflußt.

Bild 7.4 gibt die experimentell ermittelten Wirkungsquerschnitte für Elektronen in einigen technisch wichtigen Gasen wieder. In dem Bild wird die Energie der Elektronen in Elektronenvolt (eV) angegeben. Ein Elektronenvolt ist die Energie, die ein Elektron beim Durchlaufen einer Potentialdifferenz von 1 V im elektrischen Feld aufnimmt. Mit der Ladung eines Elektrons

$$e = 1{,}6 \cdot 10^{-19}\,\mathrm{As} \tag{7.34}$$

wird

$$1\,\mathrm{eV} = 1{,}6 \cdot 10^{-19}\,\mathrm{Ws}. \tag{7.35}$$

Die Verteilung der freien Weglänge kann bei Zugrundelegung des Modellgases mit elastischen Stoßvorgängen zwischen den Teilchen leicht ermittelt werden. Die Ladungsträger sollen ent-

sprechend Bild 7.5 das Gas durchlaufen. $N_{\mathrm{A}}(x)$ ist die Anzahl der Ladungsträger, die nach Durchlauf des Weges x noch mit keinem Gasmolekül zusammengestoßen sind, deren freie Weglänge also gleich oder größer als x ist. Diese Ladungsträger treten an der Stelle x in die Gasschicht der Stärke $\mathrm{d}x$ ein. Die Zahl $N_{\mathrm{A}}(x)$ der stoßfreien Ladungsträger verändert sich in der Schicht um die Zahl $\mathrm{d}N_{\mathrm{A}}$ derjenigen Ladungsträger, die in dieser Schicht einen Stoß vollziehen. Mit (7.24) ist die Wahrscheinlichkeit $\mathrm{d}w$ für einen Stoßvorgang eines Ladungsträgers gegeben. Für N_{A} Ladungsträger wird mit $\mathrm{d}s = \mathrm{d}x$

$$\mathrm{d}N_{\mathrm{A}}(x) = -N_{\mathrm{A}}(x)\,\mathrm{d}w = -N_{\mathrm{A}}(x)\,\frac{\mathrm{d}x}{\lambda_{\mathrm{m}}},$$

$$N_{\mathrm{A}}(x) = N_{\mathrm{A}}(0)\,\exp\left(-x/\lambda_{\mathrm{m}}\right).$$

Daraus folgt das Clausius-Weglängengesetz:

$$P = \frac{N_{\mathrm{A}}(x)}{N_{\mathrm{A}}(0)} = \exp\left(-\frac{x}{\lambda_{\mathrm{m}}}\right). \tag{7.36}$$

P gibt den Anteil der Teilchen an, deren freie Weglänge λ gleich oder größer ist als x. Bei der Betrachtung eines Ladungsträgers $(N_{\mathrm{A}}(0) = 1)$ ist P die Wahrscheinlichkeit dafür, daß die freie

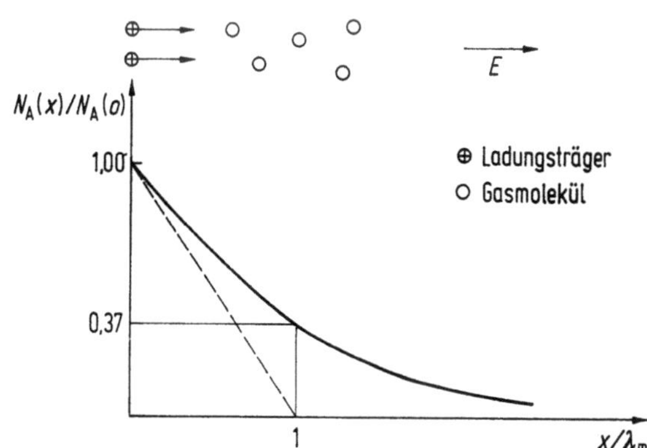

Bild 7.5. Clausius-Weglängengesetz. Wahrscheinlichkeit für eine freie Weglänge $\lambda \geq x$.

Weglänge den Wert x erreicht oder übertrifft. Danach haben 37% aller Teilchen eine freie Weglänge größer als oder gleich λ_m ($x = \lambda_m$) und 0,005% aller Teilchen eine freie Weglänge größer als oder gleich $10\lambda_m$ ($x = 10\lambda_m$).

7.2 Ladungsträgerbewegung

Die Ladungsträger im Gas sind Ionen und Elektronen. Ionen entstehen aus neutralen Molekülen oder Atomen durch Ablösung oder Anlagerung von Elektronen. Ionen haben daher ein ganzes Vielfaches der Ladungsmenge eines Elektrons (Gl. (7.34)) und positive oder negative Polarität. Die Masse der Ionen entspricht derjenigen der Moleküle oder Atome aus denen sie entstanden sind, da die Elektronenmasse (Gl. (7.7)) vergleichsweise sehr klein ist.

7.2.1 Ladungsträgerbewegung im Vakuum

Ist im Hochvakuum die Moleküldichte so gering, daß auf dem Weg zwischen den Elektroden Stoßvorgänge vernachlässigt werden können, so wird der Bewegungsablauf der Ladungsträger allein durch die Feldwirkung bestimmt. Dabei müssen die Ladungsträger aus den Elektroden zur Verfügung gestellt werden. Die Geschwindigkeit wächst stetig an bis die Teilchen auf der Gegenelektrode die Höchstgeschwindigkeit v_A erreicht haben. Mit der Spannung U zwischen den Elektroden ergibt sich aus der Energiebilanz die Elektronengeschwindigkeit v_A an der Anode:

$$\frac{1}{2}\, m_e v_A^2 = eU\,. \tag{7.37}$$

Führt man die mittlere Feldstärke E_m zwischen den Elektroden, die Schlagweite s, die maximale Feldstärke E_{max} und den Schwaigerschen Ausnutzungsfaktor η — s. Gl. (5.77) — ein, so wird

$$v_A = \text{const } \sqrt{E_m s} = \text{const } \sqrt{\eta E_{max} s}\,. \tag{7.38}$$

Im Vakuum können demnach hohe Teilchenenergien erreicht werden. Die Teilchenenergie wird durch die erreichbare Betriebsspannung des Elektronenbeschleunigers bestimmt. Entsprechend (7.80) genügen Spannungen von 8 kV bis zu 124 kV, um beim Aufprall von Elektronen auf die Metallelektrode Röntgenstrahlung zu emittieren. Zur intensiven Anregung der Leuchtzentren in Kathodenstrahl- und Fernsehröhren werden Nachbeschleunigungsspannungen bis zu 25 kV angewendet. Für Bestrahlungen in der Medizin und insbesondere für kernphysikalische Experimente werden Einfachbeschleuniger (Linearbeschleuniger) mit Spannungen bis zu 25 MV eingesetzt (Bild 9.18). Mehrfachbeschleuniger, bei denen die Teilchen mit Hilfe eines Magnet-

feldes in einer Ringbahn gehalten werden und durch wiederholtes Durchlaufen eines Spannungsgefälles mehrfach beschleunigt werden, erreichen Elektronenenergien von einigen 10 GeV. Der Durchschlag im Vakuum wird in Abschnitt 7.10 behandelt.

7.2.2 Ladungsträgerbewegung im Gas

Die geladenen Teilchen werden in Gasen durch Stöße mit den Molekülen abgebremst und es stellt sich eine begrenzte, feldstärkeabhängige Endgeschwindigkeit ein. Die Ladungsträger durchlaufen dabei eine unregelmäßige Zick-Zack-Bahn, werden aber dabei über der jeweiligen freien Weglänge in Richtung oder Gegenrichtung des elektrischen Feldes beschleunigt. Dadurch stellt sich eine mittlere gerichtete Driftgeschwindigkeit v_E ein, für die

$$v_E = bE \tag{7.39}$$

in Ansatz gebracht werden soll, wobei b die Teilchenbeweglichkeit ist. Bei der Untersuchung des Bewegungsablaufs können Stöße zwischen den Ladungsträgern vernachlässigt werden, da bei Gasentladungsvorgängen, insbesondere in der entscheidenden Entstehungsphase eines Durchschlags, die Ladungsträgerdichte im Vergleich zur Moleküldichte sehr gering ist.

Zunächst kann die bei einem Stoßvorgang zwischen zwei Teilchen übertragene Energie ΔW mit der Modellgasvorstellung abgeschätzt werden. Dabei wird vorausgesetzt, daß bei dem Stoßvorgang keine Ionisations- oder Anregungsprozesse auftreten, die Teilchen also ihre Struktur und ihre potentielle Energie beibehalten und deshalb im Modellgas durch elastische Kugeln nachgebildet werden können.

Bei Annahme des zentralen Stoßes ergibt sich aus dem Energie- und Impulserhaltungssatz die vom Teilchen 1 mit der Masse m_1 und der Bewegungsenergie W auf das ruhende Teilchen 2 mit der Masse m_2 übertragene Energie ΔW [7.13]

$$\frac{\Delta W}{W} = \delta = 4\,\frac{m_1 m_2}{(m_1 + m_2)^2}\,. \tag{7.40}$$

Bei Berücksichtigung aller statistisch verteilten Stoßrichtungen wird [7.13]

$$\frac{\Delta W}{W} = \delta = 2\,\frac{m_1 m_2}{(m_1 + m_2)^2}\,. \tag{7.41}$$

Für den Elektronenstoß mit einem Molekül ($m_1 = m_e \ll m_2$) wird nur ein sehr kleiner Anteil δ_e

$$\delta_e = 2\,\frac{m_e}{m_2} \ll 1 \tag{7.42}$$

der Elektronenenergie an das Gasmolekül abgegeben. Die Beweglichkeit b_e der Elektronen (Gl. (7.39)) ist sehr groß, und es sind viele Stöße notwendig, um die aus dem elektrischen Feld aufgenommene Energie auf das Gas zu übertragen. Die Elektronen erreichen daher im elektrischen Feld eine wesentlich höhere Bewegungsenergie als die Gasmoleküle.

Für den Ionenstoß mit dem Gasmolekül gilt $m_1 \approx m_2$, wenn das Ion, wie meist zutreffend, durch Ionisation der Gasmoleküle entstanden ist. Nach (7.41) gibt das Ion einen relativ großen Anteil δ_I

$$\delta_\mathrm{I} = 1/2 \tag{7.43}$$

an das Molekül weiter. Die Ionen geben schon nach wenigen Stößen ihre aus dem elektrischen Feld aufgenommene Energie an das Gas ab und erreichen daher im elektrischen Feld eine kinetische Energie, die nur wenig über derjenigen der neutralen Gasmoleküle liegt. Ihre Beweglichkeit b_I ist vergleichsweise klein.

Zur Ermittlung der Beweglichkeit verfolgen wir einen Ladungsträger mit der Masse m und der Ladung q im Molekülgas. Durch die Kraftwirkung qE des elektrischen Feldes E erreicht der Ladungsträger während der mittleren freien Flugzeit τ_m vor dem Stoßvorgang einen mittleren, gerichteten Geschwindigkeitszuwachs

$$v_\mathrm{E} = \frac{1}{2}\,\frac{q}{m}\,\tau_\mathrm{m} E\,. \tag{7.44}$$

Zusammen mit der Anfangsgeschwindigkeit nach dem vorherigen Stoßvorgang ergibt sich die Gesamtgeschwindigkeit v. Mit der mittleren freien Weglänge λ_m wird die mittlere freie Flugzeit

$$\tau_\mathrm{m} = \lambda_\mathrm{m}/v_\mathrm{m}\,. \tag{7.45}$$

Nach jedem Stoßvorgang soll jede Geschwindigkeitsrichtung gleich wahrscheinlich sein. Dann ist der mittlere, gerichtete Geschwindigkeitszuwachs v_E nach (7.44) gleich der mittleren, gerichteten Driftgeschwindigkeit durch die Feldeinwirkung. Weiterhin soll vereinfacht angenommen werden, daß der mittlere Geschwindigkeitszuwachs v_E in einer freien Weglänge klein gegen die mittlere Gesamtgeschwindigkeit v_m ist. Damit kann die Gesamtgeschwindigkeit während der freien Flugzeit als nahezu konstant angesehen werden und die Endgeschwindigkeit v des Teilchens vor dem nächsten Stoßvorgang ist ebenfalls gleich v_m. Die entsprechende Endgeschwindigkeit der feldbedingten Geschwindigkeitskomponente ist vor dem Stoßvorgang wegen der gleichmäßig beschleunigten Bewegung gleich $2v_\mathrm{E}$. Für den Stoßvorgang gilt dann folgende Energiebilanz

$$\frac{1}{2}\,m(2v_\mathrm{E})^2 + \delta\,\frac{3}{2}\,kT = \delta\,\frac{1}{2}\,mv_\mathrm{m}^2\,. \tag{7.46}$$

Der Ladungsträger nimmt während einer freien Flugzeit aus dem elektrischen Feld im Mittel die Energie $0{,}5m(2v_\mathrm{E})^2$ und beim folgenden Stoßvorgang mit dem Gasmolekül im Mittel die Energie $\delta\,\frac{3}{2}\,kT$ aus der thermischen Bewegung (Gl. (7.5)) auf, wenn T die Gastemperatur ist. Von seiner Gesamtenergie $0{,}5mv_\mathrm{m}^2$ gibt er im Mittel den Anteil $\delta\,0{,}5mv_\mathrm{m}^2$ an das Gas beim Stoßvorgang ab. Wenn die aufgenommene Energie der abgegebenen Energie im Mittel entspricht, wie in (7.46) angesetzt, hat das geladene Teilchen die Endgeschwindigkeit erreicht. Im feldfreien Raum ($v_\mathrm{E} = 0$) stellt sich entsprechend (7.5) wieder die mittlere Gleichverteilung der Teilchenenergien

$$\frac{1}{2}\,mv_\mathrm{m}^2 = \frac{3}{2}\,kT \tag{7.47}$$

ein. Da nur ein Teilchen aus der Gesamtmenge herausgegriffen wurde und außerdem der Geschwindigkeitszuwachs über der betrachteten freien Weglänge vernachlässigt werden kann, gilt hierfür $v_\mathrm{m} = v_\mathrm{eff}$. Aus (7.44), (7.45) und (7.46) ergibt sich die gerichtete Driftgeschwindigkeit v_E

$$v_\mathrm{E}^2 = \frac{\delta}{4}\,\frac{3kT}{2m}\left[\sqrt{1 + \frac{1}{\delta}\left(\frac{qE\lambda_\mathrm{m}}{\frac{3}{2}\,kT}\right)^2} - 1\right].$$
$$\tag{7.48}$$

Es sollen zwei Fälle betrachtet werden.

1. $qE\lambda_\mathrm{m} \ll \dfrac{3}{2}\,kT\,\sqrt{\delta}$ oder mit Gl. (7.26)
$$\tag{7.49}$$
$$E/p \ll \mathrm{const}\,\sqrt{\delta}.$$

Die aus dem elektrischen Feld über eine freie Weglänge aufgenommene Energie ist wesentlich kleiner als die über normale thermische Stoßvorgänge auf den Ladungsträger übertragene Energie. Bei Elektronen ist nach (7.42) $\delta \ll 1$, und dieser Fall wird daher nur bei sehr geringen bezogenen Feldstärken $E/p \lesssim 5\ \mathrm{V/cm}$ erreicht. Bei Ionen ist nach (7.43) $\delta \approx 0{,}5$, und dieser Fall liegt daher im Bereich der üblichen Feldbeanspruchung vor. Aus (7.48) wird in Näherung

$$v_\mathrm{E} = \frac{1}{2}\,\frac{q\lambda_\mathrm{m}}{\sqrt{3kTm}}\,E\,. \tag{7.50}$$

Damit ergibt sich eine feldunabhängige Beweglichkeit b nach (7.39)

$$b = \frac{1}{2}\,\frac{q\lambda_\mathrm{m}}{\sqrt{3kTm}} = \mathrm{const}\,. \tag{7.51}$$

Die Beziehung (7.50) kann auch aus einer einfachen Betrachtung gewonnen werden. In diesem

Tabelle 7.3. Beweglichkeit positiver und negativer Ionen bei 1 bar und 20 °C bei sehr geringer Feldstärke

Gasart	b^+ cm²/Vs	b^- cm²/Vs
H_2	6,7	7,9
N_2	1,6	—
O_2	1,4	1,8
CO_2	1,1	1,3
SF_6	0,8	0,8

Fall ist die thermische Bewegung durch das elektrische Feld kaum gestört. Es gilt also für die mittlere freie Flugzeit $\tau_m = \lambda_m/v_m$, und die mittlere feldbedingte Driftgeschwindigkeit wird

$$v_E = \frac{1}{2} \frac{q}{m} \frac{\lambda_m}{v_m} E. \tag{7.52}$$

Mit (7.47) ergibt sich daraus (7.50).
Die Beweglichkeit für einige Ionen ist in Tabelle 7.3 angegeben.

2. $qE\lambda_m \gg \dfrac{3}{2} kT \sqrt{\delta}$ oder mit Gl. (7.26)

$$E/p \gg \text{const} \sqrt{\delta}. \tag{7.53}$$

Diese Bedingung ist im Bereich üblicher Feldstärken in der Isolationstechnik für Elektronen mit $\delta \ll 1$ erfüllt. Für Ionen ($\delta \approx 0,5$) wird sie nur bei sehr hohen bezogenen Feldstärken E/p erfüllt, wie sie nur bei sehr geringen Drücken erreicht werden. Aus (7.48) ergibt sich in Näherung

$$v_E = \frac{1}{2} \sqrt{\frac{\sqrt{\delta} q \lambda_m}{m}} \sqrt{E}, \tag{7.54}$$

und die Beweglichkeit b entsprechend (7.39) wird

$$b = \frac{1}{2} \sqrt{\frac{\sqrt{\delta} q \lambda_m}{m}} \frac{1}{\sqrt{E}} = \text{const} \frac{1}{\sqrt{E}}. \tag{7.55}$$

In diesem Fall nimmt die Beweglichkeit mit wachsender Feldstärke ab.
Die Beziehung (7.55) kann auch aus einer einfachen Energiebetrachtung gewonnen werden. Hier kann die thermische Energie vernachlässigt werden. Es soll angenommen werden, daß bei jedem Stoßvorgang der Energieanteil $\delta\,0{,}5 m v_m^2$ vom Ladungsträger abgegeben wird und nach jedem Stoßvorgang die Geschwindigkeitsrichtung gleichverteilt ist. Wenn die zwischen zwei Stoßvorgängen aus den elektrischen Feld aufgenommene gerichtete Energie $0{,}5\,m\,(2v_E)^2$ gleich der beim Stoßvorgang abgegebenen Energie ist

$$\frac{1}{2} m(2v_E)^2 = \delta \frac{1}{2} m v_m^2, \tag{7.56}$$

ist die mittlere gerichtete Endgeschwindigkeit V_E erreicht. Mit (7.44) und (7.45) ergibt sich dann die Beziehung (7.55). Bild 7.6 zeigt Beispiele der Elektronen- und Ionenbeweglichkeit. Deutlich ist der Bereich konstanter Elektronenbeweglichkeit bei sehr kleinen Feldstärken und der bis zu sehr hohen Feldstärken reichende Bereich konstanter Ionenbeweglichkeit erkennbar (Fall 1). Bei höheren Feldstärken fällt auch die Ionenbeweglichkeit ähnlich der Beziehung (7.55) ab.
Bei der Berechnung wurde von sehr einfachen Modellvorstellungen ausgegangen. Bei genauerer Berücksichtigung der tatsächlichen Verhältnisse ist die Geschwindigkeit bzw. Beweglichkeit in den Gln. (7.48), (7.50), (7.51), (7.54) und (7.55) mit einem Faktor a zu multiplizieren. Im Falle von Elektronen ist $a \approx 0,7$ und im Falle von Ionen ist $a \approx 1,15$. Für die spätere Anwendung sind einige Fakten und Kenngrößen festzuhalten. Die schweren Ionen besitzen eine geringere, konstante Beweglichkeit; die leichten Elektronen eine sehr hohe aber feldabhängige Beweglichkeit. Für 1 bar, 0 °C und eine Feldstärke von etwa 30 kV/cm ergeben sich in Luft folgende Richtwerte

$$b_{(\text{Elektron})} = b_e \approx 500 \text{ cm}^2/\text{Vs}, \tag{7.57}$$

$$b_{(\text{Ionen})} = b_I^+ \approx b_I^- \approx (1 \ldots 2) \text{ cm}^2/\text{Vs}, \tag{7.58}$$

$$b_{(\text{Groß–Ionen})} \approx (10^{-4} \ldots 10^{-1}) \text{ cm}^2/\text{Vs}. \tag{7.59}$$

Großionen sind dabei geladene Staub- oder Wasserpartikel, die in Luft stets vorhanden sind. Für die Durchschlagfeldstärke in Luft von etwa 30 kV/cm ergeben sich damit folgende Driftgeschwindigkeiten.

$$v_{E(\text{Elektronen})} = 150 \text{ mm/}\mu\text{s}, \tag{7.60}$$

$$v_{E(\text{Ionen})} = (0,3 \ldots 0,6) \text{ mm/}\mu\text{s}. \tag{7.61}$$

Bei vielen Betrachtungen, insbesondere bei elektrischer Kurzzeitbeanspruchung mit Stoßspannung, können daher die Ionen in erster Näherung als vergleichsweise ruhend angesehen werden.
Im Falle von SF_6 ergibt sich für Ionen beider Polaritäten eine Beweglichkeit von etwa 0,7 cm²/Vs und für Elektronen von etwa 150 cm²/Vs.
Mit der Beweglichkeit b können die Bewegung der Ladungsträger und der Stromfluß ermittelt werden. Für die Gasentladungsvorgänge ist daneben auch die Energie der Ladungsträger von hoher Bedeutung. Diese kann durch eine sehr einfache Betrachtung gewonnen werden. Wenn die über die mittlere freie Weglänge λ_m aus dem elektrischen Feld E aufgenommene Energie $qE\lambda_m$ der beim folgenden Stoßvorgang abgegebenen Energie δW entspricht, ist die Endenergie W des Ladungsträgers erreicht:

$$W = q \frac{\lambda_m}{\delta} E. \tag{7.62}$$

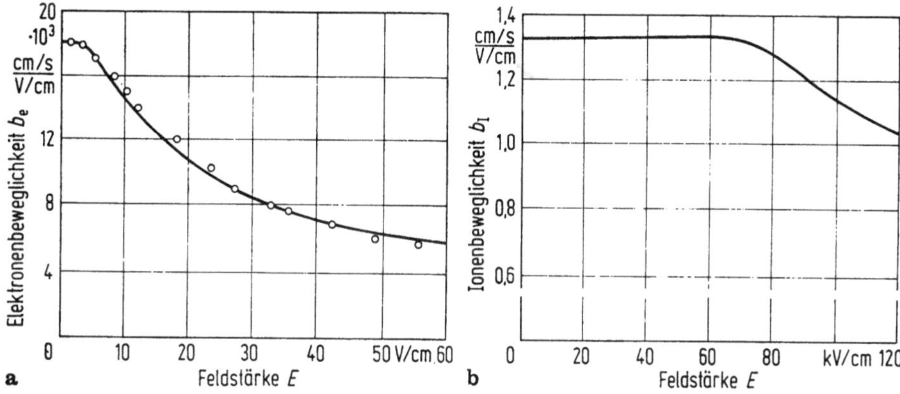

Bild 7.6. Teilchenbeweglichkeit. **a** Elektronenbeweglichkeit in Stickstoff (N$_2$) bei 1 bar und 20 °C [7.7]; **b** Ionenbeweglichkeit von Argonionen (Ar) bei 1 bar und 20 °C [7.7].

Oft wird vereinfachend angenommen, daß der Ladungsträger beim Stoßvorgang seine gesamte aus dem elektrischen Feld aufgenommene Energie abgibt ($\delta = 1$) und entsprechend eine effektive mittlere freie Weglänge λ_{m}^{*} definiert:

$$\lambda_{\mathrm{m}}^{*} = \lambda_{\mathrm{m}}/\delta \tag{7.63}$$

und

$$W = q\lambda_{\mathrm{m}}^{*}E, \tag{7.64}$$

die beispielsweise im Falle der Elektronen ($\delta \ll 1$) wesentlich größer als die wahre mittlere freie Weglänge zwischen zwei Stoßvorgängen ist.

7.3 Ionisations-, Anregungs- und Anlagerungsprozesse

Bei der elektrischen Gasentladung wirkt das elektrische Feld direkt nur auf Ladungsträger ein. Für einen Entladungsprozeß müssen daher vor dem Anlegen eines Feldes bereits Ladungsträger vorhanden sein oder sie müssen durch das elektrische Feld im Gasraum von außen, beispielsweise aus den Elektroden, eingebracht werden. Da auf diese Weise im allgemeinen nur äußerst wenige Ladungsträger zur Verfügung stehen, muß darauf eine ausreichende Ladungsträgervermehrung folgen, damit das Gas elektrisch hochleitend im Sinne eines elektrischen Durchschlags werden kann. Die Ladungsträgererzeugung ist daher für die Durchschlagentwicklung entscheidend und es sollen hier verschiedene Mechanismen behandelt werden. Im Gasraum können neutrale Moleküle unter Elektronenabspaltung in Ionen umgewandelt werden. An Feststoffoberflächen können Elektronen austreten. Wir unterscheiden daher zwischen Raumionisationsprozessen und Oberflächenemissionsprozessen.

7.3.1 Prozeßenergien

Für das Verständnis der Ionisationsprozesse soll hier eine recht einfache Modellvorstellung für den Molekülaufbau herangezogen werden, die dem Wellencharakter der Partikel nur teilweise Rechnung trägt. Bei einem Atom der Ordnungszahl z im periodischen System der Elemente bewegen sich um den Kern mit z Elementarladungen z Elektronen mit der negativen Elementarladung $e = -1{,}6 \cdot 10^{-19}$ As auf diskreten Kreisbahnen, die von innen nach außen in den Elektronenschalen K, L, M ... liegen. Dabei wird das Elektron durch das Gleichgewicht zwischen der Coulomb-Kraft F_{q} und der Zentrifugalkraft F_{z} in der Bahn gehalten (Bild 7.7)

$$F_{\mathrm{z}} = \frac{m_{\mathrm{e}}v_{\mathrm{e}}^{2}}{r_{\mathrm{e}}} = \frac{e(ze)}{4\pi\varepsilon_{0}r_{\mathrm{e}}^{2}} = F_{\mathrm{q}}. \tag{7.65}$$

Dabei ist m_{e} die Masse des Elektrons, v_{e} seine Geschwindigkeit und ε_{0} die elektrische Feldkonstante. Die Coulomb-Kraftwirkung von den übrigen Elektronen soll vernachlässigt werden. Für den Drehimpuls P_{e} des Elektrons ergibt sich

$$P_{\mathrm{e}} = m_{\mathrm{e}}v_{\mathrm{e}}r_{\mathrm{e}}. \tag{7.66}$$

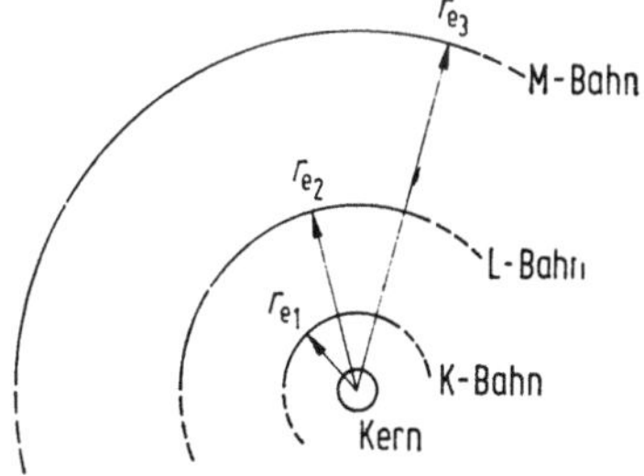

Bild 7.7. Modellvorstellung über den Atomaufbau. Größenordnung des Kerndurchmessers 10^{-15} m, Größenordnung der äußeren Bahn 10^{-10} m.

Bei rein klassischer Betrachtung wären Elektronenbahnen mit beliebigem Drehimpuls möglich. Durch den Wellencharakter der Teilchen sind jedoch auch die Drehimpulse gequantelt. Die möglichen diskreten Drehimpulse ergeben sich aus

$$P_e = n\, \frac{h}{2\pi}, \quad \text{bei} \quad n = 1, 2, 3 \dots, \tag{7.67}$$

wobei

$$h = 6{,}625 \cdot 10^{-34}\,\text{Ws}^2 = 4{,}135 \cdot 10^{-15}\,\text{eV s} \tag{7.68}$$

das Plancksche Wirkungsquantum ist. Aus (7.65), (7.66) und (7.67) ergibt sich der Radius r_{en} der n-ten diskreten Elektronenschale

$$r_{en} = \frac{1}{\pi}\, \frac{h^2 \varepsilon_0}{m_e q_e^2}\, \frac{n^2}{z} = 0{,}529\, \frac{n^2}{z}\, 10^{-10}\,\text{m}. \tag{7.69}$$

Die Radien der Elektronenschalen wachsen von innen nach außen schnell an (Bild 7.7).

Bedeutsam für die Ionisationsprozesse ist vor allem die Energie der Elektronen in den einzelnen Schalen. Die Gesamtenergie des Elektrons setzt sich zusammen aus der massenbedingten kinetischen Energie W_{kin} und der ladungsbedingten potentiellen Energie W_{pot}.
Mit

$$W_{kin} = \frac{1}{2}\, m_e v_e^2 \tag{7.70}$$

und (7.65) ergibt sich

$$W_{kin} = \frac{1}{8\pi\varepsilon_0}\, \frac{e^2 z}{r_e}. \tag{7.71}$$

Die potentielle Energie des Elektrons im Coulomb-Feld des Kerns ergibt sich zu

$$W_{pot} = -\frac{1}{4\pi\varepsilon_0}\, \frac{e^2 z}{r_e} = -2W_{kin}. \tag{7.72}$$

Bei dieser Betrachtung hat das Elektron die potentielle Energie 0 für $r_e \to \infty$, d. h. wenn es sich aus dem Atom befreit hat. Die gesamte Energie, mit der das Elektron an den Kern gebunden ist, beträgt damit

$$\begin{aligned} W_{ges} &= W_{kin} + W_{pot} = \frac{1}{2}\, W_{pot} \\ &= -\frac{1}{8\pi\varepsilon_0}\, \frac{e^2 z}{r_e}. \end{aligned} \tag{7.73}$$

Mit (7.69) erhält man die Bindungsenergie eines Elektrons in der n-ten Schale zu

$$W_{ges} = -13{,}61\,\text{eV} \cdot z^2/n^2 = -W_I. \tag{7.74}$$

Diese Energie ist zur Ablösung des Elektrons aus dem Atomverband notwendig und wird daher auch als Ionisationsenergie W_I bezeichnet. Beim Einfang eines freien Elektrons durch ein derartig gebildetes Ion wird diese Ionisationsenergie wieder frei und als Rekombinationsstrahlung abgegeben.

Neben dieser völligen Befreiung eines Elektrons im Ionisationsprozeß kann bei einem sogenannten Anregungsprozeß durch Energiezufuhr auch ein Elektron von einer inneren Elektronenschale auf eine äußere, höherenergetische Schale wechseln. Die hierzu notwendige Energie muß als Energiequant zugeführt werden. Umgekehrt wird ein gleichartiges Energiequant als Strahlung frei, wenn das Elektron in die ursprüngliche Bahn zurückfällt. Im „Grundzustand" des Atoms besetzen die Elektronen die innersten Schalen, wobei jede Schale nur eine begrenzte Elektronenzahl aufnehmen kann. Für die Anregungsenergie W_A zwischen der ν-ten und der μ-ten Elektronenschale ergibt sich aus (7.74)

$$W_A = 13{,}61 z^2 \left(\frac{1}{\nu^2} - \frac{1}{\mu^2} \right). \tag{7.75}$$

Für den Fall eines Wasserstoffatoms ($z = 1$) gibt Bild 7.8 in einem Energietermschema die Anregungsenergien und die Ionisationsenergien wieder.

Beim Rückfall des Elektrons aus dem angeregten Zustand in den Grundzustand wird die Anregungsenergie als Lichtquant der Frequenz f und der Wellenlänge λ abgegeben. Mit der Lichtgeschwindigkeit $c_0 = 2{,}998 \cdot 10^8$ m/s wird

$$W_A = hf; \quad f = \frac{c_0}{\lambda}, \tag{7.76}$$

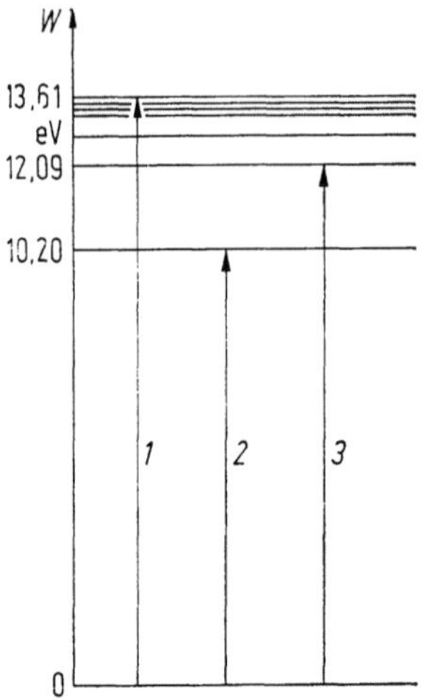

Bild 7.8. Energietermschema des Wasserstoffatoms (H). *1*: Ionisierungsenergie 13,61 eV, *2*: 1. Anregungsenergie 10,20 eV, *3*: 2. Anregungsenergie 12,09 eV.

und die Wellenlänge der Strahlung ergibt sich zu

$$\lambda = \frac{c_0 h}{W_A} = \frac{1240}{W_A} \text{ mm eV.} \qquad (7.77)$$

Da nur diskrete Anregungsenergien existieren, treten auch nur diskrete Wellenlängen der Strahlung auf. Das Strahlungsspektrum eines atomaren Gases ist daher ein Linienspektrum. Die Strahlung liegt vorwiegend im Bereich kurzwelligen Lichts bis in den UV-Bereich hinein. Für das einfache Wasserstoffatom ($z = 1$) mit einem reinen Coulomb-Feld stimmen die experimentellen Daten sehr gut mit den aus der einfachen Modellvorstellung hergeleiteten Ergebnissen überein. Bei Atomen höherer Ordnungszahl muß auch die Wechselwirkung zwischen den Elektronen beachtet werden. Für wichtige Gase sind die ersten Anregungsenergien und die Ionisationsenergien in Tabelle 7.4 wiedergegeben.

Tabelle 7.4. Anregungsenergie vom Grundzustand in den ersten Anregungszustand und Ionisationsenergie für das erste Elektron

Gas	1. Anregungs-energie W_A eV	1. Ionisations-energie W_I eV
H	10,2	13,6
H_2	10,8	15,9
N_2	6,30	15,6
O_2	7,90	12,1
H_2O (Dampf)	7,6	12,7
CO_2	10,0	14,4
SF_6	6,8	15,6
He	19	24

Atome oder Moleküle mit mehr als einem Elektron können mehrfach ionisiert werden. Für die Befreiung des ersten Elektrons aus dem elektrisch neutralen Teilchen ergibt sich die obige Betrachtung. Dazu ist die in der Tabelle 7.4 angegebene 1. Ionisationsenergie notwendig. Zur Befreiung eines zweiten und weiterer Elektronen sind in steigendem Maße weitaus größere Energien notwendig, da hierbei die bindenden Coulomb-Kräfte des geladenen Ions erheblich größer sind. Diese Ionisationsprozesse sind für Gasentladungsvorgänge im allgemeinen nicht von Bedeutung, da derartig große Energien kaum zur Verfügung stehen und die resultierende Ionisationsrate gegenüber der aus dem ersten Ionisationsprozeß resultierenden Ionisationsrate meist vernachlässigt werden kann.

Die Lebensdauer eines angeregten Elektronenzustands ist im Normalfall äußerst gering und beträgt etwa 10^{-8} s. Ohne äußere Einwirkung fallen die angeregten Elektronen nach einer statistischen Gesetzmäßigkeit in den Grundzustand zurück. Das dabei ausgesandte Lichtquant (Photon) kann andere Atome anregen oder ionisieren. Bei den sogenannten metastabilen Anregungszuständen ist der direkte Übergang des angeregten Elektrons in den Grundzustand aufgrund der Wellenmechanik nicht möglich. Das Elektron muß vorübergehend auf ein Zwischenniveau gebracht werden. Die Lebensdauer im metastabilen Zustand ist erheblich größer und kann etwa 0,1 s erreichen. Derartige metastabile Zustände kann man insbesondere in Edelgasen beobachten.

Auch wenn das Energiequant eines Photons oder eines Stoßprozesses für die direkte Ionisation nicht genügt, ist manchmal eine Ionisation möglich. Dazu muß das Energiequant zur Anregung genügen und während der Verweilzeit im angeregten Zustand muß dann ein weiteres Energiequant eine weitere Anregung bewirken bis die vollständige Ionisation erreicht ist. Wegen der kurzen Verweilzeit im normalen angeregten Zustand ist hierzu eine hohe Strahlungsdichte notwendig, welche in üblichen Gasentladungsprozessen kaum erreicht wird. Die metastabilen Zustände in Edelgasen mit vergleichsweise hoher Verweildauer erlauben jedoch über Elektronenstoßprozesse eine gestaffelte Ionisation bei relativ kleinen Stoßenergien und damit kleinen elektrischen Feldstärken (Leuchtstofflampe). Bei hochmolekularen Gasen erfolgt zusammen mit der Ionisation meist auch eine Dissoziation, da die hochmolekularen positiven Ionen oft chemisch unbeständig sind. Im Falle von SF_6 wird mit Energiequanten von 15,6 bis 19,3 eV SF_6^+ gebildet, das aber weitergehend in SF_5^+ und F zerfällt. Für die bis zur atomaren Zerlegung weitergehende dissoziative Aufspaltung sind wesentlich größere Energiequanten bis zu 41 eV notwendig, wie sie in normalen Gasentladungen kaum auftreten [7.26].

7.3.2 Raumionisationsprozesse

7.3.2.1 Thermische Ionisation

Bei genügend hoher Gastemperatur können Moleküle mit genügend hoher Energie eine Ionisation bei Stoßprozessen bewirken. Jedoch setzt diese Ionisation erst ab Temperaturen von einigen 1 000 K nennenswert ein, während bei normaler Raumtemperatur aufgrund der Boltzmann-Maxwellschen-Geschwindigkeitsverteilung (Abschnitt 7.1) derartige Ionisationsprozesse äußerst selten sind. Auch hier wird die Ionisationsenergie nicht nur durch einen einzigen Stoß übertragen werden. Die Ionisation erfolgt meist durch mehrstufige Prozesse über mehrere Anregungsstufen, wobei die Photonenstrahlung angeregter Moleküle mitwirkt.

Der Ionisationsgrad x kann aus der Saha-Glei-

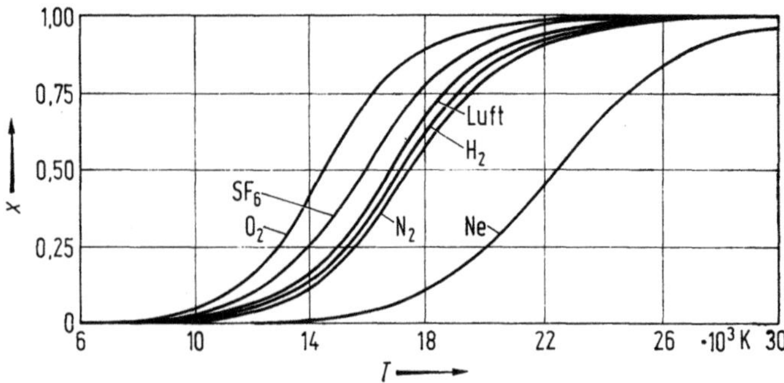

Bild 7.9. Ionisationsgrad x thermoionisierter Gase bei 1 bar.

chung ermittelt werden (Bild 7.9) [7.15]

$$\frac{x^2}{1 - x^2} = 0{,}182 \, \frac{T^{2,5}}{p} \exp\left(-\frac{W_\mathrm{I}}{kT}\right) \frac{\mathrm{bar}}{(\mathrm{K})^{2,5}}. \qquad (7.78)$$

Beim Gasdurchschlag gewinnt die Thermoionisation erst in der Schlußphase Bedeutung. Es bildet sich dann der elektrisch hochleitende Kanal aus, bei dem durch den hohen Energieumsatz die Temperatur erheblich ansteigt.

7.3.2.2 Photoionisation

Bei der Absorption eines Photons (Strahlungsquant) kann es zur Photoionisation kommen, wenn

$$hf \geqq W_\mathrm{I} \qquad (7.79)$$

und damit die zugehörige Lichtwellenlänge

(Gl. (7.76))

$$\lambda \leqq \frac{c_0 h}{W_\mathrm{I}} \qquad (7.80)$$

ist. Derartige direkte Ionisationsprozesse in normalen Gasen (Tabelle 7.4) erfordern daher eine sehr harte Strahlung mit Wellenlängen von weniger als 65 bis 100 nm. Mit kurzwelligem Licht bis in den UV-Bereich hinein, mit Wellenlängen von etwa 200 nm, können bei derartigen Gasen nur die Energien W_A und $W_\mathrm{I} - W_\mathrm{A}$ (Tabelle 7.4) erreicht werden, so daß dort die Photoionisation ausschließlich über einen gestaffelten Prozeß ablaufen kann (Tabelle 7.5). Allerdings kann bei hoher Strahlungsdichte die Prozeßfolge so hoch werden, daß diese Vorgänge den Entladungsablauf wesentlich beeinflussen. Durch derartige Strahlungsionisation werden die für jeden Entladungsvorgang notwendigen Anfangselektronen zur Ver-

Tabelle 7.5. Wellenlänge und Quantenenergie elektromagnetischer Strahlung

Strahlungsart	Wellenlänge nm	Quantenenergie eV
Infrarot	750…10 000	0,12…1,65
sichtbares Licht	450…750	1,65…2,75
Rot	~ 700	~ 1,77
Gelb	~ 480	~ 2,58
Grün	~ 520	~ 2,38
Blau	~ 450	~ 2,76
Ultraviolett	15…380	3,26…8,27
A	315…380	3,26…3,94
B	280…315	3,94…4,43
C₁	240…280	4,43…5,17
Vakuumultraviolett	15…160	7,75…8,27
γ-Strahlung	0,000 5…0,01	$2{,}5 \cdot 10^6$…$1{,}2 \cdot 10^5$
Röntgenstrahlung	0,01…0,15	$8{,}2 \cdot 10^3$…$124 \cdot 10^3$
Grenzstrahlung	0,06…0,15	$8{,}2 \cdot 10^3$…$20{,}7 \cdot 10^3$
diagnost. Bereich	0,03…0,06	$20{,}7 \cdot 10^3$…$41{,}3 \cdot 10^3$
therap. Bereich	0,01…0,03	$41{,}3 \cdot 10^3$…$124 \cdot 10^3$
kosmische Höhenstrahlung	< 0,000 5	$> 2{,}5 \cdot 10^6$

fügung gestellt. Dabei ist einmal die terrestrische Strahlung mit Energiequanten bis zu einigen MeV und die μ-Mesonen-Höhenstrahlung im Energiebereich von 2 bis 60 MeV wirksam. Letztere ist so energiereich, daß sie durch übliche Wandungen kaum abgeschirmt wird. Sie ist daher ebenso in geschlossenen Anlagen und Geräten wirksam.

7.3.2.3 Stoßionisation

Die Ladungsträgervermehrung geschieht im Gas im wesentlichen durch Stoßionisationsprozesse. Für die Grundvorstellung kann wieder das Modellgas herangezogen und der zentrale, hier aber unelastische Stoß zweier Kugeln betrachtet werden. Hierbei wird der Zustand des zu Beginn ruhenden Teilchens 2 verändert, d. h. die potentielle Energie ändert sich um ΔW_{pot}. Aus dem Energie- und Impulserhaltungssatz kann die maximale, auf das ruhende Teilchen 2 übertragene potentielle Energie ΔW_{pot}, ermittelt werden, wenn W die kinetische Anfangsenergie des bewegten Teilchens 1 ist [7.13]:

$$\frac{\Delta W_{\text{pot}}}{W} = \frac{m_2}{m_1 + m_2}. \tag{7.81}$$

Ein Elektron $(m_1 \ll m_2)$ gibt damit in diesem Modell seine gesamte Energie an ein Molekül ab, während ein Ion $(m_1 \approx m_2)$ nur 50% seiner Bewegungsenergie abgibt. Für einen direkten Ionisationsprozeß muß $\Delta W_{\text{pot}} \geq W_{\text{I}}$ oder für die stufenweise Ionisation muß $\Delta W_{\text{pot}} \geq W_{\text{A}}$ und $\Delta W_{\text{pot}} \geq W_{\text{I}} - W_{\text{A}}$ sein. Elektronen sind daher für die Stoßionisation wesentlich wirksamer. Darüber hinaus ist die Energie der Elektronen im Gas wegen der wesentlich größeren wirksamen freien Weglänge λ_{m}^{*} (Gln. (7.63) und (7.64)) und der etwa um den Faktor 5,6 größeren mittleren freien Weglänge (Gl. (7.30)) größer als die der Ionen. Für die Ladungsträgervermehrung im Gas ist daher im allgemeinen nur der Elektronenstoß zu beachten. Ionen können eine nennenswerte Ladungsträgervermehrung nur an Feststoffgrenzflächen bewirken.

Die als β-Prozeß bezeichnete und durch positive Ionen hervorgerufene Stoßionisation im Gas hat aus den genannten Gründen für Gasentladungen, die zum Durchschlag führen, keine Bedeutung. Maßgebend ist allein der sogenannte α-Prozeß, bei dem durch Elektronenstoß eine Ionisation verursacht wird. Der zugehörige Stoßionisationskoeffizient α gibt die Anzahl der ionisierenden Stöße eines Elektrons je Längeneinheit an. Diese für den Entladungsablauf sehr wesentliche Größe ist stark feldstärkeabhängig. Die Elektronen erreichen im Gas eine kinetische Energie

$$W = eE\lambda^{*}, \tag{7.82}$$

wenn λ^{*} die wirksame freie Weglänge eines Elektrons ist (Gl. (7.63)). Erreicht diese Energie die notwendige Ionisationsenergie W_{I}, so soll es in diesem Modell in jedem Fall zum Ionisationsprozeß kommen. Hierbei soll die stufenweise Ionisation vernachlässigt bleiben und weiterhin soll angenommen werden, daß von den vielen Ionisationsprozessen nur einer mit der Energie W_{I} wirksam wird. Dazu muß die freie Weglänge λ den Wert λ_{I} erreichen:

$$\frac{\lambda}{\delta} = \lambda^{*} = \lambda_{\text{I}}^{*} = \frac{W_{\text{I}}}{eE} = \frac{\lambda_{\text{I}}}{\delta}, \tag{7.83}$$

$$\lambda \geq \lambda_{\text{I}}; \quad \lambda_{\text{I}} = \frac{\delta W_{\text{I}}}{eE}. \tag{7.84}$$

Nach dem Clausius-Weglängengesetz (Gl. (7.36)) ist die Wahrscheinlichkeit P für eine freie Weglänge $\lambda \geq x = \lambda_{\text{I}}$

$$P = \exp\left(-\lambda_{\text{I}}/\lambda_{\text{m}}\right).$$

Die Zahl aller Stöße je Längeneinheit ist im Mittel $1/\lambda_{\text{m}}$ und damit wird ein Elektron je Längeneinheit

$$\alpha = \frac{1}{\lambda_{\text{m}}} \exp\left(-\frac{\lambda_{\text{I}}}{\lambda_{\text{m}}}\right)$$

Ionisationsprozesse auslösen. α ist der erste Townsendsche Stoßionisationskoeffizient, der für die Ladungsträgervermehrung entscheidende Bedeutung hat. Die mittlere freie Weglänge ist nach (7.26), bei Annahme eines konstanten Wirkungsquerschnitts, der Gasdichte oder, wenn man konstante Temperaturen voraussetzt, dem Druck umgekehrt proportional. Mit (7.83) ist λ_{I} der Feldstärke umgekehrt proportional, und es wird

$$\frac{\alpha}{p} = C_1 \exp\left(-\frac{C_2}{E/p}\right), \tag{7.85}$$

$$C_1 = a_{\text{s}}/kT, \quad C_2 = a_{\text{s}}\delta W_{\text{I}}/ekT.$$

Für Luft und SF_6 ist $\alpha/p = f(E/p)$ in den Bildern 7.10 und 7.11 wiedergegeben. Tabelle 7.6 gibt die Konstanten C_1 und C_2 für verschiedene Gase wieder, deren Gültigkeitsbereich natürlich eingeschränkt ist, da die vereinfachte Modellvorstellung die statistische Energieverteilung nicht berücksichtigt, Anregungsvorgänge unberücksichtigt bleiben und andere Effekte vernachlässigt werden. Insbesondere ist der Wirkungsquerschnitt nicht konstant.

Vielfach wird mit dem Wirkungsquerschnitt für die Ionisation gearbeitet. Durchläuft ein Elektron A nach Bild 7.3 ein Gas B. so kann ein Ionisationsquerschnitt a_{sI} so definiert werden, daß alle Stoßvorgänge, die sich aufgrund dieses Ionisationsquerschnitts ergeben, zur Ionisation führen. Auf gleiche Weise sind Wirkungsquerschnitte für alle anderen Wechselwirkungsprozesse im Gas definiert, wie z. B. der Anregung, der Anlagerung

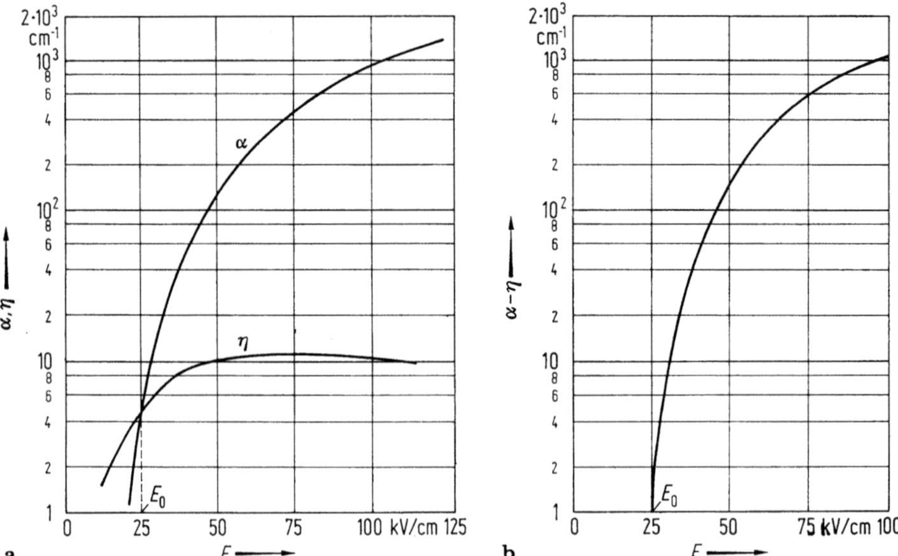

Bild 7.10. Ionisationskoeffizient α und Anlagerungskoeffizient η **a** sowie effektiver Ionisationskoeffizient $(\alpha - \eta)$ **b** für Luft bei 1 bar [7. 40].

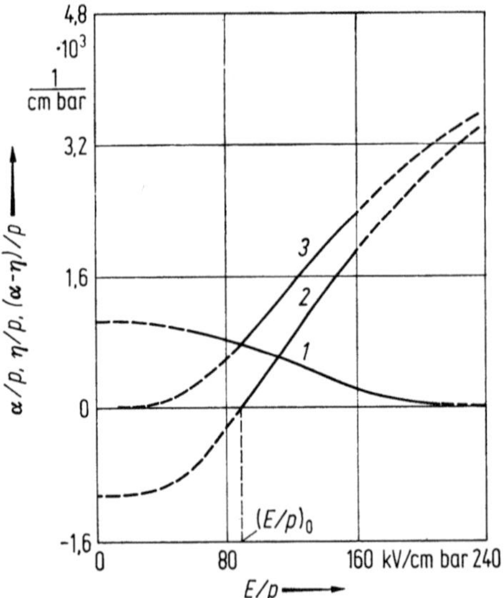

Bild 7.11. Ionisationskoeffizient α (Kurve *3*), Anlagerungskoeffizient η (Kurve *1*) und effektiver Ionisationskoeffizient $(\alpha - \eta)$ (Kurve *2*) für SF_6. Der ausgezogene Kurvenverlauf ist experimentell bestätigt. Die gestrichelten Kurven geben den Kurvenverlauf nach der einfachen Modellvorstellung (7.106) wieder [7.27].

(Abschnitt 7.3.5) oder der Rekombination. Hier wird die Ionisationswahrscheinlichkeit dw_I eines Elektrons auf der Zick-Zack-Bahn ds entsprechend (7.23)

$$dw_I = n_B a_{sI}(v) \, ds,$$

wobei die Moleküle B auch bei dieser Betrachtung als ruhend angesehen werden. Wesentlich ist bei

Tabelle 7.6. Gaskonstanten C_1 und C_2

Gasart	C_1 (cm bar)$^{-1}$	C_2 kV/cm bar	Gültigkeitsbereich kV/cm bar E/p
H_2	3 760	97,7	110…300
N_2	9 770	255	75…450
H_2O (Dampf)	9 770	218	110…750
CO_2	15 000	349	370…750
Luft	11 300	274	110…450

dieser Betrachtung, daß der Ionisationsquerschnitt erheblich von der Energie oder der Geschwindigkeit v der Elektronen abhängt.

Die Elektronen unterliegen einer Geschwindigkeitsverteilung, die sich durch die ungeordnete thermische Bewegung nach (7.1) oder Bild 7.1 und der überlagerten gerichteten Bewegung durch die Wirkung des elektrischen Feldes ergibt. Greift man eine Elektronenmenge $dN(v)$ im Geschwindigkeitsintervall dv bei der Geschwindigkeit v heraus, so wird diese mit der Wahrscheinlichkeit

$$\Delta w_I = \frac{dN(v)}{dv} \, dv \quad dw_I = n_B a_{sI}(v) \, \frac{dN(v)}{dv} \, dv \, ds$$

auf der Strecke ds ionisieren. Dabei sind insgesamt

$$N_A = \int\limits_{v=0}^{v=\infty} \frac{dN(v)}{dv} \, dv$$

Elektronen zu betrachten.

Sucht man die Ionisation auf der Strecke dx in Gegenrichtung des elektrischen Feldes, so wird mit

$$\frac{ds}{dx} = \frac{v}{v_E},$$

wobei v_E die gerichtete, feldabhängige Driftgeschwindigkeit ist, die Ionisationswahrscheinlichkeit aller N_A Elektronen:

$$w_I = \left[\int_{v=0}^{v=\infty} \frac{dN(v)}{dv}\, a_{sI}(v)\, \frac{v}{v_E}\, dv \right] n_B\, dx. \quad (7.86)$$

Die Ionisationswahrscheinlichkeit dieser N_A Elektronen auf der Strecke dx ist aber nach Definition des Stoßionisationskoeffizienten

$$w_I = N_A \alpha\, dx.$$

Mit (7.86) wird

$$\frac{\alpha}{n_B} = \frac{1}{N_A} \int_{v=0}^{v=\infty} \frac{dN(v)}{dv}\, a_{sI}(v)\, \frac{v}{v_E}\, dv. \quad (7.87)$$

Da die Moleküldichte n_B bei konstanter Temperatur dem Gasdruck p proportional ist, ist α/p insbesondere vom Ionisationsquerschnitt der Elektronen im Gas abhängig. Bild 7.12 zeigt den Ionisationsquerschnitt einiger Gase.

7.3.3 Oberflächenemissionsprozesse

Aus der Kathode können Elektronen befreit werden, wenn die Bindungskräfte überwunden werden. Dazu muß die Austrittsenergie W_a

$$W_a = U_a e$$

aufgebracht werden (Tabelle 7.7).

Tabelle 7.7. Austrittsenergie verschiedener Kathodenmaterialien [7.7]

Werkstoff	W_a in eV
Bariumoxid	1,0
Cäsium	1,86...0,7
Aluminium	3,95...1,77
Kupfer	4,82...3,89
Kupferoxid	5,34
Silber	4,74...3,09
Gold	4,90...4,33
Eisen	4,79...3,92
Nickel	5,02...3,68
Molybdän	4,15...3,22

Bariumoxid und Cäsium auf oxidiertem Vanadium haben eine besonders niedrige Austrittsarbeit und werden als Kathodenmaterial in Vakuumröhren eingesetzt, um mit geringem Aufwand einen großen Elektronenemissionsstrom verwirklichen zu können. Die Austrittsenergie kann auf verschiedene Weise aufgebracht werden.

7.3.3.1 Feldemission

An der Grenzschicht des Leiters zum Gasraum bildet sich eine Potentialbarriere aufgrund des Eigenfeldes der Materiebausteine. Diese Potentialbarriere wird durch das äußere elektrische Feld zu einem Potentialberg verzerrt, der aufgrund der Welleneigenschaften der Elektronen durchtunnelt werden kann. Dieser Mechanismus wird bei ideal glatten Oberflächen bei Feldstärken von etwa 1 MV/cm wirksam. Durch die wahre Mikrostruktur der Oberfläche, Rauhigkeiten und Verunreinigungen kann die Potentialbarriere geringer sein und das Randfeld erheblich angehoben werden, so daß dieser Mechanismus bei wesentlich niedrigeren mittleren Feldstärken wirksam wird.

7.3.3.2 Thermoemission

Mit zunehmender Temperatur und entsprechend zunehmender thermischer Energie der Leitungselektronen im Metall, wird die Potentialbarriere von einer zunehmenden Anzahl von Elektronen überwunden. Bei Normaltemperatur tritt eine nennenswerte Emission nicht auf, jedoch steigt ab einer gewissen Temperaturschwelle der Emissionsstrom sehr schnell an. Die Stromdichte S

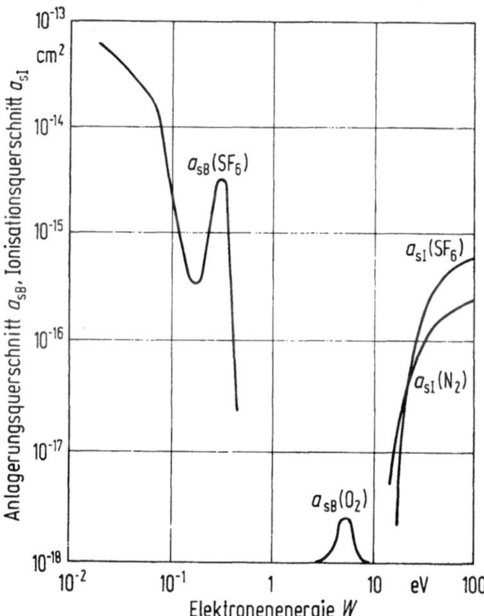

Bild 7.12. Ionisationsquerschnitt a_{sI} für N_2 und SF_6 und Anlagerungsquerschnitt a_{sB} für SF_6 und O_2 [7.14; 7.29].

kann durch die Richardson-Gleichung näherungsweise ermittelt werden.

$$S = CT^2 \exp\left(-W_{\mathrm{a}}/kT\right),$$
$$C = 60 \ldots 120 \, \text{A/cm}^2 \, \text{K}^2 . \tag{7.88}$$

7.3.3.3 Photoemission

Photonen können aus Feststoffen Elektronen befreien, wenn ihre Energie hf größer als die Austrittsarbeit W_{a} ist. Dabei ergibt sich aus der Überschußenergie der befreiten Elektronen eine Anfangsgeschwindigkeit v nach der Energiebilanz

$$\frac{m}{2} v^2 \leq hf - W_{\mathrm{a}} .$$

Mit (7.76) muß zur Emission ($v \geq 0$) folgende Bedingung für die Strahlungswellenlänge λ erfüllt sein:

$$\lambda \leq \frac{hc_0}{W_{\mathrm{a}}} . \tag{7.89}$$

Daher ist vor allem kurzwelliges Licht in der Lage, Elektronen aus Metalloberflächen zu emittieren. Ein Vergleich der Austrittsenergie (Tabelle 7.7) mit der Ionisations- oder Anregungsenergie (Tabelle 7.4) zeigt, daß für die Elektronenemission eine wesentlich langwelligere Strahlung genügt als für die Gasionisation. Der Photoionisationskoeffizient η_{ph} gibt die Zahl der emittierten Elektronen je auftreffendes Photon an.

7.3.3.4 Sekundärelektronenemission (γ-Prozeß)

Positive Ionen können beim Aufprall auf die Kathodenoberfläche Elektronen freisetzen, wobei zunächst diese Gasionen neutralisiert werden. Die dabei freiwerdende Ionisationsenergie W_{I} und die vorherige kinetische Energie W_{kin} des Ions müssen für die Freisetzung zweier Elektronen aus der Kathode größer oder gleich $2W_{\mathrm{a}}$ sein, damit ein überschüssiges Elektron als Sekundärelektron emittiert wird:

$$\frac{1}{2} mv^2 + W_{\mathrm{I}} \geq 2W_{\mathrm{a}} . \tag{7.90}$$

Der Koeffizient γ_{I} gibt die Anzahl der emittierten Elektronen je auftreffendes Ion an. Da in (7.90) im allgemeinen W_{I} gegenüber der kinetischen Energie überwiegt, ist der sogenannte zweite Townsendsche Ionisationskoeffizient γ_{I} nur wenig von der Feldstärke, dagegen erheblich von der Gasart und dem Elektrodenmaterial abhängig. Für Luft, SF_6 und übliche Metalle liegt γ_{L} in der Größenordnung von 10^{-5}.

7.3.4 Rekombination der Ladungsträger und Ladungsträgergleichgewicht

Bei der thermischen Bewegung und verstärkt durch die anziehenden Coulomb-Kräfte treffen Ladungsträger unterschiedlicher Polarität zusammen. Dabei kann es zu Rekombinationen kommen. Die Stoßhäufigkeit und damit die Abnahme der Ladungsträgerdichte dn durch Rekombination

$$dn = dn^+ = dn^-$$

wird dabei den Dichten n^+ der positiven und n^- der negativen Ladungsträger proportional sein:

$$dn/dt = -rn^+n^- . \tag{7.91}$$

Dabei ist r der Rekombinationskoeffizient. In vielen Fällen kann $n^+ = n^- = n$ angenommen werden, und es gilt

$$dn/dt = -rn^2 \tag{7.92}$$

mit der Lösung

$$n = \frac{1}{\dfrac{1}{n_0} + rt} , \tag{7.93}$$

wenn n_0 die Anfangsladungsträgerdichte ist. Aufgrund der Rekombination nimmt daher die Ladungsträgerdichte n ab und erreicht nach der Halbwertdauer

$$t_{\mathrm{H}} = \frac{1}{n_0 r} \tag{7.94}$$

die halbe Anfangsdichte. Der Rekombinationskoeffizient r ist eine von der Moleküldichte oder dem Gasdruck abhängige Größe. Durch die natürliche Strahlung (Abschnitt 7.3.2.2) ergibt sich näherungsweise eine konstante Ladungsträgererzeugungsrate $(dn/dt)_0$ für die je Volumen- und Zeiteinheit durch Ionisationsprozesse erzeugten Ladungsträger. Dabei stellt sich eine Gleichgewichtsdichte n_0 der Ladungsträger ein, wenn die Rekombinationsrate nach (7.92) der Erzeugungsrate entspricht:

$$(dn/dt)_0 = rn_0^2 , \tag{7.95}$$

$$n_0 = \sqrt{\frac{1}{r} \left(\frac{dn}{dt}\right)_0} . \tag{7.96}$$

Diese Ladungsträgerdichte hat bei Gasentladungsvorgängen eine hohe Bedeutung. Solange bei kleinen Feldstärken die Ladungsträgerenergie die Ionisationsenergie nicht erreicht, stehen allein die Ladungsträger nach (7.96) für den Stromfluß zur Verfügung. Bei höheren Feldstärken stellen die

Ladungsträger nach (7.96) oft die Anfangsladungsträger für einsetzende Ionisationsprozesse dar und sind daher für den Aufbau der Gasentladung von entscheidender Bedeutung. Hierbei sind nur die Elektronen für die Ionisationsprozesse wirksam und in Rechnung zu stellen (7.3.2.3).
Die mittlere Lebensdauer t_m der Ladungsträger ergibt sich aus der Beziehung

$$(dn/dt)_0 = n_0/t_m \qquad (7.97)$$

und wird mit (7.95)

$$t_m = \frac{1}{n_0 r} = t_H. \qquad (7.98)$$

Sie entspricht damit der oben definierten Halbwertzeit, mit der die Ladungsträgerdichte nach Aussetzen der natürlichen ionisierenden Strahlung abklingt. Für atmosphärische Luft ergeben sich im Gleichgewichtszustand bei 1 bar und 20 °C folgende Richtwerte

$$n_0 = 500\ \mathrm{cm^{-3}}, \quad r = 8 \cdot 10^{-6}\ \mathrm{cm^3\ s^{-1}},$$
$$t_H = 250\ \mathrm{s}, \quad (dn/dt)_0 = 2\ \mathrm{cm^{-3}\ s^{-1}}. \qquad (7.99)$$

Die harte Höhenstrahlung aus dem Weltraum unterliegt starken zeitlichen Schwankungen und wächst mit der Höhe erheblich an. Die terrestrische Strahlung ist stark ortsabhängig. Der Ionengehalt der Luft unterliegt daher ebenfalls starken Schwankungen und ist vom Ort und darüber hinaus von der Witterung abhängig.

7.3.5 Elektronenanlagerung

Freie Elektronen können sich an Moleküle anlagern und negative Ionen bilden. Durch diese Anlagerungsprozesse wird zwar die Zahl der Ladungsträger nicht vermindert, wohl aber die der freien Elektronen in Gas. Letztere sind aber für die Ionisationsprozesse und damit für die Ladungsträgervermehrung im Gas entscheidend (Abschnitt 7.3.2.3). Der Entladungsaufbau kann also durch Elektronenanlagerung maßgeblich gehemmt werden. Die Bindungsenergie angelagerter Elektronen

Tabelle 7.8. Elektronenaffinität W_B einiger Elemente und Gase [7.21; 7.22].

Element	Elektronenaffinität eV
H	0,7
F	3,4
Cl	3,6
O	1,4
O_2	0,4
SF_6	(0,05…0,10)[a]
	1,0…1,7

[a] Anfänglicher Wert

(Elektronenaffinität) ist bei den Halogenen, die im Grundzustand einen freien Platz in der äußersten Elektronenschale haben, besonders groß. Tabelle 7.8 zeigt die Elektronenaffinität einiger Elemente.
Die aus Halogenen gebildeten Verbindungen haben daher auch eine besondere Neigung, Elektronen anzulagern und negative Ionen zu bilden und werden als elektronegative Gase bezeichnet. Im Molekülverband bilden sich teilweise gemeinsame Elektronenschalen und die freien Plätze werden teilweise wechselseitig besetzt, aber es verbleibt noch eine erhebliche Elektronenaffinität nach außen. Schwefelhexafluorid (SF_6) ist das am meisten eingesetzte elektronegative Isoliergas mit einer anfänglichen Elektronenaffinität von etwa 0,05 bis 0,1 eV. Die eingefangenen Elektronen werden nach einigen 10 µs stärker gebunden mit einer Bindungsenergie von etwa 1,0 bis 1,7 eV. Für die Ablösung eines Elektrons ist dann diese zum Vergleich zur Ionisationsenergie (Tabelle 7.4) geringe Energie notwendig. Bei normalen Temperaturen sind die thermischen Teilchenenergien so gering, daß im Gleichgewicht die weitaus größere Zahl der Elektronen im angelagerten Zustand Ionen bilden und nur ein kleiner Anteil frei bleibt. Derartige Gase zeichnen sich daher dadurch aus, daß die Zahl der freien Elektronen, die für die Einleitung einer Gasentladung notwendig ist, sehr klein ist.
Einfache Anlagerungen ergeben sich, wenn die kinetische Energie der Elektronen die anfängliche Elektronenaffinität nicht überschreitet. Bei einer Anlagerung ist daher die kinetische Energie des Elektrons vor dem Prozeß wesentlich geringer als bei der Ionisation. Der Anteil der potentiellen Energie im Coulomb-Feld des Moleküls an der Gesamtenergie ist wesentlich größer als beim Ionisationsprozeß und daher hat der Molekülaufbau beim Anlagerungsprozeß einen wesentlich größeren Einfluß auf den Anlagerungsprozeß. Neben der einfachen Anlagerung gibt es auch dissoziative Anlagerungsprozesse, bei denen das Molekül in niedermolekulare Bestandteile dissoziiert, wobei Elektronen angelagert werden. Derartige Prozesse treten bei höheren Energien auf, da die notwendige Dissoziationsenergie aufgebracht werden- muß. Insgesamt werden diese Abhängigkeiten durch den Anlagerungsquerschnitt a_{SB} berücksichtigt wie er in Bild 7.12 für SF_6 und O_2 wiedergegeben wird. Auffällig sind die wesentlich größeren Anlagerungsquerschnitte in SF_6 insbesondere bei kleinerer Elektronenenergie. Stickstoff als Hauptbestandteil der Luft lagert gar keine Elektronen an. Sauerstoff und vor allem Luft sind daher nur schwach elektronegativ.
Für den Entladungsaufbau ist der Einfluß der Anlagerung auf die Zahl der freien Elektronen maßgebend, wenn sich die Elektronen im elektrischen Feld im Molekülgas bewegen. Es wird der Anlagerungskoeffizient η definiert, der die relative

Abnahme der eine Längeneinheit durchlaufenden Elektronen oder aber die Anlagerungswahrscheinlichkeit eines Elektrons je Längeneinheit angibt. Aufgrund gleichartiger Überlegungen ergibt sich hier entsprechend (7.87) der Zusammenhang

$$\frac{\eta}{n_{\mathrm{B}}} = \frac{1}{N_{\mathrm{A}}} \int\limits_{v=0}^{v=\infty} \frac{\mathrm{d}N(v)}{\mathrm{d}v}\, a_{\mathrm{sB}}(v)\, \frac{v}{v_{\mathrm{E}}}\, \mathrm{d}v. \qquad (7.100)$$

Da bei konstanter Temperatur der Druck p eines Gases der Moleküldichte n_{B} proportional ist, ist η/p insbesondere vom Anlagerungsquerschnitt $a_{\mathrm{sB}}(v)$ abhängig. Entsprechend wird der Anlagerungskoeffizient in ähnlicher Weise wie der Anlagerungsquerschnitt von der Elektronengeschwindigkeit v oder der Elektronenenergie abhängig sein. Man ist bei seiner Bestimmung auf experimentelle Untersuchungen angewiesen.

In wenigen Fällen kann mit folgendem, einfachen Modell der Anlagerungskoeffizient in einem beschränkten Gültigkeitsbereich formelmäßig beschrieben werden.

Ähnlich wie bei der Stoßionisation (Abschnitt 7.3.2.3) soll vereinfacht angenommen werden, daß eine Anlagerung immer erfolgt, wenn die Energie des Teilchens kleiner als die Anlagerungsenergie W_{B} ist. Hierzu ist beim Ionenbildungsprozeß der anfängliche Wert von 0,05 bis 0,1 eV angesetzt worden. Dazu muß die freie Weglänge λ kleiner als λ_{B} sein. Entsprechend den Überlegungen zu den Gln. (7.83) und (7.84) ergibt sich hier:

$$\frac{\lambda}{\delta} = \lambda^* < \lambda_{\mathrm{B}}^* = \frac{W_{\mathrm{B}}}{eE} = \frac{\lambda_{\mathrm{B}}}{\delta}, \qquad (7.101)$$

$$\lambda < \lambda_{\mathrm{B}}; \quad \lambda_{\mathrm{B}} = \frac{\delta W_{\mathrm{B}}}{eE}. \qquad (7.102)$$

In ähnlicher Weise wie bei der Stoßionisation kann der Gedankengang fortgeführt werden. Mit dem Clausius-Weglängengesetz (Gl. (7.36)) der freien Weglängen ist die Wahrscheinlichkeit P für eine freie Weglänge $\lambda < x = \lambda_{\mathrm{B}}$ gleich

$$P = 1 - \exp\left(-\lambda_{\mathrm{B}}/\lambda_{\mathrm{m}}\right). \qquad (7.103)$$

Mit der mittleren Zahl $1/\lambda_{\mathrm{m}}$ der Stoßvorgänge je Längeneinheit wird damit die Anlagerungswahrscheinlichkeit eines Elektrons je Längeneinheit

$$\eta = \frac{1}{\lambda_{\mathrm{m}}} \left[1 - \exp\left(-\frac{\lambda_{\mathrm{B}}}{\lambda_{\mathrm{m}}}\right) \right]. \qquad (7.104)$$

Die mittlere freie Weglänge ist nach (7.26) der Gasdichte oder, wie hier angenommen bei konstanter Temperatur, dem Druck umgekehrt proportional. Beachtet man außerdem (7.102), so wird

$$\frac{\eta}{p} = C_1 \left[1 - \exp\left(-\frac{C_3}{E/p}\right) \right]. \qquad (7.105)$$

Bild 7.11 zeigt den Anlagerungskoeffizienten für SF_6 in Abhängigkeit der Feldstärke. Der Kurvenverlauf folgt zwar der Beziehung (7.105), aber aufgrund der vereinfachten Betrachtung bei der Herleitung der Beziehungen (7.85) und (7.105) stimmt die Konstante C_1 in beiden Gleichungen nicht miteinander überein und (7.105) wird daher besser durch die Beziehung

$$\frac{\eta}{p} = C_4 \left[1 - \exp\left(-\frac{C_3}{E/p}\right) \right] \qquad (7.106)$$

beschrieben. Bild 7.10a gibt den Anlagerungskoeffizient für Luft wieder, für den diese formelmäßige Näherung nicht verwendbar ist.

7.4 Entladungsaufbau

7.4.1 Strom-Spannungs-Kennlinie einer Entladungsstrecke

Die verschiedenen Leitungsmechanismen in Gasen lassen sich beispielhaft mit der Strom-Spannungs-Kennlinie beschreiben. Zwischen zwei Plattenelektroden ergibt sich bei Gleichspannungsbeanspruchung und langsamer Spannungssteigerung der in Bild 7.13 gezeigte prinzipielle Stromverlauf. Prinzipiell kann man abhängig von der Feldstärke drei Bereiche unterscheiden.

Im Bereich I zeigt die Anordnung ohmsches Verhalten. Die Stromdichte S ist dabei

$$S = eE(n_{\mathrm{I}}^+ b_{\mathrm{I}}^+ + n_{\mathrm{I}}^- b_{\mathrm{I}}^- + n_{\mathrm{e}} b_{\mathrm{e}}), \qquad (7.107)$$

wobei n_{I}^+ und n_{I}^- die Dichte der positiven und negativen Ionen und n_{e} die Dichte der Elektronen sowie b_{I}^+, b_{I}^- und b_{e} die zugehörigen Beweglichkeiten sind. Da $b_{\mathrm{e}} \gg b_{\mathrm{I}}^{+,-}$ ist, wird der Strom im wesentlichen durch die Elektronen bestimmt, die allerdings bei Anlegen der Spannung auch schnell aus dem Feldraum abgesaugt werden. Danach —

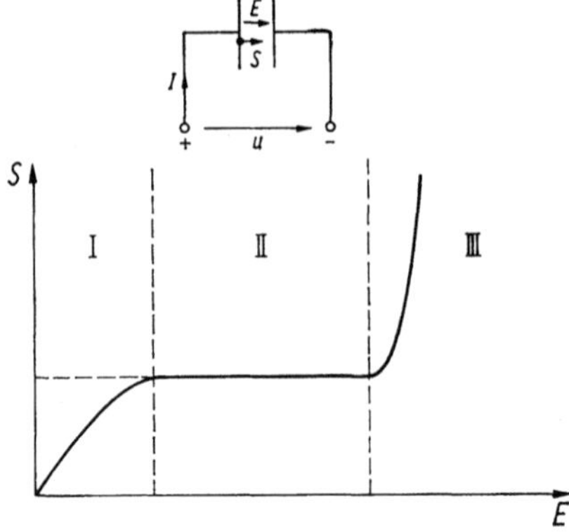

Bild 7.13. Stromdichte S einer Plattenanordnung als Funktion der Feldstärke E in Gasen

und dieser Zeitraum soll hier betrachtet werden — verbleiben allein die langsamen Ionen und die zugehörige Leitfähigkeit σ wird

$$\sigma = (n_I^+ b_I^+ + n_I^- b_I^-)\, e.$$

Solange die Feldstärke und damit die Energie der Ladungsträger für Ionisationsvorgänge nicht ausreicht, stehen allein die durch natürliche Strahlung entstandenen Ionen zur Verfügung. Mit Tabelle 7.3 und Gl. (7.99) kann angesetzt werden

$$n_I^+ \approx n_I^- \approx 500 \text{ cm}^{-3}; \quad b_I^+ \approx b_I^- \approx 1{,}6 \text{ cm}^2/\text{Vs},$$

und es ergibt sich für Luft in dem Bereich I ein spezifischer Widerstand

$$\varrho = 1/\sigma = 4 \cdot 10^{15} \ \Omega \text{ cm}. \tag{7.108}$$

Hierbei ist zu beachten, daß bei steiler Stoßspannungsbeanspruchung wegen der im Kurzzeitbereich wirksamen Elektronenleitung wesentlich höhere Leitfähigkeiten in Rechnung gestellt werden müssen.
Im Bereich II stellt sich eine Sättigungsstromdichte S_s ein, die erreicht wird, wenn die Zahl der je Zeit- und Volumeneinheit durch natürliche Strahlung sich neu bildenden Ladungsträger durch das elektrische Feld im gleichen Zeitraum abgesaugt wird. Mit (7.95) ergibt sich die je Zeiteinheit zwischen den Plattenelektroden mit der Fläche A und dem Abstand s erzeugte Ladung, bei Vernachlässigung der Feldverzerrung am Plattenrand, zu

$$e \left(\frac{\mathrm{d}N}{\mathrm{d}t}\right)_0 = As \left(\frac{\mathrm{d}n}{\mathrm{d}t}\right)_0 e = Asrn_0^2 e. \tag{7.109}$$

Die je Zeiteinheit abfließende Ladung ist beim Erreichen der Sättigungsstromdichte S_s und der Sättigungsfeldstärke E_s

$$AS_s = E_s(b_I^+ + b_I^-)\, n_0 Ae. \tag{7.110}$$

Damit ergibt sich die Sättigungsfeldstärke

$$E_s = k\ \frac{rn_0 s}{b_I^+ + b_I^-}. \tag{7.111}$$

Dabei ist $k = 1$. Berücksichtigt man die raumladungsbedingte Feldverzerrung, so ergibt bei genauer Herleitung nach Thomson und Rutherford $k = 4{,}25$. Die Sättigungsfeldstärke ist von der Schlagweite der Elektrodenanordnung abhängig und erreicht in Luft bei Schlagweiten von 1 m Werte von etwa 30 V/m.
Im Bereich III beginnt in Luft bei einem Druck von 1 bar ab Feldstärken von etwa 25 kV/cm ein starker Stromanstieg, der sich vor allem aus der einsetzenden Stoßionisation der neutralen Gasmoleküle durch Elektronen und die daraus resultierende lawinenartige Vermehrung der Ladungs

träger ergibt. Die hier ablaufenden Prozesse können den Durchschlag einleiten und sind für den Durchschlagmechanismus von entscheidender Bedeutung.

7.4.2 Lawinenbildung und effektiver Ionisationskoeffizient

Bei genügend hoher Feldstärke wird im Bereich III der Strom-Spannungs-Kennlinie (Bild 7.13) die Ladungsträgerzahl durch Stoßionisationsprozesse lawinenartig vermehrt. Hierbei muß neben dem Stoßionisationskoeffizienten α auch der Anlagerungskoeffizient η beobachtet werden. Wir können davon ausgehen, daß nur Elektronen Stoßionisationsprozesse bewirken können und erhalten für ihren Zuwachs $\mathrm{d}N_e$ über der Strecke von x bis $x + \mathrm{d}x$ in Gegenrichtung des elektrischen Feldes

$$\mathrm{d}N_e = (\alpha - \eta)\, N_e\, \mathrm{d}x, \tag{7.112}$$

wobei N_e die Zahl der Elektronen an der Stelle x ist. Waren ursprünglich an der Stelle $x = 0$, d. h. an der Kathode, N_{e0} Anfangselektronen vorhanden, so werden an der Stelle x

$$N_e(x) = N_{e0} \exp\left(\int\limits_0^x (\alpha - \eta)\, \mathrm{d}x\right) \tag{7.113}$$

Elektronen sein. Im Falle des homogenen Feldes gilt

$$N_e(x) = N_{e0} \exp\left[(\alpha - \eta)\, x\right]. \tag{7.114}$$

Die Gl. (7.113) und (7.114) zeigen, daß für die Lawinenbildung der effektive Stoßionisationskoeffizient α^*

$$\alpha^* = \alpha - \eta \tag{7.115}$$

maßgebend ist, wie er in Bild 7.11 für SF_6 und in Bild 7.10 b für Luft wiedergegeben ist. Im Falle von Luft sorgt der Sauerstoffgehalt für schwach elektronegative Eigenschaften. Für Feldstärken $(E/p)_0 < 24{,}4$ kV/cm bar bei Luft und $(E/p)_0 < 87{,}7$ kV/cm bar bei SF_6 überwiegt der Anlagerungskoeffizient. Hier ist ein Lawinenwachstum nicht möglich, vorhandene freie Elektronen werden angelagert. Elektronenlawinen, die in einen derartigen Feldraum hineinwachsen, nehmen wieder ab.
Bei der bezogenen Grenzfeldstärke $(E/p)_0$ beginnt daher der starke Stromanstieg in Bild 7.13. Unterhalb der Grenzfeldstärke

$$(E/p)_0 = 24{,}4 \text{ kV/cm bar für Luft} \tag{7.116}$$

und

$$(E/p)_0 = 87{,}7 \text{ kV/cm bar für } SF_6 \tag{7.117}$$

ist daher ein Durchschlag nicht möglich. Es ist hierbei zu beachten, daß unerkannte und rechnerisch nicht erfaßbare Feldanhebungen durch Elektrodenrauhigkeit, Verunreinigungen und andere Effekte, insbesondere bei SF_6, oft eine niedrigere Durchschlagfeldstärke vortäuschen (Abschnitt 7.5.5). Im Bereich von 60 kV/cm bar $\leq E/p \leq$ 120 kV/cm bar kann für den bezogenen effektiven Ionisationskoeffizienten in SF_6 folgende Näherungsgleichung verwendet werden:

$$\frac{\alpha^*}{p} = k\left[\frac{E}{p} - \left(\frac{E}{p}\right)_0\right]; \quad k = 28\,\frac{1}{kV};$$

$$\left(\frac{E}{p}\right)_0 = 87{,}7\,\frac{kV}{cm\ bar}. \tag{7.118}$$

Für Luft läßt sich nach Schumann [7.3; 7.23] im Bereich 24,4 kV/cm bar $\leq E/p \leq$ 60 kV/cm bar die Näherungsgleichung

$$\frac{\alpha^*}{p} = k\left[\frac{E}{p} - \left(\frac{E}{p}\right)_0\right]^2; \quad k = 0{,}22\,\frac{cm\ bar}{kV^2};$$

$$\left(\frac{E}{p}\right)_0 = 24{,}4\,\frac{kV}{cm\ bar} \tag{7.119}$$

verwenden.

7.5 Durchschlagmechanismen in homogenen und quasihomogenen Anordnungen

7.5.1 Streamerdurchschlag

Wir betrachten ein homogenes Feld, in dem ein Anfangselektron ($N_{e0} = 1$) im Gasraum die in Bild 7.14 schematisch dargestellte Lawine auslöst. Durch Ionisationsprozesse werden an der

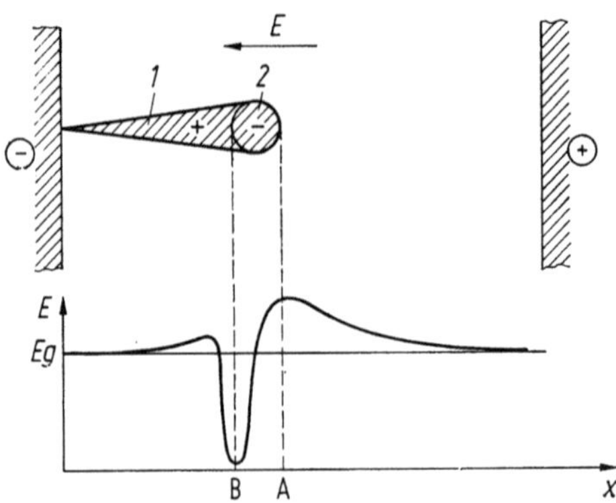

Bild 7.14. Entladungslawine im Homogenfeld und Feldverlauf E in der Zentralachse durch die Lawine beim Erreichen der kritischen Elektronenzahl im Lawinenkopf. E_g ist die ursprüngliche Grundfeldstärke.

Stelle x in der Lawine nach (7.114)

$$N_e = \exp\left[(\alpha - \eta)\,x\right] = \exp\left(\alpha^* x\right) \tag{7.120}$$

Elektronen vorhanden sein. Die mit hoher und untereinander gleicher Geschwindigkeit wandernden Elektronen bilden den Kopf (2) der Lawine. Die vergleichsweise sehr langsamen Ionen, die hier als nahezu ruhend angenommen werden, bleiben am Entstehungsort zurück und bilden den langgezogenen Schwanz (1) der Lawine mit überwiegend positiver Ladung. Aufgrund der Diffusion verteilen sich die Elektronen vom Zentrum des Kopfes (2) nahezu gleichmäßig in allen Richtungen und bilden zum Zeitpunkt t eine Ladungskugel mit dem Radius r_L, für die mit der Diffusionskonstanten D die allgemeine Einsteinsche Beziehung angesetzt werden kann:

$$\frac{D}{b_e} = \frac{kT}{q_e}; \quad r_L = 2\sqrt{Dt}. \tag{7.121}$$

Die Ladungsdichte im Lawinenkopf wird wesentlich größer sein als im Lawinenschwanz, in dem die betragsgleiche aber positive Ladung über einen großen Bereich verteilt ist. Um die Feldverteilung am Lawinenkopf abzuschätzen, kann man daher in der Rechnung näherungsweise die Lawinenkopfladung allein betrachten. Die Lawinenladung hat ein Raumladungsfeld E_L zur Folge. Mit dem Grundfeld E_g (Bild 7.14) wird damit an der Stelle A das Feld ($|E_g| + |E_{L\ max}|$) und an der Stelle B das Feld ($|E_g| - |E_{L\ min}|$) aufgebaut.

Die starke Feldanhebung an der Stelle A vor dem Lawinenkopf führt dort zu einer erhöhten Ionisation und Vorwachsgeschwindigkeit (Bild 7.15a). Die Feldanhebung vor dem Lawinenkopf und im Lawinenschwanz hat dort auch eine verstärkte Strahlungsemission, vornehmlich im UV-Bereich ($\lambda \leq 100$ nm), zur Folge, während der Bereich B (Bild 7.14) in Bild 7.15b als Dunkelraum erkennbar ist. Durch die ionisierende Wirkung der Strahlung — vermutlich werden auch an Ionen angelagerte Elektronen abgelöst — werden auf beiden Seiten des Dunkelraums Anfangselektronen erzeugt, die neue Lawinen aufbauen. Auf diese Weise wächst, wie die Aufnahme 7.15b zeigt, ein Entladungskanal, Streamer genannt, in beiden Richtungen auf die Elektroden zu.

Da erhebliche Teilstrecken bei dieser Streamerbildung durch Photonen mit Lichtgeschwindigkeiten überbrückt werden, wächst dieser Streamer in Luft bei Normaldruck mit hoher Geschwindigkeit von etwa

$$v_{st} = 10 \dots 100\ cm/\mu s \tag{7.122}$$

vor. Hierbei gilt der kleinere Anhaltswert für eine inhomogene Feldverteilung, bei der nur in einem Nahbereich vor der Lawine eine für die Folge-

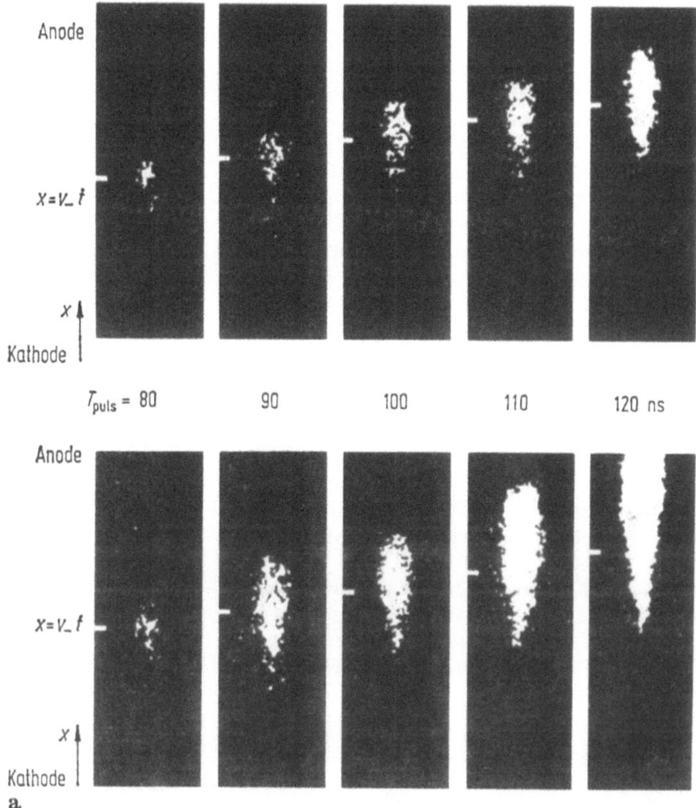

Bild 7.15 a. Geschwindigkeitserhöhung einer Lawine im homogenen Grundfeld unter der Wirkung des Eigenfeldes. Ohne diese Raumladungswirkung wäre die Geschwindigkeit v_- und der Ort $x = v_- t$. Gas: N_2 (10% CH_4); $p = 0{,}133$ bar; $s = 3$ cm; $E/p = 443$ V/cm bar [7.75; 7.76].

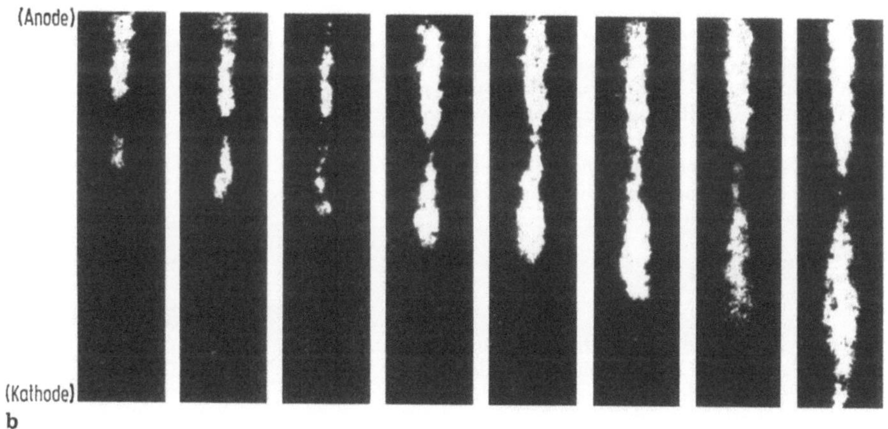

Bild 7.15 b. Streamerentwicklung im homogenen Feld. Versuchsparameter wie in Bild 7.15 a [7.75, 7.76].

lawinenbildung genügende Feldstärke vorhanden ist. Die von Photonenstrahlung erzeugten Elektronen sind nur dort wirksam, so daß daher nur kurze Strecken überbrückt werden. Erst die Folgelawinen heben dann durch ihre Raumladung das Feld weiter vorne an, so daß sich der Vorgang fortschreitend wiederholen kann. Im Falle homogener oder quasihomogener Feldverteilung, bei der im gesamten Feldraum die Grenzfeldstärke überschritten ist, ist in einem größeren Bereich vor dem Lawinenkopf eine für die Folgelawinenbildung genügende Feldstärke vorhanden. Die Photonen überbrücken mit Lichtgeschwindigkeit größere Strecken, die Ausbreitungsgeschwindigkeit der Lawinenkette ist höher und entspricht dem oberen Grenzwert von 100 cm/µs. Erreicht der Streamer die Elektroden, so wird er in kurzer Zeit aufgeheizt und thermoionisiert. Er wird hochleitend und es kommt zu einem schnellen Spannungszusammenbruch, sofern die Spannungsquelle einen endlichen Innenwiderstand besitzt (Abschnitt 7.7.3).

$|E_{\text{L min}}| \approx |E_g|$ wird als Durchschlagkriterium angesehen. Wird bei der Raumladungsfeldberechnung vereinfacht die gesamte Elektronenladung im Zentrum des Lawinenkopfs angenommen, so ergibt sich mit (7.120)

$$E_{\text{L}} = \frac{N_e e}{4\pi\varepsilon_0 r^2} = \frac{e \exp{(\alpha^* x)}}{4\pi\varepsilon_0 r^2}. \tag{7.123}$$

Nimmt man näherungsweise eine konstante Elektronenbeweglichkeit b_e an (Abschnitt 7.2.2), so wird mit $v_- = x/t = b_e E_g$ und mit (7.121) der Lawinenkopfradius an der Stelle x

$$r_{\text{L}}^2 = 4D\,\frac{x}{b_e E_g}, \tag{7.124}$$

wobei nur das Grundfeld E_g für die Lawinenkette als wirksam angesehen wird, da über den größten Bereich der Lawinenausbreitung, bis zum Erreichen von etwa 10^7 Elektronen im Lawinenkopf, die Wirkung des Raumladungsfeldes vernachlässigt werden kann.

Mit der Diffusionskonstante aus (7.121) und mit (7.124) für den Lawinenkopfradius, ergibt sich aus (7.123) das Raumladungsfeld

$$E_{\text{L}} = \frac{e^2 \exp{(\alpha^* x)}}{16\pi\varepsilon_0 kTx}\,E_g. \tag{7.125}$$

Für $E_{\text{L}} = E_g$ hat die Lawine die kritische Länge x_{cr} und die kritische Elektronenzahl N_{cr} im Kopf erreicht, und es ergibt sich aus (7.125):

$$16\pi\varepsilon_0 kTx_{\text{cr}} = e^2 \exp{(\alpha^* x_{\text{cr}})}; \quad N_{\text{cr}} = \exp{(\alpha^* x_{\text{cr}})}. \tag{7.126}$$

Bei Spannungssteigerung wird für $x_{\text{cr}} = s$, wenn s der Elektrodenabstand ist, das Kriterium erfüllt.

Für $x_{\text{cr}} = s = 1\,\text{cm}$ ergibt sich aus (7.126) $N_{\text{cr}} = 10^8$. Der Streamerdurchschlag wird eingeleitet, wenn die Zahl der Elektronen im Lawinenkopf etwa 10^8 Elektronen erreicht hat. In der Literatur werden für übliche Schlagweitenbereiche von einigen cm bis einigen dm kritische Elektronenzahlen von 10^6 bis 10^8 angegeben. Dabei ist die kritische Elektronenzahl weniger stark als in der mit groben Vereinfachungen hergeleiteten Beziehung (7.126) von der Schlagweite s abhängig. Damit ergibt sich folgendes Durchschlagkriterium [7.12; 7.24]:

$$\exp\left[\int_0^{x_{\text{cr}}} (\alpha - \eta)\,\mathrm{d}x\right] = N_{\text{cr}}; \quad x_{\text{cr}} \leqq s; \tag{7.127}$$
$$N_{\text{cr}} = 10^6 \dots 10^8,$$

$$\int_0^{x_{\text{cr}}} (\alpha - \eta)\,\mathrm{d}x = \ln N_{\text{cr}} = K_{\text{St}}; \quad x_{\text{cr}} \leqq s; \tag{7.128}$$
$$K_{\text{St}} = 13,8 \dots 18,4.$$

Im Falle einer homogenen Feldverteilung ergibt sich

$$\exp\left[(\alpha - \eta)\,x_{\text{cr}}\right] = N_{\text{cr}}; \quad x_{\text{cr}} \leqq s; \tag{7.129}$$
$$N_{\text{cr}} = 10^6 \dots 10^8,$$

$$(\alpha - \eta)\,x_{\text{cr}} = \ln N_{\text{cr}} = K_{\text{St}}; \quad x_{\text{cr}} \leqq s; \tag{7.130}$$
$$K_{\text{St}} = 13,8 \dots 18,4.$$

Erreicht die Lawine mit weniger als N_{cr} Elektronen im Lawinenkopf die Anode, so werden die Elektronen dort aufgenommen und ein Streamerdurchschlag kann nicht auftreten. Obwohl dieses Durchschlagkriterium von Raether

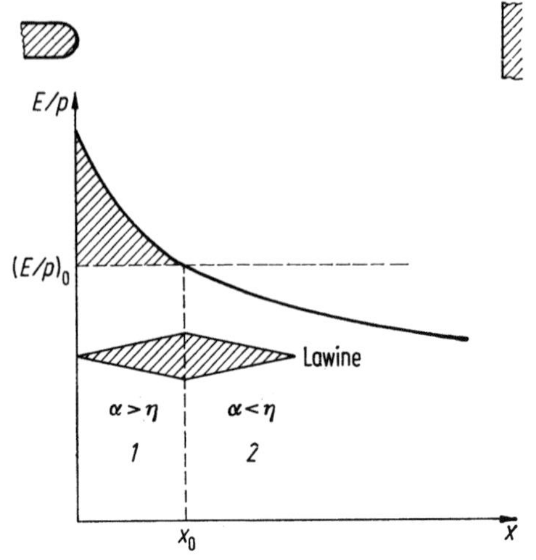

Bild 7.16. Lawinenentwicklung im homogenen Feld. Gebiet *1* für Lawinenwachstum, Gebiet *2* für Lawinenabnahme der oben angegebenen Elektrodenanordnung.

ursprünglich für homogene Felder angegeben und experimentell belegt wurde, kann es auch im Falle von inhomogenen Feldern erfolgreich angewendet werden.

Im Falle monoton fallender inhomogener Felder ist entsprechend Bild 7.16 das Integral in (7.127) über der Strecke x_0 von der Elektrode bis zu der Äquifeldstärkelinie mit der Feldstärke $(E/p)_0$ nach Bild 7.10 oder 7.11 zu erstrecken. Hat die Lawine in diesem Bereich nicht die kritische Elektronenzahl N_{cr} im Kopf erreicht, so wird beim Überschreiten der Äquifeldstärkelinie $(E/p)_0$ die Anlagerung gegenüber der Ionisation überwiegen und die Elektronenzahl wieder abnehmen, wenn die stark gekrümmte Elektrode negative Polarität hat, oder aber bei entgegengesetzter Polarität der Elektrode werden die Elektronen der Lawine von der Anode aufgenommen. Ein Durchschlag kann nicht eintreten.

7.5.2 Generationendurchschlag

Beim Generationendurchschlag wird die Instabilität der Ladungsträgervermehrung erst dadurch erzielt, daß die Kathodenfläche und die gesamte Strecke zwischen Anode und Kathode bei der Ladungsträgervermehrung beteiligt sind [7.1]. Nimmt man ein homogenes Feld an und geht man davon aus, daß sich aus einem Anfangselektron an der Kathode ($x = 0$) eine Lawine bildet, so wird die Zahl N_e der Elektronen im Lawinenkopf an der Stelle x (Bild 7.14):

$$N_e = \exp\left[\int_0^x (\alpha - \eta)\,\mathrm{d}x\right] = \exp\left[(\alpha - \eta)\,x\right].$$

$$(7.131)$$

Die Zahl N_I^+ der positiven Ionen im Lawinenschwanz wird

$$N_I^+ = \int_0^x \alpha N_e\,\mathrm{d}x = \int_0^x \alpha \exp\left[(\alpha - \eta)\,x\right]\mathrm{d}x$$

$$= \frac{\alpha}{\alpha - \eta}\{\exp\left[(\alpha - \eta)\,x\right] - 1\}. \qquad (7.132)$$

Die positiven Ionen wandern zur Kathode zurück und lösen dort nach dem γ-Ionisationsprozeß (Abschnitt 7.3.3.4) N_{eoI} neue Anfangselektronen aus

$$N_{eoI} = \gamma_I N_I^+, \qquad (7.133)$$

wobei γ_I der zweite Townsendsche Ionisationskoeffizient ist.

Aus der Lawine emittierte Photonen können ebenfalls Elektronen aus der Kathode auslösen, wobei die Photonenemission durch die Rückbildung angeregter Zustände der Moleküle und die Rekombination der Ionen mit Elektronen entsteht. In grober Näherung soll hierbei ange-

nommen werden, daß die Zahl N_{ph} der emittierten Photonen

$$N_{ph} = \varepsilon N_I^+ \qquad (7.134)$$

der Ionenzahl N_I^+ proportional ist.

Aus der Lawine heraus wird dann entsprechend der Elektrodengeometrie und wegen der Photonenabsorption im Gas nur ein Anteil δN_{ph} der emittierten Photonen auf der Kathode auftreffen und dort entsprechend Abschnitt 7.3.3.3

$$N_{eoph} = \eta_{ph}\delta\varepsilon N_I^+ \qquad (7.135)$$

neue Anfangselektronen auslösen.

Insgesamt werden mit dem Rückwirkungsfaktor γ

$$N_{eo} = \gamma_I N_I^+ + \eta_{ph}\delta\varepsilon N_I^+ = \gamma N_I^+ \qquad (7.136)$$

Elektronen aus der Kathode emittiert. Mit (7.132) werden nach dem Durchlaufen der ganzen Schlagweite s durch die erste Lawine

$$N_{eo} = \gamma\,\frac{\alpha}{\alpha - \eta}\{\exp\left[(\alpha - \eta)\,s\right] - 1\} \qquad (7.137)$$

Elektronen als Anfangselektronen für eine neue Lawine an der Kathode zur Verfügung stehen. Bei

$$N_{eo} \geqq 1 \qquad (7.138)$$

wird die neue Lawine stärker als die erste sein, die aus nur einem Anfangselektron entstanden ist. Die Anfangselektronenzahl der nach dem gleichen Gedankengang folgenden Lawinen wird ständig wachsen. In einer Generation ständig größer werdender Lawinen wächst der Durchschlagkanal. Bild 7.17 zeigt die stufenartige Stromentwicklung beim Generationenmechanismus, zeigt aber auch, daß der Zeitverzug bei diesem Mechanismus relativ groß ist.

Der Elektronenemission durch Photonen wird heute vielfach die entscheidende Bedeutung zugeschrieben. Insbesondere bei Stoßspannungsbeanspruchung bleiben die langsam wandernden, positiven Ionen unwirksam und die Elektronenausbeute an der Kathode wird vorzugsweise durch die Strahlung bestimmt. Sie ist allerdings zunächst schwach, wird aber wesentlich ansteigen, wenn beim Erreichen von etwa 10^6 bis 10^8 Elektronen im Lawinenkopf der Streamerdurchschlagmechanismus einsetzt. Dann wird allerdings der Durchschlag durch diesen Mechanismus bestimmt. Daraus darf geschlossen werden, daß beim Stoßspannungsdurchschlag der Generationendurchschlag nicht wirksam wird. Im Falle einer homogenen Anordnung und langsam veränderlichen Spannungen kann abgeschätzt werden, welcher der beiden Mechanismen wirksam wird. Für den Generationendurchschlag ergibt sich aus

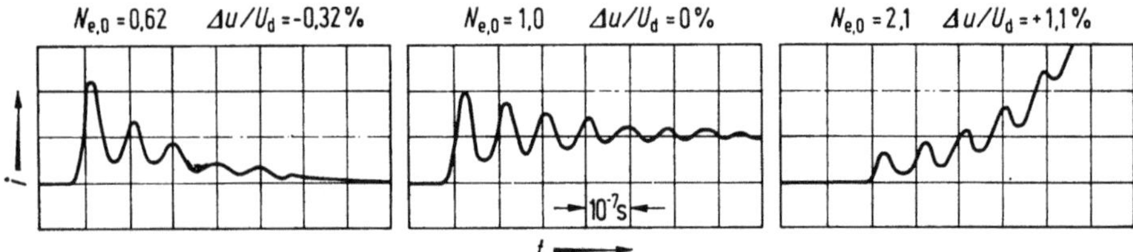

Bild 7.17. Stromentwicklung beim Generationenmechanismus [7.12]. U_d stationäre Durchschlagspannung, Δu Spannungsüberhöhung, N_2 : CH_4 Gasgemisch 1 : 60, $p = 0{,}36$ bar; homogenes Feld (Schlagweite $s = 1{,}46$ cm).

(7.137) und (7.138) das Kriterium

$$\exp\left[(\alpha - \eta)\,s\right] \geqq \frac{\alpha - \eta}{\alpha\gamma} + 1. \tag{7.139}$$

Das Kriterium für den Streamerdurchschlag ist nach (7.129):

$$\exp\left[(\alpha - \eta)\,s\right] \geqq N_{cr}.$$

Ab der Feldstärke E_0 kann es zum Durchschlag kommen. Formal betrachtet wird bei Spannungssteigerung zuerst das Kriterium (7.139) für den Generationendurchschlag erfüllt sein.

Maßgebend für den wirksamen Mechanismus ist also der Ausdruck $(\alpha - \eta)/\alpha\gamma$, für den im Falle von SF_6 schon bei geringem Überschreiten von $(E/p)_0$ wegen $\alpha \gg \eta$ gilt:

$$\frac{\alpha - \eta}{\alpha\gamma} \approx \frac{1}{\gamma}. \tag{7.140}$$

Dabei nimmt γ mit zunehmenden Druck sehr kleine Werte an, da durch die zunehmende Photonenabsorption im Gas und zunehmenden Abbau angeregter Zustände durch thermische Stöße ohne Photonenabstrahlung die dominierende Photonenemission an der Kathode stark zurückgeht (Bild 7.18). Daher kann sich in SF_6 nur in Bereichen $ps < 1$ bar cm ein Generationendurchschlag entwickeln.

Weiterhin ist die Kanalaufbauzeit nach dem Generationenmechanismus für $ps > 1$ bar cm sehr groß, da die langsam wandernden Ionen für die Kathodenemission entscheidend sind. Selbst bei mäßigem zeitlichen Spannungsanstieg entsprechend einer 50-Hz-Wechselspannung genügt die kurze Zeitspanne in diesem kleinen Feldstärkebereich bei in der Praxis üblichen Schlagweiten von mehr als 1 cm nicht, um einen Durchschlagkanal nach dem Generationenmechanismus aufzubauen. Darüber hinaus weichen die theoretisch erforderlichen Durchschlagspannungen nach den beiden Mechanismen nur unerheblich voneinander ab. Der Generationenmechanismus ist allenfalls bei kleinsten Schlagweiten denkbar, aber bislang nicht nachgewiesen worden.

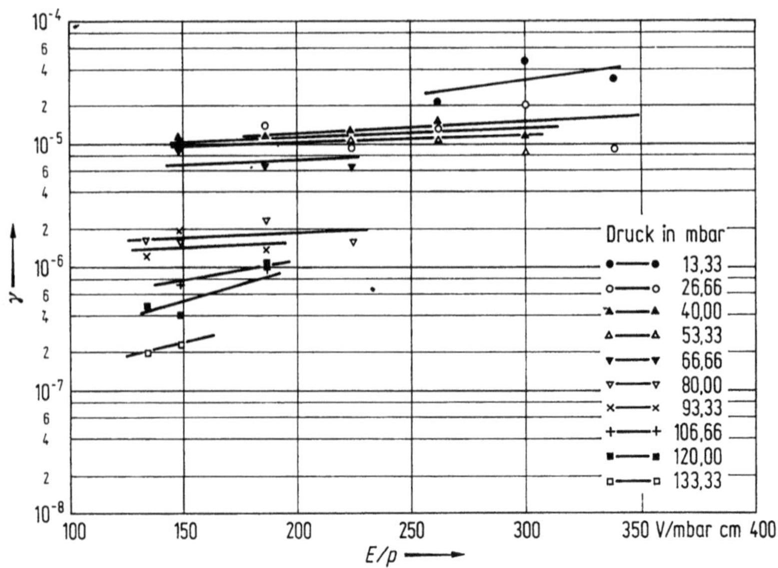

Bild 7.18. Rückwirkungsfaktor γ für verschiedene Drücke in SF_6 [7.31].

Aus ähnlichen Überlegungen wird für Luft ein Bereich $ps \leqq 1,3\,\text{bar cm}$ für den Generationendurchschlag angegeben.

7.5.3 Paschenabhängigkeit und Ähnlichkeitsgesetz des Gasdurchschlags

Paschen hat experimentell bewiesen, daß im homogenen Feld mit dem Elektrodenabstand s und dem Druck p die Durchschlagspannung U_d nur vom Produkt ps abhängig ist:

$$U_\text{d} = f(ps). \tag{7.141}$$

Diese Paschen-Kurven sind mit beiden Durchschlagtheorien im Einklang. Nach (7.130) ist das Durchschlagkriterium für den Streamerdurchschlag

$$(\alpha - \eta)\,s \geqq K_\text{St} \tag{7.142}$$

Aus (7.137) und (7.138) ergibt sich das entsprechende Kriterium für den Generationendurchschlag:

$$(\alpha - \eta)\,s \geqq \ln\left[\frac{\alpha - \eta}{\alpha\gamma} + 1\right] \approx K_\text{g}. \tag{7.143}$$

Hierbei kann die Konstante K_g für den Generationendurchschlag eingeführt werden, da auch stärkere Schwankungen des Arguments $[(\alpha - \eta)/(\alpha\gamma) + 1]$ durch die logarithmische Funktion nur wenig wirksam werden. Das Argument kann nach (7.140) und den dort gemachten Voraussetzungen durch $1 + 1/\gamma$ ersetzt werden und liegt im Bereich 10^3 bis 10^6 bis 10^8, wobei vor allem die reine Druckabhängigkeit nach Bild 7.18 zu beachten ist. Die Feldstärkenabhängigkeit ist wesentlich kleiner, aber bei normalen technischen Isolationssystemen ist auch der Variationsbereich des Drucks sehr eingeschränkt. Insgesamt gilt daher für beide Mechanismen

$$(\alpha - \eta)\,s \geqq K$$

oder

$$\frac{\alpha - \eta}{p} \geqq \frac{K}{ps}. \tag{7.144}$$

Führt man die für ein spezielles Gas gegebene individuelle Abhängigkeit z. B. nach (7.118) oder (7.119) ein

$$\frac{\alpha - \eta}{p} = f_1\left(\frac{E}{p}\right) = f_1\left(\frac{U}{ps}\right), \tag{7.145}$$

dann wird die Durchschlagspannung $U = U_\text{d}$ erreicht, wenn das allgemeine Durchschlagkriterium nach (7.144) erfüllt ist, und es gilt für die Durchschlagspannung

$$\frac{K}{ps} = f_1\left(\frac{U_\text{d}}{ps}\right). \tag{7.146}$$

Damit ist die allgemeine Paschen-Abhängigkeit $U_\text{d} = f(ps)$ nach (7.141) bestätigt.

Bei elektropositiven Gasen ($\eta = 0$) kann eine einfache Beziehung für die Durchschlagspannung angegeben werden.

Aus (7.85) und (7.144) ergibt sich für $\eta = 0$ und $E = E_\text{d} = U_\text{d}/s$

$$U_\text{d} = \frac{C_2\,ps}{\ln\dfrac{C_1\,ps}{K}}, \tag{7.147}$$

wobei beim Streamerdurchschlag $K = K_\text{St}$ und beim Generationendurchschlag $K = K_\text{g} = \ln(1 + 1/\gamma)$ zu setzen ist.

Die Paschen-Kurven weisen ein charakteristisches Minimum $U_\text{d\,min}$ bei kritischen Werten $(ps)_\text{min}$ auf. Bild 7.19 zeigt die Paschenkurven [7.25] für verschiedene Gase und die Tabelle 7.9 die Minimalwerte, wobei diese Werte stark vom Elektrodenmaterial abhängen.

Der Kurvenverlauf kann aus den Beziehungen (7.144) und (7.145) graphisch einfach erklärt werden. Beide Gleichungen sind beim Erreichen der Durchschlagspannung erfüllt, wobei die umgeformte Gl. (7.144)

$$\frac{\alpha - \eta}{p} = \frac{K}{ps} = \left(\frac{K}{U}\right)\left(\frac{E}{p}\right) \tag{7.148}$$

in Bild 7.20a bei konstanter Spannung U eine Gerade mit der Steigung K/U ergibt. Die Schnittpunkte mit der Kurve $(\alpha - \eta)/p = f(E/p)$ (Gl. (7.145)) ergeben die Durchschlagwerte (U_d/ps), von denen im allgemeinen zwei Werte vorhanden sind. Man unterscheidet das Nahdurchschlaggebiet (N) und das Weitdurchschlaggebiet (W) beidseitig vom Paschen-Minimum (M) (Bild 7.20b).

Weitgehend läßt sich auch ein Ähnlichkeitsgesetz für das homogene Feld angeben. Aus (7.146) folgt

$$E_\text{d}/p = f_2(ps), \tag{7.149}$$

wobei der Kurvenverlauf für $ps = \text{const}$ nach Bild 7.21 graphisch ermittelt werden kann. Die bezogene Durchschlagfeldstärke liegt bei kleinem ps deutlich über dem Wert $(E/p)_0$, wobei eine steile Kennlinie $(\alpha - \eta)/p = f_1(E/p)$, wie sie beispielsweise bei SF_6 gegeben ist, zu einem steilen (E_d/p)-Abfall im Bereich kleiner ps-Werte führt, d. h. hier kann bis zu relativ kleinen Schlagweiten und Drücken die bezogene Grenzfeldstärke $(E_\text{d}p)_0$ näherungsweise als bezogene Durchschlagfeldstärke (E_d/p) verwendet werden, während in Luft die Druck- und Schlagweitenabhängigkeit

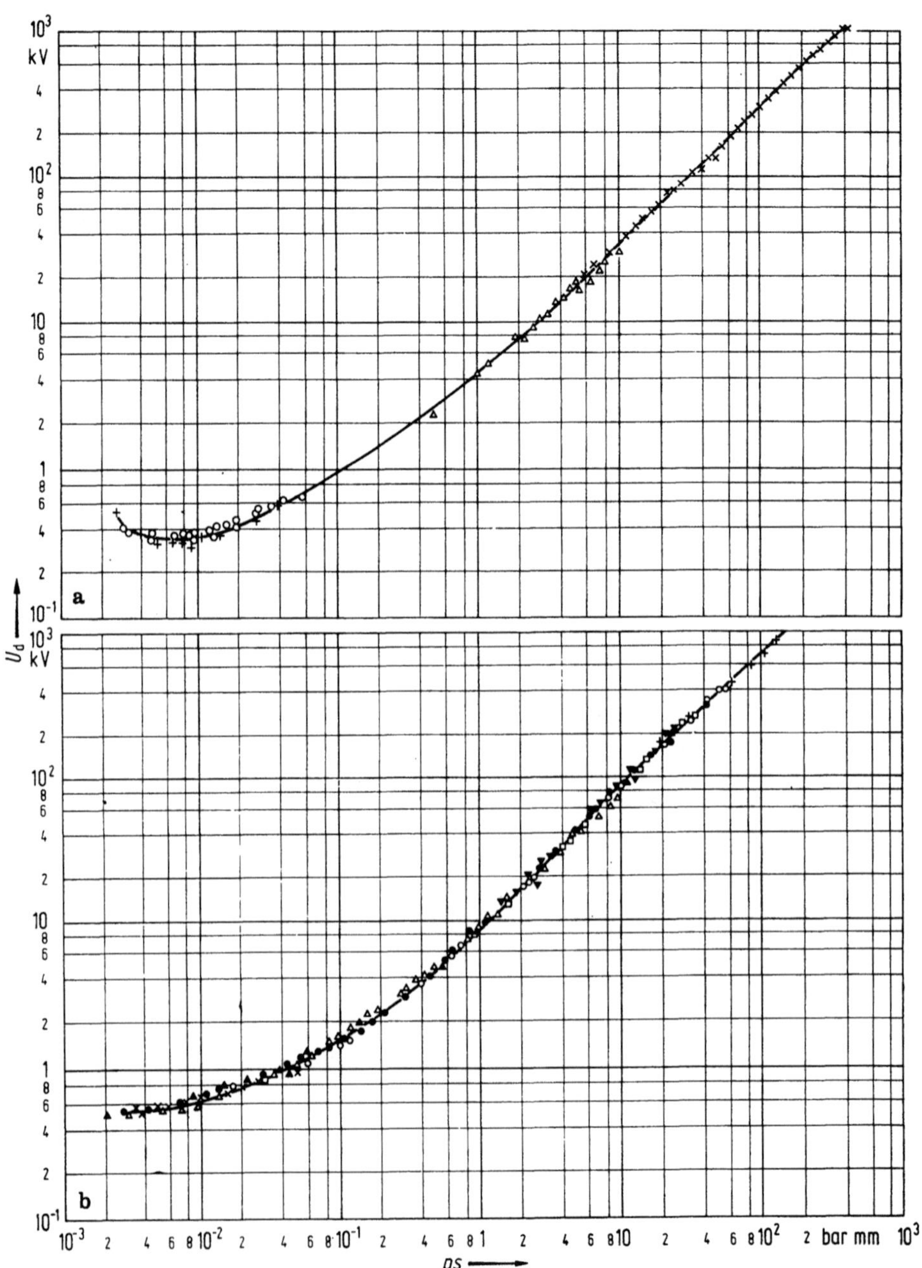

Bild 7.19. Paschen-Kurve für Luft (a) und SF$_6$ (b) [7.25].

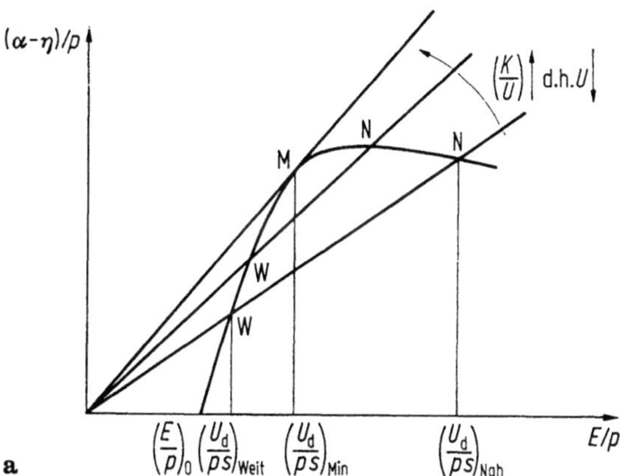

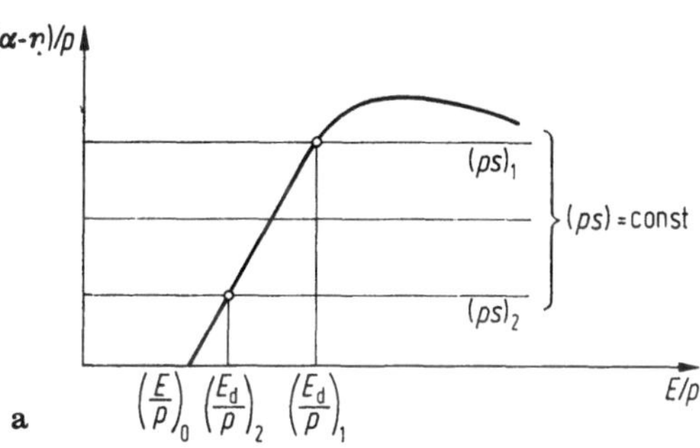

Bild 7.20. Der effektive Ionisationskoeffizient und die graphische Ermittlung **a** der Paschen-Kurve **b**. N Nahdurchschlag, W Weitdurchschlag, M Durchschlagminimum.

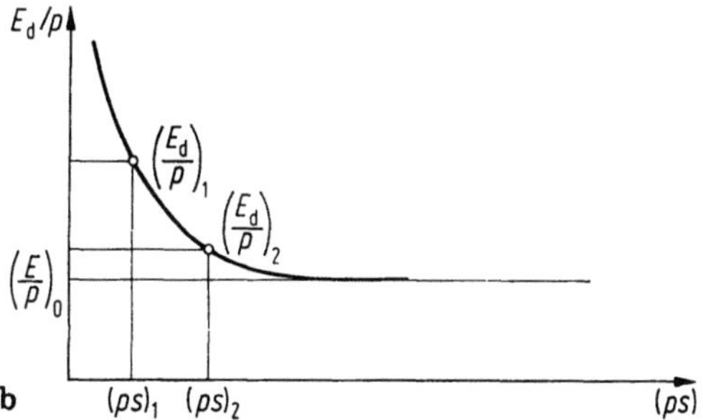

Bild 7.21. Graphische Ermittlung der bezogenen Durchschlagfeldstärke aus dem effektiven Ionisationskoeffizienten.

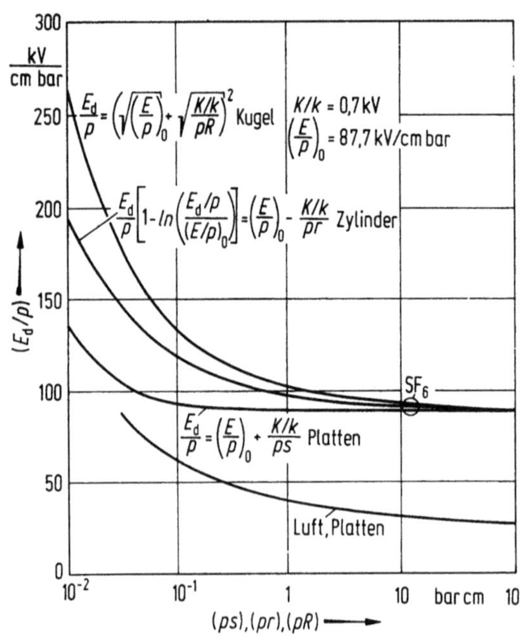

Bild 7.22. Die bezogene Durchschlagfeldstärke bei einer Platte-Platte-Anordnung mit der Schlagweite *s*, einer Zylinderelektrode mit dem Radius *r* und einer Kugelelektrode mit dem Radius *R* in einer koaxialen Anordnung.

in einem größeren Bereich beachtet werden muß. Bei einer koaxialen Zylinder- oder Kugelanordnung ist die Durchschlagfeldstärke nur vom Radius der Innenelektrode abhängig (Bild 7.22).

Für die Luftionisation ist von Schumann [7.23] seinerzeit ein einfaches Durchschlagkriterium gewonnen und angegeben worden, das in der Form der Gl. (7.149) entspricht, wobei der in Bild 7.10b und Gl. (7.119) angegebene effektive Ionisationskoeffizient angesetzt wird. Für das Homogenfeld ergibt sich die Durchschlagfeldstärke für Luft bei 1 bar aus den Gln. (7.119) und (7.144) zu (Bild 7.22):

$$E_d = E_0 + \sqrt{C/s}\,; \quad E_0 = 24{,}4\,\text{kV};$$
$$C = 45\,(\text{kV})^2/\text{cm}. \tag{7.150}$$

Im Falle von Schwefelhexafluorid (SF_6) wird der effektive Ionisationskoeffizient nach Bild 7.11 herangezogen. Bei $E/p = (E/p)_0 = 87{,}7\,\text{kV/cm}$ schneidet die Kennlinie für α^* bei SF_6 die Nullgerade, bei höheren Werten E/p ist α^* positiv, es kommt zum Lawinenwachstum. Damit kann festgehalten werden, daß ein Durchschlag nicht möglich ist, wenn im gesamten Ionisationsraum die bezogene Grenzfeldstärke $(E/p)_0$ von 87,7 kV/ cm bar nicht überschritten wird. Die entsprechende Grenzfeldstärke E_0 ist dem Druck proportional:

$$E_0 = \left(\frac{E}{p}\right)_0 p, \quad \left(\frac{E}{p}\right)_0 = 87{,}7\,\frac{\text{kV}}{\text{cm bar}}. \tag{7.151}$$

Dies ist eine vielfach benutzte, einfache Bemessungsgrundlage, die allerdings nur eingeschränkt verwendbar ist. Luft hat durch den 20%igen Sauerstoffanteil — Sauerstoff ist schwach elektronegativ (Abschnitt 7.3.5) — einen sehr kleinen Wiederanlagerungskoeffizienten η. Die bezogene Grenzfeldstärke $(E/p)_0$ ist mit etwa 24,4 kV/cm bar entscheidend niedriger als in SF_6. Dies ist die maßgebliche Ursache für die vergleichsweise hohe Festigkeit von SF_6.

Im Falle von SF_6 durchläuft die Kennlinie die Nullgerade sehr steil. Sie kann durch die Geradengleichung (7.118) beschrieben werden. Die hohe Steilheit hat zur Folge, daß der effektive Ionisationskoeffizient schon sehr groß wird, wenn die Grenzfeldstärke nur geringfügig überschritten wird. Daraus resultiert, daß schon nach einer sehr kurzen Strecke, nahe der Elektrode, die kritische Elektronenzahl N_{cr} erreicht werden kann. Das bedeutet, daß im Falle von SF_6 vor allem der oberflächennahe Feldstärkenverlauf für das Durchschlagverhalten maßgebend ist. Näherungsweise ist die maximale Oberflächenfeldstärke für den Durchschlag maßgebend. Führt man die Geradenfunktion (7.118) für den effektiven Ionisationskoeffizienten in die Zündbedingung (7.128) ein, so erhält man mit $K \approx K_{St} \approx K_g$

$$\int_0^{x_{cr}} \left(E - \left(\frac{E}{p}\right)_0 p\right) dx = K/k, \quad x_{cr} \leqq s, \tag{7.152}$$

$$K/k \approx 0{,}7\,\text{kV}.$$

Danach darf die Feldstärkenwegfläche über der Grenzfeldstärke E_0 im Isolationsraum den Grenzwert von etwa 0,7 kV nicht überschreiten, wenn es nicht zum Durchschlag kommen soll. Dabei ist E_0 die Grenzfeldstärke $(E/p)_0$ p. Bild 7.16 veranschaulicht den Zusammenhang. Die schraffierte Feldstärkenwegfläche vor der Elektrode darf den Grenzwert 0,7 kV nicht überschreiten. Die maximal zulässige Feldstärke ist daher größer als die Grenzfeldstärke E_0 und wächst mit steigender Inhomogenität.

Im Falle eines Homogenfeldes ergibt sich aus (7.152) für die Durchschlagsspannung

$$U_\mathrm{d} = 87{,}7 \ \mathrm{kV/cm \ bar} \ ps + 0{,}7 \ \mathrm{kV}. \qquad (7.153)$$

Tabelle 7.9. Minimaldurchschlagspannung einiger Gase

Gasart		$(ps)_\mathrm{min}$ 10^{-3} bar cm	$U_\mathrm{d\,min}$ V
Luft		0,73	352
(SF$_6$)	Schwefelhexafluorid	0,35	507
(N$_2$)	Stickstoff	0,86	240
(H$_2$)	Wasserstoff	1,40	230
(O$_2$)	Sauerstoff	0,93	450
(CO$_2$)	Kohlendioxid	0,68	420
(He)	Helium	5,32	155
(Ne)	Neon	5,32	245
(Na)	Natriumdampf	0,07	320

Der prinzipielle Verlauf der Paschen-Kurven kann auch physikalisch leicht verständlich gemacht werden. Mit wachsenden ps nehmen bei konstanter Spannung die Feldstärke und die freie Weglänge und damit die Elektronenenergie ab. Daraus ergibt sich eine wachsende Festigkeit. Auf der anderen Seite nimmt aber mit fallendem ps die Zahl der Ionisationen zwischen den Elektroden und die für beide Mechanismen notwendige Ladungsträgervermehrung ab und führt zu einem Anstieg der Durchschlagsspannung bei sehr kleinen Werten von ps.

Weitergehend kann diese Paschen-Abhängigkeit auch für Elektrodenanordnungen mit quasihomogener Feldverteilung angewendet werden, solange keine Raumladungsbildung auftritt, die den Feldverlauf beeinflußt. Wir betrachten zwei ähnliche Elektrodenanordnungen wobei die Anordnung 2 aus der Anordnung 1 durch Vergrößerung mit dem linearen Maßstabsfaktor m hervorgeht. Gleichzeitig sollen auch die freien Weglängen des Gases um den gleichen Faktor m vergrößert werden, was durch eine Druckänderung mit dem Faktor $1/m$ erreicht wird. Damit gilt:

$$p_1 s_1 = p_2 s_2. \qquad (7.154)$$

Bei gleicher Spannung zwischen den Elektroden ist

$$E_2 = \frac{1}{m} \, E_1,$$

und die über der freien Weglänge

$$\lambda_2 = m \lambda_1$$

aufgenommene Energie $W = E\lambda$ der Ladungsträger ist daher in beiden Fällen gleich:

$$W_1 = W_2.$$

Da auch die Zahl (s/λ) der Stoßvorgänge auf dem Weg zwischen den Elektroden gleich geblieben ist, liegen gleiche Entladungsbedingungen im Gas vor. Nach diesem Ähnlichkeitsgesetz haben beide Anordnungen die gleiche Durchschlagsspannung, wenn die Bedingung (7.154), d. h. $p_1 s_1 = p_2 s_2$, erfüllt ist.

7.5.4 Durchschlag von Mischgasen

Reines Schwefelhexafluorid verflüssigt sich bei einem Druck von 5 bar bei Temperaturen von etwa $-30\,°\mathrm{C}$. Bei höheren Betriebsdrücken liegt diese Verflüssigungstemperatur (Bild 7.23) noch höher. Beim Einsatz derartiger Anlagen im Freien muß diese Grenztemperatur beachtet werden. Dieses ist einer der Gründe, auch Gasgemische für Isolationszwecke in Betracht zu ziehen, bei denen das hochisolierende SF_6 mit einer hohen Verflüssigungstemperatur beispielsweise mit Stickstoff (N_2) mit schlechteren elektrischen Eigenschaften aber einer niedrigen Verflüssigungstemperatur gemischt wird. Aus den Moleküldichten n_1 und n_2 der beiden Gaskomponenten 1 und 2 ergibt sich dann die Moleküldichte n des Gemischs zu

$$n = n_1 + n_2. \qquad (7.155)$$

Mit (7.17) kann der Gesamtdruck

$$p = p_1 + p_2; \quad p = nkT \qquad (7.156)$$

aus den beiden Partialdrücken p_1 und p_2

$$p_1 = n_1 kT; \quad p_2 = n_2 kT \qquad (7.157)$$

der Gaskomponenten 1 und 2 zusammengesetzt werden.

Da die Verflüssigung einer Gaskomponente allein von ihrem Partialdruck abhängig ist, kann auf diese Weise die Verflüssigungstemperatur für ein Gemisch abgesenkt werden.

Es soll hier nicht unerwähnt bleiben, daß auch Luft ein derartiges Gasgemisch aus Sauerstoff (O_2), Stickstoff (N_2), Kohlendioxid (CO_2) und weiteren Restgasen darstellt und prinzipiell in die folgenden Überlegungen einbezogen werden könnte. Allerdings sind die Gasentladungsparameter für das Gemisch Luft wie für ein reines Gas bestimmt worden. Da hier die anteilige Zusammensetzung festliegt und konstant bleibt, ist diese pauschale Betrachtung angebracht.

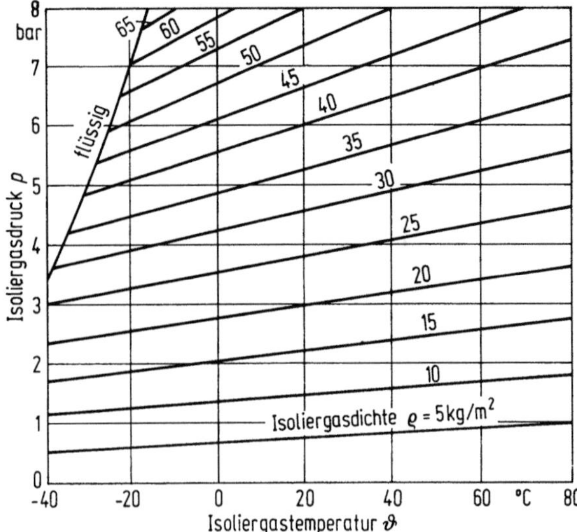

Bild 7.23. Zustandsdiagramm von SF$_6$ [7.22].

Bei der Betrachtung der Lawinenentladung müssen die Stoßvorgänge der Elektronen mit den Molekülen jeder Gaskomponente getrennt berücksichtigt werden, da im allgemeinen unterschiedliche Ionisationsenergien und Anlagerungsenergien anzunehmen sind. Ebenso sind die individuellen Stoßquerschnitte anzusetzen.

Betrachten wir ein Gasgemisch aus den Molekülen mit den Stoßquerschnitten $a_{\mathrm{s}1}$ und $a_{\mathrm{s}2}$, so wird in Anlehnung an Bild 7.3 und entsprechend den Überlegungen zu Gl. (7.23) die Wahrscheinlichkeit für einen Stoß mit einem Molekül der Gaskomponente 1 in der Strecke ds sein:

$$dw_1 = n_{\mathrm{B}1}a_{\mathrm{s}1}ds. \tag{7.158}$$

Die Anzahl derartiger Stöße je Längeneinheit wird damit

$$dw_1/ds = n_{\mathrm{B}1}a_{\mathrm{s}1}. \tag{7.159}$$

Entsprechend der Annahme in Abschnitt 7.3.2.3 soll auch hier angenommen werden, daß ein Ionisationsprozeß immer dann auftritt, wenn die Ionisationsenergie $W_{\mathrm{I}1}$ der Molekülart 1 bei einem Stoßvorgang erreicht oder überschritten wird. Diese Ionisationsenergie muß über der realen freien Weglänge λ im Gasgemisch, bei der alle Stoßvorgänge mit den Molekülen aller Gaskomponenten zu berücksichtigen sind, aufgenommen werden. In Anlehnung an Bild 7.3 und entsprechend den Überlegungen zu Gl. (7.23) wird die Wahrscheinlichkeit für einen Stoß mit den Molekülen beider Gaskomponenten in der Strecke ds:

$$dw = n_{\mathrm{B}1}a_{\mathrm{s}1}\,ds + n_{\mathrm{B}2}a_{\mathrm{s}2}\,ds. \tag{7.160}$$

Mit (7.24) wird die mittlere freie Weglänge

$$\lambda_{\mathrm{m}} = \frac{1}{n_{\mathrm{B}1}a_{\mathrm{s}1} + n_{\mathrm{B}2}a_{\mathrm{s}2}}. \tag{7.161}$$

Die Ionisationsenergie $W_{\mathrm{I}1}$ der Molekülart 1 ist erreicht oder überschritten, wenn die freie Weglänge vor dem Stoßvorgang nach (7.84) größer oder gleich

$$\lambda_{\mathrm{I}1} = \frac{\delta W_{\mathrm{I}1}}{eE} \tag{7.162}$$

ist. Nach dem Clausius-Weglängengesetz Gl. (7.36) wird die zugehörige Wahrscheinlichkeit der Ionisation

$$P_1 = \exp\left(-\lambda_{\mathrm{I}1}/\lambda_{\mathrm{m}}\right). \tag{7.163}$$

Mit der Zahl der Elektronenstöße je Längeneinheit mit der Molekülart 1 nach (7.159) ergibt sich der zugehörige Ionisationskoeffizient

$$\alpha_1 = n_{\mathrm{B}1}a_{\mathrm{s}1}\exp\left(-\lambda_{\mathrm{I}1}/\lambda_{\mathrm{m}}\right). \tag{7.164}$$

Mit (7.164), (7.162) und in Anlehnung an (7.85) wird

$$\frac{\alpha_1}{p_1} = C_{11}\exp\left[-\frac{C_{21}}{E/p}\left(\frac{p_1}{p} + \frac{p_2}{p}\frac{a_{\mathrm{s}2}}{a_{\mathrm{s}1}}\right)\right]. \tag{7.165}$$

Nimmt man in gleicher Weise das einfache Modell für die Wiederanlagerung, so ergibt sich entsprechend (7.106)

$$\frac{\eta_1}{p_1} = C_{41}\left\{1 - \exp\left[-\frac{C_{31}}{E/p}\left(\frac{p_1}{p} + \frac{p_2}{p}\frac{a_{\mathrm{s}2}}{a_{\mathrm{s}1}}\right)\right]\right\}. \tag{7.166}$$

Durch Indexwechsel ergeben sich die entsprechenden Größen für die Gaskomponente 2.

Die Lawinenentwicklung in einem derartigen Mischgas läßt sich entsprechend (7.112) angeben:

$$dN_e = (\alpha_1 - \eta_1)\,N_e\,dx + (\alpha_2 - \eta_2)\,N_e\,dx. \quad (7.167)$$

Weitergehend kann nach dem Streamermechanismus oder dem Generationenmechanismus das Durchschlagverhalten untersucht werden. Besonders einfache Beziehung für den Ionisationskoeffizienten und den Anlagerungskoeffizienten ergeben sich bei Annahme gleicher Wirkungsquerschnitte $a_{s1} = a_{s2}$ der Gaskomponenten [7.30]. Dann wird mit (7.156):

$$\frac{\alpha_1}{p_1} = C_{11}\exp\left(-\frac{C_{21}}{E/p}\right); \quad (7.168)$$

$$\frac{\eta_1}{p_1} = C_{41}\left[1 - \exp\left(-\frac{C_{31}}{E/p}\right)\right].$$

Damit gelten bei dieser einfachen Modellbetrachtung die für reine Gase gegebenen Funktionen für α und η. Es muß nur beachtet werden, daß auf der Ordinate für α/p bzw. η/p der jeweilige Partialdruck der betrachteten Gaskomponente und auf der Abszisse für E/p der Absolutdruck p des Gasgemischs anzusetzen ist. Für SF_6 und Stickstoff konnte mit dieser vereinfachten Betrachtung eine gute Übereinstimmung zwischen Rechnung und Experiment erzielt werden (Bild 7.24). Auffallend ist dabei, daß schon geringe Anteile SF_6 die elektrische Festigkeit erheblich erhöhen, während mit wachsendem SF_6-Anteil die Zunahme der Festigkeit deutlich geringer wird. Geringe Fremdgasanteile in SF_6 beeinflussen deshalb die elektrische Festigkeit nur wenig. Bessere Ergebnisse ergeben sich bei Beachtung der unterschiedlichen Wirkungsquerschnitte und weiterer, in dem obigen einfachen Modell vernachlässigter Wechselwirkungen [7.31, 7.32]. Zu beachten ist, daß die Modellbetrachtung vor allem nicht anwendbar ist, wenn der Ansatz (7.166) oder (7.106) das Anlagerungsverhalten nicht richtig wiedergibt, wie es bei vielen Gasen (z. B. O_2) der Fall ist.

7.5.5 Einfluß der Elektrodenrauhigkeit auf den Durchschlag

Bei allen Betrachtungen wurde bislang von einer absolut glatten Elektrodenoberfläche ausgegangen, wie sie in der Praxis gar nicht erreicht werden kann. Durch den Herstellungsprozeß bedingt, muß immer eine gewisse Elektrodenrauhigkeit in Kauf genommen werden. So ergeben sich selbst bei polierten Metalloberflächen Rauhtiefen bis zu 3 μm und bei gezogenem Material bis zu 6 μm. Derartige Rauhigkeiten haben eine oberflächennahe Feldanhebung zur Folge. Dieses Mikrofeld kann zu einer Absenkung der Durchschlagspannung führen (Bild 7.25) [7.33—7.36]. Auch die elektrischen Entladungen selbst führen durch kleinste Aufschmelzungen an den Fußpunkten zur Veränderung der Oberflächenstruktur. Auch bei extrem kurzen Abschaltzeiten der Spannungsquelle verbleibt eine Funkenenergie und Funkenladung, die durch die Durchschlagspannung und die Prüflingskapazität bestimmt werden. Bei schwachen Entladungen wird abhängig vom Elektrodenmaterial die Oberflächenstruktur im Mittel geglättet, das Mikrofeld abgebaut, wodurch sich eventuell eine Erhöhung der Spannungsfestigkeit ergeben kann. Dieser

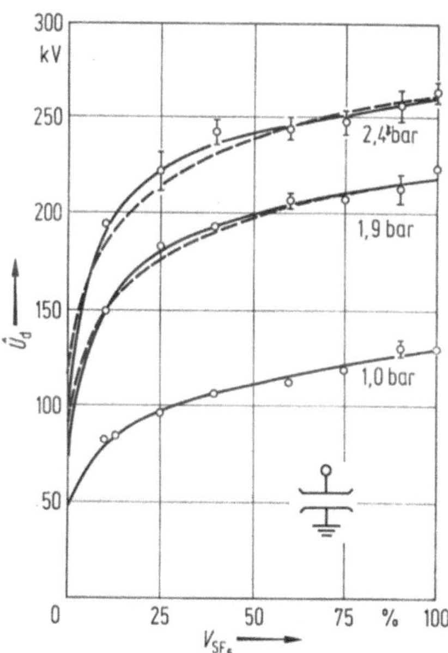

Bild 7.24. Durchschlagwechselspannung U_d eines SF_6-N_2-Gemischs als Funktion des SF_6-Volumenanteils V_{SF_6} bei konstanter Schlagweite $s = 15$ mm und veränderlichem Druck [7.30]. —— gemessen; ------ gerechnet.

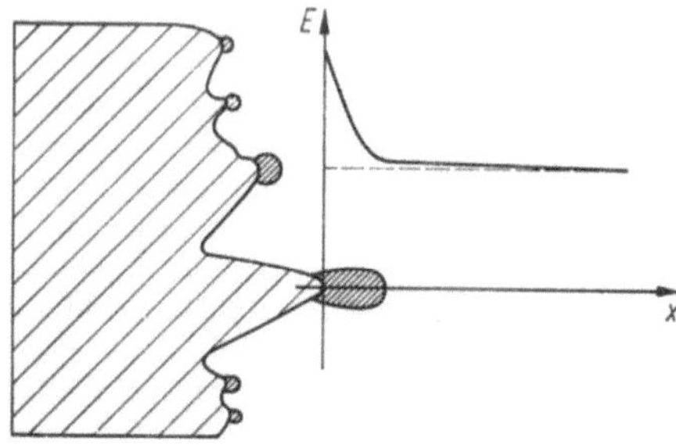

Bild 7.25. Feldanhebung durch Oberflächenrauhigkeit an der Elektrode. ----- Grundfeld; —— angehobenes Mikrofeld.

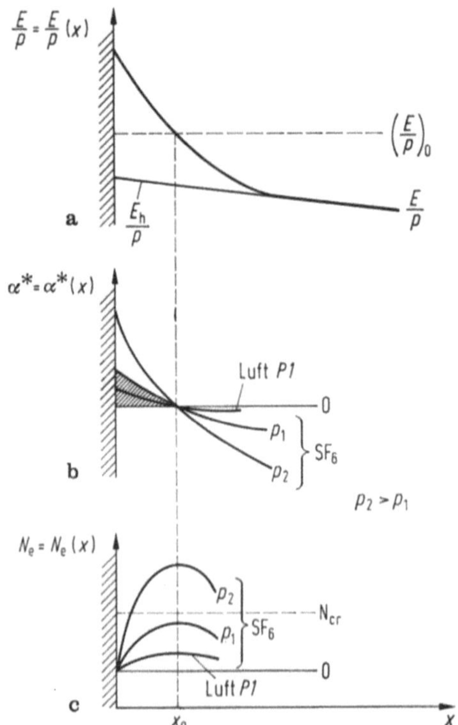

Bild 7.26. Feldverlauf E/p, effektiver Ionisationskoeffizient α^* und Elektronenzahl N_e in einer Lawine nahe der rauhen Oberfläche bei Luft, SF_6 und SF_6 mit erhöhtem Druck. Die Feldanhebung über das Grundfeld E_h wird durch eine Oberflächenrauhigkeit nach Bild 7.25 verursacht, wie sie hier nicht dargestellt ist.

Effekt findet als Formierung in der Prüftechnik Anwendung. Bei starken Funkenentladungen kann es zu einer verstärkten Oberflächenaufrauhung und einer Anhebung des Mikrofeldes, verbunden mit einer Absenkung der Durchschlagspannung, kommen. Derartige Effekte haben für das Durchschlagverhalten hohe Bedeutung.

Der Einfluß derartiger Oberflächenrauhigkeit ist im allgemeinen bei SF_6 mit Gasdrücken über 2 bar zu beachten. Dies läßt sich anhand von Bild 7.26 erläutern. Wir betrachten den Feldverlauf im Nahbereich an der Elektrodenoberfläche. Bild 7.26a zeigt, daß nur im Nahbereich der Metalloberfläche, durch die Rauhigkeit bedingt, das Feld über den kritischen Wert $(E/p)_0$ angehoben wird. Im übrigen Bereich zwischen den Elektroden wird die kritische Feldstärke $(E/p)_0$ nicht erreicht. Es ist ersichtlich, daß in diesem Fall ohne das rauhigkeitsbedingte Mikrofeld ein Durchschlag nicht möglich ist.

Im Bild 7.26b ist der Verlauf des effektiven Ionisationskoeffizienten $\alpha^* = \alpha - \eta$ für drei verschiedene Fälle eingetragen. Nur im Nahbereich des Mikrofeldes $x \leqq x_0$ für $E/p > (E/p)_0$ ergeben sich positive effektive Ionisationskoeffizienten,

nur dort ist ein Lawinenwachstum möglich. Dabei wird entsprechend (7.128) nach dem Streamermechanismus ein Durchschlag eingeleitet, wenn die durch Schraffierung herausgehobene Fläche

$$\int\limits_{}^{x_0} \alpha^* \, dx = K_{St} \qquad (7.169)$$

den Grenzwert K_{St} erreicht, oder die Elektronen N_e über die kritische Zahl N_{cr} anwachsen (Bild 7.26c). Da der effektive Ionisationskoeffizient in SF_6 mit der Feldstärke wesentlich stärker ansteigt als in Luft und mit dem Druck zunimmt, wird im Falle $E_h/p \leqq (E/p)_0$ bei den üblichen rauhigkeitsbedingten Feldanhebungen der Grenzwert K_{St} in SF_6 bereits mit Drücken über 2 bar erreicht. In Luft sind dazu wesentlich höhere Drücke notwendig.

Die Mikrostruktur der rauhen Elektrodenoberfläche ist extrem vielfältig. Sie bestimmt aber den genauen ortsabhängigen Feldstärkenverlauf $E(x)$ in der unmittelbaren Umgebung der Elektrode. Die Vielfalt dieses Feldstärkenverlaufs kann unmöglich nachgebildet werden. Der grundsätzliche Feldstärkenverlauf ist jedoch aus Berechnungen bekannt, die an genau definierten Oberflächenrauhigkeiten (Halbkugeln, Kugeln, stabförmigen Gebilden mit kugelförmigem Abschluß, Ellipsoiden) durchgeführt werden können. Dieser Feldstärkenverlauf soll entsprechend Bild 7.27 [7.34]

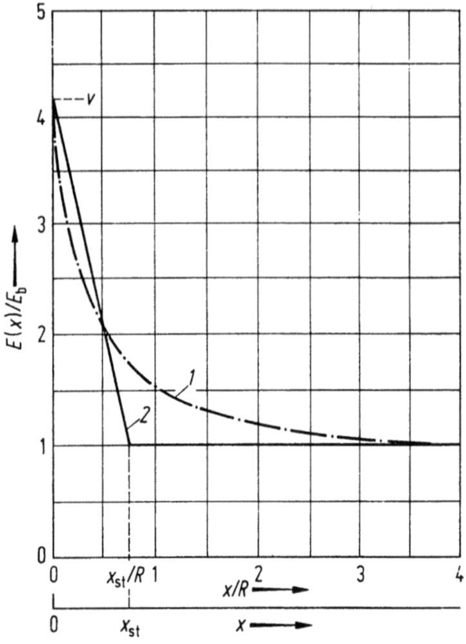

Bild 7.27. Schematisierter Verlauf des Mikrofeldes. *1* Kugel mit Radius R auf Platte, berechneter Feldverlauf; *2* Approximation.

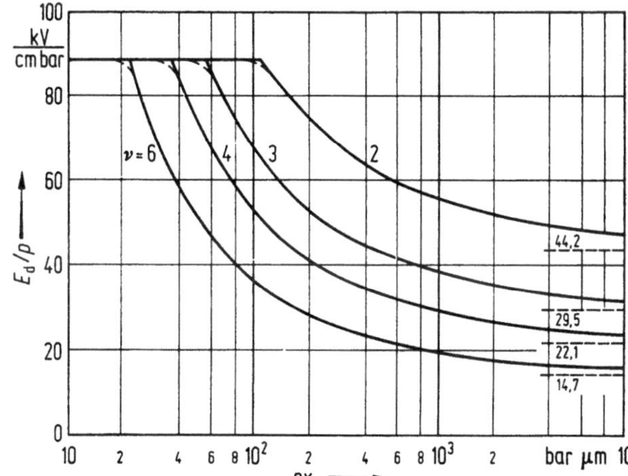

Bild 7.28. Durchschlagfeldstärke E_d für verschiedene rauhigkeitsbedingte Feldanhebungen v und Störtiefen x_{st} beim Gasdruck p.

durch einen zunächst fast linearen, starken Abfall der Feldstärke in unmittelbarer Nähe der Rauhigkeit nachgebildet werden, der dann sehr rasch in den ungestörten, makroskopischen Feldstärkenverlauf übergeht, auch wenn ein derartiger Feldstärkenverlauf physikalisch nicht möglich ist. Die makroskopische, berechenbare Feldstärke E_h an der Elektrode wird sich in x-Richtung ebenfalls ändern, jedoch ist diese Änderung vergleichsweise so gering, daß hier von einer konstanten Feldstärke E_h ausgegangen werden kann. Es kann nach (7.152) in guter Näherung angenommen werden, daß es in jedem Fall zum Durchschlag kommen wird, wenn $E_h = E_0$ ist. Für $E_h < E_0$ kann sich eventuell im Mikrofeld eine Lawine ausbilden. Für die Berechnung des prinzipiellen Durchschlagverhaltens kann der in Bild 7.27 gezeigte, lineare Verlauf des Mikrofeldes angesetzt werden. Er sei gekennzeichnet durch den Feldverstärkungsfaktor $v = E_{max}/E_h$ und die Größe x_{st} der gestörten Feldzone, also lediglich durch zwei Parameter. Wenn die schraffierte Fläche nach (7.152) und Bild 7.16 den Wert K_{St}/k erreicht

$$\int_0^{x_0} \left(E - \left(\frac{E}{p} \right)_0 p \right) \mathrm{d}x = \frac{K_{St}}{k},$$

wird ein Durchschlag eingeleitet.
Die Auswertung führt zu einer Durchschlagfeldstärke

$$\frac{E_d}{p} = A + \sqrt{A^2 - \left[\left(\frac{E}{p} \right)_0 v \right]^2},$$

$$A = \left(\frac{E}{p} \right)_0 v + \frac{v-1}{v^2} \frac{K_{St}}{k} px_{st}. \tag{7.170}$$

die in Bild 7.28 für verschiedene Feldanhebungen v und Störtiefen x_{st} dargestellt ist.

Für angenommene kugelförmige Rauhigkeiten oder Partikel ergeben sich mit Bild 7.29 prinzipiell vergleichbare Verläufe. Wesentlich ist dabei, daß die Festigkeitsabsenkung von dem Produkt aus Partikelgröße und Isoliergasdruck abhängig ist und mit wachsendem Isoliergasdruck zunehmend beachtet werden muß [7.37].

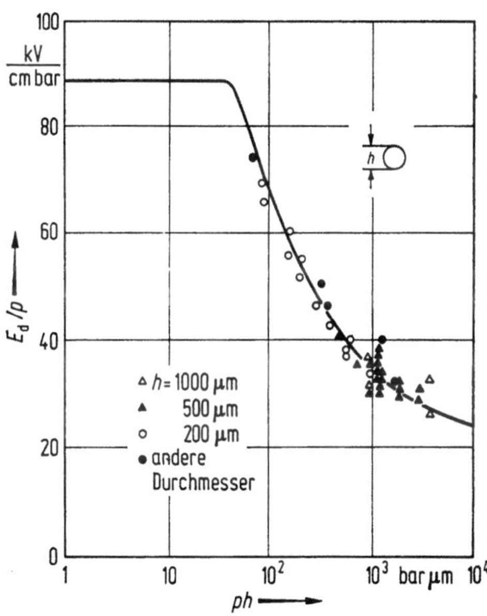

Bild 7.29. Durchschlagfeldstärke in einer Anordnung mit homogenem Feld bei kugelartigen Partikeln unterschiedlichen Durchmessers h. Die Linie gibt die theoretische Durchschlagspannung wieder und die Markierungen zeigen die experimentellen Ergebnisse [7.37].

7.6 Durchschlag im inhomogenen Feld

Bei inhomogenen Feldern ist ein reiner Streamerdurchschlag nach Abschnitt 7.5.1 möglich. Bei höherem Inhomogenitätsgrad ergeben sich aber nach Bild 7.30 beim Erreichen des Streamerkriteriums zunächst nur stabile Vorentladungen oder Koronaentladungen in einem örtlich begrenzten Bereich hoher Feldstärke.

Erst bei weiterer Spannungssteigerung entwickelt sich aus der Vorentladung heraus eine die volle Schlagweite überbrückende Entladung. Hierbei handelt es sich im allgemeinen um eine reine Streamerentladung, die in besonderen Fällen großer Schlagweite und impulsförmiger Spannung eine sogenannte Leaderentwicklung, bei der aufgrund hoher Stromdichten auch die Thermoionisation wirksam wird, zur Folge haben kann. Der reine Streamer (Streamerdurchschlag) oder Streamer und Leader (Leaderdurchschlag) führen dann zum Durchschlag. Man muß zwischen der Einsatzspannung der Vorentladung U_e und der Durchschlagspannung U_d unterscheiden. Insbesondere durch die umfangreichen Arbeiten der „Les Renardières Group" [7.40—7.43] ist die gesamte Entladungsentwicklung eingehend untersucht worden.

7.6.1 Polaritätseinfluß durch Raumladungsbildung

Durch die Vorentladung kommt es insbesondere im Bereich der stark gekrümmten Elektrode zur Raumladungsbildung. Diese Raumladungsbildung, ihr Einfluß auf die Feldverteilung und die Entladungsentwicklung sollen anhand einer luftisolierten Spitze-Platte-Anordnung beschrieben

werden. Infolge des unterschiedlichen Entladungsaufbaus und der unterschiedlichen Beweglichkeit der Elektronen und Ionen ist die Wechselwirkung zwischen Raumladungsfeld und Raumladungsaufbau abhängig von der Polarität der Spitzenelektrode und hat daher einen sogenannten Polaritätseffekt zur Folge.

7.6.1.1 Positive Spitze-Platte

Ausgehend von Anfangselektronen durch natürliche Strahlung, bilden sich an der positiven Spitze im Nahbereich $E > E_0$ $(\alpha > \eta)$ auf die Spitzenelektrode zulaufende Lawinen. Sobald in diesem Nahbereich die kritische Elektronenzahl N_{cr} erreicht wird, führt die intensive Photonenausstrahlung aus dem Lawinenkopfbereich zu einer ständigen Auslösung neuer Lawinen und so zu einer stabilen Vorentladung im Nahbereich. Der optische Eindruck dieser Entladung ist ein schwaches, bläuliches Glimmen unmittelbar vor der Spitzenelektrode, hervorgerufen durch die Photonenausstrahlung.

Die Lawinen wachsen auf ihrem Weg in Richtung auf die Spitzenelektrode in ein stark steigendes Feld hinein. Die Anzahl der Ionisationsprozesse und die Dichte der positiven Ionen steigen zur Spitze hin stark an. Da die Elektronen wegen ihrer großen Beweglichkeit sehr schnell zur Anode wandern und dort aufgenommen werden, bleibt eine positive Raumladung aus trägen, positiven Ionen unmittelbar vor der Spitze zurück. Die Feldstärke an der Spitze wird dadurch zwar deutlich verkleinert, dafür aber im isolierenden Raum in Richtung zur Kathode verstärkt (Bild 7.31a). Die Spitzenelektrode erscheint vorgeschoben, die Schlagweite verkürzt und die Durchschlagentwicklung wird begünstigt.

7.6.1.2 Negative Spitze-Platte

Hier werden die Anfangselektronen vor allem durch Emission aus der Spitzenelektrode bereitgestellt. Diese laufen in ein divergierendes Feld. Das Maximum der Ionisationen ist hier etwas weiter entfernt von der Spitze, aber noch im kritischen Nahbereich $E > E_0$ $(\alpha > \eta)$ zu finden. Wenn die Lawinen in diesem Nahbereich die kritische Elektronenzahl N_{cr} erreichen, bleibt die Entladung durch die intensive Photonenausstrahlung aus dem Lawinenkopfbereich und die dauernde Lawinenneubildung zunächst stabil. Die Elektronen wandern schnell in das feldschwache Gebiet $(E < E_0)$ ab und bilden dort bei elektronegativen Gasen durch Anlagerung negative Ionen (im Falle von Luft negative Sauerstoffionen) im Elektrodenzwischenraum.

Durch die wachsende negative Raumladung im Außenraum wird die Feldstärke im Nahbereich zunehmend abgebaut, bis schließlich die Vorentladung erlischt. Sie setzt wieder ein, wenn durch die Abwanderung der negativen Ionen zur Anode

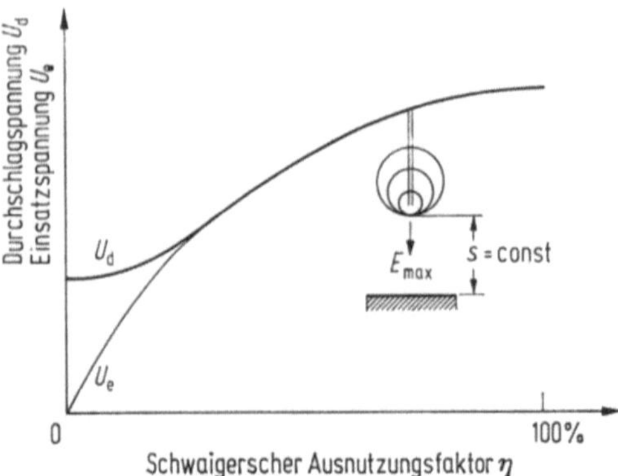

Bild 7.30. Durchschlagspannung U_d und Einsatzspannung U_e der Vorentladung in Abhängigkeit vom Schwaigerschen Ausnutzungsfaktor η bei konstanter Schlagweite s.

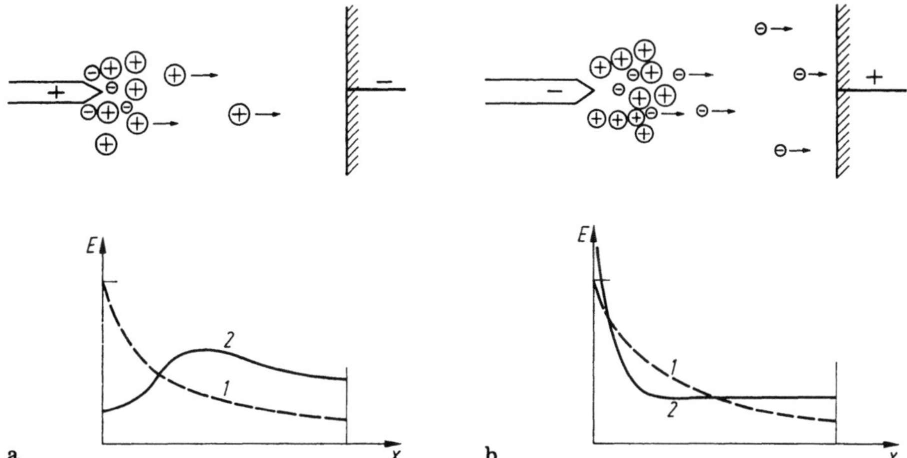

Bild 7.31. Feldverteilung mit (*2*) und ohne (*1*) Berücksichtigung der Raumladung bei den Anordnungen **a** positive Spitzenelektrode-Platte; **b** negative Spitzenelektrode-Platte.

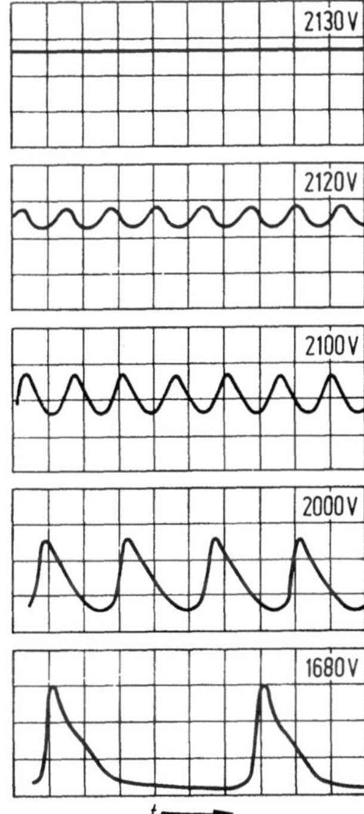

Bild 7.32. Übergang der Trichel-Entladung zur Dauerkorona bei verschiedenen Spannungsstufen [7.38; 7.39]. Abstand Spitze—Platte 2 cm; Gas: Stickstoff von 0,8 bar mit einer Spur Sauerstoff; Zeitablenkung 0,1 µs/Teilung.

nahe der Spitze wieder ein genügendes Feld vorhanden ist. Auf diese Weise bilden sich die nach dem Entdecker benannten Trichel-Impulse (Bild 7.32). Mit wachsender Spannung steigt die Wanderungsgeschwindigkeit der negati-

ven Ionen und damit die Impulsfrequenz an. Wenn der Ionenabfluß schließlich der Erzeugung entspricht, wird die Entladung stetig. Bei reinen Edelgasen und reinem Stickstoff ist eine Anlagerung nicht möglich. Hier treten daher auch keine impulsförmigen Vorentladungen auf.

Die positive Raumladung in der Nähe der Spitze verstärkt dort das Feld erheblich. Vor der Anode wird es durch die negative Raumladung im Elektrodenzwischenraum etwas angehoben (Bild 7.31 b). Insgesamt wird das Feld im isolierenden Elektrodenzwischenraum homogener, d. h. die Durchschlagspannung wird angehoben. Es gilt stets:

$$U_\mathrm{d}\ (\text{positive Spitze}) < U_\mathrm{d}\ (\text{negative Spitze}).$$

$$(7.171)$$

Im Falle einer Wechselspannungsbeanspruchung ist daher die positive Halbperiode für den Durchschlag entscheidend, wobei er im Augenblick des Scheitelwerts $\hat{U}_\mathrm{d}$ auftritt. Es gilt daher:

$$\hat{U}_\mathrm{d} = U_\mathrm{d}\ (\text{positive Spitze}). \qquad (7.172)$$

7.6.2 Streamerentladung

Der Durchschlag einer Anordnung mit inhomogenem Feld wird durch eine Streamerentladung eingeleitet, die sich bei starker Inhomogenität (Bild 7.30) aus der Vorentladung heraus entwickelt. Der Streameraufbau ist grundsätzlich vergleichbar mit demjenigen im homogenen Feld (Abschnitt 7.5.1); er wird von den gleichen physikalischen Grundsätzen getragen.

Jedoch ergeben sich hier durch den starken Feldgradienten einige Besonderheiten. Es muß prinzipiell zwischen dem positiven Streamer und dem negativen Streamer unterschieden werden, wobei in der Regel die Polarität der stark gekrümmten Elektrode auch die Streamerpolarität bestimmt.

7.6.2.1 Positive Streamerentladung

Im Nahbereich mit kritischer Feldstärke $E > E_0$ an der stark gekrümmten positiven Elektrode soll zunächst aus einem Anfangselektron heraus eine Elektronenlawine auf die Elektrode zulaufen. Das Anfangselektron kann hierbei durch natürliche Strahlung im Gasraum entstanden sein. Wenn die Lawine dabei die kritische Elektronenzahl erreicht, wird das Feld ähnlich Bild 7.14 vor dem Lawinenkopf und im Lawinenschwanz erheblich angehoben. Dies führt wie beim Streamermechanismus im homogenen Feld zu einer intensiven Photonenausstrahlung. Im rückwärtigen Bereich, hinter dem Lawinenschwanz, können neue kritische Lawinen durch diese Photonen ausgelöst werden, wenn das Grundfeld durch das Raumladungsfeld so weit angehoben wird, daß die dort gebildete Zone hoher Feldstärke dieses zuläßt. Die Lawinen wandern auf die positive Raumladung der Anfangslawine zu, werden mit den Elektronen in den Lawinenköpfen die positive Raumladung neutralisieren und hinterlassen einen neuen, weiter vorgelagerten positiven Raumladungskopf, der den Streamerkopf bildet.

Bild 7.33 zeigt den weiteren Streameraufbau. Um den positiv geladenen Streamerkopf (1) liegt eine aktive Ionisationszone, die durch die Ionisationsgrenze $E = E_0$ ($\alpha = \eta$) begrenzt wird. Photoelektronen (3) in diesem Gebiet haben Lawinen (4, 5) zur Folge, die konzentrisch auf den Streamerkopf zulaufen. Die im Streamerkopf einlaufenden Elektronen neutralisieren die dortige Raumladung und lassen eine neue Zone (6) mit positiver Raumladung in weiter vorgeschobener Position zurück.

Hinter dem Lawinenkopf bleibt ein nahezu neutraler, schwach leitfähiger Kanal (2) zurück. Hier finden wegen des reduzierten Feldes keine Ionisationsprozesse mehr statt. Der Streamer wächst in den Entladungsraum so weit vor, bis das Raumladungsfeld am Streamerkopf zusammen mit dem Grundfeld nicht mehr ausreicht, für die Ausbreitung genügend Elektronenlawinen zu erzeugen. Daher ist ein bestimmtes äußeres Grundfeld $E_{g\,min}$ notwendig, damit sich der Streamer vorentwickeln kann. Für trockene Luft ist $E_{g\,min} = 4\,\text{kV/cm}$ experimentell ermittelt worden [7.45]. Aus diesem Grunde nimmt die Reichweite der Streamerentladung mit dem Homogenitätsgrad des Feldes zu. Der mittlere Streamergradient hat etwa die gleiche Größenordnung wie $E_{g\,min}$ und liegt bei etwa 4 bis 5 kV/cm [7.46]. Die Ausbreitungsgeschwindigkeit des Streamers liegt bei einigen 10 cm/s [7.46].

7.6.2.2 Negative Streamerentladung

Bei einer stark gekrümmten negativen Elektrode werden auch aus der Kathode emittierte Elektronen als Anfangselektronen zur Verfügung stehen. Die Lawine entwickelt sich in das abnehmende Feld. Die negative Ladung des Lawinenkopfs hebt das Feld im Vorraum an, so daß sich auch hier eine aktive Zone $E > E_0$ ausbilden kann. Wenn die erste Lawine die kritische Elektronenzahl erreicht hat, werden vor allem durch Photonen in dieser aktiven Zone neue Lawinen ausgelöst, deren positive Ladung in den Lawinenschwänzen durch die negative Ladung im Kopf der ersten Lawine neutralisiert werden. Die Kopfladungen der neuen Lawinen bilden den neuen negativen Streamerkopf.

Da der Streamerkopf vorzugsweise aus Elektronen mit hoher Beweglichkeit besteht, weitet er sich entsprechend (7.121) durch Diffussion stärker

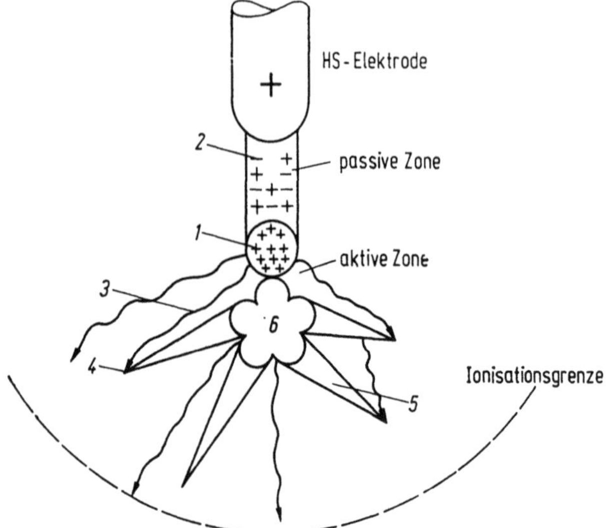

Bild 7.33. Entwicklung der positiven Streamerentladung [7.44]. *1* Streamerkopf, alt; *2* Streamerkanal; *3* Photonenbahn; *4* Anfangselektron; *5* Lawine; *6* Streamerkopf, neu.

aus als der Kopf des positiven Streamers. Es ergibt sich eine geringere Ladungsdichte und eine geringere Feldanhebung. Das für die Streamerentwicklung notwendige Grundfeld ist daher erheblich größer und beträgt etwa $E_{g\,min} = 13$ bis $18\,kV/cm$ [7.47]. Auch der Spannungsgradient im negativen Streamer ist erheblich größer als beim positiven und beträgt etwa 7 bis $10\,kV/cm$ [7.46]. Die Streamervorwachsgeschwindigkeit ist kleiner als diejenige des positiven Streamers, liegt aber in der gleichen Größenordnung.

7.6.3 Leaderentladung

Die Leaderentladung bildet sich vor allem bei großen Schlagweiten und Schaltstoßspannungen (Abschnitt 2.2) aus und hat hier wesentlichen Einfluß auf das Durchschlagverhalten.

Da sich bei positiver Polarität der stark gekrümmten Elektrode weitaus geringere Durchschlagspannungen ergeben als bei negativer Polarität, wird die Auslegung von Anlagen und Geräten durch die hierbei auftretende positive Leaderentladung bestimmt. Sie ist von entscheidender Bedeutung und eingehend untersucht worden [7.40 − 7.43].

Der prinzipielle Aufbau eines positiven Leaders wird in Bild 7.34 gezeigt. Der Leader besteht aus dem Leaderkanal (1), dem Leaderkopf (2) und der Leaderkorona (3). Im Leaderkanal mit dem Durchmesser d_L herrscht eine relativ hohe Stromdichte, die eine hohe Gastemperatur T_G und Thermoionisation zur Folge hat. Dadurch ergibt sich eine relativ hohe Ladungsträgerdichte,

wobei die Zahl der Elektronen und positiven Ionen etwa gleich ist. Der Spannungsgradient E_L des Leaderkanals ist daher relativ klein. Typische Kennwerte für einen Leaderkanal von mehreren Metern Länge in atmosphärischer Luft sind [7.41]:

$$i_L \approx 0{,}6 - 1A\,; \; E_L \approx 1{,}5\,kV/cm\,; \; d_L < 3\,mm\,;$$

$$T_G \approx 5\,000\;°C.$$

Entscheidend für die Leaderentwicklung ist die Energiezufuhr über den Leaderstrom i_L, damit die für die Thermoionisation notwendige Leadertemperatur gehalten werden kann. Die Stromzufuhr erfolgt aus der Leaderkorona (3) über den Leaderkopf. Die Leaderkorona erfaßt, vom Leaderkopf ausgehend, kegelförmig den Raum vor der Leaderspitze bis zur Ionisationsgrenze (5) $E = E_0$ ($\alpha = \eta$). Dabei wird dieser Raum durch streamerartige Entladungen erfaßt (4), die sich immer wieder neu vom jeweiligen Leaderkopf aus entwickeln.

Im Leaderkanal herrscht nach der Modellbetrachtung von Gallimberti [7.48] kein thermisches Gleichgewicht zwischen den Elektronen und dem Gas. Die in der Leaderkorona durch Stoßionisation gebildeten energiereichen Elektronen geben nach Eintritt in den Leader dort durch Stöße ihre Energie an die Gasmoleküle ab. Dabei werden zunächst vornehmlich Molekülschwingungen angeregt. Diese Anregungsenergie wird mit einer Zeitkonstante in thermische Energie umgesetzt. Dadurch bedingt steigt die Gastemperatur in den ersten 20 bis 30 µs stark an. Die damit wachsende Thermoionisation hat eine entsprechende Minderung des Potentialgefälles E_L zur Folge. Diese zeitliche Abnahme des mittleren Leadergradienten E_L vom Anfangswert um $5\,kV/cm$ auf 1 bis $1{,}5\,kV/cm$ ist experimentell bestätigt [7.42] und zweifellos maßgebend für die relativ geringe mittlere Durchschlagfeldstärke bei großen Schlagweiten. Daneben ist sie entscheidend für den Einfluß der Spannungsform auf den Leaderdurchschlag und begünstigt die Leaderentwicklung. Der durch die Leaderverlängerung beim Wachstum steigende Leaderspannungsfall wird durch den Abfall des Spannungsgradienten verringert.

Der genaue Mechanismus für den Leadereinsatz muß als noch ungeklärt bezeichnet werden, es bestehen lediglich einige Hypothesen. In jedem Fall setzt der Leadereinsatz eine gewisse Stromdichte im Leaderfußpunkt voraus, der eine Temperaturerhöhung zur Folge hat. Diese Temperaturerhöhung hat eine geringere Gasdichte zur Folge, wodurch die Elektronenenergie und die Stoßionisationshäufigkeit ansteigen. Weiterhin führt die höhere thermische Energie zur verstärkten Ablösung angelagerter Elektronen; auch der Anlagerungskoeffizient für die Bildung negativer Ionen nimmt ab.

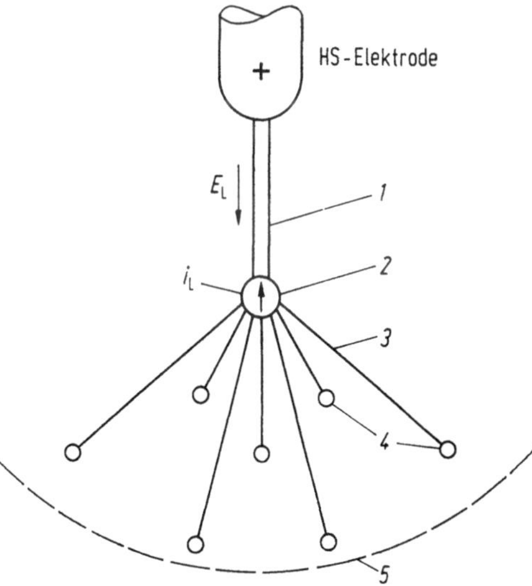

Bild 7.34. Leaderentwicklung [7.44]. *1* Leaderkanal; *2* Leaderkopf; *3* Leaderkorona; *4* Streamerkopf der Korona; *5* Ionisationsgrenze.

7.6.4 Streamerdurchschlag technischer Anordnungen

Die Entwicklung und die Art der Entladung haben einen erheblichen Einfluß auf das Durchschlagverhalten technischer Elektrodenanordnungen und sind entscheidend von der Spannungsform und der Geometrie der Durchschlaganordnung abhängig. Die wichtigen Entwicklungsstufen der Streamerentladung sind in Abschnitt 7.6.2 aufgezeigt. Beim Erreichen der kritischen Einsatzfeldstärke E_e und der zugehörigen Anfangsspannung U_e kommt es zu ersten Vorentladungen. Insbesondere bei Gleich- oder Wechselspannung kann sich aufgrund dieser Vorentladungen ein Raumladungsfeld aufbauen (Abschnitt 7.6.1), das zu stabilen Vorentladungen führt und die weitergehende Streamerentladung verzögert oder behindert. Bei Schaltstoßspannung und Blitzstoßspannung wird jedoch die feldvergleichmäßigende Wirkung der vorentladungsbedingten Raumladung in jedem Falle nach kurzer Zeit oder auch ständig durch die steigende Spannung aufgehoben. Es entstehen in gewissen zeitlichen Abständen oder kontinuierlich Streamerentladungen, die mit wachsender Spannung immer weiter zur Gegenelektrode vorwachsen.

Die Reichweite der Streamerentladung nimmt mit dem Homogenitätsgrad zu. Im homogenen oder quasihomogenen Feld technisch üblicher Anordnungen wird jede Schlagweite durch Streamer überbrückt. Bei einer Spitze-Platte-Anordnung treten bei Schlagweiten bis zu etwa 1 m bei allen üblichen Spannungsarten (Schaltstoßspannung, Blitzstoßspannung, Gleichspannung und 50-Hz-Wechselspannung) nur Streamerentladungen auf. Die Streamerentladung erreicht die Gegenelektrode bevor es zu einer Leaderentwicklung kommt, da die dazu notwendige Stromdichte am Fußpunkt der Streamer nicht erreicht wird.

Bei Schlagweiten über 1 m ergibt sich nur bei Blitzstoßspannung 1,2/50 und Gleichspannung ein reiner oder nahezu reiner Streamerdurchschlag. Im Falle der Blitzstoßspannung 1,2/50 ist die Beanspruchungsdauer zu kurz, um einen Leader auszubilden. Allenfalls bildet sich ein Leaderansatz an der Hochspannungselektrode, der aber nur einen unerheblichen Anteil der Schlagweite überbrückt und daher für die Durchschlagfestigkeit der Anordnung ohne Bedeutung bleibt. Hier ergibt sich daher unabhängig von der Schlagweite in jedem Falle ein Streamerdurchschlag. Im Falle der Gleichspannung kann sich kein Leader bilden, da wegen der Spannungskonstanz die Wachstumsbedingungen für den Leader schlecht sind. Es kann unabhängig von der Schlagweite ein reiner Streamerdurchschlag angenommen werden, wobei es abhängig vom Inhomogenitätsgrad vorher zu einer stabilen Raumladungsbildung kommen kann (Abschnitt 7.6.1).

Entsprechend dem Spannungsgradienten des Streamers ergeben sich für die 50%-Durchschlagspannung U_{d50} folgende Beziehungen für eine Spitze-Platte-Anordnung

$$U_{d50} = E_s s, \qquad (7.173)$$

wobei s die Schlagweite zwischen den Elektroden ist. Sowohl bei Blitzstoßspannung 1,2/50 als auch bei Gleichspannung kann in Näherung ein $E_s = 4\dots 5$ kV/cm bei positiver Polarität der Spitze und $E_s = 7\dots 10$ kV/cm bei negativer Polarität der Spitze angesetzt werden. Eingeschränkt auf Schlagweiten bis zu 1 m gelten diese Werte auch für Schaltstoßspannungen und technische Wechselspannungen von $16^2/_3$ bis 60 Hz. Im Falle der Wechselspannung erfolgt der Durchschlag im Bereich des positiven Scheitelwerts. Daher sind in der Beziehung (7.173) der Scheitelwert der Wechselspannung und der Wert $E_s = 4\dots 5$ kV/cm für die positive Polarität anzusetzen.

Die Streuung der Durchschlagspannung ist abhängig von der Elektroden- und Spannungsform und resultiert aus der Wartezeit für das erste natürlich gebildete Anfangselektron für die erste Lawine mit $N > N_{cr}$ und dem folgenden Streameraufbau. Im allgemeinen wird bei Gasdurchschlägen für diese Streuung die Gauß-Verteilung angenommen. Die zugehörige Standardabweichung σ liegt beim reinen Streamerdurchschlag in der Größe von etwa

$$\sigma = (1\dots 2)\%. \qquad (7.174)$$

Verfahren zur Berechnung des Durchschlagverhaltens und der Streuung der Durchschlagspannung bei beliebiger transienter Spannungsbeanspruchung werden in Abschnitt 7.7 behandelt. Wesentlich größere Streuungen ergeben sich beim Leaderdurchschlag.

7.6.5 Leaderdurchschlag technischer Anordnungen

7.6.5.1 Räumlich-zeitlicher Entladungsaufbau

Bei einer Stab-Platte-Anordnung und Schlagweiten über 1 m im Falle einer Schaltstoßspannungs- oder Wechselspannungsbeanspruchung bildet sich ein Leader aus, der den Durchschlag einleitet. Bei positiver Polarität der Stabelektrode ergibt sich die geringste Festigkeit, wenn die Stirnzeit der Schaltstoßspannung T_{krit} beträgt (Bild 7.36).

Für diesen Fall soll der Entladungsablauf zunächst beschrieben werden (Bild 7.35). Insgesamt können drei Entwicklungsstufen unterschieden werden. Die erste Koronaentladungsphase (*1*), die Leaderentwicklungsphase (*2—3*) und die Durchschlagphase oder der „Final Jump" (*4*). Nach Überschreitung der Spannung U_e, bei der im Nahbereich der Stabelektrode eine Entwicklung kriti-

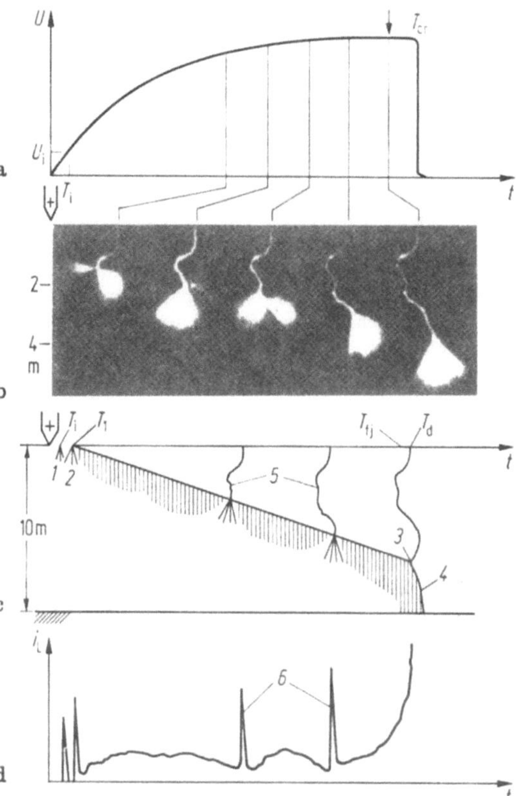

Bild 7.35. Prinzipielles Entladungsbild in einer 10-m-Stab-Platte Funkenstrecke bei kritischem Spannungsimpuls 500/10000 μs und Spannungsamplitude $U_{cr} = 1760$ kV [7.44]. **a** Spannungsimpuls (Scheitelzeit $T_{cr} = 500$ μs); **b** Einzelaufnahmen der Entladung nach [7.49], Belichtungszeit 10 μs; **c** schematische Darstellung der räumlich-zeitlichen Entladungsentwicklung; **d** Entladungsstrom am Hochspannungspotential.

scher Lawinen möglich ist, ergibt sich nach einer Verzugszeit, die im wesentlichen aus der statisch streuenden Wartezeit auf ein Anfangselektron resultiert, zum Zeitpunkt T_i bei der Spannung U_i eine Koronavorentladung, die sich, ähnlich wie die Leaderkorona vor der Leaderspitze, von der Elektrodenspitze büschelartig in den Raum erstreckt und aus einzelnen streamerartigen Entladungen besteht. Diese Streamer erstrecken sich so weit in den Feldraum, wie das für das weitere Streamerwachstum notwendige Grundfeld $E_{g\,min} = 4$ kV/cm überschritten wird. Die Reichweite ist daher vom Homogenitätsgrad abhängig. Bei hoher Homogenität oder kleiner Schlagweite erreichen die Streamer mit der ersten Koronavorentladung die Gegenelektrode, und es ergibt sich ein reiner Streamerdurchschlag (Abschnitt 7.6.4). Andernfalls bleibt die Streamerentladung auf einen Teilbereich um die Stabelektrode beschränkt.

Durch die positive Raumladung in den Streamerköpfen wird die Feldstärke unmittelbar vor der Stabelektrode reduziert. Dadurch setzt die Vorentladung aus. Erst wenn durch den Spannungsanstieg nach einiger Zeit wieder die notwendige Feldstärke erreicht wird, setzt eine neue Koronaentladung ein, die weiter in den Feldraum hinein-

ragt. Dieser Vorgang kann sich wiederholen, wobei die Streamerreichweite jedesmal ansteigt. Mit dem Einsatz der Leaderentladung zum Zeitpunkt T_1 an der Stabelektrode beginnt die zweite Entwicklungsphase.

Der Leaderkanal entwickelt sich nach dem in Abschnitt 7.6.3 beschriebenen Mechanismus in den Feldraum hinein, wobei die Entwicklungsrichtung oft erheblich von der Feldlinienrichtung des Grundfeldes abweichen kann. Für die hier betrachtete Beanspruchung mit der kritischen Schaltstoßspannung haben Messungen gezeigt, daß die mittlere Vorwachsgeschwindigkeit des Leaders und der aus der vorgelagerten Leaderkorona gespeiste Leaderstrom konstant sind. Daraus kann auf ein konstantes Potential am Leaderkopf geschlossen werden. Diese gleichbleibend günstigen Wachstumsbedingungen ergeben sich, wenn der zeitliche Spannungsanstieg der Prüfspannung und die zeitliche Abnahme des mittleren Spannungsgradienten des Leaders aufgrund der Energieaustauschprozesse (Abschnitt 7.6.3) die durch die Leaderverlängerung bedingte Zunahme des Spannungsfalls aufhebt.

Das kurze und schwache Aufleuchten des Leaders (5) bei gleichzeitigem Stromimpuls (6) deutet auf eine diskontinuierliche Ausbreitung der Leaderkoronazone hin. Diese Erscheinungen treten vornehmlich beim Richtungswechsel des Leaders auf, bei dem vermutlich neue Teilräume von den Koronastreamern schlagartig erfaßt werden. Die Erscheinungen sind daher auch mit denjenigen beim Auftritt der ersten Koronaentladungen vergleichbar.

Wenn die Koronastreamer vor dem Leaderkopf schließlich zum Zeitpunkt T_{fj} die Gegenelektrode erreichen (4), setzt die Endphase der gesamten Entladungsentwicklung ein, „Final Jump" genannt. Nach Ausbildung eines durchgehenden, hochleitenden Plasmakanals ist der Durchschlag zum Zeitpunkt T_d erreicht. Diese Entwicklung in der Endphase wird entscheidend durch den Prüfkreisaufbau beeinflußt.

Der relativ niedrige Spannungsgradient des Leaders ist entscheidend für die relativ niedrige Spannungsfestigkeit beim Leaderdurchschlag. Er wird natürlich nur dann wirksam, wenn einmal die Voraussetzungen für den Leadereinsatz und weiterhin genügend Zeit und die notwendigen Bedingungen für ein Leaderwachstum gegeben sind.

7.6.5.2 Rechenverfahren für den Leaderdurchschlag

Wie beschrieben, ergeben sich bei Schaltstoßspannung mit der Scheitelzeit T_{krit} optimale Wachstumsverhältnisse für den Leader. Hierbei bleiben das Leaderkopfpotential U_L und die Leaderentwicklungsgeschwindigkeit konstant (Abschnitt 7.6.5.1).

Bei kürzeren Scheitelzeiten $T_{cr} < T_{krit}$ wird zunächst durch den hohen Anfangsgradienten des Leaders aufgrund der Energieaustauschprozesse (Abschnitt 7.6.3) und später durch den Spannungsrückgang im Impulsrücken das Leaderkopfpotential relativ niedrig sein. Die Wachstumsbedingungen für den Leader sind schlecht, und die Durchschlagspannung ist höher.

Bei längeren Scheitelzeiten $T_{cr} > T_{krit}$ wird der Spannungsfall am Leader vom Spannungsanstieg des Impulses nicht mehr kompensiert und das Leaderkopfpotential geht zurück. Das Leaderwachstum wird gehemmt, und es kann zu einem stufenartigen Vorwachsen des Leaders kommen. Die optimalen Wachstumsbedingungen sind nicht mehr gegeben und für den Durchschlag sind daher ebenfalls höhere Scheitelwerte notwendig.

Daraus ergibt sich ein ausgesprochenes Minimum der Schaltstoßspannungsfestigkeit bei Scheitelwerten $T_{cr} = T_{krit}$ und die bekannte U-Kurve (Bild 7.36). Da derartige Spannungen in der Praxis auftreten, sind sie für die Dimensionierung maßgebend. Dieses Minimum ist von der Schlagweite s abhängig und verschiebt sich mit abnehmender Schlagweite zu kürzeren Scheitelzeiten hin. Die Abhängigkeit der 50%-Durch-

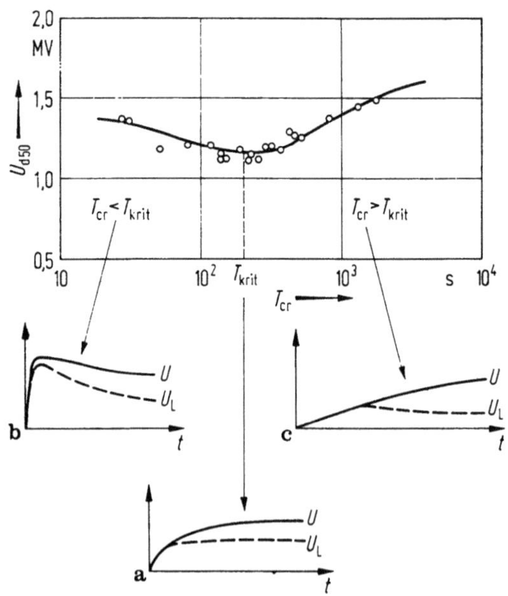

Bild 7.36. Einfluß der Scheitelzeit T_{cr} auf die Durchschlagspannung bei der Anordnung positive Spitze gegen Platte [7.46]. U_L Leaderkopfpotential, Schlagweite $s = 4$ m. **a** und **b** kontinuierlicher Leader; **c** diskontinuierlicher Leader.

schlagspannung $U_{d\,min}$ von der Schlagweite s läßt sich für eine Stab-Platte-Anordnung positiver Polarität durch folgende empirische Formeln beschreiben [7.50; 7.51]:

$$U_{d\,min} = \frac{3,4}{1 + \dfrac{8\,m}{s}}\ MV$$

$$\text{für } 2\,m < s < 15\,m \tag{7.175}$$

$$T_{krit} = \left(35\,\frac{s}{m} + 50\right)\ \mu s$$

$$U_{d\,min} = \left(1,4 + 0,055\,\frac{s}{m}\right)\ MV$$

$$\text{für } s > 15\,m \tag{7.176}$$

$$T_{krit} = 50\,\frac{s}{m}\ \mu s.$$

Für die Auslegung der Schlagweiten in elektrischen Anlagen und Freileitungen ist die Schaltstoßspannung mit der kritischen Stirnzeit maßgebend. In diesem Falle herrschen optimale Wachstumsbedingungen für den Leader. Hierfür sollen Rechenverfahren für die Durchschlagfestigkeit beliebiger Anordnungen angegeben werden [7.46; 7.52].

Der Leadereinsatz U_1 kann mit dem Auftreten

der ersten Korona bei der Einsatzspannung U_e identisch sein. Dies ist immer der Fall, wenn die Feldinhomogenität nicht zu groß ist und daher die Koronastreamer weit in den Feldraum reichen und infolgedessen von Anbeginn an die notwendige Stromdichte zur Leaderbildung am Fußpunkt der Koronastreamer erreicht wird. Im Falle einer Kugel- oder Zylinderelektrode muß dazu der Kugel- oder Zylinderradius $R \geqq R_c$ sein, wenn R_c als der kritische Elektrodenradius bezeichnet wird. Hier kann die Leadereinsatzspannung U_1 aus der Streamereinsatzfeldstärke (Gl. (7.128)) und einer Feldberechnung ermittelt werden, wobei der wahre Elektrodenradius R angesetzt werden muß.

Im Falle $R < R_c$ wird der Leadereinsatz verzögert. Hier baut sich eine Raumladungswolke um die Kugelelektrode auf. Hat sich dadurch eine Feldverteilung eingestellt, wie sie einer Kugel oder einem Zylinder mit $R = R_c$ entspricht, so reichen die Streamerentladungen weit genug in den Feldraum hinein und die Bedingungen für die Leaderbildung sind, wie oben beschrieben, erfüllt. Bei der Ermittlung der Leadereinsatzspannung ist hier die Geometrie der Raumladungswolke maßgebend und in jedem Fall der kritische Radius R_c anzusetzen.

Aus der Schlagweite s kann der kritische Kugelbzw. Leiterradius R_c berechnet werden.

Kugel-Platte: $R_c = R_{cK} [1 - \exp (s/s_K)]$;

$R_{cK} = 38 \text{ cm}$; $s_K = 5 \text{ cm}$

Zyl. Leiter-Platte: $R_c = R_{cL} \ln \left(1 + \dfrac{s}{s_L}\right)$;   (7.177)

$R_{cL} = 3{,}7 \text{ cm}$; $s_L = 1 \text{ m}$.

Betrachtet man, wie vorausgesetzt, den Fall der günstigsten Leaderentwicklung im Minimum der Durchschlagspannungskurve so bleibt das Potential U_L an der Leaderspitze konstant.

$$U_L = U_1 = \text{const.} \tag{7.178}$$

Bei Eintritt des „Final Jump" wird die Reststrecke der Gesamtschlagweite s vor dem Leader durch Streamerentladungen mit dem Spannungsgradienten des Streamers E_s überbrückt. Damit ist die Leaderlänge l im Augenblick des Durchschlags

$$l = s - \frac{U_1}{E_s}. \tag{7.179}$$

In guter Näherung kann dabei der Streamerspannungsgradient mit

$$E_s = 4 \dots 5 \text{ kV/cm} \tag{7.180}$$

angesetzt werden. Mit der konstanten Leadervorwachsgeschwindigkeit und bei Annahme einer üblichen doppelexponentiellen Stoßspannungs-

form läßt sich der notwendige Spannungsanstieg ΔU_L der Stoßspannung während der Leaderentwicklung vom Leadereinsatz U_1 bis zum Durchschlag U_d angeben

kugelsymmetrische Elektroden

$$\Delta U_L = l(E_a - E_b l^{0{,}048}), \tag{7.181}$$

zylindersymmetrische Elektroden

$$\Delta U_L = l(E_a - E_b l^{0{,}06}), \tag{7.182}$$

mit $E_a = 4 \text{ kV/cm}$, $E_b = 2{,}4 \text{ kV/cm}$ und l in cm.

Bei den Überlegungen sind optimale Bedingungen zugrunde gelegt worden. Es wurde vorausgesetzt, daß beim Erreichen der Entladungseinsatzfeldstärke sofort Anfangselektronen für die Lawinenbildung vorhanden sind und daß die Leaderentwicklung auf dem kürzesten Wege zur Gegenelektrode hin erfolgt. Die resultierende Durchschlagspannung kann daher als minimale oder 0%-Durchschlagspannung bezeichnet werden. Unter Annahme einer Gauß-Verteilung wird sie als der 3σ-Wert der Durchschlagspannung festgelegt.

$$U_{d0} \approx U_{d-3\sigma} = U_1 + \Delta U_L. \tag{7.183}$$

Aus diesem Wert kann nach den Gesetzen der Statistik der 50%-Durchschlagswert bestimmt werden:

$$U_{d50} = \frac{U_1 + \Delta U_L}{1 - 3\sigma}. \tag{7.184}$$

Dabei müssen für die Streuung nach folgenden Überlegungen unterschiedliche Werte zugrunde gelegt werden

a) $R < R_c$.

Alle Entwicklungsstufen treten beim Durchschlag auf. Die Streuung resultiert aus der statistischen Wartezeit für das erste Anfangselektron beim Streamereinsatz, aus dem streuenden Raumladungsaufbau, der den Leadereinsatz unterschiedlich verzögert, vor allem aus der bei weitem nicht gradlinigen Leaderentwicklung zur Gegenelektrode. Anzusetzen ist hier eine Standardabweichung

$$\sigma = (5 \dots 6)\%. \tag{7.185}$$

b) $R \geqq R_c$.

Hier entfällt der Raumladungsaufbau und die zugehörige Streuung. Die Streuung nimmt mit wachsender Leaderlänge zu. Man kann folgende Werte zugrunde legen

$$R = R_c \qquad \sigma = 5\%, \tag{7.186}$$

$$R = 1{,}5R_c \qquad \sigma = 3\%, \tag{7.187}$$

$$R \geqq 2{,}5R_c \qquad \sigma \approx 2\%, \tag{7.188}$$

wobei Zwischenwerte interpoliert werden müssen. Dieses am physikalischen Entladungsprozeß orientierte Berechnungsverfahren ist sehr breit anwendbar. Dabei kann es auf eine breite Palette von Elektrodenanordnungen erweitert werden. Selbst für 50-Hz-Wechselspannung ist die Durchschlagspannung berechenbar, wenn für die positive Halbwelle, in der der Durchschlag auftritt, eine Schaltstoßspannung mit einer Scheitelzeit von 5 ms angenommen wird.

Nachteilig ist allein der relativ hohe Rechenaufwand. Für Näherungsbetrachtungen sind daher viele Näherungsformeln angegeben worden, von denen die erste und bewährteste hier wiedergegeben werden soll:

$$U_{d50} = k \, U_{d50\,\text{Spitze–Platte}}. \tag{7.189}$$

Tabelle 7.10. Funkenstreckenfaktoren k für verschiedene Anordnungen [7.54]

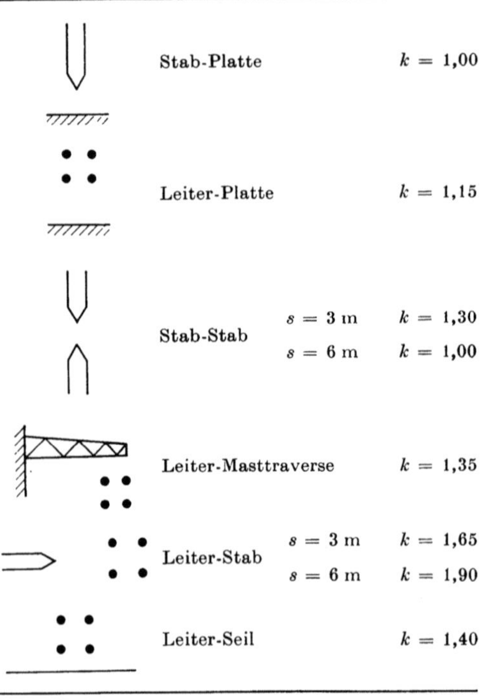

Stab-Platte			$k = 1{,}00$
Leiter-Platte			$k = 1{,}15$
Stab-Stab		$s = 3$ m	$k = 1{,}30$
		$s = 6$ m	$k = 1{,}00$
Leiter-Masttraverse			$k = 1{,}35$
Leiter-Stab		$s = 3$ m	$k = 1{,}65$
		$s = 6$ m	$k = 1{,}90$
Leiter-Seil			$k = 1{,}40$

In dieser Beziehung wird die Durchschlagspannung U_{d50} einer beliebigen Anordnung aus der Spitze-Platte-Anordnung gewonnen, wobei die Geometrie der Anordnung durch den Funkenstreckenfaktor k berücksichtigt wird. Die Beziehung kann für die kritische Schaltstoßspannung angewendet werden, wobei für die Spitze-Platte-Anordnung mit der Schlagweite s die Beziehungen (7.175) und (7.176) mit $U_{d50\,\text{Spitze-Platte}} = U_{d\,\min}$ herangezogen werden. Die Funkenstreckenfaktoren k sind in der Tabelle 7.10 für verschiedene Anordnungen angegeben.

7.7 Zündverzug und Durchschlagsverhalten bei transienter Spannungsbeanspruchung

Im Fall einer impulsförmigen Kurzzeitbeanspruchung der Gasstrecke muß der Zündverzug der Gasentladung beachtet werden. Dieser Zündverzug setzt sich aus der statistischen Streuzeit t_S und der Aufbauzeit t_A der Entladung zusammen. Zuvor muß aber die für den Entladungseinsatz notwendige Grenzfeldstärke E_0 bei der zugehörigen Spannung U_0 nach der Zeit t_0 erreicht sein (Bild 7.37). Für den Aufbau der ersten Entladungslawine ist mindestens ein Anfangselektron notwendig, das beispielsweise durch natürliche Fremdionisation erzeugt werden kann. Derartige Ereignisse sind statistischer Natur. Entsprechend vergeht eine gewisse, statistisch stark streuende Zeitspanne, die statistische Streuzeit t_S, bis ein derartiges Elektron zur Verfügung steht. Danach erfolgt der Entladungsaufbau. Je nach der Elektrodengeometrie und Gasart folgen mehrere Entwicklungsphasen. Hierfür ist die Aufbauzeit t_A notwendig, die vor allem im Falle des Leaderdurchschlags (Abschnitt 7.6.5.2) ebenfalls einer erheblichen Streuung unterliegen kann. Im Falle des reinen Streamerdurchschlags kann jedoch von einer nahezu festen Aufbauzeit ausgegangen werden. Hier läßt sich die Zeitspanne t_A für den Entladungsaufbau in die Streameraufbauzeit t_{AS} und die anschließende Funkenaufbauzeit t_{AF} zerlegen.

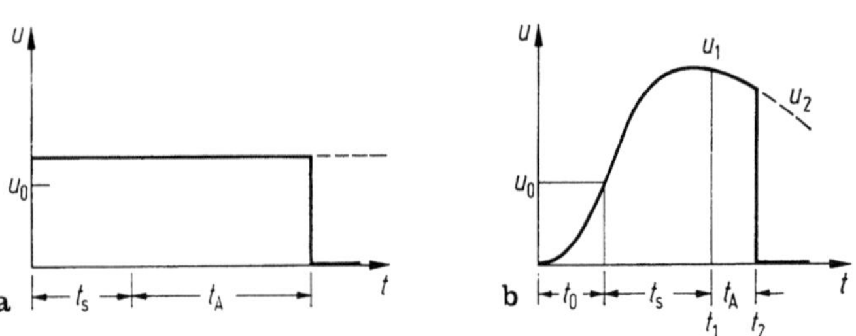

Bild 7.37. Zündverzugszeiten beim Spannungssprung (a) und beim Spannungsstoß (b).

7.7.1 Statistische Streuzeit

7.7.1.1 Anfangselektronenrate

Die statistische Streuzeit ist im Falle elektronegativer Gase besonders hoch und die daraus resultierende Streuung der Durchschlagspannung bei Stoßspannungsbeanspruchung besonders groß, da wegen der hohen Elektronenaffinität nur sehr wenig freie Elektronen vorhanden sind, die allein eine Lawine auslösen können. Die statistische Streuzeit ist daher hier besonders zu beachten, während sie im Falle des Luftdurchschlags häufig vernachlässigt werden kann. Die folgenden Betrachtungen gelten für elektronegative Gase, insbesondere für SF_6. Da auch Luft schwach elektronegativ ist, kann nach ähnlichen Überlegungen auch dafür die resultierende statistische Streuzeit ermittelt werden.

Nach dem Streamermechanismus wird der Durchschlag eingeleitet, wenn die Elektronenzahl im Kopf der ersten Lawine die kritische Zahl N_{cr} erreicht (Abschnitt 7.5.1). Die Differenz aus dem Ionisationskoeffizienten α und dem Anlagerungskoeffizienten η entsprechend Bild 7.11 ist dabei für das Lawinenwachstum maßgebend. Dabei ist $\alpha^* = \alpha - \eta$ eine von der Feldstärke abhängige Funktion, die in SF_6 erst bei Werten $(E/p)_0 > 87{,}7$ kV/cm bar positive Werte annimmt (Gl. (7.118)). Das heißt, nur in dem kritischen Volumen, in dem $E/p > (E/p)_0$ ist, kann es zur Elektronenvermehrung kommen.

Durch natürliche Strahlung, terrestrische Strahlung und Höhenstrahlung, werden in dem Gas Moleküle ionisiert (Abschnitt 7.3.2.2). Diese Raumionisation führt zur Bildung von Elektronen und positiven Ionen, wobei abhängig von dem Anlagerungskoeffizienten ein mehr oder weniger großer Anteil der Elektronen unter Bildung negativer Ionen an die Gasmoleküle angelagert wird. Bei kleinen Feldstärken oder im feldfreien Raum ist nach Bild 7.11 der Anlagerungskoeffizient im Falle von SF_6 sehr groß. Die negativen Ladungsträger sind daher überwiegend negative Ionen, nur ein kleiner Anteil werden freie Elektronen sein.

Wir können ohne Einschränkung hier davon ausgehen, daß der Ionisationsgrad des betrachteten Gases sehr klein ist. Nach einer einfachen Betrachtung kann man daher die Rekombination von Elektronen mit positiven Ionen vernachlässigen, da hierzu ein Elektron mit einem positiven Ion zusammentreffen muß. Die Rekombinationswahrscheinlichkeit ist dem Produkt aus Elektronendichte n_e und Ionendichte n_i^+ proportional und vernachlässigbar gegenüber der Elektronenanlagerungswahrscheinlichkeit, die durch das weitaus häufigere Zusammentreffen eines Elektrons mit einem neutralen Molekül bedingt ist. Mit der Elektronenablösung von negativen Ionen ergibt sich für die Elektronenbildungsrate

$$dn_e/dt = an_M\ S - bn_M\ n_e + dn_I^-n_M. \qquad (7.190)$$

Dabei ist S die Strahlungsdichte, n_M die Moleküldichte des Gases, n_I^- die Dichte der negativen Ionen, d der Detachmentkoeffizient, a der Strahlungsionisationskoeffizient, n_e die Elektronendichte und b der Anlagerungskoeffizient bei rein thermischer Teilchenbewegung. Für die Elektronen stellt sich ein stationäres Gleichgewicht ein bei

$$dn_e/dt = 0. \qquad (7.191)$$

Es stehen daher je Volumeneinheit n_e Elektronen für den Aufbau von Lawinen zur Verfügung, wenn das elektrische Feld sprungartig die Grenzfeldstärke E_0 überschreitet.

Geht man von einer konstanten mittleren Elektronenlebensdauer zwischen der Entstehung und Anlagerung aus, so kann man eine konstante Anfangselektronenbildungsrate $\dot{n}_0$

$$\dot{n}_0 = \text{const} \qquad (7.192)$$

ansetzen. Sie gibt die Anzahl der je Volumeneinheit und Zeiteinheit für den Lawinenaufbau zur Verfügung stehenden Elektronen an. Bei dieser Betrachtung sind viele Vernachlässigungen getroffen worden. Insbesondere ist eine feldbedingte Ladungsträgerwanderung ausgeschlossen worden. Da die Feldstärke nicht sprungartig sondern stetig wachsend die Grenzfeldstärke E_0 erreicht, müssen diese Vorgänge beachtet werden. Jedoch hat die Erfahrung gezeigt, daß bei Blitzstoßspannung im allgemeinen von einem konstanten $\dot{n}_0$ ausgegangen werden kann.

Neben diesen im Gasvolumen freigesetzten Anfangselektronen, sind noch die aus der Kathode austretenden Anfangselektronen zu berücksichtigen. Allerdings werden diese nur dann den Durchschlag einleiten, wenn die negative Elektrode die höhere Feldstärke aufweist, da nur in diesem Fall das kritische Volumen an der Kathode liegt. Die an der Kathodengrenzfläche austretenden Elektronen stehen dann allerdings für den Lawinenaufbau lokal optimal zur Verfügung. Die Elektronenemission ist von der Oberflächenfeldstärke und Oberflächenstruktur abhängig (Abschnitt 7.3.3). Nach neuesten Untersuchungen wird diese Elektronenemission im Falle von SF_6 im allgemeinen erst bei höheren Feldstärken, wie sie bei Gasdrücken über 3 bar erreicht werden, wirksam, wenn man technische Oberflächenqualitäten voraussetzt. Bei negativer Polarität der stärker feldbeanspruchten Elektrode dürfen daher bei Gasdrücken bis zu 3 bar und bei positiver Polarität bis zu höheren Drücken die Anfangselektronen aus der Kathode vernachlässigt werden. In diesen Fällen gilt

$$\dot{n}_0 = 0{,}1 \ldots 1{,}0 \ 1/cm^3 \ \mu s, \qquad (7.193)$$

wobei die Streuung der Werte aus der Streuung der natürlichen Strahlung resultiert [7.55]. Wird die Elektrodenoberfläche durch wiederholte Vordurchschläge aufgerauht, wie es im begrenzten hochbeanspruchten Bereich einer Kugel-Platte- oder Kugel-Kugel-Anordnung der Fall ist, so kommt es zu einer erheblichen oberflächennahen Feldanhebung (Abschnitt 7.5.5) und damit zu einer verstärkten Elektronenemission aus der Kathode. In diesem Falle muß auch bei geringeren Drücken die erhebliche Elektronenemission aus der Elektrode beachtet werden. Im Falle einer solchen wirksamen Elektronenemission steigt die aus Versuchsergebnissen zurückgerechnete Anfangselektronenrate (Abschnitt 7.7.1.2) mit der Spannung, d. h. aufgrund der Verzugszeit im Falle einer Stoßspannungsbeanspruchung mit der Spannungssteilheit (Bild 7.38) an. Da die Elektronen hierbei jedoch teilweise oberflächengebunden zur Verfügung gestellt werden, muß korrekterweise die volumenspezifische Anfangselektronenrate n_0 durch eine feldabhängige Oberflächen- emissionsrate ergänzt werden. Bei der großflächig beanspruchten zylindrischen Anordnung (Bild 7.38) ist die Anfangselektronenrate von der Spannungssteilheit unabhängig.

7.7.1.2 Lawinenbildung

Nimmt man entsprechend (7.193) an, daß eine bestimmte Anzahl $\dot{n}_0$ von freien Elektronen je Volumen- und Zeiteinheit zur Verfügung steht, so wird jedoch im Falle elektronegativer Gase nur ein geringer Anteil davon bei der Lawinenbildung wirksam.

Die Zahl der für einen Lawinenaufbau erforderlichen Anfangselektronen hängt vom Verhältnis α/η des Ionisations- und Anlagerungskoeffizienten ab. Ist beispielsweise $E \approx E_0$ und $\alpha/\eta \approx 1$ aber $\alpha > \eta$, so bedeutet dies, daß die Elektronen im Mittel sich noch ziemlich schwach vermehren. Betrachtet man in diesem Falle aber die ersten Ionisations- und Anlagerungsprozesse, so zeigt sich ganz deutlich, daß hierbei im statistischen Mittel ein Anfangselektron nicht ausreicht, eine

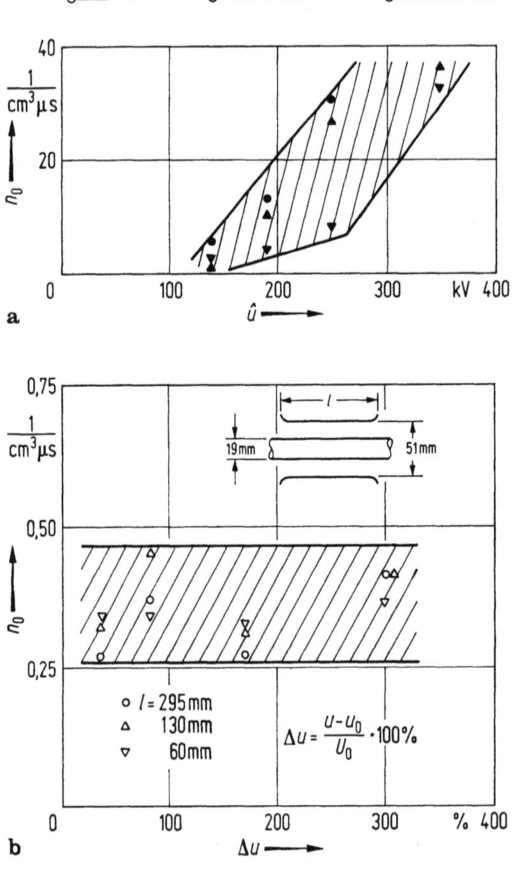

Bild 7.38. Rechnerische Anfangselektronenrate n_0 bei Kugel-Platte-Anordnungen und korrekte Anfangselektronenrate n_0 bei einer zylindrischen Anordnung unterschiedlicher Länge in Abhängigkeit vom Scheitelwert der Prüfblitzstoßspannung 1,2/50 [7.55].

Lawine zu bilden. Beim ersten Stoßprozeß, der zur Anlagerung oder Ionisation führt — alle übrigen Stoßprozesse können außer Betracht bleiben — wird dieses Elektron mit etwa gleicher Wahrscheinlichkeit sich anlagern oder ionisieren. Das heißt mit 50%iger Wahrscheinlichkeit wird es nach dem ersten Stoßprozeß durch die Anlagerung dem Lawinenbildungsprozeß entzogen und mit etwa 50%iger Wahrscheinlichkeit kommt es zur Ionisation und damit zu insgesamt zwei freien Elektronen, die ihrerseits wieder stoßen. Hierbei beträgt die jeweilige Anlagerungswahrscheinlichkeit ebenfalls 50%. Die Wahrscheinlichkeit für die Anlagerung beider Elektronen beträgt also 25%. Das heißt, nach der zweiten Stoßetappe ist mit einer Wahrscheinlichkeit von 62,5% jedes Elektron angelagert. Damit müssen im Mittel 1,6 Anfangselektronen zur Verfügung stehen, damit eine über die zweite Etappe hinauswachsende Lawine gebildet wird. Bei höheren Feldstärken und entsprechend größeren Werten α/η sind weniger Anfangselektronen zur Lawinenbildung erforderlich. Aufgrund einer umfassenden statistischen Betrachtung wird nur der Anteil [7.56]

$$g(E) = 1 - \eta/\alpha \quad \alpha \gtreqless \eta,$$
$$g(E) = 0 \quad \alpha < \eta \qquad (7.194)$$

der natürlich gebildeten Anfangselektronen lawinenwirksam. Die Gewichtsfunktion $g(E)$ ist von der bezogenen Feldstärke E/p abhängig (Bild 7.39). Da eine Lawinenentwicklung bis zur sehr hohen kritischen Elektronenzahl N_{cr} bei $\alpha < \eta$ nicht möglich ist, ist $g(E) = 0$ für $\alpha < \eta$. Der Isolationsraum zwischen den Elektroden kann durch Äqui-

feldstärkenflächen in Volumenelemente gleicher mittlerer Feldstärke entsprechend Bild 7.40 zerlegt werden. Für jedes Volumenelement $\mathrm{d}V$ ergibt sich die mittlere Zahl $N(t)$ der lawinenwirksamen Elektronen zu [7.57]

$$\frac{\mathrm{d}N(t)}{\mathrm{d}t} = \dot{n}_0 g(E)\, \mathrm{d}V, \qquad (7.195)$$

$$N(t) = \dot{n}_0 \int_{t_0}^{t} \int_{V} g(E)\, \mathrm{d}V\, \mathrm{d}t. \qquad (7.196)$$

Dabei ist V das Isolationsvolumen und t_0 die Zeit, zu der die Höchstfeldstärke im Isolationsraum den Grenzwert E_0 überschreitet und die zugehörige Spannung den Wert U_0 erreicht. Mit dem gewichteten Volumen

$$V_{\mathrm{g}} = \int_{V} g(E)\, \mathrm{d}V \qquad (7.197)$$

wird

$$N(t) = \dot{n}_0 \int_{t_0}^{t} V_{\mathrm{g}}\, \mathrm{d}t. \qquad (7.198)$$

Bei zeitlich konstanter Spannung ergibt sich

$$N(t) = \dot{n}_0 V_{\mathrm{g}}(t - t_0). \qquad (7.199)$$

Wegen der Abhängigkeit vom Isolationsvolumen und der Beanspruchungsdauer wird diese Beziehung als Volumen-Zeit-Gesetz bezeichnet [7.58; 7.59]. Die Beziehungen (7.198) und (7.199) geben die mittlere Anzahl der lawinenwirksamen Elektronen an. Dabei ist bei einer gegebenen Elektrodenanordnung $V_{\mathrm{g}} = V_{\mathrm{g}}(u)$ wegen $u = u(t)$ ebenfalls eine zeitabhängige Größe. Es gilt:

$$V_{\mathrm{g}}(u) = 0 \quad \text{für} \quad u \leqq U_0; \quad t \leqq t_0, \qquad (7.200)$$
$$N(t) = 0 \quad \text{für} \quad u \leqq U_0; \quad t \leqq t_0. \qquad (7.201)$$

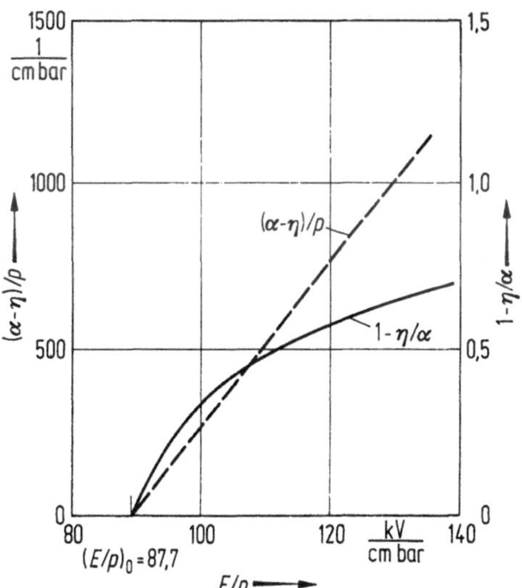

Bild 7.39. Gewichtsfunktion $g(E) = 1 - \eta/\alpha$ und effektiver Ionisationskoeffizient $\alpha^* = \alpha - \eta$ bei SF_6.

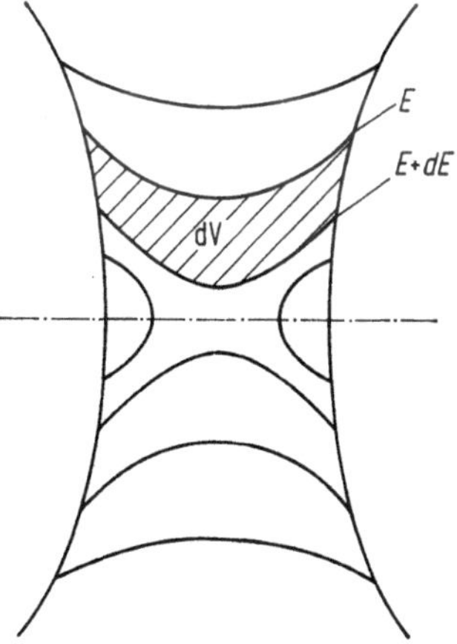

Bild 7.40. Äquifeldstärkelinien und Volumenelementbildung im Isolationsraum.

Für $t > t_0$ wächst $N(t)$ an. Der Durchschlag wird eingeleitet, wenn ein erstes lawinenwirksames Elektron im kritischen Volumen zur Verfügung steht. In Anlehnung an (7.198) ist die Wahrscheinlichkeit $dP_e(t)$, daß in der Zeitspanne dt lawinenwirksame Elektronen auftreten

$$dP_e(t) = \dot{n}_0 V_g(t)\,dt. \tag{7.202}$$

Diese werden jedoch nur dann den Durchschlag in der Zeitspanne dt einleiten, wenn dieser nicht bereits vorher aufgetreten ist. Bezeichnet man mit $P(t)$ die Wahrscheinlichkeit für einen Durchschlag in der Zeitspanne von 0 bis t, so ist $1 - P(t)$ die Wahrscheinlichkeit dafür, daß in dieser Zeitspanne kein Durchschlag auftritt. In der Zeitspanne von t bis $t + dt$ wird daher mit der Wahrscheinlichkeit

$$dP(t) = [1 - P(t)]\,\dot{n}_0 V_g(t)\,dt \tag{7.203}$$

ein Durchschlag erfolgen. Nach [7.28] ist die exakte Lösung dieser Differentialgleichung:

$$P(t) = 1 - \exp\left(-\dot{n}_0 \int_{t_0}^{t} V_g(t)\,dt\right). \tag{7.204}$$

Bild 7.41 zeigt, daß die Durchschlagwahrscheinlichkeit mit diesem Verfahren recht genau ermittelt werden kann. Im Zuge des Stoßspannungsverlaufs sind oberhalb der Stehstoßspannung $U_{0\%}$ die Durchschlagwerte markiert. Die zugehörige Wahrscheinlichkeitsdichte ist rechts wiedergegeben. Nach dem Vergrößerungsgesetz der Hochspannungstechnik fällt die mittlere Durchschlagspannung bei vergrößertem Isolationsvolumen. Die Durchschlagwahrscheinlichkeit P_ν von ν gleichartigen, parallel geschalteten Elektrodenanordnungen kann aus der Durchschlagwahrscheinlichkeit P einer solchen Anordnung durch das Vergrößerungsgesetz ermittelt werden

$$P_\nu = 1 - (1 - P)^\nu. \tag{7.205}$$

Setzt man (7.204) für *eine* Elektrodenanordnung ein, so ergibt sich die Durchschlagwahrscheinlichkeit

$$P_\nu(t) = 1 - \exp\left(-\dot{n}_0 \int_{t_0}^{t} \nu V_g(t)\,dt\right) \tag{7.206}$$

für ν gleichartige, parallel geschaltete Elektrodenanordnungen. Der gleiche Zusammenhang ergibt sich bei der direkten Berechnung der Durchschlagwahrscheinlichkeit der Gesamtanordnung, wenn jedes Volumenelement ν-mal in die Berechnung eingebracht wird. Die spezielle Wahrscheinlichkeitsfunktion für die statistische Streuzeit ordnet sich daher in das allgemeine Vergrößerungsgesetz der Hochspannungstechnik ein [7.55; 7.59]. Ein ähnlicher Gedankengang ist auch bei Luftisolation gemacht worden [7.42].

7.7.2 Streameraufbauzeit

Die Aufbauzeit für den Streamer ist besonders schwierig zu erfassen. Am besten hat sich bislang das Spannungs-Zeit-Flächenkriterium nach Kind bewährt [7.61]. Beim Streamerdurchschlag in Luft, wie er beispielsweise bei Blitzstoßspannungsbeanspruchung bis zu größten Schlagweiten und bei anderen Spannungsformen bei Schlagweiten bis zu 1 m auftritt (Abschnitt 7.6.4), wird die Zündverzugszeit fast ausschließlich durch die Streameraufbauzeit bestimmt, wenn von kleinsten Schlagweiten und Isolationsvolumina mit erhöhter statistischer Streuzeit abgesehen wird. Hier kann dieses Kriterium allein zur Ermittlung des Durchschlagverhaltens herangezogen werden, da die Funkenaufbauzeit meist vernachlässigbar ist. In anderen Fällen kann mit diesem Kriterium die Aufbauzeit

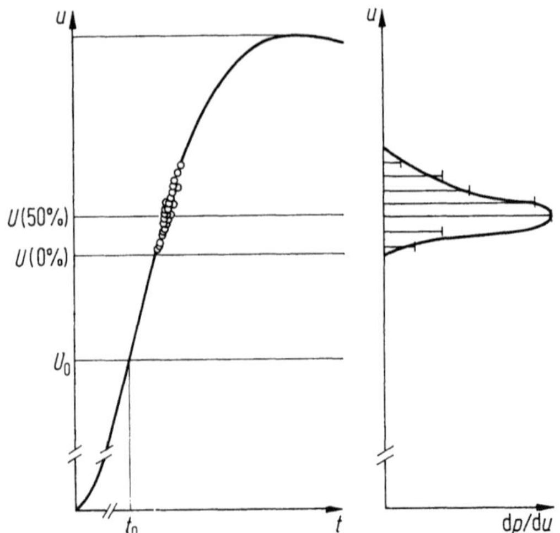

Bild 7.41. Prüfspannungsverlauf und Durchschlagpunktverteilung sowie Wahrscheinlichkeitsdichte beim SF$_6$-Durchschlag. Die waagerechten Balken geben die experimentell gewonnene Wahrscheinlichkeitsdichte an [7.58].

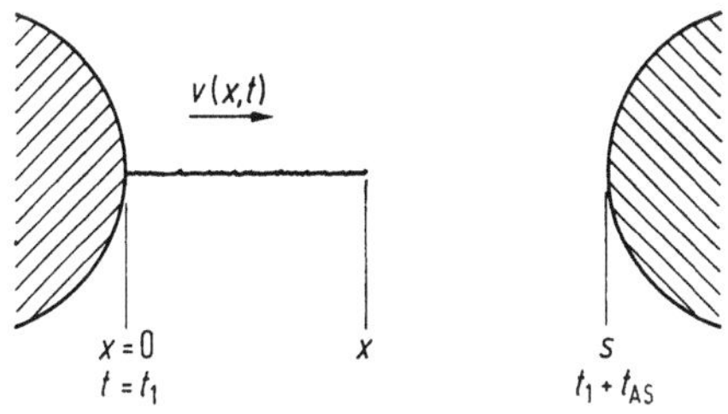

Bild 7.42. Modell des Streamerdurchschlags [7.61].

für die Streamerentwicklung als Teil der Gesamtzündverzugszeit ermittelt werden.

Das Kriterium läßt sich mit einer einfachen physikalischen Modellvorstellung begründen [7.61]. Das Wachstum des Streamerkanals erfolgt mit einer vom Ort und der Zeit abhängigen Geschwindigkeit $v(x, t)$ (Bild 7.42). Der Kanal beginnt dabei sein Wachstum an einer Elektrode an der Stelle $x = 0$ zum Zeitpunkt $t = t_1$. Es gilt

$$\mathrm{d}x = v(x, t)\,\mathrm{d}t. \tag{7.207}$$

Bis zu einer bestimmten Feldverteilung $E_1(x)$ im Gasraum bei der Bezugsspannung U_1 tritt keine Streamerentwicklung auf. In dieser Modellvorstellung soll dies berücksichtigt werden durch

$$v(x, t) = 0 \quad \text{für} \quad E(x, t) \leqq E_1(x),$$
$$u(t) \leqq U_1. \tag{7.208}$$

Für $u(t) > U_1$ wird die Bezugsfeldstärke $E_1(x)$ überschritten. ·Jetzt sind die Voraussetzungen im gesamten Feldraum für ein Streamerwachstum gegeben. Es wird die einfache, aber sicherlich näherungsweise richtige Annahme getroffen, daß die Streamervorwachsgeschwindigkeit der Feldanhebung über die Bezugsfeldstärke hinaus proportional sein soll

$$v(x, t) = K[E(x, t) - E_1(x)]$$
$$\text{für} \quad E(x, t) > E_1(x). \tag{7.209}$$

Bei einem reinen Streamerdurchschlag wird in diesem Modell davon ausgegangen, daß die Raumladung den Feldverlauf nur unwesentlich beeinflußt. Die Feldstärke $E(x, t)$ kann deshalb hier durch das Produkt der nur von der Zeit t abhängigen Spannung $u(t)$ und einer die Geometrie der Anordnung berücksichtigenden Funktion $g(x)$ ausgedrückt werden:

$$E(x, t) = u(t)\,g(x). \tag{7.210}$$

Da sich beim Erreichen der Bezugsspannung U_1 der Feldverlauf $E_1(x)$ einstellt, gilt weiter

$$E_1(x) = U_1\,g(x). \tag{7.211}$$

Für die Geschwindigkeit des Streamerwachstums ergibt sich aus (7.209), 7.210) und (7.211):

$$v(x, t) = K\,g(x)\,[u(t) - U_1]. \tag{7.212}$$

Mit (7.207) und nach Integration wird

$$\int_0^s \frac{1}{K}\,\frac{\mathrm{d}x}{g(x)} = \int_{t_1}^{t_1 + t_{AS}} [u(t) - U_1]\,\mathrm{d}t. \tag{7.213}$$

Auf der linken Seite steht ein reines Wegintegral, das nur von der Feldverteilung abhängig ist. Auf der rechten Seite steht ein reines Zeitintegral, bei dem die untere Integrationsgrenze t_1 dem Beginn der Streamerentwicklung nach Ablauf der statistischen Streuzeit t_s entspricht und die obere Integrationsgrenze dem Zeitpunkt, zu dem der Streamer die Gegenelektrode erreicht. Da die folgende Funkenkanalentwicklung meist vergleichsweise wesentlich schneller abläuft (Abschnitt 7.7.3) entspricht die Zeit $t_1 + t_{AS}$ praktisch dem Augenblick t_d des Spannungszusammenbruchs. ·

Für eine bestimmte Anordnung gilt damit das Spannungs-Zeit-Flächenkriterium

$$\int_{t_1}^{t_d} [u(t) - U_1]\,\mathrm{d}t = A = \text{const}, \tag{7.214}$$

wobei A eine konstante Spannungs-Zeit-Fläche darstellt, die als Aufbaufläche bezeichnet wird. Diese Aufbaufläche ist von der Elektrodengeometrie abhängig und wächst mit der Schlagweite s an. Die bezogene Aufbaufläche A/s zeigt eine wesentlich geringere Abhängigkeit von der Feldgeometrie und wird daher insbesondere bei großen Schlagweiten oft als Parameter für den Durchschlag angegeben. Tabelle 7.11 zeigt einige experimentell gewonnene Aufbauflächen. Im Falle geringer Schlagweiten und quasihomogener Felder wird häufig die auf die Bezugsspannung U_1 bezogene Aufbaufläche A/U_1 angegeben [7.60]. Die Anwendung des Spannungs-Zeit-Flächenkriteriums ist sehr einfach (Bild 7.43). Wenn für eine Anordnung U_1 und A gegeben sind, so kann man daraus die Stehstoßspannung bei beliebiger Wellenform und den Verlauf der Stoß-

Tabelle 7.11. Die bezogene Aufbaufläche A/s für verschiedene luftisolierte Anordnungen (Richtwerte) [7.46]

Elektrodenanordnung	A/s in kV μs/m
Spitze-Platte-Anordnung, positive Spitze	650
Spitze-Platte-Anordnung, negative Spitze	400
Spitze-Spitze-Anordnung, positive Spitze	620
Spitze-Spitze-Anordnung, negative Spitze	590

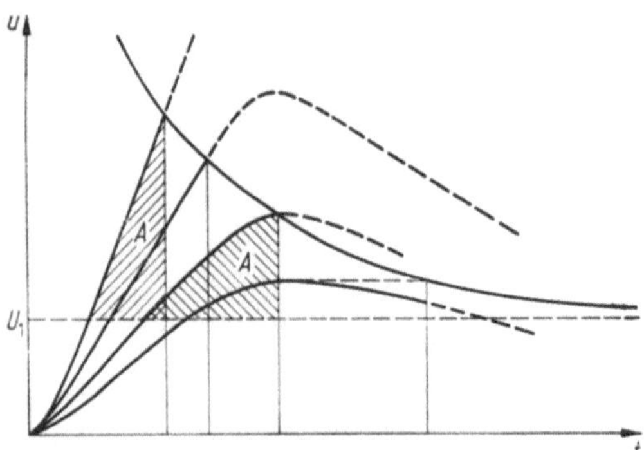

Bild 7.43. Das Spannungs-Zeit-Flächenkriterium [7.61].

kennlinie ermitteln, wenn die gesamte Zündverzugszeit allein auf den Aufbau der Streamerentladung zurückzuführen ist. Dabei ist U_1 als
Durchschlagspannung bei Langzeitbeanspruchung
zu verstehen. Bei Anordnungen ohne Raumladungsbildung mit quasihomogenem Feld ist die
Bezugsspannung U_1 mit der Anfangsspannung U_e
identisch.

Näherungsweise wird das Spannungs-Zeit-Flächenkriterium auch für den Leaderdurchschlag angesetzt. Selbst die statistische Streuzeit läßt sich
unter gewissen Bedingungen damit abschätzen
[7.62].

7.7.3 Funkenaufbauzeit

Für die Funkenentwicklung nach Überbrückung
der gesamten Schlagweite durch den Streamer
sind verschiedene empirische Funkengesetze angegeben worden. Hier soll nur das Funkengesetz nach Toepler [7.64; 7.65] behandelt werden,
das sich aus einer einfachen Betrachtung inter-
pretieren läßt [7.68]. Über energetische Betrachtungen kommen Rompe und Weizel [66] und
Braginskij [7.67] zu etwas anderen Beziehungen
[7.20].

Es wird davon ausgegangen, daß sich zwischen
den Elektroden bereits ein schwach leitender
Streamerkanal ausgebildet hat. Dessen Leitfähigkeit soll sich durch intensive Stoßionisation
erhöhen. Wegen der geringen Beweglichkeit der
Ionen kann angenommen werden, daß der Stromfluß im Kanal nur durch die Elektronenbewegung
bedingt ist. Dann ergibt sich die Stromdichte zu

$$S = e n_e b_e E, \qquad (7.215)$$

wobei n_e die Elektronendichte, b_e die Elektronenbeweglichkeit und E die axiale Feldstärke im
Funkenkanal ist. Mit dem effektiven Ionisationskoeffizienten α^* ergibt sich aufgrund der Stoßionisationsprozesse eine Zunahme der Elektronendichte

$$dn_e = \alpha^* n_e \, dx \qquad (7.216)$$

bei der Bewegung über der Strecke

$$dx = b_e E \, dt. \qquad (7.217)$$

Die zeitliche Zunahme der Elektronendichte
wird dann mit (7.216) und (7.217)

$$\frac{dn_e}{dt} = \frac{dn_e}{dx}\frac{dx}{dt} = \alpha^* n_e b_e E. \qquad (7.218)$$

Mit (7.215) ergibt sich durch Integration von
(7.218) die Elektronendichte zum Zeitpunkt t
während der Ausbildung des Funkenkanals

$$n_e = \frac{\alpha^*}{e} \int\limits_0^t S \, dt. \qquad (7.219)$$

Führt man den spezifischen Widerstand $\varrho = E/S$
ein, so wird mit (7.219) und (7.215):

$$\varrho = \frac{1}{\alpha^* b_e \displaystyle\int_0^t S \, dt}. \qquad (7.220)$$

Nimmt man eine gleichmäßige Stromdichtever-
teilung über den ganzen Querschnitt a_F des
Funkens an, so ergibt sich bei der Funkenlänge l
der Funkenwiderstand

$$R_F = \varrho \, \frac{l}{a_F} = \frac{l}{\alpha^* b_e \displaystyle\int_0^t i \, dt}, \qquad (7.221)$$

wobei der Funkenquerschnitt als zeitlich konstant
angenommen wird.

Da der effektive Ionisationskoeffizient α^* mit
der Feldstärke E steigt, die Elektronenbeweglichkeit b_e aber nach (7.55) und Bild 7.6 mit der
Feldstärke E fällt, soll in Näherung

$$\alpha^* b_e = 1/k_T = \text{const} \qquad (7.222)$$

angenommen werden. Mit dieser Annahme ergibt
sich das Funkengesetz nach Toepler, das für
Luft, SF_6 und viele andere Gase experimentell
bestätigt werden konnte [7.68], zu

$$R_F = \frac{k_T l}{\displaystyle\int_0^t i \, dt}, \qquad (7.223)$$

Tabelle 7.12. Die Toepler-Konstante k_T für verschiedene Gase

Gasart	k_T in Vs/cm
Stickstoff	$0{,}4 \cdot 10^{-4}$
Luft	$(0{,}5 \dots 0{,}6) \cdot 10^{-4}$
Argon	$0{,}85 \cdot 10^{-4}$
Schwefelhexafluorid	$(0{,}4 \dots 0{,}8) \cdot 10^{-4}$

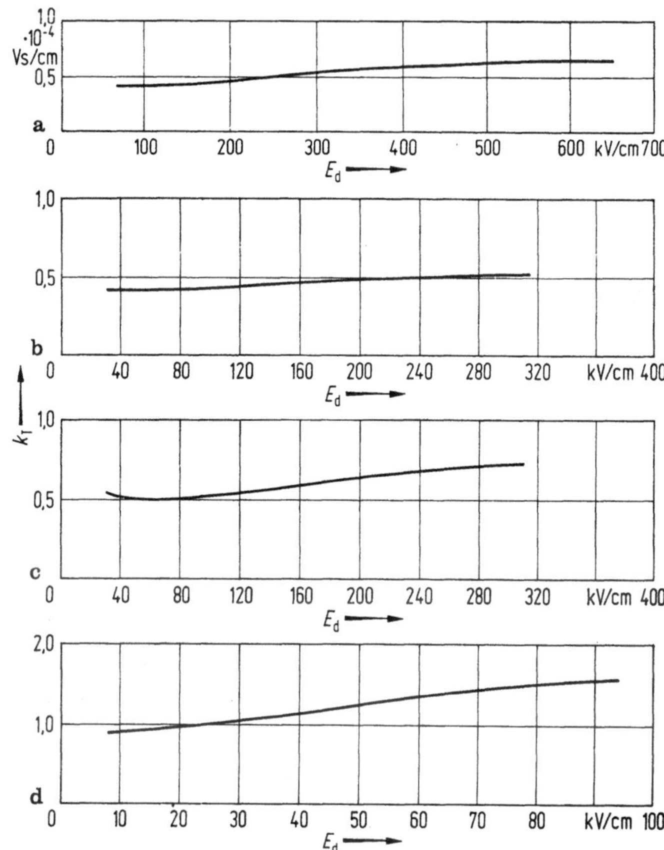

Bild 7.44. Toepler-Konstante k_T in SF_6 **a** Stickstoff (N_2) **b** Kohlendioxyd (CO_2) **c** und Argon (Ar) **d** Schlagweitenbereich 0,5 bis 6 mm, Druckbereich 1 bis 8 bar [7.68; 7.77; 7.78].

wobei k_T die von Feldstärke und Druck nahezu unabhängige Toepler-Konstante ist (Bild 7.44); s. auch Tabelle 7.12.

Nach Bild 7.44 ist die Toepler-Konstante für Luft und SF_6 etwa gleich groß. Dennoch vollzieht sich der Funkenaufbau in SF_6 im allgemeinen in wesentlich kürzerer Zeit, da hier bei Entladungsbeginn meist wesentlich größere mittlere Feldstärken über der Funkenstrecke mit großen folgenden Funkenentladungsströmen anliegen.

Die Funkenaufbauzeit t_{AF} bei der Entladung eines Prüflings mit der Kapazität C läßt sich nach dem Toeplerschen Gesetz einfach ermitteln. Vereinfachend wird davon ausgegangen, daß eine konzentrierte Kapazität C angenommen werden kann. Es ist aber zu beachten, daß gerade im Kurzzeitbereich einiger ns eines Funkendurchschlags in vielen Fällen das Wanderwellenverhalten in den Kapazitätsbelägen oder Elektroden berücksichtigt werden muß. Vernachlässigt man weiterhin alle ohmschen Widerstände, so sind allein die Prüflingskapazität C, die zu Beginn auf die Spannung U_2 aufgeladen ist, und der Funkenwiderstand R_F der Entladungsfunkenstrecke, für den der Toepler-Ansatz nach (7.223) verwendet wird, ausschlaggebend (Bild 7.45). Die Funkenspannung u ist mit (7.223)

$$u = R_F\, i = \frac{k_T l}{\displaystyle\int_0^t i\,\mathrm{d}t}\, i. \tag{7.224}$$

Dabei ist

$$i = -C\,\frac{\mathrm{d}u}{\mathrm{d}t} \tag{7.225}$$

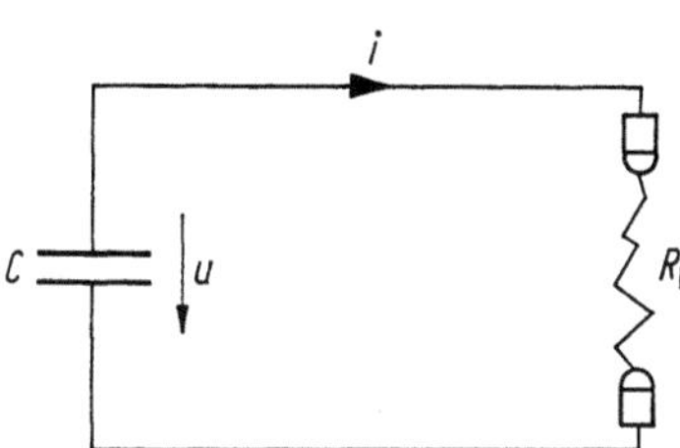

Bild 7.45. Einfaches Ersatzschaltbild für die Funkenentladung.

und damit

$$\int_0^t i\,\mathrm{d}t - C(U_2 - u) = 0. \tag{7.226}$$

Aus (7.224), (7.225) und (7.226) ergibt sich die Differentialgleichung

$$-\frac{\mathrm{d}u}{\mathrm{d}t} = u\,\frac{U_2 - u}{k_\mathrm{T}l} \tag{7.227}$$

mit der Lösung [7.6]

$$u = \frac{U_2}{1 + \exp\left(\dfrac{U_2}{k_\mathrm{T}l}\,t\right)}. \tag{7.228}$$

Die Funkenspannung nimmt mit zunehmender Zeit stetig ab. Aufgrund der gewählten Integrationskonstante ist zum Zeitpunkt $t = 0$ gerade die „Funkenmitte" erreicht, bei der die Funkenspannung den Wert $U_2/2$ hat. Die theoretisch unendlich lange Funkenzeit läßt sich folgendermaßen praktisch eingrenzen. Betrachtet man die Ausbildung des Funkenkanals als abgeschlossen, wenn die Funkenspannung den Wert $u = 0,1U_2$ erreicht hat, und soll der Funkenbeginn bei $u = 0,9U_2$ liegen, so ergibt sich die Funkenaufbauzeit t_AF zu

$$t_\mathrm{AF} = 4,4\,\frac{lk_\mathrm{T}}{U_2} = 4,4\,\frac{k_\mathrm{T}}{E_2}. \tag{7.229}$$

Sie ist damit von der mittleren Feldstärke E_2 zwischen den Elektroden beim Funkeneinsatz abhängig und in SF_6 wesentlich kleiner als in Luft gleichen Gasdrucks.
Unter praktischen Bedingungen einer gasisolierten Schaltanlage ergeben sich Funkenaufbauzeiten von einigen ns. Derartig kurze Funkenaufbauzeiten sind mit erheblichen Stromsteilheiten und Spannungssteilheiten verbunden, die zu vielfältigen Problemen führen können. Für den Gesamtzündverzug ist die Funkenaufbauzeit dagegen meist von geringer Bedeutung, da schon der Beginn der Funkenentladung mit merklichem Spannungszusammenbruch als Durchschlagsaugenblick gewertet wird. Daher ist nur ein kleiner Teil der ohnehin meist vergleichsweise kurzen Funkenaufbauzeit dem Zündverzug zuzurechnen.

7.7.4 Spannungs-Zeit-Kennlinie

Bei der Spannungsbeanspruchung hat die Zündverzugszeit wesentlichen Einfluß auf die Durchschlagfestigkeit. Durch diese Zündverzugszeit ist die Durchschlagspannung von der Spannungsform abhängig. Das Durchschlagverhalten einer Anordnung wird im allgemeinen durch die Spannungs-Zeit-Kennlinie beschrieben, die auf folgende Weise gewonnen wird.

Der Prüfling wird mit Stoßspannung einheitlicher Form aber unterschiedlicher Amplitude beansprucht (Bild 7.43). Die Stoßprüfungen, bei denen es zum Durchschlag kommt, werden zur Auswertung herangezogen. Der jeweils höchste Wert der erreichten Spannung wird der Durchschlagzeit zugeordnet und stellt auf diese Weise einen Punkt der Spannungs-Zeit-Kennlinie dar. Bei Durchschlägen in der Stirn der Impulsspannung sind daher die Spannungswerte zu Beginn des Spannungszusammenbruchs, bei Durchschlägen im Rücken der Impulsspannung die Scheitelwerte des Impulses zu berücksichtigen. Auf diese Weise erhält man die Spannungs-Zeit-Kennlinie, die für jede Stoßspannung gleicher Form das Durchschlagverhalten wiedergibt.
Da die Zündverzugszeit einer statistischen Streuung unterliegt, ergibt sich ein Kennlinienband (Bilder 7.46 und 7.47). Die untere Begrenzungskurve ist die Spannungs-Zeit-Kennlinie für die 0%-Durchschlagspannung ($U\,0\%$), die obere Begrenzungskurve die Spannungs-Zeit-Kennlinie für die 100%-Durchschlagspannung ($U\,100\%$). Da diese Grenzwerte im Versuch nur mit unendlich hohem Aufwand gewonnen werden können, wird aus versuchstechnischen Gründen oft als obere Begrenzung die 95%-Durchschlagspannung ($U\,95\%$), und als untere Begrenzung die 5%-Durchschlagspannung ($U\,5\%$) verwendet.
In vielen Fällen wird die Durchschlagverteilung durch eine Gaußsche Normalverteilung angenähert. In diesen Fällen stehen die entsprechenden umfangreichen mathematischen Rechenhilfsmittel zur Verfügung. Für die obere und untere Begrenzung werden dabei häufig Spannungen herangezogen, die um die dreifache Standardabweichung vom Mittelwert abweichen.
Die Durchschlagwerte liegen je nach Wahl der Begrenzungsspannungen ganz oder größtenteils im Bereich zwischen den Begrenzungskurven. Es sei ausdrücklich darauf hingewiesen, daß die Angabe derartiger Spannungs-Zeit-Kennlinien nur für eine Impulsform sinnvoll ist. Da die Zündverzugszeit von der Spannungsentwicklung oberhalb der Einsatzspannung abhängig ist, ergeben unterschiedliche Spannungsformen verschiedene Kennlinien [7.79].
Um die Spannungs-Zeit-Kennlinie einer Elektrodenanordnung zu erhalten, müssen die Entladungsaufbauzeiten t_A und die statistische Streuzeit t_S beachtet werden. Bild 7.46 zeigt das Ergebnis und die Vorgehensweise. Wenn die kritische Einsatzspannung U_0 zum Zeitpunkt t_0 überschritten wird, folgt zunächst die statistische Streuzeit t_S. Zum Zeitpunkt t_1 liegt dann ein lawinenwirksames Anfangselektron vor, und der Aufbau des Durchschlagkanals beginnt. Die folgende Aufbauzeit wird durch die Entladungsart bestimmt. Beim Streamerdurchschlag setzt sich die Aufbauzeit t_A lediglich aus der Zeit t_AS für die Streamerbildung und die folgende, meist ver-

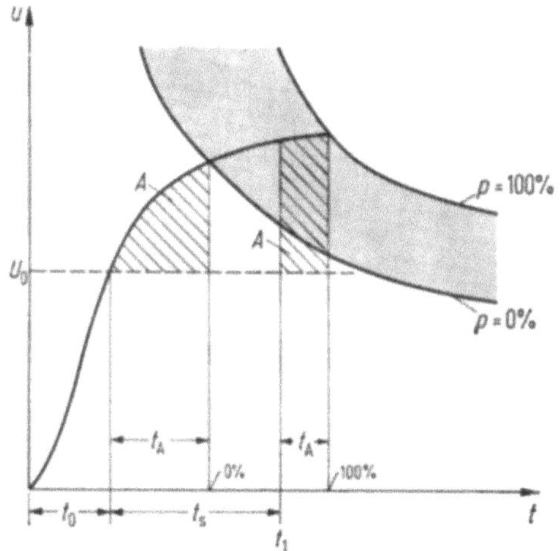

Bild 7.46. Anwendung des Volumen-Zeit-Gesetzes und des Spannungs-Zeit-Flächenkriteriums für die Spannungs-Zeit-Kennlinie [7.60].

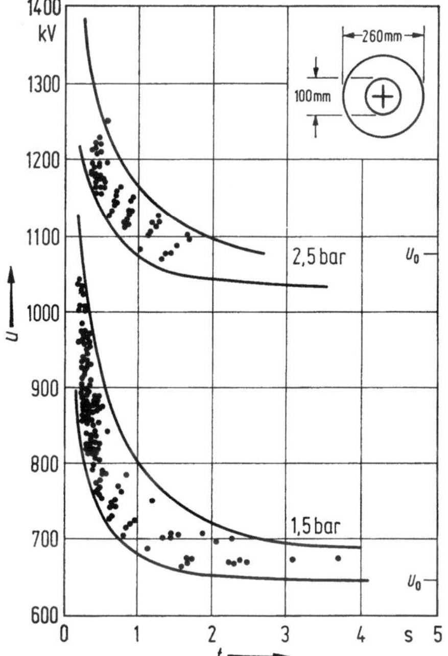

Bild 7.47. Berechnete und gemessene Spannungs-Zeit-Kennlinien für SF_6 bei Blitzstoßspannung [7.60].

nachlässigbare Funkenaufbauzeit t_{AF} zusammen. Bei Leaderdurchschlag kommt noch die Zeit t_{AL} für den Leaderaufbau hinzu, wobei zu beachten ist, daß die Leaderaufbauzeit ebenfalls einer relativ starken Streuung unterliegen kann (Abschnitt 7.6.5.2).

Beschränkt man sich auf den reinen Streamer-

durchschlag, wie er in homogenen, schwach inhomogenen und stark inhomogenen Anordnungen bis zu etwa 1 m Schlagweite und bei Blitzstoßspannung auch bei größeren Schlagweiten auftritt, so lassen sich die Spannungs-Zeit-Kennlinien rechnerisch ermitteln. Bei der Berechnung kann beispielsweise das Volumen-Zeit-Gesetz für die statistische Streuzeit und das Spannungs-Zeit-Flächenkriterium für die Aufbauzeit des Streamers verwendet werden. Bild 7.47 zeigt die auf diese Weise gewonnenen Spannungs-Zeit-Kennlinien für eine SF_6-isolierte Anordnung [7.60]. Es ergibt sich ein Kennlinienband, in dem alle experimentell gewonnenen, markierten Meßpunkte liegen.

Für die Isolationsauslegung kommt der unteren Begrenzungskurve besondere Bedeutung zu, da man einen Durchschlag möglichst sicher vermeiden muß. Die Begrenzungskurve wird durch die Entladungsaufbauzeit bestimmt. Bei kurzen Schlagweiten sind die Aufbauzeiten klein. Derartig kurze Aufbauzeiten ergeben sich bei homogener oder nahezu homogener Feldverteilung und Gasen mit hohen effektiven Ionisationskoeffizienten.

Bei einer derartigen, gleichmäßigen Feldverteilung sind darüber hinaus die Vorwachsbedingungen für den Streamer wesentlich besser als im inhomogenen Feld, wo der Streamerkanal an der Spitze die notwendige Feldanhebung erst bewirkt, um ein Weiterwachsen zu ermöglichen (Abschnitt 7.5.1). Daher ist die Spannungs-Zeit-Kennlinie von SF_6-isolierten Anlagen wesentlich flacher als von luftisolierten Freiluftanlagen (Bild 7.48). Auch wird dadurch klar, daß eine einfache luftisolierte Funkenstrecke als Schutzfunkenstrecke niemals den Überspannungsschutz einer nachgeschalteten SF_6-Anlage übernehmen kann, da bei genügend steilen Überspannungen immer ein Durchschlag in der SF_6-Anlage zu erwarten ist. Bei großen Schlagweiten in Luft ist außerdem das Minimum bei Schaltstoßspannung zu beachten (Abschnitt 7.6.5.1).

Die Ansprechfunkenstrecken in Überspannungsableitern haben durch die Aufteilung in viele Teilfunkenstrecken und eine bei Netzfrequenz dominierende ohmsche Spannungssteuerung eine wesentlich flachere Ansprechkennlinie als einfache Luftfunkenstrecken. Diese Ansprechkennlinie übersteigt erst bei extrem kurzen Zeiten unter 0,2 μs die 0%-Stoßspannungskennlinie SF_6-isolierter Anlagen. Derartige steile Überspannungsvorgänge treten aus vielfältigen Gründen in der Praxis kaum auf. Gleichartige Überlegungen gelten für feststoff- oder ölisolierte Geräte, z. B. Transformatoren, bei denen ebenfalls, bedingt durch die kleine Schlagweite und die nahezu homogene Feldverteilung, kleine Entladungsaufbauzeiten eine flache Spannungs-Zeit-Kennlinie geben (s. Abschnitt 2.3).

Luftisolierte Freiluftschaltanlagen haben ein

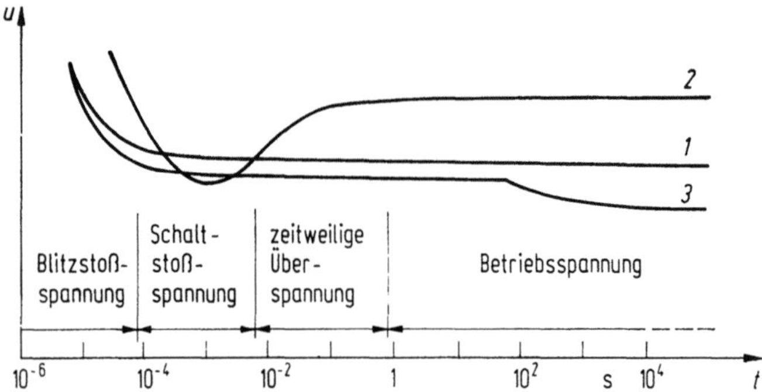

Bild 7.48. Spannungs-Zeit-Kennlinien (schematisiert) [7.63] von *1* SF$_6$ und Luft bei kleinen Schlagweiten (Streamerdurchschlag); *2* Luft mit großen Schlagweiten (Leaderdurchschlag); *3* Feststoffisolation mit Alterungseffekten (Ölpapier).

ähnliches Durchschlagverhalten wie die vorgeschalteten luftisolierten Freileitungen, von denen die Blitzüberspannung in die Anlage hineinwandert. Die Überspannungen werden daher schon auf der Freileitung durch Überschläge an den Isolatoren begrenzt. Durch eine automatische Kurzunterbrechung (KU-Betrieb), d. h. kurzzeitige beidseitige Abschaltung der Leitung, wird der entstandene Lichtbogen zum Erlöschen gebracht.

Bei diesen Überlegungen ist neben dem reinen Durchschlagverhalten noch die Überspannungsentwicklung durch die Wanderwellenbewegung, die Wanderwellenreflexion und die Wanderwellenbrechung zu beachten. Die richtige Zuordnung der Ableiteransprechspannung zu den Isolationsniveaus der einzelnen Betriebsmittel unter Beachtung der räumlich-zeitlichen Überspannungsentwicklung führt zur richtigen Isolationskoordination der Anlagen und Netze [7.69].

7.8 Blitzentladung

7.8.1 Meteorologischer Aufbau der Gewitterwolke

Zur Entstehung eines Gewitters sind zwei wesentliche Voraussetzungen erforderlich. Erstens starke Luftbewegungen, insbesondere Aufwinde, und zweitens das Vorhandensein von Feuchtigkeit innerhalb der Gewitterzone.

Die Aufwinde entstehen durch starke Erwärmung bodennaher Luftschichten. Es kommt zu einem thermisch bedingten Austausch dieser Luftschichten mit der aus größerer Höhe absinkenden kühleren Luft. Auch horizontale Luftströmungen über Bodenerhebungen können zur Aufwindbildung führen (Hangaufwinde). Schließlich führen eindringende Kaltfronten durch Unterlaufen der warmen Luftschichten ebenfalls zu warmen Aufwinden (Frontgewitterbildung). Die zweite Voraussetzung zur Gewitterbildung,

die Feuchtigkeit, entsteht durch Verdunstung bei Temperaturanstieg oder durch Zufuhr von feuchter Luft in Bodennähe.

Das Hochsteigen der Luft erfolgt meist stoßartig in Form von Aufwindschläuchen. Dabei kühlt sich die Luft ab und erreicht in einer bestimmten Höhe eine Temperatur, bei der sie gerade mit Wasserdampf gesättigt ist. Weiteres Aufsteigen führt dann zur Kondensation und Wolkenbildung. Die dabei freiwerdende Kondensationswärme verlangsamt dann die weitere Abkühlung der aufsteigenden Luft. Durch diesen Entzug des Wasseranteils wird die Luft wieder spezifisch leichter und es kommt zu einem erneuten Auftrieb. Dieser feucht-labile Zustand endet meist in einer Höhe von 6 bis 8 km durch Ausbildung von mächtigen Quellwolken, die am oberen Ende den typischen Gewitterschirm aufweisen.

Bei der Entstehung der Gewitterwolke kann man drei charakteristische Stadien unterscheiden: Jugend-, Reife- und Altersstadium (Bild 7.49a bis c).

Das Jugendstadium (Bild 7.49a) ist äußerlich als Quellkumulusbildung erkennbar. Der Aufwind nimmt von unten nach oben und von der Seite zur Mitte hin zu. Dieser Zustand dauert etwa 10 bis 15 min.

Im Reifestadium (Bild 7.49b) kommt es zur Ausbildung von Niederschlägen, die zunächst noch vom Aufwind getragen werden. In der Nähe der Null-Grad-Grenze reicht die Auftriebskraft nicht mehr aus, und es kommt zu heftigen Niederschlägen. Dabei kommt es auch zur Ausbildung von kalten Fallwinden, die bei Erreichen des Bodens heftige Sturmböen verursachen. Die Zeitdauer des Reifestadiums beträgt etwa 15 bis 30 min.

Wenn durch die heftigen Niederschläge die Umbildung von Aufwinden zu Abwinden abgeschlossen ist, hat die Gewitterwolke das Altersstadium (Bild 7.49c) erreicht. Der Aufwind fehlt nun vollständig und der noch in der Wolke enthaltene Niederschlag fällt allmählich aus. Dieser

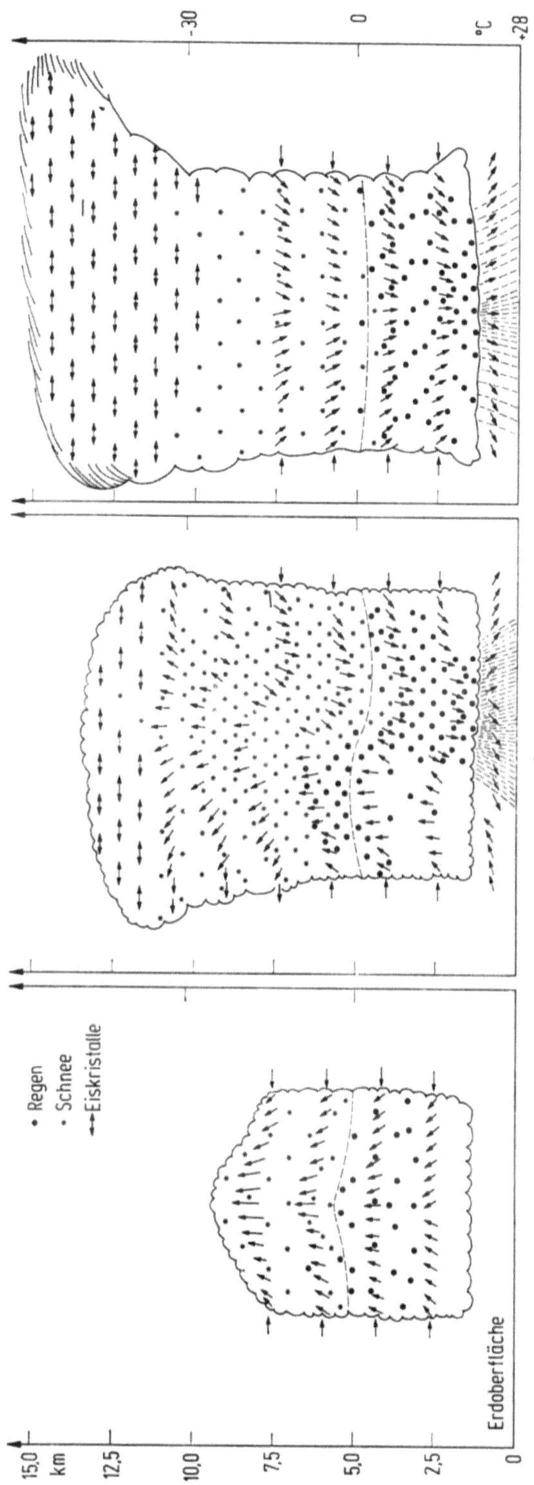

Bild 7.49. Vertikalschnitt durch eine Wolke in den verschiedenen Entwicklungsstadien [7.71]. **a** Jugendstadium; **b** Reifestadium; **c** Alterstadium.

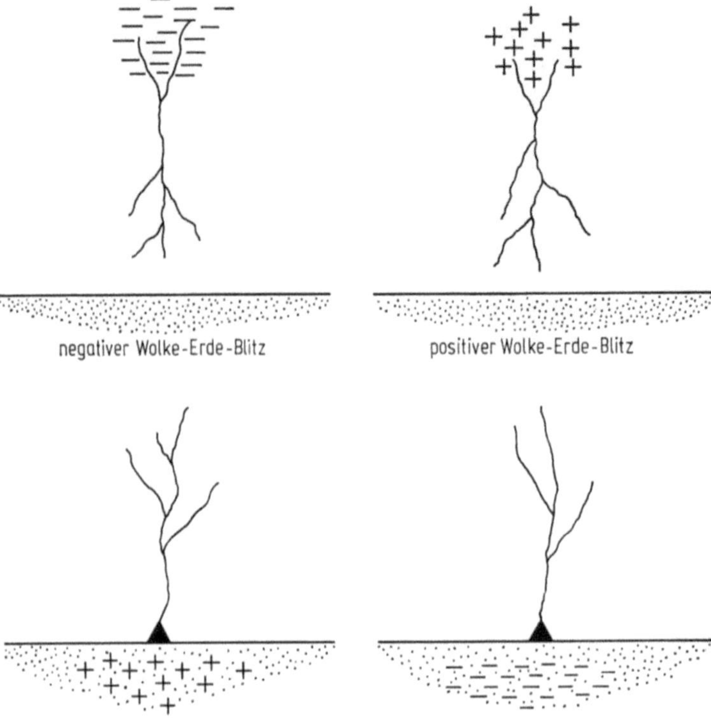

Bild 7.50. Mögliche Blitztypen

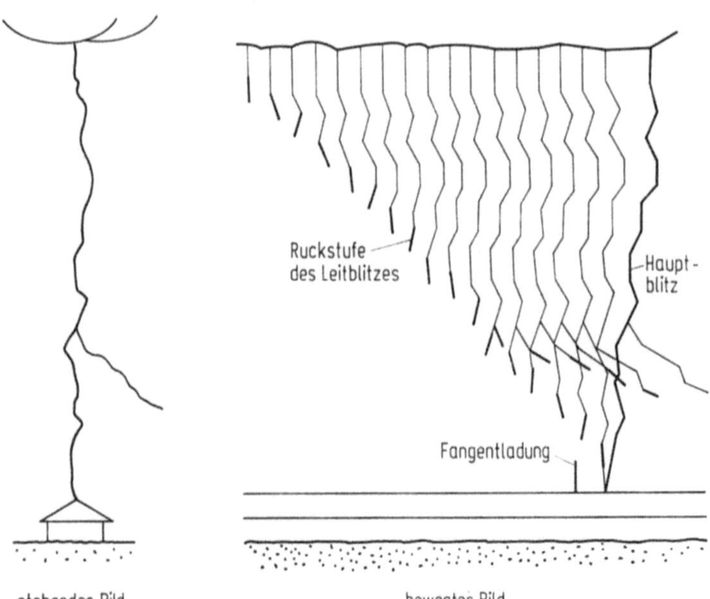

Bild 7.51. Zeitliche Entwicklung der Blitzentladung [7.72].

Zustand hält etwa 30 min an. Die gesamte Gewittertätigkeit setzt sich aus der fortlaufenden Bildung von einzelnen Gewitterzellen zusammen.

7.8.2 Elektrizitätsentwicklung im Gewitter

Der genaue Mechanismus der Ladungstrennung innerhalb einer Gewitterwolke ist auch heute noch weitgehend ungeklärt. Aus genauen Beobachtungen hat sich jedoch ergeben, daß die Ladungstrennung etwa mit der Vereisung der Wassertröpfchen innerhalb der Wolke zusammenfällt. Für die großräumige Ladungstrennung sind Aufwinde und die Schwerkraft verantwortlich. Es gibt viele Theorien, die aber alle nicht vollständig befriedigen.

Als Beispiel diene die Influenztheorie. Die in der Wolke enthaltenen Wassertröpfchen werden unter dem Einfluß des ständig vorhandenen erdelektrischen Feldes zu kleinen Dipolen. Da das Feld im allgemeinen gegen die Erde gerichtet ist, wird sich an der Unterseite der Tröpfchen positive Ladung ansammeln. Da die kleinen Tröpfchen durch den Aufwind mit den abwärtsfallenden Eiskristallen in Berührung kommen, wird die negative Ladung der kleinen Tropfen im Berührungsbereich ausgetauscht. Bei den großen Tropfen überwiegt daher die negative Ladung, und der untere Teil der Wolke ist negativ geladen. Da die kleinen positiven Tropfen durch die Aufwinde weiter aufsteigen, ist der obere Teil der Wolke positiv geladen. Im Ersatzladungsbild stellt eine geladene Wolke einen Dipol mit einer Ladung von etwa 25 As dar. Da die Wolkenunterseite negativ geladen ist, hat die überwiegende Anzahl der Wolke-Erde-Blitze negative Polarität.

Messungen haben ergeben, daß sich der positive Ladungsschwerpunkt einer Gewitterwolke in Höhen zwischen 10 und 12 km befindet. Die Temperaturen betragen in diesen Höhen etwa 0 bis $-20\,°\mathrm{C}$. Der positive Ladungsschwerpunkt bewegt sich mit zunehmender Intensität des Gewitters weiter nach oben, während der negative Ladungsschwerpunkt etwa konstant in einer Höhe von 5 km bleibt. Am unteren Wolkenrand findet man meist noch ein eng begrenztes Gebiet mit starker positiver Raumladung (Aufwindbereich).

7.8.3 Vorgang der Blitzentladung

Damit eine Blitzentladung ausgelöst werden kann, muß die elektrische Feldstärke örtlich Werte von einigen kV/cm erreichen. Tritt diese Feldstärke innerhalb einer Gewitterwolke auf, so entsteht entweder ein Wolke-Wolke-Blitz (Wolkenblitz) oder Wolke-Erde-Blitz (Abwärtsblitz). Wird hingegen das Feld an der Erdoberfläche beispielsweise durch hohe Türme und Spitzen stark verzerrt, so kann ein Erde-Wolke-Blitz (Aufwärtsblitz) entstehen.

Da die Blitze entweder von einem positiven oder einem negativen Ladungszentrum in der Gewitterzelle oder von einer positiv oder negativ geladenen Spitze an der Erdoberfläche ausgehen können, sind vier Blitztypen möglich, die in Bild 7.50 zusammengestellt sind. Zeigen die Verästelungen der Blitzbahn zur Erde, so liegt ein Wolke-Erde-Blitz vor; weisen die Verzweigungen dagegen aufwärts, so hat man es mit einem Erde-Wolke-Blitz zu tun. Wolke-Erde-Blitze treten bei ebenem Gelände wesentlich häufiger auf als Erde-Wolke-Blitze.

7.8.3.1 Abwärtsblitz

Der Mechanismus der Blitzentladung soll am Beispiel des häufiger auftretenden negativen Abwärtsblitzes erläutert werden. Wie Bild 7.51 zeigt, schiebt sich aus dem negativen Ladungszentrum der Gewitterzelle ein Schlauch mit einem dünnen, hochionisierten Kern ruckweise zur Erde vor. Dieser sogenannte Leitblitz, der mit dem Leader vergleichbar ist, hat eine mittlere Vorwachsgeschwindigkeit in der Größenordnung von etwa 300 km/s. Wenn sich der Leitblitz der Erde nähert, erhöht sich hier die elektrische Feldstärke so stark, daß schließlich die Festigkeit der Luft überschritten wird und nun ebenfalls von der Erde eine dem Leitblitz ähnliche, einige 10 m lange Fangentladung ausgeht, die mit dem Leitblitzkopf zusammentrifft. Nunmehr frißt sich die Fangentladung mit etwa 50 000 km/s in Form einer hochionisierten, hell aufblitzenden Funkenbahn in den mit Ladungen angefüllten Schlauch des Leitblitzes hinein und führt die dort gespeicherten Ladungen in einigen 10 bis 100 µs zur Erde ab. Während dieser schlagartigen Entladung des Leitblitzschlauchs, die als Hauptblitz bezeichnet wird, fließt ein sehr hoher, kurzzeitiger Stoßstrom über das getroffene Objekt. Bild 7.51 zeigt die zeitliche Entwicklung der Blitzentladung, aufgenommen mit einer rotierenden Kamera (Boys-Kamera).

Die Ladung und Zeitdauer eines negativen Blitzes sind meist wesentlich kleiner als die eines positiven Blitzes. Die negativen Wolke-Erde-Blitze weisen als Besonderheit Mehrfachentladungen auf (Bild 7.52). Sie entstehen dadurch, daß sich nach einer Pause von einigen 10 bis einigen 100 ms in der noch ionisierten Funkenbahn der ersten Entladung ein neuer Leitblitz gegen Erde vorschiebt. Da dieser Leitblitz bereits eine vorgezeichnete Bahn vorfindet, wächst er mit einer wesentlich erhöhten Geschwindigkeit von etwa einem Hundertstel der Lichtgeschwindigkeit ohne merkliche Ruckstufen voran. Die sich anschließende Hauptentladung hat einen erneuten Stoßstrom über das getroffene Objekt zur Folge. Es wurden bis zu vierzig solche aufeinanderfolgende Teilblitze registriert. In vereinzelten Fällen kann sich bei negativen Blitzen auch ein Stromschwanz an den letzten Teilstrom anschließen, der auf

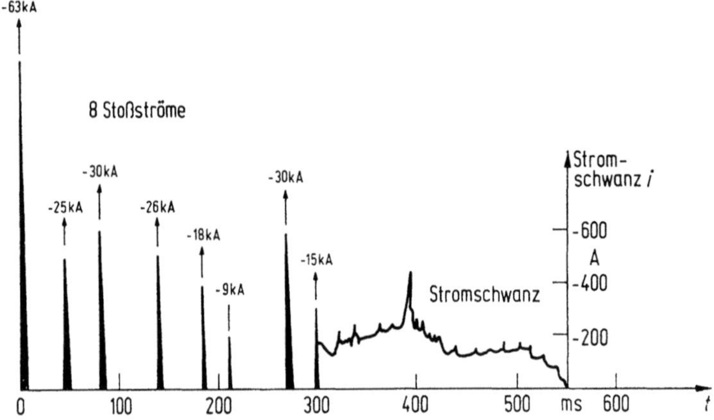

Bild 7.52. Blitzstromverlauf eines negativen Wolke-Erde-Blitzes [7.72].

eine kontinuierliche Abfuhr eines Teils der Wolkenladung über die Blitzfunkenbahn zur Erde hindeutet. Der zeitliche Verlauf des Blitzstroms bei einem positiven Abwärtsblitz wird in Bild 7.53 dargestellt.

Positive Blitze zeigen keine Mehrfachentladungen, dagegen schließen sich an sehr viele positive Stromstöße Stromschwänze an, die während einiger 10 bis einiger 100 ms erhebliche Ladungsmengen von einigen 10 bis einige 100 As transportieren.

7.8.3.2 Aufwärtsblitz

Das Auftreten von Stoßströmen bei den Wolke-Erde-Blitzen setzt einen geladenen Leitblitzschlauch voraus, in dem die Hauptentladung plötzlich stattfindet. Bei den Erde-Wolke-Blitzen dagegen, bei denen von sehr hohen Spitzen aus ein Leitblitz einen Ladungsschlauch zur Wolke vorschiebt, fließt aus der Spitze für einige Zehntelsekunden ein relativ kleiner, weitgehend kontinuierlicher Strom in der Größenordnung von einigen 100 A. Der von der Erde vorwachsende Leitblitz kann auch mit einem von der Wolke ausgehenden Leitblitz zusammentreffen. Ebenso wurde be-

obachtet, daß sich in der Funkenbahn des Aufwärtsblitzes anschließend Abwärtsblitze ausbilden. Erde-Wolke-Blitze treten vorzugsweise bei extrem hohen Gebäuden oder Türmen auf.

7.8.4 Gefährdungsparameter von Blitzen

Durch Blitzentladungen können mannigfaltige Schäden hervorgerufen werden. Zunächst sucht man durch geeignete Blitzfangeinrichtungen (Blitzableiter) die Blitzentladung von Gebäuden, Anlagen, Geräten und Leitungen fernzuhalten oder so abzuleiten, daß kein Schaden entstehen kann. Für die Auslegung derartiger Blitzfangeinrichtungen sind folgende Kennwerte des Blitzes von Bedeutung (Bild 7.54).

— Die induzierten Spannungen in der Blitzableitung selbst oder in benachbarten Leitern elektrischer Systeme sind von der Stromsteilheit di/dt abhängig. In Schleifen von Elektroinstallationen, Antennen und elektrischen Schaltungen können dadurch erhebliche Spannungen induziert werden.

— Die Ladung der Blitzströme $\int i \, dt$ ist für die

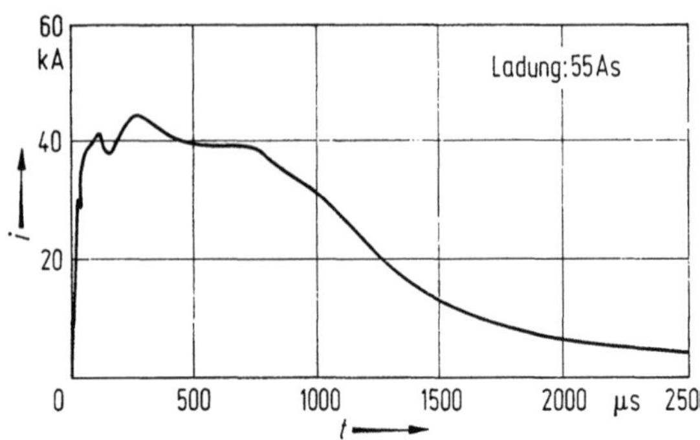

Bild 7.53. Stoßstrom eines positiven Wolke-Erde-Blitzes [7.72].

Abschmelzung durch den Lichtbogen entscheidend. Die an einem Lichtbogenfußpunkt umgesetzte Leistung ist näherungsweise dem Augenblickswert des Stroms proportional, da nahe der Elektrode sich ein nahezu konstanter, stromunabhängiger Spannungsfall einstellt. Die umgesetzte Schmelzenergie ist deshalb von der Blitzstromladung abhängig.

— Das Stromquadrat-Zeitintegral $\int i^2\,\mathrm{d}t$ ist für die Erwärmung metallischer Leiter und den Kraftimpuls auf getroffene Objekte maßgebend.

— Der Maximalwert des Stroms $\hat\imath$ ist für den Spannungsfall am Erdungswiderstand geerdeter Objekte entscheidend.

Die Ergebnisse sind vor allem durch umfangreiche Messungen von Prof. Berger am Monte San Salvatore in der Schweiz gewonnen worden [7.73]. Die Übertragung auf andere Gebiete mit anderen klimatischen Verhältnissen (Meeresküste) und anderen Landschaftsstrukturen (Ebene) hat sich als möglich erwiesen [7.74].

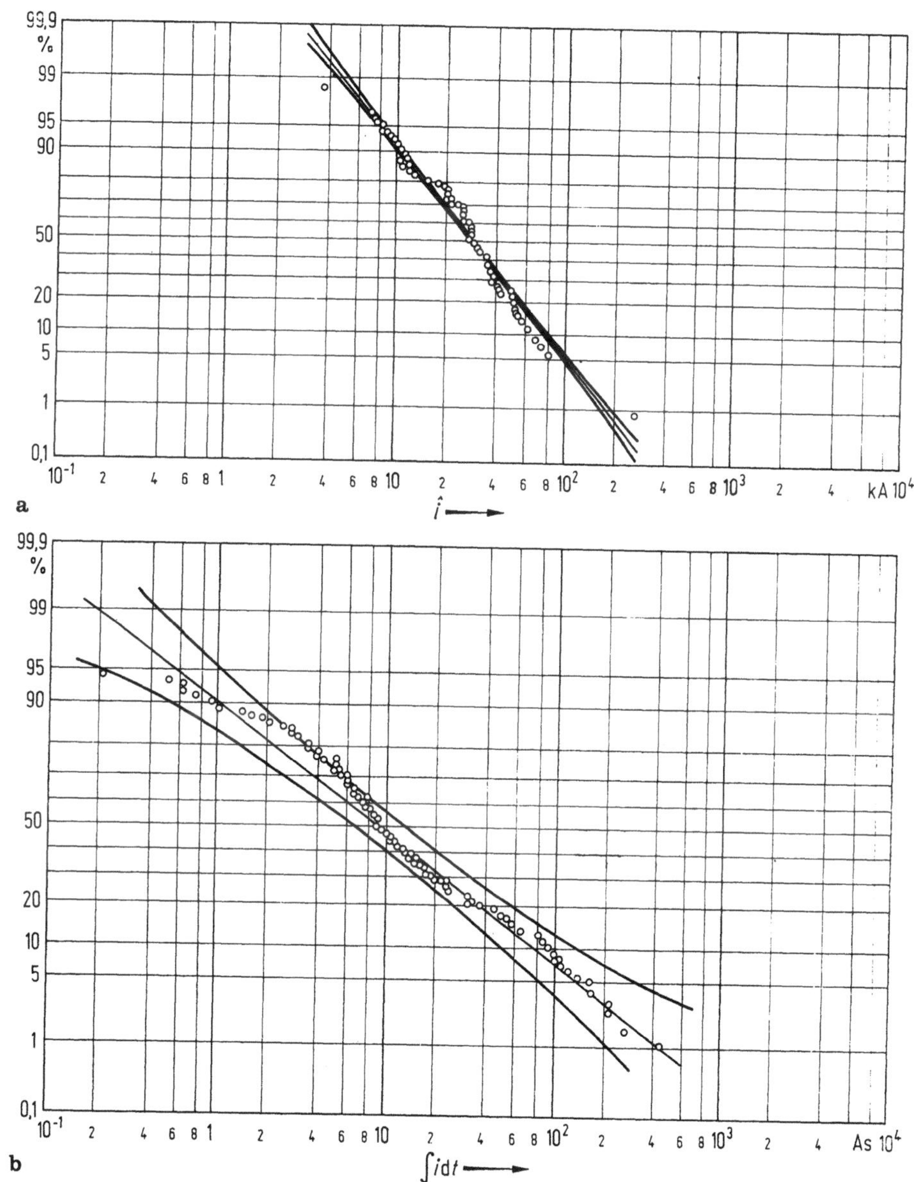

Bild 7.54. a—d. Häufigkeitsverteilung der Blitzstromkennwerte [7.73].

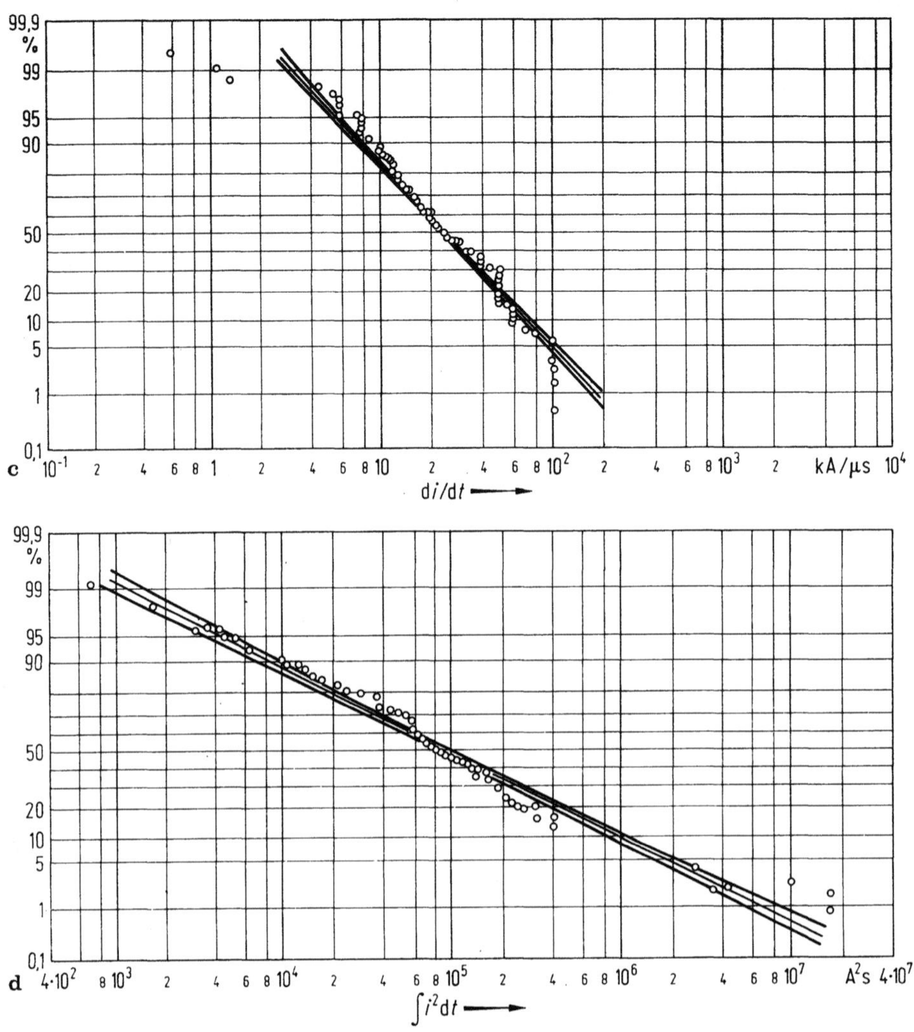

Bild 7.54 c und d.

7.9 Überschlag an Isolierstoffoberflächen

In Bild 7.55 sind zwei grundsätzliche Anordnungen dargestellt, bei denen der Durchschlag längs einer Isolierstoffoberfläche auftreten kann. Bei der Anordnung a wird ein Überschlag nur dann an der dielektrischen Trennebene auftreten, wenn dort besonders günstige Voraussetzungen für den Überschlag gegeben sind. Oberflächenrauhigkeiten des Isolierstoffes und dadurch bedingte Feldanhebungen oder Spalte mit erhöhter Feldstärke an der Verbindung mit der Metallelektrode führen insbesondere bei SF_6 zu einer Festigkeitsminderung. Weiterhin kann durch Verunreinigung durch Metall- oder Isolierstoffpartikel, oder durch Benetzung mit Wasser oder Öl eine Feldverzerrung

und eine Absenkung der Überschlagspannung eintreten. Prinzipiell können hierbei die Grundgedanken des Abschnitts 7.5.5 herangezogen werden. Nachweislich kann bei der Anordnung a bei glatter und reiner Oberfläche das Durchschlagsverhalten der reinen Gasstrecke erreicht werden. Bei luftisolierten Geräten und Anlagen wird die Festigkeit derartiger Anordnungen insbesondere durch die Bildung einer leitfähigen Fremdschicht herabgesetzt. Das Überschlagverhalten wird hierbei durch die Lichtbogencharakteristik und die Fremdschichtleitfähigkeit bestimmt.
Bei der Anordnung b in Bild 7.55 müssen darüber hinaus Besonderheiten der Gasentladung bei der Entwicklung des Überschlags auch unter idealen Bedingungen beachtet werden. Diese Anordnung zeichnet sich gegenüber der Anordnung a dadurch

aus, daß die elektrischen Feldlinien nahezu senkrecht auf der freiliegenden Isolierstoffoberfläche stehen. Die Vorzugsrichtung der unbehinderten Entladungsentwicklung in Richtung der elektrischen Feldlinien ist durch die Isolierstoffbarriere gesperrt, die Entladung muß sich entlang der Isolierstoffoberfläche als sogenannte Gleitentladung ausbilden.

7.9.1 Gleitentladung an Isolierstoffoberflächen

Aufgrund der vertikalen Feldkomponente treffen Ladungsträger auf die Isolierstoffoberfläche auf. Auf diese Weise wirkt der Feststoff beim Ladungsträgerhaushalt der Gasentladung mit. Es können Ladungsträger eingefangen oder aus dem Isolierstoff befreit werden. Jedoch ist dieser Einfluß des Feststoffs auf die Gasentladung sehr beschränkt, da sich schon nach kurzer Zeit in der Nähe des Entladungskanals eine Oberflächenladung ausbildet, bis die vertikale Feldkomponente soweit abgebaut ist, daß derartige Oberflächeneffekte nicht mehr auftreten. Man kann daher davon ausgehen, daß die Gleitentladung nahe der Oberfläche ohne große Wechselwirkung mit dem Isolierstoff stattfindet. Die Art des Isolierstoffs ist in dieser Hinsicht nachweislich ohne

Belang für den Entladungsaufbau. Es handelt sich daher um eine geführte Gasentladung, wie sie im übrigen auch im reinen Gas auftritt. Es werden sich auch hier prinzipiell die gleichen Erscheinungen wie beim reinen Gasdurchschlag ergeben.

Die Anordnung b Bild 7.55 hat eine stark inhomogene Feldverteilung bei großer Schlagweite, wenn eine große Isolierstoffplatte vorausgesetzt wird. Daher muß ein sogenannter Leaderdurchschlag erwartet werden, wie er in Abschnitt 7.6.3 und 7.6.5 beschrieben wird. Allerdings sind hier bei zeitlich veränderlicher Spannung wegen der dünnen Isolierstoffschicht und dessen hoher Dielektrizitätszahl besonders große Verschiebungsströme zu erwarten. Daraus ergeben sich die Besonderheiten dieser Entladungsform und daher treten die nachfolgend beschriebenen Entladungen nur bei Stoßspannungsbeanspruchung und Wechselspannung auf.

Bild 7.56 zeigt die typische Entladungsentwicklung an einer zylindrischen Gleitanordnung (Generatorspule).. Zunächst treten nur Gleitbüschelentladungen auf (Bild 7.56a), die der Streamerentladung beim reinen Gasdurchschlag entsprechen. Je nach Ausbildung der Metallelektroden kann auch hierbei vor der Gleitbüschelentladung eine stabile Teilentladung auftreten. Bei weiterer Spannungssteigerung werden die

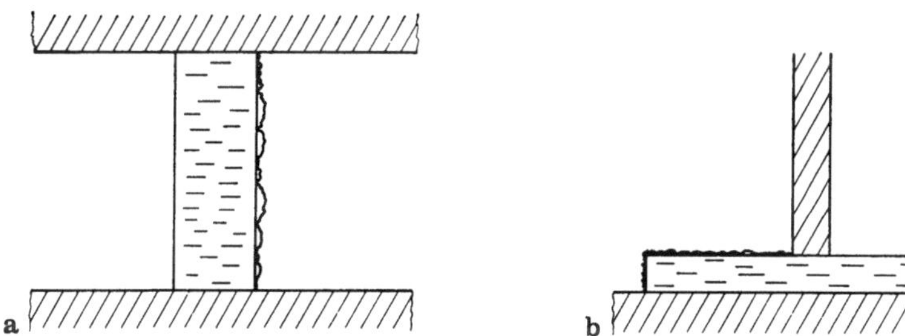

Bild 7.55. Grenzschichtüberschlag. **a** Feldlinien parallel zur freiliegenden Grenzfläche; **b** Feldlinien annähernd senkrecht zur freiliegenden Grenzfläche.

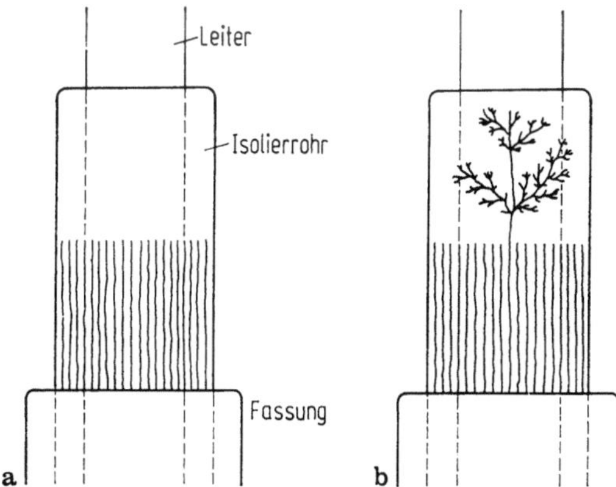

Bild 7.56. Gleitentladungen an einer zylindrischen Gleitanordnung [7.6] (Generatorspule). **a** Gleitbüschelentladungen; **b** Gleitstielbüschel.

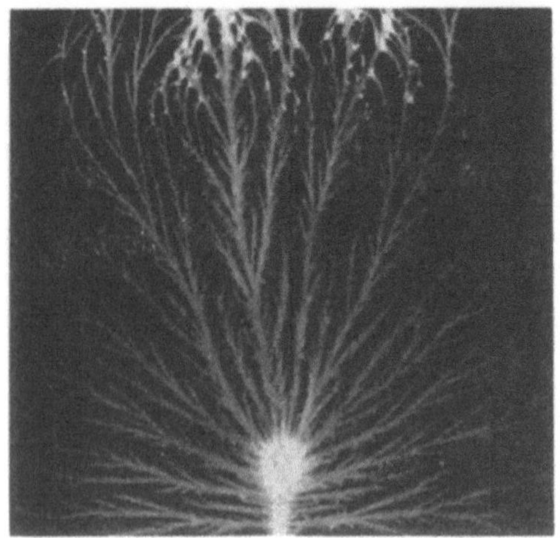

Bild 7.57. Positive Gleitentladung kurz vor dem Funkenüberschlag [7.6].

Streamerentladungen dichter und bei Erreichen einer genügenden Stromdichte im Streamerfußpunkt entstehen Gleitstielbüschel (Bild 7.56b), die der Leaderentladung entsprechen. Aufgrund des hohen Ionisationsgrades dieser Gleitstielbüschel und der resultierenden geringen axialen Feldstärke wachsen sie weiter über die Isolierstoffoberfläche hinweg als die Gleitbüschelentladungen, wobei sich an der Spitze des Gleitstiels ein Gleitbüschel anschließt. Prinzipiell haben wir also das gleiche Bild wie bei der Leaderentladung im Gasraum. Wenn der Gleitstiel mit dem vorgelagerten Gleitbüschel, in gleicher Weise wie der Leader mit dem vorgelagerten Streamer, die Schlagweite zwischen den Metallelektroden über die Isolierstoffoberfläche hinweg überbrückt, ist der Durchschlag vollendet. Bild 7.57 zeigt eine Aufnahme einer Gleitentladung kurz vor dem Überschlag. Unten ist der helleuchtende Gleitstiel erkennbar. Wegen der hohen Kapazität zur Gegenelektrode ist der Verschiebungsstrom in den Gleitbüscheln schon bei geringer Reichweite sehr hoch. Es können hier daher schon bei geringen Gleitbüschelreichweiten in der Größenordnung von wenigen Zentimetern die für die Gleitstielbildung notwendigen Stromdichten erreicht wer-

den. Bei einem reinen Gasdurchschlag müssen die Streamerentladungen dazu über 1 m in den Raum hineinreichen. Nur bei hochfrequenten Spannungen und entsprechend angehobenen Verschiebungsströmen können sich auch im Falle eines Gasdurchschlags schon bei kürzeren Streamerlängen Leader ausbilden.

Für die Überschlagsentwicklung ist daher die Oberflächenkapazität ΔC_0 der Feststoffschicht entscheidend, die als Kapazität einer Oberflächeneinheit gegen die Metallelektrode zu verstehen ist. Wenn man die Feststoffschicht der Dicke d in diesem kleinen Bereich als eben ansehen kann, gilt

$$\Delta C_0 = \varepsilon_0 \varepsilon_r \frac{1}{d}. \tag{7.230}$$

Bild 7.58 zeigt die prinzipielle Gleitanordnung und ein zugehöriges Ersatzschaltbild. Über den Gleitstiel mit dem Widerstand R_F wird die vom vorgelagerten Gleitbüschel erfaßte Oberfläche oder die zugehörige Kapazität

$$\Delta C = k \, \Delta C_0 \tag{7.231}$$

umgeladen.

Die im Gleitstiel oder Widerstand R_F umgesetzte Energie kann abgeschätzt werden. Wenn im Ersatzschaltbild eine Rechteckspannung U zugeschaltet wird, ergibt sich der höchste Energieumsatz im Widerstand R_F. Erreicht diese Grenzenergie den für die Thermoionisation notwendigen Wert W_{Th}

$$W_{\mathrm{Th}} = \frac{1}{2} \, \Delta C U_{\mathrm{g}}^2, \tag{7.232}$$

so wird ein thermoionisiertes Gleitstielbüschel gebildet und die Gleitstielbüscheleinsatzspannung U_{g} ist erreicht. Aus (7.230), (7.231) und (7.232) ergibt sich:

$$U_{\mathrm{g}} = \sqrt{\frac{2 W_{\mathrm{Th}}}{k \Delta C_0}} = \sqrt{\frac{2 W_{\mathrm{Th}}}{k \varepsilon_0 \varepsilon_r} d}.$$

Bei sinusförmiger Wechselspannung gilt aufgrund umfangreicher experimenteller Versuche folgende, empirische Beziehung, die der obigen nahezu

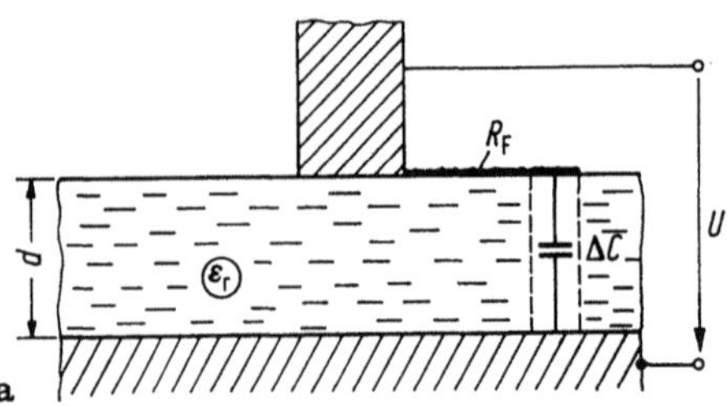

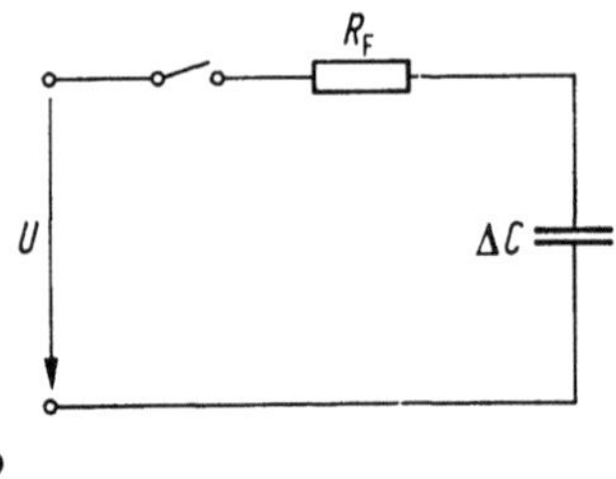

Bild 7.58. Gleitanordnung **a** mit Ersatzschaltbild **b**.

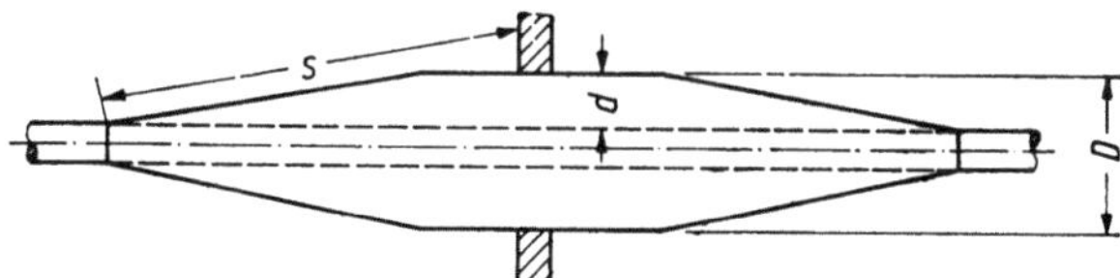

Bild 7.59. Hochspannungsdurchführung.

entspricht:

$$U_g = 75 \text{ kV} \left(\frac{1}{\varepsilon_r} \frac{d}{\text{cm}}\right)^{0,44}. \qquad (7.233)$$

Derartige Gleitstielbüschel dürfen weder bei Betrieb noch während der Prüfung auftreten. Um sie zu unterbinden, muß die Isolierstoffdicke genügend groß sein. Im Falle von Durchführungen (Bild 7.59) werden daher die Isolierstoffstärke d und der Durchmesser D der Durchführung am Flansch durch die Gleitstielbüscheleinsatzspannung bestimmt. Günstig ist der Einsatz von Isolierstoffen mit kleiner Dielektrizitätszahl. Die Überschlaglänge s wird durch das normale Durchschlagverhalten des umhüllenden Mediums (Luft, SF_6 oder Öl) beeinflußt.

7.9.2 Fremdschichtüberschlag längs Isolierstoffoberflächen

Freiluftisolatoren werden insbesondere durch die Fremdschichtbildung im Isolationsvermögen beeinflußt. Dieses ist vor allem an der Meeresküste und in Industriegebieten zu beobachten, weil hier die Ablagerungen besonders viele lösbare und dissoziierbare Anteile enthalten, die zu einer hohen elektrischen Schichtleitfähigkeit führen, wenn die entsprechende Befeuchtung durch Nebel oder Tauwasserbildung hinzukommt.

Bei einer völlig gleichmäßigen Schichtleitfähigkeit ergibt sich eine ebenso gleichmäßige Feldverteilung aufgrund des elektrischen Strömungsfeldes. Jedoch wird durch Trockenzonenbildung die Feldverteilung stark verzerrt. Es bilden sich Teillichtbögen aus, die schließlich zum Totalüberschlag führen können. Bild 7.60 zeigt die Entwicklung zum Überschlag in den einzelnen Entwicklungsphasen.

Es wird angenommen, daß es lokal zu einer begrenzten Austrocknung kommt (Bild 7.60a). In dieser Trockenzone ist die Leitfähigkeit sehr gering. Beiderseits der Trockenzone stellt sich eine erhöhte Stromdichte ein, die dort einen erhöhten Energieumsatz und eine verstärkte Austrocknung zur Folge hat. Auf diese Weise dehnt sich die Trockenzone senkrecht zu den Stromlinien aus (Bild 7.60b), bis schließlich die gesamte Isolierstoffbreite oder bei zylindrischen Anordnungen der gesamte Isolatorumfang von der Trockenzone erfaßt ist.

Diese schmale Trockenzone kann die gesamte Spannung nicht tragen, es kommt zum Überschlag und zur lokalen Überbrückung durch einen oder mehrere Lichtbögen (Bild 7.60c). An den Lichtbogenfußpunkten stellt sich eine erhöhte Stromdichte ein, die nun zusammen mit der Lichtbogenfußpunktenergie zu einer Austrocknung und Ausbreitung der Trockenzone in Richtung der Stromlinien führt (Bild 7.60d). Durch die Lichtbogenwanderung, wobei der Lichtbogen vorzugsweise an Trockenzonenengstellen verharrt, wird die Trockenzone verbreitert, bis schließlich die

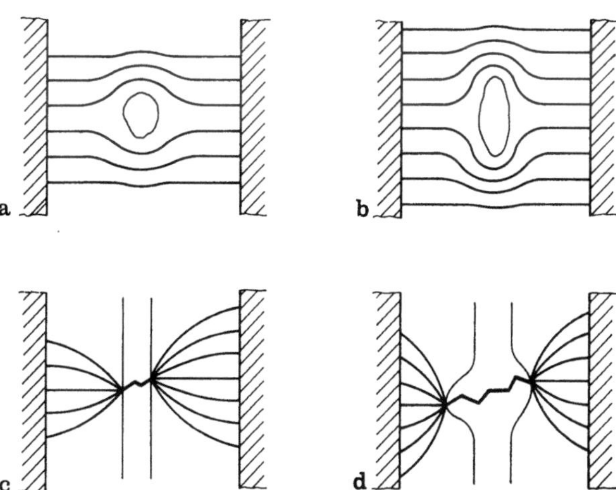

Bild 7.60. Entwicklungsphasen des Fremdschichtüberschlages. (Erläuterungen im Text).

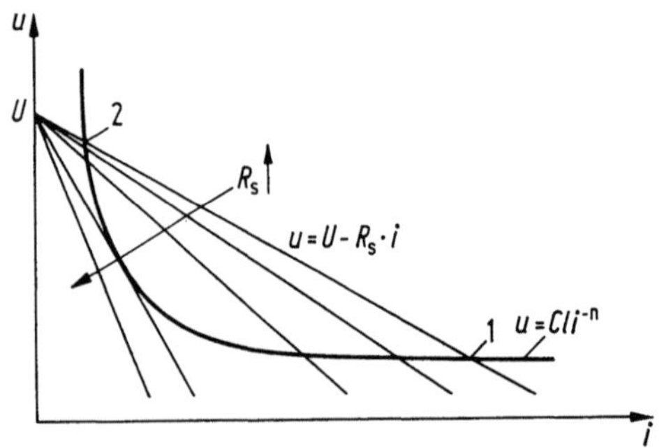

Bild 7.61. Betriebskennlinie des Lichtbogens mit Vorwiderstand.

gesamte Strecke vom Lichtbogen überbrückt wird und der Überschlag vollendet ist.

Für die Trockenzonenausbreitung und die Entwicklung zum Überschlag ist dabei das Lichtbogenverhalten maßgebend. Die oben beschriebene Entwicklung zum vollen Überschlag ist nur möglich, wenn in allen Entwicklungsphasen dieser Lichtbogen stabil brennen kann. Dabei kann ein einfaches Ersatzschaltbild angesetzt werden, in dem der Lichtbogen in Serie mit dem Widerstand der restlichen Fremdschicht liegt und von der eingeprägten Betriebsspannung gespeist wird.

Für den freibrennenden Lichtbogen kann folgender einfacher Zusammenhang hergeleitet werden. Man betrachtet ein Lichtbogenelement der Länge dx. Die aus dem elektrischen Stromkreis zugeführte Leistung dP_{zu} ist in jedem Augenblick gleich der thermisch abgeführten Leistung dP_{ab} zuzüglich der Leistungsaufnahme dW/dt des Lichtbogens, die zu einer höheren thermischen

Lichtbogenenergie W führt. Es gilt:

$$dP_{zu} = Ei\,dx = dP_{ab} + \frac{dW}{dt}. \qquad (7.234)$$

Betrachtet man den stationär brennenden Lichtbogen mit $dW/dt = 0$, so wird

$$Ei\,dx = dP_{ab}. \qquad (7.235)$$

Es wird vorausgesetzt, daß die abgegebene Leistung dP_{ab} stromunabhängig konstant ist. Dann ergibt sich für den gesamten Lichtbogen der Länge l:

$$u = \text{const}\,\frac{l}{i}. \qquad (7.236)$$

Aufgrund einer genaueren Betrachtung [7.7] erhält man für den stationären und freibrennenden Lichtbogen

$$u = \text{const}\,l/i^{n}; \quad n = 0{,}5\ldots0{,}25. \qquad (7.237)$$

Dieser Lichtbogen brennt in Serienschaltung mit dem Widerstand R_S der Fremdschicht, der zunächst als konstant angesehen werden soll. Es gilt mit der treibenden Spannung U:

$$U - R_s i = \text{const}\,li^{-n}. \qquad (7.238)$$

Die Kennlinien der rechten und linken Seite von (7.238) sind in Bild 7.61 wiedergegeben. Es sind zwei Betriebspunkte möglich, von denen aber nur Betriebspunkt 1 stabil ist. In dem Bild sind verschiedene Geraden für unterschiedliche Fremdschichtwiderstände eingezeichnet. Über

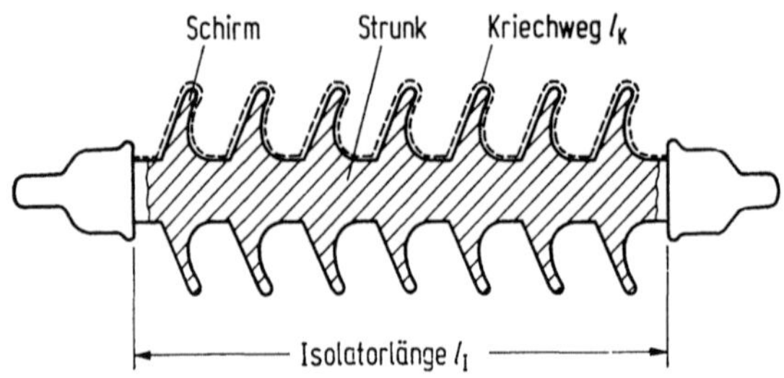

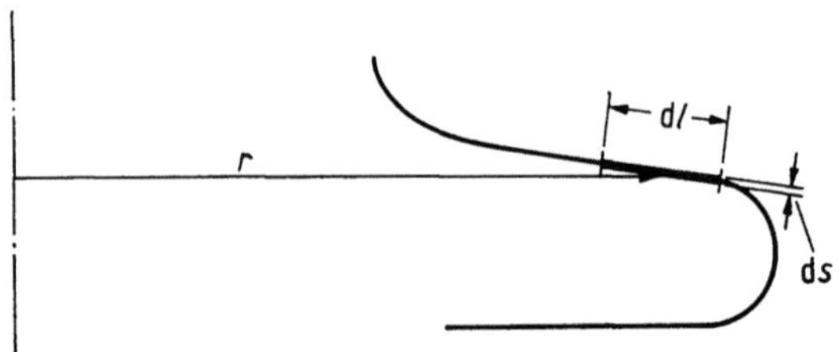

Bild 7.62. Aufbau eines Freiluftisolators [7.63].

Bild 7.63. Ausschnitt eines Isolatorschirms.

einem bestimmten Fremdschichtwiderstand kann der Lichtbogen nicht mehr stabil brennen, er erlöscht und ein Fremdschichtüberschlag ist nicht möglich. Diese Betrachtung zeigt deutlich, daß bei geringer Verunreinigung eine Entwicklung zum Überschlag nicht möglich ist, wenn auch vorübergehend Teillichtbögen auftreten mögen.

Bild 7.62 zeigt den prinzipiellen Aufbau eines Freiluftisolators. Bei einer durchgehend leitfähigen Fremdschicht wird sich am Strunk des Isolators eine höhere Oberflächenstromdichte ergeben. Dies führt dort zu einer verstärkten Abtrocknung, wobei zusätzlich zu beachten ist, daß bei senkrechter Aufhängung dort auch die geringste Fremdschichtbildung zu erwarten ist. Auf diese Weise entstehen mehrere Trockenzonen längs des Isolators im Strunkbereich zwischen den Schirmen, die durch entsprechende in Serie brennende Teillichtbögen überbrückt werden. An jedem Lichtbogenfußpunkt haben wir gemäß Bild 7.60 ein Gebiet erhöhter Stromdichte. Dieser Bereich trägt daher in besonderem Maße zum Fremdschichtwiderstand bei. Durch die Bildung vieler Teillichtbögen wird daher der Fremdschichtwiderstand erheblich erhöht und das Fremdschichtüberschlagverhalten verbessert.

Wenn entsprechend Bild 7.63 eine Scheibe aus dem Isolator nach Bild 7.62 herausgeschnitten wird, ergibt sich für die Oberfläche eines solchen Zylinderclements die Leitfähigkeit

$$dG_\text{s} = \frac{\varkappa \, ds}{dl/2r\pi} = \frac{\varkappa^*}{dl/2r\pi}, \qquad (7.239)$$

wobei $\varkappa^* = \varkappa \, ds$ die Schichtleitfähigkeit ist. Die Leitfähigkeit $\varkappa$ und die Fremdschichtstärke ds werden zur Schichtleitfähigkeit $\varkappa^*$ zusammengefaßt, weil sowohl die Leitfähigkeit als auch die Fremdschichtstärke von der Witterung abhängige Größen sind. Er ergeben sich folgende typische

Werte:

$\varkappa^* = 5 \,\mu\text{S}$ leichte bis mittlere Verschmutzung,

$\varkappa^* = 10 \,\mu\text{S}$ mittlere bis starke Verschmutzung,

$\varkappa^* = 40 \,\mu\text{S}$ sehr starke Verschmutzung.

Nach Bild 7.63 und 7.64 wird dann für eine beliebige Formgebung der Gesamtleitwert

$$G_\text{s} = \frac{\varkappa^*}{\displaystyle\int_0^l \frac{dl}{2r\pi}}, \qquad (7.240)$$

wobei entlang der Isolierstoffoberfläche integriert werden muß und l als Kriechweglänge bezeichnet wird.

Die Größe

$$f = \int_0^l \frac{dl}{2\pi r} \qquad (7.241)$$

wird als Formfaktor bezeichnet, der allein von der Bauform des Isolators abhängig ist. In Gebieten mit höherer Verschmutzung muß ein größerer Formfaktor gewählt werden. Eine einfachere Dimensionierungsgröße ist das Verhältnis des Kriechweges l_K zur Isolatorlänge l_I (Bild 7.62):

$$l_\text{K}/l_\text{I} = \begin{cases} 2 & \text{(Normalbedingungen)} \\ \vdots \\ 3 & \text{(erschwerte Bedingungen)}. \end{cases}$$

In Gebieten besonders hoher Fremdschichtbildung werden die Oberflächen mit Silikonen behandelt, die für eine Wasserperlung sorgen und die Schichtleitfähigkeit erheblich erhöhen, oder sie werden mit besonderen Absprühanlagen regelmäßig gereinigt.

7.10 Vakuumdurchschlag

Sowohl beim Streamer- als auch im Generationendurchschlag ist für die Ladungsträgervermehrung die Stoßionisation im Gasraum maßgebend. Mit abnehmendem Druck nimmt jedoch die Stoßhäufigkeit der Elektronen auf dem Weg zur Anode ab. Bei 10^{-4} mbar beträgt die mittlere freie Weglänge bereits 40 cm (Abschnitt 7.1.3) und bei technisch durchaus üblichen Schlagweiten gleicher Größenordnung ist daher ein Durchschlag nach diesen Mechanismen nicht mehr denkbar. Bei derartig niedrigen Drücken wird deshalb der Durchschlag durch einen anderen Mechanismus eingeleitet.

Bei genügender Feldstärke werden aus der Kathode Elektronen emittiert. Für diese Feldemission sind erhebliche Feldstärken notwendig. Es ist allerdings

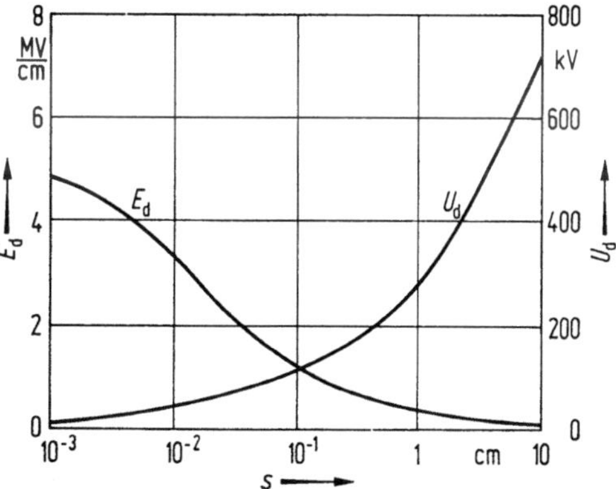

Bild 7.64. Durchschlagspannung U_d und Durchschlagfeldstärke E_d beim Vakuumdurchschlag in Abhängigkeit von der Schlagweite s beim homogenen Feld.

zu beachten, daß durch die Elektrodenrauhigkeiten das oberflächennahe Mikrofeld erheblich angehoben wird (Abschnitt 7.5.5) und daher abhängig von der Rauhigkeit der Elektroden bereits bei lokalen Feldstärken von 300 bis 1000 kV/cm die Elektrodenemission einsetzt. Hinzu kommt, daß durch die natürliche Strahlung laufend Elektronen aus der Elektrode freigesetzt werden.

Diese Elektronen nehmen im Feldraum die Energie $q_e U$ auf und prallen auf der Anode auf. Bei genügend großer Energie werden aus der Anode positive Ionen und Photonen ausgelöst. Die Ionen wandern zur Kathode und führen zusammen mit den Photonen zu verstärkter Elektronenemission. Die Ionenemission an der Anode und die Quantenenergie der dort abgestrahlten Photonen hängen von der Energieaufnahme der Elektronen im Feldraum ab. Der Durchschlag wird eingeleitet, wenn über den geschilderten Prozeß, wie beim Generationendurchschlag, die Elektronenemission an der Kathode verstärkt wird.

Eine weitergehende, mathematische Behandlung ist nicht möglich, da die beteiligten Prozesse zu wenig quantitativ beschrieben werden können. Jedoch lassen sich folgende Durchschlageigenschaften erklären.

— Die resultierende Ladungsträgervermehrung nimmt mit wachsender Teilchenenergie, d. h. mit wachsender Spannung und Schlagweite zu, die Durchschlagfeldstärke nimmt entsprechend ab (Bild 7.64).
— Da Stoßionisationsprozesse im Isolationsraum unter einer gewissen Teilchendichte für die Ladungsträgervermehrung ohne Bedeutung sind, ist unterhalb des zugehörigen Grenz-

drucks der Gasdruck ohne Einfluß auf die Durchschlagfestigkeit.
— Wegen der Strahlungsdichte auf der Kathode ist die Geometrie der Gesamtanordnung von erheblichem Einfluß. Mit zunehmender Anodenausdehnung sinkt die Durchschlagspannung.
— Für die Durchschlagfestigkeit ist vor allem das Anodenmaterial maßgebend, wobei für die Ionenfreisetzung aus dem Molekülverband erheblich unterschiedliche Energien notwendig sein können. Vergleichsweise variiert die Austrittsarbeit der Elektronen, die an der Kathode maßgebend ist, bei technisch einsetzbaren Metallen weniger (Tabelle 7.7). Da an der Anode, wie beim Schmelzvorgang, Moleküle — hier ionisiert — aus dem Molekülverband herausgelöst werden müssen, nimmt im allgemeinen die Ionenaustrittswahrscheinlichkeit mit zunehmender Schmelztemperatur ab. Wir haben beispielsweise eine zunehmende Vakuum-Durchschlagfestigkeit in der Reihenfolge der Elektrodenmaterialien Kupfer, Eisen, Wolfram.

Die beim Durchschlag freigesetzten Ionen und Elektronen führen zu einem wachsenden Plasma, verbunden mit erheblichem Temperaturanstieg, bis schließlich über eine Metallverdampfung ein Metallichtbogen zwischen den Elektroden entsteht. Nach dem Erlöschen des Lichtbogens kondensieren die Metalle und das ursprüngliche Vakuum stellt sich wieder ein. Vom Herstellungsprozeß im Metall gebundene Restgase können zur Verschlechterung des Vakuums beitragen. Daher ist für Vakuumschalter der Einsatz hochreiner Metalle oder Metallegierungen notwendig.

8 Flüssige und feste Isolierstoffe

8.1 Isolierflüssigkeiten

Flüssige Isolierstoffe haben einen weiten Anwendungsbereich. Eingesetzt werden sie z. B. in Transformatoren, Wandlern, Schaltern, Kondensatoren, Kabeln usw., wobei sie in den meisten Fällen mehrere Aufgaben gleichzeitig erfüllen, und zwar als

— *Isoliermittel* zwischen spannungführenden Anordnungen, z. B. in Transformatoren;
— *Imprägniermittel* für geschichtete Dielektrika, z. B. Öl/Papier-Dielektrika in Kondensatoren und Kabeln;
— *Kühlmittel* z. B. in Transformatoren;
— *Löschmittel* für Lichtbögen z. B. in Ölschaltern;
— *Dielektrikum besonders hoher DZ*, z. B. in Kondensatoren.

Den Anforderungen entsprechend, die an den flüssigen Isolierstoff im Einzelfall gestellt werden, verwendet man Isolierflüssigkeiten hoher oder niedriger Viskosität auf der Basis von Mineralölen oder Syntheseprodukten, wie Silikone, Polyalkene (z. B. Polyisobutylen), Alkylbenzole (z. B. Dodecylbenzol), Chlorbenzole, chlorierte Biphenyle, usw.
Bevor auf die verschiedenen Arten von Isolierflüssigkeiten eingegangen wird, sollen zunächst die physiko-chemischen Eigenschaften sowie die Leitungs- und Durchschlagmechanismen in Isolierflüssigkeiten diskutiert werden.

8.1.1 Physiko-chemische Eigenschaften

Wie aus einer Vielzahl von Untersuchungen [8.1—5] bekannt ist, beeinflussen Wasser- und Gasgehalt das Leitungs- und Durchschlagverhalten von Isolierflüssigkeiten erheblich. Dementsprechend ist das Lösungsvermögen der einzelnen Isolierflüssigkeit von besonderer Bedeutung für die elektrischen Eigenschaften. Dabei gelten bezüglich des Lösungsvermögens für die verschiedenen Flüssigkeiten dieselben allgemeinen Gesetzmäßigkeiten, die im folgenden näher behandelt werden sollen.
Wasser kann in Isolierölen in verschiedener Form vorhanden sein:

— in Lösung,
— als Emulsion,
— in grober Dispersion.

Gase sind in einer Flüssigkeit gelöst oder fein- bzw. grobdispers vorhanden.
Von diesen Möglichkeiten unterliegt lediglich der Zustand der „Lösung" Gesetzmäßigkeiten, während die anderen Formen im wesentlichen dadurch gekennzeichnet sind, daß die Isolierflüssigkeit mehr Gas bzw. Wasser enthält, als sie bei der vorliegenden Temperatur physikalisch zu lösen in der Lage ist.
Für die Löslichkeit von Wasser und Gasen in Isolierflüssigkeiten gilt das Henrysche Gesetz:

$$c_F = m_G/V_F = K(T)\,p_G. \tag{8.1}$$

(c_F Konzentration des in der Flüssigkeit gelösten Gases; m_G Masse des gelösten Gases; p_G Gaspartialdruck; V_F Flüssigkeitsvolumen; $K(T)$ temperaturabhängige Konstante.)

Es besagt, daß im stationären Zustand die Konzentration der gasförmigen Komponente in der Flüssigkeit dem Druck in der Gasphase proportional ist. Bei Gasgemischen ist der Partialdruck der Einzelkomponente für die Konzentration in der flüssigen Phase maßgebend.
Die Konzentration des Gases in der Gasphase ist entsprechend $c_G = m_G/V_G$, und es gilt:

$$c_F/c_G = V_G/V_F. \tag{8.1a}$$

Über die thermische Zustandsgleichung für ideale Gase läßt sich die Masse des gelösten Gases unter Verwendung von

$$m = \mu M$$

(μ Molmenge; M Molmasse) folgendermaßen ausdrücken:

$$m_G = \frac{p_G M}{R_0 T}\,V_G. \tag{8.2}$$

(R_0 universelle Gaskonstante; T absolute Temperatur, V_G Volumen, das die gelöste Gasmasse m_G bei der Temperatur T und dem Druck p_G in der Gasphase einnimmt.)

Setzt man (8.2) in (8.1) ein, so ergibt sich mit (8.1a)

$$\frac{c_F}{c_G} = \frac{V_G}{V_F} = K(T)\,\frac{R_0 T}{M} = \lambda \tag{8.3}$$

die Definition des *Ostwaldschen Absorptionskoeffizienten* λ.

Demnach ist der Ostwaldsche Absorptionskoeffizient λ das Verhältnis der Konzentration der gasförmigen Komponente in der Flüssigkeit zur Konzentration dieser Komponente in der Gasphase.

Zur Charakterisierung der Löslichkeit wird neben dem Ostwaldschen Absorptionskoeffizienten der Bunsensche Absorptionskoeffizient β angegeben, der definiert ist als das Verhältnis des Volumens der gelösten gasförmigen Komponente bei Normalbedingungen ($0\,°C$, 1013 mbar)[1] in der Gasphase zum Volumen der Flüssigkeit bei einem Gasdruck von 1013 mbar.

$$\beta = \frac{V_G^*}{V_F} \frac{1013}{p_G} = \frac{273,16}{T} \lambda \qquad (8.4)$$

(V_G^* Gasvolumen bei Normalbedingungen: $0\,°C$, 1013 mbar); p_G Gasdruck in mbar, bzw. hPa; T absolute Temperatur in K.

Darüber hinaus wird insbesondere bei Wasser die Löslichkeit auch durch Angabe des Massenverhältnisses der Lösungspartner angegeben, das aus dem Bunsenschen Absorptionskoeffizienten über die Dichte der Einzelkomponenten ermittelt werden kann (z. B. in ppm = parts per million, d. h. mg H_2O pro kg Flüssigkeit).

In Bild 8.1 ist für Wasser und verschiedene Gase der Ostwaldsche Absorptionskoeffizient für ein Mineralöl in Abhängigkeit vom Reziprokwert der absoluten Temperatur dargestellt. Die Temperaturkoeffizienten des Ostwaldschen Absorptions-

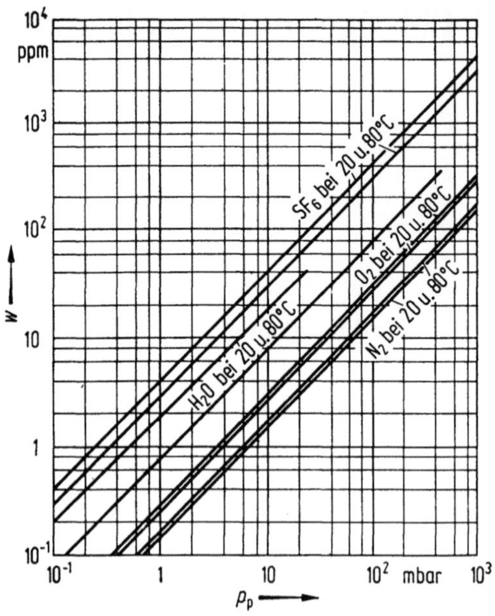

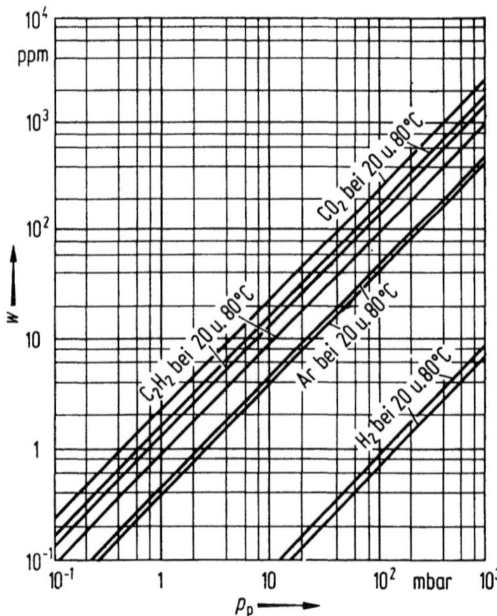

Bild 8.2. und **8.3.** Gas- und Wasserdampfaufnahme w in Abhängigkeit vom Gas- bzw. Wasserdampfpartialdruck p_{part} bei 20 und 80 °C für Shell Diala D [8.7].

koeffizienten sind dabei positiv für Gase mit einer kritischen Temperatur[2] < 180 K und negativ für gasförmige Komponenten mit einer kritischen Temperatur > 180 K entsprechend der Regel von Körösy [8.6].

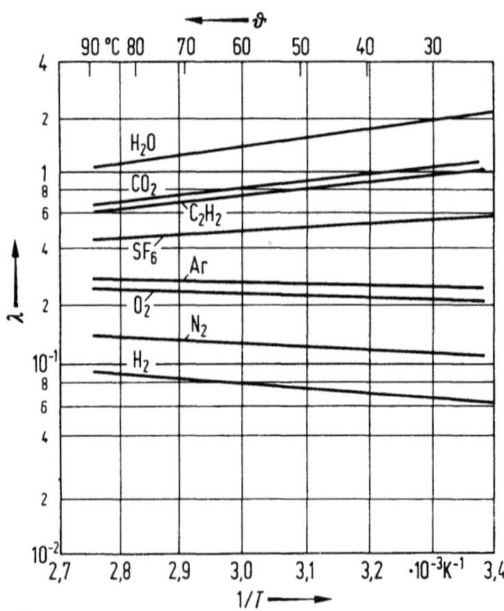

Bild 8.1. Ostwaldscher Absorptionskoeffizient λ in Abhängigkeit vom Reziprokwert der absoluten Temperatur T. (Mineralöl Shell Diala D) [8.7].

---

[1] 1 mbar = 1 hekto Pascal (hPa).

---

[2] Die kritische Temperatur eines Gases ist die Temperatur, oberhalb der sich das Gas auch bei beliebig hohen Drücken nicht verflüssigen läßt.

Die Reihenfolge der Löslichkeit der einzelnen Komponenten bei konstanter Temperatur ist abhängig von den Kraftwirkungen zwischen den Molekülen der gasförmigen Komponenten. Diese Reihenfolge ist bei allen Flüssigkeiten gleich und kann anhand von Kraftkonstanten angegeben werden.

Stellt man das Massenverhältnis der Lösungspartner bei konstanter Temperatur in Abhängigkeit vom Partialdruck der gasförmigen Komponente dar, so erhält man die Absorptionsisothermen, wie sie in den Bildern 8.2 und 8.3 für das Transformatorenöl Shell Diala D wiedergegeben sind. Aufgrund der Proportionalität zwischen der absorbierten Stoffmenge und dem Partialdruck der gasförmigen Komponente (Henrysches Gesetz) ergeben sich Geraden unter 45°.

Die Reihenfolge der Löslichkeit der gasförmigen Komponenten entspricht in dieser Darstellung nicht mehr der für die Ostwaldschen Absorptionskoeffizienten (Bild 8.1) gefundenen Reihenfolge, da bei Angabe der Massenverhältnisse der Lösungspartner die teilweise sehr unterschiedlichen Molgewichte der gasförmigen Komponenten mit berücksichtigt werden. In dieser Darstellungsweise nimmt mit wenigen Ausnahmen bei konstantem Druck die Löslichkeit mit steigendem Molgewicht der gasförmigen Komponente zu. Das Lösungsvermögen der einzelnen Isolierflüssigkeiten kann sehr unterschiedlich sein. Es hängt ab vom Typ der Isolierflüssigkeit, ihrer Zusammensetzung und dem mittleren Molgewicht. Das Lösungsvermögen von Isolierflüssigkeiten auf Mineralölbasis nimmt mit sinkendem mittleren Molgewicht und steigendem Gehalt an ungesättigten Kohlenwasserstoffgruppen zu. Für synthetische Isolierflüssigkeiten gilt diese Gesetzmäßigkeit jedoch nicht in allen Fällen. Das zeigt sich deutlich im Bild 8.4 in dem für verschiedene Isolierflüssigkeiten das Wasserlösungsvermögen in Abhängigkeit vom Reziprokwert der absoluten Temperatur wiedergegeben ist. Diese Temperaturabhängigkeit des Wasserlösungsvermögens läßt sich — wie schon aus der einfach logarithmischen Darstellung ersichtlich — in begrenzten Temperaturbereichen durch folgende Exponentialgleichung beschreiben:

$$w = K \exp\left(-H/T\right) \qquad (8.5)$$

(K und H sind spezifische Konstanten der Flüssigkeiten.)

Wird beispielsweise eine bei einer höheren Temperatur mit Wasser gesättigte Isolierflüssigkeit abgekühlt, so wird das Lösungsvermögen überschritten. Der Zustand der Lösung geht über in den instabilen Zustand der Emulsion, und die vorher durchsichtig klare Flüssigkeit wird durch das ausfallende Wasser getrübt. Insgesamt fällt dabei so lange Wasser aus, bis der Sättigungswassergehalt bei der Abkühlungstemperatur erreicht ist. Im stationären Endzustand wird die

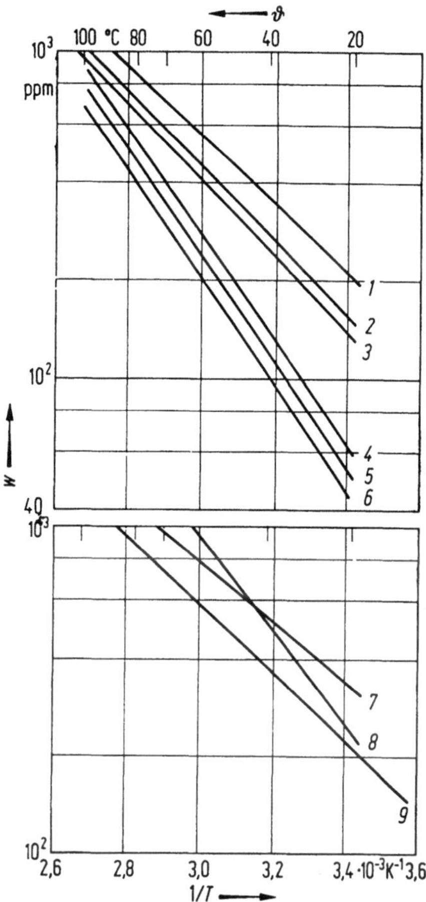

Bild 8.4. Wasserlösungsvermögen w in Abhängigkeit vom Reziprokwert der absoluten Temperatur T für verschiedene Isolierflüssigkeiten [8.3; 8.7; 8.25].

1 Clophen A 30*) ⎫ verschiedene chlorierte,
2 Clophen A 40 ⎬ aromatische Kohlen-
3 Clophen A 50 ⎭ wasserstoffe

4 Shell K 8 ⎫ verschiedene reine
5 Fuchs E 7 ⎬ Kohlenwasserstoffe
6 Shell Diala D ⎭

7 Phenyl-Xylyl-Ethan (PXE)
8 Mono-Isopropyl-Biphenyl (MIPB)
9 Silikonflüssigkeit (Baysilon M5)

*) Produkt der Fa. Bayer.

	Aromatengehalt	mittleres Molgewicht
1		ca. 260
2		ca. 290
3		ca. 325
4	16%	ca. 250
5	8%	ca. 265
6	5%	ca. 240

Flüssigkeit wieder durchsichtig klar. Das über den Sättigungszustand hinaus enthaltene Wasser setzt sich z. B. bei den Ölen am Boden ab bzw. überschichtet sich bei chlorierten Biphenylen.

8.1.2 Grundlagen der Leitungsmechanismen in dielektrischen Flüssigkeiten

8.1.2.1 Gleichstromleitfähigkeit

Der Ladungstransport in dielektrischen Flüssigkeiten erfolgt vorwiegend durch positive und negative Ionen, die durch Dissoziation von Verunreinigungen bzw. von Alterungsprodukten der Flüssigkeit selbst entstehen und durch stets auch vorhandene Elektronen, deren Einfluß jedoch bei nicht zu hohen Feldstärken vernachlässigt werden kann [8.8; 8.9]. Die Ursache hierfür ist in der Tatsache zu sehen, daß Elektronen nach ihrer Freisetzung durch intensive Wechselwirkung mit anderen Flüssigkeitsmolekülen sehr rasch wieder mit positiven Ionen rekombinieren oder an neutrale Moleküle unter Bildung negativer Ionen angelagert werden [8.10]. Die Dichte freier Elektronen bleibt somit vernachlässigbar gering. Der folglich überwiegend durch Ionen verursachten Leitung kann sich noch eine elektrophoretische Leitung überlagern, wenn in den Flüssigkeiten suspendierte oder emulgierte Zusätze enthalten sind. Diese Zusätze können sich gegenüber der umgebenden Flüssigkeit aufladen und nehmen dann am Ladungstransport teil.

Im Gleichfeld ist die Stromdichte S abhängig von der Ladung q, der Konzentration n und der mittleren Beweglichkeit b der Ladungsträger sowie der elektrischen Feldstärke E. Es gilt die folgende Beziehung:

$$S = qnbE. \tag{8.6}$$

Bei Gültigkeit des Ohmschen Gesetzes, d. h. solange keine Sättigungs- oder Ionisationserscheinungen auftreten, folgt für die Leitfähigkeit:

$$\varkappa = qnb. \tag{8.7}$$

Die Beweglichkeit hängt von der Ladung q sowie der Größe der Ladungsträger (Ionen) mit dem Radius r ab und ist der Viskosität η des umgebenden Mediums umgekehrt proportional:

$$b = \frac{q}{6\pi\eta r}. \tag{8.8}$$

Charakteristisch für die Gleichstromleitung flüssiger Dielektrika ist eine mit der Dauer der Spannungsbelastung abnehmende Leitfähigkeit, die sich in erster Näherung entsprechend Bild 8.5 in vier Bereiche unterteilen läßt:

Bereich A: Stromabnahme durch Orientierung von Dipolen

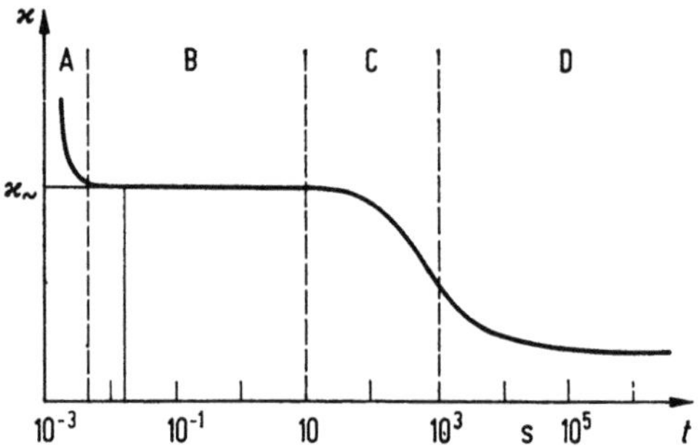

Bild 8.5. Gleichstromleitfähigkeit eines Isolieröls in Abhängigkeit von der Beanspruchungszeit [8.11].

Bereich B: Bewegung freier Ladungsträger unter Einfluß des elektrischen Feldes zu den Elektroden. Die Leitfähigkeit in diesem Bereich wird als tatsächliche Leitfähigkeit bezeichnet, da sie der bei 50 Hz gemessenen Wechselstromleitfähigkeit $\varkappa_\sim$ entspricht (vgl. Abschnitt 8.1.2.4).

Bereich C: Stromabnahme infolge Verarmung an schnellen Ladungsträgern sowie Raumladungsaufbau vor den Elektroden.

Bereich D: Stationärer Strom, der durch Ionen, die durch Dissoziation immer wieder neu entstehen, hervorgerufen wird.

Infolge der Temperaturabhängigkeit der Konzentration der Ladungsträger und der Viskosität ändert sich die Leitfähigkeit ebenfalls mit der Temperatur und gehorcht in einem begrenzten Temperaturbereich der Beziehung (Van't Hoffsches Gesetz):

$$\varkappa = \varkappa_0 \exp{(-F/kT)} \tag{8.9}$$

(k Boltzmann-Konstante; T absolute Temperatur; $\varkappa_0$, F Stoffkonstanten.)

Dabei ist F die Aktivierungsenergie, eine Energiegröße, die die Aktivierung der Beweglichkeit von Ladungsträgern und die Aktivierung der Dissoziation von elektrolytischen Verunreinigungen kennzeichnet. Eine exakte Trennung der Einflüsse der Ladungsträgerbeweglichkeit und der Anzahl der Ladungsträger auf die Leitfähigkeit von Isolierölen ist im allgemeinen nicht möglich.

Das Van't Hoffsche Gesetz gilt nur unter der Voraussetzung, daß ohmsches Verhalten vorliegt, d. h. keine Sättigungs- und Ionisationserscheinungen auftreten. Diese Voraussetzung — linearer Zusammenhang zwischen Stromdichte und Feldstärke (Ohmsches Gesetz) — ist bei Anstieg der Feldstärke nur bis zu einer gewissen Grenze gegeben, die von der Art der Flüssigkeit und deren Verunreinigungen abhängt. Wird die Feldstärke über diese Grenze hinaus gesteigert, so nimmt die Stromdichte überproportional zu (Bild 8.6).

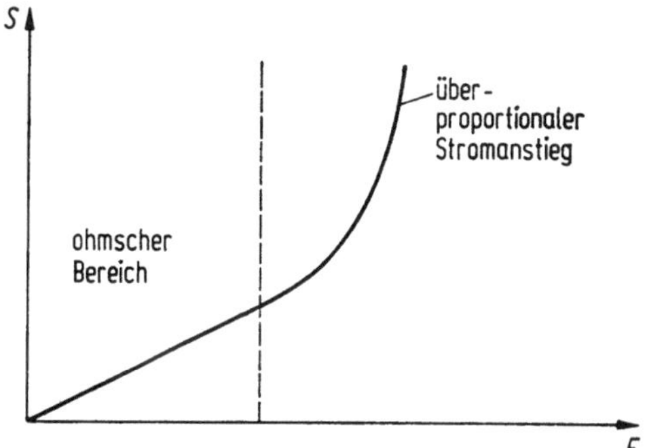

Bild 8.6. Prinzipielle Abhängigkeit der Stromdichte S durch eine Isolierflüssigkeit in Abhängigkeit von der Feldstärke E.

Dieser überproportionale Stromdichteanstieg wird auf eine Zunahme der Ladungsträgerkonzentration zurückgeführt und erfolgt bei um so niedrigeren Feldstärken, je höher die Temperatur der Flüssigkeit ist. Bei einem getrockneten Transformatorenöl, z. B. bei 20 °C bei einer Feldstärke von 20 kV/cm, dagegen bei 70 °C bereits bei etwa 8 kV/cm (vgl. Abschnitt 8.1.2.4, Bild 8.14). Bei einer Kondensatorflüssigkeit, z. B. bei der synthetischen Isolierflüssigkeit Phenyl-Xylyl-Ethan (PXE) beginnt der überproportionale Stromanstieg und entsprechend der Anstieg des Verlustfaktors über der Feldstärke bei einer Temperatur von 60 °C erst bei 50 kV/cm. Demnach können flüssige Isolierstoffe als schwache Elektrolyte angesehen werden, bei denen bei höherer Feldstärke durch Dissoziation der Flüssigkeit neue Ladungsträger gebildet werden (Wien-Effekt) [8.12]. Hinzu

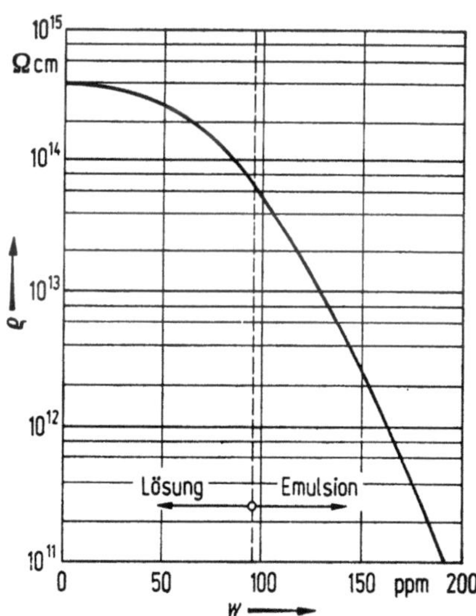

Bild 8.7. Spezifischer Isolationswiderstand ϱ in Abhängigkeit vom Wassergehalt w für ein Mineralöl bei 40 °C [8.25].

kommt ein weiterer Stromanteil durch aus der Kathode injizierte Elektronen. Dieser Injektionsprozeß wird durch hohe Kathodenfeldstärken ermöglicht, die sich aus der von außen eingeprägten Feldstärke und einem Raumladungsfeld zwischen negativer Elektrode und davor akkumulierten positiven Ionen zusammensetzen [8.10].

Wie schon erwähnt, entstehen die am Ladungstransport beteiligten Ionen in Isolierflüssigkeiten vorwiegend durch Dissoziation von Verunreinigungen und Alterungsprodukten. Verunreinigungen in Isolierölen, die das Leitfähigkeitsverhalten beeinflussen, können vielfältiger Art sein. Im allgemeinen sind stets auch gasförmige Komponenten sowie Wasserdampf vorhanden.

Ein Einfluß von Gasen auf die Leitfähigkeit bzw. den Isolationswiderstand ist im Bereich gelöster Gase nicht feststellbar. Demgegenüber wird der Isolationswiderstand flüssiger Isolierstoffe bei kleinen Wassergehalten geringfügig, bei größeren Wassergehalten erheblich beeinflußt (Bild 8.7).

8.1.2.2 Dielektrischer Verlustfaktor und Dielektrizitätszahl

Diese Eigenschaften eines Dielektrikums sind wichtige Größen zu seiner Beurteilung. Ihre Höhe und ihre Abhängigkeit von der Temperatur, der Frequenz und der Spannung sind maßgebend für den Einsatz eines Isolierstoffs und gelten als Kriterien für Güte und Reinheitsgrad sowie für den Alterungszustand.

8.1.2.3 Begriffe, Definitionen und Ersatzschaltbilder

Eine Isolierung stellt elektrisch eine verlustbehaftete Kapazität dar, deren Verhalten durch seine Dielektrizitätszahl und seinen Widerstand bestimmt wird.

Die *Dielektrizitätszahl* (DZ) ε_r eines Isolierstoffs (relative permittivity) ist der Quotient aus der Kapazität C_x einer Kondensatoranordnung mit dem betreffenden Isolierstoff als Dielektrikum und der Kapazität C_0 desselben Kondensators mit Vakuum als Dielektrikum:

$$\varepsilon_r = \frac{C_x}{C_0}.$$

Die *Dielektrizitätskonstante des Vakuums* ε_0, auch *elektrische Feldkonstante* genannt (electric constant), beträgt:

$$\varepsilon_0 = 8{,}854 \cdot 10^{-12} \text{ F/m}.$$

Die *Dielektrizitätskonstante* eines Isolierstoffs ε (permittivity) ist das Produkt aus Dielektrizitätszahl ε_r und der Dielektrizitätskonstanten des Vakuums ε_0:

$$\varepsilon = \varepsilon_r \varepsilon_0.$$

Für die mathematische Behandlung von Polarisationsmechanismen hat sich die Einführung einer komplexen Dielektrizitätszahl $\underline{\varepsilon}_r$ als notwendig erwiesen:

$$\underline{\varepsilon}_r = \varepsilon_r' - j\varepsilon_r''.$$

(ε_r' Realteil der komplexen DZ; ε_r'' Imaginärteil der komplexen DZ, auch als *dielektrische Verlustzahl* (loss index) bezeichnet.)

In technischen Tabellen und Spezifikationen wird anstelle von ε_r' vereinfachend meist die Bezeichnung ε_r gewählt.

Durch Multiplikation der komplexen Dielektrizitätszahl $\underline{\varepsilon}_r$ mit der Dielektrizitätskonstanten des Vakuums ε_0 ergibt sich schließlich die komplexe Dielektrizitätskonstante $\underline{\varepsilon}$ eines Isolierstoffs.

$$\underline{\varepsilon} = \underline{\varepsilon}_r \varepsilon_0 = (\varepsilon_r' - j\varepsilon_r'')\,\varepsilon_0.$$

Der *dielektrische Verlustfaktor* $\tan\delta$ ist definiert als das Verhältnis aus Wirkleistung zu Blindleistung einer an Spannung liegenden Kapazität:

$$\tan\delta = \frac{\text{Wirkleistung}}{\text{Blindleistung}} = \frac{UI\cos\varphi}{UI\sin\varphi} = \frac{I_w}{I_b}. \tag{8.10}$$

δ wird als Verlustwinkel bezeichnet. Er gibt an, um welchen Winkel die Phasenverschiebung zwischen Strom $\underline{I}$ und Spannung $\underline{U}$ über dem Dielektrikum kleiner ist als 90° (Bild 8.8).

Die dielektrische Verlustleistung ergibt sich aus:

$$P_{\text{diel}} = \frac{1}{2}\,\hat{u}\hat{i}\cos\varphi \quad \text{mit} \quad \hat{i}\cos\varphi = \hat{i}_w = \hat{i}_b \tan\delta \tag{8.11}$$

zu

$$P_{\text{diel}} = \frac{1}{2}\,\hat{u}\hat{i}_b \tan\delta \quad \text{mit} \quad \hat{i}_b = \hat{u}\omega C,$$

zu

$$P_{\text{diel}} = \frac{1}{2}\,\hat{u}^2\omega C \tan\delta = U^2\omega C \tan\delta. \tag{8.12}$$

Aus (8.12) geht hervor, daß die dielektrischen Verluste direkt proportional dem Verlustfaktor ansteigen. Demnach kann der Verlustfaktor als ein Maß für die im Betrieb zu erwartenden dielektrischen Verluste und die damit verbundene Erwärmung des Isolierstoffs angesehen werden.

Zur Berechnung des Verlustfaktors soll zunächst das Ersatzschaltbild für ein verlustbehaftetes Dielektrikum aufgestellt werden. Der Strom durch das Dielektrikum setzt sich aus einem ohmschen und einem kapazitiven Stromanteil I_R und I_C zusammen. Wird dem ohmschen Stromanteil ein ohmscher Widerstand R und dem kapazitiven Stromanteil eine Kapazität C zugeordnet, so ergeben sich zwei Schaltungsmöglichkeiten, und zwar eine Parallelschaltung aus R und C bzw. eine Reihenschaltung aus R und C:

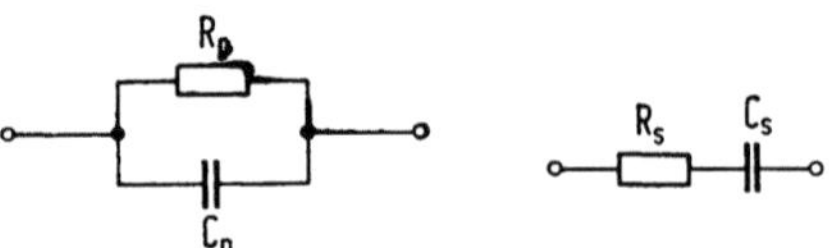

Parallelersatzschaltbild   Reihenersatzschaltbild

Beide Schaltungen sind elektrisch gleichwertig und können ineinander übergeführt werden. Es zeigt sich jedoch, daß mit beiden Ersatzschaltbildern das Frequenz- und Temperaturverhalten des Verlustfaktors nur unzureichend beschrieben werden kann.

Dieser Nachteil läßt sich jedoch vermeiden, wenn der ohmsche Stromanteil infolge Elektronen- und Ionenleitung dem ohmschen Widerstand und der temperatur- und frequenzabhängige Wirkstromanteil (der Verluste durch Orientierungspolarisation verursacht) des Dielektrikums einer komplexen Kapazität zugeordnet wird, die sowohl einen ohmschen als auch kapazitiven Strom zuläßt. Man berücksichtigt dies durch Einführung einer komplexen Dielektrizitätszahl entsprechend der Gleichung

$$\underline{\varepsilon}_r = \varepsilon_r' - j\varepsilon_r''. \tag{8.13}$$

Mit Einführung der geometrischen Kapazität C_0 (Kapazität des Vakuums)

$$C_0 = \varepsilon_0\,\frac{A}{d} \quad \text{(z. B. für einen Plattenkondensator} \tag{8.14}$$

ergibt sich die komplexe Kapazität zu:

$$\underline{C} = \underline{\varepsilon}_r C_0 = (\varepsilon_r' - j\varepsilon_r'')\,C_0. \tag{8.15}$$

Dabei läßt sich nun für ein verlustbehaftetes Dielektrikum folgendes Ersatzschaltbild, bestehend aus einer Parallelschaltung von R und der komplexen Kapazität $\underline{C}$ angeben:

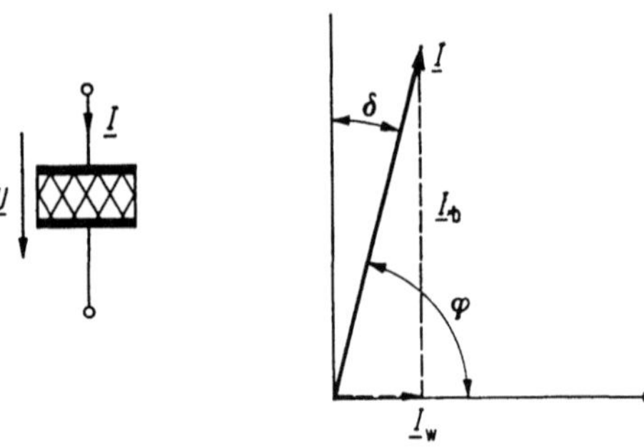

Bild 8.8. Zur Definition des Verlustfaktors.

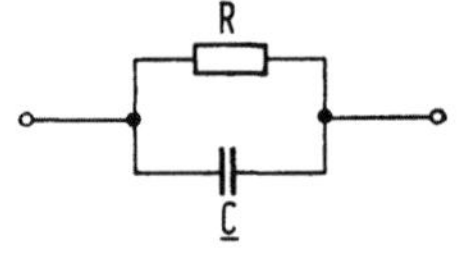

Aus diesem Ersatzschaltbild kann der dielektrische Verlustfaktor $\tan\delta$ errechnet werden.

Der Strom $\underline{I}$ durch das Dielektrikum ergibt sich in komplexer Schreibweise zu:

$$\underline{I} = \frac{1}{R}\,\underline{U} + j\omega(\varepsilon_r' - j\varepsilon_r'')\,C_0\underline{U}$$

$$= \left(\frac{1}{R} + \omega\varepsilon_r''C_0 + j\omega\varepsilon_r'C_0\right)\underline{U}. \qquad (8.16)$$

Durch Trennung von Realteil und Imaginärteil des komplexen Stroms I erhält man den Wirkstrom und den Blindstrom zu

$$I_w = \left(\frac{1}{R} + \omega\varepsilon_r''C_0\right)U, \quad I_b = \omega\varepsilon_r'C_0U \qquad (8.17)$$

und somit den Verlustfaktor zu

$$\tan\delta = \frac{I_w}{I_b} = \frac{\left(\dfrac{1}{R} + \omega\varepsilon_r''C_0\right)U}{\omega\varepsilon_r'C_0U},$$

$$\tan\delta = \frac{1}{R\omega\varepsilon_r'C_0} + \frac{\varepsilon_r''}{\varepsilon_r'}, \qquad (8.18)$$

$$\tan\delta = \tan\delta_L + \tan\delta_P.$$

Der Verlustfaktor läßt sich also in zwei Komponenten aufspalten; dabei beschreibt $\tan\delta_L$ den Verlustfaktoranteil durch Trägerleitung (vorwiegend Ionenleitung) und $\tan\delta_P$ den Verlustfaktoranteil durch Umpolarisation von Molekülen im Dielektrikum.

8.1.2.4 Leitungs- und Polarisationsmechanismen ·

a) Trägerleitung (Ionenleitung)

Der Trägerleitung im Wechselfeld nicht zu hoher Frequenz liegen prinzipiell dieselben Mechanismen zugrunde, die im Abschnitt 8.1.2.1 für die Gleichstromleitfähigkeit behandelt wurden: die Verschiebung freier Ladungsträger unter der Wirkung des anliegenden elektrischen Feldes. Aus den in Abschnitt 8.1.2.1 genannten Gründen bezeichnet man diese Vorgänge in Isolierflüssigkeiten allgemein als „Ionenleitung"; die Verwendung des Oberbegriffs „Trägerleitung" erweist sich jedoch als zweckmäßiger, da er auch den bei sehr hohen Feldstärken zunehmenden Stromanteil durch Elektronenprozesse (Wien-Effekt) mit abdeckt. Unabhängig von der Art der Ladungsträger ist mit ihrer Verschiebung im Wechselfeld eine Wechselstromleitfähigkeit $\varkappa_\sim$ verbunden, deren Größe z. B. bei 50 Hz exakt dem Wert der Gleichstromleitfähigkeit $\varkappa$ nach 10^{-2} s Beanspruchungszeit entspricht (vgl. Bild 8.5). Auch $\varkappa_\sim$ wird demnach gemäß (8.7)

$$\varkappa_\sim = qnb$$

von der Ladung, Konzentration und Beweglichkeit der beteiligten Träger bestimmt und ist im Bereich von etwa 0,1 Hz bis zu einigen 100 Hz weitgehend frequenzunabhängig.

In einer gegebenen Isolieranordnung mit flüssigem Dielektrikum resultiert hieraus ein endlicher ohmscher Widerstand R, der entsprechend dem gewählten Ersatzschaltbild (Parallelschaltung von R und C) den „Verlustfaktor durch Trägerleitung" verursacht:

$$\tan\delta_L = \frac{1}{R\omega\varepsilon_r'C_0} \qquad (8.19)$$

(C_0 geometrische Kapazität; vgl. Gl. (8.14)).

Aufgrund von Untersuchungen konnte nachgewiesen werden [8.13], daß außer R und C_0 auch ε_r' bei konstanter Temperatur bei niedrigen Frequenzen im Trägerleitungsbereich frequenzunabhängig ist und daher zu ε_{rs} (statische Dielektrizitätszahl) definiert wird. Somit ergibt sich die Frequenzabhängigkeit des Verlustfaktors im Trägerleitungsbereich bei konstanter Temperatur allein durch die indirekte Proportionalität zu ω:

$$\tan\delta_L = \frac{1}{R\omega\varepsilon_{rs}C_0} \sim \frac{1}{\omega} = \frac{1}{2\pi f}. \qquad (8.19\,a)$$

Der Verlustfaktor $\tan\delta_L$ nimmt mit wachsender Frequenz hyperbolisch ab (Bild 8.9). Die Temperaturabhängigkeit von $\tan\delta_L$ wird hauptsächlich durch die Temperaturabhängigkeit des Widerstands R bestimmt, da ε_{rs} in erster Näherung temperaturunabhängig ist.

Führt man die Wechselstromleitfähigkeit $\varkappa_\sim$ für die entsprechende Frequenz ein, so erhält man unter Berücksichtigung der Beziehung

$$RC_0 = \frac{\varepsilon_0}{\varkappa_\sim} \qquad (8.20)$$

für den Verlustfaktor

$$\tan\delta_L = \frac{\varkappa_\sim}{\omega\varepsilon_{rs}\varepsilon_0}. \qquad (8.21)$$

Das bedeutet, daß der Verlustfaktor $\tan\delta_L$ die gleiche Temperaturabhängigkeit aufweist wie die

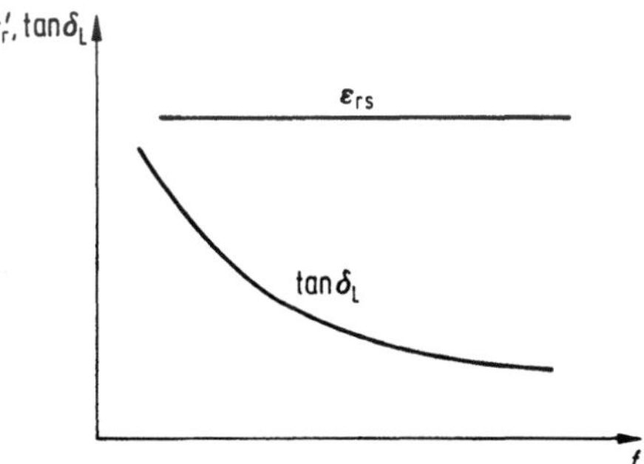

Bild 8.9. ε_r' und $\tan\delta_L$ in Abhängigkeit von der Frequenz bei konstanter Temperatur. $\varepsilon_r' = \varepsilon_{rs} = $ const bei niedrigen Frequenzen.

Wechselstromleitfähigkeit $\varkappa_\sim$. Entsprechend (8.9) gilt demnach für den Verlustfaktor:

$$\tan \delta_\mathrm{L} = \frac{\varkappa_0}{\omega \varepsilon_0 \varepsilon_\mathrm{rs}}\, \mathrm{e}^{-F/kT}. \qquad (8.22)$$

b) Polarisationsverluste

Neben den Trägerleitungsverlusten treten zusätzliche Wechselstromverluste in flüssigen Isolierstoffen auf, die in (8.18) durch den Verlustfaktoranteil

$$\tan \delta_\mathrm{P} = \varepsilon_\mathrm{r}'' / \varepsilon_\mathrm{r}'$$

charakterisiert sind. Als Ursache für diese Polarisationsverluste sind im wesentlichen folgende Mechanismen anzuführen:

— Deformationspolarisation: Einzelne Moleküle oder Atome werden innerhalb des Molekülverbandes zu Schwingungen im Takt des Wechselfeldes angeregt. Ähnliche Schwingungen können auch zwischen dem Kern und der Elektronenschale der Atome auftreten. Liegt nur dieser Polarisationsmechanismus vor, so spricht man von nichtpolaren Substanzen.

— Grenzflächenpolarisation: In inhomogenen (z. B. teilkristallinen) Isolierstoffen sammeln sich an Grenzflächen Ladungen an, die im Takt des Wechselfeldes umpolarisiert werden. Infolge der Struktur der Flüssigkeiten kann Grenzflächenpolarisation nicht auftreten.

— Orientierungspolarisation: Dieser Polarisationsmechanismus tritt immer dann auf, wenn permanente Dipole im Isolierstoff enthalten sind. Unter permanenten Dipolen sind solche Moleküle zu verstehen, bei denen die Schwerpunkte der positiven und der negativen Ladung nicht zusammenfallen. Bei Anlegen eines elektrischen Feldes werden sie mehr oder weniger vollständig ausgerichtet bzw. im Takt des angelegten Wechselfeldes umgerichtet.

Der in flüssigen Isolierstoffen dominierende Polarisationsmechanismus ist folglich die Orientierungspolarisation. Entsprechend (8.18) bestimmt allein der Frequenzgang der komplexen Dielektrizitätszahl

$$\underline{\varepsilon}_\mathrm{r} = \varepsilon_\mathrm{r}' - \mathrm{j}\varepsilon_\mathrm{r}''$$

die Frequenzabhängigkeit der Polarisationsverluste. Dieser Frequenzgang wird durch die Debyeschen Gleichungen beschrieben [8.14]:

$$\underline{\varepsilon}_\mathrm{r}(\omega) = \varepsilon_\mathrm{r\infty} + \frac{\varepsilon_\mathrm{rs} - \varepsilon_\mathrm{r\infty}}{1 + \mathrm{j}\omega\tau}$$

bzw.

$$\varepsilon_\mathrm{r}' = \varepsilon_\mathrm{r\infty} + \frac{\varepsilon_\mathrm{rs} - \varepsilon_\mathrm{r\infty}}{1 + (\omega\tau)^2} \quad \text{und} \quad \varepsilon_\mathrm{r}'' = \frac{\varepsilon_\mathrm{rs} - \varepsilon_\mathrm{r\infty}}{1 + [\omega\tau]^2}\, \omega\tau.$$

$$(8.23)$$

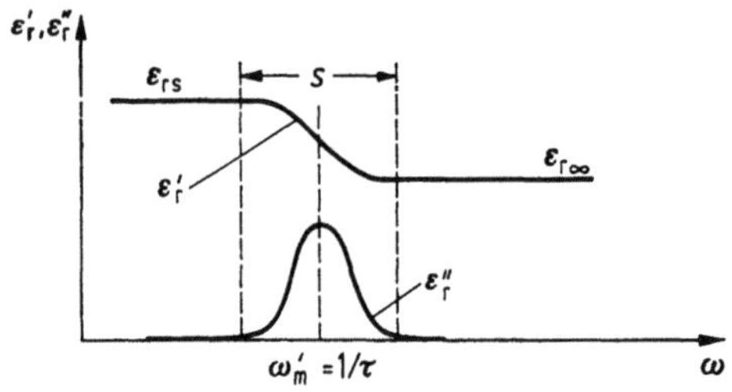
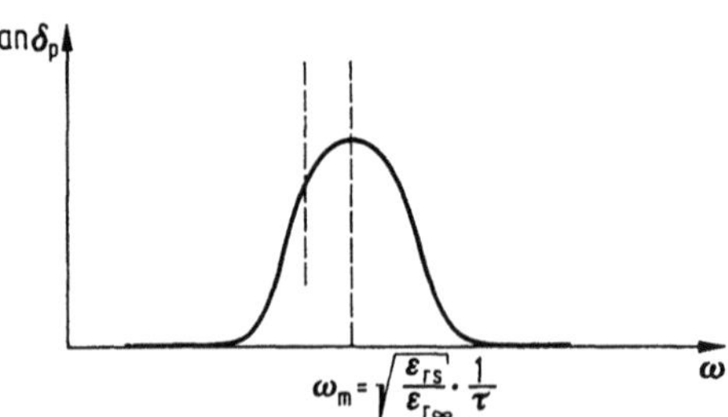

Bild 8.10. ε_r', ε_r'' und $\tan \delta_\mathrm{P}$ in Abhängigkeit von der Frequenz. s Bereich der anomalen Dispersion.

Damit ergibt sich für den Verlustfaktor in Abhängigkeit von der Frequenz

$$\tan \delta_\mathrm{P} = \frac{\varepsilon_\mathrm{r}''}{\varepsilon_\mathrm{r}'} = \frac{\varepsilon_\mathrm{rs} - \varepsilon_\mathrm{r\infty}}{\varepsilon_\mathrm{rs} + \varepsilon_\mathrm{r\infty}(\omega\tau)^2}\, \omega\tau \qquad (8.24)$$

(τ Relaxationszeit des jeweiligen Polarisationsmechanismus; ε_rs Realteil der komplexen Dielektrizitätszahl bei Frequenzen deutlich unterhalb der Relaxationsfrequenz (statische DZ); $\varepsilon_\mathrm{r\infty}$ Realteil der komplexen DZ bei Frequenzen deutlich oberhalb der Relaxationsfrequenz.)

Damit kann der Verlauf des Verlustfaktors, des Realteils und des Imaginärteils der DZ in Abhängigkeit von der Frequenz angegeben werden (Bild 8.10). Der Verlustfaktor zeigt ein ausgeprägtes Maximum bei der Frequenz:

$$\omega_\mathrm{m} = \sqrt{\frac{\varepsilon_\mathrm{rs}}{\varepsilon_\mathrm{r\infty}}}\, \frac{1}{\tau}. \qquad (8.25)$$

Für Frequenzen oberhalb und unterhalb dieses Wertes strebt $\tan \delta_\mathrm{P}$ gegen Null. Je nach der Art des Polarisationsmechanismus, d. h. je nach Größe und Dipolmoment der polaren Moleküle, hat die Relaxationszeit unterschiedliche Werte; es können also in einem weiten Frequenzbereich mehrere solcher Polarisationsmaxima auftreten. Bei konstanter Temperatur ergibt sich für ein Isolieröl folgender Verlustfaktor- und DZ-Verlauf (Bild 8.11).

Bereich I: $\tan \delta_\mathrm{L} = \dfrac{\varkappa_\sim}{\omega \varepsilon_\mathrm{rs}\varepsilon_0}$,

Bereich II: $\tan \delta_\mathrm{P} = \dfrac{\varepsilon_\mathrm{r}''}{\varepsilon_\mathrm{r}'}$.

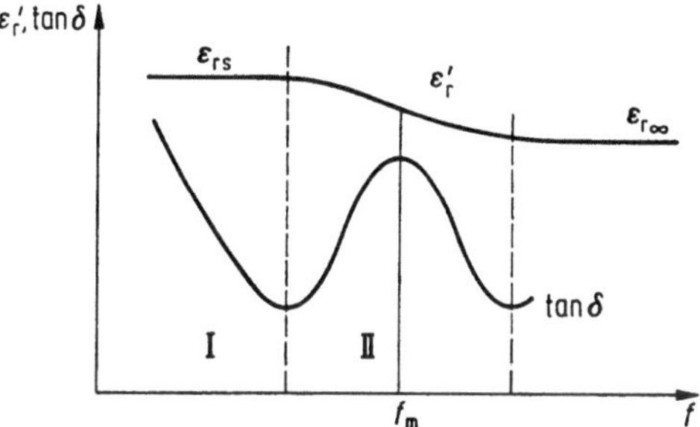

Bild 8.11. ε_r' und $\tan\delta$ von Isolieröl in Abhängigkeit von der Frequenz.

Für Isolieröle (z. B. niederviskoses Transformatorenöl) liegt bei 20 °C das Minimum zwischen 10^1 und 10^3 Hz und das Maximum zwischen 10^5 und 10^8 Hz.

Die Temperaturabhängigkeit der Polarisationsverluste erhält man über den Zusammenhang der Relaxationszeit τ mit der Viskosität η des Dielektrikums und der Temperatur.
Entsprechend (8.25) liegt mit

$$\omega_m = 2\pi f_m$$

das Maximum des dielektrischen Verlustfaktors bei

$$f_m = \frac{1}{2\pi\tau}\sqrt{\frac{\varepsilon_{rs}}{\varepsilon_{r\infty}}}. \tag{8.26}$$

Für die Relaxationszeit τ gilt:

$$\tau = \frac{\varepsilon_{rs}+2}{\varepsilon_{r\infty}+2}\,\tau'. \tag{8.27}$$

Die temperatur- und viskositätsabhängige Zeitkonstante τ' läßt sich aufgrund des Stokesschen Reibungsgesetzes allgemein angeben zu

$$\tau' = c\,\frac{\eta}{kT}. \tag{8.28}$$

Darin ist die Konstante c durch die geometrische Form der jeweiligen Dipolmoleküle gegeben, während k die Boltzmann-Konstante ist. Damit wird für jede einzelne Dipolart

$$f_m = \frac{1}{2\pi}\,\frac{1}{c}\,\frac{kT}{\eta}\,\frac{(\varepsilon_{r\infty}+2)}{(\varepsilon_{rs}+2)}\sqrt{\frac{\varepsilon_{rs}}{\varepsilon_{r\infty}}}. \tag{8.29}$$

Es ist also

$$f_m \sim \frac{kT}{\eta}. \tag{8.30}$$

Mit steigender Temperatur wird demnach das Verlustfaktormaximum einer Isolierflüssigkeit zu höheren Frequenzen verschoben.
Bei konstanter Frequenz ergibt sich der in Bild 8.12 dargestellte Verlauf über der Temperatur. Es ergibt sich folglich ein zur Ordinate spiegel-

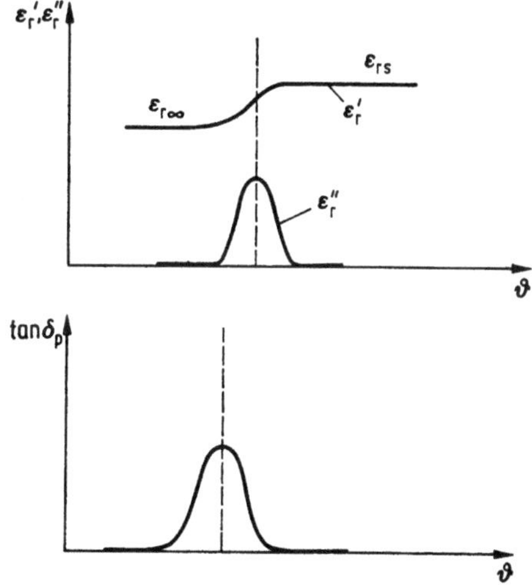

Bild 8.12. ε_r', ε_r'' und $\tan\delta_p$ von Isolieröl in Abhängigkeit von der Temperatur.

bildlicher Verlauf des Temperaturgangs gegenüber dem Frequenzgang. Während z. B. ε_r' über der Frequenz bei konstanter Temperatur den Wert $\varepsilon_{r\infty}$ bei $f \to \infty$ hat, liegt über der Temperatur bei konstanter Frequenz dieser Wert bei sehr niedrigen Temperaturen vor.
Für das dielektrische Verhalten einer Flüssigkeit mit Trägerleitung und Polarisation ist entsprechend (8.18), (8.22) und (8.29) ein Temperaturverlauf nach Bild 8.13 zu erwarten. Die leichte Abnahme von ε_r' bei höheren Temperaturen erklärt sich aus der Tatsache, daß die Dichte des Dielektrikums mit steigender Temperatur abnimmt und mit der Dichte auch die DZ fällt.

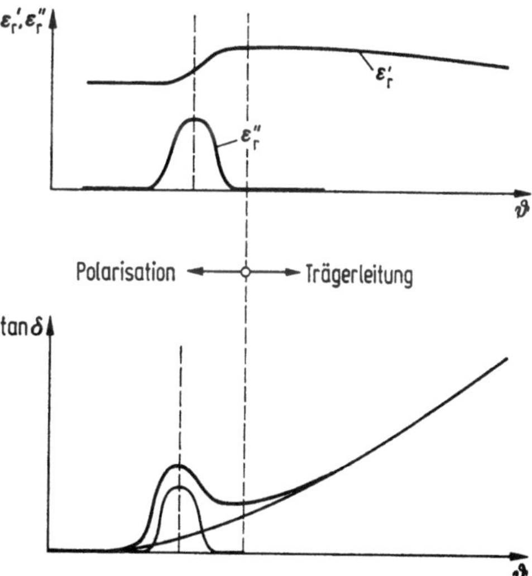

Bild 8.13. Überlagerung der Einflüsse von Polarisation und Trägerleitung. ε_r', ε_r'' und $\tan\delta$ von Isolieröl in Abhängigkeit von der Temperatur.

Bei Messung mit Netzfrequenz 50 Hz liegt für niederviskose Mineralöle (Transformatorenöl) das Maximum des tan δ-Verlaufs bei etwa $-60\,^{\circ}$C und das Minimum bei etwa $-10\,^{\circ}$C. Bei hochviskosen Imprägniermitteln auf Mineralölbasis (gegebenenfalls mit Harzzusatz) für Massekabel des Spannungsbereichs 10 bis 30 kV mit einer kinematischen Viskosität von 50 mm²/s bei 100 °C, liegt das Maximum jedoch bei etwa $-8\,^{\circ}$C und das Minimum bei etwa $+30\,^{\circ}$C.

c) Einflußgrößen auf den Verlustfaktor

Ein Einfluß gelöster Gase auf den Verlustfaktor ist — wie beim Isolationswiderstand — nicht feststellbar.

Deutlich ist dagegen auch hier der *Einfluß des Wassergehalts.* Es zeigt sich, daß der dielektrische Verlustfaktor durch größere Wassergehalte erheblich beeinflußt wird, und zwar steigt der Verlustfaktor nahezu exponentiell mit zunehmendem Wassergehalt an. Zu kleineren Wassergehalten hin wird er dagegen nahezu unabhängig vom Wassergehalt (Bild 8.14a).

Entsprechend der in Abschnitt 8.1.2.1 beschriebenen Abhängigkeit der Leitfähigkeit von der Feldstärke (Wien-Effekt) steigt auch der dielektrische Verlustfaktor mit der Feldstärke an, wenn der Bereich des ohmschen Verhaltens ($x = $ const) überschritten wird. In Bild 8.14b und c ist für ein Transformatorenöl der dielektrische Verlustfaktor über der Feldstärke dargestellt. Die Meßanordnung ist dabei so ausgeführt, daß bis zu den Feldstärken von 200 kV/cm keine Teilentladungen (Nachweisgrenze dabei 0,1 pC) auftreten, die das Meßergebnis verfälschen könnten. Man erkennt, daß sowohl erhöhte Temperatur wie auch erhöhter Wassergehalt zu einem früheren Anstieg des Verlustfaktors mit der Feldstärke führen.

8.1.3 Durchschlagmechanismen in Flüssigkeiten

Die elektrische Durchschlagfestigkeit von Isolierflüssigkeiten hängt von einer Vielzahl von Einflußgrößen ab. Neben Art, Dauer und Höhe der angelegten Spannung sowie Form, Material und Oberflächenbeschaffenheit der Elektroden wird die Durchschlagspannung vornehmlich durch den Wasser- und Gasgehalt und die im Öl vorhandenen Verunreinigungen bestimmt. Daher kann der Durchschlag flüssiger Isolierstoffe auch durch keine einheitliche Theorie beschrieben werden, die allen beobachteten Erscheinungen bei diesem Zerstörungsprozeß gerecht wird.

Je nach Dominieren bestimmter Einflüsse sind die folgenden Vorstellungen über die Durchschlagmechanismen maßgeblich.

8.1.3.1 Verschleierte Gasentladung

Bei kurzzeitiger Wechselspannungs- und besonders bei Stoßspannungsbeanspruchung ist anzunehmen, daß der Durchschlag einer Isolierflüssigkeit über einen Elektronenmechanismus eingeleitet wird. Die hierfür erforderlichen Primärelektronen stammen aus der jeweiligen Kathode, aus der sie — wie

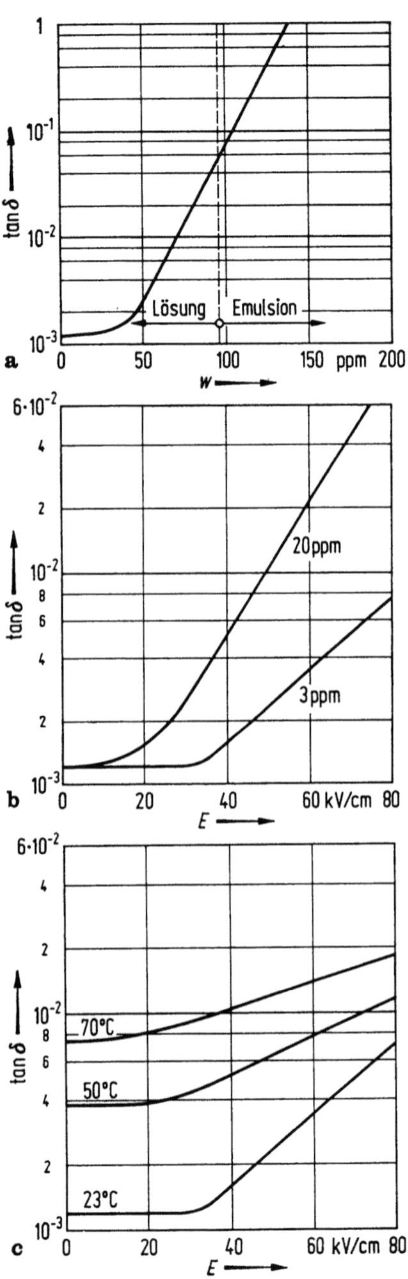

Bild 8.14. Dielektrischer Verlustfaktor tan δ eines Transformatorenöls in Abhängigkeit **a** vom Wassergehalt w bei 40 °C und konstanter Feldstärke ($E = 5$ kV/cm) [8.2]; **b** von der Feldstärke E bei RT für verschiedene Wassergehalte w [8.25]; **c** von der Feldstärke E bei konstantem Wassergehalt $w = 3$ ppm für verschiedene Temperaturen [8.25].

in Abschnitt 8.1.2.1 erwähnt — unter der Wirkung hinreichend hoher Feldstärken injiziert werden können. Hinzu kommt die Bildung zusätzlicher Ladungsträger durch Dissoziation (Wien-Effekt). Luther und Mitarbeiter wiesen nach, daß die Durchschlagfestigkeit verschiedener Kohlenwasserstoffe von deren Dichte — ein Maß für das „freie Volumen" der Flüssigkeit —, von dem Partialdruck der Komponenten und deren Ionisierungsenergien bestimmt wird [8.15; 8.16]. Danach wird davon ausgegangen, daß zwischen den Flüssigkeitsmolekülen sogenannte „Leerstellen" vorhanden sind, in denen sich dem äußeren Druck entsprechend leichtflüchtige Ölkomponenten („Eigendampf") oder im Öl gelöste Fremdgase befinden. Weitere Mikrohohlräume („Gasräume") können im Öl durch Gasabscheidung unter dem Einfluß eines elektrischen Feldes und bei wechselseitiger Abstoßung gleichnamiger Ladungsträger (positive und negative Ionen) entstehen [8.17; 8.18].

Bei elektrischer Beanspruchung bewirken Ionisierungsvorgänge in den Gasräumen in deren Umgebung eine Ölzersetzung durch Überhitzen und eine damit verbundene zusätzliche Gasentwicklung. Darüber hinaus verursachen Dissoziations- und Stoßionisationsprozesse im Öl eine Vergrößerung der Ladungsträgerkonzentration. Die dadurch verursachte Zunahme der Stromstärke bewirkt eine zusätzliche Erwärmung, die ebenfalls zur Bildung von Gasblasen beiträgt. Die in den Gasblasen einsetzenden Ionisierungsvorgänge führen aufgrund der erhöhten Leitfähigkeit der Blasen zu einer Verzerrung der Feldverteilung. Es bildet sich eine Trägerlawine, an deren Spitze Feldstärken erreicht werden, die bei entsprechender Größe der angelegten Spannung eine direkte Ionisation oder Stufenionisation (Fortschreiten der Trägerlawine im Öl) der Flüssigkeit ermöglichen. In dem durch die Trägerlawine gebildeten Gasentladungskanal leitet eine Thermoionisation den vollkommenen Durchschlag der beanspruchten Ölstrecken ein [8.9; 8.19 – 8.21].

Aus dieser Vorstellung heraus wird der Öldurchschlag auch als „verschleierte Gasentladung" bezeichnet.

8.1.3.2 Faserbrückendurchschlag

Wenn auch eine Isolierflüssigkeit vor der Imprägnierung der Geräte (Wandler, Transformatoren, usw.) sorgfältig gefiltert, getrocknet und entgast ist (vgl. Abschnitt 8.1.5.1), so können sich doch im späteren Betrieb aus der Papierisolierung und den Bauelementen des Gerätes makroskopische feste Verunreinigungen (Fasern oder sonstige unlösliche Teilchen) ablösen, und es kann bei nicht abgeschlossenen Geräten (z. B. Transformatoren), aus dem Kontakt mit der Atmosphäre sowie aus Alterungsprozessen der Isolierstoffe

selbst Wasser in die Isolierflüssigkeit gelangen bzw. in ihr entstehen. Die Cellulosefasern nehmen die Feuchtigkeit auf und vergrößern dadurch ihre Dielektrizitätszahl. Beim Anlegen eines elektrischen Feldes werden die Fasern polarisiert und wandern — ähnlich wie permanente Dipole — in den Bereich maximaler Feldstärke. Dort lagern sie sich aneinander und bilden eine leitende Brücke zwischen den Elektroden. Verursacht durch eine erhöhte Stromdichte in den Faserbrücken hoher Leitfähigkeit führt die Joulesche Wärmeentwicklung zur Verdampfung der vorhandenen Feuchtigkeit und einzelner niedrigsiedender Flüssigkeitskomponenten in der Nähe der Fasern. In den entstehenden Gasblasen wird der Durchschlag, der auch als lokaler Wärmedurchschlag an einer Fehlstelle gedeutet werden kann, eingeleitet [8.17: 8.22].

8.1.3.3 Messung der Durchschlagspannung von Isolierflüssigkeiten

Die elektrische Festigkeit von Isolierflüssigkeiten ist keine Materialkonstante, sondern sie wird durch eine Vielzahl von Einflußgrößen, wie Elektrodenanordnung, Dauer der Spannungsbeanspruchung, Spannungsform und Spannungssteigerung mitbestimmt. Um die an Isolierflüssigkeiten gemessenen elektrischen Festigkeitswerte miteinander vergleichen zu können, wurden einige Prüfverfahren genormt: VDE 0370, Teil 1, 12.78 (Isolieröle), ASTM D 877 [8.24], UTE NF CIR C 163. Entsprechend der VDE-Bestimmung 0370 erfolgt die Messung der Durchschlagspannung nach folgendem Verfahren: Als Durchschlagspannung gilt die Spannung, bei der eine *Flüssigkeitsstrecke* von 2,5 mm zwischen zwei genau definierten Elektroden (VDE-Kalotten) bei etwa 20 °C durchgeschlagen wird (Bild 8.15). Als Prüfspannung ist eine praktisch sinusförmige Wechselspannung (50 Hz) zu verwenden, die mit einer konstanten Geschwindigkeit von 2 kV/s bis zum Durchschlag der Flüssigkeit zu steigern ist. Gemessen wird der Effektivwert der beim Durchschlag vorhandenen Spannung. An jeder Flüssigkeitsprobe sind sechs

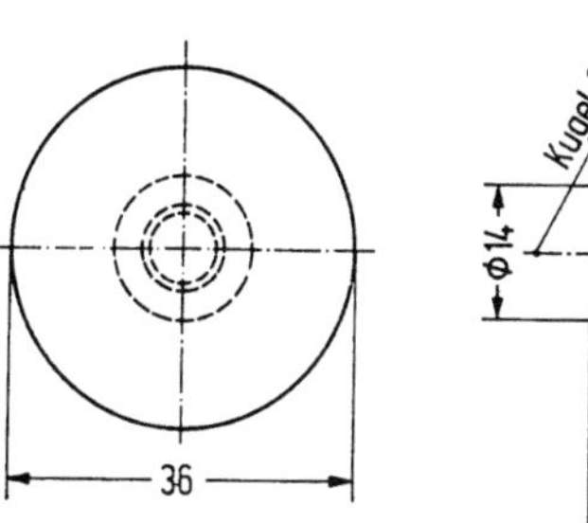

Bild 8.15. VDE-Kalotte (Schwaigerscher Ausnutzungsfaktor $\eta = 0{,}97$).

Durchschlagversuche im zeitlichen Abstand von 2 min durchzuführen (IEC 156: 1 min nach Verschwinden erkennbarer Blasen; ist ein Erkennen nicht möglich, im Abstand von 5 min).

Nach jedem Durchschlag ist die Flüssigkeitsschicht zwischen den Elektroden durch Rühren zu erneuern.

Für die Auswertung ist als VDE-Durchschlagspannung das arithmetische Mittel der sechs Einzelmessungen anzugeben. Die unterschiedliche Höhe der Meßwerte bei der Folge von sechs Durchschlägen ist vor allem darauf zurückzuführen, daß durch einen Durchschlag infolge der dabei stattfindenden Ölzersetzung Gase entstehen (z. B. H_2 und niedermolekulare Kohlenwasserstoffe), die sich unterschiedlich schnell und in unterschiedlicher Menge im Öl lösen. Aufgrund ihrer unterschiedlichen Ionisierungsenergien beeinflussen sie — trotz Rührens — die Höhe der Durchschlagspannung beim jeweiligen Folgedurchschlag [8.5].

Neben diesen wesentlichsten Punkten für die Durchführung und die Auswertung sind in den VDE-Bestimmungen außerdem noch der Aufbau der Prüfeinrichtung, die Behandlung des Prüfgefäßes und die Probenentnahme festgelegt worden. Auf diese zusätzlichen Bestimmungen soll hier jedoch nicht eingegangen werden.

Abweichend von der VDE-Bestimmung werden bei Durchschlaguntersuchungen nach der ASTM-Methode kreisförmige Plattenelektroden und bei der UTE-Methode Kugelelektroden verwendet. Die unterschiedlichen Elektrodenanordnungen werden durch den Schwaigerschen Ausnutzungsfaktor η (vgl. Abschnitt 5.4.1) bzw. den Inhomogenitätsgrad charakterisiert. Dabei ist bei Isolierflüssigkeiten generell kein eindeutiger Zusammenhang zwischen dem Inhomogenitätsgrad und der elektrischen Festigkeit von Elektrodenanordnungen festzustellen. Ein steigender Inhomogenitätsgrad bewirkt zwar an sich eine Schwächung der Gesamtanordnung, hat aber gleichzeitig eine zunehmende Flüssigkeitsströmung in der Elektrodenstrecke zur Folge, welche die Ausbildung felderhöhender Raumladungszonen im Elektrodennahbereich und erste Ionisationsprozesse behindert. Dadurch ergibt sich letztlich eine verfestigende Wirkung [8.1]. Dem Bewegungseffekt ist zudem noch ein Volumeneffekt überlagert, der mit zunehmendem Flüssigkeitsvolumen in der hochbeanspruchten Elektrodenstrecke zu einer Abnahme der elektrischen Festigkeit der Anordnung führt. Betrachtet man dazu den Verlauf der Durchschlagspannungen verschiedener Elektrodenanordnungen, z. B. VDE-Kalotten und Spitze-Spitze, so zeigt sich, daß die Durchschlagspannung mit zunehmender Schlagweite zunächst steil und dann zu größeren Schlagweiten hin weniger steil ansteigt: Mit Vergrößerung des beanspruchten Isoliervolumens wächst die Wahrscheinlichkeit für das Auftreten von „Fehlstellen" (Bild 8.16). Die

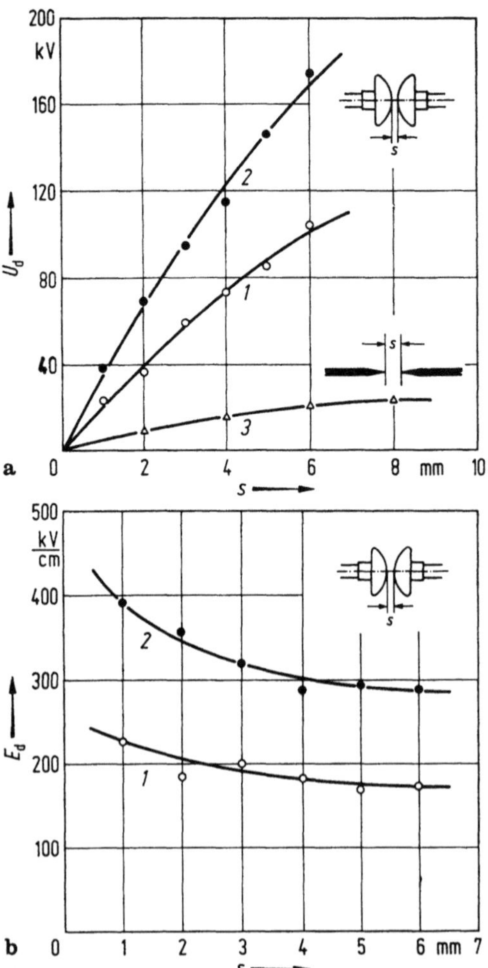

Bild 8.16. Durchschlagspannung U_d **a** und Durchschlagfeldstärke E_d **b** eines Transformatorenöles im Anlieferungszustand (Wassergehalt $w = 31$ ppm) bei 20 °C (*1*) und 100 °C (*2*) bei Wechselspannung 50 Hz und VDE-Kalotten sowie Durchschlagspannung U_d zwischen Spitzenelektroden bei 20 °C (*3*) in Abhängigkeit von der Schlagweite s [u. a. 8.2].

Durchschlagfeldstärke E_d nimmt folglich auch mit größerem beanspruchten Volumen leicht ab.

Damit läßt sich auch erklären, daß bei konstanter Schlagweite $s = 2{,}5$ mm die Durchschlagspannung an Elektroden nach ASTM (Platten 25,4 mm $\varnothing$) kleiner ist als bei Elektroden nach UTE (Kugeln 12,5 mm $\varnothing$, $\eta = 0{,}87$) und diese wieder kleiner als bei Elektroden nach VDE (Kugelkalotten, 25 mm Radius, 36 mm $\varnothing$, $\eta = 0{,}97$). Aufgetragen ist in Bild 8.17 die Durchschlagspannung eines Transformatorenöls, wobei eine größere Folge von Durchschlägen statistisch über die bei grundlegenden Durchschlaguntersuchungen stets angewendete Weibull-Statistik ausgewertet wurde.

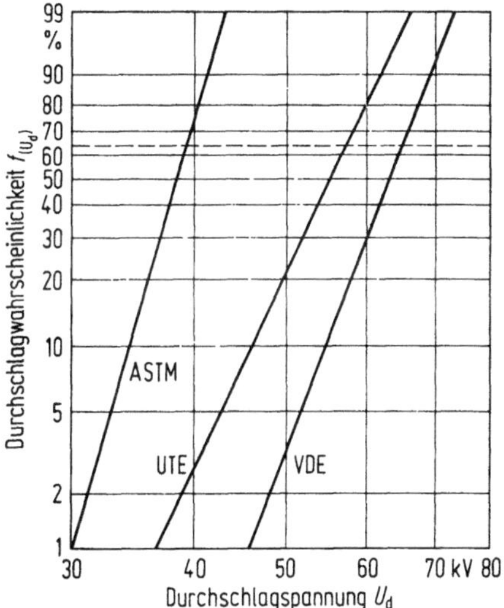

Bild 8.17. Durchschlagspannung von getrocknetem und entgastem Mineralöl (Transformatorenöl) für konstante Schlagweite und verschiedene Elektrodenanordnungen (Statistische Auswertung mittels Weibull-Verteilung) [8.25].

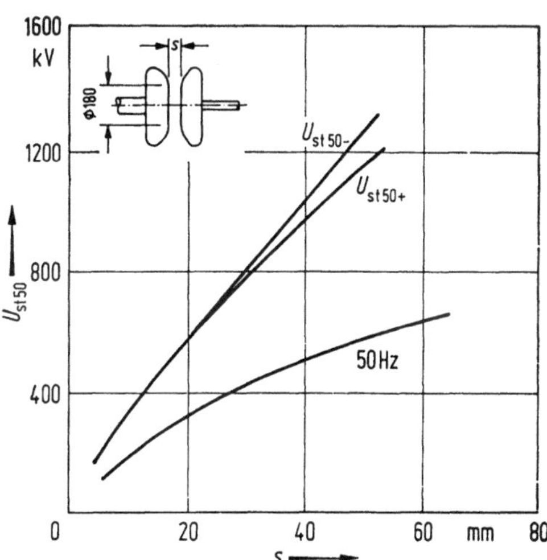

Bild 8.18. 50%-Stoßdurchschlagspannung 1,2/50 μs bei negativer Polarität U_{st50-} und positiver Polarität U_{st50+} von Mineralöl zwischen Platten in Abhängigkeit von der Schlagweite s (Vergleichskurve 50-Hz-Wechselspannung) [8.23].

Als Nennwert der Durchschlagspannung gilt dabei der Wert der 63,2%-Wahrscheinlichkeit.

Bei den ASTM-Elektroden handelt es sich um kreisförmige Platten ($\varnothing$ 25,4 mm) mit rechtwinkligen, scharfen Kanten. Obwohl im inneren Bereich der Platten das elektrische Feld homogen ist, kommt es infolge von Feldstärkeüberhöhungen an den Elektrodenrändern schon bei relativ geringen Spannungen zur Einleitung des Durchschlags. Außerdem ist bei den ASTM-Elektroden das elektrisch beanspruchte Ölvolumen größer als bei den VDE- und UTE-Elektroden. Daher liefert die ASTM-Elektrodenanordnung die geringste Durchschlagspannung. Der Einfluß der größeren Ölströmung ist dabei offensichtlich von untergeordneter Bedeutung.

Dagegen kann bei VDE- und UTE-Elektroden noch von einem insgesamt quasihomogenen Feld gesprochen werden und die erreichbaren Durchschlagspannungen liegen entsprechend höher als bei der ASTM-Anordnung. Die VDE-Elektroden ergeben dabei mit $\eta = 0,97$ noch deutlich bessere Durchschlagwerte als die UTE-Elektroden mit $\eta = 0,87$. Diese Unterschiede sind bei der Bewertung von Angaben über die Durchschlagspannungen von Isolierflüssigkeiten im internationalen Vergleich zu beachten.

Weiterhin ist die elektrische Festigkeit einer bestimmten Elektrodenanordnung von der Dauer der elektrischen Beanspruchung abhängig. Die Durchschlagspannung einer Anordnung nimmt mit steigender Beanspruchungsdauer ab, da bei längerer Beanspruchung die Wahrscheinlichkeit für ein günstiges Zusammentreffen verschiedener,

den Durchschlagprozeß fördernder Gegebenheiten steigt.

Die Geschwindigkeit der Spannungssteigerung übt ebenfalls einen deutlichen Einfluß auf die Höhe der Durchschlagspannung einer Elektrodenanordnung in einer Isolierflüssigkeit aus. Je größer dabei die Geschwindigkeit der Spannungssteigerung ist, desto größer wird U_d. Daher ist die Stoßspannungsfestigkeit von Isolierflüssigkeiten auch bedeutend höher als bei netzfrequenter Wechselspannung (Bild 8.18).

8.1.3.4 Einfluß von Temperatur, Gas- und Wassergehalt auf die Durchschlagfestigkeit

Die in einer VDE-Kalotten-Prüfanordnung bei einer Schlagweite von $s = 2,5$ mm ermittelten Festigkeitswerte für ein Mineralöl bei unterschiedlichen Temperaturen sind in Bild 8.19 dargestellt. Es zeigt sich, daß die elektrische Festigkeit bei geringen Wassergehalten nahezu unabhängig von der Temperatur ist, dagegen bei höheren Wassergehalten zwar mit niedrigeren Festigkeitswerten beginnt, dann jedoch mit wachsender Temperatur ansteigt.

Die Abhängigkeit der Durchschlagfeldstärke sowohl von der Temperatur als auch vom Wassergehalt kann durch die Abhängigkeit von der relativen Ölfeuchte (tatsächlich im Öl vorhandene Wassermenge, bezogen auf die Sättigungskonzentration bei der entsprechenden Versuchstemperatur) zusammengefaßt werden. Wird die Durchschlagfeldstärke von Mineralöl über der relativen Feuchte aufgetragen, so können alle Durchschlag-

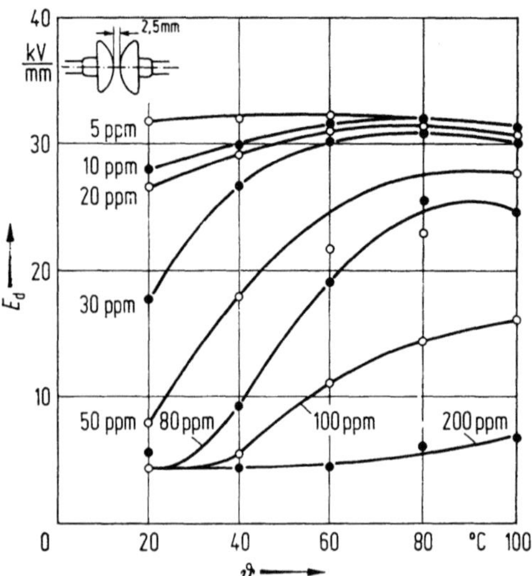

Bild 8.19. Durchschlagfeldstärke E_d von Isolieröl auf Mineralölbasis (Transformatorenöl) in Abhängigkeit von der Temperatur bei verschiedenen Wassergehalten [8.2].

werte unabhängig von Temperatur und Wassergehalt durch einen gemeinsamen Kurvenzug verbunden werden (Bild 8.20).

Mit zunehmender relativer Feuchte nimmt die elektrische Festigkeit ab, erreicht bei einer relativen Feuchte von 100% einen unteren Grenzwert und bleibt dann nahezu konstant. Im Bereich der Übersättigung (Emulsion von Wasser in Öl) ist E_d unabhängig vom Wassergehalt und zwar gleichbleibend niedrig.

Die häufig in der Fachliteratur zu findende Angabe, daß die Durchschlagfestigkeit von Isolierflüssigkeiten temperaturabhängig sei, ist also nicht korrekt. Bei einer trockenen Flüssigkeit (Wassergehalt $w < 5$ ppm) ist sie unabhängig von der Temperatur. Die bei feuchten Isolierflüssigkeiten gemessene „Temperaturabhängigkeit" ist nur eine scheinbare, denn bei einer Isolierflüssigkeit mit bestimmtem Wassergehalt

verringert sich — wenn man die Isolierflüssigkeit erwärmt — die relative Feuchte und die Durchschlagfestigkeit steigt gemäß Bild 8.20 an, ohne daß sich der absolute Wassergehalt ändert.

Dagegen ist die Durchschlagfestigkeit von Isolierflüssigkeiten im Bereich gelöster Gase unabhängig von der Menge des gelösten Gases. Es kann lediglich ein Einfluß der Gasart auf die elektrische Festigkeit festgestellt werden, der auf die unterschiedlichen physiko-chemischen Eigenschaften der Gase zurückzuführen ist [8.5; 8.16]. Sind jedoch über den Lösungszustand hinaus kleinste Gasbläschen dispergiert vorhanden, wird die elektrische Festigkeit, bedingt durch Teilentladungsvorgänge in den Gasbläschen, deutlich verringert.

8.1.3.5 Elektrische Festigkeit im Bereich stationärer Teilentladungen

Bei stark inhomogenen Elektrodenanordnungen (Schwaigerscher Ausnutzungsfaktor $\eta = 0,1 \ldots 0,2$) treten vor dem ˙vollkommenen Durchschlag der Gesamtanordnung immer Teilentladungen (TE) in der Isolierflüssigkeit auf. Ein Beispiel für eine inhomogene Elektrodenanordnung ist die Spitze-Platte-Modellanordnung unter Öl. Mit Hilfe einer derartigen Elektrodenanordnung ist es möglich, im Labor mit relativ geringem experimentellen Aufwand den Einfluß von Verunreinigungen im Öl, Spitzen und Kanten in Transformatoren, Kondensatoren usw. auf das Durchschlagverhalten verschiedener Isolierflüssigkeiten zu untersuchen.

Die Abhängigkeiten der Durchschlagsspannung, Teilentladungseinsatzspannung sowie die TE-Impulshäufigkeit eines Isolieröls auf Mineralölbasis (Transformatorenöl) in der Nadel-Platte-Modellanordnung von der Schlagweite zeigt Bild 8.21. Bis zu einer Schlagweite von etwa 4 cm treten vor dem Durchschlag keine Teilentladungen

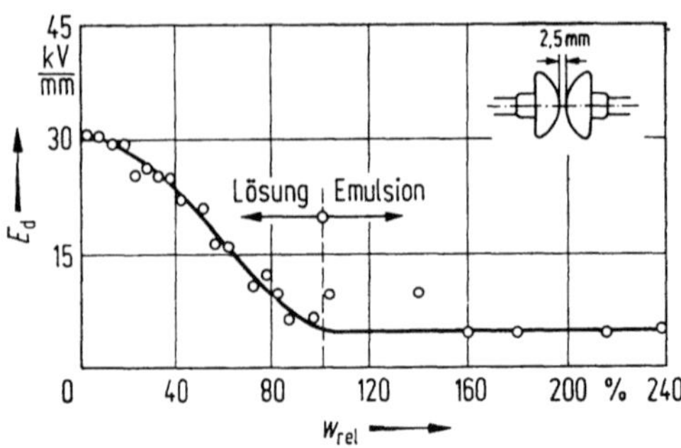

Bild 8.20. Durchschlagfeldstärke E_d von Isolieröl auf Mineralölbasis (Transformatorenöl) in Abhängigkeit von der relativen Feuchte w_{rel} [8.2].

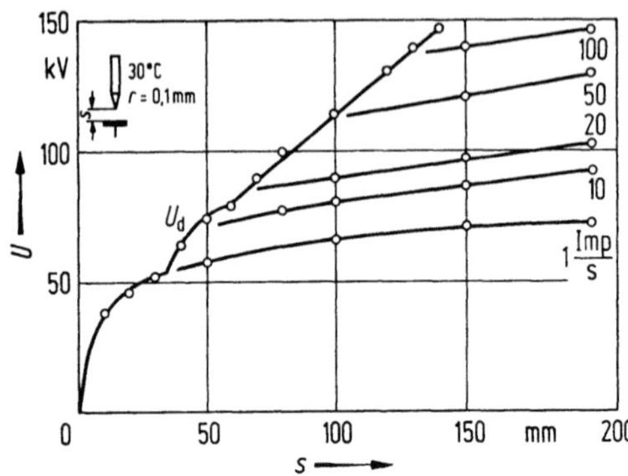

Bild 8.21. Durchschlagspannung U_d und TE-Impulshäufigkeit für Öl im entgasten Zustand bei einem Druck von 1 013 mbar und einem Restwassergehalt $w = 6$ ppm, rel. Ölfeuchte $w_{rel} = 12\%$, $\vartheta = 23\,°C$ [8.1].

auf; es erfolgt ein Sofortdurchschlag. Stationäre Teilentladungen sind erst oberhalb einer bestimmten Schlagweite (in diesem Fall 4 cm), also offensichtlich erst oberhalb eines bestimmten Inhomogenitätsgrades festzustellen. Darüber hinaus wird deutlich, daß mit Erhöhung der Schlagweite und Anstieg der Spannung die Impulshäufigkeit zunimmt.

Es war bereits festgestellt, daß im nahezu homogenen Feld die elektrische Festigkeit von Isolierflüssigkeiten in starkem Maße vom Wassergehalt abhängig ist (s. Bild 8.20), daß aber Gase, sofern sie gelöst sind, keinen Einfluß auf die elektrische Festigkeit haben. Ein ähnlicher Zusammenhang gilt für Feuchtigkeit auch im inhomogenen Feld. Trägt man die Teilentladungseinsatzfeldstärke bei konstanter Schlagweite, d. h. bei konstantem Inhomogenitätsgrad der Anordnung über der relativen Ölfeuchte auf (Bild 8.22), so zeigt sich, daß ausgehend von sehr hoher Teilentladungseinsatzfeldstärke bei sehr kleinen Feuchten mit steigender relativer Feuchte die Einsatzfeldstärke deutlich absinkt, d. h. die elektrische Festigkeit des hochbeanspruchten Bereichs vor der Spitze nimmt ab.

Anders als im nahezu homogenen Feld ist jedoch der Einfluß gelöster Gase. Belädt man das getrocknete und entgaste Mineralöl anschließend mit dem Gas Schwefelhexafluorid (SF_6), so sinkt auch im Bereich der Löslichkeit des SF_6 die TE-Einsatzfeldstärke. Dabei ist die Abnahme der TE-Einsatzfeldstärke mit zunehmendem Sättigungsgrad bei Beladung mit SF_6 geringer als bei Beladung mit Wasserdampf.

Die Teilentladungseinsatzfeldstärke E_{max} (Bild 8.22) stellt die für den raumladungsfreien Fall näherungsweise ermittelte maximale Feldstärke an der Spitze einer Hyperboloidnadel-Platte-

Anordnung dar. Wird E_{max} bezogen auf das homogene Feld $E_0 = U/s$, folgt aus

$$E_{max} \frac{1}{E_0} = \frac{2U}{r \ln\left(4 \frac{s}{r}\right)} \frac{s}{U} \tag{8.31}$$

der Faktor der maximalen Feldverstärkung gegenüber E_0, der dem Reziprokwert des Schwaigerschen Ausnutzungsfaktors η entspricht und in der vorliegenden geometrischen Anordnung $1/\eta = 445$ beträgt.

Während der Einfluß von Feuchtigkeit vor allem bei Transformatoren und Wandlern im Netzbetrieb von Bedeutung ist, kommt dem Einfluß von gelöstem SF_6 besondere Bedeutung für Transformatoren und Ölkabel zu, die an SF_6-isolierte, metallgekapselte Schaltanlagen angeschlossen sind, da über die aus Epoxidharz bestehenden Durchführungsscheiben das SF_6 aus den gekapselten Anlagen im Laufe der Zeit in den Transformator bzw. das Ölkabel diffundieren kann.

Da das Teilentladungsverhalten von Isolierflüssigkeiten heute von besonderer Bedeutung für Transformatoren, Meßwandler und Kondensatoren ist, will man analog zur Bestimmung der Durchschlagfestigkeit von Isolierflüssigkeiten auch international ein Verfahren zur Bestimmung der TE-Einsatzspannung bzw. -feldstärke einführen. Hierfür vorgesehen ist eine Spitze-Platte-Anordnung, die in Bild 8.23 dargestellt ist. Nadelradius, Abstand der Spitze zur Plattenelektrode und Elektrodendurchmesser sind natürlich bestimmend für die dann gemessene TE-Ein-

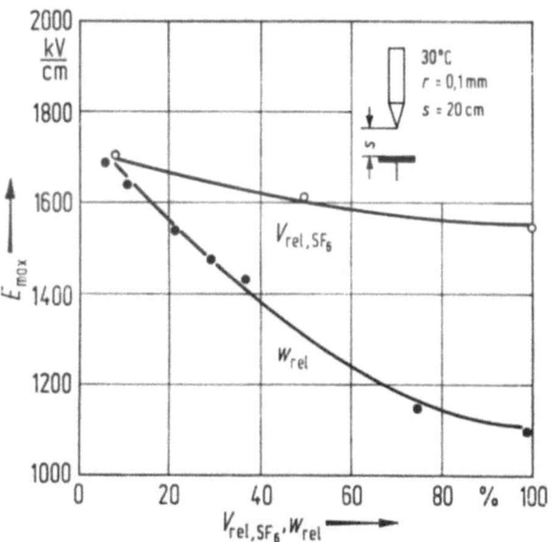

Bild 8.22. Teilentladungseinsatzfeldstärke E_{max} in Abhängigkeit von der rel. Ölfeuchte w_{rel} und vom rel. SF_6-Gasgehalt V_{rel,SF_6} für ein Isolieröl auf Mineralölbasis (Transformatorenöl) bei 23 °C [8.1].

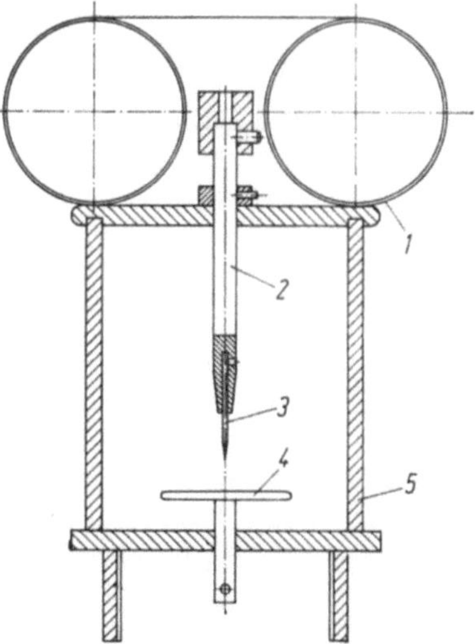

Bild 8.23. Spitze-Platte-Prüfanordnung zur Bestimmung der Teilentladungs(TE)-Einsatzspannung [8.26]. *1* Feldsteuerung; *2* Nadelhalter; *3* Nadelelektrode; *4* Plattenelektrode; *5* Prüfgefäß.

satzspannung. Damit diese hinreichend weit von der Durchschlagspannung der Anordnung entfernt ist, empfiehlt sich ein Spitzenradius von 6 μm und ein Elektrodenabstand von 4 cm bei einem Durchmesser der Plattenelektrode von 8 cm [8.26]. Eine entsprechende IEC-Empfehlung befindet sich in Vorbereitung. Mit dieser Anordnung wurden für verschiedene Isolierflüssigkeiten im definierten Trocknungs- und Reinheitszustand die in Tabelle 8.1 aufgeführten Werte ermittelt.

Tabelle 8.1. TE-Einsatzspannung und TE-Einsatzfeldstärke verschiedener Isolierflüssigkeiten bei 20 °C (Spitzenradius der Hyperboloidnadel $r = 6$ μm Schlagweite $s = 4$ cm) [8.25]

Isolierflüssigkeit	U_{TE} kV	E_{TE} kV/mm
Phenyl-Xylyl-Ethan (PXE)	30	981
Benzylneocaprat (BNC)	27	883
Mono-Isopropyl-Biphenyl (MIPB)	32	1 047
Transformatorenöl	24	785

Daraus ist ersichtlich, daß sich für Isolierflüssigkeiten sowohl für Transformatoren als auch Kondensatoren unterschiedliche Werte bezüglich ihrer TE-Festigkeit ergeben. Damit lassen sich unterschiedliche Flüssigkeiten bezüglich ihres Verhaltens gegenüber Teilentladungen klassifizieren und bewerten. Außerdem hat sich gezeigt, daß sich — wie schon in Bild 8.22 bei ähnlicher Elektrodenanordnung für Wassergehalt und Gasgehalt dargestellt — auch die Gegenwart kleinster Verunreinigungen festigkeitsmindernd auswirkt.

8.1.4 Arten von Isolierflüssigkeiten

8.1.4.1 Isolieröle auf Mineralölbasis

Isolieröle auf Mineralölbasis sind Gemische unterschiedlicher Kohlenwasserstoffe, die durch fraktionierte Destillation aus den in der Natur vorkommenden Rohölen gewonnen und durch geeignete Raffinationsverfahren aufbereitet werden. Ihre Hauptbestandteile sind (Bild 8.24):

40 bis 60% Paraffine,
30 bis 50% Naphthene,
 5 bis 20% Aromate,
   1% Olefine.

Als Ausgangsprodukt werden überwiegend naphtenbasische Rohöle aus Venezuela verwendet. Sie enthalten keine wachsartigen Anteile, die bei niedrigen Temperaturen das Fließvermögen der Öle behindern. Seit einigen Jahren werden auch — vor allem im Ausland — paraffinbasische Rohöle für die Isolierölherstellung eingesetzt. Hieraus ergibt sich der Nachteil, daß der Pour-

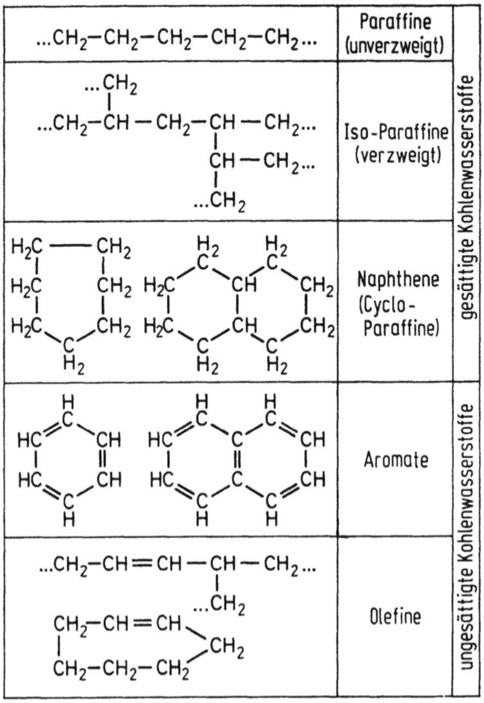

Bild 8.24. Molekülstrukturen von Mineralöl.

point[3] dieser Öle um etwa 10 K höher liegt — und damit die Kältefließfähigkeit beeinträchtigt wird — als der naphtenbasischer Öle, der bei etwa −50 °C liegt. Mit Hilfe von „Pourpoint-Verbesserern" ist es möglich, den Pourpoint weiter zu senken. Durch die Zugabe derartiger Verbindungen werden die bei tiefen Temperaturen ausflockenden äußerst kleinen Paraffinkristalle am Zusammenwachsen gehindert, so daß das Öl fließfähig bleibt.

Verschiedene Eigenschaftswerte für ein niedrigviskoses Isolieröl sind in Tabelle 8.2 zusammengefaßt.

Tabelle 8.2. Eigenschaftswerte niedrigviskoser Mineralöle bei 20 °C und einem Wassergehalt kleiner 10 ppm [8.2]

Durchschlagfeldstärke	$E_{d\,eff} = 200 \ldots 350$ kV/cm
Dielektrizitätszahl[a]	$\varepsilon_r \approx 2{,}2$ bei 50 Hz
Dichte	$\gamma = 0{,}9$ g/cm³
dielektr. Verlustfaktor	$\tan \delta < 10^{-3}$ bei 50 Hz

[a] Anstelle der korrekten Bezeichnung ε_r' für den Realteil der komplexen Dielektrizitätszahl (vgl. Abschnitt 8.1.2.4) wird hier und bei allen folgenden Angaben des Kap. 8 dafür die Bezeichnung ε_r gewählt, wie sie in der technischen Fachliteratur üblich ist.

[3] Unter Pourpoint versteht man die Temperatur, bei der ein Öl gerade noch fließt. Der Pourpoint liegt bei einer etwa um 3 K höheren Temperatur als der früher üblicherweise bestimmte Stockpunkt.

Wie in Abschnitt 8.1.3.4 gezeigt, verschlechtern sich die elektrischen Eigenschaften von Mineralöl mit zunehmendem Wassergehalt. Während der Verlustfaktor bei 40 °C bis etwa 40 ppm nahezu konstant bleibt, läßt sich bereits bei diesem Wassergehalt eine deutliche Reduzierung der elektrischen Festigkeit gegenüber der bei geringen Wassergehalten beobachten. Bei Überschreiten des Wassergehalts von 40 ppm steigt dann auch der Verlustfaktor stark an, und die elektrische Festigkeit sinkt ebenfalls weiter ab (Bilder 8.14 und 8.19).

Alterung

Während des Betriebs eines ölgefüllten Gerätes altern die Isolieröle auf Mineralölbasis infolge der Aufnahme von Sauerstoff und Feuchtigkeit aus der Umgebung, erhöhter Temperatur und der Anwesenheit von Katalysatoren (z. B. Kupfer, Blei oder sonstige Metalle, die im Gerät enthalten sind). Der aufgenommene Sauerstoff reagiert mit den Kohlenwasserstoffen. Es bilden sich zunächst Peroxide, danach Oxidationsprodukte wie Alkohole, Ketone, Säuren und Ester und schließlich höhermolekulare Verbindungen, die zunächst noch im Öl gelöst sind. Hierdurch werden vor allem die elektrischen Eigenschaften des Isolieröls wie Durchschlagfestigkeit und dielektrischer Verlustfaktor verschlechtert. Bei weit fortgeschrittener Alterung, die mit Molekülvergrößerung verbunden ist, kann es schließlich zur Schlammausscheidung kommen, wobei die Kühlung in den Ölkanälen durch Absetzen des Schlamms vermindert und in thermisch hochbelasteten Wicklungen ein Wärmestau erzeugt werden kann, verbunden mit der Gefahr eines Wärmedurchschlags [8.27]. In besonderen Fällen kann es daher notwendig werden, bei thermisch hoch beanspruchten Transformatoren nach etlichen Betriebsjahren das Isolieröl einer Adsorptionsbehandlung mit Bleicherde zu unterziehen, um die Alterungsprodukte zu entfernen. Bei dieser Behandlung werden jedoch auch die natürlichen Alterungsschutzstoffe aus dem Öl entfernt, so daß sich nach ihrem Abschluß die Zugabe eines Oxidationsinhibitors empfiehlt.

Auch bei Neuölen kann die Alterung durch zugesetzte Schutzstoffe (Inhibitoren) verzögert werden. Bewährt hat sich hierfür das 2,6-Di-Tertiär-Butyl-Para-Cresol (Kurzform DBPC), welches normalerweise dem Mineralöl in einer Konzentration von 0,3 Gew.-% zugegeben wird. Von den in der Bundesrepublik Deutschland eingesetzten Transformatorenölen enthalten jedoch nur etwa 5% einen derartigen Inhibierzusatz [8.28; 8.29].

Gasverhalten

Isolieröle unterscheidet man auch nach ihrem Gasverhalten im elektrischen Feld. Darunter versteht man die Eigenschaft eines Isolieröls, an Phasengrenzflächen Gas/Öl — die unter der Wirkung von Glimmentladungen stehen — entweder Gas (vorwiegend H_2) aufzunehmen und chemisch zu binden (gasaufnehmendes bzw. gasfestes Öl) oder Gas abzuspalten (gasabspaltendes bzw. nicht gasfestes Öl). Dabei hängt das Gasverhalten eines Öls im elektrischen Feld nicht nur von der Struktur des Öls — bestimmte aromatische Verbindungen, die Wasserstoff chemisch binden können, bewirken, daß ein Öl gasfest ist —, sondern auch von der Entladungsenergie ab. Übersteigt jedoch die einwirkende Entladungsenergie einen Schwellwert, so nimmt das gasaufnehmende Verhalten an sich gasfester Öle zunächst ab und geht bei weiterer Steigerung der Entladungsenergie in ein gasabspaltendes Verhalten über. Sind die Entladungsenergien sehr hoch, so zeigen alle Öle ein gasabspaltendes Verhalten.

Gas-in-Öl-Analyse

Neben der Überwachung einer fortschreitenden Alterung des Mineralöls in Transformatoren durch eine regelmäßige Entnahme von Proben und Untersuchung der verschiedensten elektrischen und physiko-chemischen Eigenschaften, hat sich heute als wertvolles Hilfsmittel für das frühzeitige Erkennen von Fehlern in Transformatoren und für die Erlangung erster Fehlerhinweise bei Störfällen die Analyse der im Öl gelösten Gase erwiesen. Bei Fehlern in Transformatoren, die zumeist mit einem Abbau von Isolierstoffen einhergehen, werden Gase freigesetzt, die sich im Öl ganz oder nur teilweise lösen. Die bei einer Probennahme gefundene Art und Menge der gelösten Gase und deren zeitliche Zunahme ist ein Maß für die Intensität und auch Art des Fehlers, denn die Zusammensetzung dieser Gase ist für die Fehlerart charakteristisch, wobei sie im wesentlichen unabhängig von der Ölsorte selbst ist. Man erkennt an der Art und Menge der sich entwickelnden Gase:

— Teilentladungen unterschiedlicher Intensität;
— energieschwache Entladungen (Funkenentladungen);
— Lichtbögen oder stromstarke Entladungen (Durchschläge);
— örtliche Übererwärmungen.

Teilentladungen und energieschwache Entladungen führen überwiegend zur Bildung von H_2 und CH_4, stromstarke Entladungen hauptsächlich zu C_2H_2 und H_2. Sogenannte Hot-Spots, die zu einer lokalen Übererwärmung des Öls führen, verursachen z. B. eine Anreicherung von H_2, CH_4, C_2H_4 und C_3H_6. Beim thermischen Abbau von Isolierstoffen auf Cellulosebasis werden u. a. CO und CO_2 freigesetzt. Die Verhältniszahlen bestimmter Spaltgaskomponenten im Öl, die bei einer Gas-in-Öl-Analyse gefunden werden, sind für jeden der o. g. Störungsfälle typisch. Darüber hinaus ermöglichen die Anstiegsrate fehlercharakteristischer Spaltgaskomponenten und die zeitliche Änderung der Verhältniszahlen bestimmter Spaltgaskonzentrationen eine Beurteilung bezüglich der Gefährdung des Transformators. Diese Kriterien ermöglichen eine Früherkennung von Fehlern zumeist bereits weit vor einem möglichen Betriebsausfall [8.30–8.32].

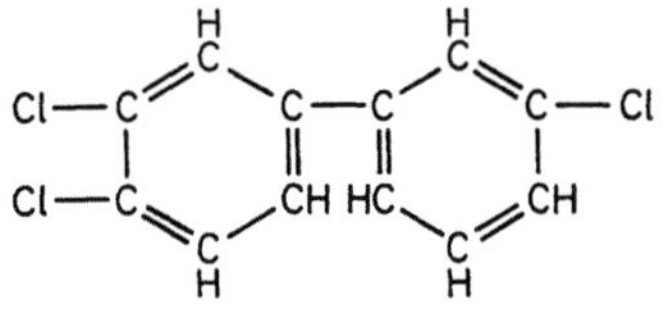

8.1.4.2 Synthetische Isolierflüssigkeiten

a) Reine Kohlenwasserstoffe

Polyisobuten ist ein chemisch sehr beständiges Polymerisationsprodukt des Butens aus der Reihe der Polyolefine. Es wird als mehr oder weniger hochviskoses Imprägniermittel für Kondensatoren aber auch zur Imprägnierung von Massekabeln verwendet.

Dodecylbenzol ist eine sehr gasfeste niederviskose Isolierflüssigkeit aus der Reihe der Alkylbenzole, welche in manchen Fällen als lineares Dodecylbenzol zur Imprägnierung von Niederdruckölkabeln, aber auch von Kondensatoren eingesetzt wird.

b) Askarele

Mit Askarelen bezeichnet man polychlorierte Biphenyle (PCB), ggf. in Mischung mit Tri- und/ oder Tetrachlorbenzolen. Die von der Bayer AG in Deutschland hergestellten Askarele haben den Handelsnamen Clophen. Sie werden im Transformatoren- und Kondensatorenbau eingesetzt und unterscheiden sich im Chlorierungsgrad der verwendeten PCBs und im Gehalt an Tri- und Tetrachlorbenzol. Die Askarele sind thermisch und chemisch stabile Verbindungen, die sich als hochwertige Tränkmittel mit hoher Dielektrizitätszahl und als flammwidrige Isolier- und Kühlflüssigkeiten in der Elektrotechnik seit über 40

Bild 8.25. Trichlorbiphenyl.

Jahren bewährt haben. Während in Kondensatoren nur Trichlorbiphenyle (Bild 8.25) und Mischungen aus Trichlorbiphenylen und Dichlorbiphenylen eingesetzt werden, verwendet man in Transformatoren Clophene aus Tri-, Tetra-, Penta- und/ oder Hexachlorbiphenylen, die zur Einstellung einer niedrigen Viskosität mit Tri- und/oder Tetrachlorbenzol verdünnt sind. Sie haben zwar einen Flammpunkt, aber im Gegensatz zu Isolierflüssigkeiten auf Mineralölbasis bis zum Siedebeginn keinen Brennpunkt, und chemisch sind sie so stabil, daß eine Alterung im Betrieb nahezu ausgeschlossen werden kann.

Richtwerte bezüglich verschiedener Eigenschaftswerte chlorierter Biphenyle bei 20 °C enthält Tabelle 8.3.

Tabelle 8.3. Eigenschaftswerte chlorierter Biphenyle bei 20 °C und einem Wassergehalt kleiner 10 ppm [8.3]

Durchschlagfeldstärke	$E_d = 200...300$ kV/cm
Dielektrizitätszahl	$\varepsilon_r = 4...6$ bei 50 Hz
Dichte	$\gamma = 1,35...1,55$ g/cm³
dielektr. Verlustfaktor	$\tan \delta < 10^{-3}$ bei 50 Hz

Die chlorierten Biphenyle zeigen ein ähnliches Durchschlagverhalten in Abhängigkeit vom Wassergehalt wie die Isolieröle auf Mineralölbasis (Bild 8.26):

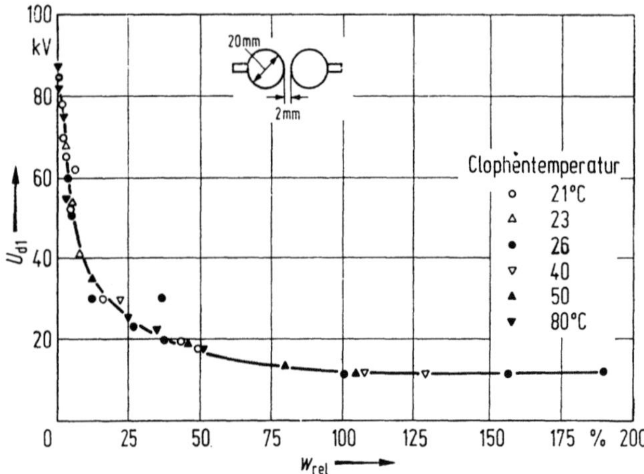

Bild 8.26. Erstwerte der Durchschlagspannung U_d von Clophen A 40*) in Abhängigkeit von der relativen Feuchte w_{rel} [8.3]. *) Produkt der Fa. Bayer als Kondensatorimprägniermittel.

Tabelle 8.4. Eigenschaftswerte unchlorierter synthetischer Kohlenwasserstoffe für Kondensatoren

		PXE	MIPB	BNC	Baylectrol 4 900[a] DTE
Dichte bei 20 °C (g/cm³)		0,99	0,99	0,95	1,04
kinematische Viskosität (mm²/s)					
	bei 30 °C	6,5	6,2	6,0	4,2
	bei 75 °C	2,3	2,1	2,0	1,7
Pourpoint	(°C)	−48	−55	−60	−54
Flammpunkt	(°C)	156	155	155	146
Brennpunkt	(°C)	170	175	165	154
Gasaufnahmekoeffizient					
nach IEC 628	(µl/min)				
	bei 30 °C	57	73	50	—
	bei 80 °C	138	154	113	—
Dielektrizitätszahl					
bei 50 Hz	20 °C	2,6	2,8	3,8	3,5
	60 °C	2,5	2,5	3,4	3,2
$\tan \delta \cdot 10^4$					
bei 50 Hz	90 °C	< 10	< 20	200	< 30
Durchschlagspannung (kV)					
VDE 0370 Teil 1		> 70	> 70	> 70	> 70

[a] Produkt der Fa. Bayer

Die Problematik in der Verwendung der höher chlorierten Biphenyle liegt darin, daß sie bioakkumulierbar und schwer abbaubar und deshalb ökologisch bedenklich sind. Außerdem können aus Askarelen, besonders aus Askareltypen auf der Basis höher chlorierter Biphenyle, durch oxidative Zersetzung bei großer Hitze in geringer Menge Polychlordibenzofurane (PCDF) und Polychlordibenzodioxine (PCDD) entstehen, u. a. das hochtoxische 2,3,7,8-Tetrachlordibenzo-p-dioxin (2,3,7,8-TCDD). Mit dieser Möglichkeit muß dann gerechnet werden, wenn z. B. ein Askareltransformator von einem Umgebungsbrand erfaßt wird und seine Füllung infolge einer Beschädigung des Kessels austritt [8.33]. Im Hinblick darauf wurde die Herstellung von PCB mittlerweile in einigen Ländern verboten, der Einsatz von PCB in den meisten anderen Ländern streng reglementiert. In der Bundesrepublik Deutschland ist der Betrieb von Askarel-gefüllten Transformatoren in kontrollierten Anlagen unter sorgfältiger Beachtung der gesetzlichen Bestimmungen nach wie vor zulässig. Allein im Hinblick auf die begrenzte Entsorgungskapazität der Hochtemperaturverbrennungsanlagen, in denen PCB bei 1 200 °C zu toxikologisch unbedenklichen Produkten umgesetzt wird, ist es derzeit unmöglich, die z. Z. etwa 60 000 installierten Transformatoren mit insgesamt 40 000 t Askarelen kurzfristig auszuwechseln. Im Jahre 1983 ist jedoch in der Bundesrepublik die Herstellung jeglicher PCB eingestellt worden.

c) Askarelsubstitute für Kondensatoren

Als Einsatz für die chlorierten Biphenyle wurden in jüngster Zeit neue synthetische chlorfreie Kohlenwasserstoffe entwickelt, die gute thermische Stabilität und ein gutes H_2-Gasabsorptionsvermögen besitzen sowie biologisch abbaubar sind. Insbesondere die Flüssigkeiten BNC (Benzylneocaprat), PXE (Phenyl-Xylyl-Ethan), MIPB (Mono-Isopropyl-Biphenyl) und Baylectrol 4 900 (Produkt der Fa. Bayer), DTE (Ditolylether) erscheinen wegen ihrer Umweltfreundlichkeit und guten dielektrischen Eigenschaften als Imprägnierflüssigkeit von Leistungs-(Phasenschieber-)kondensatoren geeignet (Tabelle 8.4).

Die Darstellung der Erstwerte der Durchschlagfestigkeit von z. B. PXE über der relativen Feuchte (Bild 8.27a) zeigt, daß seine Durchschlagfestigkeit bei geringer relativer Feuchte deutlich höher ist als die des chlorierten Biphenyls Clophen A 40.

In Bild 8.27b bis d ist darüber hinaus für PXE die Abhängigkeit des dielektrischen Verlustfaktors $\tan \delta$ vom Wassergehalt, vom Reziprokwert der absoluten Temperatur und von der Feldstärke dargestellt.

d) Askarelsubstitute für Transformatoren

Für den Einsatz in Transformatoren befinden sich sowohl chlorfreie wie auch chlorhaltige Substitutionsprodukte für Transformatorenaskarele in der Entwicklung, von denen einige bereits versuchsweise eingesetzt sind [u. a. 8.34].

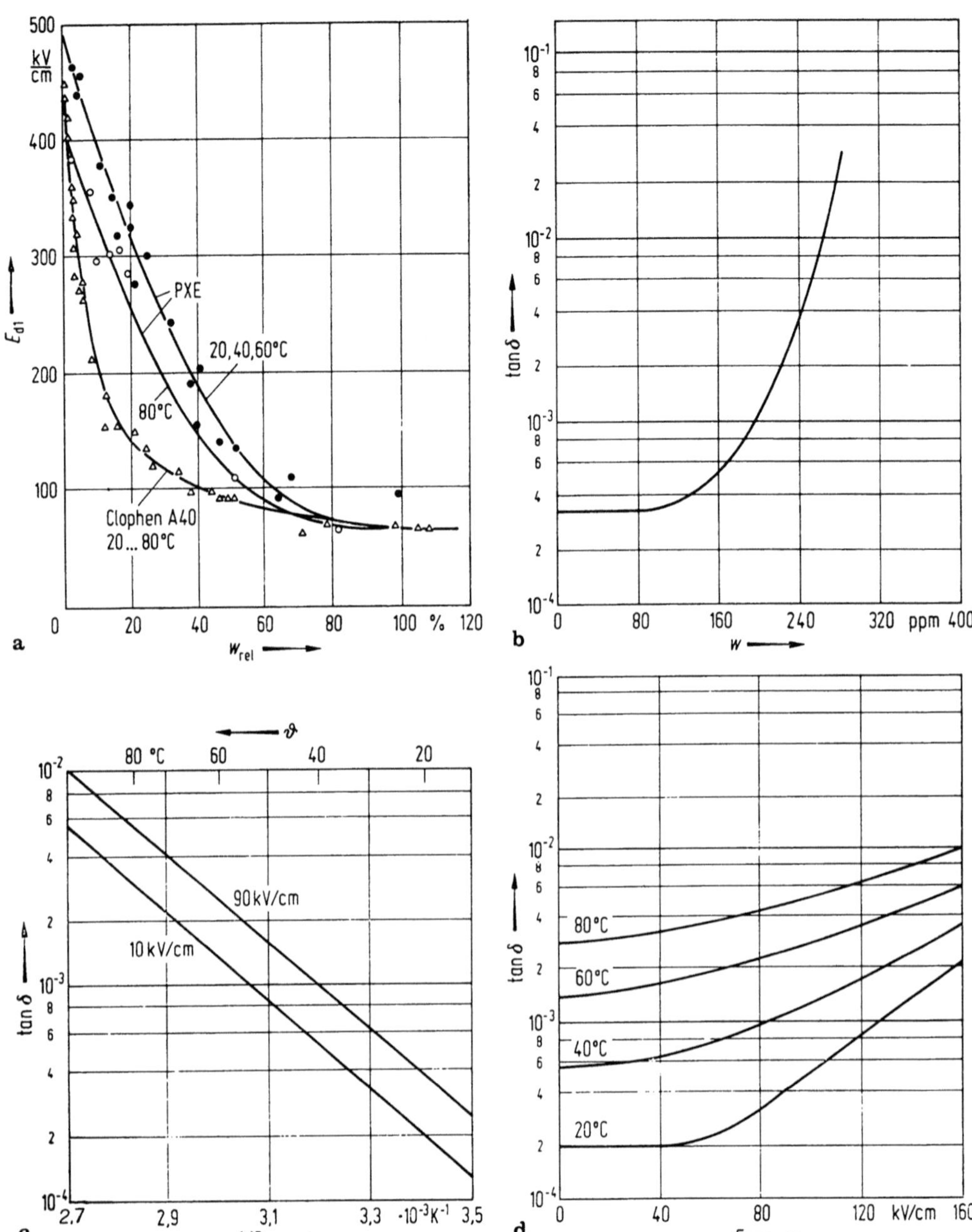

Bild 8.27. **a** Durchschlagfeldstärke E_{d1} (Erstwerte) von PXE und Clophen A40 über der relativen Feuchte [8.25].
b bis **d**, Dielektrischer Verlustfaktor $\tan\delta$ von PXE in Abhängigkeit: **b** vom Wassergehalt w bei 20 °C und
konstanter Feldstärke ($E = 5\,\text{kV/cm}$) [8.25]; **c** vom Reziprokwert der absoluten Temperatur T bei konstantem
Wassergehalt $w = 40\,\text{ppm}$ für verschiedene Feldstärken [8.25]; **d** von der Feldstärke E bei konstantem Wassergehalt $w = 40\,\text{ppm}$ für verschiedene Temperaturen [8.25].

Die chlorfreien Substitute haben hohe Flammpunkte (210 bis 305°C), hohe Brennpunkte (310 bis 360°C) und hohe Selbstentzündungstemperaturen (400°C). Ihr Umweltverhalten entspricht dem konventioneller Kohlenwasserstofföle. Nachteilig sind die zumeist ungünstigeren Wärmeübertragungseigenschaften. Im Lichtbogen entwickeln sie teilweise brennbare und explosive Gase. Zu diesen Substituten gehören die Hochtemperatur-Kohlenwasserstofföle (HTK-Öle), die Silikonflüssigkeiten und Esterflüssigkeiten auf der Basis von Carboxylatestern.

Als chlorhaltige Substitute sind z. B. Tetrachlorethen und ein Gemisch aus Dichlorbenzyldichlortoluol mit Trichlorbenzol versuchsweise eingesetzt. Sie haben zwar keinen Brennpunkt und entwickeln auch im Lichtbogen keine brennbaren oder explosiven Gase, erreichen aber bezüglich ihrer Gefährlichkeitsmerkmale — wenn sie auch wesentlich günstiger zu beurteilen sind als die Askarele — nicht die der chlorfreien Substitute.

Hinsichtlich eines breiten Einsatzes von bevorzugten Askarelsubstituten für Leistungskondensatoren und vor allem für Transformatoren liegen noch zu wenig Erfahrungswerte und Bewertungskriterien vor, so daß die weitere Entwicklung auf diesem Gebiet abgewartet werden muß.

e) Silikonflüssigkeiten

Die Silikonflüssigkeiten — häufig auch nicht korrekt als „Silikonöle" bezeichnet — sind reine lineare Polydimethylsiloxane, die als Grundbaustein eine Silizium-Sauerstoff-Verbindung mit zwei Methylresten aufweisen (Bild 8.28). Sie werden — neben den vorhergehend behandelten

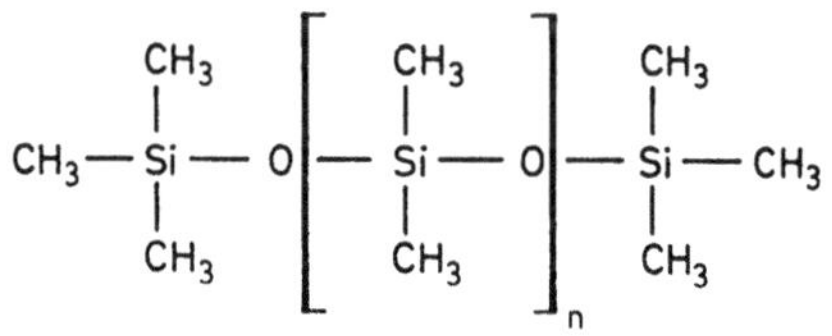

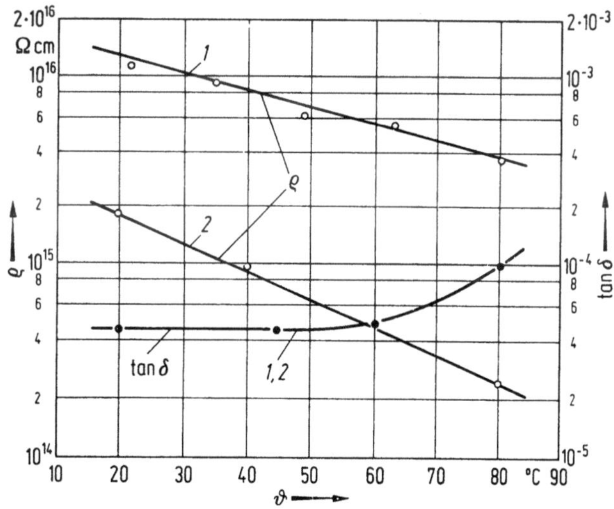

Bild 8.28. Polydimethylsiloxane. n = 35 bei Transformatorenflüssigkeit.

synthetischen unchlorierten Kohlenwasserstoffen — vor allem als Ersatzflüssigkeit für die Askarele in Kondensatoren und Verteilungstransformatoren (erhöhte Anforderungen bezüglich Brandsicherheit) eingesetzt. Von den Askarelen unterscheiden sie sich durch ihre toxikologische, physiologische und ökologische Indifferenz, erreichen jedoch nicht deren Flammwidrigkeit. Sie sind thermisch (bis 300°C) und chemisch (oxidativ in Luft bei Temperaturen bis 180°C) sehr beständig, altern demnach unter Betriebsbedingungen nicht und besitzen gute elektrische Eigenschaften [8.27; 8.35] Richtwerte bei 20°C und 50 Hz:

$$E_\mathrm{d} \approx 300-400\,\text{kV/cm}, \quad \tan\delta < 10^{-4}, \quad \varepsilon_\mathrm{r} \approx 2{,}6$$

Die Temperaturabhängigkeit der Viskosität von Silikonflüssigkeiten ist außerordentlich gering. Ihr Pourpoint ist sehr niedrig; im Vergleich zu Isolierflüssigkeiten auf Mineralölbasis haben sie einen sehr hohen Flamm- und Brennpunkt. Nachteilig ist, daß sie wesentlich teurer sind als Isolierflüssigkeiten auf Mineralölbasis und daß sie bezüglich ihres Einsatzes in Kondensatoren eine deutlich niedrigere Dielektrizitätszahl haben

Bild 8.29. Dielektrischer Verlustfaktor tan δ bei 50 Hz und spezifischer Gleichstromwiderstand ϱ von Silikonflüssigkeit in Abhängigkeit von der Temperatur ϑ. *1* nach optimaler Trocknung (< 20 ppm H$_2$O); *2* befeuchtet auf ca. 110 ppm H$_2$O-Anteile [8.36].

als die Askarele. Weiterhin ist zu berücksichtigen, daß sie im Vergleich zu Isolierflüssigkeiten auf Mineralölbasis weniger günstige Wärmeübertragungseigenschaften, einen deutlich höheren Wärmeausdehnungskoeffizienten und eine geringere Isolierfestigkeit bei größeren Isolierstrecken besitzen. Der dielektrische Verlustfaktor ist dagegen in vergleichbarer Höhe (Bild 8.29).

Die Sättigungskonzentration von Wasser bei 25 °C beträgt etwa 200 ppm. Zu bemerken ist jedoch, daß die für die Bestimmung geringer Wassergehalte von Isolierflüssigkeiten auf Mineralölbasis bisher angewandte Karl-Fischer-Titration bei Silikonflüssigkeiten keine sicheren Werte liefert. Die Ursache hierfür liegt darin begründet, daß die Polydimethylsiloxane Wasser außer in physikalisch gelöster Form auch chemisch assoziiert aufnehmen, da der Siloxansauerstoff in der Lage ist, über Wasserstoffbrückenbildungen Wasser anzulagern. Es ist daher notwendig, die herkömmliche volumetrische Karl-Fischer-Methode bezüglich der Zusammensetzung des Karl-Fischer-Reagenz und der Lösungsmittel zu modifizieren. Besser anwendbar ist das coulometrische Meßprinzip mit für Silikonflüssigkeiten geeigneten Reagenzien. Eine Methode zur Bestimmung von Wasser in Silikonflüssigkeiten mit Angabe der entsprechenden Titrationslösungen ist als IEC-Vorschrift z. Z. in Vorbereitung (Entwurf, Schriftstück Nr. 10A (Central Office) 55, Sept. 1983).

In Bild 8.30 ist die Durchschlagspannung von Silikonflüssigkeit über der relativen Feuchte w_{rel} aufgetragen. Die Abflachung der Kurve bei niedrigen relativen Feuchten muß darauf zurückgeführt werden, daß erst verstärkte Zufuhr elektrischer Energie im Bereich höherer Temperaturen kurz vor dem Durchschlag zum Aufbrechen der assoziativen Bindungen zwischen dem Siloxansauerstoff und den H_2O-Molekülen zusätzlich Wasser freimacht, welches den an sich bei niedrigen relativen Feuchten zu erwartenden steileren Anstieg der Durchschlagspannung abflacht. Diese Feststellung möge besonders verdeutlichen, daß bei der Betrachtung der Durch-

schlagfestigkeit einer Silikonflüssigkeit in Abhängigkeit vom Wassergehalt im Gegensatz zu allen anderen Isolierflüssigkeiten die assoziative Bindung des Wassers unter normalen Betriebsbedingungen durch Aufbrechen dieser Brückenbindung bei höheren Temperaturen und höheren Feldstärken die Durchschlagfestigkeit beeinflußt.

Bei der Bestimmung der Durchschlagspannung von Silikonflüssigkeiten ist außerdem zu beachten, daß nach jedem Durchschlag die Flüssigkeit in der Prüfzelle zu erneuern ist, da sich infolge eines Durchschlags schwer lösliche gelartige Zersetzungsprodukte bilden, welche durch Rühren nicht zu entfernen sind und die Höhe der Durchschlagspannung eines Folgedurchschlags beeinflussen würden.

8.1.5 Aufbereitung von Isolierflüssigkeiten

Trocknung und Entgasung

Um möglichst gute elektrische Eigenschaften der Isolierflüssigkeiten zu erzielen, müssen diese vor ihrem Einsatz sorgfältig getrocknet und entgast werden. Dies geschieht in sogenannten Trocknungs- und Entgasungsanlagen unter Verwendung von Füllkörperkolonnen (Bild 8.31).

Die Isolierflüssigkeit wird — gegebenenfalls bei erhöhter Temperatur — über Filter der Trocknungs- und Entgasungsanlage zugeführt. Die dabei notwendige Temperatur wird durch die Viskosität der Flüssigkeit bestimmt, denn die Viskosität soll beim Durchlauf durch die Füllkörperkolonnen möglichst niedrig sein, damit sich die Flüssigkeit über den Füllkörpern als dünner Film ausbildet, der ständig seine Oberfläche beim Fließen über die Füllkörper erneuert und somit dem Vakuum in den einzelnen Stufen der Kolonne eine große Oberfläche darbietet. Die

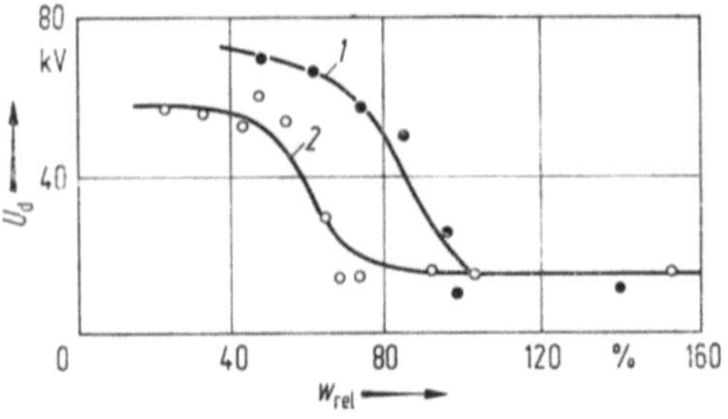

Bild 8.30. Durchschlagspannung U_d von Silikonflüssigkeit in Abhängigkeit von der relativen Feuchte w_{rel} bei 26 °C (*1*) und 51 °C (*2*); VDE-Kalotten mit 2,5 mm Abstand [8.36].

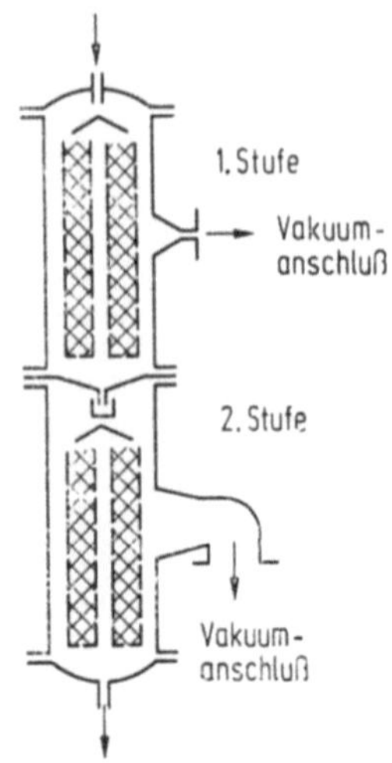

Bild 8.31. Trocknungs- und Entgasungsanlage.

Temperatur darf aber nicht so weit erhöht werden, daß bei dem in der Anlage erzielbaren Volumen der Dampfdruck des Öls erreicht wird, da sonst seine leichten Anteile abdestilliert werden. Bei der als Beispiel abgebildeten zweistufigen Anlage sind beide Stufen durch einen Siphonverschluß getrennt. Die erste Stufe wird auf einem Druck von einigen mbar gehalten und die zweite Stufe auf etwa 10^{-2} mbar. Die Verwendung von Füllkörpern, über welche die Flüssigkeit fließen muß, gewährleistet auch eine lange Verweilzeit der Flüssigkeit in der Entgasungsanlage, so daß sich zwischen dem Wasserdampf- und Gas-Partialdruck in der Flüssigkeit und dem umgebenden Druck in der zweiten Stufe der Entgasungsanlage nahezu ein Gleichgewicht einstellen kann. Durch dieses Verfahren können Isolierflüssigkeiten auf Restfeuchtigkeitsgehalte zwischen 0,5 und 5 ppm getrocknet werden.

Mit dem beschriebenen Verfahren kann aus Isolierflüssigkeiten jedoch nur das darin enthaltene Wasser und Gas entfernt werden, nicht aber kleinste mechanische Fremdstoffe und gelöste Alterungsprodukte, die in Isolierölen auf Mineralölbasis bei betrieblicher Alterung unter dem Einfluß von Sauerstoff, Temperatur und katalytisch wirksamen Metallen entstehen. Diese Alterungsprodukte bewirken eine starke Zunahme der Ionenleitfähigkeit und damit eine Verschlechterung des dielektrischen Verlustfaktors. Sie können vollständig oder teilweise durch eine Adsorptionsbehandlung mit Bleicherde (Fullererde) entfernt werden.

Bleicherdebehandlung (Fullerung)

Bleicherden sind Aluminiumsilikate, die im Tagebau gewonnen, anschließend getrocknet, auf den gewünschten Feinheitsgrad gemahlen, ggf. säureaktiviert und vor der Verwendung auf den optimalen Feuchtigkeitsgehalt eingestellt werden. Sie sind geeignet, Alterungsprodukte und insbesondere polare Inhaltsstoffe der Isolierflüssigkeit adsorptiv an sich zu binden. Die Behandlung von Isolierölen auf Mineralölbasis mit Bleicherde ist zumeist ein abschließender Raffinationsschritt bei der Neuölherstellung, der Reste polarer Anteile aus dem Raffinat entfernt und so die Alterungsbeständigkeit des Öls, insbesondere das tan δ-Verhalten verbessert. Die Bleicherderegenerierung gealterter Betriebsöle wird in der Bundesrepublik nur noch wenig angewendet. Sie senkt zwar den tan δ deutlich, vermag aber höhere chemische Alterungskennzahlen nur bei kaum vertretbarem wirtschaftlichen Aufwand zu reduzieren.

Bei verschiedenen synthetischen Isolierflüssigkeiten muß jedoch eine Bleicherdebehandlung unmittelbar vor der Imprägnierung angewendet werden, um optimale elektrische Eigenschaften der Isolierflüssigkeit zu erhalten. Grundsätzlich müssen die Isolierflüssigkeiten nach der Bleicherdebehandlung gefiltert und in einer Trocknungs- und Entgasungsanlage unter bestimmten, der Art der Flüssigkeit angepaßten Temperatur- und Vakuumbedingungen getrocknet und entgast werden.

8.2 Feste Isolierstoffe

8.2.1 Leitungs- und Verlustmechanismen

Grundsätzlich treten in festen Isolierstoffen die gleichen Leitungs- und Verlustmechanismen auf wie in flüssigen Isolierstoffen. Neben den Leitungs- und Polarisationsverlusten kommen in festen Dielektrika noch die Verluste durch Ionisation hinzu, die für flüssige Isolierstoffe nur geringe Bedeutung haben.

Bei Feststoffen kommt den verschiedenen Verlustarten eine besondere Bedeutung zu, da die Verluste infolge fehlender Wärmeabfuhr durch Konvektion zu einer starken Erwärmung des Dielektrikums und möglicherweise zu einer Zerstörung des Isolierstoffs führen können.

8.2.1.1 Gleichstromleitung

Jeder feste Isolierstoff enthält — ebenso wie Flüssigkeiten und Gase — eine gewisse Konzentration von Ladungsträgern, die unter der Einwirkung eines elektrischen Feldes im Dielektrikum verschoben werden und somit eine extern meßbare Leitfähigkeit verursachen. Dieser Vorgang ist keineswegs an das Vorhandensein tatsächlich freier und durch das gesamte Volumen beweglicher Träger gebunden, sondern wird durch jegliche Art Ladungsverschiebung ausgelöst, so z. B. durch Trägerwanderung innerhalb eines begrenzten Gebietes oder durch die allmähliche Ausrichtung von Dipolen im Feld. Folglich setzt sich der unmittelbar nach dem Anlegen einer Gleichspannung an ein Feststoffdielektrikum auftretende Strom aus einer Vielzahl von Einzelprozessen zusammen, die in summa die Größe der spezifischen Gleichstromleitfähigkeit bestimmen:

$$\varkappa = \sum nqb. \tag{8.32}$$

(n Zahl der jeweiligen Trägerart pro Volumeneinheit (Trägerdichte) ($1/\text{cm}^3$); q Ladung der jeweiligen Träger (As); b deren Beweglichkeit (cm^2/Vs).)

Abhängig von der Beweglichkeit der jeweiligen Ladungsträger kommt bei konstant anliegender Gleichspannung eine Reihe der Einzelprozesse nach bestimmten Zeiten zum Abschluß und liefert keinen Beitrag mehr zur Gesamtleitfähigkeit. Die Folge davon ist eine für nahezu alle festen Isolierstoffe charakteristische Verringerung der spezifischen Gleichstromleitfähigkeit mit zunehmender Dauer der Spannungsbeanspruchung entsprechend Bild 8.32.

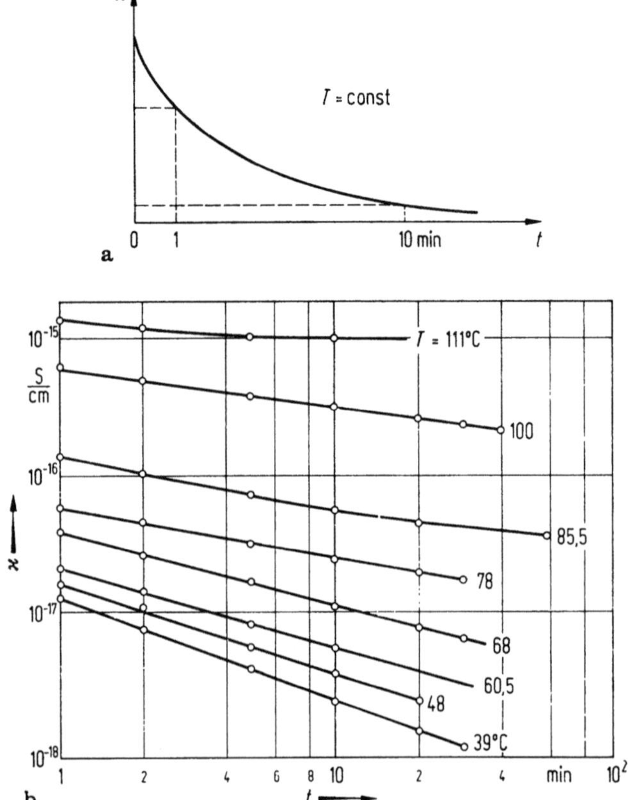

Bild 8.32. Zeitliche Änderung der spezifischen Gleichstromleitfähigkeit von festen Isolierstoffen.
a schematisch; **b** gemessen an ungefülltem Epoxid (EP)-Harz bei verschiedenen Temperaturen [8.37].

Aufgrund dieser Charakteristik unterscheidet man bei Feststoffen auch zwischen einer transienten und der stationären Gleichstromleitfähigkeit, wobei bis zum Erreichen des stationären Endwertes je nach Art des Isolierstoffs, dessen Reinheitsgrad, der Versuchstemperatur und der Prüffeldstärke Zeiten zwischen wenigen Sekunden bis hin zu mehreren Monaten verstreichen können. Allgemein gilt, daß sich der stationäre Zustand um so rascher einstellt, je höher die spezifische Leitfähigkeit, die Isolierstofftemperatur und die Prüffeldstärke sind.

Zur *transienten* Komponente der Leitfähigkeit tragen im wesentlichen folgende zeitlich begrenzte Mechanismen bei:

— Verschiebung der positiven und negativen Ladungsschwerpunkte ursprünglich neutraler und unpolarer Atome, Moleküle oder Molekülgruppen in bzw. gegen die Richtung des elektrischen Feldes (Deformationspolarisation, Ionenpolarisation, Dauer des Vorgangs Bruchteile einer ps);

— Ausrichtung neutraler, jedoch polarer Moleküle oder Molekülgruppen (permanente Dipole, z. B.

H_2O) in Feldrichtung (Orientierungspolarisation, Dauer des Vorgangs bis zu mehreren Stunden);

— Verschiebung positiver und negativer Ladungsträger innerhalb begrenzter Volumenbereiche bis zur nächsten, für sie unüberwindlichen Gefügegrenzschicht (Grenzflächen — oder Volumenpolarisation, Dauer des Vorgangs bis zu mehreren Tagen);

— Verschiebung von Ladungsträgern im gesamten Volumen bis in den Elektrodenrandbereich; ein Verlassen des Dielektrikums ist jedoch aus energetischen Gründen nicht möglich (Randschichtpolarisation, verbunden mit der Ausbildung heteropolarer Raumladungen, Dauer des Vorgangs bis zu Wochen);

— Abwandern von Ladungsträgern in die Elektroden bzw. Rekombination im Isolierstoffvolumen (Ladungsträgerverarmung, Dauer des Vorgangs bis zu Monaten);

— Eindringen von Ladungsträgern (Elektronen) aus der Kathode und Speicherung im Isolierstoff (Elektronenanreicherung, verbunden mit dem Aufbau einer homopolaren Raumladung vor der Kathode, „raumladungsbegrenzter Strom", Dauer des Vorgangs bis zu Monaten)

Demgegenüber kann der *stationäre* Anteil der Gleichstromleitfähigkeit nur durch freie Ladungsträger (Elektronen und Ionen) hervorgerufen werden, die im gesamten Isolierstoffvolumen beweglich sind und nach ihrem Ausscheiden aus dem Leitungsprozeß (z. B. durch Entladung an den Elektroden oder durch Rekombination) laufend durch eine gleichgroße Anzahl neuer Träger ersetzt werden. Im Falle von Ionen geschieht dies durch Dissoziation von Fremdmolekülen (z. B. eindiffundierte Luft, Feuchte, Verunreinigungen, Füllstoffe usw.) oder auch durch das Herauslösen einzelner Bausteine des Feststoffverbandes selbst als Folge thermisch bzw. durch Strahlung angeregter Molekularstöße (Gitterschwingungen) und schließlich durch Elektronenstoßionisation. Die Bereitstellung neuer Elektronen erfolgt demgegenüber fast ausschließlich durch Injektion aus der Kathode.

Die Vielzahl der vorher beschriebenen Einzelmechanismen macht verständlich, daß eine integrale Leitfähigkeitsmessung allein noch keinerlei Auskunft über die ursächlichen Prozesse und die daran beteiligten Trägerarten liefern kann. Selbst die Trennung der transienten und stationären Komponenten ist insbesondere für hochisolierende Kunststoffe (Polyethylen, Epoxidharz, usw.) im Rahmen routinemäßiger Leitfähigkeitsuntersuchungen mit nicht zu hohen Prüffeldstärken und bei Raumtemperatur so gut wie unmöglich, da dies Versuchszeiten bis in den Bereich mehrerer Monate erfordern würde, d. h. bis zum Abklingen aller transienten Vorgänge. Dessen sollte man sich daher bei Anwendung der in den einschlägigen Normen (z. B. VDE 0303 Teil 3) vorgeschlagenen Prüfverfahren mit Meßzeiten von nur 1 min stets bewußt sein. Zur Klärung der Einzelmechanismen bedarf es demgegenüber — ergänzend zur klassischen Leitfähigkeitsmessung — wesentlich aufwendigerer Untersuchungsmethoden, wie z. B. der Aufzeichnung von Nachladeströmen, sowie von thermisch- und strahlungsstimulierten Strömen, bekannt unter den angelsächsischen Bezeichnungen TSC (thermally stimulated currents) bzw. PSC (photostimulated currents).

Eine Aussage läßt sich dennoch für praktisch sämtliche festen Isolierstoffe mit nur technischem Reinheitsgrad treffen (wozu alle in der Hochspannungstechnik eingesetzten Dielektrika zählen): Sofern die Prüfbelastung nicht zu hoch gewählt wird, also in jedem Fall bei den nach Norm durchgeführten Leitfähigkeitsmessungen mit etwa 100 V/mm, treten ausschließlich Ionenprozesse in Erscheinung. Dabei kann es sich sowohl um transiente Dipolorientierung, Grenzflächen- und Randschichtpolarisation handeln als auch um stationäre Ionenleitung. Der historische Begriff „Ionenleitung" trifft also für diesen Bereich der Leitfähigkeit auch im Falle der hochisolierenden Polymerwerkstoffe, wie z. B. Polyethylen und Epoxidharz, durchaus noch zu.

Anders gestalten sich die Verhältnisse bei hohen Feldstärken, insbesondere bei Belastungen nahe der elektrischen Festigkeitsgrenze der Isolierstoffe. Auf der Basis zahlreicher Meßergebnisse, z. B. [8.38 — 8.46], kann davon ausgegangen werden, daß es sich bei den unter diesen Bedingungen am Ladungstransport beteiligten Trägern vorwiegend um Elektronen handelt, der Ionenanteil an der Gesamtleitfähigkeit demgegenüber in den Hintergrund tritt.

Gl. (8.32) vereinfacht sich demnach für den Hochfeldbereich zu

$$\varkappa = n_e b_e e \qquad\qquad (8.33)$$

(n_e Elektronenzahl pro Volumen (Elektronendichte);

b_e Elektronenbeweglichkeit;

e Elementarladung, $e = 1{,}6 \cdot 10^{-19}$ As.)

Da die Elementarladung eine konstante Größe darstellt, wird die spezifische Gleichstromleitfähigkeit bei hohen Feldstärken ausschließlich vom Wert des Produkts aus der Elektronendichte n_e und der -beweglichkeit b_e bestimmt.

Diese zuletzt genannte Feststellung gewinnt insbesondere für hochpolymere Isolierstoffe an Bedeutung, da in diesen Materialien im Gegensatz zu Gasen und Flüssigkeiten eine konstante und gleichmäßige Driftgeschwindigkeit der Ladungsträger bei gegebener Feldstärke nicht existiert.

Der Leitungsprozeß in Hochpolymeren findet vielmehr in Form sogenannter Gleit- und Hüpfprozesse (Hopping-Leitung) zwischen lokalisierten Energiezuständen (Elektronenfallen, -haftstellen oder taps) statt, in denen die am Leitungsmechanismus beteiligten Elektronen jeweils für mehr oder minder lange Zeit festgehalten werden [8.43]. Diese Verweilzeiten sind gleichzeitig verantwortlich für eine gegenüber Flüssigkeiten und Gasen entscheidend verringerte Ladungsträgerbeweglichkeit, die in Gasen ca. 500 cm²/Vs beträgt, in Polyethylen dagegen nur im Bereich von 10^{-11} bis 10^{-9} cm²/Vs liegt, also rund 13 Größenordnungen niedriger ist.

Eine genaue physikalische Beschreibung dieser Vorgänge gelingt recht anschaulich mit Hilfe des Fröhlichschen Bändermodells [8.44]. Nach dieser von Fröhlich entwickelten Vorstellung lassen sich die energetischen Zustände innerhalb eines Feststoffs in zwei sogenannte Energiebänder, das Leitungs- und Valenzband, aufteilen. Dabei ist das Valenzband weitgehend mit Elektronen besetzt, das Leitungsband weitgehend unbesetzt. Nur Elektronen im Leitungsband sind beweglich und nehmen am Ladungstransport durch den Feststoff teil (Elektronenleitung), Valenzelektro-

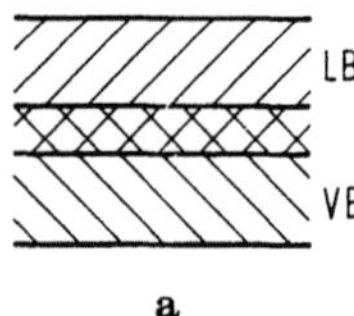

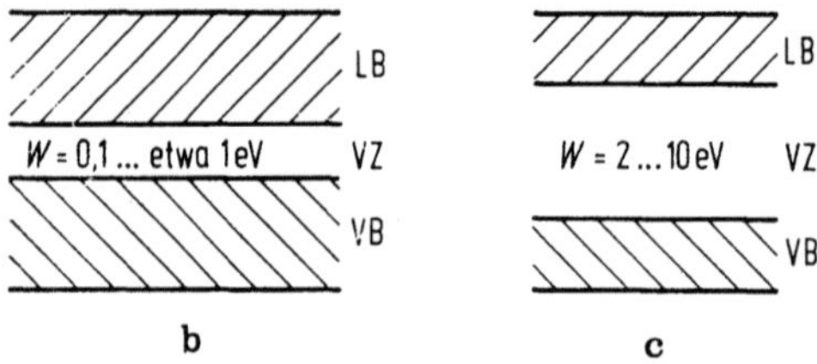

Bild 8.33. Energieniveauschema für **a** Leiter; **b** Eigenhalbleiter; **c** Isolator. LB Leitungsband, VB Valenzband, VZ Verbotene Zone.

nen sind demgegenüber an Atome und Moleküle des Feststoffes gebunden, demzufolge nicht direkt an Leitungsprozessen beteiligt. Bei nicht vollbesetztem Valenzband ist jedoch beim Anliegen eines elektrischen Feldes ein Platzwechsel von Valenzelektronen in benachbarte unbesetzte Elektronenplätze möglich, wodurch die Leerstelle in Richtung auf die Kathode bewegt wird („Löcherleitung"). Da es sich hierbei ebenfalls um einen elektronischen Vorgang handelt, hat sich der übergeordnete Begriff „Elektronenleitung" für den Gesamtladungstransport in Feststoffen bei hohen Feldstärken eingebürgert.

Die Lage von Leitungs- und Valenzband zueinander ist nun entscheidend dafür, ob es sich bei einem Feststoff um einen Leiter, Halbleiter oder Isolator handelt (Bild 8.33):

a) Beim *Leiter* überlappen sich Leitungsband LB und Valenzband VB, d. h., es können jederzeit — auch ohne Energiezufuhr — Elektronen aus dem vollbesetzten Valenzband in die freien Zustände des Leitungsbandes gelangen und dort am Ladungstransport teilnehmen.

b) Beim *Halbleiter* sind Leitungs- und Valenzband durch eine Energielücke $W < 1$ eV voneinander getrennt. In dieser Bandlücke, der so „verbotenen Zone" (VZ), ist beim fehlstellenfreien Idealkristall ein Aufenthalt von Elektronen aus energetischen Gründen nicht möglich. Elektronen aus dem Valenzband können die verbotene Zone nur nach Aufnahme ausreichender thermischer oder elektrischer Energie überwinden und ins Leitungsband gelangen.

c) *Isolatoren* unterscheiden sich von Halbleitern lediglich darin, daß die Breite der verbotenen Zone mit $W = 2...10$ eV wesentlich größer und demzufolge die Wahrscheinlichkeit für den Übergang von Valenzelektronen ins Leitungsband sehr viel geringer ist. Dies erklärt die niedrige Eigenleitfähigkeit nicht verunreinigter Isolierstoffe.

Für hochpolymere Isolierstoffe wurde von Bauser [8.45] das Fröhlichsche Bändermodell dahingehend erweitert, daß bei Polymeren infolge ihres teilkristallinen Aufbaus, d. h. ihrer insgesamt unregelmäßigen Struktur und damit fehlenden Fernordnung der einzelnen Gitterbausteine, keine durchgehenden Energiebänder, sondern lediglich lokalisierte und durch Potentialwälle voneinander getrennte Einzelniveaus unterschiedlicher energetischer Lage existieren. Damit wird für hochpolymere Isolierstoffe der sonst konstante Bandabstand W zu einem mittleren energetischen Abstand zwischen Leitungs- und Valenzniveaus definiert (Bild 8.34):

Eine Aktivierung von Elektronen aus den Valenzniveaus in die Leitungsniveaus ist auch hier wie beim Halbleiter prinzipiell durch Zufuhr thermischer bzw. elektrischer Energie möglich. Den Zusammenhang zwischen der Dichte n_e der aus einem energetischen Abstand W ins Leitungsband

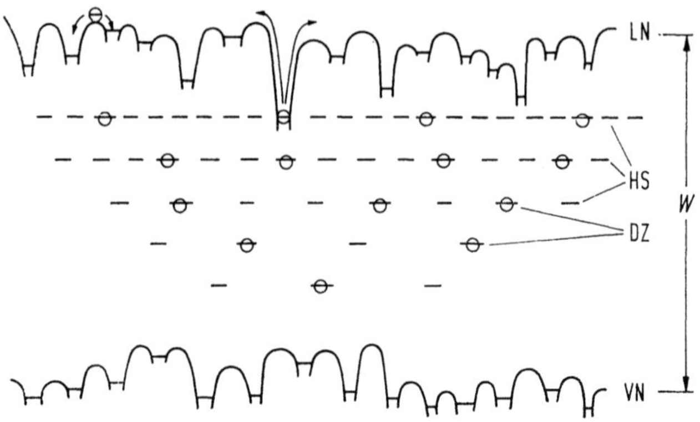

Bild 8.34. Energieniveauschema für hochpolymere Isolierstoffe. LN Leitungsniveaus, HS Haftstellen, VN Valenzniveaus, DZ Donatorzustände, W energetischer Abstand zwischen Leitungs- und Valenzniveaus.

aktivierten Elektronen und der absoluten Temperatur läßt sich mit Hilfe der Boltzmann-Statistik beschreiben:

$$n_\mathrm{e} = n_0 \exp\left(-W/2\,kT\right). \qquad (8.34)$$

Hierin bedeuten n_0 die Dichte aller thermisch aktivierbaren Elektronen im Abstand W vom Leitungsband und k die Boltzmann-Konstante.

Der Einfluß der elektrischen Feldstärke auf den Aktivierungsvorgang zeigt sich in einer Verminderung der Aktivierungsenergie W aufgrund des sogenannten Schottky-Effekts um den Anteil:

$$\Delta W = 2C_\mathrm{w}\sqrt{\frac{e^3 E}{4\pi\varepsilon_0\varepsilon_\mathrm{r}}} \qquad (8.35)$$

(e Elementarladung; E elektrische Feldstärke; ε_0 Dielektrizitätskonstante (DK) des Vakuums; ε_r Dielektrizitätszahl (DZ) des betrachteten Feststoffs (vgl. Abschnitt 8.1.2.3); C_w Umrechnungsfaktor, dessen Größe vom verwendeten Maßsystem abhängt. Er beschreibt den Zusammenhang zwischen der physikalischen Energieeinheit eV und dem technischen Maß Ws und beträgt $C_\mathrm{w} = (1/1,6)\cdot 10^{19}$ eV/Ws.)

Damit ergibt sich die Dichte der aus dem Abstand W unter der Einwirkung erhöhter Feldstärken und Temperaturen ins Leitungsband aktivierten Elektronen zu

$$n_\mathrm{e} = n_0 \exp\left[-\left(W - 2C_\mathrm{w}\sqrt{\frac{e^3 E}{4\pi\varepsilon_0\varepsilon_\mathrm{r}}}\right)\Big/ 2\,kT\right].$$
$$(8.36)$$

Die mathematische Abschätzung der Leitfähigkeit nach (8.36) unter der Annahme einer Aktivierung nur aus dem Valenzband ergibt bei einem für Isolierstoffe charakteristischen Bandabstand von mehr als 5 eV, einer Feldstärke von 40 kV/mm und einer Temperatur von 100 °C einen Wert von etwa 10^{-30} S/cm, der weit unter den experimentell meßbaren spezifischen Leitfähigkeiten von festem Isolierstoff (10^{-16} bis 10^{-13} S/cm) liegt. Diese Diskrepanz führte zur Annahme von Elektronenzuständen in der verbotenen Zone (Bild 8.35).

Sofern diese Elektronenplätze im elektrisch neutralen Zustand unbesetzt sind, handelt es sich um Haftstellen. Sind sie — ebenfalls elektrisch

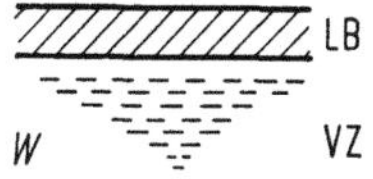

Bild 8.35. Energiebandschema für Isolierstoffe. LB Leitungsband, VB Valenzband, VZ verbotene Zone mit Elektronenzuständen, W Bandabstand.

neutral — mit Elektronen besetzt, spricht man in Anlehnung an die Halbleiterphysik von Donatoren bzw. donatorähnlichen Zuständen, die — wegen ihres gegenüber den Valenzzuständen wesentlich kleineren energetischen Abstands zu den Leitungsniveaus — bereits bei wesentlich geringeren Temperaturen und Feldstärken Elektronen für Leitungsprozesse bereitstellen können („Poole-Frenkel-Effekt" — [8.41; 8.42]).

Als Ursachen für die Existenz der beschriebenen Elektronenzustände innerhalb der verbotenen Zone sind Strukturunregelmäßigkeiten aller Art anzusehen, wie Verunreinigungen und Fremdmoleküle, innere Grenzschichten, Kettenenden, Verzweigungspunkte usw. Es handelt sich dabei demnach um strukturelle Merkmale, für deren Vorhandensein in den hier behandelten, lediglich technisch reinen Hochpolymeren mit ihren Polyreaktionsrückständen, Verarbeitungszusätzen, Oxidationsstabilisatoren und anderen Additiven die denkbar besten Voraussetzungen gegeben sind. Darüber hinaus sind in teilkristallinen Materialien wie Polyethylen zusätzliche Elektronenplätze bevorzugt an den Grenzen zwischen kristallinen und amorphen Bereichen zu erwarten.

Natürlich stehen die hier beschriebenen ionisierbaren, donatorähnlichen Zustände in einem bestimmten Isolierstoffvolumen nur in begrenztem Umfang zur Verfügung. Demzufolge kann ihr Beitrag zum Elektronenhaushalt und damit zur Gleichstromleitfähigkeit nur temporärer Natur sein; er wird genau dann unwirksam, wenn alle bei gegebener Energiezufuhr erreichbaren „Donatoren" ionisiert sind und die ihnen entstammenden Elektronen das Dielektrikum anodenseitig verlassen haben. Die mögliche Dauer dieser statistischen Ladungsträger- (Elektronen-) Verarmung war allerdings weiter oben mit Werten bis in den Bereich von Monaten abgeschätzt worden, so daß selbst bei den den Vorgang stark beschleunigenden Prüfbelastungen im hier betrachteten Hochfeldgebiet auch längerfristig mit einer Teilnahme von Elektronen aus dem Isolierstoffvolumen selbst am Ladungstransport gerechnet werden muß.

Eine andere Quelle für die an den Leitungsprozessen beteiligten Ladungsträger stellt die — zumeist metallische — Kathode dar, aus der bei hinreichender elektrischer und/oder thermischer Energiezufuhr fortlaufend Elektronen in den Isolierstoff injiziert werden können [8.46]. Die Kathode bildet damit den Ursprung für diejenigen Träger, die eine stationäre Leitfähigkeit im Hochfeldbereich aufrechterhalten.

Für den Elektronenübergang von der Metallkathode in einen Isolierstoff unter dem Einfluß hoher Feldstärken kommen zwei Mechanismen in Frage [8.47], und zwar die felderleichterte thermische Injektion (Richardson-Schottky- Injektion) und die reine Feldinjektion (Fowler-

Nordheim-Injektion). Im Falle des Richardson-Schottky-Mechanismus ergibt sich die Kathodenstromdichte S_k zu

$$S_\mathrm{KR} = A_\mathrm{R} T_{(-)}^2 \exp\left(-\frac{W_0 - W_\mathrm{A} - BE_{(-)}^{0,5}}{kT_{(-)}}\right)$$

(8.37)

mit $B = C_\mathrm{w}\sqrt{\dfrac{e^3}{4\pi\varepsilon_0\varepsilon_\mathrm{r}}}$ und $C_\mathrm{w} = \dfrac{1}{1,6}\cdot 10^{19}\,\dfrac{\mathrm{eV}}{\mathrm{Ws}}$, aus (8.35).

Die entsprechende Beziehung im Falle der Fowler-Nordheim-Injektion lautet:

$$S_\mathrm{KF} = 1,55\cdot 10^{-6}\,\frac{E_{(-)}^2}{W_0 - W_\mathrm{A}}$$

$$\times \exp\left(-\frac{6,9\cdot 10^7 (W_0 - W_\mathrm{A})^{3/2}}{E_{(-)}}\right).$$

(8.38)

Beide Gleichungen liefern die Stromdichte S_k in A/cm² mit

A_R Richardson-Konstante (A/cm² K²); k Boltzmann-Konstante ($8,62\cdot 10^{-5}$ eV/K); $T_{(-)}$ absolute Temperatur der Kathode (K); W_0 Elektronenaustrittsarbeit des Kathodenmetalls ins Vakuum (eV); W_A Elektronenaffinität des Dielektrikums (eV); $E_{(-)}$ Effektivwert der Kathodenfeldstärke (V/cm); e Elementarladung ($1,6\cdot 10^{-19}$ As); $\varepsilon_0\varepsilon_\mathrm{r}$ Dielektrizitätskonstante des Isolierstoffs (As/Vcm).

Wie quantitative Berechnungen in [8.41] ergeben haben, stellt bis zu Feldstärken von etwa 200 bis 300 kV/mm die elektrisch unterstützte thermische Injektion nach Richardson-Schottky (Gl. (8.36)) den weitaus ergiebigeren Bereitstellungsmechanismus dar, während oberhalb dieser Belastung die sogenannte „kalte Feldemission" nach Fowler-Nordheim (Gl. (8.37)) dominiert.

Auf der Basis der hier beschriebenen Mechanismen (Ionenprozesse, Poole-Frenkel-Effekt, Injektionsvorgänge) lassen sich sowohl die Feldstärke- als auch die Temperaturabhängigkeit der spezifischen Gleichstromleitfähigkeit fester Isolierstoffe qualitativ befriedigend erklären.

Der prinzipielle Zusammenhang zwischen der Leitfähigkeit $\varkappa$ und der Feldstärke E bei konstanter Temperatur und gleichbleibendem Meßzeitpunkt (z. B. jeweils 10 min nach Anlegen der Spannung [8.24]) kann in drei charakteristische Bereiche aufgeteilt werden (Bild 8.36):

— Ein Gebiet I bei geringer Belastung, in dem die Leitfähigkeit feldstärkeunabhängig ist, $\varkappa = \varkappa_0 = $ const. Verantwortlich für diesen Bereich von $\varkappa$ sind ausschließlich Ionenleitungs- und/oder die verschiedenen Polarisationsvorgänge;

— ein Übergangsgebiet II, in dem die Leitfähigkeit mit wachsender Beanspruchung anzusteigen beginnt. Der zunächst ausschließlich durch Ionenverschiebung verursachte Ladungs-

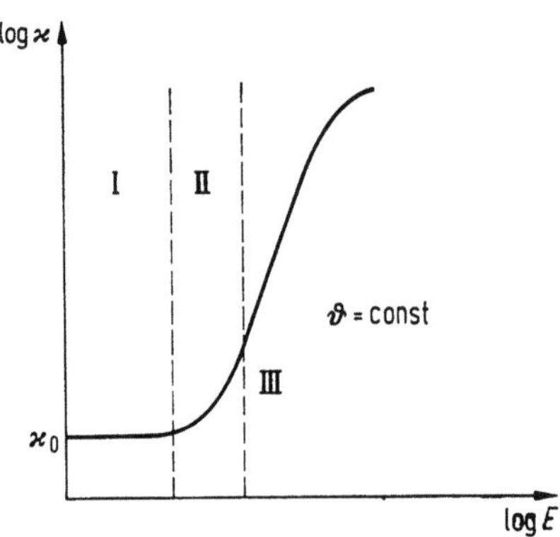

Bild 8.36. Prinzipieller Zusammenhang zwischen Gleichstromleitfähigkeit und Feldstärke.

transport wird zunehmend durch elektronische Prozesse überlagert, wobei der Übergang je nach Art des Isolierstoffs, seiner Temperatur und Reinheit bei etwa 1 kV/mm einsetzt;

— ein Gebiet III, in dem die Leitfähigkeit über der Feldstärke einem Potenzgesetz entsprechend

$$\varkappa \sim E^\mathrm{m} \quad \text{mit} \quad m > 0$$

(8.39)

ansteigt, was bei doppellogarithmischer Darstellung gemäß Bild 8.36 eine Gerade ergibt. Dieser Bereich stellt das eigentliche Hochfeldgebiet der Leitfähigkeit dar, in dem nahezu ausschließlich elektronische Transportmechanismen den Wert von $\varkappa$ bestimmen.

In einer Reihe von Untersuchungen, z. B. [8.48], wurde jenseits des Bereichs III ein sich andeutendes Sättigungsgebiet beobachtet, für dessen Auftreten jedoch noch keine befriedigende Erklärung existiert. Mit Sicherheit handelt es sich hierbei ebenfalls um elektronisch verursachte Phänomene, an denen zusätzlich stark feldverändernde Raumladungen durch injizierte und in Haftstellen gespeicherte Elektronen beteiligt sind.

Generell ist eine Feldstärkeabhängigkeit der Leitfähigkeit entsprechend (8.33) nur dann möglich, wenn das Produkt aus der Dichte n_e und der Beweglichkeit b_e der am Ladungstransport beteiligten Elektronen durch die Höhe der elektrischen Beanspruchung verändert wird. Aufgrund umfangreicher Untersuchungen [8.41; 8.49] konnte nachgewiesen werden, daß der starke Anstieg der Gleichstromleitfähigkeit hochpolymerer Isolierstoffe nicht oder nur in geringem Umfang aus einer Vergrößerung der Ladungsträgerbeweglichkeit b_e resultieren kann.

Als Hauptursache für dieses Phänomen kommt demnach nur eine Vermehrung der an den Leitungsprozessen beteiligten Elektronen in Frage, die im stationären Zustand aus der Kathode injiziert werden müssen.

Neben der Feldstärke beeinflußt als weiterer Parameter die Temperatur die Leitungsmechanismen in festen Isolierstoffen. Wie bei flüssigen Isolierstoffen gilt auch für feste Isolierstoffe in bestimmten Feldstärke- und Temperaturbereichen das Van't Hoffsche Gesetz (Gl. 8.9):

$$\varkappa = \varkappa_0 \exp\left(-F/kT\right). \tag{8.39a}$$

Dieser Zusammenhang trifft — anders als es im Falle des Feldstärkeeinflusses behandelt wurde — sowohl auf das Ionenleitungs- und Polarisationsgebiet als auch auf den Hochfeldbereich der Leitfähigkeit zu, in dem elektronische Mechanismen den Ladungstransport steuern. Die Ursache hierfür ist in der Tatsache zu sehen, daß sowohl die (molekulare) Beweglichkeit der an den Verschiebungs- und Wanderungsprozessen beteiligten Ladungsträger als auch — soweit es sich um „freie" Ionen und Elektronen handelt — deren Anzahl exponentiell mit der Temperatur ansteigen. Im Falle der Ionen ist dies in erster Linie auf zunehmende thermische Dissoziation zurückzuführen, und der Temperatureinfluß auf die Generationsrate von Elektronen geht unmittelbar aus (8.36) und (8.37) hervor.

Das bedeutet, daß die Temperaturabhängigkeit der Leitfähigkeit allein noch keinen Aufschluß über die dominierend am Leitungsprozeß beteiligte Trägerart (Ionen, Elektronen) liefern kann; hierfür sind vielmehr zusätzliche Messungen bei verschiedenen Feldstärken erforderlich.

8.2.1.2 Wechselspannungsverluste

Prinzipiell können sämtliche bei Gleichspannung an Ladungstransport- und Verschiebungsprozessen beteiligten Mechanismen auch dielektrische Verluste im Wechselfeld verursachen. Hinzu kommt ein weiterer Vorgang, der sich bei zeitlich konstanter, unipolarer Belastung eines Feststoffs kaum meßbar auswirkt, bei Wechselspannungsbeanspruchung aber an Bedeutung gewinnt: der Energieverbrauch durch fortlaufende Ionisations- und Entladungsprozesse, z. B. in gasförmigen Einschlüssen des Dielektrikums, die sich in Form sogenannter Teilentladungs- oder Ionisationsverluste bemerkbar machen.

Den Verlustfaktor teilt man — den ursächlichen Mechanismen entsprechend — in drei Komponenten auf, deren Summe die resultierende Materialkenngröße $\tan\delta$ bildet:

$$\tan\delta = \tan\delta_L + \tan\delta_P + \tan\delta_{TE}. \tag{8.40}$$

($\tan\delta_L$ Verlustfaktor durch Leitungsvorgänge freier Träger, also Ionen und Elektronen (Leitungsverluste); $\tan\delta_P$ Verlustfaktor durch Polarisationsprozesse, d. h. Deformations-, Orientierungs-, Grenzflächen- und ggf. auch Randschichtpolarisation (Polarisationsverluste); $\tan\delta_{TE}$ Verlustfaktor durch Teilentladungs- bzw. Ionisationsvorgänge (Ionisationsverluste)).

a) Leitungsverluste

Leitungsverluste werden, wie erwähnt, durch Elektronen und Ionen verursacht, die im gesamten Dielektrikum mehr oder minder frei beweglich sind. Es handelt sich somit im wesentlichen um diejenigen Träger, die für die stationäre Komponente der spezifischen Gleichstromleitfähigkeit verantwortlich zeichnen. Zwischen dieser Komponente $\varkappa_\infty$ und dem Verlustfaktor $\tan\delta_L$ durch Leitungsvorgänge existiert der Zusammenhang

$$\tan\delta_L = \frac{\varkappa_\infty}{\omega\varepsilon_0\varepsilon_r} \tag{8.41}$$

$$\text{mit } \varkappa_\infty = n_i q_i b_i + n_e e b_e. \tag{8.42}$$

(n, q und b Dichten, Ladungen und Beweglichkeiten der an der stationären Leitfähigkeit beteiligten Ionen (Index i) und Elektronen (Index e); e Elementarladung, $e = 1,6 \cdot 10^{-19}$ As; ω Netzkreisfrequenz der anliegenden Spannung; ε_0 Dielektrizitätskonstante (DK) des Vakuums (elektrische Feldkonstante, electrical constant) ($\varepsilon_0 = 8{,}854$ pF/m); ε_r Dielektrizitätszahl (DZ) des betrachteten Feststoffs (relative permittivity).)

Gl. (8.41) beschreibt unmittelbar den Einfluß der Frequenz auf den Leitungsverlustfaktor:

$$\tan\delta_L \sim 1/\omega. \tag{8.43}$$

Die Temperatur- und Feldstärkeabhängigkeiten dieses Verlustfaktoranteils werden gemäß

$$\tan\delta_L \sim \varkappa_\infty \tag{8.44}$$

$$\text{für } \omega,\ \varepsilon_0,\ \varepsilon_r = \text{const}$$

von den entsprechenden Charakteristika der stationären Leitfähigkeit bestimmt (die Annahme einer konstanten DZ ist im Leitungsbereich hinreichend erfüllt, obwohl ε_r aufgrund sinkender Dichte des Feststoffs mit steigender Temperatur geringfügig abnehmen kann.).

Demnach ist eine exponentielle Zunahme des $\tan\delta_L$ über der Temperatur zu erwarten (Van't Hoffsches Gesetz, Gl. (8.9):

$$\tan\delta_L = \tan\delta_{L0} \exp\left(-F/kT\right) \tag{8.45}$$

(k Boltzmannkonstante; T absolute Temperatur; F (scheinbare) thermische Aktivierungsenergie; $\tan\delta_{L0}$ fiktiver Bezugswert für die Temperatur $T \to \infty$.)

Auch die Feldstärkeabhängigkeit des Leitungsverlustfaktors und die ihr zugrunde liegenden Mechanismen stimmen prinzipiell mit denjenigen der (stationären) Gleichstromleitfähigkeit überein, d. h. auch der $\tan\delta_L$ bleibt entsprechend Bild 8.36 bis zu einer bestimmten Grenzfeldstärke konstant (Bereich I, Leitungsverluste durch Ionen), beginnt dann in einem Bereich II über der Feldstärke anzusteigen (Einsatz der Elektronenleitung) und gehorcht schließlich im Hochfeldbereich III wieder dem Potenzgesetz

$$\tan \delta_\mathrm{L} \sim E^m \quad \text{mit} \quad m > 0 \,. \tag{8.46}$$

Die Quellen und Bereitstellungsmechanismen der an diesen Vorgängen beteiligten Ladungsträger sind ebenfalls dieselben wie im Gleichfeld:

— Fremdstoffe und der Feststoffverband selbst, aus denen *Ionen* dissoziiert bzw. durch Wärmezufuhr, Strahlung, Molekular- und Elektronenstoß freigesetzt werden;
— Elektroden sowie besetzte, donatorähnliche Zustände im Isolierstoffvolumen, aus denen *Elektronen* injiziert (Richardson-Schottky- und Fowler-Nordheim-Injektion, Gln. (8.37), (8.38) bzw. aktiviert werden können (Poole-Frenkel-Effekt, Gl. (8.36)).

Trotz dieser formal absoluten Übereinstimmung zwischen den Verhältnissen bei der stationären Gleichstromleitung und den Leitungsverlusten im Wechselfeld haben quantitative Vergleiche der zugehörigen Meßgrößen $\varkappa_\infty$ und $\tan \delta_\mathrm{L}$ in [8.41] in zwei Punkten erhebliche Abweichungen von dem Verknüpfungsgesetz (Gl. (8.41)) erbracht:

1. Der Übergang vom feldstärkeunabhängigen Ionenleitungsbereich I ins elektronisch gesteuerte Hochfeldgebiet II bzw. III erfolgt im Wechselfeld erst bei wesentlich höheren Beanspruchungen als im Gleichfeld (je nach Isolierstoff und Temperatur zwischen etwa 5 kV/mm und > 100 kV/mm gegenüber 0,5 bis 2 kV/mm);
2. im Hochfeldgebiet III übersteigt der tatsächlich auftretende Verlustfaktor den aus der Leitfähigkeit berechneten um rund eine Größenordnung.

Die 1. Feststellung basiert im wesentlichen auf der Mitwirkung der im nachfolgenden Kapitel noch zu behandelnden Polarisationsvorgänge am Verlustfaktor bei niedrigen Spannungen, wodurch sich die Elektronenprozesse erst bei erheblich höheren Feldstärken meßtechnisch erkennen lassen.

Als Ursache für die 2. Feststellung kommt Polarisation dagegen nicht in Frage, da sie im ausschließlich elektronisch gesteuerten Hochfeldgebiet (vgl. auch Abschnitt 8.2.1.1) von untergeordneter Bedeutung ist. Der hier trotzdem wesentlich größere Verlustfaktor hängt vielmehr mit der Tatsache zusammen, daß bei Wechsel- im Gegensatz zu Gleichspannung eine eindeutig gerichtete Feldkraft auf die an Transport- und Verschiebungsprozessen beteiligten Ladungsträger (Elektronen) nicht einwirkt; d. h., die einmal bereitgestellten Träger verbleiben bei Wechselspannung im Gegensatz zu einer Gleichspannungsbeanspruchung — sofern Diffusionsvorgänge vernachlässigbar sind [8.41] — beliebig lange im Dielektrikum. Die Hochfeld-Leitungsverluste werden

somit auch längerfristig überwiegend von denjenigen Elektronen verursacht, die aus den Donatorzuständen innerhalb der „verbotenen Zone" (vgl. Bild 8.35) stammen und unter dem Einfluß der gerichteten Coulomb-Kraft einer Gleichspannung mehr oder minder rasch zur Anode wandern und aus dem Leitungsprozeß ausscheiden würden. Eine Verlustfaktormessung erfaßt also nicht nur die für *stationäre* Gleichstromleitung ursächlichen Ionen und Elektronen, sondern auch diejenigen Träger, die entsprechend Abschnitt 8.2.1.1 zu dem *transienten* Vorgang der Ladungsträgerverarmung beitragen. Die Gln. (8.41) und (8.44) stellen folglich strenggenommen nur Näherungen, keine quantitativ anwendbaren Zusammenhänge dar.

b) Polarisationsverluste

Polarisationsverluste gehen wiederum auf dieselben physikalischen Prozesse zurück, die auch für die entsprechenden Polarisationsvorgänge bei Gleichspannung (Abschnitt 8.2.1.1) verantwortlich zeichnen: Deformations- und Ionenpolarisation, Orientierungs-, Grenzflächen- und ggf. Randschichtpolarisation. Während die grundsätzlichen Mechanismen und deren Auswirkungen auf Verlustfaktor und DZ im wesentlichen mit den bereits für Flüssigkeiten (Abschnitt 8.1.2.4) behandelten Zusammenhängen übereinstimmen (ausgeprägte Verlustfaktormaxima über der Temperatur und der Frequenz, „anomale Dispersion" in den DZ-Verläufen), handelt es sich bei der Grenzflächenpolarisation um ein typisches Feststoffphänomen. Es soll daher im folgenden etwas ausführlicher erörtert werden.

Die Ursache für die Grenzflächenpolarisation sind freie Ladungsträger, die sich an Grenzflächen, z. B. Korngrenzen in polykristallinem Material, ansammeln. Im Takt der angelegten Wechselspannung ändert sich die Polarität der Ladungen an den Grenzflächen, womit dielektrische Verluste verbunden sind.

Diese Vorgänge sind stark frequenz- bzw. temperaturabhängig. Das Phänomen selbst läßt sich am einfachsten am Beispiel eines polykristallinen Feststoffs beschreiben.

Die Kristallite mögen eine reelle DZ ε_{r1} und eine Gleichstromleitfähigkeit $\varkappa_1$ besitzen, die Korngrenzen ε_{r2} und $\varkappa_2$. Alle diese Größen seien frequenzabhängig. Die hierdurch beschriebene Substanz wird in einen Kondensator gebracht, um den Verlauf der Dielektrizitätszahl in Abhängigkeit von der Frequenz zu messen (Bild 8.37a).

Zur Vereinfachung wird ein Modell (Schichtdielektrikum) zugrunde gelegt, bei dem die Korngrenzen parallel zu den Kondensatorelektroden verlaufen (Bild 8.37b). Zieht man danach alle Korngrenzen auf einer Seite des Kondensators zusammen, so ergibt sich das Bild eines Zweischichtkondensators (Bild 8.37c).

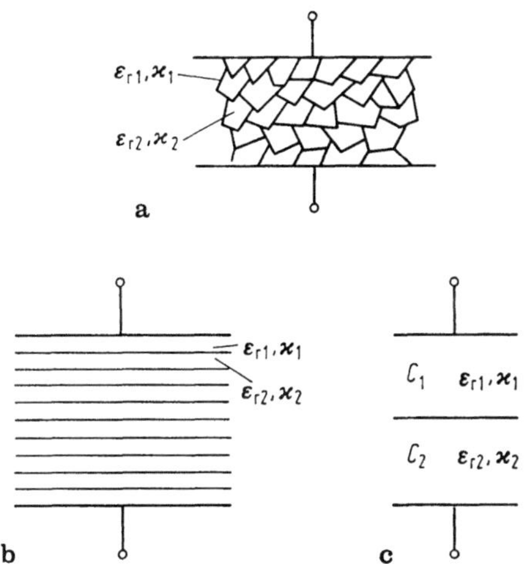

Bild 8.37 a—c. Modellvorstellung für die Grenzflächenpolarisation.

Für die Stromdichten im Zweischichtdielektrikum gilt:

$$\frac{S_1}{S_2} = \frac{\varkappa_1 E_1}{\varkappa_2 E_2}. \tag{8.47}$$

Führt man in diese Gleichung das Verhältnis der Feldstärken ein, das durch die Gleichung

$$\varepsilon_0 \varepsilon_{r1} E_1 = \varepsilon_0 \varepsilon_{r2} E_2 \tag{8.48}$$

gegeben ist, so ergibt sich

$$\frac{S_1}{S_2} = \frac{\varkappa_1 \varepsilon_0 \varepsilon_{r2}}{\varkappa_2 \varepsilon_0 \varepsilon_{r1}} = \frac{\varkappa_1 \varepsilon_{r2}}{\varkappa_2 \varepsilon_{r1}} \neq 1. \tag{8.49}$$

Das Verhältnis S_1/S_2 ist im allgemeinen ungleich 1, so daß die Stromdichten in den verschiedenen Schichten unterschiedlich sind. Dies kann nur dadurch erklärt werden, daß sich auf den Grenzschichten Ladungen ansammeln, deren Verschiebung im Takt der Wechselspannung Zusatzverluste erbringt, die als Grenzflächenpolarisationsverluste bezeichnet werden.

Berechnet man für die Grenzflächenpolarisation den Verlauf des Verlustfaktors und der Dielektrizitätszahl in Abhängigkeit von der Frequenz, so zeigt sich das gleiche Frequenzverhalten des Verlustfaktors und der Dielektrizitätszahl wie im Fall der Dipolorientierung (s. Bild 8.10). Bei Raumtemperatur ergibt sich ein Unterschied dahingehend, daß die Relaxationsfrequenz der Grenzflächenpolarisation mit 1 bis 10^3 Hz wesentlich niedriger liegt als bei der Orientierungspolarisation (10^8 bis 10^{12} Hz).

Trägt man über einen weiten Frequenzbereich die DZ und den Verlustfaktor auf, so lassen sich in einem Diagramm die verschiedenen Polarisationsarten zusammenstellen (Bild 8.38). In dieser Darstellung wird der Zusammenhang zwischen ε_r- und $\tan \delta_P$-Verlauf besonders deutlich. Das jeweilige Maximum des Verlustfaktors bildet sich im Bereich der anomalen Dispersion der DZ aus.

Bei einer Messung über der Frequenz sind die verschiedenen Polarisationsmechanismen noch deutlich trennbar. Infolge der generellen Abhängigkeit der Polarisationsmechanismen von der Temperatur können prinzipiell im Bereich energietechnischer Frequenz (50 Hz) sämtliche Polarisationsmechanismen auftreten. Bei den theoretischen Betrachtungen bezüglich der Orientierungspolarisation war nur auf eine vorhandene Dipolart mit bestimmtem Dipolmoment eingegangen worden und bei der Ableitung der Grenzflächenpolarisation sind nur zwei Stoffkomponenten mit jeweils gegebener Dielektrizitätszahl und Leitfähigkeit zugrunde gelegt worden. Da in technischen Isolierstoffen stets unterschiedliche Dipolarten mit unterschiedlichen Dipolmomenten und auch Beimengungen (z. B. Füllstoffe) unterschiedlicher Dielektrizitätszahl und Leitfähigkeit existieren, können mehrere Verlustfaktormaxima auftreten, wenn die Kenngrößen hinreichend weit auseinanderliegen, oder aber die einzelnen glockenförmigen Kurven können breiter sein, wenn die einzelnen Kenngrößen dicht beieinander liegen. Hieraus ergibt sich, daß aus dem Verlauf des Verlustfaktors in Abhängigkeit von der Tem-

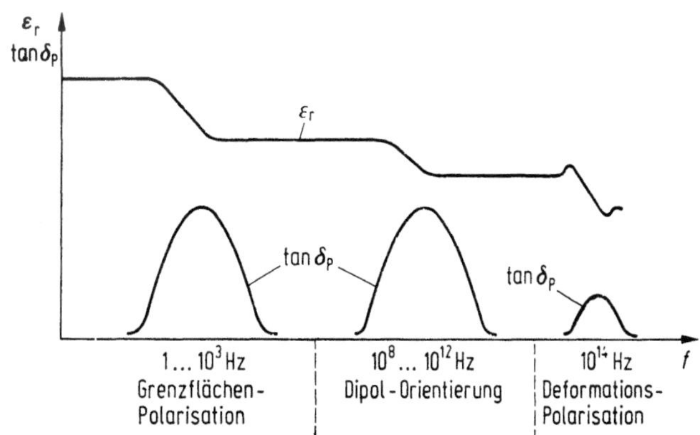

Bild 8.38. Prinzipielle Abhängigkeit der Dielektrizitätszahl ε_r und des Verlustfaktors $\tan \delta_P$ von der Frequenz ($\vartheta = 20\,°\mathrm{C}$).

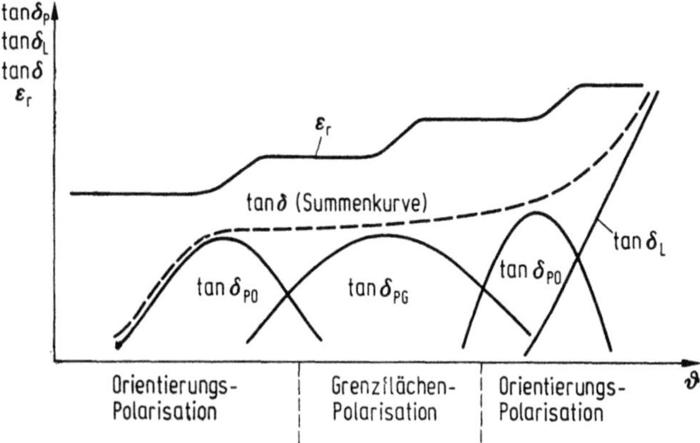

Bild 8.39. Dielektrizitätszahl ε_r und Verlustfaktor $\tan \delta$ in Abhängigkeit von der Temperatur.

peratur dann häufig nicht mehr ohne weiteres die singulären Maxima der verschiedenen Polarisationsarten zu erkennen sind (Bild 8.39). Hinzu kommt, daß sich bei höheren Temperaturen noch der Verlustfaktoranteil durch Trägerleitung $\tan \delta_\mathrm{L}$ überlagert. In diesem Fall gibt der Verlauf der Dielektrizitätszahl Aufschluß darüber, in welchem Temperaturbereich ein Polarisationsmaximum vorliegt. Es ist dies immer dann der Fall, wenn in einem bestimmten Bereich die Dielektrizitätszahl aufgrund der anomalen Dispersion mit der Temperatur ansteigt, (vgl. auch hierzu Abschnitt 8.2.3.7, Bilder 8.70 und 8.71).

c) Ionisationsverluste

Ionisationsverluste sind immer dann zu erwarten, wenn in irgendeinem Bereich des Dielektrikums Teilentladungen auftreten (bzgl. Teilentladungen s. Abschnitt 10.8). Dies kann an Metallspitzen und -kanten, an Verunreinigungen und in Lunkern und Gaseinschlüssen im Dielektrikum der Fall sein. In der Isolierstofftechnik ist vor allem die Ionisation in Gaseinschlüssen von Bedeutung, da sie in vielen Fällen der vollständigen Zerstörung des Werkstoffes vorangeht.

Als Modell soll ein Plattenkondensator mit homogenem Dielektrikum betrachtet werden (Bild 8.40), in dem sich ein mit Luft gefüllter Hohlraum befindet. Die Feldstärken im Hohlraum und im umgebenden Dielektrikum verhalten sich umgekehrt wie die Dielektrizitätszahlen. Da zusätzlich

die elektrische Festigkeit flüssiger und fester Isolierstoffe im allgemeinen wesentlich größer ist als die der Luft und anderer Gase, kommt es von einer gewissen Gesamtspannung U_P an zu Ionisationsvorgängen und Teildurchschlägen im Luftraum. Zur Berechnung der damit verbundenen Ionisationsverluste dient das folgende kapazitive Ersatzschaltbild (Bild 8.41 a):
Der Entladevorgang in dem Hohlraum läuft wie folgt ab: Liegt an dem Prüfling die Wechselspannung u_p, so ist die Teilspannung an der Gasschicht ohne Durchschlag:

$$u_1' = u_\mathrm{p} \frac{C_2}{C_1 + C_2} \approx \frac{C_2}{C_1} u_\mathrm{p} \text{ da } C_2 \ll C_1. \qquad (8.50)$$

Erreicht der Augenblickswert der Spannung u_1' die positive Durchbruchspannung U_z, dann bricht die Spannung an C_1, d. h. über dem Gasraum, bis auf eine Restspannung der Durchbruchstrecke zusammen, die jedoch zu Null angenommen wird. Die Kapazität C_1 wird vollständig entladen, damit ist die Teilentladung beendet. Im Augenblick des Durchbruchs wird die Spannung an C_2 um $\Delta U = U_\mathrm{z}$ auf den Augenblickswert von u_p erhöht, d. h. es findet eine Nachladung von C_2 statt.

Unter der Annahme, daß der Hohlraum weder seine Form noch seine Kapazität und Zündspannung infolge des ersten Durchschlags ändert, lädt sich bei weiterem Spannungsanstieg von u_p die Kapazität C_1 wieder auf, bis die Zündspannung U_z erreicht ist und eine erneute Teilentladung erfolgt. Der Durchbruch ist also intermittierend (Bild 8.41 c), und zwar mit um so größerer Häufigkeit, je höher die Gesamtspannung $\hat{u}_\mathrm{p}$ ist, da bei gleicher Frequenz mit zunehmender Spannung der Spannungs-Zeit-Gradient größer ist.

Zur Berechnung der Ionisationsverluste bzw. des Verlustfaktors wird von (8.50) und dem Ersatzschaltbild 8.41a ausgegangen. Danach tritt der erste Teildurchschlag von C_1 genau dann auf, wenn

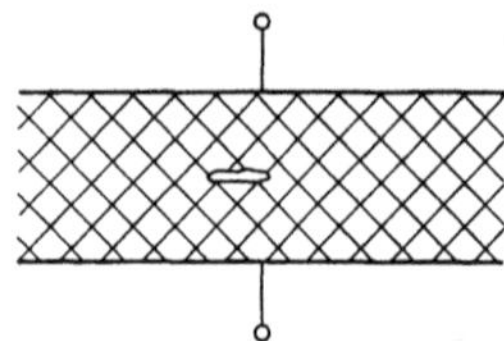

Bild 8.40. Dielektrikum mit luftgefülltem Hohlraum.

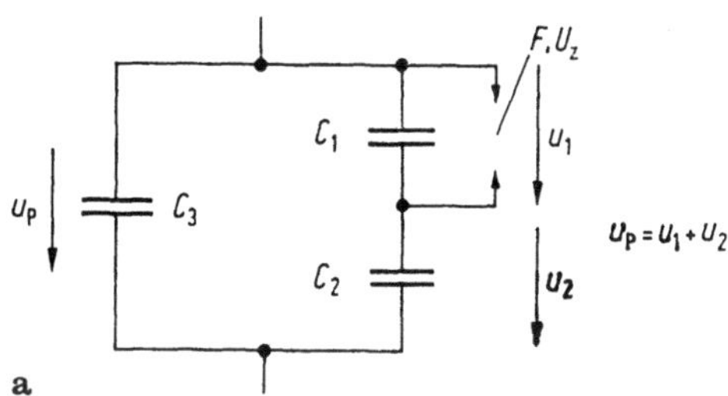

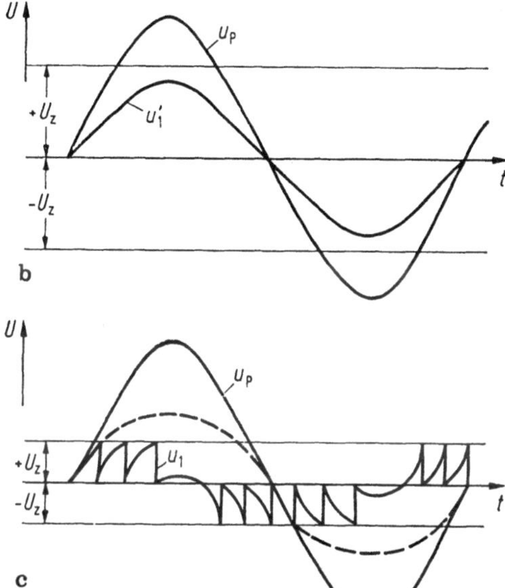

Bild 8.41. Ersatzschaltbild für ein Dielektrikum mit luftgefülltem Hohlraum (a) und Spannungsverlauf vor (b) und nach (c) dem Einsetzen von Teilentladungen. C_1 Kapazität des Hohlraums; C_2 Kapazität des mit dem Hohlraum in Reihe liegenden Dielektrikums; C_3 Kapazität des übrigen Dielektrikums; F Funkenstrecke mit der Zündspannung U_z, bei der der Hohlraum durchschlägt; u_p Gesamtspannung am Prüfling $u_p = \hat{u}_p$ sin ωt; u_1 Spannung über dem Hohlraum; u_1' Spannung über dem Hohlraum *ohne* Durchschlag $u_1' = \hat{u}_1$ sin ωt; u_2 Spannung über der mit dem Hohlraum in Reihe liegenden Kapazität C_2; U_z Zündspannung.

der Scheitelwert der Prüfspannung u_p die Größe

$$\hat{u}_{pz} = \frac{C_1 + C_2}{C_2}\, U_z$$

und ihr Effektivwert dementsprechend die Größe

$$U_{pz} = \frac{1}{\sqrt{2}}\, \frac{C_1 + C_2}{C_2}\, U_z = \frac{1}{\sqrt{2}}\, \hat{u}_{pz} \qquad (8.51)$$

erreicht haben.

Die bei diesem ersten Teildurchschlag aus der starr angenommenen externen Spannungsquelle in das Dielektrikum nachzuliefernde elektrische

Arbeit ΔW errechnet sich nun aus der Differenz der unmittelbar vor und nach dem Durchschlag im Isolierstoff gespeicherten Energie.

Unmittelbar *vor* dem Durchschlag beträgt sie

$$W_V = \frac{1}{2}\, C_1 u_1^2 + \frac{1}{2}\, C_2 u_2^2 + \frac{1}{2}\, C_3 u_3^2,$$

bzw. mit

$$u_1 + u_2 = u_3 = u_p = \hat{u}_{pz} = \sqrt{2}\, U_{pz}$$

und unter Berücksichtigung der Reihenschaltung aus C_1 und C_2:

$$W_V = \frac{1}{2}\, \hat{u}_{pz}^2 \left(\frac{C_1 C_2}{C_1 + C_2} + C_3\right)$$

$$= \left(\frac{C_1 C_2}{C_1 + C_2} + C_3\right) U_{pz}^2\,.$$

Unmittelbar *nach* dem ersten Durchschlag von C_1 beträgt die im Isolierstoff gespeicherte Energie W_N unter der Annahme, daß C_1 durch einen quasi-leitfähigen Funken überbrückt und vollständig entladen wird:

$$W_N = \frac{1}{2}\, u_p^2 (C_2 + C_3) = U_{pz}^2 (C_2 + C_3)\,.$$

Damit wird die Differenz

$$|W_N - W_V| = \Delta W = \frac{C_2^2}{C_1 + C_2}\, U_{pz}^2\,. \qquad (8.52)$$

Die Zahl der Teildurchschläge pro Periode ergibt sich zu

$$n = 4\, \frac{\hat{u}_1'}{U_z} = 4\, \frac{U_p}{U_{pz}} \quad \text{für} \ \ U_p \geqq U_{pz}$$

bzw.

$$n = 0 \quad \text{für} \ \ U_p < U_{pz}\,. \qquad (8.53)$$

Damit ergibt sich der Energiebedarf je Periode

$$W = n\Delta W = 4\, \frac{C_2^2}{C_1 + C_2}\, U_{pz} U_p\,. \qquad (8.54)$$

Für die Wirkleistung als Quotient aus Energie W und Periodendauer T folgt:

$$P_W = \frac{W}{T} = Wf = 4f\, \frac{C_2^2}{C_1 + C_2}\, U_{pz} U_p\,. \qquad (8.55)$$

Die kapazitive Blindleistung der Gesamtanordnung beträgt

$$P_b = U_p I_c = U_p^2 \omega C_{ges} = 2\pi f U_p^2 \left(\frac{C_1 C_2}{C_1 + C_2} + C_3\right)\,. \qquad (8.56)$$

Der Verlustfaktor ist schließlich entsprechend seiner Definition gegeben durch den Quotienten aus Wirk- und Blindleistung:

$$\tan \delta_{TE} = \frac{P_w}{P_b} = \frac{2}{\pi} \frac{\dfrac{C_2^2}{C_1 + C_2}}{\dfrac{C_1 C_2}{C_1 + C_2} + C_3} \frac{U_{pz}}{U_p}$$

$$= \frac{2}{\pi} \frac{C_2^2}{C_1 C_2 + C_3(C_1 + C_2)} \frac{U_{pz}}{U_p}$$

bzw. mit den Größenordnungen der Teilkapazitäten

$$C_3 \gg C_1 \gg C_2$$

$$\tan \delta_{TE} \approx \frac{2}{\pi} \frac{C_2^2}{C_1 C_3} \frac{U_{pz}}{U_p} \quad \text{für} \quad U_p \geqq U_{pz},$$

bzw. $\qquad\qquad\qquad\qquad\qquad\qquad$ (8.57)

$$\tan \delta_{TE} = 0 \quad \text{für} \quad U_p < U_{pz}.$$

In Abhängigkeit von der Spannung ergibt sich somit ein Verlauf für den Verlustfaktor $\tan \delta_{TE}$, wie in Bild 8.42 dargestellt.

Solange U_p kleiner U_{pz} ist, ist der Ionisationsverlustfaktor gleich Null. Erreicht U_p die Einsatzspannung U_{pz}, steigt der Verlustfaktor steil an (Ionisationsknick!) und fällt dann schließlich mit weiter wachsender Spannung wieder ab, während die Verlustleistung proportional der Spannung ansteigt. Da die in festen Isolierstoffen auftretenden Hohlräume sich in ihrer Größe und Form stark unterscheiden und damit auch

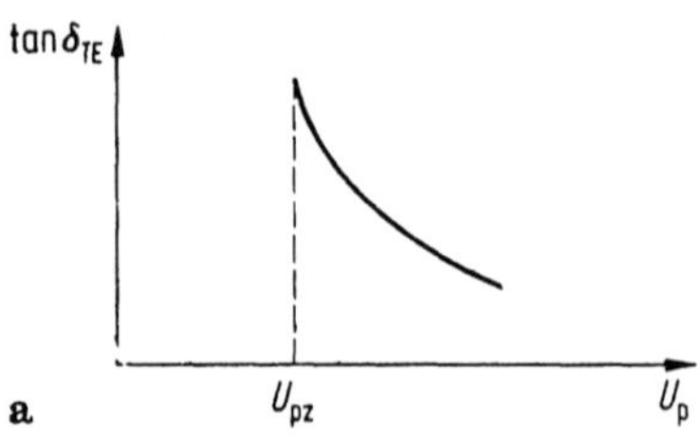

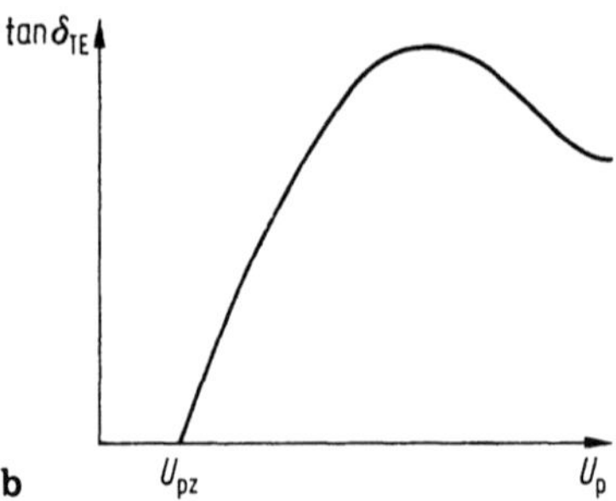

Bild 8.42. Verlustfaktor $\tan \delta_{TE}$ in Abhängigkeit von der Spannung U_p. **a** theoretischer Verlauf für nur einen Hohlraum; **b** Verlauf bei vielen Hohlräumen mit unterschiedlichen Zündbedingungen.

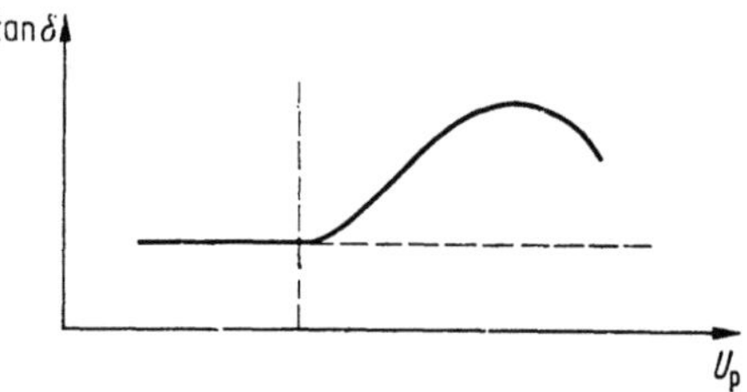

Bild 8.43. Verlustfaktor $\tan \delta$ in Abhängigkeit von der Spannung für einen festen Isolierstoff mit mehreren Hohlräumen.

ihre Kapazität und ihre Ionisationsspannung unterschiedlich ist, kann der Einsatz des Verlustfaktoranstiegs fließend erfolgen. Es ergeben sich Kurven nach Bild 8.43, bei denen sich der $\tan \delta_{TE}$ dem Verlustfaktor des ungestörten Dielektrikums überlagert. Bei Verlustfaktormessungen an einer Isolieranordnung in Abhängigkeit von der Prüfspannung besteht folglich die Gefahr einer Verwechslung des fließend einsetzenden $\tan \delta$-Anstiegs aufgrund solcher Ionisationsvorgänge und des — ebenfalls allmählich auftretenden — Übergangs in den feldstärkeabhängigen Hochfeldbereich entsprechend Abschnitt 8.2.1.2a). Um Fehlinterpretationen zu vermeiden, ist stets eine begleitende empfindliche Teilentladungsmessung anzuraten. Dabei ist jedoch zu beachten, daß die sehr empfindlichen TE-Meßgeräte schon Teilentladungen anzeigen, die bezüglich ihrer Intensität noch keine meßtechnisch erkennbare Erhöhung des Grundverlustfaktors bewirken und der Verlustfaktoranstieg erst bei höheren Spannungen, d. h. intensiveren TE, beginnt.

8.2.2 Durchschlagprozesse

Experimentelle Untersuchungen des Durchschlags fester Isolierstoffe haben ergeben, daß die Höhe der Durchschlagfeldstärke im wesentlichen durch den strukturellen Feinbau des Prüflings, durch die Form des Feldes und durch die Art der Spannung bestimmt wird. Da außerdem die Geschwindigkeit der Spannungssteigerung, die Zeitdauer der Spannungsbeanspruchung, das Volumen und die Wandstärke des Prüflings und die Probentemperatur die Durchschlagfestigkeit mitbestimmen, hat sie nicht die Bedeutung einer Materialkonstanten zur Bemessung von Isolierungen, sondern lediglich die Bedeutung einer Vergleichsgröße, wenn sie unter gleichen Voraussetzungen ermittelt worden ist. Für den Durchschlag eines festen Isolierstoffes können je nach Art der Isolierstoffe und nach Art der Beanspruchung verschiedene Ursachen verantwortlich sein. Deshalb soll zunächst nur eine Betrachtung unter Bezug auf die typische Abhängigkeit der Durchschlagspannung von der Prüfdauer und der Temperatur durchgeführt werden.

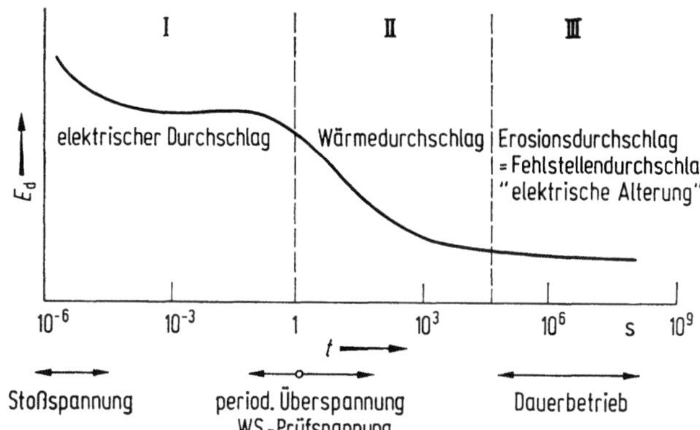

Bild 8.44. Durchschlagfeldstärke E_d in Abhängigkeit von der Beanspruchungsdauer.

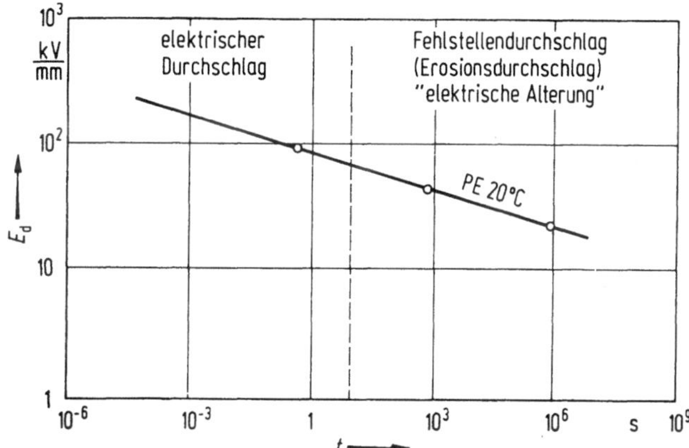

Bild 8.45. Durchschlagfeldstärke E_d in Abhängigkeit von der Beanspruchungsdauer am Beispiel Polyethylen.

Trägt man z. B. die Durchschlagspannung von Isolierstoffen über der Beanspruchungsdauer auf, so ergeben sich in Abhängigkeit von der Höhe des Verlustfaktors die in den Bildern 8.44 und 8.45 dargestellten Diagramme:

a) Isolierstoffe mit hohem $\tan \delta$ (z. B. Pertinax-Platten, PVC, einige Gießharzisolierungen und Isolierungen elektrischer Maschinen).

Es lassen sich dabei drei Bereiche angeben, und zwar

— der rein elektrische Durchschlag (intrinsic breakdown), der vor allem bei Kurzzeitbeanspruchungen und nicht zu hohen Temperaturen zu erwarten ist;
— der Wärmedurchschlag (thermal breakdown), der bei Beanspruchungszeiten zu erwarten ist, die für eine thermische Zerstörung des Isolierstoffes ausreichend sind;
— der sogenannte Erosionsdurchschlag, ein Langzeitdurchschlag, als Folge von Alterungsvorgängen in elektrisch hoch beanspruchten Isolierstoffgebieten. Da er häufig im Zusammenhang mit fertigungstechnisch verursachten Unzulänglichkeiten einer Isolieranordnung

steht (Mikrolunker, leitfähige Einschlüsse), wird er im Schrifttum auch als „technologisch bedingter Durchschlag" bzw. „Fehlstellendurchschlag" bezeichnet.

b) Isolierstoffe mit kleinem $\tan \delta$ (z. B. Polyethylen, PTFE, ungefülltes EP-Harz usw.).

Als Beispiel für den Durchschlagfeldstärke-Belastungszeit-Zusammenhang verlustarmer Dielektrika zeigt Bild 8.45 eine sogenannte „Lebensdauergerade" von Polyethylen. Charakteristisch für derlei Isolierstoffe ist das Fehlen des Wärmedurchschlagbereichs, da die entstehenden Verluste für eine thermische Zerstörung des Materials nicht ausreichen; dem Gebiet des elektrischen Durchbruchs schließt sich folglich unmittelbar der Bereich des technologisch bedingten Fehlstellendurchschlags an, an dem wiederum elektrische Alterungsprozesse beteiligt sind. Der Übergang zwischen beiden Zerstörungsmechanismen erfolgt in jedem Fall fließend und läßt sich daher nicht ohne weiteres auf einen bestimmten Zeit- bzw. Feldstärkebereich abgrenzen.

Der Vorteil einer doppellogarithmischen Darstellung entsprechend Bild 8.45 mit den sich dort ergebenden Geradenverläufen liegt in der Möglichkeit, unter bestimmten Voraussetzungen aus dem Durchschlagverhalten innerhalb überschaubarer Zeiträume auf die Langzeitfestigkeit unter Betriebsbedingungen schließen zu können. Bei der einer solchen Charakteristik zugrunde liegenden Gesetzmäßigkeit handelt es sich um einen empirisch gefundenen Zusammenhang, der unter der Bezeichnung *„Lebensdauergesetz"* Eingang in die Fachliteratur gefunden hat.

Es lautet:

$$E^N t = \text{const}, \tag{8.58}$$

bzw.

$$\log E = \text{const} - (1/N) \log t. \tag{8.59}$$

Hierin bedeuten E die Belastungsfeldstärke und t die erwartete Lebensdauer, d. h. die Zeit, die eine Isolierung der Feldstärke E standhält. Die Größe N schließlich wird als Lebensdauerexponent bezeichnet und stellt das Maß für die Neigung der Lebensdauergeraden dar. Große Werte von N bedeuten eine geringe Neigung der Geraden und damit eine hohe Lebensdauererwartung. Für technische Isolieranordnungen (Kabel, Epoxidharzisolierungen, usw.) sind Exponenten im Bereich zwischen 10 und 15 üblich.

8.2.2.1 Elektrischer Durchschlag

Je nach Art der zu erklärenden meßtechnischen Beobachtungen beim elektrischen Durchschlag sind eine Reihe recht unterschiedlicher Durchschlagtheorien entstanden, von denen einige im Rahmen dieses Kapitels kurz vorgestellt werden sollen.

Nach den heutigen Vorstellungen wird der rein elektrische Durchschlag in Festkörpern auf die Wirkung frei beweglicher Elektronen im Isolierstoff zurückgeführt. Von v. Hippel [8.50] wurde bei Messungen an Ionenkristallen (z. B. NaCl) zunächst festgestellt, daß freie Elektronen aus dem Bereich der Kathode unter der Wirkung eines elektrischen Gleichfeldes zur Anode beschleunigt werden und auf ihrem Weg dorthin mehrere Stoßprozesse unter Erzeugung neuer freier Elektronen ausführen. Diese Sekundärelektronen werden ihrerseits wieder an weiteren Ionisationsvorgängen beteiligt, so daß eine Elektronenlawine entsteht, die den Durchschlag verursacht. Durch die Stoßionisation werden positive Ionen erzeugt, die hinter den Elektronen zurückbleiben und eine positive Raumladung vor der Kathode bilden. Dadurch wird die Feldstärke vor der Kathode erheblich erhöht, der Stoßvorgang immer intensiver und der Durchschlagprozeß beschleunigt.

Ungeklärt bleibt in den Arbeiten von Hippel die Frage nach der Herkunft der die Zerstörung einleitenden Primärelektronen. Hierzu entwickelten Fröhlich [8.44] und Frenkel [8.51] eine Theorie, nach der weder die Annahme von freien Elektronen noch eine Elektronenstoßionisation für den Durchschlag von Feststoffen verantwortlich ist. Sie gehen dabei von einer Elektronenaktivierung aus dem Isolierstoff selbst aus und berücksichtigen dabei auch besetzte Elektronenplätze (Donatoren) innerhalb der verbotenen Zone entsprechend dem Bändermodell (vgl. Abschnitt 8.2.1.). Es kommt bei steigender Zufuhr elektrischer Energie, d. h. bei steigender Feldstärke, aufgrund der Ladungsträgeraktivierung aus flachen Donatoren zu einem Anstieg der Leitfähigkeit und schließlich zum sogenannten Elektronenkollektivdurchschlag.

In teilkristallinen Polymeren wie Polypropylen und Polyethylen konnte in neuerer Zeit experimentell nachgewiesen werden, daß die Entladungsbahnen der Durchschlagkanäle vorwiegend entlang der Grenzfläche der sogenannten Sphärolithe verlaufen [8.52]. Polypropylen und Polyethylen und andere Hochpolymere neigen zur Ausbildung von kristallinen Überstrukturen in elektronenmikroskopisch erkennbaren Größen, den Sphärolithen. Diese Kristallamellen sind von amorphen Deckschichten umgeben (Bild 8.46).

Die amorphen Bereiche müssen somit als technologisch bedingte elektrische Schwachstelle hochpolymerer Isolierstoffe angesehen werden, in denen der Durchschlag eingeleitet wird und in denen der Durchschlagkanal vorwächst. Das bedeutet, daß in den elektrisch als Schwachstelle zu betrachtenden amorphen Bereichen die ungehinderte Beschleunigung freier Elektronen im elektrischen Feld begünstigt wird, wobei die eigentliche Materialzerstörung durch eine Stoßionisation erfolgt.

Mit dieser vor allem von Artbauer [8.53] vertretenen Theorie läßt sich auch der sogenannte

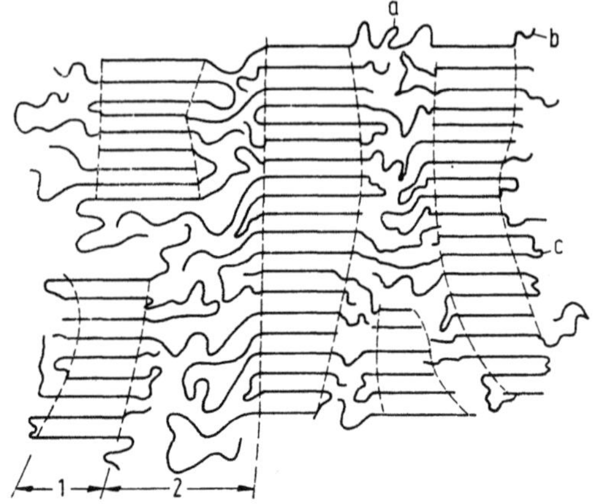

Bild 8.46. Morphologischer Aufbau teilkristalliner Hochpolymerer aus Kristallamellen. *1* Kristallamelle, *2* amorphe Bereiche mit **a** Verbindungsketten, **b** Kettenenden, **c** Kettenrückfaltungen.

Volumeneffekt — Abnahme der Durchschlagfeldstärke mit zunehmendem Isolierstoffvolumen — bei Kurzzeituntersuchungen (elektrischer Durchschlag) erklären. Mit steigendem Isolierstoffvolumen nimmt auch die Anzahl der nach bestimmten statistischen Gesetzmäßigkeiten im Isolierstoff verteilten Inhomogenitäten (Schwachstellen) zu und somit auch die Wahrscheinlichkeit für den Schwachstellendurchschlag. Da es sich hierbei um einen statistischen Zusammenhang handelt, wird er auch als „statistischer Volumeneffekt" bezeichnet.

Darüber hinaus kommen die Autoren von [8.54; 8.55] auf der Basis umfangreicher Untersuchungen an Modellproben zu dem Schluß, daß der Durchschlag in bestimmten Isolierstoffen die Folge feldverstärkender Raumladungen ist. Voraussetzung für den Raumladungsaufbau ist die Fähigkeit hochpolymerer extrem schwach leitfähiger Kunststoffe, Ladungsträger (Elektronen) über lange Zeit in ihrem Volumen zu speichern (Elektronenspeicherung in energetisch tiefen Haftstellen).

Bei Wechselspannungsbeanspruchung werden in jeder negativen Spannungshalbwelle Elektronen aus der Kathode emittiert, in den Isolierstoff injiziert und in Haftstellen eingefangen. In der positiven Halbwelle wird ein Teil der injizierten Elektronen aktiviert und driftet zur Elektrode zurück. Der Rest verbleibt im Dielektrikum. Unter dieser Annahme kommt es zur Ausbildung von ortsfesten negativen Raumladungen vor den Elektroden. Das Vorhandensein dieser Raumladung wirkt sich bei Wechselspannung stets feldverstärkend aus, da in einer der beiden Spannungshalbwellen mit Sicherheit entgegengesetzte Polarität zwischen der Raumladung und der benachbarten Elektrode (Heteropolarität) vorliegt. Hierdurch wird in Elektrodennähe ein örtlich hoher Potentialgradient und somit eine elektrische Überlastung des Grenzschichtbereiches verursacht, wodurch der Durchschlag eingeleitet werden kann. Er erfolgt somit bei inhomogener Feldbeanspruchung stets bei *positiver* Polarität der stärker gekrümmten Elektrode.

Auch mit diesen Raumladungsprozessen ist ein Volumeneffekt („physikalischer Volumeneffekt") verbunden, der sich in ähnlicher Weise auf die Festigkeit einer Isolieranordnung auswirkt wie der oben erwähnte statistische Volumeneffekt. Allerdings tritt dieser Einfluß nur bei Änderung der Isolierstoff*dicke s* zutage und *nicht* — wie im Falle des statistischen Volumeneffekts — auch bei Variation der elektrisch beanspruchten *Fläche* (z. B. der Länge eines Kabels). Die Ursache für den Dickeneffekt, der vielfach mit dem gewöhnlichen statistischen Volumeneinfluß vermengt wird, liegt in der Tatsache, daß die von beiden Seiten allmählich ins Dielektrikum vorwachsenden negativen Raumladungen bei großer Wanddicke auch eine größere geometrische Ausdehnung

erreichen können, als dies in dünnen Anordnungen möglich ist [8.41; 8.54].

Nimmt man nach [8.41] als stark vereinfachtes Modell entsprechend Bild 8.47a einen Plattenkondensator der Gesamtdicke s mit beidseitigen Zonen ds konstanter negativer Raumladungsdichte $(-\varrho)$ an und wendet hierauf die Poissonsche Gleichung für das elektrostatische Potential Φ

$$\Delta\Phi = -\varrho/(\varepsilon_0\varepsilon_r) \qquad (8.60)$$

an, so ergibt sich unter Berücksichtigung der Beziehung zwischen Feld E und Potential Φ

$$E = -\operatorname{grad}\Phi \qquad (8.61)$$

sowie der nur in x-Richtung gegebenen Ortsabhängigkeit über

$$\mathrm{d}^2\Phi/\mathrm{d}x^2 = -\varrho/(\varepsilon_0\varepsilon_r) \qquad (8.60\,\mathrm{a})$$

und

$$E = -\mathrm{d}\Phi/\mathrm{d}x \qquad (8.61\,\mathrm{a})$$

schließlich die Feldstärke am momentan positiven Kontakt zu

$$E_{(+)} = U/s + \varrho\mathrm{d}\,s/(2\varepsilon_0\varepsilon_r) \qquad (8.62)$$

$$E_{(+)} = E_0 + \Delta E \qquad (8.62\,\mathrm{a})$$

und analog an der Momentankathode zu

$$E_{(-)} = E_0 - \Delta E,$$

das bedeutet, die Belastung vor der momentan positiven Elektrode (Momentananode) wird gegenüber der eingeprägten Homogenfeldstärke $E_0 = U/s$ um einen Anteil

$$\Delta E = \varrho\ \mathrm{d}s/(2\varepsilon_0\varepsilon_r) \qquad (8.62\,\mathrm{b})$$

verstärkt (Bild 8.47b). Die Feldüberhöhung an der Momentananode ist also direkt proportional zur Raumladungsdichte und zur Dicke ds der Raumladungszone. Beide Größen nehmen mit steigender Beanspruchungsdauer stetig zu und demzufolge auch die Feldüberhöhung vor der Momentananode.

Nach hinreichend langer Belastungszeit sind beide Raumladungszonen ds bis zur Mitte der Isolierschicht vorgewachsen und haben den Kondensator gleichmäßig durchsetzt. Es ergeben sich die in Bild 8.47c für d$s = s/2$ dargestellten Feldverläufe.

Mit d$s = s/2$ folgt aus (8.62b) für die Feldüberhöhung:

$$\Delta E = \Delta E_{\mathrm{max}} = \varrho s/(4\varepsilon_0\varepsilon_r). \qquad (8.63)$$

Der Höchstwert der erzeugten Zusatzbeanspruchung beträgt — unabhängig von der Elektrodengeometrie — bei Wechselspannungsbetrieb $\Delta E_{\mathrm{max}} = E_0$, so daß am positiven Kontakt

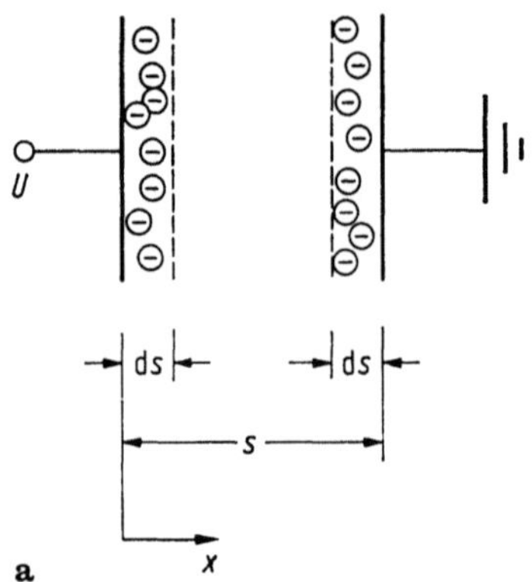
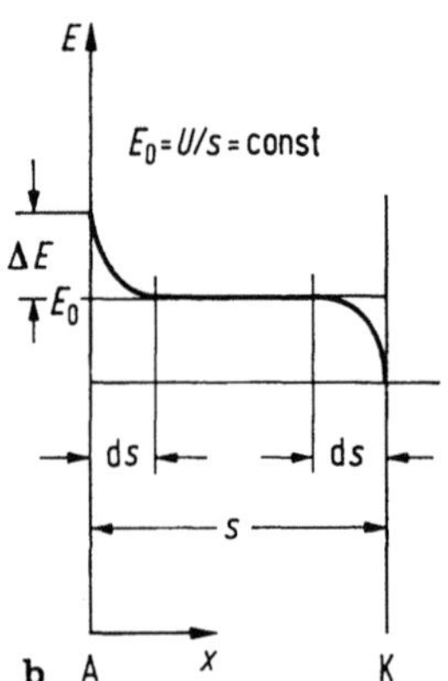
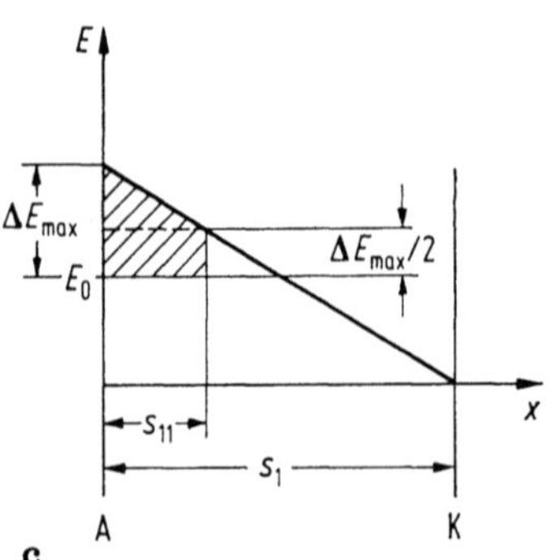
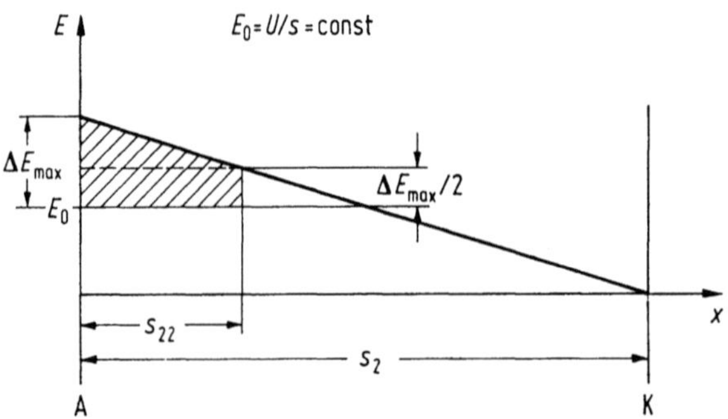

Bild 8.47. Zur Ableitung des physikalischen Volumeneffekts. **a** Kondensatormodell mit Raumladungszonen; **b** Feldverlauf mit Raumladungszonen am Rand nach a. **c** Feldverlauf mit bis zur Mitte vorgewachsenen Raumladungszonen $ds = s/2$ und unterschiedlichen Isolierstoffdicken s_1 und s_2. s Isolierstoffdicke; ds Raumladungszonen; A Momentananode; K Momentankathode; ΔE Feldüberhöhung; ΔE_{max} maximale Feldüberhöhung; s_{11}, s_{22} Isolierstoffbereiche mit Feldüberhöhungen von mehr als 50% von E_0.

maximal $2E_0$ anliegen können, da dann an der Momentankathode

$$E_{(-)} = E_0 - \Delta E = 0$$

ist und somit keine Ladungsträgerinjektion mehr stattfinden kann.

Ein Vergleich der Feldverläufe in Bild 8.47c bei unterschiedlicher Isolierstoffdicke zeigt, daß der Bereich s_{11}, in dem eine Feldüberhöhung von hier beispielsweise mehr als 50% der eingeprägten Belastung E_0 herrscht, bei Vergrößerung der Isolierstoffdicke von s_1 auf s_2 sich ausdehnt auf den Wert s_{22}. Mit wachsender Isolierstoffdicke wird somit auch selbst bei den hier betrachteten nicht zu großvolumigen Prüflingen der Anteil des höher beanspruchten Volumens größer und damit auch die Durchschlagwahrscheinlichkeit, obwohl der Absolutwert der maximalen Feldüberhöhung am momentan positiven Kontakt konstant bleibt.

Während demnach als Folge der hier behandelten Raumladungsprozesse eine Feldüberhöhung für den physikalischen Volumeneffekt verantwortlich zeichnet, gehorcht der bei sehr großen Volumina auftetende statistische Volumeneffekt den Gesetzen der Wahrscheinlichkeit. Es läßt sich zeigen [8.41], daß dieser Einfluß durch Einbringen eines sogenannten Volumenfaktors v in das Lebensdauergesetz Gl. (8.58) abgeschätzt werden kann.

$$vE^N t = \text{const} \tag{8.64}$$

bzw.

$$\log E = \text{const} - (1/N) \log (vt) \tag{8.65}$$

($v = V_2/V_1$; V_1 bekanntes Bezugsvolumen; V_2 Volumen der zu dimensionierenden Isolieranordnung.)

Gl. (8.65) besagt formal, daß die Lebensdauerkennlinie entsprechend Bild 8.45 für eine großvolumige Anordnung V_2 gegenüber der Geraden der Anordnung mit Volumen $V_1 < V_2$ zu niedrigeren

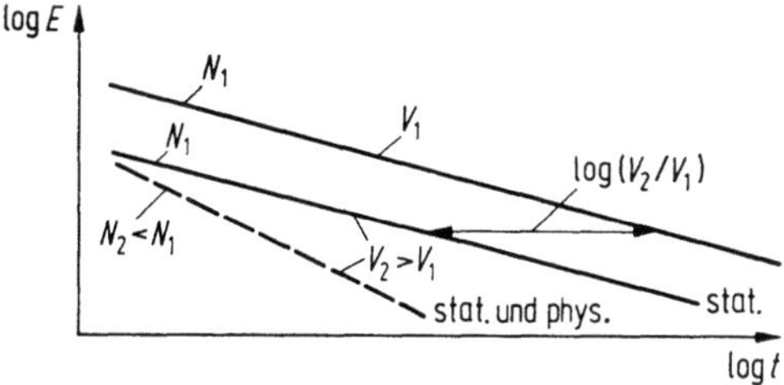

Bild 8.48. Auswirkung des statistischen und physikalischen Volumeneffekts auf den Verlauf der Lebensdauergeraden.

Feldstärken hin parallelverschoben verläuft, also das große Isoliervolumen bei gleicher Lebenserwartung nur geringer belastet werden darf. Umgekehrt ist bei gleicher Beanspruchung eine um den Faktor $v = V_2/V_1$ verringerte Lebensdauer zu erwarten (Bild 8.48). Das zusätzliche Auftreten des physikalischen Volumeneffekts bewirkt eine weitere Absenkung der für bestimmte Betriebszeiten zulässigen Feldstärken bei gleichzeitiger Verringerung des Lebensdauerexponenten N (s. Bild 8.48, gestrichelte Gerade).

8.2.2.2 Wärmedurchschlag

Thermische Stabilitätsbedingungen

Ein Wärmedurchschlag eines Gerätes tritt dann auf, wenn die aufgrund der Strombelastung des Leiters entstehende Verlustwärme, die in das umgebende Dielektrikum übertragen wird, und die im Dielektrikum selbst erzeugte dielektrische Verlustleistung nicht durch Wärmeleitung an die Umgebung abgeführt werden können und es demzufolge zu einem unbegrenzten Anstieg der Temperatur des Isolierstoffs kommt.
Für die grundsätzliche Betrachtung der Vorgänge sei zunächst einmal die durch den vom Leiter geführten Strom erzeugte Wärmemenge außer acht gelassen und lediglich das Dielektrikum selbst betrachtet.
Voraussetzung für die Entstehung eines solchen thermischen Ungleichgewichts ist außer einer verhältnismäßig hohen, pro Volumeneinheit im Dielektrikum selbst erzeugten dielektrischen Verlustleistung P'_v insbesondere ein positiver Temperaturkoeffizient dieser spezifischen Verlustleistung, d. h.

$$\mathrm{d}P'_\mathrm{v}/\mathrm{d}T > 0. \tag{8.66}$$

Ein negativer Temperaturkoeffizient würde demgegenüber bedeuten, daß die erzeugte Verlustleistung mit steigender Isolierstofftemperatur kleiner wird und sich das System selbst stabilisiert, da die durch Wärmeleitung abführbare spezifische Leistung P'_ab in jedem Fall mit der Temperaturdifferenz zwischen Wärmequelle (Isolierstoff) und Umgebung zunimmt.

Die obengenannte Voraussetzung ist auf der Basis der in Abschnitt 8.2.1 behandelten Leitungsmechanismen fester Dielektrika nur im Gebiet der Trägerleitung zu erfüllen, in dem sowohl die spezifische Gleichstromleitfähigkeit (Gl. (8.39a)) als auch der dielektrische Verlustfaktor $\tan\delta$ (Gl. (8.45)) gemäß dem Van't Hoffschen Gesetz exponentiell mit der Temperatur T ansteigen. Mit dieser Einschränkung kann die Verlustleistung P_v

für Gleichspannung $\qquad P_\mathrm{v} = U^2 G, \tag{8.67}$

und für Wechselspannung $P_\mathrm{v} = U^2 \omega C \tan\delta$
$$\tag{8.68}$$

durch einen gemeinsamen Ansatz für die spezifische Verlustleistung in der Form von

$$P'_\mathrm{v} = E^2 p(T) \tag{8.69}$$

beschrieben werden, wobei die exponentielle Temperaturabhängigkeit der Leitfähigkeit bzw. des dielektrischen Verlustfaktors erfaßt wird mit:

$$p(T) = p_0 \exp\left[\beta(T - T_0)\right] \tag{8.70}$$

(vgl. hierzu Gl. (8.39a) und (8.45) (G Gleichstromleitwert; E Feldstärke; T abs. Temperatur; β Temperaturkoeffizient; p_0, T_0 konstante Bezugsgrößen.)
$p(T)$ ist die sogenannte Raumverlustziffer, wobei p_0 die Raumverlustziffer bei der Bezugstemperatur T_0 ist.
Für Gleichspannung gilt $p(T) = \varkappa$
und für Wechselspannung $p(T) = \omega \varepsilon_0 \varepsilon_\mathrm{r} \tan\delta$.
Die Temperaturabhängigkeit von $\varkappa$ und $\tan\delta$ wurde durch das Exponentialgesetz angenähert:

$$\varkappa,\ \tan\delta(T) \sim \exp\left[\beta(T - T_0)\right].$$

Im stationären Zustand (keine Temperaturänderung) stimmt die zugeführte Verlustleistung pro Volumeneinheit P'_v mit der aus demselben Volumen abgeführten Leistung P'_ab überein, also:

$$P'_\mathrm{v} = P'_\mathrm{ab}. \tag{8.71}$$

Thermisch stabil ist darüber hinaus ein System nur dann, wenn bei geringfügiger Temperaturerhöhung die abgeführte Wärmeleistung im Vergleich zur erzeugten stärker oder mindestens gleichstark ansteigt:

$$\mathrm{d}P'_\mathrm{ab}/\mathrm{d}T \geqq \mathrm{d}P'_\mathrm{v}/\mathrm{d}T. \tag{8.72}$$

Dabei kennzeichnet das Gleichheitszeichen in (8.72) die Stabilitätsgrenze (labiles Gleichgewicht). Man bezeichnet daher als „thermische Kippbedingungen" das Gleichungssystem:

$$\boxed{\begin{aligned} P'_\mathrm{v} &= P'_\mathrm{ab} \\ \mathrm{d}P'_\mathrm{v}/\mathrm{d}T &= \mathrm{d}P'_\mathrm{ab}/\mathrm{d}T \end{aligned}} \tag{8.73}$$

Dieses läßt sich zur Bestimmung der Wärmedurchschlagspannung heranziehen.

Diese Herleitungen gelten formal ganz allgemein für jedes beliebig aufgebaute Dielektrikum.

Während sich nun stets die spezifische dielektrische Verlustleistung P'_v nach (8.69) und (8.70) nach Ermittlung von β angeben läßt, ist die abführbare Verlustleistung P'_{ab} nicht so einfach allgemein darstellbar, da sie stark von der Geometrie des Dielektrikums abhängt und bei ihr stets von der Fourrierschen Differentialgleichung der Wärmeleitung (vgl. Gl. (8.76)) ausgegangen werden muß.

Zur Demonstration dieser thermischen Betriebszustände einer Isolieranordnung sei auf das vereinfachte Modell eines Feststoff-Plattenkondensators zurückgegriffen, dessen Dielektrikum der Dicke s eine bestimmte ortsunabhängige Temperatur T besitze und dessen Verlustleistung nur an die Elektroden mit der (Umgebungs-) Temperatur $T_u < T$ abgeführt werden kann. Die Wärmeübergangsziffer zwischen Isolierstoff und Elektroden sei α, die Kontaktfläche A. Die spezifische Verlustleistung P'_v beträgt dann gemäß (8.69) und (8.70):

$$P'_v = E^2 p_0 \exp\left[\beta(T - T_0)\right]. \qquad (8.74)$$

Die Gesamtverluste im Volumen V sind, da T ortsunabhängig angenommen wurde, dann

$$P_v = P'_v V \sim E^2 \exp\left[\beta(T - T_0)\right]$$
$$\sim U^2 \exp\left[\beta(T - T_0)\right]$$

für $U = Es$ und $s = \text{const.}$

Die abgeführte Wärmeleistung ergibt sich aufgrund obiger Voraussetzungen zu

$$P_{ab} = \alpha A(T - T_u), \qquad (8.75)$$
$$P_{ab} \sim (T - T_u).$$

Bild 8.49 enthält eine graphische Darstellung der Zusammenhänge zwischen P_v, P_{ab} und T bei Variation der Parameter U, α und T_u. Stationäre Betriebszustände gemäß (8.71) sind nur in den Schnitt- oder Berührungspunkten A_i, B_i, C zwischen den Verläufen für P_v und P_{ab} gegeben. In den Punkten B_i liegt thermische Instabilität vor, da dP_{ab}/dT kleiner ist als dP_v/dT. Dementsprechend sind die Arbeitspunkte A_i thermisch stabil, während Punkt C einen Grenzarbeitspunkt (Kippbedingung) markiert. Die zugehörige Betriebsspannung U_2 stellt demnach unter den hier gewählten Bedingungen $T_u = T_{u1}$ und $\alpha = \alpha_1$ die thermische Kippspannung dar, bei deren Überschreitung es zum Wärmedurchschlag kommt.

Ansätze zur Berechnung der Wärmedurchschlagspannung

a) Globaler Wärmedurchschlag. Gegeben sei entsprechend Bild 8.50 eine Isolierstoffplatte der Dicke s mit ortsunabhängigen Materialeigenschaften und der Möglichkeit zur Wärmeabfuhr nur über die Oberflächen. Aufgrund der endlichen Wärmeleitfähigkeit λ des Materials ist die Isolierstofftemperatur T jedoch nicht ortsunabhängig, sondern sie weist in der Mitte der Platte bei $x = 0$ ein Maximum T_{max} auf und nimmt zu beiden Oberflächen hin kontinuierlich ab. Die Oberflächentemperatur stimme mit der Umgebungstemperatur T_u überein. Infolge dieses Temperaturprofils ist auch die pro Volumeneinheit erzeugte Verlustleistung innerhalb des Dielektrikums nicht mehr konstant sondern gemäß (8.69), (8.70)

$$P'_v = E^2 p_0 \exp\left[\beta(T - T_0)\right] = f(T) \text{ mit } T = f(x)$$

selbst eine Funktion des Ortes.

Zur Berechnung der pro Volumenelement abgeführten Leistung muß von der Fourrierschen Differentialgleichung der Wärmeleitung

$$P'_{ab} = -\text{div}\,(\lambda\,\text{grad}\,T) \qquad (8.76)$$

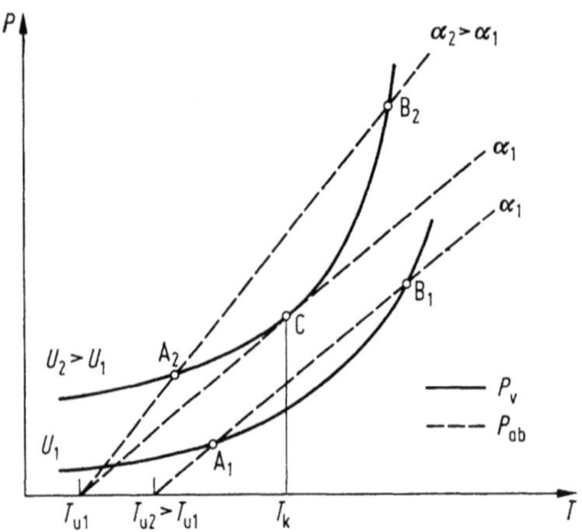

Bild 8.49. Kennlinien zur Erläuterung der thermischen Stabilitätsbedingungen.

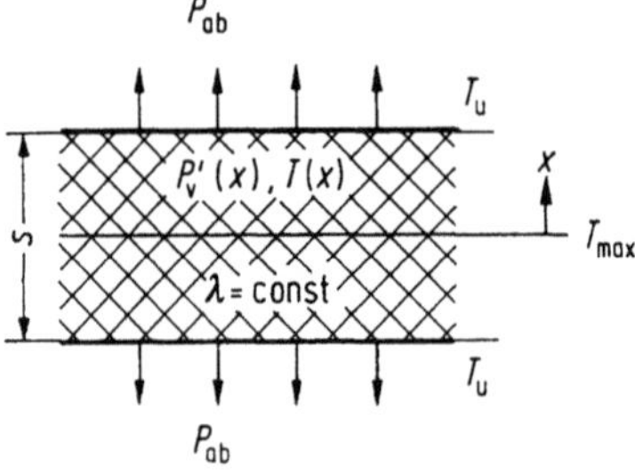

Bild 8.50. Anordnung zur Berechnung der thermischen Kippspannung des globalen Wärmedurchschlags.

ausgegangen werden. Da nur eine Ortsabhängigkeit in x-Richtung vorliegt, vereinfacht sich (8.76) zu

$$P'_{ab} = -\lambda \frac{d^2T}{dx^2}$$

und führt in Verbindung mit (8.71) bis (8.74) zu der Differentialgleichung

$$\lambda \frac{d^2T}{dx^2} + E^2 p_0 \exp\left[\beta(T - T_0)\right] = 0.$$

Die iterative Lösung dieser Differentialgleichung liefert mit $U = Es$ schließlich den Ausdruck

$$U_k = 1{,}88 \sqrt{\frac{\lambda}{p_0\beta \exp\left[\beta(T_u - T_0)\right]}} \qquad (8.77)$$

für die „thermische Kippspannung" U_k des globalen Wärmedurchschlags. Danach ist ein Wärmedurchschlag bei um so niedrigeren Spannungen zu erwarten, je höher die Raumverlustziffer p_0 des Dielektrikums und die Umgebungstemperatur T_u und je niedriger die Wärmeleitfähigkeit λ des Isolierstoffs sind. Dagegen hat die Dicke der Isolierschicht keinen Einfluß auf die Kippspannung des globalen Wärmedurchschlags im hier zugrunde gelegten Modell.

b) *Lokaler Wärmedurchschlag.* Es wird davon ausgegangen, daß dielektrische Verluste nur in einem begrenzten Gebiet der Isolierstoffplatte mit der Dicke s, dem zylinderförmigen Kanal mit Radius $r \ll s$ (Bild 8.51) und Volumen V entstehen und entweder über die Stirnflächen A_1 (Wärmeübergangszahl α_1) oder über die Mantelfläche A_2 (Wärmeübergangszahl α_2) abgeführt werden. Innerhalb des Kanals seien T und damit auch P' konstant.

Die Gesamtverlustleistung P_v ergibt sich zu

$$P_v = P'_v V = E^2 p(T)\, V = U^2 \frac{\pi r^2}{s}$$
$$p_0 \exp[\beta\,(T - T_0)].$$

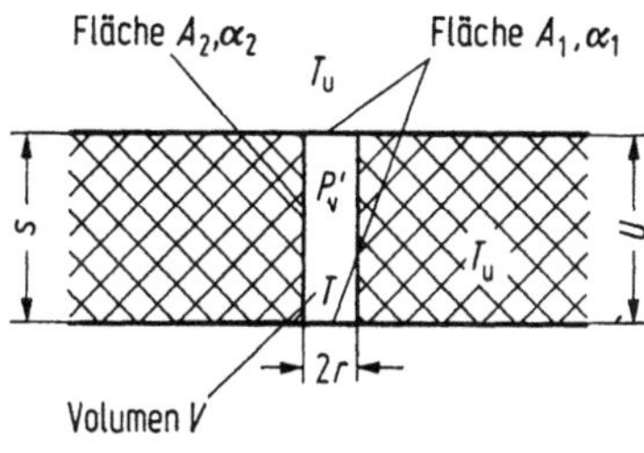

Bild 8.51. Anordnung zur Berechnung der thermischen Kippspannung des lokalen Wärmedurchschlags.

Bei Wärmeabfuhr nur über die Stirnflächen A_1 wird:

$$P_{ab} = \pi r^2 \alpha_1 (T - T_u).$$

Trifft man die vereinfachende Annahme, daß $T_u = T_0$ ist und wendet die Kippbedingung

$$P_v = P_{ab}$$

und

$$dP_v/dT = dP_{ab}/dT \qquad \text{(vgl.(8.73))}$$

an, so errechnet sich hieraus die kritische Temperaturdifferenz

$$\Delta T_k = T_k - T_u = 1/\beta.$$

Dies in die Beziehung $P_v = P_{ab}$ eingesetzt, liefert über

$$U^2 \frac{\pi r^2}{s} p_0 e = \pi r^2 \alpha_1 \frac{1}{\beta}$$

schließlich die thermische Kippspannung für den lokalen Wärmedurchschlag:

$$U_{k1} = \sqrt{s}\ \sqrt{\frac{\alpha_1}{p_0 e\beta}} \quad \text{mit} \quad e = \exp(1). \qquad (8.78)$$

Die Annahme einer Wärmeabfuhr nur über die Mantelfläche A_2 des Kanals

$$P_{ab} = 2\pi r s\alpha_2 (T - T_u)$$

ergibt nach identischem Rechengang für U_k den Ausdruck

$$U_{k2} = s \sqrt{\frac{2\alpha_2}{p_0 r e\beta}}. \qquad (8.79)$$

Nach diesem Modell sollte U_k proportional zur Isolierwanddicke ansteigen, die kritische Feldstärke E_k folglich dickenunabhängig werden. Tatsächlich jedoch hat Wagner [8.56] gezeigt, daß bei Wärmeabfuhr über die Kanalwandungen der Kanalradius r eine Funktion der Dicke s wird und nahezu proportional s zunimmt. Mit

$$r = f(s) \sim s$$

wird auch U_{k2} weniger als dickenproportional ansteigen.

Die Wandstärkenabhängigkeit der thermischen Kippspannung bzw. -feldstärke des lokalen Wärmedurchschlags läßt sich somit unabhängig von der Art der Wärmeabfuhr näherungsweise durch

$$U_k \sim \sqrt{s} \quad \text{und} \quad E_k \sim 1/\sqrt{s}$$

beschreiben.

Die technische Bedeutung des Wärmedurchschlags liegt in den Erkenntnissen, daß

— bei Isolierstoffen mit hoher Raumverlustziffer $p_0 \sim \varkappa_0$ bei Gleichspannung bzw. $p_0 \sim \varepsilon_\mathrm{r}\varepsilon_0 \times \tan \delta_0$ bei Wechselspannung, in denen ein globaler Wärmedurchbruch auftreten kann, eine Vergrößerung der Wandstärke oberhalb etwa 5 bis 10 cm keine Verbesserung der Spannungsfestigkeit mehr erbringt und

— daß auch in Anordnungen mit zwar geringer aber inhomogener Leitfähigkeit bzw. Verlustentwicklung — z. B. durch örtlich hohe Feldstärken — ein lokaler Wärmestau bis zum Durchschlag entstehen kann. Auch in diesem Fall bewirkt eine Dickenvergrößerung nur einen weit unterproportionalen Anstieg der Kippspannung.

Thermische Instabilitäten tragen somit möglicherweise zu dem für alle festen Isolierstoffe charakteristischen Volumeneffekt bei, d. h. zu der u. a. mit zunehmender Wanddicke absinkenden elektrischen Festigkeit E_d.

8.2.2.3 Teilentladungen, Erosionsdurchschlag, elektrische Alterung

Neben dem elektrischen Durchschlag und dem Wärmedurchschlag wird eine weitere Durchschlagform beobachtet, die dadurch gekennzeichnet ist, daß der Durchschlag erst nach sehr langen Zeiten und weit unterhalb der thermischen Dauerfestigkeit der Isolierung erfolgt. Dieser Durchschlagvorgang wird von Teilentladungen (TE) eingeleitet, die im Innern der Isolierung in Schichtungsspalten, Rissen, Hohlräumen oder an Verunreinigungen (technologische Fehlstellen) auftreten können. An diesen Stellen kommt es zu Feldstärkeüberhöhungen, wobei im Bereich dieser Fehlstellen lokal die Durchschlagfeldstärke des Isolierstoffs überschritten werden kann und dabei irreversible Zerstörungen in Teilbereichen des Dielektrikums (Teilentladungen, Treeing) auftreten (sogenannte unvollkommene Durchschläge), die zur Ausbildung von verästelten Kanälen führen. Diese wachsen im Laufe der Zeit, bis schließlich das gesamte Dielektrikum endgültig durchschlägt. Man nennt diesen Durchschlag nach Langzeitbeanspruchung daher auch „Erosionsdurchschlag". Als Beispiel für diese Zerstörungsform sind in Bild 8.52 Teilentladungskanäle (electrical trees), entstanden an Fehlstellen im Polyethylen niederer Dichte (LDPE) dargestellt. Auf Teilentladungskanäle in gefülltem Epoxidharzformstoff ist in Abschnitt 8.2.3.7 eingegangen.

Neben diesen inneren Teilentladungen können äußere TE an der Oberfläche der Isolierung auftreten. Geht man davon aus, daß äußere TE durch konstruktive Maßnahmen im allgemeinen verhindert werden können, wird das Durchschlagverhalten im wesentlichen durch innere Teilentladungen bestimmt.

Das TE-Verhalten der Isolierung ist besonders bedeutsam bei WS-Dauerbeanspruchung, da die Teilentladungen bei WS periodisch vor allem im Spannungsnulldurchgang auftreten, d. h. allge-

Bild 8.52. TE-Kanäle (electrical trees) in Polyethylen (LDPE) [8.25]. **a** bush-like-tree; **b** tree-like-tree.

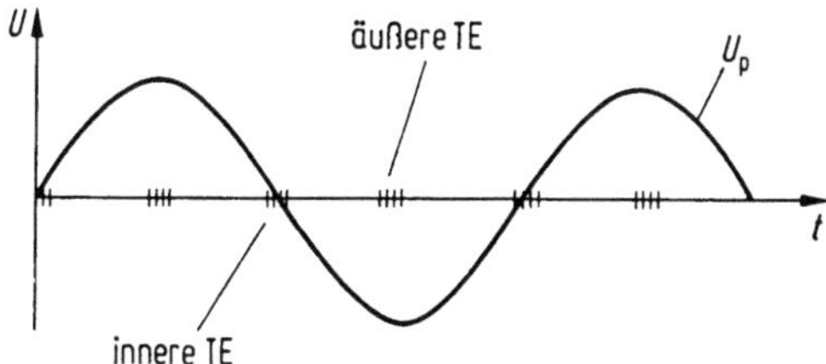

Bild 8.53. TE-Impulse bei inneren und äußeren Teilentladungen (schematisch).

meiner zu den Zeiten, zu denen $du/dt \neq 0$ ist (s. Ionisierungsverluste, Abschnitt 8.2.1.2 und Messung von Teilentladungen, Abschnitt 10.8). Im Gegensatz dazu treten äußere TE nur in der Umgebung des Spannungsmaximums auf (s. auch Bild 8.53). Die periodisch auftretenden inneren Teilentladungen können sich nun in zweifacher Hinsicht schädigend auf die Isolierung auswirken; einmal kann die Umgebung des Hohlraums fortschreitend elektrisch zerstört werden (Vorentladungskanäle), zum anderen können die bei jeder Teilentladung auftretenden Zersetzungsprodukte (Ozon, Wasserstoff, niedermolekulare Kohlenwasserstoffe usw.) den Isolierstoff chemisch angreifen (erodieren). Wird die Isolierung fortschreitend mit der Beanspruchungsdauer durch Teilentladungen verschlechtert — dieser Vorgang wird als „elektrische Alterung" bezeichnet — so kann je nach Art der Schädigung im geschwächten Dielektrikum der vollständige Durchbruch letztlich wieder als elektrischer Durchschlag oder als Wärmedurchschlag auftreten. Das Gefährliche an der elektrischen Alterung liegt darin, daß sie nicht zwangsläufig von äußerlich klar erkennbaren Teilentladungen begleitet sein muß. So ist in einer Reihe von Untersuchungen (z. B. [8.41; 8.53]) ein dem Lebensdauergesetz Gl. (8.58) und Bild 8.45 entsprechender Zusammenhang zwischen Durchschlagfeldstärke und Belastungszeit experimentell bestätigt worden, ohne daß dabei meßtechnisch nachweisbare Teilentladungen auftraten. Die elektrische Alterung, die ein Charakteristikum aller festen Isolierstoffe darstellt, umfaßt demnach auch solche Prozesse, die als Vorstufe meßtechnisch nachweisbarer Materialzerstörung eine irreversible Veränderung des Dielektrikums unter dem Einfluß elektrischer Beanspruchungen — vor allem bei Wechselspannung — bewirken.

Für die Dimensionierung von Isolieranordnungen mit Feststoff-Dielektrikum dürfen daher weder die Kurzzeit- noch die durch Eigenverluste begrenzte thermische Dauerfestigkeit zugrunde gelegt werden. Die Betriebsfeldstärke ist vielmehr so zu bemessen, daß weder kritische Teilentladungen (abhängig vom Betriebsmittel und dem Aufbau der Isolierung) auftreten, noch die Lebenserwartung unter Berücksichtigung der Lebens-

dauergesetze und der Volumeneffekte unter die angestrebte Grenze von heute mindestens 20 Jahren absinkt. Wichtige Hilfsmittel stellen dabei die Hochspannungsprüftechnik und die Grundlagenforschung dar: Während geeignet ausgelegte Spannungs- und TE-Prüfungen fertigungstechnisch bedingte Mängel einer Isolierung erkennen lassen, hellt die Grundlagenforschung jene Zusammenhänge auf, die eine Extrapolation von Meßergebnissen an Modellen und im (vergleichsweise) kurzzeitigen Versuch auf das Dauerbetriebsverhalten hochspannungstechnischer Geräte überhaupt erst möglich machen.

Eine besondere Form des Erosionsdurchschlags ist schließlich die Kriechstrombildung an der Oberfläche fester Isolierstoffe. Sie tritt vor allem bei Kunststoffen auf und wird begünstigt durch Oberflächenströme bei feuchter Verschmutzung. Die Kriechströme (Gleitentladungen) haben eine thermische Zersetzung des Isolierstoffs (Verkohlung) zur Folge.

8.2.3 Arten fester Isolierstoffe

Wie bereits bei den flüssigen Isolierstoffen gezeigt worden ist, haben auch die festen Isolierstoffe in der Hochspannungstechnik meistens mehrere Funktionen gleichzeitig zu erfüllen:

— Isolierende mechanische Abstützung, z. B. bei Transformatoren. Ausführungsform: Leisten, Rohre, Platten.
— Isolierende Behälter für flüssige und gasförmige Isolierstoffe, z. B. Porzellanüberwurf, Hartpapier, Rohre.
— Dielektrikum mit hoher DZ, z. B. Folienkondensator.
— Barrieren in Gasen und Flüssigkeiten.
— Einbettung von Elektroden und Wicklungen.

Die mannigfaltigen Arten der festen Isolierstoffe, insbesondere der Kunststoffe, können im Rahmen dieses Buches auch nicht annähernd geschlossen behandelt werden. Es wird daher eine Auswahl derer getroffen, die von besonderer Bedeutung für die Hochspannungstechnik sind. Dabei werden vor allem ihre Strukturmerkmale und charakteristischen dielektrischen und elektrischen Eigenschaften besprochen. Bezüglich Einzelheiten über beispielsweise das chemische, thermische und mechanische Verhalten darf auf die einschlägige Literatur verwiesen werden, z. B. [8.60 – 8.66].

8.2.3.1 Keramische Isolierstoffe

Keramische Stoffe sind Stoffe, die aus tonhaltigen Erzeugnissen durch Sintern bei hohen Temperaturen hergestellt werden. Sie bestehen überwiegend aus kristallinen Phasen und sind wasserunlöslich. Sie werden üblicherweise aus einer bildsamen Masse bei Raumtemperatur geformt. Bei dem anschließenden Brennen gehen, während ein Volumenschwund eintritt, die anfangs plastischen

Eigenschaften des Rohstoffes verloren; das Erzeugnis wird hart und formstarr.

Die vorherrschenden Rohstoffe sind vor allem Oxide und Silikate. Die keramischen Isolierstoffe für die Elektrotechnik sind in DIN 40685 zusammengefaßt.

Porzellan und Steatit

Porzellan ist ein Aluminiumsilikat. Im ungebrannten Zustand erfolgt die Formgebung durch Pressen, Drehen und Gießen. Im gebrannten Zustand ist eine Nachbehandlung nur durch Schleifen möglich. Eine heute vorwiegende Materialzusammensetzung ist folgende:

40 bis 50% Kaolin und Ton (plastische Anteile),
30 bis 20% Aluminiumoxid,
　　30% Feldspat.

Sie ergibt ein hochfestes Porzellan (Tonerdeporzellan, bzw. Aluminiumoxidporzellan) mit besseren mechanischen Eigenschaften und auch besserer Verarbeitbarkeit als das früher übliche Quarzporzellan.

Steatit ist ein Magnesiumsilikat, wobei dem Ausgangsstoff Speckstein (Magnesiumhydrosilikat) zur besseren Verarbeitbarkeit geringe Mengen Ton und Feldspat zugesetzt sind. Die durch das Fehlen eines Bindemittels schwierige Verarbeitung ist der Grund, warum aus Steatit nur kleinere Stücke erzeugt werden und die Herstellung großer Hochspannungsisolatoren dem Porzellan vorbehalten ist. Gegenüber dem Porzellan hat Steatit bedeutend bessere mechanische Eigenschaften und kleinere dielektrische Verluste.

Die Herstellung der Porzellane erfolgt in mehreren Schritten. Zunächst werden die harten Rohstoffe mit Wasserzusatz feinst gemahlen und mit den weichen Anteilen durchgemischt. Daran schließt sich eine Verformung zu zylindrischen Werkstücken in einer Vakuum-Strangpreßanlage an. Die Vakuumvorbehandlung der weichplastischen Masse ist notwendig, um Gaseinschlüsse zu vermeiden, die eine drastische Festigkeitsreduzierung zur Folge haben könnten. Nach einer Zwischentrocknung auf etwa 15% Wassergehalt werden die Werkstücke durch verschiedene Verfahren (Drehen, Pressen usw.) in die endgültige Form gebracht. Bei der anschließenden Trocknung

wird dem Werkstück das Wasser entzogen und dann der Formling im Spritz- oder Tauchverfahren glasiert. Daraus ergibt sich, daß Formling und Glasur gleichzeitig gebrannt werden. Die stoffliche Umwandlung der Formlinge beim Brand bei etwa 1400°C geschieht im Temperaturbereich von 900 bis 1400°C. Von besonderer Bedeutung sind dabei Brenndauer, Ofenatmosphäre und Temperatur. Im Temperaturbereich von 430 bis 600°C gibt die Tonsubstanz ihr chemisch gebundenes Wasser ab, bei 900 bis 1050°C erfolgt die Umwandlung von Kaolin in Mullit $(3\,Al_2O_3 \cdot 2\,SiO_2)$. Bei weiterem Temperaturanstieg schmilzt Feldspat, wobei gleichzeitig Lösungs- und Verdichtungsvorgänge ablaufen. Diese führen dann bei etwa 1300°C zum dicht gesinterten Zustand. Eine weitere Temperaturerhöhung auf 1400°C soll eine ausreichende Verdichtung und glatte Glasur gewährleisten.

Der Schwund durch den Trocknungs- und Brennvorgang ist sehr groß (8% bei trocken gepreßten Teilen, bis 23% bei gegossenen oder gedrehten Teilen). Wird eine Nachbearbeitung der Formstücke durch Schleifen notwendig, so verschlechtern sich die mechanischen Eigenschaften um ca. 10%. Ein besonderer Vorteil der Porzellane ist in der absoluten Witterungsbeständigkeit und in ihrer hohen Temperaturbeständigkeit bis 1400°C zu sehen.

Ein Lichtbogen schmilzt Porzellan an und kann das Material zum Springen bringen. Die Widerstandsfähigkeit der keramischen Isolierstoffe gegen chemische Einflüsse ist im allgemeinen ausgezeichnet. Angegriffen werden sie lediglich von Flußsäure, konzentrierter Phosphorsäure, lang einwirkender heißer Natronlauge und Kalilauge. Mineralsäuren wie Salz-, Salpeter- und Schwefelsäure widerstehen die keramischen Erzeugnisse und damit auch atmosphärischen Einflüssen. Richtwerte für die elektrischen Eigenschaftswerte bei 20°C können Tabelle 8.5 entnommen werden. Wichtigste Größe ist dabei der Oberflächenwiderstand, der insbesondere durch die Feuchtigkeit auf der Oberfläche bestimmt wird. Bei allen silikatischen Stoffen bildet sich bei 20°C und einer relativen Luftfeuchtigkeit über 60% eine dünne Feuchtigkeitshaut auf der Oberfläche aus.

Porzellane werden im Bereich der Energietechnik

Tabelle 8.5. Eigenschaftswerte von Porzellan und Steatit (Raumtemperatur) nach DIN 40685

	Porzellan (nach KER 110.1 u. 110.2)	Steatit
Dielektrizitätszahl ε_r	5,0...6,5	5,5...6,5
$\tan\delta$ (50 Hz)	$200 \cdot 10^{-4}$	$20 \cdot 10^{-4}$
Durchgangswiderstand ϱ	$10^{11}...10^{12}\ \Omega$ cm	$10^{11}....10^{12}\ \Omega$cm
E_d (1 min-Wert nach VDE 0335)	300...350 kV/cm	200...300 kV/cm
Oberflächenwiderstand bei 80% rel. Feuchte bei 100 V	$10^9...10^{12}\ \Omega$	$10^9...10^{12}\ \Omega$

Tabelle 8.6. Eigenschaftswerte verschiedener Gläser

	Kali-Natron-Gläser	Bleigläser	E-Gläser „alkalifrei"
Dielektrizitätszahl ε_r	$5,0\ldots8,0$	$6,0\ldots10,0$	$3,8\ldots10$
$\tan\delta$ (50 Hz)	$0,01\ldots0,04$	$0,002\ldots0,009$	$<0,001$
E_d	>100 kV/cm	>100 kV/cm	>100 kV/cm
Durchgangswiderstand ϱ	$>10^8\ \Omega$ cm	$>10^{10}\ \Omega$ cm	$>10^{13}\ \Omega$ cm

eingesetzt als Freileitungsisolatoren, druckfeste Schalterporzellane, Massivstützer für Trennschalter und Sammelschienen, Transformatorendurchführungen, Überwürfe für Strom- und Spannungswandler, Gehäuseisolatoren usw.

8.2.3.2 Gläser

Glas entsteht durch das Zusammenschmelzen verschiedener Oxide. Das wichtigste dabei ist Siliziumdioxid (SiO_2), das in der Regel als Quarzsand vorliegt. Weitere glasbildende Oxide sind das Bortrioxid (B_2O_3) und Metalloxide wie Bleioxid (PbO), Aluminiumoxid (Al_2O_3), Natriumoxid (Na_2O), Kaliumoxid (K_2O), Bariumoxid (BaO) usw. Zahlreiche Möglichkeiten der Zusammensetzungen ergeben mehr als 500 Arten, von denen nur „alkalifreie" Gläser in der Elektrotechnik Anwendung finden (Alkaligehalt unter 0,8%), um die Leitfähigkeit klein zu halten.

In Tabelle 8.6 sind die wichtigsten Eigenschaften der Gläser zusammengefaßt. Der Vergleich der verschiedenen Glasarten verdeutlicht die Vorrangstellung der sogenannten E-Gläser in der Elektroindustrie gegenüber den Alkaligläsern. Die Gläser werden verwendet für Kabelendverschlüsse, Durchführungen, Kondensatoren und Kappenisolatoren für Freileitungen.

Das E-Glas wird vor allem in Form von Glasfasern für faserverstärkte Kunststoffe eingesetzt. Die Glasfasern, die für elektrotechnische Anwendungen bestimmt sind, erhalten nach dem Ziehvorgang einen Oberflächenschutz, der eine Haftung zur Harzmatrix des Einbettungskunststoffs gewährleisten soll.

Die einzelnen Spinnfäden werden dann entweder zu einer großen Anzahl parallel liegender, ungedrehter Einzelfasern zu Filament, zu Glasfasermatten, bei denen die etwa 50 mm langen Glasfasern regellos geschichtet und bindemittelfrei versteppt sind, oder zu Glasfilamentgewebe verarbeitet.

Da der Elastizitätsmodul und die Zugfestigkeit der Glasfaser wesentlich höher als die der Kunstharze sind, haben glasfaserverstärkte Kunststoffe besonders gute mechanische und elektrische Eigenschaften.

Mit Glasfasern werden z. B. die Wicklungen von elektrischen Maschinen und die Blechpakete von Transformatoren abgebunden bzw. bandagiert. Glasfasermatten oder -gewebe als Einlage zur mechanischen Verstärkung von Kunststoffen

finden sich in den Polrohren für Schalter und in Isolierplatten; Glasfasergarn als tragender Strang in Kunststoff-Verbundisolatoren.

8.2.3.3 Glimmer

Glimmer, ein natürliches Mineral, kommt in verschiedenen chemischen Zusammensetzungen vor.

Die wichtigsten Arten für die Elektrotechnik sind:

— Muskovit   (Kaliglimmer, sehr fein spaltbar),
— Phlogopit   (Magnesiaglimmer).

Die Glimmerkristalle besitzen die Eigenschaft, bei entsprechender mechanischer Belastung nach bestimmten kristallographischen Flächen zu spalten. Dies rührt daher, daß aufgrund ihrer Kristallstruktur als Schichtgitter sehr feste Bindungen in einer Ebene, jedoch nur wesentlich schwächere van der Waalssche-Bindungskräfte senkrecht zu dieser bestehen. Diese gute Spaltbarkeit der Glimmer ist eine wichtige Voraussetzung für die weitreichenden technischen Anwendungsmöglichkeiten.

In der Hochspannungstechnik wird vorwiegend nur Spaltglimmer eingesetzt, welcher durch Spalten größerer Glimmerstücke hergestellt wird. Die ovalen oder polygonen Plättchen haben eine Dicke von 0,02 bis 0,1 mm. Für Kondensatoren wird sogenannter Blockglimmer verwendet mit einer Dicke der Glimmerplättchen von 0,18 bis 0,76 mm.

Glimmer besitzt eine Temperaturbeständigkeit bis etwa 600 °C, der Schmelzpunkt liegt bei 1 200 bis 1 300 °C. Glimmer ist lichtbogenfest, ölbeständig, beständig gegen energiereiche Strahlung und widersteht Glimmentladungen. Weitere Eigenschaften sind in Tabelle 8.7 angeführt. Für die Hochspannungstechnik werden Glimmerplättchen mit Bindemitteln, z. B. Silikon- oder Epoxidharz, zu formstabilen Platten oder Rohren verarbeitet (Mikanite) oder auf Trägerbahnen

Tabelle 8.7. Eigenschaftswerte von Muskovit und Phlogopit (Raumtemperatur)

Glimmersorte	Dielektrizitätszahl ε_r	$\tan\delta \cdot 10^4$ (50 Hz)
Muskovit	$6,75\ldots7,20$	$4,6\ldots5,2$
Phlogopit	$3,82\ldots5,4$	$350\ldots780$

aus Papier oder Glasseide aufgeklebt, wodurch flexible Bahnen (Mikafolien) entstehen.

Mikanite

Mikanite enthalten neben Spaltglimmer lediglich noch ein Bindemittel, das hinsichtlich seiner Temperaturbeständigkeit entscheidenden Einfluß auf die Anwendungsmöglichkeiten der Glimmerprodukte ausübt. Als Bindemittel werden Schellack (veraltet), Silikon- und Epoxidharze verwendet.

Eingesetzt werden Mikanite für Kommutatorisolationen elektrischer Maschinen, Röhrenfassungen, Röhrenböden, Spulenformen usw.

Mikafolien

Mikafolien bestehen aus Trägerbahnen (Papieroder Glasseide), auf die mit Bindemittel (Schellack, Kunstharzlacke einschließlich Silikon- und Epoxidharzen) Glimmerplättchen überlappend festgeklebt werden. Dabei bestimmt Glimmer vorwiegend die elektrischen und das Bindemittel die thermischen Eigenschaften. Der Glimmeranteil beträgt bis zu 60%. Die Imprägnierung mit dem jeweiligen Bindemittel erfolgt unter Vakuum, um Lufteinschlüsse und damit Teilentladungen weitgehend zu vermeiden.

Mit den thermisch stabilsten Tränklacken auf Polyimidbasis erreicht man eine maximale Grenztemperatur von etwa 250 °C. Für noch höhere Betriebstemperaturen sind dann Silikonharze zu verwenden (vgl. Abschnitt 8.2.3.7 a).

Aufgrund der guten Hitzebeständigkeit, der guten mechanischen Festigkeit, Nichtbrennbarkeit, Festigkeit gegenüber Mineralöl und Feuchtigkeit werden Mikafolien in Induktionsmotoren, Generator- und Maschinenwicklungen und Trockentransformatoren eingesetzt.

8.2.3.4 Hochpolymere Isolierstoffe

Hochpolymere Isolierstoffe bestehen aus Makromolekülen, d. h. einer Zusammenlagerung von mindestens mehreren hundert Atomgruppen. Die Vereinigung der Atomgruppen zu Atomverbänden, also zu Makromolekülen, kann in drei Arten erfolgen:

— Eindimensionale Aneinanderreihung; Bildung von Fadenmolekülen mehr oder weniger großer Länge (Thermoplaste[4]);
— zweidimensional, so daß sich flächenhafte Makromoleküle formen,
— dreidimensional zu räumlich gebauten Makromolekülen (Duroplaste[4]).

---

[4] Die auch zuweilen verwendeten Begriffe wie Thermoelaste für Thermoplaste, Duromere für Duroplaste und Plastomere für Elastomere entsprechen nicht mehr den neuesten deutschen Normen DIN 7724 Teil 1/11.83 für polymere Werkstoffe.

Diese Arten der Aneinanderreihung nennt man Polyreaktion. Dabei unterscheidet man folgende Prozesse:

a) Polymerisation,
b) Polykondensation,
c) Polyaddition.

a) Polymerisation

Damit bezeichnet man eine Polyreaktion, bei der sich gleiche oder gleichartige sogenannte Monomere (Konstitutionsbausteine), deren Produkte reaktionsfähige Doppelbindungen enthalten, aneinanderlagern, wobei die Molekülvergrößerung *ohne* Abspaltung von Nebenprodukten vor sich geht. Durch diese kettenförmige Aneinanderlagerung entstehen lineare Makromoleküle. Erfolgt die Polymerisation unter Beteiligung einer einzigen Art von Monomeren, so nennt man die Reaktion Homopolymerisation, sind an ihr mindestens zwei verschiedene Monomere beteiligt, so spricht man von Copolymerisation.

b) Polykondensation

Bei dieser Polyreaktion werden — im Gegensatz zur Polymerisation — ungleichartige Monomere zu kettenförmigen oder vernetzten Makromolekülen aneinandergelagert. Dabei finden Kondensationen zwischen bi- oder höherfunktionellen Monomeren statt. Die Verknüpfung der funktionellen Gruppen erfolgt unter Abspaltung von Nebenprodukten wie Wasser, Ammoniak usw. Diese Spaltprodukte führen bei der Polyreaktion zu einer Hohlraumbildung, so daß Polykondensationsprodukte überwiegend nur im Niederspannungsbereich eingesetzt werden können.

c) Polyaddition

Hierbei handelt es sich um eine Addition bi- oder polyfunktioneller niedermolekularer Verbindungen an Substanzen mit reaktionsfähigen Wasserstoffatomen in voneinander unabhängigen Einzelreaktionen. Dabei erfolgt die Verknüpfung der reaktiven Gruppen ohne Abspaltung von Nebenprodukten, häufig aber unter Verschiebung jeweils eines Wasserstoffatoms. Die entstehenden Produkte sind elektrisch sehr hochwertig; man bezeichnet sie als Polyaddukte bzw. Polyadditionsprodukte.

Je nach Reaktionsbedingungen lagern sich die Monomere zu kleinen oder großen Makromolekülen aneinander, die mit einer aus gleichartigen Gliedern aufgebauten Kette vergleichbar sind. Man spricht von einem linearen Aufbau, wenn die Kette geradlinig, d. h. nicht verzweigt ist. Eine vollkommene Linearität wird jedoch nicht erreicht. Enthält die Hauptkette mehr oder weniger Seitenketten, so spricht man von einer Verzweigung. Die Makromoleküle sind wegen ihrer großen Länge nicht geradlinig, sondern mehr oder weniger verschlungen. Sie werden bei Wärme-

Tabelle 8.8. Zusammenstellung der für die Hochspannungstechnik wichtigen hochpolymeren Kunststoffe nach Art der Polyreaktion

	Duroplaste	Thermoplaste
Polymerisate	vernetzte Polyesterharze (UP) auf Basis ungesättigter Polyester	Polyethylen (PE) Polypropylen (PP) Polyvinylchlorid (PVC) Polymethylmethacrylat (PMMA) Polystyrol (PS) Polyacetal (POM) Polytetrafluorethylen (PTEE) Polyisobutylen (PIB)

Polykondensate	Phenolharze (PF)
	Melaminharze (MF)
	Harnstoffharze (UF)
	Thioharnstoffharze
	Alkydharze
		lineare, gesättigte Polyesterharze:
		  Polycarbonate (PC)
		  Polyterephthalate (PETP)
		lineare Polyamide: (PA)
		  z. B. Trogamid T
		  Perlon
		  Nylon
		Polyimide

Polyaddukte	Epoxidharze (EP) vernetzte Polyurethane (PUR) Polyimide	lin. Polyurethane (PUR)

zufuhr beweglich. Man bezeichnet derartig aufgebaute Kunststoffe als *Thermoplaste*, da sie bei Wärmezufuhr reversibel erweichen und mechanisch leicht verformbar sind. Erweichung und Formung können beliebig oft wiederholt werden. Die Verarbeitung erfolgt durch Extrudieren oder Spritzgießen.

Kommt es zu chemischen Bindungen zwischen benachbarten Kettenmolekülen, dann spricht man von Vernetzung. Weitmaschig vernetzte Stoffe bezeichnet man als *Elastomere*, engmaschig bis zur Zersetzungstemperatur vernetzte hochpolymere Werkstoffe als *Duroplaste*. Bei einer Erwärmung über die Glasumwandlungstemperatur hinaus verlieren sie irreversibel ihre mechanischen Eigenschaften. Sie werden bevorzugt als Preßmassen oder Gießharze verarbeitet. Tabelle 8.8 gibt eine Übersicht über die wichtigsten hochpolymeren Kunststoffe nach Art der Polyreaktion bei ihrer Herstellung.

8.2.3.5 Thermoplaste

a) Fluorhaltige Polymere

Von den fluorhaltigen Polymeren sind seit der Entwicklung von Polytetrafluorethylen (PTFE) eine ganze Reihe von Copolymerisaten aus diesem mit anderen Monomeren auf den Markt gekommen, die zwar eine weniger hohe Dauertemperaturbeständigkeit aufweisen, sich jedoch leichter

```
F  F        F  F  F  F  F  F  F  F  F
|  |        |  |  |  |  |  |  |  |  |
C=C       -C--C--C--C--C--C--C--C--C-
|  |        |  |  |  |  |  |  |  |  |
F  F        F  F  F  F  F  F  F  F  F
```

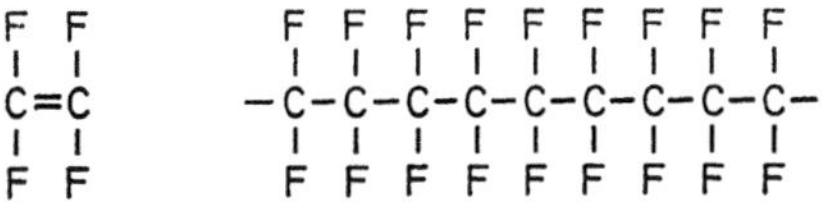

Bild 8.54. Molekülstruktur des Tetrafluorethylens und des Polytetrafluorethylens (PTFE).

verarbeiten lassen und für viele Anwendungszwecke ausreichende thermische und elektrische Eigenschaften haben. Es werden daher neben PTFE nur die beiden für die Elektrotechnik wichtigsten Copolymere behandelt.

• *Polytetrafluorethylen* (PTFE) (Bild 8.54). Das monomere Tetrafluorethylen wird aus Chloroform und Fluorwasserstoff durch Pyrolyse des Zwischenprodukts Chlordifluormethan gewonnen. Die Polymerisation des monomeren Gases findet unter Druck und Verwendung von Peroxidbeschleunigern in Wasser statt. Polytetrafluorethylen besitzt durch die feste $(C-F)$-Bindung eine außerordentlich hohe Wärme- und Chemikalienbeständigkeit. Es kann in einem Betriebstemperaturbereich von -80 bis $+260\,°C$ eingesetzt werden (oberhalb $400\,°C$ beginnt eine Zersetzung unter Bildung fluorhaltiger Produkte); es ist unbrennbar, wetterfest und in einem weiten Temperaturbereich beständig gegen alle anorganischen und organischen Lösungsmittel.

PTFE ist wegen des sehr hohen Polymerisationsgrades nicht plastisch formbar. Zur Erzielung eines möglichst porenfreien, dichten Materials erfolgt ein Sintern des verpreßten Materials bei hoher Temperatur (370 bis 380\,°C) im Preßwerkzeug bzw. in einem geheizten Werkzeug, wenn Voll- oder Röhrenzylinder in einer Strangpresse oder Kabelisolierungen in einem Extruder hergestellt werden.

Die dielektrischen Eigenschaften ($\varepsilon_r = 2$, $\tan \delta = 5 \cdot 10^{-4}$) sind weitgehend unabhängig von der Temperatur. Isolierteile aus PTFE sind sehr empfindlich gegen Teilentladungen. Infolge der geringen Teilentladungsresistenz beträgt die Dauerspannungsfestigkeit nur 2 bis 6 kV/mm.

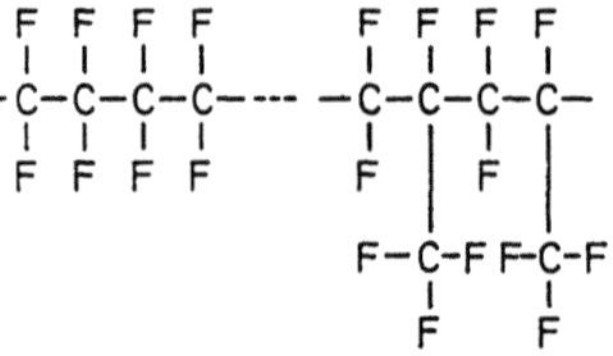

Bild 8.55. Molekülstruktur des Tetrafluorethylenhexafluorpropylens (FEP).

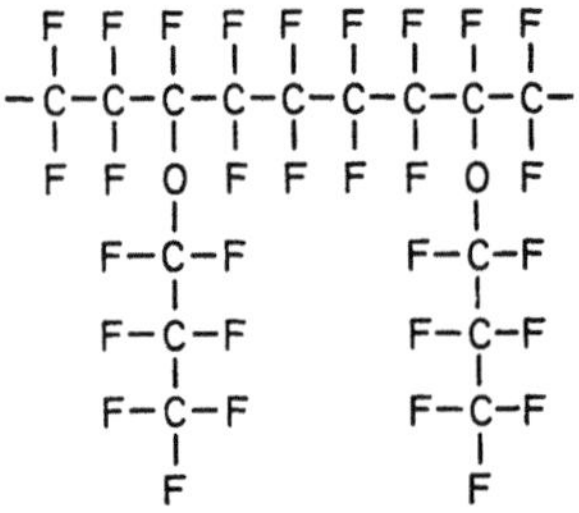

Bild 8.56. Molekülstruktur des Perfluoralkoxys (PFA).

Dieser Werkstoff findet Anwendung als Adern- und Mantelisolierung von Kabeln und Leitungen der Nachrichten- und Energietechnik. Weiterhin werden Einzelteile der Hochfrequenztechnik wie Abstandhalter, Stecker- und Buchsenisolierung usw., Hochspannungsdurchführungen und Hochspannungsisolierteile daraus hergestellt. PTFE-Folien werden für Nutenisolationen und Kondensatoren sowie gefüllte Folien als klebbare und selbstklebende Isolierbänder verwendet. Weiterhin dienen sie als Basismaterial für flexible gedruckte Schaltungen. (Hostaflon (Höchst, BR Deutschland); Teflon (DuPont, USA); Fluon (ICI, GB).)

● *Tetrafluorethylenhexafluorpropylen — Copolymerisat* (FEP). Tetrafluorethylenhexafluorpropylen ist ein Copolymerisat aus 10 bis 50% Tetrafluorethylen und 90 bis 50% Hexafluorpropylen mit einem Betriebstemperaturbereich von -100 bis $+200\,°C$ (Bild 8.55).
Die Eigenschaften dieses Kunststoffs sind mit denen von Polytetrafluorethylen zu vergleichen. Über einen weiten Temperatur- und Frequenzbereich sind

$$\varepsilon_r = 2,1 \quad \text{und} \quad \tan\delta = 7 \cdot 10^{-4}.$$

Folien haben transparentes bis glasklares Aussehen.
Die Einsatzgebiete dieses Werkstoffs sind weitgehend die gleichen wie beim Polytetrafluorethylen; vor allem dann, wenn die Anforderungen an die Wärmebeständigkeit nicht ganz so hoch sind, so z. B. bei HF-Sendekabeln und als glasfaserverstärktes Material für flexible gedruckte Schaltungen. (Teflon FEP (DuPont, USA); Neoflon (Daikin Kogyo, Japan).)

● *Perfluoralkoxy-Copolymerisat* (PFA). Bei diesem Copolymerisat aus Tetrafluorethylen und Perfluor-Propylvinylether ist die aus Kohlenstoff und Fluoratomen bestehende Hauptkette, wie Bild 8.56 zeigt, über bewegliche Sauerstoffatome mit perfluorierten Seitenketten verbunden. Man kann es als ein „schmelzverarbeitbares PTFE" bezeichnen, da es nach den üblichen Schmelzextrusions- und Gießverfahren wie Spritzgießen, Preßspritzen und Strangpressen verarbeitet werden kann.
PFA besitzt die für PTFE typischen Eigenschaften

wie Antihaftfähigkeit, Beständigkeit gegen praktisch alle Chemikalien, Nichtentflammbarkeit und auch bei hohen Temperaturen gute elektrische Eigenschaften ($\varepsilon_r = 2,1$; $\tan\delta = 5 \cdot 10^{-4}$ bei 1 MHz). Der Temperaturgrenzwert für den Dauerbetrieb beträgt $260\,°C$. Geeignet ist dieser Werkstoff für hochwertige Isolierteile und für Draht- und Kabelisolierungen. (Teflon PFA (DuPont, USA).)

b) Polyvinylchlorid (PVC)
Das monomere Vinylchlorid wird heute hauptsächlich aus Ethylen und Chlor hergestellt und durch Zugabe eines Katalysators unter Druck zu Polyvinylchlorid polymerisiert (Bild 8.57). Für die Herstellung gibt es zwei Verfahren:

— Emulsionsverfahren (E-PVC); der Nachteil bei diesem Verfahren ist darin zu sehen, daß die Emulsionsreste (Elektrolyte) die elektrischen Eigenschaften verschlechtern und dieses Material daher nur im Niederspannungsbereich eingesetzt werden kann.
— Suspensionsverfahren (S-PVC); S-PVC ist elektrolytfrei, sehr rein und elektrisch hochwertig.

PVC ist ohne Zusätze hart, spröde und thermisch wenig stabil und wird deshalb meist mit anderen Stoffen versetzt. Der erforderliche lederartige, zähe Zustand und die chemische Stabilität bei höheren Temperaturen werden erzielt durch

— Weichmacher,
— Stabilisatoren,
— Füllstoffe,
— Farbstoffe,
— Gleitmittel (zur besseren Verarbeitung im Extruder).

● *Weichmacher:* Dies sind ölartige Substanzen (z. B. Dioctylphthalat, Dicarbonsäureester), die

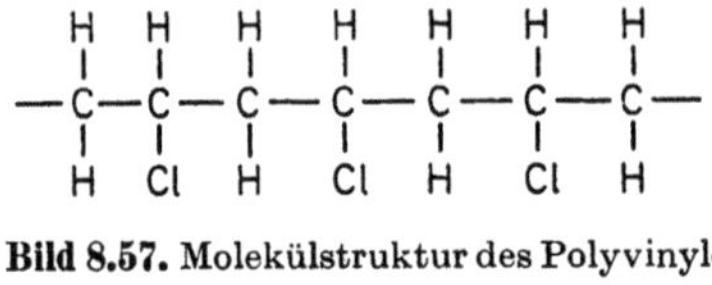

Bild 8.57. Molekülstruktur des Polyvinylchlorids (PVC).

polare Gruppen enthalten. Diese treten mit den polaren Gruppen des PVC (Fadenmolekül mit regelmäßig angeordneten Dipolen) in Wechselwirkung, wobei die Fadenmoleküle aufgelockert werden. Hierdurch wird die Weichheit und die Dehnung größer sowie die Zugfestigkeit geringer. Beispielsweise ist bei reinem PVC nur eine 10%-Dehnung möglich; durch Zugabe von 40% Weichmacher erhält man einen gummiähnlichen Stoff mit 200% Dehnung.

• *Stabilisatoren:* Durch Wärme, Licht (UV-Strahlung) und Teilentladungen wird das PVC-Molekül unter HCl-Abspaltung abgebaut, es erfolgt eine reißverschlußartige Zersetzung der Fadenmoleküle. Die Stabilisatoren sollen den Polymerabbau verhindern und die Spaltprodukte binden. Hierzu verwendet man z. B. basische Bleiverbindungen (tetrabasisches Bleisulfat und dibasisches Bleiphthalat).

• *Füllstoffe:* Sie sollen die durch thermische und elektrische Alterung entstandenen Alterungsprodukte (z. B. HCl-Ionen) absorbieren. Niederspannungskabel enthalten als Füllstoff vorwiegend Kreide, Hochspannungskabel (10 kV) dagegen China Clay (Kaolin).

• *Farbstoffe:* Sie dienen zur Kennzeichnung einzelner Bauelemente.

• *Gleitmittel:* z. B. Hartwachse sollen das Fließverhalten der Masse bei der Herstellung verbessern.

Die dielektrischen Verluste der PVC-Isolierung sind relativ hoch. Der Verlustfaktor beträgt 300 bis 500 · 10^{-4}, die Dielektrizitätszahl für eine Kabelmischung etwa 5,3.
Wegen der hohen Verluste beschränkt sich die Anwendung von PVC als Kabelisolierung bei Erdkabeln auf den Niederspannungsbereich. Für kurze Verbindungsstrecken werden sie für

Tabelle 8.9. Übliche Zusammensetzungen von PVC-mischungen für Kabel

	1 kV	10 kV
PVC	41%	60%
verschiedene Weichmacher	22%	24%
verschiedene Stabilisatoren	3%	7%
Füllstoffe	33%	9%
Farbe	1%	—

Spannungen bis etwa 10 kV ausgeführt. (In Tabelle 8.9 sind übliche Zusammensetzungen von PVC-Mischungen angegeben.) Die Betriebsfeldstärke von PVC-isolierten Kabeln liegt bei 2,5 bis 3 kV/mm. Darüber hinaus wird PVC für Kabelmäntel verwendet.

c) Polyethylen (PE)
Polyethylen entsteht durch Polymerisation des monomeren Ethylens. Bild 8.58 zeigt die Molekülstruktur des Polyethylens und seiner Ausgangsstoffe und berücksichtigt mögliche Verzweigungen der Kohlenstoffketten. Die Herstellung des Polyethylens erfolgt nach zwei unterschiedlichen Herstellungsverfahren, und zwar nach dem Niederdruck- oder Hochdruckverfahren.
Bei dem *Niederdruckverfahren* geschieht die Polymerisation der Ethylenmoleküle in Gegenwart von Katalysatoren bei Normaltemperatur und wenigen bar. Es entstehen überwiegend lineare fadenförmige Makromoleküle, die sich dicht aneinanderlagern und dadurch kristalline Bereiche bilden. Dieses Verfahren liefert ein hochdichtes Polyethylen (HDPE-high density PE) mit hohem Kristallinitätsgrad.
Bei dem *Hochdruckverfahren* geschieht die Polymerisation bei 200°C und 1 500 bis 3 000 bar. Als Katalysatoren dienen geringe Mengen Sauerstoff. Bei diesem Verfahren erhält man ein mehr oder weniger stark verzweigtes Polyethylen mit Seitengruppen; die Verzweigungen behindern die dichte

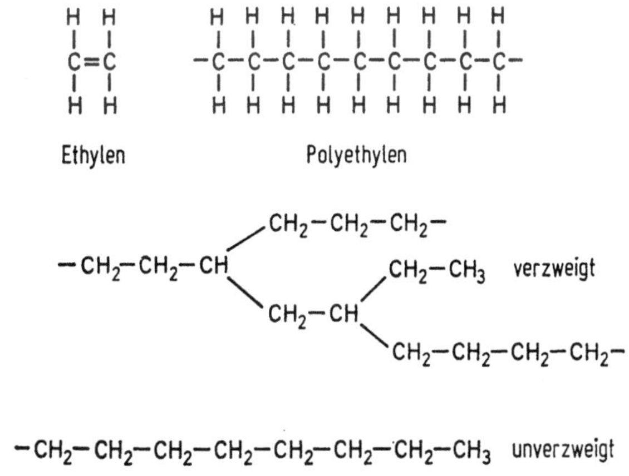

Ethylen   Polyethylen

Bild 8.58. Molekülstruktur des Ethylens und des verzweigten und unverzweigten Polyethylens.

Tabelle 8.10. Dichte und Kristallinitätsgrad von Polyethylen

	LDPE	HDPE
Dichte g/cm³	0,91…0,923	0,94…0,98
Kristallinitätsgrad %	45…70	bis 95

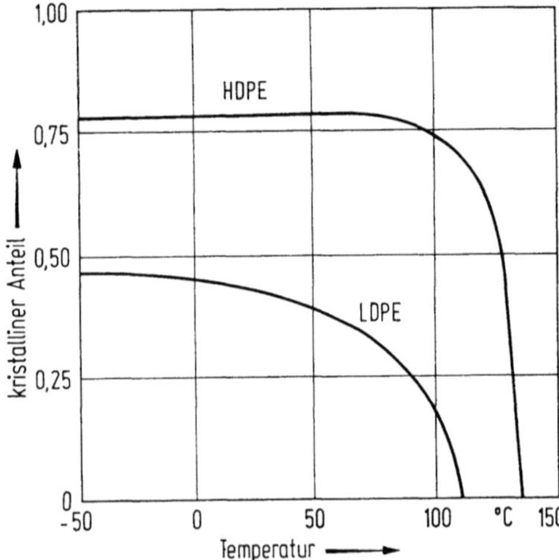

Bild 8.59. Kristallinität von Polyethylen in Abhängigkeit von der Temperatur [8.64].

Zusammenlagerung der Molekülfäden zu Kristalliten, wodurch ein Polyethylen niederer Dichte entsteht (LDPE — low density PE).

In Tabelle 8.10 sind Dichte und Kristallinitätsgrad von LDPE und HDPE gegenübergestellt. Der Kristallinitätsgrad ist abhängig von der Temperatur. Entsprechend Bild 8.59 behält HDPE seinen Kristallinitätsgrad bis etwa 110 °C; oberhalb dieser Grenze werden etwa 70% der Gesamtkristallinität in einem engen Temperaturbereich aufgeschmolzen. Beim LDPE beginnt der Schmelzprozeß bereits bei −20 °C und setzt sich dann bis zu dem Schmelzpunkt (110 bis 115 °C) kontinuierlich fort. Die mechanischen Eigenschaften der Polyethylene sind neben der Dichte auch vom Molekulargewicht und der Molekulargewichtsverteilung abhängig. Ganz allgemein gilt jedoch für beide Polyethylenarten:

- Sie sind anfällig gegen Spannungsrisse, d. h. Kerbrisse durch innere mechanische Spannungen. Beim Abkühlen vom geschmolzenen Zustand im Extruder auf Raumtemperatur schrumpft PE um etwa 15%, wodurch innere mechanische Spannungen auftreten können.
- PE ist wasserundurchlässig, aber *wasserdampfdurchlässig*.
- Die Wasseraufnahme ist gering.
- PE quillt in Öl (Mineralöl bzw. Trafoöl), besonders bei hohen Temperaturen.

— Die Dauertemperaturbeständigkeit von LDPE beträgt 70 °C (von VPE 90 °C).

Eine Sonderform ist das vernetzte Polyethylen (VPE). Durch die Vernetzung des Polyethylens (vorwiegend wird Polyethylen niederer Dichte vernetzt) erhält man eine Verbesserung der mechanischen Eigenschaften und eine Erhöhung der Dauertemperaturbeständigkeit von 70 auf 90 °C. Dabei entsteht aus linearen, teilweise verzweigten Makromolekülen ein dreidimensionales Netzwerk, und der Werkstoff wird übergeführt in einen räumlich vernetzten Elastomerzustand.

Zur Vernetzung des Polyethylens werden folgende Verfahren angewendet:

- Chemische Vernetzung mit Peroxiden unter Wasserdampf;
- chemische Vernetzung mit Peroxiden in Gasatmosphäre (Stickstoff, SF_6, usw.), sogenannte „Trockenvernetzung";
- chemische Vernetzung mit Peroxiden in Silikonöl;
- drucklose Vernetzung nach dem Sioplas-Verfahren; ·
- Strahlenvernetzung.

Polyethylen besitzt hervorragende elektrische Eigenschaften, es ist kriechstromfest und hat eine hohe Durchschlagfestigkeit [8.67; 8.72]. An dünnen PE-Folien konnte z. B. eine Durchschlagfeldstärke von etwa 700 kV/mm ermittelt werden [8.68]. Die Durchschlagfeldstärke ist jedoch eine Funktion des elektrisch beanspruchten Volumens. Entsprechend Bild 8.60 nimmt die Durchschlagfeldstärke mit wachsender Wanddicke s der Isolierung ab (Volumeneffekt). Wie in Abschnitt 8.2.2.1 schon erläutert, steigt mit Zunahme des elektrisch beanspruchten Volumens die Wahrscheinlichkeit für den elektrischen Durchschlag, womit eine Verminderung der elektrischen Festigkeit verbunden ist.

Polyethylen ist weitgehend unpolar, da sich die Dipolmomente der CH_2-Gruppen kompensieren. Hieraus resultiert ein relativ kleiner Verlustfaktor

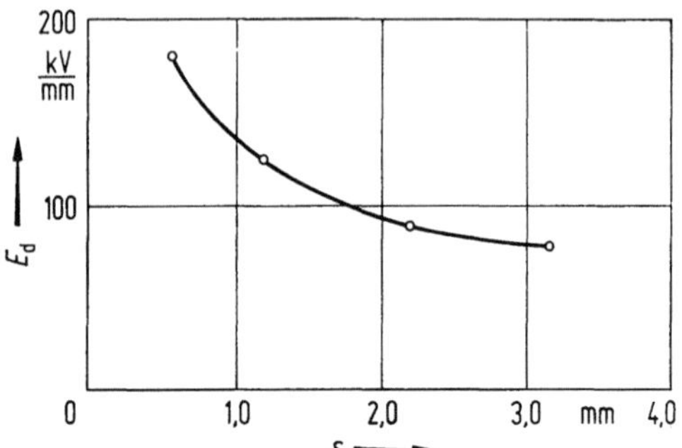

Bild 8.60. Durchschlagfeldstärke E_d in Abhängigkeit von der Wanddicke s der Isolierung von Polyethylenprüfkörpern (Kurzzeitfestigkeit) [8.54].

tan δ von 1 bis $2 \cdot 10^{-4}$ bei 20 °C. Die Abhängigkeit des Verlustfaktors von der Feldstärke, ermittelt an Modellproben, zeigt Bild 8.61. Die Probekörper (obere Elektroden als Schutzringelektroden ausgebildet) waren im Meßgefäß in SF$_6$-Atmosphäre in Steuerelektroden eingebettet. Dadurch wurden Teilentladungen (Nachweisgrenze 0,1 pC) vermieden (vgl. auch Abschnitt 10.8).

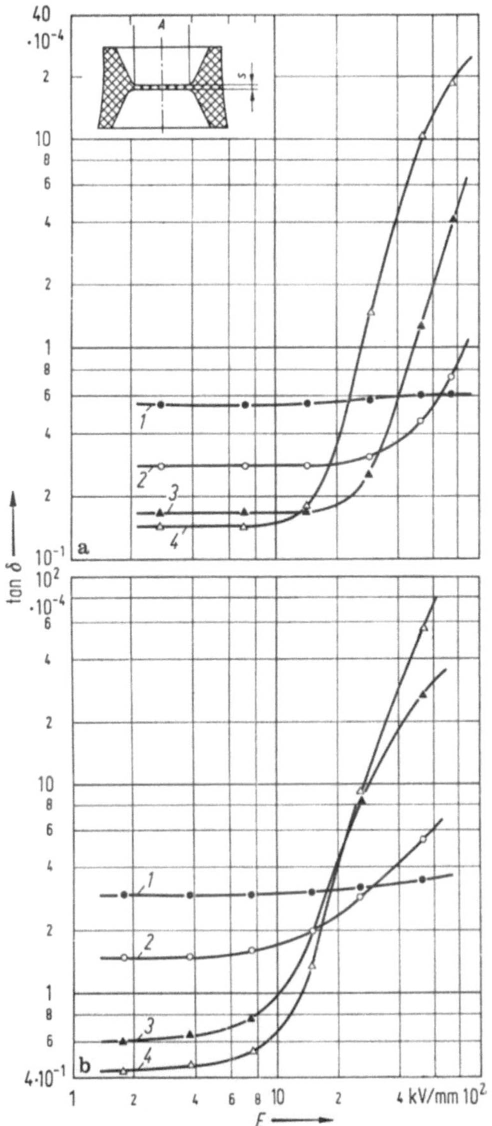

Bild 8.61. Dielektrischer Verlustfaktor von Polyethylen in Abhängigkeit von der Feldstärke [8.69]. **a** unvernetztes Polyethylen (LDPE); **b** trocken vernetztes Polyethylen (VPE). Probekörper mit Schutzringelektrode, Messung teilentladungsfrei, Größe der Meßfläche A ca. 28 cm²; $s = 0,7\ldots 0,8$ mm. *1*: 20 °C; *2*: 50 °C; *3*: 70 °C; *4*: 90 °C.

Bei geringen Feldstärken bis etwa 15 kV/mm ist der Verlustfaktor unabhängig von der Spannung; oberhalb dieses Wertes steigt der Verlustfaktor entsprechend der Beziehung

$$\tan \delta \sim E^m \quad \text{mit} \quad m > 0$$

an. Dieser Anstieg des Verlustfaktors mit der Feldstärke kann entsprechend den Ausführungen in Abschnitt 8.2.1.2 auf eine elektrische Aktivierung von Elektronen aus Donatorzuständen in den quasi-freien Zustand erklärt werden. Dieser Prozeß wird durch eine Temperaturerhöhung begünstigt, so daß der Verlustfaktor bei hohen Feldstärken mit der Temperatur zunimmt.

Die Dielektrizitätszahl von Polyethylen beträgt 2,3 und der spezifische Durchgangswiderstand $10^{17}\,\Omega$ cm.

Aufgrund des geringen Verlustfaktors bzw. der geringen dielektrischen Verluste eignet sich Polyethylen besonders als Kabelisolierung. Insbesondere für den Spannungsbereich bis 110 kV (220 kV) wird heutzutage Polyethylen in großem Umfang eingesetzt und hat im Mittelspannungsbereich (20 und 30 kV) das Massekabel nahezu verdrängt.

Ein Problem des PE- bzw. VPE-Kabels liegt in der Empfindlichkeit gegen Teilentladungen. An Stellen erhöhter Feldstärke — Verunreinigungen oder Hohlräume innerhalb der Isolierung bzw. Fehlstellen im Bereich des Übergangs Leitschicht/PE-Isolierung — können sogenannte „electrical trees" entstehen. Es handelt sich dabei um bäumchenförmige Zerstörungsfiguren aus hohlen Kanälen, die mit geringer Geschwindigkeit in den Isolierstoff vorwachsen und den vollständigen Durchschlag (d. h. Kabelausfall) verursachen, wenn die gesamte Isolierung von einer derartigen Zerstörungsfigur überbrückt wird (s. Bild 8.52 und [8.57−8.59; 8.70]). Aufgrund der geringen Teilentladungsresistenz von Polyethylen beträgt die Betriebsfeldstärke (auch unter Berücksichtigung der Raumladungen, vgl. Abschnitt 8.2.2.1 und [8.48]) von Mittelspannungskabeln nur 2 bis 5 kV/mm. Das Problem der TE-Empfindlichkeit ist jedoch bei dem heutigen Aufbau des Kabeldielektrikums, bei dem die innere Leitschicht (rußgefülltes PE) mit der PE-Isolierung und der äußeren Leitschicht (rußgefülltes PE) in einem Arbeitsgang durch Dreifachextrusion aufgebracht werden, sowie durch Verwendung feinster Siebe (ca. 50 µm) im Extruder zur Verhinderung von Verunreinigungen in der Isolierung praktisch gelöst und von untergeordneter Bedeutung. Außerdem werden Fehlstellen im Dielektrikum bei der Teilentladungsprüfung (vgl. Abschnitt 10.8) nach der Fertigung erkannt und Kabel, die bei der Prüfspannung $2U_0$ Teilentladungen größer als 5 pC aufweisen, ausgeschieden.

Als größeres Problem wird in neuerer Zeit das

Phänomen „electrochemical treeing" (ECT) oder „water treeing" (WT) diskutiert. Electrochemical treeing ist eine dem electrical treeing ähnliche Veränderung des Dielektrikums, die bei Beanspruchung durch ein elektrisches Feld unter Feuchteeinwirkung an örtlichen Inhomogenitätsstellen auftreten kann. Electrochemical treeing (ECT) ist dabei der eigentliche Oberbegriff, da nicht auszuschließen ist, daß chemische Prozesse an der Entstehung dieser Strukturen mit beteiligt sind. Da aber vorhandene Feuchtigkeit für das Entstehen notwendig ist, spricht man im allgemeinen nur von water treeing (WT). Diese Zerstörungsform, die sich nicht spontan, sondern im Laufe von Jahren bei im feuchten Erdreich verlegten Kabeln entwickeln, verursachen *keine* elektrischen Teilentladungen, sind also durch eine TE-Messung nicht nachweisbar. Unter dem Mikroskop sind sie nur nach Einfärben mit einer Lösung von Methylenblau und Na_2CO_3 in Wasser erkennbar. Man unterscheidet nach dem Erscheinungsbild zwischen „bowtie trees", die nur im Innern der PE-Isolierung auftreten und „vented trees", die von den Leitschichten ausgehen (Bild 8.62). Die bow-tie trees (Größe einige µm bis wenige hundert µm) stabilisieren sich

offensichtlich im Laufe der Zeit und werden daher heute — wenn sie nicht zu große Wachstumsformen annehmen — als ungefährlich angesehen. Die vented trees hingegen können jedoch bei ständiger Feuchtigkeitszufuhr stetig weiterwachsen und somit letztendlich — da sie infolge des hohen Feuchtigkeitsgehalts in ihrer Struktur leitfähig sind — bei großer Ausdehnung das Dielektrikum so weit schwächen, daß es schließlich (nach vielen Betriebsjahren) zum Durchschlag des Kabels kommt. Die Entstehungsmechanismen beim electrochemical treeing bzw. water treeing und die elektrischen Auswirkungen auf die Lebensdauer einer PE-Isolierung sind zwar heute weitgehend geklärt [8.71; 8.73; 8.74], dennoch sind noch viele Fragen offen.

Zur Vermeidung des ECT bzw. WT, als dessen entscheidende Ursache das Vorhandensein von Feuchtigkeit im Kabel zweifelsfrei nachgewiesen ist, werden die Kabelkonstruktionen nunmehr so ausgeführt, daß längs der Leiter und der äußeren Abschirmung sowie quer durch den Mantel (PE) und die äußere Abschirmung das Weitervordringen bzw. die Diffusion von Wasser behindert wird. Bei 110-kV-Kabeln bringt man heute anstelle des bisher über der Abschirmung

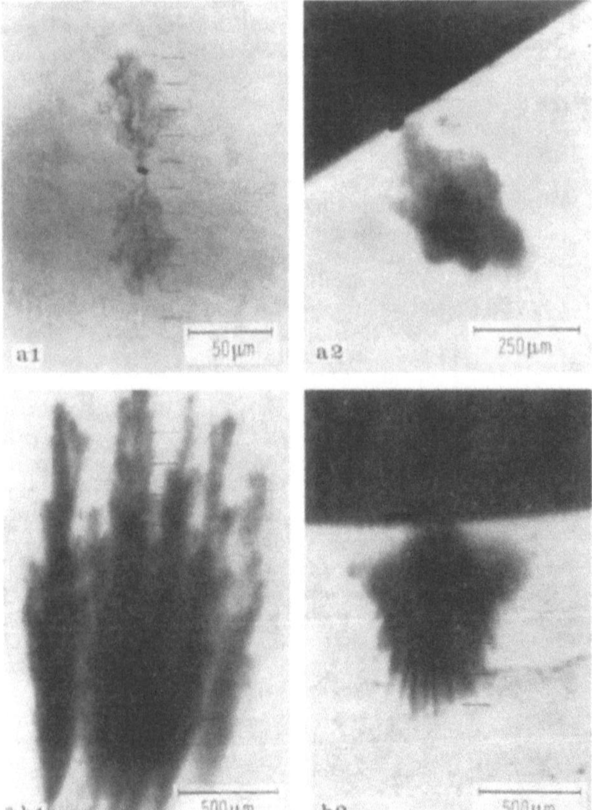

Bild 8.62. Water trees in 20-kV-Polyethylen-Kabeln nach mehrjährigem Betrieb. **a** LDPE. 1. Bow-tie tree an einer Verunreinigung innerhalb der Isolierung, 1 Skt. △ 15 µm. 2. Vented tree an der inneren Leiterglättung; 1 Skt. △ 60 µm. **b** VPE. 1. Vented trees an der äußeren Leiterglättung, 1 Skt. △ 150 µm; 2. Vented tree an der inneren Leiterglättung, 1 Skt. △ 150 µm.

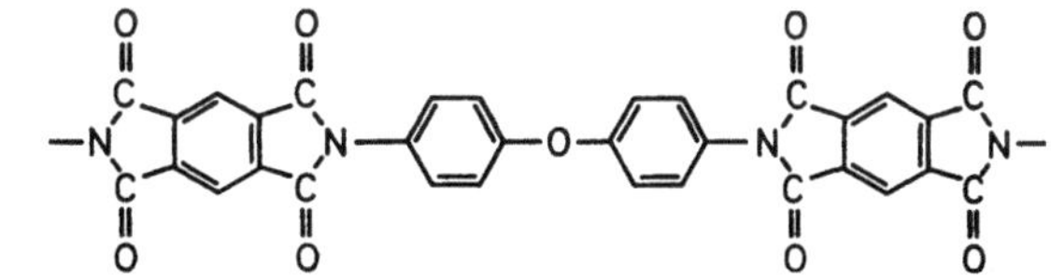

Bild 8.63. Molekülstruktur des durch Polykondensation entstandenen Polyimids.

üblichen PVC- oder PE-Mantels einen Schichten-
mantel aus geschlossener Aluminiumfolie mit
aufgebrachtem PE auf, der eine Wasserdiffusion
vom Erdreich ins Kabeldielektrikum mit Sicherheit
ausschließt.

Wie neuere Untersuchungen gezeigt haben, führt
eine „Imprägnierung" von PE mit dem Isoliergas
SF_6 zu einer Erhöhung der elektrischen Festigkeit
des Isolierstoffs [8.75; 8.76]. Dies ist darauf zurückzuführen, daß das Gas SF_6 in Leerstellen des
Gefüges des PE hineindiffundiert und dort durch
Anlagerung von Elektronen die Bereitstellung
von Ladungsträgern zur Einleitung des Durchschlags behindert. Unter Ausnutzung dieses
Effekts befinden sich bereits Hochspannungskabel
mit PE-Isolierung, bei denen der Innenleiter unter
geringen SF_6-Überdruck gestellt ist, in der Er-
probung. Außerdem ist dieser Effekt von großer
Bedeutung bei Schichtdielektrika Folien-SF_6
(vgl. Abschnitt 8.3.1).

d) Polyimide

Der Begriff Polyimide stellt eine Sammelbezeich-
nung für im allgemeinen aromatische Gruppen
enthaltende, hochtemperaturbeständige Kunststoffe dar, die Säureimidgruppierungen enthalten.

Die Herstellung kann grundsätzlich durch Polykondensation (Duro- und Thermoplaste) und
Polyaddition (nur Duroplaste) erfolgen. Die
Polykondensate beruhen auf der Reaktion eines
aromatischen Dianhydrids. Die Polyadditionsprodukte basieren auf kurzkettigen Vorpolymeren.
Diese weisen noch ungesättigte aliphatische
Endgruppen auf, die durch thermisch polymeri-
sierende Gruppen gesättigt werden. Die Polyadditionsprodukte haben eine etwas geringere
Wärmestandfestigkeit als die Polykondensate.

Für die Elektrotechnik von besonderer Bedeutung
ist das aus Pyromellithsäuredianhydrid und
Diaminodiphenylether polykondensierte Polyimid,
dessen Molekülstruktur in Bild 8.63 dargestellt
ist.

Diese Struktureinheiten sind sehr oxidations-
stabil und durch die dichte Anordnung der
aromatischen Ringe in Verbindung mit den
molekularen Kräften sehr temperaturstabil. Der
Anwendungsbereich liegt zwischen -180 und
$+300\,°C$.

Dieses Polyimid besitzt eine ausgezeichnete
Beständigkeit gegenüber ionisierender Strahlung,
ist nicht entflammbar, schmilzt nicht und beginnt
erst bei $800\,°C$ zu verkohlen; es ist in keinem

Lösungsmittel löslich und besitzt ausgezeichnete
chemische Beständigkeit. Kochendes Wasser und
starke Laugen greifen das Material allerdings an.
Formteile aus Polyimid besitzen eine hohe Glimm-
und Lichtbogenfestigkeit, dagegen aber nur eine
geringe Dehnung.

Die elektrische Festigkeit E_d beträgt 25 kV/mm
bei Formteilen, bei Folien ist sie beträchtlich
höher; die Dielektrizitätszahl liegt bei etwa 3,5
und der Verlustfaktor $\tan\delta$ bei $20\cdot10^{-4}$ (bei
50 Hz und $20\,°C$).

Aus diesem Polyimid werden Folien, Formteile
und — in gelöster Form — Tränklacke für Drähte
hergestellt.

Polyimidfolien eignen sich zur Mantel- und Ader-
isolierung von Kabeln, Isolierung von elektrischen
Motoren und Transformatoren, als Dielektrikum
in Kondensatoren, Basismaterial für flexible
gedruckte Schaltungen, selbstklebende Isolierbänder, Isolierschläuche u. a.; in der Raumfahrt-
technik und in Kernenergieanlagen hat sich der
Werkstoff gut bewährt. Lackisolierungen aus
Polyimid zählen zu den temperaturbeständigen,
besitzen allerdings geringe Abriebfestigkeit.
(Kapton (DuPont, USA), Kinel (Rhône-Poulenc,
F.).)

Ein weiteres wichtiges Polyimid ist das vernetzte
Polybismaleinimid (Bild 8.64), ein wärmehärten-
des Polyimid, welches leichter verarbeitbar ist[5].
Es ist ein Produkt, dessen Schlußreaktion aus der
Polymerisation der Doppelbindungen und der
Polyaddition mit den Diaminen besteht. Das
pulverförmige gelbe Harz wird in Lösungs-
mitteln (z. B. N-Methylpyrrolidon) gelöst. Damit
werden Glasgewebe oder Keramikvliese getränkt
und anschließend ausgehärtet. Die Eigenschaften
derartiger Werkstoffe sind nicht so hervorragend
wie bei den vorher genannten Polyimiden. Bei
recht guten mechanischen und elektrischen
Eigenschaften liegt die Dauerwärmebeständigkeit
bei $180\,°C$. Sie sind nicht kriechstromfest, weisen
dagegen eine sehr hohe Strahlenbeständigkeit
auf.

Es ist bis heute noch nicht üblich, Polyimid-
Preßmassen oder Prepregs (vorimprägnierte
Gewebe, die nach Verarbeitung zu einer Isolierung
endgültig ausgehärtet werden) im Betrieb der
Geräthersteller zu formen. Die Rohstoffhersteller

---

[5] Polybismaleinimid ist ein Duroplast und gehört
eigentlich in Abschnitt 8.2.3.7. Es wird jedoch
der Vollständigkeit halber hier mit unter den Polyimiden behandelt.

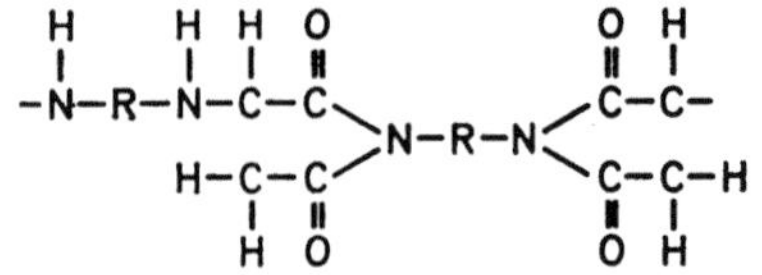

Bild 8.64. Struktur des durch Polyaddition entstandenen Grundmoleküls des Polybismaleinimids.

ziehen es vor, die komplizierte Verarbeitung selbst durchzuführen und Formteile nach Zeichnung und Angaben des Auftraggebers, spanend bearbeitbares Halbzeug und beschichtetes Glas- und PA-Gewebe fertig zu liefern.

e) Polyamide (PA)

Polyamide sind teilkristalline thermoplastische Polykondensate [u. a. 8.65]. Sie haben ein gemeinsames und in dem Kettenmolekül wiederkehrendes Strukturelement, die Carbonsäure-Amidgruppe

$$\begin{array}{c} O \\ \| \\ -C-NH- \end{array}$$

Bei den verschiedenen Polyamiden befindet sich nun jeweils zwischen zwei dieser Gruppen eine unterschiedliche Zahl von CH_2-Gruppen. PA 6 hat nach jeweils 5, PA 11 nach 10, PA 12 nach 11 CH_2-Gruppen eine Amidgruppierung. Der regelmäßige Kettenaufbau ist demnach wie folgt:

$$-NH-R-\overset{\overset{\displaystyle O}{\|}}{C}-NH-R-\overset{\overset{\displaystyle O}{\|}}{C}-NH-R-\overset{\overset{\displaystyle O}{\|}}{C}-$$

$R = (CH_2)_5$ bei PA 6

$R = (CH_2)_{10}$ bei PA 11

$R = (CH_2)_{11}$ bei PA 12

Im Gegensatz dazu wechseln beim PA 66 und PA 610, welche aus zwei Konstitutionsbausteinen hergestellt werden, Segmente mit verschiedener Zahl von CH_2-Gruppen miteinander ab.

All diese Polyamide, zu denen inzwischen auch PA 69 und PA 612 hinzugekommen sind, haben einen breiten Anwendungsbereich in der Elektrotechnik gefunden und werden für die vielfältigsten Verwendungszwecke eingesetzt. Ihr Eigenschaftsbild wird von der Kristallinität geprägt, wobei zunehmende Kristallinität höhere Festigkeit und geringere Wasseraufnahme bewirkt. Der Kristallinitätsgrad kann jedoch je nach Abkühlungsbedingungen stark schwanken. Beim PA 6 z. B. im Bereich von nur 10% bei schneller Abkühlung und bis zu 60% bei langsamer Abkühlung, bei der auch Sphärolithstrukturen gebildet werden.

Als nachteilig ist die Abhängigkeit der mechanischen Eigenschaften und auch der elektrischen Eigenschaften vom Feuchtigkeitsgehalt zu bewerten. Während die im trockenen, spritzfrischen Zustand harten Polyamide erst infolge einer Feuchtigkeitsaufnahme ihre Zähigkeit erreichen, wirkt sich die jeweilige Feuchtigkeit auf die elektrischen Eigenschaften verschlechternd aus. Mit zunehmendem Wassergehalt wird der Oberflächen- und Isolationswiderstand verringert. Die Polyamide sind gut witterungs- und UV-beständig. In der Hochspannungstechnik werden vorzugsweise aus PA 6 hergestellte Teile eingesetzt. Man stellt hieraus Schalterteile sowie Schaltstangen und Stützisolatoren in Leichtbauweise aus glasfaserverstärkten Formmassen her. Dabei handelt es sich vorwiegend um Teile, die nicht so hohen elektrischen Beanspruchungen ausgesetzt sind, so beispielsweise bei Mittelspannungsanlagen.

Der dielektrische Verlustfaktor ist bei 50 Hz trocken/luftfeucht $3 \cdot 10^{-2}/30 \cdot 10^{-2}$ und die Dielektrizitätszahl trocken/luftfeucht beträgt 4/7 bei PA 6. Diese Werte sind für den Einsatz dieses Materials in der Hochspannungstechnik als Isolierstoff nicht besonders gut.

f) Polycarbonat (PC)

Polycarbonat ist ein lineares Polykondensat und hat polare und unbewegliche Molekülsegmente, wodurch es eine erhöhte Steifigkeit und Zähigkeit aufweist. Es ist amorph, hat eine Grenztemperatur von 150 °C und schmilzt bei 220 bis 230 °C. In der Hochspannungstechnik wird es bevorzugt in Form von Folien bei Wicklungen und Kabelisolierungen eingesetzt; Spritzgußteile finden in der Niederspannung Anwendung. Der dielektrische Verlustfaktor ist bei 50 Hz mit 8 bis $10 \cdot 10^{-4}$ sehr niedrig, die Dielektrizitätszahl beträgt 3,0 bis 3,3.

8.2.3.6 Elastomere

a) Silikongummi

Silikongummi entsteht durch Vulkanisation von Silikonkautschuk. Die Vernetzung erfolgt ähnlich wie bei Naturkautschuk durch Schwefel mit Hilfe besonderer Vernetzer und ist sowohl in Wärme als auch bei Raumtemperatur möglich. Die Heißvulkanisation erfolgt nach Einarbeitung der Vernetzer (im allgemeinen organische Peroxide) durch Heißpressen mit anschließender Nachvulkanisation bei etwa 200 °C, bei kalthärtenden Zwei-Komponenten-Typen durch Gießen. Für besondere Anwendungsfälle kann während der Vernetzung eine Schäumung des Werkstoffs vorgenommen werden.

Als Füllstoffe zur Verstärkung der Mischung kommen Titandioxid, Quarzmehl, Calciumcarbonat (Kreide) und Kieselgur zum Einsatz. Silikonkautschuk ist beständig gegen Oxidation, Ozon, Licht, Fett und chlorierte Diphenyle. Wasserdampf greift Silikongummi erst oberhalb 130 °C an und zerstört es nach längerer Einwirk-

Tabelle 8.11. Werkstoffeigenschaften von Silikongummi; unverstärkt bzw. mit inaktiven mineralischen Füllstoffen verstärkt [8.60]

Eigenschaften	Einheit	Heißvernetzt		Kaltvernetzt	
		unverstärkt	verstärkt	unverstärkt	verstärkt
Dichte	g/cm³	0,98	1,1...1,6	1,0	1,2...1,6
Zugfestigkeit	N/mm²	2...5	10	0,5...3	2...10
Bruchdehnung	%	150...200	100...700	50...150	150...300
Härte	Shore A	15	50	10...40	15...70
Stoßelastizität	%	60	60	50...60	50....60
Kriechstromfestigkeit		KA 3 c	KA 3 c	KA 3 c	KA 3 c
Durchschlagfestigkeit	kV/mm	20	20	20	20
spezifischer Durchgangs-widerstand	Ω cm	10^{15}	10^{14}	10^{14}	10^{13}
Dielektrizitätszahl (1 MHz)		2,8	2,9...6,0	3,0	2,9...3,5
Dielektr. Verlustf. (1 MHz)		$5 \cdot 10^{-3}$	10^{-2}	10^{-2}	10^{-2}
Wärmeleitfähigkeit	W/Km	0,27	0,3		0,3
lineare Wärmedehnzahl	10^{-6}/K		200	360	250
Dauerwärmebeständigkeit	°C	170	170	170	170
Wasseraufnahme	mg	50	50		10...50

zeit. In Benzin, chlorierten aliphatischen Kohlenwasserstoffen, in aromatischen Lösemitteln und aromatischen Ölen quillt Silikongummi und verliert seine mechanische Festigkeit. Chemisch wird Silikongummi weder von schwachen Säuren und Alkalien noch von polaren Lösemitteln oder Salzlösungen angegriffen.

Die Werkstoffeigenschaften von Silikongummi sind in Tabelle 8.11 zusammengestellt.

Silikongummi ist im allgemeinen kriechstrom- und lichtbogenfest, beständig gegen Teilentladungen und schwer entflammbar.

Heißvulkanisiertes Silikongummi wird verwendet für Ader- und Mantelisolierungen für Nachrichten- und Energiekabel, flüssigkeitsdichte Durchführungen, Zündkabel und Schutzkappen für Zündverteiler. Selbstverschweißende Bänder aus borhaltigem Silikongummi dienen zur Bewicklung von Kabeln.

Ein wichtiges Anwendungsgebiet in der Hochspannungstechnik sind Langstabisolatoren als Hängeisolatoren von Hochspannungsfreileitungen, bei denen Silikongummi-Schirme in Verbund auf einen glasfaserverstärkten unter Zug hoch belastbaren Stab aufgebracht sind. Im Mittelspannungsbereich werden zunehmend für die Kunststoffkabel Aufschiebeendverschlüsse aus Silikongummi eingesetzt, bei denen die Feldsteuerung in den Endverschlußkörper integriert ist.

Kalthärtendes Material wird vorwiegend zum Vergießen von Wickelköpfen und thermisch besonders beanspruchten Bauelementen eingesetzt.

b) Andere Elastomere

Außer dem bereits in Abschnitt 8.2.3.5c) besprochenen vernetzten Polyethylen (VPE) und dem Silikongummi haben die verschiedenen weiteren Elastomere nur Bedeutung bei Leitungen und Kabeln als Ader- und Mantelisolierungen immer dann, wenn besonders hohe Flexibilität und hohe Abriebfestigkeit bei beispielsweise im Tagebau verlegten Kabeln gefordert wird.

Im einzelnen handelt es sich dabei vor allem um

• *Ethylenpropylen-Copolymerisat* (EPM). Dieses Material wird häufig auch − nicht der korrekten Klassifizierung entsprechend − mit EPR bezeichnet (herrührend von ethylen-propylen-copolymerrubber). Eine Modifizierung hiervon ist das Ethylenpropylen-Dien-Terpolymerisat (EPDM), da es sich als vorteilhaft bezüglich der Eigenschaften erwiesen hat, dem Copolymerisat in kleiner Menge ein Dien als Seitenkette einzubauen. Diese Isolierstoffe sind, ohne daß Antioxidantien eingearbeitet worden sind, beständig gegen Sauerstoff und Ozon, gegen Witterungs- und Lichteinflüsse und weisen (insbesondere das EPDM) ein besonders gutes Alterungsverhalten auf. Sie sind nicht beständig gegen Mineralöle. Bei der Herstellung von Isolierungen für Hochspannungskabel bei 150 kV wird als Füllstoff Kreide oder Kaolin mit zugesetzt. Die Durchschlagfestigkeit ist etwas niedriger und der dielektrische Verlustfaktor etwas höher als bei VPE-Isolierungen. Als besonderer Vorteil wird jedoch herausgestellt, daß diese Materialien besonders beständig gegen water treeing und electrical treeing sind [8.77].

• *Fluorkautschuk.* Fluorkautschuk ist ein Polymerisat aus Hexafluorpropylen und Vinylfluorid. Es ist in einem Betriebstemperaturbereich von

−10 bis +200 °C für Ader- und Mantelisolierungen von Kabeln gut geeignet. Es besitzt hervorragende Öl- und Lösungsmittelbeständigkeit; der spezifische Widerstand beträgt etwa $10^{13}\,\Omega$ cm, die Durchschlagfestigkeit etwa 200 kV/cm; im Frequenzbereich von 50 Hz bis 1 kHz liegt der Verlustfaktor bei 0,06 und die Dielektrizitätszahl bei 6.

Weitere Elastomere wie z. B. Naturgummi, Butylgummi und Chloroprengummi haben in der Elektrotechnik außer als Ader- und Mantelisolierungen bei speziellen Kabeln und Leitungen nur geringe Bedeutung und sollen daher hier nicht behandelt werden.

8.2.3.7 Duroplaste

a) Silikonharz (Si-Harz)

Die in Bild 8.65 dargestellte Molekülstruktur von Silikonharz berücksichtigt den möglichen Einbau von Methyl- oder Phenylgruppen an den mit R gekennzeichneten Stellen.

Da unverstärkte Harze für mechanische Belastungen kaum geeignet sind, werden sie als Tränkmittel z. B. von Glasfilamentgeweben in Schichtpreßstoffen eingesetzt oder dienen unter Verwendung anorganischer Füllstoffe als Preßmassen. Isolierstoffe mit Silikonharz sind unbrennbar; die Formstoffe sind unempfindlich gegen Teilentladungen, strahlen- und alterungsbeständig, aber nicht immer kriechstromfest. Wasser benetzt Silikonharz nur gering, dagegen ist die Haftung von Silikonharzfilmen auf Kupfer, insbesondere bei erhöhter Temperatur und Alterung, unbefriedigend; es findet auch bis zu einem gewissen Grad Wasserdampfaufnahme statt. Der Betriebstemperaturbereich liegt zwischen −65 und +200 °C, der Verlustfaktor zwischen 1 bis $5 \cdot 10^{-3}$.

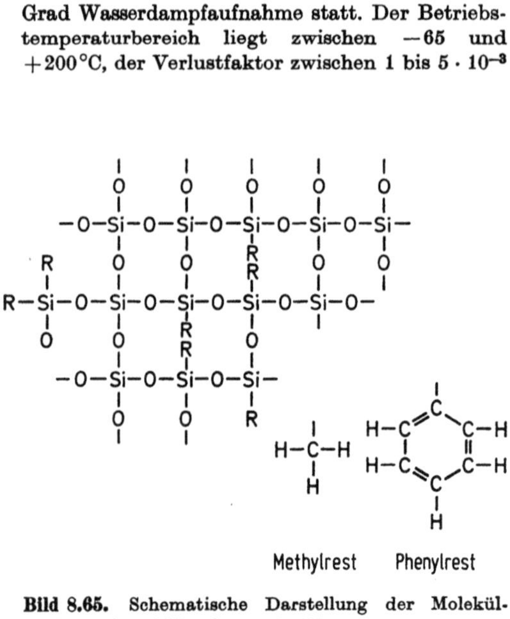

Bild 8.65. Schematische Darstellung der Molekülstruktur eines Silikonharzes [8.60].

und die Dielektrizitätszahl zwischen 3,2 und 5. Silikonharz dient zum Verguß und zur Umhüllung von Bauelementen und Schaltungen, besonders wenn sie mechanischen Erschütterungen, Feuchtigkeit, extremen Temperaturen und ionisierender Strahlung ausgesetzt sind, z. B. Widerstände, Kondensatoren, Varistoren, Dioden-Transistoren, Thyristoren und integrierte Schaltungen. Besondere Bedeutung hat es als Isoliermaterial für Trockentransformatoren und speziell für Motoren und Generatoren höchster Temperaturbeanspruchung. (Isolierstoffklasse C für Temperaturen ≥ 200 °C). Die Leiterisolierung besteht dabei aus Mikafolien (Glasfaser-Glimmer-Bänder, vgl. Abschnitt 8.2.3.3 b)), die Nutenverschlußkeile bestehen aus Glasfasergewebe, imprägniert mit Silikonharz. Weiterhin dient Silikonharz zur Isolation schlagwetter- und explosionsgeschützter Betriebsmittel.

b) Epoxidharze (EP-Harze)

Epoxidharze sind niedermolekulare, noch lösliche oder schmelzbare Reaktionsharze, die eine zur Härtung ausreichende Zahl von Epoxidgruppen im Molekül aufweisen. Dabei ist eine Maßzahl für die Konzentration an Epoxidgruppen in einem Epoxidharz das *Epoxidäquivalent* (EV-Wert), welches die Harzmenge in g angibt, in der 1 Mol (16 g) Epoxidsauerstoff enthalten ist und die 1 Härteräquivalent bindet. Hieraus läßt sich das Umsetzungsverhältnis von EP-Harz und Härter berechnen. Häufig wird auch die *Epoxidzahl* verwendet, welche die in 1 kg Epoxidharz enthaltenen Epoxidäquivalente angibt. Hat beispielsweise ein EP-Harz ein Epoxidäquivalent von 190 (d. h. 190 g Harz enthalten 1 Mol = 16 g EP-Sauerstoff), so ist die entsprechende Epoxidzahl 5,26 (d. h. 1 kg Reaktionsharz hat 1 000/190 = 5,26 mol/kg) [8.80].

Zur Herstellung eines EP-Harzformstoffs wird EP-Harz mit Härter und ggf. Beschleuniger, Füllstoff, Farbstoff und Flexibilisatoren vermischt. Der Aufbau des Netzwerks erfolgt überwiegend durch Polyadditionsreaktion. Es entstehen duroplastische EP-Harzformstoffe. Man bezeichnet das Gemisch vor der Aushärtung als EP-Harzmasse.

● *Epoxidharzarten.* Unter den EP-Harzen haben in der Elektrotechnik die sogenannten Bisphenol-A-Epoxidharze (Bild 8.66) nach wie vor die größte Bedeutung. Es handelt sich dabei um EP-Harze, hergestellt aus den Basiskomponenten Bisphenol A und Epichlorhydrin. Für die Praxis wichtige EP-Harze dieser Basis haben EV-Werte von etwa 175 (niedrigviskose Harze) bis etwa 500 (Festharz), was Epoxidzahlen von 5,70 bis 2,50 entspricht. Um gezielt verbesserte Eigenschaften für spezielle Anforderungen in der Elektrotechnik zu erreichen,

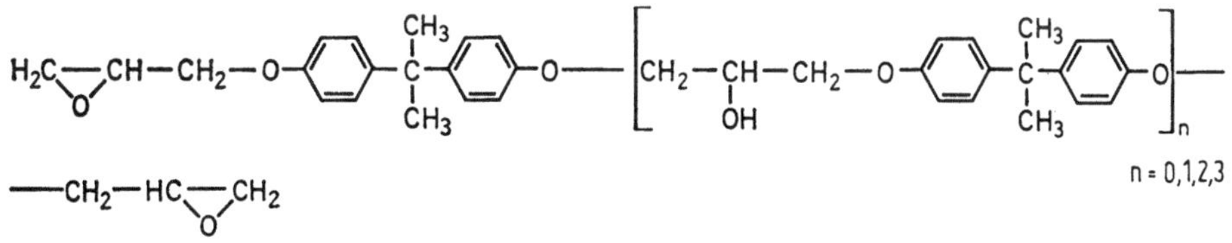

$$n = 0, 1, 2, 3$$

Bild 8.66. Chemische Struktur von Epoxidharzen auf Basis von Bisphenol A.

wurden eine Reihe weiterer Epoxidharze entwickelt:

— Aromatenfreie cycloaliphatische Epoxidharze für Hochspannungsfreiluftanwendungen, die eine hohe Kriechstromfestigkeit aufweisen.
— Epoxinovolake sowie das Triglycidylisocyanurat und Hydantoin-Epoxidharze, die alle infolge ihrer hohen Vernetzungsdichte EP-Harzformstoffe höherer Wärmeformbeständigkeit und damit höherer thermischer Belastbarkeit ergeben.
— Bromierte Bisphenol-A-Epoxidharze zur Herstellung flammwidriger EP-Harzformstoffe.
— Modifizierte EP-Harze zur Flexibilisierung der Formstoffe und damit zur Verbesserung bestimmter mechanischer Eigenschaften.

Auf die Angaben von Strukturformeln für diese verschiedenen Harztypen wird wegen ihrer Vielfalt verzichtet, und es sei auf die Literatur verwiesen, z. B. [8.79].

• *Härter und Zusatzstoffe.* Zur Heißhärtung von EP-Harzen werden sehr häufig Dicarbonsäureanhydride als Härter eingesetzt. Es handelt sich dabei vorwiegend um

— Phthalsäureanhydrid (PSA), welches einen relativ hohen Schmelzpunkt besitzt und bevorzugt in Verbindung mit dem Festharztyp verwendet wird,
— Hexahydrophthalsäureanhydrid (HHPSA), Methylhexahydrophthalsäureanhydrid (MHH-PSA) und Mischungen von Dicarbonsäureanhydriden als bevorzugter Härter für niedrigviskose EP-Harze, die eine Aufbereitung der Gießmasse bei nur mäßig erhöhter Temperatur ermöglichen.

Neben diesen Anhydridhärtern haben die basischen Aminhärter eine wichtige Bedeutung. Man kann mit ihnen je nach chemischem Aufbau der Amine bereits eine spontane Härtung bei Raumtemperatur erzielen oder die Standzeiten der Gießmassen entsprechend länger einstellen und die Härtung bei höheren Temperaturen durchführen. Spezielle Amine — langkettige — führen zu flexiblen Formstoffen.
Bis auf wenige Ausnahmen, wie z. B. Tränkbäder für die Ganztränkung elektrischer Maschinen, wird bei der Anhydridhärtung ein Beschleuniger zugegeben. In vielen Fällen stellen formulierte Anhydridhärter Gemische aus einem Anhydrid und einem Beschleuniger dar.
Zur Herabsetzung der Viskosität setzt man meist reaktive Verdünner ein.
Zur Flexibilisierung der Formstoffe setzt man langkettige Polyole und auch flexibilisierende Glycididylverbindungen ein. Dies ist besonders in den Fällen notwendig, bei denen in kompliziert geformte Bauteile Metalle eingegossen werden, um wegen der unterschiedlichen Ausdehnungskoeffizienten Metall-Epoxidharzformstoff mechanische Spannungen, die zur Rißbildung führen können, klein zu halten; allerdings werden durch Flexibilisatoren die Wärmeformbeständigkeit und die elektrischen Eigenschaften des Formstoffs beeinträchtigt.

• *Füllstoffe.* Nahezu sämtliche in der Hochspannungstechnik aus EP-Gießharzen hergestellten Formstoffe werden mit anorganischen Füllstoffen verstärkt, wobei die Füllstoffe eine Reihe von Aufgaben zu erfüllen haben, die man allgemein wie folgt beschreiben kann:

— Beeinflussung der mechanischen Eigenschaften;
— Abbau der infolge der exothermen Reaktion entstehenden Temperaturerhöhung, wodurch der Verguß großvolumiger Bauteile oft erst ermöglicht wird;
— Verbilligung des Formstoffs.

Bei diesen meist pulverförmigen Füllstoffen stellen die Korngrößenverteilung und die Dichte die wichtigsten Kenngrößen dar.
Der am meisten verwendete Füllstoff ist Quarzmehl (SiO_2), welches in einem breiten Spektrum von Körnungen angeboten wird. Im allgemeinen wird ein mittleres Quarzmehl mit einer spezifischen Oberfläche von ca. 1 m²/g entsprechend einer Maschenweite von 16 900/cm² und einer Korngröße bis maximal 100 μm eingesetzt, wobei 88% der Anteile einen Korndurchmesser kleiner als 40 μm haben.
Für Isolierteile in SF_6-isolierten, metallgekapselten Schaltanlagen wird Aluminiumoxid (Al_2O_3) sowie auch Dolomit (Ca-Mg-Carbonat) verwendet, weil beide von Zersetzungsprodukten des SF_6 bei möglichen Teilentladungen oder im Falle eines Lichtbogens nicht angegriffen werden. Bei Verwendung von Quarzmehl als Füllstoff entstehen jedoch leitfähige Si-Fluor-Verbindungen,

Tabelle 8.12. Füllstoffübersicht [8.82]

- ● Bezugsgröße
- ++ viel größerer Absolutwert
- + größerer Absolutwert
- ○ ähnlicher Absolutwert
- — kleinerer Absolutwert
- — — viel kleinerer Absolutwert

pos! Einfluß sehr positiv
pos. Einfluß positiv
○ Einfluß ähnlich
neg. Einfluß negativ

Eigenschaften des Füllstoffes

Name	Erläuterung	Kornform	Dichte g/cm^3	Spez. Oberfläche gebräuchlicher Typen m^2/g	Wärmeleitzahl $W/m\,K$	linearer Wärmeausdehnungskoeffizient $10^{-6}\,mm/mm\,K$	Dielektrizitätszahl	Kosten
Aluminiumoxid	synth. Al_2O_3	körnig	4	0,3...5	ca. 25	ca. 7	99	++
Aluminiumhydroxid	synth. $Al(OH)_3$	körnig	2,4	0,1...11	ca. 1,5	ca. 15		+
Dolomit	Ca-Mg-Carbonat	körnig	2,9	1...4	ca. 2	ca. 12	7	○
Glaskugeln	A-Glas	kugelförmig	2,5	< 0,2	ca. 1	ca. 8	7	++
Glimmer	Alkali-Aluminium-Silikat	schuppig	2,8		ca. 0,5		7	+
Kreide	Ca-Carbonat	körnig	2,7		ca. 1	ca. 8	8	○
Kurzglasfaser	E-Glas	faserig	2,5	< 0,2	ca. 1	ca. 5	6	++
Quarzmehl	SiO_2-kristallin	körnig	2,65	0,5...5	ca. 9	ca. 14	4	●
Quarzmehl oberfl.behandelt	SiO_2-kristallin	körnig	2,65	0,5...5	ca. 9	ca. 14	4	+
Quarzgutmehl	SiO_2-amorph	körnig	2,2	0,5...4	ca. 1,5	ca. 0,5	4	++
Wollastonit	Ca-Silicat	nadelig	2,9	1...4		ca. 7		+
Zirkon	Zr-Silicat	körnig	4,6	0,3...3	ca. 6	ca. 3	13	+

Eigenschaften des Formstoffs

Name	Bearbeitbarkeit	Abriebfestigkeit	Schwundspannung	Druckfestigkeit	Biegefestigkeit	Schlagzähigkeit	Dielektrizitätszahl	dielektr. Verlustfaktor	Kriechstromfestigkeit	Wärmeausdehnung	Wärmeleitzahl
Aluminiumoxid	neg.	++	+	○	+	—	+	—	○	—	++
Aluminiumhydroxid	pos!	— —	—	— —	— —	— —			++	○	—
Dolomit	pos.	—	—	—	—	—	+	—	+	○	—
Glaskugeln	○	○	—	○	—	—	+		—	—	—
Glimmer	pos.	—	—	—	—	+	+		+		— —
Kreide	pos!	— —	—	—	—	—	+		+	—	—
Kurzglasfaser	○	—	—	—	+	++	+		—	—	—
Quarzmehl	●	●	●	●	●	●	●	●	●	●	●
Quarzmehl oberfl.behandelt	○	○	—	○	○	○	○		○	— —	—
Quarzgutmehl	○	○	—	○	○	○	○		○	— —	—
Wollastonit	○	○	—	—	+	+			○	—	—
Zirkon	neg.	+	—	○	○	—	+	○	○	—	—

da die stets auch in gekapselten Anlagen vorhandene — wenn auch geringe — Feuchte zur Bildung von Flußsäure (HF) führt, die mit dem SiO_2 leitfähige Verbindungen bildet. In Innenraumanlagen werden im allgemeinen Bisphenol-A-Epoxidharze mit Quarzmehl eingesetzt, in Freiluftanlagen dagegen cycloaliphatische Epoxidharze, gefüllt mit silanisiertem Quarzmehl. Daneben gibt es natürlich für besondere Anwendungsfälle die verschiedenartigsten Epoxidharz-Füllstoff-Kombinationen.

Tabelle 8.12 gibt eine Übersicht über die möglichen Füllstoffe, wobei die Angaben auf die Eigenschaften eines handelsüblichen Quarzmehls bezogen sind. Bei der Benutzung der Tabelle ist zu beachten, daß die Pluszeichen eine Vergrößerung der Absolutwerte darstellen. Dies muß nicht immer identisch sein mit einer positiven Auswirkung auf die Eigenschaften. Die Erhöhung der Schwundspannung, d. h. Erhöhung des Drucks auf einge- bettete Bauteile, ist im Regelfall negativ zu bewerten, die Verringerung der Wärmedehnzahl stellt dagegen einen positiven Einfluß dar.

Ganz allgemein muß berücksichtigt werden, daß im Laufe der Zeit die Formstoffe unvermeidlich Feuchtigkeit durch Diffusion von Wasserdampf aus der Umgebung aufnehmen (Bild 8.67). Während sich bei ungefüllten Formstoffen infolge der Wasseraufnahme die DZ nur geringfügig erhöht und sich der dielektrische Verlustfaktor im Rahmen der Meßgenauigkeit nicht verändert, steigt der dielektrische Verlustfaktor bei mit Quarzmehl und Glasseide gefüllten Formstoffen drastisch an (Bild 8.68 und [8.81]). Wenn eine

Erhöhung des dielektrischen Verlustfaktors infolge Feuchteaufnahme nicht oder nur in geringem Maße zugelassen werden kann, so ist geglühtes Quarzmehl (geglüht bei einer Temperatur von etwa 1000 °C) oder silanisiertes Quarzmehl (Bild 8.68c, [8.83]) zu verwenden. Die Silanisierung verhindert eine Wasseranlagerung an die Füllstoffoberfläche, so daß die dielektrischen Eigenschaften des Formstoffs nur wenig beeinflußt werden. Allerdings ist darauf zu achten, daß silanisierte Füllstoffe nicht bei Temperaturen über 200 °C getrocknet bzw. der Formstoff ausgehärtet werden darf, da bei diesen hohen Temperaturen offensichtlich die Silanisierung geschädigt wird.

Quarzgutfüllstoffe werden in Gießharzen und Preßmassen immer dann eingesetzt, wenn großvolumige oder komplizierte Metallteile rißfrei eingegossen werden sollen. Zur Einkapselung von elektronischen Bauelementen ist Quarzgut nahezu unerläßlich. Es hat als reines Kieselglas ähnlich gute Füllstoffeigenschaften wie Quarzmehl, besitzt jedoch zusätzlich die Eigenschaft, bei Temperaturänderungen sein Volumen praktisch nicht zu verändern.

Als Verstärkungsmaterialien für Schichtpreßstoffe, Formteile und Mikanite sind Glasfaserprodukte wie Gewebe, Rovings und Matten sowie auch organische Gewebe, Papiere und Vliese und schließlich Glimmerprodukte von Bedeutung. Mit Hilfe solcher Werkstoffe können EP-Harzgebundene Spezialprodukte mit teilweise extremen Belastbarkeiten gezielt aufgebaut werden.

• *Reaktionsverlauf und Aushärtung.* Die Verarbeitung der Epoxidharzmasse erfolgt herkömmlicherweise nach einer den verschiedenen Komponenten angepaßten Trocknung bzw. Entgasung, Mischung und Vergießen in die Formen unter Vakuum, da es in der Hochspannungstechnik von besonderer Bedeutung ist, ein hohlraumfreies, homogenes Dielektrikum zu erhalten, um hohe elektrische Feldstärken beherrschen zu können.

Bei der Verarbeitung von EP-Harzmassen spielt die Viskosität und deren Abhängigkeit von der Temperatur und der Zeit eine wichtige Rolle. Mit steigender Temperatur wird einerseits zwar eine niedrigere Ausgangsviskosität, andererseits jedoch ein schnellerer Viskositätsanstieg, d. h. eine kürzere Gebrauchsdauer oder Standzeit erhalten. Da EP-Harz auf Metalloberflächen haftet, müssen die Formen zur Gewährleistung einer leichten Entformbarkeit mit einem Trennmittel versehen werden.

Die Reaktion von Harz mit Härter, die unmittelbar nach Vermischung der Komponenten bereits einsetzt, führt zu einem zunächst geringen und später steileren Anstieg von Viskosität und Dichte. Die Gelierung leitet dann den festen Zustand ein und kann bei ungenügender Wärme-

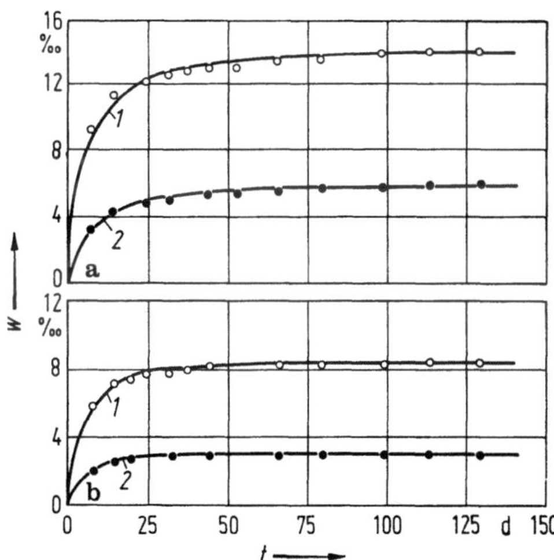

Bild 8.67. Aufnahme von Feuchtigkeit durch Diffusion von EP-Harzformstoffen; 3 mm dicke ungefüllte (*1*) und mit Quarzmehl gefüllte (*2*) Platten bei Raumtemperatur und 93% relativer Luftfeuchtigkeit gelagert [8.81]. **a** Araldit B, Quarzmehlanteil 200 Gwt.; **b** Araldit F, Quarzmehlanteil 300 Gwt.

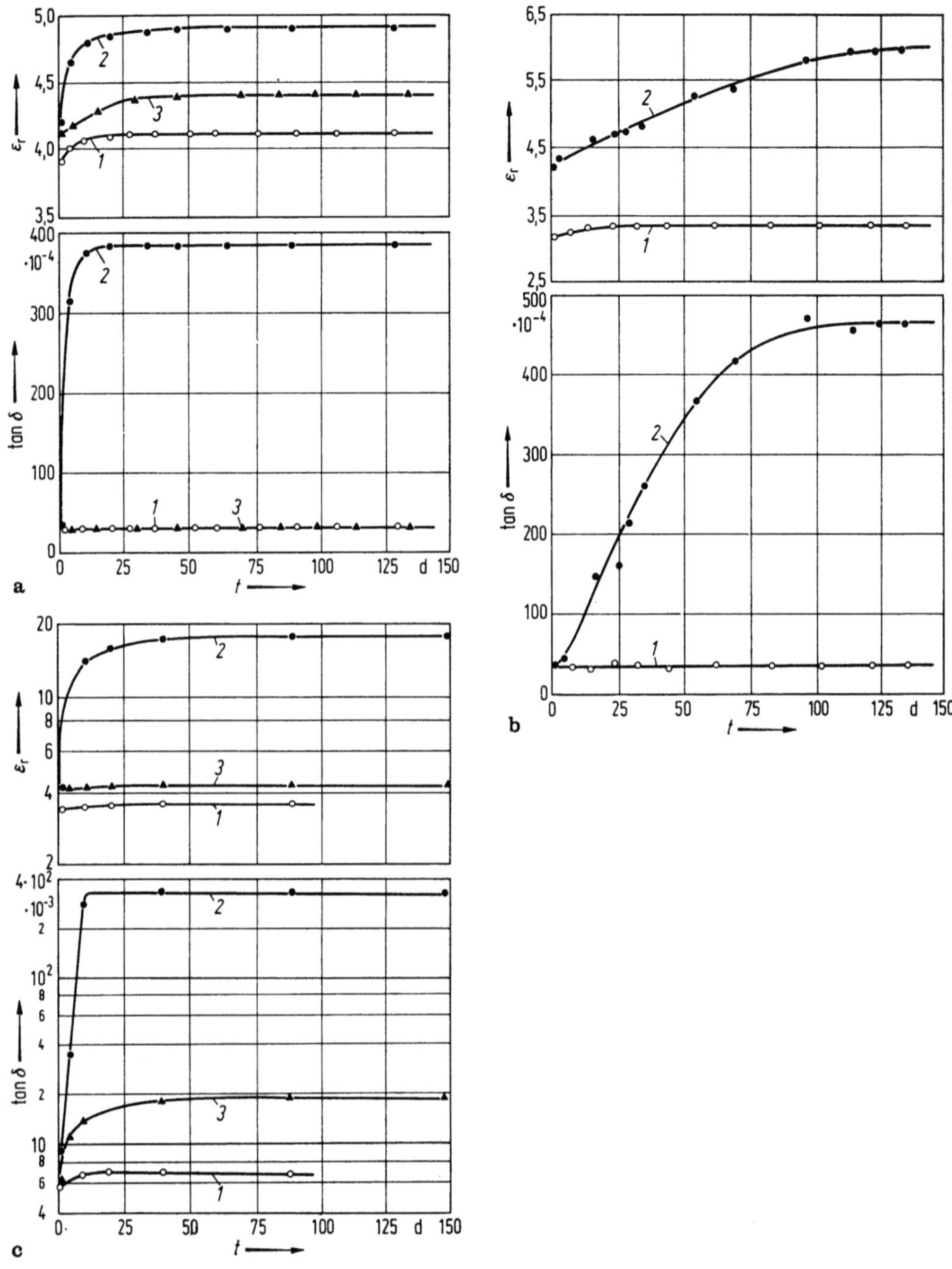

Bild 8.68. Einfluß von Feuchtigkeit auf den Verlustfaktor und die DZ von EP-Harzformstoffen.
a Araldit B, Quarzmehl 200 Gwt. 1 mm dicke Platten bei Raumtemperatur und 93% relativer Luftfeuchtigkeit gelagert [8.81]; *1* ungefüllt, *2* Quarzmehl bei 150 °C getrocknet, *3* Quarzmehl bei 1 000 °C geglüht; **b** Araldit F, Glasseidenanteil 75 Gwt. 1 mm dicke Platten bei Raumtemperatur und 93% relativer Luftfeuchtigkeit gelagert [8.81]; *1* ungefüllt, *2* gefüllt; **c** Heißhärtendes Gießharzsystem, Quarzmehlanteil 200 Gwt. 1 mm dicke Platten bei 50 °C in Wasser gelagert [8.83]; *1* ungefüllt, *2* nicht oberflächenbehandeltes Quarzmehl, *3* silanisiertes Quarzmehl.

abfuhr mit beträchtlicher Exothermie verbunden sein. Nach der Gelierung erfolgt die Nachhärtung der Gießharzmasse in Öfen. Die Härtungszeit ist dabei eine für die Praxis wichtige Größe, da nur genügend ausgehärtete Formstoffe optimale Eigenschaften erbringen.

Bei der Aushärtung (Polyaddition) tritt ein Reaktionsschwund auf, der bei ungefüllten EP-Harzen bis zu 3% und bei gefüllten bis zu 0,5% betragen kann. Dieser Schwund hat mechanische Spannungen zur Folge, die zur Rißbildung führen können. Zur Reduzierung des Volumenschwunds und der inneren mechanischen Spannungen wurde das sogenannte Druckgelierverfahren entwickelt, bei dem die eigentliche Gelierphase unter Überdruck von ca. 2 bis 5 bar durchgeführt wird. Dementsprechend gelingt es mit dem Druckgelierverfahren, größere Anlagenteile für höchste elektrische Spannungen zu vergießen.

Für eine Massenfertigung kleinerer Teile kann dieses Verfahren dadurch beschleunigt und automatisiert werden, daß die Gießmasse unter einem Druck von 5 bis 20 bar direkt in die auf noch höhere Temperatur vorgeheizte Form eingespritzt wird. Dadurch geliert die Masse schnell, und die Schwindung wird infolge des hohen Nachdrucks in gewissen Grenzen ausgeglichen.

Bei der Verarbeitung von EP-Harzen müssen die bestehenden arbeitshygienischen Vorschriften unbedingt eingehalten werden, da nicht nur die Epoxide selbst, sondern auch Härter und andere Zusatzstoffe zu den gefährlichen Arbeitsstoffen gehören. Eine Umweltgefährdung wird vermieden, wenn man eine systemgeschlossene Verarbeitung bis zur Nachhärtung durchführt, da bis zu diesem Zeitpunkt die Epoxidharzkomponenten die höchsten Dampfdrücke erreichen. Die Anlagen zur zweckmäßigen Mechanisierung oder Automatisierung des Verarbeitungsprozesses sind dabei produktabhängig [8.66].

• *Eigenschaften. Allgemeines.* Die Art des EP-Harzes in Verbindung mit den verschiedenen Härtertypen sowie die Aushärtebedingungen beeinflussen entscheidend die mechanischen, thermischen und elektrischen Eigenschaften der EP-Harzformstoffe. Insbesondere führt die Zugabe von bestimmten Füllstoffen zur Verbesserung gewisser Eigenschaften. Nachfolgend soll nur auf die wesentlichen Einflußgrößen eingegangen werden, die für elektrisch hoch beanspruchte Formstoffe von besonderer Bedeutung sind (bezüglich allgemeiner Festlegungen sei auf [8.80] verwiesen):

Mit Quarzmehl gefüllte Formstoffe haben eine etwa dreimal so hohe Wärmeleitfähigkeit λ wie ungefüllte Formstoffe:

ungefüllte Formstoffe $\lambda = 0{,}17 \ldots 0{,}23$ W/m K
gefüllte Formstoffe $\lambda = 0{,}5 \ldots 0{,}6$ W/m K

Weiterhin wird der lineare Wärmeausdehnungskoeffizient α durch den Quarzzusatz auf die Hälfte herabgesetzt:

ungefüllter Formstoff
$\alpha = 60 \cdot 10^{-6}$ mm/mm K $(0 \ldots 80\,°\mathrm{C})$
$\alpha = 120 \cdot 10^{-6}$ mm/mm K $(110 \ldots 180\,°\mathrm{C})$

gefüllter Formstoff
$\alpha = 30 \cdot 10^{-6}$ mm/mm K $(0 \ldots 80\,°\mathrm{C})$
$\alpha = 60 \cdot 10^{-6}$ mm/mm K $(110 \ldots 180\,°\mathrm{C})$

Die Verringerung des Wärmeausdehnungskoeffizienten durch eine Quarzmehlfüllung hat den Vorteil, daß beim Eingießen von Metallteilen auftretende innere Spannungen reduziert werden. Die linearen Wärmeausdehnungskoeffizienten von Metallen sind bei Eisen $12 \cdot 10^{-6}$ mm/mm K,. Kupfer $17 \cdot 10^{-6}$ und Aluminium $24 \cdot 10^{-6}$ im Temperaturbereich von 0 bis 180 °C. Beim Eingießen von Aluminiumteilen sind daher die geringsten mechanischen Spannungen bei Temperaturwechsel zu erwarten. Grundsätzlich sollten jedoch konstruktiv an einzugießenden Metallteilen scharfe Kanten und kleine Krümmungsradien vermieden werden.

EP-Harzformstoffe (gefüllt und ungefüllt) sind unempfindlich gegen Ether, Alkohol, Benzol, schwache Säuren und Laugen. Die Mineralölbeständigkeit ist abhängig von der Temperatur.

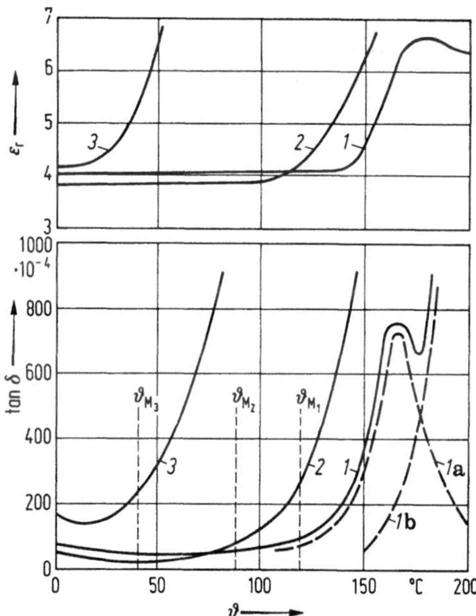

Bild 8.69. Dielektrischer Verlustfaktor und Dielektrizitätszahl von ungefüllten Bisphenol-A-Epoxidharzformstoffen [8.25]. ϑ_M Martens-Temperatur. *1* heißhärtendes Harz, *1a* Anteil Orientierungspolarisation größerer polarer Kettensegmente, *1b* Anteil Ionenleitung; *2* warmhärtendes Harz, *3* kalthärtendes Harz.

Die meisten Formstoffe werden bei Temperaturen über 70 °C von Mineralöl angelöst. Man kann daher EP-Harzformstoffe nicht in Öltransformatoren verwenden.

Besonders bemerkenswert ist die gute Haftfestigkeit an den meisten Werkstoffen, vor allem an Metallen und keramischen Massen. Schlecht ist die Haftung lediglich an einigen hochpolymeren Thermoplasten, wie z. B. PVC, PE usw.

Bei Bewitterung und UV-Strahlung erfolgt bei den EP-Harzen auf Bisphenol-A-Basis eine Vergilbung der Oberfläche, d. h. ein chemischer Abbau des Harzes. Hierdurch werden die mechanischen Eigenschaften sowie die Kriechstromfestigkeit deutlich herabgesetzt. Die cycloaliphatischen Verbindungen sind jedoch freiluftbeständig.

Dielektrisches Verhalten

— Temperaturabhängigkeit des dielektrischen
   Verlustfaktors und der Dielektrizitätszahl

Die Dielektrizitätszahl und der Verlustfaktor von ungefülltem EP-Harzformstoff werden außer von der Harz- und Härterart auch in starkem Maße physikalisch durch die Glasumwandlungstemperatur beeinflußt, bzw. von der Formbeständigkeit in der Wärme, die auch mit der Martens-Temperatur technologisch beschrieben wird. Wie Bild 8.69 zeigt, unterscheiden sich die dielektrischen Eigenschaften von kalt-, warm- und heißhärtenden Harzen.

Der Verlustfaktor von Heißhärtern ist beispielsweise bei niedriger Temperatur klein und steigt erst oberhalb von 100 °C stark an, durchläuft ein Maximum und steigt dann erneut wieder an. Ausgehend von dem Wert 4 nimmt die Dielektrizitätszahl im Bereich des Verlustfaktormaximums ebenfalls stark zu und fällt bei höheren Temperaturen wieder ab. Dagegen erfolgt der Anstieg des Verlustfaktors und der Dielektrizitätszahl bei Warmhärtern etwas unterhalb von 100 °C und bei Kalthärtern schon bei etwa 30 bis 40 °C. Hier wird der Zusammenhang zwischen mechanischen Eigenschaften und elektrischem Verhalten deutlich erkennbar. Im Bereich der Glasumwandlungstemperatur, die in der Regel 10 bis 15 K höher als die Martens-Temperatur ϑ_M ist, also mit Beginn einer Erweichung des Materials, steigt der Verlustfaktor mit wachsender Temperatur, d. h. zunehmender Erweichung steil an. Dies ist auf eine zunehmende Elektronen- und insbesondere Ionenbeweglichkeit und Orientierung größerer polarer Kettensegmente (Orientierungspolarisation

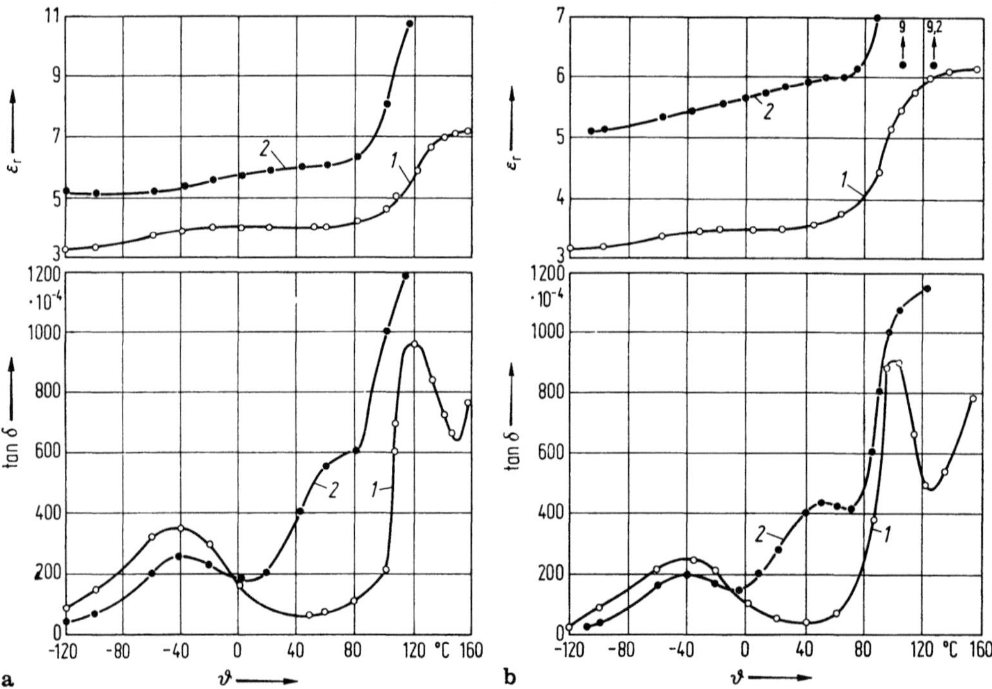

Bild 8.70. Dielektrischer Verlustfaktor und Dielektrizitätszahl in Abhängigkeit von der Temperatur [8.84]. **a** cycloaliphatisches Epoxidharz Araldid CY 180*) mit Carbonsäureanhydrid als Härter und Beschleuniger; *1* ungefüllt, *2* gefüllt mit 400 Gwt. Al_2O_3; **b** Bisphenol-A-Epoxidharz Araldit F (CY 205)*) mit Dicarbonsäureanhydrid als Härter und aminischem Beschleuniger; *1* ungefüllt, *2* gefüllt mit 350 Gwt. Al_2O_3.
*) Produkt der CIBA-GEIGY

nach Debye, vgl. Abschnitt 8.1.2.4b) zurückzuführen, wodurch sich der dielektrische Verlustfaktor erhöht und eine anomale Dispersion der DZ auftritt, verbunden mit einem Anstieg in diesem Temperaturbereich. Das Verlustfaktormaximum im Temperaturbereich von etwa 150 bis 160°C und der Verlauf der Dielektrizitätszahl bei Heißhärtern zeigt diese Auswirkung der Orientierungsverluste besonders deutlich.

Über einen weiteren Temperaturbereich ist in Bild 8.70 für gefüllte unterschiedliche EP-Harze der Verlauf des dielektrischen Verlustfaktors und der Dielektrizitätszahl dargestellt, wobei zum Vergleich die Kurven für ungefülltes Material mit eingetragen sind. Aus diesen Darstellungen werden die diesen dielektrischen Werten zugrunde liegenden Verlustmechanismen deutlich. Immer dann, wenn sich ein glockenförmiges Maximum für einen Verlustfaktoranteil durch Polarisation über der Temperatur ausbildet, erfolgt im gleichen Temperaturbereich ein Anstieg der Dielektrizitätszahl. In Bild 8.71 ist dies noch einmal für ein ungefülltes (Kurve *1*) und ein gefülltes System (Kurve *2*) schematisch dargestellt. Die Summenkurve *2* für gefüllten EP-Harzformstoff läßt sich dabei in vier Bereiche unterteilen:

I Orientierung kleiner polarer Kettensegmente,
II Grenzflächenpolarisation,
III Orientierung großer polarer Kettensegmente,
IV Ionenleitung.

Dabei zeigt sich, daß durch eine Füllung mit Quarzmehl zusätzlich Grenzflächenpolarisation im mittleren Temperaturbereich auftritt. Die Höhe des Verlustfaktors ist in diesem Temperaturbereich abhängig von der Quarzmehlmenge, vom Feuchtigkeitsgehalt und von der Vorbehandlung des Quarzmehls. Entsprechend den Ausführungen in Abschnitt 8.2.1.2 wird die Grenzflächenpolarisation in diesem Fall durch die unterschiedliche Leitfähigkeit und DZ von Quarzmehl und Epoxidharz verursacht.

Man sieht daraus, daß man bei der Messung des dielektrischen Verlustfaktors eines EP-Harzformstoffs nicht unbedingt auf alle wirksamen Verlustmechanismen schließen kann, da sich die partiellen Maxima nicht immer deutlich erkennbar auf die gemessene Summenkurve auswirken müssen. Deutlich wird es erst bei der Messung der Dielektrizitätszahl, da ein jeweiliger Anstieg mit der Temperatur auf ein vorhandenes Polarisationsmaximum in diesem Temperaturbereich hinweist.

— Spezifische Gleichstromleitfähigkeit in Abhängigkeit von der Feldstärke.

In Bild 8.72 ist die spezifische Gleichstromleitfähigkeit eines Epoxidharzformstoffs von der Feldstärke bei verschiedenen Temperaturen dargestellt. Durch die Füllung mit Aluminiumoxid ist sie bei jeweils gleicher Temperatur etwa eine Zehnerpotenz größer infolge der höheren Leitfähigkeit des Al_2O_3 als des EP-Harzformstoffs. Man erkennt auch hier, daß ohmsches Verhalten — Unabhängigkeit der Leitfähigkeit von der Feldstärke — nur bei niedrigen Feldstärken vorliegt. Dann steigt die Leitfähigkeit entsprechend der Beziehung

$$\varkappa \sim E^n$$

an. Der Beginn dieses Leitfähigkeitsanstiegs erfolgt dabei bei um so niedrigeren Feldstärken, je höher die Temperatur des Formstoffs ist. Bei hohen Temperaturen und sehr hohen Feldstärken scheint sich eine Abflachung des Kurvenverlaufs anzubahnen (vgl. Abschnitt 8.2.1.1, Bild 8.36).

— Dielektrischer Verlustfaktor und Dielektrizitätszahl in Abhängigkeit von der Feldstärke.

Wenn auch die Dimensionierung von EP-Harzformstoffen so erfolgt, daß die Betriebsfeldstärke relativ gering ist, so können doch im Dielektrikum an Kanten eingegossener Metallteile und an technologisch unvermeidbaren Verunreinigungen lokal sehr hohe Feldstärken auftreten. Bezüglich

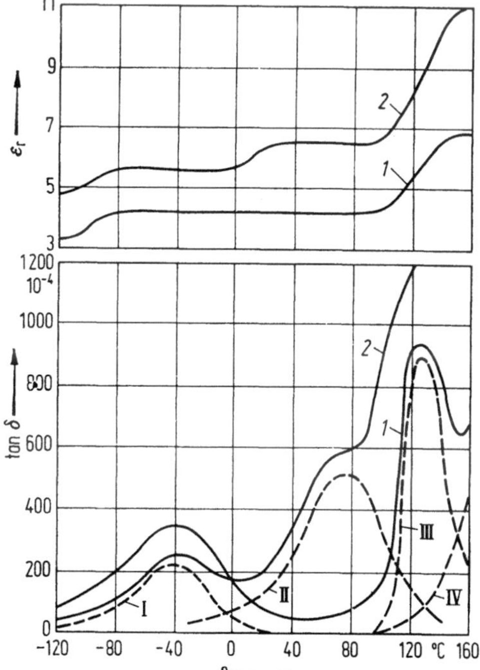

Bild 8.71. Dielektrischer Verlustfaktor und Dielektrizitätszahl von ungefülltem (*1*) und gefülltem (*2*) Epoxidharzformstoff über der Temperatur. Schematische Darstellung. I Orientierung kleiner polarer Kettensegmente, II Grenzflächenpolarisation, III Orientierung großer polarer Kettensegmente, IV Ionenleitung.

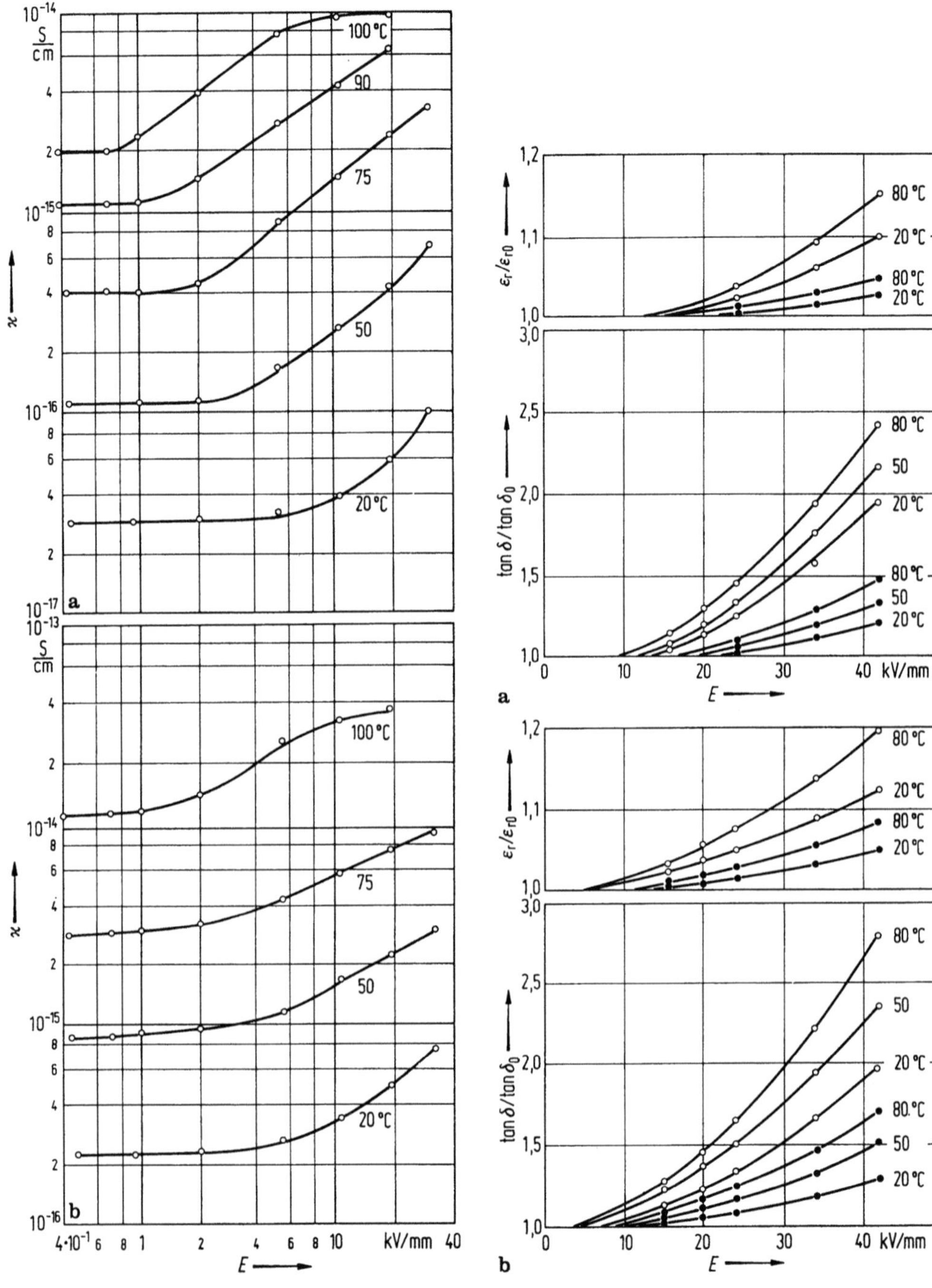

Bild 8.72. Spezifische Gleichstromleitfähigkeit (5-min-Wert) in Abhängigkeit von der Feldstärke mit der Probentemperatur als Parameter [8.84]. Unmodifiziertes Bisphenol-A-Epoxidharz mit flüssigem Dicarbonsäureanhydrid als Härter und aminischem Beschleuniger. **a** ungefüllt; **b** gefüllt mit 350 Gwt. Al_2O_3.

Bild 8.73. Dielektrischer Verlustfaktor und Dielektrizitätszahl in Abhängigkeit von der Feldstärke ($f =$ 50 Hz) mit der Formstofftemperatur als Parameter [8.84]. **a** cycloaliphatisches Epoxidharz mit Carbonsäureanhydrid als Härter und Beschleuniger, o ungefüllt, ● gefüllt mit 400 Gwt. Al_2O_3; **b** unmodifiziertes Bisphenol-A-Epoxidharz mit flüssigem Dicarbonsäureanhydrid als Härter und aminischem Beschleuniger; o ungefüllt, ● gefüllt mit 350 Gwt. Al_2O_3.

Tabelle 8.13. Dielektrischer Verlustfaktor und Dielektrizitätszahl-Bezugswerte für kleine Feldstärken (zu Bild 8.73)

Formstoff			20 °C	50 °C	80 °C
Bisphenol-A-Harzformstoff	ungefüllt	ε_{r0}	3,5	—	4,25
		$\tan \delta_0$	$5,5 \cdot 10^{-3}$	$4,0 \cdot 10^{-3}$	$28 \cdot 10^{-3}$
	gefüllt	ε_{r0}	5,8	—	7,0
		$\tan \delta_0$	$33 \cdot 10^{-3}$	$40 \cdot 10^{-3}$	$60 \cdot 10^{-3}$
cycloaliphatischer Harzformstoff	ungefüllt	ε_{r0}	4,0	—	4,2
		$\tan \delta_0$	$7 \cdot 10^{-3}$	$5 \cdot 10^{-3}$	$9 \cdot 10^{-3}$
	gefüllt	ε_{r0}	5,8	—	6,3
		$\tan \delta_0$	$20 \cdot 10^{-3}$	$48 \cdot 10^{-3}$	$60 \cdot 10^{-3}$

einer möglichen höheren dielektrischen Erwärmung dieser Bereiche ist daher die Abhängigkeit des dielektrischen Verlustfaktors von der Feldstärke von besonderem Interesse. In Bild 8.73 sind nicht die eigentlichen Meßwerte dargestellt, sondern die Meßwerte von $\tan \delta$ bzw. ε_r sind jeweils bezogen auf die Werte bei denjenigen niedrigen Feldstärken, bei denen sie noch unabhängig von der Feldstärke sind (ohmsches Verhalten).

Diese Bezugswerte sind mit $\tan \delta_0$ bzw. ε_{r0} bezeichnet und in Tabelle 8.13 zusammengestellt. Durch diese Darstellung bezogener Werte in Bild 8.73 ist deutlicher diejenige Beanspruchungsfeldstärke zu erkennen, bei welcher der dielektrische Verlustfaktor bzw. die Dielektrizitätszahl anzusteigen beginnt.

Auch hier erhöht sich der Verlustfaktor um so mehr, je höher die Temperatur des Formstoffs bei einer gegebenen Feldstärkebeanspruchung ist.

Durchschlagverhalten. Wie bei allen anderen Feststoffen ist auch bei Epoxidharzformstoffen die Durchschlagspannung eine Funktion der Temperatur, Wandstärke, Elektrodenanordnung, Spannungsart usw. Für die Bestimmung der Durchschlagspannung U_d bzw. -festigkeit E_d bei 50-Hz-Wechselspannung ist in IEC 243, VDE 0303 Teil 2, sowohl die Art der Durchführung der Prüfung als auch die Form der Elektroden (Kugel-Platte bzw. Platte-Platte) zur Prüfung plattenförmiger Prüflinge angegeben. Die mit einer derartigen Anordnung ermittelte Durchschlagspannung bzw. -feldstärke der Prüfkörper wird jedoch — trotz entsprechendem Einbettungsmedium — sehr stark vom Zwickel an den Elektrodenrändern beeinflußt, so daß man Durchschlagfestigkeiten mißt, die im wesentlichen von der Meßanordnung und dem Einbettungsmedium bestimmt werden und nicht viel über das Material selbst aussagen. Aus diesem Grunde sind alle in Datenblättern angegebenen Werte für E_d, die an 1 bis 3 mm dicken Platten nach dieser Bestimmung gemessen werden, mit großer Vorsicht zu betrachten.

Die tatsächliche Festigkeit des Materials liegt bei gleicher Schlagweite etwa um den Faktor 3 bis 5 höher. Zur Beurteilung des Verhaltens unterschiedlicher Materialien und insbesondere zur Beurteilung des Langzeitverhaltens müssen daher die Probekörper so ausgebildet sein, daß tatsächlich die materialspezifische elektrische Festigkeit ohne jegliche Randbeeinflussung gemessen wird. Dies ist bei allen Messungen, mit denen nachfolgend das elektrische Verhalten von EP-Harzformstoffen beschrieben wird, dadurch sichergestellt, daß die Kugel-Kugel-Elektroden für die Messung bei Wechselspannung und niedrigen Stoßspannungen von EP-Harzformstoff umgossen sind und für die Messung mit höheren Stoßspannungen entsprechend hohlkegelförmig gegossene Prüfkörper verwendet werden.

— Elektrische Kurzzeitfestigkeit bei 50-Hz-Wechselspannung in Abhängigkeit von der Temperatur.

In Bild 8.74 ist die elektrische Kurzzeitfestigkeit (Spannung von 0 V an gleichmäßig gesteigert,

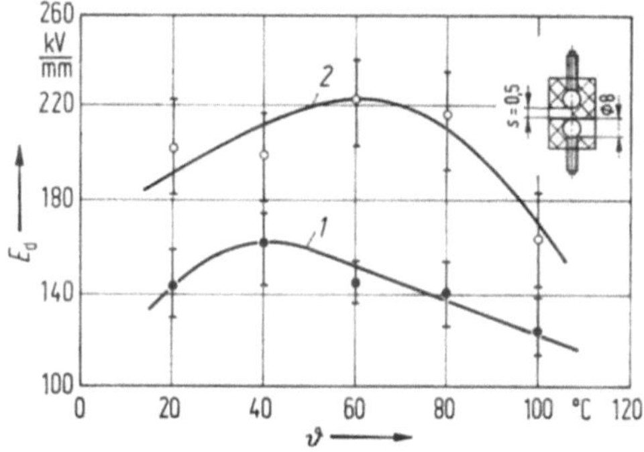

Bild 8.74. Kurzzeitdurchschlagfestigkeit in Abhängigkeit von der Formstofftemperatur [8.25]. *1* formuliertes Bisphenol-A-Epoxidharz Araldit CW 226 S*) mit formuliertem Anhydridhärter (Harz und Härter gefüllt mit silanisiertem Quarzmehl), *2* Bisphenol-A-Epoxidharz Araldit CY 225*) mit formuliertem Anhydridhärter (ungefülltes System); 95%-Vertrauensbereich, Auswertung nach Weibull-Statistik, 10 Probekörper pro Meßpunkt.
*) Produkt der Fa. CIBA-GEIGY.

Durchschlag nach etwa 10 bis 20 s) in Abhängigkeit von der Formstofftemperatur für ein ungefülltes und ein mit silanisiertem Quarzmehl gefülltes Epoxidharzsystem dargestellt. Die Elektroden, Stahlkugeln mit einem Durchmesser von 8 mm und einer Schlagweite $s = 0,5$ mm, sind unter Vakuum vollkommen von dem Formstoff umgossen (Schwaigerscher Ausnutzungsfaktor $\eta = 0,95$).

Das ungefüllte und gefüllte Epoxidharz zeigen ein ähnliches Durchschlagverhalten. Die elektrische Festigkeit steigt für beide Harztypen bei Erhöhung der Temperatur zunächst stark an. Während das Maximum der Durchschlagwerte bei Klarharz bei 60 °C gemessen wird, liegt es bei dem gefüllten Harz bereits bei 40 °C. Im höheren Temperaturbereich nimmt die elektrische Festigkeit wieder ab und erreicht bei 100 °C die niedrigsten Werte. Absolut gesehen ergeben sich bei dem Klarharz im untersuchten Temperaturbereich von 20 bis 100 °C ca. 20 bis 35 % höhere Werte der Durchschlagspannung als bei dem gefüllten Harzsystem.

— Stoßdurchschlagspannung (1,2/50 µs) in Abhängigkeit von der Temperatur.

Bild 8.75 zeigt die Abhängigkeit der Stoßdurchschlagfeldstärke eines ungefüllten Formstoffs von der Temperatur. Die Stoßdurchschlagspannung ist dabei mit Stoßimpulsen steigender Amplitude (Step-Test) ermittelt. Bei dieser Methode werden die Proben zunächst mit einer Stoßspannung belastet, deren Amplitude noch keinen sofortigen Durchschlag erwarten läßt. Anschließend wird bei einer konstanten Stoßfolge die Amplitude so lange in Stufen gesteigert, bis der Durchschlag erfolgt (Stoßfolge 10 s bei einer Spannungssteigerung von 10 kV je Stoß). Die Amplitude des Spannungsstoßes, bei dem die Probe ausfällt, wird als Stoßdurchschlagspannung definiert. Dabei bedeutet in Bild 8.75 $E_{d50\%}$

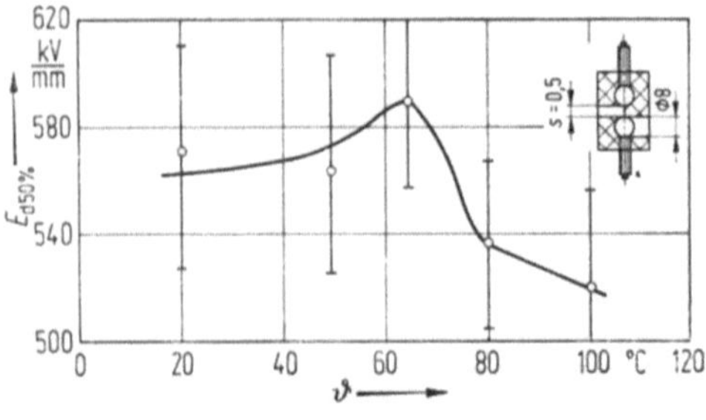

Bild 8.75. 50%-Stoßdurchschlagfeldstärke in Abhängigkeit von der Formstofftemperatur [8.85]. Epoxidharzformstoff: Ungefülltes Bisphenol-A-Epoxidharz mit flüssigem Dicarbonsäureanhydrid als Härter und aminischem Beschleuniger. ⊢⊣ 95%-Vertrauensbereich, Auswertung nach Weibull-Statistik, 10 Probekörper pro Meßpunkt.

den Wert der 50%igen Wahrscheinlichkeit der Weibull-Verteilungsfunktion bei 10 Probekörpern pro Meßpunkt.

Ähnlich wie bei den Durchschlagversuchen mit Wechselspannung ist auch bei den Stoßdurchschlaguntersuchungen ein Maximum der elektrischen Festigkeit im mittleren Temperaturbereich ($E_{d50\% \, max} = 590$ kV/mm bei 65 °C) festzustellen. Bei weiterer Temperaturerhöhung nimmt die Stoßdurchschlagfeldstärke wieder ab.

Die Ausbildung eines Maximums der Durchschlagspannung im Bereich mittlerer Temperaturen ist auf zwei gegenläufige Einflüsse zurückzuführen: Zum einen erhöht sich mit wachsender Temperatur die Leitfähigkeit (Bild 8.72) und zum anderen verringern sich mit Erhöhung der Temperatur die infolge der Abkühlung nach der Aushärtung zwangsläufig im Material eingefrorenen inneren mechanischen Spannungen. Ein Verringern dieser mechanischen Spannungen bewirkt jedoch eine Abnahme der elektrischen Leitfähigkeit [8.84]. Daraus ergibt sich für die Leitfähigkeit über der Temperatur ein Minimum im Bereich mittlerer Temperaturen, welches eine entsprechend höhere Durchschlagspannung zur Folge hat.

Aufgrund der um eine Zehnerpotenz geringeren Leitfähigkeit des ungefüllten EP-Harzformstoffs zum gefüllten (vgl. Bild 8.72) ergibt sich für das ungefüllte System auch über dem gesamten Temperaturbereich eine um ca. 20 bis 35 % höhere Durchschlagspannung.

— Durchschlagspannung bei 50-Hz-Wechselspannung in Abhängigkeit von der Schlagweite.

Wie bereits in Abschnitt 8.2.2.1 (Bild 8.48) beschrieben, besteht zwischen der Durchschlagspannung bzw. -festigkeit und der Isolierstoffdicke kein linearer Zusammenhang. So zeigt Bild 8.76, daß ähnlich wie beim Polyethylen auch bei Epoxidharzformstoffen ein deutlicher Volumeneffekt festzustellen ist. Die Durchschlagspannung nimmt zwar mit steigender Schlagweite deutlich zu, es werden aber bei Verdopplung bzw. Verdreifachung der Schlagweite nicht die jeweils um den Faktor 1 bzw. drei höheren Durchschlagspannungen erreicht. Die elektrische Durchschlagfeldstärke

$$E_d = U_d/s$$

vermindert sich also mit steigender Probendicke des Epoxidharzformstoffs.

— Stoßdurchschlagspannung (1,2/50 µs) in Abhängigkeit von der Schlagweite.

Ebenso wie bei den Durchschlaguntersuchungen mit 50-Hz-Wechselspannung ist auch bei den Messungen mit Stoßspannungen eine Abhängigkeit von der Isolierstoffdicke des Epoxidharzformstoffs festzustellen. In Bild 8.77 ist für ein ungefülltes Epoxidharzsystem die Stoßdurch-

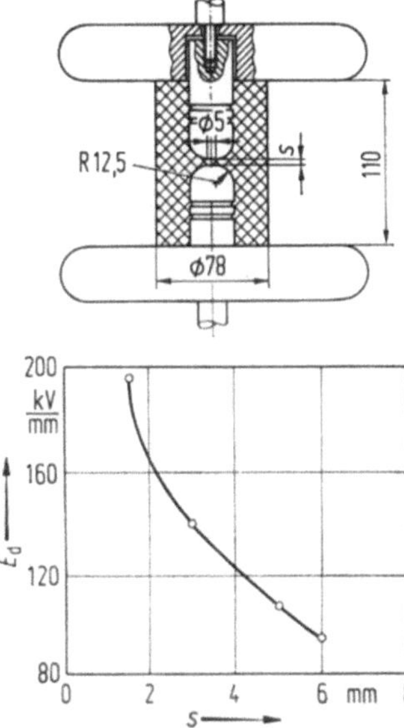

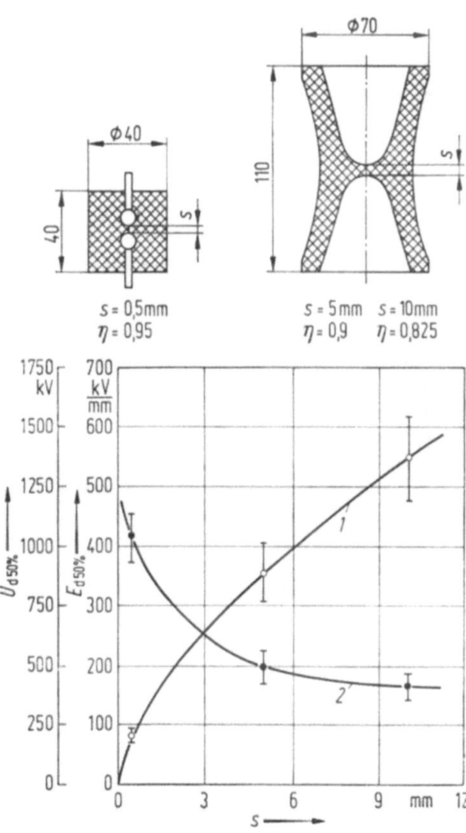

auswertbaren Ergebnissen zu gelangen, sind derartige Untersuchungen der Wechselspannungszeitstandfestigkeit an mehreren Modellproben gleichzeitig durchzuführen. Die Probekörper (umgossene Kugel-Kugel-Anordnung) werden mit einer konstanten Spannung belastet und die Zeit bis zum Durchschlag der einzelnen Prüflinge registriert. Das Lebensdauergesetz

$$E^N t = \text{const}$$

(s. Abschnitt 8.2.2, Gl. (8.58)) sagt aus, daß mit zunehmender angelegter Spannung die Durchschlagzeiten (Lebensdauer) vermindert werden. Trägt man nach Auswertung der einzelnen Meßwerte (Weibull-Statistik) die Nennwerte der Durchschlagzeiten in einer doppelt logarithmischen Darstellung ($\log E = f (\log t)$) auf, so er-

Bild 8.76. Kurzzeitdurchschlagfeldstärke von ungefülltem Epoxidharz bei 50-Hz-Wechselspannung und einer Spannungssteigerungsgeschwindigkeit von 3 kV/s in Abhängigkeit von der Schlagweite [8.86]. Probekörper: eingegossene Elektroden, quasihomogenes Feld.

schlagspannung als Funktion der Schlagweite aufgetragen (Kurve *1*). Zu großen Schlagweiten hin ist deutlich eine Abflachung des Kurvenverlaufs festzustellen.

Es sei angemerkt, daß für die relativ großen Schlagweiten von 5 bzw. 10 mm und die dabei erforderlichen hohen Stoßspannungen ein anderer Probekörpertyp anzuwenden ist als bei den Messungen mit einer Schlagweite von 0,5 mm. Bei derartig hohen Stoßspannungen ist es notwendig, die Gesamthöhe der Proben so zu dimensionieren, daß sich auch bei Einbettung der Prüfkörper in unter hohem Druck (12 bar) stehendem SF_6 keine Außenüberschläge ergeben. Der Volumeneffekt, d. h. die Abnahme der elektrischen Festigkeit mit steigender Schlagweite, ist deutlicher an einem Vergleich der Stoßdurchschlagfeldstärken zu erkennen (Kurve *2*). Während die dünnwandigen Proben mit $s = 0,5$ mm die höchsten Festigkeiten erreichen ($E_{d50\%} = 420$ kV/mm), werden bei $s = 5$ mm bzw. bei $s = 10$ mm nur noch Feldstärken von $E_{d50\%} = 200$ kV/mm bzw. $E_{d50\%} = 170$ kV/mm gemessen.

Langzeitfestigkeit. Für die Beurteilung eines Isolierstoffs bezüglich seines elektrischen Verhaltens sind Langzeitversuche von entscheidender Bedeutung, da sie Aufschluß über die Lebensdauer des Dielektrikums unter Betriebsbedingungen geben können. Um den zeitlichen Aufwand möglichst gering zu halten und zu statistisch

Bild 8.77. Stoßdurchschlagspannung $U_{d50\%}$ (Kurve *1*) und Stoßdurchschlagfeldstärke $E_{d50\%}$ (Kurve *2*) in Abhängigkeit von der Schlagweite s [8.85]. Epoxidharzformstoff: ungefülltes Bisphenol-A-Epoxidharz mit flüssigem Dicarbonsäureanhydrid als Härter und aminischem Beschleuniger. ⊢⊣ 95%-Vertrauensbereich, Auswertung nach Weibull-Statistik, 10 Probekörper pro Meßpunkt.

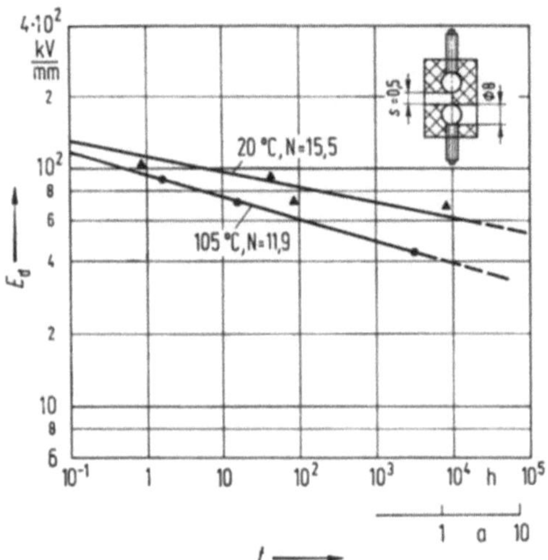

Bild 8.78. Durchschlagfestigkeit in Abhängigkeit von der Belastungszeit mit der Formstofftemperatur als Parameter (Lebensdauerkennlinien) [8.25]. Epoxidharzformstoff: Quarzmehlgefülltes Bisphenol-A-Epoxidharz (Granulatform) mit flüssigem modifizierten Anhydridhärter.

geben sich die in Bild 8.78 dargestellten Lebensdauergeraden mit einer negativen Steigung $1/N$.

Es ist deutlich zu erkennen, daß bei diesem mit Quarzmehl gefüllten Epoxidharzformstoff bei den Langzeituntersuchungen nicht mehr von einer Festigkeitserhöhung im mittleren Temperaturbereich (40 bis 60 °C), wie sie bei den Kurzzeitdurchschlagmessungen (s. Bild 8.74) auftritt, ausgegangen werden kann. So sinkt der Lebensdauerexponent N von dem Wert 15,45 bei 20 °C auf 11,9 bei 105 °C.

Zu diesen Lebensdauerkennlinien ist zu bemerken, daß sie streng genommen nur für das hier betrachtete elektrisch beanspruchte Volumen gelten. Bei größerem elektrisch beanspruchtem Volumen, wie es bei einem realen Bauteil der Fall ist, verschieben sich aufgrund des statistischen Volumeneffekts die Kennlinien bei gleichem Exponenten parallel nach unten, wie in Abschnitt 8.2.2.1 und Bild 8.48 erläutert ist. Durch den physikalischen Volumeneffekt kommt dann noch eine Verringerung des Exponenten N hinzu.

Teilentladungs- (TE-) *Verhalten*

— Teilentladungseinsatzfeldstärke in Abhängigkeit von der Temperatur.

Wie bereits in Abschnitt 8.2.2.3 erläutert, werden die Durchschlagvorgänge nach langen Belastungszeiten von Teilentladungen (TE) eingeleitet, die im Inneren der Isolierung in Schichtungsspalten, Rissen, Mikrohohlräumen oder an Verunreinigungen (technologische Fehlstellen) auftreten können. An diesen durch den Herstellungsprozeß unver-

meidbaren Fehlstellen kommt es zu Feldstärkeüberhöhungen, wobei sich bei Überschreitung der Materialfestigkeit des Isolierstoffs Teilentladungskanäle (irreversible Zerstörungen) ausbilden. Diese mehr oder weniger verzweigten TE-Kanäle können — sofern sie sich nicht durch den Aufbau von Raumladungen stabilisieren — im Laufe der Beanspruchungszeit in das Dielektrikum weiter vorwachsen und schließlich zum Durchschlag führen.

Zur Nachbildung von Störstellen und damit Erzeugung eines inhomogenen Feldes wird sehr häufig die Nadel-Platte-Elektrodenanordnung für die Untersuchungen der Durchschlagentwicklung eingesetzt, da sie es ermöglicht, bei relativ niedrigen Spannungen und somit geringem experimentellen Aufwand hohe Feldstärken zu erzielen. Zudem entstehen vor der Nadelelektrode nach Ablauf der Wartezeit die gleichen Entladungsfiguren, die auch nach längerem Betrieb an Fehlstellen im Isolierstoff zu finden sind.

Die spezielle Formgebung der Nadelelektrode als Hyperboloid ermöglicht es, das elektrische Feld der Nadel-Platte-Anordnung durch das exakt berechenbare Feld der Hyperboloid-Ebene-Anordnung zu beschreiben [8.70].

Um die Teilentladungen meßtechnisch zu erfassen, hat es sich in der Praxis als vorteilhaft erwiesen, die Entladungsimpulse über einen Ankopplungsvierpol im Erdkreis des Prüflings auszukoppeln und einem breitbandigen TE-Meßgerät zuzuführen. Die so ermittelte „scheinbare Ladung"

$$Q_{\mathrm{TE}} = \int i_{\mathrm{TE}}\, \mathrm{d}t$$

kann mit Hilfe eines Kalibriergenerators in ihrer Intensität (Angabe in pC) registriert werden. Für die empfindlichen TE-Messungen mit breitbandigen Meßgeräten (Meßempfindlichkeit ca. 0,05 pC) ist es erforderlich, die Untersuchungen des Teilentladungsverhaltens von Epoxidharzformstoffen in einer gegen Hochfrequenz und Netzstörungen abgeschirmten Kabine durchzuführen (vgl. Abschnitt 10.8).

Als eines der wesentlichen Beurteilungskriterien für das TE-Verhalten eines festen Isolierstoffs wird die Teilentladungseinsetzspannung bzw. -feldstärke angesehen. Man ermittelt sie an Probekörpern mit eingegossener Nadelelektrode im Hochfahrtest (Spannungssteigerungsgeschwindigkeit 10 kV/min). Als TE-Einsatzspannung wird dabei derjenige Spannungswert definiert, bei dem erste meßbare Teilentladungsimpulse auftreten.

In Bild 8.79 ist die TE-Einsatzfeldstärke in Abhängigkeit von der Formstofftemperatur für einen mit Quarzmehl gefüllten Epoxidharzformstoff dargestellt. Ähnlich wie bei den Durchschlagsuntersuchungen ($E_{\mathrm{d}} = f(\vartheta)$, vgl. Bild 8.74) ist auch bei diesen Messungen ein deutliches

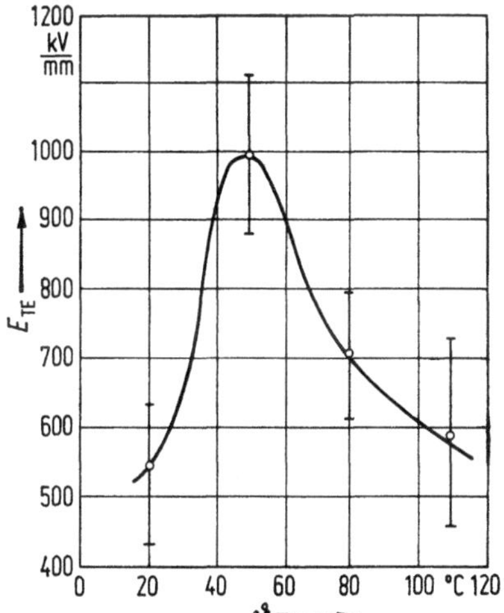

Bild 8.79. TE-Einsatzfeldstärke in Abhängigkeit von der Formstofftemperatur [8.25]. Elektrodenkonfiguration: Nadel-Platte-Anordnung mit einem Krümmungsradius der Nadelspitze von $r = 5\,\mu$m und einer Schlagweite $s = 2$ mm. Epoxidharzformstoff: Quarzmehlgefülltes Bisphenol-A-Epoxidharz (Granulatform) mit flüssigem modifizierten Anhydridhärter. ⊢⊣ 95%-Vertrauensbereich, Auswertung nach Weibull-Statistik. 10 Probekörper pro Meßpunkt.

Festigkeitsmaximum im mittleren Temperaturbereich festzustellen.

Bei der Deutung der Meßergebnisse kann tendenziell auf die gleichen physikalischen Gesetzmäßigkeiten geschlossen werden, wie bei den Kurzzeitdurchschlaguntersuchungen $\left(E_d = f(\vartheta)\right)$. Auch hier läßt sich die Abhängigkeit der TE-Einsatzfeldstärke von der Temperatur mit der Superposition zweier Mechanismen erklären, die sich direkt auf die Leitfähigkeit des Isolierstoffs auswirken.

Ein Vergleich der Höhe der TE-Einsatzfeldstärken mit denen der Kurzzeitdurchschlagfeldstärken verdeutlicht, daß auch hierbei der Volumeneffekt wirksam wird. Während bei den Untersuchungen im quasihomogenen Feld das Volumen zwischen den Kugelelektroden elektrisch nahezu gleichmäßig belastet ist, wird bei der inhomogenen Elektrodenkonfiguration der Nadel-Platte-Anordnung lediglich der Bereich direkt vor der Nadelspitze hoch beansprucht. Berechnungen des Feldverlaufs der Hyperboloid-Ebene-Anordnung ergeben, daß bereits im Abstand des zweifachen Nadelspitzenradius die Feldstärke auf 20% der Maximalfeldstärke (direkt vor der Nadelspitze) gesunken ist.

— Rasterelektronenmikroskopische Untersuchungen.

Die Teilentladungsmessungen (Bild 8.79) an dem gefüllten Epoxidharzsystem zeigen, daß die Ergebnisse trotz Herstellung der Prüflinge unter definiert reproduzierbaren Bedingungen relativ stark streuen. Dieses läßt sich mit einer möglichen Anlagerung größerer Quarzmehlkörner im Bereich der Nadelspitze (Krümmungsradius nur $r = 5\,\mu$m) begründen. Die Füllstoffpartikel mit ihrer erheblich höheren Leitfähigkeit als der eigentliche ungefüllte Epoxidharzformstoff können das Aufbrechen und Wachstum von Teilentladungskanälen in starkem Maße beeinflussen.

Der optische Nachweis dieser TE-Figuren vor der Nadelelektrode ist jedoch mit den üblichen mikroskopischen Verfahren wie bei den transparenten Polyethylen- und Klarharzprüfkörpern für gefüllte Epoxidharzproben nicht möglich. Rasterelektronenmikroskopische (REM) Untersuchungen erlauben aber auch hier — zwar mit erheblich größerem Aufwand — die Aufnahme von Teilentladungskanälen. Dazu muß der EP-Harzprüfkörper vorerst exakt in der Schnittebene, die durch die Mittelachse der Nadelelektrode verläuft, getrennt werden. Die so entstandene Oberfläche kann nach sorgfältigen Vorbehandlungen im Rasterelektronenmikroskop untersucht werden.

Die Ergebnisse der Analysen sind in den REM-Aufnahmen des Bildes 8.80 ersichtlich. Die TE-Figur besteht aus mehreren verzweigten hohlen Kanälen und erstreckt sich bis ca. 120 μm weit in das Dielektrikum (Bild 8.80a). Vergrößerte Darstellungen (Bild 8.80b bis d) verdeutlichen, daß die Treeing-Kanäle bevorzugt an den Grenzen Füllstoff/Epoxidharzmatrix verlaufen und eine Breite bis zu 1,5 μm erlangen können. Aus diesen Bildern ist weiterhin zu erkennen, daß einige Quarzmehlkörner durchaus Längen von ca. 50 μm erreichen. Ein Einfluß dieser Partikel auf das elektrische Verhalten der Nadel-Platte-Prüfkörper ist daher denkbar.

Grenzschichtverhalten. In industriellen Ballungsgebieten, Stadtzentren etc. eignen sich als Hochspannungsanlagen besonders raumsparende metallgekapselte Anlagen. Die spannungsführenden Teile werden dabei durch Gießharzisolatoren gegen die auf Erdpotential befindlichen Außenwandungen fixiert und abgestützt. Als Isoliergas wird wegen der schon bei niedrigem Gasdruck hohen Durchschlagfestigkeit ausschließlich Schwefelhexafluorid (SF_6) eingesetzt. Obwohl die materialeigene Durchschlagfestigkeit der Stützelemente die des umgebenden Gases übertrifft, können diese Stützelemente die elektrische Beanspruchungsfähigkeit der Anlagen herabsetzen, da die Grenzschicht Feststoff/Isoliergas die Schwachstelle des gesamten Systems darstellt.

Die Überschlagspannung in Abhängigkeit vom SF_6-Gasdruck ist unabhängig von der Art des EP-Harzformstoffs des Stützers (Bild 8.81). Mit zunehmendem Druck steigt die Festigkeit der sauberen Grenzschicht an. Dabei ist die

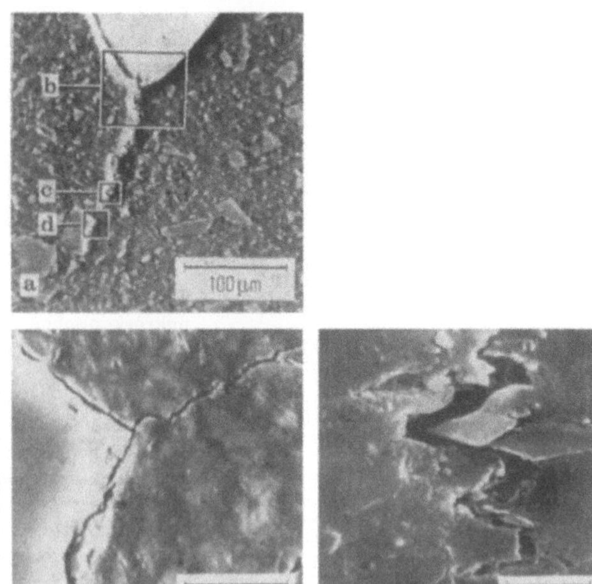

Bild 8.80. Rasterelektronenmikroskopische Aufnahme mit Teilentladungskanal [8.25]. Elektrodenkonfiguration: Nadel-Platte-Anordnung mit einem Krümmungsradius der Nadelspitze von $r = 5\,\mu$m und einer Schlagweite $s = 2$ mm. Epoxidharzformstoff: Quarzmehlgefülltes Bisphenol-A-Epoxidharz (Granulatform) mit flüssigem modifizierten Anhydridhärter.

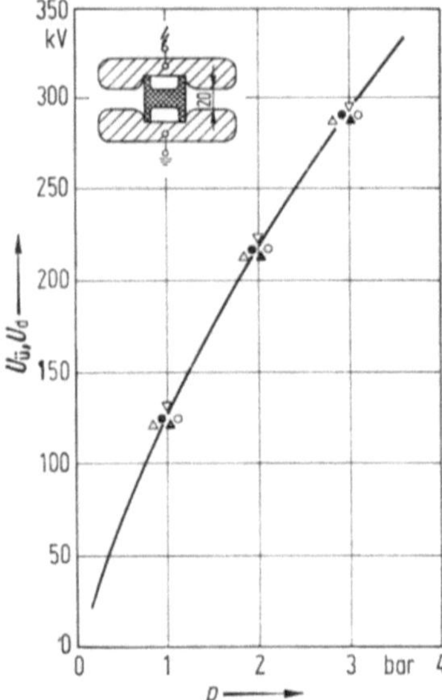

Bild 8.81. Überschlagspannung in Abhängigkeit vom Gasdruck in SF_6 mit dem Probenmaterial des Stützers als Parameter [8.87]. Unmodifiziertes Bisphenol-A-Epoxidharz mit flüssigem Dicarbonsäureanhydrid als Härter und aminischem Beschleuniger: ● ungefüllt, ○ gefüllt mit 350 Gwt. Al_2O_3; cycloaliphatisches Epoxidharz mit Carbonsäureanhydrid als Härter und Beschleuniger: ▲ ungefüllt, △ gefüllt mit 400 Gwt. Al_2O_3, ▽ Vergleichsmessung: Durchschlagspannung im homogenen Feld bei gleicher Schlagweite.

Überschlagspannung der Stützer die gleiche wie die Durchschlagspannung der freien Gasstrecke (also ohne Stützer) bei gleicher Schlagweite.

Bei diesen Untersuchungen sind die Elektroden, in die die zylindrischen Isolatoren eingesetzt sind, durch geeignete Potentialsteuerung so ausgebildet, daß die Stirnflächen der Isolatoren (d. h. die Einspannbereiche der Isolatoren) feldentlastet sind und die Tangentialfeldstärke in der Mitte der Stützerhöhe exakt 100% der homogenen Feldstärke entspricht.

Das Überschlagverhalten ändert sich deutlich, sobald die Grenzschicht verunreinigt ist. Der Einfluß des Oberflächenwiderstands einer derartigen Grenzschichtverunreinigung, die definiert (Durchmesser 5 mm, Schichtdicke ca. 1 μm) mittig auf die Stützeroberfläche aufgetragen ist, auf das Überschlagverhalten der Stützeranordnung ist für verschiedene SF_6-Gasdrücke dem Bild 8.82 zu entnehmen.

Schon eine geringe Abweichung des Oberflächenwiderstands der Verunreinigung vom Oberflächenwiderstand des sauberen Stützers ruft eine Herabsetzung der Überschlagspannung hervor. Diese Reduzierung wird mit Abnahme des Verunreinigungswiderstands immer ausgeprägter, wobei diese Tendenz bei hohem Gasdruck besonders deutlich wird. Die Minderung der elektrischen Festigkeit ist auf die zunehmende Verzerrung des elektrischen Feldes durch die Verunreinigung zurückzuführen. Als Folge entstehen bereits vor

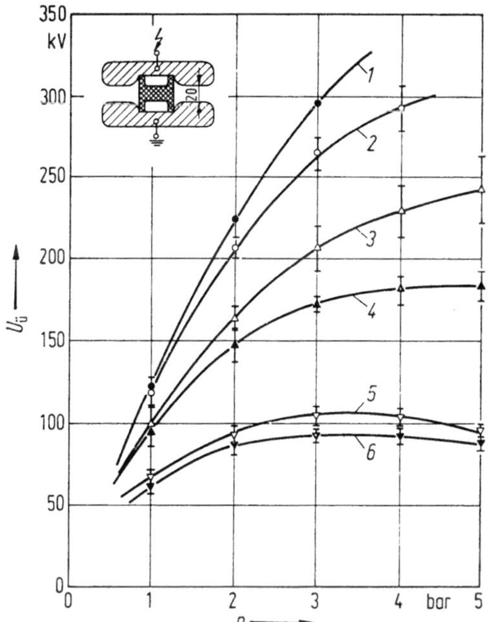

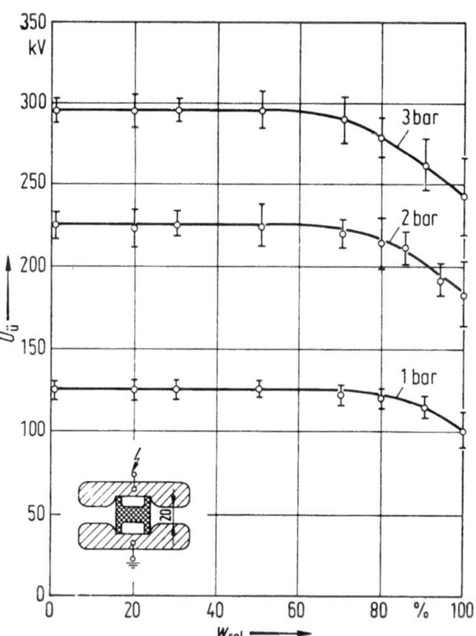

Bild 8.82. Überschlagspannung am verunreinigten Epoxidharzstützer in Abhängigkeit vom SF_6-Gasdruck bei verschiedenen Oberflächenwiderständen R_0 der Grenzschichtverunreinigung [8.87]. Epoxidharzformstoff (Stützer): Unmodifiziertes Bisphenol-A-Epoxidharz mit flüssigem Dicarbonsäureanhydrid als Härter und aminischem Beschleuniger gefüllt mit 350 Gwt. Al_2O_3. *1* saubere Grenzschicht ($R_0 = 5 \cdot 10^{12}\,\Omega$), *2* $R_0 = 5 \times 10^{11}\,\Omega$, *3* $R_0 = 2 \cdot 10^{11}\,\Omega$, *4* $R_0 = 7 \cdot 10^{10}\,\Omega$, *5* $R_0 = 7 \times 10^{9}\,\Omega$, *6* $R_0 = 7 \cdot 10^{8}\,\Omega$. Verunreinigungsdurchmesser = 5 mm. ⊢⊣ Streubreite, Auswertung nach Gaußscher Normalverteilung, sechs gleich verunreinigte Stützer pro Meßpunkt.

Bild 8.83. Überschlagspannung in Abhängigkeit von der relativen Gasfeuchte mit dem SF_6-Gasdruck als Parameter [8.87]. Epoxidharzformstoff (Stützer): Unmodifiziertes Bisphenol-A-Epoxidharz mit flüssigem Dicarbonsäureanhydrid als Härter und aminischem Beschleuniger gefüllt mit 350 Gwt. Al_2O_3. ⊢⊣ Streubreite, Auswertung nach Gaußscher Normalverteilung, sechs Stützer pro Meßpunkt.

dem eigentlichen Überschlag stabile Teilentladungen. Durch eine Reihe möglicher Elektronenstoßprozesse kann sich dabei das Schwefelhexafluorid zersetzen.

Eine weitere Einflußgröße auf die elektrische Festigkeit der Grenzschicht ist die relative Gasfeuchte in dem abgeschlossenen System. Hierzu zeigt Bild 8.83, daß bei einem SF_6-Gasdruck· von 3 bar die Überschlagspannung an der Oberfläche eines unbehandelten gefüllten EP-Harzstützers bereits ab einer relativen Gasfeuchte von 60% deutlich absinkt. Mit abnehmendem Druck steigt diese „kritische Gasfeuchte" an und erreicht bei 1 bar einen Wert von ca. 80%.

c) Polyurethane (PUR)

Neben dem Epoxidharz werden in jüngster Zeit Polyurethane (Polyaddukte) außer in der Niederspannungstechnik auch im Mittelspannungsbereich — vor allem im Wandlerbau und bei Kabelgarnituren — eingesetzt. Dabei existieren verschiedene Polyurethanmodifikationen, die

brauchbare elektrische, thermische und mechanische Eigenschaften aufweisen und darüber hinaus günstig zu verarbeiten sind. Die elektrische Dauerfestigkeit von etwa 20 kV/mm liegt in der gleichen Größenordnung wie die von Epoxidharz, während der $\tan \delta$ allerdings deutlich höher ist. Die hohe Kriechstromfestigkeit einiger PUR-Systeme läßt den Einsatz in feuchten Innenräumen zu. Aus mechanischer Sicht zeichnen sich die Polyurethane durch ihre Elastizität bei gleichzeitig großer Biegefestigkeit und geringer Spannungsrißanfälligkeit aus; das außerordentlich gute Fließverhalten der Vergußmassen erleichtert eine hohlraumfreie Imprägnierung aller Aktivteile von Anlagen.

8.3 Mischdielektrika

8.3.1 Imprägnierte Foliendielektrika

Wie in Abschnitt 8.2.3.5 schon erläutert, besitzen Kunststoffolien eine hohe elektrische Festigkeit und relativ kleine dielektrische Verluste. Die Unterteilung eines Dielektrikums in einzelne Kunststoffolien bietet eine Möglichkeit, höhere Feldstärken zu beherrschen als in einem Feststoff-

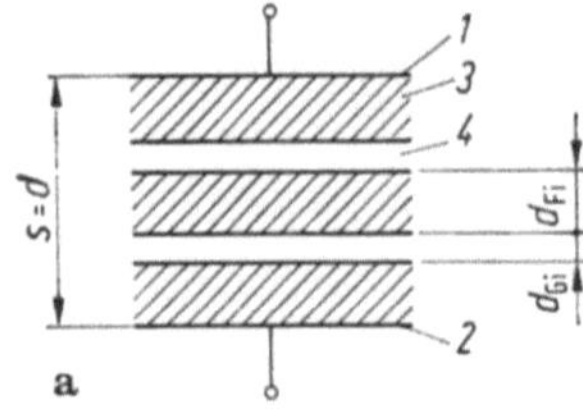

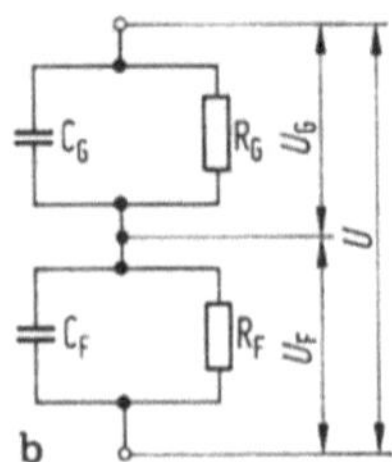

Bild 8.84. Ersatzschaltbild eines gasimprägnierten Schichtdielektrikums. **a** Skizze der Anordnung; *1, 2* Elektroden, *3* Kunststoffolien, *4* Gasspalte; **b** Ersatzschaltbild. Dicke *d* des Schichtdielektrikums = Schlagweite *s* der Plattenelektrodenanordnung

dielektrikum gleicher Wandstärke, da aufgrund des Volumengesetzes die elektrische Durchschlagfestigkeit mit zunehmendem Isolierstoffvolumen absinkt. Zur Vermeidung von Teilentladungen in den Hohlräumen zwischen den einzelnen Folien ist es notwendig, das Foliendielektrikum zu imprägnieren. Dielektrika aus Kunststoffolien werden mit gasförmigen Imprägniermitteln imprägniert (z. B. Wandler in SF_6-isolierten, metallgekapselten Anlagen) und mit Isolierflüssigkeiten (z. B. Kondensatoren), wobei jedoch bei mit Isolierflüssigkeit imprägnierten Kunststoffolien die Folien aufgerauht sein müssen, damit die Flüssigkeit zwischen die Lagen dringen kann.

Gasimprägnierte Foliendielektrika

Zur Betrachtung des dielektrischen Verhaltens eines derartigen Dielektrikums wird von einem Ersatzschaltbild ausgegangen, wie es in Bild 8.84 dargestellt ist [8.88]. Unter der Annahme, daß die dielektrischen Verluste des Gases gegenüber denen der Folie zu vernachlässigen sind,

$$\tan \delta_F \gg \tan \delta_G \qquad (8.80)$$

und die Spannungsverteilung an den einzelnen Isolierstrecken allein durch die Kapazität bestimmt wird,

$$\omega C_G \gg 1/R_G,$$
$$\omega C_F \gg 1/R_F$$

ergibt sich die resultierende Kapazität zu

$$C = \frac{C_G C_F}{C_G + C_F}. \qquad (8.81)$$

Hat die Summe der einzelnen Folien F_i im Dielektrikum eine Gesamtschichtdicke d_F und die Summe der einzelnen Gasspalte G_i die Dicke d_G, so kann man für den Folienanteil an der Gesamtisolierung mit der Dicke

$$d = d_F + d_G \qquad (8.82)$$

einen Füllfaktor $f = d_F/d$ einführen.
Für die Dielektrizitätszahl ε_r des Mischdielektrikums erhält man dann mit der DZ des Gases $\varepsilon_G = 1$ und der des Folienmaterials ε_F:

$$\varepsilon_r = \frac{\varepsilon_F}{\varepsilon_F - f(\varepsilon_F - 1)}. \qquad (8.83)$$

Bei bekanntem Füllfaktor f und bekannter Dielektrizitätszahl ε_F des Folienmaterials kann dann die resultierende Dielektrizitätszahl ε_r eines gasimprägnierten Foliendielektrikums bestimmt werden (Bild 8.85).
Die elektrische Festigkeit eines Schichtdielektrikums wird begrenzt durch die Durchschlagfestigkeit des Werkstoffs mit der kleinsten Dielektrizitätszahl, da in diesen Bereichen bei einer Reihenschaltung unterschiedlicher Dielektrika die höchste Feldstärke herrscht.
Für die Feldverteilung eines gasimprägnierten Feststoffdielektrikums gilt:

$$E_G/E_F = \varepsilon_F/\varepsilon_G,$$
$$U = E_G d_G + E_F d_F = E_G d_G + \frac{1}{\varepsilon_F} E_G d_F$$
$$\text{mit } \varepsilon_G = 1,$$
$$E_G = \frac{U}{d_G + (d_F/\varepsilon_F)}. \qquad (8.84)$$

Ausgehend von einer Dielektrizitätszahl der Feststoffolie > 1 ergibt sich aus diesen Gleichungen,

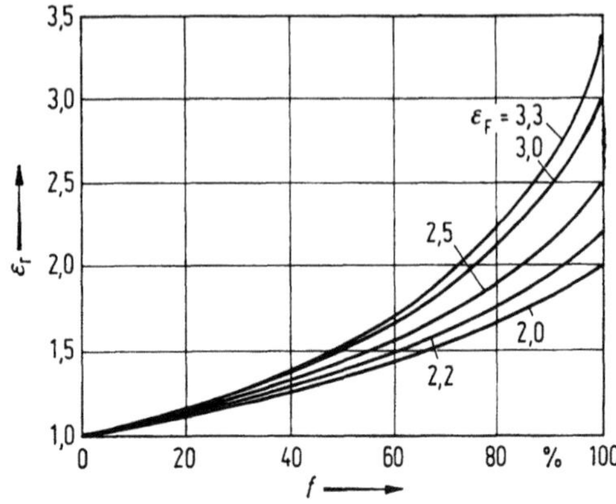

Bild 8.85. Dielektrizitätszahl ε_r eines gasimprägnierten Foliendielektrikums in Abhängigkeit vom Füllfaktor f für verschiedene Dielektrizitätszahlen ε_F der eingesetzten Folien.

daß die Feldstärke im Gasspalt höher ist als in der Feststoffolie.

Überschreitet die Feldstärke E_G in den Gasspalten die Durchschlagfeldstärke des verwendeten Isoliergases, so kommt es zu lokalen Gasdurchschlägen bzw. zu Teilentladungen. Bezüglich des Spannungsverlaufs, der Wiederzündungen und des dielektrischen Verlustfaktors gelten analoge Überlegungen und Gesetzmäßigkeiten wie bei den in Abschnitt 8.2.1.2c beschriebenen Ionisationsverlusten eines Dielektrikums mit Hohlräumen.

In den meisten Fällen wird die elektrische Festigkeit des Schichtdielektrikums nicht durch das Dielektrikum selbst, sondern durch Entladungen an den Rändern begrenzt. Eine Optimierung des Randbereichs ermöglicht es, auch in diesen Bereichen hohe Feldstärken zu beherrschen. Gegenüber scharfkantigen Rändern haben z. B. abgerundete Elektrodenränder eine wesentlich höhere Teilentladungseinsetzfeldstärke.

Das Gas zur Imprägnierung von Schichtdielektrika muß neben einer guten chemischen Beständigkeit und einer guten Verträglichkeit mit dem Feststoffmaterial vor allem eine hohe elektrische Durchschlagfestigkeit aufweisen. Aufgrund der hohen elektrischen Festigkeit des Isoliergases SF_6 bietet sich speziell dieses Gas als Imprägniermedium für Kunststoffolien an.

Für gasimprägnierte Foliendielektrika werden — je nach Anwendungszweck — folgende Kunststoffe verwendet: Polyethylen, Polypropylen, Polystyrol, Polyethylenterephthalat, Polycarbonat, Polytetrafluorethylen und EP-Papier. Insbesondere weist von diesen Stoffen Polyethylen viele Vorteile für die Verwendung in Foliendielektrika auf. Es läßt sich einfach zu Folien verarbeiten und ist verhältnismäßig preisgünstig. Aufgrund des geringen Verlustfaktors ist dieser Werkstoff für verlustarme Isolierungen besonders geeignet. Als Beispiele für gasimprägnierte Schichtdielektrika, bestehend vorzugsweise aus Polyethylenfolien, die mit dem Gas SF_6 imprägniert sind, seien genannt:

— Hochspannungs-Hochfrequenzkondensatoren für Sendeanlagen, Plasmatechnik, usw.;
— Meßkondensatoren und Vergleichskondensatoren für Brückenschaltungen;
— Meßwandler und Durchführungen in SF_6- isolierten, metallgekapselten Anlagen [8.89].

Flüssigkeitsimprägnierte Foliendielektrika

Das Problem hierbei ist, die Spalte zwischen den aufeinanderliegenden Folien vollständig mit der Isolierflüssigkeit zu füllen, da in verbleibenden kleinsten Gasspalten wegen der sich dort einstellenden Feldstärkeüberhöhungen Teilentladungen stattfinden können. Man verwendet daher keine glatten, sondern „aufgerauhte" (geprägte) Folien und Imprägniermittel, die eine gute Benetzbarkeit mit den verwendeten Kunststoffen aufweisen.

Ein Anwendungsgebiet, welches sich immer stärker durchsetzt, sind die sogenannten „Allfilm-Kondensatoren", bei denen aufgerauhte Polypropylen-(PP)-Folien mit synthetischen chlorfreien Kohlenwasserstoffen (vgl. Abschnitt 8.1.4.2) imprägniert werden.

8.3.2 Papier-Öl-Dielektrikum

Ölimprägnierte Papierisolierungen haben sich seit ihrer Einführung zu Beginn des 20. Jahrhunderts einen festen Platz in der Elektrotechnik gesichert und sind nach wie vor die wichtigsten Mischdielektrika für Hochspannungs-Isolierungen.

Die elektrischen Eigenschaften, Arten, Aufbereitungsverfahren usw. der Isolieröle sind in Abschnitt 8.1 bereits ausführlich behandelt worden. Zum Verständnis des dielektrischen Verhaltens der Öl/Papier-Isolierung sollen zunächst die wichtigsten Eigenschaften der Isolierpapiere erläutert werden.

8.3.2.1 Papier

Herstellung und Struktur

Die Herstellung des Papiers ist zu unterteilen in die

— Gewinnung des Zellstoffs (Cellulose) aus dem Rohmaterial (Holz, hauptsächlich Kiefer, Fichte) nach dem sogenannten Sulfatverfahren und die
— Verarbeitung des Zellstoffs zu Papier, d. h. Auflösen, Zerlegen, Mahlen, Sieben, Waschen mit entionisiertem Wasser, Trocknen und Glätten des Zellstoffs.

Cellulose ist ein lineares Makromolekül, dessen periodisch wiederkehrende Struktureinheiten, die β-Glucoseringe, über Sauerstoffbrücken verbunden

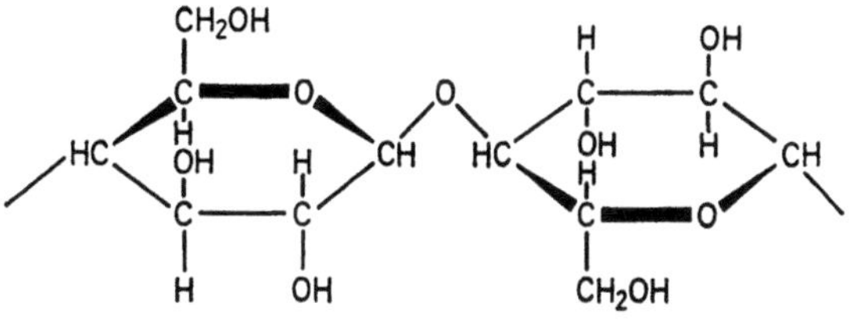

Bild 8.86. Strukturformel des Grundmoleküls der Cellulose.

sind. Bild 8.86 zeigt die Strukturformel des Grundmoleküls der Cellulose. Die Cellulose-Makromoleküle sind aus 1000 bis 3000 solcher Glucoseringe zusammengesetzt und bilden über ihre Hydroxylgruppen Querverbindungen, so daß kristalline Bezirke, die sogenannten Mizellen, entstehen. Die Papierfasern bestehen aus den kristallinen Mizellen und zwischengelagerten einzelnen Cellulosemolekülen. Es entsteht so ein Hohlraumsystem mit einem durchschnittlichen Kapillardurchmesser von 10^{-1} bis 10^{-2} µm. Das Hohlraumsystem bewirkt eine sehr große innere Oberfläche und somit auch eine große Hygroskopizität des Papiers. Das für elektrotechnische Zwecke hergestellte Papier ist maschinenglatt — in bestimmten Fällen verdichtet (satiniert) — und wird für Kondensatoren in Dicken von 10 bis 30 µm und für Transformatoren, Kabel und Wandler in Dicken von 80 bis 130 µm gefertigt.

Dielektrizitätszahl und dielektrischer Verlustfaktor
Die Dielektrizitätszahl des Papiers weicht von der DZ der reinen Cellulose ($\varepsilon_r = 6{,}1$ bei 20 °C) wegen der vielen Hohlräume erheblich ab. Papier ist praktisch eine Zusammenschaltung von Kondensatoren mit Luft- und Cellulosedielektrikum, womit sich eine Dielektrizitätszahl des Papiers von etwa 2 bis 2,5 bei 20 °C bei einer Rohdichte des Papiers von 1,17 g/cm³ ergibt (vgl. Bild 8.93).

Den Verlauf des Verlustfaktors und der Dielektrizitätszahl von Isolierpapier über der Temperatur zeigt Bild 8.87. Demnach treten Verluste durch Polarisation im Temperaturbereich von etwa −200 bis 0 °C und oberhalb +100 °C sowie durch Ionenleitung oberhalb +50 °C auf. Hervorzuheben ist, daß im Betriebstemperaturbereich von etwa −20 bis +100 °C der Verlustfaktor klein ist, weil die Polarisationsverluste in diesem Temperaturbereich abnehmen und die Ionenleitungsverluste noch nicht stark ausgeprägt sind.

Papiertrocknung — Einfluß des Wassergehalts
Papier enthält im Anlieferungszustand etwa 6 bis 8 Gew.-% Wasser, welches im oder am Papier kondensiert, adsorbiert oder chemisch gebunden ist. Da das Wasser nicht nur die elektrischen Eigenschaften des Papiers sondern auch des Imprägniermittels verschlechtert, ist eine sorgfältige Trocknung des Papiers notwendig. Die Trocknung des Papiers erfolgt in einem Wärme-Vakuum-Prozeß, wobei zur Erzielung optimaler elektrischer Eigenschaften des Mischdielektrikums der Wassergehalt im Papier bis auf etwa 0,01 % reduziert werden muß.
Das kondensierte Wasser wird bereits bei den bei der Trocknung üblichen Temperaturen bei einigen mbar abgeschieden. Mit geringer werdendem Druck wird dann schließlich das adsorbierte Wasser entfernt. Das chemisch gebundene Wasser

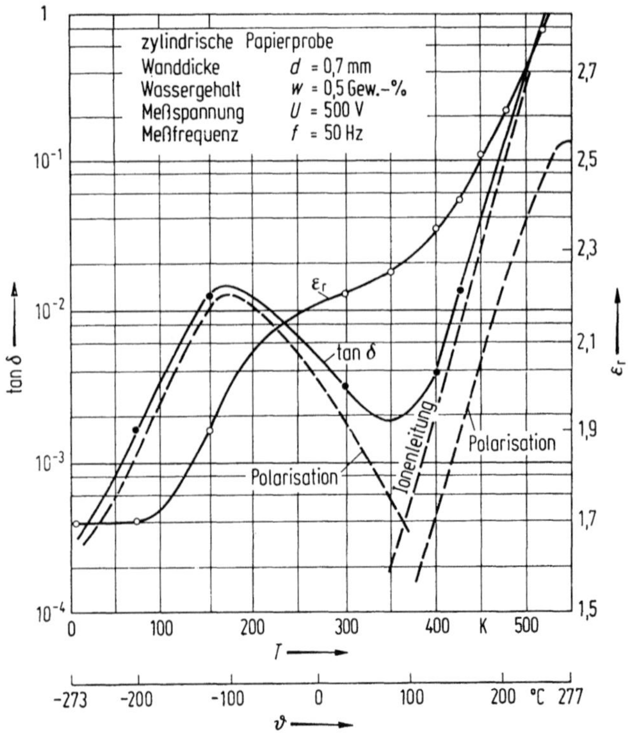

Bild 8.87. Dielektrischer Verlustfaktor und Dielektrizitätszahl ε_r von Isolierpapier in Abhängigkeit von der Temperatur [8.90].

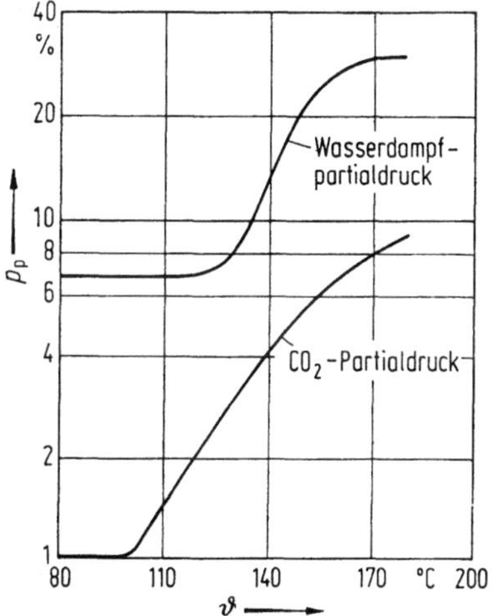

Bild 8.88. Auf den Totaldruck bezogener CO_2-Partialdruck und Wasserdampfpartialdruck gegen Ende eines Trocknungsprozesses über der Temperatur (p_p Partialdruck/Totaldruck $\times$ 100 (%)).

muß im Papier verbleiben, damit die Papierstruktur erhalten bleibt. Um eine Zersetzung des Papiers während des Trocknungsprozesses zu vermeiden, darf die Temperatur beim Trocknungsprozeß 120 °C nicht überschreiten. Entsprechend Bild 8.88 spaltet sich oberhalb 100 bzw. 120 °C bei geringen Dampfdrücken CO_2 und H_2O ab, womit insbesondere eine Verschlechterung der mechanischen Eigenschaften verbunden ist [8.91]. Den Zusammenhang zwischen dem Wassergehalt und dem Wasserdampfpartialdruck im Gleichgewichtszustand mit der Temperatur als Parameter

geben die Adsorptionsisothermen an. In Bild 8.89 ist diese Abhängigkeit für ein Kabelisolierpapier dargestellt. Diesen Kurven kann man in erster Näherung entnehmen, daß man bei einer Papiertemperatur von etwa 100 °C einen Gleichgewichts-Wasserdampfpartialdruck von etwa 0,1 mbar erreichen muß, um die Restfeuchtigkeit im Papier auf 0,01 % abzusenken.

Die Adsorptionsisothermen der verschiedenen in der Elektrotechnik verwendeten Isolierpapiere für Kabel, Transformatoren und Kondensatoren weichen nur geringfügig voneinander ab, so daß die in Bild 8.89 angegebene Abhängigkeit mit hinreichender Genauigkeit für alle Papiersorten gelten kann.

Wie schon bei der Trocknung und Entgasung der Flüssigkeiten erwähnt, erhebt sich auch hier die Frage, wie die elektrischen Eigenschaften einer Papierisolierung vom Feuchtigkeitsgehalt, also vom Gleichgewichts-Wasserdampfpartialdruck abhängen. Diese Zusammenhänge sind für den dielektrischen Verlustfaktor in Abhängigkeit vom Gleichgewichts-Wasserdampfpartialdruck für verschiedene Temperaturen in Bild 8.90 wiedergegeben.

Üblicherweise trocknet man Papierisolierungen bei einer Temperatur zwischen 100 und 120 °C. Aus der Darstellung in Bild 8.90 geht hervor, daß sich der Verlustfaktor des Papiers praktisch nicht mehr verbessert, wenn bei 120 °C ein Gleichgewichts-Wasserdampfpartialdruck von 0,4 mbar und bei 100 °C von 0,04 mbar unterschritten wird. Gemäß den Adsorptionsisothermen nach Bild 8.89 entspricht dies Restfeuchten im Papier < 0,01 %.

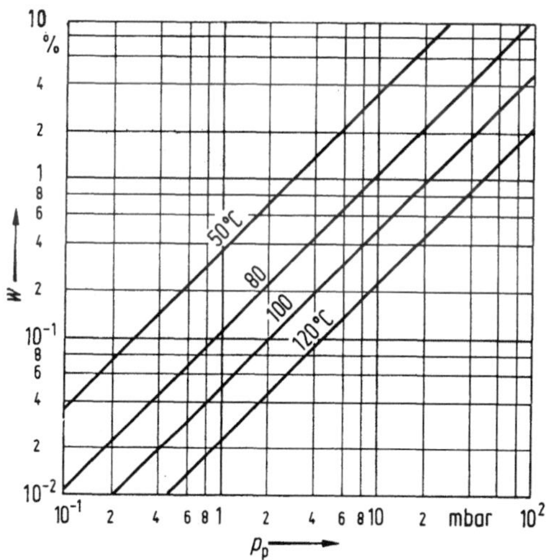

Bild 8.89. Adsorptionsisothermen von Kabelpapier für Wasserdampf. Wassergehalt w in Gew.-%, bezogen auf das Trockengewicht des Papiers [8.90].

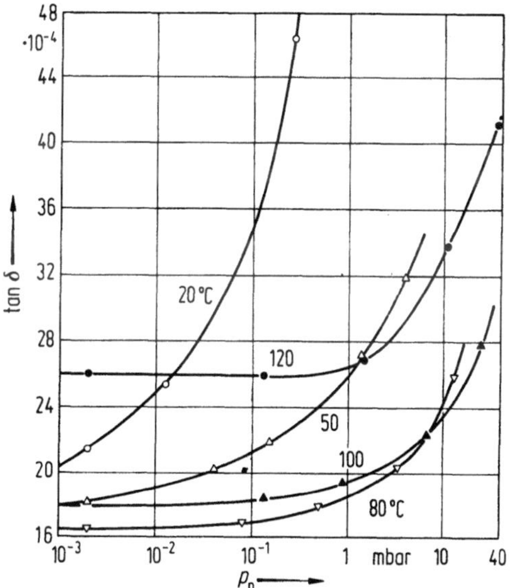

Bild 8.90. Verlustfaktor von Isolierpapier in Abhängigkeit vom Gleichgewichts-Wasserdampfpartialdruck bei der Trocknung bei verschiedenen Temperaturen [8.90].

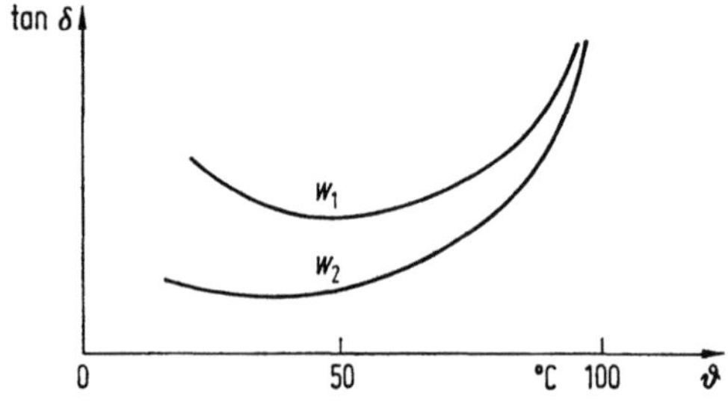

Bild 8.91. Dielektrischer Verlustfaktor $\tan\delta$ von Isolierpapier, getrocknet auf verschiedene Restfeuchtigkeitsgehalte w_1 und w_2, $w_1 > w_2$ (prinzipieller Verlauf).

Eine weitergehende Trocknung auf noch geringere Restfeuchtigkeitsgehalte bringt demnach keine nennenswerte Verbesserung des dielektrischen Verlustfaktors mehr. Beim Vergleich der im Bild 8.90 dargestellten Kurvenverläufe ist zu beachten, daß die bei den verschiedenen Trocknungstemperaturen für unterschiedliche Wasserdampfpartialdrücke geltenden Verlustfaktorwerte nur in Zusammenhang mit den Restfeuchtegehalten nach den Adsorptionsisothermen des Bildes 8.89 gesehen werden dürfen, da bei gleichem Wasserdampfpartialdruck die Restfeuchte bei einer Trocknung bei 120°C natürlich wesentlich niedriger ist als bei einer Trocknung bei beispielsweise 20°C. Je geringer die Restfeuchte, desto niedriger ist auch der Verlustfaktorverlauf über der Temperatur (Bild 8.91).
Es war bisher immer betont worden, daß es sich

bei den Wasserdampfpartialdrucken um „Gleichgewichts-Wasserdampfpartialdrucke" handelt. Während eines Trocknungsprozesses kann mit üblichen Vakuummeßgeräten jedoch nur der Totaldruck im Kessel gemessen werden, der die Summe aus dem Luftpartialdruck und dem Wasserdampfpartialdruck darstellt. Die Trocknungskessel für Papierisolierungen haben jedoch im allgemeinen eine nur sehr geringe Undichtigkeit (Leckrate), so daß gegen Ende eines längerdauernden Trocknungsprozesses der Luftpartialdruck im Kessel vernachlässigt werden kann und der gemessene Totaldruck in erster Näherung dem Wasserdampfpartialdruck entspricht. Zu beachten ist hierbei jedoch, daß sich über der Dicke der Papierisolierung ein Druckgefälle einstellt, so daß der im Kessel gemessene Totaldruck, der praktisch gleich dem Wasserdampfpartialdruck ist, niedriger ist als der Gleichgewichts-Wasserdampfpartialdruck. Dies wird deutlich in Bild 8.92, in dem der Trocknungsverlauf zylindrischer Papierwickel unterschiedlicher Wandstärke (Kabelisolierungen) dargestellt ist. Daraus ergibt sich z. B., daß für eine Wandstärke von 2,0 cm der Wasserdampfpartialdruck p_i der innersten Lage auch nach sehr langer Trocknungszeit noch um fast zwei Zehnerpotenzen höher ist als der Wasserdampfpartialdruck p_a der äußersten Papierlage.
Der im Trocknungsverlauf angegebene dielektrische Verlustfaktor wurde bei der Trocknungstemperatur von etwa 120°C gemessen. Bezüglich seiner Höhe gelten die zu den Bildern 8.90 und 8.91 gemachten Bemerkungen.

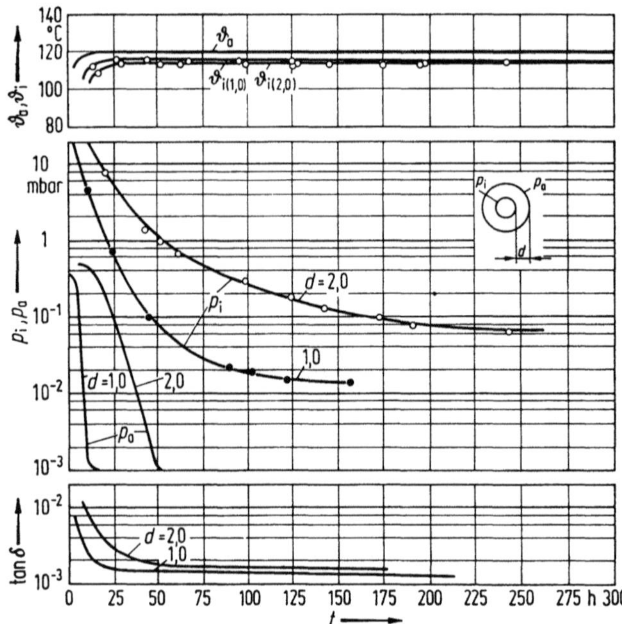

Bild 8.92. Trocknungsverlauf von unterschiedlich dicken Papierwickeln (Kabelpapiere). Isolierungsdicke $d = 1,0$ und $2,0$ cm Trocknungstemperatur etwa 120°C [8.91].

Außerdem kann man diesem Trocknungsverlauf noch entnehmen, daß

— die Isolationswandstärke etwa quadratisch in die Trocknungszeit eingeht. Bei dem Zylinder mit 10 mm Wandstärke wird beispielsweise ein Druck von 10^{-1} mbar im Innern des Wickels nach ungefähr 45 h erreicht. Beim Wickel mit 20 mm Isolationsdicke stellt sich unter den gleichen Trocknungsbedingungen der gleiche Druck von 10^{-1} mbar nach etwa 170 h ein. Eine Erhöhung der Wandstärke um den Faktor 2 ergibt bei Trocknung auf den gleichen Zustand in den inneren Papierlagen eine Verlängerung der Trocknungszeit um den Faktor 3,8, der in erster Näherung dem Quadrat der Erhöhung der Wandstärke entspricht.

— das Erreichen eines bestimmten Wasserdampfpartialdrucks in der inneren Lage der Isolierung — und damit eine Sicherstellung eines vorgegebenen Restfeuchtegehalts — das erforderliche Kesselvakuum bestimmt. Zur Erzielung vertretbar kurzer Trocknungszeiten sollte der Kesseldruck um mindestens eine Zehnerpotenz kleiner gewählt werden als der gewünschte Wasserdampfpartialdruck im Inneren der Isolierung.

8.3.2.2 Imprägniertes Isolierpapier

Die Dielektrizitätszahl des Papiers weicht von der DZ der reinen Cellulose wegen der unvollständigen Raumausfüllung der Papierfaser erheblich ab. Papier ist ein Mischdielektrikum aus Luft und Cellulose. Bei einer Imprägnierung des Papiers mit einer Isolierflüssigkeit werden nach der Trocknung und Entgasung des Papiers die vorher luftgefüllten Hohlräume mit der Isolierflüssigkeit gefüllt. Dementsprechend wird durch eine Imprägnierung die Dielektrizitätszahl des Papierdielektrikums verändert. Als Beispiel zeigt Bild 8.93 die Dielektrizitätszahl eines Papierdielektrikums für die Imprägniermittel Luft, Mineralöl und Clophen.

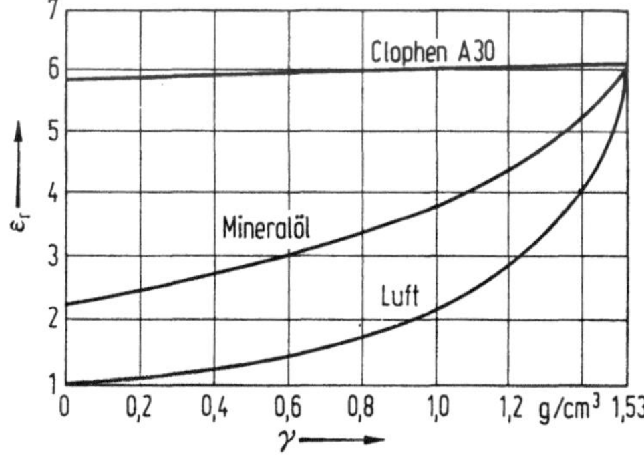

Bild 8.93. Dielektrizitätszahl des Papierdielektrikums in Abhängigkeit von der Rohdichte γ bei Tränkung mit verschiedenen Imprägniermitteln [8.92].

Da bei einem ölimprägnierten Papierdielektrikum zumeist mehrere Papierlagen übereinander geschichtet sind, kann näherungsweise von einer Serienschaltung des Papiers und der Isolierflüssigkeit ausgegangen werden. Ausgehend von dieser Serienschaltung eines reinen Flüssigkeitsdielektrikums mit der Dielektrizitätszahl ε_{rF} und der Dicke d_F und eines reinen Papierdielektrikums (ε_{rP}, d_P) gilt für ein ebenes geschichtetes Mischdielektrikum:

$$E_F/E_P = \varepsilon_{rP}/\varepsilon_{rF}. \tag{8.85}$$

Unter der Annahme einer Dielektrizitätszahl des Öldielektrikums von $\varepsilon_{r\ddot{O}l} = 2,2$ und von $\varepsilon_{rC} = 6,1$ für den Celluloseanteil des Papiers gilt:

$$E_F/E_P = 2,77. \tag{8.86}$$

Hieraus ergibt sich, daß das Öl stärker beansprucht wird als das Papier.

Beispielsweise sind heute bei Kabeln — bedingt durch unterschiedliche Eigenschaften der Imprägniermittel — folgende Betriebsfeldstärken am Innenleiter üblich:

Massekabel   3 bis 4 kV/mm,
Niederdruckölkabel   10 bis 16 kV/mm.

Bei Meßwandlern sind Betriebsfeldstärken von etwa 5 kV/mm üblich. Bei nicht gegen die Atmosphäre abgeschlossenen Geräten, z. B. Transformatoren, werden deutlich niedrigere Betriebsfeldstärken angesetzt (etwa 2 kV/mm). Einer der Gründe dafür ist darin zu sehen, daß infolge Aufnahme von Feuchtigkeit aus der Umgebung die Durchschlagfestigkeit der Isolierflüssigkeit beeinträchtigt wird (vgl. Abschnitt 8.1.3.4).

Die Stoßspannungsfestigkeit (Blitzstoß) von Papierisolierungen, die mit niederviskosem Mineralöl imprägniert sind, ist bei Verwendung dünner Papiere etwas höher als bei dickeren. Sie beträgt etwa 100 bis 130 kV/mm.

Sind die Papiere nicht gut getrocknet oder nimmt die Isolierung im späteren Betrieb Feuchtigkeit auf, so werden die elektrischen Eigenschaften verschlechtert.

In Bild 8.94 ist die Durchschlagspannung (50 Hz) von Öl/Papier-Proben in Abhängigkeit vom Feuchtegehalt der Papiere dargestellt. Im Gegensatz zur reinen Ölisolierung, bei der die Durchschlagspannung im Bereich der Wasserlösung in starkem Maße von der Ölfeuchtigkeit abhängt (vgl. Abschnitt 8.1.3.4), ist bei der ölimprägnierten Papierisolierung die elektrische Festigkeit bis zu Papierfeuchten von etwa 1% praktisch unabhängig vom Feuchtegehalt. Bei Überschreiten dieses Wertes nimmt die Durchschlagspannung dann mit größerem Wassergehalt drastisch ab.

Darüber hinaus besitzt das Öl/Papier-Dielektrikum eine gute TE-Festigkeit, wenn es mit niederviskoser Isolierflüssigkeit imprägniert und als

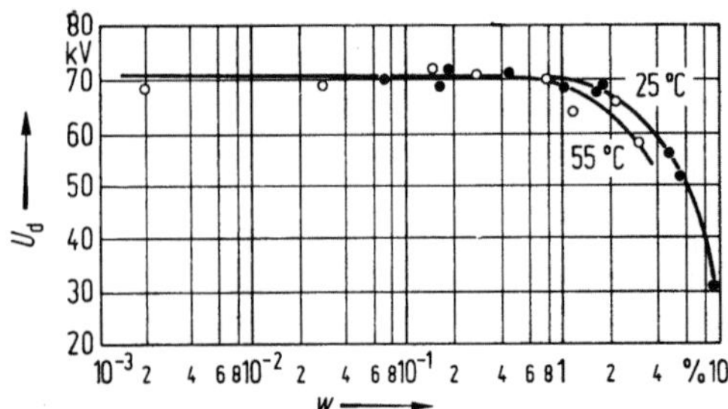

Bild 8.94. Durchschlagspannung von imprägnierten Papierproben in Abhängigkeit vom Feuchtegehalt der Papiere (Probendicke 1 mm, Imprägniermittel niederviskoses Kabelisolieröl) [8.91].

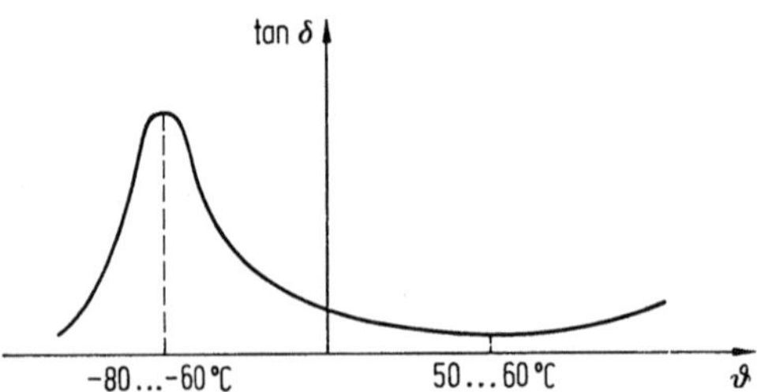

Bild 8.95. Verlustfaktor eines Öl/Papier-Dielektrikums n Abhängigkeit von der Temperatur bei 50 Hz.

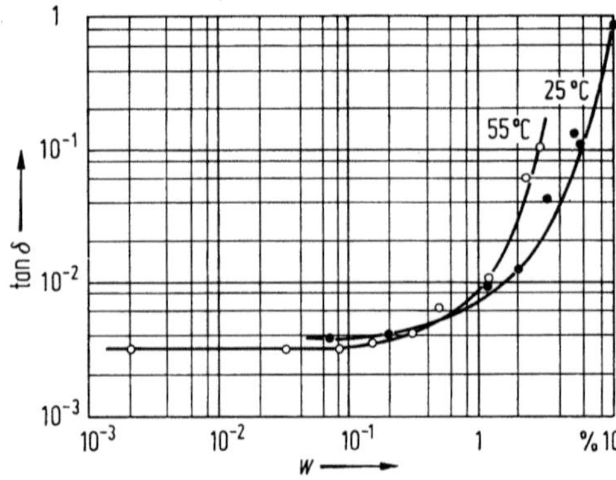

Bild 8.96. Verlustfaktor von imprägnierten Papierproben in Abhängigkeit vom Feuchtegehalt der Papiere (Imprägniermittel niederviskoses Kabelisolieröl) [8.91].

System abgeschlossen ist. Dadurch kann die Betriebsfeldstärke Öl/Papier-isolierter Hochspannungsbauteile hoch gewählt werden.

Der prinzipielle Verlauf des Verlustfaktors eines Mineralöl/Papier-Dielektrikums (niederviskoses Mineralöl) über der Temperatur ist in Bild 8.95 wiedergegeben.

Die Verluste im Temperaturbereich zwischen -100 und $0\,°C$ werden überwiegend durch Polarisation (polare Bestandteile der Cellulose und polare Komponenten des Mineralöls) bestimmt. Der Anstieg des Verlustfaktors oberhalb 50 bis $60\,°C$ wird durch Trägerleitungsmechanismen (vorwiegend Ionenleitung der Cellulose und des Mineralöls) verursacht.

Im Gegensatz zur Durchschlagfestigkeit ist jedoch der dielektrische Verlustfaktor stärker vom Feuchtegehalt der Papiere abhängig (Bild 8.96). Bereits Feuchtigkeitsgehalte $> 0,1\%$ bewirken eine Erhöhung des Verlustfaktors des Dielektrikums bei $25\,°C$.

Das gleiche Verhalten wie beim Verlustfaktor findet sich auch beim Isolationswiderstand, der bei Überschreiten eines Feuchtigkeitsgehalts des Papiers von $0,1\%$ annähernd exponentiell abfällt (Bild 8.97).

Die starke Zunahme des dielektrischen Verlustfaktors und der Gleichstromleitfähigkeit mit der Feuchte ist auf die zusätzliche Ladungsträgervermehrung an H^+- und OH^--Ionen zurückzuführen, die durch den großen Dissoziationsgrad der Wassermoleküle entstehen.

8.3.3 Imprägnierte Papier/Kunststoff-Dielektrika

Bei Mittel- und Hochspannungskondensatoren wurde dem reinen Papierdielektrikum, imprägniert mit Isolierflüssigkeit auf Mineralölbasis oder Aska-

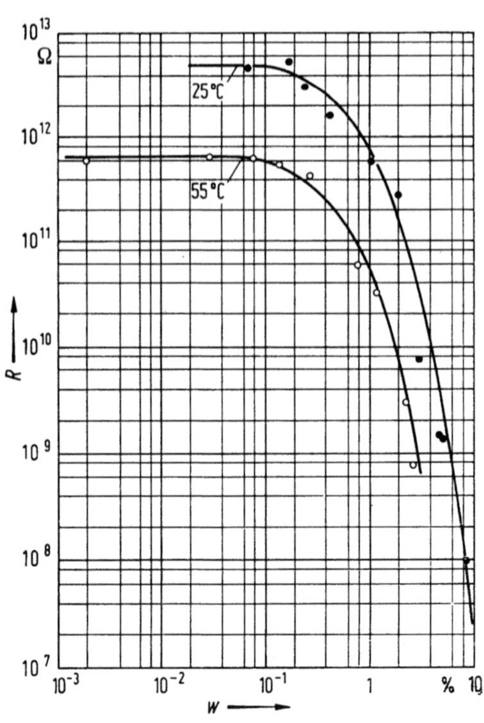

Bild 8.97. Isolationswiderstand von imprägnierten Papierproben in Abhängigkeit vom Feuchtegehalt der Papiere (Imprägniermittel niederviskoses Kabelisolieröl) [8.91].

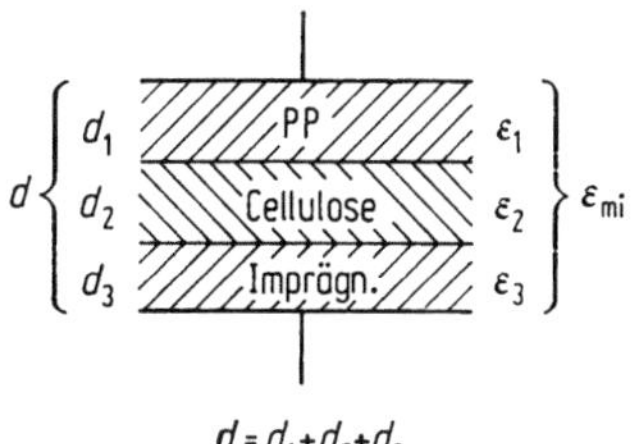

Bild 8.98. Reihenersatzschaltbild eines Polypropylen/Papier-Dielektrikums.

relen, lange Zeit wegen der guten Betriebserfahrung sowie aus wirtschaftlichen Gründen der Vorzug vor allen anderen Mischdielektrika gegeben.
Seit einiger Zeit werden auch Mischdielektrika aus Polypropylenfolie/Papier eingesetzt, die sich durch eine hohe elektrische Belastbarkeit und geringe dielektrische Verluste auszeichnen. Dabei handelt es sich um ein Schichtdielektrikum, wobei zwischen zwei Kunststoffolien (vorwiegend Polypropylen, PP) als Imprägnierhilfe eine Papierlage wegen ihrer Dochtwirkung eingebracht wird. Die Polypropylenfolien sind zur Erhöhung ihrer Festigkeit und Kristallinität biaxial gestreckt. Das Papier ist ein übliches Kondensatorenpapier hoher Dichte [8.93; 8.94].
Die bisher fast ausschließlich als Imprägniermittel verwendeten chlorierten Biphenyle werden wegen der giftigen umweltbelastenden Eigenschaften, nachdem ihre Produktion eingestellt wurde, durch andere Isolierflüssigkeiten ersetzt, wie z. B. Phenyl-Xylyl-Ethan (PXE), Benzylneocaprat (BNC), Mono-Isopropyl-Biphenyl (MIPB) und Baylectrol 4900 (Ditolylether) (vgl. Abschnitt 8.1.4.2).
Der typische Aufbau eines Dielektrikums für Mittel- und Hochspannungs-Kondensatoren ist dabei wie folgt:

Al-Folie/1 × PP-Folie/1 × Papier/1 × PP-Folie/Al-Folie,

wobei die PP-Folien eine Dicke von üblicherweise 10 bis 15 μm aufweisen und das Papier eine Dicke von 8 bis 15 μm hat.
Um einen Überblick über die Feldstärkeverteilung in einem solchen Mehrschichtdielektrikum zu erhalten, soll die Feldstärkebelastung der einzelnen Schichten aus den Daten der einzelnen Komponenten berechnet werden. Dabei wird von einem Reihenersatzschaltbild ausgegangen (Bild 8.98). Dabei repräsentiert die Schicht mit der Dicke d_1 die beiden PP-Folien, diejenige mit der Dicke d_2 den reinen Celluloseanteil der Papierlage und die mit der Dicke d_3 den reinen Imprägniermittelanteil in der Papierlage, sowie die Flüssigkeitsspalte zwischen den einzelnen Lagen des Dielektrikums, die im Mittel mit je 1 μm angenommen werden.

Bei den Berechnungen wird von einer Papierdichte $\gamma = 1,2$ g/cm³ ausgegangen. Das entspricht nach [8.92] einem Celluloseanteil von 80% und einem Luft- bzw. nach Evakuierung und Imprägnierung einem Imprägniermittelanteil von 20%. Die Schichtdicken d_2 und d_3 sind also bestimmte Anteile der Papierdicke d_P, und zwar hier:

$$d_2 = 0,80 d_P,$$
$$d_3 = 0,20 d_P + 4 \times 1\ \mu\text{m} \quad \text{bei dem Dreischicht-}$$
$$\text{dielektrikum}$$

Die Berechnung soll für die Imprägniermittel PCB (Clophen) sowie PXE (Phenyl-Xylyl-Ethan) durchgeführt werden, da bisher im großen Umfang Clophen als Imprägniermittel verwendet wurde und PXE als ein mögliches Substitut für die toxikologisch bedenklichen PCB angesehen wird.
Im einzelnen werden folgende Dielektrizitätszahlen ε_r für eine Temperatur von 20 °C zugrunde gelegt:

Polypropylen $\varepsilon_1 = 2,2,$
Cellulose $\quad\varepsilon_2 = 6,1,$
PCB $\quad\quad\varepsilon_3 = 6,0,$
PXE $\quad\quad\varepsilon_3 = 2,7.$

Für die Feldverteilung gilt:

$$E_1 = \frac{U}{d_1 + \dfrac{\varepsilon_1}{\varepsilon_2} d_2 + \dfrac{\varepsilon_1}{\varepsilon_3} d_3}, \tag{8.87}$$

$$E_2 = \frac{U}{\dfrac{\varepsilon_2}{\varepsilon_1} d_1 + d_2 + \dfrac{\varepsilon_2}{\varepsilon_3} d_3}, \tag{8.88}$$

$$E_3 = \frac{U}{\dfrac{\varepsilon_3}{\varepsilon_1} d_1 + \dfrac{\varepsilon_3}{\varepsilon_2} d_2 + d_3}. \tag{8.89}$$

Um eine Vorstellung von der Größenordnung der elektrischen Belastung der Einzelschichten zu erhalten, wird die Spannung U zwischen zwei Al-Belägen eines Kondensatorwickels zu 1,5 kV angenommen.
Die Misch-DZ ε_{mi} ergibt sich aus folgender Beziehung:

$$\frac{d}{\varepsilon_{mi}} = \frac{d_1}{\varepsilon_1} + \frac{d_2}{\varepsilon_2} + \frac{d_3}{\varepsilon_3} \tag{8.90}$$

und die Kapazität pro Fläche zu:

$$\frac{C}{A} = \frac{\varepsilon_0 \varepsilon_{mi}}{d}; \quad \frac{C}{A} = \varepsilon_0 \frac{1}{\dfrac{d_1}{\varepsilon_1} + \dfrac{d_2}{\varepsilon_2} + \dfrac{d_3}{\varepsilon_3}}. \tag{8.91}$$

Ausgehend von einer Spannung von 1,5 kV und den für clophenimprägnierte Kondensatoren üb-

Tabelle 8.14. Vergleich PCB- und PXE-imprägnierter Dielektrika

	E_1 V/μm	E_2 V/μm	E_3 V/μm	ε_{mi}	C/A pF/cm²
PCB-impr.	46,61	16,86	17,09	2,94	60,57
PXE-impr.	42,69	15,45	34,78	2,69	55,47
	PP-Folie	Cellulose	Imprägnier- mittel	Misch-DZ	„spez. Kapazität"

lichen Dicken der Folien bzw. der Papierlage

$$d_1 = 2 \cdot 13\ \mu\text{m} = 26\ \mu\text{m},$$
$$d_\text{P} = 13\ \mu\text{m},$$
$$d_2 = 0{,}80 \cdot 13\ \mu\text{m} = 10{,}4\ \mu\text{m},$$
$$d_3 = 0{,}20 \cdot 13\ \mu\text{m} + 4\ \mu\text{m} = 6{,}6\ \mu\text{m}.$$

erhält man die in Tabelle 8.14 angegebenen Werte für PCB-imprägnierte und PXE-imprägnierte Kondensatoren. Wie der vorstehende Vergleich zeigt, ist die Feldstärkebelastung der PP-Folie mit 40 bis 50 kV/mm am größten, während die Cellulose nur mit 15 bis 20 kV/mm beansprucht wird. Bei sonst gleicher Bauart ergibt sich im Falle der PXE-Imprägnierung eine geringfügig geringere elektrische Belastung der PP-Folien und der Cellulose als bei PCB-Imprägnierung, wobei allerdings die Imprägnierflüssigkeit mit mehr als der doppelten Feldstärke belastet wird. Dies kann jedoch unter Berücksichtigung der höheren elektrischen Festigkeit speziell des PXE und auch der anderen heute verwendeten PCB-Substitute in Kauf genommen werden.

Es war als besonderer Vorteil der reinen Papierkondensatoren, imprägniert mit PCB, angesehen worden, daß infolge der hohen DZ der PCB ($\varepsilon_\text{r} \approx 6{,}0$) und der etwa gleichhohen DZ der Cellulose ($\varepsilon_\text{r} \approx 6{,}0$) eine gleichmäßige Feldverteilung im Dielektrikum erreicht wird und daß infolge der hohen DZ der PCB außerdem bei gleicher vorgegebener Kapazität des Kondensators das Volumen der Kondensatoren kleiner ist als bei Kondensatoren, die mit Mineralöl imprägniert sind.

Bei diesem neuartigen Aufbau des Dielektrikums aus PP-Folie/Papier/PP-Folie wirkt sich die gegenüber der DZ von PCB deutlich geringere DZ chlorfreier synthetischer Kohlenwasserstoffe ($\varepsilon_\text{r} = 2{,}2 \ldots 3{,}5$) auf das Kondensatorvolumen je Leistungseinheit weniger stark aus, wie aus Tabelle 8.14 für die „spezifische Kapazität" ersichtlich ist. Diese Kapazitätsminderung kann ausgeglichen werden, wenn man die Schichtdicken der Papier- oder Polypropylenlagen verringert. Die Papierlage sollte ohnehin so dünn wie möglich gewählt werden, um die Verluste eines derartigen Dielektrikums möglichst klein zu halten. Die Dicke der Polypropylenfolie hat dagegen nur einen geringen Einfluß auf die dielektrischen Verluste des Gesamtdielektrikums.

Diese PP/Papier/PP-Mischdielektrika werden in Kondensatoren heute bis zu 40 kV/mm beansprucht. Dabei ist darauf zu achten, daß die Papierschichten nur bis zu 20 kV/mm belastet werden sollten, während die Feldstärke in dünnen PP-Folien 45 bis 55 kV/mm betragen darf [8.95].

8.3.4 Hartpapiere

Hartpapiere sind geschichtete Stoffe aus Papier und Kunstharz, wobei das Kunstharz ein Phenolharz, Kresolharz, in jüngster Zeit auch ein Epoxidharz ist. Als Halbzeug werden sie in Platten, Tafeln, Rohren oder beliebigen Formstücken hergestellt. Infolge ihrer geschichteten Struktur sind die Eigenschaften der Hartpapiere in den verschiedenen Richtungen ungleich. Quer zu den Schichten beträgt die Durchschlagfestigkeit bei 1 mm Plattendicke 250 kV/cm, bei 5 mm Plattendicke 200 kV/cm. Die Dielektrizitätszahl von Plattenmaterial ist mit 5 bis 5,6 etwas höher als von Hartpapierrohren ($\varepsilon_\text{r} \approx 4$), da Hartpapierplatten einen höheren Harzanteil enthalten. Aufgrund dieser Tatsache liegt ebenfalls der dielektrische Verlustfaktor der Hartpapierplatten (0,03 bis 0,15) oberhalb dem von Rohren (0,02 bis 0,06). Die Hartpapiere besitzen eine hohe Dauerwärmebeständigkeit bis etwa 120 °C, gute mechanische Festigkeit und sind beständig auch in heißem Öl.

Verwendet werden Hartpapiere bei Verteilungstransformatoren, Innenraum-Schaltanlagen, als Spulenkörper und Abstützmaterialien.

8.3.5 Transformerboard

Transformerboard besteht aus hochwertiger Sulfatcellulose, wobei ohne Verwendung eines Bindemittels aus einer großen Anzahl dünner Papierlagen (Dicke $\approx$ 30 μm) Formstücke im Heißpreßverfahren hergestellt werden. Da Transformerboard ausschließlich aus reinen Cellulosefasern besteht, läßt es sich vollständig trocknen, entgasen und mit Öl imprägnieren.

Die Formstücke aus Transformerboard vereinigen die guten elektrischen Eigenschaften von Weichpapier mit den mechanischen Vorteilen von Hartpapier. Sie enthalten keine Gas- oder Wassereinschlüsse, die bei der Polykondensation der in den Hartpapieren üblicherweise enthaltenen Phenolharze unvermeidbar vorhanden sind, und sind frei von Kohlenstoff und anderen Verunreinigungen.

Da keine Bindemittel verwendet werden, haben sie eine niedrigere Dielektrizitätszahl ($\varepsilon_r = 2{,}7$) als Hartpapier.

Aufgrund der chemischen Reinheit weist Transformerboard eine hohe Durchschlagfestigkeit auf. In [8.96] wird die Stoßspannungsfestigkeit von Transformerboard, imprägniert mit Mineralöl, mit 100 kV/mm angegeben. Eingesetzt wird Transformerboard vorwiegend im Transformatorenbau, wobei sein Vorteil darin besteht, daß auch komplizierte Formteile wie Winkelringe, Rohrbögen, Sektorstutzen usw. daraus hergestellt werden können.

V Erzeugung und Messung hoher Prüfspannungen

Vorbemerkungen

Mit der Erzeugung und Messung von hohen und höchsten Spannungen sind Fragestellungen verbunden, die in der üblichen Elektrotechnik nicht auftreten. Wollte man allerdings sämtliche Probleme, die mit der vielseitigen Anwendung hoher Spannungen in der elektrischen Energieübertragung oder der physikalischen Forschung verbunden sind, behandeln, so würde der Rahmen dieser Einführung gesprengt. Mit dem Ausdruck *Prüfspannungen* werden daher die folgenden Ausführungen auf das spezielle Gebiet der Hochspannungsprüftechnik begrenzt, also auf jenen technischen Anwendungsbereich, der sich mit der Entwicklung und dielektrischen Prüfung von Komponenten und Geräten für die elektrische Energieübertragung befaßt. Da bei dieser Prüftechnik aber teils extrem hohe Spannungen bis in den Megavoltbereich Anwendung finden, die sowohl stationär (Gleich- und Wechselspannungen) als auch extrem transient (Impulse im Nano- und Mikrosekundenbereich) sein können, sind zumindest ein Teil der hier behandelten Methoden unmittelbar auch auf andere technische Bereiche übertragbar.

Die Auswahl der Methoden zur Erzeugung und Messung hoher Spannungen mußte daher dem Zweck des Buches angepaßt und auf die wichtigen Methoden beschränkt werden. Dies gilt insbesondere für die meßtechnischen Probleme (Kap. 10), über die neuere Bücher existieren.

9 Spannungs- und Stromquellen

Der weitaus größte Teil dieses Kapitels wird den *Hochspannungsquellen* gewidmet; sie lassen sich recht eindeutig durch die Spannungsarten (Wechsel-, Gleich- oder Stoßspannung) gliedern. Nicht behandelt wird u. a. die Erzeugung von sehr hohen Gleich- und Wechselströmen, da deren Anwendungsgebiet nur in Sonderfällen mit der Hochspannungsprüftechnik verknüpft ist. Die Stromquellen beschränken sich daher ausschließlich auf Stoß- und Impulsströme, deren Erzeugung einige Spezialprobleme aufwirft.

9.1 Erzeugung hoher Wechselspannungen

9.1.1 Übersicht und Kenngrößen

Die Dimensionierung einer Wechselspannungsquelle wird stark von der Aufgabenstellung beeinflußt. Im Gegensatz zu den Drehstromleistungstransformatoren oder -generatoren für die el. Energieübertragung mit hoher Spannung sind für die Entwicklung und die Prüfung von Isolationssystemen für Hochspannungsapparate nur hohe Spannungen, meist im Bereich der technisch wichtigen Frequenzen ($16^2/_3$ Hz bei Bahnstromsystemen; 50 oder 60 Hz bei der üblichen el. Energieverteilung; 100 bis 200 Hz bei der Windungsprüfung von Hochspannungswicklungen zur Vermeidung von Sättigungserscheinungen im Eisenkreis) bei relativ kleiner Leistung notwendig. Diese *Prüfwechselspannungen* werden zwar in der Regel durch speziell dimensionierte Einphasentransformatoren erzeugt (Abschnitt 9.1.2); da die Belastung aber aus Isolierungen (Kapazitäten) mit geringen Wirkverlusten besteht, können auch Resonanzschaltungen Anwendung finden (Abschnitt 9.1.3).

Durch international anerkannte Vorschriften [9.1] wird eine genügend feinstufige Spannungseinstellung und eine gute Sinusform für den zeitlichen Spannungsverlauf $u(t)$ gefordert: So darf der wirkliche Scheitelwert $\hat{u}$ nicht mehr als $\pm 5\%$ vom Effektivwert U_{eff}, multipliziert mit $\sqrt{2}$, abweichen, der durch die Gleichung

$$U_{\mathrm{eff}} = \sqrt{\frac{1}{T} \int_0^T u^2(t)\, \mathrm{d}t} \tag{9.1}$$

definiert ist. Die Höhe einer Prüfspannung wird aber durch den Wert $\hat{u}/\sqrt{2}$ gekennzeichnet, da bei den meisten Isolierungen die Durchschlagfestigkeit vom größten Momentanwert der Spannung $\hat{u}$ abhängt.

Die erforderliche Höhe der Prüfwechselspannungen wird im wesentlichen von den Beanspruchungen bestimmt, denen das im Hochspannungsnetz verwendete Gerät unterworfen ist (s. Kapitel 2). Mit einer entsprechend hohen, aber zeitlich begrenzten Überbeanspruchung soll der Nachweis erbracht werden, daß das Gerät auch über Jahrzehnte hinweg den betrieblichen Dauerbeanspruchungen und den zeitweiligen Überspannungen gewachsen sein wird. Da die vielfach verwendeten festen und flüssigen Isolierstoffe (s. Kapitel 8) im Dauerbetrieb mehr oder weniger starken Alterungsvorgängen unterliegen, welche die Isolierfähigkeit herabsetzen, müssen die Prüf-Wechselspannungen wesentlich höher als die Betriebsspannungen des Hochspannungsnetzes sein. Zur Entwicklung der Geräte müssen die Isolierungen aber noch höher beansprucht werden, um Sicherheitsfaktoren ermitteln zu können. Daher sind in den Laboratorien „Prüftransformatoren" notwendig, deren Nennspannung die verkettete Betriebsspannung eines HDÜ-Netzes (HDÜ: Hochspannungs-Drehstrom-Übertragung) um das Zwei- bis Fünffache übersteigt, je nachdem ob Geräte für ein Hochspannungs- oder ein Mittelspannungsnetz geprüft werden.

9.1.2 Prüftransformatoren

Die Theorie des Transformators wird als bekannt vorausgesetzt. Bei der Dimensionierung, beim konstruktiven Aufbau und im Betriebsverhalten ergeben sich aber Sonderprobleme, die hier behandelt werden sollen.

9.1.2.1 Hinweise zur Dimensionierung

Während die Nennspannung U_N eines Prüftransformators recht eindeutig durch den Verwendungszweck festgelegt wird, kann die Dimensionierung der Nennleistung P_N größere Überlegungen erforderlich machen. Zunächst ist die Belastung — von wenigen Ausnahmen abgesehen — stets fast rein kapazitiv, da die zu prüfenden Isolierungen nur geringe Wirkverluste aufweisen. Die Typen- oder Nennleistung wird man daher proportional zur kapazitiven Blindleistung ansetzen:

$$P_N = kU_N^2\omega C_p. \qquad (9.2)$$

C_p ist hier die größte Kapazität eines zu untersuchenden Prüfobjekts, k ein Dimensionierungsfaktor. Richtwerte für C_p sind:

Hänge- und Stützisolatoren	einige 10 pF,
Durchführungen:	$\sim$100 bis 500 pF,
Induktive Meßwandler:	$\sim$200 bis 500 pF,

Hochspannungskabel:

gasisoliert (z. B. SF$_6$-Rohrleiter) 60 pF/m, Öl/Papier-, Öl/Masse-Isolation $\sim$200 bis 700 pF/m.

Leistungstransformatoren:

$<$ 1 MVA	$\sim$1 000 pF,
$>$ 1 MVA	$\sim$1 000 bis 10 000 pF,

SF$_6$-isolierte Schaltanlagen: $\sim$1 000 bis 10 000 pF.

Die Kapazität der Prüfobjekte kann also sehr unterschiedlich sein. Man wird daher im Faktor k eine gewisse Reserve einkalkulieren, die einer Überdimensionierung gleichkommt. Doch auch noch andere Effekte werden in k berücksichtigt werden müssen:

— Die Kapazität der Hochspannungsverbindungsleitungen und -elektroden zwischen Prüftransformator und Prüfobjekt kann sehr groß werden, wenn bei höheren Spannungen (mehrere 100 kV) ein völlig entladungsfreier Aufbau des gesamten Prüfkreises gefordert wird.
— Fast jede hochspannungsseitige Meßmethode wirkt als zusätzliche kapazitive Belastung (z. B. Meßfunkenstrecke; kapazitive Spannungsteiler; s. Abschnitt 10.6).
— Da der Durchschlag einer Isolierung in der Regel zu einem Zeitpunkt erfolgt, bei dem die Wechselspannung den Maximalwert $\hat{u}$ erreicht, und da die weitgehend kapazitive Belastung eine Phasenverschiebung zwischen Strom und Spannung von ca. $\pi/2$ hervorruft, ist der Augenblickswert des Laststroms zum Zeitpunkt des Durchschlags, also Kurzschlusses des Transformators, sehr klein. Der Prüftransformator ist aber wegen seiner hohen Streuinduktivität L_σ *nicht* in der Lage, innerhalb kurzer Zeit einen nennenswerten Strom an die Kurzschlußstelle nachzuliefern. Die beim Durchschlag einer Isolierung zur Verfügung stehende Energie wird daher zum größten Teil aus der hochspannungsseitigen Kapazität nachgeliefert, also aus C_p selbst und allen dazu parallel liegenden Nebenkapazitäten. Wird zum vollständigen Durchschlag einer Isolierung aber eine wesentlich größere Energiemenge benötigt, so bricht die Spannung zu stark zusammen, wodurch der Durchschlagsprozeß beeinflußt werden kann. Ein typischer Fall für

eine derartige Rückwirkung zwischen Durchschlagsprozeß und Leistungsfähigkeit der Spannungsquelle liegt bei der Spannungsprüfung verschmutzter Isolatoren vor, also beim sogenannten „Fremdschichtüberschlag", bei dem vor dem Überschlag nichtlineare Ströme mit Scheitelwerten der Größenordnung 1 Â auftreten [9.2; 9.79]. Um den Überschlagsprozeß nicht zu beeinflussen, darf in diesem Fall die Prüfspannung nicht mehr als 5% absinken [9.3] oder der Kurzschlußstrom der gesamten Prüfanlage, abhängig vom Verhältnis R/X, gewisse Grenzwerte nicht unterschreiten [9.4]. (R ist dabei der Gesamtwiderstand, X die Gesamtreaktanz des Prüfkreises, bezogen auf die jeweilige Prüfspannung). Fremdschichtuntersuchungen erfordern daher meist eine spezielle Dimensionierung der Prüftransformatoren.

Aus (9.2) ergeben sich bei gleich großer Prüflingskapazität quadratisch mit der Spannung ansteigende Nennleistungen, die bei hohen Spannungen recht groß werden (z. B. für $k = 1$, $U = 1$ MV, $C_p = 3\,200$ pF, $f = 50$ Hz: $P_N = 1\,000$ kVA). In der Praxis wird daher k bei hohen Spannungen kaum den Wert von 2 überschreiten, während man bei kleinen Anlagen großzügiger dimensionieren kann ($k = 5\dots10$).

Prüftransformatoren arbeiten nur selten im Dauerbetrieb (DB), für den meist die Erwärmung der Erreger- oder Unterspannungswicklung die Belastungsgrenze darstellt. Die Hochspannungswicklung ist aus mechanischen Gründen überdimensioniert und trägt oftmals nur wenig zur Erwärmung bei. Tortzdem ist die Erwärmungszeitkonstante groß, so daß kurzzeitig eine größere Überlastbarkeit möglich ist. Eine Dimensionierung für Kurzzeitbetrieb (KB; z. B. 15 min) ist daher üblich. Auch die bei Durchschlagsuntersuchungen betriebsmäßig auftretenden kurzzeitigen Kurzschlußströme verursachen in der Regel keine Erwärmungsprobleme, da die Gesamtimpedanz des Prüfkreises wegen der relativ hohen Kurzschlußspannungen der Spannungsregler (s. Abschnitt 9.1.2.3) und der Prüftransformatoren selbst relativ groß ist. Trotzdem wird man die Kurzschlußströme mittels Überstromeinrichtungen, deren Auslösezeit den Erfordernissen angepaßt werden kann, abschalten.

Der sekundärseitige Kurzschluß verursacht wegen der kleinen Ströme auch keine durch Magnetkräfte hervorgerufenen mechanischen Zerstörungen in den Wicklungen. Dagegen können die schnellen Spannungsänderungen du/dt beim Durchschlag der Prüfobjekte oder auch bei Teildurchschlägen von Isolieranordnungen (z. B. stromstarken Vorentladungen) die Hochspannungswicklungen stark beanspruchen, wenn die Wicklungen nicht extrem schwingungsarm aufgebaut sind, d. h. wenn die Potentialverteilung längs einer Wicklung bei sehr

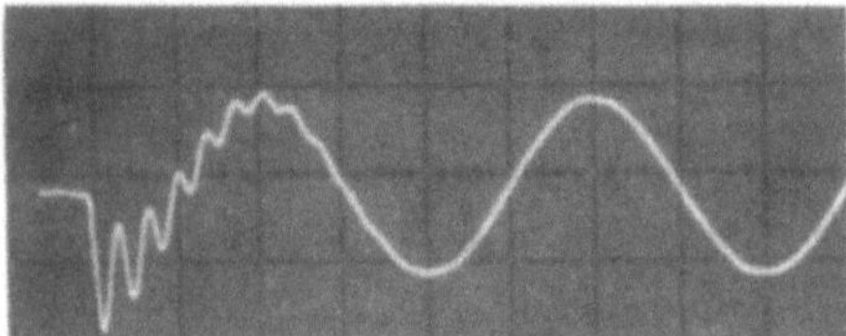

Bild 9.1. Hochspannungsseitiger Spannungsverlauf an einem schwach belasteten (ca. 100 pF) 100-kV-Prüftransformator kleiner Leistung (5 kVA DB; res. Streuinduktivität, bezogen auf die hohe Spannung, ca. 280 Hy) bei direktem Einschalten der Primärspannung (50 Hz). Eigenkapazität der Hochspannungswicklung ca. 200 pF.

schnellen Spannungsänderungen nicht mehr linear ist [9.75]. Außerdem entstehen bei kurzzeitigen Spannungszusammenbrüchen Überspannungen durch eine angeregte Serienresonanz zwischen der kapazitiven Last und der Streureaktanz des Transformators. Aus dem letztgenannten Grund ist es auch unzulässig, einen Prüftransformator mit mehr als etwa der halben Nennspannung direkt auf ein Prüfobjekt zu schalten; die Spannung muß vielmehr über eine variable Primärspannung langsam erhöht werden. Bild 9.1 zeigt einen Einschwingvorgang am Prüfobjekt bei direktem Zuschalten einer Spannung. Viele Hersteller von Prüftransformatoren fordern daher einen Dämpfungswiderstand zwischen Prüfobjekt und Transformator, der sowohl Resonanzerscheinungen vermeidet als auch die Schnelligkeit des Spannungszusammenbruchs an der Hochspannungswicklung reduziert, da dann die Eigenkapazität dieser Wicklung nur verzögert entladen werden kann. Diese Dämpfungswiderstände (Richtwert: 10 bis 100 kΩ, bzw. Entladezeitkonstante $\gtrsim$ 10 µs) begrenzen den Kurzschlußstrom nur unerheblich. Ihr Aufbau wird aber aufwendig, wenn man sie bei Spannungen im Bereich von

einigen 100 kV völlig entladungsfrei gestalten will [9.5].

Den unbedingt notwendigen, schwingungsarmen Aufbau der Hochspannungswicklungen erzielt man durch eine gute, räumliche und damit auch starke kapazitive Kopplung der zylindrischen Wicklungslagen; diese enge Kopplung ist möglich, weil man auf Kühlkanäle zwischen den Lagen wegen der relativ geringen Erwärmung bei dem meist nur kurzzeitigen Betrieb verzichten kann. Die Hochspannungswicklung wird daher als abgestufte Lagenwicklung aufgebaut, bei der die Kapazität zwischen allen Lagen etwa gleich groß ist, wodurch sich der trapezförmige Gesamtquerschnitt einer Wicklung ergibt. Bild 9.2 zeigt den Schnitt durch eine 100-kV-Wicklung, aus dem dieser Aufbau gut ersichtlich ist.

Während Leistungstransformatoren für ein HDÜ-Netz mit relativ hohen Spannungen im Vergleich zur normalen Betriebsspannung auf ihre Zuverlässigkeit hin geprüft werden, ist dies bei Prüftransformatoren zum Nachweis ihrer Eigensicherheit nicht erforderlich. Die Alterung der Isolierung bleibt wegen der niedrigen, mittleren thermischen Belastung im Prüfbetrieb klein, und bei einem sorgfältigen Betrieb können Überspannungen vermieden werden. Sie werden auch nicht durch äußere Überspannungen beansprucht, wie dies im HDÜ-Netz der Fall ist. Daher fordert man als Prüfspannung für den Prüftransformator in der Regel nur den 1,2- bis 1,3fachen Wert der Nennspannung als 1-min-Prüfspannung.

9.1.2.2 Schaltungen und Bauformen

Bei der Konstruktion von Hochspannungs-Leistungstransformatoren müssen neben den isolationstechnischen Maßnahmen noch umfangreiche Vorkehrungen zur Kühlung der Wicklungen und zur Beherrschung der großen mechanischen Kräfte getroffen werden, die bei einem Kurzschluß

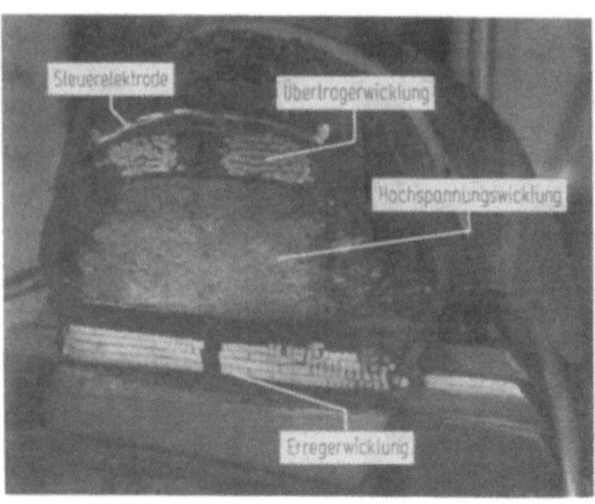

Bild 9.2. Querschnitt durch die Wicklungen eines Prüftransformators (100 kV; 220/440 V); vgl. Bild 9.3a, bzw. 9.4c.

auftreten. Die zur Anpassung der Netzspannungen notwendigen Regelwicklungen erschweren den Wicklungsaufbau noch mehr.

Im Gegensatz dazu dürfen im Hochspannungsprüftransformator die Probleme der Kühlung weitgehend und die magnetischen Kraftwirkungen vollständig vernachlässigt werden. Die Isolierung der Wicklungen bestimmt somit den konstruktiven Aufbau des Prüftransformators.

Prüftransformatoren sind stets Einphasentransformatoren, wobei in der Regel einpolig geerdete Spannungen benötigt werden. Die Ausführungen beschränken sich daher auf diesen Fall, auch wenn ein Teil der nachfolgend behandelten Konstruktionen die Erzeugung erdsymmetrischer Spannungen ebenfalls zuläßt.

Die Besonderheiten bei den Schaltungen und Bauformen sind darauf zurückzuführen, daß man bei einem wirtschaftlich vertretbaren Aufwand eine einzelne Hochspannungswicklung nur für Spannungen bis zu einigen 100 kV isolieren kann. Durch eine Unterteilung der gewünschten Gesamtspannung auf mehrere Hochspannungsspulen läßt sich daher das gesamte Isolationsproblem in Teilprobleme aufspalten.

Zum besseren Verständnis seien zunächst die Potentialverhältnisse an der in Bild 9.3a skizzierten Hochspannungswicklung betrachtet, die aus zylindrischen Lagen besteht. Die dem Eisenkern 1

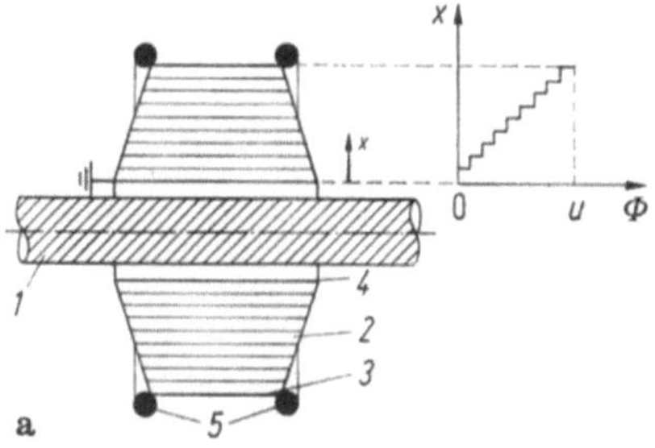

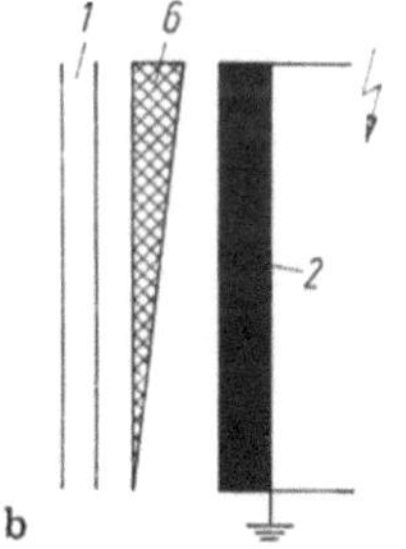

Bild 9.3. Schematischer Querschnitt **a** und modifiziertes Schaltbild **b** einer Hochspannungswicklung für einen Prüftransformator. 1 Eisenkern, 2 Hochspannungs-Lagen-Wicklung mit äußerster (3) und innerster (4) Lage, 5 Steuerelektrode zur Feldstärkereduktion, 6 schematische Darstellung der Wicklungsisolation im Transformatorschaltbild.

nächstliegende Lage 4 sei auf Erdpotential ($\Phi = 0$), d. h. das hier auf der linken Seite befindliche Wicklungsende sei geerdet. In jeder Lage wird dann eine Teilspannung (Windungszahl der Lage mal Windungsspannung), die Lagenspannung, induziert. Auf der äußersten Lage 3 kann dann die volle Spannung, $\Phi = U$, abgenommen werden. Eine geeignet geformte Elektrode 5 wird die an den Kanten dieser Lage auftretende hohe Feldstärke auf ein zulässiges Maß begrenzen. Die Feldstärke in radialer oder x-Richtung wird durch die Lagenspannungen und die Isolierungen zwischen den Lagen gut homogenisiert. Die Gesamtisolation wird somit auf die Teilisolierungen der Windungen innerhalb einer Lage und die Lagenisolierungen gleichmäßig aufgeteilt. Will man eine derartige, praktisch stufenlose Isolierung in einem üblichen Transformatorschaltbild sichtbar werden lassen, so kann man sich eines modifizierten Schaltbildes bedienen, wie dies in Bild 9.3b dargestellt ist. Hier soll der schraffierte Keil die zwischen den geerdeten und hochspannungsseitigen Wicklungsenden zunehmende Isolierung sinngemäß andeuten.

Bei den in Bild 9.3a skizzierten Potentialverhältnissen der Wicklung wird man den Kern 1 ebenfalls erden. Es könnte aber auch die äußerste Lage 3 geerdet werden, wodurch an der innersten Lage 4 die hohe Spannung entsteht. Dies ist aber nur dann zulässig, wenn man den Eisenkern ebenfalls auf dieses hohe Potential legt. Dadurch werden bereits Bauformen angedeutet, bei denen der Kern auf Spannung liegt.

Zur Isolierung können bei Spannungen bis maximal etwa 100 kV noch Gießharze (Epoxidharz) angewendet werden; dabei ist jedoch ein TE-armer Aufbau nur schwer zu erzielen (Abschnitt 10.8). Fast ausschließlich — bei höheren Spannungen durchwegs — wird daher die aus dem Leistungstransformatorenbau her bekannte Öl/Papier-Isolation verwendet, die durch zusätzliche Isolierstoffbarrieren ergänzt wird (Abschnitt 8.3).

a) Einstufige Schaltungen

Unter dieser Bezeichnung werden hier Transformatoren betrachtet, deren Wicklungen einen gemeinsamen Hauptfluß, d. h. nur einen Eisenkern, besitzen.

Mit einer einzigen Hochspannungswicklung ergibt sich dadurch für den Aktivteil die in Bild 9.4 gezeigte Lösung, wie sie auch bei Spannungswandlern oder Leistungstransformatoren üblich ist, wenn man zunächst von der Kopplungs- oder Übertragerwicklung 4 absieht. Der Kern 1 ist hier stets geerdet, und die Erregerwicklung 2 wird zwischen dem Kern und der Hochspannungswicklung 3 angeordnet, deren innerste Lage ebenfalls geerdet ist. Mit relativ geringem Aufwand kann eine Übertragerwicklung 4 über der Hochspannungswicklung angebracht werden; sie stellt eine Tertiärwicklung dar, ist in der Regel von gleicher

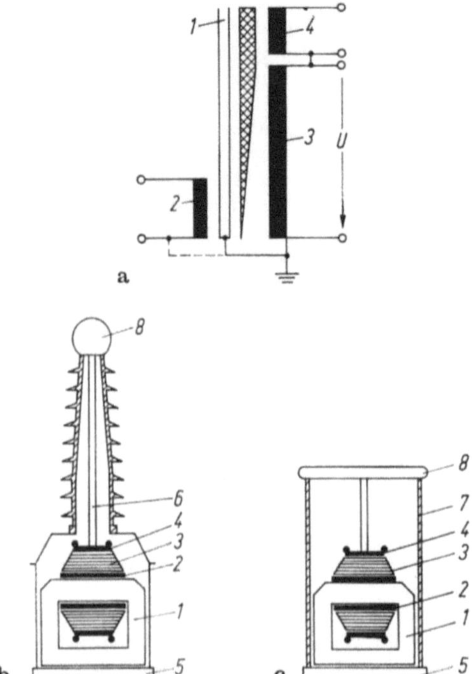

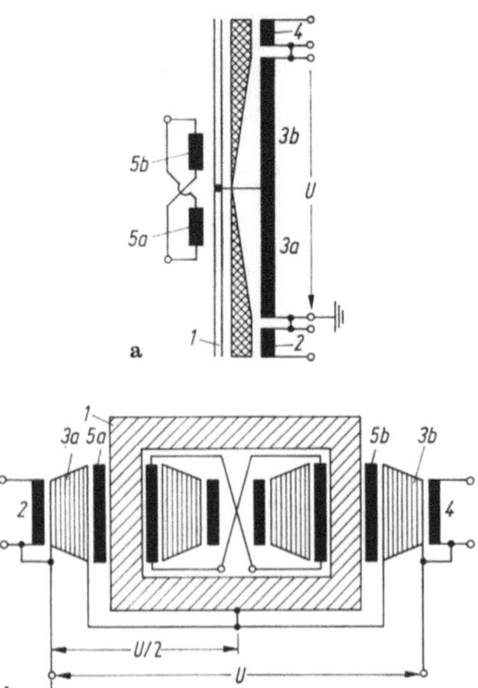

Bild 9.4. Einstufige Prüftransformatoren mit geerdetem Eisenkern. **a** Schaltung; **b** Kesselbauweise; **c** Isoliermantelbauweise. *1* Eisenkern, *2* Erreger-, Primär- oder Niederspannungswicklung, *3* Hochspannungswicklung, *4* Übertrager- oder Kopplungswicklung, *5* Metallkessel, bzw. geerdetes Fundament, *6* Durchführung, *7* Isoliermantel, *8* Hochspannungselektrode.

Bild 9.5. Schaltung **a** und schematischer Querschnitt **b** für einen Prüftransformator mit Eisenkern auf halber Spannung. *1* bis *4* siehe Bild 9.4, *5a*, *5b* Schubwicklungen.

Windungszahl wie die Erregerwicklung, liegt aber auf Hochspannungspotential. Sie wird nicht benötigt, wenn der Transformator als Einzelelement verwendet wird. Ihre Bedeutung tritt erst bei Kaskadenschaltungen in Erscheinung (s. nachfolgenden Abschnitt b)

Die *Bilder 9.4b und c* zeigen zwei übliche Bauformen für die Unterbringung des Aktivteils. Bei der *Kesselbauweise* muß die einpolige Spannung über eine gesteuerte Hochspannungsdurchführung *6* aus dem Metallkessel gebracht werden; in Sonderfällen kann auch eine direkte Kabelausleitung erfolgen. Der eventuell mit Kühlrippen oder Kühlrohren versehene Kessel ergibt eine günstigere Oberflächenselbstkühlung im Vergleich zur *Isoliermantelbauweise*, bei der keine Durchführung notwendig ist. Die letztgenannte Bauweise hat wegen des größeren Isolierölvolumens zwar eine größere thermische Zeitkonstante; die Wärmeabfuhr nach außen ist aber wegen des auch thermisch isolierenden Mantels *7* schlechter. Bei größeren Leistungen muß daher eine Zwangsumlaufkühlung mit Wärmeaustauschern außerhalb des Transformators vorgesehen werden.

Die auf nur einem Schenkel des Fensterkerns liegende Hochspannungswicklung kann bei höheren Spannungen in zwei gleiche Teilwicklungen aufgeteilt werden. Man erhält damit das in Bild 9.5 dargestellte Prinzip „*Kern auf halbem Potential*", da man für beide Hochspannungsteilwicklungen *3a* und *3b* den Kern als Mittenpotential verwendet. Bei diesem symmetrischen Aufbau kann die Einspeisung wahlweise über eine der beiden Wicklungen *2* oder *4* erfolgen; die jeweils nicht verwendete Wicklung wird dann bei Kaskadenschaltungen als Übertragerwicklung benötigt. Die direkt am Kern liegenden Niederspannungswicklungen *5a* und *5b* werden als Schubwicklungen[1] bezeichnet und sind so verschaltet, daß sich bei gleichem Fluß in den Schenkeln die in ihnen induzierten Spannungen aufheben. Vor allem bei Belastung ist dies aber nicht der Fall, da wegen des nicht unbedeutenden Streuflusses im Fenster des Kerns diese Flüsse nicht gleich groß sind. Die resultierende induzierte Spannung ruft dann in den Schubwicklungen einen Strom hervor, der gleich große magnetische

---

[1] Die Bezeichnungen für die Wicklungen *4* und *5* sind in der Literatur *nicht* einheitlich, da der Ausdruck Kopplungswicklung auch für die hier genannte Schubwicklung verwendet wird.

Flüsse weitgehend erzwingt. Dadurch reduziert sich die Streureaktanz des Transformators erheblich und verringert dessen Kurzschlußspannung. Dieser Transformatortyp eignet sich auch unmittelbar für die Erzeugung zweier erdsymmetrischer Spannungen mit Phasenopposition, wenn er über die Wicklungen *5a* und *5b* erregt und der Kern geerdet wird.

Transformatoren mit einer derartigen Kernbewicklung können in der Kessel- oder Isoliermantelbauweise ausgeführt sein. Bei der Kesselbauweise (Bild 9.6) werden *zwei* Durchführungen notwendig, da der mit dem Kern galvanisch verbundene Metallkessel das halbe Potential führt; der Kessel muß also isoliert aufgestellt werden. Bei einer reinen Isoliermantelbauweise (vgl. Bild 9.4c) erfolgt die isolierte Aufstellung des Kerns innerhalb des Isoliermantels, so daß die den Kern tragenden Isolierstützen im Isolieröl liegen. Von außen her betrachtet ist dann kein Unterschied gegenüber Bild 9.4c feststellbar. Bei einer gemischten Bauweise (Bild 9.7) wird der Isoliermantel unterbrochen und der potentialführende Kern von einem Metallmantel (verbesserte Kühlung!) umgeben; die Isoliermäntel übernehmen dann auch die mechanischen Kräfte.

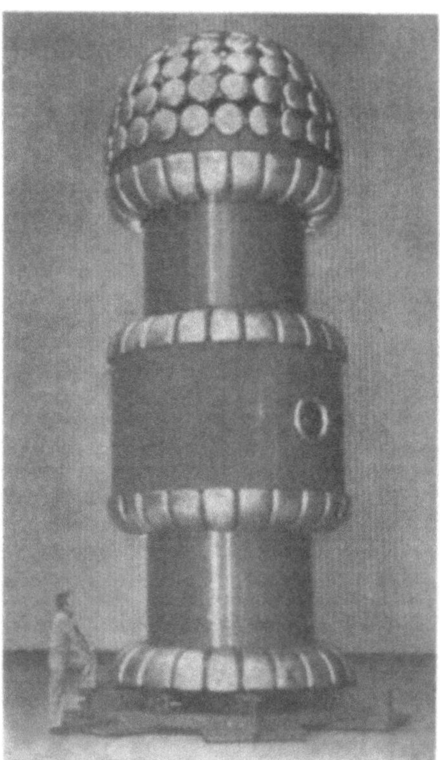

Bild 9.7. 1 200-kV-Prüftransformator (KB 2 400 kVA) mit Kern auf halber Spannung; gemischte Isoliermantelbauweise; ausbaubar durch zweite Stufe. (Werkbild ASEA AB).

b) Kaskadenschaltungen

Kann eine wirtschaftliche Lösung mit einstufigen Schaltungen nicht mehr erzielt werden, oder will man mit mehreren Einzeltransformatoren noch höhere Spannungen erzeugen, so wird man zur Kaskadenschaltung übergehen [9.6]. Sie wird heute für Spannungen ab ca. 800 kV praktisch ausschließlich verwendet, kann aber bereits ab Spannungen von ca. 100 kV durchaus vorteilhaft anwendbar sein.

Bild 9.8 zeigt das Schaltungsprinzip einer dreistufigen Kaskade, wobei auf die genauere Darstellung der Schaltung für den Einzeltransformator verzichtet wurde. Man erkennt nun die Bedeutung der in den Bildern 9.4 und 9.5 dargestellten Übertragerwicklungen, die zur Erregung der jeweils nächsten Stufe benötigt werden. Die notwendige Erdisolation der der ersten Stufe nachgeschalteten Transformatoren erzielt man bei einer Einzelaufstellung durch deren isolierte Aufstellung auf Stützisolatoren. Dadurch erhält man in der Regel eine niedrigere Bauhöhe, da sich diese Erdisolation optimieren läßt. Der Flächenbedarf für die Aufstellung wird aber groß. Man kann die Einzeltransformatoren, vor allem

Bild 9.6. 750-kV-Prüftransformator (Leistung 900 kVA, Dauerbetrieb) mit Kern und Kessel auf halber Spannung; reine Kesselbauweise mit Kühlrippen (Werkbild Haefely, Basel).

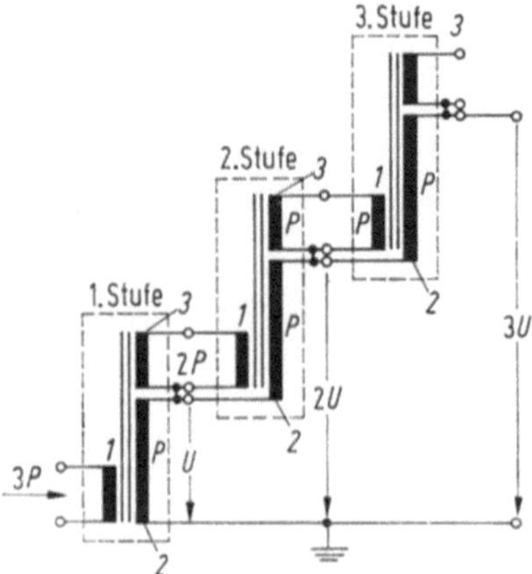

Bild 9.8. Dreistufige Kaskadenschaltung von Prüftransformatoren; Prinzip. *1* Erregerwicklungen, *2* Hochspannungswicklungen, *3* Übertrager- oder Kopplungswicklungen.

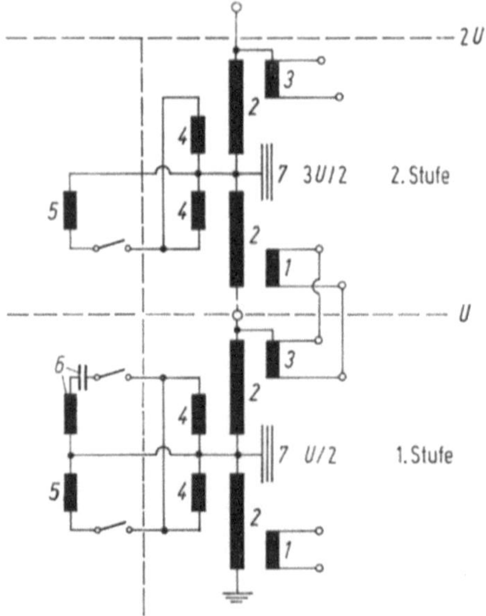

Bild 9.9. Schaltungsprinzip einer zweistufigen Kaskadenschaltung von Prüftransformatoren. Einzeltransformatoren mit „Kern auf halbem Potential". Zusätzliche Last- und Oberwellenkompensation an den Schubwicklungen. *1* Erregerwicklungen, *2* Hochspannungswicklungen, *3* Übertrager- oder Kopplungswicklungen, *4* Schubwicklungen, *5* Kompensationsdrosseln, *6* Oberwellen-Siebkreis, *7* Eisenkerne.

bei einer Isoliermantelbauweise, auch direkt übereinanderstellen, wodurch die benötigte Grundfläche für die Aufstellung der Kaskade klein wird. Dabei ist natürlich die mechanische Tragfähigkeit der ersten Stufe zu beachten.
Dieses Kaskadenprinzip ist nicht auf eine beliebige Stufenzahl ausdehnbar, da die Erreger- und

Übertragerwicklungen der unteren Stufen die Leistung für die nachfolgenden Einheiten aufbringen müssen. Diese Leistungen sind in Bild 9.8 bei den Wicklungen durch Vielfache von P angegeben. Mit einer Überdimensionierung der betroffenen Wicklungen ließe sich dieses Problem nur bezüglich der Erwärmung lösen; es steigt jedoch die relative Kurzschlußspannung überproportional mit der Stufenzahl an, so daß die Kurzschlußimpedanz sehr groß wird (s. nachfolgenden Abschnitt c). Die zu geringe Leistungsfähigkeit kann durch eine Kompensation der kapazitiven Blindleistung in den einzelnen Stufen oder durch eine Parallelschaltung von Prüftransformatoren bei zumindest der ersten Stufe [9.8; 9.9] verbessert werden. Weiterhin kann vor allem bei schwacher Belastung der Oberwellengehalt der Ausgangsspannung auch bei gut sinusförmiger Erregung die zulässigen Grenzen (Abschnitt 9.1.1) überschreiten, so daß zumindest die dritte Oberwelle (150 Hz bei 50-Hz-Betrieb) durch einen auf diese Frequenz abgestimmten Serienresonanzkreis ausgesiebt werden muß. Die Oberwellen entstehen durch Eigenresonanzen zwischen den Eigen- und Belastungskapazitäten

Bild 9.10. Dreistufige Prüfkaskade, mit Last- und Oberwellenkompensation an den Schubwicklungen (vgl. Bild 9.9). Gesamtspannung: 1,2 MV (3 × 400 kV), Nennleistung: 800 kVA, KB 15 min, Kesselbauweise, mit Kern auf halbem Potential [9.28]. (Werkbild Siemens AG, Erlangen).

Bild 9.11. Vierstufige Prüfkaskade mit transformatorischer Stützung der unteren zwei Stufen im Laboratorium der IREQ, Varennes/Kanada. Isoliermantelbauweise. Gesamtspannung: 2,4 MV (4 × 600 kV) (Werkbild Meßwandler-Bau GmbH, Bamberg).

mit den Streureaktanzen der Prüftransformatoren und deren Stellorgane und werden durch die nichtlineare Magnetisierung der Eisenkerne angeregt [9.10].

Die beiden letztgenannten Maßnahmen zur Kompensation der Blindleistung durch Drosseln und zur Vermeidung von Oberwellen können der in Bild 9.9 skizzierten Schaltung für eine zweistufige Kaskade entnommen werden. Hierbei wurden die Kompensationsdrosseln, bzw. der

Oberwellensiebkreis an die Schubwicklungen angeschlossen, die — wie bereits erwähnt — für niedrige Spannungen ausgelegt sind. Diese Kompensationsmittel könnte man auch direkt an die Hochspannungsklemme, also parallel zum Prüfobjekt, anschließen, wodurch man die Hochspannungswicklungen strommäßig entlastet. Die technische Ausführung dieser Elemente für hohe Spannungen ist aber wesentlich teurer und daher unwirtschaftlich.

Hochspannungskaskaden werden heute mit Spannungen bis zu mehr als 2 MV Effektivwert gebaut. Die Stufenzahl kann aber praktisch nicht höher als 4 sein, da die Kurzschlußspannung (s. Gl. (9.3)) einen Wert von ca. 30% nicht überschreiten sollte. Die Bilder 9.10 und 9.11 vermitteln einen Eindruck von Prüfkaskaden unter Verwendung von Transformatoren in Kessel- und Isoliermantelbauweisen.

c) Kurzschlußreaktanz von Kaskadenschaltungen

Die bereits erwähnte überproportionale Erhöhung der Kurzschlußimpedanz von Kaskadenschaltungen kann man relativ einfach berechnen, wenn man von weitgehend zulässigen, vereinfachenden Annahmen ausgeht [9.7]. Ein Kaskadenprüftransformator ist im Prinzip ein Dreiwicklungstransformator, der bei Vernachlässigung des Magnetisierungsstroms und der Wirkverluste in den Wicklungen nur durch die Streureaktanzen X der drei Wicklungen dargestellt werden kann. Diese Reaktanzen können aus drei Kurzschlußversuchen ermittelt werden. Bezieht man die Ströme der Erreger- und Übertragerwicklungen, sowie alle Reaktanzen auf die jeweilige Hochspannungswicklung, so läßt sich in Anlehnung an Bild 9.8 die Ersatzschaltung für eine n-stufige Kaskade skizzieren (Bild 9.12). Die resultierende Kurzschlußreaktanz X_{res} der n-stufigen Kaskade wird dann über die relative Kurzschlußspannung in bekannter Weise definiert als

$$u_{\text{k}} = \frac{I_{\text{HN}} X_{\text{res}}}{U_{\text{HN}}} = \frac{I_{\text{HN}}^2 X_{\text{res}}}{U_{\text{HN}} I_{\text{HN}}}. \tag{9.3}$$

(Index N: Nenn- oder Nominalwerte).

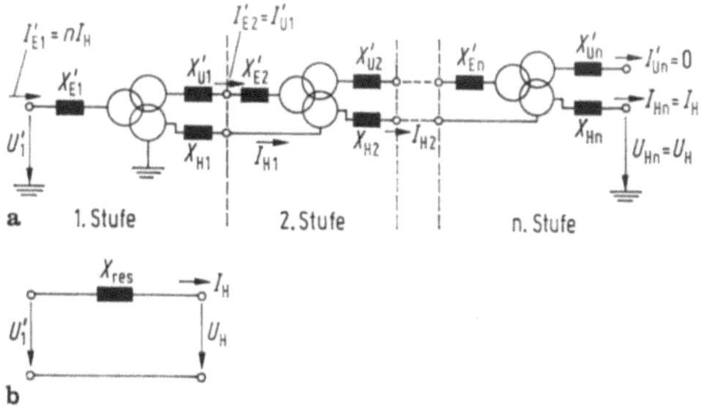

Bild 9.12. Ersatzschaltungen einer idealisierten n-stufigen Kaskade. **a** vollständige Schaltung mit Dreiwicklern, **b** resultierende Ersatzschaltung. Indizes: E Erreger- oder Primärwicklung, U Übertragerwicklung, H Hochspannungswicklung.

Da nur die Kaskadenleistung $U_H I_H$ als Bezugsgröße für einen Vergleich mit der Ersatzschaltung (Bild 9.12a) herangezogen werden kann, muß die Bedingung

$$I_H^2 X_{res} = \sum_{\nu=1}^{n} (I_{H\nu}^2 X_{H\nu} + I_{U\nu}'^2 X_{U\nu}' + I_{E\nu}'^2 X_{E\nu}') \quad (9.4)$$

erfüllt sein. Die in der Kaskade umgesetzte Scheinleistung $I_H^2 X_{res}$ setzt sich somit aus der Summe der Scheinleistungen zusammen, die in den einzelnen Wicklungen auftreten. Der Index ν kennzeichnet dabei die jeweils betrachtete Stufe. Da bei den getroffenen Vernachlässigungen und den angegebenen Stromrichtungen das Durchflutungsgesetz in der Form

$$I_E' = I_H + I_U' \quad (9.5)$$

auf alle Einzeltransformatoren anwendbar ist, kann man die in (9.4) erscheinenden Ströme in den Übertrager- bzw. Erregerwicklungen (I_U' bzw. I_E') leicht durch den in allen Hochspannungswicklungen gemeinsam fließenden Belastungsstrom I_H ausdrücken. Es wird somit

$$I_H = I_{H\nu} = I_{H1} = I_{H2} = \cdots \quad (9.6\,a)$$

$$I_{U\nu}' = (n - \nu)\, I_H\,; \quad (9.6\,b)$$

$$I_{E\nu}' = (n + 1 - \nu)\, I_H. \quad (9.6\,c)$$

Setzt man (9.6b) und (9.6c) in (9.4) ein und dividiert durch I_H^2, so erhält man die gesuchte, resultierende Kurzschlußreaktanz

$$X_{res} = \sum_{\nu=1}^{n} [X_{H\nu} + (n - \nu)^2 X_{U\nu}'$$
$$+ (n + 1 - \nu)^2 X_{E\nu}']. \quad (9.7)$$

Bei z. B. drei in Serie geschalteten, gleichen Transformatoren wird somit $X_{res} = 3(X_H + X_U' + X_E') + 2X_U' + 11X_E')$, also wesentlich größer, als dies bei einer nur linearen Addition der Streureaktanzen zu erwarten wäre.

9.1.2.3 Besonderheiten im Betriebsverhalten

Bereits beim unbelasteten Prüftransformator wird der Primärstrom der Primärspannung voreilen, weil der Magnetisierungsstrom klein ist und die Hochspannungswicklung eine erhebliche Eigenkapazität aufweist. Da die zu prüfenden Objekte darüber hinaus in der Regel Kondensatoren hoher Güte darstellen, wird die kapazitive Belastung noch verstärkt. Diese Belastungsart führt grundsätzlich zu einer *Überhöhung* der Sekundärspannung, da die Kurzschluß- oder Streuimpedanz mit der Belastungskapazität C_p einen nur schwach gedämpften Serienresonanzkreis bildet (vgl. auch Bild 9.1). Die Spannungsüberhöhung ist leicht berechenbar, wenn man von der vereinfachten Ersatzschaltung Bild 9.12b ausgeht und diese durch eine Kapazität $C = C_p + C_i$

(mit C_i = wirksame Wicklungskapazität der Hochspannungswicklung) ergänzt. Es wird dann

$$\frac{U_H}{U_1'} = \frac{1}{1 - X_{res}\omega C}. \quad (9.8)$$

Bei konstanter Primärspannung und zunehmender Belastungskapazität wird somit die Hochspannung U_H grundsätzlich größer und kann im Resonanzfall ein Mehrfaches der zulässigen Nominalspannung U_{HN} betragen, da die hier vernachlässigten Verluste klein und die Güte hoch ($\gtrless 5$) sind. In noch stärkerem Maße gilt dies bei konstanter Belastung C und zunehmender Frequenz ω, da dadurch auch noch die Kurzschlußreaktanz $X_{res} = \omega L_\sigma$ (L_σ = Streuinduktivität des Prüftransformators) ansteigt. Man wird sich daher *vor* dem Einschalten eines Prüftransformators auf eine Last C_p über die Größe dieser Kapazität Klarheit verschaffen müssen, um ungewollte Überbeanspruchungen zu vermeiden.

Schon bei Nennlast ist dieser Effekt recht erheblich. Dies erkennt man, wenn die notwendige *Reduktion* der Primärspannung U_1' mit zunehmender Last betrachtet wird. Aus (9.8) folgt hierfür:

$$\frac{U_1'}{U_H} = \frac{U_1'(C = 0) - \Delta U_1'}{U_H} = 1 - X_{res}\omega C$$

oder

$$\Delta U_1'/U_H = X_{res}\omega C. \quad (9.9)$$

$\Delta U_1'/U_H$ ist dabei die relative Abnahme der Primärspannung mit zunehmender Last. Ersetzt man X_{res} aus (9.3), so wird

$$\frac{\Delta U_1'}{U_H} = u_k \frac{U_{HN}}{I_{HN}} \omega C.$$

Erweitert man schließlich noch mit der bei Nennbelastung des Transformators zulässigen Kapazität $C_N = C_i + C_{pN}$, so lassen sich die Spannungsverhältnisse allein durch die relativen Größen u_k und C/C_N ausdrücken:

$$\frac{\Delta U_1'}{U_H} = u_k \frac{U_{HN}}{(I_{HN}/\omega C_N)} \frac{C}{C_N} = u_k \frac{C}{C_N}. \quad (9.10)$$

Bei Nennbelastung wird daher die Primärspannung um ebensoviel Prozent kleiner sein als dies der relativen Kurzschlußspannung u_k entspricht. Die starke Frequenzabhängigkeit ist ebenfalls in (9.10) enthalten, wenn man beachtet, daß u_k proportional mit ω zunimmt und C_N sich indirekt proportional mit der Frequenz reduziert. Der Resonanzfall tritt für $u_k(C/C_N) = 1$ auf.

Aus diesem Betriebsverhalten folgen zwei weitere Erscheinungen, die zu beachten sind:

Wegen der relativ starken Abhängigkeit der Sekundärspannung von der Belastung kann die Primärspannung *nicht* ohne weiteres zur indirekten

Hochspannungsmessung herangezogen werden. Dies ist auch deshalb nicht angebracht, weil sich der relative Oberwellengehalt zwischen Primär- und Sekundärspannung wegen des mit der Aussteuerung zunehmenden Magnetisierungsstroms ändern kann. Eine direkte Messung der hohen Spannung ist daher erforderlich (s. Kapitel 10).

Die Primärspannung muß weiterhin sehr feinstufig einstellbar sein, um sich den Lastverhältnissen anzupassen und um die auch bei kleineren Spannungssprüngen auftretenden transienten Überspannungen zu vermeiden. Da alle Stellorgane für die Primärspannung (Stelltransformatoren oder Induktionsregler bei Speisung mit Netzfrequenz; Generatoren mit fester oder variabler Drehzahl für insbesondere von Netzfrequenz abweichenden Frequenzen) ebenfalls nicht unerhebliche und oftmals *variable* Kurzschlußreaktanzen aufweisen, müssen diese Reaktanzen in die oben erläuterten Überlegungen mit einbezogen werden. Der Auswahl dieser Stell- oder auch Regelorgane ist somit größte Aufmerksamkeit zu widmen. Ohne auf Einzelheiten besonders einzugehen, sind die folgenden Hinweise angebracht:

Normale Ausführungen von Stelltransformatoren weisen vor allem bei den üblichen Sparschaltungen mit kleiner werdendem Stellbereich stark zunehmende Kurzschlußspannungen, bzw. Spannungsabfälle aus. Bei getrennten Primär- und Sekundärwicklungen wird diese Charakteristik zwar verbessert; die Tendenz zu stark schwankenden Reaktanzen bleibt aber bestehen. Im erstgenannten Fall sind Spannungsabfälle zwischen Leerlauf und Nennbelastung bis zu 50% durchaus üblich. Spezialisierte Firmen (z. B. REO, Solingen) führen hingegen Stelltransformatoren mit Schub- und Stützwicklungen aus, die zu sehr niedrigen und recht konstanten Kurzschlußspannungen über den gesamten Stellbereich verhelfen. Dadurch verringert sich die Gefahr von Resonanzoberwellen in der hohen Prüfspannung ganz erheblich, die heute auch durch den zunehmenden Einsatz thyristorgesteuerter Verbraucher im Stromversorgungsnetz [9.11] erheblich erhöht wird. Bei einer ungünstigen Dimensionierung von Prüftransformator und Stellorgan können daher bereits bei netzgespeisten Prüfanlagen zusätzliche Filterkreise zur Verbesserung der Kurvenform der hohen Prüfspannung notwendig werden [9.74].

Beim Einsatz von elektrischen Maschinen als variable Primärspannungsquellen ist darauf zu achten, daß die kapazitive Belastung den möglichen Spannungsstellbereich der Generatoren nicht zu sehr einengt. Auch wenn die Gefahr einer Selbsterregung der Maschinen durch eine entsprechende Auslegung des Erregerkreises verhindert werden kann, bleibt eine Spannungsregelung im niedrigen Stellbereich wegen Remanenzerscheinungen schwierig.

9.1.3 Resonanzschaltungen

In Abschnitt 9.1.2 wurde gezeigt, daß die zu prüfenden Hochspannungsgeräte fast ausschließlich als Kondensatoren hoher Güte aufzufassen sind und daß bereits die Streureaktanz eines Transformators mit diesen Kapazitäten einen nicht sehr stark gedämpften Serienresonanzkreis bildet. Es ist daher naheliegend, die Erzeugung hoher Wechselspannungen mit Resonanzschaltungen durchzuführen, woraus sich die folgenden wesentlichen Vorteile ergeben:

— Ist Q die Güte eines Serienresonanzkreises, so genügt zur Erzeugung einer Spannung U_H bereits eine sehr kleine, auf die Resonanzfrequenz abgestimmte Wechselspannung $U_1 = U_H/Q$. Auch wenn U_1 stärker oberwellenhaltig ist, wird U_H weitgehend oberwellenfrei bleiben, da nur Grundwellenresonanz eintritt, so daß die in Abschnitt 9.1.1 genannten Anforderungen stets erfüllt werden.

— Die zur Erregung eines Resonanzkreises notwendige Leistung wird sehr klein, da die kapazitive Leistung des Prüfobjekts C_p ($U_H^2 \omega C_p$) von der induktiven Leistung der im Resonanzkreis benötigten Induktivität $L(\approx U_H^2/\omega L)$ bereitgestellt wird. Die Erregerleistung muß nur die ohmschen Verluste decken (meist $\lesssim 5\%$ der kapazitiven Leistung).

— Ein Durchschlag des Prüfobjekts führt sofort zu einem Zusammenbruch der Resonanz und damit auch der Spannung am Prüfobjekt. Die an der Durchschlagsstelle entstehenden Schäden werden somit auf das kleinstmögliche Maß reduziert, da im Durchschlagskanal keine größere Energie umgesetzt werden kann als jene, die im Prüfobjekt gespeichert ist (nämlich $0{,}5 C_p U_H^2$).

— In einem Serienresonanzkreis kann eine höhere Prüfspannung in einfacher Weise durch die Serienschaltung von Drosseln erzielt werden; eine Erhöhung der Prüfleistung bei größer werdender Prüflingskapazität ist auch durch eine Parallelschaltung von Hochspannungsdrosseln möglich.

— Hochspannungsdrosseln lassen sich bei gleicher Leistung kleiner und mit erheblich geringerem Gewicht bauen als Prüftransformatoren.

Resonanzschaltungen werden somit vor allem dann vorteilhaft angewendet, wenn große Kapazitäten geprüft werden müssen (Hochspannungskabel; SF$_6$-Schaltanlagen oder -Rohrleiter). Trotz dieser Vorteile fanden Resonanzschaltungen für Wechselspannungen technischer Frequenzen erst relativ spät Eingang in die Prüftechnik [9.12]. Dies liegt vor allem daran, daß bei einer Einspeisung mit *fester* Frequenz die Serienresonanzdrosseln eine stufenlos abstimmbare Induktivität besitzen müssen, um bei beliebiger Lastkapazität die Resonanzbedingung einstellen zu können.

Eine variable Induktivität ist bei einer Eisendrossel aber nur erzielbar, wenn mit einem beweglichen Kern der ohnehin notwendige Luftspalt kontinuierlich verstellt wird. Da dies technisch bei einer Hochspannungsdrossel schwer durchführbar ist, wurde zunächst die weniger aufwendige Lösung gewählt, eine variable Niederspannungsinduktivität über einen Prüftransformator einzukoppeln (Bild 9.13a). Diese Lösung entlastet aber den Prüftransformator nur teilweise, sie verringert aber den Aufwand für die Stellorgane. Seit einigen Jahren werden auch Hochspannungsdrosseln mit variabler Induktivität mit Erfolg gebaut (Bild 9.13b), wodurch der Prüftransformator eingespart werden kann [9.13]. Bild 9.14 zeigt eine 900-kV-Einheit erheblicher Leistung, die aus drei in Kaskade geschalteten 300-kV-Drosseln besteht.

Im Vergleich zu Prüftransformatoren sind Hochspannungsdrosseln der vorgenannten Bauart bei gleicher Scheinleistung etwa dreimal leichter. Für eine „Vor-Ort-Prüfung" von Hochspannungsapparaten und -komponenten ist dies von Vorteil; trotzdem müssen noch erhebliche Massen transportiert werden. Eine weitere, sehr erhebliche Gewichtsreduktion wird aber möglich, wenn man auf die stufenlose Verstellbarkeit der Induktivität im Serienresonanzkreis verzichtet und Drosseleinheiten mit praktisch konstanter Induktivität L

Bild 9.14. Hochspannungsdrossel mit variabler Induktivität für 900 kV, 4 500 kVA bei 60 Hz, Freiluftausführung. (Werkbild Hipotronics/USA).

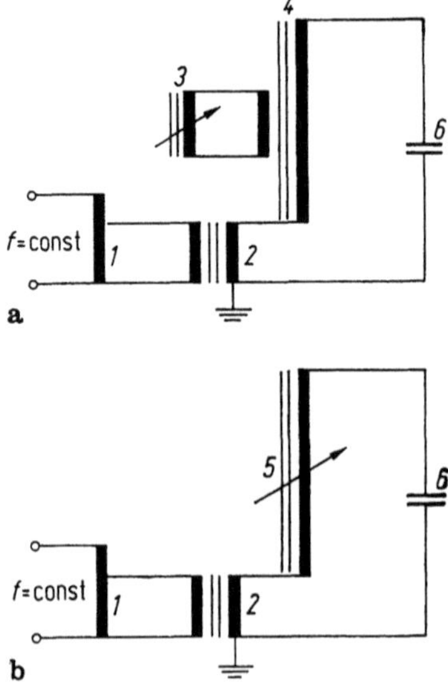

Bild 9.13. Serienresonanzkreise zur Erzeugung hoher Wechselspannungen bei fester Frequenz. **a** mit Niederspannungsdrossel; **b** mit Hochspannungsdrossel; *1* Stelltransformator zur Spannungseinstellung, *2* Erregertransformator zur Einkopplung der Wirkleistung, *3* Niederspannungsdrossel mit variabler Induktivität, *4* Prüftransformator zur Ankopplung von *3*, *5* Hochspannungsdrossel mit variabler Induktivität, *6* Kapazität des Prüfkreises.

verwendet. Bei einer durch die Prüfobjektkapazität C_p vorgegebenen Belastung und hoher Güte von L und C_p kann dann mit einer relativ kleinen Erregerwechselspannung, deren Frequenz f stufenlos einstellbar ist, auch eine stufenlos einstellbare hohe Spannung über C_p erzeugt werden. Die Prüffrequenzen f variieren auch bei stärker schwankenden Prüflingskapazitäten wegen $f = 1/2\pi \sqrt{LC_p}$ nicht allzu stark. Die notwendige Wechselspannungsquelle mit kontinuierlich einstellbarer Frequenz kann beispielsweise durch einen speziellen Schwingkreisumrichter (Leistungselektronik) bereitgestellt werden, der nur die Verluste des Serienresonanzkreises zu decken hat. Bild 9.15a zeigt ein Prinzipschaltbild für eine derartige Hochspannungsprüfeinrichtung, Bild 9.15b eine technische Ausführung für 800 kV/ 5 200 kVar (KB 10 min), die auch die erhebliche Größen- und Gewichtsreduktion erkennen läßt. Ein Betrieb ist in einem Frequenzbereich von ca. 30 Hz bis 1 kHz möglich [9.14; 9.73]. Resonanzkreise dieser Art können vorteilhaft dann eingesetzt werden, wenn keine Prüfwechselspannung mit absolut fest vorgegebener Prüffrequenz notwendig ist oder wenn dielektrische Untersuchungen mit unterschiedlichen Frequenzen durchgeführt werden müssen.

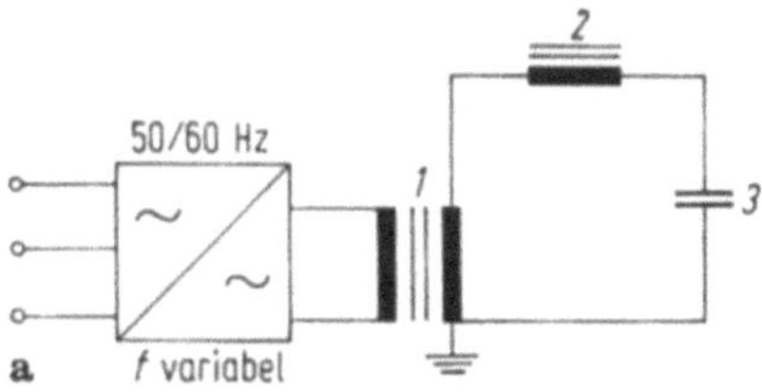

Bild 9.15. Hochspannungs-Serienresonanz-
kreis mit variabler Frequenz der Prüfspannung. **a** Schaltungsprinzip; *1* Erregertransformator, *2* Hochspannungsdrossel,
3 Prüfobjekt; **b** Ausgeführte Anlage
800 kV, 6 A (KB 10 min), (vier Drosseln
à 200 kV in Serie) bei einer „Vor-Ort"-
Prüfung in Südafrika.

Erwähnt sei schließlich noch der zu den Resonanzschaltungen zählende Tesla-Transformator, der
schon 1891 von Nikola Tesla angegeben wurde.
Mit ihm lassen sich in rascher Aufeinanderfolge
hochfrequente, gedämpfte Spannungsschwingun-
gen im Frequenzbereich um 100 kHz bei Spannungen bis über 1 MV erzeugen. Die bekannte
Schaltung (s. z. B. [9.15; 9.16]) besteht aus zwei
Schwingkreisen, deren Induktivitäten magnetisch
schwach gekoppelt sind. Diese Induktivitäten
werden durch luftgekoppelte Spulen mit stark
unterschiedlicher Windungszahl gebildet, um die
bei relativ kleiner Spannung in einem primären
Schwingkreis angeregten Schwingungen auf eine
hohe Spannung zu transformieren. Derartige
Transformatoren werden heute im wesentlichen
nur mehr zur Prüfung von Porzellankappenisola-
toren verwendet, bei denen die hochfrequenten
Gleitentladungen auf Hohlräume im Porzellan
empfindlich reagieren.

9.2 Erzeugung hoher Gleichspannungen

9.2.1 Übersicht und Kenngrößen

Hohe Gleichspannungen ($\geqq$ 1 kV) werden in
sehr vielen Sparten der Technik und der physikalischen Forschung benötigt und angewendet.
Dementsprechend groß ist auch die Vielfalt der
Erzeugungsmöglichkeiten, mit denen die speziellen

Bedürfnisse der Anwendung berücksichtigt werden
müssen.
Die in den Abschnitten 9.2.2 und 9.2.3 behandelten Methoden können bezüglich der detail-
lierten Ausführungen entsprechend der gestellten
Anforderungen recht unterschiedlich sein. Diese
Anforderungen sind bei der Entwicklung und
Prüfung von Geräten für die elektrische Energieübertragung (z. B. Prüfung von Hochspannungskabeln oder Komponenten für die HGÜ-Tech-
nik (HGÜ: Hochspannungs-Gleichstrom-Übertragung)) verständlicherweise anders als bei Anwendungen in der physikalischen Forschung (Beschleunigung geladener Teilchen, Neutronen-
quellen, Elektronenmikroskopie), der Elektro-
medizin (Röntgentechnik, Elektrotherapie), oder
der Elektrostatik (Rauchgasfilter, Beflockung von
Stoffen, Farbspritzanlagen, Pulverbeschichtung,
Kopieren). Daher wird darauf verzichtet, auf
die vielen Varianten der beschriebenen Methoden
besonders einzugehen.
Nach den internationalen Regeln der Hochspannungsprüftechnik [9.1] definiert man als
Kenngrößen für eine im allgemeinen wellige
Gleichspannung — neben deren Polarität — den
arithmetischen Mittelwert als Maß für die Amplitude, und den Überlagerungsfaktor als Maß
für die Abweichungen vom Mittelwert (vgl.
Bild 9.22).
Der *arithmetische Mittelwert* $\bar{u}$ einer mit der
Periode T pulsierenden, unipolaren Spannung $u(t)$

ist

$$\bar{u} = \frac{1}{T} \int\limits_0^T u(t)\, \mathrm{d}t. \qquad (9.11)$$

Die periodischen Abweichungen von diesem Mittelwert lassen sich durch die Welligkeit oder Überlagerungen (engl.: ripple; fanz.: ondulation) δu

$$\delta u = 0{,}5(\hat{u} - u_{\min}) \qquad (9.12)$$

mit $\hat{u}$ größter $\left.\vphantom{\begin{array}{c}a\\b\end{array}}\right\}$ Augenblickswert der
$u_{\min}$ kleinster $\quad$ Spannung $u(t)$

kennzeichnen. *Der Überlagerungsfaktor* (engl.: ripple factor; fanz.: facteur d'ondulation) $\delta u / \bar{u}$ wird üblicherweise als Prozentwert angegeben. Bei der Messung einer Gleichspannung ist (9.11) zu berücksichtigen; eine Effektivwertmessung (s. Gl. (9.1)) ist somit eigentlich nicht zulässig. Nennenswerte Unterschiede sind aber nur bei einem größeren Überlagerungsfaktor möglich, der nach den IEC-Regeln auf $\leq 5\%$ beschränkt wird.
Bei isolationstechnischen Untersuchungen können noch andere Eigenschaften der Spannungserzeugung eine große Rolle spielen, wie deren Kurz- oder Langzeitstabilität, die in der Anlage gespeicherte Energie oder die Ausregelzeitkonstanten bei schnellen Last- oder Netzspannungsschwankungen. Für den praktischen Betrieb ist es oftmals auch wichtig, ob die Polarität rasch geändert werden kann oder ob nur wenig Wartungsarbeiten anfallen. Hinweise darauf finden sich an geeigneter Stelle.

9.2.2 Elektrostatische Generatoren

Diese Geräte wandeln mechanische Energie ohne Mitwirkung des Induktionsgesetzes in elektrische Energie um. Mit Vorbehalt kann die um 1663 von Otto v. Guericke gebaute Reibungselektrisiermaschine als erster elektrostatischer Generator betrachtet werden. Eine kontinuierliche Spannungserzeugung gelang erst später durch die Einführung eines Konduktors (Bose, 1779) oder die im 19. Jahrhundert entwickelten, ohne Reibung arbeitenden Influenzmaschinen. Der erfolgreiche, technische Einsatz wurde dann aber nicht nur durch die nach 1870 einsetzende stürmische Entwicklung der elektromagnetischen Energieerzeugung, sondern auch durch große technische Schwierigkeiten behindert (s. [9.17]).
Der entscheidende Durchbruch zur Erzeugung von praktisch beliebig hohen Gleichspannungen (10 MV oder mehr) gelang erst R. J. Van de Graaff im Jahr 1930 mit dem Prinzip des Bandgenerators. Die Anforderungen zu diesen hohen Spannungen kamen aus der Atomphysik, welche energiereiche Ionenstrahlen benötigte. Von technischer Bedeutung sind heute auch die Trommelgeneratoren

nach N. J. Felici, die um 1950 aus der bereits 1865 gebauten Holtzschen Scheibeninfluenzmaschine weiterentwickelt wurden. Beide Prinzipien haben einen hohen, technischen Entwicklungsstand erreicht und werden daher in den Abschnitten 9.2.2.1 und 9.2.2.2 behandelt.
Neue Vorschläge zum Bau von elektrostatischen Generatoren für sehr hohe Leistungen im MW-Bereich, die teilweise auf die von A. Toepler im Jahre 1865 angegebene Kondensatormaschine zurückgehen, harren noch auf eine technische Realisierung und seien an dieser Stelle nur erwähnt [9.18]; im übrigen kommen derartige Hochleistungsmaschinen nur für die elektrische Energieübertragung und nicht für die Prüftechnik in Betracht.
Das Grundprinzip aller elektrostatischen Generatoren beruht darauf, Ladungsträger gegen die Kraftwirkung des elektrischen Feldes zu bewegen, wobei mechanische Arbeit aufgebracht werden muß. Dies läßt sich beispielsweise dadurch experimentell nachweisen, daß man zwei Metallplatten bei kleinem Abstand d_1 und dementsprechend großer Kapazität $C_{\max}$ auf eine Spannung U_1 auflädt. Zieht man beide Platten nach Abtrennung von der Spannungsquelle auseinander (Abstand d_2, Kapazität $C_{\min}$), so wird wegen der Erhaltung der Ladungen Q auf den Platten

$$Q = C_{\max} U_1 = C_{\min} U_2 \qquad (9.13)$$

die Spannung U_2 zwischen den Platten größer, da die Kapazität kleiner wird. Die aufzuwendende mechanische Energie W_{mech} ergibt sich aus der Differenz der in beiden Extremfällen gespeicherten, elektrischen Energie:

$$W_{\mathrm{mech}} = \frac{1}{2}\left(U_2^2 C_{\min} - U_1^2 C_{\max}\right)$$

$$= \frac{1}{2} U_1^2 C_{\max}\left(\frac{C_{\max}}{C_{\min}} - 1\right). \qquad (9.14)$$

Betrachtet man die Platten als Elektroden eines idealen Plattenkondensators, so verhalten sich die Kapazitätswerte umgekehrt proportional zu den Abständen:

$$W_{\mathrm{mech}} = \frac{1}{2} U_1^2 C_{\max}\left(\frac{d_2}{d_1} - 1\right). \qquad (9.14\,\mathrm{a})$$

Die zunächst aufgebrachte elektrische Energie kann somit beliebig vergrößert werden. Durch eine stetige Wiederholung dieses Prozesses wird auch eine kontinuierliche Leistung erzeugt.

9.2.2.1 Bandgeneratoren (Van de Graaff)

Bild 9.16 zeigt die einfache Wirkungsweise: Das über mechanisch angetriebene Metallzylinder laufende Isolierstoffband (2) wird von einer geregelten Spannungsquelle U_E (einige 10 kV) aufgeladen. Die Aufladung erfolgt über eine

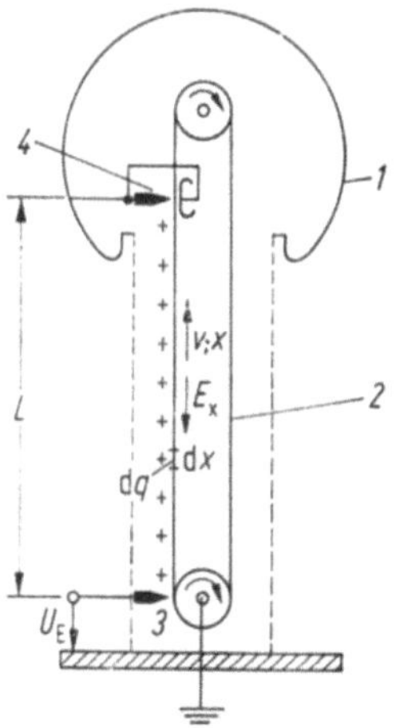

Bild 9.16. Elektrostatischer Bandgenerator nach Van de Graaff. *1* Hochspannungselektrode; *2* Isolierstoffband; *3, 4* Sprüheinrichtung.

„Sprüheinrichtung" (*3*) die aus einer scharfkantigen Elektrode (feine Stahllamellen oder scharfe Schneiden) und einer flachen, influenzierenden Elektrode (geerdeter Antriebszylinder oder separate Plattenelektrode) besteht. Die sich ausbildende Glimmentladung stellt — je nach Polarität der Spannungsquelle — positive oder negative Ladungsträger bereit, die auf dem Isolierstoffband haften und mit der Bandbewegung in das Innere der Hochspannungselektrode (*1*) transportiert werden. Dort kann man über eine zweite Sprüheinrichtung (*4*) mit kurzgeschlossenen Elektroden die Ladungsträger wieder abnehmen, da die Flächenladungsdichte des Bandes die dazu notwendige Feldstärke liefert. Diese Entladeeinrichtung kann auch so gestaltet sein, daß das Band umgeladen wird (siehe z. B. [9.17]). Dadurch läßt sich die Stromausbeute verdoppeln.

Die erzielbare Leistungsfähigkeit hängt offenbar von der Bandgeschwindigkeit v, der auf das Band der Breite b aufgebrachten Flächenladungsdichte σ

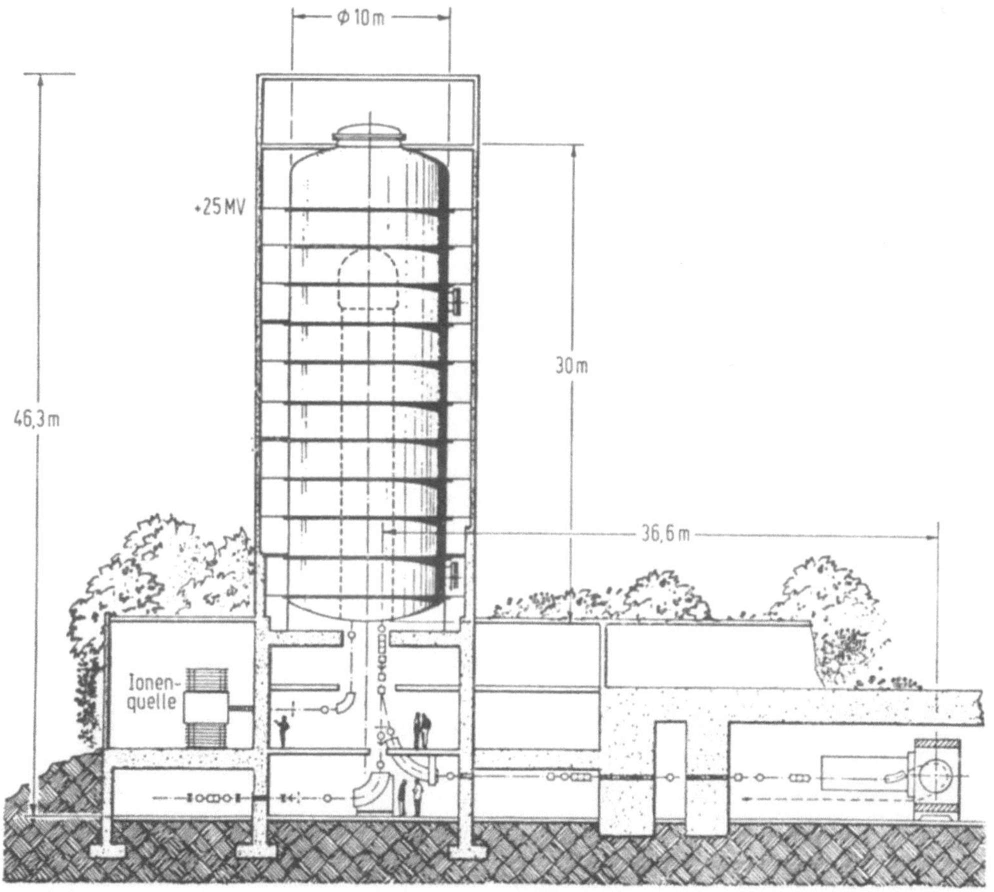

Bild 9.17. Elektrostatischer 25-MV-Tandembeschleuniger (Bauart: National Electrostatics Corp.) für den Betrieb eines Zyklotrons am Oak Ridge National Laboratory (ORNL), USA.

und der Tangentialfeldstärke $E(x)$ ab, die auf der Bandoberfläche herrscht. Letztere ist ortsabhängig (Ortskoordinate x in Richtung der Geschwindigkeit v), wenn nicht durch konstruktive Maßnahmen eine homogene Feldverteilung erzwungen wird. Da die Ladung $\mathrm{d}q$ eines Bandstreifens der Höhe $\mathrm{d}x$ mit der Breite b

$$\mathrm{d}q = \sigma b\,\mathrm{d}x$$

ist, wirkt somit auf das gesamte Band die Kraft $F(x)$

$$F(x) = \int_L \mathrm{d}F(x) = \int_L E(x)\,\mathrm{d}q = \sigma b \int_L E(x)\,\mathrm{d}x.$$

$$(9.15)$$

Zur Bewegung des Bandes entgegen der Kraftwirkung ist daher die mechanische Leistung P

$$P = F(x)\,v = \sigma b v \int_L E(x)\,\mathrm{d}x \qquad (9.16)$$

erforderlich, wenn die Bandgeschwindigkeit $v = \mathrm{d}x/\mathrm{d}t$ konstant bleibt. Wegen

$$I = \mathrm{d}q/\mathrm{d}t = \sigma b v\,; \quad U = \int_L E(x)\,\mathrm{d}x \qquad (9.16\,\mathrm{a})$$

folgt, daß die zum Antrieb erforderliche mechanische Leistung P gleich der abgenommenen elektrischen Leistung IU ist.

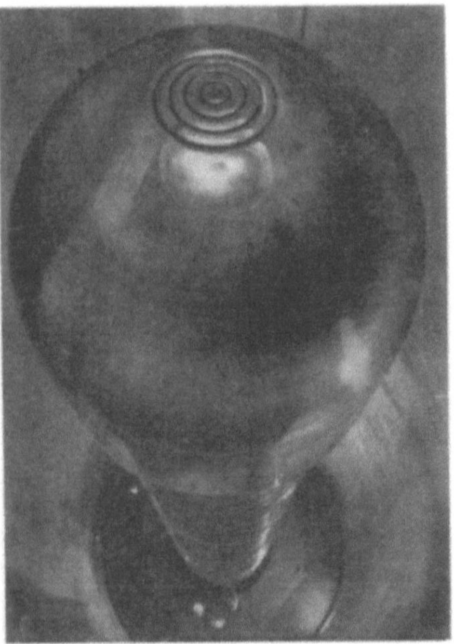

Bild 9.18. Einblick in den Drucktank des 25-MV-Beschleunigers von Bild 9.17. Im Vordergrund: Hochspannungselektrode. Beachte Personen auf der unteren Plattform. Maximalstrom ca. 600 µA; Betriebsdruck 7 bar SF_6. (Nat. Electrost. Corp., bzw. ORNL, USA).

Die Stromergiebigkeit I hängt somit von der maximal möglichen Flächenladungsdichte σ und der pro Zeiteinheit durch die Sprühelektroden laufende Bandfläche bv ab, während die Spannung U mit der aktiven Bandfläche L und der zulässigen Feldstärke $E(x)$, welche durch die Isolierfestigkeit des das Band umgebenden Gases abhängig ist, zunimmt.

Der Erzeugung hoher Leistungen stehen somit mechanische (bvL!) und isolationstechnische ($\sigma E(x)$!) Probleme entgegen. Bandgeneratoren für den Betrieb von Ionenbeschleunigern (meist als Tandemgeneratoren mit doppelter Beschleunigungsstrecke gebaut; siehe z. B. [9.19]) laufen daher durchwegs unter Gasen wie SF_6, H_2 oder $N_2 - CO_2$-Mischungen bei hohem Druck (bis 3 MPa). Hochwertige Steuerelektrodensysteme sorgen für bestmögliche Feldverhältnisse (Bild 9.18). Dadurch konnten bisher Spannungen bis ca. 30 MV bei allerdings kleinen Strömen (< 1 mA) erzielt werden.

Die Stromergiebigkeit ist aus (9.16 a) gut abschätzbar. Die von der bei der Bandaufladung *im* Isolierstoff erzielbaren Feldstärke E und davon abhängenden Flächenladungsdichte $\sigma \approx D = \varepsilon E$ kann bei einer in atmosphärischer Luft arbeitenden Sprühvorrichtung kaum höher als $2 \cdot 10^{-5}$ As/m^2 (entsprechend $E \approx 20$ kV/cm; $\varepsilon_\mathrm{r} \approx 1$) werden, da die Durchschlagfestigkeit der Luft mit ca. 30 kV/cm anzusetzen ist. Mit $b = 1$ m; $v = 30$ m/s wird damit $I = 600$ µA. Elektrostatische Generatoren besitzen daher eine recht begrenzte Stromergiebigkeit. Die Bilder 9.17 und 9.18 zeigen den z. Z. leistungsfähigsten Van de Graaff-Tandembeschleuniger in Drucktankausführung. Auch für die Durchschlagsuntersuchung von Isoliergasen eignet sich eine Drucktankausführung vorzüglich, da der Generator im gleichen zu untersuchenden Isoliergas laufen kann, wodurch seine Spannungsergiebigkeit an die elektrische Festigkeit des Gases angepaßt wird [9.20]. Die geringe Stromergiebigkeit erschwert eine Verwendung dieser Generatoren bei Versuchsaufbauten in Luft bei sehr hohen Spannungen, da für die Hochspannungsverbindungsleitungen eine absolute Teilentladungsfreiheit gefordert werden müßte. Diese ist aber nur mit extrem großem technischen Aufwand zu erzielen.

9.2.2.2 Trommelgeneratoren

Beim Bandgenerator werden extrem hohe mechanische Anforderungen an das Isolierband gestellt, das zudem bei hohen Geschwindigkeiten in Schwingungen geraten kann. Auch wenn der von Felici entwickelte Trommelgenerator, wie erwähnt, aus der Scheibeninfluenzmaschine abgeleitet wurde, kann man diesen Generator auch als eine Variante des Bandgenerators betrachten, wenn man das Band durch eine rotierende, aus Isoliermaterial bestehende Trommel ersetzt.

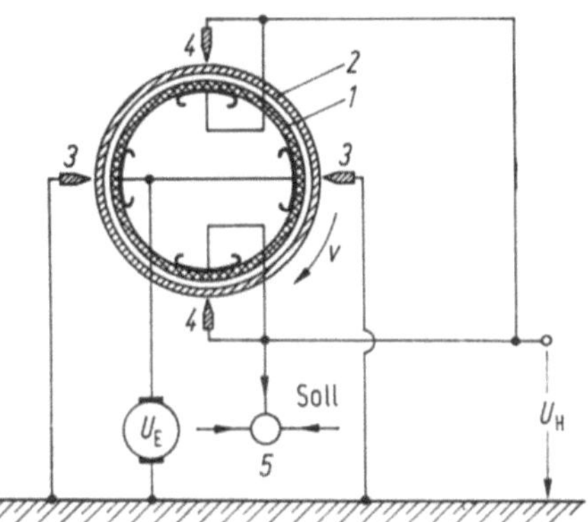

Bild 9.19. Anordnungsschema eines Trommelgenerators mit doppelter Polzahl. *1* Ständer; *2* Läufer; *3, 4* Sprüheinrichtung *5* Regler.

Bild 9.19 zeigt den schematischen Aufbau eines Trommelgenerators mit einer Polpaarzahl von 2, die innerhalb weiter Grenzen beliebig variiert werden kann. Die Leistung wird dadurch nicht geändert, während der Strom der Polpaarzahl proportional ist. Die zur Aufladung und Entladung benötigten Sprüheinrichtungen (*3*) bzw. (*4*) bestehen wiederum aus je einer scharfkantigen Ionisierungs- und flachen Induktorelektrode, wobei die Induktorelektroden mit einem aus Isoliermaterial bestehenden, unbewegten Ständer (*1*) fest verbunden sind. Das Ständermaterial darf keine zu kleine Leitfähigkeit aufweisen, um einen homogenen Potentialabbau zwischen den erdseitigen und hochspannungsseitigen Induktorelektroden zu gewährleisten; hierfür eignet sich gewöhnliches Glas, das auch noch gut bearbeitet werden kann, vorzüglich. Um den Ständer rotiert der aus Isoliermaterial bestehende Läufer (*2*) wobei der Luftspalt zwischen Ständer und Läufer sehr klein gehalten wird ($\sim$ 0,3 mm). Die scharfkantigen Elektroden der Sprüheinrichtungen (Sprühlamellen) sind wiederum unbeweglich und werden im praktischen Generator von einem Isolierstoffgerüst getragen. Die Erreger-Gleichspannung U_E wird von einem Regler (*5*) über die Ausgangsspannung U_H geregelt.

Die prinzipiellen Unterschiede zum Bandgenerator sind leicht erkennbar: Der rotationssymmetrische, mechanische Aufbau mit nur festen Materialien ermöglicht hohe Trommelgeschwindigkeiten ($v \lesssim 45$ m/s) bei relativ geringen Abnützungserscheinungen (hohe Betriebsstundenzahlen ohne Wartungsintervalle möglich); da die Trommeln auch relativ lang (einige 10 cm) gebaut werden können und darüber hinaus durch hohe Polpaarzahlen der Strom vergrößert werden kann, sind relativ hohe Ströme ($\lesssim 10$ mA) möglich. Die von Trommeldurchmesser und Polpaarzahl abhängige Spannung U_H ist allerdings begrenzt, da der Trommeldurchmesser nicht beliebig vergrößert werden kann. So liegt der Anwendungsbereich bei Spannungen zwischen etwa 50 und 750 kV, wobei auch hier bei höheren Spannungen nur Drucktankanlagen (Füllgas meist H_2 bei hohem Druck) in Frage kommen. Als spezifische Leistung pro Flächeneinheit aktiver Trommelfläche werden Werte von einigen W/cm^2 erzielt. Bild 9.20 zeigt einen Trommelgenerator für 750 kV; die hohe Spannung wird über ein Kabel aus dem Tank geführt:

9.2.2.3 Regelung elektrostatischer Generatoren

Elektrostatische Maschinen sind bei konstant gehaltener Erregerspannung U_E und konstanter Band- bzw. Trommelgeschwindigkeit Konstantstromgeneratoren, wie leicht aus dem Arbeitsprinzip erkennbar ist. Damit würde beim unbelasteten Generator die Nutzspannung U_H so lange ansteigen bis die Isolation versagt oder bis durch Sprühverluste ein Gleichgewicht hergestellt wird. Andererseits ist auch die Stromergiebigkeit begrenzt und im Prinzip nicht von der Spannung abhängig. In einem U-I-Diagramm ist also eine Betriebsweise denkbar, die zwischen den achsenparallelen Geraden $U = U_{max}$ und $I = I_{max}$ liegen kann.

Eine Regelung der Spannung (oder auch des Stroms) ist daher stets notwendig. Sie kann bei Generatoren kleiner Leistung und bei geringen Ansprüchen an die Kennlinien durch einfache Schaltungen, die z. B. Glimmstrecken zur Stabilisierung verwenden, erzielt werden [9.17]. In allen anderen Fällen werden heute hochwertige elektronische Regelungen eingesetzt, welche die über geeignete Spannungsteiler (Abschnitt 10.6) reduzierte hohe Ausgangsspannung als Regel-

Bild 9.20. Trommelgenerator für 750 kV/3 mA, Type KR 750-3. (Werkbild SAMES, Grenoble).

größe verwenden. Auch bei hochwertigsten Regelkreisen mit sehr guten dynamischen Eigenschaften können Spannungsschwankungen keinesfalls völlig vermieden werden, da die Zeitspanne für den Transport der Ladungen zwischen den Auf- und Entladeelektroden relativ groß ist. So erzielt man für diese schnellen Spannungsschwankungen Überlagerungsfaktoren $\delta u/\bar{u}$ bis $\lesssim 10^{-4}$. Auch die Langzeitstabilität von u kann auf $\lesssim 10^{-3}$ gebracht werden. Dabei ist eine Glättung durch größere Kondensatoren nicht notwendig, so daß diese elektrostatischen Generatoren auch Spannungsquellen mit sehr kleinem gespeicherten Energieinhalt darstellen.

Ein Polaritätswechsel dieser Generatoren ist grundsätzlich möglich, wobei aber vor allem bei Trommelgeneratoren ein rascher Wechsel (innerhalb Minuten) auf die jeweiligen Maximalwerte durch Isolationsprobleme im Inneren der Geräte stark behindert wird. Der einfachere und nicht so kompakte Aufbau der Bandgeneratoren bringt weniger Probleme mit sich, so daß auch Wechselspannungen tiefer Frequenz (< 1 Hz) erzeugt werden können [9.21].

9.2.3 Gleichrichtung von Wechselspannungen

Die Erzeugung hoher Gleichspannungen durch Gleichrichterschaltungen wird notwendig, wenn höhere Ströme ($\gtrsim 1 \ldots 10$ mA) benötigt werden. Bei diesen Schaltungen sind aber besondere Maßnahmen erforderlich, um die Welligkeit der erzeugten Gleichspannung klein zu halten.

Es stehen viele Schaltungsvarianten zur Verfügung, von denen jedoch nur die wichtigsten behandelt werden. Im Prinzip lassen sich nämlich die meisten Schaltungen zwischen zwei Extremfälle einordnen: Die Einweggleichrichtung (Abschnitt 9.2.3.1) und die Vervielfachungs- oder Kaskadenschaltung (Abschnitt 9.2.3.2). Bei der Einweggleichrichtung erzeugt man die hohe Gleichspannung aus einer bereits hohen Wechselspannung, also im wesentlichen transformatorisch. Die Gleichrichtung und die Spannungsglättung sind dann das notwendige Zubehör. Bei der Kaskadenschaltung hingegen kann eine relativ kleine Wechselspannung über Dioden und Speicherkondensatoren hochtransformiert werden, so daß der isolationstechnische Aufwand bei der Wechselspannungserzeugung klein gehalten werden kann. Dieser Vorteil muß jedoch durch einen zusätzlichen Aufwand an Kondensatoren erkauft werden, wenn man eine vorgegebene *Leistung* der Gleichspannungsanlage erzielen will.

Diese beiden, seit Jahrzehnten bekannten Schaltungen eignen sich vorzüglich dafür, das Prinzip der Gleichrichterschaltungen verständlich zu machen; sie werden deshalb ausführlicher be-

handelt. Ergänzend dazu wird aber auch auf teilweise neuartige Prinzipien hingewiesen, die in den letzten Jahren vor allem wegen der modernen Technologie der Halbleiter und Kondensatoren (Abschnitt 9.2.3.4) mit Vorteil in der Praxis Anwendung finden können (Abschnitt 9.2.3.3).

9.2.3.1 Einweggleichrichtung mit Spannungsglättung

Um eine periodisch pulsierende Spannung in eine möglichst konstante Gleichspannung umzuwandeln, sind drei Elemente notwendig (Bild 9.21a): Eine Wechselspannungsquelle $u(t)$, ein als spannungsempfindlicher Schalter arbeitendes Gleichrichterelement D (Diode) und ein als Ladungsspeicher wirkender Kondensator C. Dabei ist es gleichgültig, ob die Wechselspannung rein sinusförmig verläuft oder stark oberwellenhaltig ist, solange die Maximalwerte $\hat{u}$ dieser Wechselspannung konstant bleiben.

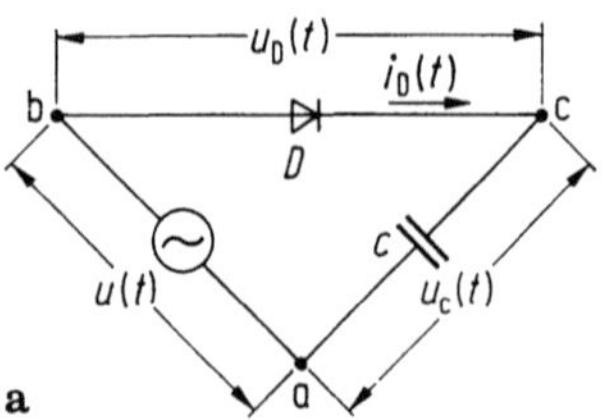

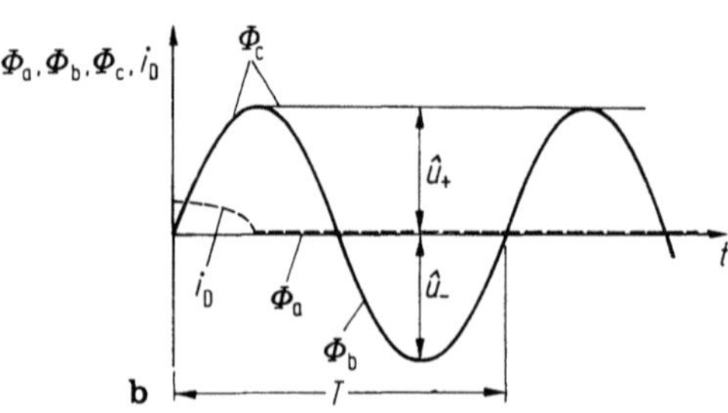

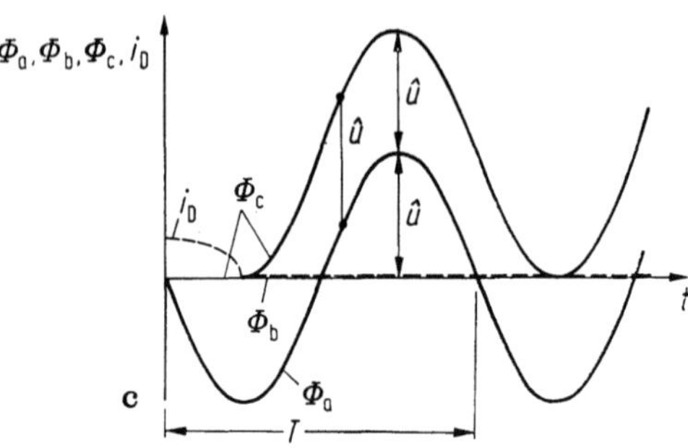

Bild 9.21. Einweggleichrichtung einer Wechselspannung, ideale Schaltelemente, ohne Belastung. **a** die drei Schaltelemente; **b** Potentialverläufe und Einschaltstrom für geerdeten Knotenpunkt a: Einweggleichrichter; **c** ebenso für geerdeten Knotenpunkt b: Villard-Schaltung.

Jeder der drei Knotenpunkte dieser Schaltung könnte grundsätzlich als Bezugspotential (Erdung) für eine Ausgangsspannung dienen, deren zeitlicher Verlauf offensichtlich davon abhängt, zwischen welchen Knotenpunkten diese Spannung abgenommen wird. Für die Erzeugung hoher Spannungen wird jedoch zweckmäßigerweise ein Knotenpunkt an der Wechselspannungsquelle (a oder b) geerdet, da diese Quelle stets die Hochspannungswicklung eines Transformators sein wird, von der das eine Wicklungsende nur schwach gegen das Erdpotential (Kern oder Primärwicklung, s. Abschnitt 9.1.2.2) isoliert ist. Bei der Erdung des Knotenpunkts c wird eine zusätzliche Isolation der Wechselspannungsquelle erforderlich; dieser Fall tritt bei der heute kaum mehr gebräuchlichen Vervielfachungsschaltung von Zimmermann-Wittka (siehe z. B. [9.7]) auf, die hier nicht behandelt wird.

a) Die unbelastete Schaltung

Für das Verständnis aller Gleichrichterschaltungen ist es sehr wesentlich, sich den Spannungsverlauf an den zunächst unbelasteten drei Elementen dieser Schaltung einzuprägen. Die Gleichrichterdiode D sei dabei als ideal (idealer, polaritätsabhängiger Schalter) angenommen: Erdet man den Knotenpunkt a, so entsteht die auch aus der Niederspannungstechnik oder vielen elektronischen Schaltungen her bekannte *Einweggleichrichterschaltung*. Bild 9.21b zeigt den zeitlichen Verlauf der Knotenpunktpotentiale Φ_{a}, Φ_{b} und Φ_{c}, sowie den Diodenstrom i_{D} für den Fall des Einschaltens einer idealen, sinusförmigen Wechselspannungsquelle im Spannungsnulldurchgang. Die Diode führt nur im Spannungsanstieg der ersten Halbwelle Strom $(i_{\mathrm{D}} = C(\mathrm{d}u/\mathrm{d}t))$, dessen Ladung Q

$$Q = \int_0^{T/4} i_{\mathrm{D}}\,\mathrm{d}t = C \int_0^{\hat{u}} \mathrm{d}u = C\hat{u}$$

von der Art des Spannungsanstieges $u(t)$ unabhängig ist und vom Kondensator C auch nach dem Rückgang der Wechselspannung gespeichert wird, da die Diode für $\Phi_{\mathrm{c}} > \Phi_{\mathrm{b}}$ den Strom sperrt. Am Kondensator entsteht somit — sofern sich der Wechselspannungsscheitelwert $\hat{u}$ nicht ändert und C nicht entladen wird — eine absolut konstante Gleichspannung der Größe $\hat{u}$. Die Diodenspannung $u_{\mathrm{D}}(t) = \Phi_{\mathrm{c}} - \Phi_{\mathrm{b}}$ ist wiederum eine pulsierende Spannung, die bei den Vervielfachungsschaltungen (Abschnitt 9.2.3.2) auch als Wechselspannungsquelle im Sinne dieser Einwegschaltung dienen wird.

Unter den gleichen Voraussetzungen sei hier auch der zeitliche Verlauf der Knotenpunktpotentiale für jenen Fall betrachtet, bei dem der Knotenpunkt b geerdet wird. Man erhält das Ergebnis (Bild 9.21c) unmittelbar aus Bild 9.21b, indem Φ_{b} zur Nullinie gemacht wird und die Potentiale Φ_{a} und Φ_{c} entsprechend verlagert werden. Diese nur hinsichtlich des Bezugspotentials geänderte Schaltung, deren Ausgangsspannung nun $u_{\mathrm{D}}(t)$ ist, ist ein *Spannungsverdoppler nach Villard* und ein wesentliches Teilelement der Kaskadenschaltung (Abschnitt 9.2.3.3). Eine Glättung dieser pulsierenden Gleichspannung ist nicht möglich, da bei der Parallelschaltung eines Kondensators zur Diode deren Wirkung verlorengeht.

In beiden Schaltungsvarianten ist die Spannungsbeanspruchung für die Schaltelemente gleich groß: Am Kondensator C liegt eine Gleichspannung der Amplitude $\hat{u}$, die Diode muß für eine Scheitelsperrspannung von $2\hat{u}$ dimensioniert werden.

b) Die belastete Schaltung

Bei der belasteten Einweggleichrichtung (Bild 9.22a) wird die geglättete Gleichspannung grundsätzlich *wellig* (Bild 9.22b), da die über die Last R während einer Periodendauer T abfließende Ladung

$$Q = \int_T i\,\mathrm{d}t = \bar{i}T$$

nur während der kurzen Stromflußdauer α durch die Wechselspannungsquelle nachgeliefert werden kann. Daher muß auch die Bedingung

$$Q = \int_\alpha i_{\mathrm{D}}\,\mathrm{d}t = \bar{i}_{\mathrm{D}}T = \bar{i}T$$

erfüllt sein. Die Gleichspannung $u_{\mathrm{C}}(t)$ schwankt bei vernachlässigbar kleinen Spannungsabfällen

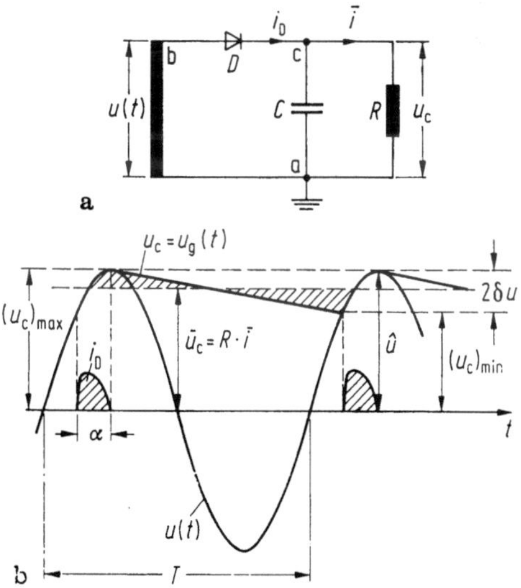

Bild 9.22. Die belastete Einweggleichrichtung und Glättung. **a** Schaltbild; **b** zeitlicher Verlauf der Spannungen und Ströme.

im Transformator und an der Diode zwischen den
Extremwerten

$$(u_C)_{max} = \hat{u}; \quad (u_C)_{min} = \hat{u} - 2\delta u. \qquad (9.17)$$

Die Welligkeit δu nach (9.12) berechnet sich direkt
aus der Ladungsmenge Q der obigen Gleichung,
welche nur über den Spannungsabfall $2\delta u$ dem
Kondensator C entnommen werden kann:

$$Q = 2\delta u C = \bar{i}\,T; \quad \delta u = \frac{\bar{i}\,T}{2C} = \frac{\bar{i}}{2fC}. \qquad (9.18)$$

Eine niedrige Welligkeit, bzw. ein kleiner Überlagerungsfaktor $\delta u/\hat{u}$, kann somit nur durch ein
hohes Produkt von fC erzielt werden.

Bei der praktischen Dimensionierung einer
derartigen Schaltung für hohe Spannungen
müssen sowohl die Spannungsabfälle in den Dioden (Abschnitt 9.2.3.4) als auch in den Hochspannungstransformatoren berücksichtigt werden.
Letztere können wegen der induktiven Komponente der oftmals hohen Kurzschlußspannung
relativ groß sein [9.72].

9.2.3.2 Die Greinacher-Kaskadenschaltung

Diese von H. Greinacher bereits im Jahre 1920
[9.22] angegebene Schaltung wird in der angelsächsischen Literatur nach Cockroft und Walton
benannt, die diese Schaltung wesentlich später
[9.23] zum Betrieb eines Protonenbeschleunigers
verwendeten. Sie ist auch heute noch die wohl
wichtigste Schaltung zur Erzeugung hoher Gleichspannungen aus relativ kleinen Wechselspannungen in einem extrem weiten Leistungsbereich
(kV bis einige MV; µA bis einige 100 mA). Ihre
praktische Anwendung wurde durch die Halb-
leitertechnik stark vereinfacht, da dadurch
vor allem der früher bei der Verwendung von
Hochvakuumventilen notwendige Aufwand zur
Heizung der auf Potential liegenden Kathoden
entfällt.

Bei unbelasteter Schaltung könnten theoretisch
beliebig hohe Gleichspannungen erzeugt werden.
Erst eine genauere Analyse zeigt jedoch, daß
der „Innenwiderstand" der Schaltung, hervorgerufen durch Umladevorgänge, die Leistung
stark begrenzt. Eine sorgfältige Dimensionierung
ist daher notwendig.

a) Die unbelastete Greinacher-Kaskade

In Bild 9.23a ist eine n-stufige Greinacher-Kaskade für positive Gleichspannug skizziert. Ein
Polaritätswechsel ist durch die Umkehr sämtlicher
Dioden D möglich. Die Wirkungsweise wird
anhand der Ausführungen zur Einweggleichrichtung gut erkennbar: Die $-n$te (unterste)
Stufe besteht aus einem Spannungsverdoppler
nach Villard (Sekundärwicklung des Transformators TR; C_n^*; D_n^*) dessen Ausgangsspannung
(Spannung u_n^* an D_n^*; vgl. 9.23b) durch eine

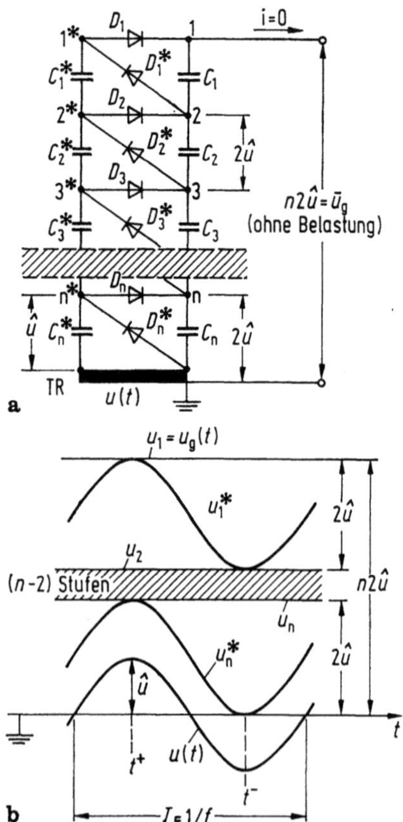

Bild 9.23. Greinacher-Kaskadenschaltung. **a** Schaltbild einer n-stufigen Kaskade; **b** zeitlicher Verlauf der
Spannungen u an den Knotenpunkten *ohne* Belastung,
bei idealen Dioden D und idealer Wechselspannungsquelle $u(t)$.

Einwegschaltung gleichgerichtet und durch C_n
geglättet wird. Dadurch entsteht auch an der
Diode D_n ein pulsierender Spannungsverlauf,
der durch die nächstfolgende Diode D_{n-1}^* und
den Kondensator C_{n-1}^* gleichgerichtet und geglättet werden kann. Dadurch läßt sich die
Schaltung durch eine beliebige Anzahl von
Einwegschaltungen erweitern. Im stationären,
unbelasteten Zustand sind alle Kondensatoren
auf $2\hat{u}$ aufgeladen, mit Ausnahme des „Villard"-
Kondensators C_n^*, der nur auf $\hat{u}$ geladen wird.
Während die Potentiale an den Knotenpunkten
$1^*...n^*$ mit dem Hub der Wechselspannung
pulsieren, bleiben die Potentiale $1...n$ zeitlich
konstant und liefern somit eine reine Ausgangs-
gleichspannung. Die geerdete Kondensatorsäule
$C_1...C_n$ wird daher auch als „Glättungssäule",
die an $u(t)$ liegende Kondensatorkette $C_1^*...C_n^*$ als
„Schubsäule" bezeichnet.

Alle Dioden werden mit einer Scheitelsperrspannung von $2\hat{u}$ beansprucht. Zusammen mit

der gleichmäßigen Spannungsbeanspruchung der Kondensatoren kann daher diese Schaltung modulartig aufgebaut werden.

b) Die belastete Greinacher-Kaskade

Betrachtet man den in Bild 9.24 skizzierten zeitlichen Verlauf der Spannung $u_\mathrm{g}(t)$ an einer mit dem Gleichstrommittelwert $\bar{i}$ belasteten, mehrstufigen Greinacher-Kaskade und vergleicht diesen mit dem Fall für die unbelastete Schaltung (Bild 9.23b), so fällt vor allem der relativ große Spannungsabfall Δu auf, der nur zum kleinen Teil vom Spannungsabfall in Durchlaßrichtung der Dioden hervorgerufen wird. Auch die Welligkeit δu kann nicht aus dem Verhalten einer belasteten Einweggleichrichtung erklärt werden. Die offensichtlich komplexen Umladevorgänge zwischen der Schub- und Glättungssäule sind die Ursachen für diese Erscheinungen; sie lassen sich gut erfassen, wenn man wiederum ideale Schaltelemente voraussetzt und diese Vorgänge innerhalb einer Periodendauer $T = 1/f$ betrachtet:

Die während T auftretende, nur langsam abfallende Komponente des Spannungsverlaufs $u_\mathrm{g}(t)$ wird durch die kontinuierliche Entladung der Glättungssäule durch den Laststrom $\bar{i}$, bzw. den damit verbundenen Ladungsverlust $\bar{i}T$, hervorgerufen. Diese Komponente ist jedoch nur ein Teil der die Welligkeit bestimmenden Pulsationen $2\delta u$. Kurz vor dem Zeitpunkt t^- tritt noch ein rascher Spannungsrückgang auf, der durch die zu diesem Zeitpunkt einsetzende Umladung der Glättungssäule $(C_1 \ldots C_n)$ auf die Schubsäule $(C_1^* \ldots C_{n-1}^*)$ über die Dioden $D_1^* \ldots D_{n-1}^*$ hervorgerufen wird; nur C_n^* wird direkt aus der Wechselspannungsquelle aufgeladen. Die maximale Ausgangs-

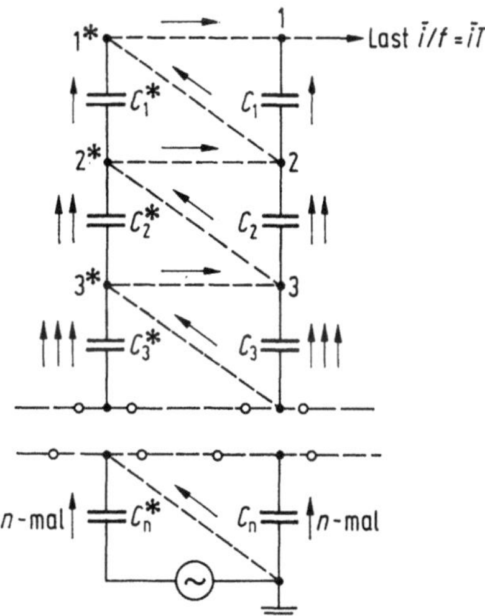

Bild 9.25. Greinacher-Kaskade mit Kennzeichnung der pro Periode $T = 1/f$ transportierten Ladungseinheiten (Pfeile) in den Einzelkomponenten.

spannung tritt nur kurzzeitig zur Zeit t^+, also beim positiven Scheitel von $u(t)$, auf, da kurz vor diesem Zeitpunkt die Knotenpunkte an der Schubsäule ein höheres Potential als die der Glättungssäule erreichen, wodurch die Dioden $D_1 \ldots D_n$ leitend werden.

Die quantitative Berechnung von Δu und δu ist nun einfach, wenn man sich die in einer Periode transportierten Ladungsmengen $Q = \bar{i}/f$, in der skizzierten Schaltung von Bild 9.25 durch Pfeile markiert, und daraus den formelmäßigen Zusammenhang aufstellt. Man muß dabei nur beachten, daß z. B. die vom Knotenpunkt 2 nach 1* transportierte Ladung nicht nur dem Kondensator C_2, sondern auch allen darunter liegenden Kondensatoren $C_3 \ldots C_n$ entnommen wird.

Die gesamte Welligkeit setzt sich somit nur aus den Spannungsabfällen in der Glättungssäule zusammen und wird unter Beachtung von (9.18)

$$\delta u = \frac{\bar{i}}{2f}\left(\frac{1}{C_1} + \frac{2}{C_2} + \frac{3}{C_3} + \cdots + \frac{n}{C_n}\right). \tag{9.19}$$

Bei Hochspannungskaskaden, bei denen mit plötzlichen Spannungszusammenbrüchen an der Last zu rechnen ist, werden wegen der transienten Potentialverteilung an der Glättungssäule alle Kondensatoren gleich groß dimensioniert. Für $C_1 \ldots C_n = C$ wird wegen

$$\sum_{v=1}^{n} v = \frac{1}{2}\,n(n+1): \quad \delta u = \frac{\bar{i}}{fC}\,\frac{n(n+1)}{4}. \tag{9.20}$$

Die Welligkeit steigt also mit steigender Stufenzahl rasch an. Für die Ermittlung des mittleren Spannungsabfalls Δu betrachten wir zunächst die n-te Stufe: Obwohl C_n^* unter idealen Bedingun-

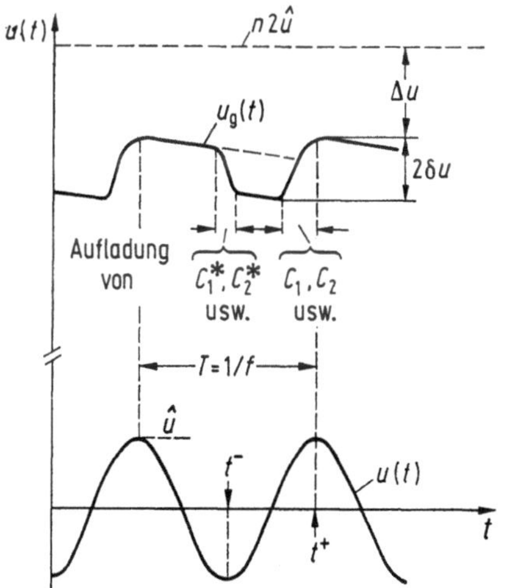

Bild 9.24. Oszillographierter Spannungsverlauf an einer dreistufigen Greinacher-Kaskadenschaltung. $C_1 = C_1^* = C_n = C_n^* = 0{,}1\,\mu\mathrm{F}$; $f = 10\,\mathrm{kHz}$; $\hat{u} = 5\,\mathrm{V}$. (Spannungsabfall pro Diode ca. 1 V!).

gen noch voll geladen wird, kann C_n wegen der Aufladung über C_n^* nur mehr auf

$$(u_{C_n})_{max} = 2\hat{u} - \frac{nQ}{C_n^*}; \quad Q = \bar{i}/f = \bar{i}T$$

aufgeladen werden. C_n verliert aber innerhalb der Periodendauer T eine Ladung von nQ, so daß der Kondensator C_{n-1}^* der Schubsäule höchstens bis

$$(u_{C_{n-1}^*})_{max} = \left(2\hat{u} - \frac{nQ}{C_n^*}\right) - \frac{nQ}{C_n}$$

aufgeladen werden kann. Da dieser Kondensator eine halbe Periode später die Ladungsmenge $(n-1)Q$ durch die Umladungsvorgänge auf die Glättungssäule verliert, kann der Kondensator C_{n-1} nur auf

$$(u_{C_{n-1}})_{max} = (u_{C_{n-1}^*})_{max} - \frac{(n-1)Q}{C_{n-1}^*}$$

aufgeladen werden. Auf diese Weise kann ein Bildungsgesetz für die Summe der maximalen Spannungen an den Kondensatoren $C_1 \ldots C_n$ aufgestellt werden, das sowohl von der Stufenzahl n als auch von der Größe der einzelnen Kondensatoren abhängt.
Macht man alle Kondensatoren der Schaltung gleich groß, also

$$C_1 = C_1^* = C_2 = C_2^* = \ldots C_n = C_n^* = C,$$

so wird der erzielbare Gleichstrommittelwert unter Berücksichtigung von δu nach (9.20) durch den Spannungsabfall

$$\Delta u = \frac{\bar{i}}{fC}\left(\frac{2}{3}\,n^3 + \frac{1}{2}\,n^2 - \frac{1}{6}\,n\right) + \delta u;$$

$$= \frac{\bar{i}}{fC}\,\frac{8n^3 + 9n^2 + n}{12} \tag{9.21}$$

bestimmt. Da der Villard-Kondensator C_n^* nur mit $\hat{u}$ beansprucht wird, paßt man häufig dessen Ladung den anderen Kondensatoren an und *verdoppelt* seinen Kapazitätswert. Damit reduziert sich Δu um $n^2\bar{i}/2fC$, und man erzielt einen Gleichspannungswert von

$$\bar{u}_g = 2n\hat{u} - \frac{\bar{i}}{fC}\,\frac{8n^3 + 3n^2 + n}{12}. \tag{9.22}$$

Bei gegebener Schaltung (n, f, C konstant) wird die Lastkennlinie $\bar{u}_g = f(\bar{i})$ linear abfallend, die Umladevorgänge wirken somit wie ein linearer Innenwiderstand. Die Stufenzahl besitzt aber den größten Einfluß und führt dazu, daß man die erzielbare Gleichspannung bei gegebenem Laststrom *nicht immer* durch eine Erhöhung der Stufenzahl vergrößern kann, da $\bar{u}_g = f(n)$ bei sonst konstanten Parametern ein Maximum besitzt. Die zu dieser maximalen Ausgangsspannung

gehörende „optimale Stufenzahl" n_{opt} wird aus (9.22) angenähert

$$n_{opt} = \sqrt{\frac{\hat{u}fC}{\bar{i}}}, \tag{9.23}$$

wenn nur das Glied mit n^3 berücksichtigt wird, was für $n \gtrsim 4$ zulässig ist. Natürlich kann n_{opt} nur ganzzahlige Werte annehmen, was bei der Auswertung dieser Gleichung zu berücksichtigen ist.

Bei der praktischen Anwendung dieser Kaskadenschaltung muß man also diese Effekte berücksichtigen und entsprechende Optimierungen durchführen: Da alle Ergebnisse vom Produkt fC abhängen, ist zunächst zu ermitteln, ob eine Speisung mit hoher Frequenz wirtschaftlicher ist als eine Erhöhung der Kapazitätswerte. Die theoretischen Überlegungen sind auch nur unter den gemachten Voraussetzungen gültig. Vor allem bei größeren Anlagen müssen nicht nur die Spannungsabfälle am Speisetransformator und den Dioden, sondern auch noch an den Schub- und Glättungskondensatoren berücksichtigt werden, die durch Streukapazitäten zwischen den beiden Kondensatorsäulen und gegen Erdpotential entstehen. Der Kaskadengleichrichter muß dann als ein Kettenleitergebilde aufgefaßt werden. Andererseits kann die Leistungsfähigkeit der Schaltung auch dadurch erheblich vergrößert werden, daß man eine zweite oder dritte Schubsäule vorsieht, die man von in der Phase verschobenen Wechselspannungen aus speist und die auf einer gemeinsamen Glättungssäule arbeiten. Nähere Hinweise dazu findet man in [9.24; 9.72].
Das dynamische Verhalten der Schaltungen hängt auch bei idealen Regelkreisen von den hier vernachlässigten dynamischen Innenwiderständen der Dioden und den Streureaktanzen der Schaltung ab. Durch Computersimulationen lassen sich aber auch diese Eigenschaften berechnen [9.25].
Die Bilder 9.26 und 9.27 zeigen technische Ausführungen von Greinacher-Kaskaden für stark unterschiedliche Spannungen und Anwendungen.

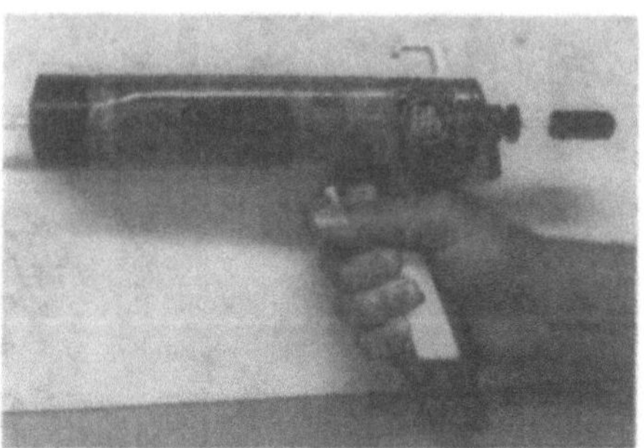

Bild 9.26. Zehnstufiger Greinacher-Vervielfacher für ca. 80 kV, als integrierender Bestandteil einer „Pistole" zur elektrostatischen Pulverbeschichtung. (Werkbild GEMA, St. Gallen).

Bild 9.27. Symmetrische Gleichspannungskaskade für 2,4 MV, 200 mA. (Werkbild Haefely, Basel).

9.2.3.3 Sonstige Kaskadenschaltungen

Der hohe Innenwiderstand von Greinacher-Kaskaden mit sehr hoher Stufenzahl führt zu der Frage, ob nicht durch andere kaskadenartige Schaltungen Verbesserungen erzielt werden könnten. Im Prinzip gelingt dies dadurch, daß die Wechselstromleistung bereits auf hohem Gleichspannungspotential den Gleichrichterkreisen, also tranformatorisch, zugeführt wird, wobei dann die Glättungskondensatoren der Gleichrichterschaltungen kaskadiert werden. Dadurch entsteht das Problem, daß die Transformatoren auf mehr oder weniger hohem Gleichspannungspotential arbeiten müssen, wodurch die Energiezufuhr für die Transformatoren erschwert wird. Man könnte diese zwar grundsätzlich über individuelle Isoliertransformatoren oder auch mit über Isolierstoffwellen angetriebene Generatoren anspeisen; der dazu notwendige technische Aufwand ist aber sehr groß, so daß solche Lösungen nur selten in der Praxis zu finden sind.

Die nachfolgend kurz behandelten Schaltungen ermöglichen, wie auch die Greinacher-Kaskade, einen modulartigen Aufbau von Gleichspannungsprüfanlagen, der insbesondere bei einer „Vor-Ort-Prüfung" von Kabeln oder anderen Hochspannungsanlagen recht zweckmäßig sein kann, da schwierige Transportprobleme so zu vermeiden sind.

a) Kaskade mit rein transformatorischer Stützung

Wie aus Bild 9.28 erkennbar ist, besteht ein Modul dieser Schaltung aus einem Dreiwicklungstransformator, an dessen Sekundär- oder Hochspannungswicklung (2) zwei Einweggleichrichter für beide Polaritäten angeschlossen sind. Die beiden Glättungskondensatoren der Einwegschaltungen liegen in Serie, so daß je Modul eine Spannung von $2\hat{u}_H$ erzeugt werden kann. Bezugspotential für die Hochspannungswicklung wird dann aber die Gleichspannung $\hat{u}_H$. Wird nun der Eisenkern (4) des Dreiwicklungstransformators mit diesem Bezugspotential verbunden, so müssen die als Niederspannungswicklungen ausgelegte Primär- (1) und Tertiärwicklung (3) (Übertragerwicklung) gegenüber dem Eisenkern isoliert werden, und zwar je für eine Gleichspannung der Größe $\hat{u}_H$. Die Hochspannungs- oder Sekundärwicklung braucht aber, wie aus Abschnitt 9.1.2.2 bekannt ist, nicht speziell gegenüber dem Kern isoliert zu werden. Die auf dem Potential $2\hat{u}_H$ liegende Tertiärwicklung ermöglicht die Speisung einer dazu in Serie liegenden zweiten Stufe. Auf diese Art und Weise können zumindest einige Stufen aufeinandergesetzt werden; die Kaskadenschaltung der Transformatoren begrenzt aber die Leistungsfähigkeit, da — wie in Abschnitt 9.1.2.2c ausführlich dargelegt — die Kurzschlußreaktanz und damit der Innenwiderstand dieser transformatorischen Stützung mit größer werdender Stufenzahl stark zunimmt. Man kann auch die Leistungsfähigkeit kaum durch Frequenzerhöhung steigern, da die Kurzschluß-

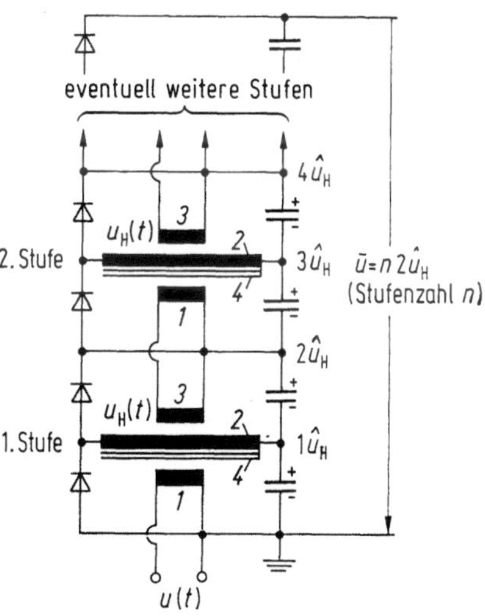

Bild 9.28. Gleichspannungskaskade mit rein transformatorischer Stützung. *1* Primär- oder Erregerwicklung, *2* Sekundär- oder Hochspannungswicklung, *3* Tertiär- oder Übertragerwicklung, *4* Eisenkern.

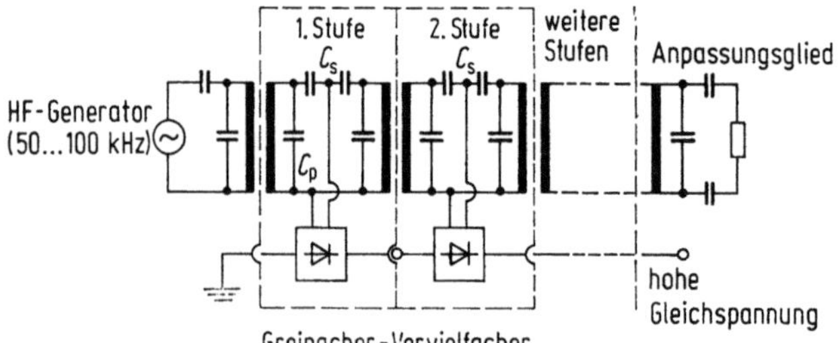

Bild 9.29. Prinzip einer Deltatron-Gleichspannungskaskade (ohne Regelung).

reaktanz auch mit der Frequenz zunimmt. Ein Betrieb dieser Schaltung mit Netzfrequenz (50, 60 Hz) ist üblich.

b) Das Deltatron- oder Engetron-Prinzip

Bei dieser bisher erst in einer Patentschrift und einem internen Bericht genauer erläuterten Schaltung [9.26; 9.27] wird das Prinzip der transformatorischen Stützung in extremer und stark abgewandelter Weise verwendet, wie aus Bild 9.29 zu entnehmen ist. Hier werden viele eisenlose Transformatoren in Kaskade geschaltet und von einem Oszillator hoher Frequenz mit Wechselspannung versorgt. Da bei einer direkten Serienschaltung der Sekundär- und Primärwicklungen der aufeinanderfolgenden Transformatoren eine wirksame Leistungsübertragung wegen der großen resultierenden Längsstreureaktanz und des hohen Magnetisierungsaufwands nicht möglich wäre, müssen diese Reaktanzen kompensiert werden. Diese Kompensation erfolgt durch die Parallelkapazitäten C_p parallel zu den Primär- und Sekundärwicklungen und Serienkondensatoren C_s, welche die Transformatoren kapazitiv koppeln. Wird nun die Oszillatorfrequenz so eingestellt, daß der aus Hauptinduktivität und C_p gebildete Resonanzkreis seine Eigenresonanz knapp unterhalb dieser Speisefrequenz besitzt, wodurch dieser Kreis eine kapazitive Last darstellt, so entsteht zusammen mit der nur teilweise durch C_s kompensierten Längsstreuinduktivität der Transformatoren ein Kettenleiter im Sinne einer elektrischen Leitung, der durch die Wicklungswiderstände und die Gleichstromlast verlustbehaftet ist. Die kaskadierten Transformatoren wirken also auch als Bandpaßfilter, und bei einer richtigen Dimensionierung aller Elemente steht an jeder Stufe eine — wenn auch relativ kleine — Wechselspannung zur Verfügung, die von Stufe zu Stufe eine kleine Phasenverschiebung aufweist.

Diese Wechselspannung wird nun an jeder Stufe abgegriffen und durch vielstufige Greinacher-Vervielfacher gleichgerichtet. Da die eisenlosen Transformatoren leicht zwischen Primär- und Sekundärwicklung für Spannungen bis zu einigen 10 kV isoliert werden können, ohne die wünschenswert hohe Kopplung zu stark zu beeinträchtigen, können alle Bauelemente einer in Bild 9.29 angedeuteten Stufe modulartig aufgebaut werden,

wobei zumindest die Transformatorwicklungen in feste Isolierstoffe eingebettet (vergossen) werden, um beim Aufeinanderschichten dieser Module die durch die Geometrie bedingte Kopplung konstant zu halten. Da durch die Isolation der Wicklungen jede Stufe ein anderes Potential besitzen kann, wird nun die Gleichspannungsseite galvanisch in Serie geschaltet, wodurch eine hohe Gleichspannung entsteht.

Die praktisch ausgeführten Anlagen mit Gleichspannungen bis ca. 1 MV und Strömen bis ca. 5 mA arbeiten mit Spannungen von ca. 40 kV pro Modul. Die übliche SF_6-Isolation der Module gewährleistet eine sehr kompakte und leichte Bauweise. Durch die hohe Betriebsfrequenz von bis zu 100 kHz kann der Glättungsaufwand in den Greinacher-Kaskaden sehr klein gehalten werden, wodurch die in der Anlage gespeicherte Energie sehr klein bleibt, was für viele Durchschlagsuntersuchungen oftmals vorteilhaft ist (geringe Zerstörung der Isolation). Diese Schaltung eignet sich auch vorzüglich für eine präzise und schnelle Spannungsregelung, da die verwendeten Röhrenoszillatoren keine energiereichen Speicherkondensatoren aufladen müssen, wie dies bei mit relativ niedrigen Frequenzen betriebenen Schaltungen der Fall ist. Ausregelzeitkonstanten in der Größenordnung einer Millisekunde bei einer Spannungskonstanz von ca. 10^{-4} sind daher typisch. Trotz kleiner Speicherkondensatoren werden auch die Überlagerungsfaktoren $\delta u/\bar{u}$ recht klein (10^{-3} bis 10^{-4}), da die oben erwähnte Phasenverschiebung der Stufenwechselspannungen zur Reduktion der Welligkeit beiträgt. Von besonderem Vorteil ist weiterhin die sehr kompakte Bauweise und das geringe Gewicht dieser Hochspannungserzeuger; so ist eine 800-kV/6-mA-Anlage nur etwa 2 m hoch und wiegt ca. 600 kg (Hersteller: DELTA-RAY Corp., Woburn/Mass., USA).

9.2.3.4 Gleichrichter und Kondensatoren

Wie aus allen behandelten Gleichrichterschaltungen für Hochspannungsprüfungen hervorgeht, bleiben die Nennströme dieser Anlagen teilweise wesentlich kleiner als 1 A, während die notwendigen Sperrspannungen für die Gleichrichter sehr große Werte annehmen können.

Bevor Halbleitergleichrichter zur Verfügung standen, boten die mechanischen Hochspannungssynchrongleichrichter oder Vakuumglühkathodenventile die einzige Möglichkeit für eine Gleichrichtung hoher Wechselspannungen; man findet diese Geräte noch heute in älteren Anlagen, was deren große Zuverlässigkeit unter Beweis stellt. Der notwendige Synchronantrieb beim mechanischen Gleichrichter oder die Kathodenheizung beim Vakuumventil, die teils auf hohem Potential vorzunehmen ist, erforderte aber einen großen zusätzlichen technischen Aufwand.

Heute werden ausnahmslos Halbleitergleichrichter bis zu den höchsten Sperrspannungen der Diodenzweig- oder Gleichrichtereinheiten eingesetzt. Bei der Auswahl ist lediglich darauf Rücksicht zu nehmen, welches Halbleitermaterial und welcher Diodentyp die gestellten Anforderungen am besten erfüllt. Da die Sperrspannung einer einzelnen Diode (Selen: $\lesssim 50\ \mathrm{V}$; Silizium: $\lesssim 2500\ \mathrm{V}$) meistens zu klein ist, um Schaltungen für wirklich hohe Spannungen herzustellen, müssen für eine Gleichrichtereinheit stets viele Einzeldioden in Serie geschaltet werden. Diese Serienschaltung ist problemlos, so lange eine gleichmäßige Spannungsaufteilung während der Sperrphase gewährleistet ist. Die vor allem bei Silizium(Si)-Dioden zwar kleinen, aber unterschiedlichen Sperrströme und

Sperrschichtkapazitäten, sowie die bei räumlich großen Gleichrichtereinheiten wirksamen Streukapazitäten verfälschen diese Spannungsaufteilung. Eine große Sperrschichtkapazität (Flächendioden) und eine kurzzeitige Überlastbarkeit in Sperrichtung ist daher vorteilhaft. Aus diesem Grunde waren Selen(Se)-Dioden gut geeignet, obwohl sie relativ groß sind und einen schlechteren Wirkungsgrad besitzen. Da die Sperrspannungen bei Se-Dioden aber sehr klein, die Sperrströme relativ groß und auch die Durchlaßströme begrenzt sind, finden heute Si-Dioden eine weitverbreitete Anwendung. Es gibt viele Hersteller, die zumindest für Gleichrichtereinheiten im kV-Bereich geeignete Bauelemente zur Verfügung stellen. Für noch höhere Spannungen werden aber Sonderkonstruktionen bevorzugt, bei denen die notwendige gute Potentialverteilung durch zusätzliche Beschaltungsmaßnahmen erzwungen wird (Bild 9.30).

Die — soweit bekannt — größte, jemals gebaute Hochspannungsgleichrichtereinheit für eine Einweggleichrichtung zur Gleichrichtung einer Wechselspannung von 1,2 MV dient zur Erzeugung einer Gleichspannung von 1,5 MV und kann bis zu 60 mA Gleichstrom erzeugen (Bild 9.31). Dieser aus Selenelementen aufgebaute Gleichrichter mit 3,4-MV-Scheitelsperrspannung ist ca. 12 m lang und mußte sehr sorgfältig durch Parallelkondensatoren gesteuert werden, wodurch die Konstruktion recht aufwendig wurde [9.28].

An die in Gleichrichterschaltungen verwendeten Kondensatoren sind keine hohen Ansprüche zu stellen, da sie mit Gleichspannung beansprucht sind und keine hohe Stabilität in bezug auf den Kapazitätswert aufweisen müssen. Neben Öl-Papier-Kondensatoren eignen sich daher vor allem für Spannungen im kV-Bereich auch Barium-Titanat- (Keramik-) Kondensatoren vorzüglich.

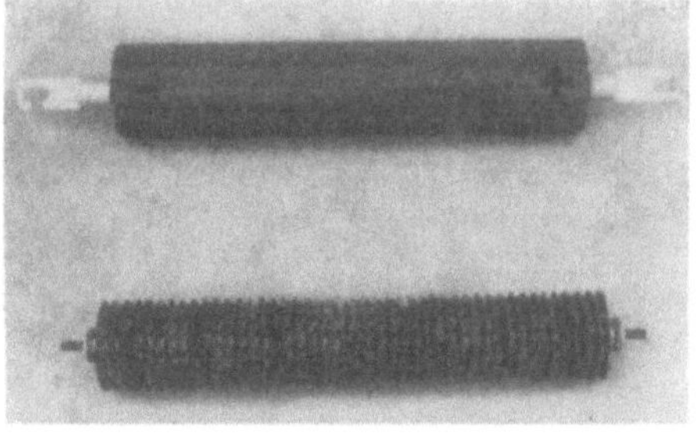

Bild 9.30. Hochspannungsgleichrichterelement für 200 kV Sperrspannung, 100 mA. Si-Dioden; Baulänge ca. 70 cm. (Werkbild Haefely, Basel).

Bild 9.31. Hochspannungsgleichrichterelement mit Selengleichrichtern 60 mA, Scheitelsperrspannung 3,4 MV. Kapazitive Steuerung der Gleichrichterelemente. (Hochspannungslabor der TU München; Hersteller: Siemens AG).

9.3 Erzeugung von Stoßspannungen und Stoßströmen

9.3.1 Übersicht und Kenngrößen

9.3.1.1 Stoßspannungen

Im Kapitel 2 wurde gezeigt, daß alle Betriebsmittel eines Hochspannungsübertragungssystems auch durch kurzzeitig auftretende Spannungen beansprucht werden, welche entweder durch Schalthandlungen (Abschnitt 2.2) oder Blitzeinwirkungen (Abschnitt 2.3) entstehen. Diese impulsartigen Spannungen erreichen wesentlich größere Amplituden als die im Dauerbetrieb vorhandenen, stationären Spannungen; man spricht daher von *Überspannungen* und gliedert sie in die Blitz- und Schaltüberspannungen, um auf die Ursachen ihrer Entstehung hinzuweisen. Diese in einem Zeitbereich von weniger als einer Millisekunde auftretenden Spannungen beanspruchen die Isolierung extrem stark; in den weitaus meisten Fällen bestimmt die Höhe dieser Überspannungen die Dimensionierung der Isolierung der Betriebsmittel. Daher werden die Hochspannungsgeräte nach der Herstellung einer Typenprüfung, teilweise auch einer Stückprüfung mit kurzzeitigen Spannungsbeanspruchungen, deren zeitlicher Verlauf die betrieblich auftretenden Überspannungen simuliert, unterzogen.

Nun kann aber den früheren Ausführungen (Abschnitt 2.2.2 bzw. 2.2.3) entnommen werden, daß sowohl die Amplitude als auch der zeitliche Verlauf der Überspannungen im Netzverband großen Schwankungen unterliegt: Blitzüberspannungen werden sowohl von starken statistischen Schwankungen der Blitzströme als auch von Reflexions- und Dämpfungserscheinungen im Netz beeinflußt; bei den Schaltüberspannungen bestimmen die Netzkonfiguration und die Art der Schalthandlung den zeitlichen Verlauf erheblich. Will man nun eine weltweit anerkannte und gültige Prüfung nach einheitlichen Maßstäben durchführen, so muß man sich auf einen genormten zeitlichen Verlauf für die Simulation der Überspannungen einigen. Dieser Verlauf muß weiterhin relativ einfach sein, um ihn auch bei sehr hohen Spannungen noch mit erträglichem apparativem Aufwand erzeugen zu können. Daher werden Spannungsimpulse von relativ einfachem, zeitlichen Verlauf zum Nachweis der elektrischen Festigkeit der Isolierungen verwendet, die man als *Prüfstoßspannungen* bezeichnet; man gliedert sie wieder in *Blitzstoßspannungen* zur Nachbildung von Blitzüberspannungen und *Schaltstoßspannungen* zur Simulation der Überspannungen bei Schalthandlungen. Vor allem für grundlegende Untersuchungen werden aber auch noch abgewandelte, meist unipolare Spannungsimpulse oder Stoßspannungen verwendet, auf deren Erzeugungsmöglichkeiten hier aber nicht eingegangen werden kann.

Abgesehen von derartigen Stoßspannungen hoher Amplituden (ca. 50 kV bis einige MV) wird es bei modernen elektronischen Geräten immer wichtiger, deren Empfindlichkeit auf die im Niederspannungsnetz überlagerten Impulsspannungen zu prüfen, da auch im normalen Stromversorgungsnetz kurzzeitige Überspannungen erheblicher Größe auftreten [9.29].

a) Blitzstoßspannungen

In den Bildern 9.32a, b und c ist der zeitliche Verlauf genormter Blitzstoßspannungen dargestellt, wie dieser nach IEC [9.1] definiert wird. Bild 9.32a zeigt dabei eine volle Blitzstoßspannung, die Bilder 9.32b und c sogenannte abgeschnittene Blitzstoßspannungen, die dadurch entstehen, daß eine volle Stoßspannung durch das plötzliche Versagen einer geprüften Isolation oder durch schaltungstechnische Hilfsmittel (z. B. einer Abschneidfunkenstrecke des Stoßgenerators, s. Abschnitt 9.3.2.4) abgeschnitten wird. Ein derartiger schneller Spannungszusammenbruch kann natürlich auch im Scheitel und in der Stirn der Stoßspannung erfolgen.

Diese Spannungsverläufe werden zunächst durch ihre Amplitude oder den Scheitelwert $(1{,}0 \, u = \hat{u})$, also den höchsten, momentanen Spannungswert gekennzeichnet. In der Praxis lassen sich jedoch teilweise keine so kontinuierlich verlaufenden Spannungsverläufe, wie in Bild 9.32 gezeigt, herstellen. Es können hochfrequente Schwingungen überlagert sein, die auch noch während des Spannungsscheitels auftreten. Ist die Frequenz dieser Schwingungen größer als 500 kHz oder die Zeitdauer des „Überschwingens" kürzer als 1 µs, so darf der tatsächliche zeitliche Verlauf durch eine Mittelwertkurve ersetzt werden, welcher der Scheitelwert zu entnehmen ist. Die Amplitude des Überschwingens darf aber 5% nicht überschreiten, auch wenn die überlagerten Schwingungen tiefere Frequenzen als 500 kHz aufweisen.

Weitere wichtige Parameter sind die *Stirnzeit* T_1 (engl.: virtual front time; franz.: durée conventionelle du front) und die *Rückenhalbwertzeit* T_2 (engl.: virtual time to half value; franz.: durée conventionelle jusqu'à la mi-valeur), welche die Zeitdauer dieser Spannungsimpulse bestimmen. Die Ermittlung dieser Kenngrößen ist Bild 9.32a zu entnehmen. Die gegenüber ähnlichen Definitionen in der Impulstechnik abweichenden Vereinbarungen sollten besonders beachtet werden. Wenig verständlich mag vor allem der zur Festlegung der Stirngeraden verwendete Punkt A $(= 0{,}3 \, \hat{u})$ sein. Er wurde in den Regeln deshalb auf ein so hohes Niveau gesetzt, weil der Beginn der Spannungsimpulse entweder durch meßtechnisch bedingte oder durch die von Stoßgeneratoren erzeugten Störspannungen verfälscht sein kann. Daher dürfen auch beide Punkte A und B der Stirngerade durch eine Mittelwertbildung

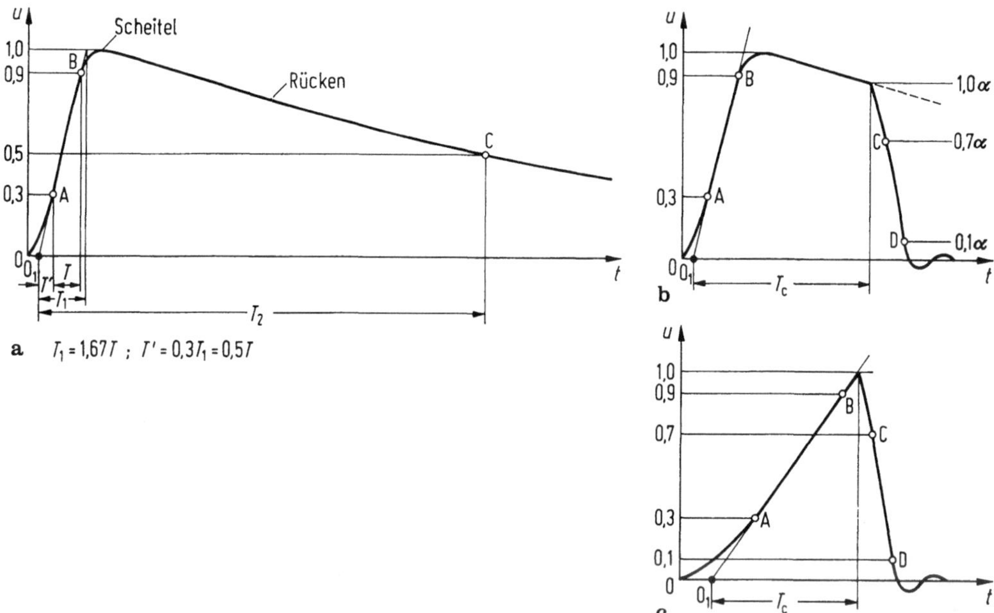

Bild 9.32. Zur Definition der Kenngrößen von Blitzstoßspannungen. **a** volle Blitzstoßspannung; **b** im Rücken abgeschnittene Blitzstoßspannung; **c** in der Stirn abgeschnittene Blitzstoßspannung.

gefunden werden, wenn die Stirn einer Stoßspannung durch Schwingungen gestört ist. Probleme dieser Art treten bei der Bestimmung des Punkts C im Rücken zur Ermittlung der Rückenhalbwertzeit T_2 nicht auf; man beachte aber, daß T_2 aus der Zeitdifferenz zwischen diesem 50%-Wert und dem virtuellen Anfang 0_1 der Stoßspannung gewonnen wird.

Die heute für die meisten Anwendungen *genormte* volle Blitzstoßspannung besitzt eine Stirnzeit von 1,2 µs mit zulässigen Abweichungen von ±30% und eine Rückenhalbwertzeit von 50 µs ±20%. Zur Abkürzung bezeichnet man sie als *„1,2/50-Stoßspannung"*.

Bei den abgeschnittenen Blitzstoßspannungen (Bild 9.32b, c) ergeben sich als zusätzliche Kenngrößen die *Abschneide-* oder *Durchschlagzeit* T_c (engl.: time to chopping; franz.: durée jusqu'à la coupure) als Zeitdifferenz zwischen 0_1 und dem *Abschneide-* oder *Durchschlagmoment* α, und eine virtuelle *Spannungszusammenbruchzeit*, die aus der mit dem Faktor 1,67 multiplizierten Zeitdifferenz zwischen den Punkten C und D berechnet werden kann. Diese letztgenannte Größe ist aber meßtechnisch nur stark fehlerbehaftet zu erfassen; sie wird daher selten als Kenngröße verwendet. Eine häufig genormte abgeschnittene Stoßspannung besitzt eine Abschneidezeit T_c von 2 bis 5 µs.

b) Schaltstoßspannungen

Nach Bild **9.33** beschreibt man den Spannungsverlauf durch die bereits bekannte Rückenhalb-

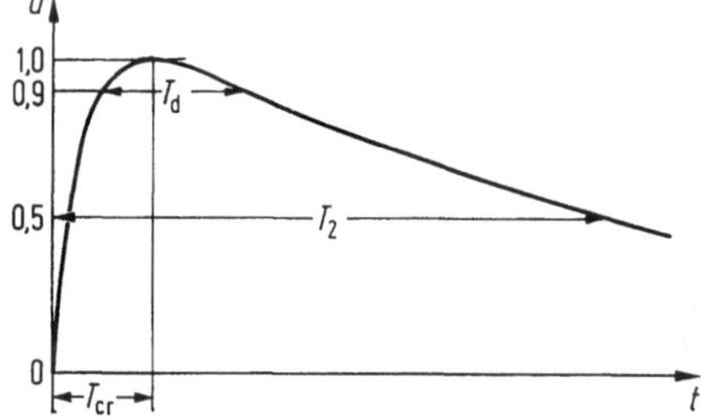

Bild 9.33. Definition der Kenngrößen einer vollen Schaltstoßspannung.

wertzeit T_2 und eine „Scheitelzeit" T_{cr} (engl.: time to crest; franz.: durée jusqu'à la crête), die den Oszillogrammen zwar leicht, aber nicht mit hoher Genauigkeit entnommen werden kann. Daher wird oft anstelle von T_{cr} auch die Stirnzeit T_1 wie bei Blitzstoßspannungen oder die Zeit T_d, während der die Spannung höher als $0,9\hat{u}$ ist, als zusätzlicher Parameter benützt. Als *genormte* Schaltstoßspannung ist z. Z. der Wert $T_{cr}/T_2 = 250/2500$ üblich, wobei $T_{cr} = 250$ µs ± 20% und $T_2 = 2500$ µs ± 60% bedeuten. Vor allem für die noch umfangreichen, laufenden Untersuchungen auf dem Gebiete der Schaltstoßspannungen werden labormäßig aber teils wesentlich andere Werte verwendet, da z. B. bei großen Schlagweiten die Isolierfestigkeit der Luft stark von diesen Parametern abhängt (vgl. Abschnitt 7.6.5).

9.3.1.2 Stoßströme

Die Betriebsmittel eines Hochspannungsnetzes werden nach Kapitel 2 auch verschiedenartig starken Strombeanspruchungen unterworfen, die unterschiedliche Ursachen haben können. Hier sind zunächst die bei Kurzschlüssen auftretenden netzfrequenten Ströme zu erwähnen, die Extremwerte von mehr als 50 kA erreichen können; diese Ströme werden jedoch *nicht* als Stoßströme im engeren Sinne bezeichnet und seien daher auch nicht behandelt, obwohl sie extrem starke thermische und mechanische Wirkungen auf die betroffenen Geräte ausüben. Die labormäßige Erzeugung derartiger Ströme bleibt sogenannten Kurzschlußgeneratoren vorbehalten, also speziell dimensionierten Hochspannungs-Hochleistungsgeneratoren, welche im Zeitbereich bis zu etwa 1 s Leistungen bis zu mehreren 1 000 MVA abgeben können [9.30].

Als Stoßströme im engeren Sinne werden wesentlich kurzzeitigere Stromimpulse bezeichnet, die direkt oder indirekt auf Blitzeinwirkungen zurückgehen. So führen direkte Blitzeinschläge in Freileitungen oder in Freiluftgeräte sehr häufig zu einem Überschlag der Isolatoren oder zu einem Ansprechen der Überspannungsschutzgeräte, wodurch sich die Blitzströme weitgehend unbeeinflußt auf die betroffenen Geräte auswirken können. Wie die Beispiele von Blitzstromoszillogrammen zeigen (s. z. B. Bild 7.52), unterliegen diese Ströme starken statistischen Schwankungen sowohl hinsichtlich des zeitlichen Verlaufs als auch in bezug auf die Amplituden, die 100 kA überschreiten können. Vor allem die Überspannungsschutzgeräte müssen daher mit derartigen „Exponentialstoßströmen" geprüft werden, um die thermischen, mechanischen und elektrischen Auswirkungen zu untersuchen.

An einem Überspannungsschutzgerät liegt aber als Dauerbeanspruchung auch die Betriebswechselspannung des Netzes. Nach dem Ansprechen eines Ableiters können sich also auch noch die angeschlossenen Leitungen entladen, bis die Betriebswechselspannung von selbst absinkt, die Polarität wechselt und spätestens zu diesem Zeitpunkt ein „Löschen" des Ableiters ermöglicht. Die Entladung einer Leitung kann näherungsweise

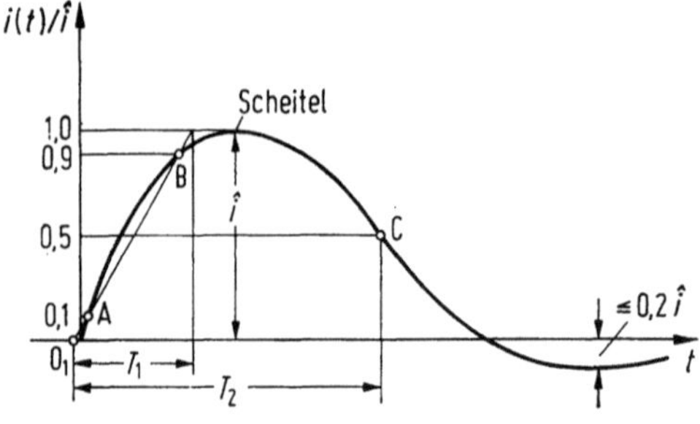

Bild 9.34. Definition der Kenngrößen eines doppelexponentiellen Stoßstroms.

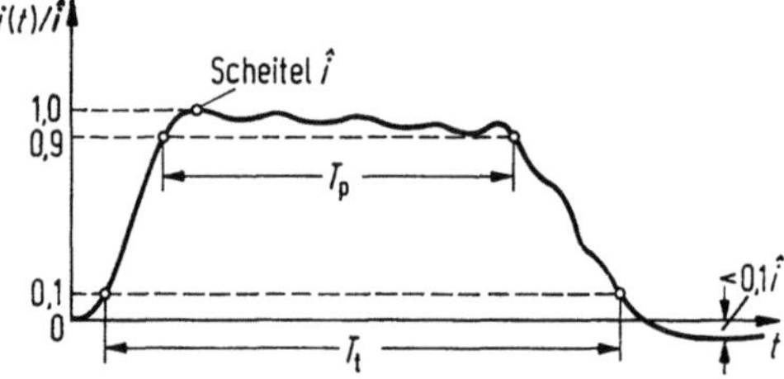

Bild 9.35. Definition der Kenngrößen eines Rechteck-Stoßstroms.

durch einen Rechteckstrom nachgebildet werden, dessen Amplitude aber von bescheidener Größe ist, da dieser Entladestrom allein durch die Betriebsspannung und den Wellenwiderstand der Leitung bestimmt wird. Für einen Ableiter stellt eine derartige Leitungsentladung aber eine höhere Belastung dar, wenn die Zeitdauer dieses Rechteckstroms lang und der Energieumsatz im Ableiter daher sehr groß ist.

Weitere Einsatzgebiete für Stoßströme liegen beispielsweise auf den Gebieten der Hochtemperaturplasmen (kontrollierte Kernfusion), der Metallumformung mit Druckwellen oder hohen Magnetfeldimpulsen, oder der Erzeugung von Lichtblitzen. Für die Anwendung der Stoßströme in der elektrischen Energieübertragung sind wie bei den Stoßspannungen genormte Kenngrößen üblich [9.1], die sich wie folgt zusammenfassen lassen:

a) Doppelexponentieller Stoßstrom

Die aus Bild 9.34 entnehmbaren Kenngrößen besitzen die folgenden, genormten Werte:

T_1: Stirnzeit (beachte die gegenüber Bild 9.32 geänderte Definition der Stirngeraden!),
T_2: Rückenhalbwertzeit,
T_1/T_2: 8/20- oder 4/10-Stoßstrom, mit
$T_1 = 8\ \mu s \pm 10\%$, bzw. $4\ \mu s \pm 10\%$,
$T_2 = 20\ \mu s \pm 10\%$, bzw. $10\ \mu s \pm 10\%$.

Die Stoßstromgeneratoren (Abschnitt 9.3.3) können auch eine Stromumkehr hervorrufen. Das Unterschwingen bei Polaritätsumkehr muß $< 0{,}2\hat{\imath}$, überlagerte Schwingungen im Scheitel des Stromimpulses müssen $< 0{,}05\hat{\imath}$ bleiben.

b) Rechteck-Stoßströme

Die Kenngrößen für eine typische, über Kettenleiterschaltungen (Abschnitt 9.3.3) erzeugte Stromform sind Bild 9.35 zu entnehmen. Die Impulsform wird neben der Amplitude (Scheitel) nur durch die Zeit T_p, während der der Strom größer als $0{,}9\hat{\imath}$ ist, und die Zeit T_t, während der der Strom größer als $0{,}1\hat{\imath}$ ist, bestimmt. Dabei sind folgende Toleranzen zugelassen für:

$\hat{\imath}$: $+20\%$; -0%,
T_p: $+20\%$; -0%,
T_t: $< 1{,}5 T_p$,
Stromamplitude nach Stromumkehr: $< 0{,}1\hat{\imath}$,
Nennwerte für T_p: 500/1 000/2 000/2 000 ... 3 200 μs.

9.3.2 Stoßspannungsgeneratoren

Betrachtet man den durch die Kenngrößen festgelegten zeitlichen Verlauf der beiden Stoßspannungsarten, so erkennt man, daß dieser durch eine Überlagerung von zwei abklingenden Exponentialfunktionen unterschiedlicher Polarität simuliert werden kann. Schaltungen zur Erzeugung dieser Spannungen müssen also mindestens *zwei* Energiespeicher enthalten, um eine derartig „doppelexponentielle" Kurvenform zu erhalten. Da sich induktive Speicher höheren Energieinhalts für schnelle Entladungen im μs-Gebiet aus isolationstechnischen Gründen wenig eignen, und da auch die Prüfobjekte meist kapazitiver Art sind, benützt man als Stoßspannungsschaltungen vorzugsweise rein kapazitive Speicherschaltungen. Die bei allen Schaltungen unvermeidlichen Induktivitäten kann man bei einem kompakten, konstruktiven Aufbau so klein halten, daß sie nur als Streu- oder Störgrößen in Erscheinung treten; für den Schaltungsentwurf können sie somit vernachlässigt werden (Abschnitt 9.3.2.1).

Für die Erzeugung sehr hoher Spannungen im MV-Bereich werden fast ausschließlich mehrstufige Schaltungen eingesetzt (s. Abschnitt 9.3.2.3). Das Grundprinzip auch dieser Generatoren läßt sich aber am besten aus den Grundschaltungen ersehen, die daher zuerst behandelt werden.

9.3.2.1 Einstufige Stoßspannungsschaltungen

Bei Spannungen bis zu wenigen 100 kV können die Grundschaltungen A und B (Bild 9.36) direkt angewendet werden: Der als Energiespeicher dienende Stoßkondensator C_s, der über eine beliebige Gleichspannungsquelle nach Abschnitt 9.2.3 langsam ($\gtrsim 5$ s) auf eine Gleichspannung U_0 aufgeladen werden muß, wird über einen spannungsempfindlichen Schalter SF auf die Belastungskapazität C_b entladen, wobei die Widerstände R_d und R_e der Impulsformung dienen. Bei Spannungen $U_0 \gtrsim 10$ kV eignet sich als Schalter SF eine einfache

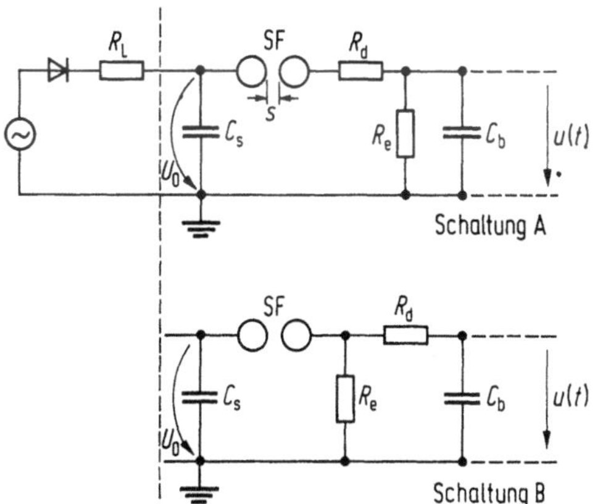

Bild 9.36. Grundschaltungen einstufiger Stoßgeneratoren.

Kugelfunkenstrecke vorzüglich, da diese in atmosphärischer Luft betrieben werden kann und auch ohne zusätzliche Triggerung und ohne große Streuung bei einem durch den variablen Abstand s einstellbaren Spannungsniveau durchzündet. Die Durchzündzeit einer derartigen, einfachen Funkenstrecke ist, wie aus den Funkengesetzen (Abschnitt 7.7.3, bzw. [9.31; 9.32]) bekannt ist, selbst bei großen Spannungen sehr klein ($\ll 0{,}1$ μs) und beeinflußt daher den zeitlichen Verlauf der erzeugten Stoßspannung $u(t)$ nur unerheblich. Das Element SF kann somit selbst für die Erzeugung von Blitzstoßspannungen als idealer Schalter (kein Spannungsabfall im durchgezündeten Zustand) angesehen werden. Es sei hier nur erwähnt, daß auch Gasfunkenstrecken mit variablem Gasdruck (Anwendung des Ähnlichkeitsgesetzes nach Abschnitt 7.5.3 zur Variation der Durchschlagspannung) oder extrem stark getriggerte Funkenstrecken (s. [9.33]) zum Einsatz kommen können; nur für niedrige Spannungen finden elektronische Komponenten (Transistoren, Thyristoren, Thyratrons) Anwendung.

Die Belastungskapazität C_b besteht zunächst aus der vom zu prüfenden Objekt abhängigen Prüflingskapazität C_p, der hochspannungsseitig wirksamen Eigenkapazität einer zur Messung verwendeten Stoßspannungsmeßapparatur C_M und der Kapazität aller Hochspannungsverbindungsleitungen C_L. Letztere sind bei räumlich kompakten Versuchsaufbauten meist zu vernachlässigen. Da all diese Kapazitäten mehr oder weniger starken Schwankungen unterliegen, wird als Bauelement des Stoßgenerators auch noch ein Hochspannungskondensator C_{bg} (ca. 0,5 bis 2 nF) vorgesehen; damit vermeidet man eine sonst häufig notwendig werdende Anpassung der impulsformenden Elemente R_e und R_d an die veränderlichen Belastungskapazitäten (C_p, C_M, C_L), die zur Erzielung der genormten Spannungsverläufe notwendig wäre. Somit setzt sich die gesamte, wirksame Belastungskapazität

$$C_b = C_{bg} + C_p + C_M + C_L \qquad (9.24)$$

aus der Summe aller Kapazitäten zusammen, die über den Dämpfungswiderstand R_d aufgeladen werden müssen.

Die Wirkungsweise beider Schaltungen ist auch ohne deren mathematische Behandlung gut erkennbar: Die kurze Stirnzeit T_1 der Stoßspannung $u(t)$ kann im wesentlichen durch die Größe von R_d eingestellt werden, während die wegen der großen Rückenhalbwertzeit T_2 notwendige, langsame Entladung der Schaltung durch den Entladewiderstand R_e erfolgt. Quantitative Aussagen über die wirksamen Zeitkonstanten und den Spannungsausnutzungsgrad der Schaltung lassen sich aber nur über eine Berechnung ermitteln (Abschnitt 9.3.2.2). Die Maximalamplituden $\hat{u}$ des Spannungsverlaufs $u(t)$ können bei sonst konstanten Schaltelementen nur durch die Höhe der

Durchzündspannung der Schaltfunkenstrecke SF, welche U_0 begrenzt, verändert werden. Im selbstzündenden Betrieb muß daher die Schlagweite s einer in atmosphärischer Luft arbeitenden Funkenstrecke möglichst stufenlos veränderbar sein; wird die Funkenstrecke durch geeignete Maßnahmen getriggert, so muß man die Spannung U_0 messen, um die Funkenstrecke bei einem gewünschten Spannungsniveau zum Durchschalten zu zwingen. Auf keinen Fall läßt sich daher bei konstanter Amplitude der Stoßspannung die „Stoßfolge", d. h. die zeitliche Aufeinanderfolge der vom Stoßgenerator abgegebenen Spannungsimpulse, durch SF beeinflussen; sie kann nur über die Aufladezeit von C_s gesteuert werden.

Wichtigste Kenngröße eines Stoßgenerators ist die im Kondensator C_s gespeicherte Energie

$$W = \frac{1}{2}\, C_s U_0^2 . \tag{9.25}$$

Mit dem höchst zulässigen Wert von U_0 wird dann die Leistungsfähigkeit des Generators üblicherweise in kWs oder kJ angegeben; diese Maximalenergie bestimmt auch die Kosten einer Anlage.

9.3.2.2 Berechnung und Dimensionierung

Die beiden Grundschaltungen nach Bild 9.36 sind einfachen und gut interpretierbaren Berechnungen zugänglich, da sie nur zwei Energiespeicher enthalten. Genaue Untersuchungen müßten auch die unvermeidlichen Streuinduktivitäten in den Teilkreisen berücksichtigen, was zu Differentialgleichungen von höherer Ordnung (> 2) mit unübersichtlichen und schwer diskutierbaren Lösungen führt. In noch stärkerem Maße gilt dies für die in Abschnitt 9.3.2.3 behandelten Vervielfachungsschaltungen, die zwar durch Vernachlässigungen auf die Grundschaltungen zurückführbar sind, hinsichtlich ihres genaueren Verhaltens aber individuell, rein numerisch, berechnet werden müssen.

Hier wird nur auf die wesentlichsten Grundlagen eingegangen. Ausführliche Berechnungen sind der Literatur zu entnehmen [9.34—9.36].

a) Zeitlicher Verlauf u(t)

Die Grundschaltungen A und B gehorchen der folgenden Differentialgleichung:

$$\frac{d^2 u(t)}{dt^2} + B_1 \frac{du(t)}{dt} + B_0 u(t) = 0 . \tag{9.26}$$

Die Lösung dieser homogenen Differentialgleichung kann mit dem Exponentialansatz erfolgen; berücksichtigt man noch die Anfangsbedingungen (zum Zeitpunkt des Zündens, $t = 0$, ist der Kondensator C_s auf die Gleichspannung U_0 aufgeladen und C_b völlig entladen), so lautet

die gesuchte Lösung

$$u(t) = \frac{U_0}{K}\,\frac{1}{(\alpha_2 - \alpha_1)}\,[e^{-\alpha_1 t} - e^{-\alpha_2 t}]. \tag{9.27}$$

Hierin sind die beiden, reziproken Zeitkonstanten α_1 und α_2

$$\alpha_{1,2} = \frac{1}{2}\,B_1 \mp \sqrt{\left(\frac{1}{2}\,B_1\right)^2 - B_0}\,. \tag{9.28}$$

Die Faktoren K, B_0 und B_1 sind von den Elementen der individuellen Schaltung abhängig, die Tabelle 9.1 zu entnehmen sind. Nach (9.27) besteht somit die Stoßspannung $u(t)$ aus der Überlagerung zweier Exponentialfunktionen mit der großen Zeitkonstanten $1/\alpha_1$ und einer kleinen Zeitkonstanten $1/\alpha_2$. Diese Zeitkonstanten besitzen aber *keinen* einfachen Zusammenhang mit den Kenngrößen T_1 (bzw. $\dot{T}_{cr}$) und T_2 der Stoßspannung, da dieser Zusammenhang nur durch irrationale Gleichungssysteme hergestellt werden kann. Hierauf wird später noch einzugehen sein.

Der wesentliche Unterschied der beiden Schaltungen besteht im *Spannungsausnutzungsgrad* η, dem Verhältnis zwischen dem Scheitelwert der Stoßspannung $\hat{u}$ und der Ladespannung U_0:

$$\eta = \frac{\hat{u}}{U_0} < 1 . \tag{9.29}$$

Er ist offensichtlich stets kleiner als 1, da ein Umladevorgang stattfindet. Um diesen Faktor zu berechnen, ermittelt man zunächst die Zeit t_m, zu der $u(t)$ den Maximalwert $\hat{u}$ annimmt:

$$\frac{du(t)}{dt} = 0; \quad \text{oder} \quad -\alpha_1 e^{-\alpha_1 t_m} + \alpha_2 e^{-\alpha_2 t_m} = 0 .$$

Daraus:

$$t_m = \frac{\ln(\alpha_2/\alpha_1)}{(\alpha_2 - \alpha_1)} . \tag{9.30}$$

Setzt man (9.30) in (9.27) ein, so wird der Ausnutzungsgrad nach (9.29) für beide Schaltungen

$$\eta = \frac{\hat{u}}{U_0} = \frac{e^{-\alpha_1 t_m} - e^{-\alpha_2 t_m}}{K(\alpha_2 - \alpha_1)}$$

$$= \frac{(\alpha_2/\alpha_1)^{\frac{-\alpha_1}{(\alpha_2 - \alpha_1)}} - (\alpha_2/\alpha_1)^{\frac{-\alpha_2}{(\alpha_2 - \alpha_1)}}}{K(\alpha_2 - \alpha_1)} . \tag{9.31}$$

Da bei einer vorgegebenen Wellenform α_1 und α_2 feste Zahlenwerte sind, hängt η allein vom Faktor K ab. Für beide Schaltungen ist aber $K = R_d C_b$ (s. Tabelle 9.1). — Daraus darf jedoch nicht geschlossen werden, daß auch der Ausnutzungsgrad gleich groß ist. In Wirklichkeit ist η nur vom Verhältnis C_b/C_s abhängig, wie sofort zu sehen ist, wenn man K berechnet: Für die Schaltung B ist $R_d C_b$ unmittelbar der

Tabelle 9.1. Zuordnung der Faktoren K (Gl. (9.27)), B_0 und B_1 (Gl. (9.28)) zu den Stoßspannungsgrundschaltungen „A" und „B" (Bild 9.36)

	B_1	B_0	K
Schaltung A	$\dfrac{1}{R_\mathrm{d}C_\mathrm{b}} + \dfrac{1}{R_\mathrm{d}C_\mathrm{s}} + \dfrac{1}{R_\mathrm{e}C_\mathrm{b}}$	$\dfrac{1}{R_\mathrm{d}C_\mathrm{b}R_\mathrm{e}C_\mathrm{s}}$	$R_\mathrm{d}C_\mathrm{b}$
Schaltung B	$\dfrac{1}{R_\mathrm{d}C_\mathrm{b}} + \dfrac{1}{R_\mathrm{d}C_\mathrm{s}} + \dfrac{1}{R_\mathrm{e}C_\mathrm{s}}$	$\dfrac{1}{R_\mathrm{d}C_\mathrm{b}R_\mathrm{e}C_\mathrm{s}}$	$R_\mathrm{d}C_\mathrm{b}$

später abgeleiteten Gl. (9.39b) zu entnehmen, die zur Ableitung einer Näherungsformel für η auf die folgende, einfachere Form gebracht werden kann:

$$K = R_\mathrm{d}C_\mathrm{b} = \frac{1}{2}\left(\frac{\alpha_2 + \alpha_1}{\alpha_2\alpha_1}\right)$$
$$\times \left[1 - \sqrt{1 - 4\,\frac{\alpha_2\alpha_1}{(\alpha_2 + \alpha_1)^2}\left(1 + \frac{C_\mathrm{b}}{C_\mathrm{s}}\right)}\right]. \tag{9.32}$$

Da in praktischen Schaltungen stets $C_\mathrm{b} < C_\mathrm{s}$ und $\alpha_2 \gg \alpha_1$ (kurze Stirnzeit, lange Rückenhalbwertzeit) sein wird, bleibt der Subtrahend in der Wurzel stets wesentlich kleiner als 1. Mit der dann zulässigen Näherung $\sqrt{1 - x} \approx 1 - x/2$ erhält man somit

$$K \approx \frac{1 + C_\mathrm{b}/C_\mathrm{s}}{(\alpha_2 + \alpha_1)}. \tag{9.32a}$$

Setzt man diese sehr gute Näherung in (9.31) ein, so erhält man zunächst

$$\eta \approx \frac{C_\mathrm{s}}{(C_\mathrm{s} + C_\mathrm{b})}\,\frac{\alpha_2 + \alpha_1}{(\alpha_2 - \alpha_1)}\,(\mathrm{e}^{-\alpha_1 t_m} - \mathrm{e}^{-\alpha_2 t_m}). \tag{9.33a}$$

Für eine vorgegebene Wellenform (α_2, α_1 konstant) wird somit der Ausnutzungsgrad um so größer, je kleiner die Belastung C_b ist. Für praktische Abschätzungen läßt sich (9.33a) wegen $\alpha_2 \gg \alpha_1$ aber noch weiter vereinfachen:

$$\eta \approx \frac{C_\mathrm{s}}{C_\mathrm{s} + C_\mathrm{b}}\,\mathrm{e}^{-\alpha_1 t_m} \approx \frac{C_\mathrm{s}}{C_\mathrm{s} + C_\mathrm{b}} \quad \text{Schaltung B.} \tag{9.33b}$$

Ungünstiger verhält sich die Schaltung A, wie sich ebenfalls kurz zeigen läßt: Hier betrachtet man am einfachsten den Nenner von (9.31) und ersetzt die Werte α_2 und α_1 aus (9.28). Damit wird zunächst

$$K(\alpha_2 - \alpha_1) = 2R_\mathrm{d}C_\mathrm{b}\sqrt{(B_1/2)^2 - B_0}. \tag{9.34}$$

Ersetzt man die Werte B_0 und B_1 aus Tabelle 9.1, so läßt sich (9.34) in die Form

$$K(\alpha_2 - \alpha_1)$$
$$= \sqrt{\left(1 + \frac{C_\mathrm{b}}{C_\mathrm{s}}\right)^2 + 2\left(1 - \frac{C_\mathrm{b}}{C_\mathrm{s}}\right)\frac{R_\mathrm{d}}{R_\mathrm{e}} + \left(\frac{R_\mathrm{d}}{R_\mathrm{e}}\right)^2} \tag{9.34a}$$

bringen. Das Verhältnis $R_\mathrm{d}/R_\mathrm{e}$ hängt bei fester Kurvenform ebenfalls nur vom Kapazitätsverhältnis $C_\mathrm{b}/C_\mathrm{s}$ ab, wie aus den späteren Gln. (9.37) und (9.38) zu entnehmen ist. Eine genauere Analyse dieses Zusammenhangs würde auch zeigen, daß das Verhältnis $R_\mathrm{d}/R_\mathrm{e}$ sehr rasch mit fallendem Kapazitätsverhältnis ansteigt. Klammert man daher in (9.34a) den Faktor $\left(1 + (C_\mathrm{b}/C_\mathrm{s})\right)$ aus, so kann man im restlichen Faktor, der nur bei kleinen $C_\mathrm{b}/C_\mathrm{s}$-Werten wirksam ist, dieses Kapazitätsverhältnis gegenüber 1 vernachlässigen. Dadurch wird aber

$$K(\alpha_2 - \alpha_1) \approx \left(1 + \frac{C_\mathrm{b}}{C_\mathrm{s}}\right)\left(1 + \frac{R_\mathrm{d}}{R_\mathrm{e}}\right), \tag{9.34b}$$

und der gesuchte Ausnutzungsgrad für alle Stoßspannungen mit kurzer Stirn- und langer Rückenhalbwertzeit, d. h. für $\alpha_2 \gg \alpha_1$:

$$\eta \approx \frac{C_\mathrm{s}}{C_\mathrm{s} + C_\mathrm{b}}\,\frac{R_\mathrm{e}}{R_\mathrm{e} + R_\mathrm{d}} \quad \text{Schaltung A.} \tag{9.35}$$

Diese Schaltung besitzt somit bei einem bestimmten Wert von $C_\mathrm{s}/C_\mathrm{b}$ einen maximalen Spannungsausnutzungsgrad, der aber stets kleiner ist als bei der Schaltung B. Wenn sie trotzdem praktisch angewendet wird, so deshalb, weil entweder R_e selbst als ohmscher Stoßspannungsteiler ausgebildet sein kann, oder ein spezieller ohmscher Spannungsteiler am Ausgang der Schaltung zur Spannungsmessung dient. Wegen der nicht sehr hohen Widerstandswerte (s. Abschnitt 10.6.3) wirkt ein solcher Teiler aber als zusätzlicher Entladewiderstand. Praktische Stoßspannungsschaltungen, vor allem auch die Marx-Generatoren (Abschnitt 9.3.2.3), stellen daher oft eine bezüglich der Schaltungen A und B gemischte Schaltung dar, die hier nicht behandelt wird (s. dazu [9.35]). Die exakten Werte von η können nur durch eine numerische Auswertung von (9.31) in Verbindung mit (9.32) und (9.34) gefunden werden. Bild 9.37 zeigt diese Abhängigkeiten für Wellenformen genormter Stoßspannungen.

b) Dimensionierung der Schaltelemente

Neben der bei einem vorhandenen Generator vorgegebenen Stoßkapazität C_s ist auch die gesamte Belastungskapazität C_b normalerweise bekannt. Gesucht sind dann die Werte für R_d

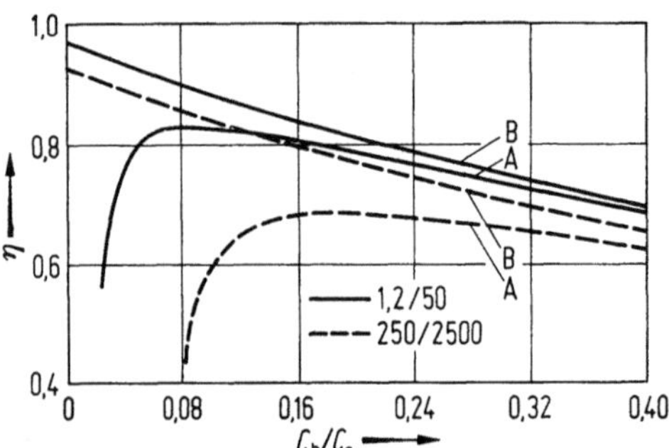

Bild 9.37. Spannungsausnutzungsgrad η in Abhängigkeit des Kapazitätsverhältnisses $C_\mathrm{b}/C_\mathrm{s}$ für die Schaltungen A und B (Bild 9.36) bei den genormten Stoßspannungen 1,2/50 und 250/2500.

und R_e. Man berechnet sie aus den Zeitkonstanten des Spannungsverlaufs $u(t)$ durch Elimination aus den sich aus (9.28) ergebenden Gleichungen:

$$\alpha_1\alpha_2 = B_0;$$
$$\alpha_1 + \alpha_2 = B_1. \tag{9.36}$$

Nach Einsetzen der Werte für B_0 und B_1 aus Tabelle 9.1 erhält man

Schaltung A[2]

$$R_\mathrm{e} = \frac{1}{2(C_\mathrm{s} + C_\mathrm{b})}\left[\left(\frac{1}{\alpha_1} + \frac{1}{\alpha_2}\right)\right.$$
$$\left. + \sqrt{\left(\frac{1}{\alpha_1} + \frac{1}{\alpha_2}\right)^2 - \frac{4(C_\mathrm{s} + C_\mathrm{b})}{\alpha_1\alpha_2 C_\mathrm{b}}}\right] \tag{9.37}$$

$$R_\mathrm{d} = \frac{1}{(\alpha_1\alpha_2 C_\mathrm{s} C_\mathrm{b})\,R_\mathrm{e}} = \frac{1}{2C_\mathrm{s}}\left[\left(\frac{1}{\alpha_1} + \frac{1}{\alpha_2}\right)\right.$$
$$\left. - \sqrt{\left(\frac{1}{\alpha_1} + \frac{1}{\alpha_2}\right)^2 - \frac{4(C_\mathrm{s} + C_\mathrm{b})}{\alpha_1\alpha_2 \cdot C_\mathrm{b}}}\right]. \tag{9.38}$$

Schaltung B

$$R_\mathrm{e} = \frac{1}{2(C_\mathrm{s} + C_\mathrm{b})}\left[\left(\frac{1}{\alpha_1} + \frac{1}{\alpha_2}\right)\right.$$
$$\left. + \sqrt{\left(\frac{1}{\alpha_1} + \frac{1}{\alpha_2}\right)^2 - \frac{4(C_\mathrm{s} + C_\mathrm{b})}{\alpha_1\alpha_2 C_\mathrm{s}}}\right], \tag{9.39a}$$

$$R_\mathrm{d} = \frac{1}{2C_\mathrm{b}}\left[\left(\frac{1}{\alpha_1} + \frac{1}{\alpha_2}\right)\right.$$
$$\left. - \sqrt{\left(\frac{1}{\alpha_1} + \frac{1}{\alpha_2}\right)^2 - \frac{4(C_\mathrm{s} + C_\mathrm{b})}{\alpha_1\alpha_2 C_\mathrm{s}}}\right]. \tag{9.39b}$$

---

[2] Für $\alpha_1 \neq 0$ und sehr kleine $C_\mathrm{b}/C_\mathrm{s}$-Verhältnisse versagt diese Schaltung, wie aus (9.37) und (9.38) abgeleitet werden kann. Die η-Kennlinien können daher nur bis zu den in Bild 9.37 angegebenen Grenzen ermittelt werden. Man findet die Erklärung für diesen Effekt im starken Anstieg von R_d für sinkendes C_b, wodurch die durch α_1 geforderte Entladung von C_s verunmöglicht wird.

Zur Berechnung von R_e und R_d benötigt man noch die Zahlenwerte für die Zeitkonstanten $1/\alpha_1$ und $1/\alpha_2$, die, wie bereits eingangs erwähnt, nur von der geforderten Wellenform, also von deren Kenndaten T_1, T_2 oder T_cr abhängen. Dieser Zusammenhang ist zwar unter Verwendung von (9.27) und diesen Kenndaten prinzipiell einfach ableitbar, kann aber wegen der dabei auftretenden irrationalen Gleichungen nur numerisch ausgewertet werden. Es ist zweckmäßig, das Ergebnis dieser Auswertung in der Form

$$\frac{1}{\alpha_1} = aT_2; \quad \frac{1}{\alpha_2} = \frac{b}{2}\,T_1 = \frac{c}{2}\,T_\mathrm{cr} \tag{9.40}$$

zu verwenden. Die Verknüpfungsfaktoren a, b und c lassen sich in Abhängigkeit von T_2/T_1, T_2/T_cr oder auch α_2/α_1 darstellen, also von Verhältniszahlen, die den Spannungsverlauf kennzeichnen. Diese Abhängigkeiten sind den Bildern 9.38a und b zu entnehmen; exakte Zahlenwerte für spezielle Stoßformen entnimmt man Tabelle 9.2. Liegt eine Stoßspannungsschaltung vor, bei der alle Schaltelemente bekannt sind, so wird man

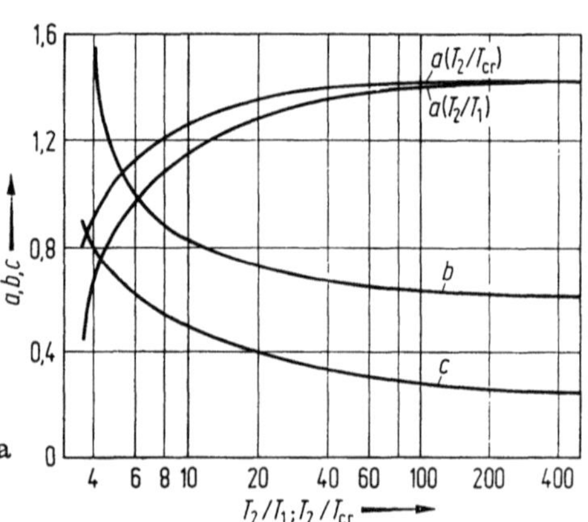

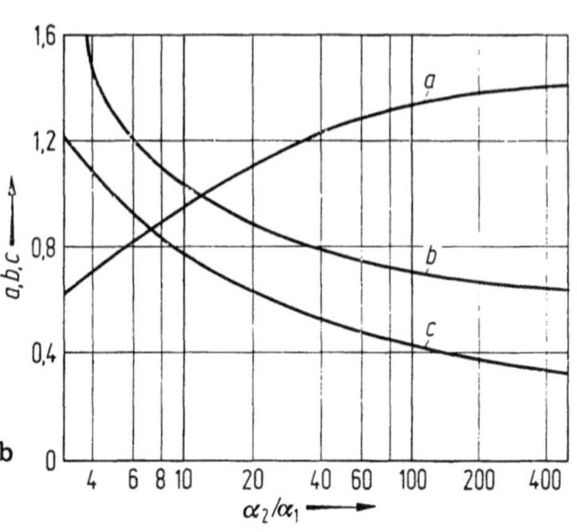

Bild 9.38. Zusammenhang zwischen den Faktoren a, b und c (Gl. (9.40)) und den Zeitverhältnissen T_2/T_1 (a), sowie α_2/α_1 (b).

Tabelle 9.2. Zahlenwerttabelle für die in Gl. (9.40) definierten Größen.
Bedeutung von T_1, T_{cr} und T_2 siehe Bilder 9.32 und 9.33

T_{cr}/T_2	T_1/T_2	$1/a$	$2/b$	$2/c$	$1/\alpha_1$ in µs	$1/\alpha_2$ in µs
—	1,2/5	1,435	1,500	—	3,483	0,799
—	1,2/50	0,733	2,963	—	68,22	0,405
—	1,2/200	0,704	3,150	—	284,0	0,381
—	250/2 500	0,869	2,414	—	2 877,4	103,6
250/2 500	—	—	—	4,001	3 155,0	62,48

Tabelle 9.3. Näherungsformeln zur Berechnung der Zeiten T_1, T_2 und T_{cr}

Schaltung A	Schaltung B
$T_1 \approx \dfrac{2}{b} \dfrac{R_d R_e}{(R_d + R_e)} \dfrac{C_b C_s}{(C_b + C_s)}$	$T_1 \approx \dfrac{2}{b} R_d \dfrac{C_b C_s}{C_b + C_s}$
$T_2 \approx \dfrac{1}{a} (R_d + R_e)(C_b + C_s)$	$T_2 \approx \dfrac{1}{a} R_e (C_b + C_s)$
$T_{cr} \approx \dfrac{2}{c} \dfrac{R_d R_e}{(R_d + R_e)} \dfrac{C_b C_s}{(C_b + C_s)}$	$T_{cr} \approx \dfrac{2}{c} R_d \dfrac{C_b C_s}{C_b + C_s}$

gelegentlich die Kenngrößen der Stoßspannungen berechnen wollen, vor allem zum Vergleich mit einem tatsächlich gemessenen Spannungsverlauf. Diese Aufgabe ist exakt lösbar, wenn der Spannungsverlauf $u(t)$ nach (9.27) berechnet wird, und die Kenngrößen (T_1, T_2 etc.) daraus bestimmt werden. Dieses Verfahren muß man sogar anwenden, wenn der zeitliche Verlauf völlig unbekannt ist. In der Praxis ist aber oftmals die Wellenform in groben Zügen bekannt, so daß man nur die durch eine Änderung der Schaltelemente (z. B. Erhöhung von C_b) hervorgerufene Veränderung der Wellenform abschätzen will. Darum werden Näherungsformeln verwendet, die sich aus (9.40) ableiten lassen, indem man die nur für eine *bereits bekannte* Wellenform gültigen Verknüpfungsfaktoren a, b und c aus der vorher behandelten Tabelle entnimmt und für die Zeitkonstanten $1/\alpha_1$ und $1/\alpha_2$ Näherungsausdrücke verwendet, die aus (9.28) unter Berücksichtigung der Schaltungsart recht einfach ableitbar sind. Unter Verzicht auf diese Ableitung seien die entsprechenden Näherungsformeln direkt angegeben (s. Tabelle 9.3).
Sofern die Abweichungen der damit berechneten Kennwerte gegenüber den für die Verknüpfungsfaktoren (a, b, c) zugrunde liegenden Annahmen zu groß sind, werden diese Kennwerte natürlich falsch; man kann sie aber durch sukzessive Anpassung der Verknüpfungsfaktoren unter Zuhilfenahme von Bild 9.38 verbessern.
Die eben durchgeführten Berechnungen können eine experimentelle Überprüfung und Messung des Spannungsverlaufs nicht ersetzen, da dieser mehr oder weniger stark von den theoretischen Werten abweichen kann. Bei Blitzstoßspannungen und

großen Stoßgeneratoren kann beispielsweise die Induktivität der Kreise nicht mehr ganz vernachlässigt werden, so daß sogar Schwingungen in der Spannungsform oder ein Überschwingen im Scheitel der Spannung auftreten. In diesem Fall ist die aperiodische Dämpfung des wesentlichen Kreises $C_s - R_d - C_b$, dem eine Induktivität L zugeordnet werden kann, nicht mehr gewährleistet. Eine aperiodische Dämpfung ist aber nur durch die Bedingung

$$R_d \geqq 2 \sqrt{L \frac{C_b + C_s}{C_b C_s}} \qquad (9.41)$$

möglich. Weitere Ursachen für eine Wellenformverzerrung sind häufig nichtlineare Widerstände, nichtlineare Rückwirkungen durch die Belastung (durch stromstarke Vorentladungen), oder — bei vielstufigen Stoßgeneratoren — zeitliche Verzögerungen beim Durchzünden der Stufen.

9.3.2.3 Vervielfachungsschaltungen

Die einstufigen Grundschaltungen werden für die Erzeugung von Stoßspannungen über etwa 250 bis 300 kV nicht mehr verwendet, da dann der technische Aufwand für die zur Aufladung notwendige Gleichspannungsquelle zu groß wird und die Abmessungen der Bauelemente eine kompakte Bauweise stark beeinträchtigen. Nur ausnahmsweise werden ohnehin vorhandene Gleichspannungsanlagen für höhere Spannungen zu Stoßanlagen erweitert, wodurch eine doppelte Ausnützung vieler Elemente erzielt wird [9.37].
Kompakte Bauweisen und damit auch wirtschaftliche Lösungen lassen sich durch Vervielfachungsschaltungen erzielen, die bereits im Jahre 1923 von

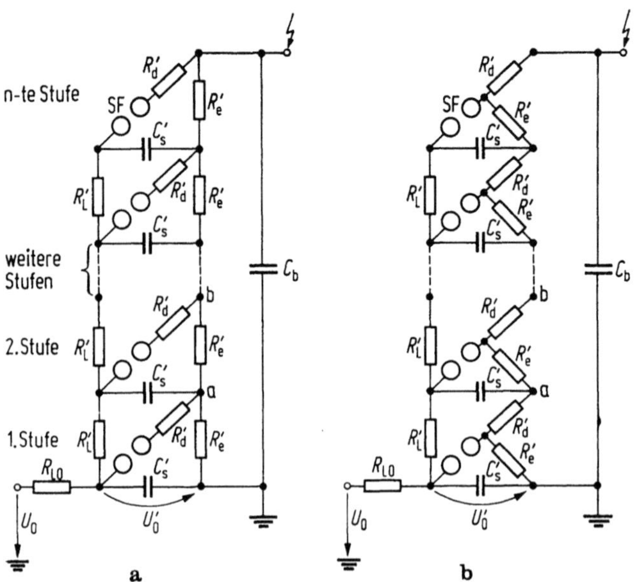

Bild 9.39. Beispiele Marxscher Vervielfachungsschaltungen. **a** nach Schaltungsprinzip A; **b** nach Schaltungsprinzip B.

E. Marx angegeben wurden und seit dieser Zeit in vielen Varianten Anwendung finden. In den Bildern 9.39a und b sind zwei zu den Grundschaltungen A und B äquivalente Marx-Schaltungen aufskizziert. Beide Schaltungen werden in der Praxis beim Bau großer Stoßspannungsgeneratoren angewendet, obwohl auch hier die Schaltung B den höheren Spannungsausnutzungsgrad aufweist. Konstruktive Lösungen für die Anordnung der Bauelemente innerhalb einer Stufe bestimmen dann die Auswahl des Schaltungsprinzips. Außerdem kommen auch abgewandelte Schaltungen zum Einsatz, die hier nicht weiter behandelt werden.

Die *Wirkungsweise* dieser Marx-Schaltungen ist verständlich, wenn man von der Annahme ausgeht, daß alle Schaltfunkenstrecken SF *gleichzeitig* zu jenem Augenblick durchzünden, bei dem die Durchschlagspannung der ersten Stufe erreicht ist: Die in jeder Stufe vorhandenen Stoßkapazitäten C_s' werden über die Ladewiderstände R_{L0}, R_L' sowie die Entladewiderstände R_e' von der Gleichspannungsquelle U_0 zunächst langsam aufgeladen. Bei der Schaltung nach Bild 9.39b erfolgt die Aufladung ebenso über die Dämpfungswiderstände R_d'. Auch bei einem konstanten Wert von U_0 wird die Spannung an allen C_s' etwa gleich groß (U_0'), wenn die Bedingung $R_{L0} > R_L' \gg R_e'$ $> R_d$ erfüllt ist und die Zündfunkenstrecken so eingestellt sind, daß diese während des langsamen Anstieges der Spannung U_0' durchschlagen. Zünden nun alle Funkenstrecken gleichzeitig durch, so schalten sich alle auf U_0' geladenen Kondensatoren C_s' in Serie, wodurch an der Belastungskapazität C_b eine entsprechend vervielfachte Spannung entsteht. Der gewünschte zeitliche Verlauf dieser Spannung wird in bekannter Weise

durch die impulsformenden Elemente R_e' und R_d' erzwungen, wie aus einem Vergleich mit den Grundschaltungen ersichtlich ist.

Für eine n-stufige Schaltung mit jeweils gleich großen Elementen C_s', R_e' und R_d' erhält man somit den folgenden Zusammenhang mit den in Abschnitt 9.3.2.1 behandelten Grundschaltungen:

$$U_{0s} = nU_0'; \quad C_s = C_s'/n; \quad R_d = nR_d';$$

$$R_e = nR_e'.$$

U_{0s} wird als Summenladespannung bezeichnet.

Die elektrischen Vorgänge, die das rasche und fast gleichzeitige Durchzünden aller Stufen hervorrufen, sind aber in Wirklichkeit recht komplex und erst in jüngerer Zeit eingehend untersucht worden [9.38—9.40]. Die Serienschaltung der Stufen erfolgt nämlich — von später noch erwähnten Ausnahmen abgesehen — selbsttätig, wenn übliche Kugelfunkenstrecken als Schaltelemente SF verwendet werden. Dazu muß bei sonst gleichen Durchzündspannungen nur diejenige der ersten Stufe etwas kleiner sein, was leicht dadurch erzielt wird, daß man den Abstand dieser Funkenstrecke verringert, sofern alle Funkenstrecken dieselbe Geometrie besitzen und bei gleichem Gasdruck (z. B. Luftdruck) arbeiten. Vernachlässigt man bei beiden Schaltungen die Dämpfungswiderstände R_d' gegenüber R_e', so liegt nach dem Durchzünden der ersten Stufe die Spannung U_0' am Entladewiderstand, also am Punkt a. Da C_b während der Aufladung des Generators ungeladen bleibt, besitzt auch der Hochspannungsausgang des Generators noch Erdpotential; U_0' liegt somit auch an den Entladewiderständen R_e' der restlichen Stufen, die einen

Spannungsteiler bilden. Dadurch erhöht sich in jeder Stufe die an den Zündfunkenstrecken liegende Spannung kurzzeitig um den Wert $U_0'/(n-1)$, also um einen sehr kleinen Betrag, wenn $n \gg 1$ ist. Nur bei einer geringen Stufenzahl wäre dann eine so starke Spannungserhöhung an den Funkenstrecken zu erwarten, daß diese ebenfalls mit Sicherheit durchzünden. Doch auch bei vielstufigen Stoßgeneratoren ($n = 20 \ldots 30$; in Sonderfällen bis $n > 100$) ist in der Praxis eine Zündung aller Stufen noch möglich. Bei einer genauen Analyse der diese Erscheinung verursachenden Vorgänge müßten sowohl alle Induktivitäten als auch Streukapazitäten der Schaltung berücksichtigt werden. Wesentlich sind dabei vor allem die Streukapazitäten jeder einzelnen Stufe gegenüber dem Erdpotential, die an den Knotenpunkten a, b usw. wirksam sind. Berücksichtigt man derartige Kapazitäten z. B. nur an den Punkten a und b, so wird zwar der Knotenpunkt a bei der Zündung der ersten Stufe noch sehr schnell auf die Spannung U_0' geladen; der Punkt b jedoch kann nur mehr mit der Zeitkonstanten von ca. $R_e' C_e'$ auf ein höheres Potential gehoben werden, so daß an der Schaltfunkenstrecke der zweiten Stufe eine wesentlich größere Überspannung entsteht. Auch wenn diese Überspannung nur über Zeitbereiche von wenigen 10 ns wirksam ist, genügt sie für ein

sicheres Durchzünden dieser Stufe. Der Vorgang wiederholt sich in den weiteren Stufen, die somit der Reihenfolge nach in immer kürzeren Zeitabständen (von ca. 100 ns bis < 10 ns) durchschlagen. Da C_b auch schon während dieses Durchzündvorgangs teilweise aufgeladen wird, kann der zeitliche Verlauf der erzeugten Stoßspannung zum Beginn der Stirn stärker vom theoretischen Kurvenverlauf nach (9.27) abweichen.

Der Durchzündvorgang wird auch wesentlich von der statistischen Streuzeit der verwendeten Funkenstrecken beeinflußt (Abschnitt 7.7.1), also von der gesicherten Bereitstellung der den Durchschlag einleitenden Anfangselektronen. Diese Streuzeit wird reduziert, wenn man die am häufigsten verwendeten unter atmosphärischem Luftdruck arbeitenden Schaltfunkenstrecken so anordnet, daß sich die „Schlagweiten sehen können", das Licht der Zündfunken also die benachbarten Elektroden trifft und über Photoemission Elektronen auslöst.

Schwierigkeiten beim Durchzünden vieler Stufen stellen sich aber dann ein, wenn die Entladewiderstände R_e' zu niederohmig werden, was bei Stoßgeneratoren hohen Energieinhaltes pro Stufe (großes C_s') und der Erzeugung von Stoßspannungen mit kurzer Rückenhalbwertzeit (z. B. Blitzstoßspannungen) der Fall ist, da damit die oben

Bild 9.40. 4,8-MV-Stoßspannungsgenerator (rechte Bildseite), 480 kJ, fahrbar auf Luftkissen, in einem Großtransformatoren-Prüffeld (Trafo-Union, Nürnberg); Stoßspannungsteiler 4,2 MV (Bildmitte) und Gleichspannungskaskadengenerator 2 MV, 30 mA (links). (Hersteller: Haefely, Basel).

Bild 9.41. 4-MV-Stoßspannungsgenerator für Freiluft-aufstellung, 200 kJ, fahrbar. Klimatisierter Schutz-zylinder. Seitlich davon: 4-MV-Stoßspannungsteiler, gedämpft-kapazitiv (s. Abschnitt 10.6.3). (Hersteller: Haefely, Basel).

beschriebene Wirkung der Zeitkonstanten $R'_e C'_e$ vermindert wird. Durch zusätzliche Schaltungs-maßnahmen, die darauf hinzielen, nur während des Durchzündvorgangs hohe Widerstandswerte R'_e einzuschalten, kann dieser Mangel behoben werden [9.42].

Das selbständige Durchzünden wird aber auch dann behindert, wenn die bisher wegen $R'_d \ll R'_e$ vernachlässigten Dämpfungswiderstände R'_d pro Stufe zu groß werden, was bei der Erzeugung von Schaltstoßspannungen der Fall sein kann. Dann wird nämlich beim Durchzünden der ersten Stufe bereits die Spannung am Knotenpunkt a nur relativ langsam ansteigen, so daß trotz des eben-falls verzögerten Spannungsanstiegs in b die für die Überspannung an der zweiten Funkenstrecke maßgebende Potentialdifferenz zwischen a und b relativ klein bleibt. Bei der Schaltstoßspannungs-erzeugung wird man daher bei vielstufigen Marx-Generatoren die Dämpfungswiderstände pro Stufe nicht über einen bestimmten Wert erhöhen können und einen Teil von R_d als „äußeren" Dämpfungs-widerstand direkt vor C_b legen müssen.

Marxsche Stoßspannungsgeneratoren für die Hochspannungsprüfung von Geräten und Isolie-rungen der elektrischen Energieübertragungs-technik werden sowohl für Innenraumlaboratorien als auch für Freiluftaufstellung gebaut. Aus-führungsbeispiele zeigen die Bilder 9.40 und 9.41,

aus denen ersichtlich ist, daß trotz gedrängter Bauweise bei diesen offenen, luftisolierten Stufen die Bauhöhe noch beträchtlich ist. Wesentlich kompaktere Generatoren lassen sich bei einer all-seitigen Kapselung und Isolierung aller Bauteile durch Druckgas oder Öl erzielen, die vor allem dann angewendet wird, wenn Belastung und Generator eine konstruktive Einheit bilden sollen [9.43; 9.44].

9.3.2.4 Gesteuerte Auslösung und Abschneidung von Stoßspannungen

Da die Aufladung der Stoßgeneratoren — vor allem bei der Marxschen Vervielfachungsschaltung — langsam erfolgt, kann der genaue Zeitpunkt für das Durchzünden der verwendeten, gasisolier-ten Funkenstrecken nicht vorherbestimmt werden. Will man den zeitlich sehr schnell ablaufenden Spannungsverlauf aber oszillographieren, so muß die Zeitachse der Oszillographen vom Vorgang selbst oder über die vom Stoßkreis emittierten elektromagnetischen Wellen ausgelöst oder ge-triggert werden. Da aus naheliegenden Gründen ein Zeitachsenvorlauf für eine exakte Oszillo-grammauswertung von Vorteil ist, müßte man den Spannungsimpuls über ein Laufzeitglied ent-sprechend verzögern. Eine derartige Verzögerung ist aber bei wünschenswerten Verzögerungszeiten von $\gtrsim 0{,}5\ \mu s$ schwierig, da entweder recht lange Koaxialkabel geringster Dämpfung oder Laufzeit-kabel verwendet werden müßten, die eine relativ hohe, frequenzabhängige Dämpfung aufweisen. Aus diesem Grunde ist es heute allgemein üblich, die Generatoren nicht mit der natürlichen Zün-dung der (ersten) Funkenstrecke zu betreiben, sondern sie gesteuert (getriggert) auszulösen[3].

Eine gesteuerte Auslösung von Stoßgeneratoren wird im Laborbetrieb auch aus anderen Gründen notwendig, von denen nur einige erwähnt seien: Zur Nachbildung polaritätsabhängiger Effekte auf das Isolationsverhalten von Hochspannungsgerä-ten bei gleichzeitiger Wechsel- und Stoßspannungs-belastung, wie diese im Energieübertragungsnetz auftritt, werden Isolierungen teilweise gleichzeitig mit einer Dauerwechselspannung und Stoß-spannung geprüft. Der Stoßgenerator muß dann in Abhängigkeit der Phasenlage der Wechsel-spannung, also zeitlich sehr exakt, ausgelöst werden. Für grundlegende Isolationsuntersuchun-gen überlagert man auch Stoßspannungen mit variabler Zeitverzögerung, wobei zwei Stoßgene-ratoren notwendig werden, die sehr exakt zuein-ander getriggert werden müssen. Will man abge-schnittene Stoßspannungen nach Bild 9.32b und c

---

[3] Durch die Entwicklung sehr schneller elektronischer ADC-Schaltungen, die in Verbindung mit Schiebe-registern arbeiten, können einmalige Vorgänge heute auch im sogenannten Pretrigger-Aufnahme-modus erfaßt werden. Trotzdem wird die übliche Oszillographentechnik noch weiterhin angewendet.

erzeugen, so werden ebenfalls getriggerte Funkenstrecken notwendig. Die Abschneidezeit T_c muß dabei präzise reproduzierbar sein (Abweichungen $\lesssim 0{,}1\ \mu s$), was bei sehr hohen Spannungen recht schwierig wird.

Ein weiteres, breites Anwendungsgebiet finden die als steuerbare Schalter arbeitenden Funkenstrecken auch bei plasmaphysikalischen Untersuchungen, bei denen schnell ansteigende Magnetfelder in Spulen erzeugt werden müssen. Die dabei erforderlichen Stromanstiegssteilheiten bis zu einigen 10^{12} A/s können nur Kondensatorbatterien entnommen werden, die wegen des notwendigen extrem induktivitätsarmen Aufbaus in eine Vielzahl von Gruppen aufgeteilt sind und über gesteuerte Schalter mit einem Schaltvermögen von wenigstens 100 kA innerhalb weniger 10 ns gleichzeitig auf eine Arbeitsspule geschaltet werden müssen [9.50].

Diese Beispiele zeigen, daß der gesteuerte Schalter für hohe Spannungen ein unerläßliches Hilfsmittel für viele technische Anwendungen ist. In allen Fällen wird dabei der Schalter geschlossen, d. h. von einem sehr hochohmigen in einen sehr gut leitenden Zustand innerhalb extrem kurzer Zeit ($\ll 1\ \mu s$) übergeführt. Weitere, wichtige Eigenschaften sind dabei

— die Höhe der zu schaltenden Spannung (einige kV bis MV);
— die Höhe der notwendigen Steuerspannung und -Leistung;
— der zeitliche Verzug zwischen dem Eintreffen eines Triggersignals und der vollzogenen Schalthandlung;
— die Streuung dieses Schaltverzugs („Jitter");
— die Induktivität des Schalters (vor allem bei Hochstromentladungen) und die zulässigen Stromwerte;
— die notwendige Wiederholungsfrequenz des Schaltens;
— die zulässige Anzahl von Schalthandlungen in Abhängigkeit des zu schaltenden Stroms.

Aus dieser großen Zahl von Parametern wird erkennbar, daß der Auswahl dieser Schaltelemente eine große Bedeutung zukommt. Hier können nur die für Stoßgeneratoren hoher Spannungen üblichen Lösungen etwas genauer behandelt werden; Hinweise auf andere, gesteuerte Schalter seien der Vollständigkeit halber angeführt.

a) Elektronische Schalter

Beschränkt man sich auf die Eigenschaften von *einzelnen* Bauelementen, die Spannungen $\gtrsim 10$ kV mit hoher Geschwindigkeit schalten können, so müssen sämtliche Halbleiterbauelemente ausscheiden. Ihr Hauptanwendungsgebiet liegt bei Impulsschaltungen für kleinere Spannungen, die in der Literatur ausführlich behandelt sind (s. z. B. [9.45; 9.46]).

Im Spannungsbereich bis zu einigen 10 kV finden aber *Gasentladungsröhren* immer noch zweckmäßige Anwendungen. Sie können nur unipolare Ströme führen, da nur die Anoden für einen hohen Energieumsatz dimensioniert sind. Die Fähigkeit, relativ hohe Ströme leiten zu können, entsteht aus der starken Ionen- und Elektronenvermehrung durch Stoßionisation bei einem relativ kleinen Gasdruck.

Wegen der fehlenden Kathodenheizung sind die *Kaltkathodenthyratrons* problemlos in der Anwendung. Hier wird der Stromfluß über eine nahe bei der Kathode liegende Zündelektrode eingeleitet, mit der erst einmal freie Elektronen erzeugt werden. Dadurch entsteht aber ein großer und stark streuender Schaltverzug (ca. 50 µs bis 10 ms). Während sich einfache Thyratrons dieser Art nur zum Schalten kleiner Spannungen (ca. 300 V) und Ströme (< 1 A) eignen, gibt es heute Spezialausführungen für mehrere kV und kA. — *Thyratrons* mit *geheizter* Kathode hingegen wurden in den letzten Jahren bis zu hoher Perfektion entwickelt. Ältere, mit Edelgasen und/oder Hg-Dampf gefüllte Typen können nur mit Anodenspannungen bis ca. 10 kV bei Strömen von wenigen A (Mittelwert), bzw. kA (kurzzeitig $\lesssim 0{,}1$ s) betrieben werden; bei einer Wasserstoff-, bzw. Deuteriumfüllung wird der Spannungsbereich aber erheblich erweitert. Verursacht wird dieser Effekt durch die wesentlich höhere Zerstörungsspannung für die Oxidkathoden (ca. 600 V gegenüber 30 V), die durch das unterschiedliche Verhalten der auf die Kathode zurückfallenden Ionen auftritt. Maximalspannungen bis zu 70 kV sind handelsüblich; mit Spezialanfertigungen können Spannungen > 100 kV bei kurzzeitigen Strombelastungen von bis zu 20 kA und Stromanstiegsgeschwindigkeiten von 10 bis 100 kA/µs erreicht werden. Von Vorteil ist auch die kurze Entionisierungszeit ($\gtrsim 50$ µs), die noch hohe Schaltfrequenzen zuläßt. Trotz der Kathodenheizung bleibt der Schaltverzug mit ca. 10 µs relativ groß; der Jitter kann aber bei steiler Steuerspannung auf wenige ns herabgedrückt werden. Von Nachteil ist die notwendige Kathodenheizung, wenn die Kathode schaltungsmäßig auf hohem Potential liegt.

Neuartige Gasentladungsröhren kleinster Abmessungen und mit kalter Kathode sind die *Krytrons*; hier wird an der Kathode durch kleine Ströme von ca. 50 µA ständig eine Glimmentladung aufrechterhalten, die dann durch eine positive Gitterspannung von ca. 10% der maximal zulässigen Anodenspannung (bis ca. 10 kV) die Hauptentladung einleitet. Weitere typische Merkmale sind ein sehr kurzer Schaltverzug (0,2 bis 0,6 µs), ein kleiner Jitter (20 bis 40 ns) und hohe Kurzzeit-Strombelastbarkeiten ($\lesssim 3$ kA).

Keine großen Weiterentwicklungen sind beim *Ignitron* zu erwarten, einer Kaltkathodenröhre, bei der die Kathode aus Quecksilber besteht, in die ein Zündstift („Ignitor") eintaucht. Dieser aus halbleitendem Material bestehende Ignitor dient gleichzeitig als Steuerelektrode, da bei anliegender Anodenspannung das Durchschalten nur durch einen kurzzeitigen Stromstoß erzwungen werden kann, der am Eintauchort eine Entladung zündet, die auf die Anode kommutiert. Der durch die Hg-Kathode bedingte große Vorrat an Gas bewirkt eine sehr hohe Lebensdauer, also eine große Anzahl von Schaltungen ($\gtrsim 10^8$). Spannungen bis ca. 25 kV und Ströme bis ca. 100 kA ($\lesssim 0{,}1$ s) lassen sich damit problemlos schalten. Der relativ große Aufwand für die Zündung (ca. 10 A/200 V) sowie der recht große Schaltverzug ($\gtrsim 100\ \mu$s) und Jitter begrenzen aber die Anwendbarkeit für präzise Schalthandlungen im Bereich von Mikrosekunden [9.46].

b) Triggerbare (Druckgas-) Funkenstrecken

Wie aus den Ausführungen über die Funkenaufbauzeit (Abschnitt 7.7.3) hervorgeht, entwickelt sich in einer mit Gas von relativ hohem Druck (Atmosphärendruck oder höher) isolierten Funkenstrecke der Durchschlag sehr schnell, wenn einmal die ersten, erfolgreichen Primärlawinen gestartet sind und in der gesamten Gasstrecke eine hohe Feldstärke herrscht. Die Funkengesetze [9.31; 9.32] geben auch Auskunft über die zeitliche Variation des Widerstands einer derartigen Gasstrecke, also über die eigentlichen Schaltzeiten. Für extrem kurze Schaltzeiten muß demnach im wesentlichen eine hohe (mittlere) Feldstärke im Gasraum vor dem Durchschlag herrschen, was sowohl durch hohen Gasdruck als auch ein hochisolierendes Gas (z. B. SF_6) erreicht werden kann.

Da man aber schon mit normaler, atmosphärischer Luft sehr kurze Schaltzeiten erreichen kann, ist bereits die in den Stoßspannungsgeneratoren meistens verwendete Kugelfunkenstrecke ein sehr idealer Schalter, wenn man die Forderungen, wie sie an eine Meßfunkenstrecke (Abschnitt 10.1.1) gestellt werden, weitgehend erfüllt. Wird nun im feldmäßig hochbeanspruchten Teil der einen

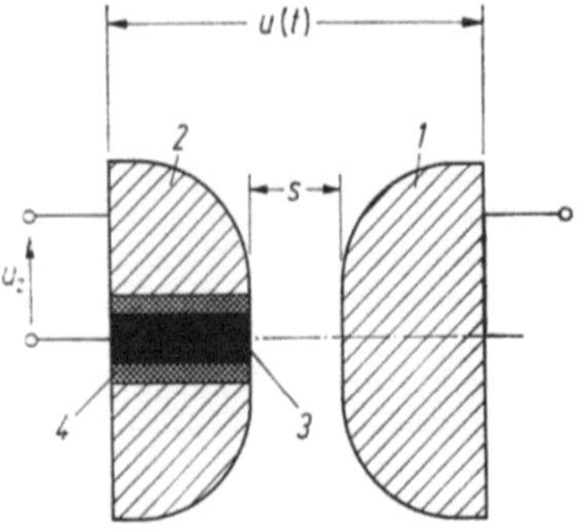

Bild 9.42. Triggerbare Dreielektrodenfunkenstrecke („Trigatron"). *1, 2* Hauptelektroden; *3* Zündelektrode; *4* Isolierung.

Elektrode eine dritte Elektrode isoliert eingesetzt (Bild 9.42), so ergibt sich eine Dreielektrodenfunkenstrecke („Trigatron"), die durch einen Spannungsimpuls u_z (Zündimpuls) auch unterhalb der Eigendurchschlagspannung zum Durchzünden (Schalten) gezwungen werden kann, sofern die an den Hauptelektroden anliegende Spannung u zum Zeitpunkt des Anlegens des Zündimpulses nicht zu klein ist.

Ein zuverlässiger Durchschlag zwischen den Hauptelektroden *1* und *2* von Bild 9.42 ist auf zwei Arten erreichbar:

1. Art: Bei großem Abstand *s* im Verhältnis zur Isolierdistanz zwischen Zündelektrode *3* und Hauptelektrode *2* wird eine genügend hohe Zündspannung u_z nur diese Isolierstrecke überschlagen, wodurch ein Hilfsfunke bzw. -Lichtbogen entsteht. Durch die schon während des zeitlichen Anstiegs von u_z — es handelt sich hierbei stets um einen schnell ansteigenden Spannungsimpuls, dessen Steilheit möglichst $\gtrsim 0{,}5$ kV/ns sein soll — hervorgerufene Feldverzerrung und vor allem durch die nach dem Auftreten des Hilfsfunkens vorhandene große Ladungsträgerzahl wird der Durchschlag zwischen den Hauptelektroden eingeleitet.

2. Art: Bei relativ kleinem Abstand *s* kann die zweite Art der Triggerung durch einen Direktdurchschlag zwischen der Zündelektrode *3* und der Hauptelektrode *1* erzielt werden, wobei der Zündlichtbogen sehr schnell auf die Hauptelektrode *2* kommutiert.

Beide Arten des Zündvorgangs unterscheiden sich stark durch die Zündverzugszeit t_v, die als Zeitdifferenz zwischen dem Auftreten des Hilfsfunkens und dem Spannungszusammenbruch der zu schaltenden Spannung definiert sei. Diese Zeit t_v ist sowohl vom geometrischen Aufbau der Dreielektrodenfunkenstrecke als auch stark vom Verhältnis der zu schaltenden Spannung u zur Eigendurchschlagsspannung u_0, die sich bei $u_z = 0$ ergibt, abhängig. Typische Meßwerte für $t_v = f(u/u_0)$ sind in den Bildern 9.43a und b für zwei luftisolierte Funkenstrecken mit $s = 9$ mm dargestellt, die [9.47] entnommen wurden. Hierbei besitzen die zu schaltende (Arbeits-) Spannung und die Zündspannung jeweils umgekehrte Polaritäten, da dabei der Zündverzug stets am kleinsten wird. Die absolute Polarität dieser Spannungen besitzt aber praktisch keinen Einfluß (Bild 9.43a), da die Elektrodengeometrie symmetrisch ist.

Man sieht, daß sich nahe der Eigendurchschlagspannung für beide Triggerarten kleine t_v-Werte ($\lesssim 40$ ns) erreichen lassen, wobei hier auch der Jitter sehr klein wird ($\approx \pm 10\%$ von t_v). Die zu schaltenden Stromamplituden können dabei praktisch beliebig hohe Werte annehmen ($\lesssim 100$ kA); sie werden nur durch die einsetzende Elektrodenzerstörung (Abbrand, Verdampfung) und durch Rückwirkungen des Eigenmagnetfeldes auf den Lichtbogen, die zu Instabilitäten führen können, einigen 100 kV wird die Triggerung erster Art durchwegs vor allem zur gesteuerten Durchzündung von Stoßspannungsgeneratoren verwendet. Auch abgeschnittene Stoßspannungen lassen sich auf diese Art und Weise mit Kugelfunkenstrecken, die in atmosphärischer Luft arbeiten, erzeugen. Die damit schaltbare, maximale Spannung ist aber kaum höher als 800 kV, für die ein Kugeldurchmesser von je 100 cm erforderlich wird; der dann notwendige große Kugelabstand schränkt den Triggerbereich sehr stark ein.

Zur Erzeugung abgeschnittener Stoßspannungen müssen aber auch noch höhere Spannungen getriggert geschaltet werden. Diese Aufgabe wird durch triggerbare *Mehrfachfunkenstrecken* gelöst. Das Arbeitsprinzip dieser Funkenstrecken ist den Bildern 9.44a und b zu entnehmen. Die durch Widerstände R' (Bild 9.44a) oder Kondensatoren C' (Bild 9.44b) gleichmäßig unterteilte Spannung u wird dabei durch eine größere Anzahl von Funkenstrecken gemäß Triggerung erster Art zum Zusammenbruch bzw. zum Durchschalten gebracht. Man nützt dabei die Tatsache aus, daß eine getriggerte Einzelfunkenstrecke (z. B. F_1, bestehend aus den Elektroden E_1, E_2) bis zu mäßigen Spannungen (z. B. 200 kV) noch gute Schalteigenschaften aufweist und daß hohe Überspannungen auch ungetriggerte Funkenstrecken (z. B. F_4 bis F_n) sehr schnell zu einem Durchschalten zwingen.

Zündet man bei der durch Widerstände R' gesteuerten Mehrfachfunkenstrecke (Bild 9.44; [9.48]) die unterste Funkenstrecke F_1 durch eine Zündspannung u_z in der vorher beschriebenen Weise, so prägt man der unteren Elektrode E_2 der Funkenstrecke F_2 Erdpotential auf, wodurch über den Widerstand R'' ein Zündimpuls an der

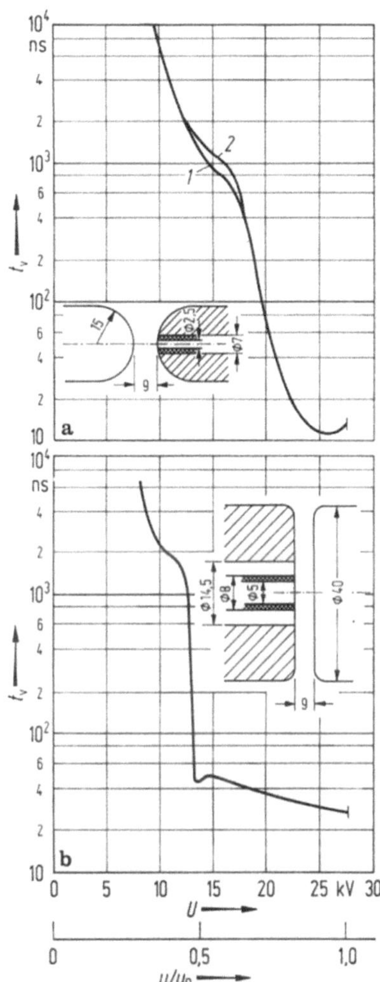

Bild 9.43. Zündverzugszeiten t_v von getriggerten Funkenstrecken in Abhängigkeit der geschalteten Spannung u. Luftisolation. Zündspannung $u_z = 15$ kV, erzeugt an Zündkondensator 100 nF, zugeführt über Kabel mit 330 Ω Wellenwiderstand. Eigendurchschlagspannung $u_0 = 27$ kV. a Triggerung 1. Art: *1*: u_z neg., u pos., *2*: u_z pos., u neg.; b Triggerung 2. Art.

begrenzt. Von Nachteil ist die relativ hohe Entionisierungszeit des Plasmas (10 bis 100 ms), die hohe Schaltfrequenzen nicht zuläßt. Man besitzt daher mit diesen Funkenstrecken steuerbare Schalter mit Eigenschaften, die mit anderen technischen Mitteln nicht erreichbar sind.

Der Spannungsbereich kann sowohl durch größere Schlagweiten s als auch durch höhere Gasdrucke erweitert werden. Während die letztgenannte Methode technisch aufwendig ist und daher nur in Sonderfällen Anwendung findet, werden bei der Erhöhung der Schlagweiten die Verhältnisse zunehmend ungünstiger. Bei Spannungen bis zu

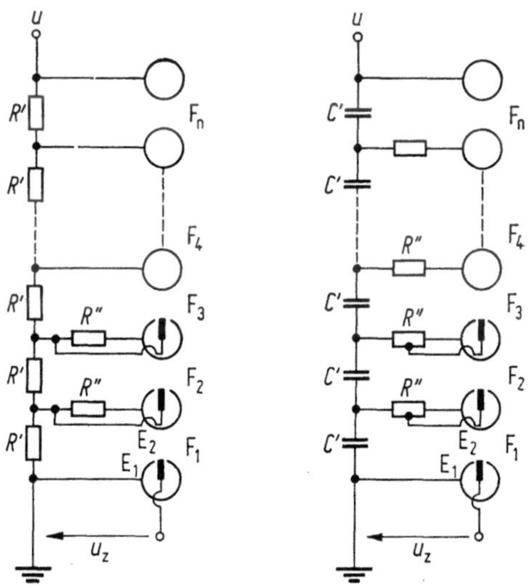

Bild 9.44. Prinzip triggerbarer Mehrfachfunkenstrecken. a mit Widerstandssteuerung; b mit kapazitiver Steuerung.

Funkenstrecke F_2 entsteht; somit schlägt auch diese Strecke getriggert durch, da sich die Gesamtspannung u nun auf weniger Strecken verteilt. Dieser Vorgang wiederholt sich auch bei der dritten getriggerten Funkenstrecke F_3, bis schließlich die Überspannung an den weiteren Funkenstrecken so groß wird, daß keine Triggerung mehr notwendig ist.

Eine wesentliche Verbesserung der Schalteigenschaften gelingt durch eine kapazitive Steuerung [9.49; 9.41], wie diese in Bild 9.44b dargestellt ist. Durch den Widerstand R'' wird hier beim ge-

triggerten Durchzünden der Funkenstrecke F_1 die Spannung am Kondensator C' über eine genügend große Zeit ($R''C' \approx 10\,\mu s$) aufrechterhalten, so daß bereits die zweite Funkenstrecke F_2 wegen des Spannungsabfalls an R'' etwa mit der doppelten, an C' liegenden Spannung beansprucht wird. Das Durchzünden dieser Strecke wird somit durch einen an R'' abgegriffenen Zündimpuls lediglich unterstützt.

Bei einer Verwendung dieser Funkenstrecken als Abschneidfunkenstrecken für Stoßspannungen kann die Belastungskapazität C_{bg} der Stoßgeneratoren (s. Gl. (9.24)) gleichzeitig die Funktion der Steuerkondensatoren C' übernehmen. Dabei ist auch bei Spannungen von mehr als 1 MV ein Jitter von ± 50 ns erreichbar. Bild 9.45 zeigt eine nach dem Prinzip von Bild 9.44b aufgebaute Konstruktion.

c) Laser-getriggerte Funkenstrecke

Die in einem insbesonders fokussierten Laserstrahl hoher Intensität auftretende elektromagnetische Energiedichte ist in der Lage, Gase auch noch bei hohem Gasdruck zu ionisieren [9.51]. Wird dieses Plasma im Gasraum einer mit Spannung beanspruchten Funkenstrecke erzeugt, so wird es den Durchschlag bei Feldstärken oder Spannungen einleiten, die niedriger als die üblichen Durchschlagfeldstärken oder -spannungen sind. Die notwendige hohe Laserleistung kann durch Impulslaser erzeugt werden.

Bei der sogenannten „Querzündung" wird die Lichteinkopplung senkrecht zur Achse der zu schaltenden Funkenstrecke vorgenommen. Die erwünschten positiven Schalteigenschaften (kurze Zündverzugszeit, kleiner Jitter) werden günstiger, wenn dabei die Fokussierung auf die Kathode gerichtet ist, da dabei offensichtlich noch zusätzliche Elektronen aus dem Kathodenmaterial für den Durchschlag bereitgestellt werden [9.52]. Wesentlich günstiger ist aber die technisch schwieriger anwendbare „Längszündung", bei der das Licht axial durch eine kleine Öffnung in eine der beiden Elektroden eingestrahlt wird. Der sich im Fokuskonus ausbildende, längliche Plasmaschlauch vermindert die Durchschlagfeldstärke wesentlich stärker und ermöglicht einen größeren Triggerbereich u/u_0 (vgl. Bild 9.43) [9.54]. Die Anzahl der Parameter, die zu einer optimalen Lasertriggerung führen, ist aber groß und deren genauen Einflüsse sind noch keineswegs genau bekannt [9.52].

Im Vergleich zu der vorher behandelten elektrischen Triggerung ist der technische Aufwand für die Lasertriggerung groß. Man wird sie daher nur dort anwenden, wo die Vorteile unbedingt benötigt werden: Durch die rein optische Kopplung zwischen der zu schaltenden Funkenstrecke und dem Triggerkreis werden die elektromagnetischen Störprobleme drastisch reduziert; die niedrigen

Bild 9.45. Triggerbare Mehrfachfunkenstrecke nach Bild 9.44b zum Abschneiden von Stoßspannungen bis 3,6 MV. (Werkbild Haefely, Basel).

Triggerverzögerungszeiten von wenigen Nanosekunden und der damit verbundene extrem kleine Jitter von < 1 ns ermöglichen bei einer optischen Laserstrahlaufteilung die absolut gleichzeitige Triggerung von mehreren, voneinander unabhängigen Funkenstrecken; die Methode kann nicht nur bei relativ kleinen Funkenstrecken im Spannungsbereich von 100 kV, sondern auch bei Einzelfunkenstrecken im MV-Bereich angewendet werden [9.52].

9.3.2.5 Sonstige Stoß- bzw. Impulsspannungsschaltungen

Neben den in den Abschnitten 9.3.2.1 ausführlicher behandelten Schaltungen zur Erzeugung genormter Blitz- und Schaltstoßspannungen sei in komprimierter Form auch noch auf andere Impulsspannungsschaltungen hingewiesen. Ihr Anwendungsgebiet liegt nur teilweise in der Hochspannungsprüftechnik, bzw. bei isolationstechnischen Grundlagenuntersuchungen. Wesentlich häufiger finden diese oder ähnliche Schaltungen in der technischen Physik und Materialforschung (z. B. Plasmaphysik; Laserentwicklung; gepulste Röntgen-, Elektronen- oder Ionenstrahlen), sowie in der Technik (z. B. Prüfung von insbesondere elektronischen Geräten in bezug auf ihre Anfälligkeit gegenüber elektromagnetischen Impulsen (EMP) [9.76; 9.77]; Impulsschweißung; Metallhärtung; Metallformung) Anwendung. Eine sehr ausführliche Übersicht kann [9.46] entnommen werden.

a) Aufsteilung der Stirn genormter Stoßspannungen
Die Stirnzeit T_1 (Bild 9.32) von Stoßspannungen kann bei üblichen Schaltungsaufbauten nicht beliebig verkürzt werden, auch wenn dies aufgrund

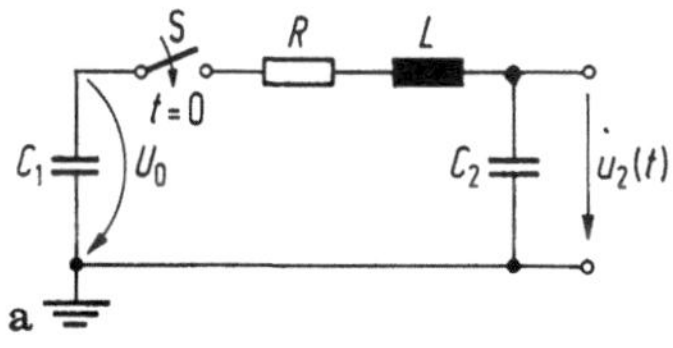

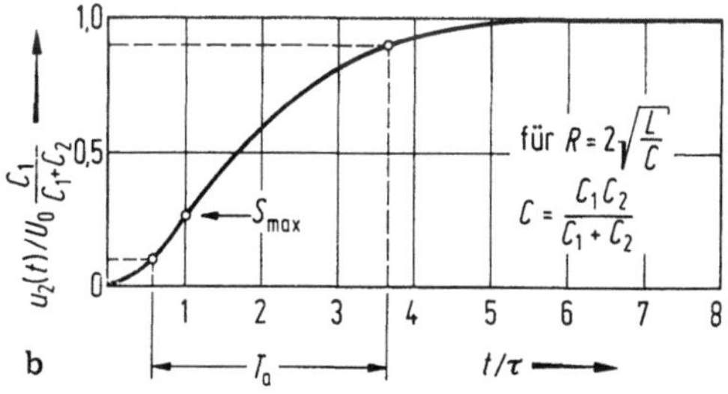

Bild 9.46. Vereinfachte Ersatzschaltung induktionsbehafteter Stoßspannungsschaltungen (a) mit zeitlichem Verlauf der Ausgangsspannung (b).

der Dimensionierungsrichtlinien nach Abschnitt 9.3.2.2 zu erwarten wäre. Die Ursache liegt in der Induktivität L des durch die Elemente C_s, SF, R_d und C_b gebildeten Serienresonanzkreises, die in den berechneten Schaltungen vernachlässigt ist. Mit (9.41) wurde bereits auf die begrenzte Gültigkeit dieser Schaltungen hingewiesen.
Zum Nachweis dieser Aussage sei kurz die Umladung einer auf die Spannung U_0 geladenen Kapazität C_1 auf eine Lastkapazität C_2 über den durch R bedämpften, induktivitätsbehafteten Serienresonanzkreis bei einem idealen Schalter S betrachtet (Bild 9.46a). Dieser Kreis ersetzt beide Stoßspannungsschaltungen nach Bild 9.36, wenn man deren Entladewiderstände vernachlässigt. Für den aperiodischen Grenzfall der Bedämpfung berechnet man als Spannungsverlauf an C_2:

$$u_2(t) = U_0 \frac{C_1}{C_1 + C_2}\left[1 - \left(1 + \frac{t}{\tau}\right)e^{-t/\tau}\right] \quad (9.42)$$

mit

$$\tau = \frac{2L}{R} = \frac{RC}{2} = \sqrt{LC};$$

$$R = 2\sqrt{L/C}; \quad C = \frac{C_1 C_2}{C_1 + C_2}.$$

Dieser Spannungsverlauf (Bild 9.46b) läuft aperiodisch in den stationären Endwert ein. Eine Reduktion des Widerstands R auf Werte $< 2\sqrt{L/C}$ führt rasch zu einem Überschwingen, das bei $R = \sqrt{L/C}$ bereits 16% betragen würde. Daher kann der aperiodische Grenzfall gut zur Abschätzung erzielbarer, maximaler Steilheiten und Anstiegszeiten herangezogen werden:
Durch zweimalige Differentiation von (9.42) ermittelt man die Zeit t, zu der die maximale Spannungssteilheit auftritt, zu $t = \tau$. Sie beträgt in absoluten Werten

$$S_{max} = \left[\frac{du_2(t)}{dt}\right]_{max} = U_0 \frac{C_1}{C_1 + C_2} \frac{1}{e\tau}$$

$$= \frac{U_0}{e}\sqrt{\frac{C}{LC_2^2}}. \quad (9.43)$$

Für $C_1 \gg C_2$: $S_{max} = \dfrac{U_0}{e}\dfrac{1}{\sqrt{LC_2}}$.

Der Einfluß der Kreiselemente wird ebenfalls deutlich, wenn man die Anstiegszeit T_a aus der Differenz des 90%- und 10%-Wertes des auf den Endwert normierten Spannungsverlaufs berechnet. Man erhält

$$T_a = 3{,}36\tau = 3.36\sqrt{LC} = 3{,}36\sqrt{L\frac{C_1 C_2}{C_1 + C_2}}. \quad (9.44)$$

Für $C_2 \ll C_1$: $T_a \approx 3{,}36\sqrt{LC_2}$. \quad (9.44a)

Die Erzeugung steiler Impulsspannungen mit konzentrierten Kreisen wird also um so schwieriger, je größer das Produkt aus Lastkapazität C_2 und Kreisinduktivität L ist. Dabei wurden die technisch realisierbaren Eigenschaften des Schalters S (Durchzündzeit) noch nicht berücksichtigt.

Bei üblich aufgebauten Stoßspannungsschaltungen erreicht man auch bei einem induktivitätsarmen Aufbau der Stufen kaum niedrigere Induktivitätswerte als ca. 1 μH pro 100 kV Ladespannung. Will man an einer Last von nur $C_2 = 100$ pF eine sehr steile Spannungsfront erzeugen, so berechnet sich nach (9.44a) eine Anstiegszeit von $T_a = 33,6$ ns oder eine mittlere Spannungssteilheit von $S_{\mathrm{mittel}} = 80$ kV/33,6 ns $\approx 2,4$ kV/ns. Diese Steilheit ist für viele Anwendungen zu klein. Man kann diese Überlegungen aber dazu verwenden, die üblichen Stoßspannungsschaltungen zu verbessern:

Betrachtet man nämlich bei diesen Schaltungen die Belastungskapazität C_b als kapazitiven Energiespeicher C_1 im Serienresonanzkreis von Bild 9.46, so kann man beide Schaltungen kombinieren und durch eine optimale Dimensionierung und Konstruktion den Serienresonanzkreis als „Nachkreis" zu einem Stoßspannungsgenerator verwenden. Bild 9.47 zeigt eine derartig kombinierte Schaltung und deren Wirkungsweise. Die vorzugsweise als getriggerte, unter Druckgas arbeitende Kugelfunkenstrecke oder Vielfach-Plattenfunkenstrecke VF wird erst im Maximum der Stoßspannung gezündet. Dadurch erscheint an C_2 der schnelle Spannungsanstieg, wie oben erläutert wurde. Konstruktiv muß zur Erzielung kleinster Induktivitäten die Kapazität $C_b \triangleq C_1$ in den Nachkreis mit einbezogen werden. Bei einem besonders sorgfältigen Aufbau [9.55] lassen sich bei kapazitätsarmen Prüfobjekten damit Spannungssteilheiten bis ca. 70 kV/ns erzeugen. Bei rein ohmscher Belastung können noch höhere Werte (bis ca. 100 kV/ns) erreicht werden. Bild 9.48 schließlich zeigt einen industriell hergestellten Nachkreis für 500 kV mit $T_a \approx 5$ ns. Damit lassen sich Spannungs- bzw. Feldstärkeimpulse erzeugen, wie sie heute für die Simulation des NEMP („Nuclear Electromagnetic Pulse", [9.78]) gefordert werden.

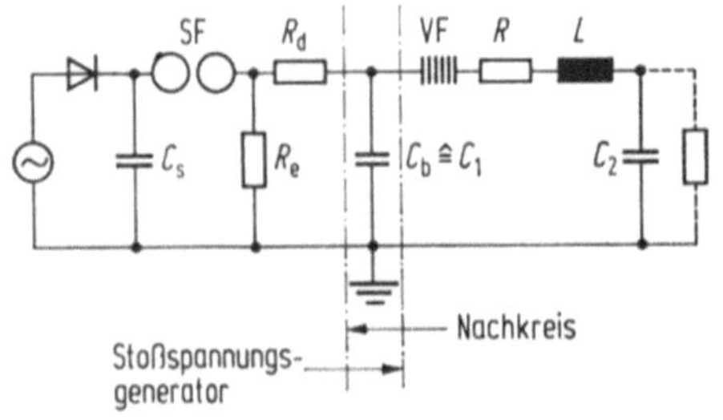

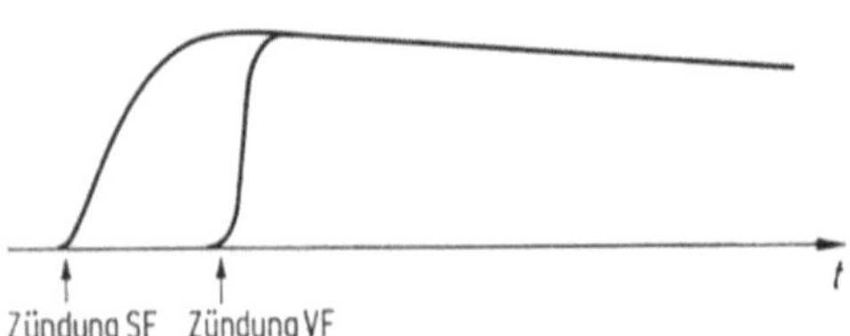

Bild 9.47. Schaltung und Wirkungsweise eines Stoßspannungsgenerators mit „Nachkreis" zur Aufsteilung der Spannung.

b) Rechteck-Stoßspannungen

Eine theoretisch nur mehr durch die Durchzündeigenschaften von Funkenstrecken begrenzte Steilheit des Spannungsanstiegs erhält man durch die Entladung von *Wanderwellenleitungen*, Koaxialkabeln oder Streifenleitungen. Bei den als Wanderwellenleitungen bezeichneten Anordnungen werden meist nur luftisolierte zylindrische Leitungen verwendet, die vorzugsweise als symmetrische Doppelleitung aufgebaut sind. Sie wurden schon sehr frühzeitig zur Simulation von Blitzüberspannungen und zur Untersuchung der Funkengesetze praktisch eingesetzt (siehe z. B. [9.56]). In der häufig verwendeten Schaltung von Bild 9.49

Bild 9.48. Praktische Ausführung eines Nachkreises (s. Bild 9.47) zur Aufsteilung der Spannung von Stoßspannungsgeneratoren für Spannungen bis 500 kV. Anstiegszeit $T_a \gtrsim 5$ ns. (Werkbild Haefely, Basel).

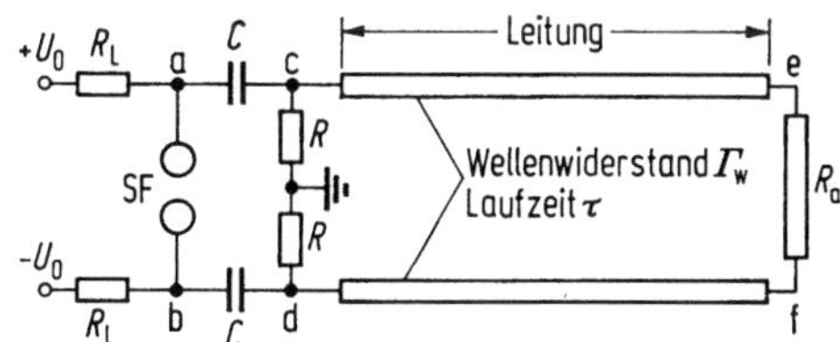

Bild 9.49. Symmetrische Wanderwellenleitung zur Erzeugung von Rechteck-Stoßspannungen.

werden die beiden Kondensatoren C durch die Gleichspannungen $\pm U_0$ über die hochohmigen Ladewiderstände R_L und Symmetriewiderstände R langsam aufgeladen. Zündet die Funkenstrecke SF durch, so entsteht an den Punkten a und b plötzlich Erdpotential, wodurch die Leitungsanfänge c und d ebenso schnell auf die Potentiale $-U_0$ bzw. $+U_0$ angehoben werden. Dadurch entsteht auf der Wanderwellenleitung eine einlaufende Spannungswelle der Größe $2U_0$, die exponentiell mit der Zeitkonstanten $\Gamma_w C/2$ abfällt, wenn Γ_w der Wellenwiderstand der Leitung ist. Der gesamte, zeitliche Verlauf der Spannung am Anfang (c, d) oder Ende (e, f) der Leitung hängt von der Größe des Widerstands R_a ab, mit der die Leitung abgeschlossen ist; er läßt sich leicht aus der als bekannt vorausgesetzten Wanderwellentheorie ermitteln. Für $R_a \gg \Gamma_w$ kann man also die einlaufende Spannung verdoppeln.

Die mit der Wanderwellenleitung zur Verfügung stehende Spannungsquelle besitzt einen Innenwiderstand, der dem Wellenwiderstand Γ_w der Leitung entspricht. Dieser ist aber bei einfachen Zweidrahtleitungen relativ hoch ($\approx 300\,\Omega$). Bei kapazitiven Lasten C_b, die — je nach der gewünschten Spannungsform — an beliebiger Stelle zwischen dem Anfang und Ende der Wanderwellenleitung angebracht werden können, wird somit die Steilheit der Spannungsfront recht stark durch diesen hohen Innenwiderstand entsprechend der Zeitkonstanten $\Gamma_w C_b/2$ verlangsamt. Außerdem kann der Kreis a-c-d-b unmöglich abolut schwingungsfrei aufgebaut werden, da zwischen c und d auch noch störende Streufelder wirksam sind und die Abmessungen relativ groß werden. Eine wesentliche Verbesserung erzielt man daher mit einem möglichst koaxialen Aufbau, also bei Verwendung von *Koaxialkabeln* als Energiespeicher. Wird dabei auch noch die Zündfunkenstrecke SF und der Lastwiderstand R_a in das koaxiale System mit einbezogen, wie dies in Bild 9.50a angedeutet ist, so können die Störgrößen für die Wanderwellenvorgänge weitgehend eliminiert werden, wenn die Leitungsgeometrie auch im Bereich der Übergänge auf konstanten Wellenwiderstand pro Längeneinheit dimensioniert wird. Bild 9.50b zeigt ein konstruktives Beispiel für die Ausführung im Bereich der Zündfunkenstrecke [9.57].

Natürlich wird die Spannungshöhe durch die Spannungsfestigkeit der verfügbaren Kabel und die Isolationsschwachstellen an den Übergangen auf ca. 100 kV beschränkt, wenn der Aufwand in Grenzen gehalten wird. Auch der Wellenwiderstand der Kabel, der normalerweise bei 30 bis 50 Ω liegt, läßt sich nur durch Spezialkonstruktionen auf Werte bis zu ca. 5 Ω erniedrigen. Noch niedrigere Wellenwiderstände sind dann nur noch durch die Parallelschaltung von Kabeln oder durch den Übergang auf *Streifenleitungen* erzielbar [9.45]; letztere sind aber für hohe Betriebsspannungen nur schlecht geeignet. Streifenleitungen können aber in abgewandelter Form zur Erzeugung höherer, rechteckförmiger Impulsspannungen benützt werden: Bei den „gestapelten Streifenleitungen" (stacked stripline generator) nach Bild 9.51 sind mehrere, bandförmige Leiter, deren Länge von der gewünschten Impulslänge abhängt, aufeinandergeschichtet. Während der Aufladung mit der Gleichspannung $+U_0$ bleibt die resultierende Ausgangsspannung, die durch Feldstärkepfeile gekennzeichnet ist, Null. Werden die Schalter S am Anfang der Leitungen zur Zeit $t = 0$ gleichzeitig geschlossen, so ändert der Feldstärke-, bzw. Spannungsvektor am Ende jeder Streifenleitung nach $t = \tau$ (= Laufzeit) augenblicklich sein Vorzeichen, da die nach rechts (zum Ausgang der Schaltung hin) laufende Spannungsteilwelle der Größe $-U_0/2$ am offenen Ende total reflektiert wird. Die Spannungen zwischen den einzelnen nicht geschalteten Streifenleitungen bleiben aber erhalten, so daß am Ausgang eine Spannung von NU_0

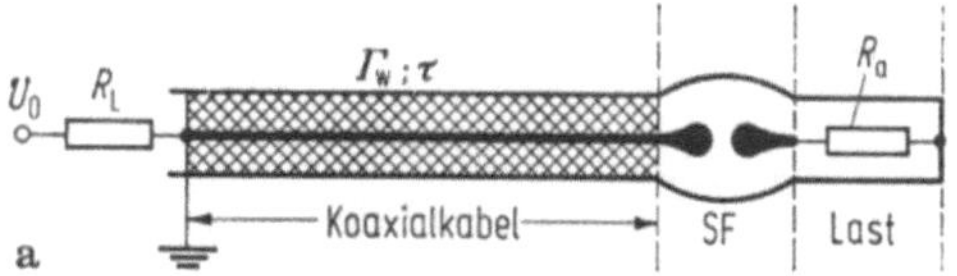

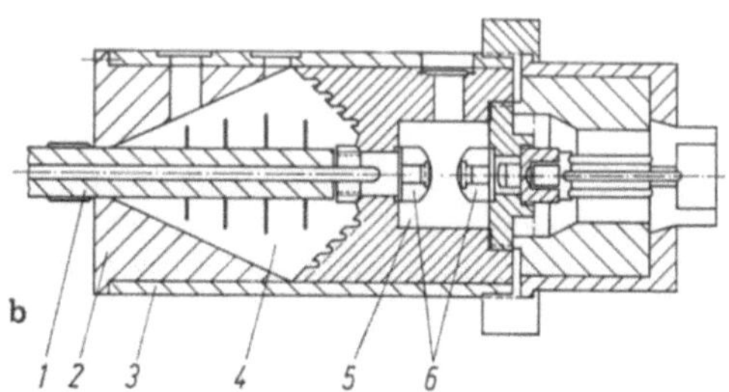

Bild 9.50. Koaxialkabelgenerator zur Erzeugung von Rechteckimpulsen. Aufbauskizze **a** und technische Ausführung einer Zündfunkenstrecke **b**; *1* Hochspannungskabel, *2* konischer Übergang, *3* Gehäuse Funkenstrecke, *4* vergossener Hohlraum, *5* Funkenkammer, *6* Elektroden.

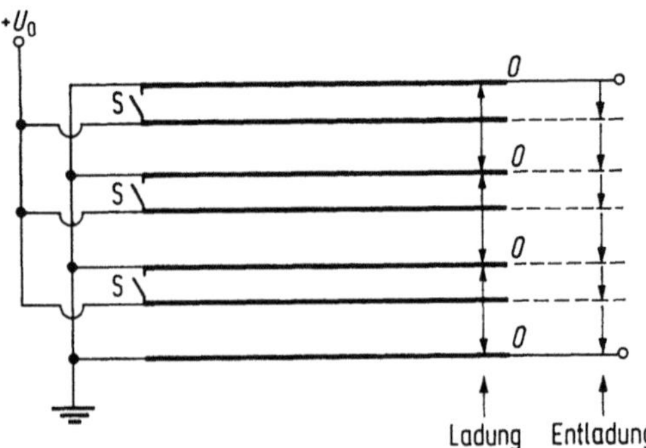

Bild 9.51. Schematischer Aufbau einer „gestapelten Streifenleitung".

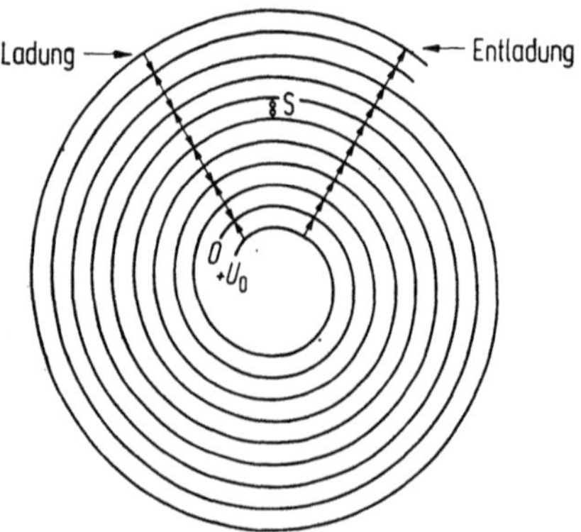

Bild 9.52. Schematischer Aufbau eines Spiralgenerators.

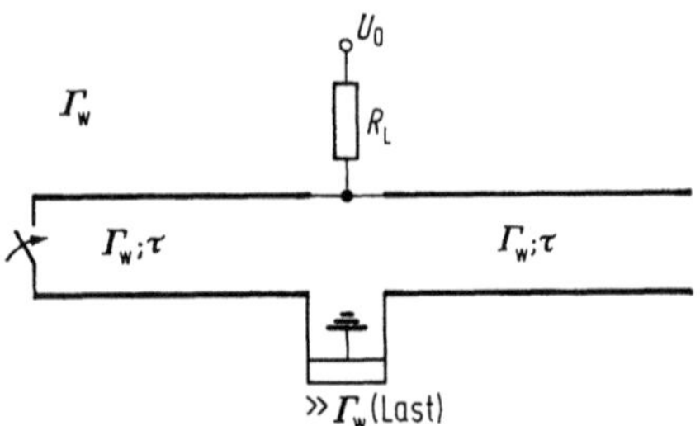

Bild 9.53. Die Blumlein-Leitung.

erscheint, wenn N die Anzahl der Leitungen ist. Die elektromagnetische Kopplung zwischen den Leitungen ist dabei allerdings vernachlässigt. Die Schalter S — meist getriggerte Funkenstrecken — müssen sehr induktionsarm ausgeführt werden.

Der Spiralgenerator nach Bild 9.52 benützt ebenfalls das Prinzip der parallelen Aufladung und der Entladung in Reihe. Das Phänomen, daß an einer derartigen Anordnung dreieckförmige Spannungsimpulse von einigen 100 ns Dauer und Amplituden vom Vielfachen der Lade-

spannung erzeugt werden können, wurde bei Durchschlägen von Kondensatorwickeln erstmals beobachtet. Auch hier beeinflussen die elektromagnetischen Kopplungen zwischen den spiralförmigen Windungen die nur vereinfacht im Bild skizzierte Wirkungsweise relativ stark; eine genauere Analyse ist der Literatur zu entnehmen [9.58].

Schließlich sei noch auf das häufig in der physikalischen Forschung angewendete Prinzip zur Spannungsverdoppelung einer Spannung durch eine *Blumlein*-Leitung hingewiesen, das in Bild 9.53 dargestellt ist [9.59; 9.60]. — Hier sind zwei gleichlange Wanderwellenleitungen mit der Laufzeit τ oder äquivalente Netzwerke mit jeweils der Wellenimpedanz Γ_w über einen hochohmigen Lastwiderstand verbunden. Werden beide Leitungen gemeinsam mit der Spannung U_0 aufgeladen und wird das eine Leitungsende plötzlich kurzgeschlossen, so entsteht nach der Laufzeit τ am Lastwiderstand eine rechteckförmige Spannung der Amplitude $2U_0$ und der Zeitdauer 2τ, wie aus der Wanderwellentheorie ableitbar ist.

c) Erzeugung von Stoßspannungen mit Transformatoren

Zur Erzeugung impulsförmiger Spannungen bis zu einigen 10 kV ist die Hochtransformation kleiner Spannungen mit Hilfe relativ kleiner Transformatoren mit Ferritkernen eine übliche Technik. Es ist daher auch naheliegend, größere Hochspannungstransformatoren, insbesondere Prüftransformatoren, zur Erzeugung von Schaltstoßspannungen zu verwenden, da der zusätzliche Aufwand dazu gering bleibt.

Bild 9.54 zeigt eine bewährte Schaltung [9.7] für die Erregung des Transformators aus dem Wechselspannungsnetz, das nur während einer Spannungshalbwelle belastet wird. Zuerst wird zum Zeitpunkt t_1 das Ventil V_1 gezündet. R_1 muß so niederohmig sein, daß bei der späteren Zuschaltung des Transformators über V_2 zum Zeitpunkt t_2 keine unzulässige Phasenverschiebung zwischen der Netzspannung U_{10} und dem Netzstrom entsteht. Durch den Spannungssprung von u_1 an der Primärwicklung entsteht an der Belastung des Transformators durch C_b und R_b die idealisiert dargestellte Spannung u_2. In erster Näherung entspricht dieser Spannungsverlauf den Verhältnissen an einem Serienresonanzkreis, der durch die Längsstreuinduktivität L_s des Transformators und C_b gebildet wird, also einer bedämpften Kosinusschwingung. Die Scheitelzeit T_cr (s. Bild 9.33) wird somit näherungsweise $T_\mathrm{cr} \approx \pi \sqrt{L_\mathrm{s} C_\mathrm{b}}$. Ein zu starkes Durchschwingen ab t_3 kann durch die Freilaufdiode D und einem Widerstand R_2 stark bedämpft werden.

Die erzielbaren Scheitelzeiten T_cr sind also stark von der Kurzschlußspannung des verwendeten Transformators abhängig und lassen sich nicht

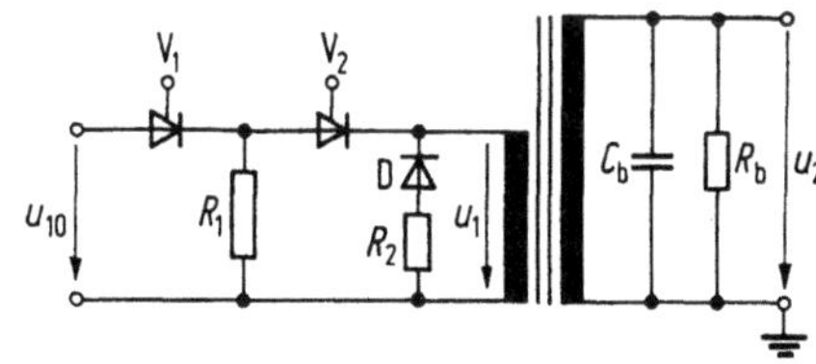

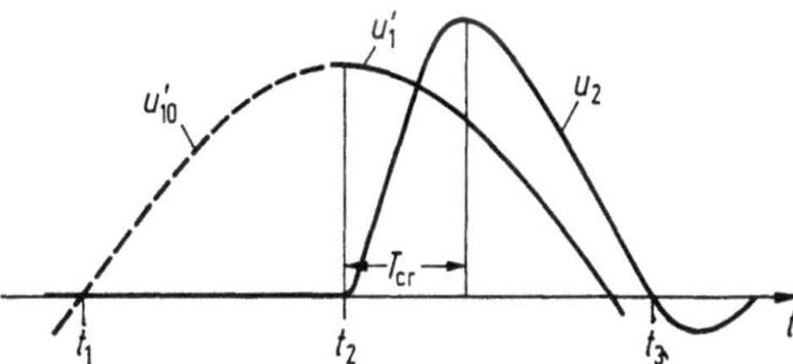

Bild 9.54. Erzeugung von Schaltstoßspannungen durch Prüftransformatoren.

beliebig variieren. Da bei C_b auch die Eigenkapazität der Hochspannungswicklung wirksam wird, liegen die T_{cr}-Werte meist > 1 ms. Die Maximalspannung wird u. a. durch das Spannungs-Zeit-Integral der Transformatorspannungen begrenzt, welches für die Sättigung des Eisenkerns maßgebend ist. Es läßt sich durch eine Vormagnetisierung mit umgekehrter Strompolarität vergrößern. Weitere Probleme entstehen durch Ausgleichsschwingungen in den Wicklungen, insbesondere bei Prüftransformatoren in Kaskadenschaltung, die zu einer Spannungsüberbeanspruchung führen können [9.61].

Mit speziell ausgebildeten Impulstransformatoren, bei denen lange Eisenstabkerne Verwendung finden, lassen sich aber auch relativ steile Stoßspannungen mit Frontzeiten bis zu einigen µs bei Spannungen > 1 MV erzeugen. Die meist nur mehr aus einer oder wenigen Windungen bestehende Primärwicklung wird dann durch eine Kondensatorentladung erregt. Die Windungsspannung muß dabei also hoch gewählt werden (bis zu ca. 30 kV/Windung; s. hierzu [9.46]).

9.3.3 Stoßstromgeneratoren

In der einleitenden Übersicht zur Festlegung der Kenngrößen von Stoßströmen (s. Abschnitt 9.3.1.2) wurden die Ursachen dargelegt, warum man zwischen Exponential- und Rechteck-Stoßströmen zu unterscheiden hat. Bei den nachfolgend behandelten Erzeugungsmöglichkeiten für derartige Stromformen wird man, wie auch bei den Stoßspannungskreisen die Bedeutung von Kondensatorbatterien erkennen, die als Energiespeicher das Kernstück der Anlagen bilden. Obwohl die Schaltungen recht einfach sind, muß man aber aus theoretischen Überlegungen

die Anforderungen für den konstruktiven Aufbau der Generatoren, der einige Besonderheiten aufweist, kurz ableiten.

9.3.3.1 Generatoren für exponentielle Stoßströme

Den in Bild 9.34 skizzierten Stromverlauf erhält man bei der Entladung eines aufgeladenen Kondensators C über eine Induktivität L und einen Widerstand R (Bild 9.55a). Die Entladung wird über einen schnellen Schalter SF vorzugsweise getriggert eingeleitet; da zudem noch Ströme bis zu 100 kA oder mehr zu schalten sind, eignen sich in der Regel nur triggerbare Funkenstrecken als Schalter (Abschnitt 9.3.2.4b). Die Aufladung des Speicherkondensators auf die notwendige Ladespannung U_0 erfolgt mit bekannten Methoden. Der Strom $i(t)$ wird meist mit niederohmigen Meßwiderständen $R_s \ll R$ gemessen, die in Abschnitt 10.7 behandelt sind.

Bei den zu untersuchenden Objekten P handelt es sich oft um recht niederohmige Elemente (Funkenstrecken oder Plasmen, metallische Leitungen); trotzdem kann der ohmsche und induktive Spannungsabfall an P nicht vernachlässigt werden. Da die ohmsche Komponente zudem oft recht nichtlinear (Beispiel: Überspannungsableiter) ist, muß durch eine entsprechend hohe Spannung U_0 dafür gesorgt werden, daß die geforderte Stromform eingehalten

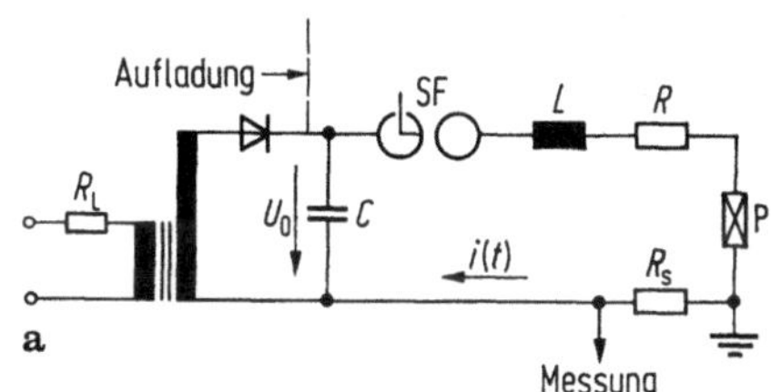

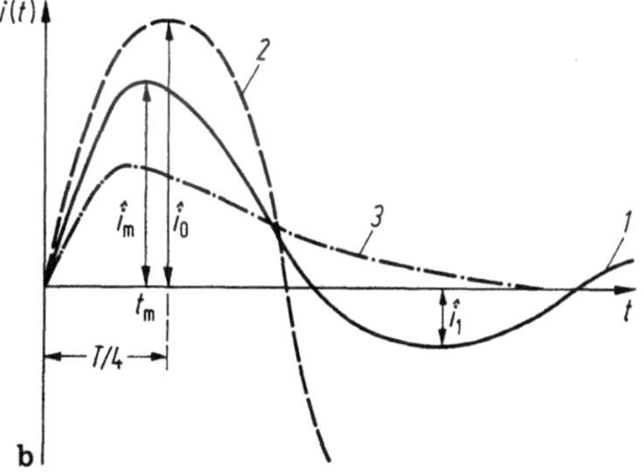

Bild 9.55. Erzeugung von Exponentialstoßströmen. **a** prinzipielle Schaltung; **b** Varianten für den Stromverlauf $i(t)$; *1* gedämpfte Schwingung, *2* ungedämpfte Schwingung, *3* aperiodisch gedämpfte Schwingung.

wird. Die Induktivität L ist häufig kein diskretes Bauelement, sondern zwangsläufig durch die gesamte Leitungsführung, sowie die Induktivität des Speicherkondensators C, des Widerstandes R oder auch Schalters SF gegeben.

Vernachlässigt man die Nichtlinearitäten in P und ordnet man alle ohmschen und induktiven Spannungsabfälle im Kreis den Elementen R und L zu, so ergibt sich der zeitliche Verlauf des Stroms $i(t)$ für diesen RLC-Kreis aus der Integro-Differentialgleichung

$$\frac{1}{C} \int i \, \mathrm{d}t + L \frac{\mathrm{d}i}{\mathrm{d}t} + Ri = U_0. \tag{9.45}$$

Die allgemein bekannten Lösungen zeigen den ungedämpft, bzw. gedämpft periodischen ($0 < R < R_{\mathrm{ap}}$) oder aperiodischen ($R > R_{\mathrm{ap}}$) Stromverlauf, wobei der Sonderfall $R = R_{\mathrm{ap}} = 2\sqrt{L/C}$ den aperiodischen Grenzfall darstellt. Die verschiedenartigen Stromformen sind in Bild 9.55b skizziert, wobei einige charakteristische Kenngrößen eingetragen sind. Für die praktische Auslegung der Schaltelemente ist es nun aber zweckmäßig, nicht von den üblichen, analytischen Lösungen der Gl. (9.45) auszugehen, da in diesen Ausdrücken die für die genormten Stoßströme geltenden Kenngrößen (Stirnzeit T_1, Rückenhalbwertzeit T_2) nicht enthalten sind. Man verwendet besser normierte Lösungen, die sich für eine Dimensionierung der Schaltung besser eignen. Wie auch bei den Stoßspannungsschaltungen (Abschnitt 9.3.2.2) liegt ja die Schwierigkeit bei der Zuordnung der Schaltungsparameter zu den sehr allgemein definierten Stromformen darin, daß kein explizit analytischer Zusammenhang zwischen den gewünschten Kenngrößen T_1, T_2 und den Kreisparametern gefunden werden kann.

Die Normierung kann auf unterschiedliche Art und Weise erfolgen [9.62; 9.63]. Hier wird jene Art bevorzugt, bei der die relative Kreisdämpfung $R_{\mathrm{r}} = R/R_{\mathrm{ap}}$ unabhängige Variable ist [9.62]. In den nachfolgenden Gleichungen sind auch noch andere normierte Kenngrößen und deren Bezugswerte zusammengestellt:

Normierte Kenngrößen

— relative Dämpfung	$R_{\mathrm{r}} = R/R_{\mathrm{ap}},$	(9.46)
— normierte Zeit	$t_{\mathrm{n}} = t/T,$	(9.47)
— normierter Strom	$i_{\mathrm{n}} = i/\hat{\imath}_0,$	(9.48)
— normierte Maximalleistung im Widerstand R	$\hat{P}_{\mathrm{n}} = \hat{P}/P_0,$	(9.49)
— relative Durchschwingung nach erstem Stromnulldurchgang	$i_{\mathrm{1r}} = \hat{\imath}_1/\hat{\imath}_{\mathrm{m}},$	(9.50)
— Stromausnutzungsgrad	$\eta = \hat{\imath}_{\mathrm{m}}/\hat{\imath}_0.$	(9.51)

Bezugswerte

— aperiodischer Dämpfungswiderstand	$R_{\mathrm{ap}} = 2Z,$	(9.52)
— charakteristische Kreisimpedanz	$Z = \sqrt{L/C},$	(9.53)
— Zeitkonstante des Kreises	$T = \sqrt{LC},$	(9.54)
— Maximalamplitude der unbedämpften Stromschwingung	$\hat{\imath}_0 = U_0/Z,$	(9.55)
— charakteristische Leistung	$P_0 = U_0^2/Z,$	(9.56)
— Maximalleistung in R	$\hat{P} = \hat{\imath}_{\mathrm{m}}^2 R.$	(9.57)

Für beide Schwingungsbereiche (gedämpft periodisch und aperiodisch) hängen die normierten Kenngrößen nur von der unabhängigen Variablen R_{r} ab; sie sind in Tabelle 9.4 zusammengestellt.

Tabelle 9.4. Normierte Lösungen zu Gl. (9.45) (beachte auch Gln. (9.46) bis (9.57))

Schwingungsbereich		
gedämpft periodisch ($0 < R_{\mathrm{r}} < 1$)	aperiodisch ($R_{\mathrm{r}} > 1$)	
$i_{\mathrm{n}} = \dfrac{\exp(-R_{\mathrm{r}} t_{\mathrm{n}})}{\sqrt{1 - R_{\mathrm{r}}^2}} \sin\left(t_{\mathrm{n}} \sqrt{1 - R_{\mathrm{r}}^2}\right)$	$i_{\mathrm{n}} = \dfrac{\exp(-R_{\mathrm{r}} t_{\mathrm{n}})}{\sqrt{R_{\mathrm{r}}^2 - 1}} \sinh\left(t_{\mathrm{n}} \sqrt{R_{\mathrm{r}}^2 - 1}\right)$	(9.58)
$t_{\mathrm{mn}} = \dfrac{\arctan\sqrt{(1 - R_{\mathrm{r}}^2)/R_{\mathrm{r}}^2}}{\sqrt{1 - R_{\mathrm{r}}^2}}$	$t_{\mathrm{mn}} = \dfrac{\ln\left(R_{\mathrm{r}} + \sqrt{R_{\mathrm{r}}^2 - 1}\right)}{\sqrt{R_{\mathrm{r}}^2 - 1}}$	(9.59)
$\eta = \exp\left(-\dfrac{R_{\mathrm{r}}}{\sqrt{1 - R_{\mathrm{r}}^2}} \arcsin\sqrt{1 - R_{\mathrm{r}}^2}\right)$	$\eta = \left(R_{\mathrm{r}} + \sqrt{R_{\mathrm{r}}^2 - 1}\right)^{-R_{\mathrm{r}}/\sqrt{R_{\mathrm{r}}^2 - 1}}$	(9.60)
$\hat{P}_{\mathrm{n}} = 2R_{\mathrm{r}} \exp\left(-\dfrac{2R_{\mathrm{r}}}{\sqrt{1 - R_{\mathrm{r}}^2}} \arcsin\sqrt{1 - R_{\mathrm{r}}^2}\right)$	$\hat{P}_{\mathrm{n}} = 2R_{\mathrm{r}}\left(R_{\mathrm{r}} + \sqrt{R_{\mathrm{r}}^2 - 1}\right)^{-2R_{\mathrm{r}}/\sqrt{R_{\mathrm{r}}^2 - 1}}$	(9.61)
$i_{\mathrm{1r}} = \exp\left(-\dfrac{\pi R_{\mathrm{r}}}{\sqrt{1 - R_{\mathrm{r}}^2}}\right)$	$i_{\mathrm{1r}} = 0$	(9.62)

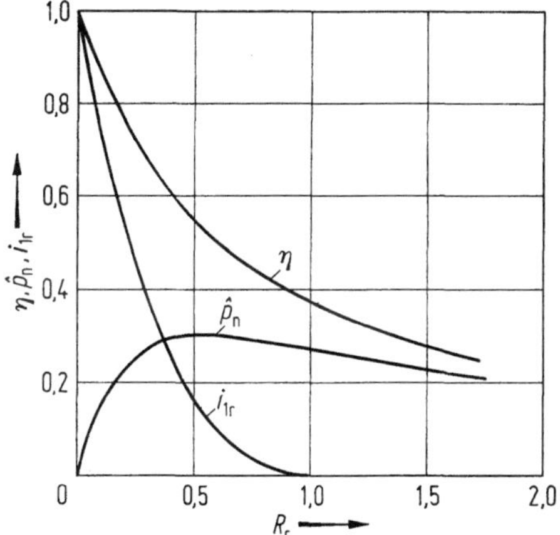

Bild 9.56. Stromausnutzungsgrad η, relative Durchschwingung i_{1r} und normierte Maximalleistung $\hat{P}_n$ im Widerstand R als Funktion der relativen Dämpfung R_r.

In Bild 9.56 wurden (9.60) bis (9.62) numerisch ausgewertet, um vor allem die starke Abhängigkeit des Ausnutzungsgrades η und der Stromdurchschwingung i_{1r} von der Kreisdämpfung zu zeigen. Nun kann der Zusammenhang zwischen den technischen Kenngrößen T_1, T_2, wie diese in Bild 9.34 definiert sind, und dem zeitlichen Verlauf des Stroms $i(t)$, bzw. $i_n(t)$ nach (9.58) gefunden werden. Ordnet man den charakteristischen Momentanwerten A (10%-Wert), B (90%-Wert) und C (50%-Wert nach dem Scheitel) die normierten Zeiten t_{1n}, t_{2n} und t_{3n} zu, so ergeben sich aus einfachen, geometrischen Überlegungen die normierten Stirn- und Rückenhalbwertszeiten zu

$$T_{1n} = T_1/T = 1{,}25(t_{2n} - t_{1n}); \qquad (9.63)$$

$$T_{2n} = T_2/T = t_{3n} + 0{,}125(t_{2n} - 9 \cdot t_{1n}). \qquad (9.64)$$

Da die normierten Zeiten $t_{1n} \dots t_{3n}$ mit einer numerischen Näherungsmethode durch eine Variation von R_1 sehr genau aus (9.58) zu ermitteln sind und nur von R_r abhängen, wird auch das Verhältnis T_1/T_2 nur von der relativen Dämpfung abhängig. Aus maßstäblichen Gründen ist die in Bild 9.57 gewählte Darstellung von T_{1n}, η und R_r als Funktion von T_2/T_1 aber zweckmäßiger. Der nicht stark von der Linearität abweichende Anstieg von R_r mit T_2/T_1 zeigt übrigens, daß auch dieses Zeitverhältnis ein geeignetes Dämpfungsmaß darstellt. Bild 9.57 liefert in Verbindung mit Bild 9.56 den unmittelbaren Beweis dafür, daß bei den genormten Exponentialstoßströmen 8/20, bzw. 4/10 ein Unterschwingen von $> 0{,}2\hat{i}_m$ auftritt, wenn die Nennwerte der Zeiten (Abschnitt 9.3.1.2) eingehalten werden. Nur bei einer Ausnützung der zulässigen Toleranzen von jeweils $\pm 10\%$ kann die Forderung nach einem Unterschwingen von

$\leqq 0{,}2\hat{i}_m$ erfüllt werden, ein Beweis dafür, daß man bei der Festlegung der praktischen Kenngrößen eine stärkere Nichtlinearität der Dämpfung, die vor allem bei der Prüfung von Widerstandselementen für Überspannungsableiter stärker in Erscheinung tritt, vorausgesetzt hat.

Damit sind alle für die Dimensionierung einer Stoßstromanlage notwendigen Größen bekannt. Anhand eines Beispiels können nun die typischen Kreisparameter berechnet werden. Es seien gegeben:

$$T_1 = 8\ \mu s;\ T_2 = 20\ \mu s;\ \hat{i}_m = 100\ kA;\ U_0 = 25\ kV.$$

Für $T_2/T_1 = 2{,}5$ entnimmt man zunächst Bild 9.57 die Werte

$$\eta = 0{,}66;\quad T_{1n} = 1{,}02;\quad R_r = 0{,}36.$$

Aus η folgt mit Bild 9.56 eine eigentlich unzulässig starke Durchschwingung von ca. 36% ($i_{1r} \approx 0{,}36$), die nur durch ein verändertes Verhältnis von T_2/T_1 reduziert werden könnte. Der ebenfalls bekannte Wert von T_{1n} liefert mit (9.63) die Zeitkonstante T, und die Kreisimpedanz Z errechnet sich aus den bekannten Werten η, $\hat{i}_m$ und U_0 über (9.51) und (9.55):

$$T = 7{,}84\ \mu s;\quad Z = 0{,}165\ \Omega.$$

Aus (9.53) und (9.54) wird damit die Kapazität des Kondensatorspeichers

$$C = T/Z = 47{,}5\ \mu F$$

und die zulässige Kreisinduktivität

$$L = TZ = T^2/C = 1{,}25\ \mu H.$$

Die gespeicherte Energie in der Kondensatorbatterie ($CU_0^2/2$) beträgt ca. 15 kJ. Schließlich folgt noch aus dem bekannten Wert von R_r und (9.46) und (9.52) der Widerstandswert von $R = 0{,}12\ \Omega$.

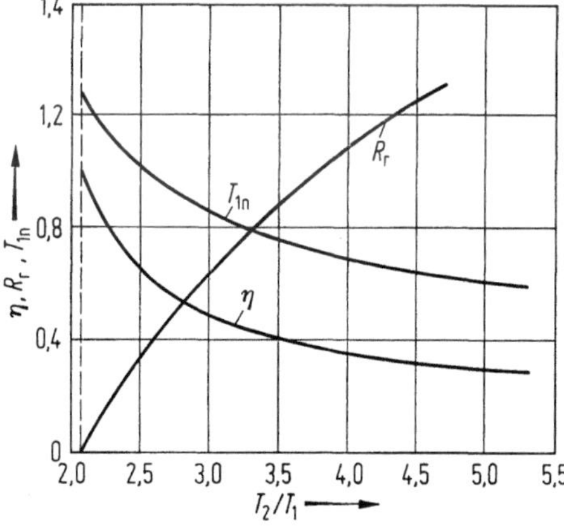

Bild 9.57. Ausnutzungsgrad η, normierte Dämpfung R_r und normierte Stirnzeit T_{1n} als Funktion des Zeitverhältnisses T_2/T_1.

Die konstruktiven Besonderheiten einer Anlage, die diese Anforderungen erfüllen wird, ergeben sich vorwiegend aus der recht kleinen Induktivität L für den gesamten Entladekreis. Sie bestimmt im Extremfall die notwendige Ladespannung U_0 und damit auch die Energie (Baugröße) der Kondensatoren, wie leicht zu erkennen ist, wenn man mit den oben angegebenen Gleichungen einen allgemeineren Zusammenhang herstellt:

$$L = TZ = \frac{T_1}{T_{1n}} \frac{U_0}{\hat{\imath}_0} = \frac{\eta}{T_{1n}} \frac{T_1 U_0}{\hat{\imath}_m}.$$

Da η/T_{1n} nach Bild 9.57 nur vom Verhältnis T_2/T_1 abhängt, wird bei einem gewünschten Stromscheitelwert $\hat{\imath}_m$ die Induktivität direkt proportional zum Produkt aus U_0 und der Stirnzeit T_1.

Es müssen daher nicht nur sämtliche Komponenten möglichst induktivitätsarm aufgebaut sein; auch die Verbindungen zwischen den Komponenten sind so zu gestalten, daß die Anforderungen an die zulässige Induktivität erfüllt werden. Bei üblichen Stoßstromgeneratoren zur Erzeugung von genormten Stoßströmen der Wellenform 4/10 oder 8/20 genügt es, wenn man die Kondensatoren möglichst koaxial aufbaut und durch eine Parallelschaltung mehrere parallele Strompfade erzeugt (Bild 9.58). Bei noch höheren Anforderungen, wie z. B. bei großen Speicherbatterien für die Fusionsforschung, müssen auch die Verbindungsleitungen in der Form von parallelen Streifenleitungen ausgeführt werden, um kleine Induktivitätswerte für den gesamten Entladekreis zu erhalten.

9.3.3.2 Rechteck- oder Langzeit-Stoßstromgenerator

Der in Bild 9.35 skizzierte Verlauf von genormten (Abschnitt 9.3.1.2 b) Langzeitstoßströmen, die vorwiegend für die Prüfung von Überspannungsableitern [9.66] benötigt werden, deutet bereits an, daß man als Stromquellen keine natürlichen Leitungen oder Kabel verwenden wird, auch wenn sich damit nahezu ideale Rechteckströme oder -spannungen erzeugen lassen (vgl. Abschnitt 9.3.2.5 b). Zur Erläuterung der hier zu behandelnden Langzeit-Stoßstromgeneratoren wird aber dennoch von der Schaltung nach Bild 9.50a ausgegangen, mit der für den Fall, daß der Abschlußwiderstand $R_a = \Gamma_w$ ist, ein Rechteckstrom der Zeitdauer

$$T^* = 2\tau = 2l \sqrt{L'C'} \tag{9.65}$$

erzeugt werden kann. Hier ist l die Länge des Kabels, L' der Induktivitätsbelag und C' der Kapazitätsbelag. War das als verlustfrei vorausgesetzte Kabel vor dem Durchzünden der Funkenstrecke SF auf die Spannung U_0 geladen, so wird die Stromamplitude

$$\hat{\imath} = \frac{U_0}{2\Gamma_w}, \tag{9.66}$$

wie sich aus der Wanderwellentheorie ergibt. Die gesamte, im Kabel gespeicherte Energie der Größe $C'lU_0^2/2$ wird dabei im Lastwiderstand R_a umgesetzt, einem Wert, der sich auch aus (9.65) und (9.66) über das Produkt $\hat{\imath}^2\Gamma_w T^*$ berechnen läßt.

Wollte man mit einer derartigen Wanderwellenleitung aber Impulslängen $T \gtrless 500 \,\mu\mathrm{s}$ erzeugen, wie dies bei Norm-Langzeitstoßströmen gefordert wird, so müßte die Kabellänge l nach (9.65) auch dann sehr groß werden, wenn man Spezialkabel mit sehr großen, die Kapazität C' bestimmenden Permittivitätszahlen ε_r (Abschnitt 8.1.3) bauen würde. Für Impulsdauern $T \gtrless 1 \dots 10 \,\mu\mathrm{s}$ sind daher Kabelimpulsgeneratoren für höhere Spannungen nicht mehr verwendbar.

Nun können die Eigenschaften von homogenen Leitungen aber durch Kettenleiter simuliert werden, also einer Serienschaltung von unter sich gleichartig aufgebauten LC-Gliedern. Aus der Vielzahl möglicher Schaltungsvarianten [9.64; 9.65] wird für die Erzeugung der Langzeitimpulsströme die in Bild 9.59 dargestellte Grundschaltung verwendet: Die Größe des Lastwiderstands R_1 und die Ladespannung U_0 sind bei Ableiterprüfungen [9.66] spezifiziert und so zu wählen, daß Stromamplituden $\hat{\imath}$ von ca. 450 bis 2 200 A — je nach der Reihenspannung des Hochspannungsnetzes, in dem der Ableiter eingesetzt wird — auftreten. Geht man zunächst davon aus, daß dieser Kettenleiter homogen aufgebaut ist, also $L_1 = L_2 = \dots L_n$ und $C_1 = C_2 = \dots C_n$ sei, so kann aus dem Vergleich mit der homogenen Leitung geschlossen werden, daß die Bedingung

$$R_1 \triangleq \Gamma_w = \sqrt{L/C} \tag{9.67}$$

zu einer guten Impulsform führen wird. Aus der Theorie der Kettenleiter, die hier unmöglich ausführlicher behandelt werden kann, ist aber bekannt, daß auch bei einer sehr hohen Gliederzahl n die Rechteckform der Entladeimpulse nie ganz erreichbar ist, sondern stets in eine trapezförmige Form übergeht, die auch in Bild 9.35 erkennbar ist. In Analogie zu (9.65) werden sich daher die Zeitkenngrößen des Normstromimpulses T_p und T_t aus den folgenden Relationen berechnen lassen:

$$T_p = T_{90\%} \approx 2 \, \frac{n-1}{n} \, \sqrt{LC}; \tag{9.68}$$

$$T_t = T_{10\%} \approx 2 \, \frac{n+1}{n} \, \sqrt{LC}; \tag{9.69}$$

mit

$$L = \sum_{i=1}^{n} L_i; \qquad C = \sum_{i=1}^{n} C_i.$$

Aus (9.67) und (9.68) können somit die für den Aufbau des Stromgenerators notwendigen Kapazitäts- und Induktivitätswerte global bestimmt

Bild 9.58. 50-kJ-Stoßstromanlage, mit Ladegleichrichter (100 kV) und Steuerpult, zur Erzeugung von Stoßströmen der Wellenform 4/10 und 8/20 (100 kA). (Werkbild Haefely, Basel).

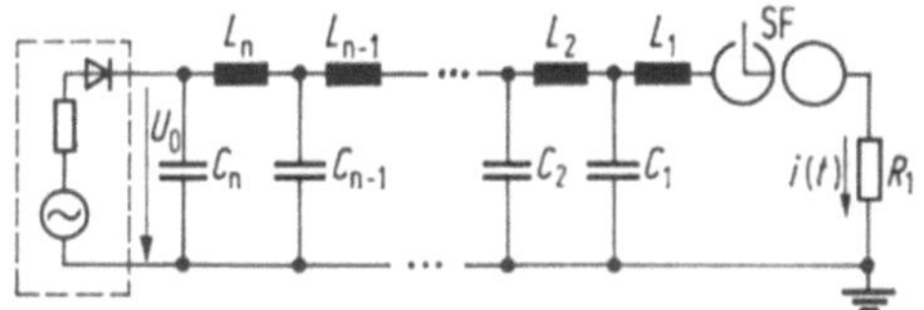

Bild 9.59. Schaltung eines Langzeit-Stoßstromgenerators.

werden:

$$C \approx \frac{nT_\mathrm{p}}{2R_1(n-1)}; \quad L \approx CR_1^2. \tag{9.70}$$

Mit diesen zwar wichtigen Daten kann aber der Kettenleiter noch nicht vollständig dimensioniert werden, da die weitere Bedingung (Abschnitt 9.3.1.2b), daß $T_\mathrm{t} \leqq 1{,}5T_\mathrm{p}$ ist, allein nicht genügt, um die notwendige Stufenzahl anzugeben. Aus eingehenden Berechnungen über homogene, verlustfreie Kettenleiter [9.67; 9.68] geht nämlich hervor, daß auch bei höheren Werten von n noch ein zu starkes Überschießen des Stroms am Impulsanfang und ein zu starkes Unterschwingen nach der Polaritätsumkehr (Gibbsches Phänomen) auftritt und daher die IEC-Normen nicht erfüllt werden können.
Diese Unstetigkeiten an den Impulsflanken lassen sich vermeiden, wenn auf die Gleichheit der Stufen verzichtet wird. Macht man die Kondensatoren $C_1 \ldots C_\mathrm{n}$ aus wirtschaftlichen Gründen gleich groß und variiert die einfacher zu fertigenden Luftdrosselspulen, so läßt sich mit numerisch durchgeführten Berechnungen zeigen, daß mit einem achtgliedrigen Generator die gewünschten Impulsformen erzielt werden können [9.68; 9.69].

Die allgemeine (analytische, algebraische) Berechnung derartig vielgliedriger Kettenleiter ist bereits bei homogenen LC-Ketten sehr aufwendig [9.67], auch wenn sie mit bekannten Methoden (Laplace-Transformation: Berechnung der Eigenschwingungen des Systems oder der Sprungwellenanteile) erfolgen kann. Wesentlich einfacher in der Anwendung sind numerische, computerorientierte Rechenverfahren [9.68—9.70], die bei den zur Ergänzung der obigen Ausführungen in den Bildern 9.60 und 9.61 berechneten Stromimpulsen $i(t)$ für die Schaltung nach Bild 9.59 benützt wurden. Bild 9.60 betrifft ein homogenes System, bei dem die nach (9.70) berechneten Gesamtwerte C und L in eine zwei- bis achtgliedrige Kette aufgeteilt wurden. Bild 9.61 zeigt im Vergleich zu Bild 9.60 den Einfluß unsymmetrischer Kettenglieder für $n = 8$, wobei auch Drosselwiderstände berücksichtigt sind. Daraus sieht

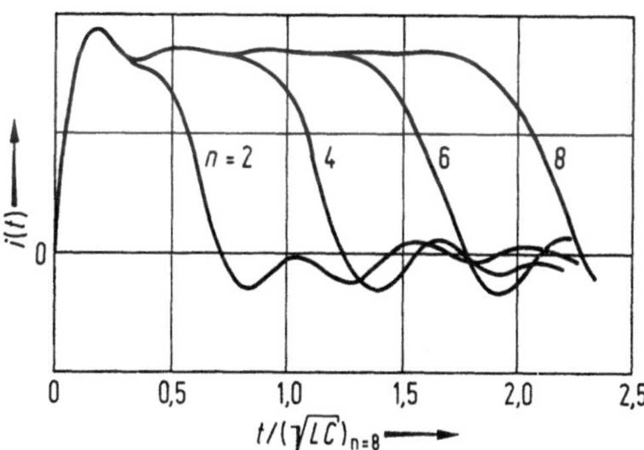

Bild 9.60. Stromverlauf $i(t)$ für einen symmetrischen Kettenleiter nach Bild 9.59 ($C_1 = C_2 = \ldots C_\mathrm{n}$; $L_1 = L_2 = \ldots L_\mathrm{n}$) für $n = 2/4/6/8$, *ohne* Verluste in L und C, für $R_1 = \sqrt{L/C}$.

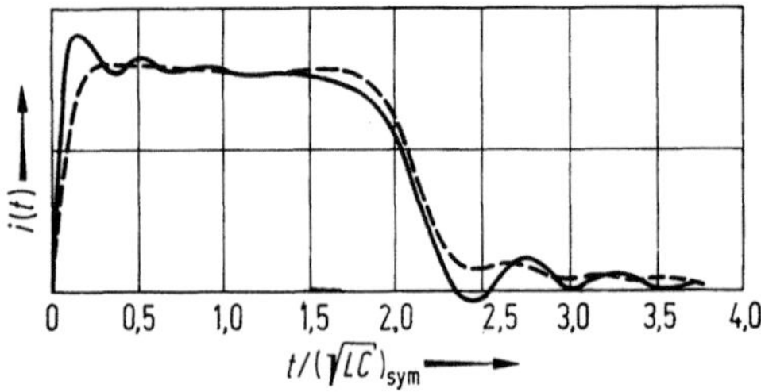

| | L_1 | $L_2...L_6$ | L_7 | L_8 | $C_1...C_8$ | R_1 | $\sqrt{LC}$ |
	r_1	$r_2...r_6$	r_7	r_8			
sym-	3,41	—	—	—			
metrisch	0,67	—	—	—	8,21	19,8	1,34
unsym-	6,48	3,41	2,61	2,02			
metrisch	1,05	0,67	0,50	0,43	8,21	19,8	1,36

Bild 9.61. Stromverlauf $i(t)$ für einen symmetrischen (———) und unsymmetrischen (·······) Kettenleiter nach Bild 9.59 für $n = 8$ mit verlustbehafteten Induktivitäten (L_n, r_n). Zahlenwerte siehe Tabelle. (Berechnungen Bild 9.60/9.61 von Dr. Modrusan, Haefely, durchgeführt.)

L in mH, r in Ω, C in μF, $\sqrt{LC}$ in ms.

Bild 9.62. Rechteck-Stoßstromgenerator. Ladespannung 20 kV, max. Energieinhalt 40 kJ. Umschaltbar für verschiedene Impulslängen (414 A/2 380 µs; 641 A/ 2 570 µs; 945 A/2 584 µs) Werkbild Haefely, Basel).

Bild 9.63. Kombinierte Stoßstromanlage zur Simulation multipler Blitze. Ladespannung 100 kV; 2 × 100 kJ Erzeugung von Rechteckströmen 1 kA, 3 200 µs, sowie Impulsströmen 20 kA, 8/20 µs und 4/10 µs. (Werkbild Haefely, Basel).

man, daß mit einer beidseitigen Unsymmetrie die besten Ergebnisse erzielt werden können.

Bei der praktischen Ausführung von Langzeit-Stoßstromgeneratoren (Bild 9.62) wird man darauf achten, daß keine zu großen magnetischen Kopplungen zwischen den Gliedern entstehen, die bei den Berechnungen auch vernachlässigt sind. Häufig werden die Anlagen so gestaltet, daß Exponential- und Rechteck-Stoßströme durch relativ einfache Umschaltungen vorgenommen werden können. Da der labormäßigen Simulation von multiplen Blitzeinschlägen zum Studium der elektromagnetischen Verträglichkeit bei komplexen elektronischen Systemen (z. B. Flugzeuge) eine wachsende Bedeutung zukommt, werden heute auch mehrfach kombinierte Anlagen gebaut (s. Bild 9.63, bzw. [9.71]).

10 Hochspannungsmeßtechnik

Aus Kapitel 9 ist zu entnehmen, daß mit den behandelten Methoden Spannungen und Ströme erzeugt werden können, welche die in der Elektrotechnik üblichen Amplituden weit übersteigen. Es werden somit spezielle Meßverfahren notwendig, die teilweise sehr stark von den bekannten elektrischen Meßmethoden abweichen. Es ist das Ziel dieses Kapitels, in einige wichtige und häufig angewendete Meßverfahren zumindest einzuführen. Eine ausführliche theoretische Behandlung würde den Rahmen dieser Einführung aber sprengen; für ein vertieftes Studium muß auf die angegebene Literatur verwiesen werden.

Die Gliederung dieses Kapitels erscheint eher willkürlich. Dies liegt daran, daß es nicht möglich ist, die Meßverfahren ohne weiteres den Erzeugungsprinzipien der Abschnitte 9.1 bis 9.3 zuzuordnen. Viele Meßverfahren besitzen einen wesentlich größeren oder stärker eingeschränkten Anwendungsbereich. Daher erfolgt die Gliederung im wesentlichen nach Meßmethoden geordnet; der Anwendungsbereich ergibt sich dann aus der jeweiligen Meßmethode.

10.1 Meßfunkenstrecken

Aus der Theorie des Gasdurchschlags (s. Abschnitt 7.5) folgt, daß ein mit atmosphärischer Luft isoliertes Elektrodenpaar seine Isolierfähigkeit unter bestimmten Voraussetzungen bei einem sehr gut reproduzierbaren Spannungswert verliert, also durchschlägt. Verwendet man diesen Effekt zur Spannungsmessung, so ist bereits ein recht wesentlicher Nachteil dieser Meßmethode zu erkennen: Eine kontinuierliche Messung ist nicht möglich; im Augenblick des Durchschlags, der einem Kurzschluß der Spannungsquelle entspricht, kann lediglich festgestellt werden, wie groß die Spannung zu diesem Zeitpunkt war.

Die Voraussetzungen, welche zu einer guten und genügend genauen Reproduzierbarkeit des Durchschlags führen, bestimmen zunächst die Geometrie der Funkenstreckenelektroden und deren Anwendbarkeit auf die zu messende Spannungsart. Aus der Theorie des Gasdurchschlags folgt, daß bei dem durch die üblichen atmosphärischen Druckschwankungen vorgegebenen Gasdruckbereich nur bei homogenen oder quasihomogenen Elek-

tronenanordnungen ein Streamerdurchschlag auftritt, der die Eigenschaft besitzt, daß die Aufbauzeit des Funkenkanals (s. Abschnitt 7.7.3) sehr klein bleibt und daß bei einer genau definierten Feldstärke das Durchschlagskriterium erreicht wird (s. Gl. (7.127)). Sorgt man nun auch noch dafür, daß die statistische Streuzeit (s. Abschnitt 7.7.1) klein wird, so werden diese Funkenstrecken auch bei einem nur sehr kurzzeitig auftretenden Spannungsmaximalwert durchschlagen. Dies ist beispielsweise bei Kugelelektroden, deren Schlagweite im Vergleich zum Kugeldurchmesser klein ist, der Fall. Eine derartige „Kugelfunkenstrecke" ist somit gleichzeitig eine „Meßfunkenstrecke", die einen sehr weiten Anwendungsbereich bei der Messung von Spannungsmaximalwerten besitzt (s. Abschnitt 10.1.1).

Natürlich können auch andere Elektrodensysteme mit homogenem oder quasihomogenem Feldverlauf verwendet werden. Warum deren praktische Anwendung aber stark eingeschränkt ist, läßt sich recht einfach begründen (s. Abschnitt 10.1.2).

Elektrodensysteme mit stark inhomogenem Feldverlauf, bei denen der Durchschlag aus feldverzerrenden Vorentladungen heraus eingeleitet wird, eignen sich *nicht* für die Messung von zeitlich schnell veränderlichen Spannungen, da die Streuung der Durchschlagswerte zu groß ist. Bisher wenig bekannt ist aber die Anwendbarkeit von Stab-Stab-Funkenstrecken zur Messung hoher Gleichspannungen (s. Abschnitt 10.1.3).

10.1.1 Die Kugelfunkenstrecke (KF)

Diese gebräuchlichste Art einer Meßfunkenstrecke wird in nationalen und internationalen Vorschriften (z. B. [10.1]) genau beschrieben, weil sie als äußerst zuverlässiges Gerät zur Messung der Maximalamplituden $\hat{u}$ von Gleichspannungen nach (9.12), der Scheitelwerte $\hat{u}$ von Wechselspannungen und der Amplituden von vollen oder im Rücken abgeschnittenen Stoßspannungen Eingang in die Laboratorien gefunden hat.

Alle in diesen Vorschriften enthaltenen Angaben kann man recht leicht verstehen, wenn man die aus der Theorie des Gasdurchschlags bekannten Einflußgrößen auf die Durchschlagspannung analysiert: Aufgrund der Durchschlagsbedingung

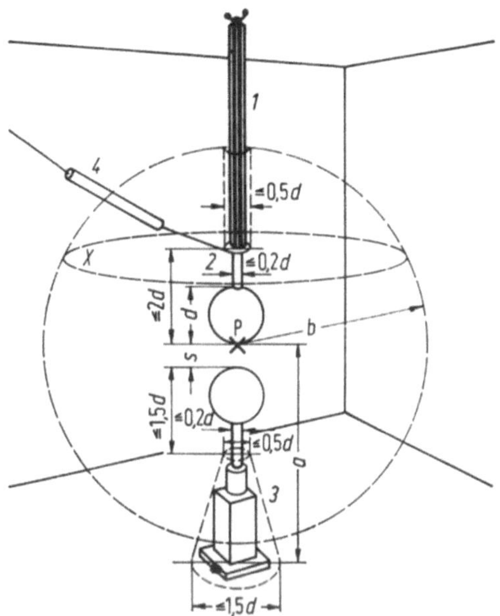

Bild 10.1. Schutzraumbedarf von Kugelfunkenstrecken bei vertikaler Aufstellung. *1* Isolator, *2* Kugelschaft, *3* Vorrichtung zur Abstandseinstellung, *4* Hochspannungszuführung mit Dämpfungswiderstand, P Durchschlagpunkt, *a* Abstand des Durchschlagpunktes vom geerdeten Fußboden, *b* Schutzraumbedarf, X Grenzebene, die von der Hochspannungszuführung nicht durchdrungen werden darf [10.1].

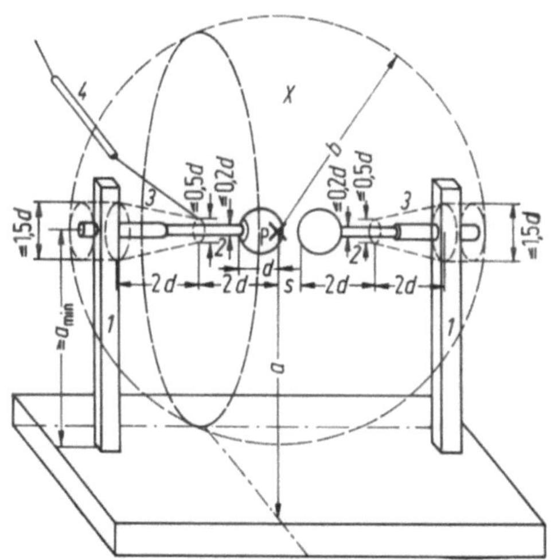

Bild 10.2. Schutzraumbedarf von Kugelfunkenstrecken bei horizontaler Aufstellung. *1* Isolatoren, *2* Kugelschaft, *3* Vorrichtung zur Abstandseinstellung, *4* Hochspannungszuführung mit Dämpfungswiderstand, P Durchschlagpunkt, *a* Abstand des Durchschlagpunkts vom geerdeten Fußboden, *b* Schutzraumbedarf, X Grenzebene, die von der Hochspannungszuführung nicht durchdrungen werden darf [10.1].

(Gl. (7.128)) beeinflussen der exakte, örtliche Verlauf der Feldstärke $E(x)$ entlang einer ungünstigen Feldlinie und die physikalischen Gasparameter, welche die Durchschlagfestigkeit E_d des Gases bestimmen, die Durchschlagspannung. Die Feldstärke $E(x)$ wird zunächst von der Geometrie der Kugelelektroden sowie aller zur mechanischen Befestigung der Elektroden notwendigen Metallteile beeinflußt. Die Kugelelektrodenpaare können sowohl senkrecht als auch waagerecht angeordnet werden, wie dies in den Bildern 10.1 und 10.2 dargestellt ist. Die den Bildern entnehmbaren Bedingungen für die Abmessungen der Kugelschäfte *2*, der Antriebsmechanik *3*, des Hochspannungsanschlusses *4* ergeben sich aus der Notwendigkeit, das elektrische Feld, insbesondere im Bereich des maximal zulässigen Kugelabstands, weitgehend unabhängig von diesen geometrischen Formen zu machen. Dies gilt auch für den Abstand *a* des Durchschlagpunkts P über dem Boden, sowie für den Radius *b* des kugelförmigen Schutzraums, innerhalb dem

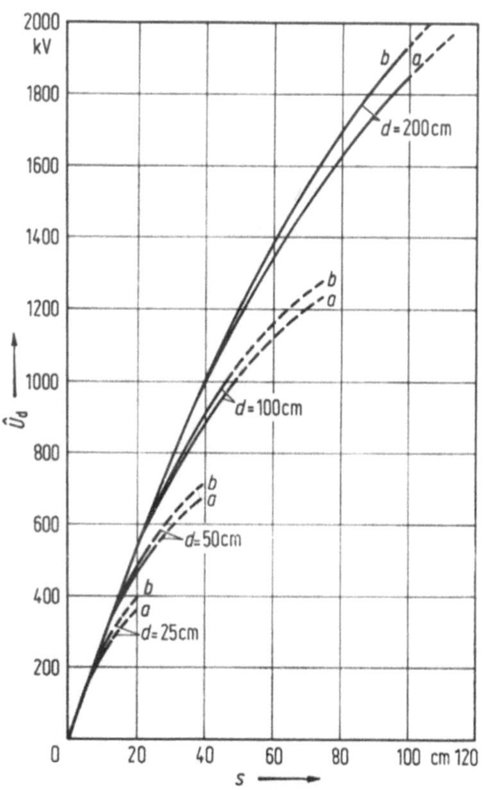

Bild 10.3. Durchschlagspannung $\hat{U}_\mathrm{d}$ einpolig geerdeter Kugelfunkenstrecken als Funktion der Schlagweite *s* bei verschiedenem Kugeldurchmesser *d*. Temperatur: 20 °C, Luftdruck: 1013 mbar (101,3 kPa), *a* Wechselspannung, pos. und neg. Gleichspannung, *b* pos. Stoßspannung.

Tabelle 10.1. Durchschlagspannung U_d (Scheitelwert in kV) einpolig geerdeter Kugelfunkenstrecken in Abhängigkeit von Schlagweite s (in cm) und Kugeldurchmesser d (in cm) bei 20°C und 1 013 mbar (= 760 Torr). Bei dem angegebenen Kugeldurchmesser gilt jeweils die Spalte a für Wechselspannungen, positive und negative Gleichspannungen, negative Stoßspannungen, die Spalte b für positive Stoßspannungen.

Schlagweite s cm	2		5		6,52		10		12,5		15		25		50		75		100		150		200		Schlagweite s cm
	a	b	a	b	a	b	a	b	a	b	a	b	a	b	a	b	a	b	a	b	a	b	a	b	
0,05	2,8																								0,05
0,10	4,7																								0,10
0,15	6,4																								0,15
0,20	8,0		8,0																						0,20
0,25	9,6		9,6																						0,25
0,30	11,2	11,2	11,2	11,2																					0,30
0,40	14,4	14,4	14,3	14,3	14,2	14,2																			0,40
0,50	17,4	17,4	17,4	17,4	17,2	17,2	16,8	16,8	16,8	16,8	16,8	16,8													0,50
0,60	20,4	20,4	20,4	20,4	20,2	20,2	19,9	19,9	19,9	19,9	19,9	19,9													0,60
0,70	23,2	23,2	23,4	23,4	23,2	23,2	23,0	23,0	23,0	23,0	23,0	23,0													0,70
0,80	25,8	25,8	26,3	26,3	26,2	26,2	26,0	26,0	26,0	26,0	26,0	26,0													0,80
0,90	28,3	28,3	29,2	29,2	29,1	29,1	28,9	28,9	28,9	28,9	28,9	28,9													0,90
1,0	30,7	30,7	32,0	32,0	31,9	31,9	31,7	31,7	31,7	31,7	31,7	31,7	31,7	31,7											1,0
1,2	(35,1)	(35,1)	37,6	37,8	37,5	37,6	37,4	37,4	37,4	37,4	37,4	37,4	37,4	37,4											1,2
1,4	(38,5)	(38,5)	42,9	43,3	42,9	43,2	42,9	42,9	42,9	42,9	42,9	42,9	42,9	42,9											1,4
1,5	(40,0)	(40,0)	45,5	46,2	45,5	45,9	45,5	45,5	45,5	45,5	45,5	45,5	45,5	45,5											1,5
1,6			48,1	49,0	48,1	48,6	48,1	48,1	48,1	48,1	48,1	48,1	48,1	48,1											1,6
1,8			53,0	54,5	53,5	54,0	53,5	53,5	53,5	53,5	53,5	53,5	53,5	53,5											1,8
2,0			57,5	59,5	58,5	59,0	59,0	59,0	59,0	59,0	59,0	59,0	59,0	59,0	59,0	59,0	59,0	59,0							2,0
2,2			61,5	64,0	63,0	64,0	64,5	64,5	64,5	64,5	64,5	64,5	64,5	64,5	64,5	64,5	64,5	64,5							2,2
2,4			65,5	69,0	67,5	69,0	69,5	70,0	70,0	70,0	70,0	70,0	70,0	70,0	70,0	70,0	70,0	70,0							2,4
2,6			(69,0)	(73,0)	72,0	73,5	74,5	75,5	75,0	75,0	75,7	75,5	75,5	75,5	75,5	75,5	75,5	75,5							2,6
2,8			(72,5)	(77,0)	76,0	78,0	79,5	80,5	80,0	80,5	80,5	80,5	81,0	81,0	81,0	81,0	81,0	81,0							2,8
3,0			(75,5)	(81,0)	79,5	82,0	84,0	85,5	85,0	85,5	85,5	85,5	86,0	86,0	86,0	86,0	86,0	86,0	86,0	86,0					3,0
3,5			(82,5)	(90,0)	(87,5)	(91,5)	95,0	97,5	97,0	98,0	98,0	98,5	99,0	99,0	99,0	99,0	99,0	99,0	99,0	99,0					3,5
4,0			(88,5)	(97,5)	(95,0)	(101)	105	109	108	110	110	111	112	112	112	112	112	112	112	112					4,0
4,5					(101)	(108)	115	120	119	122	122	124	125	125	125	125	125	125	125	125					4,5
5,0					(107)	(115)	123	130	129	134	133	136	137	138	138	138	138	138	138	138	138	138			5,0
5,5							(131)	(139)	138	145	143	147	149	151	151	151	151	151	151	151	151	151			5,5
6,0							(138)	(148)	146	155	152	158	161	163	164	164	164	164	164	164	164	164			6,0
6,5							(144)	(156)	(154)	(164)	161	168	173	175	177	177	177	177	177	177	177	177			6,5
7,0							(150)	(163)	(161)	(173)	169	178	184	187	189	189	190	190	190	190	190	190			7,0
7,5							(155)	(170)	(168)	(181)	177	187	195	199	202	202	203	203	203	203	203	203			7,5
8,0									(174)	(189)	(185)	(196)	206	211	214	214	215	215	215	215	215	215			8,0
9,0									(185)	(203)	(198)	(212)	226	233	239	239	240	240	241	241	241	241			9,0
10									(195)	(215)	(209)	(226)	244	254	263	263	265	265	266	266	266	266	266	266	10
11											(219)	(238)	261	273	286	287	290	290	292	292	292	292	292	292	11
12											(229)	(249)	275	291	309	311	315	315	318	318	318	138	318	318	12
13													(289)	(308)	331	334	339	339	342	342	342	342	342	342	13
14													(302)	(323)	353	357	363	363	366	366	366	366	366	366	14
15													(314)	(337)	373	380	387	387	390	390	390	390	390	390	15
16													(326)	(350)	392	402	410	411	414	414	414	414	414	414	16
17													(337)	(362)	411	422	432	435	438	438	438	438	438	438	17
18													(347)	(374)	429	424	453	458	462	462	462	462	462	462	18
19													(357)	(385)	445	461	473	482	486	486	486	486	486	486	19

20	(366)	(395)	460	480	492	505	510	510	510	510	510	510	20
22			489	510	530	545	555	555	560	560	560	560	22
24			515	540	565	585	595	600	610	610	610	610	24
26			(540)	(540)	600	620	635	645	655	655	660	660	26
28			(565)	(595)	635	660	675	685	700	700	705	705	28
30			(585)	(620)	665	695	710	725	745	745	750	750	30
32			(605)	(640)	695	725	745	760	790	790	795	795	32
34			(625)	(660)	725	755	780	795	835	835	840	840	34
36			(640)	(680)	750	785	815	830	875	880	885	885	36
38			(655)	(700)	(775)	(810)	845	865	915	925	930	935	38
40			(670)	(715)	(800)	(835)	875	900	955	965	975	980	40
45					(850)	(890)	945	980	1050	1060	1080	1090	45
50					(895)	(940)	1010	1040	1130	1150	1180	1190	50
55					(935)	(985)	(1060)	(1100)	1210	1240	1260	1290	55
60					(970)	(1020)	(1110)	(1150)	1280	1310	1340	1380	60
65							(1160)	(1200)	1340	1380	1410	1470	65
70							(1200)	(1240)	1390	1430	1480	1550	70
75							(1230)	(1280)	1440	1480	1540	1620	75
80									(1490)	(1550)	1600	1690	80
85									(1540)	(1580)	1660	1760	85
90									(1580)	(1630)	1720	1820	90
100									(1660)	(1720)	1840	1930	100
110									(1730)	(1790)	(1940)	(2030)	110
120									(1800)	(1860)	(2020)	(2120)	120
130											(2100)	(2200)	130
140											(2180)	(2280)	140
150											(2250)	(2350)	150

sich keine metallischen oder elektrisch leitenden Gegenstände mit Ausnahme der Hochspannungszuleitung *4* befinden dürfen. Letztere muß sich aber außerhalb der Grenzebene *X* befinden. Während diese Vorschriften bezüglich der geometrischen Abmessungen in der Regel vom Hersteller der Kugelfunkenstrecken eingehalten werden, muß der Anwender darauf bedacht sein, daß die hohe Genauigkeit der Kugelgestalt auch späterhin beibehalten bleibt. Bei der Messung selbst ist zu beachten, daß die Kugeloberfläche stets sauber und glatt ist. Trotzdem läßt sich auch bei einer guten Reinigung die Kugeloberfläche nur sehr schwer staubfrei halten. Staub beeinflußt aber ebenfalls das elektrische Feld und kann die Durchschlagspannung stärker reduzieren. Schmutzpartikel lassen sich aber recht einfach durch einige Reinigungsdurchschläge beseitigen, die jeder Messung vorausgehen sollten.

Sind all diese Bedingungen erfüllt, so existiert bei einer konstanten Gasdichte ein eindeutiger Zusammenhang zwischen der Durchschlagspannung $\hat{U}_d$ und der Schlagweite *s* mit dem Durchmesser *d* der Kugeln als Parameter. Dieser Zusammenhang ist in Bild 10.3 für einige ausgewählte Kugeldurchmesser dargestellt. Die Zahlenwerte gelten für die üblicherweise genormte Luftdichte $d = 1$, also eine Temperatur von $T = 293\,\mathrm{K}$ und einem Luftdruck von $p = 1013\,\mathrm{mbar}$ (101,3 kPa). Exakte Werte sind der Tabelle 10.1 zu entnehmen. Die relativ genauen Angaben dieser Tabelle dürfen nicht darüber hinwegtäuschen, daß der Zusammenhang $\hat{U}_d = f(s)$ mit Unsicherheiten behaftet ist, die vielfältige Ursachen haben. Der Zusammenhang selbst wurde schon sehr frühzeitig aus vergleichenden Messungen mit analogen Scheitelwertmeßverfahren gesucht, um die Anwendbarkeit der Kugelfunkenstrecke als Meßfunkenstrecke zu prüfen [10.2]. Seit dieser

Zeit wurden umfangreiche weitere Untersuchungen über die Einflußfaktoren auf die Genauigkeit vorgenommen, die jedoch nicht in den Tabellen zum Ausdruck kommen. Lediglich ein geringfügiger Polaritätseinfluß ist bei den hier betrachteten einpolig geerdeten Funkenstrecken ausgewiesen. Er wird zunächst durch die an der nicht geerdeten Kugel herrschenden größeren Feldstärke hervorgerufen, weil die (geerdete) Umgebung die Feldsymmetrie vor allem bei größeren Verhältnissen von Schlagweite *s* zu Kugeldurchmesser *d* stört. Da weiterhin die den Durchschlag einleitenden Primärelektronen von einer Kathode schneller und leichter als vom Gasvolumen bereitgestellt werden, wird nur bei positiven Stoßspannungen die Durchschlagspannung etwas höher als bei allen anderen Spannungsarten und -polaritäten sein. Dieser polaritätsabhängige Umgebungseinfluß wird jedoch erst für s/d-Verhältnisse $\gtrsim 0,2$ bedeutend. Die in den Vorschriften spezifizierte, absolute Genauigkeit der Durchschlagswerte kann aber bei s/d-Werten von $> 0,5$ wegen des Einflusses der Umgebung auf das elektrische Feld nicht mehr eingehalten werden. In Tabelle 10.1 wird dies durch die in Klammern gesetzten Werte, in Bild 10.3 durch die strichlinierte Darstellung der Kurven zum Ausdruck gebracht. In besonderen Fällen können aber trotz Einhaltung der Schutzräume *b* nach Bild 10.1 und 10.2 die Genauigkeitsgrenzen überschritten werden [10.3].

Aus den umfangreichen Versuchen zum Umgebungseinfluß sei ein Beispiel in Bild 10.4 angegeben, wo die gemessene Reduktion einer Durchschlaggleichspannung einer 6,25-cm-Kugelfunkenstrecke durch eine geerdete, zur Achse der horizontal angeordneten Funkenstrecke parallelliegende Platte eindrücklich demonstriert wird [9.12, S. 210].

Neben diesen Umgebungseinflüssen wird die

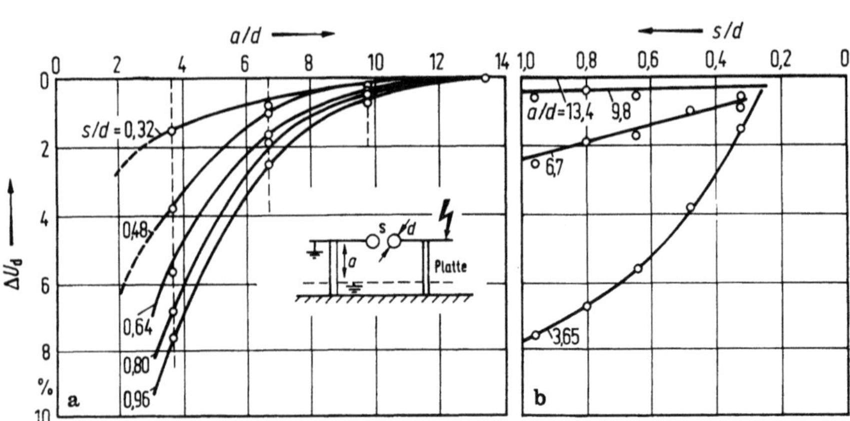

Bild 10.4. Prozentuale Absenkung der Durchschlagspannung bei einer horizontal angeordneten Kugelfunkenstrecke ($d = 6,25$ cm) durch eine geerdete Platte (Abstand *a*); Schlagweite *s*. **a** Einfluß variabler a/d-Werte mit s/d als Parameter; **b** Einfluß variabler s/d-Werte mit a/d als Parameter.

Tabelle 10.2. Korrekturfaktor $k(d)$, s. Gl. (10.1)

$d =$ 0,70	0,75	0,80	0,85	0,90	0,95	1,0	1,05	1,10	1,15
$k =$ 0,72	0,77	0,81	0,86	0,91	0,95	1,0	1,05	1,09	1,13

tatsächliche Durchschlagspannung auch vom jeweiligen Zustand der atmosphärischen Luft abhängen. In den Vorschriften wird jedoch nur die aus der Gasdurchschlagstheorie her bekannte Dichteabhängigkeit berücksichtigt, die bei einem rein homogenen Feld in der Paschen-Abhängigkeit zum Ausdruck kommt (s. Abschnitt 7.5.3). Aus dieser Abhängigkeit (s. Bild 7.19a) erkennt man, daß der Zusammenhang der Durchschlagspannung mit der Gasdichte nichtlinear ist; die Abweichungen von der Linearität sind jedoch im Bereich der atmosphärischen Druckschwankungen nicht groß. Eine Kugelfunkenstrecke schlägt daher bei einer relativen Luftdichte d bei einem Spannungswert $\hat{U}_{\mathrm{dd}}$ durch, der aus dem Tabellenwert $\hat{U}_{\mathrm{d0}}$ und einem von d abhängigen Korrekturfaktor k berechnet werden kann:

$$U_{\mathrm{dd}} = k(d)\, U_{\mathrm{d0}}. \tag{10.1}$$

Die Dichte d ist bei Luft als einem weitgehend idealen Gas direkt proportional zum Gasdruck p und indirekt proportional zur absoluten Temperatur T. Bei einem barometrischen Luftdruck p in mbar und der Lufttemperatur ϑ in °C wird somit auf die Normbedingungen ($p = 1013$ mbar; $\vartheta = 20\,°$C) bezogene Luftdichte

$$d = \frac{p}{1013}\,\frac{273 + 20}{273 + \vartheta} = 0{,}289\,\frac{p}{273 + \vartheta}. \tag{10.2}$$

Der Korrekturfaktor $k(d)$ nach (10.1) ist Tabelle 10.2 zu entnehmen.

Auch die *Luftfeuchtigkeit h* beeinflußt die Durchschlagspannung, wie dies vor allem aus der relativ starken Beeinflussung der Spannungsfestigkeit der Luft bei stark inhomogenen Funkenstrecken her bekannt ist, bei denen der Durchschlag aus Vorentladungen heraus erfolgt. Bei der Kugelfunkenstrecke mit einem nur schwach inhomogenen Feldverlauf ist der Feuchtigkeits-

einfluß jedoch wesentlich geringer. Systematische Untersuchungen über diesen Einfluß, die den gesamten Spannungs- bzw. Schlagweite- und Durchmesserbereich betreffen, liegen bis heute nicht vor. Trotzdem seien zur Orientierung einige gemessene Feuchtigkeitskorrekturfaktoren $k(h)$ für einige Kugeldurchmesser in Tabelle 10.3 angeführt. Daraus sieht man, daß die prozentuale Zunahme der Durchschlagspannung mit der Feuchtigkeit im allgemeinen innerhalb der absoluten Genauigkeitsgrenzen für Kugelfunkenstrecken liegt, auf die später noch näher eingegangen wird. In der Praxis wird daher auf eine Feuchtekorrektur der Durchschlagspannung für alle Spannungsarten *verzichtet*. Will man trotzdem

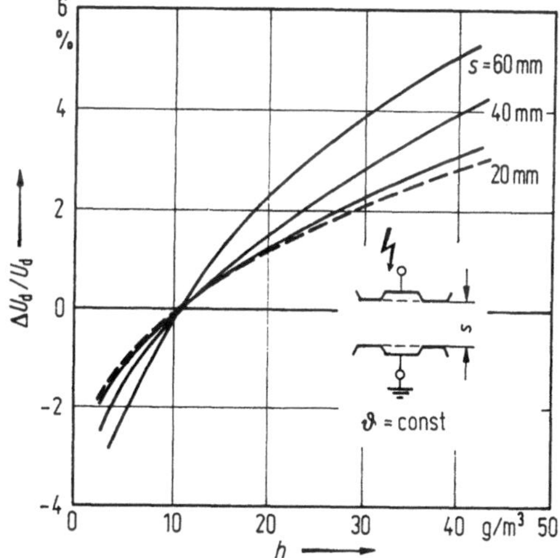

Bild 10.5. Prozentuale Änderung der Durchschlagspannung einer Plattenfunkenstrecke in Abhängigkeit der absoluten Luftfeuchte h bei Gleich- und Wechselspannung. --- mit empirischer Formel gerechnet [10.8].

Tabelle 10.3. Korrekturfaktor $k(h)$

Autoren	h g/m³	d cm	s/d —	$k(h)$ in %/gm⁻³ 50 Hz	GS	$+1/50$	$-1/50$
Kuffel [10.4]	4...17	25	0,4		0,22		
	4...17	12,5	0,4		0,17		
Standring et al. [10.5]	6...20	100	0,4...0,5			0,1	
	4...14	100	0,4...0,5				0,35
Guindehi [10.6]	4...16	25	0,4	0,33		0,22	0,18
Allibone et al. [10.7]	4...18	50	0,3			0,3	0,3

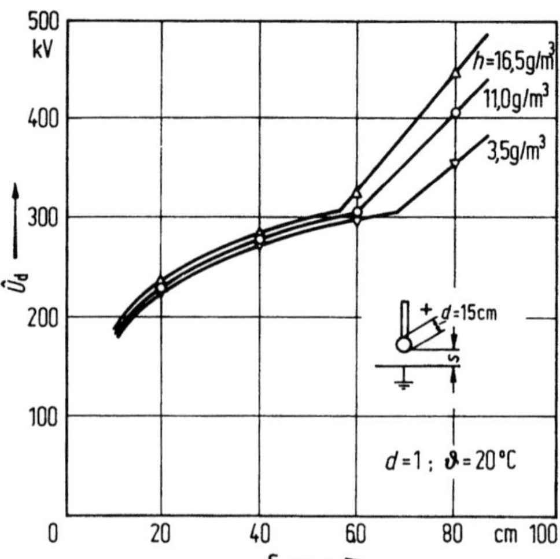

Bild 10.6. Positive Durchschlagspannung $\hat{U}_\mathrm{d}$ einer Stab-Platte-Anordnung als Funktion des Abstands s. Parameter: Absolute Luftfeuchtigkeit h [10.20].

den Feuchteeinfluß bei Meßwerten berücksichtigen, so ist zu beachten, daß sich $k(h)$ mit der Schlagweite und dem Kugeldurchmesser ändert [10.4]. Außerdem zeigen neue Ergebnisse für eine quasihomogene Elektrodenanordnung [10.8], daß die relative Durchschlagfestigkeit der Luft mit der absoluten Feuchte nichtlinear zunimmt und sich ebenso mit der Schlagweite ändert (Bild 10.5). Für westeuropäische klimatische Bedingungen ($4 \lesssim h \lesssim 17$ gm^{-3}; dies entspricht bei 20°C einem relativen Luftfeuchtebereich von ca. 25 bis 95%) liegen somit die Abweichungen der Durchschlagspannung schon bei relativ kleinen Schlagweiten bei ca. $\pm 2\%$, bezogen auf den üblichen Normwert von $h = 11$ g/m³. Bild 10.6 [10.9] zeigt darüber hinaus bei einer der Kugelfunkenstrecke ähnlichen Kugel-Platte-Anordnung die abrupte Änderung des Feuchteeinflusses beim Übergang vom Direktdurchschlag bei quasihomogenem Feld zum Vorentladungsdurchschlag bei zu großen s/d-Verhältnissen.

Die physikalische Ursache für den gezeigten Spannungsanstieg mit der Feuchtigkeit liegt in der Veränderung des effektiven Ionisationskoeffizienten $\bar\alpha = \alpha - \eta$. In *trockener* Luft werden unter der Einwirkung eines elektrischen Feldes instabile negative Ionen durch Anlagerung freier Elektronen an atomaren Sauerstoff (O⁻) und Sauerstoffmoleküle (O$_2^-$) gebildet. Wegen ihrer sehr kurzen Lebensdauer (10^{-8} bis 10^{-6} s) geben die negativen Ionen ihr angelagertes Elektron schnell wieder ab [10.10]. Bei Wasserzusatz werden jedoch die negativen Sauerstoffionen in einem sogenannten Cluster-Prozeß durch H$_2$O-Moleküle stabilisiert, wobei langlebige negative Komplexionen der Art O⁻(H$_2$O)$_n$ und O$_2^-$(H$_2$O)$_n$ mit der Anzahl n der gebundenen H$_2$O-Moleküle,

(in der Regel zwischen 1 und 5) entstehen [10.11]. Dies führt zu einem merklichen Anstieg des Anlagerungskoeffizienten η (Bild 10.7). Die Ergebnisse für feuchte Luft (2) beziehen sich dabei auf ein Luft-Wasser-Gemisch, das man für gesättigte Luft bei Atmosphärendruck und 23°C erhalten würde, d. h. auf $h \approx 20$ g/m³ bei 1013 mbar. Der offenkundige Abfall der (η/p)-Werte für größere (E/p)-Werte ist vermutlich auf eine verstärkte Elektronenablösung von negativen Ionen zurückzuführen [10.10].

Für Kugeldurchmesser $d \leq 12{,}5$ cm oder Spannungen ≤ 50 kV ist eine ausreichend starke *Bestrahlung* der Kugeln vorzunehmen, wobei die Strahlungsquelle entweder außerhalb des Schutzraums b anzubringen ist (z. B. Hg-Dampf-Quarzlampe, mindestens 35 W, bzw. 1 A) oder in die spannungsführende Kugel in der Form eines radioaktiven Präparats eingebaut wird (mind. 0,2 m Curie, vorzugsweise 0,6 m Curie). Die strengen Sicherheitsvorschriften für radioaktive Präparate bevorzugen eindeutig die UV-Bestrahlung, welche in der Lage ist, Primärelektronen aus dem Metall der Kugeln auszulösen. Nichtbestrahlte Kugelfunkenstrecken täuschen vor allem bei Stoßspannungen einen zu niedrigen Spannungswert vor, da der große Zündverzug nur durch eine höhere Durchschlagfeldstärke kompensiert werden kann [9.12].

Erst in jüngster Zeit hat sich herausgestellt, daß eine wirksame Bestrahlung auch bei der Messung hoher und höchster *Stoßspannungen* notwendig werden kann, wenn diese offensichtlich nicht durch die Stoßspannungsgeneratoren selbst hervorgerufen wird. So kann die Ansprechspannung

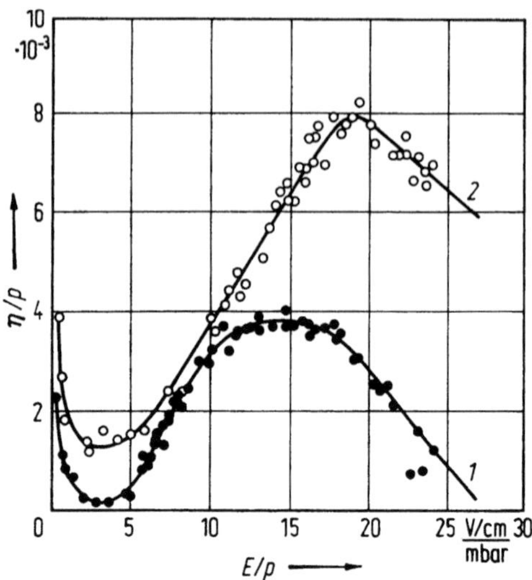

Bild 10.7. Zunahme des Anlagerungskoeffizienten η mit der Luftfeuchtigkeit [10.12]. *1* trockene Luft, *2* feuchte Luft.

von sowohl kleinen ($d = 15\,\text{cm}$) als auch großen ($d = 100\,\text{cm}$) Kugelfunkenstrecken um ca. 10 bis 25% höher sein als es den IEC-Tabellenwerten entspricht, wenn ein Stoßgenerator gekapselte Zündfunkenstrecken besitzt, bei denen die Lichtabstrahlung in den Laborraum und damit auch zur Kugelfunkenstrecke selbst verhindert wird [10.13]. Da derartige gekapselte Zündfunkenstrecken bis etwa zum Jahr 1970 nicht verwendet wurden, blieb diese Erscheinung offensichtlich so lange Zeit unentdeckt.

Nach diesen kritischen Betrachtungen zur Verwendbarkeit der Kugelfunkenstrecke (KF) als Meßorgan sei schließlich noch kurz auf die praktische Handhabung eingegangen:

Wie bereits einleitend bemerkt, ist eine KF kein anzeigendes Meßgerät; sie gibt lediglich eine Aussage darüber, daß die zu messende Spannung zum Zeitpunkt des Ansprechens einen bekannten Wert hatte. Daher ist es notwendig, eine Beziehung zwischen der Hochspannung, wie sie mit der KF bestimmt wurde, und der Anzeige eines Voltmeters oder einer äquivalenten Einrichtung, welche eine proportionale Größe liefert, herzustellen. Dieser Vorgang kann als *Eichung* bezeichnet werden. Bei Wechselspannungen verwendet man als proportionale Größe üblicherweise die Primärspannung des Hochspannungstransformators; es kann aber auch ein Spannungswandler (bei Wechselspannungen) oder Spannungsteiler (bei Wechsel- und Gleichspannungen), der zur KF parallel liegt, mit der KF geeicht werden. Es ist aber stets darauf zu achten, daß Veränderungen an der gesamten Schaltung zu Veränderungen im Zusammenhang zwischen den zu vergleichenden Spannungen führen können. Eine solche Schaltungsänderung liegt beispielsweise vor, wenn bei einer Wechselspannungsmessung eine Eichkurve zwischen der Primärspannung und dem durch die KF gemessenen Scheitelwert der Sekundär- oder Hochspannung aufgenommen wurde und die KF nach dieser Eichung entfernt wird. Dadurch ändert sich dieses Spannungsverhältnis nach (9.8), da die Kapazität der KF entfällt und damit die kapazitive Belastung des Prüftransformators verringert wird.

Während die Aufnahme einer Eichkurve bei Gleich- und Wechselspannungen recht einfach ist, da nach einigen Reinigungsdurchschlägen die Durchschlagwerte bei konstanter Schlagweite s sehr wenig streuen, muß bei Stoßspannungsmessungen darauf geachtet werden, daß die Tabellenwerte 50%-Durchschlagspannungen darstellen. Bei einer festen Schlagweite s ist daher die Stoßspannung in Stufen von nicht mehr als 2% der zu erwartenden Durchschlagspannung der KF zu steigern, wobei jeweils mindestens 6 (empfehlenswert 10) Spannungsstöße je Stufe anzuwenden sind. Zwischen je zwei Stößen muß

eine Zeitdauer von mindestens 5 s liegen. Die Durchschlagwahrscheinlichkeit für jede Spannungsstufe ist zu ermitteln. Da sich in der Regel der 50%-Durchschlagwert nicht unmittelbar einstellen wird, kann dieser Wert durch eine lineare Interpolation zwischen den ca. 30%- und 70%-Durchschlagwerten rechnerisch bestimmt werden.

Sowohl bei der Messung von Gleich- und Wechselspannungen als auch Stoßspannungen sollen der KF Widerstände vorgeschaltet werden, welche zur Verringerung des Kugelabbrands und zur Vermeidung von Überspannungen durch Ausgleichsvorgänge zwischen Prüfobjekt und KF dienen.

Meßgenauigkeit: Werden alle Vorschriften eingehalten, so wird — von den diskutierten Ausnahmen abgesehen — eine absolute *Genauigkeit* von $\pm 3\%$ bei Wechsel- (Frequenzbereich bis ca. 1 kHz) und Stoßspannungen (Wellenform $1{,}2/50\,\mu\text{s}$) für $s \leq 0{,}5d$ und von $\pm 5\%$ bei Gleichspannungen für $s \leq 0{,}4d$ erzielt. Die größere Meßunsicherheit bei Gleichspannungen ist vor allem bedingt durch den Staubgehalt der Luft; es ergeben sich vor allem dann zu tiefe Durchschlagspannungen, wenn die Gleichspannung längere Zeit an den Elektroden anliegt, da die Staubteilchen leicht angezogen werden. Über diese Tiefdurchschläge liegen heute umfangreiche Untersuchungen vor [10.14; 10.108].
Die umständliche Anwendung, der große Platzbedarf bei hohen Spannungen, die zeitraubende Messung und die relativ geringe Genauigkeit der Kugelfunkenstrecke lassen diese als ein unzweckmäßiges Meßorgan erscheinen. Trotz all dieser Nachteile ist die recht große Zuverlässigkeit der Grund dafür, daß sie zumindest für Kontrollzwecke in keinem Laboratorium fehlen sollte. Daß sie sehr häufig auch als einfacher Überspannungsschutz für Hochspannungsgeräte verwendet wird, indem man sie den zu schützenden Geräten parallel schaltet, sei an dieser Stelle ebenfalls vermerkt.

10.1.2 Sonstige Funkenstrecken mit homogenem oder quasihomogenem Feldverlauf

Es wurde oftmals versucht, Kugelfunkenstrecken durch andersartige Elektrodensysteme zu ersetzen. Erzielbaren Vorteilen stehen aber auch schwerwiegende Nachteile gegenüber, wie kurz gezeigt werden soll.
Den relativ großen Umgebungseinfluß könnte man zunächst durch weitgehend abgeschirmte Systeme vermeiden. Bei planparallelen *Plattenfunkenstrecken*, deren Randfelder in geeigneter Weise ausgebildet sind (vgl. Rogowski-Profil, Abschnitt 5.1.3.3), wird die Durchschlagspannung

wegen des homogenen Feldstärkeverlaufs unabhängig von der Polarität und kann im Prinzip sehr einfach aus der Theorie des Gasdurchschlags unter Berücksichtigung der für die Luft gut bekannten effektiven Ionisationskoeffizienten (s. Gl. (7.119)) berechnet werden. Man erhält in Analogie zu (7.150) und Beachtung von (10.2):

$$\hat{U}_{\mathrm{d}} = K_1(ds) + K_2 \sqrt{ds} \text{ in kV} \qquad (10.3)$$

(d bezogene Luftdichte nach (10.2); s Schlagweite in cm.)

Für die Faktoren K_1 und K_2 bestehen aufgrund von sehr sorgfältig durchgeführten Messungen bei Elektrodenabständen bis 9 cm [10.15], bzw. bis 15 cm [10.16] nur unwesentliche Unterschiede. Bis zu diesen Schlagweiten ist nach [10.16] für eine Luftfeuchte von 11 g/m³

$$K_1 = 24{,}49 \text{ kV/cm}; \quad K_2 = 6{,}61 \text{ kV/cm}^{0{,}5}.$$

Trotzdem bleibt die praktische Verwendung der Plattenfunkenstrecke sehr beschränkt, da sie empfindlich auf Staubpartikel reagiert: Eine relativ große Elektrodenfläche, auf der sich Staub abgelagert hat, kann nicht mit wenigen Reinigungsdurchschlägen wie bei der Kugelfunkenstrecke gesäubert werden. Außerdem erfordert die exakte Parallelführung der Platten hohe mechanische Präzision.

Unempfindlich auf Umgebungseinflüsse ist auch eine *koaxiale Zylinderfunkenstrecke*, die auf etwa optimales Radienverhältnis dimensioniert ist (s. Abschnitt 5.1.5) und bei der die Spannungseinstellung durch exzentrische Verlagerung des Innenzylinders erfolgen kann. Auch bei ihr ist die Maximalfeldstärke einer Berechnung zugänglich, so daß mit den nur vom Radius abhängigen Durchbruchfeldstärken einer Zylinderelektrode die Durchschlagspannung zumindest näherungsweise berechnet werden kann [10.17].

Die mechanischen Schwierigkeiten bei der Herstellung solcher Anordnungen stehen aber einer praktischen Verwendung entgegen. Zur Vereinfachung wurden daher auch Funkenstrecken mit *gekreuzten Zylindern* vorgeschlagen, die zwar einfach in der Herstellung, jedoch noch aufwendiger im Platzbedarf als Kugelfunkenstrecken sind [10.18]. Daher ist es nicht verwunderlich, daß nur die Kugelfunkenstrecke Eingang in die Praxis gefunden hat. Sie könnte möglicherweise nur durch eine Anordnung Kugel — geerdete Halbkugel ersetzt werden, die eine geringere Umgebungsabhängigkeit und damit auch einen reduzierten Schutzraumbedarf besitzt [10.19].

10.1.3 Die Stabfunkenstrecke

Obwohl der bei nicht zu kleinen Schlagweiten für Stab-Platte- oder auch Stab-Stab-Elektrodenanordnungen vorhandene weitgehend lineare

Zusammenhang zwischen Durchschlagspannung und Schlagweite für viele Spannungsarten bekannt ist, wurde erst um 1970 bei systematischen Untersuchungen über den Feuchtigkeitseinfluß auf die Durchschlagfestigkeit von atmosphärischer Luft herausgefunden, daß sich eine Stab-Stab-Anordnung zur Messung von Gleichspannungen sehr gut eignet [10.9; 10.20]. Bei einer genügend stark inhomogenen Stab-Platte-Anordnung, bei der der Stab *Anode* ist, steigt $\overline{U}_{\mathrm{d}}$ bei konstanter Lufttemperatur relativ stark und stetig mit der *relativen* Feuchtigkeit h_{r} an, sofern der Durchschlag durch impulsförmige Vorentladungen (Leuchtfäden oder Stielbüschel) eingeleitet wird. Wird auch die Temperatur geändert, so wird $\overline{U}_{\mathrm{d}}$ unabhängig von h_{r} nur von der *absoluten* Feuchte h abhängig. Ist der Stab hingegen *Kathode*, so sind die Durchschlagspannungen nicht nur etwa doppelt so hoch, sondern werden auch unabhängig von der absoluten Feuchtigkeit. Während somit bei einer Stab-Platte-Anordnung die Isolierfestigkeit sowohl von der Feuchtigkeit als auch stark von der Polarität abhängt, verschwindet dieser Polaritätseffekt weitgehend bei einer Stab-Stab-Anordnung, die so gestaltet ist, daß sich die für die Isolierung ungünstigen positiven Vorentladungsstadien (s. Abschnitt 7.6.1.1) an der jeweiligen Anode gut ausbilden. Die Durchschlagspannung einer derartigen Anordnung wird nur geringfügig größer als die einer Stab-Platte-Anordnung, und es konnte nachgewiesen werden, daß nach dem Einsetzen impulsförmiger Vorentladungen die Form der Elektroden (insbesondere der Krümmungsradius) nur noch einen sehr geringen Einfluß auf die Durchschlagspannung ausübt. Die Streuung der Durchschlagswerte bleibt äußerst gering (Standardabweichung < 1%), wenn die sonstigen atmosphärischen Verhältnisse bekannt sind.

Neben der Gasdichte beeinflußt somit die absolute Luftfeuchtigkeit die Durchschlagspannung zwar stark, jedoch in sehr eindeutiger Weise. Für eine

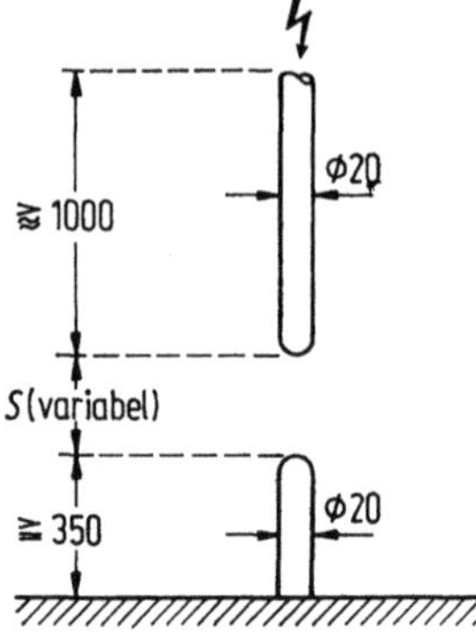

Bild 10.8. Stab-Stab-Funkenstrecke für die Messung hoher Gleichspannungen.

in Bild 10.8 skizzierte Elektrodengeometrie erhält man nach [10.9] den folgenden, empirisch ermittelten Zusammenhang, gültig für $4 \leq h \leq 20\ \text{g/m}^3$:

$$\hat{U}_{\mathrm{d}} = d(A + Bs)\sqrt[4]{5{,}1 \cdot 10^{-2}(h + 8{,}65)}\ \text{in kV} \tag{10.4}$$

(s Schlagweite in cm; $s \geq 20$ cm
d relative Luftdichte nach (10.2)
h absolute Luftfeuchtigkeit in g/m³.)

Der Faktor B stellt die Zunahme der Durchschlagspannung mit der Schlagweite bei der üblichen Bezugsfeuchte $h = 11\ \text{g/m}^3$ dar. Im Faktor A wird die schwache Polaritätsabhängigkeit erkennbar; ein geringfügiger Elektrodenformeinfluß kann bei der in Bild 10.8 festgelegten Geometrie aber vernachlässigt werden:

Polarität	positiv	negativ
A in kV	20	15
B in kV/cm	5,1	5,1

Der Anwendungsbereich von (10.4) erstreckt sich somit auf Gleichspannung $\gtrless 120$ kV und ist experimentell bis zu Spannungen $\lesssim 1300$ kV überprüft. Inwieweit auch bei noch höheren Spannungen die Gültigkeit gewährleistet ist, ist heute noch nicht bekannt, da keine entsprechenden Untersuchungen vorliegen. Die Genauigkeit von (10.4) liegt bei $< \pm 2\%$ und ist somit besser als bei der Kugelfunkenstrecke. Derartige Stab-Stab-Funkenstrecken ergänzen somit die Kugelfunkenstrecke sehr gut; die Anwendung bleibt aber auf Gleichspannungen beschränkt.

10.2 Spannungs- und Feldstärkemessung nach dem Influenzprinzip

Die in diesem Abschnitt behandelten Meßgeräte lassen sich alle auf die Wirkung von Influenzladungen zurückführen. Die technischen Ausführungen sind teilweise seit vielen Jahrzehnten bekannt, und zwar unter Bezeichnungen wie Rotorvoltmeter (rotary voltmeter), Feldmühlen (field mills), elektrostatische Induktionsspannungsmesser, Hochspannungsmesser nach dem Generatorprinzip (generating voltmeter), Schwingvoltmeter oder auch Kapazitätssonden (capacitive probes). Im Prinzip messen all diese Geräte die elektrische Feldstärke an der Grenzfläche eines praktisch idealen Isolators (Gas, insbesondere Luft) und einer vorwiegend geerdeten Metalloberfläche; demgemäß muß der Erdfeldmesser nach Wilson [10.21; 10.22] als Vorgänger all dieser Geräte betrachtet werden. Da eine definierte elektrische Feldstärke in einem geeigneten Elektrodensystem erzeugt werden kann, läßt sich auch ein eindeutiger Zusammenhang zwischen

Spannung und Feldstärke herstellen, so daß eine Spannungsmessung auf die Feldstärkemessung zurückführbar ist.

Schon an dieser Stelle sei erwähnt, daß alle nach dem Influenzprinzip arbeitenden Meßmethoden *keine* Wirkleistung verbrauchen, solange das elektrische Feld rein elektrostatisch bleibt, also vorwiegend in einem Gasraum erzeugt wird, welcher nicht so hoch beansprucht ist, daß Raumladungen (Vorentladungen) auftreten. Diese Voraussetzung muß aber immer erfüllt sein, da die für die Meßgröße notwendige influenzierte Ladung nicht durch bewegte Ladungsträger (elektrostatisches Strömungsfeld) beeinflußt werden darf. Da keine Wirkleistung verbraucht, also *leistungslos* gemessen wird, besitzt man mit diesen Meßgeräten extrem hochohmige Meßverfahren, die auch heute noch nicht durch selbst hochwertigste elektronische Geräte voll ersetzt werden können.

Es ist das Ziel dieses Abschnitts, auf die prinzipiellen Verfahren hinzuweisen; ausführliche Darstellungen sind [10.17; 10.23; 10.24] entnehmbar.

10.2.1 Das Meßprinzip

Nach Bild 10.9 werde durch die Spannung u zwischen einer isolierten (H) und geerdeten (SR und A) Metallelektrode ein elektrostatisches Feld aufgebaut, das an der Oberfläche der eigentlichen Meß- oder Influenzelektrode A eine vom Flächenelement df abhängige Feldstärke $E(f)$ hervorrufe. Ist im Feldraum ein praktisch unpolares Gas (oder Vakuum) vorhanden, so wird die auf A influenzierte Flächenladungsdichte $\sigma = \varepsilon_0 E(f)$ und damit die Gesamtladung $q(F)$ bei einer gegebenen Fläche F der Elektrode A

$$q(F) = \int\limits_{(F)} \sigma\, \mathrm{d}f = \varepsilon_0 \int\limits_{(F)} E(f)\, \mathrm{d}f. \tag{10.5}$$

Diese Ladung $q(F)$ muß beim zeitlichen Aufbau des Feldes, bzw. der zeitlichen Änderung der

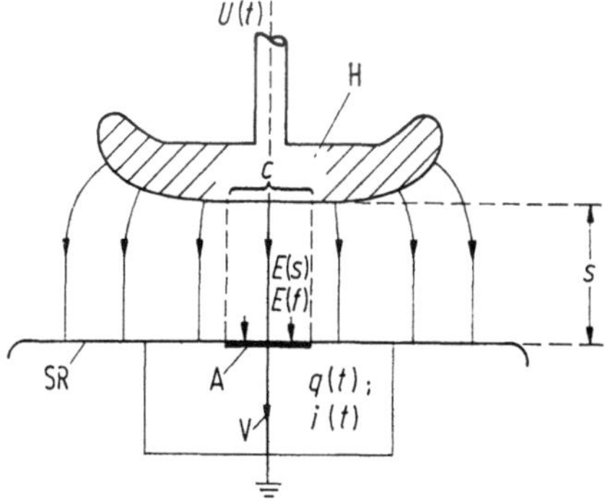

Bild 10.9. Zur Ableitung des Meßprinzips von Influenzvoltmetern. SR Schutzring, A und H Meßelektroden.

Spannung $u(t)$, über die Verbindung V der Elektrode A zugeführt werden, so daß (10.5) auch in allgemeinerer Form geschrieben werden kann:

$$q(F;t) = \varepsilon_0 \int\limits_{(F)} E(f;t)\, \mathrm{d}f. \qquad (10.6)$$

Anstelle der Oberflächenfeldstärke $E(f;t)$ kann bei jeder Feldgeometrie auch die Spannung $u(t)$ eingeführt werden, da man diese aus dem Linienintegral $\int E(s)\,\mathrm{d}s$ entlang einer zwischen H und A verlaufenden Feldlinie berechnet. Die Ladung q läßt sich ja auch aus einer Teilkapazität C' berechnen, welche der auf der Fläche A endenden Flußröhre (in Bild 10.9 strichliniert angedeutet) zugeordnet werden kann:

$$q(F;t) = C'(F) \int\limits_{(s)} E(s;t)\, \mathrm{d}s = C'(F)\, u(t). \qquad (10.7)$$

Nach (10.6) und (10.7) ergibt sich die wirksame Kapazität C' somit zu

$$C'(F) = \frac{\varepsilon_0 \int\limits_{(F)} E(f;t)\, \mathrm{d}f}{\int\limits_{(s)} E(s;t)\, \mathrm{d}s} = \frac{q(F;t)}{u(t)}. \qquad (10.8)$$

Ist die elektrische Flußdichte in der Flußröhre unabhängig vom Integrationsweg s, liegt also zwischen H und A ein homogenes elektrisches Feld, so ergibt sich aus (10.8) die bekannte Kapazität eines Plattenkondensators $C'(F) = \varepsilon_0 F/s$.

Die influenzierte Ladung $q(F;t)$ kann somit sowohl zur Feldstärken- als auch Spannungsmessung verwendet werden. Geht man für die weiteren Betrachtungen von (10.7) aus, so ist leicht einzusehen, daß eine zeitliche Variation der Ladung sowohl von einer zeitlichen Spannungsänderung $u(t)$ als auch von einer zeitlichen Änderung der Elektrodenfläche $F = F(t)$ bewirkt wird. Erfolgt diese Änderung nur einmalig, z. B. beim Ein- oder Ausschalten einer Spannungsquelle oder beim Auf- oder Abdecken der Elektrode A durch eine geerdete Metallplatte, wie dies beim o. g. Erdfeldmesser von Wilson der Fall war, so ist die dann nur einmalig zur Verfügung stehende Ladung meßtechnisch am schwierigsten zu erfassen. Bei einer kontinuierlichen Änderung jedoch kann auch

ein kontinuierlicher Strom der Größe

$$i(F;t) = \frac{\mathrm{d}q}{\mathrm{d}t} = \frac{\mathrm{d}}{\mathrm{d}t}\left[C'(F)\, u(t)\right] \qquad (10.9)$$

zur Anzeige gebracht werden.

Sämtliche Varianten von Meßgeräten nach dem Influenzprinzip lassen sich auf diese Ausgangsgleichungen zurückführen. Sie unterscheiden sich lediglich dadurch, ob Gleich-, Wechsel- oder beliebig zeitlich veränderliche Spannungen (oder Felder) zu messen sind. Die mögliche, durch konstruktive Besonderheiten realisierbare zeitliche Variation der Kapazität C' stellt dabei das bedeutendste Hilfsmittel dar. Dies sei an einigen Beispielen erläutert.

10.2.2 Rotorvoltmeter, Feldmühlen

Die wesentliche Anordnung einer bereits 1937 zur Messung von Gleichspannungen bis zu 2,16 MV verwendeten Konstruktion zeigt Bild 10.10 [10.25; 10.23]. Bei einer konstanten Drehzahl n des Antriebsmotors M werden die beiden halbkreisförmigen, gegeneinander isolierten metallischen Sektorscheiben S_1, S_2 abwechselnd dem elektrischen Feld ausgesetzt, das durch die an der Elektrode H anliegende Gleichspannung U erzeugt wird. Die kontinuierliche Kapazitätsvariation nach (10.8) bzw. (10.9) wird durch die mit dem Gehäuse G geerdete Metallplatte P mit halbkreisförmigem Ausschnitt erzielt. Die beiden als Meßelektroden dienenden Sektorscheiben S_1, S_2 bilden mit dem Kommutator K und die auf dem Kommutator aufliegenden Bürsten B_1 und B_2 eine gegenüber der Motorwelle isolierte Einheit, befinden sich aber auf Erdpotential, da der Ladungsausgleich zwischen den Sektorscheiben über den geerdeten Meßkreis A registriert wird.

Da die Influenzladung auf den Sektorscheiben bei konstanter Drehzahl infolge der gewählten Geometrie linear zu- oder abnimmt (s. Bild 10.11), und der Kommutator den Polaritätswechsel des Stroms verhindert, wird bei konstanter Spannung nach (10.9) ein reiner Gleichstrom im Meßkreis A fließen:

$$I = U\, \frac{\Delta C}{T_c/2} = 2\, f_c\, \Delta C U. \qquad (10.10)$$

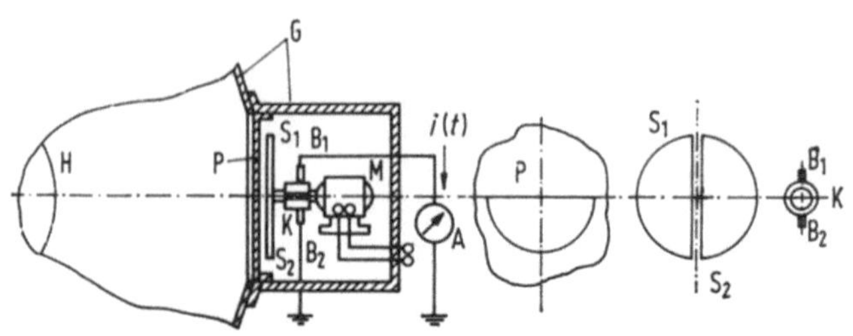

Bild 10.10. Rotorvoltmeter nach Herb, Parkinson und Kerst [10.25]. Erläuterungen s. Text.

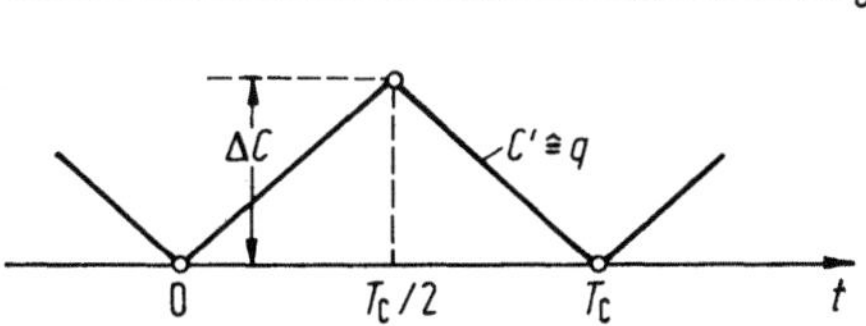

Bild 10.11. Zeitlicher Verlauf der Influenzladung g auf einer Sektorscheibe S des Rotorvoltmeters (Bild 10.10) der Gleichspannung.

Die Frequenz der Kapazitätsänderung f_c hängt von der Drehzahl n ab:

$$f_c = 1/T_c = n/60; \qquad n \text{ in min}^{-1} \qquad (10.11)$$

Der lineare Zusammenhang zwischen dem mit hoher Präzision zu messenden Gleichstrom I und der zu messenden Spannung U (oder auch Feldstärke E nach (10.5)) ist besonders vorteilhaft und führt zu hohem Auflösungsvermögen.

Dieselbe Anordnung kann aber auch zur Messung von periodischen, zur Drehzahl n synchronen Wechselspannungen verwendet werden, auch wenn dieser eine Gleichspannung überlagert ist. Bei der in Bild 10.12 skizzierten Phasenlage einer mit gegenüber f_c doppelt so hohen Frequenz f_u pulsierenden Wechselspannung $u(t)$ mit nichtsinusförmigem Verlauf ergibt sich aus (10.9) zunächst für den Stromverlauf

$$i(t) = \frac{d}{dt} [C'(t)\, u(t)] = \frac{dq(t)}{dt}.$$

Obwohl der Ladungsverlauf $q(t)$ nun innerhalb der Periodendauer der Spannung T_u seine Polarität wechselt, wird der arithmetische Mittelwert des beispielsweise durch ein Drehspulmeßgerät zu erfassenden Stroms aus der Integration zwischen $t_2 - t_1 = T_u$:

$$\bar{i} = \frac{1}{T_u} \int_{t_1}^{t_2} i(t)\, dt = f_u[C'(t_2)\, u(t_2) - C'(t_1)\, u(t_1)].$$

Da bei der vorausgesetzten Periodizität der Wechselspannung die Momentanwerte der Spannung $u(t_2) = u(t_1)$ sind, wird schließlich

$$\bar{i} = f_u\, \Delta C u(t_1) \qquad (10.12)$$

oder, mit $f_u = 2f_c$, und $f_c = n/60$:

$$\bar{i} = 2f_c\, \Delta C u(t_1) = \frac{n}{30}\, \Delta C u(t_1).$$

Somit läßt sich jeder beliebige Wert von $u(t)$ messen, wenn die Drehzahl der Frequenz der Wechselspannung angepaßt ($n = 1\,500$ min^{-1} bei $f_u = 50$ Hz) und die Phasenlage des Antriebs kontinuierlich einstellbar ist (z. B. durch Drehung der Platte P oder des Motors M in Bild 10.10).

Die hier verwendeten rotierenden Sektorscheiben, die gleichzeitig als Meßelektroden verwendet werden, besitzen als Nachteil einen rotierenden Kommutator. Eine wesentlich größere Verbreitung finden daher Konstruktionen, bei denen die Influenzelektroden (A in Bild 10.9) stillstehen und durch geeignet geformte, geerdete Flügelräder oder rotierende Sektorscheiben periodisch abgedeckt oder dem Feld freigegeben werden, wobei Influenzelektroden und Sektorscheiben deckungsgleich sind. Die Messung der dann zwischen Influenz- und Bezugselektrode fließenden Wechselströme, deren zeitlicher Verlauf einerseits von der durch Form der Elektroden und Bewegungsablauf verursachten Kapazitätsänderung abhängt und andererseits auch vom Spannungsverlauf moduliert wird, ist heute durch den Einsatz hochwertiger elektronischer Verstärker nicht mehr schwierig. So lassen sich recht preiswerte und hochempfindliche Geräte bauen, die vor allem auf dem Gebiete der Elektrostatik vorteilhaft ein-

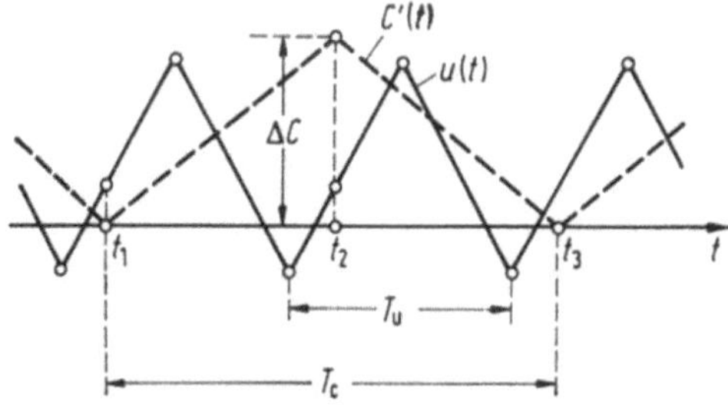

Bild 10.12. Zur Ableitung der Wirkungsweise des Rotorvoltmeters (Bild 10.10) bei der Messung von Wechselspannungen.

Bild 10.13. Elektrofeldmeter mit rotierenden Sektorscheiben (Werkbild Kleinwächter, Lörrach).

gesetzt werden können (Bild 10.13, [10.26]). Unter
bestimmten Voraussetzungen können auch Raumladungsfelder gemessen werden [10.27].

Das Prinzip der Feldmühle wird zur recht genauen Messung von raumladungsfreien Gleichfeldern in insbesondere gasförmigen Medien verwendet, indem man das Meßsystem gut isoliert in
den Feldraum einbringt. Die dafür am besten geeignete Form des Meßsystems ist eine zwei-
geteilte Metallkugel, die über eine isolierte Welle
in Drehungen versetzt wird. Werden diese Halbkugeln leitend miteinander verbunden, so verursachen die influenzierten Ladungen einen Aus-
gleichstrom, dessen Effektivwert den Betrag und
dessen Phasenlage die Richtung der Feldstärke
bestimmen. Das Kugelsystem ist bezüglich der
auftretenden Feldstörungen am günstigsten. Der
Ausgleichsstrom kann innerhalb der Kugel erfaßt
und mit Hilfe eines kleinen frequenzmodulierten
Senders aus der Metallkugel heraus auf einen
Empfänger übertragen werden. Mit Hilfe inte-
grierter Schaltungen ließe sich der ursprünglich
gewählte Kugeldurchmesser [10.28] sicher noch
kleiner als 5 cm machen.

Bei der Messung transienter oder periodisch veränderlicher Felder kann man auf die Kugel-
drehung verzichten. Man erhält damit eine
Kapazitätssonde [10.29], auf die in Abschnitt
10.2.4 noch eingegangen wird.

10.2.3 Schwingvoltmeter

Nach (10.8) kann bei Systemen, bei denen die
Feldstärke zwischen Metallelektroden aufgebaut
wird (Bild 10.9), die Kapazität C' auch durch eine
periodische Variation des Integrationsweges s verändert werden. Damit erhält man im Prinzip absolut leistungslos messende Voltmeter, also Elektro-
meter mit extrem großem Eingangswiderstand,
wobei lediglich die Konstruktion des Elektrodensystems die Höhe der zu messenden Spannung bestimmt.

Das auf Gahlke und Neubert (1941) zurück-
gehende Meßprinzip ist in Bild 10.14 abgebildet
(s. [10.23, S. 77]). Hier wird die Influenzelektrode A,
die in Ruhestellung mit dem Schutzring G in
einer Ebene liegt, über einen Schwingungsmecha-
nismus SM in möglichst sinusförmige mechanische
Schwingungen versetzt, wodurch sich der Abstand d
zwischen H und A und damit die Teilkapazität C'
zwischen diesen Elektroden ändert. Bei einer
an H anliegenden Gleichspannung U wird somit
über den Widerstand R für jede Kapazitätsänderung ΔC eine Ladungsmenge ΔCU fließen, so daß
bei einer Frequenz f_c des schwingenden Systems
ein arithmetischer Mittelwert des Stroms von

$$\bar{i} = \frac{dq}{dt} = f_c \Delta CU \tag{10.13}$$

entsteht. Beim vorliegenden homogenen Feld-

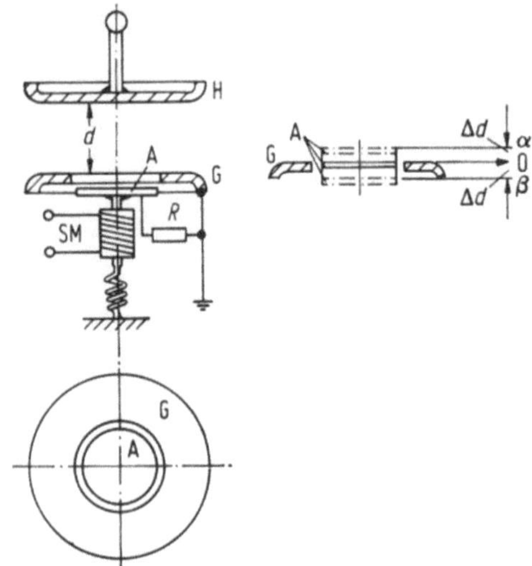

Bild 10.14. Prinzip eines Schwingvoltmeters.

verlauf, sehr kleinen Auslenkungen Δd gegenüber
$d = d_0$ (Ruhezustand), und der d_0 entsprechenden
Teilkapazität C'_0 wird

$$\Delta C = 2 \frac{\Delta d}{d_0} C'_0.$$

Obwohl der Strom bei Wechselspannungen in eindeutiger Weise moduliert wird, bleibt dieses Prinzip in erster Linie der Messung von Gleich- oder
gegenüber der Frequenz f_c niederfrequenten
Wechselspannungen vorbehalten. Modernste Ausführungen sind jedoch für die Messung von stationären Größen ausgelegt (z. B. „Varian" Vibrating
Reed Electrometer: $I \gtrless 10^{-17}$ A; $Q \gtrless 10^{-15}$ C;
$U \gtrless 10^{-5}$ V; Eingangswiderstand $\lessgtr 10^{16}$ Ω).

10.2.4 Kapazitätssonde zur Feldstärke- und Spannungsmessung

Durch den heute möglichen Einsatz driftarmer
elektronischer Ladungsverstärker und hochemp-
findlicher Oszillographen hoher und höchster Bandbreiten kann für viele Anwendungen eine einfache
Influenzelektrode A nach Bild 10.9 direkt zur
Feldstärke- oder Spannungsmessung herangezogen
werden, insbesondere dann, wenn sich die Meßgrößen zeitlich ändern. Wie aus (10.5) hervorgeht,
steht die von einem elektrischen Feld auf einer
Metalloberfläche influenzierte Ladung q als Aus-
gleichsladung für die Messung zur Verfügung,
wobei q aus dem Mittelwert der an der Influenzelektrode wirkenden Feldstärke $E(f)$ gebildet wird.
Für sehr viele Anwendungen ist die örtliche Feldstärkeverteilung auf der Oberfläche einer Influenzelektrode praktisch konstant, wenn die
Größe der Fläche F von (10.5) der Aufgaben-

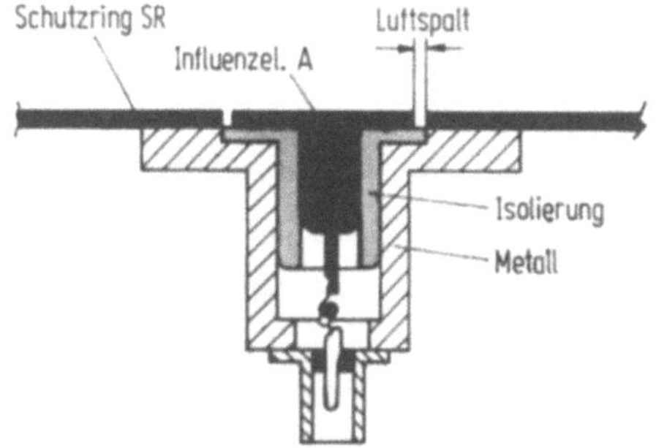

Bild 10.15. Querschnitt durch eine Kapazitätssonde [10.30].

stellung angepaßt wird. Bei einer Spannungsmessung kann das gesamte Elektrodensystem (H, SR und A von Bild 10.9) ohnehin frei gewählt werden.

Die eigentliche Schwierigkeit besteht daher lediglich in der genauen Ladungsmessung, da streng genommen zwischen der Schutzringelektrode SR und der Influenzelektrode A kein Potentialunterschied auftreten darf. Betrachtet man beispielsweise einen möglichen konstruktiven Aufbau einer Kapazitätssonde nach Bild 10.15 [10.30], bei der die Ladung q über einen Koaxialanschluß und dem nicht mehr dargestellten Koaxialkabel dem eigentlichen Meßgerät zugeführt wird, so erkennt man, daß der Ladungstransport nur über kapazitätsbehaftete Zuleitungen erfolgen kann. Bild 10.16 zeigt ein angenähertes Ersatzschaltbild für einen derartigen Sondenmeßkreis, in das vor allem die wirksamen Nebenkapazitäten eingetragen sind. Unvermeidlich ist die Sondenkapazität C_s, die sich allein schon aus der notwendigen Isolierung der Sonde innerhalb der Schirmelektrode ergibt. Beeinflußbar hingegen sind die Kabelkapazität C_k sowie die Eingangskapazität C_m des Meßgerätes, dessen Eingangswiderstand R_m sei. Auf einen zusätzlichen Parallelkondensator C_p wird noch einzugehen sein.

Die gesamte, wirksame Sondenkapazität ist somit

$$C'' = C_s + C_k + C_p + C_m. \tag{10.14}$$

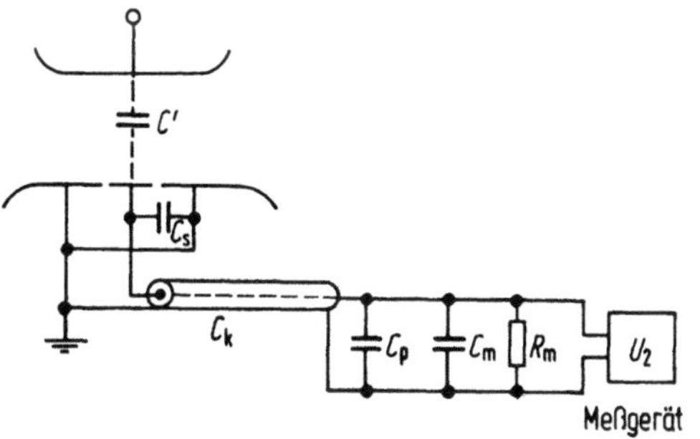

Bild 10.16. Meßkreis einer Kapazitätssonde.

Die einfachste Methode besteht nun darin, diese Kapazität zur Ladungsmessung zu benützen, indem man eine geringfügige Aufladung dieser Kapazität, also eine relativ kleine Spannung U_2 zuläßt, deren zeitlicher Verlauf oszillographisch gemessen wird. Vernachlässigt man zunächst R_m, so wird mit (10.7)

$$u_2(t) = \frac{1}{C''} \int \frac{dq}{dt}\, dt = \frac{C'}{C''}\, u(t). \tag{10.15}$$

Es liegt somit ein üblicher, kapazitiver Spannungsteiler vor mit $C'' \gg C'$. Der Niederspannungskondensator C'' eines derartigen Teilers ist ja nichts anderes als ein Integrator für den von der Hochspannungskapazität C'·gelieferten Strom. Da in Wirklichkeit aber noch R_m parallel zu C'' liegt, werden niederfrequente Vorgänge mit zu kleiner Amplitude und phasenverschoben registriert. Daher wird man die Kapazitäten C_p und C_s möglichst groß machen und Oszillographen mit möglichst hoher Eingangsempfindlichkeit benützen. Bei hochfrequenten Spannungs- oder Feldänderungen stören aber in der Schaltung von Bild 10.16 die Wanderwellenschwingungen des Kabels, welches wegen C_p, C_m und R_m (hochohmig) nicht reflexionsfrei abgeschlossen ist. Um diese Schwingungen zu vermeiden, sind mehrere Problemlösungen möglich: Verlegt man möglichst die gesamte Sonden- oder Integrationskapazität C'' (Gl. (10.14)) an den Kabeleingang (Erhöhung von C_s durch konstruktive Maßnahmen, bzw. durch Zuschaltung von koaxial angeordneten Kondensatoren) und schließt man das Kabel wie üblich am Kabelende mit dessen Wellenwiderstand $Z_w (R_m = Z_w)$ ab, so verschwindet zwar die Kabelkapazität C_k, erhält dadurch aber eine recht hohe untere Grenzfrequenz $f_u \simeq 1/2\pi Z_W (C_s + C_p)$. Ist $C_k \ll (C_s + C_p)$, kann man das Kabel auch an seinem Eingang abschließen (s. Bild 10.45, bzw. Abschnitt 10.6.3.3) und damit die untere Grenzfrequenz stark reduzieren, weil R_m hochohmig bleiben kann. Sehr vorteilhaft ist auch die Entkopplung der Sondenkapazität vom Kabel durch einen hochwertigen Breitbandverstärker (z. B. aktive Oszillographensonde [10.109]). In allen Fällen sind somit gewisse Kompromisse zwischen dem Verhalten des Meßsystems bei hohen und tiefen Frequenzen zu schließen [10.115].

10.3 Elektrostatische Voltmeter

Herrscht an der Oberfläche der Metallelektroden eines idealen Plattenkondensators (Fläche A, Abstand x) ein elektrisches Feld E, so wirkt auf diese Elektroden eine anziehende Kraft F. Sie berechnet sich aus der möglichen Veränderung der im System gespeicherten gesamten elektrischen

Energie $W_e = \varepsilon A E^2 x / 2$ zu

$$F(x) = -\frac{\mathrm{d}W_e}{\mathrm{d}x} = \frac{1}{2}\,\varepsilon E^2(x)\,A\,. \qquad (10.16)$$

Diese Kraft wirkt somit auch als Zugspannung $F(x)/A$ auf jedes beliebige Flächenelement A der Elektrode, wenn die Feldstärke auf der Elektrodenoberfläche nicht homogen verteilt ist. Nach (10.16) liegt somit im Prinzip eine Feldstärkemessung über die Krafteinwirkung vor; beim elektrostatischen Voltmeter wird jedoch die Feldstärke stets durch ein Elektrodensystem hervorgerufen, so daß bei dem eingangs genannten Plattenkondensator auch die Spannung eingeführt werden kann:

$$U = Ex: \quad \frac{F(x)}{A} = \frac{1}{2}\,\varepsilon\,\frac{U^2}{x^2}\,. \qquad (10.17)$$

Die Kraftwirkung ist also quadratisch von der Feldstärke bzw. Spannung abhängig. Somit lassen sich Gleichspannungen oder Effektivwerte von Wechselspannungen messen, wenn bei Wechselspannungen die Kraft über die Zeit gemittelt wird. Eine obere Frequenzgrenze wird durch das Meßprinzip nicht erkennbar, solange das elektrische Feld zwischen den Elektroden als quasi-elektrostatisch gelten kann. Wird die Kraft *weglos* gemessen, so wird dem Feld und damit auch der Spannungsquelle keine Wirkleistung entnommen. Da bei allen praktischen Konstruktionen höchstens sehr geringe Bewegungen der Meßelektrode zugelassen werden, und auch die gesamte gespeicherte Energie W_e sehr klein ist, tritt auch bei diesen Geräten praktisch kein Wirkleistungsverbrauch auf, wenn man von Isolationsströmen absieht.

Elektrostatische Voltmeter können in vielfältigen, konstruktiven Varianten gebaut werden (s. [10.17; 10.23; 10.24; 9.12]). Die früher häufig verwendeten Voltmeter für kleine Spannungen ($\gtrless 10$ V) wurden weitgehend von elektronischen Elektrometern oder Voltmetern verdrängt, so daß diese heute nur mehr selten industriell gefertigt werden.

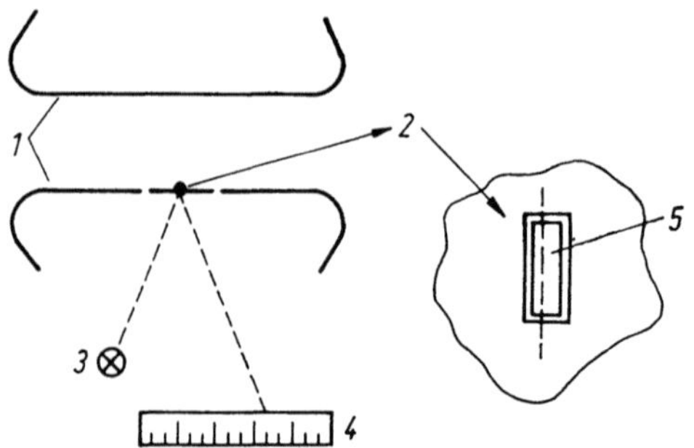

Bild 10.17. Prinzip des Starke-Schröder-Voltmeters.
1 Rogowski-Profil, *2* Elektrodenausschnitt, *3* Lichtquelle, *4* Skala, *5* exzentrisch gelagertes Plättchen mit Rückstellfeder.

Bild 10.18. Elektrostatisches Voltmeter für 100 kV (Werkbild Mesuco, Wolfhausen/Schweiz).

Für einen mittleren Spannungsbereich von ca. 10 bis 100 kV stehen relativ preiswerte Konstruktionen zur Verfügung, die vor allem im Gebiet der Elektrostatik, wo absolut leistungslos gemessen werden muß, Anwendung finden. Dabei werden vorwiegend Plattenelektrodensysteme mit günstiger Randfeldausbildung (z. B. Rogowski- oder Borda-Profil) verwendet, bei denen eine einfache Meßbereichserweiterung durch die Einstellung der Plattenabstände möglich ist. Größere Unterschiede bestehen dabei im eigentlichen Kraft-Meß- und Anzeigesystem; das bekannte Starke-Schröder-System verwendet die Drehung eines Metallplättchens, die durch eine exzentrische Lagerung hervorgerufen wird (Bild 10.17). Ein nach ähnlichen Prinzipien aufgebautes Gerät für 100 kV zeigt Bild 10.18. Für noch höhere Spannungen werden die Abmessungen des Elektrodensystems bei Luftisolation recht groß. Durch den Einsatz von Schwefelhexafluorid als Isoliergas kann man mit einem Gasdruck von 5 bar Betriebsfeldstärken von 100 kV/cm (Effektivwert) zuverlässig isolieren und so selbst bei Wechsel- und Gleichspannungen bis zu 1000 kV mit tragbarem Aufwand sehr genaue elektrostatische Voltmeter herstellen (Genauigkeit ca. 0,1 %; [10.31]). Da heute eine genaue, absolute Kraftmessung nach dem Balanzier-Waagen-Prinzip unter Zuhilfenahme optischer oder opto-elektronischer Methoden möglich ist und die Spannungsmessung beim elektrostatischen Voltmeter mit Homogenfeld-Elektroden nach

(10.17) auf eine reine Kraft- und Längenmessung zurückgeführt wird, kann auch eine *absolute* Spannungsmessung vorgenommen werden. Eine gute Übersicht über ältere Konstruktionen dieser Art ist [10.23] zu entnehmen. Es ist zu erwarten, daß bald auch absolute Hochspannungsmeßmethoden zur Verfügung stehen werden, die auf elementar berechenbaren kernphysikalischen Prozessen (z. B. dem Paarerzeugungsprozeß [10.68]) beruhen. Ihre praktische Anwendbarkeit bleibt aber wegen des hohen technischen Aufwands beschränkt.

10.4 Messung von Gleichspannungen sowie von niederfrequenten Wechselspannungen mit hochohmigen Widerständen

Nach dem Ohmschen Gesetz kann eine Spannungsmessung entweder auf eine Strommessung (Bild 10.19a) oder eine Spannungsmessung (Bild 10.19b) zurückgeführt werden, wenn eine zu hohe Spannung nicht direkt vom Meßbereich eines üblichen Voltmeters erfaßt wird. Diese beiden, aus der Messung mäßig hoher Spannungen ($\lesssim 10$ kV) her wohlbekannten Verfahren werden in der technischen Ausführung um so schwieriger, je größer die zu messende Spannung ist: Bei der Dimensionierung des Widerstands R sieht man sofort, daß dieser entweder infolge der zulässigen Belastung der Spannungsquellen (insbesondere bei Gleichspannungsquellen) oder aber aus Gründen der Erwärmung sehr hochohmig sein muß. Dann aber sind die einfachen Ersatzschaltungen von Bild 10.19 nicht mehr gültig, da die durch die hohen Spannungen notwendigen geometrischen Abmessungen von R Streukapazitäten hervorrufen, die bei zeitlich veränderlichen Spannungen $U \triangle u(t)$ — hierbei kann es sich auch um Überlagerungen bei Gleichspannungen nach (9.12) handeln — nicht mehr vernachlässigt werden dürfen. Auf diese Problematik wird ausführlicher

in Abschnitt 10.6 eingegangen, so daß die hier angestellten Betrachtungen im wesentlichen nur für Gleichspannungen oder entsprechend niederfrequente Wechselspannungen gelten.

Für die Schaltung Bild 10.19a wird, da der aus Sicherheitsgründen häufig vorgesehene Ableiter A sehr hochohmig gegenüber dem Innenwiderstand des Strommessers ist, der arithmetische Mittelwert der zu messenden Spannung

$$\bar{u} = R\bar{i}_2. \tag{10.18}$$

Der Spannungsabfall für die Strommessung kann dabei stets gegenüber $\bar{u}$ vernachlässigt werden. Die Genauigkeit dieser Methode ist somit von der Genauigkeit der Strommessung und der absoluten Genauigkeit des Widerstands R abhängig. Da eine sehr genaue Strommessung insbesondere mit elektronischen Kompensationsmethoden möglich ist [10.32], werden extrem hohe Anforderungen an die *Technologie* der verwendeten Widerstände gestellt, deren Temperaturabhängigkeit und Alterungsverhalten unmittelbar in das Meßergebnis eingehen. Bei der Spannungsteilerschaltung nach Bild 10.19b kann man diese Fehler dann vollständig beseitigen, wenn die Widerstände R und R_2 denselben Veränderungen unterliegen, da hier ja

$$\bar{u} = \bar{u}_2 \left(1 + \frac{R}{R_2}\right) \tag{10.19}$$

wird. Konstruktiv müssen somit R und R_2 aus dem gleichen Material hergestellt sein und durch den Zwangsumlauf eines Kühlmittels kann für einen guten Temperaturausgleich zwischen den Widerständen gesorgt werden, was mit einem entsprechenden Aufwand auch erreicht werden kann ([10.33; 10.34]). Die bei diesen Verfahren darüber hinaus schwierigere, hochohmige und präzise Spannungsmessung von $\bar{u}_2$ ist heute mit elektronischen Voltmetern möglich und kann durch Kompensationsverfahren mit extrem hoher Genauigkeit erfolgen [10.34].

Beiden Meßmethoden gemeinsam ist das Problem der notwendigen, hochwertigen Isolation der verwendeten Widerstände. Sofern die Joulesche Wärme noch durch natürliche Konvektionskühlung abgeführt werden soll, wird der Strom $I \lesssim 1$ mA zu wählen sein. Als spezifischen Wert für den Hochspannungswiderstand R pro kV zu messender Spannung erhält man daher Werte von ≥ 1 MΩ/kV. Liegt ein Widerstandselement noch dazu auf hohem, *absoluten* Potential wie beispielsweise am hochspannungsseitigen Eingang des Widerstands R, so kann auch noch die Feldstärke an seiner Oberfläche sehr hoch und damit das den Widerstand umgebende Isoliermaterial stark beansprucht werden. Leck- oder Parallelströme zu den Widerständen sind die Folge und setzen der Hochohmigkeit der Widerstände nach oben hin eine Grenze, bzw. erfordern einen Mindestwert des

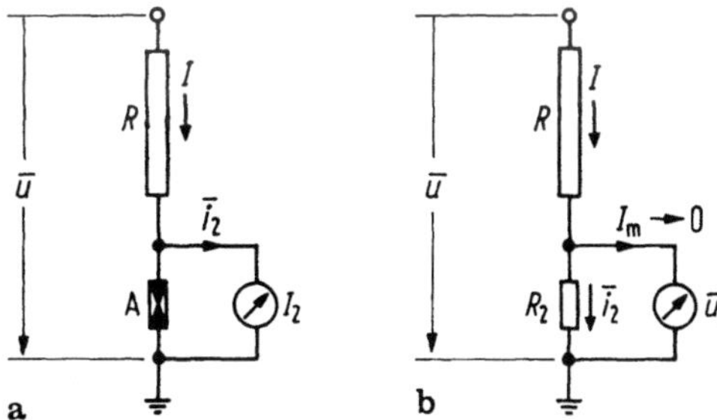

Bild 10.19. Messung hoher Gleich- und niederfrequenter Wechselspannungen mit hochohmigen Widerständen R. **a** R als Vorwiderstand; **b** R in Spannungsteilerschaltung.

Meßstroms ($I \gtrless 0{,}1$ mA; $R' \lessgtr 10$ MΩ/kV). Nur eine genaue Analyse des elektrischen Feldes in der Umgebung der Widerstände und eine sorgfältige Auswahl des Isoliermaterials kann in Verbindung mit konstruktiv günstigen Lösungen für die räumliche Anordnung der Widerstände diese Probleme vermeiden helfen. Eine spiralförmige Anordnung kleiner Widerstandselemente, die zu einer zylindrischen Widerstandssäule führt, erweist sich in Verbindung mit einer Ölisolation [10.34] oder auch SF₆-Isolation als günstig, wenn Spannungen von $\gtrless 100$ kV gemessen werden sollen (Bild 10.20). Bei Luftisolation und höheren Spannungen können die eigentlichen Meßwiderstände durch spiralförmig angeordnete, noch höherohmige Widerstände feldmäßig abgeschirmt werden [10.32].

Auf Detailprobleme bezüglich der Auswahl geeigneter Widerstandsmaterialien (Metalldraht-, Metallfilm-, Kohleschicht-, Masse-Widerstände) kann hier nicht eingegangen werden. Erwähnt sei aber das Problem der Zerstörung zu dünner Widerstandsschichten bei plötzlichen Spannungszusammenbrüchen der zu messenden Spannung bei Durchschlagsuntersuchungen: Die schnelle Entladung der hier vernachlässigten Streukapazitäten injiziert in die Widerstände die im elektrischen Feld gespeicherte Energie innerhalb extrem kurzer Zeit; diese Energie kann von zu massearmen Widerstandsschichten nicht aufgenommen werden und führt zu einer explosionsartigen Überhitzung und damit Zerstörung der Schichten.

10.5 Messung der Scheitelwerte von Wechsel- und Stoßspannungen

Mit der in Abschnitt 10.1.1 behandelten Kugelfunkenstrecke wurde bereits eine ausschließlich auf die Messung hoher Spannungen beschränkte Meßmethode vorgestellt. Da diese Funkenstrecken aber eine kontinuierliche Anzeige nicht ermöglichen, wird man stets noch direkt anzeigende Meßverfahren einsetzen. Im Vergleich zur üblichen Niederspannungsmeßtechnik ist bei hohen Spannungen der Scheitel- oder Maximalwertmessung ja die größte Bedeutung beizumessen: Das Versagen einer Isolation tritt, von wenigen Ausnahmen abgesehen, stets dann ein, wenn die Feldstärken und damit auch die Spannungen ihren größten Augenblickswert erreicht haben oder zumindest — wenn man die physikalischen Vorgänge im Zeitbereich von Mikrosekunden betrachtet — diesem Scheitelwert sehr nahe sind. Die hohe Empfindlichkeit moderner elektronischer Schaltungen auf kurzzeitiger Überspannungen zwingen heute dazu, Scheitelwertmeßgeräte auch zur Erfassung von Impulsspannungen im Niederspannungsnetz einzusetzen.

Obwohl viele Scheitelwertmeßmethoden von den Grundschaltungen aus gesehen nur wenig frequenz- und damit auch zeitabhängig sind, werden sie in der Praxis meistens so dimensioniert, daß sie entweder nur für die Erfassung der Maximalwerte von kontinuierlichen, auch oberwellenhaltigen Wechselspannungen oder speziell für Scheitelwertmessungen von vollen, im Rücken oder sogar in der Stirn abgeschnittenen Stoßspannungen geeignet sind. Daß die Anforderungen an die Schaltung dabei stark unterschiedlich sind, ist leicht einzusehen. Aus diesem Grunde ist eine getrennte Behandlung angebracht. Fast alle Schaltungen benötigen geeignete Spannungsteiler; sie werden im Abschnitt 10.6 behandelt, da sich für diese Geräte eine einheitliche Theorie aufdrängt. Nur wenn das Zusammenwirken von Spannungsteiler und Meßgerät besondere Probleme aufwirft, wird bereits hier auf diese Teiler kurz eingegangen.

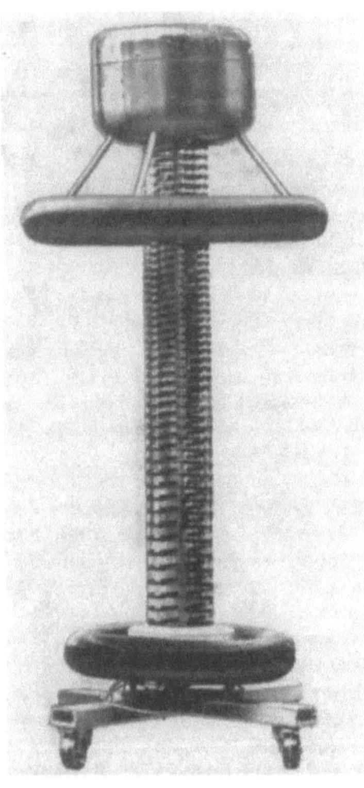

Bild 10.20. 300-kV-Gleichspannungsteiler hoher Präzision [10.34]. Bauhöhe 210 cm. Aufgebaut aus 300 Widerständen, drahtgewickelt, von je 2 MΩ. Teilerverhältnis 300:1. Man beachte die an das elektrostatische Feld angepaßte, unterschiedliche Steigung der Widerstandshelix.

10.5.1 Scheitelwertmessung von insbesondere netzfrequenten Wechselspannungen

Aus der großen Zahl möglicher Schaltungen werden nur jene herausgegriffen, die auch unter Berücksichtigung modernster Halbleiterschaltungen noch verbreitet Anwendung finden können. Die praktische Erfahrung mit dem Einsatz komplexer elektronischer Geräte im Hochspannungslaboratorium zeigt ja, daß deren Zuverlässigkeit, bedingt durch die starken elektromagnetischen Störeinwirkungen, recht gering sein kann. Eine vollständige Übersicht über insbesondere ältere Schaltungen ist [10.35] zu entnehmen.

10.5.1.1 Schaltung von Chubb und Fortescue

Diese seit dem Jahre 1913 bekannte Schaltung [10.36] wurde ursprünglich dazu verwendet, für die Kugelfunkenstrecken die Durchschlagspannungen möglichst genau zu bestimmen. Solange nur Röhrendioden, schlechte Halbleitergleichrichter oder mechanische Gleichrichter zur Verfügung standen, war sie nicht problemlos anwendbar. Unter Verwendung hochwertiger Siliziumdioden mit vernachlässigbar kleinen Sperrströmen und schnellen Schalteigenschaften kann sie jedoch mühelos selbst gebaut werden und erfordert einen sehr kleinen technischen Aufwand, wie die in Bild 10.21a skizzierte Schaltung zeigt: Wird der durch einen für die volle zu messende Spannung $u(t)$ dimensionierte Kondensator C fließende Strom $i_c(t)$ durch die beiden Dioden D exakt in beide Polaritäten aufgeteilt, so registriert das Mittelwert-Strommeßgerät M den folgenden arithmetischen Mittelwert des gleichgerichteten Stroms:

$$\bar{i} = \frac{1}{T} \int_{0}^{T/2} i_c(t)\, dt = \frac{C}{T} \int_{\hat{u}_-}^{\hat{u}_+} du = \frac{C}{T}\,(\hat{u}_+ - \hat{u}_-).$$

$$(10.20)$$

Für $f = 1/T$ und unter Beachtung, daß $\hat{u}_-$ stets einen negativen Zahlenwert darstellt, wird somit:

$$\bar{i} = fC(\hat{u}_+ + |\hat{u}_-|).\qquad (10.21)$$

Dabei ist vorausgesetzt, daß der Schutzwiderstand R_s hinreichend klein und der in Bild 10.21b

skizzierte Spannungsverlauf nicht so stark oberwellenhaltig ist, daß innerhalb einer halben Periodendauer $T/2$ mehr als ein Maximalwert auftritt. Wäre dies der Fall, so wird $\bar{i}$ zu groß, da die dann auftretende Polaritätsumkehr des Stroms nicht vom Meßgerät M erfaßt wird. Beim Einsatz mechanischer Gleichrichter entfällt dieser Nachteil. Bei den zulässigen Kurvenformen der Prüf-Wechselspannungen (Abschnitt 9.1.1) kann aber nur ein einziger Maximalwert pro Halbwelle auftreten.

Die geringen Schwell- ($\lessgtr 0{,}7$ V) und Durchlaßspannungen ($\lessgtr 2$ V) der Dioden D ergeben zwar einen systematischen Fehler, der aber bei Hochspannungsmessungen praktisch vernachlässigt werden kann. Hingegen müssen die Sperrträgheit und die Sperrströme der Dioden klein sein im Vergleich zum Durchlaßstrom, der durch die Höhe der Spannung und die Größe von C bestimmt wird. Da der Strom $\bar{i}$ sehr genau gemessen werden kann, läßt sich eine hohe Genauigkeit erzielen, wenn auch C und f genau bekannt sind. Die eigentlich notwendige, gleichzeitige Frequenzmessung erübrigt sich in der Regel bei netzfrequenten Wechselspannungen, da die Nennfrequenz des Netzes in vielen Ländern sehr exakt eingehalten wird.

Nach (10.21) kann nur die absolute Differenz zwischen den positiven und negativen Scheitelwerten erfaßt werden, was als grundlegender Nachteil gelten kann. Unsymmetrische Scheitelwerte treten aber nur selten auf.

Bei Hochspannungsprüfungen sind schnelle Spannungszusammenbrüche üblich; dabei treten hohe, kurzzeitige Stromspitzen von $i_c(t)$ auf, so daß man die Dioden vor Stromüberlastungen schützen muß. Dazu eignet sich die in Bild 10.21a sichtbare Schutzschaltung, bestehend aus einem relativ kleinen Schutzwiderstand R_s und einem geeigneten Überspannungsableiter A. Da die Dimensionierung dieser Elemente einfach ist, sei nicht näher darauf eingegangen.

Die Frequenzabhängigkeit kann mit einer Erweiterung der Schaltung durch eine digitale Elektronik eliminiert werden. Hierbei wird z. B.

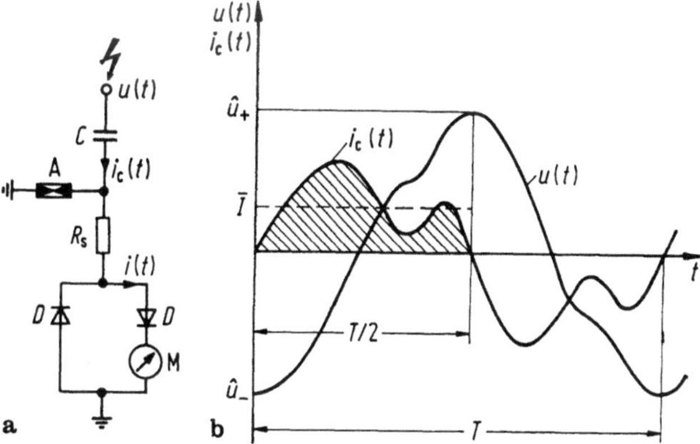

Bild 10.21. Scheitelspannungsmessung nach Chubb und Fortescue [10.36].

der Strom $\bar{i}$ in eine proportionale Frequenz gewandelt und über ein elektronisches Tor, das von der Frequenz der zu messenden Wechselspannung gesteuert wird, einem Zähler zugeführt. Unter Verwendung von Preßgaskondensatoren (s. Bild 1.4 a), die eine hohe Genauigkeit für den Wert von C gewährleisten, lassen sich damit die Scheitelwerte von Wechselspannungen auf ca. 0,1% genau messen [10.37].

10.5.1.2 Spannungsteilung und Diodengleichrichtung

Die in Abschnitt 9.2.3.1 behandelte Einweggleichrichtung mit Glättung ist die Grundlage für viele Scheitelwertmeßmethoden. Steht, wie in Bild 9.22 vorausgesetzt, eine *starre* Wechselspannungsquelle $U_\sim$ zur Verfügung, so wird der Speicherkondensator C bei einer stetigen Steigerung von $U_\sim$ periodisch auf $\hat{u}$ aufgeladen, wenn die Diode D als ideal betrachtet wird. Die Polarität von $\hat{u}$ wird durch die Polarität der Diode bestimmt.

Bei der praktischen Anwendung dieser einfachen „Spitzenwertgleichrichtung" müssen aber die folgenden Effekte berücksichtigt werden, welche zu mehr oder weniger starken Abwandlungen dieser Schaltung zwingen:

— Da man die Diodengleichrichtung nur für Niederspannungen ($\lesssim 1\,\mathrm{kV}$) dimensionieren wird, muß die zu messende Hochspannung durch Spannungsteiler stark verkleinert werden (C_1, C_2 in Bild 10.22). Sowohl bei ohmschen als auch kapazitiven Spannungsteilern ist dann die Wechselspannungsquelle nicht mehr starr, sondern mit einem Innenwiderstand behaftet.

— Der Scheitelwert soll nicht nur bei einer Steigerung, sondern auch bei einem Rückgang der Spannung $u(t)$ dem aktuellen Scheitelwert mit geringer Trägheit folgen.

Am Beispiel der seit 1930 bekannten, in Bild 10.22 skizzierten Schaltung [10.38] können die dann auftretenden Effekte gut demonstriert werden: Der bei der Messung von netzfrequenten Hochspannungen meistens verwendete kapazitive Spannungs-

teiler C_1, C_2 ist nun die Spannungsquelle für die Diodengleichrichtung D, C_m. Für $R_2 = R_\mathrm{m} = \infty$ wird unter der Annahme, daß die Gleichrichterschaltung den Spannungsteiler nicht belastet und die Diode D ideale Eigenschaften besitzt, die an C_m zu messende Spannung U_m eine reine Gleichspannung der Größe

$$U_\mathrm{m} = \hat{u}_2 = \hat{u}\,\frac{C_1}{C_1 + C_2}. \qquad (10.22)$$

Die Messung von U_m muß dabei absolut leistungslos erfolgen, z. B. durch ein elektrostatisches Voltmeter. Da nun aber die Anzeige (U_m) einem Rückgang der Spannung *nicht* folgen kann, muß C_m durch R_m belastet werden. In Anlehnung an Bild 9.22 b sinkt somit zwischen zwei aufeinanderfolgenden Scheitelwerten die Spannung an C_m exponentiell auf einen Wert von

$$(U_\mathrm{m})_\mathrm{min} \approx \hat{u}_2 \exp\left(-\frac{T}{R_\mathrm{m}C_\mathrm{m}}\right), \qquad (10.23)$$

wobei $T = 1/f =$ Periodendauer der Wechselspannung, ab. Da die Entladezeitkonstante $R_\mathrm{m}C_\mathrm{m}$ etwa 0,5 bis 1 s betragen soll, um die Trägheit der Anzeige in üblichen Grenzen zu halten, ist $R_\mathrm{m}C_\mathrm{m} \gg T$. Gleichgültig, ob das Anzeigeinstrument den arithmetischen oder quadratischen Spannungsmittelwert an C_m mißt, kann damit der durch (10.23) bestimmte, stets negative „Entladefehler" f_E durch den arithmetischen Mittelwert dieses zeitlich veränderlichen Spannungsverlaufs mit ausreichender Genauigkeit erfaßt werden:

$$f_\mathrm{E} \approx \frac{1}{2}\left[\exp\left(-\frac{T}{R_\mathrm{m}C_\mathrm{m}}\right) - 1\right]. \qquad (10.24)$$

f_E ist also grundsätzlich von der Frequenz f der zu messenden Wechselspannung abhängig und nimmt für $R_\mathrm{m}C_\mathrm{m} = 1$ s folgende Werte an:

f	$= 16^2/_3$	50	150	300	Hz
f_E	$= -2{,}9$	$-0{,}99$	$-0{,}33$	$-0{,}17$	%

Die nun stetige Entladung von C_m hat weitere Fehler zur Folge: Da dieser Kondensator wieder aufgeladen werden muß, liegt er während der Stromflußzeit der Diode parallel zu C_2 und reduziert die Ausgangsspannung U_2 des Teilers. Der damit verbundene „Nachladefehler" f_N ist proportional zu f_E und wird

$$f_\mathrm{N} \approx 2f_\mathrm{E}\,\frac{C_\mathrm{m}}{C_1 + C_2 + C_\mathrm{m}}. \qquad (10.25)$$

Dem Kondensator C_2 wird damit ständig ein pulsierender Gleichstrom entnommen, der das Potential am Teilerabgriff verlagert. Diese Potentialverlagerung kann nur durch einen ausreichend klein dimensionierten Ableitwiderstand R_2 rück-

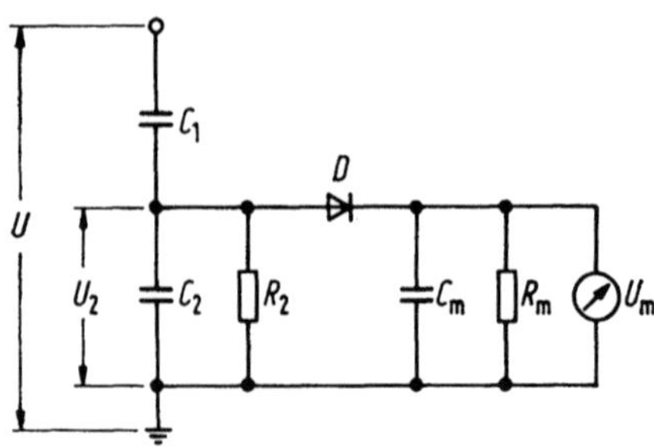

Bild 10.22. Scheitelspannungsmessung nach Davis, Bowdler und Standring [10.38].

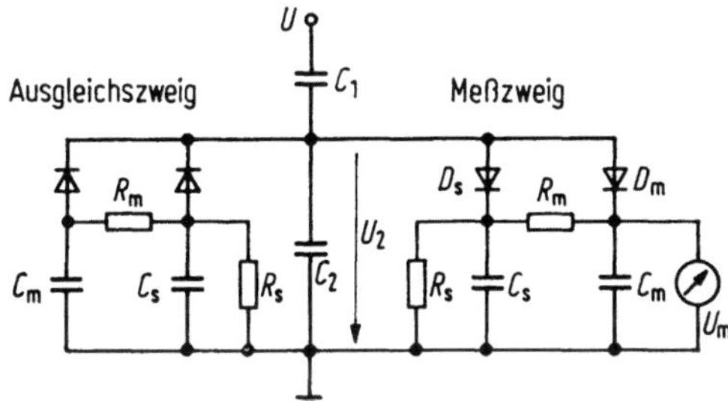

Bild 10.23. Zweiweg-Stützschaltung nach Rabus [10.39].

gängig gemacht werden. Die trotzdem noch verbleibende, potentialverlagernde Gleichstromkomponente tritt ebenfalls als negative Fehlerkomponente

$$f_p = -\frac{R_2}{R_m} \qquad (10.26)$$

auf. R_2 verändert darüber hinaus noch das Teilerverhältnis, da die Impedanz des Niederspannungsteils komplex wird. Der Fehler wird mit guter Näherung $(C_2 \gg C_1)$

$$f_T = -\frac{1}{2(\omega R_2 C_2)^2} . \qquad (10.27)$$

Man erkennt, daß alle in (10.25) bis (10.27) auftretenden Fehler klein werden, wenn man den Speicher- oder Meßkondensator C_m sehr klein halten könnte. Dem stehen aber die auch bei besten Halbleiterdioden noch wirksamen, nichtidealen Eigenschaften (Eigenkapazität der Dioden in Durchlaßrichtung; endlich große Sperrströme) entgegen, die dann zusätzliche und nicht mehr zu vernachlässigende Fehler bewirken, wie leicht einzusehen ist.

Eine erhebliche Reduktion der wesentlichen Fehlerkomponenten läßt sich bereits ohne den Ein-

satz elektronischer Verstärkerschaltungen mit der sogenannten „Zweiwegstützschaltung" nach Bild 10.23 erzielen [10.39]. Wegen der symmetrischen Belastung des Teilers durch den Ausgleichs- und Meßzweig kann R_2 entfallen; somit verschwinden die in (10.26) und (10.27) genannten Fehler. Der noch verbleibende Entladefehler nach (10.24) kann durch die Stützung der Spannung am Meßkondensator C_m über den „Stützkreis" D_s, C_s und R_s erheblich reduziert werden, da die Entladung von C_m nicht mehr sofort nach dessen Aufladung auf $\hat{u}_2$, sondern verzögert erfolgt, weil C_s ebenfalls auf $\hat{u}_2$ aufgeladen wird. Durch den Stützkreis wird aber der kapazitive Spannungsteiler zusätzlich belastet, so daß sich der gesamte Nachladefehler — siehe (10.25) — aus zwei Anteilen zusammensetzt. Die Dimensionierung dieser Schaltung wird daher zu einem Optimierungsproblem, welches in der Literatur ausführlich behandelt ist [10.40]. Dort wird nachgewiesen, daß der durch die Summe von Entlade- und Nachladefehler gegebene, systematische Gesamtfehler der Schaltung für $C_2 \gtrless 15 \cdot C_m$ kleiner als $\pm 0,5\%$ für $f \gtrless 16^2/_3$ Hz (Bahnfrequenz) gemacht werden kann. Diese passive Schaltung eignet sich somit recht gut zur Messung von positiven und negativen Scheitelwerten von Wechselspannungen.

10.5.1.3 Verstärkerschaltungen

Schon vor der Entwicklung von Halbleiteroperationsverstärkern waren Scheitelspannungsmeßgeräte mit Röhrenverstärkerschaltungen im Einsatz. Ziel dieser Entwicklungen war zunächst die Entkopplung von Spannungsteiler und Meßapparatur, also die Vermeidung aller Nachladefehler, was allein durch eine Verstärkung am Schaltungseingang möglich ist. Die Reduktion des systematischen Entladefehlers hingegen ist wesentlich schwieriger und nur dadurch möglich, daß entweder die den Entladefehler nach (10.24) verursachende Fehlerzeitfläche $f_E T$ ständig kompensiert oder der im Zeitraum einer Periode T der

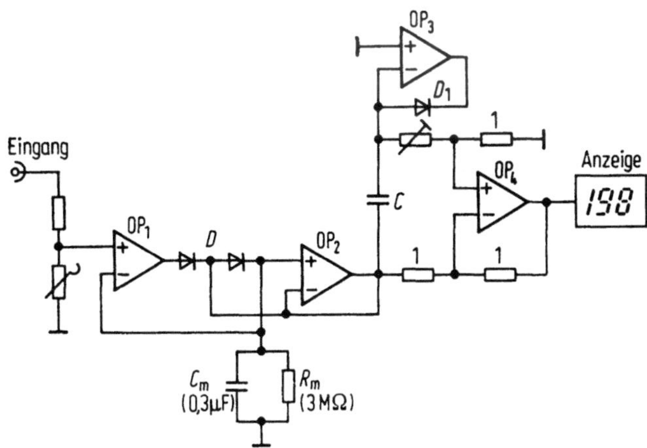

Bild 10.24. Prinzip eines analogen elektronischen Scheitelwertmeßgerätes mit Kompensation des Entladefehlers f_E. (Fa. Haefely, Basel).

Wechselspannung jeweils nur einmal zur Verfügung stehende Scheitelwert kurzzeitig gespeichert und allen laufenden Veränderungen nachgeführt wird.

Bild 10.24 zeigt in starker Vereinfachung die Schaltung eines elektronischen Scheitelwertvoltmeters, das den Entladefehler kompensiert: Die Aufladung des Speicherkondensators C_m erfolgt hier über einen als Spannungsfolger geschalteten Operationsverstärker OP_1, der den hochohmigen Eingangsabschwächer praktisch nicht belastet. Der den Entladefehler f_E verursachende Spannungsverlauf ist am Ausgang von OP_2 wegen $R_m C_m \approx 1\,s$ noch vorhanden. Der Ripple dieses Spannungsverlaufs wird aber über OP_3, D_1 und C ausgesiebt und verstärkt, so daß durch eine Summierung des Spannungsverlaufs durch OP_4 mit dem entsprechend einjustierten Ripple die Fehler-Zeit-Fläche, welche f_E verursacht, verschwindet. Am Ausgang von OP_4 steht somit der Scheitelwert der Eingangsspannung zur Verfügung, der meist mit Digitalvoltmetern angezeigt wird. Erwähnenswert ist noch die Rückführung der Ausgangsspannung am OP_2 auf die Verbindung der beiden Dioden D im Spitzenwertgleichrichter, welche die Rückströme dieser Dioden, die C_m zu stark entladen würde, stark reduziert.

Die jeweils nur kurzzeitige Speicherung der Scheitelwerte und deren laufende Nachführung an auftretende Veränderungen kann heute weitgehend mit handelsüblichen, elektronischen Schaltkreisen erfolgen [10.41]. Wie im Blockdiagramm von Bild 10.25a dargestellt, besteht

das Meßgerät (Eingangsspannung $\hat{u} < 13$ V) im wesentlichen aus einem AC peak-to-DC-Converter, einer TTL-Logik und einem Digitalvoltmeter, das von einem Mikroprozessor gesteuert wird. Der AC-to-DC-Converter ist ein spezieller Sample-and-hold-Verstärker, bei dem ein Speicherkondensator über eine idealisierte Diode stets auf den Scheitelwert $\hat{u}$ der Eingangsspannung aufgeladen und in einstellbaren Intervallen über einen FET-Schalter entladen wird. Die noch entsprechend leistungsverstärkte Spannung wird dem DV zugeführt. Die Reset-Control- und Peak-Detect-Control-Kreise steuern den FET-Schalter und triggern das Digitalvoltmeter. Der Mikroprozessor dient zur Korrektur der auftretenden, systematischen Fehler und kann darüber hinaus für eine Umsetzung der Anzeige in eine für den Benützer günstige Form verwendet werden (z. B. Berücksichtigung des Spannungsteilerverhältnisses in der Anzeige).

Bild 10.25b zeigt vereinfacht das Zeitdiagramm für den Funktionsablauf der verschiedenen Baugruppen. Die nur kurzzeitigen Meßzyklen des DV werden immer dann (t_1, t_3, t_6) aktiviert, wenn sich ein — hier positiver — Scheitelwert geändert, insbesondere vergrößert hat. Sinkt der Scheitelwert ab (z. B. zwischen t_3 und t_4, so sorgt ein Rückstellimpuls (reset) nach einer einstellbaren Zeit ($t_5 - t_3$) für die totale Entladung des Speicherkondensators. In Verbindung mit einem sehr sorgfältig aufgebauten kapazitiven Spannungsteiler für eine Wechselspannung von 200 kV konnte damit für einen Frequenzbereich von 50 bis 300 Hz eine Meßgenauigkeit (relative Meßunsicherheit, basie-

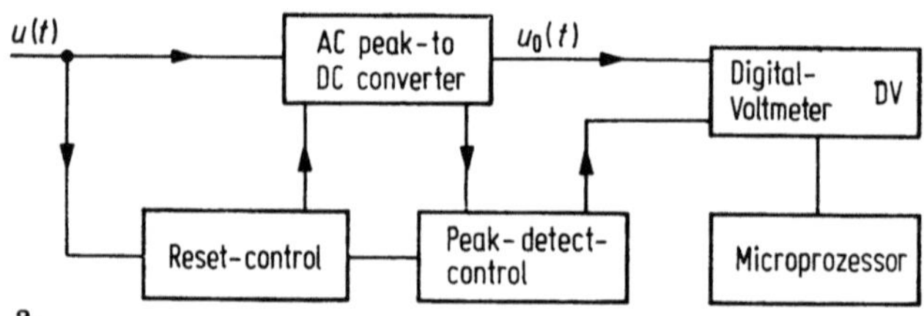

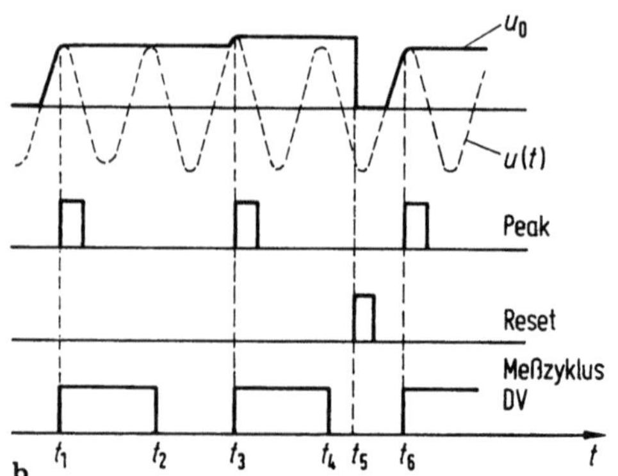

Bild 10.25. Prinzip eines elektronischen Scheitelwertmeßgerätes für höchste Genauigkeit (nach [10.41]). **a** Blockdiagramm (ohne Spannungsteiler); **b** Zeitdiagramm für die Steuerung der Funktionsgruppen.

rend auf dem 2σ-Wert von ca. $\pm 3 \cdot 10^{-4}$ erzielt werden.

Diese kurze Übersicht sollte dazu dienen, die Schwierigkeiten einer exakten Scheitelwertmessung aufzuzeigen und dem Anwender Hinweise für die Beurteilung von Geräten zu geben, die heute mit vielfältigen Abwandlungen marktüblich sind. Bei der praktischen Anwendung elektronischer Geräte sollte aber besonders auf deren *Unempfindlichkeit* gegenüber störenden Fremdfeldern und Störströmen, welche vor allem über die notwendige Stromversorgung und die Erdleitungen zwischen Spannungsteiler und Meßgeräteeingang eingeschleppt werden, geachtet werden. Da diese Problematik hier nur andeutungsweise (s. Abschnitt 10.7.3) behandelt werden kann, sei auf die Literatur verwiesen (z. B. [10.24]).

10.5.2 Messung des Scheitelwertes von Stoßspannungen

Die Messung der Amplituden von vollen oder im Rücken abgeschnittenen Blitz- und Schaltstoßspannungen mit der in Abschnitt 10.1.1 behandelten Kugelfunkenstrecke ist zeitraubend, wegen der relativ großen Meßunsicherheit nicht voll befriedigend, und bei Spannungen über 2 MV nicht mehr anwendbar. Auch sollte der zeitliche Verlauf einer Stoßspannung erst einmal bekannt sein, bevor eine Kugelfunkenstrecke zur Scheitelwertmessung herangezogen wird.

Dieser Spannungsverlauf kann nach einer entsprechend starken Reduktion durch geeignet dimensionierte Spannungsteiler (Abschnitt 10.6) natürlich nur mit Oszillographen oder neuerdings hochwertigen Analog-Digital-(A/D)-Wandlern mit hoher Abtastrate erfaßt werden. Da zur Stoßspannungsmessung über Jahrzehnte hinweg nur spezielle Oszillographen anwendbar waren und auch noch in der Zukunft im Einsatz bleiben dürften, werden auch diese Stoßspannungsoszillographen kurz behandelt. Dasselbe gilt für die neuartige Technik der schnellen A/D-Wandler, welche in zunehmendem Maße Anwendung finden. Bei beiden Methoden ist aber der technische Aufwand relativ groß und die Auswertung der Oszillogramme immer noch zeitraubend; bei Serienmessungen ist man daher bestrebt, sogenannte „Stoß-(spannungs-)Voltmeter" einzusetzen, welche als wesentlich preisgünstigere Geräte nur den Scheitelwert analog oder digital direkt anzeigen.

10.5.2.1 Stoßspannungsoszillographen

Nicht nur Stoßspannungen, sondern auch Stoßströme sind zeitlich einmalig ablaufende Vorgänge, die entweder über Spannungsteiler (Abschnitt 10.6) oder Shunts (Abschnitt 10.7) in meßbare Vorgänge mit Amplituden von $\lessgtr 1\,000\,\mathrm{V}$ um-

gewandelt werden. Die Umwandlung in relativ hohe Spannungsniveaus ist äußerst vorteilhaft, da dadurch die im Meßkreis unvermeidlich auftretenden Störspannungen im Verhältnis zum Meßsignal klein bleiben können. Der zeitliche Ablauf der Vorgänge liegt in der Regel im µs-Bereich.

Ein „Stoßoszillograph" muß also einen *einmalig* ablaufenden Vorgang, dessen Zeitdauer sehr kurz sein kann, in einer durch elektromagnetische Vorgänge stark gestörten Umgebung mit hoher Genauigkeit abbilden können. Die Einmaligkeit des Vorgangs erfordert einen Elektronenstrahl mit hoher Energiedichte oder einen speziellen Bildschirm, um eine hohe „Schreibgeschwindigkeit" zu erzielen. Sie sollte mindestens 200 cm/µs betragen, um die bei Spannungszusammenbrüchen auftretenden, sehr schnellen Vorgänge noch sichtbar zu machen. Diese hohe Schreibgeschwindigkeit wurde früher nur mit Kaltkathodenoszillographen erreicht [10.42], die wegen ihrer robusten Metallkonstruktion gleichzeitig auch unempfindlich gegen Störspannungen waren. Wegen der aufwendigen und zeitraubenden Bedienung werden diese Geräte heute nicht mehr verwendet. Bei Warmstrahl- oder Glühkathodenröhren erreicht man die hohe Schreibgeschwindigkeit in der Regel durch eine hohe Nachbeschleunigung des Elektronenstrahls ($\geqq$ 20 kV) bei üblicher Bildschirmtechnik; auch mehrere handelsübliche Elektronenstrahloszillographen hoher Bandbreite erfüllen heute diese Bedingung.

In jüngster Zeit konnte die Schreibgeschwindigkeit spezieller Warmstrahlröhren sogar auf 20 cm/ns gesteigert werden, was dadurch gelang, daß der Elektronenstrahl durch sogenannte Micro-Channel Plates, einer Photovervielfacheranordnung, verstärkt wird [10.43]. Die ebenfalls üblichen Bildspeicherröhren sind aber für genaue Messungen weniger tauglich, da die Schreibstrahlbreite zu groß ist und daher keine genaue Ablesung möglich wird.

Bei der Verwendung handelsüblicher Oszillographen ist zu beachten, daß es sich hierbei meist nicht um sehr präzise Meßgeräte handelt. Wenig Aufmerksamkeit wird oft der unvermeidlichen Nichtlinearität der Ablenkempfindlichkeit gewidmet, die nur dadurch berücksichtigt werden kann, daß eine Eichung der Ablenkempfindlichkeit über die ganze Bildschirmfläche hinweg vorgenommen wird. Auch eine mangelnde Stabilität der Ablenkempfindlichkeit wird zu Meßfehlern führen.

Während diese Allzweckoszillographen aber mit Warmstrahlröhren hoher dynamischer Ablenkempfindlichkeit (einige V/cm) ausgerüstet sind, um eine hohe Eingangsempfindlichkeit mit Verstärkern hoher Bandbreite zu erhalten, besitzt ein spezieller Stoßspannungsoszillograph *keinen* y-Verstärker, da die Glühkathodenröhren absichtlich für eine geringe Ablenkempfindlichkeit gebaut werden (50 bis 150 V/cm). Damit sind diese Oszillographen gegenüber Störeinflüssen nur wenig empfindlich. Die für eine Stoßspannungsmessung erforderliche Bandbreite ($\gtrless 30$ MHz) ist wegen des Verzichts auf einen Verstärker problemlos erreichbar, da die obere Grenzfrequenz der Ablenksysteme, welche durch die Elektronenlaufzeit begrenzt wird, wesentlich höher liegt.

Die Triggerung der Zeitablenkung sollte mit geringer Verzögerung (< 100 ns) möglich sein, um bei einer ungetriggerten Auslösung des zu messenden Vorgangs (s. Abschnitt 9.3.2.4) zu lange Signalverzögerungskabel vermeiden zu können. Bei Stoßoszillographen sind diese Verzögerungskabel in der Regel nicht eingebaut, da bei einer Antennentriggerung, welche auf die elektromagnetischen Vorgänge beim Durchzünden der Stoßgeneratoren anspricht, bereits das zwischen Spannungsteiler (oder Shunt) und Oszillographen liegende Meßkabel verzögernd wirkt.

Der wesentliche Unterschied zwischen handelsüblichen Elektronenstrahloszillographen und speziellen Stoßoszillographen liegt also heute *nicht mehr* bei den erzielbaren Schreibgeschwindigkeiten oder Bandbreiten, sondern ausschließlich bei der Empfindlichkeit gegenüber Störspannungen ("elektromagnetische Verträglichkeit") und der Genauigkeit und Stabilität der gesamten Ablenkempfindlichkeit. Aus diesem Grunde wurden die Anforderungen an die in der Hochspannungsprüftechnik einzusetzenden Oszillographen und Scheitelwertmeßgeräten in internationalen Vorschriften festgelegt, um dem Anwender Hinweise für die Anwendung zu geben [10.71].

10.5.2.2 Analog-Digital-Converter (A/D-Wandler; ADC)

Die Kenntnis der Funktionsweise der ADC wird vorausgesetzt: Ein zeitabhängiges Signal wird kontinuierlich abgetastet und der Abtastwert wird quantisiert. Damit entsteht eine Zahlenfolge, die das analoge Signal in Verbindung mit dem gewählten Abtastintervall T_a (sampling time) so lange eindeutig beschreibt, als das Abtasttheorem von Shannon [10.44] erfüllt ist:

$$T_a \leqq \frac{1}{2 f_g}.$$

f_g ist hierbei die höchste Frequenz, die im Spektrum des zu messenden Signals enthalten ist; dieses Spektrum muß also durch f_g begrenzt sein.

Zur Messung von vollen Blitzstoßspannungen eignen sich nur ADC-Systeme mit hoher Abtastfrequenz $f_a = 1/T_a$ von $\gtrless 20$ MHz. Weiterhin muß eine genügend hohe Auflösung, also Quantisierung, der Amplituden gewährleistet sein. Bei in der Stirn abgeschnittenen Stoßspannungen sind die Anforderungen in bezug auf T_a wesentlich größer.

Da die Abtastwerte üblicherweise in einen Halbleiterspeicher abgelegt werden, bestimmt die An-

zahl der Abtastungen N (Speichertiefe) in Verbindung mit dem Abtastintervall T_a die maximale Aufzeichnungsdauer $T_R = N T_a$. Mit den üblichen Werten von $N = 2^9 \ldots 2^{11}$ ($512 \ldots 2048$) kann man die Schirmbildbreite eines Oszillographen mit guter Zeitauflösung darstellen. Die Quantisierung der Amplituden, welche die erzielbare Amplitudengenauigkeit unmittelbar beeinflußt, sollte wenigstens auf 8 Bit erfolgen, womit $2^8 = 256$ Intervalle unterschieden werden können. Diese Anforderungen werden z. Z. von den folgenden Aufzeichnungssystemen erfüllt, den sogenannten "Transient Recordern" und dem "Transient Digitizer":

"Transient Recorder" basieren auf dem schnellsten Wandlertyp, dem voll-parallelen ADC. Bei diesen A/D-Wandlern wird das analoge Eingangssignal mit einer Bank von parallel geschalteten Komparatoren verbunden. Die Vergleichsspannung jedes Komparators entspricht einem der unterschiedlichen, digitalen Niveaus. Durch geeignete Sample-Hold-Schaltungen nach dem Komparatornetzwerk wird verhindert, daß das schnell veränderliche Eingangssignal zu einem "Flattern" der Niveaus führt. Bild 10.26 zeigt das Blockschema eines Parallel-ADC mit nachgeschalteter digitaler Sample-Hold-Schaltung, die vielfach verwendet wird. Beim **Transient Recorder** wird die Folge der codierten binären Daten in einem Halbleiterspeicher — üblicherweise einem MOS-Schieberegister — abgespeichert (Bild 10.27). Sie stehen dann am Ausgang entweder in digitaler Form, oder nach Umwandlung über einen Digital-Analog-Converter, wiederum als Analogsignal zur Verfügung. Da die Daten so lange kontinuierlich eingelesen und im Schieberegister (Speichertiefe N) zwischengespeichert werden, bis die Aufnahme

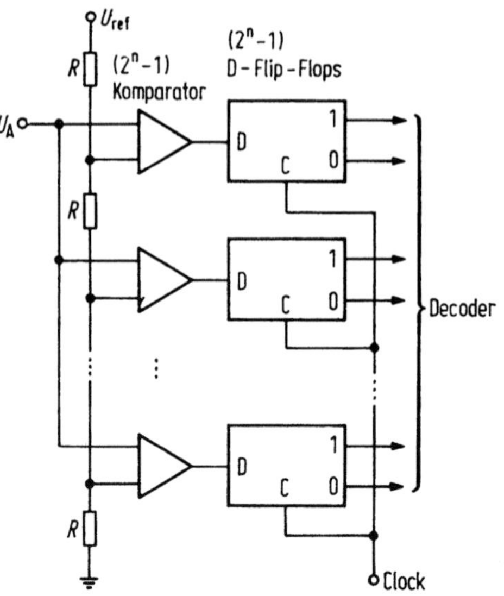

Bild 10.26. Paralleler ADC mit digitaler Sample-Hold-Schaltung; Blockschema.

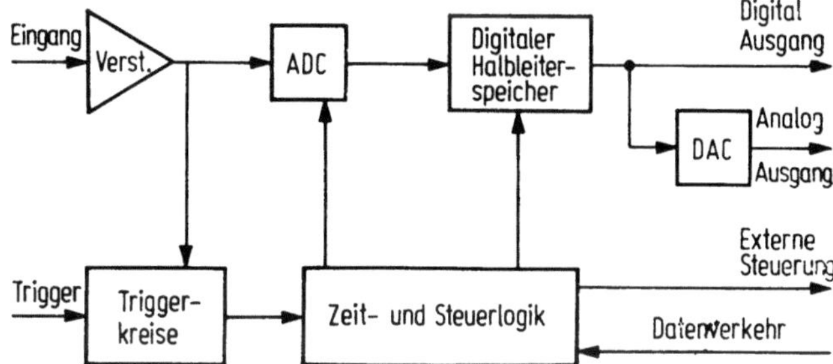

Bild 10.27. Blockschema eines Transient Recorders.

gestoppt wird, ergibt sich die sehr vorteilhafte Eigenschaft des sogenannten „Pretrigger-Aufnahmemodus": Da auch schon vor dem Triggersignal die Datenaufnahme kontinuierlich erfolgt ist, enthält das Schieberegister die digitale Information über den Signalverlauf auch schon *vor* dem Triggermoment.

Handelsübliche Transient Recorder, welche nun von mehreren spezialisierten Firmen hergestellt werden, lassen sich dann zum Aufbau umfangreicherer Datenerfassungssysteme in Hochspannungsanlagen einsetzen, wenn geeignete zusätzliche *Abschirmmaßnahmen* getroffen werden [10.45]. Bezüglich der erzielbaren Genauigkeit sind allerdings viele Fehlerquellen zu beachten, die vom Hersteller nicht immer genügend genau angegeben werden [10.46]. Unangenehm ist dabei vor allem die Tatsache, daß die effektive Amplitudenauflösung (Bitrate) mit zunehmender Abtastfrequenz, bzw. zunehmender Frequenz oder Steilheit der zu messenden Größe relativ stark abnehmen kann. Da unterschiedliche Geräte dabei zu recht abweichenden Ergebnissen führen, sollte man die Eigenschaften der Transient Recorder vor der Anwendung geeigneten Prüfungen unterziehen [10.110; 10.111].

Beim „Transient Digitizer" (Tektronix Type 7912 AD) erfolgt die Umwandlung der Analogsignale in digitale Daten in einer „Scan Converter Tube", einer Kombination von Elektronenstrahlröhre mit einem Abtastrohr (ähnlich einer Fernseh-Vidicon-Röhre) [10.117]. Der Elektronenstrahl des mit einem Laufzeit-Ablenkplattensystem ausgestatteten Strahlrohrs schreibt dabei zunächst das zu messende Signal auf ein Target („silicone-diode-array-target", Dioden-Matrix), deren Rückseite einen vom Schreibstrahl abhängigen Ladungszustand annimmt. Dieser Potential-, bzw. Ladungszustand wird anschließend vom Lesestrahl des Abtastrohrs relativ langsam quantisiert abgetastet. Er lokalisiert damit die durch den Schreibstrahl aufgeladenen Matrixelemente, deren Adressen in einen digitalen Halbleiterspeicher übertragen werden. Die Quantisierung erfolgt dabei in horizontaler und vertikaler Richtung mit einer Auflösung von je 512 Stufen. Das zu messende Signal kann

dann entweder auf einem Bildschirm analog dargestellt oder zur Weiterverarbeitung über eine IEEE 488 — Schnittstelle an ein Rechnersystem übertragen werden. Das sehr breitbandige Ablenksystem der Elektronenstrahlröhre besitzt eine obere Grenzfrequenz von weit mehr als 1 GHz; sie wird lediglich durch die jeweils verwendeten Eingangsverstärker beschränkt. Die maximale Schreibgeschwindigkeit ist mit ca. 20 Div./ns so hoch, daß auch extrem hochfrequente, einmalige Vorgänge erfaßt werden können. Das Gerät besitzt allerdings keinen Pretrigger-Aufnahmemodus, jedoch eine interne Signalverzögerung von ca. 60 ns.

10.5.2.3 Stoßspannungsvoltmeter

Wie eingangs angedeutet, wird man sich oftmals in Kenntnis des wesentlichen zeitlichen Verlaufs eines Stoßvorgangs nur mit der Messung der Maximalwerte begnügen. Nach den Ausführungen in Abschnitt 10.5.1 kann man bereits vermuten, daß diese Aufgabe mit passiven oder aktiven Diodengleichrichterschaltungen gelöst werden kann.

Sie ist jedoch aus mehreren Gründen wesentlich schwieriger: Bei einmaligen Vorgängen steht die Spannungsamplitude nur relativ kurzzeitig — theoretisch in beliebig kurzer Zeit — zur Verfügung. Bei einer genormten Blitzstoßspannung nach Abschnitt 9.3.1.1a mit $T_1 = 1,2\ \mu s$ und $T_2 = 50\ \mu s$ und einem idealisierten, doppelexponentiellen Spannungsverlauf, wird die den Wert von $u(t)/\hat{u} = 99\%$ (99,5%) übersteigende Spannung nur ca. 1,6 μs (ca. 1,1 μs) lang zur Verfügung stehen, wie aus (9.27) und (9.30) berechnet werden kann. Noch wesentlich schärfere Anforderungen entstehen bei in der Stirn abgeschnittenen Stoßspannungen. Verwendet man eine für die Messung der Scheitelwerte von Wechselspannungen durchaus brauchbare Schaltung (siehe z. B. Bild 10.22) für die Scheitelwertmessung von Stoßspannungen, so wird der Speicherkondensator C_m in der Regel nicht auf den vollen Scheitelwert aufgeladen; auch für $R_m = \infty$ entlädt sich C_m zu rasch. Die Ursachen für diese Erscheinungen liegen im meist zu großen dynamischen Durchlaßwiderstand der Dioden, der eine genügend schnelle Aufladung von C_m verhindert, sowie im zu kleinen

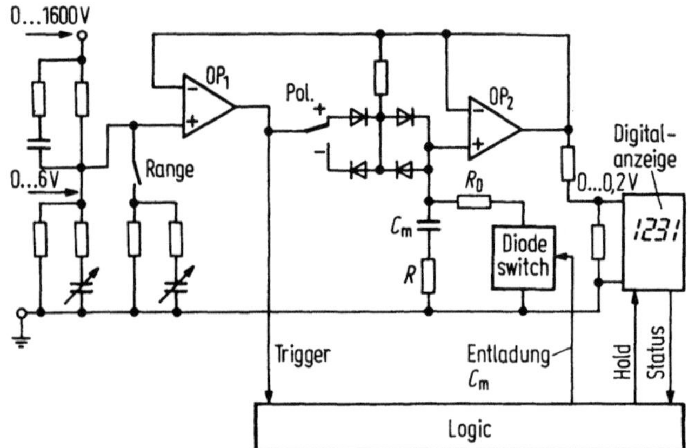

Bild 10.28. Stoßspannungs-Scheitel-
wertmeter nach [10.112].

Sperrwiderstand dieser Gleichrichter, der die Entladung von C_m nach der Aufladung bewirkt. Auch die Sperrträgheit der Halbleiterdioden begünstigt die Entladung von C_m. Bei einer sehr sorgfältigen Auswahl der zur Verfügung stehenden hochwertigen Si-Dioden können jedoch relativ einfache passive Diodengleichrichterschaltungen, wie in Abschnitt 10.5.1 behandelt, durchaus realisiert werden. Ihr praktischer Einsatz ist aber begrenzt, so daß mit einem Hinweis auf die Literatur ([10.47; 10.24]) auf deren Behandlung verzichtet wird.

Die rapiden Entwicklungen auf dem Gebiete der Halbleiterbauelemente und vor allem der Operationsverstärker ermöglichen heute den Bau von wesentlich besseren Stoßvoltmetern. Mit nun zur Verfügung stehenden, sehr leistungsfähigen und breitbandigen Operationsverstärkern kann dabei sogar auf die aus Bild 10.24 bereits bekannte Eingangsspeicherschaltung zurückgegriffen werden, die die Maximalwertspeicherung in nur einer Stufe vollzieht. Natürlich müssen dabei sämtliche Komponenten sorgfältig ausgewählt und aufgebaut werden. Bild 10.28 zeigt in vereinfachter Darstellung die Gesamtkonzeption eines derartigen Gerätes [10.112]. Abgesehen vom frequenzkompensierten Eingangsabschwächer fällt hier die absichtlich verzögerte Aufladung des Speicherkondensators C_m durch den dazu in Serie liegenden Widerstand R auf: Man vermeidet damit eine Überladung von C_m, welche durch die Verzögerungszeit der rückgekoppelten Operationsverstärker bedingt ist. Die nur angedeutete Logic steuert die Entladung (Rücksetzung) der in C_m gespeicherten Ladung und die Anzeige des digitalen Anzeigeinstruments.

Hochwertige Scheitelwertmeßgeräte dieser Art sind in der Lage, auch in der Stirn abgeschnittene Stoßspannungen mit relativ kleinem Fehler zu messen. Allerdings werden dann auch die bei vollen Stoßspannungen möglicherweise vorhandenen, in Abschnitt 9.3.1.1 erwähnten hochfrequenten Schwingungen mitgemessen.

10.6 Spannungsteiler für die Messung hoher Gleich-, Wechsel- und Stoßspannungen

Bei einer Analyse aller bisher behandelten Meßmethoden wird man feststellen, daß die direkten Methoden zur Messung hoher Spannungen nicht für beliebig hohe Spannungen anwendbar sind, da der konstruktive Aufwand, bzw. der Platzbedarf zu groß wird. Die meisten, sozusagen indirekten Meßmethoden setzen voraus, daß die hohen Spannungswerte zuerst einmal auf ein übliches Maß reduziert werden, bevor man sie zur Anzeige bringt.

So ließe sich die Frage stellen, warum nicht grundsätzlich von einer universellen Spannungsteilung Gebrauch gemacht wird, also von Spannungsabschwächern, die den zu messenden Vorgang möglichst wenig beeinflussen oder belasten und eine hinreichend große Meßenergie für eine niederspannungsseitige Messung zur Verfügung stellen. Offensichtlich ist eine derartige Aufgabe nicht lösbar oder zumindest nicht wirtschaftlich, auch wenn sie lösbar wäre. Die praktischen Schwierigkeiten liegen darin, daß die Spannungshöhe nicht der einzige Parameter ist: Bei Gleich- oder Wechselspannungen liegen auch in der Prüftechnik Dauerbeanspruchungen vor, die auch eine hohe energetische Beanspruchung bedeuten; dafür ist der zu messende Frequenzbereich stark limitiert. Stoßspannungen hingegen, deren Repetitionsfrequenz klein ist, würden Spannungsteiler mit hohen Impedanzwerten energiemäßig nur wenig beanspruchen; der in kurzzeitigen Impulsspannungen enthaltene Anteil hoher Frequenzkomponenten stellt jedoch sehr hohe Anforderungen an die frequenzabhängigen Übertragungseigenschaften, die in der Regel zu Sonderkonstruktionen führen.

Auch in den letzten 10 bis 20 Jahren wurden noch bedeutende Fortschritte im Bau von Spannungsteilern erzielt. Dies ist nicht nur auf verfeinerte

Bild 10.29. Im Vordergrund links: Rein kapazitiver Spannungsteiler für die Messung von Wechselspannungen bis 1 650 kV. Gesamtkapazität 330 pF. (Werkbild MWB, Bamberg).

Berechnungsmethoden zurückzuführen. Vor allem die starken Verbesserungen in der Oszillographentechnik trugen dazu bei, die hochfrequenten Übertragungseigenschaften experimentell zu überprüfen und damit konstruktive Unzulänglichkeiten, die früher unentdeckt blieben, auszumerzen.

Es ist unmöglich, im Rahmen dieser Einführung auf alle Typen von Spannungsteilern einzugehen. Es werden nur Konstruktionen berücksichtigt, die weitgehend „homogen" aufgebaut sind, d. h. bei denen vor allem der Hochspannungsteil aus einer Serienschaltung vieler gleichartiger Bauelemente (Widerstände, Kondensatoren) besteht, um eine hohe Gesamtspannungsfestigkeit zu erreichen. Für diese Konstruktionen wird eine recht einheitliche Theorie aufgestellt, aus der sich die für die einzelnen Spannungsarten zweckmäßigen Teilerarten ableiten. Die Theorie basiert auf Kettenleiterschaltungen und kann mühelos auf einfache Ersatzschaltungen überführt werden. Auf die umfangreichen Berechnungen darf zugunsten einer bloßen Angabe der recht komplexen Ergebnisse verzichtet werden. Eine Diskussion der Ergebnisse wird aber zu einem guten Einblick in den physikalischen Ablauf der Vorgänge führen.

10.6.1 Beispiele für Hochspannungsteiler

Bevor theoretische Überlegungen angestellt werden, ist es vor allem für den noch nicht mit der Technik vertrauten Ingenieur wichtig, sich den grundsätzlichen Aufbau und die notwendigen Dimensionen von homogenen Spannungsteilern vor Augen zu führen. Bild 10.20 zeigt einen 300-kV-Gleichspannungsteiler, Bild 10.29 einen rein kapazitiven Teiler für die Messungen von Wechselspannungen, und Bild 10.30 einen „gesteuerten"

ohmschen 2-MV-Stoßspannungsteiler. All diesen Teilerkonstruktionen gemeinsam ist der Einbau der aktiv wirksamen Bauelemente in hochwertige Isolierzylinder von relativ kleinem Durchmesser. Die meist übliche Ölfüllung dient zur Isolation der Bauelemente (z. B. bei der Öl/Papier-Isolation der Kondensatorwickel), zur Verbesserung der Wärmeabfuhr und zur Vermeidung von Entladungen an der Oberfläche der Bauelemente, wo wegen des hohen Potentials sehr hohe Feldstärken auftreten.

Bild 10.30. „Geschirmter", ohmscher Spannungsteiler für die Messung von Blitzstoßspannungen bis zu 2 MV. Widerstandswert ca. 20 kΩ. (Werkbild Haefely, Basel).

Natürlich kann das Isolieröl auch teilweise durch Gase hoher elektrischer Festigkeit, z. B. SF_6 bei entsprechend hohem Gasdruck ersetzt werden. Auch die luftisolierten Elektroden am hochspannungsseitigen Eingang müssen in der Regel so dimensioniert sein, daß sie entladungsfrei bleiben. Die totale Bauhöhe ergibt sich dann aus der notwendigen „Außenisolation", also aus der Überschlagspannung für die meist in atmosphärischer Luft verwendeten Geräte. Obwohl man diese Bauhöhe durch eine optimale Dimensionierung der Elektroden relativ stark reduzieren könnte, wird man die mittleren Überschlagfeldstärken meist nicht sehr hoch wählen, um die bei den einzelnen Spannungsarten auftretenden spezifischen Isolationsprobleme, die aus dem Luftdurchschlag her bekannt sind, zu berücksichtigen (Aufladungsvorgänge von Isolieroberflächen bei Gleichspannung; Leaderentwicklung bei Schaltstoßspannungen; siehe Abschnitt 7.6). So findet man etwa die folgenden, spezifischen Werte für die Bauhöhe:

— 2,5 bis 3   m pro MV bei Gleichspannung,
— 2   bis 2,5 m pro MV bei Blitzstoßspannung,
— 3   bis 6   m pro MV bei Schaltstoßspannung,
— 4   bis 5   m pro MV (Effektivwert) bei
                         Wechselspannung.

Bei kleineren Spannungen im Bereich von wenigen 100 kV wird man dabei großzügiger dimensionieren, da der Platzbedarf noch klein bleibt; im Ultra-Hochspannungsbereich kann die starke Nichtlinearität zwischen Schlagweite und Überschlagspannung zu noch größeren Abmessungen zwingen.

Spannungsteiler müssen nicht unbedingt als Baueinheiten, wie sie in den Bildern 10.20, 10.29 und 10.30 vorgestellt wurden, konzipiert sein. Vor allem bei Gleichspannungsanlagen wird man sie, wenn möglich, bereits in die Generatoren einbauen. Sie können auch in dem zu prüfenden Objekt integriert sein, z. B. bei gesteuerten Durchführungen. Auch auf derartige Sonderkonstruktionen kann hier nicht eingegangen werden.

Diese Beispiele sollten zeigen, welche Abmessungen Netzwerke besitzen, aus denen Spannungsteiler angefertigt sind. Die Dimensionen sind die Grundlage für die theoretische Simulation, also die Kettenleiter-Ersatzschaltbilder, welche in 10.6.3 verwendet werden.

10.6.2 Die frequenzabhängigen Übertragungseigenschaften

Ein sorgfältig dimensionierter Spannungsteiler ist ein lineares, passives Netzwerk, auf das sich die bekannten Regeln der Systemtheorie anwenden lassen. Es sei hier aber erwähnt, daß der experimentelle Nachweis für diese Linearität schwierig ist.

Legt man an den (hochspannungsseitigen) Eingang des Teilers eine stationäre, sinusförmige Spannung der Größe $u_1(t) = \hat{u}_1 \sin{(\omega t + \varphi_1)}$, so wird man nach hinreichend langer Zeit, also nach dem Abklingen sämtlicher Ausgleichsvorgänge, eine ebenfalls stationäre Ausgangsspannung der Form $u_2(t) = \hat{u}_2 \sin{(\omega t + \varphi_2)}$ messen können. Bei konstanten Werten von $\hat{u}_1$ und φ_1 werden die Ausgangsgrößen $\hat{u}_2$ und φ_2 von der Frequenz $f = \omega/2\pi$ abhängig. Da bei einer Spannungsteilung stets $\hat{u}_2 \ll \hat{u}_1$ ist, läßt sich zumindest in einem begrenzten Frequenzbereich ein praktisch konstantes Verhältnis von $\hat{u}_1/\hat{u}_2 = N$ finden, wobei der Faktor N als *Spannungsteilerverhältnis* oder *-übersetzungsverhältnis* bezeichnet wird. Dabei ist $N \gg 1$.

Diese Vorgänge berechnet man bei gegebenen Netzwerken aus dem Verhältnis der komplexen Amplituden $\underline{U}_2 = \hat{u}_2\, e^{j\varphi_1}$ der Ausgangsspannung $u_2(t)$ zur komplexen Amplitude $\underline{U}_1 = \hat{u}_1\, e^{j\varphi_1}$ der Eingangsgröße $u_1(t)$, also dem *Frequenzgang* oder *Übertragungsfaktor*

$$\underline{H}(j\omega) = \frac{\underline{U}_2}{\underline{U}_1} = H(\omega)\, e^{j\varphi(\omega)};\qquad (10.28)$$

mit

$$H(\omega) = |\underline{H}(j\omega)| = \underline{U}_2/\underline{U}_1 \quad \text{Amplitudengang,}$$

$$\varphi(\omega) = \varphi_2(\omega) - \varphi_1(\omega) = \text{arc }H(j\omega) \quad \text{Phasengang.}$$

Wenn der Amplitudengang für $f \geqq 0$ zunächst weitgehend konstant ist und erst bei höheren Frequenzen stetig abfällt, kann die *Bandbreite* f_B als sinnvolle Kenngröße für den Amplitudengang und — mit Einschränkungen — auch für den Frequenzgang betrachtet werden. f_B ist jene Frequenz, bei der $H(\omega)$ um $-3\,\text{dB}$ oder auf den relativen Wert $1/\sqrt{2}$ abgesunken ist.

Der Frequenzgang kann bei Hochspannungsteilern zwar gut berechnet, jedoch nicht einfach gemessen werden, da das Teilerverhältnis N in der Regel recht groß ($\geqq 1000$) ist. Wesentlich vorteilhafter ist die Messung der Übergangsfunktion $G(t)$ auf eine Schritt- oder Sprungspannung am Systemeingang, die auch als *Schritt-* oder *Sprungantwort* (engl.: step response; franz.: réponse à l'échelon) bezeichnet wird. Schrittantwort und Frequenzgang sind in bekannter Weise durch die Gleichung

$$G(t) = \mathcal{L}^{-1}\left[\frac{1}{s}\, H(s)\right] \qquad (10.29)$$

verknüpft (s Laplace-Operator). Für einen Spannungsteiler, dessen Frequenzgang für $f \to 0$ den Wert $1/N$ annimmt, wird auch die Schrittantwort $G(t)$ diesen Wert für $t \to \infty$ annehmen. Daher wird üblicherweise die normierte Schrittantwort

$$g(t) = \frac{G(t)}{G(t \to \infty)} = N G(t) \qquad (10.30)$$

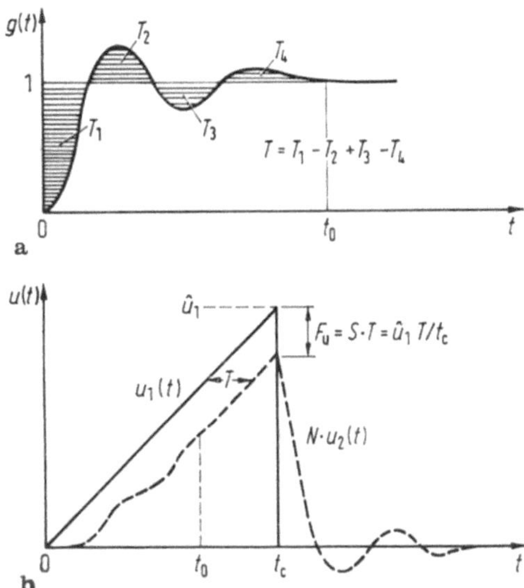

Bild 10.31. Zur Definition und Bedeutung der Schrittantwort $g(t)$ und Antwortzeit T bei einer schwingenden Schrittantwort.

berechnet oder auch gemessen. In der Schrittantwort sind somit die gesamten, frequenzabhängigen Übertragungseigenschaften enthalten. Beispiele für die normierte Schrittantwort sind in den Bildern 10.31a und 10.32a skizziert.

Eine Messung von $g(t)$ auch bei hohen Werten von N ist relativ einfach, weil man Schrittspannungen mit Amplituden von einigen 100 V oder auch

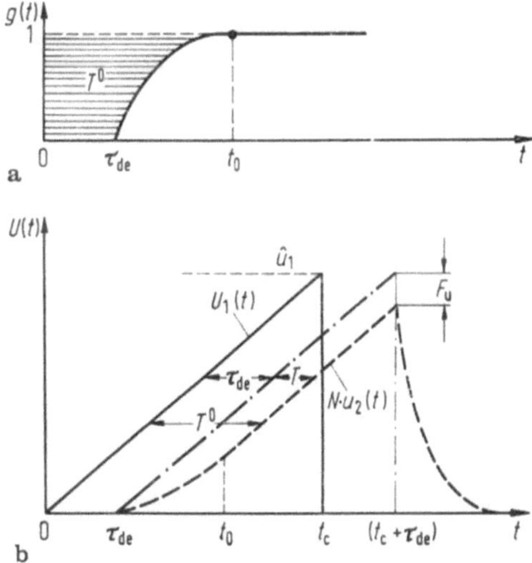

Bild 10.32. Zur Definition und Bedeutung der Schrittantwort und Antwortzeit bei einem Übertragungssystem mit Verzögerungszeit τ_{de}.

mehreren kV noch gut erzeugen kann und da die sehr breitbandige Messung der um den Faktor N verkleinerten Schrittantwort mit hochwertigen Oszillographen möglich ist. Für die Schrittspannungserzeugung im 100-V-Bereich eignen sich mechanische Relais mit Hg-benetzten Kontakten, mit denen vorwiegend das durch eine Gleichspannung aufgeladene Teilersystem am Eingang innerhalb einer Zeit von $\lessgtr$ 1 ns kurzgeschlossen wird, wodurch eine Schrittspannungsquelle mit vernachlässigbar kleinem Innenwiderstand, die auch von der Theorie vorausgesetzt wird, zur Verfügung steht. Das Hg-Relais kann auch durch eine Homogenfeld-Funkenstrecke mit ca. 1 mm Schlagweite, die vorzugsweise mit Druckgas isoliert wird, ersetzt werden; aus den Funkengesetzen ([9.31; 9.32]; s. auch Abschnitt 7.7.3) folgt, daß man die Durchzündzeit im Bereich weniger Nanosekunden liegt. Bezüglich weiterer Einzelheiten zur Schrittspannungserzeugung und der Messung der Schrittantwort sei auf [10.24; 10.48] verwiesen.

Die Ermittlung der Übertragungseigenschaften erfolgt natürlich mit dem Ziel, die Eignung des Meßsystems für einen gegebenen Anwendungsfall feststellen zu können. Sind der Frequenzgang $\underline{H}(\mathrm{j}\omega)$, bzw. die Schrittantwort $G(t)$ bekannt, so kann auch die Ausgangsspannung des Meßsystems $u_2(t)$ für eine beliebige, nichtsinusförmige oder nichtperiodische Eingangsspannung $u_1(t)$ berechnet werden. Liegt der Frequenzgang vor, so berechnet man zunächst mit dem Fourier-Integral die Fourier-Transformierte oder Spektralfunktion $\underline{F}_1(\mathrm{j}\omega)$ der Eingangsgröße

$$\underline{F}_1(\mathrm{j}\omega) = \int\limits_{\xi=-\infty}^{+\infty} u_1(\xi)\, \mathrm{e}^{-\mathrm{j}\omega\xi}\, \mathrm{d}\xi \tag{10.31}$$

und erhält aus der Multiplikation von $\underline{H}(\mathrm{j}\omega)$ mit $\underline{F}_1(\mathrm{j}\omega)$ die Spektralfunktion der Ausgangsspannung. Diese kann durch Rücktransformation in den gesuchten Zeitverlauf der Ausgangsspannung verwandelt werden:

$$u_2(t) = \frac{1}{2\pi} \int\limits_{\omega=-\infty}^{+\infty} \underline{F}_1(\mathrm{j}\omega)\, \underline{H}(\mathrm{j}\omega)\, \mathrm{e}^{\mathrm{j}\omega t}\, \mathrm{d}\omega. \tag{10.32}$$

Da bei Spannungsteilern nur der Amplitudengang mit ausreichender Genauigkeit und erträglichem Aufwand gemessen werden kann, wird man auf diese exakte Methode zur Ermittlung von $u_2(t)$ verzichten und lediglich durch einen Vergleich von Bandbreite f_{B} und Realteil der Spektralfunktion $|F_1(\mathrm{j}\omega)|$, dem Amplitudenspektrum der Eingangsspannung, abschätzen, ob nennenswerte Meßfehler auftreten können. Wesentlich wichtiger ist die Ermittlung von $u_2(t)$ aus der Schrittantwort $G(t)$ durch Anwendung der Duhamelschen Integrale (oder Faltungsintegrale), beispielsweise in der nachfolgenden Form:

$$u_2(t) = u_1(+0)\, G(t) + \int\limits_{\xi=0}^{t} \frac{\mathrm{d}u_1(\xi)}{\mathrm{d}\xi}\, G(t-\xi)\, \mathrm{d}\xi.$$

$$(10.33)$$

Besonders bei der Messung von Stoßspannungen muß die Schrittantwort $G(t)$ strengen Vorschriften genügen, um die Übertragungs- oder Meßfehler klein zu halten. Am schwierigsten ist dabei die Messung der in der Stirn abgeschnittenen Stoßspannungen, wie sie in den Bildern 10.31b und 10.32b als Spannung $u_1(t)$ definiert sind. Idealisiert man diesen zeitlichen Verlauf durch eine linear ansteigende und zum Zeitpunkt t_c abgeschnittene Spannung $u_1(t)$, die mathematisch durch

$$u_1(t) = \left| \begin{array}{ll} St \ \ldots\ldots\ldots \text{ für } 0 < t \leq t_c \\ 0 \ \ldots\ldots\ldots \text{ für } \begin{array}{l} t \leq 0 \\ t > t_c \end{array} \end{array} \right.$$

$$(10.34)$$

mit $S = \hat{u}_1/t_c =$ Steilheit der Spannung in der Stirn ausgedrückt werden kann, so wird die Ausgangsspannung nach (10.33) unter Berücksichtigung von (10.30)

$$u_2(t) = \frac{S}{N} \int\limits_{\xi=0}^{t} g(\xi)\, \mathrm{d}\xi.$$

Multipliziert man diese Gleichung mit N und erweitert die rechte Seite mit $u_1(t) = St = S\int\limits_0^t \mathrm{d}\xi$, so erhält man

$$Nu_2(t) = S\left\{ t - \int\limits_{\xi=0}^{t} [1 - g(\xi)]\, \mathrm{d}\xi \right\}.$$

$$(10.35)$$

Die Ausgangsspannung folgt also der Eingangsspannung im Intervall $0 < t \leq t_c$ mit einem Fehlerterm, der zu jedem Zeitpunkt t vom zeitlichen Verlauf der normierten Schrittantwort $g(t)$ abhängt. Ist in Bild 10.31 t_c größer als jene Beruhigungszeit t_0, zu der die Schrittantwort ihren stationären Endwert ($\triangle$ 1) erreicht hat, so wird dieser Fehlerterm konstant. Er ist also offensichtlich eine wichtige Kenngröße der Schrittantwort und wird als *Antwortzeit* T (engl.: response time; franz.: temps de réponse) bezeichnet, wenn der Endwert erreicht ist:

$$T = \int\limits_{\xi=0}^{t>t_0} [1 - g(\xi)]\, \mathrm{d}\xi = \int\limits_0^{\infty} [1 - g(t)]\, \mathrm{d}t. \quad (10.36)$$

Für ein Übertragungssystem, bei dem die Schrittantwort teilweise auch eine reine, zeitliche Verzögerung der Ausgangsgröße um den Wert τ_{de} enthält, wie dies in Bild 10.32a skizziert ist, läßt

sich für $t > t_0$ Gl. (10.35) in der Form

$$u_1(t) - Nu_2(t) = S\int\limits_0^{\infty} [1 - g(t)]\, \mathrm{d}t = ST^0 \quad (10.37)$$

anschreiben. Bild 10.32b zeigt den zeitlichen Verlauf der linear ansteigenden und nach t_c abgeschnittenen Spannung $u_1(t)$ nach (10.34), sowie den zeitlichen Verlauf von $Nu_2(t)$ nach (10.35), der dadurch charakterisiert ist, daß nach der Beruhigungszeit t_0 die Ausgangsspannung $u_2(t)$ mit derselben Steilheit S der Eingangsspannung folgt, jedoch um den Wert $T^0 = T + \tau_{de}$ verzögert. Dadurch kann der Amplitudenfehler F_u zur Zeit $(t_c + \tau_{de})$ leicht aus jenem Anteil der gesamten Antwortzeit T^0 berechnet werden, der nicht von der reinen Verzögerungszeit τ_{de} herrührt:

$$F_u = S(T^0 - \tau_{de}) = ST = \hat{u}_1\, \frac{T}{t_c}. \quad (10.38)$$

Bei einem positiven Wert von T wird also eine zu kleine Ausgangsspannung gemessen.

Gl. (10.38) zeigt, daß man reine Verzögerungszeiten τ_{de}, die in Wirklichkeit sowohl bei der Übertragung der Spannungen über Koaxialkabel (z. B. zwischen Spannungsteiler und Oszillographen) oder auch in geringem Maße im Spannungsteiler selbst auftreten können, für eine Berechnung der Meßfehler vernachlässigen kann. Üblicherweise wird auch die Schrittantwort $g(t)$ nicht in der Weise experimentell bestimmt, daß τ_{de} mitgemessen wird: Ist ein Oszillograph nur mit dem Systemausgang verbunden, so wird die Antwortzeit aus der gemessenen Schrittantwort nur von jenem Zeitpunkt an integriert, zu dem sich der Vorgang deutlich von der Nullinie abhebt. Man erhält daher nur die Größe T.

Bei einem schwingendem Verlauf von $g(t)$ sind die Zeitflächen, welche oberhalb des Endwertes liegen, negativ, wie sich aus (10.36) ergibt, (s. Bild 10.31a).

Die Schrittantwort $g(t)$, die Antwortzeit T und noch weitere, aus $g(t)$ ableitbare Größen haben für die Bewertung der Meßsysteme große Bedeutung erlangt, wie dies vor allem auch in den einschlägigen internationalen Vorschriften zum Ausdruck kommt [10.49]. Auf die trotzdem noch verbleibenden Probleme und Schwierigkeiten, die sich bei der Anwendung ergeben, kann hier aber nicht eingegangen werden [10.50; 10.51; 10.113; 10.114].

Die Antwortzeit T darf nicht verwechselt werden mit der Anstiegszeit T_a, die aus der Differenz des 90%- und 10%-Wertes einer Übergangsfunktion definiert ist und die bei Tiefpaßsystemen mit einer gut gedämpften Schrittantwort den folgenden, näherungsweise gültigen Zusammenhang mit der Bandbreite f_B des Systems besitzt:

$$T_a \approx \frac{0{,}35}{f_B}. \quad (10.39)$$

10.6.3 Theorie der Spannungsteiler

In der Einleitung zu Abschnitt 10.6 wurde bereits darauf hingewiesen, daß die Spannungsteiler für hohe Spannungen, sofern diese konstruktiv weitgehend homogen aufgebaut sind, mit einer einheitlichen Theorie behandelt werden. Betrachtet man die in Abschnitt 10.6.1 kurz erläuterten Beispiele, so wird das in Bild 10.33 skizzierte, verallgemeinerte Ersatzschaltbild leicht verständlich: Eine hohe Anzahl n je gleicher „Längsimpedanzen" $\underline{Z}'_1$ wird in Serie geschaltet; diese repräsentieren vor allem die wirklichen Bauteile (Widerstände, Kondensatoren), an die die hohe Spannung U angelegt wird. Auch parasitär wirksame elektrische Größen werden in diesen Impedanzen enthalten sein. An dieser Impedanzkette sind „Querimpedanzen" $\underline{Z}'_q$ homogen verteilt, die, wie noch gezeigt wird, nur das elektrische Feld der auf unterschiedlich hohem Potential liegenden Verknüpfungspunkte der Längsimpedanzen simulieren. Die stark reduzierte Ausgangsspannung U_2 werde am letzten, geerdeten Glied dieser Teilerkette abgenommen; die Anzahl n aller Glieder kann somit dem in (10.30) definierten Wert N des Spannungsteilerverhältnisses, gleichgesetzt werden[1]. Die aufsummierten Impedanzwerte werden somit

$$\underline{Z}_1 = \Sigma\, \underline{Z}'_1 = n\underline{Z}'_1; \quad \underline{Z}_q = \left(\Sigma\, \frac{1}{\underline{Z}'_q}\right)^{-1} = \frac{\underline{Z}'_q}{n}.$$

$$(10.40)$$

Aus der Theorie der Kettenleiter läßt sich der Frequenzgang gemäß (10.28) ableiten. Er wird in Laplace-Schreibweise und einer normierten Form dargestellt:

$$h_t(s) = nH_t(s) = \frac{nU_2}{\underline{U}} = n\,\frac{\sinh \dfrac{1}{n}\sqrt{Z_1(s)/Z_q(s)}}{\sinh \sqrt{Z_1(s)/Z_q(s)}}.$$

$$(10.41)$$

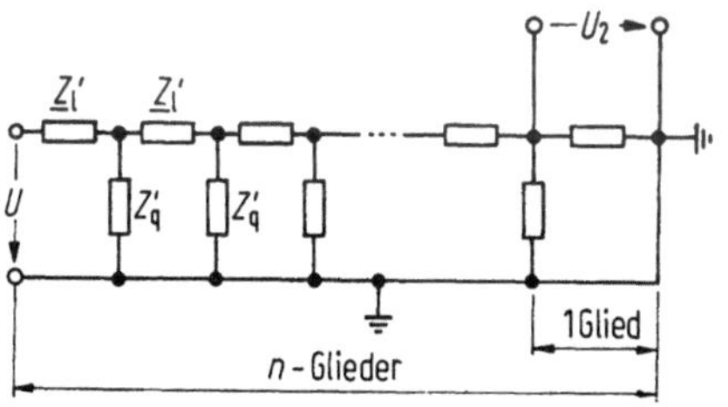

Bild 10.33. Verallgemeinertes Kettenleiter-Ersatzschaltbild eines homogen aufgebauten Spannungsteilers.

---

[1] Die Werte n und N können bei einem gesamten Meßsystem, in dem ein Spannungsteiler verwendet wird, voneinander abweichen, da noch andere spannungsteilende Elemente vorhanden sein können.

Die normierte Schrittantwort wird dann in Analogie zu (10.29)

$$g_t(t) = \mathscr{L}^{-1}\left[\frac{1}{s}\,h_t(s)\right].$$

$$(10.42)$$

Der mit (10.41) berechnete Frequenzgang für die Ausgangsspannung ist zwar eine recht naheliegende Größe zur Beurteilung des Übertragungsverhaltens der Spannungsteiler; man kann aber dagegen einwenden, daß bei jeder praktischen Teilerkonstruktion der Niederspannungsteil, also das letzte Glied des Kettenleiters, konstruktiv anders aufgebaut ist als die Glieder des Hochspannungsteils. Es wäre daher durchaus sinnvoll, den Frequenzgang für jenen Strom zu berechnen, der vom Kettenleiter zur Erde abfließt. Da dieser Strom als eingeprägter Strom aufgefaßt und über eine beliebige Impedanz, an der eine im Vergleich zur Eingangsspannung kleine Spannung abfällt, in eine Ausgangsspannung U_2 umgewandelt werden kann, ist der Frequenzgang dieses Stroms eine noch allgemeinere Größe zur Berechnung eines Spannungsverhältnis-Frequenzgangs. Da man dadurch aber einen neuen Parameter, nämlich die in weiten Grenzen veränderbare Impedanz des Niederspannungsteils einführt, werden die Ergebnisse noch wesentlich unübersichtlicher, bzw. vielfältiger [10.52].

Mit der hier verwendeten Methode wird man somit einen sinnvollen *Mittelwert* des Übertragungsverhaltens berechnen, das durch die individuelle Konstruktion des Niederspannungsteils sowohl verbessert als auch verschlechtert werden kann.

Erwähnt sei an dieser Stelle auch die Möglichkeit, den Niederspannungsteil eines Teilers nicht am geerdeten Ende des Kettenleiters, sondern am hochspannungsseitigen Eingang oder an beliebiger Stelle zwischen diesem Eingang und dem geerdeten Ende anzubringen. Die stark nichtlineare und stark frequenzabhängige Spannungsverteilung längs einer derartigen Impedanzkette ermöglicht es, für jedes System eine Stelle mit optimalem Frequenzgang zu finden. Da die Ausgangsspannung dann aber selbst auf hohem Bezugspotential liegt, muß entweder die Messung dieser reduzierten Ausgangsspannung auf Hochspannungspotential erfolgen [10.53] oder eine potentialtrennende Meßwertübertragung, z. B. über opto-elektronische Bauelemente und Lichtleiter [10.54] eingerichtet werden. Beide Verfahren sind technisch aufwendig und daher nur beschränkt praktisch anwendbar.

10.6.3.1 Ohmsche Spannungsteiler

Für diese bei allen Spannungsarten angewendeten Teiler ist das in Bild 10.34 skizzierte Ersatzschaltbild bis zu hohen Frequenzen gültig. Die Querimpedanz Z'_q von Bild 10.33 wird, wie auch bei allen weiteren Teilerarten, durch homogen verteilte Erdkapazitäten C'_e ersetzt, welche quanti-

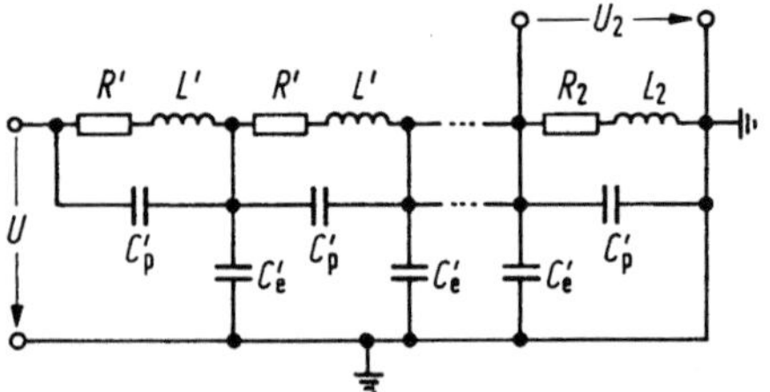

Bild 10.34. Spezielles Kettenleiter-Ersatzschaltbild für ohmsche Spannungsteiler. Gesamtwerte: $R = nR'$; $L = nL'$; $C_e = nC'_e$; $C_p = C'_p/n$; $R_2 = R'$; $L_2 = L'$.

tativ aus einem elektrostatischen Feldbild ermittelt werden könnten, das beim Anlegen einer Spannung am Teiler entsteht. C'_e repräsentiert damit die elektrischen Feldlinien, welche pro Längeneinheit des verwendeten Widerstands austreten und zum Erdpotential verlaufen. Auch wenn diese Kapazität pro Widerstandseinheit R' nicht gleich groß ist, wird man mit Mittelwerten für C'_e eine gut brauchbare Simulation erzielen. Die induktive Komponente L' einer Widerstandseinheit ist vor allem bei recht hohen Frequenzen von Bedeutung; jede Widerstandskonstruktion kann durch die induktive Zeitkonstante L'/R' charakterisiert werden. Diese Zeitkonstante ist bei den aus energetischen Gründen häufig verwendeten, drahtgewickelten Widerständen nicht beliebig klein; Werte von $L'/R' \approx 10$ ns sind aber noch gut realisierbar. Die Parallelkapazitäten C'_p sind zunächst reine Streugrößen, die am Widerstandsbauelement R' aus konstruktiven Gründen entstehen können. Dabei handelt es sich um recht kleine Größen, so daß für $C_p = C'_p/n$ nur mit Werten von $\lessgtr 1$ pF gerechnet werden darf. Es wäre falsch, mit C'_p reelle Bauelemente von bedeutender Kapazität zu simulieren, da dann deren induktive Komponente bei hohen Frequenzen eine große Wirkung erlangt, wie später noch gezeigt wird.

Für dieses Ersatzschaltbild wird der normierte Frequenzgang gemäß (10.41)

$$h_t(s) = \frac{nU_2}{U} = n\,\frac{\sinh\dfrac{1}{n}\sqrt{\dfrac{(R+sL)\,sC_e}{1+(R+sL)\,sC_p}}}{\sinh\sqrt{\dfrac{(R+sL)\,sC_e}{1+(R+sL)\,sC_p}}} \tag{10.43}$$

und die normierte Schrittantwort gemäß (10.42)

$$g_t(t) = 1 + 2\,e^{-at}\sum_{k=1}^{\infty}(-1)^k$$

$$\times\,\frac{\cosh(b_k t) + \dfrac{a}{b_k}\sinh(b_k t)}{1 + \dfrac{C_p}{C_e}k^2\pi^2}, \tag{10.44}$$

mit

$$a = R/2L$$

$$b_k = \sqrt{a^2 - \frac{k^2\pi^2}{LC_e(1 + C_p/C_e k^2\pi^2)}}$$

$$k = 1, 2, 3\ldots\infty.$$

Die in diesen Gleichungen enthaltenden Größen werden nach (10.40) bzw. gemäß Bild 10.34:

$$
\begin{aligned}
R &= nR' & R_2 &= R' \\
L &= nL' & L_2 &= L' \\
C_e &= nC'_e & R_1 &= (n-1)\,R'. \\
C_p &= C'_p/n
\end{aligned}
$$

Ohne numerische Auswertung der Gln. (10.43) und (10.44) erscheinen die Ergebnisse zunächst als schwer diskutierbar. Daß der Frequenzgang für tiefe Frequenzen aber flach verläuft, ist leicht aus (10.43) abzulesen. Für kleine Werte von $s \triangleq j\omega$, bzw. $s \to 0$ wird unmittelbar

$$U_2 = \frac{U}{n} = U\,\frac{R_2}{R_1 + R_2} \tag{10.45}$$

und damit der Fall der Gleichspannungsteilung erfaßt, die in Abschnitt 10.4, Gl. (10.19) bereits diskutiert wurde. Dort wurde auch begründet, daß nur Teiler mit hohen Widerstandswerten $R = R_1 + R_2$ den Energieumsatz bei einer Dauerbelastung ertragen können. Bei sehr hochohmigen Widerständen kann man aber die induktive Komponente L und auch die natürliche Streu-Parallelkapazität C_p vernachlässigen, da der Frequenzgang schon bei tiefen Frequenzen durch das Produkt RC_e bestimmt wird. Für $\omega L \ll R$ und $C_p < C_e$ wird dann aus (10.43)

$$h_t(s) = n\,\frac{\sinh\dfrac{1}{n}\sqrt{sRC_e}}{\sinh\sqrt{sRC_e}} \tag{10.46}$$

und aus (10.44)

$$g_t(t) = 1 + 2\sum_{k=1}^{\infty}(-1)^k\exp\left(-\frac{k^2\pi^2}{RC_e}\right)t. \tag{10.47}$$

Die numerische Auswertung dieser beiden Gleichungen liefert nun sehr wertvolle Ergebnisse: Aus dem in Bild 10.35a dargestellten normierten Amplitudengang $|h_t(j\omega)|$ kann die erzielbare Bandbreite abgelesen werden:

$$f_B = \frac{1{,}46}{RC_e}. \tag{10.48}$$

Als weitere wichtige Kenngröße entnimmt man der Schrittantwort, die keine reine Verzögerungszeit τ_{de} nach (10.38) aufweist, durch Integration

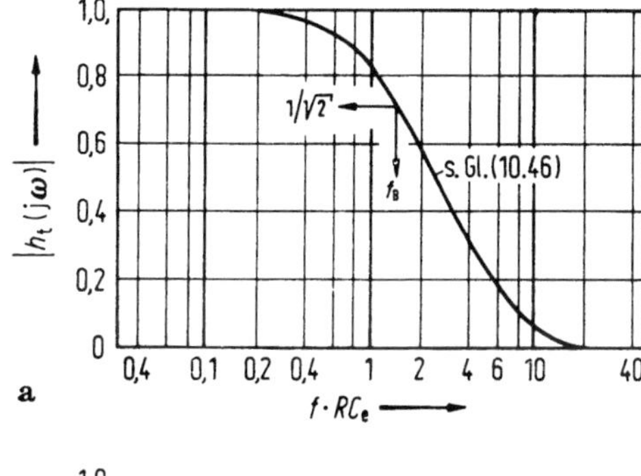

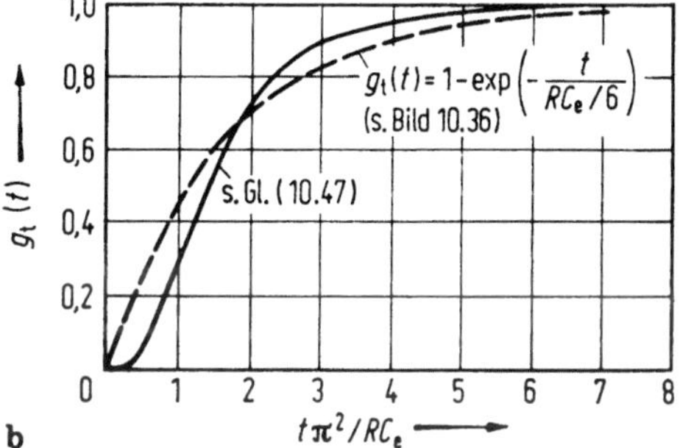

Bild 10.35. Normierter Amplitudengang (a) und normierte Schrittantwort (b) für ohmsche Spannungsteiler nach Bild 10.34 bei Vernachlässigung von L' und C_p'.

des in Bild 10.35 b dargestellten Verlaufes oder aus einer analytischen Berechnung die Antwortzeit

$$T = \frac{RC_e}{6}. \qquad (10.49)$$

Da diese Schrittantwort nicht plötzlich, sondern stetig mit der Steigung Null einsetzt, wird man bei einer experimentellen Messung von T meistens einen etwas kleineren Wert auswerten, wenn der Zeitpunkt $t = 0$ (Einsatz der Schrittspannung am Teilereingang) nicht meßtechnisch erfaßt wird.

Die Gl. (10.49) ist die Grundlage für ein häufig verwendetes, stark vereinfachtes Ersatzschaltbild der Kettenleiternachbildung (Bild 10.36). Frequenzgang und Schrittantwort für diese Ersatzschaltung entsprechen einem reinen RC-Verhalten mit gleicher Antwortzeit. In Bild 10.35 b ist die dafür gültige Schrittantwort strichliniert eingetragen, um die Unterschiede im Übertragungsverhalten der beiden Ersatzschaltungen zu verdeutlichen.

Für eine Berechnung von f_B oder T — oder zumindest für eine Abschätzung dieser Größen — ist die Kenntnis von C_e notwendig. Eine gute Näherung für diesen Wert erhält man aus der Berechnung der Kapazität für einen senkrecht zu einer Ebene liegenden Metallzylinder. Diese Kapazität ist [10.55]

$$\frac{C}{l} = \frac{C_e}{l} = \frac{2\pi\varepsilon_0}{\ln\left(\dfrac{2}{\sqrt{3}}\dfrac{l}{d}\right)} \triangleq C_e'. \qquad (10.50)$$

(l Länge des Zylinders; d Durchmesser des Zylinders.)

In Bild 10.37 ist (10.50) ausgewertet; man sieht, daß bei einem größeren Schlankheitsgrad l/d die Kapazität pro Längeneinheit, die auch dem Wert von C_e' gleichzusetzen ist, nicht mehr stark variiert. Pro Meter Höhe eines Teilers wird man daher mit 10 bis 15 pF zu rechnen haben, sofern diese Kapazität nicht durch zusätzliche Maßnahmen reduziert wird. Ein ohmscher Gleichspannungsteiler mit $R = 500\,\mathrm{M\Omega}$ und 1 m Bauhöhe ($C_e \approx 15\,\mathrm{pF}$), die für eine maximale Betriebsspannung von etwa 250 kV gewählt wird, weist somit eine Bandbreite von ca. 200 Hz oder eine Antwortzeit T von ca. 1,25 ms auf. Für eine Messung von Wechselspannungen technischer Frequenzen ist diese Bandbreite bereits zu klein, wenn eine hohe Genauigkeit gefordert wird. Dies ist die Ursache dafür, daß bei Wechselspannungen ab ca. 100 kV ohmsche Teiler nicht mehr verwendet werden können.

Für die Messung von Stoßspannungen sind *hochohmige* ohmsche Spannungsteiler völlig unbrauch-

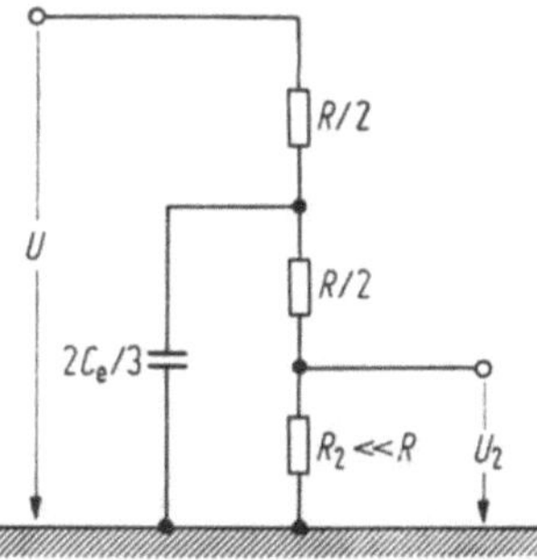

Bild 10.36. Vereinfachtes Ersatzschaltbild ohmscher Spannungsteiler (vgl. Bild 10.35).

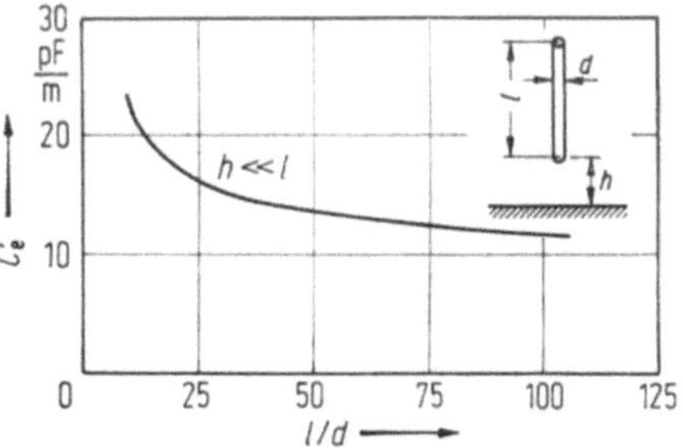

Bild 10.37. Zur Abschätzung der Erdkapazität $C_e' = C_e/l$ von Spannungsteilern. Durchmesser d: Äquivalenter Durchmesser der Bauelemente.

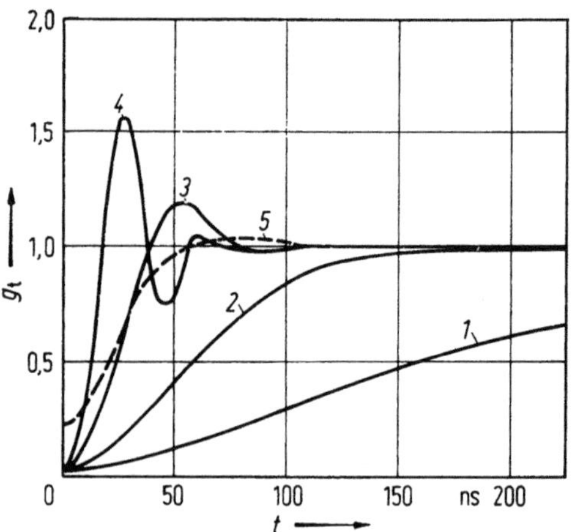

Bild 10.38. Schrittantwort ohmscher Spannungsteiler, berechnet aus Gl. (10.44), bzw. aus der Ersatzschaltung Bild 10.34.

$L/R = 10\,\text{ns};\quad C_e = 40\,\text{pF};\quad C_p = 1\,\text{pF}$	R_{crit}
$1: R = 30\,\text{k}\Omega$	$15,5\,\text{k}\Omega$
$2: R = 10\,\text{k}\Omega$	$8,9\,\text{k}\Omega$
$3: R = 3\,\text{k}\Omega$	$4,85\,\text{k}\Omega$
$4: R = 1\,\text{k}\Omega$	$2,8\,\text{k}\Omega$
$L/R = 10\,\text{ns};\quad C_e = 12\,\text{pF};\quad C_p = 1\,\text{pF}$	
$5: R = 10\,\text{k}\Omega$	$13,4\,\text{k}\Omega$

bar. Diese Behauptung ließe sich einerseits durch die Amplitudenspektren von vorwiegend in der Front abgeschnittener Stoßspannungen begründen, welche aus (10.31) zu berechnen wären; man kann aber auch die sich aus (10.38) ergebenden Anforderungen an T für die Messung von Keilwellen betrachten. Läßt man einen relativen Amplitudenfehler $F_u/\hat{u}_1$ von 5% zu, so darf T bei 1 µs Impulslänge nicht größer als 50 ns sein. Geht man von dem o. g. Beispiel eines 1 m hohen Spannungsteilers mit $C_e \approx 15\,\text{pF}$ aus, so berechnet sich für $T = 50\,\text{ns}$ aus (10.49) ein Widerstandswert von $R = 20\,\text{k}\Omega$, der für einen ohmschen *Stoß*spannungsteiler typisch ist.

Nun ergaben sich aber (10.48) und (10.49), auf die bisher zurückgegriffen wurde, aus den vereinfachten Annahmen für unsere Ersatzschaltung nach Bild 10.34 mit $L' = C_p' = 0$. Man kann jedoch T auch aus (10.44) berechnen und erhält wiederum den Wert $RC_e/6$. Die Streugrößen L' und C_p' beeinflussen die Antwortzeit also *nicht*, sondern nur den zeitlichen Verlauf der Schrittantwort $g(t)$. Um dies zu beweisen, muß (10.44) numerisch ausgewertet werden. Einige Beispiele für diese Auswertung sind in Bild 10.38 zusammengefaßt, wobei die dort angegebenen Zahlenwerte für C_e, C_p und L/R einen Spannungsteiler von ca. 2,5 m Bauhöhe, also ca. 1 MV Stoßspannungsamplitude, nachbilden. Der Einfluß von C_p macht sich durch den Spannungssprung zur

Zeit $t = 0$ bemerkbar; die Amplitude dieses Sprungs ist vom Verhältnis C_p/C_e abhängig (vgl. Beispiel 2 und 5). Da in Wirklichkeit im Zeitbereich der ersten Nanosekunden kein derartiger Sprung auftreten kann, ist eine reine Parallelkapazität C_p physikalisch unrealistisch. Bemerkenswert ist aber der Einfluß der Induktivität L auf das Übertragungsverhalten: Bei einer zu starken Reduktion des Widerstandswertes, z. B. von 10 kΩ auf 1 kΩ, setzen unzulässig hohe Schwingungen in der Schrittantwort ein, also Resonanzeffekte. Physikalisch handelt es sich hierbei um stark gedämpfte Wanderwellenvorgänge, wie leicht zu beweisen ist: Nach (10.44) wird der Ausgleichsvorgang durch eine unendliche Summe von Gliedern gebildet, welche bei reellen Argumenten der Hyperbelfunktionen Exponentialfunktionen sind; die Argumente $b_k t$ können aber auch imaginär werden, so daß die Hyperbelfunktionen in trigonometrische Funktionen übergehen. Für das wesentliche erste Glied der unendlichen Reihe ($k = 1$) wird das Argument b_1

$$b_1 = \sqrt{\left(\frac{R}{2L}\right)^2 - \frac{\pi^2}{LC_e[1 + C_p/C_e\pi^2]}}.$$

Ein Überschwingen ist also zu erwarten, wenn b_1 imaginär oder

$$R \lesseqgtr R_{\text{crit}} \approx 2\pi \sqrt{\frac{L}{C_e}\frac{1}{1 + \pi^2 C_p/C_e}} \tag{10.51}$$

wird. Diese kritischen Werte des Widerstands sind in der Legende zu Bild 10.38 angegeben und bestätigen die gemachten Aussagen.

Seit der Zeit, da Bellaschi [10.56] die störenden Effekte der Erdkapazität C_e theoretisch untersucht hat, wurde versucht, durch konstruktive Maßnahmen diese Erdkapazität zu verkleinern oder zu kompensieren. Dies gelingt teilweise entweder durch feldsteuernde Maßnahmen mit Hilfe von großen Elektroden, zwischen die die Widerstände eingebaut werden („geschirmte" Spannungsteiler, s. Bild 10.30) oder durch eine Steuerung der stationären Spannungsverteilung entlang der Widerstandskette durch zusätzliche Kondensatoren, die zweckmäßigerweise nichtlinear abgestuft sind („gesteuerte" Spannungsteiler). Da man mit all diesen Maßnahmen nur die elektrostatischen Feld- oder Potentialverhältnisse dem durch die räumliche Verteilung der Widerstände gegebenen elektrostatischen Strömungsfeld angleicht, können diese Überlegungen bei sehr hochfrequenten Vorgängen, bei denen die Wellenlänge der Schwingungen in die Größenordnung der Bauhöhe des Teilers gelangt, nicht mehr gültig sein. Auf die vielfältigen Varianten derartiger Teilerkonstruktionen kann hier nicht eingegangen werden; zusammenfassende Beschreibungen und ausführliche Literaturangaben findet man bei Zaengl [10.57] und Schwab [10.24].

Ohmsche Spannungsteiler mit sehr hohen Werten von R eignen sich damit gut für die Messung hoher Gleichspannungen (vgl. Bild 10.20); mäßig hohe, netzfrequente Wechselspannungen ($\lesssim 150$ kV) können nur bei gleichzeitiger Anwendung einer guten Feldsteuerung zur Verbesserung des Frequenzgangs mit hoher Genauigkeit gemessen werden. Bei Impulsspannungen muß der Widerstandswert der Meßaufgabe angepaßt sein, da die von der Impulsform abhängige unterschiedlich hohe Bandbreite recht kleine Werte von R erfordern kann. Der hohe Energieumsatz im Teiler wird dann eine *zusätzliche*, wichtige Dimensionierungsgröße. Für die Messung von genormten Blitzstoßspannungen führen all diese Forderungen auf eine Grenze der Anwendbarkeit, die bei etwa 2 MV liegt.

10.6.3.2 Kapazitive Spannungsteiler

Auf die Behandlung der sogenannten parallelgemischten, ohmisch kapazitiven Spannungsteiler, die auch als Eingangsabschwächer bei elektronischen Geräten zu finden sind, wird hier verzichtet, obwohl diese Teilerart auch für die Messung hoher Stoßspannungen sehr viel verwendet wurde und in der Praxis auch noch verwendet wird. Deren vereinfachte theoretische Behandlung beruht auf der Ersatzschaltung nach Bild 10.34, jedoch unter Vernachlässigung der induktiven Komponente L' der meist recht hochohmigen Widerstände R' [10.116]. Die zu große Vereinfachung liegt dabei in der Annahme, daß man in Serie geschaltete materielle Kondensatoren bei hohen Frequenzen nur durch Kapazitäten (C'_p in Bild 10.34) simulieren könne.
Das Übertragungsverhalten eines kapazitiven Spannungsteilers muß aus der komplexeren Ersatzschaltung (Bild 10.39) ermittelt werden. Hier wird ein aus vielen Einzelkondensatoren C' zusammengesetzter Teiler simuliert, bei dem die jedem reellen Kondensator eigene Induktivität L' in der Kette berücksichtigt ist. Die Widerstände R' sind bei *rein* kapazitiven Teilen recht klein und lediglich durch die Verluste im Dielektrikum und den Metallwickeln bedingt. Die Bedeutung der Streugrößen C'_p und C'_e wurde bereits in Abschnitt 10.6.3.1 erläutert.

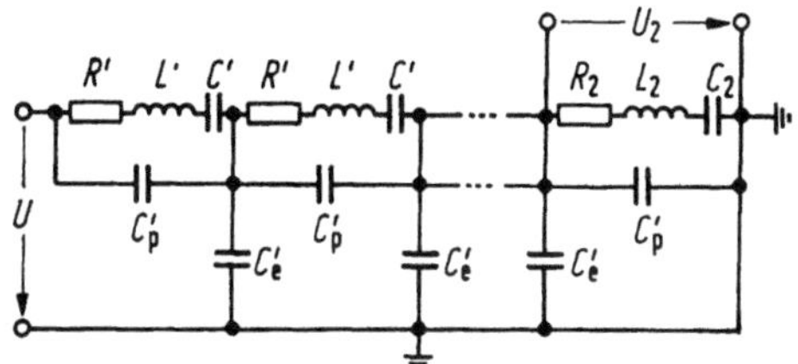

Bild 10.39. Ersatzschaltbild von kapazitiven Spannungsteilern. Gesamtwerte: $R = nR'$; $L = nL'$; $C_e = nC'_e$; $C = C'/n$; $C_p = C'_p/n$; $R_2 = R'$; $L_2 = L'$; $C_2 = C'$.

Die Schrittantwort berechnet sich hier zu

$$g_t(t) = 1 - \frac{C_e}{6(C + C_p)}$$
$$+ 2e^{-at} \sum_{k=1}^{\infty} (-1)^k \frac{\cosh(b_k t) + \dfrac{a_k}{b_k}\sinh(b_k t)}{AB};$$

mit

$$A = \left(1 + \frac{C_p}{C} + \frac{C_e}{Ck^2\pi^2}\right); \quad a = \frac{R}{2L}; \quad (10.52)$$

$$B = \left(1 + \frac{C_p k^2\pi^2}{C_e}\right); \quad b_k = \sqrt{a^2 - \frac{k^2\pi^2 A}{LC_e B}}.$$

Sie weist formal nur *einen* wesentlichen Unterschied zu jener der ohmschen Teiler auf (vgl. Gl. (10.44)): Der stationäre Endwert, der — wie beim ohmschen Teiler — durch eine Normierung mit dem Spannungsteilerverhältnis n berechnet wurde, ist um den Wert $C_e/6(C + C_p) \approx C_e/6 \cdot C$ kleiner als 1. Da die effektiv wirksame Erdkapazität C_e etwas vom Aufstellungsort des Teilers abhängt, da sowohl naheliegende geerdete Gegenstände (Wände, Geräte) als auch Hochspannungselektroden oder -leitungen die Feldverteilung beeinflussen, wird man diesen Term so klein machen müssen, daß diese Änderung nur einen vernachlässigbar kleinen Einfluß besitzt. Dieses Problem wurde bereits eingehend theoretisch [10.58] und experimentell [10.50] untersucht und wird dann bedeutungslos, wenn die Gesamtkapazität des Teilers C richtig dimensioniert wird. Da C_e von der Höhe des Teilers abhängt, muß auch C dieser Bauhöhe angepaßt werden. Mit spezifischen Werten von $C' = (30...50)$ pF/m lassen sich die Schwankungen des Teilerverhältnisses leicht $< 1\%$ halten.
Die zeitabhängigen Glieder der Schrittantwort, Gl. (10.52), unterscheiden sich nur unbedeutend von jenen der ohmschen Teiler, Gl. (10.44). Bei rein kapazitiven Teilern ist aber die tatsächliche Schrittantwort grundsätzlich stark oszillierend, da jedes LC-Netzwerk zu Schwingungen neigt und die natürliche Dämpfung gering ist ($R' \approx 0$). Für $R = 0$ kann (10.52) auch mit Computern nicht mehr ausgewertet werden, da sich die Schrittantwort aus einer unendlichen Anzahl von Schwingungsgliedern zusammensetzt. Für eine Berechnung ist man daher auf Netzwerksimulationsprogramme angewiesen, bei denen sich nur eine begrenzte Gliederzahl des Kettenleiters berücksichtigen läßt. Das Ergebnis einer derartigen Berechnung ist in Bild 10.40 dargestellt, wobei die Teilerdaten angegeben sind. Daß derartige Spannungsverläufe nicht unrealistisch sind, wurde auch experimentell nachgewiesen [10.57]. In der Praxis hängt zudem die Schrittantwort sehr stark vom konstruktiven Aufbau des Niederspannungsteils ab, der unbedingt in der Art eines Koaxial-Shunts gestaltet sein muß (s. Abschnitt 10.7). Bei der Messung von

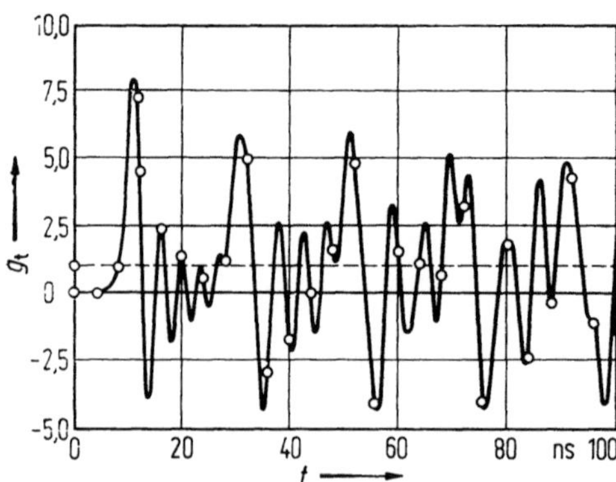

Bild 10.40. Theoretische Schrittantwort eines rein kapazitiven Spannungsteilers nach Bild 10.39 für die folgenden Werte: $C_p = 0$; $R = 0$; $C = 100\,\mathrm{pF}$; $C_e = 25\,\mathrm{pF}$; $L = 4\,\mu\mathrm{H}$; $\tau = \sqrt{LC_e} = 10\,\mathrm{ns}$.

Spannungen, die derartig hochfrequente Komponenten nicht enthalten, werden diese Schwingungen natürlich nicht oder nur wenig angeregt, so daß rein kapazitive Spannungsteiler vorzüglich für die Messung von niederfrequenten Wechselspannungen und auch von Schaltstoßspannungen geeignet sind (s. Bild 10.29).

Die Grundfrequenz der hochfrequenten Schwingungen in $g(t)$ ist aus (10.52) ableitbar, wenn man die Argumente der Hyperbelfunktionen für $k = 1$ betrachtet. Hierfür wird mit $R = 0$

$$b_1 = 2\pi f_1 = \frac{\pi}{\sqrt{LC_e}}\,\sqrt{A/B}.$$

Da die Zahlenwerte für A und B wegen $C_p \ll C$ und $C_e \ll \pi^2 C$ bei praktischen Konstruktionen nur wenig von 1 abweichen werden, gilt somit für die Grundfrequenz

$$f_1 \approx \frac{1}{2\sqrt{LC_e}} = \frac{1}{2\tau}. \tag{10.53}$$

Die Laufzeit $\tau = \sqrt{LC_e}$ ist eine typische Kettenleitereigenschaft oder auch die Laufzeit einer Wanderwellenleitung, die man aus der Ersatzschaltung leicht erkennen wird.

Es ist daher naheliegend, diese Wanderwellenschwingungen durch wirkliche Widerstände R' zu unterdrücken, die man homogen verteilt in die Verbindungsleitungen der Kondensatoren einbaut. Dadurch entsteht ein *gedämpft kapazitiver Teiler* [10.57; 10.59], wenn man die Widerstandswerte *richtig* wählt. Eine brauchbare Abschätzung für diese Werte kann ebenfalls aus den Argumenten b_k, Gl. (10.52), entnommen werden: Sämtliche Zeitglieder bleiben Exponentialfunktionen, sofern $b_k \geqq 0$, also auch $b_1 \geqq 0$ wird. Aus dieser Bedingung folgt

$$R \geqq 2\pi\,\sqrt{L/C_e}\,\sqrt{A/B}.$$

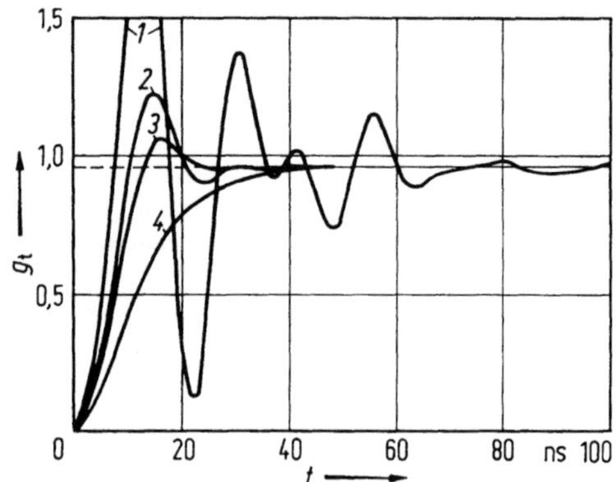

Bild 10.41. Berechnete Schrittantwort gedämpft kapazitiver Spannungsteiler; Ersatzschaltung s. Bild 10.39

$C = 150\,\mathrm{pF}$; $L = 2,5\,\mu\mathrm{H}$; $C_e = 40\,\mathrm{pF}$; $C_p = 1\,\mathrm{pF}$;

$1: R = 250\,\Omega;$	
$2: R = 750\,\Omega;$	$4\sqrt{L/C_e} = 1\,000\,\Omega.$
$3: R = 1\,000\,\Omega;$	
$4: R = 2\,000\,\Omega;$	

Aus genaueren numerischen Auswertungen der Gl. (10.52) folgt ein etwa optimaler Bedämpfungswert von

$$R_{\mathrm{opt}} \approx 4\,\sqrt{L/C_e}, \tag{10.54}$$

bei dem keine Schwingungen mehr auftreten. Dies ist Bild 10.41 zu entnehmen, wo einige Varianten der Schrittantwort gedämpft kapazitiver Teiler dargestellt sind.

Für die Konstruktion dieser Teiler ist es also notwendig, daß man ausreichend viele Widerstände und Kondensatoren im Hochspannungsteil in Serie schaltet, um die theoretischen Ergebnisse zu erhalten; eine etwa zehnfache Gliedzahl ist in der Regel ausreichend, wobei aus isolationstechnischen und konstruktiven Gründen eine noch weitergehende Unterteilung oftmals Vorteile bringt. Auch der Niederspannungsteil (R_2, C_2 in Bild 10.39) muß natürlich aus einer Serienschaltung eines Widerstands mit einem Kondensator bestehen, wobei die Anpassung der Zeitkonstanten (üblicherweise $R_2 C_2 = R'C' = RC$; in Sonderfällen s. [10.61]) unbedingt erforderlich ist. Da jedoch an einem einzelnen RC-Glied keine Spannung ohne induktive Nebenwirkungen abgegriffen werden kann, muß man den Niederspannungsteil aus vielen $R_2 C_2$-Kombinationen aufbauen, die parallelgeschaltet sind und einen *koaxialen* Abgriff für die Ausgangsspannung U_2 aufweisen. Bild 10.42 zeigt konstruktive Details eines aus Massewiderständen und Keramikkondensatoren aufgebauten Spannungsteilers dieser Bauart, wie sie für Stoßspannungen bis ca. 1 MV auch in luftisolierter Bauweise noch gut verwendbar sind.

Die eigentliche Spannungsteilung erfolgt bei dieser

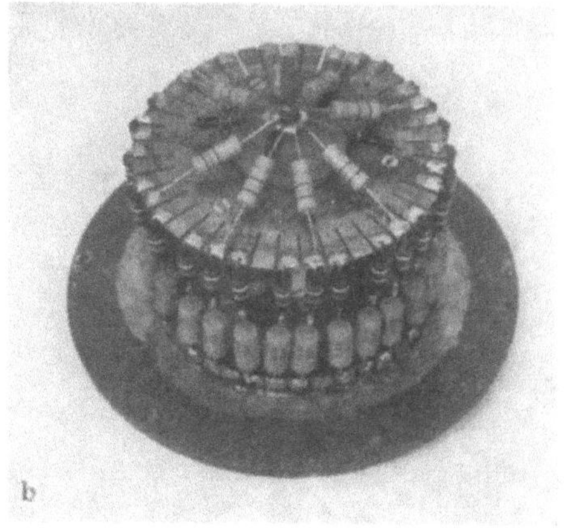

Bild 10.42. Gedämpft kapazitiver Spannungsteiler: Beispiel für einen möglichen, konstruktiven Aufbau von Hoch- (a) und Niederspannungsteil (b) [10.57].

Teilerart durch die Widerstände bei hohen und durch die Kondensatoren bei niedrigen Frequenzen. Wird die Induktivität L klein gehalten, was bei Verwendung sehr induktivitätsarmer Kondensatoren und Widerstände ohne weiteres möglich ist, so wird auch der zur Dämpfung notwendige Widerstandswert R recht klein (300 bis 800 Ω). Dadurch bleibt die Antwortzeit, die wiederum $RC_e/6$ beträgt, auch noch bei sehr großen Bauhöhen und damit Spannungen recht klein. Diese Teilerart kann somit zur Messung extrem hoher Stoßspannungen verwendet werden (s. Bild 10.43), da trotz der niedrigen Widerstandswerte der Energieumsatz in den Widerständen begrenzt bleibt. In gleicher Weise können damit auch Schaltstoßspannungen oder Wechselspannungen im Rahmen der Dauerbeanspruchbarkeit der verwendeten Kondensatoren gemessen werden. Naheliegend ist eine Erweiterung des Anwendungsbereichs auch auf die Messung von Gleichspannungen durch die zusätzliche Parallelschaltung hochohmiger Widerstände im Sinne ohmscher Gleichspannungsteiler [10.60]. Der damit verbundene zusätzliche Aufwand ist auch bei mäßig hohen Spannungen im 100-kV-Bereich nicht groß, so daß der Einsatz gedämpft kapazitiver Teiler auch für diesen niedrigen Spannungsbereich sehr empfehlenswert ist.

10.6.3.3 Der Spannungsteiler im Meßkreis

Von wenigen Ausnahmen abgesehen, sind die Hochspannungsteiler nicht so mit der Spannungsquelle oder dem zu prüfenden Objekt integriert, daß alle Geräte eine konstruktive Einheit bilden. Bei einer derartigen Integration müßten vor allem die gegenseitigen Feldkopplungen elektrischer und magnetischer Art berücksichtigt werden, wenn die Elemente des Teilers nicht abgeschirmt sind, was meist nicht möglich ist. Hochspannungsteiler bestehen somit, wie aus allen Bildern hervorgeht, in der Regel aus elektrisch und magnetisch ungeschirmten Netzwerken, bei denen der hochspannungsseitige Eingang und der praktisch auf Erdpotential liegende Ausgang weit voneinander entfernt liegen. Das Netzwerk muß daher von einem freien (Feld-) Raum umgeben sein, der ausreichend groß — ähnlich wie bei einer Kugelfunkenstrecke, s. Abschnitt 10.1.1 — bemessen ist. Spannungsquelle, bzw. Prüfobjekt und Spannungsteiler müssen daher genügend weit voneinander entfernt stehen (Faustregel: Entfernung = Höhe des Teilers) oder so zueinander angeordnet

Bild 10.43. Gedämpft kapazitiver Spannungsteiler (500 pF) für die Messung von 4,5 MV Blitzstoß-, 2,8 MV Schaltstoß- und 0,95 MV Wechselspannung. (Werkbild E. Haefely, Basel).

sein, daß die Kopplungen gering sind (z. B. stehendes Prüfobjekt, an Labordecke aufgehängter Spannungsteiler). Metallische Verbindungsleitungen zwischen Spannungsteiler und „der zu messenden Spannung", die in ausreichendem Maße isoliert sind, werden somit notwendig, wie dies auch in der üblichen Niederspannungsmeßtechnik der Fall ist.

Eine sorgfältige Abschirmung der niedrigen Ausgangsspannung der Teiler, meist $\leqq 1\,000$ V, wird durch Koaxialkabel leicht möglich. Diese Abschirmung ist unbedingt notwendig, da die

elektromagnetischen Felder der Hochspannungsstrukturen die gesamte Niederspannungsseite beeinflussen. Somit ist der eigentliche Spannungsteiler nur *ein* Glied eines Meßkreises, der in Bild 10.44 skizziert und in der Bildlegende erläutert ist.

Der Meßkreis ist somit ein Übertragungssystem mit mehreren Komponenten (*4, 5, 6* und *7* in Bild 10.44), die gegebenenfalls zu berücksichtigen sind. Bei Gleichspannungsmessungen werden die Hoch- und Niederspannungsverbindungsleitungen *4* und *6* absolut vernachlässigbar sein; bei der Messung niederfrequenter Wechselspannungen kann die Kapazität des für das Element *6* verwendeten Koaxialkabels bereits einen nennenswerten Beitrag zum Spannungsteilerverhältnis N (s. Abschnitt 10.6.2) liefern. In beiden Fällen kann aber der Niederspannungsteil des Spannungsteilers auch auf der Seite des Meßinstruments *7* liegen. Bei der Messung von Stoßspannungen hingegen tragen alle Elemente des Meßkreises und deren detaillierte Gestaltung zum Übertragungsverhalten mehr oder weniger stark bei. Selbst die Kettenleiter-Ersatzschaltung der Spannungsteiler muß daher in ein erweitertes Ersatzschema integriert werden, das die Hochspannungszuleitung *4* vorzugsweise als Wanderwellenleitung enthält. Auf die umfangreichen theoretischen und experimentellen Untersuchungen der letzten Jahre, in denen diese vor allem zur Messung von in der Front abgeschnittenen Stoßspannungen wichtigen Vorgänge genau analysiert wurden, kann hier aber nicht näher eingegangen werden [10.61; 10.50].

Hier sei nur kurz die Anpassung des Meßkabels *6* an den Niederspannungsteil kapazitiver Spannungsteiler erläutert, die bei Impulsspannungsmessungen notwendig wird. Auch relativ kurze Koaxialkabel verlieren bei hohen Frequenzen ihr kapazitives Verhalten und sind als Kabel im Sinne der Leitungstheorie zu behandeln. Im Gegensatz zu ohmschen Stoßspannungsteilern, bei denen der zur ausreichend hohen Spannungsteilung notwendige Niederspannungswiderstand so klein wird, daß ein mit dem Wellenwiderstand abgeschlossenes Koaxialkabel ohne weiteres die Verbindung zwischen Teiler *5* und Meßinstrument *7* übernehmen kann, können kapazitive Spannungsteiler nicht durch einen niederohmigen Widerstand, wie dies ein Wellenwiderstand (50 bis 75 Ω) darstellt, belastet werden. Das Meßkabel wird daher nur durch das Meßinstrument *7* (Eingangswiderstand $\gtrless 1$ MΩ) belastet und ist somit im Sinne der Wanderwellentheorie leerlaufend oder offen. Totalreflexionen sind damit unvermeidbar, so daß die reflektierten Wellen erst durch einen am Kabeleingang liegenden ohmschen Widerstand, der als Abschlußwiderstand für die *reflektierten* Wellen arbeitet, ihre Energie verlieren können (Bild 10.45). Da dieser Abschlußwiderstand Z_W im wesentlichen nur über C_2 geerdet ist, bzw. das Kabel während der doppelten Laufzeit erst

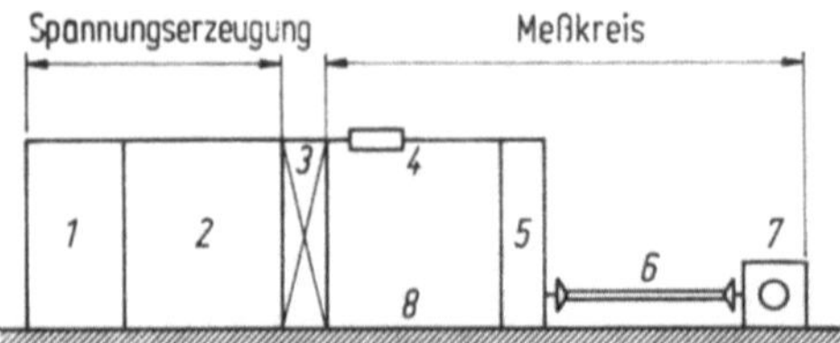

Bild 10.44. Der Spannungsteiler im Stoßspannungsmeßkreis. *1* Stoßgenerator, *2* Verbindung zum Prüfobjekt, *3* Prüfobjekt, *4* (gedämpfte) Verbindung zum Spannungsteiler, *5* Spannungsteiler, *6* Meß- (Koaxial-)kabel, *7* Niederspannungsmeßgerät, *8* Erdpotential.

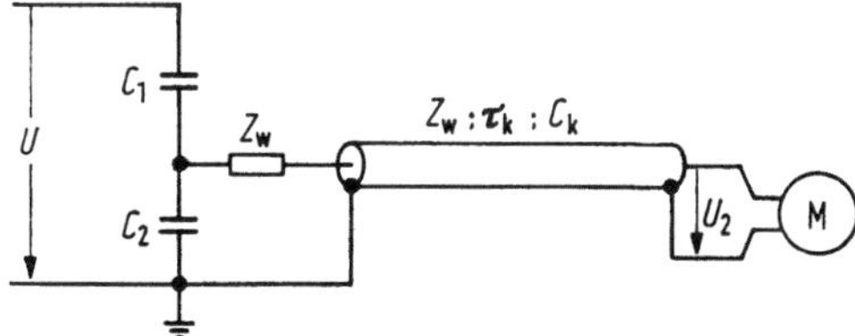

Bild 10.45. Ankopplung eines hochohmigen Meßgerätes M an einen kapazitiven Spannungsteiler.

einmal aufgeladen werden muß und den Spannungsteiler innerhalb dieser Zeit belastet, entsteht dennoch ein frequenzabhängiger Übertragungsfehler. Für sehr hohe Frequenzen belastet das Kabel den Teiler nicht und es wird bei dem hier angenommenen idealen· kapazitiven Teiler

$$\left(\frac{U}{U_2}\right)_{f\to\infty} = \frac{C_1 + C_2}{C_1}. \tag{10.55}$$

Bei niedrigen Frequenzen kann Z_W vernachlässigt werden, so daß die Kabelkapazität $C_k = \tau_k/Z_\mathrm{W}$ parallel zu C_2 liegt:

$$\left(\frac{U}{U_2}\right)_{f\to 0} = \frac{C_1 + C_2 + C_k}{C_1}. \tag{10.56}$$

Dieser Effekt, der natürlich klein gehalten werden sollte, kann aber in Sonderfällen (kleine Werte von C_1 und C_2 bei kapazitiven Teilern für relativ kleine Spannungen; lange Meßkabel) zu zusätzlichen Maßnahmen für eine verbesserte Kabelanpassung zwingen [10.62].

10.7 Niederohmige Meßwiderstände: Impulsstrommessung

Die Messung kurzzeitiger unipolarer oder auch gedämpft schwingender Ströme mit *hohen* Amplituden ist nicht nur ein spezifisches Problem der Hochspannungsprüftechnik: Überall dort, wo sich große elektrische Energiespeicher schnell entladen, werden derartige Ströme auftreten (Blitzentladungen, Stoßstromanlagen für plasmaphysikalische Forschungen, usf.). Die Stromstärken werden dann sehr rasch 1000 A überschreiten und nicht selten einige 100 kA erreichen. Auch die Stromsteilheiten sind groß und gelangen vor allem bei Durchschlagsvorgängen — wie auch bei einer Blitzentladung — bis in die Größenordnung von 10^{11} A/s = 100 kA/µs. Wie auch bei Stoßspannungen handelt es sich bei derartigen Stoß- oder Impulsströmen um meist einmalig ablaufende Vorgänge, die mit den bereits bekannten Methoden (Abschnitt 10.5.2) registriert werden müssen. Die Registriergeräte sind aus-

nahmslos spannungsempfindlich, so daß die eigentliche Problemstellung darin besteht, einen Strom in eine absolut proportionale Spannung zu verwandeln. Für eine derartige Umwandlung stehen mehrere physikalische Effekte zur Verfügung. Wenn hier nur auf *einen* dieser Effekte — die Umwandlung des Stroms in ein elektrisches Feld über ein Widerstandsmaterial — etwas genauer eingegangen wird, so deshalb, weil dieser Effekt auch zur Erläuterung anderer, wichtiger Phänomene herangezogen werden kann. Auf eine Behandlung von Impulsstrommethoden über magnetische Effekte (Rogowski-Spulen, Stromwandler oder sogenannte „Transfo-Shunts", Faraday-Effekt, Hall-Effekt) wird hier also bewußt verzichtet; abgesehen von neuesten Arbeiten auf diesen Gebieten findet man an anderer Stelle ausreichende Informationen [10.24].

10.7.1 Das Shunt-Problem

Die Umwandlung eines zeitlich veränderlichen Stroms $i(t)$ in eine Meßgröße $u_\mathrm{M}(t)$ erscheint in einer Ersatzschaltung (Bild 10.46), in der die Verbindung zwischen dem eigentlichen Meßwiderstand oder „Shunt" R und dem Registriergerät über ein mit dem Wellenwiderstand Z_W abgeschlossenes Koaxialkabel erfolgt, zunächst völlig unproblematisch. Hiernach wäre bei verlustlosen Kabeln

$$u_\mathrm{M}(t) = \frac{R Z_\mathrm{W}}{R + Z_\mathrm{W}}\, i(t).$$

Auch wenn zur Unterdrückung von Störspannungen bei der Meßwertübertragung die Maximalamplituden von $u_\mathrm{M}(t)$ recht hoch (z. B. 500 V) gewählt wurden, muß der Widerstandswert von R doch sehr klein werden (z. B. 5 mΩ bei $\hat{I} = 100\,\mathrm{kA}$). Diese hohen Meßströme verlangen vom Shunt bereits eine sehr hohe Energieaufnahmefähigkeit, da die Energie $W = R \int i^2(t)\,\mathrm{d}t$ bei längerdauernden Impulsen sehr hoch werden kann. Diesem Problem werde aber zunächst keine

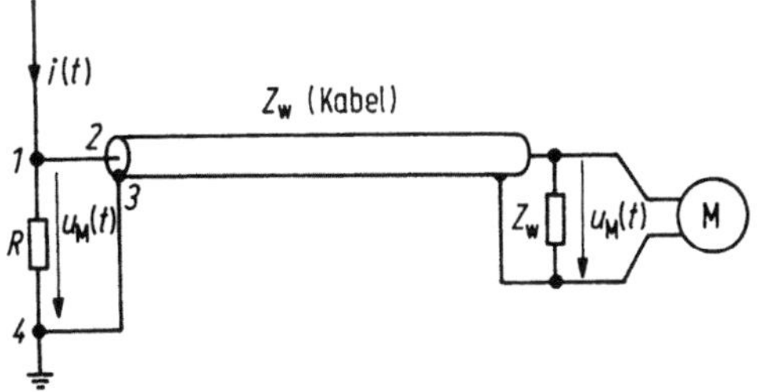

Bild 10.46. Messung schnell veränderlicher Impulsströme $i(t)$ mit einem Meßwiderstand (Shunt) R. $Z_\mathrm{W} \gg R$.

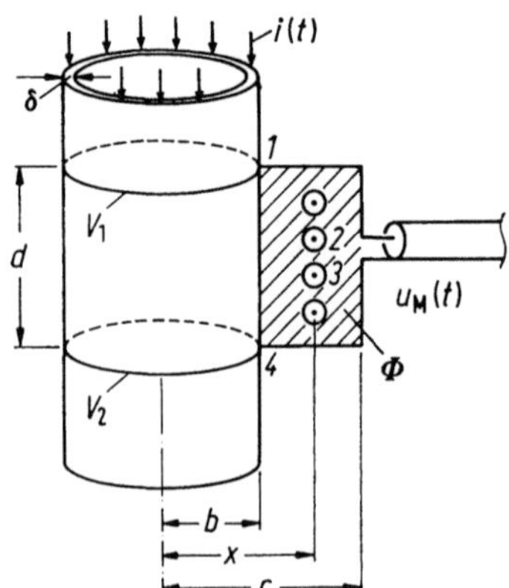

Bild 10.47. Skizze für die Schnittstelle zwischen Meßwiderstand R und Koaxialkabeleingang (vgl. Bild 10.46).

weitere Beachtung geschenkt. Es sollte nur auf die Größenordnung von R (mΩ!) verwiesen werden. Die Schnittstelle zwischen R und dem Koaxialkabel ist nun für die Messung hochfrequenter Vorgänge sehr bedeutungsvoll. Die Spannung u_M ergibt sich physikalisch aus der Potentialdifferenz ΔV eines Strömungsfeldes, welches die Stromdichte im Widerstandsmaterial von R aufbaut. Betrachten wir diese Schnittstelle genauer (Bild 10.47), indem wir an einem zylindrischen Widerstandskörper, der völlig gleichmäßig vom Strom $i(t)$ durchsetzt werde, die Potentialdifferenz $\Delta V = V_1 - V_2$ über geeignet geformte Metallleitungen dem Koaxialkabel zuführen, so wird in der Meßschleife $1-2-3-4$ unweigerlich auch ein Magnetfeld $\Phi(x, t)$ wirken, das vom Strom $i(t)$ hervorgerufen wird. Vernachlässigt man das Magnetfeld im Innern des Widerstandsmaterials und setzt eine absolute Zylindersymmetrie voraus, so daß auch sonstige von $i(t)$ hervorgerufene Felder unwirksam bleiben, so wird die Meßspannung am Kabeleingang

$$u_M(t) = (V_1 - V_2) + \frac{d\Phi(x, t)}{dt}.$$

Der Fluß Φ berechnet sich bei der skizzierten Geometrie zu

$$\Phi(t) = \frac{\mu_0}{2\pi}\, d\, i(t) \int_b^c \frac{dx}{x} = \frac{\mu_0}{2\pi}\, d\, i(t) \ln\left(\frac{c}{b}\right).$$

Da bei einer Vernachlässigung der Stromverdrängung im Widerstandsmaterial die Potentialdifferenz $(V_1 - V_2)$ dem Produkt iR gleichgesetzt werden kann, wird die Spannung u_M

$$u_M(t) = Ri(t) + \left[\frac{\mu_0}{2\pi}\, d \ln\left(\frac{c}{b}\right)\right] \frac{di(t)}{dt}$$

$$= Ri(t) + M \frac{di(t)}{dt}$$

oder

$$u_M(t) = R\left[i(t) + \frac{M}{R}\frac{di(t)}{dt}\right]. \tag{10.57}$$

Die Gegeninduktivität M wird somit im Meßkreis $1-2-3-4$ durch den zu messenden Vorgang hervorgerufen; sie ist ein Teil der Eigeninduktivität des Meßwiderstands R, sollte aber deutlich von dieser Größe unterschieden werden.

Das Ersatzschaltbild für diese Art von Shunt besteht somit aus der Serienschaltung von R und M. Die hohen Frequenzkomponenten im Strom werden stark überhöht gemessen; im Zeitbereich ist das Verhältnis M/R die Störgröße. Man kann diese „induktive Zeitkonstante" aus den geometrischen Daten des betrachteten Widerstandsrohrs, dessen Wandstärke $\delta \ll b$ sei, leicht berechnen. Man erhält mit $(c - b) \ll b$ aus einer Reihenentwicklung für $\ln (c/b)$ den einfachen Ausdruck

$$M/R \approx \mu_0 \sigma \delta (c - b). \tag{10.58}$$

(σ Leitfähigkeit des Widerstandsmaterials; μ_0 magnetische Feldkonstante.)

Da niederohmige Widerstände hoher Qualität praktisch nur aus Widerstandslegierungen hergestellt werden können, für die die spez. Leitfähigkeit kaum kleiner als 1 (m/mm$^2 \cdot \Omega$) ist, läßt sich die störende Zeitkonstante nicht kleiner als ca. 1 μs machen, auch wenn das Koaxialkabel sehr eng an den zylindrischen Körper herangeführt wird. Diese Methode eines Meßspannungsabgriffs, wie sie aus der üblichen Meßtechnik her wohl bekannt ist, versagt somit völlig bei der Messung hochfrequenter Ströme an niederohmigen Widerständen, die aus Widerstandslegierungen hergestellt sind.

10.7.2 Der koaxiale Meßwiderstand (Koaxial-Shunt; Röhren-Shunt)

Die störende Wirkung des vom Strom $i(t)$ hervorgerufenen Magnetfeldes läßt sich nur dadurch vermeiden, daß die Meßspannung u_M in einem absolut magnetfeldfreien Gebiet am Widerstand abgegriffen wird. Dies ist bei einem rohrförmigen, also zylindrischen Widerstandsmaterial möglich, wenn dieses absolut symmetrisch vom Strom durchflossen wird. Aus Bild 10.48 geht deutlich hervor, wie diese Forderung beim Koaxial-Shunt erreicht wird: Im Prinzip kann man ein am Eingang kurzgeschlossenes Koaxialkabel verwenden, dessen Kabelmantel über eine bestimmte Länge durch ein Widerstandsmaterial ersetzt wird (Bild 10.48a). Wie später noch gezeigt wird, ist es jedoch besser, den Durchmesser des zylindrischen Widerstands zu vergrößern (Bild 10.48b). Durch eine koaxiale Rückführung des Stroms über ein ebenfalls massives, gut leitfähiges Material kann die

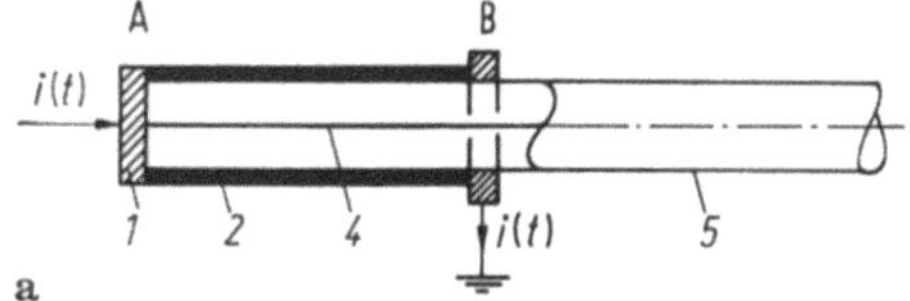

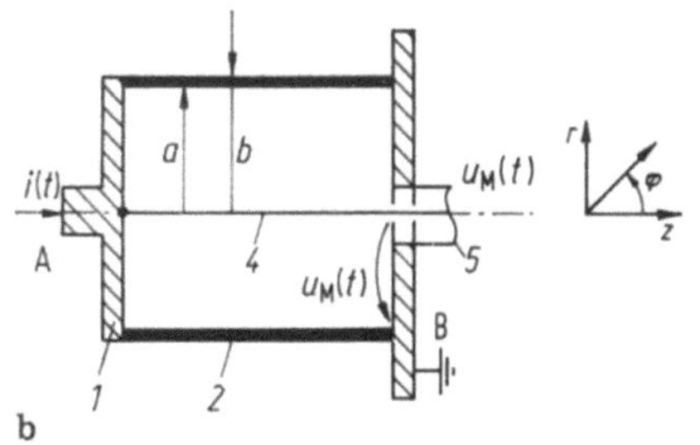

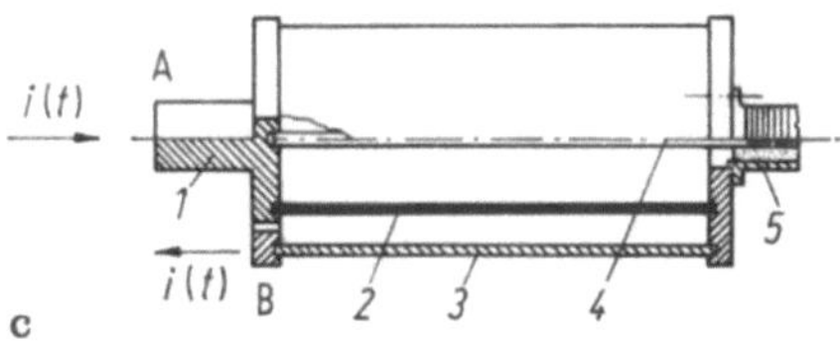

Bild 10.48. Koaxial aufgebaute, zylindrische Meßwiderstände (Koaxial- oder Röhren-Shunt). *1* Stromzuführung, *2* Widerstandszylinder, *3* koaxiale Stromrückführung, *4* Meßabgriff, *5* Koaxialmeßkabel, bzw. Koaxialbuchse für Anschluß eines Meßkabels.

Selbstinduktivität des Meßwiderstands, die zwischen den Anschlußklemmen A und B wirksam ist, reduziert werden; mit ihr ist auch eine gewisse Abschirmwirkung von Fremdfeldern verbunden (Bild 10.48c). In all diesen Fällen tritt im Innern des zylindrischen Widerstands kein magnetisches Feld auf, wenn die Stromdichte unabhängig vom Drehwinkel φ eines in der Zylinderachse (z-Achse) liegenden $z-\varphi-r$-Polarkoordinatensystems ist. In einem dünnwandigen Zylinder wird sowohl die Stromdichte und somit auch die elektrische Feldstärke E nur Komponenten in z-Richtung aufweisen. Die magnetische Feldstärke H, die nur in φ-Richtung wirkt, wird dann, wie auch die Feldstärke E, nur vom Radius r abhängig. Die Maxwellschen Gleichungen ergeben dann die folgenden, partiellen Differentialgleichungen für die orts- und zeitabhängigen Größen $H(r, t)$ und $E(r, t)$:

$$\frac{\delta^2 H}{\delta r^2} + \frac{1}{r}\frac{\delta H}{\delta r} - \frac{H}{r^2} = \mu\sigma\frac{\delta H}{\delta t} \tag{10.59}$$

$$\frac{\delta^2 E}{\delta r^2} + \frac{1}{r}\frac{\delta E}{\delta r} = \mu\sigma\frac{\delta E}{\delta t}. \tag{10.60}$$

Die am Meßabgriff *5* (Bild 10.48) erscheinende Spannung $u_M(t)$ bildet sich wegen $M = 0$ (Gl. (10.57)) nur durch die Feldstärkekomponente E_z

an der Innenseite des Zylinders ($r = a$). Da die Stromdichte $j_z = \sigma E_z$ ist, weil in einem Widerstandsmaterial Verschiebungsströme auch bei hohen Frequenzen noch vernachlässigt werden können, ist (10.60) auch für die Stromdichte gültig. Um bei der nachfolgenden Berechnung der Schrittantwort für $u_M(t)$ auf die Dualität eines derartigen, dünnwandigen Koaxial-Shunts mit den bereits behandelten ohmschen Spannungsteilern zu verweisen, wird jedoch von (10.59) ausgegangen: Betrachtet man jenen Stromanteil des Gesamtstroms $i_t(r)$, der im jeweiligen Teilgebiet ($r - a$) fließt, so bestimmt dieser Stromanteil die magnetische Feldstärke $H(r)$ an der Stelle r. Es ist also

$$H(r) = \frac{i_t(r)}{2\pi r}. \tag{10.61}$$

Setzt man diese Gleichung in Gl. (10.59) ein, so erhält man den Ausdruck

$$\frac{\delta^2 i_t}{\delta r^2} - \frac{1}{r}\frac{\delta i_t}{\delta r} = \mu\sigma\frac{\delta i_t}{\delta t},$$

welcher der o. g. Stromdichte-, bzw. Feldstärkegleichung sehr ähnlich ist. Bei beiden Gleichungstypen kann man aber das 2. Glied vernachlässigen, wenn die Wandstärke $\delta = (b - a) \ll a$, bzw. $\ll r$ ist.[2]
Damit wird angenähert

$$\frac{\delta^2 i_t}{\delta r^2} \approx \mu\sigma\frac{\delta i_t}{\delta t} \tag{10.62}$$

oder, in Laplace-Form mit $\mathscr{L}\{i_t(r; t)\} = I_t(r; s)$:

$$\frac{\mathrm{d}^2 I_t}{\mathrm{d}r^2} - s(\mu\sigma)\, I_t = 0. \tag{10.63}$$

Diese Differentialgleichung kann mit einem Exponentialansatz

$$I_t = C\, e^{mr}; \quad m = \pm\sqrt{(\mu\sigma)\, s}$$

leicht gelöst werden. Mit den eindeutigen Randbedingungen

$$r = a: \quad I_t = 0;$$
$$r = b: \quad I_t = I_0 \text{ (Gesamtstrom)}$$

lassen sich die Konstanten C ermitteln und schließlich der gesuchte Teilstrom finden:

$$\frac{I_t(r; s)}{I_0} = \frac{\sinh\left[\dfrac{(r - a)}{\delta}\sqrt{s(\mu\sigma)\,\delta^2}\right]}{\sinh\sqrt{s(\mu\sigma)\,\delta^2}}. \tag{10.64}$$

---

[2] Das Problem der Stromverdängung in zylindrischen Massivleitern wurde eingehend von Hannakam [10.63] behandelt.

Für $r \to a$, also $(r - a) \ll \delta$, ist (10.64) ein mit (10.46) identischer Gleichungstypus; der Frequenzgang für einen einfachen ohmschen Spannungsteiler (R-C_e-Kettenleiter) ist also gleich wie der Frequenzgang des hier betrachteten Verhältnisses I_t/I_0, sofern mit I_t nur der Strom an der Innenwand des zylindrischen Rohrs betrachtet wird. Da die gesuchte, auf den stationären Widerstand R bezogene Ausgangsspannung des Shunts $u_\mathrm{M}(s)$ proportional zu $\lim [I_t \delta/(r - a)]$ ist, und der Faktor $\delta/(r - a)$ für $r \to a$ dem Spannungsteilerverhältnis n in (10.46) entspricht, wird die Schrittantwort $g(t) = u_\mathrm{M}(t)/(I_0 R)$ für einen eingeprägten Strom der Amplitude I_0, der auf den Shunt gegeben wird, in Analogie zu (10.47)

$$g(t) = 1 + 2 \sum_{k=1}^{\infty} (-1)^k \exp\left(-\frac{k^2\pi^2}{\mu\sigma\delta^2}\right) t. \qquad (10.65)$$

Bandbreite f_B und Antwortzeit T können somit ebenfalls aus (10.48) und (10.49) übernommen werden:

$$f_\mathrm{B} = \frac{1{,}46}{\mu\sigma\delta^2}; \qquad T = \frac{\mu\sigma\delta^2}{6}. \qquad (10.66)$$

Ein Koaxial-Shunt besitzt also — vom Meßzweig aus gesehen — *keinerlei* induktive Komponente, sein Übertragungsverhalten wird allein von der Stromverdrängung bestimmt. Die Verwendung eines absolut unmagnetischen Widerstandsmaterials ($\mu = \mu_0$) mit möglichst geringer Leitfähigkeit ist die erste Bedingung für gute, hochfrequente Eigenschaften. Darüber hinaus wird die Dicke δ des Widerstandsmaterials von größter Bedeutung: Hier ist man bei der Dimensionierung aber an die maximal zulässige Erwärmung gebunden, die sich bei der Messung von impulsförmigen Strömen allein aus einer adiabatischen Erwärmung des Widerstandsmaterials ergibt, wenn die Stromflußdauer so kurz ist, daß noch keine Wärmeabfuhr an die Umgebung erfolgen kann. Berechnet man diese adiabatische Erwärmung aus der Äquivalenz der im Widerstand R umgesetzten Wärme (hierbei sei die Stromverdrängung vernachlässigt) und der vom Material aufgenommenen Wärme, so folgt daraus der folgende, quantitative Zusammenhang:

$$\int_0^\infty i^2(t)\, \mathrm{d}t \approx 1{,}65 \cdot 10^{-6} \frac{(b\delta)^2\, \gamma c\Theta}{\varrho} \text{ in A}^2\text{s} \qquad (10.67)$$

($i(t)$ zeitlicher Verlauf des Stromimpulses; b Radius (vgl. Bild (10.48)) in mm; δ Dicke des Widerstandsmaterials in μm; γ spez. Gewicht des Widerstandsmaterials in g/cm³; c spez. Wärme des Widerstandsmaterials in cal/gK; ϱ spez. Widerstand des Widerstandsmaterials in Ωmm²/m; Θ Erwärmung des Widerstandsmaterials in K; (pro Stromimpuls).)

Während man die Größen γ, c, ϱ und Θ wegen der wenig variierenden Materialdaten nur geringfügig ändern kann, bleibt lediglich das Produkt $(b\delta)$ als echte Konstruktionsvariable übrig. Dies ist verständlich, da dieses Produkt den Querschnitt und damit auch das Gewicht des Widerstandsmaterials bestimmt, der letztlich für die Energieaufnahmefähigkeit bestimmend ist. Man wird also einen möglichst großen Durchmesser $2b$ und ein dünnes Widerstandsmaterial anstreben. Dem Durchmesser sind aber aus hochfrequenztechnischen Gründen Grenzen gesetzt. Daß die axiale Länge des Shunts die Erwärmung nicht beeinflußt, ist verständlich: Mit ihr kann der Absolutwert des Widerstands R variiert, bzw. der gewünschte Wert zur Erzielung einer entsprechenden Meßspannungsamplitude eingestellt werden.

Für die meisten Anwendungen wird der hier betrachtete reine Koaxial-Shunt die geforderten Bedingungen erfüllen können. In den letzten Jahren wurden jedoch vielfältige Abwandlungen und Verbesserungen bekannt, auf die hier nur kurz hingewiesen werden kann:

Beim Folien-Flächen-Meßwiderstand wird der zylindrische Widerstand durch eine ebene Widerstandsfolie ersetzt (s. Bild 10.49a) wodurch eine sehr gute HF-Anpassung an das Meßkabel möglich wird. Er eignet sich somit vor allem für sehr hochfrequente Ströme begrenzter Dauer; für eine Belastbarkeit nach (10.67) von $2 \cdot 10^4$ [A²s] läßt sich aber eine Anstiegszeit der Schrittantwort von ca. 1 ns erreichen [10.64]; die Theorie für diese Shunts weicht nur wenig von derjenigen der zylindrischen Koaxialshunts ab.

Für Strommessungen im 100-kA-Bereich übersteigt jedoch die geforderte Belastbarkeit sehr schnell Werte von 10^6 A²s, so daß mit der Konstruktion nach Bild 10.48 keine sehr hohen Bandbreiten mehr erzielt werden können. Hier drängen sich Frequenzgang-Kompensationsmethoden auf, die auf zwei Arten möglich sind:

Bei der ersten Kompensationsart kombiniert man im Prinzip die Wirkung der Gegeninduktivität M nach Abschnitt 10.7.1 mit der Wirkung der Stromverdrängung beim Koaxial-Shunt. Schon ein Längsschlitz im Zylinder eines Koaxial-Shunts führt dazu, daß ein Magnetfeld in die Meßschleife eindringt und somit die Spannung u_M bei hohen Frequenzen anhebt. Eine typische Konstruktion, die von diesem Eindringen des Magnetfeldes in den sonst feldfreien Raum Gebrauch macht, ist der Reusen-Shunt, bei dem der dünne Widerstandszylinder durch zylinderförmig angeordnete Widerstandsstäbe ersetzt ist. Da dadurch aber kein kontinuierlicher Frequenzgang erzielt werden kann [10.69], muß eine zusätzliche Kompensation des Frequenzgangs über passive Netzwerke erfolgen [10.65]. Wesentlich besser erscheint eine Kompensation durch eine zumindest teilweise Verlegung des

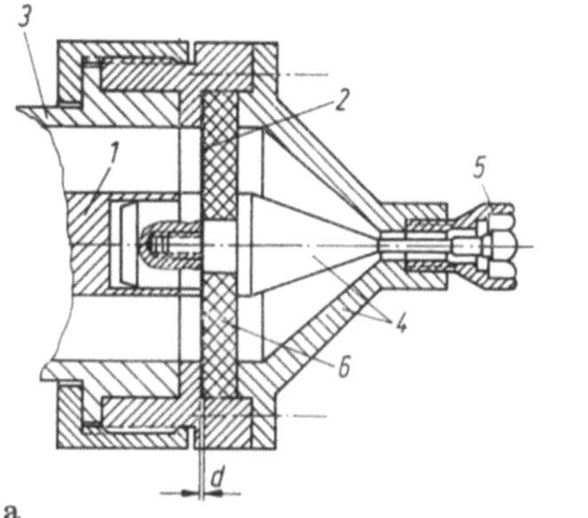

a

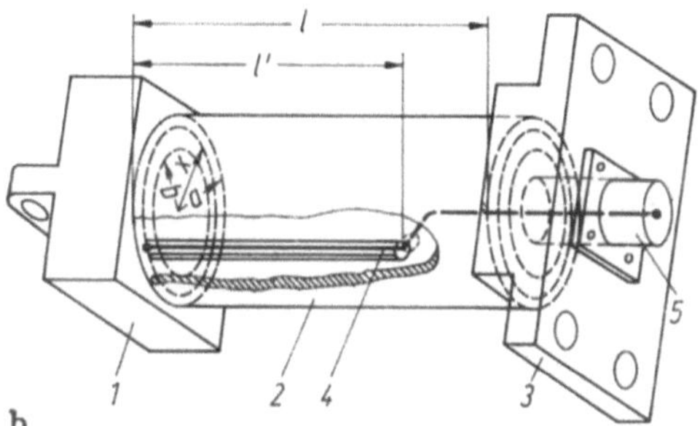

b

Bild 10.49. Varianten zum rein koaxialen Röhren-Shunt nach Bild 10.48. **a** Folien-Flächen-Shunt, **b** kompensierter Koaxial-Shunt, *1, 3* Stromanschlüsse, *2* Widerstandsscheibe (Dicke *d*) bzw. Widerstandszylinder (Dicke *a−b*), *4* Messabgriff, in **a** mit möglichst konstantem Wellenwiderstand ausgeführt, in **b** teilweise im Widerstandszylinder in der Position *X* liegend. *5* Koaxialbuchse zum Anschluß des Meßkabels, *6* Isolierstoff.

Meßabgriffs *4* (Bild 10.48) *in* das Widerstandsmaterial hinein, wie dies in Bild 10.49 b dargestellt ist. Damit koppelt man aus dem stromführenden Zylinder einen genau definierten Magnetflußanteil zur Kompensation aus, der innerhalb des Widerstandsmaterials ebenfalls von der Stromverdrängung beeinflußt ist. Damit wird eine Reduktion der Antwortzeit nach (10.66) um den Faktor 5 bis 10 möglich [10.66; 10.70].

10.7.3 Bemerkungen zur Schirmwirkung von Koaxialkabeln

Aus der Theorie des Koaxial-Shunts folgt unmittelbar ein wichtiger Hinweis auf die Verwendung von Koaxialkabeln im Hochspannungsmeßkreis. An mehreren Stellen wurde bisher bereits erwähnt, daß Störspannungen vor allem im niederspannungsseitigen Teil der Meßkreise u. a. nur durch ausreichende Abschirmmaßnahmen vermieden werden können. Eine Quelle von Stör-

spannungen sind aber die handelsüblichen, flexiblen Koaxialkabel, wie sie beispielsweise bei den Spannungsteilern (Bild 10.44) oder der hier behandelten Stoßstrommessung (Bild 10.46) ausschließlich verwendet werden.

Im Kabelmantel dieser Meßkabel werden bei noch so sorgfältig aufgebauten Meßkreisen insbesondere hochfrequente Störströme fließen, die entweder über das von den Versuchsaufbauten ausgehende elektrische und magnetische Feld eingekoppelt (kapazitive Kopplungen, bzw. Erdschleifenbildung) oder durch praktisch unvermeidliche Potentialanhebungen des Kabels erzwungen werden [10.72]. Ein Maß dafür, ob diese Störströme das Nutzsignal im Meßkabel stark stören können, ist der sogenannte „Kopplungswiderstand" $R_K(\omega)$ des betrachteten Koaxialkabels [10.67]. Er wird aus dem Verhältnis von Spannungsabfall U_i und Störstrom I_{st} definiert; beide Größen lassen sich an einem einseitig kurzgeschlossenen Koaxialkabel (Bild 10.50) in Abhängigkeit der Frequenz messen:

$$\underline{R}'_K(\omega) = \frac{\underline{U}_i(\omega)}{\underline{I}_{st}(\omega)l}. \tag{10.68}$$

Die Länge des Kabels *l* muß dabei noch klein gegenüber $\lambda/4$ sein, wenn λ die Wellenlänge der betrachteten Frequenz ist. Die Spannung U_i überlagert sich jedem Signal, das über das Koaxialkabel geleitet wird, als Störsignal. Ist I_{st} nur ein Gleichstrom oder niederfrequenter Wechselstrom, so wird die Stromdichte im Kabelmantel homogen und R_K ist mit dem Gleichstromwiderstand pro Längeneinheit identisch. Eine hohe Leitfähigkeit des Kabelmantels muß somit angestrebt werden, was durch die üblichen Cu-Mäntel auch gemacht wird. Da U_i aber mit der Meßspannung U_M des Koaxial-Shunts identisch ist, unterliegt der Kopplungswiderstand denselben theoretischen Überlegungen, wie sie in Abschnitt 10.7.2 angestellt wurden: Bei höheren Frequenzen setzt bei einem *massiven* Kabelmantel guter Leitfähigkeit sehr bald eine starke Stromverdrängung ein, die schließlich so groß wird, daß R_K gegen Null strebt. Unter den gleichen Voraussetzungen, die auch für

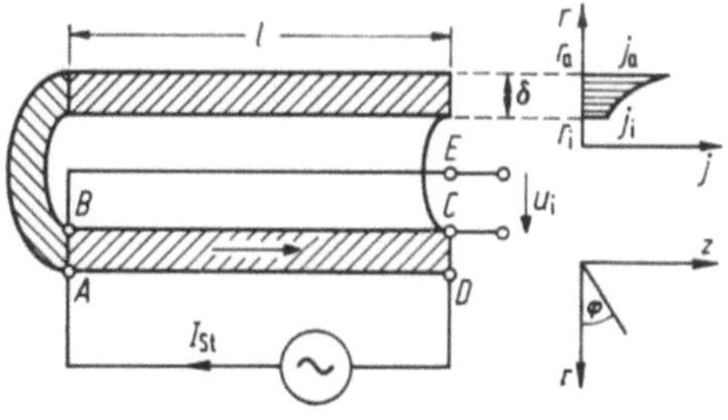

Bild 10.50. Zur Definition des Kopplungswiderstands eines Koaxialkabels.

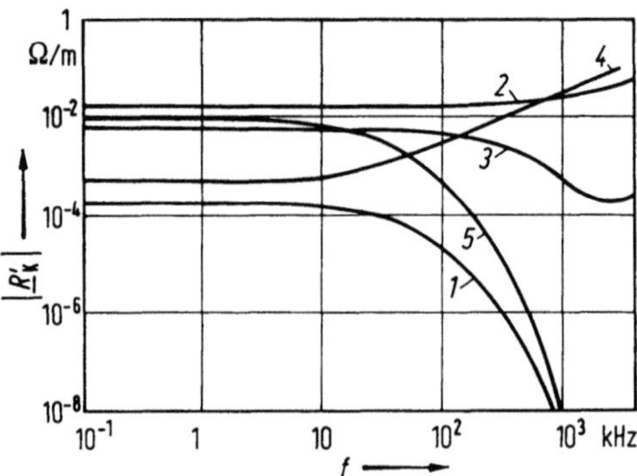

Bild 10.51. Beispiele für den Frequenzgang von berechneten und gemessenen Kopplungswiderständen $|R'_K|$. *1* Messingrohr, 70/2 mm, gerechnet; *2* einfaches Kupfergeflecht, gemessen; *3* doppeltes Kupfergeflecht, gemessen; *4* gewendeltes Rohr, gemessen; *5* Eisen-Wellrohr, 80/0,2 mm, gerechnet.

die Ableitung von (10.64) gemacht wurden, wird

$$\frac{\underline{R}'_K}{R'_0} = \frac{\sqrt{j\omega(\mu\sigma)\,\delta^2}}{\sinh\sqrt{j\omega(\mu\sigma)\,\delta^2}}, \qquad (10.69)$$

wenn R'_0 den Gleichstromwiderstand des massiven Kabelmantels darstellt.

Wird nun aber $|\underline{R}'_K| = f(\omega)$ an Koaxialkabeln mit den üblichen, rohrförmig gestalteten Cu-*Geflecht* gemessen, so stellt man ein völlig anderes Verhalten fest, wie dies in Bild 10.51 gezeigt wird. Ein derartiges Geflecht besitzt einen sehr inhomogenen Aufbau; vor allem sind die Stromübergänge im Geflecht nicht mehr definiert, wenn das Kupfer oxidiert, was kaum zu vermeiden ist.

Während bei einem gewendelten Rohr als Außenleiter die Zunahme von $\underline{R}_K$ bei höheren Frequenzen darauf beruht, daß dieses gewendelte Rohr im Prinzip eine Spule darstellt, deren Fluß auch für U_i eine induktive Komponente liefert, kann sich bei Geflechten dieser Effekt mit dem Skineffekt (Gl. (10.69)) überlagern. Oxidationserscheinungen machen also die Meßergebnisse unsicher und veränderlich.

Es ist somit falsch, dem Kabelmantel eines üblichen, flexiblen Koaxialkabels bereits eine sehr hohe Schirmwirkung zuzuordnen. Verbesserungen sind mit einem zweiten Cu-Geflecht erzielbar, das *galvanisch isoliert* über dem ersten Schirm aufgebracht wird. Wesentlich besser ist es aber, den Kopplungswiderstand dadurch klein zu halten, daß man entweder ein Meßkabel mit *massivem* Kabelmantel oder einen zweiten Schirm aus massivem rohrförmigen Material verwendet. Daß bei einer Längsverbindung (z. B. Schraubverbindung) der Schirme darauf geachtet werden muß, daß diese Verbindung sehr gut elektrisch leitet, ist klar ersichtlich, wenn man den physikalischen

Vorgang um die Entstehung der Störspannung U_i analysiert hat. Derartige Übergangswiderstände stellen ja bei einem Stromfluß im Kabelmantel eine Längsspannung dar, die sich der Signalspannung als Störspannung überlagert.

10.8 Messung von Teilentladungen (TE)

Hochspannungstechnische Geräte und Anlagen werden nach **ihrer** Produktion umfangreichen Qualitätsprüfungen unterzogen, die nicht nur über deren aktuelle Funktiontüchtigkeit, sondern auch über die erwartete Langzeitstabilität oder Lebensdauer Auskunft geben sollen. Im Rahmen dieser Prüfungen werden unabhängig vom Nachweis der spezifischen Funktionen der Geräte, wie z. B. der Meßgenauigkeit eines Spannungswandlers oder der Nennleistung eines Transformators, auch Messungen zum Nachweis der *Güte* und der *Eigenschaften* der verwendeten elektrischen Isolation notwendig. Die kurzzeitigen Überbeanspruchungen der Isolation durch unterschiedliche Prüfspannungen (s. Kapitel 9) sind dabei nur ein Teil dieser Qualitätskontrolle; sie führen im Extremfall zu einer Zerstörung der Isolation, wodurch aufwendige Reparaturen notwendig werden. Eine große Bedeutung besitzen daher sogenannte *zerstörungsfreie* dielektrische Prüfmethoden, mit denen Schwachstellen der Isolation schon frühzeitiger entdeckt werden können. Elektrische Meßmethoden dieser Art sind die Bestimmung des Isolationswiderstands bei einer Gleichspannungsbeanspruchung, die Messung des Verlustfaktors $\tan\delta$ und der Kapazität C einer Isolierung sowie eine Messung sogenannter „Teilentladungen"[3]. Da die Messung von sehr hohen Widerständen, bzw. sehr kleinen Gleichströmen als bekannt vorausgesetzt werden darf und auch die C-$\tan\delta$-Messung bei technischen Frequenzen weitgehend ausgereift und in der einschlägigen Literatur umfassend dargestellt ist (s. z. B. [10.24]), wird hier nur in die elektrische Detektion der TE eingeführt. Diese Meßmethode hat sich in den letzten Jahren zu einem sehr wichtigen Verfahren entwickelt, die komplexen Meßprinzipien werden aber häufig mißverstanden. Auch die Fachliteratur enthält daher nicht selten Fehler oder verwirrende Informationen. Bei dieser Einführung kann allerdings nur auf meßtechnische Grundprinzipien hingewiesen werden, da die mit der Anwendung dieser Technik verbundenen Einzelprobleme zu vielfältig sind, um sie auch nur annähernd umfassend behandeln zu können [10.103].

Teilentladungen in Isolierstoffen, die sich phänomenologisch auch als extrem lokalisierte Energie-

---

[3] Zur Abkürzung des Ausdrucks „Teilentladungen" wird der Ausdruck „TE" verwendet.

impulse darstellen und deuten lassen, können nicht nur elektrisch detektiert werden. Vor allem dann, wenn die Entladungen relativ stark sind, kann man hier nicht behandelte Detektionsmethoden einsetzen. Sie beruhen auf den mit Entladungen verbundenen Energieumwandlungsprozessen, wie der Emission von Licht oder von elektromagnetischen Wellen, der Aussendung von Geräuschen oder der Ausbildung von chemischen Reaktionen. Während die Lichtemission nur bei optisch transparenten Stoffen zur Lokalisierung von TE herangezogen werden kann, lassen sich akustische Meßmethoden [10.73] selbst in Großgeräten wie z. B. Transformatoren [10.95] erfolgreich und vor allem in Ergänzung zu den elektrischen Detektionsmethoden anwenden. Sofern die durch TE hervorgerufenen chemischen Veränderungen eines Isolierstoffs mit erträglichem Aufwand feststellbar sind, lassen sich auch völlig andere physikalische Meßmethoden anwenden. Ein wichtiges Beispiel dafür ist die Gaschromatographie zur Erfassung der Gasbildung bei der Degradation von Isolierölen [10.105; 10.106].

10.8.1 Allgemeine Problemstellung

In jedem Isoliersystem können lokale Überbeanspruchungen auftreten, die bei einer gewissen Spannungshöhe zu zeitlich extrem schnell ablaufenden elektrischen Entladungen führen. Es handelt sich also um Teildurchschläge innerhalb der Isolation, die man global unter dem Begriff „Teilentladungen" zusammenfaßt. Die lokale Überbeanspruchung entsteht entweder durch die Inhomogenität der Verteilung des elektrischen Feldes unter Berücksichtigung der unterschiedlichen Permittivitäten bei gemischten Isolierstoffsystemen oder durch Schwachstellen der elektrischen Festigkeit einer individuellen Isolierstoffkomponente.

Teilentladungen oder Teildurchschläge führen zumindest im Augenblick des Ereignisses zu Energieverlusten. Schon vor mehr als fünf Jahrzehnten hat man daher versucht, das Auftreten derartiger „Ionisationsvorgänge" in den Geräten durch eine Messung des Verlustfaktors in Abhängigkeit der die Isolation beanspruchenden Spannung aufzudecken: Ein mit zunehmender Spannung stärker einsetzender Anstieg des Verlustfaktors („Ionisations- oder Ionisierungsknick") ließ den TE-Einsatz vermuten. Eine derartige Nichtlinearität in der tan δ-U-Abhängigkeit ist jedoch nicht eindeutig, da die dielektrischen Verluste (vgl. Kapitel 8) ebenfalls feldstärkeabhängig sein können [10.74; 8.69]. Darüber hinaus werden nur einzeln vorhandene Schwachstellen mit TE in einem sonst großvolumigen Dielektrikum unentdeckt bleiben, da die durch die Entladungen hervorgerufenen zusätzlichen Verluste im Vergleich zu den globalen dielektrischen Verlusten recht klein sind. Trotzdem beruhen die Anfänge der elektrischen TE-Meßtechnik auf der Schering-Brücke, der bekanntesten C-tan δ-Meßbrücke, auch wenn diese in teils abgewandelter Form eingesetzt wurde [10.75; 10.76].

Eine hohe Empfindlichkeit für die Erfassung der Teildurchschläge ist nur erzielbar, wenn man die *Kurzzeitigkeit* der damit verbundenen Strom- und Spannungsänderungen berücksichtigt. Man macht daher von der Möglichkeit Gebrauch, die Vorgänge aus den stationären oder quasistationären Spannungen und Strömen elektrisch zu filtern. Die Technik der Filterung wird aber nur dann verständlich, wenn man die physikalischen Ursachen des TE-Vorgangs, die Einflüsse dieses Vorgangs auf die im TE-Meßkreis erscheinenden Wirkungen und auch die Störeinflüsse der „Umwelt" kennt, welche letztlich der Anwendbarkeit des Verfahrens Grenzen setzen. Teilweise ungeklärt ist dabei auch heute noch die Frage, welche genauen quantitativen Zusammenhänge zwischen der gemessenen TE-Quantität und der Lebensdauer eines Isoliersystems bestehen. Sicher ist lediglich, daß gleich starke Teilentladungen in unterschiedlichen Isolierstoffen keineswegs zu gleich starken Schädigungen führen, was aus der unterschiedlichen chemischen Struktur der Isolierstoffe leicht verständlich ist.

10.8.2 TE-Ströme

Der Ausdruck „Teilentladung" ist heute ein Sammelbegriff für eine Vielzahl von phänomenologischen Entladungserscheinungen. Beispiele dafür sind:

— Koronaentladungen an Spitzen, Kanten oder zylindrischen Leitern in Gasen wie z. B. in Luft, gasisolierten Anlagen (vgl. Abschnitt 7.6) oder flüssigen Isolierstoffen.
— Oberflächen- oder Gleitentladungen an den Grenzschichten unterschiedlicher Isolierstoffe, wie z. B. an der Grenzfläche Gas/Feststoff (vgl. Abschnitt 7.9).
— Entladungen in gasgefüllten Hohlräumen bei festen oder auch flüssigen Isolierstoffen; der Gasraum kann dabei vollkommen vom Isolierstoff umgeben oder teilweise mit einer Elektrode verbunden sein (vgl. Abschnitt 8.2.2).
— Entladungen in festen Isolierstoffen, deren Struktur bereits durch vorhergehende Teildurchschläge aufgebrochen ist. (vgl. Abschnitt 8.2.2).

Findet eine dieser Entladungstypen im Innern eines sonst abgeschlossenen Gerätes statt, so spricht man von einer *inneren* TE, die selbst bei einer reinen Gasisolation mit der Zeit zu Gaszersetzungen und damit Schädigungen für die Isolierfestigkeit führen können. Ganz offensichtlich hängt aber der physikalische Prozeß und damit auch die zeitliche Entwicklung der Entladung mehr oder weniger stark vom jeweiligen

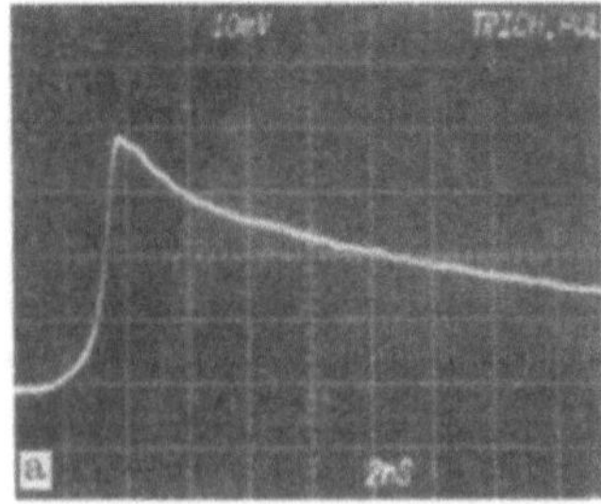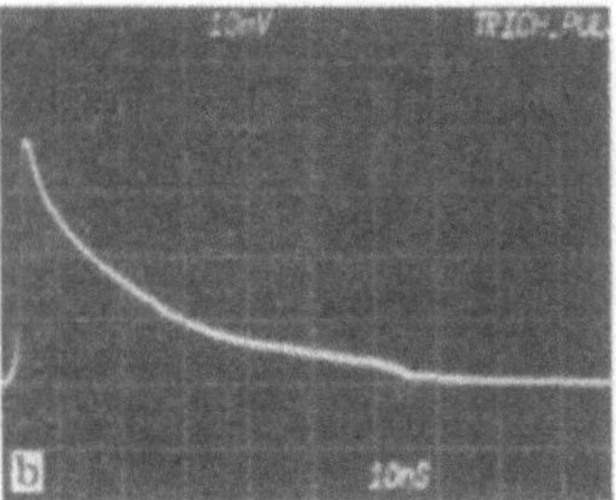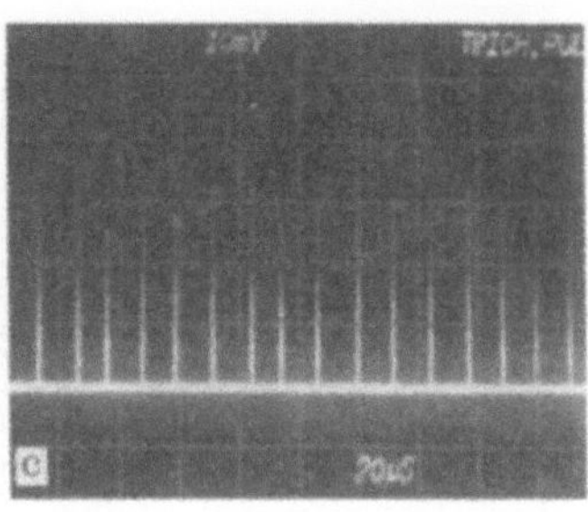

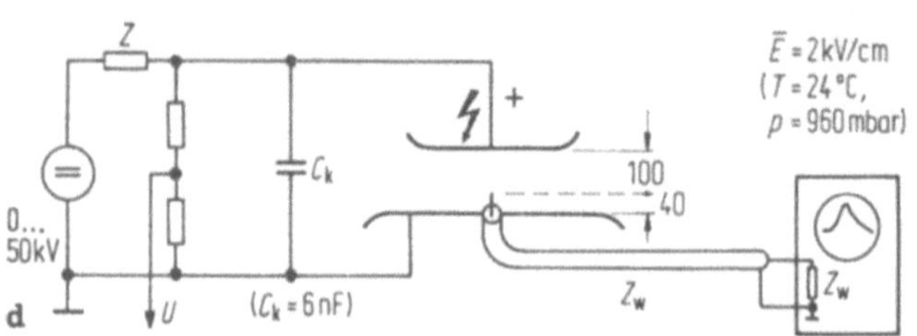

Bild 10.52. Trichel-Impulse als TE-Ströme. Versuchsanordnung gemäß d: Nadel, 40 mm Länge; 0,7 mm $\varnothing$; konische Spitze mit Radius $\lesssim$ 0,1 mm. Atmosphärische Luft (960 mbar; 24 °C; ca. 60% rel. Feuchte) Zeitraster: s. Oszillogramme a bis c Amplituden: je 0,28 mA/Raster.

Isoliersystem und seiner Gestaltung ab. In jedem Fall findet am Ort der Fehlerstelle eine schnelle Umschichtung von elektrischen Ladungen, die in der Regel erst durch Ionisationsprozesse entstanden sind, statt. Werden nun aber Ladungen im elektrischen Feld, das von Elektroden erzeugt wird, bewegt, so entsteht bei konstantem Elektrodenpotential ein Elektrodenstrom. Dieser Strom ist immer dann gut meßbar, wenn sich der Isolierstoff zwischen einem Elektrodenpaar befindet, an dem eine möglichst starre Spannung liegt. Sein zeitlicher Verlauf kann ein gutes Abbild der physikalischen Entladungsentwicklung sein.

Solche TE-Ströme zeigt Bild 10.52 am Beispiel sogenannter Trichel-Entladungen (vgl. Abschnitt 7.6.1.2) in atmosphärischer Luft. Ihr rascher Stromanstieg bereitete früher große meßtechnische Schwierigkeiten [10.83; 10.84; 7.38], die heute durch die Verfügbarkeit sehr breitbandiger Oszillographen mit höchster Schreibgeschwindigkeit überwunden sind. Für die hier gezeigten Messungen wurde ein derartiger Oszillograph (Bandbreite 1 000 MHz) eingesetzt, der den extrem schnellen Stromanstieg (ca. 1 ns) erkennen läßt. Der dem schnellen Anstieg folgende langsamere Stromabfall ist nach ca. 60 ns praktisch beendet, wobei man aber bei einer noch wesentlich höheren Empfindlichkeit noch längerdauernde Ströme kleiner Amplitude auflösen könnte, die von der Driftbewegung negativer Ionen herrühren. Durch eine ausreichend hohe Parallelkapazität zum Elektrodensystem von ca. 6 nF war bei diesen Messungen sichergestellt, daß der zeitliche Verlauf des Stroms vom Stromkreis unabhängig wurde, die Spannungsquelle also ausreichend starr war. Der individuelle Stromimpuls führt eine TE-Ladung von ca. $20 \cdot 10^{-12}$ C, also 20 pC. Die lang-

same Zeitauflösung (Bild 10.52c) läßt die typische Regelmäßigkeit von aufeinanderfolgenden Trichel-Impulsen bei konstanter Spannung erkennen. Der extrem schnelle Stromanstieg entsteht hier durch die Ausbildung kritischer Elektronenlawinen in unmittelbarer Nähe der Spitze, aus der die positiven Ionen relativ schnell zur Kathode (Spitze) abwandern, während die entstandenen Elektronen in den feldschwachen Raum driften, dabei aber rasch an die elektronegativen Sauerstoffmoleküle angelagert werden. Der Impulsstrom entsteht daher, wie man über die Beweglichkeiten der Ladungsträger nachrechnen kann, vorwiegend durch die Elektronen und positiven Ionen.

Noch wesentlich kurzzeitigere Stromimpulse registriert man in kompakten Isolieranordnungen, die mit einem festen Isolierstoff gefüllt sind, in dem sich aber kleine gasförmige Hohlräume befinden. Die Gasentladung im Hohlraum findet in diesem Fall bei einer ausreichend hohen Feldstärke statt, die durch das ungünstige Permittivitätsverhältnis zwischen Feststoff und Gas bald erreicht ist. Da der Gasdurchschlag im Hohlraum in etwa einer Nanosekunde erfolgt und sämtliche Ladungsträger nur eine sehr kleine, den Abmessungen des Hohlraums entsprechende Driftstrecke zurücklegen können, bevor sie von den Isolierstoffwänden gebremst werden, ist der Vorgang nach kürzester Zeit beendet. Gemessene Stromimpulse dieser Art weisen eine Dirac-Form auf, die mittleren Impulsbreiten von wenigen Nanosekunden sind in der Regel meßtechnisch, d. h. durch die begrenzte Bandbreite der Meßsysteme und durch Streufelder bedingt. Beispiele dafür findet man in [10.77; 10.79].

Wesentlich komplexer wird der Zeitverlauf der TE-Ströme bei technischen Anordnungen und Geräten, wenn die Elektrodengestaltung im

Geräteinnern zu einem komplexen elektrischen Netzwerk führt. Typische Beispiele dafür sind Wicklungssysteme in Transformatoren, Spannungswandlern oder Kompensationsdrosseln. Teilentladungen können hier entweder im Bereich der Wicklungen, welche sowohl durch das absolute Potential als auch die Windungsspannungen beansprucht werden, oder an geerdeten Strukturen und Ausleitungen entstehen, die feldmäßig stark beansprucht sind. Die mit den TE-Vorgängen verbundenen Ausgleichsströme müssen sich dann erst in den Wicklungen ausbreiten (Wanderwellenvorgänge!), bevor sie an den der Messung zugänglichen Klemmen erscheinen. TE-Ströme dieser Art besitzen einen durch Resonanzerscheinungen geprägten zeitlichen Verlauf. Während der Zeitbereich dieser Ströme bisher kaum untersucht wurde, läßt sich deren Komplexheit aus publizierten Messungen der TE-Stromspektren (s. Abschnitt 10.8.4.2) gut abschätzen [10.102].

Für die noch zu behandelnde TE-Meßtechnik bedeutungsvoll sind schließlich noch TE-Ströme mit wesentlich längerem zeitlichen Verlauf. Bis zu einigen Mikrosekunden können Entladungsimpulse in flüssigen Isolierstoffen andauern [10.80; 10.81], unter bestimmten Voraussetzungen können elektrische Entladungen in Gaseinschlüssen auch weitgehend impulslos verlaufen [10.78; 10.85].

Die aufwendige Meßtechnik für die TE-Ströme, die Vielfalt zur Quantifizierung dieser Ströme und schließlich auch die Schwierigkeiten, die mit einer Darstellung der bei einer Wechselspannungsbeanspruchung mit teils extrem hoher Repetitionsfrequenz auftretenden TE-Impulse (vgl. Bild 10.52c) machen eine direkte Messung der TE-*Ströme* für die Praxis ungeeignet. Daher steht die Messung der von diesen Strömen transportierten Ladungen im Vordergrund [10.82], die als integrale Größe einfacher zu erfassen ist. Ein TE-Stromimpuls wird dann durch deren Ladungsinhalt charakterisiert, der als *scheinbare Impulsladung* bezeichnet wird. Warum dieser Ausdruck zutreffend ist, wird aus einer Ersatzschaltung deutlich, mit der man die TE-Vorgänge in Isoliersystemen nachbilden kann.

10.8.3 Der TE-Prüfkreis

Bild 10.53 zeigt dieses Ersatzschaltbild und dessen materiellen Hintergrund; es wurde erstmals von Gemant und Philippoff angegeben [10.79]. Mit der Kapazität C_1 simuliert man dabei das elektrische Feld eines Hohlraums, der sich in einem festen oder flüssigen Isolierstoff befinde (Bild 10.53a). Feldlinien, welche bei diesem einfachen Isoliersystem von den Elektroden ausgehen und am Hohlraum enden, werden durch die Kapazitäten C_2' berücksichtigt; deren Serienschaltung führt zur Kapazität C_2 in der Ersatzschaltung, Bild 10.53b. Die Parallelschaltung der Kapazitäten $C_3' \triangleq C_3$ wird von nicht mit der Fehlerstelle in Verbindung

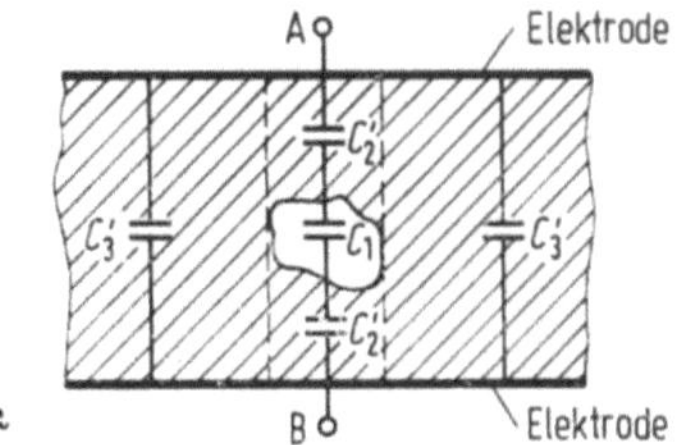

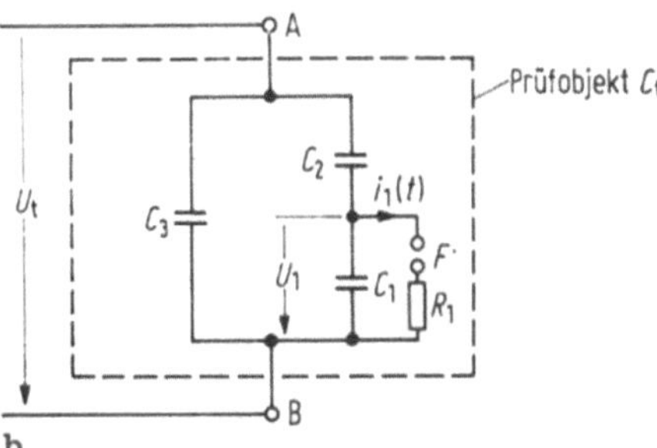

Bild 10.53. Ersatzschaltbild für die Entstehung von Teilentladungen in einfachen Isolieranordnungen.

stehenden Feldlinien hervorgerufen; sie repräsentiert praktisch die gesamte Kapazität des Prüfobjekts C_t. Bei den üblichen kleinen Abmessungen eines Hohlraums ist somit stets

$$C_t \simeq C_3 \gg C_1 \gg C_2. \qquad (10.70)$$

Die zu einem Gasdurchschlag im Hohlraum führende Feldstärke macht sich in der Ersatzschaltung dadurch bemerkbar, daß beim Überschreiten einer bestimmten Zündspannung an der Hohlraumkapazität C_1 die als spannungsempfindlicher Schalter wirkende Funkenstrecke F durchschlägt und die Kapazität C_1 weitgehend entlädt. Der Widerstand R_1 im Entladekreis begrenzt dabei lediglich die Stromamplitude des Entladestroms $i_1(t)$, dessen Abfallzeitkonstante als so klein anzunehmen ist, wie es dem physikalischen Durchschlagsphänomen an der Fehlerstelle entspricht. Der Vorgang wird in einem Hohlraum im Zeitbereich von Nanosekunden ablaufen, wobei natürlich die Wirkung der auch im Isolierstoff driftenden Ladungsträger nicht berücksichtigt ist. Im Ersatzschaltbild wird somit der TE-Vorgang durch die *Entladung* von Kapazitäten simuliert, während beim physikalischen Vorgang einer TE elektrische Ladungen getrennt, bzw. bewegt werden.

Denkt man sich das Prüfobjekt im Augenblick der Entladung als von jeglicher Spannungsquelle isoliert, so bewirkt die Entladung von C_1 auch eine Umladung der gesamten Kondensatoranordnung. Unter Berücksichtigung der Gl. (10.70) führt der durch $i_1(t)$ hervorgerufene Spannungseinbruch ΔU_1 an C_1 im Hohlraum selbst zu einem

Ladungsumsatz Δq_1:

$$\Delta q_1 = C_1 \Delta U_1. \tag{10.71}$$

Aus einer Berechnung der im System vor und nach diesem Ereignis gespeicherten Ladungen erhält man den Spannungseinbruch ΔU_t am Prüfobjekt:

$$\Delta U_t = \frac{C_2}{C_2 + C_3} \Delta U_1,$$

$$= \frac{C_2}{(C_2 + C_3)\, C_1} \Delta q_1. \tag{10.72}$$

Dieser Spannungseinbruch kann, da lediglich $C_3 \simeq C_t$ einer Messung zugänglich ist und die Kapazitäten C_1 und C_2 unbekannt sind, weder mit ΔU_1 noch mit Δq_1 in eine quantitative Beziehung gebracht werden. Aus (10.72) ist nur zu entnehmen, daß wegen (10.70) die Größe ΔU_t vor allem dann sehr klein ($\ll$ 1 V) sein wird, wenn C_3 wesentlich größer als C_2, die kleinste im Prüfling vorhandene Kapazität, ist, obwohl ΔU_1 in der Größenordnung von Kilovolt ist. Eine direkte Messung von ΔU_t ist daher wenig sinnvoll und unter Berücksichtigung der kleinen Verhältnisse von $\Delta U_t / U_t$ auch schwierig.

In Wirklichkeit ist aber das Prüfobjekt mit einer Spannungsquelle verbunden, so daß der Spannungseinbruch ΔU_t sehr schnell wieder ausgeglichen wird. Die Geschwindigkeit dieses Spannungsausgleichs läßt sich optimieren, wenn man für diesen extrem hochfrequenten Ausgleichsvorgang einen Kondensator C_k verwendet, wie dies Bild 10.54 zeigt. Die Spannungsquelle U — es wird sich hierbei um eine Wechsel- oder gelegentlich auch Gleichspannungsquelle handeln — wird dabei oftmals bewußt durch eine Impedanz Z (Breit- oder Schmalbandsperre) für hohe Frequenzen entkoppelt, um vor allem hochfrequente Störspannungen, die von dieser Quelle kommen können, vom eigentlichen TE-Prüfkreis, bestehend aus C_t und der Parallel- oder Koppelkapazität C_k, fernzuhalten. Im Idealfall wird also ein kurzzeitiger Kreisstrom $i(t)$, ein nun *meßbarer* TE-Strom (vgl. Bild 10.52), den Spannungsabfall

ΔU_t mehr oder weniger stark ausgleichen. Eine vollkommene Kompensation ist nur für $C_k \gg C_t$ möglich, der TE-Strom $i(t)$ wird am größten und die von ihm transportierte Ladung q wird unter Berücksichtigung der Gln. (10.70) bis (10.72)

$$q = \int i(t)\, \mathrm{d}t \tag{10.73}$$

$$\simeq \underbrace{(C_2 + C_3)}_{\simeq\, C_t} \Delta U_t = C_2 \Delta U_1 = \frac{C_2}{C_1} \Delta q_1.$$

Man nennt diese vom Strom $i(t)$ transportierte Ladung *scheinbare* Ladung q, weil sie mit Δq_1 wegen der Unkenntnis von C_1 und C_2 nur in einer nicht quantitativ erfaßbaren Weise korreliert ist. Die Messung dieser Ladung q ist das Ziel der heutigen TE-Prüftechnik [10.82].

Die Bedingung $C_k \gg C_t$ ist in der Praxis nicht erfüllbar, da ein sehr hohes C_k vor allem Wechselspannungsquellen zu stark belasten würde und der finanzielle Aufwand für einen TE-freien „Hochspannungskoppelkondensator" (C_k) zu groß ist. Man fordert Werte von etwa 1 nF. Damit wird aber $i(t)$ kleiner und damit auch die für die Empfindlichkeit der noch zu behandelnden Ladungsmeßgeräte maßgebende *meßbare* scheinbare Ladung $q \triangle q_m$. Das Verhältnis der idealen scheinbaren Ladung q gemäß (10.73) und der tatsächlich meßbaren Ladung q_m ist sofort angebbar, da unter Berücksichtigung des Umladevorgangs zwischen C_t und C_k die ideale Ladung q auch durch

$$q = C_t \Delta U_t = (C_t + C_k)\, \Delta U_t^*$$

ausgedrückt wird, wobei ΔU_t^* den nach der Umladung verbleibenden Spannungssprung angibt, womit die von C_k abgegebene meßbare Ladung offensichtlich

$$q_m = C_k \Delta U_t^*$$

wird. Das Ladungsverhältnis wird somit

$$\frac{q_m}{q} = \frac{C_k}{C_t + C_k}. \tag{10.74}$$

Die Messung von Teilentladungen an Prüfobjekten mit großer Kapazität erfordert somit hochempfindliche Meßgeräte. Nur nebenbei sei erwähnt, daß man (10.74) zur Kalibrierung des Prüfkreises verwendet, um die scheinbare Ladung q zu erhalten [10.82]. Die Probleme der Kalibrierung werden hier nicht näher behandelt.

10.8.4 TE-Meßverfahren

Bevor die wichtigsten Verfahren zur Messung der scheinbaren Ladung behandelt werden, soll auf die technischen Schwierigkeiten eingegangen

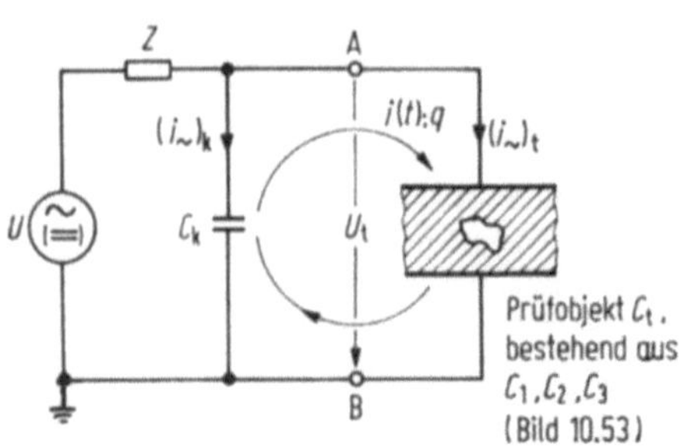

Bild 10.54. Das Prüfobjekt C_t im grundlegenden TE-Prüfkreis.

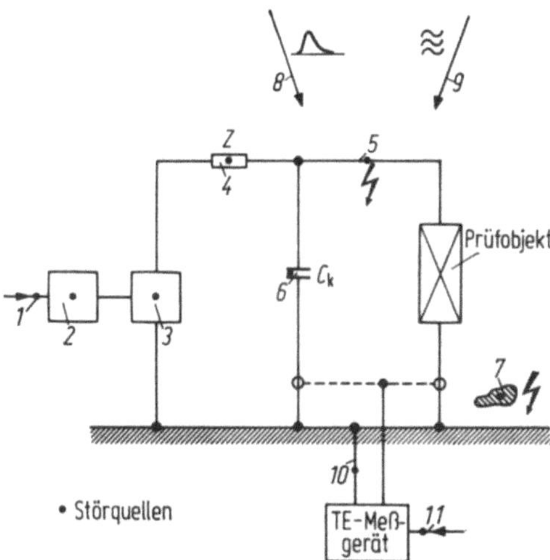

Bild 10.55. Übersicht über die Störquellen in einem TE-Prüf- und Meßkreis (● Störquellen). *1, 11* Stromversorgungen, *2* Spannungs-Stellorgan, *3* Hochspannungsquelle, *4* Hochspannungsfilter, *5* Hochspannungsleitungen/-elektroden, *6* Koppelkondensator, *7* leitende Gegenstände im Feldbereich des Versuchsaufbaus, *8* externe, impulshafte Störungen (eingekoppelt), *9* elektromagnetische Wellen, *10* Störströme im Erdsystem des TE-Detektors.

werden, die bei praxisorientierten Aufbauten die TE-Messung stark erschweren.

Aus den bisherigen Ausführungen ging hervor, daß sich eine TE am zu untersuchenden Prüfobjekt durch einen kurzzeitigen, impulshaften Spannungseinbruch bemerkbar macht, der zu einem ebenfalls kurzzeitigen Stromimpuls $i(t)$ führt, wenn parallel zum Prüfobjekt eine Kapazität C_k liegt, die die Ladung für diesen Stromimpuls kurzfristig abgeben kann (vgl. Bild 10.54). Beide Objekte sind auch in Bild 10.55 skizziert, zusammen mit allen sonstigen wesentlichen Elementen in einem TE-Prüf- und Meßkreis, den man sich „vor Ort", also in einem Hochspannungslaboratorium oder am Prüfplatz einer Produktionsstätte vorzustellen hat. Teilentladungen treten vorwiegend bei einer Wechselspannungsbeanspruchung der Prüflinge auf, da sich die bei den häufig vorliegenden Hohlraumentladungen durch eine Entladung gebildeten Ladungsträger an den Wandungen des Hohlraums ablagern und damit die vor der Entladung wirkende Feldstärke durch das Gegenfeld der Ladungen kompensieren; eine erneute Entladung wird somit erst dann möglich, wenn sich die Feldstärke in dem den Hohlraum umgebenden Isolierstoff wieder ändert. Die Spannungsquelle *3* ist also vorwiegend ein Prüftransformator zur Erzeugung der niederfrequenten Prüfspannung am zu untersuchenden Objekt. Im Prinzip stellt der betriebsfrequente Strom, also der niederfrequente Verschiebungs-

strom durch C_k und das Prüfobjekt, die wesentlichste Störung zur Erfassung der sehr kleinen TE-Ströme dar, da diese Ströme — abhängig von der Prüfspannungshöhe und der Kapazität der Objekte — recht hoch (Größenordnung Ampère) werden können. Die Spannungsquelle sollte selbst TE-frei sein, vor allem dann, wenn kein Filter *4* vorgesehen ist. Prüftransformatoren benötigen Spannungs-Stellorgane *2*, also beispielsweise Stelltransformatoren oder Generatoren zur Erregung und Einstellung der gewünschten Spannungshöhe. Obwohl diese in der Regel bei niedrigen Spannungen arbeiten, können bei Stelltransformatoren die Gleitkontakte und bei Generatoren die Schleifringe und Kollektoren zu hochfrequenten Impulsstörungen in ihrer Ausgangsspannung führen und über den Transformator auf die Hochspannungsseite übertragen werden. Die Stromversorgungen *1* (für den HS-Kreis) und *11* (für das eigentliche TE-Meßgerät) sind vor allem heute starke Störquellen, da der zunehmende Einsatz der Leistungselektronik für netzgespeiste Regelungen und Antriebe starke Netzspannungsoberwellen, bzw. periodische Impulsstörungen hervorruft.

Sämtliche impulshaften oder höherfrequent harmonischen Störspannungen lassen sich durch technisch aufwendige Filter *4* eliminieren, sofern man diese Aufgabe nicht speziellen TE-Meßgeräten überträgt (s. Abschnitt 10.8.4.3). Ein technisch falsch gestaltetes Filter kann aber genauso wie auch alle hochspannungsseitig angebrachten Verbindungsleitungen und Elektroden *5* zu starken „äußeren" Teilentladungen führen, wenn die Formgebung dieser Elemente nicht auf das hohe Potential dieser Elemente Rücksicht nimmt. Die Formgebung muß also feldsteuernd sein, selbst kleinste Rauhigkeiten oder Spitzen auf den großflächigen Elektroden können Entladungen im Luftraum verursachen. Die in Bild 10.52 dargestellten Trichel-Impulse, die bei einer kontinuierlichen Spannungssteigerung im Spannungsmaximum der negativen Halbwelle unweigerlich auftreten, wenn die Elektroden auch nur teilweise scharfkantig sind, werden dadurch zu einem sehr empfindlichen Indiz für unsachgemäß ausgeführte Aufbauten. TE-frei müssen auch die Hochspannungskoppelkondensatoren *6* sein. Die Störquelle *7* soll auf Metallteile und Gegenstände hinweisen, die oft achtlos im Labor liegen. Im isolierten Zustand werden sie im Wechselfeld des Prüfaufbaus Potential annehmen; hohe Feldstärken an deren Struktur oder zu schlechte Isolation mit benachbarten Teilen führen dann zu Entladungen. Solche Störungen koppeln sich in den Hochspannungskreis im Sinne der durch den Pfeil *8* angedeuteten Störeinwirkung für impulshafte Vorgänge: Selbst aus nahegelegenen Niederspannungsleitungen können entweder über das elektrische, magnetische oder elektromagnetische Feld Schaltvorgänge einstreuen. Recht widrige Störquellen sind auch die elektromagnetischen

Wellen *9*, die die vor allem im Langwellen- und Mittelwellenbereich des Rundfunks selektive Frequenzbänder kontinuierlich belegen. Diese teils recht starken Störfelder erfordern eine elektromagnetische Schirmung der Laboratorien, die technisch recht aufwendig ist (Faraday-Käfig! Einsatz geschirmter Meßkabinen). Schließlich ist in Bild 10.55 noch eine Störquelle *10* im Erdkreis des eigentlichen TE-Meßgerätes angedeutet, wobei das Meßgerät bezüglich seiner Eingliederung in den Prüfkreis noch nicht näher spezifiziert ist. Die Lage dieser Fremdstörung soll insbesondere auf in den Mänteln von Koaxialkabeln oder in den elektronischen Schaltungen induzierte Störströme hinweisen, auf die bei der Geräteentwicklung Rücksicht genommen werden muß (s. auch Abschnitt 10.7.3).

Die auftretenden Störeinflüsse können somit in zwei Kategorien aufgeteilt werden: Zeitlich weitgehend kontinuierliche Störgrößen sind die betriebsfrequente Wechselspannung mit ihren harmonischen Oberwellen, sowie die trägerfrequenten Rundfunksignale. Alle anderen Störsignale, die in der Regel stochastisch auftreten, besitzen impulshaften Charakter. Die gebräuchlichen TE-Meßverfahren müssen grundsätzlich diese Störeinflüsse berücksichtigen. Die unterschiedlichen Verfahren unterscheiden sich dabei in ihrer Fähigkeit, eine Störunterdrückung vornehmen zu können.

10.8.4.1 Direkt integrierende Brücke

Nach (10.73) bzw. (10.74) besteht die Aufgabe, die TE-Stromimpulse $i(t)$, die nach Bild 10.54 als Kreisstrom zwischen C_t und C_k fließen, zu *inte-*

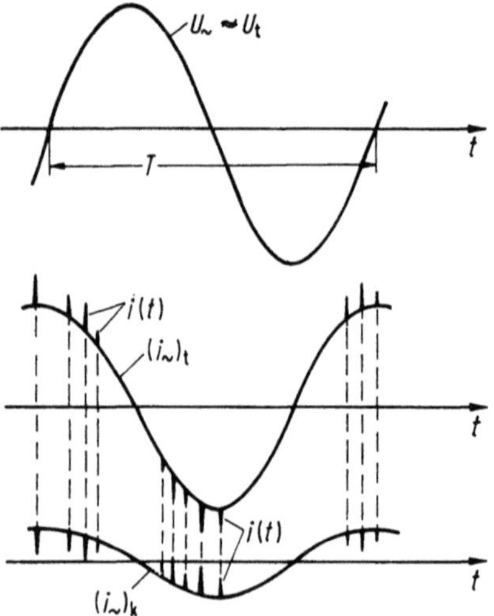

Bild 10.56. Schematische Darstellung der netzfrequenten Prüfspannung $U_\sim$, sowie der netzfrequenten Verschiebungsströme $(i_\sim)_t$, $(i_\sim)_k$ und TE-Impulsströme $i(t)$ vom TE-Prüfkreis nach Bild 10.54. Für $C_t > C_k$.

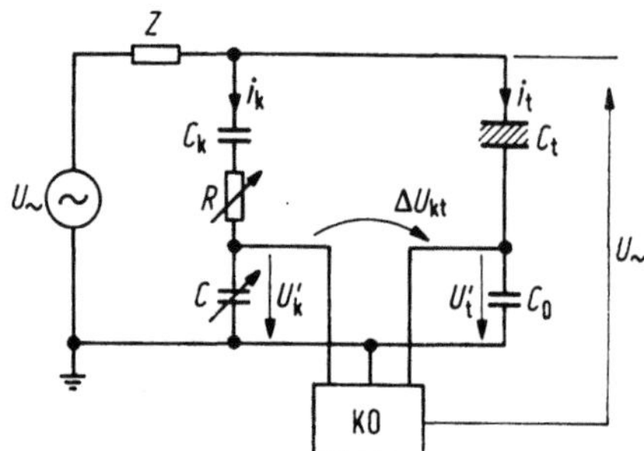

Bild 10.57. Integrierende Brücke zur Messung der scheinbaren Ladung.

grieren. Entstehen die TE-Impulse durch eine betriebsfrequente Wechselspannungsbeanspruchung, wie dies bereits in Bild 10.54 angedeutet ist, so fließen über C_t und C_k auch die betriebsfrequenten Wechselströme $(i_\sim)_t$ und $(i_\sim)_k$. In Bild 10.56 sind diese Ströme skizziert, wobei sich bei rein sinusförmiger Wechselspannung und der großen Periodendauer technischer Frequenzen die TE-Stromimpulse, die amplitudenmäßig stark überhöht dargestellt sind, lediglich als kurzzeitige Spitzen skizzieren lassen. Sonstige TE-Störströme sind vernachlässigt. Zu beachten ist die unterschiedliche Polarität der TE-Ströme in C_t und C_k, die bereits für die nachfolgend behandelte Schaltung von Bedeutung ist. Diese Schaltung wird für praxisorientierte TE-Messungen *nicht* verwendet, da sie nur unter bestimmten Voraussetzungen, die sich aus der Funktionsweise ergeben, befriedigende Ergebnisse liefert. Sie eignet sich aber für grundlegende TE-Untersuchungen und erleichtert den Einstieg in die sonstigen TE-Meßprinzipien.

Das ideale und auch einfachste passive Schaltelement zur Stromintegration ist der Kondensator. Diesen Effekt nützt die in Bild 10.57 dargestellte integrierende Brücke aus, die auf Dakin und Malinaric [10.86] zurückgeht. Hier wählt man zunächst C_0 so groß, daß die Spannung U'_t unter Berücksichtigung des Ladestroms von C_t nicht die zulässige Spannung am Oszillographen KO, der mit einem Differenzverstärker hoher Gleichtaktunterdrückung ausgerüstet sein muß, überschreitet ($C_0 \gg C_t$). Mit der variablen Kapazität C ($C_k \neq C_t$) kann dieselbe Forderung auch für den Zweig des Koppelkondensators erfüllt werden. Absolut gleiche, *netzfrequente* Teilspannungen U'_k und U'_t erzielt man unter der Annahme zu kleiner dielektrischer Verluste in C_k mit einem vollständigen Brückenabgleich durch R und C, wie leicht zu berechnen ist. Ohne TE-Impulse wird dann die Brückendiagonalspannung $\Delta u_{kt} = u'_k - u'_t$ stets Null. Die TE-Stromimpulse $i(t)$ hingegen rufen eine sprunghafte Änderung dieser Diagonalspannung hervor, da sie in C und C_0 entgegengerichtet sind. Somit wird der Spannungssprung

Δu_{k} an u_{k}'

$$\Delta u_{\mathrm{k}} = \frac{1}{C} \int i(t)\, \mathrm{d}t = \frac{q_{\mathrm{mi}}}{C}$$

und jener an u_{t}'

$$\Delta u_{\mathrm{t}} = \frac{1}{C_0} \int i(t)\, \mathrm{d}t = \frac{q_{\mathrm{mi}}}{C_0}.$$

Hierbei sei q_{mi} die gemessene individuelle, scheinbare Ladung des betrachteten TE-Impulses im Sinne von (10.74). Die am KO erscheinende Differenzspannung Δu_{kt} ist somit

$$\Delta u_{\mathrm{kt}} = q_{\mathrm{mi}} \left(\frac{1}{C} + \frac{1}{C_0} \right). \tag{10.75}$$

Da die Brücke zumindest bei Netzfrequenz abgeglichen ist und damit auch

$$C_0/C = C_t/C_{\mathrm{k}}$$

ist, wird (10.75)

$$\Delta u_{\mathrm{kt}} = \frac{C_{\mathrm{k}} + C_t}{C_0 C_{\mathrm{k}}}\, q_{\mathrm{mi}}. \tag{10.76}$$

Hierin erscheint das die Empfindlichkeit der TE-Messung beeinflussende Kapazitätsverhältnis von (10.74). Unter Berücksichtigung dieser Gleichung wird schließlich

$$\Delta u_{\mathrm{kt}} = q_{\mathrm{i}}/C_0; \tag{10.77}$$

wobei q_{i} die echte, individuelle scheinbare Ladung eines TE-Vorgangs in C_t, wie sie in (10.73) definiert wurde, ist. Dabei wurde natürlich vorausgesetzt, daß die hochfrequenten TE-Ströme $i(t)$ vollständig über C_{k} fließen, also parasitäre Parallelkapazitäten zu C_{k} vernachlässigt werden. Bild 10.58 zeigt zwei Oszillogrammbeispiele, die an einer integrierenden Brücke aufgenommen wurden. Das untersuchte Objekt (C_t) bestand hier aus einem 5 mm dicken, ungefülltem Epoxidharz-Formstoff, der zwischen parallelen Plattenelektroden eingegossen war. Ein künstlich hergestellter Hohlraum von 1 mm Durchmesser und 1 mm Höhe befand sich als künstliche Fehlstelle an einer Elektrode. Als Koppelkondensator C_{k} diente ein gleichartiger Prüfkörper ohne Fehlstelle. Registriert wurde die an den Prüfkörpern liegende Wechselspannung $U_\sim$ (40 kV) und die Brückendiagonalspannung Δu_{kt} bei $C_0 \simeq 40$ nF. Gl. (10.77) ergibt somit für eine TE-Impulsladung von 40 pC eine sprunghafte Spannungsänderung von 1 mV. Unabhängig von der Frequenz der Prüfspannung (50 Hz; 150 Hz) ergaben sich hier pro Periode 10 TE-Impulse, die keineswegs im Gebiet der Maximalwerte, sondern zu Zeiten veränderlicher Spannungen auftreten.

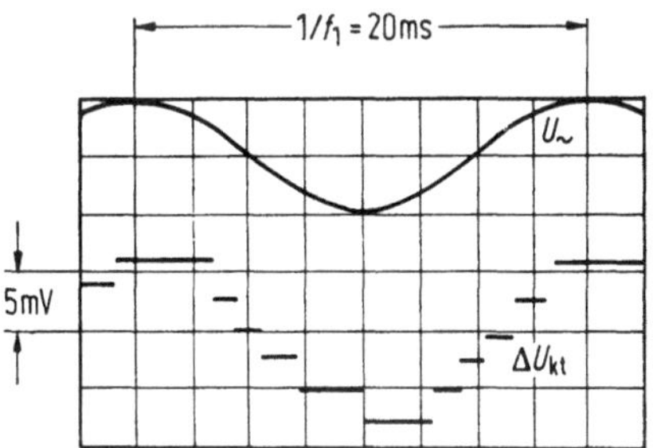

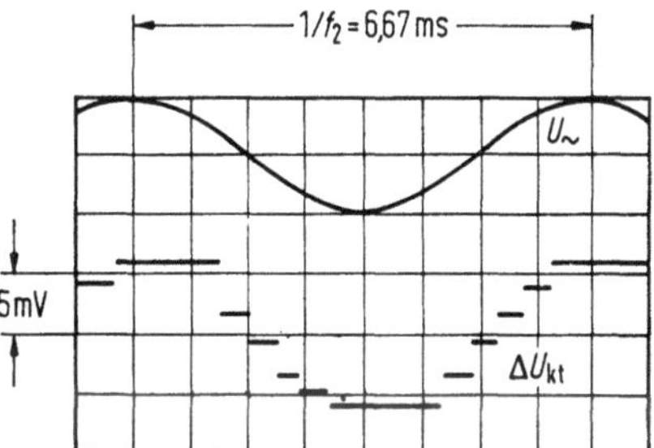

Bild 10.58. Oszillogrammbeispiele für TE-Messungen mit der Brücke nach Bild 10.57. (Weitere Erläuterungen siehe Text) [10.77].

Die Nachteile dieser Schaltung sind leicht erkennbar: Geringfügige Oberwellen in der Prüfspannung in Verbindung mit ungleichen frequenzabhängigen Verlustfaktoren in den Elementen C_{k} und C_t, den TE-Impulsströmen gelegentlich nachfolgende langsame Entladungsströme und schließlich die endlich großen Eingangswiderstände der KO-Differenzverstärker erschweren den Brückenabgleich und führen unweigerlich zu Drifterscheinungen in der Brückendiagonalspannung [10.77]. Weiterhin ist die Auswertung der Oszillogramme mühsam und damit eine kontinuierliche Messung nicht möglich. Bei sehr vielen TE-Impulsen pro Halbwelle können individuelle Impulse nicht mehr ausgewertet werden. Die nachfolgend behandelten ,,Quasi-Integrations-Methoden" vermeiden diese Nachteile.

10.8.4.2 Quasi-Integration der TE-Impulsströme

Alle in der Praxis verwendeten TE-Meßgeräte arbeiten auf dem Prinzip einer Quasi-Integration der im grundlegenden TE-Prüfkreis (Bild 10.54) auftretenden Impulsströme, wobei diese Quasi-Integration über geeignete Tief- oder Bandpaßsysteme und einer ausreichend hohen elektronischen Verstärkung vorgenommen wird. Leider kommt diese Tatsache in der Fachliteratur meist nur wenig zum Ausdruck, auch die aktuellsten internationalen Regeln [10.82] berücksichtigen dies nur unzureichend. So entnimmt man diesen Regeln zwar die in Bild 10.59 wiedergegebenen grundlegenden Schaltungsanordnungen für die

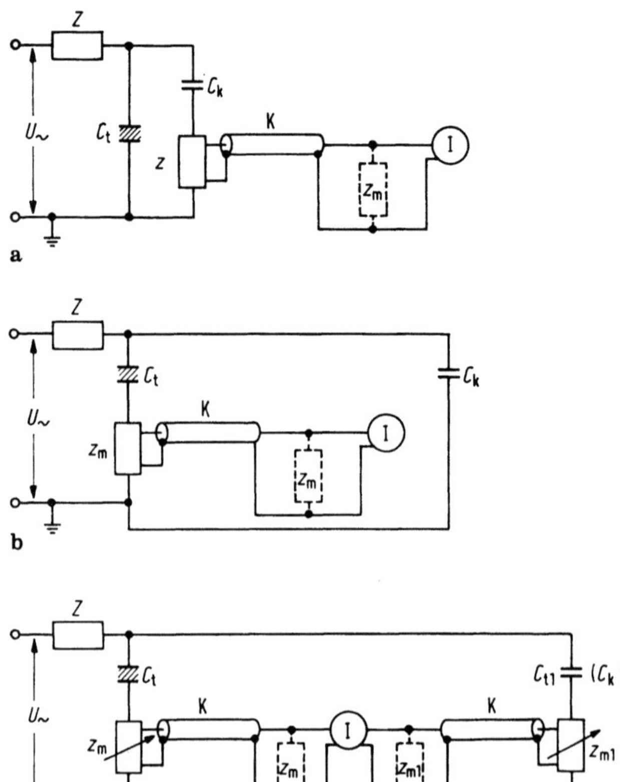

Bild 10.59. Grundlegende TE-Prüfkreise. **a** Serienschaltung von Meßimpedanz und Koppelkondensator;
b Serienschaltung von Meßimpedanz
und Prüfobjekt; **c** Brückenschaltung.

Zuordnungsmöglichkeiten von TE-Meßgerät und TE-Prüfkreis. In diesen Darstellungen erscheint aber das eigentliche TE-Meßgerät „I" stets getrennt von einer „Meßimpedanz Z_m", (wird auch als „Ankopplungsvierpol" bezeichnet), die nach Bild 10.59a in Serie zum Kopplungskondensator, nach Bild 10.59b in Serie zum Prüfobjekt, und schließlich nach Bild 10.59c in einer verallgemeinerten Brückenschaltung verwendet wird. Die Lage dieser Ankopplungsstellen wird aus den bisherigen Ausführungen unmittelbar verständlich (vgl. Bilder 10.55, 10.56 und 10.57). Am gebräuchlichsten ist die Ankopplung nach Bild 10.59a, da die Prüfobjekte oftmals nicht gegenüber Erdpotential isoliert werden können und da wegen der gesicherten Spannungsfestigkeit der Koppelkondensatoren C_k keine Gefahr von Durchschlägen auf das Meßsystem besteht. Unter Berücksichtigung der zu C_k unvermeidlich parallel liegenden Streukapazitäten ist aber mit der Schaltung Bild 10.59b eine höhere Meßempfindlichkeit zu erreichen. Gegenüber diesen beiden „Direkt-Detektionsmethoden" („straight detection") weist die Schaltung nach Bild 10.59c die zumindest teilweise aus der vorher behandelten integrierenden Brücke bekannten Vorteile auf; in der Praxis

wird jedoch eine Art Schering-Brücke verwendet, auf die später noch eingegangen wird (Abschnitt 10.8.5.1).

Die in diesen Schaltungen angedeutete und auch in der Fachliteratur meist vorgenommene Trennung von Meßimpedanz (Ankopplungsvierpol) und eigentlichem TE-Meßgerät ist grundsätzlich nicht gerechtfertigt, auch wenn beide Elemente in der Regel räumlich getrennt angeordnet sind. Der meist passive Ankopplungsvierpol (er befindet sich bei C_k, bzw. C_t) bildet mit dem stets aktiven TE-Meßgerät (er befindet sich beim Bedienenden außerhalb des Hochspannungsgefahrenbereichs) eine TE-Meßeinheit mit Bandpaßeigenschaften. Warum sich aber Bandpaßsysteme zur Integration von Impulsströmen eignen, muß zunächst kurz erläutert werden, bevor auf die speziellen Eigenschaften · sogenannter „Breitband"- oder „Schmalband"-Meßsysteme eingegangen wird.

a) Spektren der TE-Stromimpulse

Nach Abschnitt 10.8.2 führt jedes TE-Ereignis im TE-Prüfkreis zu einem impulsförmigen Strom $i(t)$. Der wirkliche zeitliche Verlauf dieses Stroms, der sich nach einem TE-Ereignis einstellt, ist aber in einem realen TE-Prüfkreis a priori *nicht* bekannt, wie in Abschnitt 10.8.2 bereits erläutert wurde. Insbesondere bei großen Versuchsaufbauten mit räumlich verteilten Impedanzen und Streukapazitäten werden die TE-Impulsströme in den Zweigen C_t und C_k (Bild 10.59) sowohl hinsichtlich ihrer Zeitabhängigkeit $i(t)$ als auch bezüglich der transportierten Ladung $\int i(t)\,dt$ voneinander abweichen. Die zur Messung der TE-Ströme notwendige Einkopplung einer Meßimpedanz Z_m beeinflußt in der Regel ebenfalls den Stromverlauf. Wie später noch gezeigt wird, ist Z_m stark frequenzabhängig, enthält aber stets einen reellen Anteil R_m, der die TE-Ströme grundsätzlich dämpft. Im idealisierten TE-Prüfkreis, in dem nur konzentrierte Kapazitäten C_t und C_k wirken (Bild 10.59), würde ein exakt sprungförmiger Spannungseinbruch am Prüfobjekt ΔU_t (s. Gl. (10.72)) zu einem TE-Strom $i(t)$ führen, der unter der Vereinfachung, daß $Z_m = R_m$ sei, einen ebenfalls sprunghaften Anstieg mit nachfolgendem exponentiellen Abfall aufweist, wobei die Stromamplitude $\Delta U_t/R_m$ und die Abfallzeitkonstante

$$\tau = R_m \left(\frac{C_t C_k}{C_t + C_k} \right)$$

wird. Am Beispiel des Trichel-Impulses als TE-Vorgang (Abschnitt 10.8.2, Bild 10.52) wurde gezeigt, daß solche Vereinfachungen nur teilweise richtig sind.

In vielen praktischen Versuchsaufbauten mit vorwiegend rein kapazitiven Prüfobjekten C_t bestimmt der Koppelkondensator C_k, der häufig eine Kapazität von 1 nF besitzt, den Wert der Serienschaltung von C_t und C_k. Mit ebenfalls realistisch großen R_m-Werten von 100 bis 200 Ω wird dann die Abfallzeitkonstante τ ca. 100 bis 200 ns. Da bei einer Integration im wesentlichen nur die Zeitdauer eines Vorgangs von Bedeutung ist, wird bei den nachfolgenden Betrachtungen zur Frage der Stromimpulsspektren von idealisierten Funktionen $i(t)$ ausgegangen: Ein exponentiell abfallender Stromimpuls simuliert dabei den vorher diskutierten Fall von kompakten und damit induktivitätsarmen kapazitiven Prüfkreisen; ein Gauß-Impuls soll sehr kurzzeitige und recht unbeeinflußt gemessene TE-Vorgänge in Hohlräumen von Feststoffisolatoren nachbilden.

Die Spektren dieser Impulse erhält man in bekannter Weise aus dem Fourier-Integral. Demnach definieren wir das komplexe Spektrum $\underline{I}(j\omega)$ eines Zeitimpulses $i(t)$ wie folgt:

$$\underline{I}(j\omega) = \int\limits_{-\infty}^{+\infty} i(t)\,\exp\,(-j\omega t)\,dt. \tag{10.78}$$

Der Absolutwert dieses Spektrums liefert das Amplitudenspektrum $I(\omega)$

$$I(\omega) = |\underline{I}(j\omega)|, \tag{10.79}$$

das zur quantitativen Darstellung auf den Wert bei tiefen Frequenzen normiert wird:

$$I_0(\omega) = \frac{I(\omega)}{I(\omega \to 0)}. \tag{10.80}$$

Abfallender Exponentialimpuls: Hierfür sei

$$i(t) = I_0 \exp\,(-t/\tau), \tag{10.81}$$

so daß das Produkt $I_0\tau$ die Ladung q des Impulses darstellt (Bild 10.60a). Aus (10.78) wird das komplexe Spektrum

$$\underline{I}(j\omega) = \frac{I_0\tau}{1 + j\omega\tau} = \frac{q}{1 + j\omega\tau}. \tag{10.82}$$

Das relative Amplitudenspektrum, Gl. (10.80), wird

$$I_0(\omega) = \frac{1}{\sqrt{1 + (\omega\tau)^2}}. \tag{10.83}$$

Zur Darstellung dieses Spektrums (s. Bild 10.60c) wählt man zweckmäßigerweise die dimensionslose Frequenzachse ($f\tau$). Der „Gleichstromanteil" bis $f\tau \simeq 10^{-2}$ *enthält somit die Ladung q des Impulses,* Gl. (10.82), *vollständig.* Läßt man auch noch einen Abfall der Amplituden um 10% zu, so erweitert sich dieser Anteil bis $(f\tau)_0 \simeq 7,7 \cdot 10^{-2}$. Ein Trichel-Impuls nach Bild 10.52 läßt sich etwa mit

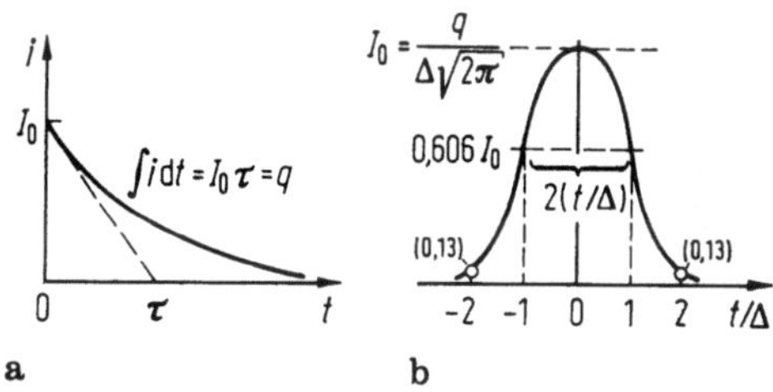

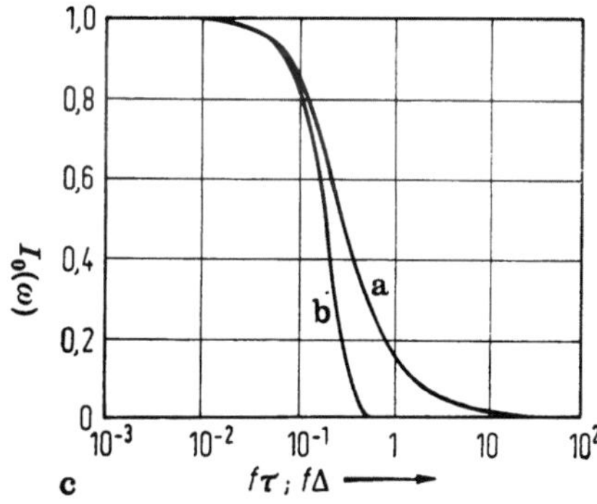

Bild 10.60. Zeitlicher Verlauf und Amplitudenspektren von typischen TE-Impulsen. **a** Exponentialimpuls; **b** Gauß-Impuls; **c** relative Amplitudenspektren der Stromimpulse nach **a** und **b** gemäß Gl. (10.83).

$\tau = 15\,\text{ns}$ simulieren. Dann sind bei Frequenzen bis $f_0 = 7{,}7 \cdot 10^{-2}/\tau \simeq 5\,\text{MHz}$ die spektralen Amplituden der Ladung q proportional. Charakteristisch ist auch noch der $-3\,\text{dB}$-Wert ($\omega\tau = 1$; $I_0(\omega) = 1/\sqrt{2}$). Hierfür ist

$$(f\tau)_{-3\,\text{dB}} = \frac{1}{2\pi} \simeq 15{,}9 \cdot 10^{-2}; \quad (\omega\tau)_{-3\,\text{dB}} = 1\,.$$

$$(10.84)$$

Der weitere Abfall des Amplitudenspektrums erfolgt nach (10.83) mit $-20\,\text{dB}/\text{Dekade}$.

Gauß-Impuls: Mit diesem Ausdruck wird ein Zeitimpuls bezeichnet, der der Gaußschen Fehlerfunktion gehorcht:

$$i(t;\Delta) = \frac{q}{\Delta\sqrt{2\pi}} \exp\left[-\left(\frac{t/\Delta}{\sqrt{2}}\right)^2\right]. \qquad (10.85)$$

Dieser um die Zeit $t = 0$ symmetrische Impuls weist eine Amplitude I_0 und eine Breite auf, die durch den Zeitparameter Δ bestimmt wird (s. Bild 10.60b). Der Faktor q ist identisch mit der Ladungsmenge des Impulses, da

$$\int\limits_{-\infty}^{+\infty} i(t;\Delta)\,\mathrm{d}t = \frac{q}{\sqrt{\pi}} \int\limits_{-\infty}^{+\infty} \exp\left(-y^2\right)\mathrm{d}y = q \quad (10.86)$$

ist, wie aus der Integration der Fehlerfunktion ableitbar ist. Der Stromverlauf, Gl. (10.85), geht für $\Delta = 0$ in eine Deltafunktion, bzw. in einen Dirac-Stoß über.
Das Spektrum dieses Impulses ist mit (10.78) berechenbar.
Ohne Ableitung erhält man die folgenden Spektren:

$$\underline{I}(\mathrm{j}\omega) = I(\omega) = q\exp\left[-\left(\frac{\Delta\omega}{\sqrt{2}}\right)^2\right] \qquad (10.87)$$

$$I_0(\omega) = \exp\left[-\left(\frac{\omega\Delta}{\sqrt{2}}\right)^2\right], \qquad (10.88)$$

Die Amplituden können hier vorteilhaft in Abhängigkeit des dimensionslosen Produkts $(f\,\Delta)$ dargestellt werden (s. Bild 10.60c). Die Unterschiede zum Spektrum des Exponentialimpulses machen sich somit erst bei höheren Frequenzen bemerkbar. So findet man den 10%-Abfall bei $(f\,\Delta)_0 \simeq 7{,}3 \times 10^{-2}$, also bei nur geringfügig niedrigen Frequenzen bei sonst gleichem Zeitparameter ($\tau = \Delta$). Eine für die Praxis realistische Stromimpulsbreite liegt bei $2\,\Delta = 10\,\text{ns}$. Für einen derartigen Impuls mit einer Impulsladung von $q = 10\,\text{pC}$ wird dann die Stromamplitude $I_0 \simeq 0{,}8\,\text{mA}$, und die Frequenz f_0, bei der die Amplituden um mehr als 10% vom Gleichstromwert abweichen, ca. $14{,}6\,\text{MHz}$.
Die hier an zwei speziellen Beispielen erläuterte

Erscheinung, daß die Spektren von Zeitimpulsen *bei ausreichend tiefen Frequenzen die vollständige Information über das Zeitintegral des Impulses enthalten*, gilt natürlich allgemein. Dies läßt sich unmittelbar aus dem Fourier-Integral, Gl. (10.78), ableiten, weil sich dort für $\omega \to 0$ die komplexe Exponentialfunktion dem Wert 1 nähert, oder auch aus der Laplace-Transformation, mit deren Hilfe ebenfalls Spektren berechnet werden können. Bei der Laplace-Transformation löst man die Aufgabe

$$q = \int\limits_0^\infty i(t)\,\mathrm{d}t$$

dadurch, daß man die Ladung q des Stromimpulses $i(t)$ zunächst als Grenzwert eines Zeitintegrals

$$q = \lim_{t\to\infty} \int\limits_0^t i(t)\,\mathrm{d}t \qquad (10.89)$$

auffaßt. Ist nun $I(s)$ die Bildfunktion der Zeitfunktion $i(t)$, so erhält man mit der Korrespondenz

$$\int\limits_0^t i(t)\,\mathrm{d}t \;\circ\!\!-\!\!\bullet\; \frac{1}{s}\,I(s)$$

und dem bekannten Grenzwertsatz

$$\lim_{t\to\infty} y(t) = \lim_{s\to 0} \left[s\,Y(s)\right]$$

die gesuchte Ladung q aus (10.89) zu

$$q = \lim_{s\to 0}\left[s\,\frac{1}{s}\,I(s)\right] = \lim_{s\to 0}\left[I(s)\right]. \qquad (10.90)$$

Die Bildfunktion $I(s)$ entspricht aber dem komplexen Spektrum $\underline{I}(\mathrm{j}\omega)$ der Fourier-Analyse.
Bei TE-Impulsströmen mit überlagerten Schwingungen ergeben sich Spektren mit ausgeprägten Resonanzstellen. Trotzdem wird ihr Ladungsanteil stets als „Gleichstromanteil" im Spektrum bei *tiefen* Frequenzen enthalten sein. Mit Tiefpässen oder auch Bandpässen mit entsprechend tief liegender Mittenfrequenz kann dieser spektrale Anteil erfaßt werden. Dies entspricht einer Quasi-Integration der Zeitimpulse, wie nachfolgend gezeigt wird.

b) Integration durch einfache Tiefpässe

Auch in den jüngsten nationalen oder internationalen Empfehlungen zur TE-Meßtechnik [10.82] findet man noch keine Forderungen oder Angaben, welche sich auf die fehlerbehaftete Integrationsfähigkeit der Meßgeräte beziehen. Obwohl ein einfacher Tiefpaß nur selten zur Quasi-Integration verwendet wird, können sehr wesentliche Eigenschaften und Forderungen mit einer recht ein-

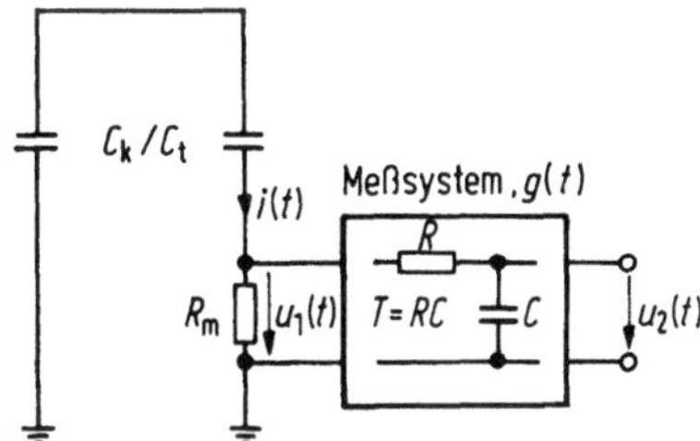

Bild 10.61. Quasi-Integration eines Stromimpulses $i(t)$ durch ein Tiefpaßsystem erster Ordnung als Meßsystem.

fachen analytischen Behandlung abgeleitet werden.

Als Beispiel wählen wir die Erfassung eines abfallenden Exponentialimpulses als TE-Stromimpuls über ein Tiefpaßsystem erster Ordnung, wie dies in Bild 10.61 skizziert ist. Der Strom $i(t)$ werde über einen rein reellen Widerstand R_m, der hier die Meßimpedanz Z_m von Bild 10.59 bildet, in eine zu $i(t)$ proportionale Spannung transformiert. Diese Spannung sei die Eingangsspannung $u_1(t)$ eines durch ein RC-Glied gebildeten Tiefpaßsystems, dessen Eingang entweder durch $R \gg R_\mathrm{m}$ oder durch einen Eingangsverstärker genügend hochohmig sei. Die Aufgabenstellung besteht in der Berechnung der Ausgangsspannung $u_2(t)$, aus der die Ladung des Stromimpulses $i(t)$ ermittelt werden soll. Für einen Exponentialstromimpuls nach (10.81) wird

$$u_1(t) = I_0 R_\mathrm{m} \exp\left(-t/\tau\right). \tag{10.91}$$

Das Meßsystem, dessen eventuell vorhandene Verstärkung zu $\triangle$ 1 angenommen sei, besitzt einen Frequenzgang

$$G(\mathrm{j}\omega) = \frac{U_2}{U_1} = \frac{1}{1 + \mathrm{j}\omega T} \tag{10.92}$$

und damit eine Schrittantwort $g(t)$ (vgl. Abschnitt 10.6.2)

$$g(t) = 1 - \exp\left(-t/T\right),$$

wobei die Zeitkonstante $T = RC$ im Frequenzbereich die obere Grenzfrequenz oder Bandbreite $f_\mathrm{B} = 1/2\pi T$, im Zeitbereich die Antwortzeit oder Anstiegszeit (s. Gl. (10.39)) bestimmt.
Das Ausgangssignal berechnet man am einfachsten über das Duhamel-Integral

$$u_2(t) = \int_0^t \frac{\mathrm{d}g(\xi)}{\mathrm{d}\xi} u_1(t - \xi) \,\mathrm{d}\xi.$$

Die Lösung dieses Integrals ist elementar und

liefert das Ergebnis:

$$u_2(t) = I_0 R_\mathrm{m} \frac{\tau/T}{1 - (\tau/T)} \left[\exp\left(-t/T\right)\right.$$
$$\left. - \exp\left(-t/\tau\right)\right]. \tag{10.93}$$

Der Tiefpaß reagiert somit mit einer Ausgangsspannung, die doppeltexponentiell verläuft, und deren Amplitude für $\tau \ll T$ und $T = \mathrm{const}$ ganz offensichtlich proportional zur Ladung $q = I_0\tau$ des Eingangsstroms $i(t)$, bzw. zur Spannungs-Zeitfläche $I_0 R_\mathrm{m} \tau$ der Eingangsspannung $u_1(t)$, ist. Für eine quantitative Darstellung von (10.93) wählt man vorteilhafterweise eine durch den Faktor $(\tau/T)\, I_0 R_\mathrm{m}$ dividierte, normierte Darstellung $f_2(t)$, da dann die Amplituden sowohl von der individuellen Größe der Einzelladung $(I_0\tau)$ als auch von reinen Netzwerkdaten (R_m/T) unabhängig werden:

$$f_2(t) = \frac{u_2(t)}{I_0 R_\mathrm{m}\,(\tau/T)} = \frac{1}{1 - (\tau/T)}$$
$$\times \left[\exp\left(-t/T\right) - \exp\left(-t/\tau\right)\right]. \tag{10.94}$$

Numerische Beispiele für diese Funktion, die für gegebene τ-Werte mit (τ/T) als Parameter ausdrückbar ist, sind in Bild 10.62a für einen typischen τ-Wert von 100 ns dargestellt. Während die Amplitude A dieser Ausgangsimpulse dem Idealwert von 1 oder 100 % für kleine Verhältnisse von τ/T sehr nahe kommt, versagt die Integration für höhere Werte vollständig: Das Meßsystem erfaßt dann weitgehend den originalen, zeitlichen Verlauf der Eingangsgröße, weil die Bandbreite f_B für kleine T-Werte zu hoch wird. Dennoch lassen sich ganz wesentliche Eigenschaften des Systems unmittelbar erkennen: Der Ausgangsimpuls ist bezüglich seiner *Polarität* mit dem Eingangsimpuls *identisch*, er zeigt hier auch *kein Unterschwingen;* eine gute Integration führt aber zu einer starken zeitlichen *Verlängerung* der Ausgangsgröße, wenn man beachtet, daß die Eingangsgröße nach ca. $5\tau \simeq 0{,}5\,\mu\mathrm{s}$ praktisch vollständig abgeklungen ist.
Die Amplituden A hängen stark nichtlinear vom Verhältnis τ/T ab. Man berechnet ihre Abhängigkeit durch eine Differentiation von (10.94). Dadurch erhält man zunächst die Zeiten t_max, zu der die Amplitude A auftritt:

$$t_\mathrm{max} = \frac{\tau T}{\tau - T} \ln\left(\tau/T\right). \tag{10.95}$$

t_max in (10.94) eingesetzt, liefert nach passenden Umrechnungen

$$f_2(t_\mathrm{max}) = A = x^{\left(\frac{x}{1-x}\right)}, \tag{10.96}$$

wobei

$$x = (\tau/T).$$

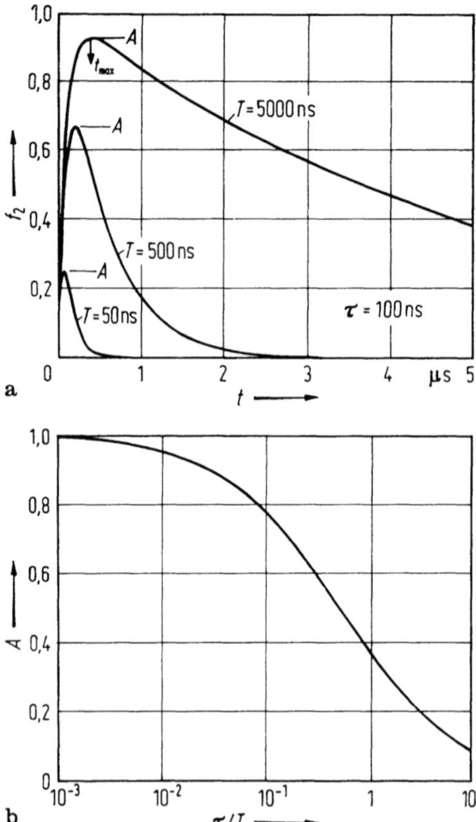

Bild 10.62. Quasi-Integration eines exponentiell abfallenden Stromimpulses $i(t)$ durch das Meßsystem, Bild 10.61. a rel. Ausgangsspannung nach Gl. (10.94); b Amplituden A nach a).

Diese Abhängigkeit ist in Bild 10.62 b ausgewertet. Betrachtet man auch für einen sehr weiten τ-Bereich einen Meßfehler von $\pm 10\%$ als zulässig, so dürfen die Amplituden A nicht unter 0,8 oder 80% absinken. Hierfür entnimmt man der Darstellung, bzw. (10.96) ein noch zulässiges (τ/T)-Verhältnis von $\lesssim 8 \cdot 10^{-2}$, oder $T \gtrsim 12,5\tau$. Da das Spektrum des betrachteten TE-Stroms, Gl. (10.82), einen prinzipiell gleichen Frequenzverlauf besitzt wie der Frequenzgang unseres angenommenen, integrierenden Tiefpaßsystems, Gl. (10.92), bedeutet dies, daß der Amplitudengang $|G(j\omega)|$ des Meßsystems um den Faktor 12,5 tiefer liegen muß als das Amplitudenspektrum des zu messenden Impulses. Die geforderte Bedingung von Meßfehlern $< \pm 10\%$ läßt sich somit auch als eine Bedingung für die noch zulässige obere Grenzfrequenz f_0 oder auch Bandbreite f_B des RC-Tiefpasses umwandeln:

$$f_0 = f_\mathrm{B} = 1/(2\pi T) \leqq 1/(25\pi\tau). \tag{10.97}$$

Für $\tau = 100$ ns ist somit eine obere Grenzfrequenz erforderlich, die etwa 130 kHz nicht übersteigt. Dieses einfache Beispiel zeigt bereits, daß die Quasi-Integration der Eingangsgröße durch das Verhalten eines Tiefpasses bei höheren Frequenzen, also durch die obere Grenzfrequenz, bestimmt wird. Da bei allen praktischen TE-Meßsystemen aber auch die tiefen Frequenzen (betriebsfrequente Wechselspannung und Oberwellen) ausgefiltert werden müssen, werden offensichtlich *Bandpaßsysteme* zur Erfassung der Ladung der TE-Stromimpulse erforderlich. Die nachfolgenden konkreten Beispiele werden zeigen, daß dadurch keine sehr grundlegenden Änderungen auftreten, da ja auch ein Tiefpaßsystem als spezielles Bandpaßsystem aufgefaßt werden kann. Bandpaßsysteme höherer Ordnung zeigen freilich wesentlich komplexere Übertragungsverhalten, die ebenfalls noch vom zeitlichen Verlauf der Eingangsgröße abhängen und für jeden individuellen Fall berechnet werden müßten. Zum weiteren Verständnis der TE-Systeme ist dabei wichtig, daß, abgesehen von dem bereits gezeigten Zeitaufwand für die Integration (Impulsverlängerung), bei ausgeprägten Bandpaß- (= Schmalband-) Eigenschaften des Meßsystems auch noch die Information über die Polarität des Eingangsimpulses verloren gehen kann.

c) Quasi-Integration durch Meßsysteme höherer Ordnung

Wie bereits erwähnt, zerlegen die in Bild 10.59 dargestellten, den IEC-Empfehlungen entnommenen TE-Prüfkreise das eigentliche TE-Meßsystem in eine Meßimpedanz Z_m und ein „Meßinstrument" I, wobei beide Glieder durch das Meßkabel K verbunden sind. Aus meßtechnischer Sicht bildet das Gesamtsystem eine Einheit, welche die notwendige Integration der TE-Stromimpulse vornimmt, so daß lediglich die *Anzeige* am „Meßinstrument" I proportional der TE-Impulsladung ist. Der Hersteller der TE-Meßgeräte muß daher das Gesamtsystem geeignet dimensionieren und so wird auch das Meßkabel K mit seinen komplexen Übertragungseigenschaften das Gesamtsystem beeinflussen.

Aus der Vielfalt der Realisierungsmöglichkeiten sollen jedoch nur zwei typische Verfahren herausgegriffen werden, die gleichzeitig die Quasi-Integration mit Systemen höherer Ordnung zeigen. Das erste Verfahren charakterisiert dabei die sogenannte „breitbandige" und das zweite die sogenannte „schmalbandige" TE-Messung.

● „*Breitband*"-*Meßsysteme.* Eine zumindest weitgehende Unterdrückung der über C_k oder C_t fließenden niederfrequenten, durch die hohe Prüfspannung hervorgerufenen Ströme wird bei Schaltungen nach Bild 10.59a und b bereits im Ankopplungsvierpol Z_m vorgenommen. Dies erreicht man beispielsweise in Bild 10.61 dadurch, daß man dem Widerstand R_m eine Induktivität L parallel legt, wodurch für die Umwandlung der TE-Ströme $i(t)$ in die Spannung $u_1(t)$ ein Hochpaßsystem zur Verfügung steht, das für $\omega L \ll R_\mathrm{m}$ die niederfrequenten Ströme ausfiltert. Da nun aber das Ausgangssignal eines derartigen Hochpaßvierpols über ein Meßkabel zum eigentlichen elektronischen, aktiven Meßgerät übertragen werden muß, muß man die frequenzabhängigen Eigenschaften dieses Kabels berücksichtigen. Wird das Kabel nur mit dem meist recht hochohmigen Eingang des Meßverstärkers abgeschlossen, so wird, wie aus den Telegraphengleichungen leicht abzuleiten ist, für Frequenzen $f \leqq 1/(12\tau_\mathrm{k})$ nur die Kabelkapazität $C_\mathrm{k} = lC'$ wirksam ($\tau_\mathrm{k} = l\sqrt{L'C'}$; l Kabellänge; L' Induktivitätsbelag; C' Kapazitätsbelag). Dies ist bei üblichen Kabellängen ($l \lesssim 20$ m) und Frequenzen $f \lesssim 1$ MHz praktisch immer der Fall, so daß Z_m auch eine kapazitive Komponente enthält. Dem Ankoppelvierpol Z_m überträgt man in der Praxis aber meist auch noch die Aufgabe einer galvanischen Trennung zwischen dem Meßkabel (mit seinem nachgeschalteten elektronischen Meßgerät) und dem eigentlichen Hochspannungskreis. Man findet daher in den Ankoppelvierpolen jeweils Hochfrequenzübertrager, mit denen sich gleichzeitig auch noch eine Impedanztransformation durch unterschiedliche Windungszahlen zwischen Primär- und Sekundärwicklung durchführen läßt. Da von den Eingangsklemmen des Ankoppelvierpols her gesehen auch noch die Serienschaltung von C_k mit C_t eine wirksame Parallelkapazität bildet, besitzt man im wesentlichen einen RLC-Parallelkreis als effektiv wirksame Meßimpedanz Z_m, die von einem nachgeschalteten Verstärker kaum belastet wird. In Bild 10.63 ist ein derartiges Gesamtsystem skizziert, wobei zunächst nur der RLC-Kreis als Meßimpedanz interessiert. Seine Wechselwirkung mit dem Verstärker mit der Eingangsspannung u_1 ist über die Berücksichtigung des Kabels in der Meßimpedanz, deren Ausgangsspannung ebenfalls u_1 sei, in die Überlegungen mit eingeschlossen.

Betrachtet man zunächst die selektive Filterwirkung für die über C_k oder C_t ankommenden

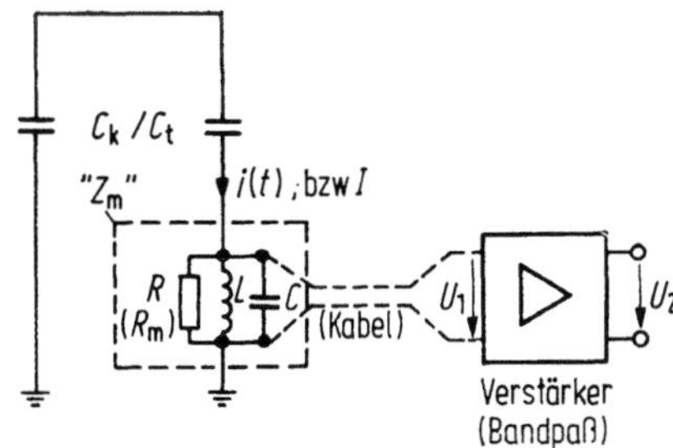

Bild 10.63. Prinzip üblicher „Breitband"-TE-Detektorsysteme (RLC-Ankopplung).

harmonischen Ströme $I(\omega)$, so ist dafür die Impedanz Z_m maßgebend. Diese wird

$$Z_\mathrm{m} = \frac{U_1(\omega)}{I(\omega)} = \frac{R}{1 - jQ\left(\dfrac{\omega_0}{\omega} - \dfrac{\omega}{\omega_0}\right)} \qquad (10.98)$$

mit $Q = \dfrac{R}{\sqrt{L/C}}$; (Kreisgüte)

$2\pi f_0 = \omega_0 = 1/\sqrt{LC}$; (Resonanzkreisfrequenz).

Der Amplitudengang dieser Impedanz,

$$|Z_\mathrm{m}| = \left|\frac{U_1}{I}\right| = \frac{R}{\sqrt{1 + Q^2\left(\dfrac{f_0}{f} - \dfrac{f}{f_0}\right)^2}} \qquad (10.99)$$

kann also für hohe Q-Werte einen ausgeprägten Resonanzcharakter besitzen. Damit liegt ein einfaches Bandpaßsystem vor, das die harmonischen Ströme beidseitig der Resonanzfrequenz f_0 mehr oder weniger stark unterdrückt, wie beispielsweise die netzfrequenten Ströme mit ihren Oberwellen bei $f < f_0$ und die eventuell induzierten Rundfunkspannungen bei $f > f_0$. Das Maß der möglichen Unterdrückung ist aber von (10.99), also von der Kreisgüte stark abhängig, über deren zulässige Größe erst entschieden werden kann, wenn die Reaktion (Response) dieses Filters auf kurzzeitige TE-Ströme $i(t)$ bekannt ist. Daher muß zunächst die Systemantwort auf Kurzzeitsignale untersucht werden.

Berechnet man diese mit Hilfe der Laplace-Transformation, so wird die Ausgangsspannung $U_1(s)$ im Bildbereich

$$U_1(s) = I(s)\,\frac{s/C}{(s - s_1)(s - s_2)} \qquad (10.100)$$

mit $s_{1,2} = -a \pm jb$;

$a = 1/2RC = \pi f_0/Q$;

$b = \sqrt{\omega_0^2 - a^2} = 2\pi f_0\sqrt{1 - (1/2Q)^2}$;

wobei $Q \geqq 0,5$ vorausgesetzt wird. $I(s)$ ist in dieser Gleichung die noch nicht spezifizierte Bildfunktion des TE-Stroms $i(t)$. Da der Zusammenhang zwischen der oberen Grenzfrequenz und der Zeitkonstanten exponentiell abfallender TE-Ströme bereits vorher gezeigt wurde, berechnen wir hier nur die Stoßantwort des Systems. Für einen Dirac-Stoß $i(t) = I_0\delta(t)$ wird aber $I(s)$ identisch mit der Ladung q_m, mit dem das System erregt wird. Die Rücktransformation von (10.100) in den Zeitbereich ist dann sehr einfach; man erhält als Ergebnis:

$$u_1(t) = \frac{q_\mathrm{m}}{C}\exp(-at)\left[\cos(bt) - \frac{a}{b}\sin(bt)\right].$$

$$(10.101)$$

Da die Größen a und b nach (10.100) allein durch die Resonanzfrequenz f_0 und die Kreisgüte Q ausdrückbar sind, muß die Stoßantwort ebenfalls nur von diesen Größen abhängen. Der Beginn dieser Response wird durch die Maximalamplitude $\hat{u}_1 = q_m/C$ geprägt, einem Spannungssprung, der augenblicklich an C erscheint und der zu messenden TE-Impulsladung q_m proportional ist. Die Integration von $i(t)$ erfolgt also momentan,[4] der weitere zeitliche Verlauf wird durch den gedämpften Ausschwingvorgang verursacht, der möglichst schnell abklingen sollte, um die Meßimpedanz für einen zeitlich eventuell rasch nachfolgenden TE-Vorgang meßbereit zu machen. Kurze Abklingzeiten sind aber offensichtlich nur mit einer kleinen Zeitkonstante $1/a = Q/\pi f_0$, also kleinen Kreisgüten und hoher Resonanzfrequenz f_0 erzielbar. Eine sehr hohe Frequenz f_0 ist aber aus zwei Gründen nicht zweckmäßig: Die Meßimpedanz soll zunächst harmonische Fremdstörungen (Lang- und Mittelwellenrundfunk) bereits unterdrücken. Im vorhergehenden Abschnitt wurde abgeleitet, daß eine gute Integrationswirkung für längere TE-Impulse nur dann zu erzielen ist, wenn die obere Grenzfrequenz des Filters tief liegt. Dies ist aus (10.101) nicht erkennbar, weil dieser Lösung ein Dirac-Stoß zugrunde lag. Weitere quantitative Aussagen sind durch eine numerische Auswertung von (10.101) möglich, s. Bild 10.64a, wo die Stoßantwort in Abhängigkeit der normierten Zeit $f_0 t$ mit Q als Parameter aufgetragen ist. Optimale Q-Werte liegen also bei ca. 0,75, für die man den Ausschwingvorgang bei etwa $f_0 t \simeq 1$ als beendet betrachten kann. Man bezeichnet die sich daraus ergebende Zeit τ_r

$$\tau_r \simeq 1/f_0 \qquad (10.102)$$

als „Impuls-Auflösungszeit" [10.82], als Kennwert für eine noch gut und weitgehend fehlerfrei mögliche *Auflösung zeitlich aufeinanderfolgender* TE-*Impulse*. Für $f_0 = 100$ kHz wird somit $\tau_r \simeq 10$ µs. Noch tiefere Werte sind aber aus den obengenannten Gründen zweckmäßig; dies erfordert Kompromisse zwischen τ_r und einer guten Integrations- und Filterwirkung.

Durch die niedrigen Q-Werte wird die Filterwirkung dieser Meßimpedanz beschränkt; in Bild 10.64b findet man die zu den Beispielen in Bild 10.64a gehörenden Amplitudengänge (Gl. (10.99)). Die Filterung von harmonischen Vorgängen ist somit auch in unmittelbarer Nähe von f_0 nicht höher als 20 dB/Dekade.

Nach Bild 10.63 wird die Filterwirkung des Gesamtsystems dadurch erhöht, daß die Spannung

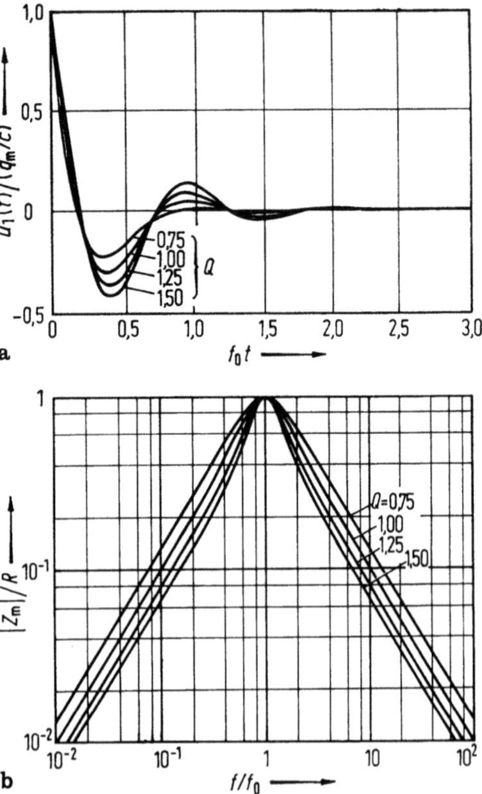

Bild 10.64. Stoßantwort **a** und Amplitudengang **b** der Meßimpedanz Z_m einer RLC-Ankopplung nach Bild 10.63.

U_1 der passiven Meßimpedanz mit einem Verstärker mit Bandpaßeigenschaften weiterverarbeitet wird. Aus (10.101) läßt sich ja bei Annahme realistischer C- und q_m-Werte entnehmen, daß die Amplituden $\hat{u}_1$ recht klein sind. Dem Bandpaßverstärker verleiht man dabei einen Durchlaßbereich, der weitgehend mit der Charakteristik der Meßimpedanz übereinstimmt. Bedingt durch die bei 150 bis 300 kHz liegende obere Grenzfrequenz des Verstärkers wird dann zwar der steile Anstieg von $u_1(t)$ (vgl. Bild 10.64a) abgeflacht und auch deren Maximalamplitude $\hat{u}_1$ reduziert; der ausschwingende Verlauf von $u_1(t)$ bleibt hingegen weitgehend erhalten. Da die Bandpaßeigenschaften des Verstärkers in der Regel fixiert sind, ist lediglich darauf zu achten, daß die Resonanzfrequenz f_0 der Meßimpedanz Z_m im optimalen Verstärkungsbereich liegt. Da die Kapazität C (Bild 10.63) auch von den Kapazitäten des Hochspannungskreises (C_t und C_k) beeinflußt wird, müssen Ankopplungsvierpole dieser Art *auswechselbar* sein, um f_0 an die jeweiligen Verhältnisse anpassen zu können.

Das Gesamtsystem ist somit ein Bandpaßsystem

---

[4] Bei einem technischen Ankopplungsvierpol ist der sprunghafte Anstieg von $u_1(t)$ bereits durch nichtideale Schaltelemente (z. B. dem Übertrager) abgeflacht.

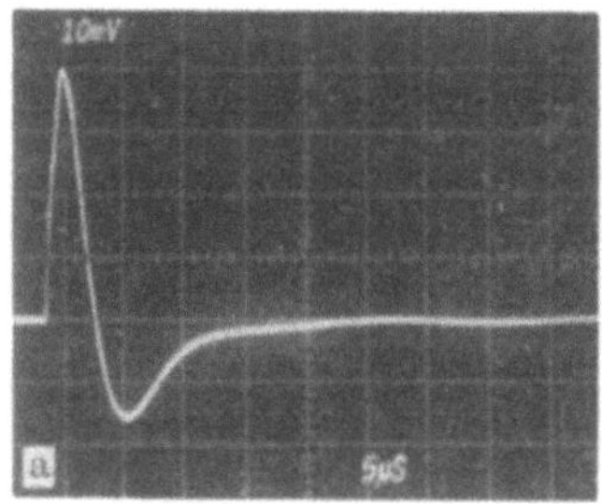

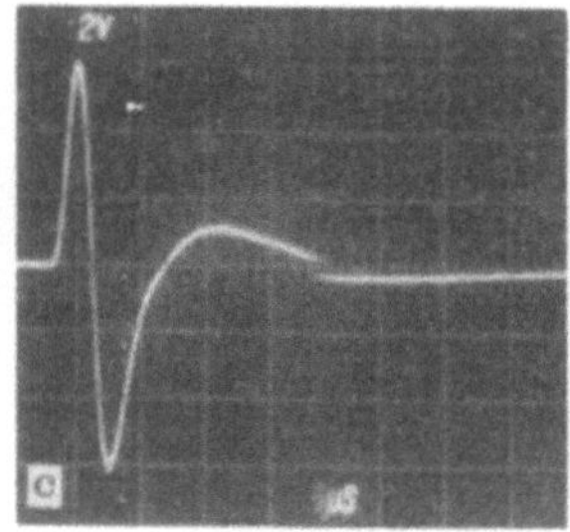

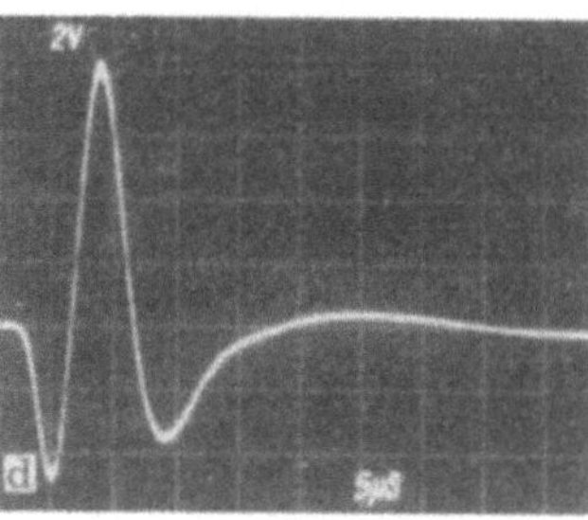

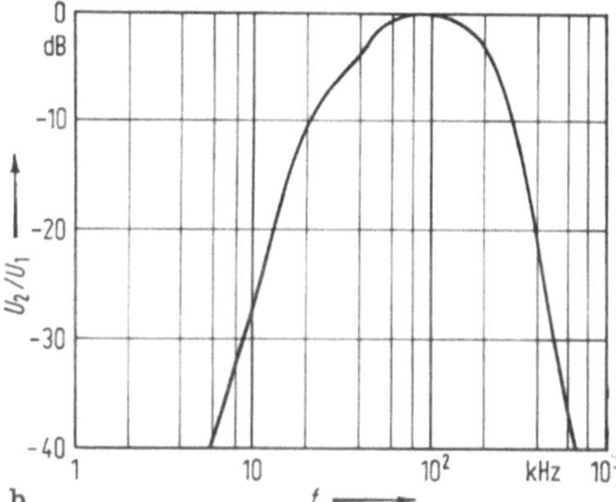

Bild 10.65. Meßergebnisse an einem Breitbanddetektor. a Stoßantwort der RLC-Meßimpedanz; b Amplitudengang des Bandpaßverstärkers; c Stoßantwort des Bandpaßverstärkers („high gain"); d Stoßantwort des Gesamtsystems (invertiert dargestellt).

höherer Ordnung, dessen Impulsantwort vom Entwurf der einzelnen Komponenten abhängt. Dieser Entwurf ist aber vom Hersteller abhängig, so daß eine allgemeingültige mathematische Behandlung nicht sinnvoll sein kann. Zur Erläuterung der sich dabei ergebenden Probleme werden daher Meßergebnisse vorgelegt, die an einem handelsüblichen „Breitband"-Detektor (ERA Discharge Detector Model 3) erzielt wurden. Dieser Detektor arbeitet auf dem bereits beschriebenen Prinzip einer RLC-Ankopplung, wobei mindestens zehn unterschiedliche Meßimpedanzen („Input Units") zur Verfügung stehen. Die Meßergebnisse sind in Bild 10.65 zusammengefaßt. Hier ist zunächst (Bild 10.65a) die Impulsantwort einer Meßimpedanz (Input Unit No. 2) zu erkennen, die an einen TE-Prüfkreis mit $C_k = 10$ nF und $C_t = 0,1$ nF angepaßt war. Sie zeigt den typischen Verlauf von $u_1(t)$ nach (10.101), und der quantitative Vergleich mit Bild 10.64a führt auf eine niedrige Kreisgüte, sowie eine Resonanzfrequenz f_0 von ca. 50 kHz. Bild 10.65b zeigt den gemessenen Amplitudengang des Bandpaßverstärkers, also das Verhältnis von U_2/U_1 gemäß Bild 10.63, und 10.65c dessen Impulsantwort, die ohne Ankoppelvierpol auf-

genommen wurde. Diese Stoßantwort besitzt bereits eine Unterschwingung, deren Amplitude praktisch gleich groß ist wie die der ersten (noch polaritätsrichtigen) Schwingung. An dieser Stelle sei darauf hingewiesen, daß ein Bandpaßsystem grundsätzlich kein Gleichstromglied übertragen kann, d. h. das *Integral* der Ausgangsgröße wird stets Null sein. Dies ist bereits aus (10.101) ersichtlich, wenn man diesen Spannungsverlauf über beliebig lange Zeiten integriert.

Die Stoßantwort des Gesamtsystems, also von Meßimpedanz und Verstärker, zeigt schließlich das Oszillogramm, Bild 10.65d. Man erkennt hier vor allem, daß nun die Amplitude des Unterschwingens bereits größer ist als jene der polaritätsrichtigen ersten oder dritten Halbschwingung.

Als Maß für die TE-Impulsladung steht somit der in Bild 10.65d dargestellte Spannungsverlauf $u_2(t)$ zur Verfügung, welcher bei extrem kurzzeitigen Eingangsströmen $i(t)$ gemessen wurde. Verlängert man die Impulslänge dieser Ströme, so bleibt die *Form* von $u_2(t)$ weitgehend konstant, solange auch das Spektrum von $i(t)$ im Bereich des Durchlaßbereichs des Bandpasses noch konstant ist. Im vorliegenden Beispiel gilt dies für exponentiell abfallende Eingangsströme mit Zeitkonstanten τ bis zu ca. 100 ns, wie aus einem Vergleich der diesbezüglichen Spektren (Bild 10.60) mit dem Amplitudengang des Systems (Bild 10.65b) verständlich wird. Die *Amplituden* von $u_2(t)$ werden aber proportional zur Ladung von $i(t)$ größer. Als spezifische Meßgröße stehen somit nur diese Amplituden zur Verfügung. Zu deren quantitativen Auswertung überlagert man diese Impulsantwort einer Lissajou-Figur auf einem Oszillographenschirm, die pro Periodendauer der Prüfwechselspannung nur einmal durchlaufen wird (s. Bild 10.66). Durch die dadurch bedingte wesentlich langsamere Zeitablenkung erscheint die Impulsantwort des hier diskutierten „breitbandigen" TE-Meßsystems als kurzzeitiges TE-Signal. Die gedrängte Zeitachse läßt praktisch nur die größte Amplitude erkennen, und es läßt sich auch nur sehr schwer beurteilen, ob diese Amplituden nicht bereits durch zu kurze Signalabstände (s. Gl. (10.102)) verfälscht sind. Dieser Nachteil kann vermieden werden, wenn die oszillo-

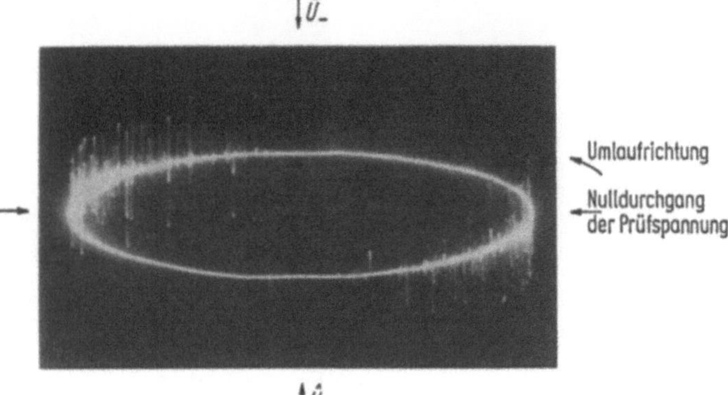

Bild 10.66. Typisches Muster von inneren Teilentladungen in der Lissajou-Darstellung eines „Breitband"-TE-Detektors.

graphische Darstellung mit einer „Zeitlupe" (Strahldehnung ausgewählter Abschnitte) ausgerüstet ist. Diese Art der Meßwertanzeige kann durch einen Spitzenwertdetektor ergänzt werden, für dessen technische Ausführung aber noch keine Forderungen bezüglich Rücksetzzeit etc. vorliegen (vgl. [10.82]).

Bei noch längerdauernden TE-Impulsströmen ändert sich der zeitliche Verlauf von $u_2(t)$ signifikant, d. h. die Amplituden des nun *verformten* Signals sind nicht mehr proportional zur Ladung ([10.87]). Damit geht die Integrationsfähigkeit verloren, doch werden vom Hersteller der TE-Meßgeräte hierüber keine Angaben gemacht, da entsprechende Spezifikationen fehlen (vgl. [10.82]). Es darf auch kritisiert werden, daß im Zusammenhang mit den hier behandelten „breitbandigen" TE-Meßgeräten, deren Integrationsfähigkeit ganz offensichtlich recht begrenzt ist, der Ausdruck „α-Response" als Qualitätsmerkmal verwendet wird. Hierunter versteht man nach Kreuger [10.89] eine Impulsantwort, die durch eine polaritätsrichtige *erste* Maximalamplitude geprägt ist. Mit „β-Response" werden stärker schwingende Impulsantworten bezeichnet, welche die Forderung einer α-Response nicht mehr erfüllen. Hier wurde aber gezeigt, wie fragwürdig diese im Fachgebiet der Filtertechnik absolut ungebräuchliche Unterscheidung ist.

● „*Schmalband*"-*Meßsysteme.* Die Anwendung von noch wesentlich schmalbandigeren Filtersystemen zur TE-Messung geht auf die Tatsache zurück, daß die hochfrequenten TE-Impulsströme auch in der Umgebung von (ungeschirmten) Hochspannungsaufbauten hochfrequente elektromagnetische Störungen verursachen. In der Umgebung „glimmender" Hochspannungsleitungen registriert man diese Störungen mit üblichen Rundfunkempfängern vor allem im Lang- und Mittelwellenbereich in der Form eines stark störenden Geräuschs.

Daher gibt es bereits seit den Anfängen der Rundfunktechnik spezielle „Störspannungsmeßgeräte" (Radio-Influence-Meter, RIV-Meter), welche derartige Störungen mit geeichten Antennen quantifiziert messen; an die Stelle geeichter Antennen treten genormte „Netznachbildungen", wenn damit hochfrequente Störungen im Energieversorgungsnetz untersucht werden sollen. Störspannungsmeßgeräte sind heute sowohl teils national [10.92] als auch international [10.93] genormt und in der Kommunikationstechnik weit verbreitet.

In Europa hat vermutlich B. Koske diese Geräte erstmals zur quantitativen Beurteilung von „Koronaentladungen" eingesetzt, wobei die Ankopplung über Empfangsantennen erfolgte [10.90; 10.91] und damit nur qualitativ mit den TE-Strömen korreliert ist. Obwohl diese Störspannungsmeßgeräte, welche selektive Voltmeter darstellen und daher die Eingangsgröße in „μV" angeben, im Abschnitt 10.8.4.3 noch getrennt und aufbauend auf den folgenden Darstellungen behandelt werden, soll vor der quantitativen Ableitung der Eigenschaften schmalbandiger Filtersysteme von der Funktionsweise dieser RIV-Meter ausgegangen werden:

In Bild 10.67 ist das Prinzipschaltbild eines RIV-Meters angegeben. Man erkennt darin zunächst die Wirkungsweise eines Überlagerungsempfängers (Superhet-Empfängers), der als hochwertiger linearer Meßempfänger für einen weiten Frequenzbereich (z. B. 0,1 bis 30 MHz) ausgeführt ist, wenn man von der Gleichrichterstufe mit Bewertung (*8*) absieht. In bekannter Weise werden also hochfrequente Eingangsspannungen durch eine Überlagerung mit einer Oszillatorfrequenz, die mit der gewählten Frequenz der Eingangsschwingkreise (HF-Vorstufen) gekoppelt ist, in eine konstante Zwischenfrequenz transformiert, die mit fest abgestimmten Verstärkerstufen (ZF-Verstärker) und exakt einstellbaren Bandfiltern verstärkt

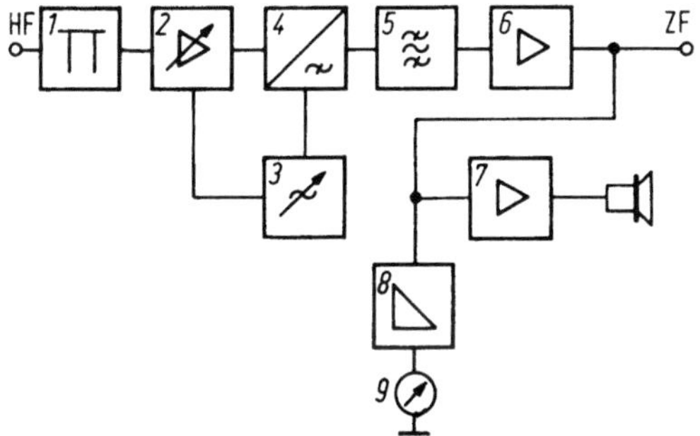

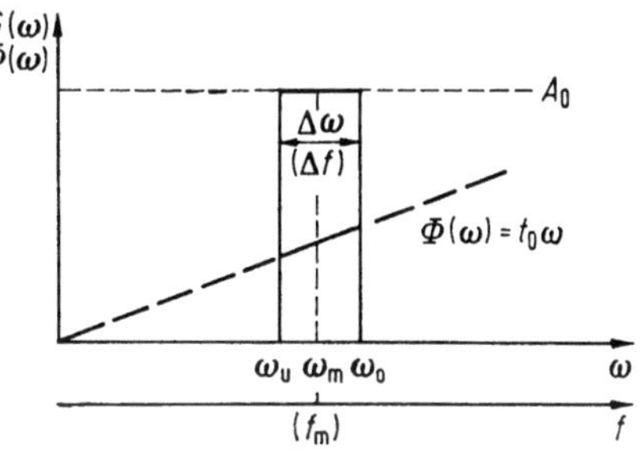

Bild 10.67. Prinzipschaltung eines Störspannungs-Meßgerätes (RIV-Meter). *1* Eingangsspannungsteiler 10 bis 80 dB, *2* HF-Vorstufen, *3* Oszillator, *4* Mischstufe, *5* ZF-Filter, *6* ZF-Verstärker, *7* NF-Verstärker, *8* Gleichrichtung und Bewertung, *9* Anzeigeinstrument.

Bild 10.68. Amplituden- und Phasengang, $G(\omega)$ und $\Phi(\omega)$, eines verzerrungsfreien, idealen Bandpasses.

werden kann. Dadurch erhält man am ZF-Ausgang für stabile, multifrequente Eingangsspannungen eine ZF-Ausgangsspannung, die nur zum spektralen Anteil der Eingangsspannung im Bereich des gewählten Frequenzbandes proportional ist.

Da auch der NF-Verstärker (*7*) für höherfrequente Vorgänge nicht interessiert, sei nur der Geräteteil vom HF-Eingang bis zum ZF-Ausgang betrachtet. Diesen Teil kann man als ein ideales Bandpaßsystem betrachten, das einer theoretischen Behandlung leicht zugänglich ist. Ein idealer Bandpaß mit verzerrungsfreier Übertragung, dessen Amplituden- und Phasengang $G(\omega)$, bzw. $\Phi(\omega)$ in Bild 10.68 skizziert sind, kann nach [10.94] durch den komplexen Frequenzgang

$$\underline{G}(\mathrm{j}\omega) = A_0 \exp(-\mathrm{j}\omega t_0) \qquad (10.103)$$

dargestellt werden. Die Stoßantwort $h(t)$ erhält man mit Hilfe des Fourier-Integrals aus dem Ansatz

$$h(t) = \frac{1}{2\pi} \int\limits_{-\infty}^{+\infty} S_0 \underline{G}(\mathrm{j}\omega) \exp(\mathrm{j}\omega t)\, \mathrm{d}\omega$$

$$= \frac{S_0 A_0}{2\pi} \int\limits_{-\infty}^{+\infty} \exp[\mathrm{j}\omega(t - t_0)]\, \mathrm{d}\omega, \qquad (10.104)$$

wobei S_0 die integrale Signalamplitude der Stoßeingangsgröße darstellt. Da bei der Lösung dieses Integrals auch die negative Frequenzachse zu berücksichtigen ist und die Integration nur im Frequenzbereich $|\omega_0| < \omega < |\omega_u|$ zu erfolgen hat, erhält man nach kurzer Zwischenrechnung zunächst

$$h(t) = \frac{S_0 A_0}{\pi} \int\limits_{\omega_u}^{\omega_0} \cos[\omega(t - t_0)]\, \mathrm{d}\omega.$$

Löst man dieses Integral und führt dabei die Mittenkreisfrequenz ω_m, bzw. Mittenfrequenz f_m ein, wobei

$$\omega_0 = \omega_m + \frac{\Delta\omega}{2}; \qquad \omega_u = \omega_m - \frac{\Delta\omega}{2};$$

ist, so daß $\Delta\omega$, bzw. Δf die ideale Durchlaßbreite des Bandpasses (s. Bild 10.68) wird, so erhält man als Resultat

$$h(t) = \frac{S_0 A_0}{\pi} \Delta\omega\, \mathrm{Si}\left(\frac{\Delta\omega}{2} t'\right) \cos(\omega_m t')$$

$$= 2 S_0 A_0 \Delta f\, \mathrm{Si}(\pi\, \Delta f t') \cos(2\pi f_m t'); \qquad (10.105)$$

mit

$$t' = t - t_0; \qquad \mathrm{Si}\, x = \frac{\sin x}{x}.$$

Die Zeit t_0 stellt dabei eine Verzögerungszeit dar, welche die Phasendrehung bei der Mittenfrequenz f_m charakterisiert; sie stellt eine reine Verzögerungszeit dar, die bis zum vollen Aufschwingen der Stoßantwort vergeht. $h(t)$ folgt damit der allgemein bekannten, durch die Si-Funktion modulierten Schwingung mit der Mittenfrequenz f_m. Zur Veranschaulichung ist (10.105) in Bild 10.69 numerisch ausgewertet, wobei $h(t)$ mit dem Faktor $2 S_0 A_0 \Delta f$ normiert und auch die Zeitachse dimensionslos ($\Delta f t'$) aufgetragen ist. Die Frequenz f_m kann natürlich völlig unabhängig von Δf gewählt werden, beim vorliegenden Beispiel ist das Verhältnis $f_m/\Delta f = 10$.

Das *Integrationsverhalten* dieses Filters drückt sich wiederum in der Maximalamplitude aus, die durch den Wert $\mathrm{Si}\, x = 1$ für x, bzw. $t' = 0$, bestimmt wird, weil für $f_m \gg \Delta f$ diese Funktion die Enveloppe des Vorgangs darstellt. Die Polarität der Eingangsgröße S_0 verschwindet also *völlig*. Störend bei einem derartig idealen Bandpaß, der technisch auch nicht realisierbar ist, sind die über $(\Delta f)\, t' = \pm 1$ hinausreichenden Schwingungen. Sie lassen sich aber mit *endlich* steilen Flanken des Amplitudengangs leicht vermeiden. Dies ließe sich

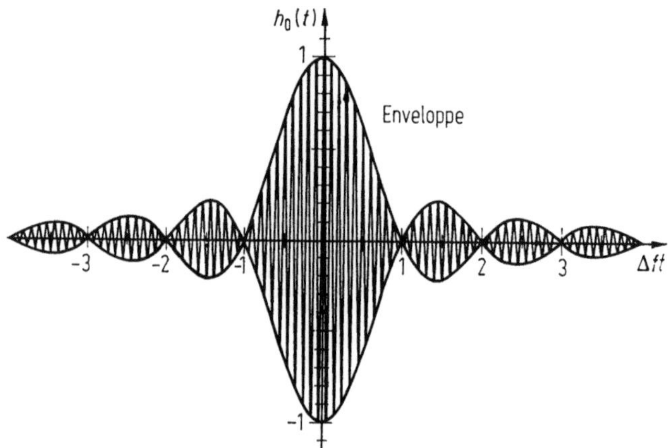

Bild 10.69. Normierte Stoßantwort des idealen, verzerrungsfreien Bandpasses nach Bild 10.68, bzw. Gl. (10.105). $f_m/\Delta f = 10$.

bereits sehr einfach rechnerisch zeigen, wenn in (10.104) der Amplitudengang durch ein Trapez angenähert wird. Weiterhin besitzen technische Bandpaßsysteme leichte Unsymmetrien, die auch die Symmetrie der Stoßantwort etwas stören [10.94]. Dadurch verbessert sich aber die Form der Response beträchtlich, wie dies die in Bild 10.70 gezeigte Stoßantwort zeigt, die an einem handelsüblichen Störspannungsmeßgerät am ZF-Ausgang (vgl. Bild 10.67) aufgenommen wurde. Es arbeitet mit einer Bandbreite von $\Delta f = 9$ kHz (-6 dB-Werte!), die hohe Zwischenfrequenz läßt nur mehr die Enveloppe der Response deutlich erkennen.

Der größte Nachteil derartig schmalbandiger Filter ist die relativ große Zeitdauer des An- und Ausschwingens, also die hohe „pulse resolution time" τ_r, wie sie in (10.102) für einen einfachen Bandpaß bestimmt wurde. Für den vorliegenden Fall kann man ohne großen Fehler die Zeitperiode

$(\Delta f)\, t' = \pm 1$ als Maß für τ_r verwenden, also für die ersten Nullstellen der Funktion Si x. Damit wird

$$\tau_r \simeq \frac{2}{\Delta f}. \tag{10.106}$$

τ_r ist somit nicht von f_m, sondern nur von der Bandbreite Δf abhängig. Meßgeräte dieser Art arbeiten häufig mit einer festen von der CISPR [10.93] normierten Bandbreite von $\Delta f = 9$ kHz, wodurch τ_r etwa 220 µs und somit recht groß wird.

Der nach Bild 10.67 zwischen dem HF-Eingang und ZF-Ausgang liegende schmalbandige Meßverstärker, bei dem die Frequenzlage der Bandpaßfilter durch eine geeignete Wahl der Mittenfrequenz f_m zudem noch kontinuierlich veränderbar ist, besitzt nach (10.105) somit eine ausgeprägte Integrationseigenschaft bezüglich der integralen Signaleingangsgröße S_0. Mit nur geringfügigen Ergänzungen entsteht daraus ein schmalbandiges TE-Meßsystem zur Erfassung der Ladung der TE-Impulse; diese Ergänzungen sind in Bild 10.71 skizziert. Dort erscheint der Bandpaßmeßverstärker nur symbolhaft mit den Ein- und Ausgangsspannungen u_1 und u_2. Die Ankopplung an den TE-Prüfkreis (C_k, C_t) erfolgt mit der vereinfacht dargestellten Meßimpedanz Z_m, die für die TE-Ströme $i(t)$ als reiner Hochpaß wirkt und die niederfrequenten Wechselströme $i_{\sim}(t)$ bereits weitgehend ausfiltert. Das zwischen Z_m und dem Bandpaßverstärker liegende Meßkabel K ist mit seinem Wellenwiderstand Z_0 abgeschlossen, so daß keine Kabelkapazität wirksam wird und die Parallelschaltung von R_m mit Z_0 den effektiv wirksamen Ankopplungswiderstand $R = R_m/Z_0$ für die TE-Ströme bilden. Damit wird die Eingangsspannung für die TE-Signale $u_1(t) = Ri(t)$. Nach (10.105) war die Maximalamplitude des Schmal-

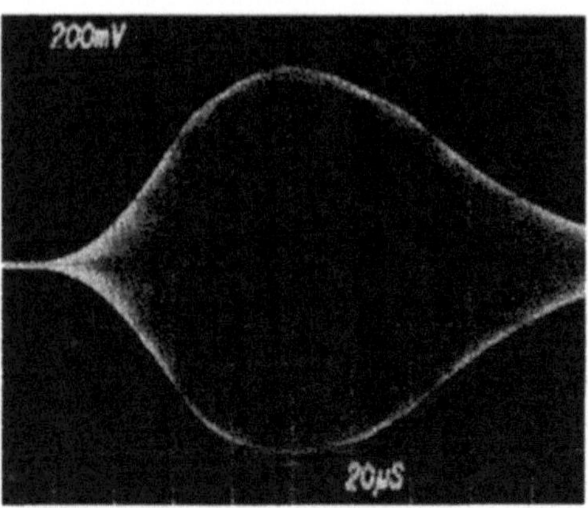

Bild 10.70. Stoßantwort am ZF-Ausgang eines Störspannungsmeßgerätes (Fa. Schwarzbeck-Meßelektronik, Altneudorf), bei $f_m = 300$ kHz, ZF: 1,8 MHz.

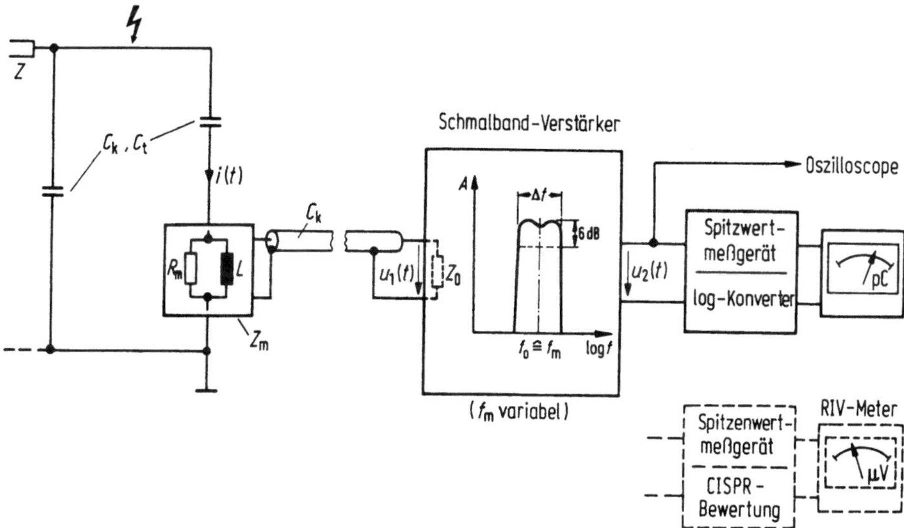

Bild 10.71. Prinzip eines „schmalbandigen" TE-Detektors (für „pC"- und „µV"-Messung).

bandsystems $\hat{h} = \pm 2A_0 S_0(\Delta f)$, wobei S_0 nach (10.104) die konstante, integrale Signalamplitude der Eingangsgröße für eine Deltafunktion von Dirac war. Diese Signalamplitude S_0 wäre bei einem Dirac-Stromstoß identisch mit der Ladung q dieses Impulses, wie aus (10.87) für $\Delta = 0$ leicht zu ersehen ist; sie wird damit für einen über den Widerstand R ideal transformierten Dirac-Spannungsstoß identisch mit Rq. Da die TE-Ströme $i(t)$ aber einen wesentlich komplexeren und zeitlich längeren Verlauf aufweisen können, wie bereits eingehend dargestellt und diskutiert wurde, müßte die Ausgangsgröße $u_2(t)$ des Bandpaßsystems auch für beliebige Eingangsspannungen $u_1(t)$ berechnet werden, indem die Konstante S_0 in (10.104) durch das komplexe Fourier-Spektrum von $i(t)$, bzw. $u_1(t)$ ersetzt wird. Für einen sehr schmalbandigen Bandpaß ($\Delta\omega \to 0$; $\omega_0 \simeq \omega_\mathrm{u}$ $= \omega_\mathrm{m}$) führt diese Berechnung aber dazu, daß in (10.105) die Konstante S_0 näherungsweise durch die Amplitudendichte des Spektrums des Eingangsimpulses bei der Mittenfrequenz f_m, bzw. ω_m ersetzt werden kann. Damit erhält man für den Maximalwert der Ausgangsspannung $u_2(t)$ nach Bild 10.71

$$\hat{u}_2 = \pm\ (2A_0\,\Delta f R q)\, I_0(\omega_\mathrm{m}), \qquad (10.107)$$

wobei $I_0(\omega_\mathrm{m})$ die relative Amplitudendichte des Spektrums des TE-Stroms $i(t)$ gemäß (10.80) bei der gewählten Mittenkreisfrequenz ω_m, bzw. Mittenfrequenz f_m des Bandpaßsystems darstellt. Die übrigen Größen in (10.107) wurden bereits vorher definiert. Dabei ist zu beachten, daß das relative Amplitudenspektrum $I_0(\omega_\mathrm{m})$ für genügend tiefe Frequenzen f_m stets seinen Maximalwert von

1 annimmt. Durchstimmbare Bandpaßmeßsysteme sind also nach (10.107) *recht ideale* TE-*Meßgeräte*, da sie die Ausmessung der Amplitudenspektren der TE-Impulsströme ermöglichen. Die direkte Proportionalität mit der zu messenden Ladung q ist immer dann gewährleistet, wenn sich in einem ausreichend tiefen Frequenzbereich von f_m die Anzeige ($\hat{u}_2$) nicht mehr ändert. Darüber hinaus ist die Filterwirkung so hoch, daß man im TE-Kreis wirksame *harmonische* Störspannungen oder -ströme durch eine geeignete Wahl von f_m sowohl leicht erfassen oder auch unterdrücken kann. Insbesondere kann man harmonischen Störungen durch Rundfunksender leicht ausweichen, wenn Δf genügend klein gewählt wird. Diesen Vorteilen steht als zweifellos großer Nachteil die durch (10.106) bedingte große Impuls-Auflösungszeit τ_r bei kleinen Bandbreiten Δf gegenüber.

Die Ausgangsspannungsamplituden $\hat{u}_2$ lassen sich entweder direkt oszillographisch messen oder über einen geeignet dimensionierten elektronischen Spitzenwertdetektor erfassen und anzeigen. Über einen Logarithmierverstärker wählt man die Anzeige oftmals auch in gespreizter Darstellung, um den stochastischen Charakter der TE-Impulse zu berücksichtigen. Über die notwendige, periodische oder kontinuierliche Rücksetzung der gespeicherten Spitzenwerte existieren heute noch keine Vorschriften. Vernünftig sind Rücksetzzeiten von wenigen Sekunden [10.99].

10.8.4.3 Störspannungsmeßgeräte (RIV-Meter)

In Bild 10.67 bzw. 10.71 erscheint die Anzeige von „Störspannungen" (in µV) als das Resultat eines bisher nur kurz erwähnten Bewertungskreises, der die (ZF-) Ausgangsspannung $u_2(t)$ offensichtlich andersartig verarbeitet. Dieser durch die CISPR [10.92] festgelegte Kreis besteht aus einem speziell dimensionierten Spitzenwertdetektor (Diodengleichrichter mit Speicherkondensator), an dem der Mittelwert der gespeicherten Spannung gemessen und als „μV" angezeigt wird. Durch eine recht große Aufladezeitkonstante (1 ms) und nicht allzu große Entladezeitkonstante (160 ms), sowie eine mechanische Zeitkonstante (160 ms) der verwendeten Analog-Zeigerinstrumente verleiht man der Anzeige eine Kennlinie, die von der *zeitlichen Aufeinanderfolge* der Eingangsgröße $u_2(t)$ abhängt. Diese auch aus der IEC-Publikation 270 [10.82] bekannte Charakteristik ist in Bild 10.72 dargestellt. Sie ist *nur dann* eindeutig, wenn die Eingangsimpulse jeweils *gleich groß* sind und in *zeitlich konstanten Abständen* aufeinander folgen. Dies wird aus der beschriebenen Funktionsweise des Spitzenwertdetektors leicht verständlich. Die Impulsfolgefrequenz N ist hier also das Maß für die Impulsabstände. Die relative Anzeige $f(N)/f(100)$ ist auf den Eichpunkt bei $N = 100$ normiert; der theoretische Endwert von 2 entspricht dem theoretischen Maximalwert von $\hat{u}_2$ nach (10.105). Die Bewertungskennlinie Bild 10.72 berücksichtigt das Störempfinden des menschlichen Ohrs: Beim Rundfunkempfang werden Knackgeräusche mit geringer Häufigkeit weniger störend empfunden als solche mit hoher Folgefrequenz N. Der theoretische Endwert von 2 ist nicht erreichbar, da sich für $N > 1/\tau_r$ (τ_r siehe Gl. (106)) die Spannungen $u_2(t)$ überlagern und extreme Fehlanzeigen auftreten können.

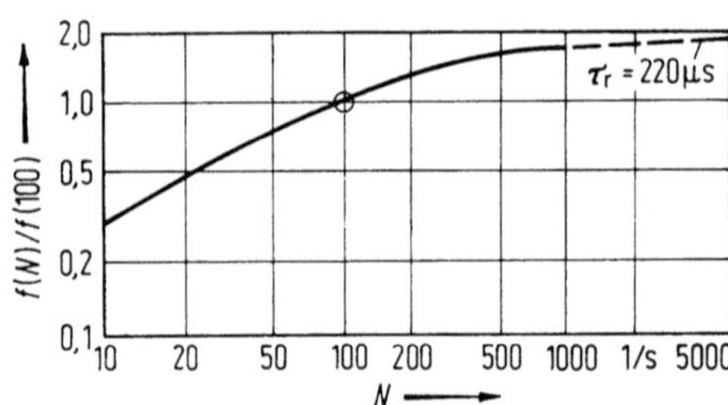

Bild 10.72. Die CISPR-Bewertungskennlinie.

Geräte dieser Art werden auch heute noch häufig für die TE-Messung eingesetzt, und bei vielen älteren Meßergebnissen an Isoliersystemen erscheint die TE-Intensität als TE-Spannung in μV. Eine direkte Umrechnung dieser „Quasipeak"-Spannungen in TE-Impulsladungen wäre exakt möglich, wenn bei den Messungen die effektiv wirksame Impulsfolgefrequenz N gemäß der Bewertungskennlinie bekannt ist. Diese Umrechnung kann mit Hilfe der Gl. (10.107), der Bewertungskennlinie $f(N)/f(100)$ und der in [10.93] genau spezifizierten Eichung der RIV-Meter gemacht werden. Die Eichung erfordert für

Geräte mit $\Delta f = 9\,\text{kHz}$ eine Anzeige von $1\,\text{mV} = 1000\,\mu\text{V}$, wenn an dem Geräteeingang (u_1 in Bild 10.71) entweder eine sinusförmige Eingangsspannung von $1\,\text{mV}$ (Effektivwert!) oder ein Nadelimpuls (Dirac-Stoß) von $\int u_1\,dt = 0{,}158\,\mu\text{V s}$ bei $N = 100$ angelegt wird. Damit wird aus (10.107) die vom RIV-Meter angezeigte Spannung U_A zunächst allgemein

$$U_A = k_B\hat{u}_2 = k_B(2A_0\,\Delta f Rq)\,I_0(\omega_m), \qquad (10.108)$$

wobei mit k_B die Eigenschaften des Bewertungskreises berücksichtigt sind. k_B ist offensichtlich für $N = 100$

$$k_B = \frac{1}{\sqrt{2}}\,\frac{1}{2}\left(\frac{f(N)}{f(100)}\right), \qquad (10.109)$$

wobei der Faktor $(1/\sqrt{2})$ die Umwandlung des Maximalwertes von $\hat{u}_2$ in den Effektivwert von U_A, und der Faktor $(1/2)$ die Tatsache berücksichtigt, daß für $N \gg 100$ die Bewertungskennlinie den auf $\hat{u}_2$ bezogenen theoretischen Endwert 2 erreicht. Im geeichten Zustand des Gerätes wird weiterhin die Verstärkerkonstante $A_0 = 1$. Somit folgt aus den beiden Gleichungen der quantitative Zusammenhang

$$U_A = \frac{1}{\sqrt{2}}\left(\frac{f(N)}{f(100)}\right)(\Delta f Rq)\,I_0(\omega_m). \qquad (10.110)$$

Von der Gültigkeit überzeugt man sich, indem man in dieser Gleichung die Eichwerte einsetzt, wobei der Faktor $RqI_0(\omega_m)$ der Größe des Eingangsspannungsimpulses von $0{,}158\,\mu\text{V s}$ entspricht, welcher aus der ursprünglichen Größe S_0 abgeleitet wurde. Es wird also $U_A = 1\,\text{mV}$ für $N = 100$ und $\Delta f = 9\,\text{kHz}$.

Für die weitaus am häufigsten verwendeten Störspannungsmeßgeräte mit $\Delta f = 9\,\text{kHz}$ und der Annahme, daß bei einer Frequenz der Prüfwechselspannung von $50\,\text{Hz}$ bei jeder (positiven und negativen) Halbwelle nur jeweils ein signifikant großer TE-Impuls von gleicher Amplitude auftritt, so daß $N = 100$ wird, ermöglicht (10.110) eine direkte Umrechnung der Anzeige U_A in TE-Impulsladungen q. Sofern der richtige Spektralbereich, also $I_0(\omega_m) = 1$, gewählt wird, wird

$$U_A \simeq 6{,}36 \cdot 10^{-3}\,(Rq). \qquad (10.111)$$

Für eine Ankopplung des RIV-Meters an den TE-Kreis mit $R = 60\,(150)\,\Omega$ entspricht damit einer Anzeige von $U_A = 1\,\mu\text{V}$ eine TE-Ladung q von $2{,}62\,(1{,}05)\,\text{pC}$. Diese Zusammenhänge konnten auch experimentell recht gut bestätigt werden [10.96; 10.97]. Die große Unsicherheit bei der Anwendung dieser Geräte als *Ladungsmeßgeräte* liegt aber bei der Verfälschung der Ergebnisse durch den Bewertungskreis.

10.8.5 Maßnahmen zur Störunterdrückung

Anhand Bild 10.55 wurde auf die vielfältigen Störquellen hingewiesen, die eine empfindliche Messung von Teilentladungen in den Prüfobjekten erschweren. Die meist in Vorschriften festgelegten zulässigen Pegel der scheinbaren Ladung können sehr klein sein; sie liegen bei Hochspannungskabeln beispielsweise bei 5 pC. Die durch die Störquellen verursachten „Störpegel" sollten daher nicht höher als etwa 50% der zulässigen TE-Pegelwerte sein.

Die Methoden zur Unterdrückung von Störquellen betreffen, wie bereits erwähnt, einen geeigneten Aufbau des Prüflokals (elektromagnetische Schirmung), die spezielle Dimensionierung der Prüfspannungsquellen (TE-freier Aufbau aller Komponenten; Filterung sämtlicher Stromversorgungen) und einen TE-freien Aufbau des Hochspannungskreises. Diese idealen Bedingungen sind oftmals nicht gegeben oder mit nur sehr großem Aufwand herstellbar. Es stellt sich daher die Aufgabe, inwieweit durch geeignete Schaltungsmaßnahmen oder speziell gestaltete TE-Meßgeräte eine zusätzliche Störunterdrückung vorgenommen werden kann, sofern die bereits bei den vorher behandelten TE-Meßgeräten ohnehin vorhandene Filterwirkung nicht ausreicht. Diese Filterwirkung beschränkt sich bei sämtlichen in den Abschnitten 10.8.4.2 und 10.8.4.3 behandelten Geräten ausschließlich auf harmonische Störströme im TE-Prüfkreis, soweit diese weit außerhalb jener Frequenzen liegen, welche zur Integration der TE-Ströme verwendet werden. Impulshafte Störungen hingegen besitzen wie die TE-Ströme breite Spektren und sind daher am schwierigsten zu unterdrücken.

Die z. Z. wichtigsten Methoden zur Störunterdrückung durch Schaltungs- und Gerätetechnik sollen hier kurz behandelt werden.

10.8.5.1 Brückenschaltung nach Schering

Im Gegensatz zu der in Abschnitt 10.8.4.1 bereits behandelten, direkt integrierenden Kapazitätenbrücke wurde das Prinzip der Schering-Brücke schon recht frühzeitig von Arman und Starr [10.75] zur TE-Messung angewendet und von Kreuger [10.98] allgemein in die Praxis eingeführt. Das bereits in Bild 10.59 c erkennbare Grundprinzip der Schaltung ist in Bild 10.73 a so skizziert, daß die wesentlichen Elemente des ganzen Prüf- und Meßaufbaus besser erkennbar sind. Die eigentliche Brücke (strichliniert umrahmt) besteht aus den feinstufig, bzw. stufenlos einstellbaren Widerstandsdekaden G_A und G_B, einem variablen Kondensator C, der wahlweise auf eine der Widerstandsdekaden zuschaltbar ist, sowie einem HF-Übertrager, der die Brückendiagonalspannung auf das eigentliche TE-Meßgerät — in der Regel ein breitbandiger Bandpaßverstärker gemäß Bild 10.63, bzw. Bild 10.65 b) — ankoppelt. Die von C_k und C_t

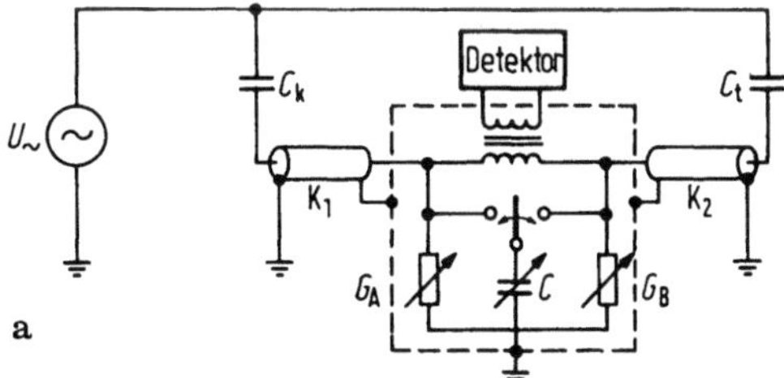

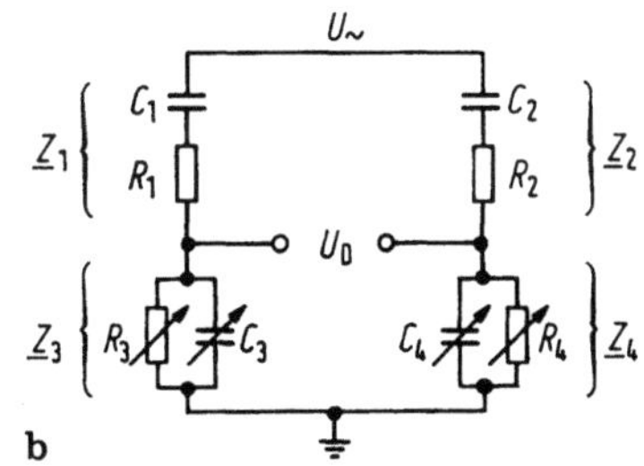

Bild 10.73. Schering-Brücke zur Unterdrückung von Störspannungen. **a** prinzipieller Versuchsaufbau; **b** Ersatzschaltung.

über die Koaxialkabel K_1 und K_2 auf die Brücke geführten Ströme werden somit über die vorwiegend ohmschen Widerstände G_A und G_B in Spannungen verwandelt. Diese Brückenwiderstände müssen somit für die eventuell recht großen Ströme der Prüfspannung (5 bis 10 A) dimensioniert sein. Die Koaxialkabel sind wellenwiderstandsmäßig nicht angepaßt, da die Brückenwiderstände (max. ca. 1 bis 3 kΩ) variabel sind. Kurzzeitige TE-Ströme unterliegen daher Reflexionserscheinungen und erhalten hochfrequente Schwingungskomponenten. Der Detektor integriert also die Brückendiagonal*spannung*.

Im abgeglichenen Zustand ist die Brücke in der Lage, harmonische oder auch impulshafte Gleichtaktspannungen $U_\sim$ zu unterdrücken. Dies läßt sich am besten aus dem in Bild 10.73 b skizzierten, näherungsweise gültigen Ersatzschaltbild zeigen. C_k und C_t erscheinen hier als verlustbehaftete Kapazitäten C_1, R_1 und C_2, R_2 in der Serienersatzschaltung; mit den beiden Kapazitäten C_3 und C_4 parallel zu den eigentlichen Brückenwiderständen R_3, R_4 soll insbesondere auch die Wirkung der Kabelkapazitäten näherungsweise berücksichtigt werden. Man darf ja davon ausgehen, daß diese Ersatzschaltung nur im Frequenzbereich von Netzfrequenzen bis ca. 500 kHz gültig sein muß, da zur Integration der TE-Impulse höhere Frequenzen unberücksichtigt bleiben können.

Die Abgleichbedingungen für die Brücke ergeben sich in bekannter Weise aus $\underline{Z}_1\underline{Z}_4 = \underline{Z}_2\underline{Z}_3$. Der Realteilvergleich liefert

$$\frac{C_2}{C_1}[1 - \omega T_3(\tan\delta)_1] = \frac{R_3}{R_4}[1 - \omega T_4(\tan\delta)_2],$$

$$(10.112)$$

der Imaginärteilvergleich

$$\frac{R_3}{R_4} = \frac{C_2(T_1 + T_3)}{C_1(T_2 + T_4)},\qquad (10.113)$$

wobei

$$T_1 = R_1 C_1;$$
$$T_2 = R_2 C_2;\qquad (\tan \delta)_1 = \omega R_1 C_1;$$
$$T_3 = R_3 C_3;$$
$$T_4 = R_4 C_4;\qquad (\tan \delta)_2 = \omega R_2 C_2.$$

Die Verlustfaktoren $\tan\delta$ sind hier absichtlich als separater Term eingeführt, da ihre wirkliche Frequenzabhängigkeit nicht durch eine ωRC-Abhängigkeit beschrieben werden kann (vgl. Kapitel 8.) Man muß sich ja bewußt sein, daß die Verlustfaktoren der dielektrischen Materialien von Kondensatoren eine beliebige Frequenzabhängigkeit aufweisen können, also die Widerstände R_1 und R_2 von der Frequenz abhängig sind.
Anhand der Abgleichbedingungen ist nun ersichtlich, welche Voraussetzungen für einen möglichst frequenzunabhängigen Brückenabgleich gegeben sein müßten:

1. Fall: $(\tan \delta)_1 = (\tan \delta)_2$.

Die Verlustfaktoren von Kopplungskondensator C_k und Prüfobjekt C_t sind gleich groß oder weisen dieselbe Frequenzabhängigkeit auf. Beide Abgleichbedingungen sind dann *frequenzunabhängig* erfüllt, wenn

$$\frac{R_3}{R_4} = \frac{C_4}{C_3} = \frac{C_2}{C_1}\qquad (10.114)$$

gemacht wird. Diese Bedingung läßt sich näherungsweise auch mit nur drei variablen Elementen in der Brücke (vgl. Bild 10.73a) einstellen, da bei insbesondere gleich langen Kabeln der C_3- oder C_4-Wert durch die Kabelkapazität allein vorhanden ist und somit eine einzige Zusatzkapazität C, die auf einen der beiden Brückenarme geschaltet wird, zum Abgleich genügt.
Für die Praxis bedeutet dies, daß — sofern es sich beim Prüfobjekt C_t tatsächlich um ein Isoliersystem im Sinne eines Kondensators handelt — auch als Koppelkondensator eine Isolierung mit gleichen dielektrischen Eigenschaften angewendet werden sollte. Die Kapazitätswerte müßten dabei *nicht* gleich groß sein. Dies läßt sich praktisch nur dann erreichen, wenn ein gleiches oder ähnliches Produkt, bzw. Prüfobjekt als Koppelkapazität C_k verwendet wird, das dann aber TE-frei sein muß! Nur in Sonderfällen, wie z. B. der TE-Prüfung von Hochspannungskondensatoren, läßt sich diese Voraussetzung gut erfüllen.

2. Fall: $(\tan \delta)_1 \neq (\tan \delta)_2$.

Aus (10.112) und (10.113) ist dann keine f-unabhängige Abgleichbedingung mehr zu finden. Eine Kombination beider Gleichungen führt zur Gleichung

$$\omega^2 + \omega\,\frac{(T_4 - T_3)}{T_3 T_4}\,\frac{[1 + (\tan \delta)_1\,(\tan \delta)_2]}{[(\tan \delta)_2 - (\tan \delta)_1]}$$
$$+ \frac{1}{T_3 T_4} = 0,$$

die bei einer geeigneten Wahl von T_3 und T_4 zumindest bei einer geeignet tiefen Frequenz (Netzfrequenz oder höher) eine Lösung besitzt. Da die Brücke keineswegs für die Netzfrequenz abgeglichen werden muß, da der eigentliche TE-Detektor als Quasi-Integrator auf tiefe Frequenzen unempfindlich ist, wird man die Brücke so gut wie möglich bei der Mittenfrequenz des Bandpaßdetektorverstärkers abgleichen. Die Verwendung von schmalbandigen Bandpaßdetektoren in Verbindung mit dieser Brückenschaltung ist also besonders vorteilhaft [10.99]. Das Störunterdrückungsverhältnis bleibt aber begrenzt.
Natürlich sind diese Betrachtungen unvollkommen, da die Impedanzverhältnisse der Prüfobjekte sehr vereinfacht dargestellt sind und auch der konstruktive Aufbau der Brücke selbst ($\underline{Z}_3$, $\underline{Z}_4$) bei hohen Frequenzen nur ungenügend berücksichtigt ist. So besitzen die Widerstandsdekaden nicht unerhebliche induktive Komponenten, die vor allem bei Frequenzen $\gtrsim 1\,\text{MHz}$ wirksam werden und wie auch die Kabel zu Impulsformänderungen oder auch zeitlichen Verzögerungen führen. Da die Auskopplung der Brückendiagonalspannung über HF-Übertrager mit begrenzter Bandbreite erfolgt und die Integration der Impulse ohnehin bei recht tiefen Frequenzen ($\leq 100\,\text{kHz}$) erfolgen soll, wirken sich diese Erscheinungen nicht voll aus. Herstellerangaben über die mögliche Gleichtaktunterdrückung sollten aber mit Vorbehalt auf die praktischen Verhältnisse übertragen werden: Unterdrückungsverhältnisse von $> 1:10^3$ lassen sich nur mit sehr kompakten, identischen Kondensatoren (C_k, C_t) erreichen, wie dies aus den vorhergehenden theoretischen Betrachtungen leicht erkennbar ist. Die praktisch erzielbaren Werte liegen in der Regel bei $1:50$ bis $1:500$.
TE-Ströme, die vom Prüfobjekt ausgehen, fließen in bekannter Weise (Bild 10.54) gegensinnig durch die beiden Brückenzweige. Da die Größe der Widerstände (G_A, G_B) vom Abgleich abhängt und damit der Absolutwert der wirksamen Ankopplungsimpedanz von der Brückendiagonale aus gesehen variabel ist, darf nur bei abgeglichener Brücke eine Eichung der Meßempfindlichkeit erfolgen. Den Effekt der gegensinnigen TE-Impulspolarität kann man aber bereits in dieser Schaltung als Hilfsmittel benützen, den Ursprung der TE im Prüfkreis zu lokalisieren [10.107].

10.8.5.2 Impulsdiskriminatorsystem

Unter der Voraussetzung, daß nur impulshafte Störimpulse im TE-Kreis wirksam sind, kann ein Impulsdiskriminatorsystem Anwendung finden, welches in neuerer Zeit entwickelt wurde [10.100]. Dabei benützt man die Tatsache, daß die im Prüfobjekt (C_t) oder auch die in einem nicht teilentladungsfreien Koppelkondensator (C_k) auftretenden Entladungen zu Stromimpulsen mit jeweils entgegengesetzter Polarität führen, während alle vom Hochspannungspotential ausgehenden Störungen Gleichtaktsignale verursachen. Koppelt man nun in den Erdverbindungen von sowohl C_t als auch C_k die Stromsignale aus, indem man gleichartige RLC-Ankopplungsvierpole (s. Bild 10.63) mit nachgeschaltetem Verstärker verwendet, so kann die Impulsantwort dieser Ankopplungsglieder, aus der die Polarität der TE- oder Störimpulse noch erkennbar ist (vgl. Bild 10.64), zur Steuerung einer geeigneten Logik verwendet werden. Diese Logik steuert im Prinzip ein Tor (Gate), welches die integrierten TE-Impulse des C_t-Kreises nur dann einer Messung und Auswertung zugänglich macht, wenn durch die Koinzidenz von Polarität und Ereignis sichergestellt ist, daß die Stromimpulse eindeutig vom Prüfobjekt stammen. Natürlich muß dabei die Meßgröße dem Gate verzögert zugeleitet werden. Die heute verfügbare schnelle Elektronik und Logik macht aber Verzögerungszeiten von nur $< 1\,\mu s$ notwendig. Die Fähigkeit zur Störunterdrückung wird hier ausschließlich durch das Verhältnis der unterdrückten Stör- zu nicht unterdrückten Nutzsignalen angegeben. Dieses Verhältnis kann natürlich beliebig hoch sein, wenn die Störimpulse eindeutig durch die Logik erkannt werden. Praktisch nicht unterscheidbar sind aber *gleichzeitig* auftretende Stör- und TE-Impulse, da dann die Impulsidentifikation gestört wird. Auch harmonische, kontinuierliche Fremdstörungen, die im Frequenzbereich der Ankopplungsimpedanzen liegen, lassen sich mit der beschriebenen Logik allein nicht unterdrücken. Kommerziell ausgeführte Geräte enthalten daher zusätzliche Schaltungen, um diesen Nachteil zu entschärfen [10.104].

Da Nutz- und Störsignale vom gleichen aktiven Ankoppelvierpol erfaßt werden und jede Elektronik nur eine begrenzte Dynamik besitzt, ist die Leistungsfähigkeit der Störunterdrückung bezüglich der Amplitudenverhältnisse beschränkt. Bei 100% Störsignalladung lassen sich noch TE-Nutzsignale von ca. 1% dieser Amplitude erfassen. Damit liegt man im Bereich der vorher behandelten Brückenschaltung. Ein Vorteil des Impulsdiskriminatorsystems liegt aber zweifellos darin, daß an die Qualität des Koppelkondensators keine hohen Anforderungen gestellt werden müssen.

10.8.5.3 Sonstige Schaltungsmaßnahmen

Störsignale sind häufig mit der Frequenz der Prüfspannung korreliert. Dies betrifft z. B. Kontaktstörungen im Hochspannungskreis, die zwischen Schalterkontakten beim Nulldurchgang der niederfrequenten Wechselströme auftreten können, periodische Wechselrichterstörungen, oder auch äußere Teilentladungen in Luft, die in unmittelbarer Umgebung der Scheitelwerte der Prüfspannungen erscheinen. Um derartige Störungen von den inneren Teilentladungen der Isoliersysteme zu trennen, blendet man rein elektronisch jene Zeitperioden aus, in denen die Störungen auftreten. Diese periodischen „Fenster" während der Periodendauer der Prüfwechselspannung werden mit dieser synchronisiert und sind nach Phasenlage und Zeitdauer einstellbar. Während der Ausblendung sind gleichzeitig auftretende Teilentladungen natürlich nicht meßbar.

Impulshafte, insbesondere starke Störsignale lassen sich in der Umgebung des Prüfkreisaufbaus durch ein Antennensignal feststellen. Nach entsprechender Verstärkung kann ein derartiges Signal ebenfalls zur Sperrung der Integrationsstufe im TE-Detektor für eine vorgegebene Zeit (einige 10 µs) benützt werden. Das „Fenster" wird hier also vom Störsignal selbst getriggert [10.101]. Die Aufstellung bzw. Kopplung der Antenne zum Prüfkreis muß aber sorgfältig gewählt werden, da ja auch die eigentlichen Nutz-TE-Signale die Felder in der Umgebung beeinflussen.

Literaturverzeichnis

Kapitel 1

1.1 Kind, D.; Kärner, H.: Hochspannungs-Isoliertechnik. Braunschweig: Vieweg 1982.

1.2 Brinkmann, C.: Die Isolierstoffe der Elektrotechnik. Berlin: Springer 1975.

1.3 Sztano, R.: Mechanische Belastbarkeit von Isolatorenketten. ETZ-A 86 (1965) 568—570.

1.4 Bauer, E. u. a.: Dynamic behaviour and strength of high-voltage substation post insulators under short circuit loads. CIGRE-Rep. 23-12, 1984.

1.5 Ballus, H.: Beitrag zur Berechnung elektromagnetischer Kräfte zwischen stromführenden Leitern. ETZ-A 90 (1969) 539—544.

1.6 Tsanakas, D.: Beitrag zur Berechnung der elektromagnetischen Kurzschlußkräfte und der dynamischen Beanspruchung von Schaltanlagen. Diss. TH Darmstadt 1976.

1.7 Saure, M.: Kunststoffe in der Elektrotechnik. AEG-Telefunken Handbücher, Berlin, 1979.

1.8 Heise, W. et al.: Stand und Fortschritt auf dem Gebiet isolierender Kunststoffteile. ETZ-A 91 (1970) 141—147.

1.9 Kärner, H.: Konstruktiver Aufbau, Eigenschaften und Betriebsverhalten eines Kunststoff-Langstabisolators. ETZ-A 91 (1970) 392—395.

1.10 Reverey, G.; Verma, M. P.: Fremdschicht-Prüfverfahren und Untersuchungen an verschmutzten Isolatoren im In- und Ausland. ETZ-A 91 (1970) 481—488.

1.11 Mosch, W.; Hausschild, W.: Hochspannungsisolierungen mit Schwefelhexafluorid. Heidelberg: Hüthig 1979.

1.12 Möller, K.: Schaltlichtbogen-Forschung und Hochspannungs-Schaltgeräte. ETZ 101 (1980) 290—294.

1.13 Lücking, H. W.: Energiekabeltechnik. Braunschweig: Vieweg 1981.

1.14 Wiedemann, E.; Kellenberger, W.: Konstruktion elektrischer Maschinen. Berlin: Springer 1967.

1.15 Meyer, H.: Die Isolierung großer elektrischer Maschinen. Berlin: Springer 1962.

1.16 Moser, H. P.: Transformerboard. Rapperswil: H. Weidmann AG 1979.

1.17 Kind, D.: Einführung in die Hochspannungs-Versuchstechnik, 2. Aufl. Braunschweig: Vieweg 1978.

Kapitel 2

2.1 VDE 0111, Teil 1/10.79: Isolationskoordination für Betriebsmittel in Drehstromnetzen über 1 kV.

2.2 IEC Publication 71-1 (1976): Insulation Coordination.

2.3 Petersen, W.: Die Begrenzung des Erdschlußstromes. ETZ 40 (1919) 5—7, 17—19.

2.4 Hochrainer, A.: Symmetrische Komponenten in Drehstromnetzen. Berlin: Springer 1957.

2.5 Dorsch, H.: Überspannungen und Isolationsbemessung bei Drehstrom-Hochspannungsanlagen. Siemens, Berlin, 1981.

2.6 Rüdenberg, R.: Elektrische Schaltvorgänge, 5. Aufl. Berlin: Springer 1974.

2.7 Haubitzer, W.: Der Einschaltstrom des unbelasteten Transformators und der eingeschwungene Wechselstrom. Arch. Elektrotech. 54 (1972) 307—314.

2.8 Andrä, W.; Peiser, R.: Kippschwingungen in Drehstromnetzen. ETZ-B 18 (1966) 825—832.

2.9 Glavitsch, H.; Karrenbauer, H.; Völker, O.: Einfluß verschiedener Netzparameter auf Höhe und Verlauf von Schaltspannungen. ETZ-A 91 (1970) 201—211.

2.10 CIGRE WG 13-02: Switching overvoltages in EHV and UHV systems with special reference to closing and reclosing of transmission lines. Electra No. 30 (1973) 70—122.

2.11 CIGRE WG 13-02: Interruption of small inductive currents, Part 1 and 2. Electra No. 72 (1980) 73—103.

2.12 Hinterthür, K. H.; Schemmann, B.: Bedämpfen von Schaltspannungen mit nichtlinearen Widerständen an Mittelspannungs-Leistungsschaltern. Tech. Mitt. AEG-Telefunken 65 (1975) 46—50.

2.13 CIGRE WG 13-02: Interruption of small inductive currents, part 3. Electra No. 75 (1981) 5—30.

2.14 Maier, H.: Überspannungen bei Erdschlüssen in Hochspannungsnetzen. ETZ-A 87 (1966) 64—71.

2.15 VDE 0432 Teil 2/10. 78: Hochspannungs-Prüftechnik, Prüfverfahren.

2.16 IEC Publ. 60-2 (1973): High-voltage test techniques. Part 2: Test procedures.

2.17 Neinens, C. A.: Schaltspannungsbeanspruchung von Transformatoren. ETZ-Arch. 4 (1982) 287 bis 294.

2.18 Golde, R. H. (ed.): Lightning. Vol. 1: Physics of lightning. Vol. 2: Lightning protection. London: Academic Press 1977.

2.19 Berger, K. et al.: Parameters of lightning flashes. Electra No. 41 (1975) 23—27.

2.20 Popolanski, F.: Frequency distribution of amplitudes of lightning currents. Electra No. 22 (1972) 139—147.

2.21 Baatz, H.: Überspannungen in Energieversorgungsnetzen. Berlin: Springer 1956.

Kapitel 3

3.1 Breilmann, W.: Umpolbeanspruchung von HGÜ-Kabeln mit extrudierter Polyäthylen-Isolation. ETZ-A 91 (1970) 291−296.

3.2 Lau, H.: Aufbau der Raumladung in einem betriebswarmen Gleichstromkabel. ETZ-A 90 (1969) 379−380.

3.3 Heller, B.; Ververka, A.: Surge phenomena in electrical machines. London: Iliffe Books 1968

3.4 Sie, T. H.: Elektrische Felder in Transformatoren. Bull. SEV 66 (1975) 214−217.

3.5 Müller, W.; Buckow, E.: Numerische Berechnung der Resonanzschwingungen von Transformatorwicklungen. Siemens Forsch. Entwicklungsber. 13 (1984) 74−82.

3.6 Glaninger, P.: Modale Parameter der elektrischen Eigenschwingungen von Transformatoren. ETZ-Arch. 6 (1984) 399−405.

Kapitel 4

4.1 Ollendorf, F.: Potentialfelder der Elektrotechnik. Berlin: Springer 1932.

4.2 Küpfmüller, K.: Einführung in die theoretische Elektrotechnik, 9. Aufl. Berlin: Springer 1968 (11. Aufl. 1984).

4.3 Simonyi, K.: Theoretische Elektrotechnik. Berlin: Deutscher Verlag der Wissenschaften 1956.

Kapitel 5

5.1 Moon, P.; Spencer, D. E.: Field theory handbook. Berlin: Springer 1971.

5.2 Prinz, H.: Hochspannungsfelder. München: Oldenbourg 1969.

5.3 Utmischi, D.: Das elektrische Feld unter Hochspannungsfreileitungen. Diss. TU München 1976.

5.4 Schneider, K. H. et al.: Displacement currents to the human body caused by the dielectric field under overhead-lines. CIGRE-Rep. 36-04 (1974).

5.5 Rogowski, W.: Die elektrische Festigkeit am Rande eines Plattenkondensators, ein Beitrag zur Theorie der Funkenstrecken und Durchführungen. Arch. Elektrotech. 12 (1923) 1−15.

5.6 Metz, D.: Ein Verfahren zur Feldoptimierung in Hochspannungsanlagen. Diss. RW TH Aachen 1979

5.7 Zienkiewicz, O. C.: The finite element method in engineering science. London: McGraw-Hill 1971.

5.8 Praxl, G.: Berechnung freier Potentiale mittels der Methode der Finiten Elemente. Diss. TU Graz 1978.

5.9 Steinbigler, H.: Digitale Berechnung elektrischer Felder. ETZ-A 90 (1969) 663−666.

5.10 Singer, H.: Berechnung von Hochspannungsfeldern mit Hilfe von Flächenladungen. Habil.-Schrift TU München 1974.

5.11 Youssef, F.: Ein Verfahren zur genauen Nachbildung und Feldoptimierung von Elektrodensystemen auf der Basis von Ersatzladungen. Diss. RW TH Aachen 1982.

5.12 Weiß, P.: Berechnung von Zweistoffdielektrika. ETZ-A 90 (1969) 693−694.

5.13 Bachmann, B.: Freies Potential beim Ladungsverfahren. ETZ-A 94 (1973) 741−742.

5.14 Muller, M. E.: Some continuous Monte Carlo methods for die Dirichlet problem. Ann. Math. Stat. 27 (1957) 569−583.

5.15 Pickles, J. H.: Monte Carlo field calculations. IEE Proc. 124 (1977) 1271−1276.

5.16 Krause, M.; Möller, K.: A Monte Carlo method for two-and three-dimensional electrostatic field calculation in materials of different permittivity. 4. Int. Symp. High Voltage Eng., Athen, 1983, report 11. 09.

5.17 Krause, M.: Berechnung dreidimensionaler elektrostatischer Felder mit Mehrstoffdielektrika auf der Basis der Floating-Random-Walk-Methode. Diss. RW TH Aachen 1985.

5.18 Metz, D.; Okobu, H.: Vergleichende Feldberechnungen und Optimierung in Elektrodensystemen von Hochspannungsanlagen. Arch. Elektrotech. 60 (1978) 27−35.

5.19 Singer, H.; Grafoner, P.: Optimization of electrode and insulator conturs. Int. Symp. Hochspannungstech., Zürich, 1975, Konferenzbd. S. 111−116.

5.20 Möller, K.; Youssef, F.: Verfahren zur Feldoptimierung auf der Basis optimaler Ersatzladungssysteme. ETZ-Arch. 6 (1984) 143−147.

5.21 Schwaiger, A.: Elektrische Festigkeitslehre. Berlin: Springer 1925.

5.22 Philippow, E.: Taschenbuch der Elektrotechnik, Bd. 6. Berlin: Verlag Technik 1982.

5.23 Lehmann, Th.: Graphische Methode zur Bestimmung des Kraftlinienverlaufes in der Luft. ETZ 30 (1909) 995−998 u. 1019−1022.

Kapitel 6

6.1 Strigel, R.: Ausmessung von elektrischen Feldern. Karlsruhe: Braun 1949.

6.2 Vitkovitch, D.: Field analysis − experimental and calculational methods. London: Van Nostrand 1966.

6.3 Schrötter, A.: Die Ausmessung elektrischer Felder im elektrolytischen Trog. Arch. Tech. Mess. V 312-6 (1962).

6.4 Claussnitzer, W.; Heumann, H.: Ausmessen elektrischer Felder mit halbleitenden Schichten. VDE-Fachber. 14 (1950) 160−164.

6.5 Cremosnik, G.; Strutt, M. J. O.: Praktische Anwendung eines Widerstandsnetzes zur Bestimmung eines ebenen Potential- oder Raumladungsfeldes. Arch. Elektrotech. 43 (1957) 177−186.

Kapitel 7

7.1 Loeb, L. B.; Jaeger, G.: Kinetic theory of gases. Winkelmanns Handbuch der Physik, 3. Bd. 2. Aufl. Leipzig: Barth 1906.

7.2 Townsend, J. S.: Electricity in gases. Oxford: Oxford University Press 1915.

7.3 Schumann, W. O.: Elektrische Durchbruchfeldstärke von Gasen. Berlin: Springer 1923.

7.4 Dosse, J.; Mierdel, G.: Der elektrische Strom im Hochvakuum und in Gasen. Leipzig: Hirzel 1945.

7.5 Landolt-Börnstein: Zahlenwerte und Funktionen aus Physik, Chemie, Astronomie, Geophysik und Technik. Bd. I: Atom- und Molekularphysik. Berlin: Springer 1950.

7.6 Gänger, B.: Der elektrische Durchschlag von Gasen. Berlin: Springer 1953.

7.7 Sirotinski, L. I.: Hochspannungstechnik, Bd. I, Teil 1 Gasentladungen. Berlin: Verlag Technik 1955.

7.8 Granowsky, W. L.: Der elektrische Strom im Gas. Berlin: Akademie-Verlag 1955.

7.9 Flügge, S.: Handbuch der Physik. Bd. XXI Elektronen-Emission Gasentladungen I, Bd. XXII Gasentladungen II. Berlin: Springer 1956.

7.10 Llewellyn-Jones: Ionisation and breakdown in gases. London: Methuen 1966.

7.11 Cobine, J. D.: Gaseous conductors. New York: Dover Publ. 1958.

7.12 Raether, H.: Electron avalanches and breakdown in gases. London: Butterworth 1964.

7.13 Howatson, A. M.: An introduction to gas discharges. Oxford: Pergamon Press 1965.

7.14 von Engel, A.: Ionized gases. Oxford: University Press 1965.

7.15 Rieder, W.: Plasma und Lichtbogen. Braunschweig: Vieweg 1967.

7.16 Schulz, P.: Elektronische Vorgänge in Gasen und Festkörpern. Karlsruhe: Braun 1968.

7.17 Massey, H. S. W.; Burhop, E. H. S.; Gilbody, H. B.: Electronic and ionic impact phenomena. Oxford: Clarendon Press 1969.

7.18 Nasser, E.: Fundamentals of gaseous ionization and plasma electronics. New York: Wiley 1971.

7.19 Rees, J. A.: Electrical breakdown in gases. London: Macmillan Press 1973.

7.20 Hess, H.: Der elektrische Durchschlag in Gasen. Braunschweig: Vieweg 1976.

7.21 Meek, J. M.; Craggs, J. D.: Electrical breakdown of gases. Chichester: Wiley 1978.

7.22 Mosch, W.; Hauschild, W.: Hochspannungsisolierungen mit Schwefelhexafluorid. Heidelberg: Hüthig 1979.

7.23 Schumann, W. O.: Über das Minimum der Durchbruchfeldstärke bei Kugelelektroden. Arch. Elektrotech. 12 (1923) 593.

7.24 Pedersen, A.: Criteria for spark breakdown in sulfur hexafluoride. IEEE Trans. PAS-89 (1970) 2043.

7.25 Dakin, T. W.; Luxa, G.; Oppermann, G.; Vigreux, J.; Wind, G.; Winkelnkemper, H.: Breakdown of gases in uniform fields. Paschen curves for nitrogen, air and sulfur hexafluoride. Electra 32 (1974) 61.

7.26 Fee, W.: Berechnung der Gaszusammensetzung und der Materialfunktionen von SF_6. Z. Phys. 201 (1967) 269.

7.27 Gockenbach, E.: Untersuchungen an neuen Isolier- und Kühlmitteln für gekapselte Stromrichterventile der Hochspannungs-Gleichstrom-Übertragung. Diss. TH Darmstadt 1979.

7.28 Heinhold, J.; Gaede, K. W.: Ingenieur-Statistik. München: Oldenbourg 1979.

7.29 Christophorou et al.: Oak Ridge Nat. Lab. Rep. ORNL/TM-6902 Juli 1979 und ORNL/TM-7123 Jan. 1980.

7.30 Wieland, A.: Durchschlagverhalten von SF_6 und SF_6-Gas-Gemischen bis zu hohen Gasdrücken. Diss. TH Darmstadt 1978.

7.31 Aschwanden, Th.: Discharge parameter in binary SF_6 mixtures. IEE Conf. on Gas Discharges, IEE Conf. Publ. 189 (1980), Pt. 2, 24—27.

7.32 Hartlieb, B.: Das Durchschlagverhalten von hochspannungstechnisch wichtigen SF_6-Gas-Gemischen. Diss. TU Berlin 1977.

7.33 Pedersen, A.: The effect of surface roughness on breakdown in SF_6. IEEE Trans. PAS-94 (1975) 1749—1754.

7.34 Zaengl, W.; Baumgartner, R.: Zur Ursache der Abweichungen vom Paschen-Gesetz in SF_6. ETZ-A 96 (1975) 510.

7.35 Cooke, C. M.: Ionisation, electrode surfaces and discharges in SF_6 at extra high voltages. IEEE Trans. PAS-94 (1975) 1518—1523.

7.36 Baumgartner, R.: Versuche zur Ursache der Abweichungen vom Paschen-Gesetz in SF_6. ETZ-A 97 (1976) 177.

7.37 Donon, J.; Voisin, G.: Factors influencing the ageing of insulating structures in SF_6. CIGRE-Rep. 15-04, 1980.

7.38 Schwab, A.; Zentner, R.: Der Übergang von der impulsförmigen in die impulslose Koronaentladung. ETZ-A 89 (1968) 402.

7.39 Gänger, B.: Der Gasdurchschlag im ungleichförmigen Feld. Bull. SEV 71 (1980) 1281.

7.40 Les Renardières Group: Research on long air gap discharges at Les Renardières. Electra No. 23 (1972) 53.

7.41 Les Renardières Group: Research on long air gap discharges at Les Renardières — 1973 results. Electra No. 35 (1974) 49.

7.42 Les Renardières Group: Positive discharges in long air gaps at Les Renardières — 1975 results and conclusions. Electra No. 53 (1977) 31.

7.43 Les Renardières Group: Negative discharges in long air gaps at Les Renardières — 1978 results. Electra No. 74 (1981) 30.

7.44 Büsch, W.: Die Schaltspannungsfestigkeit der Luft im UHV-Bereich bei positiver Polarität und der Einfluß der Luftfeuchtigkeit. Diss. ETH Zürich 1982.

7.45 Phelps, C. T.; Griffiths, R. F.: Dependence of positive corona streamer propagation on air pressure and water vapour content. J. Appl. Phys. 47 (1976) 2929.

7.46 Thione, L.: The dielectric strength of large air insulation. In: Surges in high-voltage networks. New York: Plenum Press 1980, pp. 165—205.

7.47 Waters, R. F.; Allibone, T. E.; Dring, D.; Allen, N. L.: The structure of the impulse corona in a rod-plane gap II. The negative corona: propagation and streamer-anode interaction. Proc. R. Soc. London A 367 (1979) 321.

7.48 Gallimberti, I.: The characteristics of the leader channel in long sparks. Moskau: WELC 1977.

7.49 Boillot, A.; Gallet, G.; Gary, C.; Hutzler, B.; Jouaire, J.; Leroy, G.; Simon, M.; Garcia, H. N.; Berger, G.; Goldmann, M.: L'amorçage dans l'air aux grandes distances. Revue Générale de l'Electricité 53 (1974) 763.

7.50 Gallet, G.; Leroy, G.: Expression for switching impulse strength suggesting a highest permissible voltage for a.c. systems. IEEE Conf. Paper C 73-408-2 (1973).

7.51 Pigini, A.; Rizzi, G.; Brambilla, R.; Garbagnati, E.: Switching impulse strength of very large air gaps. Int. Symp. High Voltage Eng., Milan, 1979, Rep. 52-15.

7.52 Carrara, G.; Thione, L.: Switching surge strength

of large air gaps: a physical approach. IEEE Trans. PAS-95 (1976) 512.

7.53 Gallet, G.; Leroy, G.; Lacey, M.; Kromer, J.: General expression for positive switching impulse strength valid up to extra long air gaps. IEEE Trans. PAS-94 (1975) 1989.

7.54 Paris, L.; Cortina, R.: Switching and lightning impulse discharges characteristic of large air gaps and long insulator strings. IEEE Trans. PAS-87 (1968) 947.

7.55 Dreger, G.: Die statistische Streuzeit und die Anfangselektronenrate bei Stoßspannungsbeanspruchung von Schwefelhexafluorid. Diss. TH Darmstadt 1980.

7.56 Legler, W.: Die Statistik der Elektronenlawinen in elektronegativen Gasen, bei hohen Feldstärken und bei großer Gasverstärkung. Z. Naturforsch. 16a (1961) 253.

7.57 Boeck, W.: Die statistische Streuzeit bei Stoßspannungsbeanspruchung von SF_6-isolierten Gasstrecken. Int. Symp. High Voltage Eng., Zürich, 1975, S. 332.

7.58 Boeck, W.: Volumen-Zeit-Gesetz beim Stoßspannungsdurchschlag von SF_6. ETZ-A 96 (1975) 300.

7.59 Boeck, W.: SF_6-insulation breakdown behaviour under impulse stress. In: Surges in high-voltage networks. New York: Plenum Press 1980, S. 207.

7.60 Knorr, W.: Die Zündung schwach inhomogener Elektrodenanordnungen in SF_6. Diss. RW TH Aachen 1979.

7.61 Kind, D.: Die Aufbaufläche bei Stoßspannungsbeanspruchung von technischen Elektrodenanordnungen in Luft. Diss. TH München 1957.

7.62 Knorr; Möller; Diederich: Voltage-time characteristics of slightly nonuniform arrangements in SF_6 using linearly rising and oscillating lightning impulse voltages. CIGRE-Rep. 15-05 (1980).

7.63 Hosemann, G.; Boeck, W.: Grundlagen der elektrischen Energietechnik. Berlin: Springer 1979.

7.64 Toepler, M.: Zur Kenntnis der Gesetze der Gleitfunkenbildung. Ann. Phys. 21 (1906) 193.

7.65 Toepler, M.: Stoßspannung, Überschlag und Durchschlag bei Isolatoren. ETZ 45 (1924) 1045.

7.66 Weizel, W.; Rompe, R.: Theorie des elektrischen Funken. Ann. Phys. (Leipzig) 1 (1947) 285.

7.67 Braginskij, S. I.: Zur Theorie der Entwicklung des Funkenkanals. J. ETF 34 (1958) 1548.

7.68 Pfeiffer, W.: Untersuchung des Verlaufs von Funkenentladungen in verschiedenen Gasen bei Überdruck. Diss. TH Darmstadt 1970.

7.69 Regaller, K.: Surges in high-voltage networks. New York: Plenum Press 1980.

7.70 Golde, R. H. (ed.): Lightning, Vol. I and II London: Academic Press 1977.

7.71 Ausschuß für Blitzableiterbau (ABB): Blitzschutz und allgemeine Blitzschutz-Bestimmungen. Berlin: VDE-Verlag 1968.

7.72 Wiesinger, J.; Hasse, P.: Handbuch für Blitzschutz und Erdung. Berlin: VDE-Verlag 1977.

7.73 Berger, K.: Extreme Blitzströme und Blitzschutz. Bull. SEV/VSE 71 (1980) 460.

7.74 Anderson, R. B.; Eri'-sson, A. J.: Lightning parameters for engineering application. Electra 69 (1980) 65.

7.75 Teich, T. H.; Zaengl, W. S.: The dielektric strength of an SF_6 gap. In: Current interruption in high voltage networks. New York: Plenum Press 1977.

7.76 Wagner, K. H.: Die Entwicklung der Elektronenlawine in den Plasmakanal, untersucht mit Bildverstärker und Wischverschluß. Z. Phys. 189 (1966) 465.

7.77 Pfeiffer, W.: Der Spannungszusammenbruch an Funkenstrecken in komprimierten Gasen. Z. Angew. Phys. 32 (1971) 265.

7.78 Pfeiffer, W.: Gesetzmäßigkeiten beim Durchschlag von Funkenstrecken in komprimiertem Schwefelhexafluorid. ETZ-A 95 (1974) 405.

7.79 Taschner, W.: Dependency of v-t-curves on the front steepness of testing voltage in SF_6, measuring method and definitions. IEE/6. Gas Discharge Conf. Sept. 1980, Edinburgh.

Kapitel 8

8.1 Beyer, M.; Bitsch, R.: Über die elektrische Festigkeit von mineralischen Isolierölen im inhomogenen Wechselfeld. Bull. SEV 64 (1973) 482−492.

8.2 Holle, K.-H.: Über die elektrischen Eigenschaften von Isolierölen, insbesondere über den Einfluß von Wasser auf deren Temperaturverhalten. Diss. TU Braunschweig 1967.

8.3 Beyer, M.; Pautz, J.: Über die Zeitabhängigkeit des dielektrischen Verlustfaktors von chlorierten Diphenylen im Ionenleitungsbereich. ETZ-A 92 (1971) 395−400.

8.4 Kaufmann, R. B.; Shimanski, E. J.; Fadyen, K. W.: Gas and moisture equilibriums in transformeroil. Trans. Am. Inst. Electr. Eng. 74 (1955) 312−318.

8.5 Beyer, M.; Holle, K.-H.: Beeinflussung der Werte einer Folge von Durchschlägen bei der Messung der Durchschlagspannung von Isolierölen. ETZ-A 90 (1969) 591−594.

8.6 Körösy, F.: Two rules concerning solubility of gases and crude data on solubility of krypton. Trans. Faraday Soc. 33 (1937) 416−425.

8.7 Bitsch, R.: Gase und Wasserdampf in Isolieröl und ihr Einfluß auf seine elektrische Festigkeit im inhomogenen Wechselfeld. Diss. Univ. Hannover 1972.

8.8 Umemura, T.; Akiyama, K.; Kawasaki, T.; Kashiwazaki, T.: Electrical conduction in synthetic insulating liquid. IEEE Trans. Electr. Insul. 17 (1982) 533−538.

8.9 Gänger, B.: Der Flüssigkeitsdurchschlag. Bull. SEV 72 (1981) 680−689.

8.10 Thoma, P.; Kratzenstein, M. G.: Leitungs- und Durchschlagprozesse in Isolieröl. Z. Angew. Phys. 29 (1970) 301−305.

8.11 Whitehead, J. B.: Impregnated paper insulation. New York: Wiley 1935.

8.12 Wien, M.: Über den Spannungseffekt der Leitfähigkeit bei starken und schwachen Säuren. Phys. Z. 32 (1931) 545−547.

8.13 Bartinkas, R.: Dielectric loss in insulating liquids. IEEE Trans. Electr. Insul. 2 (1967) 33−54.

8.14 Debye, P.: Polare Molekeln. Leipzig: Hirzel 1929.

8.15 Luther, H.; Stärk, E.: ZurDruck- und Temperaturabhängigkeit der Durchschlagfestigkeit von Kohlenwasserstoffen. Erdöl Kohle 9 (1956) 601−606.

8.16 Luther, H.; Röttger, H.: Zur Druckabhängigkeit

der Durchschlagfestigkeit von Kohlenwasserstoffen. ETZ-A 78 (1957) 462—464.

8.17 Hähnel, A.: Der elektrische Durchschlag im Isolieröl. Arch. Elektrotech. 36 (1942) 716—734.

8.18 Sueda, H.; Kao, K. C.: Prebreakdown phenomena in high-viskosity dielectric liquids. IEEE Trans. Electr. Insul. 17 (1982) 221—227.

8.19 Wong, P. P.; Forster, E. O.: The dynamics of electrical breakdown in liquid hydrocarbons. IEEE Trans. Electr. Insul. 17 (1982) 203—220.

8.20 Forster, E. O.: The search for universal features of electrical breakdown in solids, liquids and gases. IEEE Trans. Electr. Insul. 17 (1982) 517—521.

8.21 Fiebig, R.: Zum Durchschlagmechanismus in Isolierflüssigkeiten im inhomogenen Feld. Wiss. Z. Tech. Univ. Dresden 18 (1969) 505—512.

8.22 Kok, J. A.: Der elektrische Durchschlag in flüssigen Isolierstoffen. (Philips Tech. Bibl.) Eindhoven 1963.

8.23 Maier, G.: Neuere Ergebnisse über die elektrische Festigkeit von Isolieröl bei Wechselspannung, Schaltspannung und Normstoß. Brown Boveri Mitt. 54 (1967) 368—376.

8.24 ASTM D 877: Standard test method for dielectric breakdown voltage of insulating liquids using disc electrodes. Annual Book of ASTM Standards, Part 40 (1978) 244—248.

8.25 N. N.: Ergebnisse bisher unveröffentlichter Untersuchungen im Schering-Institut für Hochspannungstechnik und Hochspannungsanlagen der Univ. Hannover.

8.26 Beyer, M.; Kempe, T.: Prüfmethoden zur Bestimmung der TE-Einsatzspannung von Isolierflüssigkeiten. 28. Int. Wiss. Kolloq. Tech. Hochsch. Ilmenau 1983, Kolloq. Bd. (Vortr. A 4: Elektr. Isol. tech.).

8.27 VDEW (Hrsg.): Ölbuch, Teil 2. Frankfurt a. M.: Verl.- u. Wirtsch. Ges. d. Elektr. Werke, 1983.

8.28 Schober, J.: Inhibierte Isolieröle. Bull. SEV 62 (1971) 1210—1215.

8.29 Bauer, K.; Soldner, K.: Zur Frage der Inhibierung von Isolierölen für Transformatoren. Elektrizitätswirtschaft 67 (1968) 735—740.

8.30 Müller, R.; Schliesing, H.; Soldner, K.: Die Beurteilung des Betriebszustandes von Transformatoren durch Gasanalyse. Elektrizitätswirtschaft 76 (1977) 345—349.

8.31 Müller, R.: Gasanalyse-Vorsorgeuntersuchung für Transformatoren. Elektrizitätswirtschaft 79 (1980) 356—360.

8.32 Müller, R.; Schliesing, H.: Verbessertes Verfahren zur Beurteilung des Betriebszustandes von Transformatoren durch Gasanalyse. ETZ-A 98 (1977) 431—432.

8.33 Soldner, K.; Gollmer, G.: Probleme mit PCB-gefüllten Transformatoren Elektrizitätswirtschaft 81 (1982) 573—583.

8.34 Soldner, K.: Elektroisolierflüssigkeiten für Transformatoren: Tendenzen in der Entwicklung, Prüfung und Anwendung. Elektrizitätswirtschaft 83 (1984) 365—372.

8.35 Candillon, C.; Boss, P.: Utilisation des fluides silicones dans les transformateurs de distribution, en vue du replacement des askarels. Bull. SEV 72 (1981) 142—146.

8.36 Karius, V.; v. Olshausen, R.: Einfluß des Wassergehaltes auf das dielektrische Verhalten und die Durchschlagfestigkeit von Silikonöl. In: ETG-Fachber., Bd. 2: Dauerverhalten von Isolierstoffen und Isoliersystemen, Vorträge der ETG-Fachtagung, Baden-Baden 1977. Berlin: VDE-Verlag 1977, S. 69—73.

8.37 Huber, R.: Weddigen, G.: Epoxy casting resins with improved electrical conductivity. Colloid Polym. Sci. 259 (1981) 852—858.

8.38 Beyer, M.; v. Olshausen, R.: Über den Zusammenhang zwischen der Gleichstromleitung und dem Verlustmechanismus in Polyethylen bei unterschiedlichen Feldstärken. Bull. SEV 65 (1974) 578—586.

8.39 Taylor, D. H.; Lewis, T. J.: Electrical conduction in polyethyleneterephtalate and polyethylene films. J. Phys. D 4 (1971) 1346—1357.

8.40 Fischer, F.; Röhl, P.: Transient currents in oxidized low density polyethylene. Progr. Colloid Polym. Sci. 62 (1977) 149—153.

8.41 v. Olshausen, R.: Durchschlagprozesse in Hochpolymeren und ihr Zusammenhang mit den Leitungsmechanismen bei hohen Feldstärken. Habil. Schrift Univ. Hannover 1979.

8.42 v. Olshausen, R.; Sachs, G.: AC loss and DC conduction mechanisms in polyethylene under high electric fields. IEE Proc., Part A, 128 (1981) 183—192.

8.43 Davis, D. K.: Carrier transport in polyethylene. J. Phys. D 5 (1972) 162—168.

8.44 Fröhlich, H.: On the theory of dielectric breakdown in solids. Proc. R. Soc. London A 188 (1947) 521—532.

8.45 Bauser, H.: Ladungsspeicherung in Elektronenhaftstellen in organischen Isolatoren. Kunststoffe 62 (1972) 192—196.

8.46 Lampert, U. A.; Mark, P.: Current injection in solids. London: Academic Press 1970.

8.47 Schottky, W.: Über den Einfluß von Strukturwirkungen, besonders der Thomsonschen Bildkraft auf die Elektronenemission der Metalle. Phys. Z. 15 (1914) 872—878.

8.48 Krohne, R.: Über die Ausbildung von Raumladungen in Polyethylen bei hohen Gleich-, Wechsel- und Mischspannungsbeanspruchungen. Diss. Univ. Hannover 1978.

8.49 Dehoust, D.: Über den elektrischen Leitungsmechanismus in Polyethylen. Kolloid Z. u. Z. Polym. 235 (1969) 1271—1280.

8.50 v. Hippel, A.: Electronic breakdown of solids and liquid insulators. J. Appl. Phys. 8 (1937) 815—832.

8.51 Frenkel, J.: On the theory of electric breakdown of dielectrics and electronic semiconductors. Tech. Phys. USSR 5 (1938) 685—695.

8.52 Ieda, M.: Dielectric breakdown in polymers. IEEE Trans. Electr. Insul. 15 (1980) 206—224.

8.53 Artbauer, J.: Elektrische Dauerfestigkeit und Kurzzeitfestigkeit. ETZ-A 91 (1970) 326—331.

8.54 v. Olshausen, R.; Westerholt, H.: Volumeneffekte beim Wechselspannungsdurchschlag von Polyethylen-Modellprüfkörpern ETZ Arch. 3 (1981) 23—26.

8.55 Beyer, M.; Krohne, R.: Die Raumladungsausbildung in Polyethylen bei hoher Gleichspannungsbeanspruchung. ETZ Arch. 2 (1980) 15—18.

8.56 Wagner, K. W.: The physical nature of the electrical breakdown of solid dielectrics. J. Am. Inst. Electr. Eng. 61 (1922) 1034ff.

8.57 Eichhorn, R. M.: Treeing in solid extruded electrical insulation. IEEE Trans. Electr. Insul. 12 (1977) 2—18.

8.58 Beyer, M.; Löffelmacher, G.: Untersuchung der chemisch-physikalischen Vorgänge bei der Ausbildung von Teilentladungskanälen in Polyethylen. 2. Int. Symp. Hochspannungstech., Zürich, 1975, Konf. Bd. S. 633—637.

8.59 Löffelmacher, G.: Über die physikalisch-chemischen Vorgänge bei der Ausbildung von Entladungsvorgängen in Polyäthylen und Epoxidharz im inhomogenen Wechselfeld. Diss. Univ. Hannover 1976.

8.60 Brinkmann, C.: Die Isolierstoffe der Elektrotechnik. Berlin: Springer 1975.

8.61 Saechtling, H.: Kunststoff-Taschenbuch, 22. Ausg. München: Hanser 1983.

8.62 Saure, M.: Kunststoffe in der Elektrotechnik. (AEG-Telefunken Handbuch) Berlin 1979.

8.63 Kind, D.; Kärner, H.: Hochspannungs-Isoliertechnik für Elektrotechniker. Braunschweig: Vieweg 1982.

8.64 Vieweg, R. (Hrsg.): Kunststoff-Handbuch: Herstellung, Eigenschaften, Verarbeitung und Anwendung. Bd. IV: Polyoelfine. München: Hanser 1969.

8.65 Vieweg, R. (Hrsg.): Kunststoff-Handbuch: Herstellung, Eigenschaften, Verarbeitung u. Anwendung. Bd. VI: Polyamide (1966). Bd. VII: Polyurethane (1966). Bd. VIII: Polyester (1973). Bd. XI: Polyacetale, Epoxidharze, fluorhaltige Polymerisate, Silicone (1971). München: Hanser.

8.66 Beyer, M. (Mitarb.): Epoxidharze in der Elektrotechnik. (Kontakt u. Studium, Bd. 109) Grafenau: Expert-Verlag 1983.

8.67 Hinrichs, B.: Über den Durchschlagsmechanismus von Polyäthylen im homogenen elektrischen Wechselfeld. Diss. Univ. Hannover 1974.

8.68 Andreß, B.; Fischer, P.; Röhl, P.: Bestimmung der elektrischen Festigkeit von Kunststoffen. ETZ-A 94 (1973) 553—556.

8.69 Sander, G.: Einfluß der Struktur auf die Leitungsmechanismen in Polyäthylen bei hohen Wechselfeldstärken. Diss. Univ. Hannover 1977.

8.70 Meier, N.: Über das Durchschlagverhalten von mechanisch beanspruchtem Polyäthylen im inhomogenen Wechselfeld. Diss. Univ. Hannover 1975.

8.71 Kalkner, W.; Müller, U.; Peschke, E.; Henkel, H.-J.; v. Olshausen, R.: Water treeing in PE- und VPE-isolierten Mittel- und Hochspannungskabeln. Elektrizitätswirtschaft 81 (1982) 911—922.

8.72 Asmuth, P.: Das Durchschlagverhalten von vernetztem Polyethylen nach unterschiedlicher Vorbelastung. Diss. Univ. Hannover 1982.

8.73 Vogel, U.: Ein Beitrag zur Klärung der Bildungsmechanismen und Auswirkungen von electrochemical treeing in Polyethylen. Diss. Univ. Hannover 1982.

8.74 Gloger, T.: Water treeing in Polyethylen — Einflußgrößen auf das Wachstum und Auswirkungen auf die Durchschlagfestigkeit. Diss. Univ. Hannover 1984.

8.75 Westerholt, H.: Der Zusammenhang zwischen der Größe des Isolierstoffvolumens und der Wechselspannungsfestigkeit von Polyäthylen unter dem Einfluß von SF_6. Diss. Univ. Hannover 1980.

8.76 Sachs, G.: Der Einfluß von Schwefelhexafluorid (SF_6) auf das Leitungs- und Durchschlagverhalten von Polyäthylen. Diss. Univ. Hannover 1980.

8.77 Eichhorn, R. M.: A critical comparison of XLPE and EPR for use as electrical insulation on underground power cables. IEEE Trans. Electr. Insul. 16 (1981) 469—482.

8.78 Rotter, A. W.: Thermidur, ein Isoliersystem für hohe Temperaturen (in: ETG-Fachberichte, Bd. 2: Dauerverhalten von Isolierstoffen und Isoliersystemen, Vorträge der ETG-Fachtagung, Baden-Baden, 1977). Berlin: VDE-Verlag, 1977, S. 29—33.

8.79 Saure, M.: Chemischer Aufbau und Eigenschaftsbild von EP-Formstoffen. In: [8.66], S. 13—24.

8.80 DIN 16945/16946 Teil 1 u. 2.

8.81 Langer, H.: Über den Einfluß von Wasser auf die dielektrischen Eigenschaften von Epoxidharzformstoffen. Diss. TU Braunschweig 1966.

8.82 Fuhrmann, U.; Skudelny, D.: Einige Gesichtspunkte für die Auswahl und Verarbeitung von Quarzmehl und anderen Füllstoffen in Epoxidharzen. In: [8.66], S. 25—39.

8.83 Dunkel, W.; Wagner, H.: Wassereinfluß auf quarzmehlgefüllte Epoxidharz-Formstoffe. ETZ 101 (1980) 31—35.

8.84 Jähne, H.-J.: Über den Einfluß innerer mechanischer Spannungen auf die Leitungsmechanismen in Epoxidharz bei Gleich- und Wechselspannung Diss. Univ. Hannover 1975.

8.85 Kuenen, K.-W.: Das Stoßdurchschlagverhalten von Epoxidharz nach unterschiedlicher elektrischer Vorbelastung. Diss. Univ. Hannover 1980.

8.86 Schirr, J.: Beeinflussung der Durchschlagfestigkeit von Epoxidharzformstoff durch das Herstellungsverfahren und durch mechanische Spannungen. Diss. TU Braunschweig 1974.

8.87 Brockmann, R.: Über das Grenzschichtverhalten von definiert verunreinigten Epoxidharzisolatoren in Schwefelhexafluorid (SF_6) bei hohen Wechselspannungen. Diss. Univ. Hannover 1981.

8.88 Brand, U.: Hochspannungsisolierungen mit gasimprägnierten Kunststoff-Folien. Diss. TU Braunschweig 1973.

8.89 Brand, U.; Kind, D.: Gas impregnated plastic foils for high voltage insulation. Int. Conf. on Large High Tension Electr. Syst. CIGRE-Rep. 15-02 (1972).

8.90 Jacobsen, P.: Einflußgrößen auf den Trocknungsprozeß von papierisolierten Hochspannungskabeln. Diss. Univ. Hannover 1977.

8.91 Großekatthöfer, H. D.: Der Trocknungsprozeß von Papierisolationen und der Einfluß von Restfeuchte auf die elektrischen Eigenschaften des imprägnierten Dielektrikums. Diss. Univ. Hannover 1973.

8.92 Liebscher, F.; Held, W.: Kondensatoren. Berlin: Springer 1968.

8.93 Viale, F.; Criqui, M.: New trends in power capacitors technology. Rev. Gén. Electr. 89 (1980) 783—803.

8.94 Capelle, J.; Vicaud, A.: New technical level of power capacitors. Rev. Gén. Electr. 89 (1980) 804—816.

8.95 Parkman, N.: Some properties of solid-liquid composite dielectric systems. IEEE Trans. Electr. Insul. 13 (1978) 289—307.

8.96 Moser, H. P.: Transformerboard. Sci. Electr. 25 (1979).

Kapitel 9

9.1 IEC Publ. 60-2 (1973): High-voltage test techniques, Part 2: Test procedures.

9.2 Verma, M. P.: Höchster Ableit-Stromimpuls als Kenngröße für das Isolierverhalten verschmutzter Isolatoren. ETZ-A 94 (1973) 302—303.

9.3 Verma, M. P.: Die quantitative Erfassung von Fremdschichteinflüssen. ETZ-A 97 (1976) 281—285.

9.4 IEC Standard, Publ. 507 (1975): Artificial pollution tests on high-voltage insulators to be used on AC systems.

9.5 Kärner, H.: Koronafreie Dämpfungswiderstände. Bull. SEV/VSE 55 (1964) 887—891.

9.6 Welter, E.: Über einen neuen Hochspannungstransformator nach Dessauer für sehr hohe Spannungen. ETZ 29 (1918) 373—383.

9.7 Kind, D.: Einführung in die Hochspannungs-Versuchstechnik. Braunschweig: Vieweg 1972.

9.8 Raupach, F.: Transformator-Anordnung aus drei Einzeltransformatoren in Isoliermantelbauweise. Dtsch. Patentschrift Nr. 1488280 (1963).

9.9 Reiche, W.: Über die Auslegung von Wechselstrom-Hochspannungsprüfanlagen. ETZ-A 82 (1961) 382—387.

9.10 Müller, W.: Untersuchung der Spannungskurvenform von Prüftransformatoren an einem Modell. Siemens-Z. 35 (1961) 50—57.

9.11 Bretschneider, G.; Waldmann, E.: Zulässige Oberschwingungsspannungen in Stromversorgungsnetzen. ETZ-A 97 (1976) 90—96.

9.12 Kuffel, E.; Abdullah, M.: High voltage engineering. Oxford: Pergamon Press 1970.

9.13 Reid, R.: AC high voltage resonant testing. IEEE PES Winter Meeting 1974, Conf. Paper C 74 038-6.

9.14 Bernasconi, F.; Zaengl, W.; Vonwiller, K.: A new high voltage series resonant circuit for dielectric tests. 3rd Int. Symp. High voltage Eng., Milan, 1979, Rep. 43.02.

9.15 Marx, E.: Hochspannungs-Praktikum, 2. Aufl. Berlin: Springer 1952.

9.16 Heise, W.: Tesla-Transformatoren. ETZ-A 85 (1964) 1—8.

9.17 Felici, N. J.: Elektrostatische Hochspannungs-Generatoren. Karlsruhe: Braun 1957.

9.18 Philp, S. F.: The vacuum-insulated, varying capacitance machine IEEE Trans., EI-12 (1977) 130—136.

9.19 Brownley, D. A.: Large electrostatic accelerators. Amsterdam/Oxford, 1974.

9.20 Doepken, H. C.: Compressed-gas insulation in large coaxial systems. IEEE Trans. PAS-88 (1969) 364—369.

9.21 MIT: Study of gas dielectrics for cable insulation. EPRI-Rep. EL-220 (Oct. 1977).

9.22 Greinacher, H.: Erzeugung einer Gleichspannung vom vielfachen Betrag einer Wechselspannung ohne Transformator. Bull. SEV 11 (1920) 59—66.

9.23 Cockroft, J. D.; Walton, E. T. S.: Experiments with high velocity positive ions. Proc. R. Soc. London, A 136 (1932) 619—630.

9.24 Reinhold, G.; Seitz, J.; Minkner, R.: Die Weiterentwicklung des Kaskadengenerators. Z. Instrumentenkd. 67 (1959) 258—265.

9.25 Heilbronner, F.: Transientverhalten mehrstufiger Hochspannungsprüfanlagen. Habilitation TU München (1973), bzw. ETZ-Rep. 11, Berlin: VDE-Verlag,

9.26 Enge, H. A.: Cascade transformer high voltage generator. US Pat. No. 3.596.167 (1971).

9.27 Enge, H. A.: The transmission line generator. MIT, Physics Dept. and Lab. f. Nucl. Sc. (Int. Rep. April 1967).

9.28 Prinz, H.: Feuer, Blitz und Funke. München: Bruckmann, 1965.

9.29 Fisher, F. A.; Martzloff, F. D.: Transient control levels, a proposal for insulation coordination in low-voltage systems. IEEE-Trans. PAS-95 (1976) 120—129. (s. auch: Guideline for surge voltages in low voltage ac power circuits. ANSI/IEEE-Standard, C 62.41 — 1980)

9.30 Slamecka, E.: Prüfung von Hochspannungs-Leistungsschaltern. Berlin: Springer 1966.

9.31 Möller, K.: Ein Beitrag zur experimentellen Überprüfung der Funkengesetze von Toepler, Rompe-Weizel und Braginskii. ETZ-A 92 (1971) 37—42.

9.32 Pfeiffer, W.: Der Spannungszusammenbruch an Funkenstrecken in komprimierten Gasen. Z. Angew. Phys. 32 (1971) 265—273.

9.33 Bishop, M. J.: A new method of triggering for high voltage impulse generators. Ferranti Ltd., UK, 1968 (s. auch Brit. Pat. 1.130.644).

9.34 Vondenbusch, A.: Ein allgemeines Berechnungsverfahren für Stoßschaltungen mit drei voneinander unabhängigen Energiespeichern. Diss. RWTH Aachen, 1968. (Siehe auch: ETZ-A 80 (1959) 617—622.)

9.35 Etzel, O.; Helmchen, G.: Berechnung der Elemente des Stoßspannungskreises für die Stoßspannungen 1,2/50, 1,2/5 und 1,2/200. ETZ-A 85 (1964) 578—582.

9.36 Heilbronner, F.: Firing and voltage shape of multistage impulse generators. IEEE Trans. PAS-90 (1971) 2233—2238.

9.37 Held, W.; Pollmeier, F. J.: Eine Anlage zum Erzeugen von Gleich- und Stoßspannung für 2,1 MV. Siemens-Z. 39 (1965) 781—786.

9.38 Rodewald, A.: Untersuchungen über die Zündung der Schaltfunkenstrecken in der Marxschen Vervielfachungsschaltung. Diss. TU Berlin 1966.

9.39 Rodewald, A.: Ausgleichsvorgänge in der Marxschen Vervielfachungsschaltung nach der Zündung der ersten Schaltfunkenstrecke. Bull. SEV 60 (1969) 37—44.

9.40 Heilbronner, F.: Das Durchzünden mehrstufiger Stoßgeneratoren. ETZ-A 92 (1971) 372—376.

9.41 Feser, K.: A critical comparison of the characteristics of chopping gaps in the megavolt-range. 2. Int. Symp. Hochspannungstechn., Zürich 1975, S. 134—139.

9.42 Rodewald, A.; Feser, K.: The generation of lightning and switching impulse voltages in the UHV region with an improved Marx circuit. IEEE Trans. PAS-93 (1974) 414—420.

9.43 Brändlin, F.; Feser, K.; Sutter, H.: Eine fahrbare Stoßanlage für die Prüfung von gekapselten SF_6-isolierten Schaltanlagen. Bull. SEV 64 (1973) 113—119.

9.44 Jamet, F.; Thomer, G.: Flash radiography. Amsterdam: Elsevier 1976, s. Sect. 2.3.3.

9.45 Pfeiffer, W.: Impulstechnik. München: Hanser 1976.

9.46 Früngel, Frank B. A.: High speed pulse technology Vol. III: Capacitor discharge engineering. New York: Academic Press 1976.

9.47 Petersen, C.: Untersuchungen über die Zündverzugszeit von Dreielektroden-Funkenstrecken. ETZ-A 88 (1967) 480—487.

9.48 Ferranti Ltd.: Gesteuerte Hochspannungs-Abschneidefunkenstrecke DBP 1255192, Anmeldetag 16. 6. 1962.

9.49 Rodewald, A.: Ein neues Prinzip einer triggerbaren Mehrfachfunkenstrecke für alle Spannungsarten. Int. Symp. Hochspannungstech., München, 1972, S. 199—203.

9.50 Morghen, D.: Untersuchungen über die Zündung einer großen Zahl parallelgeschalteter Dreielektroden-Funkenstrecken. ETZ-A 88 (1967) 480—487.

9.51 Meyer, I.; Stritzke, P.: Investigations of laser produced sparks in N_2 and He. IEE Conf. Publ. No. 143, IEE Gas Discharges (1976) 390—392.

9.52 Guenther, A. H.; Bettis, J. R.: Laser-triggered spark gap switches. IEE Conf. Publ. No. 143, IEE Gas Discharges (1976) 440—443.

9.53 Schwab, A.; Hollinger, F.: Zündung von Funkenstrecken mit ultraviolettem Laserlicht. ETZ-A 96 (1975) 236—238.

9.54 Pillsticker, M.: Zündung von Hochspannungs-Funkenstrecken durch Laserlicht. 2. Int. Symp. Hochspannungstech. München, 1972, S. 619—626.

9.55 Kärner, H.: Die Erzeugung steilster Stoßspannungen hoher Amplitude. Diss. TH München 1967.

9.56 Toepler, Max: Neuer Weg zur Bestimmung der Funkenkonstanten Arch. Elektrotech. 17 (1926) 61—70.

9.57 Pfeiffer, W.: Der Spannungszusammenbruch in komprimierten Gasen. Z. Angew. Phys. 32 (1971) 265—273.

9.58 Fitch, R. A.; Howell, V. T. S.: Novel principle of transient high voltage generation. Proc. IEE 111 (1964) 849—855.

9.59 Craggs, J. D.; Meeck, J. M.: High voltage laboratory technique. London: Butterworth 1954.

9.60 Blumlein, A. D.: Brit. Pat. 589127, Oct. 1941.

9.61 Kind, D.; Wehinger, H.: Transients in testing transformers due to the generation of switching voltages. IEEE Trans. PAS-97 (1978) 563—568.

9.62 Modrusan, M.: Normierte Berechnung von Stoßstromkreisen für vorgegebene Impulsströme. Bull. SEV 67 (1976) 1237—1242.

9.63 Schwab, A.; Imo, F.: Berechnung von Stoßstromkreisen für Exponentialströme. Bull. SEV 68 (1977) 1310—1313.

9.64 Guillemin, E. A.: Synthesis of passive networks. New York: Wiley 1954.

9.65 Glasoe, G. N.; Lebacqz, J. V.: Pulse generators. New York: McGraw-Hill 1948.

9.66 IEC-Publ. 99-1 (1970): Lightning arresters, Part 1.

9.67 Böning, W.: Theorie und Anwendung der Entladung des symmetrischen homogenen LC-Kettenleiters zur Erzeugung hochgespannter Rechteckimpulse. Diss. RWTH Aachen, 1959.

9.68 Gururaj, B. I.: Chioce of circuit constants for long-duration current generator for surge diverter testing. 1. Int. Symp. Hochspannungstech. München, 1972, S. 147—152.

9.69 Modrusan, M.: Langzeit-Stoßstromgenerator für die Ableiterprüfung gemäß IEC-Empfehlungen. Bull. SEV 68 (1977) 1304—1309.

9.70 Dommel, H.: Digital computer solution of electromagnetic transients in single- and multiphase networks. IEEE Trans. PAS-88 (1969). 388—399.

9.71 Feser, K.; Modrusan, M.; Sutter, H.: Simulation of multiple lightning strokes in laboratory. 3rd Int. Symp. High voltage Eng., Milan, 1979, Rep. 41.05.

9.72 Hammer, K.; Kluge, K.: Besonderheiten bei der Entwicklung von Gleichspannungsprüfanlagen mit großen Abgabeströmen. Elektrie 35 (1981) 127—131.

9.73 Zaengl, W. et al.: Experience of AC voltage tests with variable frequency using a lightweight on-site series resonance device. CIGRE-Rep. 23.07, 1982.

9.74 Boupda, J. P.: Analyse des causes de la distorsion de l'onde dans une installation d'essais à haute tension, à fréquence industrielle, et moyen d'y remédier. Bull. SEV 61 (1970) 1018—1026.

9.75 Müller, W.; Buckow, E.: Numerische Berechnung der Resonanzschwingungen von Transformatorwicklungen. Siemens Forsch. Entwicklungsber. 13 (1984) 74—82.

9.76 Wilhelm, J. et al.: Elektromagnetische Verträglichkeit (EMV). Berlin: VDE-Verlag 1981.

9.77 Freeman, E. R.; Sachs, H. M.: Electromagnetic compatibility design guide. London: Adtech 1982.

9.78 Ruedy, T.; Bertuchoz, J.; Wamister, B.: Entstehung und Wirkung des NEMP. Bull. SEV/VSE 71 (1980) 905—923.

9.79 Rizk, F. A. M.; Nguyen, D. H.: AC source-insulator interaction in HV pollution tests. IEEE Trans. PAS-103 (1984) 723—732.

Kapitel 10

10.1 IEC-Publ. 52 (1960): Recommendations for voltage measurements by means of sphere-gaps (one sphere earthed).

10.2 Hueter, E.: Über die Messung des Scheitelwertes technischer Wechselspannungen mittels der Kugelfunkenstrecke. ETZ 57 (1936) 621—625.

10.3 Fiegel, H. E.; Keen, W. A.: Factor influencing the sparkover voltage of asymmetrically connected sphere gaps. Trans. AIEE, Commun. Electron. 76 (1957) 307—316.

10.4 Kuffel, E.: Influence of humidity on the breakdown voltage of sphere-gaps and uniform field gaps. Proc. IEE, Monograph No. 3322 M, 108C (1961) 295.

10.5 Standring, W. G.; Browning, D. H.; Hughes, R. C.; Roberts, W. J.: Effect of humidity on flashover of air gaps and insulators under alternating (50 Hz) and impulse (1/50 μs) voltages. Proc. IEE 110 (1963) 1077—1081.

10.6 Guindehi, S.: Einfluß der Luftfeuchtigkeit auf die Durchbruchspannung in Luft bei verschiedenen Spannungsarten und Elektrodenformen. Bull. SEV 61 (1970) 97—104.

10.7 Allibone, T. E.; Dring, D.: Influence of humidity on the breakdown of sphere and rod gaps under impulse voltages of short and long wavefronts. Proc. IEE 119 (1972) 1417—1422.

10.8 Link, W.-D.: Überschlag von Stützisolierungen in Abhängigkeit von Temperatur und Luftfeuchte. Diss. TU Stuttgart 1975.

10.9 Peschke, E.: Der Durch- und Überschlag bei

hoher Gleichspannung in Luft. Diss. TH München 1968.

10.10 Frommhold, L.: Über verzögerte Elektronen in Elektronenlawinen, insbesondere in Sauerstoff und Luft durch Bildung und Zerfall negativer Ionen (0⁻). Fortschr. Phys. 12 (1964) 597–643.

10.11 Moruzzi, J. L.; Phelps, A. V.: Survey of negative ion-molecule reactions in O_2, CO_2, H_2O, CO and mixtures of these gases at high pressures. J. Chem. Phys. 45 (1966) 4617–4627.

10.12 Kuffel, E.: Electron attachment coefficients in oxygen, dry air, humid air and water vapor. Proc. Phys. Soc. 74 (1959) 297–308.

10.13 Kachler, A. J.: Contribution to the probleme of impulse voltage measurements by means of sphere gaps. Int. Symp. Hochspannungstech., Zürich 1975, S. 217–221.

10.14 Schulz, W.: Frei schwebende Staubteilchen als Ursache für Tiefdurchschläge in Luft. ETZ Arch. (1979) 123–126.

10.15 Schröder, G. A.: Messung der statischen Durchbruchfeldstärke in Raumluft in einem homogenen Feld bei Abständen von 2–9 cm. Z. Angew. Phys., 13 (1961) 296–303.

10.16 Boyd, H. A.; Bruce, F. M.; Tedford, D. J.: Sparkover in long uniform-field gaps. Nature 210 (1966) 719–720.

10.17 Böning, P.: Das Messen hoher elektrischer Spannungen. Karlsruhe: Braun 1953.

10.18 Werner, E.: Theoretische und experimentelle Untersuchungen an Funkenstrecken. Arch. Elektrotech. 22 (1929) 1.

10.19 Binns, D. F.; Randall, T. J.: Improved spark-gap voltmeter. Proc. IEE 113 (1966) 1557–1561.

10.20 Peschke, E.: Einfluß der Feuchtigkeit auf das Durchschlag- und Überschlagverhalten bei hoher Gleichspannung in Luft. ETZ-A 90 (1969) 7–13.

10.21 Wilson, C. T. R.: On a portable gold-leaf electrometer for low or high potentials, and its application to measurements in atmospheric electricity. On the measurement of the earth-air current and on the origin of atmospheric electricity. Proc. Cambridge Philos. Soc. 13 (1905) 184–189 und 363–382.

10.22 Wilson, C. T. R.: Investigations on lightning discharges and on the electric field of thunderstorms. Phil. Trans. (A) 221 (1920) 73.

10.23 Paasche, P.: Hochspannungsmessungen. Berlin: Verlag Technik 1957.

10.24 Schwab, A. J.: Hochspannungsmeßtechnik, 2. Aufl. Berlin: Springer 1981.

10.25 Herb, R. G.; Parkinson, D. B.; Kerst, D. W.: The development and performance of an electrostatic generator operating under high air pressure. Phys. Rev. 51 (1937) 75.

10.26 Kleinwächter, H.: Das Influenz-E-Feldmeter als elektromechanischer Verstärker extrem hohen Verstärkungsfaktors und seine Anwendung als empfindliches Meßgerät. ATM, Lfg. 413 (1970), R 62–R 64.

10.27 Waters, R. T.; Rickard, T. E. S.; Stark, W. B.: The Measurement of el. field at the surface of a cylindrical conductor during AC-corona. 1. Int. Symp. Hochspannungstech., München, 1972, 104–110 (s. auch Proc. R. Soc. A 315 (1970) 1)

10.28 Hagenmeyer, E.: Messung der elektrischen Feldstärke im Gleichfeld. Diss. TU Stuttgart 1968.

10.29 Böcker, W.: Messung der elektrischen Feldstärke bei hohen transienten und periodisch zeitabhängigen Spannungen. ETZ-A 91 (1970) 427–430.

10.30 Aubry, J.; Claverie, P.; Cristescu, D.: Contribution to el. field measurements technique by means of probes. 1. Int. Symp. Hochspannungstech., München, 1972, 81–84.

10.31 House, H.; Waterton, F. W.; Chew, J.: 1000 kV Standard Voltmeter. 3rd Int. Symp. High Voltage Eng., Milan, 1979, report 43.05.

10.32 Berril, J. et al.: A high precision 300 kV D.C. measuring system. 3rd Int. Symp. High Voltage Eng. Milan, 1979, Rep. 43.03.

10.33 Ziegler, N. F.: Dual highly stable 150 kV Divider. Trans. IEEE IM-19 (1970) 281–285.

10.34 Peier, D.; Graetsch, V.: A 300 kV DC measuring device with high accuracy. 3rd Int. Symp. High Voltage Eng. Milan, 1979, Rep. 43.08.

10.35 Zaengl, W.; Völcker, O.: Messung des Scheitelwertes hoher Wechselspannungen. ATM V 3383-4, 5 (April u. Juni 1961).

10.36 Chubb, L. W.; Fortescue, C.: Calibration of the sphere gap voltmeter. Trans. AIEE 32 (1913) 739–748.

10.37 Boeck, W.: Eine Scheitelspannungsmeßeinrichtung erhöhter Genauigkeit mit digitaler Anzeige. ETZ-A 84 (1963) 883–885.

10.38 Davies, R.; Bowdler, G. W.; Standring, W. G.: The measurement of high voltages with special reference to the measurement of peakvoltages. J. IEE, London 68 (1930) 1222.

10.39 Rabus, W.: Scheitelspannungsmesser in Zweiweg-Stützschaltung. Z. Elektrotech. 3 (1950) 7–10.

10.40 Zaengl, W.: Die Dimensionierung von Scheitelspannungsmeßgeräten nach der Zweiweg-Stützschaltung, Teil I u. II. ATM-Blatt V 3383-6 u. 7 (1961).

10.41 Schulz, W.: High-voltage AC peak measurement with high accuracy. 3rd Int. Symp. High Voltage Eng. Milan, 1979, Rep. 43.12.

10.42 Induni, G.: Moderne Hochspannungsoszillographen mit kalter Kathode. ATM-Blatt J. 8345-6 (1953).

10.43 Tektronix, Inc.: World's fastest oscilloscope breaks the 1-GHz barrier. Electron. Des. 27 (1979).

10.44 Shannon, C. E.: A mathematical theory of communication. Bell. Syst. Tech. J. 27 (1948) 379–423; 623–656.

10.45 Malewski, R.; Dechamplain, A.: Digital impulse recorder for high-voltage laboratories. IEEE PES Summer Meeting (1979) Paper F 79660-2.

10.46 Wiesendanger, P.: Automatische, digitale Aufzeichnung und Auswertung von transienten Signalen in der Hochspannungstechnik. Diss. ETH Zürich 1977.

10.47 Wiesinger, J.: Eine neue Speicherschaltung zur Messung von Spannungsimpulsen. Bull. SEV 59 (1968) 303–308.

10.48 IEC Publ. 60-4 (1977): High-voltage test techniques, Part 4: Application guide for measuring devices.

10.49 IEC Publ 60-3 (1976): High-voltage test techniques, Part 3: Measuring devices.

10.50 IRR-IMS-Group: Facing UHV measuring problems. Electra No. 35 (1974).

10.51 High Voltage Measurements: Present state and future developments RGE, Numéro Spécial (Juni 1978).

10.52 Feser, K.: Einfluß des Niederspannungsteiles auf das Übertragungsverhalten von Stoßspannungsteilern. Bull. SEV 57 (1966) 695–701.

10.53 Harada, T.; Itami, T.; Aoshima, Y.: Resistor divider with dividing element on high voltage side for impulse voltage measurements. IEEE-Trans., PAS-90 (1971) 1407–1414.

10.54 Harada, T. et al.: A high quality voltage divider using optoelectronics for impulse voltage measurements. IEEE-Trans., PAS-91 (1972) 494–500.

10.55 Zaengl, W.: Kapazität eines Zylinders gegen senkrecht aufeinander stehende Ebenen. ATM-Blatt Z 130-3 (1969).

10.56 Bellaschi, P. L.: The measurement of high-surge voltages. Trans. AIEE 52 (1933) 544–567.

10.57 Zaengl, W.: Das Messen hoher, rasch veränderlicher Stoßspannungen. Diss. TH München 1964.

10.58 Lührmann, H.: Fremdfeldbeeinflussung kapazitiver Spannungsteiler. ETZ-A 91 (1970) 332–335.

10.59 Zaengl, W.: Ein neuer Teiler für steile Stoßspannungen. Bull. SEV 56 (1965) 232–240.

10.60 Harada, T.; Aoshima, Y.; Okamura, T.; Hiwa, K.: Development of a high voltage universal divider. IEEE-Trans. PAS-95 (1976) 595–602.

10.61 Zaengl, W.: Der Stoßspannungsteiler mit Zuleitung. Bull. SEV 61 (1970) 457–462.

10.62 Zaengl, W.: Ein Beitrag zur Schrittantwort kapazitiver Spannungsteiler mit langen Meßkabeln. ETZ-A 98 (1977) 792–795.

10.63 Hannakam, L.: Berechnung der transienten Stromverteilung im zylindrischen Massivleiter. ETZ-A 91 (1970) 50–54.

10.64 Wesner, F.: Koaxiale Flächenwiderstände zur Messung hoher Stoßströme mit extrem kurzer Anstiegszeit. ETZ-A 91 (1970) 521–524.

10.65 Schwab, A. J.: Low resistance shunts for impulse currents. IEEE Trans. PAS-90 (1971) 2251–2257.

10.66 Malewski, R.: Micro-Ohm shunts for precise recording of short-circuit currents. IEEE-Trans. PAS-96 (1977) 579–585.

10.67 Kaden, H.: Wirbelströme und Schirmung in der Nachrichtentechnik, 2. Aufl. Berlin: Springer 1966.

10.68 Peier, D.; Grosswendt, B.: Möglichkeiten zur Darstellung eines Fixpunktes der Spannungsskale im Hochspannungsbereich. Arch. Elektrotech. 61 (1979)

10.69 Flach, S.: Berechnung der Kopplungsinduktivität von Reusenschirmen, Elektrie 34 (1980) 265–268.

10.70 Malewski, R. et al.: Elimination of the skin effekt error in heavy-current shunts IEEE-Trans. PAS-100 (1981) 1 333–1 340.

10.71 IEC-Publ. 790 (1984): Oscilloscopes and peak voltmeters for impulse tests.

10.72 Rodewald, A.: Fast transient currents on the shields of auxiliary cables after switching operations in high-voltage substations and high-voltage laboratories. IEEE PES Winter Meeting, New York 1979, Paper No. A 79086-0.

10.73 Harrold, R. T.: Acoustic waveguides for sensing and locating electrical discharges in high voltage power transformers and other apparatus. IEEE Trans. PAS-98 (1979) 449–457.

10.74 Held, W.: Wenzel, K.: Dielektrische Verluste durch Ionenleitung im geschichteten Dielektrikum. ETZ-A 81 (1960) 121–127.

10.75 Arman, A. N.; Starr, A. T.: The measurement of discharges in dielectrics. J. IEE 79 (1936) 67–81 und 88–94.

10.76 Gelez, J.-Ph.: Die getrennte Messung der Glimmverluste in einem homogenen Isolierstoff. ETZ-A 81 (1960) 129–132.

10.77 König, D.: Erfassung von Teilentladungen in Hohlräumen von Epoxidharzplatten zur Beurteilung des Alterungsverhaltens bei Wechselspannung. Diss. TH Braunschweig 1967.

10.78 König, D.: Impulslose Teilentladungen in Hohlräumen von Epoxidharzformstoff-Isolierungen. ETZ-A 90 (1969) 156–158.

10.79 Beyer, M.: Möglichkeiten und Grenzen der Teilentladungsmessungen und -ortung: Grundlagen und Meßeinrichtungen. ETZ-A 99 (1978) 96–99.

10.80 Baumann, E.: Meßmethode zur Ionisationsverlustmessung und Messung des zeitlichen Ablaufes von Entladungsimpulsen bei Wechselspannung. ETZ-A 81 (1960) 127–129.

10.81 Bertula T. u. a.: Partial discharge measurement on oilpaper insulated transformers. CIGRE-Session (1968) 10–20.

10.82 IEC-Publ. 270 (1981): Partial discharge measurements. sowie: DIN 57434/VDE 0434/05.83: Hochspannungs-Prüftechnik. Teilentladungsmessungen.

10.83 Zentner, R.: Stufenimpulse in der negativen Koronaentladung. ETZ-A 91 (1970) 303–305.

10.84 König, D.: Über die Vergleichbarkeit von Koronamessungen an Spitze-Platte-Funkenstrecken in Luft bei Wechselspannung. Bull. SEV 57 (1966) 1155–1163.

10.85 Lemke, E.: Ein Beitrag zur Messung impulsloser Teilentladungen bei Wechselspannung. Elektrie 30 (1976) 479–482.

10.86 Dakin, T. W.; Malinaric, P. J.: A capacitance bridge method for measuring integrated corona-charge transfer and power loss per cycle. Trans. AIEE Part III (Power App. Syst.) 79 (1960) 648–653.

10.87 Borsi, H.: Verfahren zur Messung von Teilentladungen an Hochspannungskabeln unter Berücksichtigung des Einflusses der Kabeldaten, Ankopplungsvierpole und Meßsysteme. Diss. TU Hannover 1976.

10.88 Pöschl, K.: Mathematische Methoden in der Hochfrequenztechnik. Berlin: Springer 1956.

10.89 Kreuger, F. H.: Discharge mearurements in long length of cable. CIGRE Prog. Rep. No. 21-01. Appendix IV, (1968) 23–35.

10.90 Koske, B.: Über die Prüfung von Hochspannungsisolationen auf dem Prüfstand mit HF-Meßmethoden. Energietech. 2 (1952) 181–186.

10.91 Koske, B.: Prüfung der Isolation von Hochspannungsfreileitungen und Schaltanlagen. Essen: Girardet 1951.

10.92 Methods of measurement of radio influence voltage (RIV) of high voltage apparatus. NEMA Standards, Publication No. 107, 1964.

10.93 Comité International Special des Perturbations Radiophoniques. CISPR. — Publ. 16: Specifications for radio interference measuring apparatus and measurement methods.

10.94 De Verl S. Humpherys: The analysis, design and synthesis of electrical filters. Englewood Cliffs: Prentice Hall (1970).

10.95 Kawada, H. et al.: Partial discharge automatic monitor for oil-filled power transformers. IEEE Trans. PAS-103 (1984) 422—428.

10.96 Harrold, R. T.; Dakin, T. W.: The relationship between the pC and μV for corona measurements on HV-transformers and other apparatus. IEEE-Trans. PAS-92 (1973) 187—198.

10.97 Dembinski, E. M.; Douglas, J. L.: Calibration and comparison of partial-discharge and radio-interference measuring circuits. Proc. IEE 115 (1968) 1332—1340.

10.98 Kreuger, F. H.: Detection and location of discharges, 2nd ed. 1961. Delft: N. V. Nederlandsche Kabelfabriken

10.99 Weber, H. J.: Teilentladungs-Meßtechnik. Tettex-Information Nr. 21 Zürich: Tettex AG Instruments 1984.

10.100 Black, I. A.: A pulse discrimination system for discharge detection in electrically noisy environments. 2. Int. Symp. Hochspannungstech., Zürich, 1975, report 3.2-02. (s. auch British Pat. No. 6173/72).

10.101 Hauschild, W. et al.: Systeme zur breitbandigen Messung von Teilentladungen in Hochspannungsisolierungen. Elektrie 35 (1981) 353—357.

10.102 Widmann, W.: Messung innerer Teilentladungen bei Transformatoren. Bull. SEV 58 (1967) 1001—1009.

10.103 Bartnikas, R.; McMahon, E. J.: Engineering dielectrics, Vol. I: Corona Measurement and Interpretation. ASTM Special Techn. Publ. 669 (1979).

10.104 Pulse Discrimination Discharge Detector, Ser. 800. Cheadle/England: BONAR Instruments Ltd.

10.105 Viale, F. et al.: Study of a correlation between energy of partial discharges and degradation of paper-oil insulation. CIGRE-Session 1982, paper 15-12.

10.106 Burton, P. et al.: New applications of oil dissolved gas analyses and related problems. CIGRE-Session 1984, paper 15-11.

10.107 Praehauser, Th.: Teilentladungsmessungen an Hochspannungsapparaten mit der Brückenschaltung. Bull. SEV 64 (1973) 1183—1189.

10.108 Allibone, T. E.; Saunderson, J. C.: The measurement of high D. C. voltages. 4. Int. Symp. High Voltage Eng., Athens, 1983, Rep. 62.05.

10.109 Zwicky, M.; Zaengl, W.; Knoth, W.; Transiente Vorgänge in Hochspannungskondensatoren bei sehr schnellen Spannungsbeanspruchungen. Bull. SEV/VSE 74 (1983) 127—134.

10.110 Malewski, R.: Digital techniques in high voltage measurements. IEEE Trans. PAS-101 (1982) 4508—4515.

10.111 Schon, K.; Korff, H.; Malewski, R.: On the dynamic performance of digital recorders for high voltage impulse measurements. 4. Int. Symp. High Voltage Eng., Athens, 1983, Rep. 65.05.

10.112 Rinaldi, E. et al.: Constructive improvements in impulse peak voltmeters. 4. Int. Symp. High voltage Eng., Athens, 1983, Rep. 61.02.

10.113 Hylten-Cavallius, N.; Chagas, F. A.; Appel da Silva, M.: Response errors of impulse test circuits. IEEE Trans. PAS-103 (1984) 3277—3285.

10.114 Qi, Qing-Cheng; Zaengl, W. S.: Investigations of errors related to the measured virtual time T_1 of lightning impulses. IEEE Trans. PAS-102 (1983) 2379—2390.

10.115 Boggs, S. A.; Fujimoto, N.: Techniques and instrumentation for measurement of transients in gas-insulated switchgear. IEEE Trans. EI-19 (1984) 87—92.

10.116 Kuffel, E.; Zaengl, W. S.: High-voltage engineering, fundamentals. Oxford: Pergamon Press 1984.

10.117 Hayes, R. et al.: Storage tube with silicon target captures very fast transients. Electronics 46 (1973) 97—102.

MIX
Papier aus verantwortungsvollen Quellen
Paper from responsible sources
FSC® C105338

If you have any concerns about our products,
you can contact us on
ProductSafety@springernature.com

In case Publisher is established outside the EU,
the EU authorized representative is:
**Springer Nature Customer Service Center GmbH
Europaplatz 3, 69115 Heidelberg, Germany**

Printed by Libri Plureos GmbH
in Hamburg, Germany